T0189128

Experimentierbare Digitale Zwillinge

Michael Schluse

Experimentierbare Digitale Zwillinge

Konvergenz von Simulation und Realität

Springer Vieweg

Michael Schluse 🆔
Institut für
Mensch-Maschine-Interaktion
RWTH Aachen University
Aachen, Deutschland

ISBN 978-3-658-44444-0   ISBN 978-3-658-44445-7   (eBook)
https://doi.org/10.1007/978-3-658-44445-7

Die Deutsche Nationalbibliothek verzeichnet diese Publikation in der Deutschen Nationalbibliografie; detaillierte bibliografische Daten sind im Internet über https://portal.dnb.de abrufbar.

Planung/Lektorat: Carina Reibold
Springer Vieweg ist ein Imprint der eingetragenen Gesellschaft Springer Fachmedien Wiesbaden GmbH und ist ein Teil von Springer Nature.
Die Anschrift der Gesellschaft ist: Abraham-Lincoln-Str. 46, 65189 Wiesbaden, Germany

Das Papier dieses Produkts ist recycelbar.

Danksagung

Dieses Buch entstand im Kontext meiner Tätigkeit am Institut für Mensch-Maschine-Interaktion (MMI) in der Fakultät für Elektrotechnik und Informationstechnik der RWTH Aachen. Mein besonderer Dank gilt dem Institutsleiter, Prof. Dr.-Ing. Jürgen Roßmann, der mir die Möglichkeit gegeben hat, diese Thematik unter besten Rahmenbedingungen mit den notwendigen Freiheiten zu bearbeiten. Ein besonderer Dank gilt ebenfalls meinen Kolleginnen und Kollegen am MMI, die mich in vielen Diskussionen und mit ihren Anwendungen unterstützt haben. Gleiches gilt für Forschungs- und Industriepartner und hier insbesondere für die Kolleginnen und Kollegen der Abteilung Robotertechnik am RIF Institut für Forschung und Transfer e.V., mit denen ich viele der Arbeiten durchführen durfte.

Ich möchte mich ebenfalls dafür bedanken, dass ich die entwickelten Methoden im Rahmen diverser Forschungsvorhaben anwenden konnte. Beispiele hierfür sind Vorhaben zur Weltraumrobotik[1] (z. B. FastMap, Invirtes, iBOSS, ViTOS

[1] Diese wurden gefördert vom Deutschen Zentrum für Luft- und Raumfahrt (DLR) mit Mitteln des Bundesministeriums für Wirtschaft und Technologie (BMWi) aufgrund eines Beschlusses des deutschen Bundestages.

und KImaDiZ), zur Unterstützung von Auszubildenden und Arbeitern[2] (FeDi-NAR, T-EXDIZ), in der Forstwirtschaft[3] (z. B. Virtueller Wald und KWH4.0), zur Waldbesitzerunterstützung[4] (iWald), zur Robotik[5] (z. B. ReconCell, IntellAct, Centauro) und zum Virtual Robotics Lab.

[2] Diese wurden gefördert mit Mitteln des Bundesministeriums für Bildung und Forschung (BMBF) innerhalb des Fachprogramms „Digitale Medien in der beruflichen Bildung" und über die AiF im Rahmen des Programms zur Förderung der Industriellen Gemeinschaftsforschung (IGF) vom Bundesministerium für Wirtschaft und Energie (BMWi), jeweils aufgrund eines Beschlusses des Deutschen Bundestages.

[3] Diese wurden gefördert durch das Land Nordrhein-Westfalen unter Einsatz von Mitteln aus dem Europäischen Fonds für regionale Entwicklung (EFRE).

[4] Diese wurden gefördert vom Bundesministerium für Ernährung und Landwirtschaft (BMEL) aufgrund eines Beschlusses des deutschen Bundestages.

[5] Diese wurden im Rahmen von Horizon 2020 von der Europäischen Union gefördert.

Kurzfassung

Im Kontext der Digitalisierung von Ökosystemen wird der Digitale Zwilling als einer der maßgeblichen technologischen Trends des Jahrzehnts gesehen. Simulationstechnik erweckt Digitale Zwillinge zum Leben, macht sie und ihr Verhalten erfahrbar und analysierbar. Aus Digitalen Zwillingen werden Experimentierbare Digitale Zwillinge (EDZ), Digitale Zwillinge zusammen mit aktueller Simulationstechnik bzw. Digitale Zwillinge betrachtet aus der Perspektive der Simulationstechnik. Ein Experimentierbarer Digitaler Zwilling beschreibt Semantik, Struktur, Verhalten und Interaktion seines Realen Zwillings. Seine Interaktion mit weiteren Experimentierbaren Digitalen Zwillingen in unterschiedlichen Domänen ermöglicht die umfassende Abbildung und eingehende Analyse von Systemen von Mechatronischen/Cyber-Physischen Systemen in unterschiedlichen Einsatzumgebungen und -situationen; die Vernetzung von Experimentierbaren Digitalen Zwillingen mit Realen Zwillingen führt Simulation und Realität symbiotisch zusammen. Diese Konvergenz von Simulation und Realität ist die Grundlage für eine große Bandbreite an EDZ-Methoden zum Einsatz in Entwicklung und Betrieb. Als strukturbildendes Element der EDZ-Methodik schließt der Experimentierbare Digitale Zwilling die Lücke zwischen Model-based Systems Engineering und Simulation und hebt das Potenzial moderner Modellierungs-, Simulations-und Co-Simulationsansätze über den gesamten Lebenszyklus (nicht nur) technischer Systeme. Dies führt zu einem interdisziplinären, domänen-, system-, prozess-, anwendungs-und lebenszyklusübergreifenden Einsatz von Digitalen Zwillingen.

Nomenklatur

Die verwendete Notation mathematischer Symbole und die verwendeten Formelzeichen sind im Folgenden zusammengefasst. Auf der rechten Seite ist zudem das Kapitel angegeben, in dem das entsprechende Symbol eingeführt wird.

Symbol	Bezeichnung	Kap.
$c \in \mathbb{R}$	Skalar, z. B. aus der Menge $\mathbb{R}$	
$\underline{c} \in \mathbb{R}^n$	Vektor der Dimension $n \in \mathbb{N}$	
$c_i \in \mathbb{R}$	i-te Komponente des Vektors $\underline{c} \in \mathbb{R}^n$ mit $1 \leq i \leq n$, $i \in \mathbb{N}$	
$\begin{bmatrix} c_1 \\ c_2 \\ \vdots \\ c_n \end{bmatrix} \in \mathbb{R}^n$	Vektor mit den Elementen c_i in Elementschreibweise	
$f : \mathbb{D} \to \mathbb{Z}$	Definition einer Funktion mit Definitions- und Zielmenge	
$\mathbb{T}$	Menge der (Simulations-) Zeitpunkte, z. B. $\mathbb{T} = \mathbb{R}$	3.1.1
$t \in \mathbb{T}$	(Simulations-) Zeit	3.1.1
$f : \mathbb{T} \to \mathbb{Z}$	Definition einer ausschließlich von der Zeit t als Parameter abhängigen Funktion	
$\mathbb{Z}^{\mathbb{T}}$	Menge aller Funktionen von $\mathbb{T}$ nach $\mathbb{Z}$	

(Fortsetzung)

(Fortsetzung)

Symbol	Bezeichnung	Kap.
$\mathbb{T}' := \langle t_1, t_2 \rangle := \{t \in \mathbb{T} \mid t_1 \leq t \leq t_2\}$	Zeitintervall $\langle t_1, t_2 \rangle$ zwischen den Zeitpunkten t_1 und t_2 mit $t_1 \leq t_2 \in \mathbb{T}$ (ein Zeitintervall ist eine Menge von Zeitpunkten)	3.1.3
$f\|\mathbb{T}' : \mathbb{T}' \to \mathbb{Z}$	Funktionssegment $f\|\mathbb{T}'$ mit $f\|\mathbb{T}'(t) := \{f(t) \in \mathbb{Z} \mid t \in \mathbb{T}'\}$ (ein Funktionssegment ist eine Menge von Funktionswerten)	3.1.3
$(\mathbb{Z}, \mathbb{T})$	Menge aller Funktionssegmente von $\mathbb{T}$ nach $\mathbb{Z}$	3.1.3
$\underline{c}(t) \in \mathbb{R}^n$	Vektor mit Elementen z. B. aus $\mathbb{R}$ als Funktion der Zeit $t \in \mathbb{T}$	
$\underline{\dot{c}}(t) = \frac{\mathrm{d}}{\mathrm{d}t}\underline{c}(t) \in \mathbb{R}^n$	1. Ableitung dieses Vektors nach der Zeit	
$\underline{\ddot{c}}(t) = \frac{\mathrm{d}^2}{\mathrm{d}t^2}\underline{c}(t) \in \mathbb{R}^n$	2. Ableitung dieses Vektors nach der Zeit	
$\underline{C} \in \mathbb{R}^{n \times m}$	Allgemeine Matrix mit $n \in \mathbb{N}$ Zeilen und $m \in \mathbb{N}$ Spalten	
$\underline{C}^{\mathrm{T}} \in \mathbb{R}^{m \times n}$	Transponierte einer Matrix $\underline{C} \in \mathbb{R}^{n \times m}$	
$\underline{C}^{-1} \in \mathbb{R}^{m \times m}$	Inverse einer quadratischen Matrix $\underline{C} \in \mathbb{R}^{m \times m}$	
$(a, b, c) \in \mathbb{G}$	Geordnetes Tupel aus der Menge $\mathbb{G} = \mathbb{A} \times \mathbb{B} \times \mathbb{C}$	
$\mathbb{N}$	Menge der natürlichen Zahlen	
$\mathbb{R}$	Menge der reellen Zahlen	
$\mathbb{W}_a$	Menge konkreter Werte (natürliche Zahl, reelle Zahl, boolescher Wert, Zeichenkette, ...) aller Datentypen	3.1.1
$\mathbb{D}_a$	Menge der Datentypen dieser Werte (natürliche Zahl, reelle Zahl, boolescher Wert, Zeichenkette, ...)	3.1.1
$\mathbb{L}_a$	Menge der Einheiten dieser Werte (s, m, g, ...)	3.1.1
$\mathbb{V}_a := \mathbb{W}_a \times \mathbb{D}_a \times \mathbb{L}_a$	Menge konkreter typisierter und mit Einheiten versehener Werte	3.1.1
$a_i = (w_{a,i}, d_{a,i}, l_{a,i}) \in \mathbb{V}_a$	Wert $w_{a,i} \in \mathbb{W}_a$ mit Datentyp $d_{a,i} \in \mathbb{D}_a$ und ggfls. Einheit $l_{a,i} \in \mathbb{L}_a$	3.1.1

(Fortsetzung)

(Fortsetzung)

Symbol	Bezeichnung	Kap.
$\underline{x} \in \mathbb{V}_a^{n_x}$	Zustandsvektor des zu Grunde liegenden bzw. simulierten Systems	3.1.1
$\underline{a} \in \mathbb{V}_a^{n_a}$	Parametervektor des Modells M mit Elementen unterschiedlichen Typs	3.1.2
$\mathbb{W}_A$	Menge der Algorithmen (MATLAB-Quellcode, SIMULINK-Blockschaltbild, ...)	3.1.2
$\mathbb{D}_A$	Menge der Algorithmen-Beschreibungsformen (MATLAB-Quellcode, SIMULINK-Blockschaltbild, ...)	3.1.2
$\mathbb{V}_A := \mathbb{W}_A \times \mathbb{D}_A$	Menge konkreter typisierter Algorithmen	3.1.2
$A_i = (w_{A,i}, d_{A,i}) \in \mathbb{V}_A$	Konkreter Algorithmus $w_{A,i} \in \mathbb{W}_A$ mit Beschreibungsform $d_{A,i} \in \mathbb{D}_A$	3.1.2
$\underline{A} \in \mathbb{V}_A^{n_A}$	Vektor der Algorithmen des Modells M mit Algorithmen in unterschiedlichen Beschreibungsformen	3.1.2
$\mathbb{W} := \mathbb{W}_a \cup \mathbb{W}_A$	Menge aller Parameter und Algorithmen (Variante 1)	3.1.2
$\mathbb{D} := \mathbb{D}_a \cup \mathbb{D}_A$	Menge aller Parametertypen und Algorithmen-Beschreibungsformen (Variante 1)	3.1.2
$\mathbb{V} := \mathbb{W} \times \mathbb{D} \times \mathbb{L}_a$	Menge aller typisierten Parameter und Algorithmen (Variante 1)	3.1.2
$(w_i, d_i, l_i) \in \mathbb{V}$	Konkreter Parameter oder Algorithmus $w_i \in \mathbb{W}$ mit Typ $d_i \in \mathbb{D}$ und ggfls. Einheit $l_i \in \mathbb{L}_a$	3.1.2
$\mathbb{B}$	Menge aller Portbezeichner	3.1.2
$U_i = (b_i, d_i, l_i)$	Definition eines Eingangs mit Portbezeichner $b_i \in \mathbb{B}$, Datentyp $d_i \in \mathbb{D}$ und Einheit $l_i \in \mathbb{L}_a$	3.1.2
$Y_i = (b_i, d_i, l_i)$	Definition eines Ausgangs mit Portbezeichner $b_i \in \mathbb{B}$, Datentyp $d_i \in \mathbb{D}$ und Einheit $l_i \in \mathbb{L}_a$	3.1.2
$\mathbb{P} := \mathbb{B} \times \mathbb{D} \times \mathbb{L}_a$	Menge der Ports	3.1.2
$\mathbb{M}_S := \mathbb{V}_a^{n_a} \times \mathbb{V}_A^{n_A} \times \mathbb{P}^{n_u} \times \mathbb{P}^{n_y}$	Menge aller Simulationsmodelle (Variante 1)	3.1.2

(Fortsetzung)

(Fortsetzung)

Symbol	Bezeichnung	Kap.
$M_S \in \mathbb{M}_S$	Konkretes Simulationsmodell	3.1.2
$\underline{s} \in \mathbb{V}^{n_s}$	Simulationszustandsvektor	3.1.3
$\underline{u} \in \mathbb{V}^{n_u}$	Vektor der Eingangsgrößen	3.1.3
$\underline{y} \in \mathbb{V}^{n_y}$	Vektor der Ausgangsgrößen	3.1.3
$\Gamma : \mathbb{V}^{n_s} \times (\mathbb{V}^{n_u}, \mathbb{T}) \times \mathbb{T} \to \mathbb{V}^{n_s}$	Simulationsübergangsfunktion für ein System	3.1.3
$\Phi : \mathbb{V}^{n_s} \times \mathbb{V}^{n_u} \times \mathbb{T} \to \mathbb{V}^{n_y}$	Simulationsausgangsfunktion für ein System	3.1.3
$M_E \in \mathbb{M}_E$	Konkretes Experimentierbares Modell	3.1.3
$\underline{u}_{\text{edz}} \in \mathbb{V}^{n_{u_{\text{edz}}}}$	Eingangsvektor eines EDZ	3.2.1
$\underline{u}_{\text{sivs}}^{\text{strg}} \in \mathbb{V}^{n_{u_{\text{sivs,strg}}}}$	Ext. Steuerungsanweisungen der IVS-Komponente	3.2.1
$\underline{u}_{\text{sivs}}^{\text{sen}} \in \mathbb{V}^{n_{u_{\text{sivs,sen}}}}$	Sensoreingänge der IVS-Komponente	3.2.1
$\underline{y}_{\text{sivs}}^{\text{akt}} \in \mathbb{V}^{n_{y_{\text{sivs,akt}}}}$	Steuerungsausgänge der IVS-Komponente	3.2.1
$\underline{u}_{\text{smms}}^{\text{sen}} \in \mathbb{V}^{n_{u_{\text{smms,sen}}}}$	Sensoreingänge der MMS-Komponente	3.2.1
$\underline{y}_{\text{edz}} \in \mathbb{V}^{n_{y_{\text{edz}}}}$	Ausgangsvektor eines EDZ	3.2.1
$\underline{s}_{\text{spsys}}^{\text{akt}} \in \mathbb{V}^{n_{s_{\text{spsys}}}}$	Simulationszustand der Aktorkomponente	3.2.1
$\underline{s}_{\text{spsys}}^{\text{sys}} \in \mathbb{V}^{n_{s_{\text{spsys}}}}$	Simulationszustand der Systemkomponente	3.2.1
$\underline{s}_{\text{spsys}}^{\text{sen}} \in \mathbb{V}^{n_{s_{\text{spsys}}}}$	Simulationszustand der Sensorkomponente	3.2.1
$\underline{s}_{\text{sivs}} \in \mathbb{V}^{n_{s_{\text{sivs}}}}$	Simulationszustand der IVS-Komponente	3.2.1
$\underline{s}_{\text{smms}} \in \mathbb{V}^{n_{s_{\text{smms}}}}$	Simulationszustand der MMS-Komponente	3.2.1
$M_{S,\text{komp}} \in \mathbb{M}_{S,\text{komp}}$	Modell einer EDZ-Komponente	3.2.1
$\hat{i}_f : \mathbb{V}^{n_y} \times \mathbb{T} \to \mathbb{V}^{n_u}$	Interaktionsform	3.2.1
$\mathbb{W}_I$	Menge der Interaktionsformen(als MATLAB-Quellcode, SIMULINK-Blockschaltbild, ...)	3.2.1
$\mathbb{D}_I$	Menge der Beschreibungsformen der Interaktionsformen (MATLAB-Quellcode, SIMULINK-Blockschaltbild, ...)	3.2.1

(Fortsetzung)

(Fortsetzung)

Symbol	Bezeichnung	Kap.
$\mathbb{V}_I = \mathbb{W}_I \times \mathbb{D}_I$	Menge konkreter typisierter Interaktionsformen	3.2.1
$I_i = (w_{I,i}, d_{I,i}) \in \mathbb{V}_I$	Konkrete Interaktionsform $w_{I,i} \in \mathbb{W}_I$ mit Beschreibungsform $d_{I,i} \in \mathbb{D}_I$	3.2.1
$\underline{I} \in \mathbb{V}_I^{n_I}$	Vektor der Interaktionsformen des Modells M_S	3.2.1
$\mathbb{W} := \mathbb{W}_a \cup \mathbb{W}_A \cup \mathbb{W}_I$	Menge aller Parameter, Algorithmen und Interaktionsformen (Variante 2)	3.2.1
$\mathbb{D} := \mathbb{D}_a \cup \mathbb{D}_A \cup \mathbb{D}_I$	Menge aller Parametertypen und Algorithmen-/ Interaktions-Beschreibungsformen (Variante 2)	3.2.1
$\mathbb{V} := \mathbb{W} \times \mathbb{D} \times \mathbb{L}_a$	Menge aller Parameter, Algorithmen und Interaktionsformen (Variante 2)	3.2.1
$\xi_{\underset{a \to b,a}{i}} : \mathbb{V}^{n_{y\text{komp},a}} \to \mathbb{V}^{n_{y\text{verb},i}}$	Selektion der von EDZ-Komponente a zur Komponente b zu übertragenden Ausgangsgrößen	3.2.1
$\xi_{\underset{a \to b,b}{i}} : \mathbb{V}^{n_{y\text{verb},i}} \to \mathbb{V}^{n_{u\text{komp},b}}$	Zuweisung der von EDZ-Komponente a zur Komponente b zu übertragenden Ausgangsgrößen zu den jeweiligen Eingangsgrößen	3.2.1
$\hat{i}_{\underset{f,a \to b}{i}} : \mathbb{V}^{n_{y\text{komp},a}} \times \mathbb{T} \to \mathbb{V}^{n_{u\text{komp},b}}$	Übertragung der Ausgänge von EDZ-Komponente a in die Eingänge von EDZ-Komponente b	3.2.1
$\hat{i}_{f,b} : \mathbb{V}^{n_{y\text{edz}}} \times \mathbb{T} \to \mathbb{V}^{n_{u\text{komp},b}}$	Übertragung der Ausgänge aller EDZ-Komponenten in die jeweils verbundenen Eingänge von EDZ-Komponente b	3.2.1
$\hat{i}_{f,\text{edz}} : \mathbb{V}^{n_{y\text{edz}}} \times \mathbb{T} \to \mathbb{V}^{n_{u\text{edz}}}$	Übertragung der Ausgänge aller EDZ-Komponenten in die jeweils verbundenen Eingänge	3.2.1
$\mathbb{V}_v := \mathbb{B} \times \mathbb{B}$	Menge konkreter Verbindungen	3.2.1
$v_i = (b_{i,1}, b_{i,2}) \in \mathbb{V}_v$	Konkrete Verbindung zwischen den durch $b_{i,1}$ und $b_{i,2}$ referenzierten Ports	3.2.1
$\mathbb{M}_{S,\text{komp}} = \mathbb{V}_a^{n_a} \times \mathbb{V}_A^{n_A} \times \mathbb{P}^{n_u} \times$ $\mathbb{P}^{n_y} \times \mathbb{V}_v^{n_v} \times \mathbb{V}_I^{n_I} \times \mathbb{M}_{S,\text{unterkomp}}^{n_{\text{unterkomp}}}$	Menge aller Modelle von EDZ-Komponenten	3.2.3

(Fortsetzung)

(Fortsetzung)

Symbol	Bezeichnung	Kap.
$M_{S,\text{komp}} \in \mathbb{M}_{S,\text{komp}}$	Konkretes Modell einer EDZ-Komponente	3.2.3
$M_{S,\text{edz}} \in \mathbb{M}_{S,\text{komp}}$	Konkretes Modell eines EDZ	3.2.3
$\underline{a}_{\text{komp}} \in \mathbb{V}_a^{n_a}$	Parametervektor einer EDZ-Komponente	3.2.3
$\underline{A}_{\text{komp}} \in \mathbb{V}_A^{n_A}$	Vektor der Algorithmen einer EDZ-Komponente	3.2.3
$\underline{U}_{\text{komp}} \in \mathbb{P}^{n_u}$	Vektor der Eingangsdefinitionen einer EDZ-Komponente	3.2.3
$\underline{Y}_{\text{komp}} \in \mathbb{P}^{n_y}$	Vektor der Ausgangsdefinitionen einer EDZ-Komponente	3.2.3
$\underline{v}_{\text{komp}} \in \mathbb{V}_v^{n_v}$	Vektor der Verbindungen innerhalb einer EDZ-Komponente	3.2.3
$\underline{I}_{\text{komp}} \in \mathbb{V}_I^{n_I}$	Vektor der Interaktionsformen einer EDZ-Komponente	3.2.3
$\underline{M}_{S,\text{unterkomp}} \in \mathbb{M}_{S,\text{unterkomp}}^{n_{\text{komp}}}$	Vektor der Unterkomponenten einer EDZ-Komponente	3.2.3
$m \in \mathbb{V}^n$	Reglerausgangsgröße	3.3
$y \in \mathbb{V}^n$	Stellgröße	3.3
$x \in \mathbb{V}^n$	Regelgröße	3.3
$s \in \mathbb{V}^n$	Messsignal	3.3
$r \in \mathbb{V}^n$	Rückführgröße	3.3
$c \in \mathbb{V}^n$	Zielgröße	3.3
$w \in \mathbb{V}^n$	Führungsgröße	3.3
$e \in \mathbb{V}^n$	Regeldifferenz	3.3
$z \in \mathbb{V}^n$	Störgröße	3.3
$\underline{u}_{\text{real}} \in \mathbb{V}^{n_{u_{\text{real}}}}$	Eingangsvektor eines realen Physischen Systems	3.4.4
$\underline{y}_{\text{real}} \in \mathbb{V}^{n_{y_{\text{real}}}}$	Ausgangsvektor eines realen Physischen Systems	3.4.4
$\underline{s}_{\text{vtb}}, \underline{s}_{\text{szenario}} \in \mathbb{V}^{n_{s_{\text{szenario}}}}$	Zustandsvektor eines VTB bzw. eines Szenarios	3.6.1
$\underline{s}_{\text{edz}} \in \mathbb{V}^{n_{s_{\text{edz}}}}$	Zustandsvektor eines EDZ	3.6.1
$\Gamma : \mathbb{V}^{n_{s_{\text{szenario}}}} \times \mathbb{T} \to \mathbb{V}^{n_{s_{\text{szenario}}}}$	Simulationsfunktion für ein Szenario	3.6.1
$\mathbb{T} = \mathbb{R} \times \mathbb{N}$	Menge der „super-dense time"	3.6.2

(Fortsetzung)

(Fortsetzung)

Symbol	Bezeichnung	Kap.
$t = (t_R, t_I)$	Simulationszeitpunkt entsprechend der „super-dense time"	3.6.2
$t^{\bullet} \in \mathbb{T}$	Nächster Simulationszeitpunkt in „super-dense time"	3.6.2
$\mathbb{V}_k \subset \mathbb{V}_a$	Kontinuierlicher Systemzustand	3.6.2
$\underline{s}_k \in \mathbb{V}_k^{n_{s_k}}$	Vektor kontinuierlicher Systemzustände	3.6.2
$\underline{s}_d \in \mathbb{V}_a^{n_{x_d}}$	Vektor diskreter Systemzustände	3.6.2
$f_k : \mathbb{V}_k^{n_{s_k}} \times \mathbb{V}^{n_u} \times \mathbb{R} \to \mathbb{V}_k^{n_{s_k}}$	Übergangsfunktion eines zeitkontinuierlichen Systems mit n_{s_k} kontinuierlichen Zustands- und n_u Eingangsgrößen	3.6.2
$f_d : \mathbb{V}^{n_{s_d}} \times \mathbb{V}^{n_u} \times \mathbb{T} \to \mathbb{V}^{n_{s_d}}$	Übergangsfunktion eines ereignisdiskreten Systems mit n_{s_d} diskreten Zustands- und n_u Eingangsgrößen	3.6.2
$h_k :$ $\mathbb{V}_k^{n_{s_k}} \times \mathbb{V}_k^{n_{s_k}} \times \mathbb{V}^{n_u} \times \mathbb{R} \to \mathbb{R}$	Nebenbedingungen eines zeitkontinuierlichen Systems mit n_{s_k} kontinuierlichen Zustands- und n_u Eingangsgrößen	3.6.2
$h_d : \mathbb{V}^{n_{s_d}} \times \mathbb{V}^{n_u} \times \mathbb{T} \to \mathbb{R}$	Nebenbedingungen eines ereignisdiskreten Systems mit n_{s_d} kontinuierlichen Zustands- und n_u Eingangsgrößen	3.6.2
$g : \mathbb{V}^{n_s} \times \mathbb{V}^{n_u} \times \mathbb{T} \to \mathbb{V}^{n_y}$	Ausgangsfunktion des zeitkontinuierlichen oder ereignisdiskreten Modellteils mit n_s Zustands-, n_u Eingangs- und n_y Ausgangsgrößen	3.6.2
$T : \mathbb{V}^{n_s} \times \mathbb{V}^{n_u} \times \mathbb{R} \to \mathbb{R}$	Zeitpunkt des nächsten Ereignisses	3.6.2
$e \in \mathbb{E}$	Entscheidung	3.7.2
$o \in \mathbb{O}$	Ergebnis	3.7.2
$\zeta : \mathbb{E} \to \mathbb{O}$	Abbildung einer Entscheidung auf ein Ergebnis	3.7.2
$N_O : \mathbb{O} \to \mathbb{R}$	Bewertung des Nutzens eines Ergebnisses	3.7.2
$N_E : \mathbb{E} \to \mathbb{R}$	Bewertung des Nutzens einer Entscheidung	3.7.2

(Fortsetzung)

(Fortsetzung)

Symbol	Bezeichnung	Kap.
$^K\underline{p} \in \mathbb{R}^3$	Koordinatenvektor für einen Punkt im Koordinatensystem K	4.3.2
$^K\underline{v} \in \mathbb{R}^3$	Translatorische Geschwindigkeit eines Punktes im Koordinatensystem K	4.3.2
$^K\underline{\omega} \in \mathbb{R}^3$	Rotatorische Geschwindigkeit eines Punktes im Koordinatensystem K	4.3.2
$^B\underline{T}_A \in \mathbb{R}^{4 \times 4}$	Homogene Transformation aus dem Koordinatensystem A in B	4.3.2
$T_S \in \mathbb{T}_S$	Simulationsaufgabe	5.5.1
$R_T \in \mathbb{R}_S$	Ressource zur Ausführung einer Simulationsaufgabe T_S	5.5.1
$C \in \mathbb{C} := \mathbb{C}_{TR} \cup \mathbb{C}_{TT}$	Constraints zur Ausführung von Simulationsaufgaben T_S	5.5.1
$C_{TR} : \mathbb{T}_S \times \mathbb{R}_T \times \mathbb{T} \to \mathbb{R}$	Constraint zur Zuordnung von Simulationsaufgaben T_S zu Ressourcen R_T	5.5.1
$C_{TT} : \mathbb{T}_S \times \mathbb{T}_S \times \mathbb{T} \to \mathbb{R}$	Constraint zur Beschreibung von Abhängigkeiten zwischen Simulationsaufgaben T_S	5.5.1
$P \in \mathbb{P}^n$ mit $\mathbb{P} := \mathbb{T}_S \times \mathbb{T}$	Schedulingplan mit n Elementen	5.5.1
$f_P : \mathbb{P}^n \to \mathbb{R}$	Funktion zur Bewertung eines Plans aus n Aufgaben $T_{S,i}$	5.5.1

Inhaltsverzeichnis

Akronyme

AAS	Asset Administration Shell
API	Application Programming Interface
AUV	Autonomes Unterwasserfahrzeug (engl. Autonomous Underwater Vehicle, AUV)
BIM	Building Information Modelling
CAD	Computer-Aided Design
CAE	Computer-Aided Engineering
CIM	Computation Independent Model
CMOF	Complete MOF
CPMS	Cyber-Physisches Mechatronisches System
CPS	Cyber-Physisches System
DAE	Differential Algebraic Equation
DEVS	Discrete Event System Specification
DIS	Distributed Interactive Simulation
DSL	Domain-Spezific Language
DSS	Decision Support System
DZ	Digitaler Zwilling
ECSS	European Cooperation for Space Standardization
EDT	Experimentable Digital Twin
EDZ	Experimentierbarer Digitaler Zwilling
EMOF	Essential MOF
FAS	Fahrerassistenzsysteme
FEM	Finite-Elemente-Methode
FMI	Functional Mockup Interface
FMU	Functional Mockup Unit
GIS	Geografisches Informationssystem

GNSS	Globales Navigationssatellitensystem (z. B. GPS)
GPL	General-Purpose Language
GPS	Global Positioning System
HiL	Hardware-in-the-Loop
HLA	High-Level Architecture
iBLOCK	intelligent Building Block
iBOSS	intelligent Building Blocks for On-Orbit Satellite Servicing
IFC	Industry Foundation Classes
IMU	Inertial Measurement Unit
IoT	Internet of Things
ISS	Internationale Raumstation (engl. International Space Station, ISS)
IVS	Informationsverarbeitendes System
KI	Künstliche Intelligenz
KPI	Key Performance Indicator
LCIM	Levels of Conceptual Interoperability Model
LCP	Linear Complementarity Problem
M0	Modelle in der realen Welt
M0O0	Objekte der realen Welt
M0O1	Mentales Modell eines Objekts der realen Welt
M1	Modelle der Artefakte der realen Welt
M1O0	Datenobjekte im Modell (die „Daten")
M1O1	Modell der Daten (das „Datenmodell")
M2	Meta-Modelle der Modelle der Artefakte der realen Welt
M2O0	Metamodell der Datenobjekte
M2O1	Metamodell des Datenmodells
M3	Meta-Meta-Modell
M3	Meta-Metamodell des Datenmodells
MBSE	Model-based Systems Engineering
MCPS	Mechatronisches/Cyber-Physisches System
MDA	Model-Driven Architecture
MDD	Model-Driven Development
MDE	Model-Driven Engineering
MDSE	Model-Driven Software Engineering
MiL	Model-in-the-Loop
MMS	Mensch-Maschine-Schnittstelle
MOF	Meta Object Facility
MQTT	Message Queing Telemetry Transport
nDOM	Normalisiertes Digitales Oberflächenmodell, auch als „Differenzmodell" bezeichnet

O0	Datenobjekte (siehe Abbildung 4.49)
O1	Modelle der Datenobjekte (siehe Abbildung 4.49)
OCL	Object Constraint Language
ODE	Ordinary Differential Equation
OMG	Object Management Group
OOA	On-Orbit Assembly
OOS	On-Orbit Servicing
PDE	Partial Differential Equation
PHM	Product Health Management
PIM	Platform Independent Model
PLM	Product Lifecycle Management
PSM	Platform Specific Model
PSYS	Physisches System
QVT	Query/View/Transformation Specification
ROS	Robot Operating System
RULA	Rapid Upper Limb Assessment
RvD	Rendezvous & Docking
RZ	Realer Zwilling
SBSE	Simulation-based Systems Engineering
SCRUM	Vorgehensmodell des Projekt-und Produktmanagements
SHM	Structural Health Management
SiL	Software-in-the-Loop
SMP2	Simulation Model Portability Version 2
SOA	Service-orientierte Architektur
SoS	System of Systems
SysML	Systems Modeling Language
TM	Terra Mechanics (englisch für „Bodenmechanik")
UML	Unified Modelling Language
VCI	Virtual Testbed Communication Infrastructure
VIBN	Virtuelle Inbetriebnahme
VSD	Virtual Testbed Active Simulation Database
VTB	Virtuelles Testbed

Abbildungsverzeichnis

Tabellenverzeichnis

Definitionen

Einleitung 1

Der Digitale Zwilling – 1-zu-1-Repräsentation Realer Zwillinge: Der Digitale
Zwilling (DZ) wird als junge Technologie wahrgenommen und kann doch bereits
auf eine mehr als 15-jährige Geschichte zurückblicken. Die wesentliche Stärke des
Konzepts ist seine einfache und anschauliche Grundidee: Ein Digitaler Zwilling
ist das stets aktuelle virtuelle digitale Abbild seines Realen (und meist analogen)
Zwillings wie z. B. einer Maschine, eines Geräts oder eines Menschen. Der Digitale
Zwilling fasst alle im Lebenszyklus des Realen Zwillings entstehenden Digitalen
Artefakte zusammen und integriert den Realen Zwilling in umgebende Systeme
und Prozesse. Die Zusammenführung der im Engineering entstehenden Modelle
mit Daten aus Produktion, Betrieb und Instandhaltung führt zu einer fortschreiten-
den Annäherung von Digitalem und Realem Zwilling. Im Ergebnis konvergieren
virtuelle und reale Welten und wachsen zusammen.

Aus der Perspektive der Mensch-Maschine-Interaktion ist der Digitale Zwilling ein idealer „Brückenbauer". In der virtuellen Welt des Digitalen Zwillings
finden sich genau die Elemente, die auch am Realen Zwilling in der realen Welt
sichtbar, erfahrbar und experimentierbar sind. Dies minimiert die Modellabstraktion und senkt damit die meist größte Hürde beim Übergang von der realen in die
virtuelle Welt. Gleichzeitig kann der Digitale Zwilling realitätsnah visualisiert werden, wodurch der für die menschliche Wahrnehmung wichtigste Sinn, das Sehen,
adressiert wird (siehe Abbildung 1.1). Hierbei liefert der Digitale Zwilling jedem
Betrachter – vom Entwickler über den Kunden bis zum Anwender vor Ort – die
für ihn geeignete Ansicht, so dass er intuitiv Situationen erfassen und einschätzen sowie Lösungskonzepte erarbeiten und vergleichen kann. Der Digitale Zwilling zeigt einen neutralen, umfassenden und unverstellten Blick auf das betrachtete
System unabhängig von oftmals unbewusst durchgeführten personenspezifischen
Interpretationen. Dies fördert gemeinsame Wissenskonstruktion und konsistente

© Der/die Autor(en), exklusiv lizenziert an Springer Fachmedien Wiesbaden GmbH,
ein Teil von Springer Nature 2024
M. Schluse, *Experimentierbare Digitale Zwillinge*,
https://doi.org/10.1007/978-3-658-44445-7_1

Entscheidungsprozesse in neuartigen soziotechnischen Systemen. Digitale Zwillinge bringen Menschen über die Grenzen ihrer „Silos" hinweg zusammen.

Abbildung 1.1 Digitale Zwillinge sind virtuelle digitale 1-zu-1-Repräsentationen ihrer Realen Zwillinge – und sehen auch so aus. Hierdurch werden sie „greifbar" und ihr Verhalten nachvollziehbar (Foto links Marc Priggemeyer, [PR18], Foto rechts Wald und Holz NRW).

Die Herausforderung bei der konkreten Nutzung von Digitalen Zwillingen ist, dass es bis heute kein gemeinsames Verständnis des Digitalen Zwillings gibt. Die Verwendung des Begriffs ist häufig vom Marketing geprägt, aktuelle Definitionen sind nicht eindeutig und eine echte Integration in den Lebenszyklus ist immer noch komplex, „*so dass in der industriellen Praxis bisher noch ein unklares Bild bzgl. des Potentials und der Lösungsformen von Digitalen Zwillingen herrscht*" [SAT+20]. Dabei wird bei näherer Betrachtung deutlich, dass der Digitale Zwilling sein volles Potenzial erst dann entfalten kann, wenn die vielfältigen mit diesem Konzept verbundenen Aufgaben, Anwendungsperspektiven, Lebenszyklusphasen und Nutzersichten systematisch zusammengeführt werden. Hier liegt enormes Potenzial, welches aktuell nur eingeschränkt genutzt wird.

Simulationstechnik – Prognose des Verhaltens (nicht nur) technischer Systeme:
Auf der anderen Seite hat die Entwicklung der Simulationstechnik in den letzten Jahren enorme Fortschritte gemacht. Für nahezu jede Problemstellung stehen die notwendigen Algorithmen und Werkzeuge zur Verfügung. Für ein und dasselbe System werden sowohl auf System- als auch Komponentenebene diverse Simulationen von unterschiedlichen Entwicklerteams auf Grundlage jeweils spezialisierter Modelle meist unabhängig voneinander durchgeführt. Obwohl die Ergebnisse der Simulationen oft wechselseitig voneinander abhängig sind und sich die einzelnen Simulationen entsprechend gegenseitig beeinflussen müssten, findet kaum ein Austausch zwischen diesen statt. Eine übergreifende Simulation des kompletten Systems bei gleichzeitig detaillierter Simulation der einzelnen Komponenten unter

Einbeziehung des Anwenders wird nahezu nicht durchgeführt[1]. Die Konsequenz ist klar: Auf Ebene einzelner Komponenten funktioniert das System perfekt, die Probleme werden erst nach dem Zusammenbau des Gesamtsystems deutlich und müssen dann zeitaufwändig und teuer korrigiert werden. Ist dies auf der Erde „nur" eine Frage von Zeit und Geld, führt dies im Weltraum oftmals direkt zum Scheitern einer gesamten Mission, denn diese Mission ist typischerweise der erste Test des Gesamtsystems[2]. Ziel muss daher eine durchgreifende Integration von Simulation – auf Komponenten- wie auf Systemebene – in den Entwicklungsprozess technischer Systeme sein. Aktuell ist jede durchgeführte Simulation ein „Einzelereignis", welches aufwändig aufbereitete Simulationsmodelle erfordert. Auch die Weiternutzung der Ergebnisse ist häufig Handarbeit.

Darüber hinaus sind Simulationen im täglichen Betrieb eines Systems von großem Nutzen. Der Benutzer kann sich mit ihrer Hilfe etwa die Auswirkung steuernder Eingriffe voraussagen lassen. Auf der anderen Seite kann das System selbst Simulationen nutzen, um Entscheidungen vorzubereiten, diese dem Bediener zu präsentieren und ggf. auch selbst zu treffen. Simulationen sind so der Wegbereiter für intuitiv bedienbare und intelligente Systeme. Die aktuellen Arbeiten zu Cyber-Physischen Systemen und Industrie 4.0 weisen hier den Weg. Die Komplexität in der Realisierung der hierzu notwendigen Simulationen und die Komplexität ihrer Integration in technische Systeme stehen diesem Ansatz heute allerdings vielfach noch entgegen.

Der Experimentierbare Digitale Zwilling – Die symbiotische Verbindung von Digitalem Zwilling und Simulationstechnik: Wir befinden uns aktuell in der *„Next Wave in Simulation"* (so genannt z. B. in [TZL+19; RVL+15; BR16; Rei15]),

---

[1] So reicht zur Analyse des Arbeitsraums eines in einer virtuellen Produktionsanlage eingesetzten Roboters die Betrachtung seiner Bewegungsmöglichkeiten im Rahmen einer kinematischen Simulation völlig aus. Die detaillierte Betrachtung seines dynamischen Verhaltens bei hochdynamischen Bewegungen und beim Transport größerer Lasten erfordert eine detailliertere Untersuchung des Roboters, z. B. durch Methoden der Starrkörperdynamik. Temporäre Verformungen werden typischerweise durch Finite-Elemente-Methoden untersucht. Die Entwicklung der Steuerungsseite wie auch die detaillierte Simulation der beteiligten Elektronik und Motoren erfolgt durch Simulation von Regler- und Steuerungsstrukturen auf symbolischer Ebene. Bei allem ist zu beachten, dass dieser Roboter nicht „alleine auf der Welt ist", sondern mit der Umgebung im Allgemeinen und dem umgebenden Produktionssystem im Speziellen interagiert. Hieraus resultierende Fragestellungen werden mit weiteren Simulationsansätzen betrachtet.

[2] Beispiele hierfür sind etwa der gescheiterte erste Start einer Ariane V, das missglückte Einschwenken des Mars Climate Orbiters in den Mars-Orbit oder der Absturz von Schiaparelli auf dem Mars [Spa17a].

die durch die Evolution von Simulation zu einer eigenständigen Systemfunktionalität mit einer durchgängigen Nutzung im gesamten Lebenszyklus gekennzeichnet
ist und die maßgeblich durch den Digitalen Zwilling umgesetzt wird. Simulationstechnik ist sowohl eine wichtige Grundlage als auch ein wichtiger Nutzer des
Digitalen Zwillings. Auf der einen Seite liefert Simulationstechnik dem Digitalen
Zwilling ausführbare Modelle und geeignete Simulatoren zur hochqualitativen und
hochdetaillierten Prognose des Verhaltens seines Realen Zwillings. Auf der anderen
Seite stellt der Digitale Zwilling die notwendigen Betriebsdaten des Realen Zwillings zur Verfügung, um seine Modelle zu kalibrieren und zu justieren, und liefert
die notwendige Struktur und Semantik, um ihn in Simulationen auf Systemebene zu
integrieren. Simulationstechnik macht den Digitalen Zwilling experimentierbar, aus
Digitalen Zwillingen werden Experimentierbare Digitale Zwillinge (EDZ), Digitale Zwillinge kombiniert mit aktueller Simulationstechnik bzw. Digitale Zwillinge
aus der Perspektive der Simulationstechnik. Experimentierbare Digitale Zwillinge,
ihre Interaktion in frei wählbaren Szenarien und deren Simulation in so genannten Virtuellen Testbeds liefern umfassende Antworten auf die eingangs skizzierten
aktuellen Herausforderungen. Sie ermöglichen innovative EDZ-Anwendungen und
erschließen der Simulationstechnik einen neuen Anwendungsraum (siehe Beispiele
in Abbildung 1.2).

Die EDZ-Methodik[3] **– Werkzeuge, Methoden und Arbeitsabläufe für Experimentierbare Digitale Zwillinge:** Ein derart übergreifender Ansatz kann mit
werkzeugzentrierten Herangehensweisen, bei denen jeweils einzelne Simulationssysteme, deren spezifische Simulationsmodelle und die hieraus generierten Simulationsergebnisse im Fokus der Betrachtung stehen, aufgrund der oft fehlenden
umfassenden und gleichzeitig detaillierten Sicht auf das System, vieler Medienbrüche und unzureichend abgestimmter Arbeitsabläufe nicht in der notwendigen
Tiefe realisiert werden. Bei der EDZ-Methodik stehen daher die Experimentierbaren Digitalen Zwillinge im Mittelpunkt und nicht ein konkreter Simulator oder ein
konkretes Simulationsmodell. Experimentierbare Digitale Zwillinge werden modelliert und dann durch Nutzung jeweils benötigter EDZ-Methoden (z. B. Entwurf,
Entwicklung, Validierung, Optimierung, Bedienung, Beobachtung, Steuerung) von
den jeweiligen Nutzern (z. B. Entwickler, Bediener, Maschine, Softwaredienst) in
unterschiedlichen Lebenszyklusphasen (z. B. Enwicklung, Inbetriebnahme, Betrieb,
Wartung) in jeweils geeigneten Infrastrukturen (z. B. Desktop-PC, VR-Installation,
Smartphone, Maschine, Server) in die Anwendung gebracht.

---

[3] Zur Erläuterung des hier verwendeten Methodik-Begriffs siehe auch Abschnitt 2.5.2.

Abbildung 1.2 Experimentierbare Digitale Zwillinge und die Werkzeuge, Methoden und Arbeitsabläufe der EDZ-Methodik sind Grundlage für eine Vielzahl unterschiedlicher EDZ-Anwendungen. Paare Realer Zwillinge und EDZ sind durch blaue Balken miteinander verbunden.

Die EDZ-Methodik kombiniert hierzu auf Grundlage des Experimentierbaren Digitalen Zwillings aktuelle Ansätze der Simulationstechnik, des Model-based Systems Engineerings und des Model-driven Engineerings mit Industrie 4.0- und Robotik-Konzepten sowie einem systematischen Entwicklungsprozess (siehe Abbildung 1.3). Sie stellt aufeinander abgestimmte Werkzeuge, Methoden und Arbeitsabläufe zur Verfügung, die eine neuartige Form der Strukturierung und Systematisierung z. B. von Entwicklung, Betrieb und Bedienung (nicht nur) technischer Systeme ermöglichen. Sie führt die Beschreibungs-, Steuerungs- und Integrationsfähigkeiten des Experimentierbaren Digitalen Zwillings mit robotischen und simulationstechnischen Methoden auf Grundlage einer formalen Systembeschreibung zusammen. Ausgangspunkt sind stets als Netzwerke interagierender Experimentierbarer Digitaler Zwillinge modellierte konkrete Anwendungsszenarien, sogenannte EDZ-Szenarien, die in Virtuellen Testbeds als Laufzeitumgebung für Experimentierbare Digitale Zwillinge zum Leben erweckt werden. Die vielfältige Nutzung unterschiedlicher Realisierungen ein und desselben (Experimentierbaren) Digitalen Zwillings

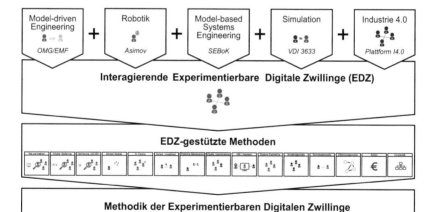

Abbildung 1.3 Die Zusammenführung von Methoden, Werkzeugen und Arbeitsabläufen aus Model-driven Engineering, Model-based Systems Engineering, Simulation, Robotik und Industrie 4.0 ermöglicht die umfassender Modellierung, Vernetzung und Simulation Experimentierbarer Digitaler Zwillinge [4]. Diese sind die Grundlage für EDZ-Methoden und gemeinsam mit diesen Kernbestandteil der EDZ-Methodik.

---

[4] Die in der Abbildung genannten Abkürzungen referenzieren die Quellen [MM01; Asi50; BKC18; VDI18; VDI22].

im Lebenszyklus kann anhand der in Abbildung 1.4 beispielhaft skizzierten Dimensionen[5] des EDZ-Anwendungsraums eingeordnet werden. Dies führt zu einem deutlich reduzierten Aufwand bei der Erstellung jeder einzelnen EDZ-Anwendung, zu einer Mehrfachnutzung bereits realisierter Experimentierbarer Digitaler Zwillinge sowie zu einem schnellen Wechsel zwischen den EDZ-Anwendungen.

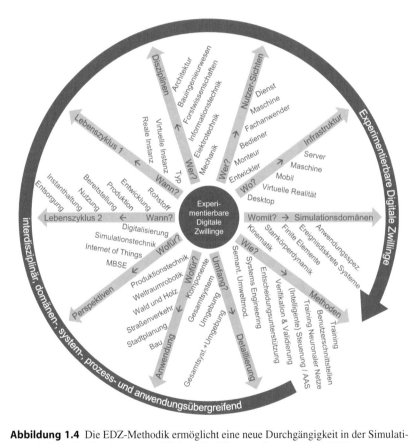

Abbildung 1.4 Die EDZ-Methodik ermöglicht eine neue Durchgängigkeit in der Simulationstechnik und in der Anwendung Digitaler Zwillinge (aufbauend auf [RS22]).

[5] Einen detaillierten Überblick über die einzelnen Dimensionen gibt Abschitt 2.6.

Das Ziel dieses Textes – Einführung in die EDZ-Methodik, die benötigten Grundlagen und die praktische Anwendung: Dieser Text führt in die Technologie der Digitalen Zwillinge und Experimentierbaren Digitalen Zwillinge sowie in die EDZ-Methodik ein. Er fasst zentrale Aspekte von Robotik, anwendungsübergreifender Systemmodellierung, systemübergreifender Simulationstechnik sowie weiterer Technologien zur technischen Umsetzung von EDZ und Virtuellen Testbeds sowie zu deren Nutzung zusammen. Das Anwendungsspektrum wird am übergreifenden Beispiel einer Forstmaschine sowie anhand einer Vielzahl weiterer konkreter Anwendungsbeispiele illustriert. Hierdurch werden die Grundlagen für den interdisziplinären, domänen-, system-, prozess-, anwendungs- und lebenszyklusübergreifenden Einsatz von EDZ und der hiermit verbundenen Konzepte, Technologien und Anwendungen gelegt. Im Einzelnen bedeutet das:

- Nach der Lektüre dieses Textes kennt der Leser die Motivation, die zu DZ führt.
- Der Leser kennt das Konzept der DZ, die unterschiedlichen mit diesem Konzept verbundenen Aufgaben, Anwendungsperspektiven, Lebenszyklusphasen und Nutzersichten und deren Zusammenführung im DZ.
- Der Leser kennt das Konzept der EDZ zur anwendungsübergreifenden Systemmodellierung, zur systemübergreifenden Simulation sowie zum Einsatz von Simulation im Engineering und im Betrieb.
- Der Leser kennt die unterschiedlichen EDZ-Methoden und -Anwendungen.
- Der Leser kann den Einsatz und die Randbedingungen des Einsatzes von EDZ und EDZ-Methodik in unterschiedlichen Anwendungsbereichen einschätzen.
- Der Leser kennt die notwendigen Grundlagen aus der Simulationstechnik und kann diese zur übergreifenden Simulation von EDZ-Szenarien nutzen.
- Der Leser kennt maßgebliche Aspekte der technischen Umsetzung von EDZ.

Struktur und Aufbau: Um die benötigten Gesamtzusammenhänge aufzuzeigen und ein „Mindset" für das ebenso vielversprechende wie ambitionierte Konzept des Experimentierbaren Digitalen Zwillings aufzubauen, ist dieser Text wie in Abbildung 1.5 skizziert strukturiert. Ausgehend von übergreifenden Anforderungen, Konzepten und Begriffen taucht die Darstellung sukzessive tiefer in die Gesamthematik aber auch in ausgewählte, zur Umsetzung notwendige Technologiebereiche ein[6].

---

[6] Die Struktur orientiert sich bewusst nicht an den betrachteten Technologiebereichen wie „Simulationstechnik", „Model-based Systems Engineering", „Model-Driven Engineering" u. ä. Vielmehr wird in jedem Kapitel stets das Gesamtkonzept aus den jeweiligen Perspektiven beleuchtet. Hierbei sinkt die Abstraktionsebene stetig.

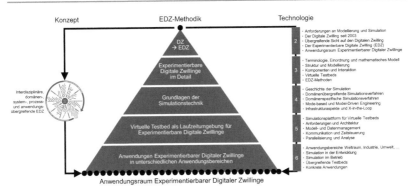

Abbildung 1.5 Eine Methode, viele Anwendungen: Die Inhalte der nachfolgenden Kapitel kurz zusammengefasst

Entsprechend gliedert sich dieser Text wie folgt: Nach dieser Einleitung gibt Kapitel 2 ausgehend von der Analyse des Einsatzes von Simulationstechnik im Kontext technischer Systeme einen Überblick über DZ und deren aktuelle Verwendung, definiert und erläutert die Begriffe DZ und EDZ, skizziert das Konzept der EDZ und illustriert die vielfältigen hiervon adressierten Aspekte bis hin zu EDZ-Methoden und -Anwendungen.

Kapitel 3 führt auf Grundlage dieses Überblicks den EDZ und die EDZ-Methodik im Detail ein. Der Leser lernt seine Modellierung, seine Interaktion in EDZ-Szenarien, seine Ausführung in Virtuellen Testbeds (VTB) und seinen Einsatz in einer Vielzahl unterschiedlicher EDZ-Methoden kennen. Ausgangspunkte sind ein übergreifendes, über alle genannten Methoden reichendes mathematisches Modell sowie eine einheitliche Nomenklatur.

Kapitel 4 legt ausgehend vom derzeitigen Stand der Technik die (im Wesentlichen) simulationstechnischen Grundlagen für die EDZ-Methodik. Hierzu werden für das Hauptanwendungsgebiet der Mechatronik maßgebliche Simulationsverfahren betrachtet und in das im Kapitel 3 entwickelte mathematische Modell des EDZ eingeordnet. Darüber hinaus werden zentrale Konzepte aus den Bereichen Model-based Systems Engineering und Model-Driven Engineering ebenso wie Infrastrukturaspekte eingeführt.

Im Kapitel 5 werden maßgebliche Aspekte zur Realisierung einer geeigneten Simulationsplattform für die EDZ-Methodik betrachtet. Das Spektrum reicht von der Modellierung und dem Management heterogener Modelldaten bis zur parallelen/verteilten, gekoppelten und interaktiven Multi-Domänen-Simulation. Darüber

hinaus werden Aspekte wie die Analyse von Simulationsläufen und die Optimierung
von Systemen mit Hilfe von Simulation untersucht. Diese Plattform bildet im weiteren Verlauf die Grundlage für Virtuelle Testbeds zur interdisziplinären, domänen-,
anwendungs- und lebenszyklusübergreifenden Simulation.

Kapitel 6 illustriert schließlich an etwa 50 konkreten Anwendungsbeispielen aus
unterschiedlichen Bereichen die vielfältigen mit der Umsetzung der EDZ-Methodik
verbundenen Realisierungsaspekte und gibt konkrete Hinweise zum Einsatz der
EDZ-Methodik. Gleichzeitig verdeutlichen die Anwendungen die Bandbreite und
das Potenzial des praktischen Einsatzes von EDZ und damit die Reichweite der
EDZ-Methodik.

Die einzelnen Kapitel bauen entsprechend der dargestellten Inhaltspyramide
aufeinander auf. Gleichzeitig sind diese soweit möglich unabhängig voneinander
gestaltet, so dass der Leser auch direkt in spätere Kapitel einsteigen oder Kapitel überspringen kann. Referenzen verweisen auf ein- und weiterführende Texte in
anderen Kapiteln. Eine Vielzahl von Fußnoten soll insbesondere die verwendeten
Begriffswelten und Sichtweisen einordnen und in die jeweiligen Kontexte setzen.
Für das eigentliche Verständnis sind sie nicht relevant.

Der Experimentierbare Digitale Zwilling: Ausgangssituation, Ziele, Begriffe und Konzept

2

Die Simulationstechnik sieht sich aktuell einer Reihe neuer Anforderungen sowie einer signifikanten Erweiterung ihres Einsatzspektrums gegenüber. Benötigt werden u. a. die Fähigkeit zur eingehenden Analyse von Systemen aus Mechatronischen/ Cyber-Physischen Systemen in unterschiedlichen Einsatzumgebungen und Einsatzsituationen, der lebenszyklusübergreifende Einsatz von Simulation und eine enge Kopplung von Simulation und Realität. Zu einem zentralen Strukturierungselement und zu einer zentralen semantischen Einheit zur Bewältigung dieser Herausforderungen entwickelt sich der Experimentierbare Digitale Zwilling (EDZ), der nicht nur das Verhalten sondern auch Semantik, Struktur und Interaktion seines zugehörigen Realen Zwillings[1] (RZ) in der virtuellen Welt abbildet, die hierzu benötigten Daten, Modelle und Algorithmen zusammenführt und kapselt und die synergetische Zusammenführung von EDZ und RZ in Szenarien ermöglicht.

---

[1]Zur Definition dieser Begriffe siehe Abschnitt 2.4.2 und Abschnitt 2.5.1.

Ergänzende Information Die elektronische Version dieses Kapitels enthält Zusatzmaterial, auf das über folgenden Link zugegriffen werden kann https://doi.org/10.1007/978-3-658-44445-7_2.

Dieses Kapitel leitet zu Beginn in Abschnitt 2.1 aus den neuen Anforderungen an Modellierung und Simulation die Motivation und die Ziele des Experimentierbaren Digitalen Zwillings ab. Der Experimentierbare Digitale Zwilling ist die Perspektive der Simulationstechnik auf das allgemeine Konzept des Digitalen Zwillings, der seit 2003 zur Abbildung realer Systeme in der virtuellen Welt eingesetzt wird. Zur Einordnung gibt Abschnitt 2.2 einen Überblick über maßgebliche Facetten, die sich in den letzten 20 Jahren entwickelt haben; Abschnitt 2.3 betrachtet maßgebliche Aspekte und Fragestellungen rund um den Digitalen Zwilling. Ausgehend hiervon führt Abschnitt 2.4 eine anwendungsperspektiven-, lebenszyklusphasen- und nutzersichten-übergreifende Definition des Digitalen Zwillings ein. Diese ist grundlegend dafür, das Potenzial des Digitalen Zwillings umfassend zu nutzen. Gleichzeitig liefert sie das Grundgerüst für die Definition des Experimentierbaren Digitalen Zwillings und der EDZ-Methodik als Rahmen für seinen übergreifenden Einsatz in Abschnitt 2.5. Die Nutzung von EDZ und EDZ-Methodik führt zu einem bereits heute kaum abschließend zu überblickenden Anwendungsraum, der in Abschnitt 2.6 mit seinen Dimensionen skizziert wird.

2.1   Neue Anforderungen an Modellierung und Simulation – Motivation und Ziele des Experimentierbaren Digitalen Zwillings

Die Simulationstechnik und in Bezug auf diesen Text konkreter die „Computersimulation" ist ein mittlerweile nicht mehr wegzudenkender Baustein im Kontext von Entwicklung und Betrieb technischer Systeme (siehe Kapitel 3). Durch die kontinuierlich steigende Leistungsfähigkeit moderner Computerinfrastruktur und immer wieder neue Simulationsansätze haben sich seit den Anfängen in den 1940er Jahren Detaillierung, Breite, Realitätsnähe und Geschwindigkeit von Simulation aber auch die Einbindung von Simulation in den Lebenszyklus enorm entwickelt. Die Digitalisierung im Allgemeinen, der fortschreitende Einsatz von Systemen aus Mechatronischen/Cyber-Physischen Systemen, die zunehmende Nutzung von Simulation im gesamten Lebenszyklus aber auch neue Konzepte aus Bereichen wie z. B. Industrie 4.0, Systems Engineering oder Künstlicher Intelligenz führen zu neuen Anforderungen an Modellierung und Simulation, die in diesem Abschnitt zusammengestellt werden. Hieraus werden dann Motivation und Ziele der Experimentierbaren Digitalen Zwillinge abgeleitet.

2.1.1   Digitalisierung von Systemen und Prozessen

Die Digitalisierung[2] (siehe Abbildung 2.1) wurde lange Zeit bestimmt durch die digitale Repräsentation analoger Informationen, physischer Objekte oder Ereignisse, die über Computernetzwerke digital kommuniziert werden und hierdurch digitale Prozesse ermöglichen. Dies führt – auch im industriellen Kontext [RVL+15] – zu einer wachsenden Erzeugung, Speicherung und Nutzung unterschiedlicher Digitaler Artefakte wie z. B. Daten (Parameter, Sensor- und Betriebsdaten u. ä.), daraus abgeleitete Informationen, unterschiedliche Modelle (Daten-, Kommunikations-, Verhaltensmodelle u. ä.), Simulationen (auf unterschiedlichen Ebenen mit unterschiedlichen Zielen) oder Softwaredienste. Mit Technologien wie dem IoT (Internet of Things) und dem Digitalen Zwilling hat sich der Blick auf den Begriff der Digitalisierung deutlich erweitert. Im Fokus steht die Digitalisierung von Produkten, d. h. die Erweiterung Physischer Systeme durch Digitale Artefakte, die hierdurch zu Cyber-Physischen Systemen (CPS) werden (siehe Abschnitt 2.1.2). Darüber hinaus entstehen im Kontext der Digitalisierung von Geschäftsmodellen neue Ansätze wie Plattformmodelle, As-a-Service-/Pay-per-X-Konzepte oder die „Sharing Economy".

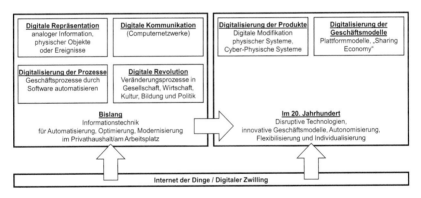

Abbildung 2.1 Facetten der Digitalisierung

---

[2] Der Begriff der Digitalisierung hat viele Facetten. Diese werden z. B. in der Definition *„Integration of digital technologies into everyday life by the digitization of everything that can be digitized"* [Bus20] deutlich. Gleichzeitig besteht besteht Verwechselungsgefahr zwischen unterschiedlichen Begriffen. Im englischen bezeichnet „digitization" die Überführung analoger Artefakte in ihre digitale Repräsentation, wohingegen „digitalization" für die Nutzung dieser Digitalen Artefakte in Produkten und Prozessen steht. Ähnliches gilt für die Begriffe „digital" und „virtuell", wobei ersterer im Kontext der Daten (die „Bits") und letzterer im Kontext der Virtualisierung verwendet wird.

Definition 2.1 (Digitalisierung): *Digitalisierung bezeichnet die Herstellung, Kommunikation und Nutzung Digitaler Artefakte in Produkten und Prozessen.*

Ein Artefakt ist hierbei *„ein von Menschen unter bestimmten Voraussetzungen und bestimmten Zielen realisiertes Objekt"*[3] [Wim09]:

Definition 2.2 (Artefakt): *„Das Ergebnis eines gestalterischen Prozesses durch einen Menschen wird als Artefakt bezeichnet."* [Wim09]

Definition 2.3 (Digitales Artefakt): *„Ein Digitales Artefakt ist ein Artefakt, dessen Gestaltung und Umsetzung mit informationstechnischen Mitteln erfolgt."* [Wim09]

Damit kann Simulation heute auf eine umfassende Grundlage an Daten und Informationen in Form Digitaler Artefakte aufbauen. EDZ machen diese Digitalen Artefakte für die Simulationstechnik nutzbar und nutzen gleichzeitig Simulationstechnik für die Erzeugung neuartiger Digitaler Artefakte. Sie liefern Struktur und Semantik, um Digitale Artefakte geeignet zusammenzuführen (siehe auch [RVL+15]). Sie sind Grundlage für neue Methoden der Mensch-Maschine-Interaktion und damit Vermittler zwischen der virtuellen und realen Welt[4,5].

---

[3] *„Dies steht im Gegensatz zu Objekten, die in der Natur ohne Zutun des Menschen entstehen oder beispielsweise Objekten in der Kunst, die nicht spezifisch zweckgerichtet sind. […] Während des Gestaltungsprozesses durchläuft ein Artefakt eine Veränderung, die meist von einer eher abstrakten Form hin zu einer sehr konkreten, gegenständlichen Form führt."* [Wim09]

[4] Betrachtet man wie in [Wim09] eine Benutzerschnittstelle als *„die für den Nutzer sicht- und erlebbare Form des Digitalen Artefakts"* und akzeptiert, dass *„Digitale Artefakte nicht wie physische Produkte angefasst werden können, sondern Vermittler benötigen, die eine Interaktion erlauben"*, wird deutlich, dass neue Methoden der Mensch-Maschine-Interaktion mit einer entsprechenden Gebrauchstauglichkeit („Usability") benötigt werden, *„insbesondere aus prozessualer und inhaltlicher Perspektive"*.

[5] Die Nutzung moderner Visualisierungs- und Interaktionshardware bietet hier interessante Perspektiven.

2.1.2 Entwicklung von Systemen aus (Cyber-Physischen) Systemen

Die Sicht auf und die Anforderungen an Systeme sowie die Realisierung von Systemen haben sich in den letzten Jahren grundlegend verändert. Im Zeitalter von Industrie 4.0 und des Internets der Dinge liegt der Fokus heute auf Systeme modular aufgebauter und miteinander vernetzter Cyber-Physischer Systeme.

Betrachtung von Systemen: Die Fähigkeit zur Modellierung von Systemen (siehe auch Abschnitt 3.1.1) *„ist elementare Voraussetzung moderner Produktentwicklungsprozesse und somit Kernbestandteil zukünftiger Entwicklungskompetenzen"* [SAT+20]. Auch wenn Simulationen *„immer komplexere und umfassendere Untersuchungen auch auf Systemebene"* erlauben, ist der Stand der Technik in der Simulationstechnik aktuell noch stark durch *„detaillierte Analysemöglichkeiten auf Komponentenebene, jedoch limitierte Fähigkeiten auf Systemebene"* geprägt [RJB+20]. Zur technischen Umsetzung der Systemsimulation entwickelt sich Co-Simulation zu einer Schlüsseltechnologie[6] [SCD+10; Kuh17b; RJB+20].

Der EDZ ist die Antwort auf die steigenden Anforderungen an die Simulation von Systemen. EDZ modularisieren Simulationsmodelle und übertragen so das Prinzip der Kapselung auf interoperable Simulationsmodelle[7] (siehe auch [RJB+20]). Gleichzeitig überführen sie die Prinzipien der Modularisierung[8] aus der realen in die virtuelle Welt (siehe auch [RHS+21; HBF20]). Hierbei beziehen sie neben „klassischen" Simulationsmodellen Planungsdaten aus unterschiedlichen Disziplinen vom Engineering über das Gebäudemanagement bis zur Stadtplanung ein. Zur Simulation auf Systemebene werden die Teilmodelle der EDZ in sogenannten Virtuellen Testbeds orchestriert und über Co-Modellierung und Co-Simulation zusammengeführt.

---

[6] *„Co-Simulation wird sich als einer der wichtigsten Bausteine zur Realisierung des Digitalen Zwillings herausstellen. Die Kopplung und Orchestrierung von Modellen aus unterschiedlichen Domänen mit unterschiedlichen Solvern gilt dabei als Schlüsseltechnologie."* [RJB+20] (siehe auch [SCD+10; Kuh17b])

[7] Die Kapselung bezieht sich auf unterschiedliche Aspekte wie die Abbildung der physischen Struktur des Systems und die Berücksichtigung unterschiedlicher Disziplinen [RJB+20]. Hierbei muss besonderes Augenmerk auf den Schutz des in den Modellen enthaltenen geistigen Eigentums gelegt werden [Kuh17b; RJB+20].

[8] Analog zur Standardisierung physischer Produkte ist eine Standardisierung z. B. im Sinne einer Steigerung von *„Harmonisierung und Austauschbarkeit von detaillierten Gerätemodellen"* [RJB+20] notwendig, um diese wie ihre physischen Gegenstücke auch in der Simulation einfach zusammenführen zu können.

Von Physischen zu Mechatronischen/Cyber-Physischen Systemen (MCPS):
Systeme wie z. B. Fahrzeuge, Flugzeuge, Raumfahrtsysteme, Maschinen, Geräte, Produktionsanlagen, Gebäude u. ä. haben sich in den letzten Jahrzehnten grundlegend verändert. Stand lange Zeit das Physische System im Vordergrund, so gibt es heute kaum noch ein System ohne Elektronik und zugehöriger Software. Dieser Systemteil trägt mittlerweile einen signifikanten Anteil zur Wahrnehmung und zur Funktion eines Produkts bei. Sensoren erfassen Daten zum aktuellen Systemzustand, die dann in Echtzeit zu Informationen verdichtet werden, welche dann als Grundlage für Entscheidungen – automatisiert vom System selbst oder vom Bediener getroffen – dienen. Auf dieser Grundlage werden Aktoren gesteuert, die das Gesamtsystem bestmöglich in den gewünschten Zielzustand überführen. Das Ergebnis sind **Mechatronische Systeme** bestehend aus physischen und informationsverarbeitenden Komponenten[9]:

> **Definition 2.4 (Mechatronisches System):** *Ein Mechatronisches System ist die „Integration von mechanischen, elektrisch/elektronischen Systemen und zugehöriger Informationsverarbeitung. […] Wesentlich sind dabei die durch die Integration von Sensoren und Mikrorechnern mögliche Erweiterung von Funktionen und die Erzielung synergetischer Effekte." ([VDI21] auf Grundlage von [Ise08])*

Mechatronische Systeme sind mittlerweile vielfach vernetzt mit ihrer Umgebung und/oder dem Internet. Aus Mechatronischen Systemen werden **Cyber-Physische Systeme**, wobei der Begriff „cyber" durchaus mit dem *„Cyberspace (globales Internet der Dinge und Dienste)"* [VDI21; GEH+11] assoziiert werden kann:

---

[9] [Ise08] führt zudem die folgenden Merkmale an: *„Bei mechatronischen Systemen erfolgt die Lösung einer Aufgabe sowohl auf mechanischem als auch digital-elektronischem Wege. Hierbei spielen die Wechselbeziehungen bei der Konstruktion eine Rolle. Während bei einem konventionellen System sowohl der Entwurf als auch die räumliche Unterbringung der mechanischen und elektronischen Komponenten getrennt sind, zeichnet sich ein mechatronisches System dadurch aus, dass das mechanische und elektronische System von Anfang an als räumlich und funktionell integriertes Gesamtsystem zu betrachten ist. Dies bedeutet, dass ein „simultaneous engineering" stattfinden muss, auch mit dem Ziel **synergetische Effekte** zu erzielen. Ein weiteres Merkmal mechatronischer Systeme ist die integrierte digitale Informationsverarbeitung. […] Es entwickeln sich somit mechatronische Systeme mit adaptivem, lernendem Verhalten, oder zusammenfassend, intelligente mechatronische Systeme."*

> **Definition 2.5 (Cyber-Physisches System):** *Ein Cyber-Physisches System (engl. „Cyber-Physical System", CPS) ist ein „System, das reale (physische) Komponenten und Prozesse verknüpft mit informationsverarbeitenden (virtuellen) Komponenten und Prozessen über offene, teilweise globale und jederzeit miteinander verbundene Informationsnetze. […] Optional nutzt ein CPS lokal oder entfernt verfügbare Dienste, verfügt über Mensch-Maschine-Schnittstellen und bietet die Möglichkeit zur dynamischen Anpassung des Systems zur Laufzeit." ([VDI21] auf Grundlage unterschiedlicher Quellen)*

Die zentralen Unterscheidungsmerkmale[10] zwischen Mechatronischen und Cyber-Physischen Systemen sind 1) die Vernetzung der Systeme untereinander und 2) die Nutzung weltweit verfügbarer Daten und Dienste. Elementar für die Betrachtungen dieses Textes ist, dass heutige Systeme physische und informationstechnische Komponenten sowie Kommunikation verbinden, gleich ob das resultierende System als Mechatronisches oder als Cyber-Physisches System bezeichnet wird. Tatsächlich wird es im Zeitalter von Cloud, Edge oder Fog Computing immer weniger relevant, wo der informationstechnische oder Cyber-Anteil eines

---

[10] *„Ein CPS wird demnach maßgeblich durch seine Vernetzung mit dem IoT und durch Eigenschaftsänderungen während des Betriebs gekennzeichnet. Den Kern bilden dabei ein oder mehrere mechatronische Systeme mit ihren Sensoren, der Informationsverarbeitung und den Aktoren. Dadurch ist das System in der Lage, über seine Systemgrenze hinaus mit umgebenden Systemen zu kommunizieren und zu interagieren."* [VDI21] Entsprechend führt [VDI21] konkretisierend „Cyber-Physische Mechatronische Systeme" (CPMS) ein als *„ein oder mehrere miteinander verbundene mechatronische Systeme, die zusätzlich über ein digitales globales Netzwerk interagieren, in dem Daten und Dienste dem CPMS zur Verfügung stehen".* Tatsächlich wurde der CPS-Begriff in den letzten ca. 10 Jahren in mehreren Stufen detailliert. Maßgebliche Sichtweisen waren [Lee08; Bro10; BG11; LS11; GB12; LBK15]. Am prägnantesten formulierte [LS11] *„A cyber-physical system (CPS) is a system composed of physical subsystems together with computing and networking.".* [GB12] fasst zentrale Merkmale von CPS zusammen: *„Cyber-Physical Systems umfassen eingebettete Systeme, also Geräte, Gebäude, Verkehrsmittel und medizinische Geräte, aber auch Logistik-, Koordinations- und Managementprozesse sowie Internet-Dienste, die 1) mittels Sensoren unmittelbar physikalische Daten erfassen und mittels Aktoren auf physikalische Vorgänge einwirken, 2) Daten auswerten und speichern sowie auf dieser Grundlage aktiv oder reaktiv mit der physikalischen und der digitalen Welt interagieren, 3) mittels digitaler Netze untereinander verbunden sind, und zwar sowohl drahtlos als auch drahtgebunden, sowohl lokal als auch global, 4) weltweit verfügbare Daten und Dienste nutzen, 5) über eine Reihe multimodaler Mensch-Maschine-Schnittstellen verfügen, also sowohl für Kommunikation und Steuerung differenzierte und dedizierte Möglichkeiten bereitstellen, zum Beispiel Sprache und Gesten."*

Systems lokalisiert ist, ob direkt am Physischen System oder „irgendwo" in der Public oder Private Cloud. Um neutral und allgemeingültig formulieren zu können, falschen Assoziationen vorzubeugen und unterschiedlichen Sichtweisen auszuweichen, wird daher verallgemeinert der Begriff des **Mechatronischen/Assoziationen Cyber-Physischen Systems (MCPS)** verwendet:

Definition 2.6 (Mechatronisches/Cyber-Physisches System): *Ein Mechatronisches/Cyber-Physisches System (MCPS) ist ein Mechatronisches und/oder Cyber-Physisches-System und kombiniert physische mit informationstechnischen Elementen sowie ggfls. Vernetzung.*

Abbildung 2.2 skizziert schematisch ein derartiges MCPS. Die physischen Komponenten sind hier unter dem Begriff **Physisches System**[11] zusammengefasst, die virtuellen Komponenten werden verallgemeinert **Informationsverarbeitendes System** (IVS)[12] genannt.

---

[11] In der Mechatronik ist dies die Kombination aus mechanischem Hauptsystem, Aktoren und Sensoren. Im Industrie 4.0-Kontext wird der Begriff „Asset" verwendet (siehe Anhang A im elektronischen Zusatzmaterial). Wenn man der dortigen Definition die Definition der Verwaltungsschale (engl. „Asset Administration Shell", AAS) *„virtuelle digitale und aktive Repräsentanz einer I4.0-Komponente im I4.0-System"* gegenüberstellt, wird deutlich, dass mit dem Asset aus MCPS-Perspektive betrachtet das in Abbildung 2.2 skizzierte Physische System gemeint ist. Aus AAS-Perspektive betrachtet kann dieses Asset durchaus selbst wieder ein MCPS sein, da dort z. B. Steuerungen auf unterer Ebene integriert sein können. Verwirrend ist häufig auch, dass entsprechend der Definition das Gesamtsystem bestehend aus Asset und AAS einen „Wert für eine Organisation" hat, entsprechend dieses Gesamtsystem das Asset ist. Gleichzeitig gibt es sowohl materielle als auch immaterielle Assets wie z. B. alle Varianten Digitaler Artefakte. Nachfolgend stehen aufgrund des MCPS-Bezugs dieses Textes ausschließlich materielle Assets im Fokus. Auf der anderen Seite sollen sich auch Simulatoren als Digitale Artefakte zukünftig zu Assets entwickeln. Um diesen vielfältigen Missverständnissen vorzubeugen, wird nachfolgend der neutrale Begriff „Physisches System" verwendet.

[12] Im Industrie 4.0-Kontext wird der Begriff „Verwaltungsschale" oder „Asset Administration Shell" [Pla19; BBB+19a] verwendet. Alternative Bezeichnungen sind „Datenverarbeitung" oder „Virtuelles System". Hier erscheint der Begriff des IVS als etabliert und maximal neutral. Zudem vermeidet er falsche Assoziationen. Gerade der Begriff des virtuellen Systems ist höchst missverständlich, da dieses z. B. sowohl die simulative Abbildung des Physischen Systems als auch die modellhafte Abbildung des gesamten MCPS in einem PLM-System oder in einem IoT-Netzwerk bezeichnen könnte. Der Begriff des IVS erscheint hier eindeutiger, wobei es auch IVS auf unterschiedlichen Ebenen gibt wie z. B. bei Robotern die

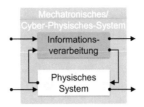

Abbildung 2.2 Struktur und Interaktionen eines Mechanischen/Cyber-Physischen Systems (MCPS)

Im Kontext der Analyse von Systemen reicht es daher nicht mehr aus, nur das physikalische Verhalten des Physischen Systems eines MCPS zu betrachten. EDZ beschreiben daher das kombinierte Verhalten des gesamten MCPS bestehend aus Physischem und Informationsverarbeitendem System (IVS) einschl. deren Interaktion (siehe auch Abbildung 2.18). Grundlage ist eine umfassende Repräsentation des MCPS inkl. *„Schnittstellentechniken, Datenübertragungs- sowie Vernetzungs- und Kommunikationsfunktionalitäten"* [SAT+20]. Über den Lebenszyklus betrachtet existieren alle genannten Elemente sowohl virtuell in der Simulation – als EDZ – als auch real in der realen Welt – als RZ – und können weltenübergreifend miteinander interagieren[13].

Vom System zum System aus MCPS: Systeme wurden lange Zeit eigenständig und unabhängig von anderen Systemen betrachtet. Interaktionen zwischen Systemen und zwischen Menschen und Systemen fanden nur auf der physischen Ebene statt. Mittlerweile interagieren Systeme miteinander, um gemeinsam übergeordnete Ziele zu erreichen; sie werden zu Systemen aus Systemen[14] (SoS, siehe Beispiele in Abbildung 2.3). Es wird erwartet, dass der Trend zu SoS nicht nur weiter anhalten sondern sich weiter verstärken wird. Das liegt u. a. darin begründet, dass 1) sich Systemelemente zu eigenständigen Systemen als Teil hierarchischer und heterar-

---

„klassische Robotersteuerung" sowie die Verwaltungsschale zur Integration in übergeordnete Systemstrukturen.

[13] Daher müssen damit das virtuelle Physische System und das reale Physische System unterschieden werden ebenso wie das virtuelle MCPS und das reale MCPS sowie das virtuelle IVS und das reale IVS.

[14] Dies gilt auch für ein System selbst. Dessen physische Elemente wie beispielsweise Aktoren und Sensoren sind oft eigenständige MCPS, deren Funktionen meist deutlich über die des einfachen Energiekonverters oder Messgrößenaufnehmers hinausgehen. Ein MCPS ist also bereits ein System aus Systemen, ein System aus Physischem System und IVS.

chischer Gesamtsysteme entwickeln, 2) sich Systeme durch Technologien wie das
Edge-Computing und das Internet der Dinge intensiver vernetzen werden [BR16]
und 3) sich im Zuge der Digitalisierung auch die Modularisierung verstärken wird
[RHS+21].

Abbildung 2.3 Beispiele für Systeme aus Systemen (SoS) aus der Forstwirtschaft und der
Automobiltechnik und deren Interaktion auf der physischen und IT-Ebene

EDZ ermöglichen daher die Analyse von Netzwerken aus Systemen, die auf z. B.
mechanischer, elektrischer, hydraulischer, thermaler oder IT-technischer Ebene miteinander interagieren (siehe die Beispiele in Abbildung 2.3). Entsprechend bilden
EDZ nicht nur das Verhalten sondern auch die Struktur und das Zusammenwirken ihrer realen Gegenstücke ab. Die Modellierung von SoS und deren Interaktion
orientiert sich an der physikalischen Architektur (siehe Abschnitt 3.4.1), wodurch
die beteiligten EDZ die gleichen Schnittstellen wie ihre RZ erhalten (Bohrlöcher,
Leitungsanschlüsse, Buchsen u. ä.).

Von einfachen zu komplexen Systemen: Mit dem Trend zu SoS geht eine stetige
Steigerung der Systemkomplexität[15] einher. Gleichzeitig führt die Zusammenfüh-

---

[15] Grundsätzlich können Systeme in drei Klassen eingeteilt werden: Einfach, kompliziert und
komplex (vgl. [GV17]) einher. Einfache Systeme sind genau dies: einfach. Der Beobachter hat
kein Problem, das Systemverhalten zu beobachten und zu beurteilen. Das Verhalten einfacher
Systeme ist komplett vorhersagbar. Dies gilt auch für das Verhalten komplizierter Systeme.
Der Unterschied zwischen einfachen und komplizierten Systemen ist die Anzahl der Elemente, aus denen sie bestehen. Auch bei komplizierten Systemen sind die Eingänge und Ausgänge vollständig bekannt, die Verbindung zwischen den Elementen ist offensichtlich. Demgegenüber werden komplexe Systeme als großes Netzwerk unterschiedlicher Elemente mit n-
zu-m-Kommunikationsverbindungen und hochentwickelter Daten-/Informationsverarbeitung
charakterisiert, wodurch die Vorhersage des Verhaltens eines komplexen Systems schwierig
wird. Darüber hinaus wird der Bau physischer Prototypen komplexer, da viele Teilsysteme,
die selbst teilweise noch gar nicht existieren, zusammengefügt werden müssen.

rung von Systemen zu einem SoS zu emergentem Verhalten des SoS; das SoS besitzt Eigenschaften, die seine Teilsysteme alleine nicht besitzen. Im positiven Sinne bedeutet dies, dass Emergenz dazu führt, dass ein SoS durch Zusammenführung seiner Teilsysteme eine Aufgabe erfüllen kann, die keines seiner Teilsysteme alleine erfüllen kann. Auf der anderen Seite können unerwünschte Wechselwirkungen dazu führen, dass neben den gewünschten (positiven) Effekten auch unerwünschte (und häufig unbekannte) Effekte auftreten. Die Komplexität komplexer Systeme, die Vielzahl der beteiligten Teilsysteme und die vielfältigen Interaktionen zwischen diesen Systemen führen dazu, dass oft selbst kleine Probleme eine große Wirkung entfalten, was zu *„Normal Accidents"* führt [Per99]. Durch die Einbeziehung des Menschen z. B. zur Bedienung komplexer Systeme sind diese zudem meist soziotechnische Systeme. Die Gefahr von „Normal Accidents" steigt damit noch einmal, da menschliche Entscheidungsfindung nicht immer konsistent und oft mangelhaft ist[16] [GV17].

> **Definition 2.7 (Emergenz):** *„Unter Emergenz wird allgemein das Entstehen neuer Strukturen bzw. Eigenschaften durch die Wechselwirkung von Teilen eines Systems verstanden, wobei aus der Beschaffenheit der einzelnen Systembestandteile allein nicht auf das auf globaler Ebene beobachtete Verhalten geschlossen werden kann."* ([Paw10] mit Bezug auf [Ode00; DH04])

EDZ ermöglichen die Analyse von emergentem Verhalten und der hieraus resultierenden positiven wie negativen Effekte durch das Zusammenführen von Elementen und Systemen zu SoS. Hierbei liegt der Fokus wie in Abbildung 2.4 dargestellt nicht nur auf der Betrachtung und Sicherstellung des vorhersehbaren gewünschten Verhaltens VG und der Vermeidung des vorhersehbaren ungewünschten Verhaltens VU, sondern auch auf der Identifikation und Berücksichtigung des unvorhersehbaren Verhaltens, insbesondere des ungewünschten unvorhersehbaren Verhaltens UU[17]. Auf EDZ aufbauende Methoden ermöglichen, auch mit dem UU-Verhalten

---

[16] Eine zunächst naheliegende Abhilfe ist die Erweiterung der Benutzerschnittstelle. Dies ist allerdings oftmals kontraproduktiv, da hierdurch die Komplexität nochmals erhöht wird.

[17] Unvorhersehbares gewünschtes Verhalten UG zeigt demgegenüber nur, dass man das System noch nicht vollständig verstanden hat.

klarzukommen, den Bediener auch in diesen Fällen zu unterstützen und „Normal Accidents" zu vermeiden[18] (siehe auch [GV17]).

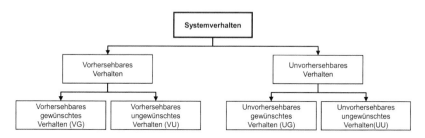

Abbildung 2.4 Klassifizierung von Systemverhalten in bekannt/unbekannt und gewünscht/nicht gewünscht (übersetzt aus [GV17])

2.1.3   Zusammenführung von Daten und Modellen

Lange Zeit waren Daten sowie beschreibende Modelle, Simulationsmodelle und Experimentierbare Modelle (siehe Abschnitt 3.1.3) aus Design und Engineering die zentralen Grundlagen für Simulation. Zur Validierung, Kalibration und Justage von Simulationsfunktionen und -modellen (siehe auch Abschnitt 3.1.3) wurden diese z. B. um Messdaten aus Prüfständen ergänzt. Jetzt kommen vielfältige Mess- und Betriebsdaten aus dem „echten Leben" von Produkten und Systemen hinzu (siehe auch [RJB+20]). Dadurch steht eine deutlich umfassendere Datengrundlage, die oft eine große Bandbreite von Produktvarianten, Einsatzszenarien und Betriebssituationen, Fehlerfällen u. ä. repräsentiert, zur Verfügung, um **Simulationsfunktionen und -modelle weitgehender zu validieren, zu kalibrieren und zu justieren** und im Ergebnis in ihrer Qualität zu verbessern. Auf der anderen Seite entsteht die Anforderung, ein **Simulationsmodell jederzeit mit dem aktuellen Zustand eines Produkts oder Systems zu initialisieren,** um dann ausgehend von diesem das zukünftige Systemverhalten vorhersagen zu können. Schließlich werden Simulationsfunktionen heute meist dadurch realisiert, dass physikalische Zusammenhänge mathematisch formuliert und dann in ausführbaren Algorithmen umgesetzt werden. Dies führt zu sogenannten „White Box-" oder „Physics-based-" Modellen. Wenn man durch umfangreiche Mess- und Betriebsdaten das „Ein-/Ausgangsverhalten"

---

[18] Eine Möglichkeit sind „Front-Running Simulations", die dem System ermöglichen, dieses UU-Verhalten selbst zu erkennen, oder dem Menschen ermöglichen, mit diesem Systemverhalten geeignet umzugehen.

eines Produkts oder Systems kennt, kann oftmals das diesem Verhalten zu Grunde liegende **Verhaltensmodell auch datengestützt abgeleitet werden**. Diese Art von Modellen werden als „Black Box-" oder „Data-driven-" Modelle bezeichnet. Interessant sind auch Mischformen, bei denen z. B. bekannte Zusammenhänge vorgegeben und verbleibende Lücken datengestützt bestimmt werden. Dies führt zu „Gray Box-Modellen".

Durch die Verfügbarkeit großer Mengen an Mess- und Betriebsdaten entstehen durch die geeignete Zusammenführung von Wissen und Daten neue Möglichkeiten, bisherige Herangehensweisen zu verbessern (Validierung, Kalibration und Justierung von Simulationsfunktionen und -modellen und deren datengestützte Ableitung) und neue Einsatzfelder zu erschließen (wie z. B. „Front-Running Simulations", die mit dem aktuellen Systemzustand eines realen Systems initialisiert werden). Hierzu werden EDZ auf der einen und Mess-/Betriebsdaten auf der anderen Seite „semantisch kompatibel" gestaltet, so dass z. B. Modellparameter aus der Auswertung der Daten abgeleitet werden können. Zudem verfügen EDZ über geeignete Verbindungen zu realen Systemen und/oder realen Daten. Nur so werden EDZ kalibrier-/justierbar, d. h. nur so können diese an aktuelle Systemzustände zielgerichtet angepasst werden.

2.1.4   Sicherstellung der Qualität von Simulationen

Aktuell entstehen viele Konzepte, bei denen Simulation Bestandteil von Produkten wird. Beispiele sind die simulationsgestützte Planung von Systemaktionen, die simulationsgestützte Vorhersage der Entwicklung des Systemzustands oder die Unterstützung des Menschen bei der Bedienung. Simulationen verlassen also das Büro des Ingenieurs und finden Eingang in das finale Produkt. Damit müssen sich Simulationen den gleichen Qualitätskriterien unterwerfen, die auch für den physischen Teil des Produkts gelten. Das „gute Bauchgefühl" des Ingenieurs, das als Grundlage einer Designentscheidung häufig ausreicht und daher häufig auch auf die Betrachtung von Simulationen und deren Ergebnissen angewendet wird, bedarf hierzu einer Formalisierung. Aktuell sind häufig *„eklatante Defizite zwischen real verfügbarer und implizit angenommener Qualität verfügbarer Simulationsmodelle (im Sinne der Aussagefähigkeit der Ergebnisse einer Simulationsstudie)"* [RJB+20] zu beobachten. Oftmals sind diese Schwächen allerdings weder dem Entwickler einer Simulation noch seinem Anwender bekannt[19].

---

[19] *„Similitude is so commonplace in the current engineering process that it is often invisible to the engineers who invoke it. A ubiquitous example can be found in engineering design and analysis where computer codes (including commercial finite element codes) are used*

EDZ benötigen daher ebenso wie physische Produkte eine nach formalen Kriterien abgeleitete und nachprüfbare Qualität. Durch die Modularisierung der zu prüfenden Modelle in EDZ werden der Prozess zur Qualitätssicherung vereinfacht und die Ergebnisse nachhaltig nutzbar[20].

2.1.5   Entwicklung und Betrieb KI-gestützter Systeme

Mechatronische/Cyber-Physische Systeme werden zunehmend eigenständiger und „intelligenter“. Wesentliche Grundlagen hierfür liefern Methoden Künstlicher Intelligenz (KI), aus deren Entwicklung und Einsatz sich weitere Anforderungen ergeben.

Validierung KI-gestützter Systeme: Technische Systeme interagieren in immer stärkeren Maß mit ihrer Umwelt und wandeln sich von passiven, nur nach Aufforderung aktiv werdenden Systemen (die oftmals auf einer reinen Ablaufsteuerung beruhen) in aktive, zumindest teilweise selbständig agierende Systeme (die prädiktiv und proaktiv agieren). Ein wesentliches Merkmal intelligenter Systeme [21] ist,

---

to 'predict' failures. Such codes are of limited 'predictive' capability because, in a general sense, they only produce responses that have previously been observed experimentally and then programmed for future assessment." [GS12]

[20] Hierbei ist strikt zwischen den Dimensionen Detaillierungsgrad (im Sinne der Festlegung der Grenzen und der Realitätsnähe einer Simulation) und Qualität einer Simulation zu unterscheiden (siehe auch [RJB+20]). Nur so können die drei maßgeblichen Merkmale von Modellen (Abstraktion, Verkürzung und Pragmatik, siehe auch Abschnitt 4.1.3) mit den Anforderungen von Produkten zusammengeführt werden. Ein (im Sinne der Detaillierung) sehr grobes Modell kann trotzdem von hoher Qualität sein. Der Anwender muss sich nur seines Detaillierungsgrads und der damit verbundenen Einschränkungen bewusst sein.

[21] Doch was ist ein „intelligentes System“? Auch wenn vielfach angemerkt wird, dass es keine wirklich intelligenten Systeme gibt/geben kann, so werden Systeme mit bestimmten Fähigkeiten aus technischer Sicht als intelligent oder „smart“ bezeichnet. Um zu dieser Bewertung zu kommen, haben sich unterschiedliche Darstellungsweisen entwickelt, die „normale“ Fähigkeiten von „intelligenten“ abgrenzen. Ein Beispiel hierfür ist die „5C-Architektur für Cyber-Physische Systeme“ [LBK15] mit ihren fünf Ebenen 1) smarte Verbindung zwischen den Systemen, 2) Überführung erfasster Daten zu Informationen, 3) virtuelle Abbildung von Komponenten und Maschinen als Grundlage von 4) Kognition als integrierte Simulation und kollaborative Diagnose und Entscheidungsfindung sowie 5) Selbstkonfiguration und Anpassung bei Variationen und Störungen. Ein weiteres Beispiel liefert [WWB+20] und setzt auf die unteren beiden Ebenen 1) Überwachung und 2) Steuerung die Ebenen 3) Simulation zur Vorhersage, 4) Intelligenz durch Lernen aus Daten für Entscheidungsunterstützung und Szenarioplanung sowie 5) Autonomie als eigenständige Entscheidungsfindung mit minimaler Intervention durch den Bediener. Auch [PH14] beginnt analog [WWB+20] mit den beiden

dass das vollständige Systemverhalten und alle Zusammenhänge im Systemverhalten nicht im Vorhinein bekannt sind und damit auch nicht im Vorhinein systematisch überprüft werden können[22]. Klassische Methoden zur Validierung und Qualitätssicherung greifen hier nicht. Die statistische Auswertung des Verhaltens unterschiedlich parametrierter EDZ in einer Vielzahl unterschiedlicher Einsatzsituationen muss diese Lücke schließen.

Trainingsdaten für KI-gestützte Systeme: Darüber hinaus stellt sich die Frage, wie für datengetriebene Ansätze Daten zum Training der Systeme und zur Validierung ihres Verhaltens in ausreichender Menge erhoben werden. Oftmals ist dies nur in Grenzen (z. B. für neue Maschinenkonzepte und für gefährliche oder die Maschine beschädigende Einsatzsituationen) oder auch gar nicht (für Systeme in der Raumfahrt) möglich. Auch decken die zur Verfügung stehenden Daten nur teilweise alle möglichen Betriebssituationen ab. Durch Anwendung von Transfer Learning[23] liefern EDZ einen wesentlichen Teil der notwendigen Daten durch den Einsatz virtueller Maschinen in allen denkbaren[24] Einsatzsituationen.

Mentale Modelle für KI-gestützte Systeme: Zentrale Grundlage für die Realisierung intelligenter technischer Systeme ist, dass diese „situation aware" sind und ihnen „Mentale Modelle" zur Planung ihrer Aktivitäten zur Verfügung stehen (siehe auch Abschnitt 3.7.8, [Joh04]). EDZ führen hierzu datengetriebene Ansätze und modellgestützte Methoden zusammen. EDZ ermöglichen Speicherung, Verarbei-

---

Stufen 1) Monitoring des Zustands von Produkten und Systemen und ihrer Benutzung sowie 2) Steuerung von Produktfunktionen. Diese werden dann ergänzt um 3) Optimierung des Betriebs und der Benutzung u. a. mit vorausschauender Diagnose und Wartung sowie 4) Autonomie als eigenständiger Betrieb unter Selbstkoordination mit anderen Systemen.

[22] Maßgebliche Gründe hierfür sind, dass die Interaktion der einzelnen Systeme eines SoS untereinander ebenso wie die Reaktion jedes einzelnen Systems auf äußere Einflüsse vorab nicht vollständig bekannt sind. Zudem explodiert die Anzahl der Dimensionen des Zustandsraums des gesamten Systems, wenn der Zustandsraum und seine Dimensionen überhaupt sinnvoll beschreibbar sind. Wurden bislang die Zusammenhänge zwischen den Zuständen häufig durch mathematische Funktionen und häufig sogar durch einfache Wenn-dann-Regeln beschrieben, bestimmen hier jetzt komplexe datengetriebene Ansätze wie Data Analytics oder Künstliche Intelligenz das Feld.

[23] Der Begriff „Transfer Learning" bezeichnet in diesem Kontext die Nutzung eines KI-Algorithmus, der in einer Domäne (hier z. B. mittels Simulation)trainiert wurde, in einer anderen Domäne (hier z. B. die Realität).

[24] Ein nicht zu unterschätzendes Problem ist, dass für die Bewertung des Verhaltens wichtige Einsatzsituationen nicht betrachtet werden. Derartige Einsatzsituationen werden oft als nicht relevant erachtet oder einfach vergessen.

tung und Kommunikation des eigenen Zustands sowie des Zustands der Umgebung und erlauben es, über die Auswertung ihres Verhaltens in unterschiedlichen Einsatzsituationen Handlungsalternativen zu bestimmen und nach unterschiedlichen Kriterien zu bewerten.

Mensch-Maschine-Interaktion für KI-gestützte Systeme: Auch die Mensch-Maschine-Interaktion ändert sich. Reicht bei einer rezeptbasierten Ablaufsteuerung ein Start-Knopf und der Hinweis auf den aktuellen Prozessschritt, kann und muss mit eigenständig agierenden Systemen anders interagiert werden, um den Menschen bestmöglich zu entlasten und gleichzeitig die Sicherheit und die „Eingriffsfähigkeit" des Menschen in allen Betriebssituationen sicherzustellen. EDZ-gestützte Bedien- und Entscheidungsunterstützungssysteme liefern hier neue Ansätze.

2.1.6   Durchführung eines übergreifenden (Model-based) Systems Engineerings

Neue Systemstrukturen, Systeme und SoS führen zu neuen Anforderungen an deren Entwicklung. Das Gebiet des „Systems Engineering" liefert hierzu die notwendigen Grundlagen[25]. Auf den Entwicklungsprozess bezogen umfasst das Systems Engineering die *„Gesamtheit der Entwicklungsaktivitäten, die notwendig sind, um ein System zu entwickeln"* [Alt12]. Formalisiert wird der Prozess des Systems Engineerings im „Model-based Systems Engineering" (MBSE):

---

[25] Das übergeordnete Ziel des „Systems Engineering" ist in [VDI21] zusammengefasst: Systems Engineering bezeichnet die *„strukturierte multidisziplinäre Vorgehensweise für die Entwicklung komplexer technischer Gesamtsysteme zur Erzielung eines disziplinübergreifenden Optimums in einem festgelegten Zeit- und Kostenrahmen".* [BKC18] fasst die Aufgaben von Systems Engineering zu *„Systems Engineering focuses on ensuring the pieces work together to achieve the objectives of the whole."* zusammen. [Wei14] konkretisiert dies und die obige Definition : *„Systems Engineering ist ein interdisziplinärer Ansatz und konzentriert sich auf die Definition und Dokumentation der Systemanforderungen in der frühen Entwicklungsphase, die Erarbeitung einer Systemarchitektur und die Überprüfung des Systems auf Einhaltung der gestellten Anforderungen unter Berücksichtigung des Gesamtproblems: Betrieb, Zeit, Test, Erstellung, Kosten & Planung, Training & Support und Entsorgung."* [ECS17] fasst unter dem Begriff des Systems Engineering alle interdisziplinären Aktivitäten zusammen, die Anforderungen in eine Systemlösung überführen.

Definition 2.8 (Model-based Systems Engineering): *„Model-based Systems Engineering is the formalized application of modeling to support system requirements, design, analysis, verification, and validation activities beginning in the conceptual design phase and continuing throughout development and later life cycle phases."* [Int07]

EDZ liefern einen systematischen und praktikablen Ansatz für den Übergang vom eher beschreibenden Systems Engineering (auch als *„Buchhaltung für Systeme"* [GV17] bezeichnet) zu detaillierten Simulationen. Dieser Ansatz führt die meist nebeneinander stehenden prozessorientierten, funktionalen und physikalischen Abstraktionen zusammen. Der frühzeitige Einsatz von EDZ kann im späteren Verlauf oft nur schwer zu behebende Fehler bereits in der Anforderungsanalyse und Designphase aufdecken[26]. Auf der anderen Seite benötigen EDZ Methoden z. B. zur systematischen Systemdekomposition und -beschreibung zur systematischen Erstellung von EDZ. MBSE liefert die benötigte Strukturierung, Vernetzung und Verhaltensbeschreibung. Die Zusammenführung von eher klassischem MBSE und detaillierten Simulationen durch EDZ ermöglicht zudem die *„Kommunikation durch Simulation"* als zentrales MBSE-Konzept [RVL+15; BR16]. Durch die Analyse von EDZ können Entwicklungsergebnisse und deren Vollständigkeit eindeutig interpretiert, validiert und bewertet werden[27]. Hierzu gehört auch, dass alle Ergebnisse frühzeitig in EDZ zusammen- und ausgeführt werden können und dass diese EDZ in unterschiedlichen Phasen des Lebenszyklus ebenso wie in Produktvarianten wiederverwendet, weiterentwickelt und verfeinert werden [RJB+20]. Aus dem Model-based Systems Engineering wird so ein EDZ-gestütztes Systems Engineering[28].

---

[26] [SCD+10] stellt dies in den Vordergrund: *„Most test methods focus on the coding and testing phases, but the most serious defects are inserted in the requirements and design phases. (This is true of systems development in general, not just software.)"*

[27] [SCD+10] fasst dies so zusammen: *„The model is complete when it successfully executes the tests designed for it."*

[28] Als Zwischenstufe wird das SBSE, d. h. das Simulation-based Systems Engineering, gesehen, welches *„die Ausführbarkeit der Modelle zu Zwecken der Validierung und Eigenschaftsüberprüfung betont"* [RJB+20].

2.1.7   Durchgängiger Einsatz von Simulation im Lebenszyklus von Systemen

Über ihren gesamten Lebenszyklus betrachtet werden Elemente, Systeme und SoS entwickelt (d. h. spezifiziert, designt, analysiert, optimiert, getestet), gefertigt, betrieben, instandgehalten und am Ende entsorgt (siehe [DIN16] und Abbildung 2.5). Simulationstechnik erstellt virtuelle Instanzen der zuvor entwickelten Typen[29]. Diese Instanzen wurden bislang im Wesentlichen im Bereich Entwicklung und Engineering eingesetzt und finden zunehmend auch in den nachfolgenden Phasen Eingang. Hierbei ist die aktuelle Situation durch *„begrenzte Wiederverwendung von Modellen und Simulationen, keine Rekursion (das heißt spätere Änderungen im Engineering werden in früher entstandenen Modellen nicht nachgepflegt), nur partielle und isolierte Integration von Simulation im Engineeringprozess sowie kein direkter Zusammenhang und insbesonders keine Integration zwischen Modellen/Simulationen und in Betrieb befindlichen Physischen Systemen, bislang kein oder wenig Einsatz von betriebsparallelen Simulationen"* gekennzeichnet [RJB+20].

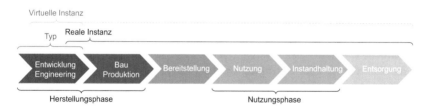

Abbildung 2.5 Die Lebenszyklusphasen von Systemen und deren Entwicklung in Typen sowie virtuellen und realen Instanzen

---

[29] Bei der Betrachtung von Elementen, Systemen und SoS wird zwischen der Beschreibung eines Typs und der konkreten Instanz eines Typs unterschieden, die in unterschiedlichen Phasen des Lebenszyklus relevant sind bzw. eingesetzt werden. Sowohl Typen als auch Instanzen durchlaufen Phasen der Entwicklung, Nutzung und Pflege. Der Lebenszyklus beginnt mit den beiden Herstellungsphasen. Diese umfassen zunächst Entwicklung/Engineering eines Typs, anhand dessen anschließend (typischerweise mehrere/viele) reale Instanzen produziert/gebaut und in der Bereitstellungsphase funktionsbereit am Einsatzort zur Verfügung gestellt werden. Die ersten realen Instanzen entstehen hierbei als Prototypen noch in der Entwicklung. Die Nutzungsphase umfasst sowohl die Nutzung der Instanz als auch ihre Instandhaltung. Der Lebenslauf endet mit der Entsorgung der Instanz.

EDZ heben diese Einschränkungen auf und führen zur Evolution von Simulation zu einer eigenständigen Systemfunktionalität mit einer durchgängigen Nutzung im gesamten Lebenszyklus[30]. Über EDZ ordnet sich Simulationstechnik nahtlos in den Lebenszyklus ein. Entwickler modellieren Zwillingstypen[31], Simulatoren erzeugen (virtuelle) EDZ-Instanzen (ggf. initialisiert durch den aktuellen Zustand realer Instanzen), die das Verhalten Realer Zwillinge vorhersagen. Hierdurch führt der EDZ zu einer neuen Durchgängigkeit von *„Disziplinen, Nutzern, Infrastrukturen, Simulationsdomänen, Engineeringmethoden, datenbasierte Verfahren, Modellräume und Anwendungsbereiche"* [RJB+20]. Abgestimmte Modellierungssprachen und -standards für interdisziplinäre Modelle, die automatische Ableitung ausführbarer Simulationen, die automatische Ableitung von Teilmodellen in Bezug auf Disziplin, Modellbreite und Modelltiefe sowie die Kopplung von Simulation mit dem realen System stehen hier im Vordergrund [KSS+18; RJB+20].

2.1.8 Modellierung und Simulation in ausgewählten Anwendungsbereichen

Industrie 4.0: Industrie 4.0 steht für die Digitalisierung von Produktionssystemen und Produkten als Grundlage für die Vernetzung intelligenter Cyber-Physischer Systeme im IoT und die Automatisierung von Produktionssystemen und -prozessen mit dem Ziel dynamischer, echtzeitoptimierter und selbst organisierender, unternehmensübergreifender Wertschöpfungsnetzwerke (siehe u. a. [KLW11; aca13; Wyl15; BVZ15; Bit21] und Anhang A im elektronischen Zusatzmaterial). Die Bedeutung von Modellierung, Simulation, Visualisierung und Mensch-Maschine-Interaktion steigt im Zuge der Umsetzung von Industrie 4.0-Konzepten signifikant. Gerade zur Bereitstellung umfassender digitaler Abbilder realer Assets, zu deren Nutzung in realen Systemen und zur geeigneten Interaktion mit dem Menschen muss die Simulationstechnik zentrale Beiträge liefern.

Durch EDZ kann die Simulationstechnik die neuen Potenziale durch geeignete Konzepte spiegeln. So bilden EDZ nach Industrie 4.0-Paradigmen aufgebaute Produktionssysteme vollständig ab. Hierzu betrachten EDZ gleichzeitig z. B.

---

[30] [TZL+19; RVL+15; BR16; Rei15] bezeichnen dies als *„Next Wave in Simulation"*, nachdem 1) in den 1960er Jahren einzelne Aspekte von Experten auf Ebene der Systemelemente untersucht wurden, sich Simulation 2) in den 1980er Jahren zu einem Standardwerkzeug weiterentwickelte und 3) in den 2000er Jahren wichtige Schritte zur Integration unterschiedlicher Disziplinen erfolgten

[31] Zum Begriff des Zwillingstyps siehe auch Abschnitt 2.4.2.

alle in Abbildung 2.6 aufgeführten Aspekte[32] wie Kinematik/Dynamik, Sensoren/Aktoren, Benutzerschnittstelle, Datenverarbeitungssystem, Leitsysteme, Kommunikationsinfrastruktur oder Arbeiter und beziehen die Umgebung wie Gebäude und Gebäudeinfrastruktur ein. Bei der Analyse der EDZ wird dann nicht nur das Verhalten einzelner Prozesse oder Komponenten betrachtet. Vielmehr spielen Aspekte wie Energieverbrauch, Betriebskosten im Allgemeinen oder die Inbetriebnahme und Wartung eine immer größere Rolle. Zudem trägt der EDZ dazu bei, die Verwaltungsschalen von Industrie 4.0-Komponenten nicht nur als eher passives „Data Warehouse" des entsprechenden Assets zu nutzen, sondern neue Anwendungen von vorausschauender Wartung über intelligente und autonome Systeme bis hin zu neuartigen Benutzerschnittstellen zu realisieren. Der Einsatz von Simulationen im Betrieb führt zur Forderung nach synchronen oder betriebsparallelen Simulationen (siehe auch [Rei15]). Über geeignete Architekturen laufen EDZ kontinuierlich und in direkter Verbindung zum physischen Asset parallel zum Betrieb, die Ergebnisse der Simulation werden z. B. für die Steuerung der Produktion eingesetzt. Durch diese enge Kopplung ergeben sich neue Möglichkeiten zur automatischen Kalibration und Justierung der EDZ, was zur „Self-Tuning Simulation" führt [Rei15]. In Bezug auf das RAMI 4.0 ist eine durchgängige Simulation über den gesamten Lebenszyklus und über alle Hierarchieebenen, Layer, Typen und Instanzen hinweg notwendig. Für jede einzelne Dimension des RAMI 4.0 kann der EDZ geeignete Realisierungsbausteine liefern.

Raumfahrt: Raumfahrtsysteme unterscheiden sich signifikant von terrestrischen Systemen wie den oben dargestellten Systemen aus der Produktionstechnik. Sie sind sehr teuer, es werden nur wenige (häufig nur eines) von ihnen gebaut, sie erfordern oft den Einsatz gänzlich neuer und noch nie verwendeter Technologien und können erstmals im Betrieb wirklich getestet werden (siehe u. a. [GV17]): Die Mission ist gleichzeitig der erste Gesamtsystemtest. An der Entwicklung von Raumfahrtsystemen sind eine Vielzahl von Entwicklern aus diversen Disziplinen, die über unterschiedliche Standorte verteilt arbeiten, beteiligt. Raumfahrtsysteme sind zweifelsfrei komplexe Systeme im Sinne der Einordnungen aus Abschnitt 2.5. Meist kleine Probleme können im Ergebnis zu Katastrophen führen (siehe die Challenger- und Columbia-Unglücke, [GV17]). Aus diesen Gründen entstanden wesentliche zur Entwicklung von EDZ führende Ideen im Umfeld von Raumfahrtentwicklungen (siehe auch [RS13]).

---

[32] Abbildung 6.18 überträgt dieses Beispiel auf ein Anwendungsszenario aus dem Bereich der Produktionstechnik.

In der Raumfahrt ist wie z. B. in [RS13] dargestellt *„der Begriff des „Testbeds"* *geläufig, in dem ein (Hardware-) Prototyp eines Raumfahrtsystems („Hardware-* *Mockup") im Kontext der geplanten Anwendung getestet und z. B. zu Trainingszwe-* *cken betrieben werden kann. […] Allerdings besteht in der Raumfahrt zusätzlich* *noch die Problematik, dass zwar die technischen Systeme nachgebaut werden kön-* *nen, es aber häufig gar nicht oder nur mit sehr hohem Kostenaufwand möglich ist, die* *Umgebungsbedingungen wie z. B. Schwerelosigkeit, Temperaturverhältnisse oder* *Strahlungseinflüsse für das Testsystem herzustellen."* Weil die Alternativen fehlen, wird mit so genannten Analogmissionen[33] versucht, entsprechende Tests durchzuführen.

Durch EDZ werden aus den ursprünglichen „Hardware-Testbeds" „Virtuelle Testbeds", die eine umfassende Analyse und den realitätsnahen Test dieser Raumfahrtsysteme auf Ebene des Gesamtsystems in der virtuellen Welt ermöglichen. So können Kosten für Hardware-Testbeds gespart und – zumindest virtuell – beliebig viele virtuelle Prototypen im Ziel-Umfeld in unterschiedlichen Einsatzsituationen getestet werden. EDZ sind damit ein zentraler Kristallisationspunkt und ein aktiver Kommunikationsknoten bei der Entwicklung, über die weiträumig verteilte und häufig interdisziplinäre Entwicklungsteams koordiniert und die Ergebnisse über Projektgrenzen hinaus ausgetauscht werden. Dies vereinfacht die Kommunikation der Entwicklungsergebnisse innerhalb des Entwicklungsteams aber insbesondere auch nach außen.

2.1.9   Anforderungen der Nutzer von Simulationstechnik

Die bis hierhin dargestellten Ziele des EDZ waren technisch motiviert und resultieren aus neuen Systemstrukturen, Technologien und Einsatzgebieten. Dieser Abschnitt stellt typische Anforderungen aus Sicht der Entwickler und Nutzer simulationstechnischer Anwendungen zusammen und illustriert diese am Beispiel einer Forstmaschine[34] (siehe Abbildung 2.6).

---

[33] Unter einer Analogmission versteht man in diesem Zusammenhang Feldtests an Orten, die physikalisch ähnlich zu den extremen Weltraumbedingungen sind [NAS].

[34] Hier zu betrachtende relevante Aspekte sind etwa Kinematik und Dynamik von Fahrzeug, Kran und den hier beteiligten Aktoren (Motor, Hydraulikaggregat, Hydraulikzylinder etc.), der Kommunikationsbus, die Sensoren, die Benutzerschnittstelle und das Fahrerassistenzsystem, die Regler, Steuerungen und alle weiteren Daten verarbeitenden Algorithmen (u. a. Sensordatenverarbeitung), das übergeordnete Leitsystem im Unternehmen, die Umgebung (Boden, Bäume, Wetter etc.), alle Maschinen und Waldarbeiter in der Umgebung – und natürlich der Fahrer selbst.

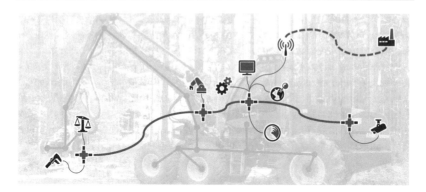

Abbildung 2.6 Ausgewählte Komponenten einer Forstmaschine, die in einer systemüber-greifenden Simulation berücksichtigt werden müssen (Foto Wald und Holz NRW)

Durchgängigkeit im Entwicklungsprozess: Für nahezu jede Einzelaufgabe stehen aktuell geeignete Werkzeuge zur Verfügung. Allerdings fehlt eine Durchgängigkeit im Entwicklungs-/Engineeringprozess, die verteilte Werkzeuglandschaft führt zu diversen Medienbrüchen[35] [BPB17]. Der EDZ stellt den Austausch der Daten sowie die Weitergabe von Modelländerungen und Simulationsergebnissen zwischen den Entwicklungssträngen der einzelnen Komponenten und insbesondere auch der hier verwendeten Simulatoren sicher und berücksichtigt die wechselseitigen Abhängigkeiten zwischen den Komponenten.

Validierung des Gesamtsystems: Das Ergebnis des Einsatzes der einzelnen Simulatoren ist, dass die Einzelkomponenten im Idealfall perfekt funktionieren. Grundlage hierfür ist die detaillierte Analyse abgegrenzter Teilprobleme – oft unter Vernachlässigung der Wechselwirkungen. Der EDZ ergänzt die detaillierte Betrachtung des Gesamtsystems, so dass sichergestellt werden kann, dass die einzelnen Komponenten auch im Gesamtsystem korrekt zusammenarbeiten.

Kommunikation zwischen allen Beteiligten: Jeder Entwickler für sich liefert in seiner Welt hervorragende Ergebnisse – und arbeitet hierzu häufig für sich alleine.

---

[35] Bezogen auf das Beispiel der Forstmaschine bedeutet dies, dass die einzelnen Teilsysteme dieser Maschine jeweils separat entwickelt und mit einem für die Teilaufgabe am besten geeigneten Simulator untersucht werden. Die Abhängigkeiten zwischen den Teilsystemen (z. B. die Auswirkung der Fahrzeugbewegungen auf die Umgebungserfassung durch die Sensorik) werden hierbei gar nicht oder nur unzureichend beachtet.

Gleichzeitig wird die Kommunikation und Wissensvermittlung im Entwicklungs-
team aber auch zwischen Entwicklern und Auftraggebern, Nutzern oder weiteren
Beteiligten immer wichtiger. Für die Betrachtung des Gesamtsystems führt der EDZ
die beteiligten Fachdisziplinen zusammen und ermöglicht eine neutrale Sicht auf
das gemeinsam erzielte Entwicklungsergebnis.

Berücksichtigung der Einsatzumgebung: Die Umwelt hat entscheidenden Einfluss auf das Systemverhalten. Auch wenn das entwickelte System in den gewählten
Testszenarien perfekt funktioniert, so kann sein Verhalten in konkreten Einsatzszenarien oft nur in Grenzen abgeschätzt werden, weil die durchgeführten Simulationen
häufig ohne Umgebung oder in einem synthetischen Umfeld stattfinden. Das Verhalten von EDZ kann daher in virtuell abgebildeten realitätsnahen Szenarien analysiert
werden, so dass Tests unter realitätsnahen Einsatzbedingungen möglich werden.

Nahtloser Übergang von der Simulation in die Realität: Nachdem in der Simulation alles funktioniert, stellt sich die Frage nach einem Transfer von Simulati-
onsaspekten in reale Systeme. Steuerungen, Regelungen und sonstige Informationsverarbeitende Systeme liegen häufig als erstes in der Simulation vor. Es liegt
nahe, diese Realisierungen in der Realität zu nutzen. Simulationsframeworks können so als Entwicklungsumgebung genutzt werden[36]. EDZ heben daher die häufig
zu beobachtende weitgehende Trennung zwischen Simulation und Realität auf und
ermöglichen eine Übertragung Informationsverarbeitender Systeme auf die reale
Hardware ohne Neuimplementierung auf die gewählte Zielplattform.

Realisierung geeigneter Mensch-Maschine-Schnittstellen: 3D-Visualisierun-
gen und Simulationen liefern einen detaillierten Einblick in die beteiligten Systeme. Dies ermöglicht die umfassende Information des Bedieners, eine intuitive
Bedienung, die zielgerichtete Unterstützung des Bedieners bei seiner Arbeit und
damit den sicheren Betrieb der Anlage[37]. Die Nutzung von EDZ als Grundlage für
3D-Visualisierungen und Simulation für zeitgemäße Mensch-Maschine-Interaktion
liegt daher nahe.

---

[36] Für das Beispiel der Forstmaschine bedeutet dies, dass z. B. die Entwicklung der Umgebungserfassung durch die Sensoren sehr gut im Simulationssystem selbst stattfinden kann, da
dieses alle hierzu notwendigen Komponenten wie Modellverwaltung und Modellanalyse zur
Verfügung stellt.

[37] Bezogen auf das Beispiel der Forstmaschine sind geeignete, auf den jeweiligen Experimentierbaren Modellen aufbauende Visualisierungen (siehe Abbildung 3.62) z. B. die perfekte
Grundlage für die Realisierung von Fahrerassistenzsystemen.

Nutzung von Simulation in neuen Anwendungsbereichen: Der Einsatz von Simulation bei der Entwicklung mechatronischer Systeme (siehe auch Abschnitt 2.1.2) ist Vorreiter im Hinblick auf den Einsatz von Simulation. Demgegenüber wird das Potenzial von Simulation in vielen Anwendungsbereichen nur unzureichend genutzt. EDZ können dieses Potenzial auf neue Anwendungen übertragen und mit anderen Disziplinen kombinieren (Geografische Informationssysteme, Gebäudemanagement, Wald und Holz, …). Gleichzeitig ermöglichen sie es, einmal entwickelte EDZ schnell für andere Anwendungsbereiche zu nutzen.

Vergrößerung des analysierbaren Weltausschnitts: Zur umfassenden Analyse von Systemen in ihrer Einsatzumgebung ist die Vergrößerung des modellier- und analysierbaren Weltausschnitts und die Senkung der Kosten notwendig. Abbildung 2.7 stellt Aufwand und Kosten für unterschiedliche Modellumfänge gegenüber. Deutlich wird, dass heute auf Komponentenebene hochdetaillierte und/ oder interdisziplinäre Simulationen möglich sind, die bei Steigerung des Modellumfangs sehr schnell vereinfacht und in ihrer Komplexität reduziert werden müssen. In gleichem Maße steigen die Kosten für hochdetaillierte und interdisziplinäre Simulationen. Bei der Nutzung von EDZ wird ein Mehraufwand auf Komponentenebene z. B. aufgrund zusätzlicher Arbeiten zur Modellstrukturierung und -standardisierung in Kauf genommen, um im weiteren Verlauf durch die Möglichkeit, auch SoS schnell und umfassend untersuchen und die entstandenen Modelle gleichzeitig mehrfach nutzen zu können, deutlichen Mehrwert zu schaffen.

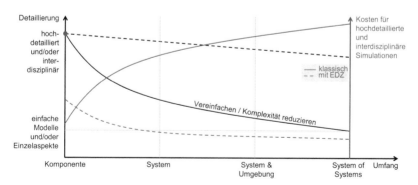

Abbildung 2.7 Qualitativer Vergleich der Entwicklung von Modelldetaillierung und Kosten für die „klassische" und EDZ-gestützte Herangehensweise in Abhängigkeit vom Modellumfang

Mehrfachnutzung von Simulationen: Simulationen werden häufig durch Spezialisten für ausgewählte und mit großem Aufwand umgesetzte Einsatzszenarien realisiert. Auf der anderen Seite kann Simulation wie dargestellt über den gesamten Lebenszyklus wesentliche Beiträge liefern. Entsprechend ist eine durchgängige Nutzung von Simulation notwendig, die einen Mehrfachnutzen innerhalb einer Anwendung ebenso wie einen Transfer zwischen Anwendungen ermöglicht[38]. EDZ werden daher mehrfach über den Lebenszyklus hinweg eingesetzt und vereinfachen den Zugang zu Simulation.

2.2   Der Digitale Zwilling: Abbildung realer Systeme in der virtuellen Welt seit 2003

Der vorstehende Abschnitt zeigt, dass moderne Systeme und der immer stärkere Einsatz digitaler Technologien im Lebenszyklus von Systemen neue Anforderungen an die Entwicklungsprozesse aber auch an die Ausgestaltung technischer Systeme selbst stellen. Dass die virtuelle Welt helfen kann, reale Systeme unter unterschiedlichen Gesichtspunkten zu entwickeln und zu betreiben, ist offensichtlich, allgemein akzeptiert und vielfach bereits Stand der Technik. Ebenso offensichtlich ist aber auch, dass ein umfassender Ansatz, der die zur Verfügung stehenden „Lösungsbausteine" verständlich, handhabbar, effizient und effektiv zusammenführt, aktuell fehlt. Dies hat aus Sicht des Autors zwei wesentliche Gründe. Zum Einen werden Virtualität und Realität meist komplett getrennt voneinander betrachtet. Diese Welten gilt es zusammenzuführen. Es muss eine **Konvergenz realer und virtueller Welt** erreicht werden, die zu einer durchgängigen Nutzung einer kohärenten Menge Digitaler Artefakte über den gesamten Lebenszyklus führt. Dieser **kohärenten Nutzung Digitaler Artefakte** – und dies ist der zweite wesentliche Grund – stehen viele Brüche im Lebenszyklus gegenüber. In unterschiedlichen Phasen arbeiten unterschiedliche Personengruppen mit unterschiedlichen Werkzeugen und unterschiedlichen Datenformaten. Der Daten-, Informations- und Wissensaustausch zwischen den Phasen und Gruppen ist beschränkt, so dass hier oft auch von „Silos" gesprochen wird, in denen diese Gruppen tätig sind und aus denen diese nur schwer ausbrechen können. Es fehlen geeignete **Strukturen zur Umsetzung übergreifender Arbeitsabläufe.** Die Konzepte von Industrie 4.0 liefern hier das fehlende

---

[38] „*Um einen möglichst planbaren (oder überhaupt einen) „Return-on-Investment" zu erreichen, ist es wichtig, die entwickelten Modelle möglichst vielfältig und mehrmals einzusetzen.*"
[RJB+20]

Puzzlestück, den **Digitalen Zwilling**, der in Kombination mit Simulationstechnik zu einem **Experimentierbaren Digitalen Zwilling** (EDZ) wird.

Der Blick in die Literatur zeigt, dass das Konzept des Digitalen Zwillings eine kontinuierliche Erweiterung erfährt. Einen guten Überblick über den Begriff des Digitalen Zwillings geben u. a. [NFM17; QTZ+18; TZL+19]. Obwohl erste Dokumente zu diesem Begriff bereits aus dem Jahr 2003 stammen, ist die mit konkreten praktischen Anwendungen belegte Geschichte des Digitalen Zwillings deutlich kürzer und begann erst ca. im Jahr 2015 (siehe auch Abbildung 2.8). Der Grund hierfür liegt maßgeblich in den unzureichenden technischen Grundlagen in Bereichen wie Datenerfassung, -verarbeitung und -kommunikation in den Anfangsjahren. Diese wurden erst durch Technologien wie das IoT, leistungsfähige aber ebenso platz- und energiesparende Sensorik, Big Data, Künstliche Intelligenz, Simulationstechnik und ausreichende Rechenleistung sowie ausreichend Speicherkapazität auf dem Desktop, auf dem Endgerät/Produkt und in der Cloud zur Verfügung gestellt. Mittlerweile eröffnet der Digitale Zwilling vielfältige Möglichkeiten im Kontext von Entwicklung und Betrieb komplexer Systeme [VC18; WWB+20]. Im Kontext der Digitalisierung von Ökosystemen wird der DZ als einer der maßgeblichen technologischen Trends des aktuellen Jahrzehnts gesehen. Im Jahr 2018 klassifiziert Gartner den Digitalen Zwilling als Teil des digitalisierten Ökosystems als einen der fünf maßgeblichen technologischen Trends des nächsten Jahrzehnts und prognostiziert der Technologie das Erreichen des „Produktivitätsplateaus" in 5 bis 10 Jahren [Pan18].

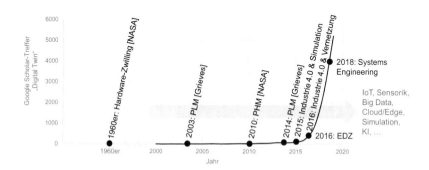

Abbildung 2.8 Die Entwicklung des (Digitalen) Zwillings von 1960 bis heute

Dieser Abschnitt gibt zunächst einen Überblick über unterschiedliche Sichten auf den Digitalen Zwilling. Abschnitten 2.3 skizziert in Erweiterung hierzu maßgebliche Aspekte und Fragestellungen zu Digitalen Zwillingen. Auf dieser Grundlage werden dann in den Abschnitten 2.4 und 2.5 konkrete Definitionen für den Digitalen Zwilling im Allgemeinen und den Experimentierbaren Digitalen Zwilling im Speziellen entwickelt.

2.2.1   Hardware-Zwillinge im Apollo-Programm

Der Begriff des Zwillings selbst – nicht des Digitalen Zwillings – geht auf Entwicklungen im Rahmen des Apollo-Programms bei der NASA in den 1960er Jahren zurück [RVL+15; SF19; Ove18; DP19]. Die dort gewählte Vorgehensweise war, zwei identische Raumfahrtsysteme zu bauen. Eines davon fliegt, das andere, der „Zwilling", verbleibt als maßstabsgetreues Mockup auf der Erde. Genutzt wurde der auf der Erde verbliebene Zwilling, um die Vorgänge im Weltraum auf Grundlage der von dort gelieferten Daten auf der Erde nachbilden zu können. Auf diese Art und Weise konnten mögliche Steuerbefehle oder Handlungsalternativen analysiert und bewertet werden. Z. B. im Rahmen der Apollo-13-Mission wurde der Zwilling eingesetzt, um den Schaden zu analysieren und Gegenmaßnahmen zu erarbeiten.

Auch heute noch werden „Hardware-Zwillinge" im Raumfahrtkontext eingesetzt. Reale Testbeds und Analogmissionen sind Beispiele hierfür. Gleiches gilt auch für andere Domänen wie beispielsweise die Luftfahrttechnik. Dort werden „Iron Birds" als *„stationärer Aufbau zum Testen der Systeme eines neuen Baumusters"* [NN13] bezeichnet (siehe auch [RVL+15]). Tatsächlich kann jeder Prototyp zur Nachbildung des Betriebsverhaltens Physischer Systeme, egal ob physisch oder virtuell, als „Zwilling" bezeichnet werden [BR16]. Diese Vorstellung gibt auch dem Digitalen Zwilling etwas gefühlt Reales.

2.2.2   Digitale Zwillinge für das Product Lifecycle Management

Wer den Begriff des „Digitalen Zwillings" wirklich eingeführt hat, ist in der Fachwelt umstritten. Der Begriff in exakt dieser Form entstand im Kontext von Raumfahrtentwicklungen (siehe auch [Gri11] und Abschnitt 2.2.3). Aus Sicht des Autors dieses Textes begann die Geschichte des Digitalen Zwillings mit einer Vorlesung zum Thema Product Lifecycle Management (PLM) durch Michael Grieves im Jahr 2003. Auch wenn sie dort mit dem Begriff des *„Information Mirroring Models"* eingeführt und unter dem Begriff *„Mirrored Spaces Model"* in [Gri05] veröffentlicht wurde, enthält sie doch mit dem „Information Mirroring", d. h. 1) der Abbildung realer Systeme in der virtuellen Welt mit 2) einer direkten Verbindung zwischen realem und virtuellen System, bereits wesentliche Konzepte des Digitalen Zwillings. Dort verwendete Konzeptgrafiken (siehe auch Abbildung 2.9) machen dies deutlich. Die Bezeichnung „Digitaler Zwilling" bekam dieses Konzept in einer Fußnote in [Gri11] und wurde dort dem NASA-Kontext zugeordnet. In [Gri14; GV17] wurde das Grundkonzept noch einmal konkretisiert und sein Nutzen in unterschiedlichen Einsatzszenarien vorgestellt. Das Whitepaper [Gri14] gilt als einer der Ausgangspunkte für die breite Anwendung des Konzepts [TZL+19].

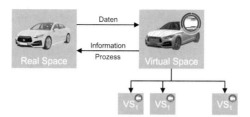

Abbildung 2.9 Das Konzept des Digitalen Zwillings entsprechend [GV17]: Zur Orientierung ist hier wie auch in den folgenden Abbildungen das, was heute als Digitaler Zwilling bezeichnet wird, mit dem in Abbildung 2.17 eingeführten Symbol gekennzeichnet.

   Das Konzept von Grieves ist verblüffend einfach und mit dem Begriff **Information Mirroring Model** überaus treffend beschrieben (siehe Abbildung 2.9). Jedes System besteht aus zwei Systemen, dem realen System (mit „Real Space" bezeichnet) und seinem virtuellen Gegenstück (mit „Virtual Space" bezeichnet). In Bezug auf Abschnitt 2.1.2 ist nicht festgelegt, ob es sich hierbei um das reale Physische System oder um das reale MCPS handelt, sodass im Folgenden die neutralen Begriffe reales und virtuelles System verwendet werden. Das reale System ist das, was bereits immer existiert hat, und was in diesem Konzept um ein virtuelles System ergänzt wird, welches alle Informationen zum realen System enthält. Beide Systeme sind über Kommunikationskanäle miteinander verbunden, so dass die Daten aus dem realen System in das virtuelle System integriert werden können und hieraus Informationen und Hinweise zur Steuerung des realen Prozesses abgeleitet werden können. Ziel ist, alle Modelle und Daten, die im Lebenszyklus entstehen, in einem **Unified Repository** (heute würde man dieses wohl als „Single Source of Truth" bezeichnen) zusammenzuführen und im gesamten Lebenszyklus zu verwenden. Hierdurch werden Realität und Virtualität bidirektional zusammengeführt, was auch als **Konvergenz** bezeichnet wird. Das Unified Repository führt die im Rahmen der Arbeiten am virtuellen System entstehenden Modelle mit den im

Betrieb entstehenden Daten zusammen. Das Konzept sieht vor, dass im Rahmen der Entwicklung identifizierte Systemparameter quasi als Platzhalter in das Systemmodell eingebracht, in der Entwicklung mit Sollwerten belegt und aus realen Systemen mit Istwerten versorgt werden.

Im 2014 veröffentlichten *„Digital Twin Concept Model"* [Gri14] werden reale Systeme im „Real Space" und virtuelle Systeme im „Virtual Space" zusammengefasst und bidirektional miteinander verbunden. Hieraus werden *„Digital Twin Model Use Cases"* abgeleitet. Eine direkte und eindeutige Zuordnung des Begriffs des Digitalen Zwillings zum virtuellen System ist noch nicht erkennbar. Den Nutzen dieses Konzepts verdeutlicht Grieves in [Gri14] anhand der Visualisierung der Digitalen Zwillinge einer Fertigungsstraße. Dadurch, dass alle Modelle und Daten in den Digitalen Zwillingen zusammengeführt werden, liefern diese unabhängig vom Ort des Betrachters ein *„Virtual Window"* auf eine Produktionsanlage. In Abgrenzung zur bereits 2003 umfassend vorhandenen „Factory Simulation" zur Prädikation des Verhaltens einer Produktionsanlage wird hier von einer *„Factory Replication"* als Abbild der aktuellen Situation gesprochen. Zentral ist, dass dieses virtuelle Fenster mit Konzeptualisierung, Vergleich und Zusammenarbeit die *„three most powerful tools in the human knowledge tool kit"* adressiert. Grundlage hierfür ist, dass die Visualisierung des Digitalen Zwillings den Sehsinn als das für viele Menschen wichtigste Sinnesorgan anspricht (siehe auch [MRC+18]).

Mit dem Begriff der **Konzeptualisierung** wird die Eigenschaft des Menschen bezeichnet, auf der einen Seite die zur Verfügung stehenden Daten und Information aufnehmen zu können und aus deren Betrachtung auf die sich dahinter verbergenden größeren Zusammenhänge, die „Konzepte", schließen zu können. Diese Konzeptualisierung fällt dem Menschen deutlich leichter, wenn er statt auf Tabellen und Diagramme direkt auf ihm vertraute „Bilder" gucken kann (*„eliminate the inefficient and counterproductive mental steps of decreasing the information and translating it from visual information to symbolic information and back to visually conceptual information"* [Gri14]).

Entscheidungen trifft der Mensch durch **Vergleich** unterschiedlicher Ergebnisse für unterschiedliche Handlungsalternativen. Hierzu identifiziert und bewertet er die Unterschiede und leitet hieraus geeignete Schlüsse für die anstehende Handlung ab. Die Zusammenhänge erkannt zu haben und leicht verständliche „Bilder" analysieren zu können, hilft ihm hierbei sehr. Dies vereinfacht auch die **Zusammenarbeit** (in diesem Zusammenhang auch als „verteilte Konzeptualisierung" bezeichnet), da mehrere Menschen gemeinsam die gleichen Darstellungen betrachten können.

Ein weiteres wichtiges Ziel war in diesem Zusammenhang die Mehrfachverwendung von Modellen im Lebenszyklus (*„extending model lifespan"*, [Gri14]). Die Aktualisierung des virtuellen Systems mit den Daten aus dem realen System ermöglicht genau dieses. Die Rückrichtung, d. h. die Versorgung des realen Systems mit Informationen aus dem virtuellen Modell eröffnet neue Anwendungsmöglichkeiten.

Im Vergleich zu umfassenden und ausführbaren Digitalen Zwillingen waren die zunächst eingeführten Digitalen Zwillinge eher beschreibend. In Erweiterung hierzu werden Digitale Zwillinge in [GV17] mittlerweile als *„predictive"* und *„interrogative"* bezeichnet und liefern *„actionable information"*. Sie sagen bei Bedarf das zukünftige Verhalten voraus und liefern Antworten auf alle Fragen rund um das Physische System wie z. B. vergangene und aktuelle Betriebszustände. Es ist hier weiterhin so, dass Digitale Zwillinge auf Anfrage aktiv werden und nicht eigenständig.

Grieves selbst versteht unter einem Digitalen Zwilling mittlerweile *„a set of virtual information constructs that fully describes a potential or actual physical manufactured product from the micro atomic level to the macro geometrical level. At its optimum, any information that could be obtained from inspecting a physical manufactured product can be obtained from its Digital Twin."* [GV17]. Er unterscheidet mit *„Digital Twin Prototype (DTP)"* als Beschreibung des prototypischen realen Systems (Anforderungen, annotierte 3D-Modelle, Stücklisten u. ä.) und *„Digital Twin Instance (DTI)"* als direkt mit einem konkreten realen System verbundene Beschreibung desselben (mit allen verfügbaren Informationen über die Systemhistorie wie aktuell verbaute Komponenten mit den tatsächlichen Abmessungen u. ä.) zwei Arten Digitaler Zwillinge, die beide in einer *„Digital Twin Environment (DTE)"* (mit entsprechenden Prognose- und Auskunftsfähigkeiten) betrieben werden. Dies entspricht der Unterscheidung zwischen Typen und Instanzen im Lebenszyklus (siehe Abschnitt 2.1.7) und der Verwaltung Digitaler Zwillinge in Plattformen für Digitale Zwillinge (siehe Abschnitt 2.4.5). Eine im Kontext dieses Textes wesentliche *„Digital Twin Environment"* ist das in Abschnitt 2.5 eingeführte Virtuelle Testbed. Über die als VS_i bezeichneten *„virtual sub-spaces"* wird angedeutet, dass jedes virtuelle System in quasi beliebig viele Unterräume repliziert werden kann, wo es gefahrlos und ohne wesentliche weitere Kosten getestet werden kann. Gerade bei Tests, die das Physische System beschädigen, ist dies in der Realität so nicht möglich.

2.2.3   Der Digitale Zwilling als Virtual Digital Fleet Leader

2010 greift die NASA das Konzept für die Luft-/Raumfahrt auf und bezeichnet hiermit eine *„ultra-realistic simulation"*: *„A digital twin is an integrated multi-physics, multi-scale, probabilistic simulation of a vehicle or system that uses the best available physical models, sensor updates, fleet history, etc., to mirror the life of its flying twin.* The digital twin is ultra-realistic and may consider one or more important and interdependent vehicle systems, including propulsion/energy storage, avionics, life support, vehicle structure, thermal management/TPS, etc. Manufacturing anomalies that may affect the vehicle may also be explicitly considered. In addition to the backbone of high-fidelity physical models, **the digital twin integrates sensor data** from the vehicle's on-board integrated vehicle health management (IVHM) system, maintenance history, and all available historical/fleet data obtained using data mining and text mining. By combining all of this information, the digital twin **continuously forecasts the health** of the vehicle/system, the remaining useful life and the probability of mission success. The systems on board the digital twin are also capable of mitigating damage or degradation by **recommending changes in mission profile to increase both the life span and the probability of mission success.** "* [SCD+10]. Lag der Grundidee von Grieves noch die **Replikation** der realen Welt in der Virtualität zu Grunde, so steht hier mit der **Simulation** die **Prognose des Systemverhaltens** im Mittelpunkt. Die grundlegende Struktur ist trotzdem sehr vergleichbar. Mit Bezug auf Abbildung 2.9 steht auf der linken Seite das reale Raumfahrzeug, das seinen Digitalen Zwilling auf der rechten Seite kontinuierlich mit Sensor-/Betriebsdaten versorgt. Auch alles weitere Wissen über den Realen Zwilling wird genutzt, um diesen möglichst umfassend wie realitätsnah (hinsichtlich Verhalten und Parametrierung) abzubilden. Die mit Hilfe des Digitalen Zwillings gewonnenen Informationen werden je nach Phase im Lebenszyklus vom Entwickler oder Operator genutzt, gehen also nicht direkt in das reale System zurück.

[GS12] (siehe auch Abbildung 2.10) erweitert dieses Grundkonzept um das Ziel, die Kosten für Raumfahrzeuge zu reduzieren. Da erfahrungsbasierte Ansätze wie die Berücksichtigung von Sicherheitsmargen bei Raumfahrzeuge oft nicht sinnvoll eingesetzt werden können, weil schlicht die Erfahrungen fehlen, sollen diese Erfahrungen durch hochrealistische Simulationen und z. B. umfangreiche Parameterstudien ergänzt werden. Auf deren Grundlage sollen dann Sicherheitsmargen reduziert, die Lebensdauer von Raumfahrzeuge erhöht und der Erfolg der Missionen gesichert werden. Hierdurch sollen gleichzeitig **Entwicklungs- und Systemkosten reduziert** werden. In der Entwicklung nimmt der Digitale Zwilling hierzu die Rolle des „Virtual Digital Fleet Leaders" ein, der den realen „Fleet

Leader", also das Exemplar aus einer Reihe gleichartiger Raumfahrtsysteme, das die meisten Flüge oder die höchste Degradation aufweist, in der Simulation nachbildet. Dies legt die Grundlagen für neue **digitale Entwicklungs-, Validierungs- und Zertifizierungsmethoden**, wobei insbesondere ein erheblicher Teil der Tests in der Simulation durchgeführt wird. Im Betrieb schafft der Digitale Zwilling „**Situational Awareness**" (siehe auch Abschnitt 3.7.8) und damit Wissen über den aktuellen Systemzustand, seine Auswirkungen auf das zukünftige Systemverhalten und dessen Bewertung. Gerade die Bewertung ist wichtig und wird z. B. in [SCD+10] als „*in-situ forensics*" bzw. als Analyse potenziell katastrophaler Ereignisse bezeichnet. All dies ist die Grundlage für die Vorhersage und Verlängerung der Lebensdauer, weil im Betrieb Systemveränderungen identifiziert und bewertet werden können und auf diese anschließend aktiv reagiert werden kann. Und selbst wenn im Weltraum keine Wartung durchgeführt werden kann, so können z. B. durch geeignete Modifikation des Missionsprofils Systemlasten reduziert werden. Oftmals werden hierbei allerdings Systemzustände erreicht, die in der Entwicklung nicht berücksichtigt wurden und dann im Betrieb mit Hilfe des Digitalen Zwillings analysiert werden müssen. So wandern z. B. die im Rahmen der Apollo-Missionen noch am physischen Zwilling vorgenommenen Untersuchungen (siehe Abschnitt 2.2.1) in die Virtualität. Mit diesen Konzepten und Überlegungen zum Nutzen des Digitalen Zwillings hat die NASA die Grundlage für eines der Hauptanwendungsfelder des Digitalen Zwillings, das **Predictive Health Management**, gelegt. Liegt hier der Anwendungsfokus noch auf sehr teuren und hochkomplexen Systemen, können entsprechende Ansätze durch die Weiterentwicklung von Sensoren, Kommunikationsnetzwerken und Simulationstechnik heute für „*nahezu jedes System*" [MML19] eingesetzt werden.

Abbildung 2.10 Grundlegende Technologien für einen Digitalen Zwilling (hier als „Virtual Digital Fleet Leader" bezeichnet) und dessen Nutzen (Darstellung und Beispiele nach [GS12])

2.2.4   Digitale Zwillinge für Industrie 4.0 und Simulation

Bereits bei den Ansätzen von Grieves und der NASA lag ein Schwerpunkt auf der Zusammenführung allen Wissens über ein Physisches System in seinem Digitalen Zwilling – und hier insbesondere von Modellen aus der Entwicklung mit Daten aus dem Betrieb. Einer der Vorreiter im Zusammenhang mit der industriellen Nutzung dieses Konzepts war etwa im Jahr 2015 die Firma Siemens, die Industrie 4.0-Konzepte mit einer kombinierten PLM-/Simulationsbetrachtung unter dem Begriff des Digitalen Zwillings zusammenführte. Auch wenn der Eindruck entstand, dass die Verwendung dieses Begriffs zunächst maßgeblich unter Marketinggesichtspunkten erfolgte ([DP19], beispielsweise [Sie15]), so basierten diese Überlegungen auf einer wissenschaftlichen Grundlage, die z. B. in [RVL+15; BR16] vorgestellt wurde.

[RVL+15] stellt hierbei heraus, dass die Digitalisierung zu einer steigenden Erzeugung, Speicherung und Verwendung aller möglichen Digitalen Artefakte führt. Diese werden von unterschiedlichen Stakeholdern genutzt und im Digitalen Zwilling mit Metadaten und Semantik versehen sowie geeignet strukturiert und miteinander vernetzt auswertbar gespeichert. Der Digitale Zwilling führt also alle verfügbaren Digitalen Artefakte zusammen und macht diese als Daten und Simulationsmodelle verfügbar [BR16]. Ein Digitaler Zwilling entsteht entsprechend dieser Betrachtungsweise bereits mit der ersten Idee. Es „*besteht dabei der Anspruch, dass der Digitale Zwilling ein – bezüglich der jeweiligen erreichten Phase – umfassendes Abbild des geplanten bzw. existierenden Systems darstellt, das heißt alle zum jeweiligen Zeitpunkt verfügbaren Daten, Modelle und Informationen umfasst* (siehe auch Abbildung 2.11). *Diese Vision des DZ verspricht damit eine durchgängige, effiziente und effektive Wieder- und Weiterverwendung der im Anlagenlebenszyklus entstehenden Digitalen Artefakte - und damit auch der Simulationsmodelle – für viele unterschiedliche Einsatzzwecke.*" [RJB+20]. Aus PLM-Perspektive betrachtet ist der Digitale Zwilling damit die „Single Source of Truth", auf dessen Grundlage ein übergreifender Informationsaustausch ermöglicht wird [Kuh17b] und die „*jede Maschine von der Idee bis zur Modernisierung*" begleitet [Sie15]. Der Digitale Zwilling entwickelt sich also mit der Zeit und wird fortlaufend aktualisiert. Er wird nicht nur innerhalb einer Lebenszyklusphase eingesetzt sondern macht alle Daten und Modelle phasenübergreifend zugreifbar und nutzbar – einschließlich des Ringschlusses zurück zum Design. Mittlerweile wird z. B. von Siemens in Produkt- (Digitaler Zwilling eines Produkts zur Vorhersage seiner Leistungsmerkmale in der Konstruktion), Produktions- (Digitaler Zwilling eines Produktionssystems für die Fertigungs- und Produktionsplanung) und Performancezwilling (Digitale Zwillinge zur Erfassung und Analyse von Betriebsdaten) unterschieden, wobei diese drei

Digitalen Zwillinge durch den *„Digitalen roten Faden"* zusammengeführt werden [Sie19].

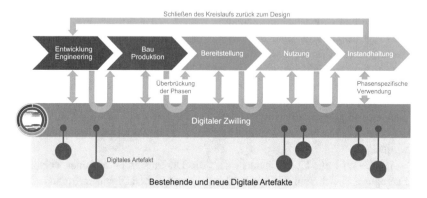

Abbildung 2.11 Im Digitalen Zwilling werden alle im Lebenszyklus Realer Zwillinge entstehenden Informationen zusammengeführt, in den einzelnen Entwicklungsphasen genutzt, zwischen diesen ausgetauscht und in den jeweils verwendeten IT-Systemen verfügbar gemacht (angepasst aus [BR16]).

Der vorhergesagte Nutzen dieses Konzepts ist vielfältig. Noch bevor physische Prototypen gebaut werden, soll deren Verhalten präzise simuliert, prognostiziert und optimiert werden können, wodurch die Anzahl physischer Prototypen reduziert, die Entwicklungszeit verkürzt und die Qualität verbessert werden soll. Hierbei weist [BR16] darauf hin, dass der **Digitale Zwilling auch ein Produktfeature** ist, der Einfluss auf den Nutzen des Physischen Systems für den Kunden hat und entsprechend von Anfang an mitgeplant werden muss. Entsprechend dieser Sichtweise wurde die Ausgestaltung und die Verwendung des Digitalen Zwillings definiert und damit auch auf spezifische Aufgaben fokussiert.

2.2.5 Digitale Zwillinge für Industrie 4.0 und das Internet der Dinge

Das IoT ist sicher eine der „Enabling Technologies" für Digitale Zwillinge. Ein typischer Anwendungsfall ist, dass Sensoren Physischer Systeme umfangreiche Daten über deren aktuellen Betriebszustand liefern, die direkt vor Ort bearbeitet oder über das Internet in die Cloud übertragen und dort analysiert werden. Aus den gewonnen Informationen werden Steuerungsanweisungen an das Physische System oder seinen Betreiber/Nutzer (zurück-) geliefert (siehe auch Abbildung 2.12). Auf diese Weise entsteht ein **Internet der Dinge** (IoT). In diesem sind „Dinge" z. B. 1) mit geeigneten Informationsverarbeitenden Systemen und Kommunikations-möglichkeiten erweiterte Physische Systeme als Mechatronische/Cyber-Physische Systeme (MCPS), 2) Softwaredienste oder 3) Mensch-Maschine-Schnittstellen (siehe auch Anhang A im elektronischen Zusatzmaterial). Diese „Dinge" arbeiten nicht nur isoliert voneinander sondern sind in unterschiedlichen Konstellationen auf unterschiedliche Weisen (situationsspezifisch) miteinander vernetzt (konkret:

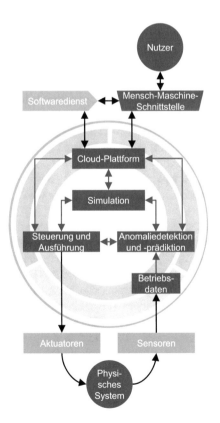

Abbildung 2.12 Typische Struktur des DZ und seiner Nutzung im IoT (angepasst aus [BBC+20])

choreographiert oder orchestriert). Dies erfordert neue Konzepte zur Verwaltung der hierdurch entstehenden Systeme.

Wie auch die Entwicklungen im Bereich der industriellen Simulationstechnik (siehe vorstehender Abschnitt) können diese Konzepte dem Industrie 4.0-Kontext zugeordnet werden. Sie entstanden etwa gleichzeitig mit diesen und wurden u. a. von Firmen wie Bosch [Bos20] und SAP [Amm17] vorangetrieben. Aus der Perspektive des IoT betrachtet reflektiert der Digitale Zwilling alle Aspekte und Fähigkeiten eines Physischen Systems über standardisierte Schnittstellen, er ist eine *„virtuelle Repräsentation eines realen Produkts im Kontext Cyber-Physischer Systeme"* [SSP+16], auf die dann unterschiedliche Softwareservices aufbauen (siehe u. a. [QTZ+18]). Im Idealzustand umfasst der Digitale Zwilling also sowohl die virtuelle Repräsentation des aktuellen Zustands als auch die Bereitstellung der Funktionalität des Physischen Systems [Bos20]. Der virtuelle Teil von MCPS und damit auch die Verwaltungsschale (siehe Anhang A im elektronischen Zusatzmaterial) werden in diesem Zusammenhang mit dem Digitalen Zwilling gleichgesetzt [DSW+16; Bun20]. Die Orchestrierung/Choreographierung von IoT-Systemen erfolgt dann über diese Digitalen Zwillinge, wodurch ein Übergang von *„zentralisierter Steuerung, Konfiguration und Verwaltung von Maschinen zu autonomen und dezentralisierten Lösungen"* [DSW+16] möglich wird und *„Smart Objects"* [VC18] entstehen. *„Der Digitale Zwilling hilft bei der Orchestrierung aller Aspekte eines IoT-Geräts und stellt ein einheitliches und vereinfachtes Modell sowie eine API (Application Programming Interface), um mit diesem Gerät zu arbeiten, zur Verfügung."* [Bos20].

Mit dieser Sichtweise eng verbunden ist im Industrie 4.0-Kontext der Begriff der Industrie 4.0-Komponente. Diese ist ein MCPS, das aus der Kombination eines Physischen Systems („Asset") mit seiner Verwaltungsschale („Asset Administration Shell" (AAS)[39], [BRT+16; Pla19; BBB+19a; DIN16; Bun20]) entsteht (siehe Anhang A im elektronischen Zusatzmaterial). Die AAS ist heute noch oft passiv, wird aber sukzessive zu einer aktiven Verwaltungsschale ausgebaut, wodurch das Konzept durch Fähigkeiten zur autonomen Entscheidungsfindung sowie Selbstkoordination und -optimierung erweitert wird und die Kooperation zwischen Industrie 4.0-Komponenten auch ohne eine übergeordnete Steuerungsebene möglich wird

---

[39] *„Die AAS besteht aus einer Anzahl von Untermodellen, in welcher alle Informationen und Funktionalität eines gegebenen Asssets – einschließlich Merkmalen, Charakteristika, Eigenschaften, Status, Parameter, Messdaten und Fähigkeiten – beschrieben werden. Sie ermöglicht die Verwendung unterschiedlicher Kommunikationskanäle und Anwendungen und dient als Verbindung zwischen Industrie 4.0-Komponenten und der vernetzten, digitalen und verteilten Welt."* [Pla19]

[WFS+20; BD19]. In der Anwendungsperspektive des IoT wird die Verwaltungsschale auch als Digitaler Zwilling bezeichnet [VDI22].

Da sowohl AAS als auch Digitale Zwillinge lediglich Schnittstellen bereitstellen, die Kommunikation selbst aber nicht implementieren, benötigen diese eine geeignete Infrastruktur, die neben der Herstellung geeigneter Verbindungen auch Aspekte wie Sicherheit und Verfügbarkeit adressiert. Im Industrie 4.0-Kontext existieren unterschiedlichste Konzepte, MCPS/Industrie 4.0-Komponenten miteinander zu verbinden. Diese Konzepte werden **Systemarchitekturen** genannt und als Referenzarchitekturen [DIN16; LSM19] oder anwendungsfallbezogene Architekturen (z. B. [TBP+17; Hop20b]) zur Verfügung gestellt. In diesem Kontext entstanden eine Vielzahl von sogenannten **Digitale Zwillings-Plattformen** als Weiterentwicklung der weit verbreiteten IoT-Plattformen (Beispiele sind SAP Leonardo [Amm17], Bosch IoT Things [Bos20] oder Microsoft Azure Digital Twins [Van18]). Technisch werden diese Plattformen – sie können auch als Laufzeitumgebungen für Digitale Zwillinge bezeichnet werden – meist als Cloud-Lösung umgesetzt, mit dem Aufkommen von Edge-/Fog-Ansätzen werden aber auch dezentrale Ansätze realisierbar. Ein Plattformstandard fehlt aktuell [SF19].

Die im Cloud-Kontext entstehenden Strukturen sehen hierbei meist ähnlich aus (siehe Abbildung 2.13). Für die Physischen Systeme stellt eine hardwarenahe Ebene die Verbindung zu den in einer Cloud-Plattform verwalteten Digitalen Zwillingen her. Diese liefern eine einheitliche Repräsentation auf die Physischen Systeme unabhängig von deren konkreten Ausgestaltung und ihren Kommunikationsmöglichkeiten. Auf dieser Ebene bauen dann anwendungsspezifische Softwarekomponenten zur Verwaltung der Physischen Systeme, zur Visualisierung und Auswertung ihrer Daten und damit auch z. B. zur Erkennung von Anomalien oder Fehlerfällen auf.

Die Verwendung Digitaler Zwillinge im IoT ermöglicht die Vereinheitlichung von Semantik und Sprache (Daten/Modelle) sowie Kommunikation (Protokolle/API), den Übergang von zentralen zu dezentralen/autonomen Strukturen und die situationsspezifische Vernetzung von MCPS „auf Augenhöhe". Aktuell besteht trotz scheinbarer Standardisierung häufig das Problem des „Vendor Lock-Ins", d. h. der Festlegung auf einen Cloud-Anbieter durch mangelnde Interoperabilität. Dem stehen signifikante betriebswirtschaftlichen Vorteile durch neue Systemstrukturen, Geschäftsmodelle (z. B. As-a-Service, Pay-per-Use) oder die Ablösung von Investitions- (CAPEX) durch Betriebsausgaben (OPEX) gegenüber.

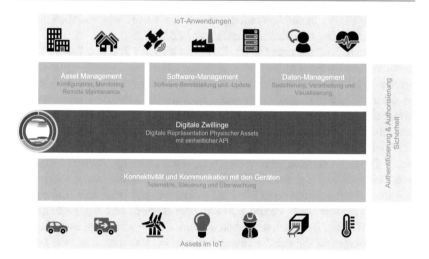

Abbildung 2.13 Typische Struktur einer DZ-Plattform für Digitale Zwillinge im IoT (angepasst aus [Bos20])

2.2.6   Erweiterung des Model-based zum Digital Twin-based Systems Engineering

Alle bisher vorgestellten Anwendungsszenarien sehen bereits das Potenzial des Digitalen Zwillings für das Systems Engineering und konkret das Model-based Systems Engineering (siehe auch Abschnitt 4.5), auch wenn sie es nicht wie z. B. [BR16] (siehe auch Abschnitt 2.2.4) direkt adressieren. Auch die erste Veröffentlichung zum Experimentierbaren Digitalen Zwilling zielte in diese Richtung [SAR17]. Insgesamt ist aktuell eine Verallgemeinerung des initialen Konzepts für Digitale Zwillinge, welches sich zunächst in einzelnen Anwendungsgebieten wie PLM (Product Lifecycle Management), PHM (Product Health Management) oder IoT (Internet of Things) etabliert hat, in Richtung eines lebenszyklusübergreifenden Ansatzes und damit dem Systems Engineering im engeren und weiteren Sinne zu beobachten [MML19; RJB+20]. Es wird erwartet, dass sich der Digitale Zwilling zu dem zentralen Strukturierungselement von MBSE entwickelt und MBSE-Methoden so über den gesamten Lebenszyklus genutzt werden [MML19; RJB+20; KSS+18]. „*Durchgängig modellbasierte Systementwicklung (Model-based Systems Engineering) mit der Vernetzung von Modellen ermöglicht ganzheitliche Aussagen zur Absicherung und Optimierung der Funktionalität eines Systems während der*

Entwicklung" [SAT+20]. [RJB+20] spricht bereits von der Weiterentwicklung des MBSE über das Simulation-based Systems Engineering (mit dem Fokus der Ausführbarkeit/Experimentierbarkeit der Modelle) zu einem **Digital Twin-based Systems Engineering** (mit Fokus auf Semantik, Struktur und Lebenszyklus) und zielt dabei auf die Wiederverwendung aller Digitalen Artefakte (Daten, (Simulations-) Modelle u. ä.) über den gesamten Lebenszyklus (siehe auch Abschnitt 2.1.7). *"Somit wird der Digitale Zwilling zur gemeinsamen digitalen Datenbasis, zum gemeinsamen Anschauungsobjekt sowie zum ausführbaren Modell für alle Stakeholder [...] und begleitet den gesamten Lebenszyklus."* Dies steht in deutlichem Gegensatz zur heute oft üblichen Sicht auf das Systems Engineering, wo die diesbezüglichen Arbeiten mit dem Ende des Engineerings und der Dokumentation des Systems zum Abschluss gebracht werden (*"Systems Engineering has often degenerated into systems accounting"* [GV17]). Grafisch, wie z. B. entsprechend [MML19] in Abbildung 2.14 dargestellt, wird deutlich, dass die Grundstruktur weiterhin sehr ähnlich bleibt. In der oberen Hälfte finden sich wieder die Digitalen und Realen Zwillinge, deren über MBSE-, Simulations- und Datenerfassungswerkzeuge

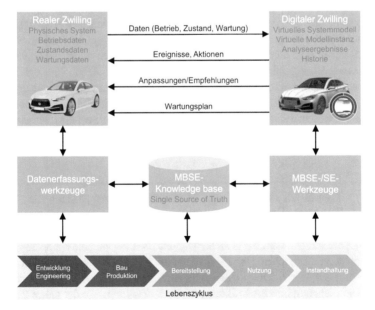

Abbildung 2.14 Der Digitale Zwilling im Kontext des Model-based Systems Engineering (angepasst aus [MML19])

erstellten/erhobenen Digitalen Artefakte in der *„MBSE-Knowledge base"* zusammengefasst und im gesamten Lebenszyklus eingesetzt werden.

Der Digitale Zwilling ist damit die zentrale Entität im Systems Engineering über den gesamten Lebenszyklus. Er ist die gemeinsame digitale Datenbasis (unabhängig von der technischen Fragestellung, ob der Digitale Zwilling selbst diese Datenbasis ist oder in einer Datenbasis gespeichert wird und über diese erreichbar ist), die kontinuierlich weiterentwickelt wird und als gemeinsames Anschauungsobjekt und (im Gegensatz zu MBSE als „Systems Accounting") als ausführbares Modell zur Verfügung steht. Der Digitale Zwilling ist damit die Grundlage für alle im Lebenszyklus eingesetzten Werkzeuge. Das „klassische" MBSE ist „nur noch" der Startpunkt für den Digitalen Thread bzw. den digitalen roten Faden (siehe Abschnitt 2.2.4), die entstehenden Modelle skalieren zwischen einfachen Struktur- bis zu hochkomplexen und hochdetaillierten Simulationsmodellen [MML19].

Mit dieser Anwendungsperspektive werden unterschiedliche Mehrwerte verbunden. So kann auf Grundlage aller verfügbaren Daten/Informationen und Werkzeuge jederzeit „Actionable Information" abgeleitet werden. Die Zusammenarbeit über die Grenzen von Disziplinen/Abteilungen/Domänen hinweg wird gestärkt (vs. „Silos"), alle treiben die Entwicklung parallel voran, profitieren frühzeitig von den Ergebnissen aller anderen und können deren Ergebnisse wiederverwenden. Hierbei stehen zu jedem Zeitpunkt ausführbare Modelle zur Verfügung. Dies ermöglicht den Einsatz neuer agiler Entwicklungsmodelle im Vergleich zu den „üblichen" wie Wasserfall-, V- oder Spiralmodellen (siehe auch Abschnitt 5.8.3) („*The Digital Twin […] attempts to convey a sense of being iterative and simultaneous in the development process.*" [GV17]). Im Mittelpunkt steht hierbei die gleichzeitige Betrachtung der (Performab-, Manufacturab-, Supportab-, Reliab-, Availab-, Maintainab-, Inspectab-) „ilities" (siehe [GV17]) und die frühzeitige Identifikation von emergentem Verhalten (siehe Abschnitt 2.1.2).

2.3   Der Digitale Zwilling: Maßgebliche Aspekte und Fragestellungen

Wie in Abschnitt 2.2 skizziert kann der Digitale Zwilling auf eine knapp 20-jährige Geschichte zurückblicken. [Pan18] erwartet das Erreichen des „Produktivitätsplateaus" in 5-10 Jahren. Die prognostizierten Zahlen sind beeindruckend und reichen von mehreren hundert Millionen Digitalen Zwillingen in der nahen Zukunft [Pan18] bis hin zu Aussagen wie: 75% aller an IoT-Projekten arbeitenden Organisationen verwenden Digitale Zwillinge (Stand 2019), fast alle anderen wollen das in den nächsten fünf Jahren nachholen [CO19]. Dieser Abschnitt fasst Einsatzgebiete,

Nutzen, Sichtweisen und Technologien rund um den Digitalen Zwilling zusammen und wirft einen Blick auf unterschiedliche Sichtweisen in Bezug auf die Relation zwischen Digitalem und Realem Zwilling.

2.3.1 Wo werden Digitale Zwillinge eingesetzt?

Digitale Zwillinge werden in zunehmendem Maße in unterschiedlichen Anwendungsbereichen eingesetzt [TZL+19]. Eigentlich bedarf es keiner Übersicht, wo Digitale Zwillinge eingesetzt werden können, denn tatsächlich finden sich Anwendungsfälle überall dort, wo Maschinen, Geräte, Menschen und Software zusammenarbeiten – also eigentlich überall. Ein kurzer Blick in unterschiedliche Anwendungsfelder illustriert dennoch das Potenzial des Konzepts. Einen Überblick aus unterschiedlichen Gesichtspunkten geben z. B. [SDE17; Amm17; TZL+19; VC18].

Produktion: Die Produktionstechnik ist sicher der prominenteste Anwendungsbereich Digitaler Zwillinge und derjenige Anwendungsbereich, wo der Einsatz Digitaler Zwillinge heute am weitesten entwickelt ist [Kuh17b; KKT+18; SF19; TZL+19]. Hier gilt der Digitale Zwilling als einer der Treiber von Industrie 4.0. Er löst hier die zentrale Herausforderung von Industrie 4.0, die Zusammenführung von realer und virtueller Welt, um auf dieser Grundlage bessere Vorhersagen und fundierte Entscheidungen treffen zu können [TZL+19]. Die Anwendungen fokussieren auf Bereiche wie MCPS, PLM, PHM, Produktionsplanung und -steuerung, Prognose/Entscheidungsfindung, (Echtzeit-) Prozessüberwachung/-steuerung, Fehlererkennung/-lösung, additive Fertigung, autonome Systeme usw. – und dies in Entwicklung, Produktion und Wartung [TZL+19; Amm17; WWB+20; SDE17].

Energie: Anlagen zur Gewinnung von Rohstoffen und zur Erzeugung von Energie sind teuer, großräumig verteilt und in ihrer Steuerung durch vielfältige Wechselwirkungen komplex – also ideal für den Einsatz Digitaler Zwillinge geeignet. [TZL+19] verweist entsprechend auf Anwendungsbeispiele von General Electric (GE), Siemens, British Petroleum (BP) und SAP für Steuerung, Entscheidungsunterstützung, Fehlererkennung und PHM für Windkraftanlagen, Energieversorgungsnetze, Anlagen zur Öl-/Gasförderung und Offshore-Einrichtungen. Aufgrund der großräumigen Verteilung und teilweisen Unzugänglichkeit dieser Anlagen ist ein Aspekt die Überwachung und Steuerung unabhängig von Zeit und Ort.

Verkehr: Verkehrsmittel und hier insbesondere Straßenfahrzeuge und Schienenfahrzeuge sind bereits mit umfangreicher Sensorik ausgestattet und liefern damit bereits viele hardwareseitigen Voraussetzungen für den Einsatz Digitaler Zwillinge. Entsprechend gibt es bereits diverse Beispiele im Kontext von PHM, Entwicklung effizienterer Motoren, Car-to-X-Kommunikation oder Echtzeit-Einsatzoptimierung [TZL+19; SF19; SDE17].

Gebäudesystemtechnik: Im Kontext der Gebäudesystemtechnik unterstützt der Digitale Zwilling von Gebäuden deren intelligente Steuerung, die durch Kopplung mit Digitalen Zwillingen der Nutzer und der in diesen Gebäuden tätigen Maschinen und Geräte weiter optimiert werden kann [SDE17].

Informationstechnik und Telekommunikation: Informationstechnik und Telekommunikation liefern nicht nur die Grundlagen für Digitale Zwillinge sondern können auch hiervon profitieren. Beispiele sind die Überwachung von Infrastrukturen und das Netzmanagement [SDE17].

Logistik: Im Bereich der Logistik prognostizieren und optimieren Digitale Zwillinge den Materialfluss in Fabriken und darüber hinaus bis zum Kunden [SDE17; Amm17].

Luft- und Raumfahrt: Ein wesentlicher Schub für die Entwicklung des Konzepts der Digitalen Zwillinge kam aus der Raumfahrt mit dem Ziel, Entwicklungskosten und -zeiten zu reduzieren und gleichzeitig die Qualität der Raumfahrtsysteme zu verbessern und deren Lebensdauer zu verlängern (siehe auch [SCD+10; GS12] und Abschnitt 2.2.3). Ähnliche Konzepte können 1-zu-1 auf die Luftfahrt übertragen werden. Im Luftfahrtbereich steht der Digitale Zwilling darüber hinaus für die nutzungsabhängige Abrechnung von Flugzeugkomponenten (Pay-per-X) oder den Nachweis der Einhaltung gesetzlicher Vorschriften [VC18; SDE17].

Smart City: Die Infrastruktur einer Stadt ist technisch gesehen ein hochkomplexes Netzwerk verteilt installierter, höchst heterogener Komponenten wie beispielsweise Parkplätze, Verkehrszeichen, Straßenlampen oder Spielplätze. Deren Vernetzung ermöglicht z. B. intelligente Verkehrssteuerung, effizientes Parkplatzmanagement und situationsangepasste Straßenbeleuchtung [SDE17].

Gesundheit: Der Gesundheitssektor ist *„der Sektor, der die Digitalen Zwillinge der Menschen produziert"* [SF19]. Vielfältige Sensoren in Form von „Wearables" liefern die Grundlagen hierfür und werden schrittweise durch ein Ökosystem von Apps und (softwaregestützten) Dienstleistungen (nicht nur) zur Gesundheitsüberwachung ergänzt [SDE17]. Darüber müssen natürlich auch hier die Infrastruktur wie z. B. Krankenhäuser gesteuert und überwacht werden [TZL+19].

Land- und Forstwirtschaft: Diese Sektoren sind gekennzeichnet durch eine Vielzahl unterschiedlicher Akteure, die in unterschiedlichen Prozessen unterschiedliche Daten und Informationen austauschen (müssen). Konzepte wie „Wald und Holz 4.0" [Hei19] legen hierfür neue technische Grundlagen.

2.3.2 Wozu werden Digitale Zwillinge genutzt?

Die obigen Ausführungen liefern bereits einen Eindruck vom Nutzen Digitaler Zwillinge. Ergänzend zur initialen Einführung, zu den einzelnen Anwendungsfällen, die der Entwicklung Digitaler Zwillinge zu Grunde liegen, und zu den unterschiedlichen Anwendungsbereichen gibt dieser Abschnitt einen Überblick über Sinn und Zweck des Einsatzes Digitaler Zwillinge. Durch die Vielzahl bestehender Anwendungsfälle besteht der Wunsch (und eigentlich auch die Notwendigkeit), durch Einführung von Kriterien oder Dimensionen eine Ordnung einzuführen. Eine Unterscheidung z. B. anhand des Einsatzes im Lebenszyklus, der Anwender, von Produkteigenschaften, Hierarchieebenen, verallgemeinerter Methoden und Technologien oder von Geschäftsmodellen bietet sich direkt an[40]. Dadurch dass vollständig voneinander unabhängige Dimensionen (noch) nicht erkennbar sind, ist hiermit allerdings die Gefahr verbunden, den umfassenden Nutzen des Digitalen Zwillings (vor-) schnell auf eine konkrete Anwendung zu reduzieren, auf die durch die gewählten Kriterien oft unbemerkt hingeführt wird. Grund hierfür ist, dass eine Gruppierung selten neutral ist sondern meist vor dem Hintergrund eines konkreten Einsatzzwecks Digitaler Zwillinge erfolgt. Auf der anderen Seite gibt es vielfältige Überschneidungen. Beispiele hierfür sind der Einsatz von Simulation zur Verhaltensvorhersage oder zum PHM, dem Product-as-a-Service-Konzept als neues Geschäftsmodell oder neues Systemverständnis zur Strukturierung komplexer Systeme, dem Blick auf den Lebenszyklus aus Sicht des Produzenten oder aus Sicht des Nutzers.

Um die Darstellung übersichtlich zu halten, findet nachfolgend dennoch eine Unterscheidung anhand des Lebenszyklusses eines Produkts statt. Ausgangspunkt hierfür ist die Betrachtung unterschiedlicher Eigenschaften, die ein Produkt durch

---

[40] Weitere Gruppierungen liefern z. B. [KKT+18] mit Realisierungstiefe, Integrationstiefe, Anwendungsfokus und eingesetzten Technologien, [UHW+19] mit *„goals, focused users, life cycle phases, system levels, data sources, authenticity, and data exchange levels"* und [SFL19] mit *„integration breadth, connectivity modes, update frequency, CPS intelligence, simulation capabilities, digital model richness, human interaction, and product lifecycle"*.

einen Digitalen Zwilling erhält. Nach diesen technischen Betrachtungen erfolgt dann abschließend die betriebswirtschaftliche. Die Erläuterungen erfolgen weitgehend unabhängig davon, in welcher Phase sich der Digitale Zwilling befindet, d. h. ob es sich um einen Typen, eine virtuelle Instanz in einem Simulationssystem oder die Repräsentation eines realen MCPS handelt (siehe Abschnitt 2.1.7). Zudem wird keine Unterscheidung, wo eine Funktionalität realisiert wird, erzwungen[41].

2.3.2.1 In Bezug auf lebenszyklusübergreifende Aspekte eines Produkts

Den Anfang machen lebenszyklusübergreifende Eigenschaften des Produkts bzw. die Antwort auf die Frage, welche neuen Eigenschaften ein Produkt durch seinen Digitalen Zwilling erhält. In Anlehnung an [DIN16] wird hier von „Produkt" gesprochen, wobei auch dieser Begriff nicht eindeutig ist (siehe auch Abschnitt 2.1.2). So ist ein Roboter das Produkt eines Herstellers und Teil der Produktion eines anderen. Je nach Betrachtungsweise kann ein Produkt eine Komponente, ein System oder ein SoS sein. Alle nachfolgenden Erläuterungen sind stets sowohl auf Produkt wie Produktionsanlage anwendbar, eine Unterscheidung der Hierarchieebenen in [DIN16] erfolgt also nicht.

Single Source of Truth: Aus PLM- oder MBSE-Perspektive betrachtet werden im Digitalen Zwilling alle zu einem bestimmten Zeitpunkt im Lebenszyklus eines Produkts bekannten Digitalen Artefakte (Dokumente, Daten, (Black-/White-/Gray-Box-) Modelle, extrahierte Informationen u. ä.) zusammengeführt. Er ist die maßgebliche Auskunftsstelle zu diesem Produkt – auch „Single Authoritative Source of Truth" genannt [MML19]. Dies vermeidet die Verteilung der Daten und Informationen zu einem Produkt auf viele Informationsquellen (die von unterschiedlichen Organisationen entwickelt und verwaltet werden) und damit Brüche im Informationsfluss (insbesondere über den Lebenszyklus gesehen). Ein Digitaler Zwilling agiert als „Proxy", der Daten aus verschiedenen Bereichen zusammenführt und diese dann für unterschiedliche Geschäftstätigkeiten standardisiert zur Verfügung

---

[41] „Situational Awareness" ist z. B. im Kontext der Produkteigenschaften und nicht im Kontext der Nutzungsphase angegeben, weil diese Funktionalität häufig auf dem Produkt selbst bzw. in direkter Beziehung zu diesem realisiert ist und der Benutzer es idealerweise während der Nutzung gar nicht merkt. An diesem Beispiel wird auch deutlich, dass die Sicht von außen auf ein Produkt aus Nutzerperspektive mit der Betrachtung eines Produkts als eigenständige Einheit häufig konfliktet. Gleiches gilt für PHM: Ist dies eine Produkteigenschaft oder eine „Funktionalität" im Bereich der Instandhaltung? Die nachfolgend aufgeführten Quellen sind hierbei nur Beispiele und nicht ausschließlich zu verstehen.

stellt. Entsprechend wächst der Umfang eines Digitalen Zwillings über den Lebenszyklus des zugeordneten Produkts kontinuierlich. Er ist der „Single Entry Point" für
alle Daten und Informationen. [MvSB+20]

Modell- und Betriebsdaten zusammenführen: Die Zusammenführung von
Modell- und Betriebsdaten („Life Data") und die darauf aufbauende Datenanalyse
und -auswertung, jeweils in Echtzeit ausgeführt, wird vielfach als das zentrale Merkmal Digitaler Zwillinge gesehen [Gho19]. Dies wird auch in den die Entwicklung
des Digitalen Zwillings charakterisierenden Diagrammen deutlich. Im Mittelpunkt
steht hierbei die Verbesserung der in der Entwicklung erstellten Modelle und der
auf deren Grundlage möglichen Vorhersagen („*The main transformative aspect of
the digital twin is to improve predictive capability by augmenting computational
models using data*" to „*reduce the epistemic uncertainties from the limitations of
the physics-based modeling*" [WWB+20]). Hierbei wird das Modell als allgemeine
Repräsentation eines Digitalen Zwilling von der Repräsentation einer konkreten
Instanz, die dessen gesamten Lebenszyklus abbildet, unterschieden [MML19]. Ein
Modell ist ebenso wie die Betriebsdaten ein Teil des Digitalen Zwillings.

Alle Digitalen Artefakte zu jeder Zeit an jedem Ort verfügbar machen: Diese
Digitalen Artefakte (im Mittelpunkt stehen hier insbesondere die Daten des Produkts, seiner Umgebung sowie des auf ihm ablaufenden Prozesses) stehen dann
unabhängig von Zeit, Ort und Nutzer (letzteres abhängig von gewährten Zugriffs-
rechten) zur Verfügung [Gri14].

Produkt, seine Daten und deren Änderungen nachverfolgen: Es ist von großem
Interesse, die zeitliche Entwicklung dieser Digitalen Artefakte zu verfolgen und
damit ein „Tracking" dieser Änderungen oder der gesamten Produktentwicklung zu
ermöglichen [Amm17]. Auch hier stehen die Daten des Produkts, seiner Umgebung
sowie des auf ihm ablaufenden Prozesses im Zentrum des Interesses.

Daten durch ihre Visualisierung verstehen und nutzen: Im Mittelpunkt von
[Gri14] steht neben dem PLM-Gedanken insbesondere die Möglichkeit, diese
(Echtzeit-) Daten durch ihre Visualisierung im Anwendungskontext in 3D-
Umgebungen, Dashboards oder speziellen Analysetools umfassend verstehen und
nutzen zu können [Gri14; Ske18] (siehe auch Abschnitt 2.2.2).

Verhalten von Produkten verstehen: Entsprechend kann neben dem Zustand zu
einem Zeitpunkt auch das Verhalten des Produkts über einen Zeitbereich im Mittelpunkt des Interesse stehen. [MML19] spricht von der Visualisierung als „*Window*

into system performance", für [IBM] stehen mit *„Understanding, Learning and Reasoning"* Methoden der Künstlichen Intelligenz im Mittelpunkt, [BR16] spricht von *„communication by simulation"* oder *„virtual experience"*.

Verhalten von Produkten prognostizieren: Analog soll durch Digitale Zwillinge auch das Verhalten von Produkten vom zeitlichen Verlauf allgemein definierter Systemzustände (z. B. Gelenkwinkel von Robotern oder Temperaturen ein Reaktionsbehältern) bis zum Auftreten von Schadensereignissen präzise vorhergesagt werden können [TZL+19; GS12]. Hierbei werden einzelne Produktkomponenten ebenso betrachtet wie komplexe SoS in einem „Functional Prototype" eines „Full System Digital Twins" und der hier ablaufenden Prozesse [Gho19; WWB+20; Gri14; Mic17].

Viele Produkt- und Einsatzvarianten untersuchen: Die Untersuchung vieler virtueller Instanzen kostet „nur" Rechenzeit. Und im Gegensatz zur Beschädigung realer Instanzen erfolgt die „Reparatur" durch Zurücksetzen auf den Ausgangszustand per Knopfdruck. Dies ist die Grundlage dafür, anhand der Reaktion virtueller Instanzen im Rahmen der Entwicklung viele Produktvarianten und im Betrieb viele Einsatzvarianten in Abhängigkeit von der Variation von Produktparametern, Eingangsgrößen, Umgebungsverhalten oder menschlicher Eingriffe zu untersuchen und zu bewerten [MML19; SCD+10]. Hiermit verbunden sind im Rahmen unterschiedlicher Szenarien zur Entscheidungsunterstützung Begriffe wie Parameterstudien, Verhaltensstudien, Szenariotechnik oder Was-wäre-wenn-Analysen.

Produktverhalten optimieren: Ergänzt man die Bewertung um geeignete Optimierungsverfahren, die gegebene „Stellgrößen" zur Maximierung eines Optimierungskriteriums geeignet variieren, so kann das Produkt und/oder sein Verhalten auch optimiert werden. Auch dies betrifft im Rahmen der Entwicklung wieder die Optimierung von Produktparametern und im Betrieb die Optimierung des steuernden Eingriffs.

Daten- und Informationsverarbeitung optimieren: Da viele Zusammenhänge im Produktverhalten durch den Digitalen Zwilling bereits bekannt sind, kann dieser auch zur Optimierung der Daten- und Informationsverarbeitung genutzt werden. Zusätzlich zur klassischen Messdatenvorverarbeitung können so relevante Messdaten so von irrelevanten unterschieden, hochfrequente Messdaten durch niederfrequentere ersetzt oder mehrere Messgrößen zusammengefasst werden, um die zu übermittelnde Datenmenge zu reduzieren. [SCD+10] nennt dies *„Intelligent Data Understanding"*. Dies ist insbesondere dann interessant, wenn große Datenmengen über längere Zeiträume gespeichert oder die Bandbreite der Kommunikationsverbindung nicht ausreichend ist.

Nicht messbare Systemzustände bestimmen: Im Gegensatz zur Reduktion der Datenmenge können über Digitale Zwillinge auch zusätzliche (virtuelle) Messgrößen über virtuelle Sensoren bestimmt werden, die im Digitalen Zwilling z. B. an Stellen positioniert werden, die in der Realität nicht zugänglich sind (siehe z. B. [MvSB+20]).

Zustandsüberwachung und Prozesssteuerung automatisieren: Auf Grundlage der Kenntnis des aktuellen Produktzustands, des Produktverhaltens unter unterschiedlichen Bedingungen und damit auch des „besten" Produktverhaltens können informierte Entscheidungen auf Grundlage relevanter Informationen getroffen werden [WWB+20]. Damit stellen alle Grundlagen bereit, um den Autonomiegrad von Produkten zu erhöhen und notwendige Entscheidungen im Rahmen der Überwachung und Steuerung von Produkten (zumindest teilweise) automatisch durchführen zu lassen. Ein bekanntes Beispiel hierfür ist das PHM oder Predictive Maintenance, bei denen das Produkt selbst oder ein das Produkt überwachender Softwaredienst selbständig Probleme melden.

Situational Awareness: Dies führt zu „self-aware" Produkten [GS12] (siehe auch Abschnitt 2.2.3), die selbst ihren Zustand kennen, diesen verstehen, bewerten und in die Zukunft projizieren können (siehe auch Abschnitt 3.7.8).

Autonome Systeme: Die oben bereits skizzierte autonome Entscheidungsfindung durch die Bewertung von Handlungsalternativen ist ein Kennzeichen, wodurch sich autonome von automatisierten Systemen unterscheiden [RVL+15].

Zusammenarbeit in der Entwicklung verbessern: Eine Möglichkeit, die Kommunikation zwischen unterschiedlichen Gruppen zu verbessern, ist die Verwendung einer gemeinsamen virtuellen Repräsentation des Produkts, dem Digitalen Zwilling, welcher alle disziplin-, domänen- und nutzergruppen-spezifischen Sichtweisen vereint [AAB16; Gri14; MF19]. Alle Daten und Informationen stehen auf diese Weise stets allen zur Verfügung. Simulationen und Entscheidungen werden stets auf Grundlage des letzten verfügbaren Wissensstands durchgeführt bzw. getroffen. Dies reduziert organisatorische Barrieren und ermöglicht allen Beteiligten stets den Blick auf das große Ganze – im Gegensatz zur Tendenz in „Silos" zu arbeiten [WWB+20]. Ein wichtiger Aspekt hierbei ist die dreidimensionale Visualisierung des aktuellen Entwicklungsstands als „kleinster gemeinsamer Nenner" zwischen allen Beteiligten.

Zusammenarbeit zwischen Kunde und Lieferant verbessern: Was für unterschiedliche Gruppen in der Entwicklung gilt, gilt erst Recht für die „Zusammenarbeit" zwischen Lieferant und Kunde. Der Digitale Zwilling kann auch diese Sichtweisen vereinheitlichen [Amm17; Ske18; Gho19]. Damit erstreckt sich der **übergreifende Informationsaustausch** [Kuh17b] über alle Akteure, die im Lebenszyklus eines Produkts mit ihm in Berührung kommen.

Methoden Künstlicher Intelligenz nutzbar machen und nutzen: Digitale Zwillinge können als Basis für Big Data Analytics und Künstliche Intelligenz dienen, die benötigten Daten bereitstellen, die Methoden integrieren und sie in konkreten Anwendungen nutzbar machen. Hierdurch werden Digitale Zwillinge zu intelligenten und eigenständigen Einheiten. [MvSB+20].

2.3.2.2 In Bezug auf Rohstoff und Material

Die Phasen „Rohstoff" und „Material" sind die Vorphasen des klassischen Lebenszyklus und werden z. B. von [DIN16] in diesen nicht einbezogen – wahrscheinlich weil an dieser Stelle noch kein Produkt erkennbar und zumindest auf Rohstoff-Ebene keine zielgerichtete Einflussnahme in Richtung eines konkreten Produkts möglich ist. Dennoch gibt es auch in diesen Phasen insbesondere aus Sicht der Materialwissenschaften großes Potenzial zur Analyse statischer/dynamischer Eigenschaften von Materialien im Kontext unterschiedlicher Produkte. Dies führt oft zur Herausforderung, Simulationen auf mehreren Skalenebenen gleichzeitig oder gekoppelt zwischen diesen Ebenen durchführen zu müssen, weil der später auf dem Produkt ablaufende Prozess makroskopisch z. B. auf Ebene starrer Körper betrachtet wird, Materialeigenschaften aber mikroskopisch z. B. auf der Ebene hochdetaillierter FEM-Simulationen untersucht werden müssen.

2.3.2.3 In Bezug auf Entwicklung und Engineering

Mit Digitalen Zwillingen sollen neue Produkte schneller, kostengünstiger, responsiver, effizierter und informierter entwickelt[42] werden (siehe z. B. [TZL+19]).

---

[42] [DIN16] unterscheidet hier die Entwicklung eines Typs vom Engineering einer Anlage, wobei nachfolgend der Begriff des Engineerings verwendet wird.

Engineering in der virtuellen Welt durchführen: Eines der zentralen Ziele des Digitalen Zwillings ist, Produkte vollständig in der virtuellen Welt zu entwickeln, zu bauen und zu testen ([Gho19] mit Bezug auf einen NASA-Manager, [GV17]).

Modelle mit realen Daten kalibrieren, justieren und validieren: Im Rahmen des Engineerings entsteht eine Vielzahl von Modellen. Die meist offene Frage hier ist, in welchem Grad diese Modelle das reale Verhalten abbilden und wie einzelne Modellparameter gewählt werden müssen, damit diese Abbildung bestmöglich erfolgt. Oftmals sind auch einzelne Produktparameter nicht bis ins letzte Detail bekannt sondern ergeben sich aus einzelnen Produktionsprozessen. Die Zusammenführung dieser Modelle mit an realen Produkten erhobenen Daten kann dazu genutzt werden, Modelle zu verbessern (insbesondere im Sinne von Kalibration und Justage, siehe auch Abschnitt 3.1.5) und zu validieren [MML19; TZL+19].

Engineering und Betrieb zusammenführen: Diese Datenbasis kann signifikant erweitert werden, indem auch Daten aus dem Betrieb für das Engineering neuer Produktvarianten berücksichtigt werden (*„Feedback to Design [...] als Teil eines aktiven Wissensrückflusses"* [SAT+20]). Hierbei ist insbesondere interessant, dass diese unabhängig von im Rahmen des Engineerings getroffener Annahmen *„im realen Betrieb in der echten Welt"* entstehen und damit oftmals die zu berücksichtigenden Einsatzszenarien und Eingriffe des Menschen besser abbilden [GV17; BR16; SAT+20].

Betriebsverhalten von Produkten, Systemen und Prozessen frühzeitig analysieren und bewerten: Auf Grundlage der Simulation Digitaler Zwillinge kann das Betriebsverhalten von Produkten, von aus diesen resultierenden Systemen und von SoS und den hier ablaufenden Prozessen bereits frühzeitig analysiert und bewertet werden [MML19]. Erste Simulationen können hierbei oft bereits auf Grundlage erster Spezifikationen durchgeführt werden. Mit steigender Detaillierung der Modelle und wachsender Einbeziehung realer Daten steigt die Qualität der Modelle und damit die Aussagekraft der Ergebnisse. Auf diese Weise können nicht nur Produktdesigns bewertet sondern auch technische Risiken frühzeitig erkannt und minimiert werden [MML19; GV17].

Vorläufige Entwurfsentscheidungen frühzeitig validieren: In diesem Kontext können dann auch vorläufige Entwurfsentscheidungen frühzeitig validiert werden [MML19].

Ergebnisse in Multi-Level- und Multi-Domain-Simulationen zusammenführen:
Die Entwicklungsergebnisse in Form Digitaler Artefakte (hier Modelle, Daten,
Simulationsfunktionen), die alle Beteiligten in ihren jeweiligen Disziplinen und
Domänen vor dem Hintergrund ihrer Funktionen erzeugt haben, können dann im
Digitalen Zwilling in Multi-Level- und Multi-Domänen-Simulationen zusammen-
geführt werden. Hierzu müssen die einzelnen Modelle miteinander gekoppelt und
in einer Co-Simulation ausgeführt werden, die auf allen verfügbaren Digitalen Arte-
fakten beruht. Hierzu benötigt der Digitale Zwilling seine eigene (geeignete) Struk-
tur und Architektur, liefert eine einheitliche Schnittstelle zu den unterschiedlichen
Digitalen Artefakten in jeweils benötigter Detaillierung und hält diese Digitalen
Artefakte konsistent [BR16].

Verhalten in einer Vielzahl unterschiedlicher Betriebssituationen verstehen:
Dies hilft dabei, dass Verhalten neuer und bestehender Produkte bereits im Engineering in unterschiedlichen Betriebssituationen zu verstehen, unabhängig davon, ob
ein konkretes Produkt oder eine Vielzahl virtueller Produkte in unterschiedlichen
Situationen untersucht werden [Pur17].

Verhalten in Notfallsituationen bewerten: Der erfolgreiche Test eines Digitalen
Zwillings in einer Vielzahl von Notfallsituationen kann als Voraussetzung dafür
gesehen werden, ein Produkt als „gebrauchstauglich" zu bezeichnen [MML19].
Dieses Vorgehen sei schneller und kostengünstiger als der Bau physischer Produkte
und die Durchführung dieser Tests in der realen Welt – wenn dies überhaupt möglich
ist. Auf der anderen Seite bestehe die Gefahr, dass Simulationen lediglich bekannte
Betriebssituationen abbilden. Die Einbeziehung des Digitalen Zwillings, der durch
Integration realer Betriebsdaten viele reale Betriebssituationen widerspiegelt, sorgt
hier für die notwendige Allgemeingültigkeit („[…] the digital twin can 'tell' the
story (i.e., events, experiences, history) of ist physical twin over the physical twin's
life cycle").

Unerwünschtes Verhalten vermeiden: Es ist ein Ziel der Entwicklungstätigkeiten, unerwünschtes Produktverhalten zu vermeiden, unabhängig davon, ob es vor-
hersehbar ist oder nicht (siehe Abschnitt 2.1.2). Vermieden werden sollen hierdurch auch „Normale Unfälle" (siehe Abschnitt 2.1.2), die typisch für komplexe
Systeme sind, wo kleine Probleme/Unzulänglichkeiten große Auswirkungen haben
können. Eine wesentliche Rolle spielt hier die Berücksichtigung der Rolle des Bedie-
ners/Nutzers, die von einem sinnvollen/vorsichtigen Umgang mit Produkten bis hin
zu katastrophalen Fehlverhalten reicht und nur schwer vorhersagbar/modellierbar
ist. Im Gegensatz zu Tests in der realen Welt – gleiches gilt auch für den aktuellen

Umgang mit Tests in der virtuellen Welt –, die bekannte Einsatzsituationen und vermutete Extremsituationen adressieren, können mit Digitalen Zwillingen viel mehr Tests in viel mehr Betriebssituationen unter Einbeziehung des Verhaltens unterschiedlicher Bediener/Nutzer durchgeführt werden. Mit der Wahrscheinlichkeit, dass durch diese vielen unterschiedlichen Tests zumindest einige unvorhersehbare unerwünschte Ereignisse entdeckt wurden, reduziert sich deren Anzahl im späteren realen Betrieb. Damit steigt insgesamt die Wahrscheinlichkeit, dass nicht nur alle vorhersehbaren unerwünschten Ereignisse beherrschbar sind, sondern auch unvorhersehbare unerwünschte Ereignisse durch resiliente Produkte keine katastrophalen Konsequenzen haben sondern beherrschbar bleiben („*Through modeling and simulation in virtual space we can better understand the emergent form and behaviors of systems and diminish the 'didn't see that comin' factor.*" [GV17]).

Stärken und Schwächen komplexer Systeme und Prozesse bewerten: Durch die Möglichkeit, auch komplexe Systeme und SoS detailliert untersuchen zu können, durch die Identifikation emergenten Verhaltens (siehe Abschnitt 2.1.2) und durch die konsequente Berücksichtigung den menschlichen Einflusses [GV17; Per99] können die Stärken und Schwächen komplexer Produkte identifiziert und bewertet werden [Gho19].

Test von IoT-Systemen ermöglichen: Das IoT führt typischerweise zu komplexen SoS. Eine Herausforderung ist jetzt der Test von IoT-Systemen [Pur17] mit oftmals tausenden Sensoren, die kontinuierlich Millionen Sensorwerte liefern, deren Verarbeitung steuernden Einfluss auf das Systemverhalten nimmt. Neben der Bewertung der Tauglichkeit von Sensoren, der Korrektheit von Daten verarbeitenden Algorithmen und der Analyse des resultierenden Systemverhaltens müssen hier auch Aspekte wie die Netzwerktopologie, die zur Verfügung stehende Datenübertragungsbandbreite oder das Verhalten bei Netzausfällen untersucht werden.

Verhalten prognostizieren, bevor physische Produkte gebaut werden: Im Idealfall finden alle diese Untersuchungen auf Grundlage Digitaler Zwillinge statt, bevor auch nur ein physisches Produkt gebaut wurde [SCD+10; SF19; Sie19; Gho19]. Trotzdem sollen die Leistungsmerkmale des physischen Produkts präzise vorhergesagt werden[Sie19].

Verhalten prognostizieren, bevor physische Produkte in Betrieb genommen werden: Kosten für physische Prototypen und die Durchführung realer Tests zu sparen ist die eine Seite. Im Raumfahrtbereich kommt die Herausforderung hinzu, dass reale Tests (auch auf Komponenten- aber insbesondere auf Systemebene) oft nicht einmal ansatzweise möglich sind, da die Verhältnisse im Weltraum auf der Erde nicht sinnvoll nachgebildet werden können (siehe Abschnitt 2.1.8). Dies führt dazu, dass die Mission der erste Test des Gesamtsystems ist. Der umfassende Einsatz von Simulationstechnik muss dem entgegenwirken [SCD+10].

Anzahl der physischen Prototypen reduzieren: Hierdurch werden physische Prototototypen überflüssig, die Entwicklungszeit reduziert und die Qualität verbessert [GV17; Sie19].

Automatisierungssoftware validieren: Auch lässt sich auf Grundlage der über Digitale Zwillinge beschriebenen Physischen und Informationsverarbeitenden Systeme die Automatisierungssoftware validieren. Insbesondere die Methoden der Virtuellen Inbetriebnahme (siehe Abschnitt 3.7.6) profitieren hiervon [RJB+20], so dass die Programmierung frühzeitig optimiert und Zeit gespart werden kann [Kuh17b].

Neue Produkte absichern: Diese Validierung lässt sich natürlich auch für das gesamte Produkt durchführen [SAT+20].

Entwicklung und Produktion miteinander synchronisieren: Über den Digitalen Zwilling eines Produkts kann dessen „Performability" mit dessen „Manufacturability" [GV17], siehe auch Abschnitt 2.2.6) zusammengeführt [TZL+19] und letztere bereits während der Entwicklung berücksichtigt werden. Zudem können die erwarteten Produktattribute mit den tatsächlich in der Fertigung erzielten abgeglichen werden.

Verifikation und Validierung in der virtuellen Welt ermöglichen: Es existieren bereits eine Vielzahl von Hinweisen und Richtlinien zur Verifikation und Validierung von Produkten unter Einbeziehung von Modellen. Ein Beispiel hierfür sind Modalanalysen für Strukturen [WWB+20]. Durch die Kombination aller zur Verfügung stehenden Digitalen Artefakte zu White-, Gray- und Black-Box-Modellen, die durch reale Betriebsdaten kontinuierlich verbessert werden, stehen hochqualitative Modelle für eine weitergehende Verifikation und Validierung zur Verfügung [WWB+20; SCD+10; GS12].

Zertifizierung, Genehmigung und Test in der virtuellen Welt durchführen: Ausufernde Kosten für Zertifizierung und Tests waren bereits eine der Hauptmotivationen der NASA für deren Ansatz zum Digitalen Zwilling ([Kuh17b], siehe Abschnitt 2.2.3). *„Simulationen erlauben immer komplexere und umfassendere Untersuchungen auch auf Systemebene. Simulationen werden deshalb in* *technischen Zertifizierungen und Genehmigungen perspektivisch eine größere Rolle spielen (müssen), da nur so eine Vielzahl von Systemkonstellationen und Testfällen untersucht werden können.* " [RJB+20] Dies führt zu einer *„virtuellen digitalen Zertifizierung"* [GS12].

Kosten für Systemtests und -validierung reduzieren: *„Damit erhält man die Möglichkeit, reale Tests durch virtuell durchgeführte Erprobungen zu ersetzen"* [Kuh17b] und damit die Kosten für Test und Validierung zu reduzieren [MML19].

Vorausschauendes Qualitätsmanagement ermöglichen: Ein wichtiges Werkzeug im Bereich des Qualitätsmanagements sind Ursache-Wirkungs-Diagramme wie z. B. das Ishikawa-Diagramm. Mit dieser Methode sollen frühzeitig Problem-/Fehlersituationen identifiziert und in den Entwicklungsprozess des Gesamtsystems einfließen. Ebenso wie derartige Diagramme adressiert auch der Digitale Zwillinge die (z. B.) „6Ms" Mensch, Maschine, Milieu, Material, Methode, Messung, so dass deren Einfluss auf das Produkt mit Hilfe des durch den Digitalen Zwilling repräsentierten Gesamtsystems und den von ihm bereitgestellten kontextbezogenen Daten untersucht werden können [Pur17].

Anzahl der Produktfehler reduzieren: Mit der Steigerung der Qualität geht die Reduktion der Produktfehler (in unterschiedlichen „Fehlerdimensionen") einher.

Unsicherheiten quantifizieren: u. a. durch den Test unterschiedlicher Produktvarianten können Unsicherheiten nicht nur „gefühlt reduziert" sondern auch mit statistischen Methoden quantifiziert werden.

Neue Produktvarianten und Anwendungsbereiche identifizieren: Auf Grundlage Digitaler Zwillinge können zudem deutlich einfacher – und damit schneller und kostengünstiger – Produktvarianten entwickelt und deren Einsatz in bisherigen und neuen Anwendungsbereichen getestet werden [MML19].

Kontinuierliche Innovation fördern: Dies kann zu einer *„Kultur der kontinuierlichen Innovation"* [Gho19] führen.

Engineering agiler gestalten: Im Ergebnis kann durch bessere Zusammenarbeit, frühzeitige Tests, Identifikation unbekannten Verhaltens u. ä. das Engineering paralleler und agiler gestaltet und Engineering-Iterationen verkürzt werden [GV17; MF19]. Die lineare Entwicklung von Produkten wird abgelöst durch iterative Prozesse und die gleichzeitige Betrachtung der „ilities", wofür insbesondere kulturelle und organisatorische Hindernisse aus dem Weg geräumt werden [GV17] (siehe auch Abschnitt 2.2.6).

Time-to-Market verkürzen: Im Ergebnis reduziert dies dann die Gesamtentwicklungszeit bis zur Markteinführung neuer Produkte [BR16].

2.3.2.4 In Bezug auf Bau und Produktion

Nach der Entwicklung wird das Produkt gebaut (die Anlage) oder produziert (das Produkt) [DIN16]^{43}. Im Vergleich zu den umstehenden Abschnitten ist dieses Kapitel sehr kurz. Der Grund hierfür ist, dass der Einsatz des Digitalen Zwillings eines Produktionssystems in der hier gewählten Darstellung in die Kategorie „Nutzung des Produkts 'Produktionssystem' " fällt. Damit finden Bereitstellung und Nutzung des Digitalen Zwillings einer Produktionsanlage Eingang in die beiden nachfolgenden Kapitel. Exemplarisch werden an dieser Stelle trotzdem drei zentrale Funktionalitäten eines Digitalen Zwillings genannt, weil diese mit Treiber für dessen Entwicklung waren, die trotz der Abstraktion „ein Produktionssystem ist auch ein Produkt" explizit genannt werden sollten.

Fertigungsanlagen und -prozesse simulieren: Die erste dieser Funktionalitäten ist die Simulation von Fertigungsanlagen und -prozessen. Aufbauend auf den Konzepten der Digitalen Fabrik bildet der Digitale Zwilling komplexe SoS von Fertigungsanlagen nach, auf denen Fertigungsprozesse unterschiedlichster Art ablaufen.

Produktionsprozesse verlässlicher, flexibler und vorhersehbarer gestalten: Durch Nutzung dieser Digitalen Zwillinge z. B. während der Produktion werden derartige Produktionsprozesse verlässlicher, flexibler und vorhersehbarer gestaltet [TZL+19].

Produktionsanlagen optimieren: Entsprechend können Produktionsanlagen auch optimiert werden, z. B. in Hinblick auf Reduktion von Materialverbrauch und Verlängerung der Maschinenlebensdauer [TZL+19; GE 18].

2.3.2.5 In Bezug auf die Bereitstellung

Aus technischer Sicht ist die Bereitstellungsphase die Übergangsphase zwischen Produktion und Nutzung. Aus betriebswirtschaftlicher Sicht werden hier im Handel und im Vertrieb die Grundlagen für den Geschäftserfolg gelegt. Insgesamt umfasst die Bereitstellungsphase „*alle Vorgänge zwischen der Fertigstellung und*

---

^{43} Nachfolgend wird ausschließlich der Begriff „Produktion" verwendet.

der Funktionsbereitschaft am Einsatzort. […] Nach der Bereitstellung ist das Asset am Einsatzort fertig installiert und betriebsbereit, d. h. bereit, seine vorgesehene Rolle als technische Einrichtung zu erfüllen." [DIN16].

Auslieferung nachverfolgen: Über den Digitalen Zwilling kann in dieser Phase z. B. die Auslieferung nachverfolgt und die Logistik optimiert werden [Amm17].

Inbetriebnahme optimieren: Mit den Konzepten der Virtuellen Inbetriebnahme (siehe Abschnitt 3.7.6) kann die Inbetriebnahme vorbereitet und optimiert werden. Insbesondere bei Umrüstungen können so Stillstandszeiten reduziert werden. Der Digitale Zwilling liefert hier realitätsnahe Modelle zur simulativen Nachbildung des Verhaltens der beteiligten Physischen Systeme.

Benutzertraining optimieren: Zudem können mit Digitalen Zwillingen die späteren Benutzer bestmöglich auf die Bedienung/Nutzung des Produkts vorbereitet werden. Bereits bevor das Produkt einsatzbereit ist, können sie unterschiedlichste Betriebssituationen kennenlernen und ihre Reaktion trainieren. Auch im späteren Betrieb ist dies relevant, um Bedienern zu ermöglichen, sich z. B. auf neue Betriebssituationen einzustellen oder anstehende Tätigkeiten vorzubereiten (wie z. B. Außeneinsätze von Astronauten [SCD+10].

2.3.2.6 In Bezug auf die Nutzung

Im Mittelpunkt der Nutzungsphase steht die *„Durchführung der gewünschten technischen (Produktions-, Nutzungs-) Prozesse"*, die sich von der Instandhaltungsphase (siehe nachfolgender Abschnitt) abgrenzt [DIN16]. Der Digitale Zwilling kann sowohl in der Nutzungs- als auch in der Inbetriebnahmephase Mehrwert liefern[MML19], wobei eine Abgrenzung zwischen diesen Phasen häufig schwer ist.

Alle verfügbaren Daten in einem stets aktuellen Abbild des Produkts zusammenführen: Die kontinuierliche Zusammenführung der Betriebsdaten eines Produkts für die Auswertung unter unterschiedlichen Gesichtspunkten war und ist eine der zentralen Motivationen zum Digitalen Zwilling (siehe auch Abschnitt 2.2.5). Das Ergebnis wurde lange Zeit auch als Digitaler Schatten bezeichnet. Für ein Physisches System gibt es unabhängig von seinem konkreten Einsatzort eine virtuelle Kopie (z. B. in der Cloud), die *„in jeder Sekunde umfangreicher und detailreicher"* wird [Ove18; GE 18].

Zustand des Produkts und Prozesses in Echtzeit überwachen: Aus Nutzer-/Betreiberperspektive betrachtet ist dies die Grundlage für die Überwachung von Produkten und Prozessen in Echtzeit [Amm17; MML19]. Wichtig ist hierbei auch, dass auf diese Weise auch Komponenten und Aspekte des Produkts/Prozesses überwacht werden können, die in Realität entweder nicht zugänglich oder nicht sichtbar sind.

Sensoren überwachen: Auch Sensoren unterliegen Fehlern. Sensormesswerte sind nicht immer zuverlässig, Sensorwerte driften oder werden durch äußere Effekte beeinflusst. Digitale Zwillinge können Sensormesswerte beobachten, mit anderen Erkenntnissen vergleichen, Probleme identifizieren und so vermeiden, dass z. B. aufgrund eines einzelnen falschen Sensormesswerts ganze Anlagen stillgelegt werden. [MvSB+20]

Systemverhalten vorhersagen: Die Simulationsmodelle der Digitalen Zwillinge können – unabhängig davon, ob es sich um White-/Gray-/Black-Box-Modelle handelt – mit dem aktuellen Produktzustand initialisiert werden und liefern dann in Kombination mit angenommenen Eingangstrajektorien die Vorhersage der Entwicklung des Produktzustands über einen gewählten Zeitraum [Pur17; SAT+20]. Bildlich gesprochen sind derartige Simulationen *„Windows into the future of possible system states“*, *„Front-Running Simulations“* [GV17] oder *„Live Demos“* [Gho19].

Daten- und modellgestützt planen: Auf dieser Grundlage kann dann daten- und modellgestützt geplant werden – durch den menschlichen Nutzer/Betreiber ebenso wie durch Softwaresysteme oder die Produkte selbst.

Was-wäre-wenn-Untersuchungen ermöglichen: In diesem Zusammenhang ermöglichen Was-wäre-wenn-Untersuchungen als Grundlage für zielgerichtete Entscheidungsunterstützung und (Gefahren-) Hinweise für den Nutzer/Betrieber [MML19].

Änderungen im Produktverhalten vorhersagen: Ebenso können (unterwünschte) Änderungen im Produktverhalten vorhergesagt (oder diagnostiziert [SAT+20]) werden, deren Ursache bestimmt, Gegenmaßnahmen geplant und die Reaktion des Produkts wiederum vorhergesagt werden. Der Digitale Zwilling kann in diese Regelschleife aktiv einbezogen werden. [MML19]

Reaktion auf Störungen vorhersagen: Die Vorhersage der Reaktion des Produkts auf Störungen ist eine wesentliche Regelgröße für diese Regelschleife.

Interaktion des Nutzers/Betreibers mit dem Produkt vereinfachen: Der Digitale Zwilling hat das Potenzial zum Mediator zwischen Produkt und seinem Nutzer/Betreiber und vereinfacht damit dem Menschen die Interaktion mit dem Produkt (siehe auch Abschnitt 2.2.2) [GV17; TZL+19].

Verhalten von Produkten und Prozessen verstehen: Eine wesentliche Grundlage hierfür ist, das Verhalten von Produkten und Prozessen zu verstehen. Dies gilt sowohl für das Verständnis der aktuellen Situation einschließlich der Sicherstellung der Sichtbarkeit und Identifizierbarkeit wesentlicher Systemzustände als auch für das Verständnis des potenziellen Verhaltens in unterschiedlichen aus der aktuellen Situation resultierenden Betriebsszenarien [Pur17].

Entscheidungsunterstützung im Betrieb: Eines der Ziele des Einsatzes Digitaler Zwillinge ist, dem Benutzer so viel Information wie möglich über den aktuellen Systemzustand und dessen zukünftige Entwicklung möglichst optimal und zielgerichtet zur Verfügung zu stellen, so dass optimale Entscheidungen getroffen werden können [WWB+20]. Simulation als *„Window into the future of possible system states that might occur"* liefert entsprechend eine wesentliche Grundlage für die Entscheidungsunterstützung im Betrieb. [GV17] fasst die Vorteile derartiger *„Front-Running Simulations"* im Kontext der Entscheidungsunterstützung zusammen: *„As was pointed out earlier, humans often have a problem with sensemaking. They jump to a final conclusion almost immediately, even though working through the issue with a systematic methodology would present other possibilities they should consider. Once there, they lock onto a paradigm that they cannot easily discard. System front running would show them other possibilities of what is occurring and possibly help in making better sense of the situation."* Digitale Zwillinge unterstützen demgegenüber präzise Vorhersagen, rationale Entscheidungen und informierte Entscheidungsfindung [TZL+19]. Hierbei werden nicht nur technische Aspekte wie die korrekte Prozessdurchführung oder die Sicherstellung der Produktsicherheit betrachtet, sondern auch betriebswirtschaftliche Ziele adressiert [Gho19]. Wichtig ist hierbei, dass derartige Simulationen zur Vermeidung von Verzögerung durch die Datenübertragung im Idealfall auf dem Produkt selbst zur Verfügung stehen (Edge Computing) und deutlich schneller als in Echtzeit ablaufen müssen, damit die Ergebnisse rechtzeitig zur Entscheidungsfindung zur Verfügung stehen. Das Ergebnis ist ein *„umfassendes Assistenzsystem für die Betriebsphase"* [RJB+20], das im Fehlerfall auch zur *„In-situ Forensics"* in Ergänzung zu klassischen Verfahren wie Fehlerbaumanalyse eingesetzt werden kann [GS12].

Betrieb vorhersagbarer gestalten: Die "Rationalisierung der Entscheidungsfindung" trägt dazu bei, den Betrieb von Produkten vorhersagbarer zu gestalten und dem „Trial and Error"-Betrieb entgegenzuwirken [GV17].

Frühzeitige Analyse des Systemverhaltens, um Problemen lange vor ihrer Entstehung entgegenzuwirken: Im Idealfall können damit lange bevor Probleme eintreten (und deren Behebung teuer wird) diese identifiziert und geeignete Gegenmaßnahmen eingeleitet werden [MML19].

Unerwünschtes Verhalten vermeiden: Mit Bezug auf Abschnitt 2.1.2 kann unerwünschtes Verhalten (unabhängig davon ob geplant oder ungeplant) auch im Betrieb (möglichst frühzeitig) erkannt und möglichst vermieden werden, um so „normalen Unfällen" sicher entgegenzuwirken.

Warnhinweise automatisch erzeugen: Auf Grundlage der Bewertung des aktuellen und zukünftigen Zustands können z. B. automatisch Warnhinweise erzeugt werden [MML19].

Fehler in der Entscheidungsfindung beim Betrieb reduzieren: Hierdurch können auch Fehler in der Entscheidungsfindung beim Betrieb reduziert werden.

Verhalten in Notfallsituationen verbessern: Gerade in Notfallsituationen müssen Nutzer/Betreiber intuitiv und häufig reflexartig korrekte Entscheidungen treffen. Hierzu ist ein umfangreiches Training gerade dieser Betriebssituationen notwendig. Die Ergänzung immer neuer Warnungen und Schutzvorrichtungen hilft hier oft nicht weiter, da diese nur unerwünschte vorhersehbare Situationen berücksichtigen und gleichzeitig die Systemkomplexität nochmals erhöhen [Per99]. Die schnelle Bewertung von Entscheidungsalternativen ausgehend vom bekannten aktuellen Systemzustand kann hier Abhilfe schaffen.

Bedienung entfernter Produkte ermöglichen: Durch den geeigneten Einsatz Digitaler Zwillinge wird der Ort, von dem aus ein Produkt überwacht und gesteuert wird, unerheblich [Gho19; Gri14]. Hierzu machen Digitale Zwillinge ein physisches Produkt virtuell an jedem Ort sichtbar und erfahrbar.

Product Health Management (PHM): Einer der wesentlichen Treiber der Entwicklungen zum Digitalen Zwilling waren die Arbeiten zum Product Health Management (PHM) oder auch Structural Health Management (SHM) (siehe auch Abschnitt 2.2.3). Aktuell sind die meisten Anwendungen Digitaler Zwillinge in diesem Kontext einzuordnen [TZL+19]. Unterschieden werden müssen PHM-Ansätze, die Strukturen von Produkten rein anhand historischer/aktueller (Sensor-) Daten bewerten, von Ansätzen, die hochdetaillierte Simulationen einsetzen, um diese Bewertung um messtechnisch nicht erfasste Zustände zu erweitern, die Konsequenzen detailliert zu untersuchen, Prognosen zu den Auswirkungen auf das Systemverhalten sowie die verbleibende Lebensdauer abzuschätzen und Gegenmaßnahmen zu planen [TZL+19; SCD+10; GS12].

Produkte situationsspezifisch zu Systemen vernetzen: Der Digitale Zwilling ist ein wesentlicher Baustein zur Umsetzung des IoT. Der Digitale Zwilling stellt für jedes Physische System im IoT eine digitale Repräsentation zur Verfügung und agiert dort als der maßgebliche (und im Idealfall der einzige) Interaktionspunkt mit standardisierter Schnittstelle [Ske18] (siehe auch Abschnitt 2.2.5). Diese Digitalen Zwillinge werden dann je nach Aufgabenstellung „situationsspezifisch" mit weiteren Softwaresystemen und Mensch-Maschine-Schnittstellen zu IoT-Systemen vernetzt [DSW+16; Bos20; VC18; Gho19] und ermöglichen so Überwachung, Steuerung, Optimierung und Autonomie „smarter Produkte" [VC18].

Systeme dezentral steuern: Dies ermöglicht und vereinfacht den Aufbau und die Steuerung dezentraler verteilter Systeme. Diese bestehen aus einem Netzwerk aus Digitalen Zwillingen, Softwarediensten und Mensch-Maschine-Schnittstellen, die im Zuge von Anwendungen zentral orchestriert oder verteilt choreographiert werden [DSW+16]. Die „Intelligenz" des Systems liegt hiermit in Wesentlichen Teilen in den Knoten des entstehenden Netzwerks und nicht ausschließlich in einer zentralen Steuerungsinstanz. Aus der klassischen Automatisierungspyramide wird hierdurch ein Netzwerk gleichberechtigter Knoten.

Prozesse in Wertschöpfungsketten/-netzwerken automatisieren: Durch ein geeignetes Ereignis- und Prozessmanagement [Ske18] können damit Prozesse in Wertschöpfungsketten/-netzwerken automatisiert werden

Fehlersituationen direkt und vor Ort analysieren: In konsequenter Weiterentwicklung dieses dezentralen Ansatzes können mit Digitalen Zwillingen Fehlersituationen direkt und vor Ort analysiert werden. Digitale Zwillinge stellen nicht nur alle Digitalen Artefakte des betroffenen Systemteils sondern des gesamten IoT-Systems ortsunabhängig und damit dort, wo die Information zur Fehlerbehebung benötigt wird, zur Verfügung.

2.3.2.7 In Bezug auf die Instandhaltung

Im Rahmen der Instandhaltung muss die Funktionsfähigkeit des Produkts erhalten oder wiederhergestellt werden [DIN16]. Hierfür ermöglichen Digitale Zwillinge einen Einblick in den aktuellen Zustand und das aktuelle Verhalten des Produkts, wodurch sich der Umgang mit Wartungs- und Instandhaltungsaufgaben signifikant verändern dürfte [SF19].

Lebensdauer vorhersagen: Grundlage der Automatisierung von Instandhaltung ist die automatisierte Vorhersage der Notwendigkeit von Wartungsaktivitäten oder die Vorhersage der Restlebensdauer von Produkten [SCD+10; GS12].

Schadenserkennung automatisieren: Hierzu wird über PHM-Methoden eine automatisierte Schadenserkennung durchgeführt [WWB+20].

Präventive Wartung zur Vermeidung/Reduktion von Stillstandszeiten und Wartungskosten: Wartungsmaßnahmen werden auf dieser Grundlage dann durchgeführt, wenn sie notwendig sind. Hierdurch können die Wartungszyklen optimiert werden, d. h. notwendige Wartungsmaßnahmen werden präventiv durchgeführt und unnötige Wartungsmaßnahmen unterbleiben. Zudem können Hilfsstoffe verbrauchsabhängig nachgeliefert werden. Dies reduziert wartungs-/schadensbedingte Ausfallzeiten als auch Wartungskosten. [MML19; SAT+20]

Zuverlässigkeit und Verfügbarkeit von Produkten erhöhen: Auf diese Weise wird gleichzeitig die Zuverlässigkeit und Verfügbarkeit erhöht [GE 18].

Entscheidungsunterstützung im Wartungsfall: Digitale Zwillinge ermöglichen sowohl die o. g. Vorhersagen und deren Bewertung als auch die Vorbereitung, was in diesen Fällen zu tun ist. Dies führt zu neuen Methoden zur Entscheidungsunterstützung im Wartungsfall.

Remote Maintenance: Im Zuge des Remote Maintenance müssen Wartungskräfte nicht zwangsläufig vor Ort sein, um Fehler zu analysieren und zu beheben. Insbesondere die Fehleranalyse kann auf Grundlage des Digitalen Zwillings dezentral durchgeführt werden (siehe u. a. [SAT+20]).

Ersatzteillogistik optimieren: Durch detaillierte Kenntnis des Systemzustands und Abschätzung notwendiger Instandhaltungsaktivitäten kann auch die Ersatzteillogistik optimiert werden, da abgeschätzt werden kann, welches Ersatzteil wann an welchem Ort verfügbar sein muss [Amm17].

Agiles und effizientes Service-Management: [Amm17] fasst die hieraus resultierenden Prozesse zu einem agilen und effizienten Service-Management zusammen, welche Hersteller-, Nutzer- und Betreiberperspektiven zum Thema Instandhaltung zusammenbringt.

2.3.2.8 In Bezug auf die Entsorgung

In der Phase der Entsorgung steht das Recycling von Komponenten und Werkstoffen im Mittelpunkt.

Proaktive Gestaltung der Produktlebensdauer: Wenn die Lebensdauer vorhergesagt werden kann und die Einflussfaktoren identifiziert sind, kann die Produktlebensdauer proaktiv gestaltet werden. Gleichzeitig können die Auswirkungen der Verlängerungsmaßnahmen abgeschätzt und bewertet werden. Im Sinne von *„Entwicklung und Betrieb nachhaltiger Systeme"* kann dann *„faktenbasiert über […] Weiter- oder Wiederverwendung entschieden"* und nach *„umweltfreundlicheren, nachhaltigeren Betriebsstrategien […] gesucht werden"* [SAT+20].

Entscheidungsunterstützung für die Wiederbeschaffung: Wie in jeder vorausgegangenen Phase auch gibt es auch im Rahmen der Entsorgung den Bedarf nach Entscheidungsunterstützung, z. B. für die Planung der Wiederbeschaffung [Amm17].

Verwertung verbessern: Dadurch dass der Digitale Zwilling detailliert Auskunft über das Produkt und seine Verwendung in der Nutzungsphase geben kann, kann die Verwertung gesteuert und optimiert werden [GV17].

2.3.2.9 Aus betriebswirtschaftlicher Sicht

Die Zusammenstellung der Nutzung des Digitalen Zwillings in Bezug auf lebenszyklusübergreifende Aspekte eines Produkts sowie in Bezug auf unterschiedliche Phasen des Produktlebenszyklusses ist die technische Sicht auf den Digitalen Zwilling, bei der der Einsatz des Digitalen Zwillings unter technischen Gesichtspunkten betrachtet wird. Dieser technische Nutzen muss stets mit einem betriebswirtschaftlichen Nutzen einhergehen, indem z. B. Aufwände, Zeiten und Kosten reduziert werden oder Kunden für verbesserte Produkte investieren. Darüber hinaus ermöglicht der Digitale Zwilling einen neuen Blick auf die Monetarisierung technischer Entwicklungen, die in diesem Kapitel im Vordergrund stehen.

Verbesserung der Zusammenarbeit aller Beteiligten: Digitale Zwillinge führen bzw. bringen alle rund um ein Produkt entstehenden Digitalen Artefakte und alle Beteiligten mit Bezug zu diesem Produkt – vom Entwickler bis zum Nutzer/Betreiber und vom Hersteller bis zum Kunden – zusammen. Damit entsteht eine neue umfassende Sicht auf ein Produkt und damit verbundenen das Potenzial für eine – Intensivierung der oder erstmals entstehende – Zusammenarbeit zwischen allen Beteiligten (allen voran die Zusammenarbeit zwischen Lieferant und Kunde [Ske18]). Der Digitale Zwilling liefert hier jedem die für ihn passende Sicht auf seinen Inhalt, d. h. alle hier verwalteten Digitalen Artefakte (vielfältige Beispiele finden sich oben). Damit verbunden sind Anforderungen an Zugriffsrechte und geeignete Zugriffsmöglichkeiten sowie die Abrechnung der Nutzung des Digitalen Zwillings.

Produktökosystem aufbauen: Diese verbesserte Zusammenarbeit ist Grundlage für die Nutzung neuer Möglichkeiten zur Strukturierung und Steigerung der Wertschöpfung. Aufbauend auf dem Digitalen Zwilling kann so für ein Produkt ein Produktökosystem aufgebaut werden. Dieses kann sowohl ein **technisches Ökosystem** (der Fokus liegt hier auf Produkteigenschaften und -daten sowie auf Nutzung und Instandhaltung) als auch ein **Business-Ökosystem** (mit dem Schwerpunkt auf Wertschöpfungsketten und -netzwerke sowie Geschäftsmodelle, ein Beispiel ist ein Ökosystem aus *„Partner Add-ons"* [Amm17]) als auch ein **Innovations-Ökosystem** (in dem z. B. die Weiterentwicklung des Produkts und der mit diesem verbundenen Anwendungsgebiete im Mittelpunkt steht) sein.

Neue Geschäftsmodelle: Digital erweiterte Produkte führen zwangsläufig zu neuen Geschäftsmodellen, in denen nicht nur die „Hardware" einen Wert besitzt sondern darüber hinaus auch die „Daten" und die auf diesen Daten aufbauende Datengestützte Mehrwertdienste oder Dienstleistungen [Gho19; SAT+20] – auch „hybride Leistungsbündel" oder „Produkt-Service-Systeme" genannt. Dies gilt nicht nur für Geschäftsmodelle gegenüber dem Kunden sondern auch für den Hersteller selbst, der einen deutlich besseren Einblick in das Verhalten und den Einsatz seines Produkts hat.

Product-as-a-service: Ein immer wieder genanntes und daher separat aufgeführtes Geschäftsmodell ist es, Produkte zukünftig als Service zu vermarkten. Im Beispiel der Forstmaschine bedeutet dies, dass der Kunde dem Hersteller nicht mehr die Maschine als Ganzes sondern dessen Leistung pro gefälltem Baum bezahlt. Das Hardware-Produkt wird damit zu einem Dienst (durchaus vergleichbar mit einem Software-Dienst), der dann eingesetzt und bezahlt wird, wenn es benötigt wird („Pay-per-Use" oder allgemeiner „Pay-per-X", siehe auch Abschnitt 2.2.5).

Neue Add-on/Value-added Services: Darüber hinaus kann natürlich nicht nur das Produkt als Ganzes als Service angeboten sondern auch Produkterweiterungen bzw. auf das Produkt aufbauende Dienstleistungen.

Neue Anwendungsbereiche und Einnahmequellen identifizieren: Dadurch, dass Hersteller alle Facetten des Einsatzes ihres Produkts kennen und auswerten können, entstehen neue Möglichkeiten zur Identifikation neuer Anwendungsbereiche und Einnahmequellen. Das Produkt liefert selbst Hinweise darauf, in welcher Weise es wie oft genutzt wurde, welche Probleme entstehen, wie es verbessert werden sollte und wie sein Mehrwert aus Sicht des Kunden gesteigert werden kann. Spannend ist unter anderen, die Potenziale zu identifizieren, die den größten Mehrwert liefern und dessen Möglichkeit oder Realisierbarkeit den Beteiligten noch gar nicht bewusst ist. [MML19]

Proaktives Management: Dies ermöglicht ein proaktives Management des Produkts aus unterschiedlichen Perspektiven. Frühzeitig und möglicherweise automatisiert werden Notwendigkeiten gesehen, Gefahren vermieden oder Potenziale erkannt.

Faster-time-to-value: Dadurch dass die verschiedenen Welten aller Beteiligten zusammenwachsen, können Prozesse zukünftig möglicherweise deutlich schneller als heute ablaufen. Das „faster-time-to-value" gilt dabei für Hersteller aufgrund verkürzter Entwicklungs-, Test- und Zertifizierungszeiten ebenso wie für den Nutzer aufgrund schnellerer Inbetriebnahme und reduzierten Stillstandszeiten. [GE 18; SF19]

2.3.3   Was wird unter einem Digitalen Zwilling verstanden?

Es wird deutlich, dass der Digitale Zwilling unter vielen unterschiedlichen Perspektiven betrachtet wird. Oftmals liegt der Verwendung dieses Begriffs ein eher intuitives Begriffsverständnis zu Grunde und es werden Anforderungen genannt und umgesetzt, die ein Digitaler Zwilling erfüllen muss, damit er die gewählte Aufgabe erfüllen kann. Auf der anderen Seite gibt es eine Vielzahl von Definitionen oder Begriffserläuterungen, die versuchen, diesem Begriff ein konkretes Gerüst zu geben, in dem sich seine Nutzung bewegt. Vielfach erfolgt die Einführung des Begriffs auch durch eine direkte Bezugnahme auf den späteren Nutzen. Dieses Kapitel stellt eine Auswahl derartiger Definitionen oder Erklärungsversuche zusammen, ohne diese werten oder bewerten zu wollen. Weitere finden sich in [TZL+19; NFM17; QTZ+18;

KKT+18; SD19]. Die meisten Definitionen adressieren mehrere Themenbereiche. Die gewählte Zuordnung dient zur ersten Orientierung.

Allgemein: Zu Beginn stehen allgemeine Definitionen.

- **Glossar Industrie 4.0 (2020):** *„Definition Digitaler Zwilling (1):* **Virtuelle digitale Repräsentanz physischer Assets** *[…] Wenn die Entwicklung des Digitalen Zwillings sich wie bisher fortsetzt, wird der Digitale Zwilling in Zukunft Synonym zur Verwaltungsschale […] Im Industrie 4.0-Umfeld wird der Begriff Verwaltungsschale präferiert. Definition Digitaler Zwilling (2):* **Simulationsmodell**" [Bun20]
- **Industrial Internet of Things Consortium (2019):** Digitale Repräsentation, die ausreicht, um die **Anforderungen an eine Menge von Anwendungsfällen zu erfüllen**. In diesem Kontext ist die Entität in der Definition der virtuellen Repräsentation typischerweise ein Asset, Prozess oder System [BBB+19b]
- **Kuhn, Gesellschaft für Informatik e.V. (2017):** *„Digitale Zwillinge sind digitale Repräsentanzen von Dingen aus der realen Welt. Sie beschreiben sowohl physische Objekte als auch nicht physische Dinge wie z. B. Dienste, indem sie alle relevanten Informationen und Dienste mithilfe einer einheitlichen Schnittstelle zur Verfügung stellen. Für den digitalen Zwilling ist es dabei unerheblich, ob das Gegenstück in der realen Welt schon existiert oder erst existieren wird."* [Kuh17b; Kuh17a]
- **Gartner (2018):** *„A digital twin is a digital representation of a real-world entity or system. The implementation of a digital twin is an encapsulated software object or model that mirrors a unique physical object, process, organization, person or other abstraction. Data from multiple digital twins can be aggregated for a composite view across a number of real-world entities, such as a power plant or a city, and their related processes."* [Gar18]
- **Gartner (2019):** *„Gartner defines a digital twin as a* **software design pattern** that represents a physical object with the objective of understanding the asset's state, responding to changes, improving business operations and adding value." [CO19]
- **Wagg, Worden, Barthorpe, Gardner (2020):** *„The term digital twin captured the zeitgeist and as a result is now* **typically taken as a generic term to encompass all these related phrases**, *although, as previously stated above, the meaning relies heavily on the specific context involved. […] A digital twin can be defined as a virtual duplicate of a system built from a* **fusion of models and data**. *This is made possible by combining models and data using state-of-the-art algorithms, expert knowledge and digital connectivity. […] The main idea of the digital twin*

*is [...] to create a **virtual prediction tool** that can evolve over time. [...] the key distinguishing features of a digital twin, namely the ability to predict, learn and manage."* [WWB+20]

- **Stark, Fraunhofer IPK (2017):** *„Der Digitale Zwilling ist ein digitales Abbild eines spezifischen Produkts (reales Objekt, Service oder immaterielles Gut), **das dessen Eigenschaften, Zustand und Verhalten durch Modelle, Informationen und Daten erfasst.**"* [Sta17a]

- **Wissenschaftliche Gesellschaft für Produktentwicklung (WiGeP, 2020):** *„Ein Digitaler Zwilling ist eine **digitale Repräsentation einer Produktinstanz** (reales Gerät, Objekt, Maschine, Dienst oder immaterielles Gut) oder einer **Instanz eines Produkt-Service-Systems** (eines aus Produkt und zugehöriger Dienstleistung bestehenden Systems). Diese digitale Repräsentation **beinhaltet ausgewählte Merkmale, Zustände und Verhalten** der Produktinstanz oder des Systems. Ebenfalls werden innerhalb dieser digitalen Repräsentation **während verschiedener Lebenszyklusphasen unterschiedliche Modelle, Informationen und Daten** miteinander verknüpft"* [SAT+20; SD19]. An gleicher Stelle werden die Begriffe Digitaler Zwilling, Digitaler Master, Digitaler Schatten und Digitaler Prototyp unterschieden: *„Ein Digitaler Zwilling wird aus dem Digitalen Master abgeleitet oder aus der realen Produktinstanz erzeugt. Zudem kann ein Digitaler Schatten Daten einer realen Produktinstanz enthalten sowie Informationen über seine Herstellung abbilden. Ein Digitaler Schatten wird somit als Teilmenge eines Digitalen Zwillings verstanden. **Der Digitale Zwilling enthält folglich Verknüpfungen aus Digitalen Master und Digitalen Schatten.** Der Digitale Master beinhaltet dabei die Produktgeometrie sowie verhaltensbeschreibende Modelle dieses Produkts bzw. Systems. Der Digitale Schatten wird als Abbild der Betriebs-, Zustands- oder Prozessdaten der realen Produktinstanz, auch hinsichtlich seiner Herstellung, verstanden."* Der Digitale Prototyp wird in der Entwicklung vom Digitalen Master abgeleitet.

- **Ghosh (2019):** *„Digital twins can present a virtual replica of physical components, processes, or systems to **enable improved understanding** of the performance characteristics of such entities. With digital twins, industry operators can visualize, **predict, and optimize the performance** of individual components within a system or process, or the entire process from a remote location."* [Gho19]

- **Oracle (2017):** *„**cloud-based, virtual representation of the physical devices** [...]. The solution has two elements [...]: 1) **Digital twin** which can include a description of the devices, a 3D rendering, and details on all the sensors in the device. It continuously generates sensor readings that simulate real life operations. 2) **Predictive twin** which models the future state and behavior of the* *device. This is based on historical data from other device which can simulate breakdowns and other situations that need attention.*" [Pur17]

- **Rosen, Boschert, Sohr (2018):** „*Nachbildung einer Komponente, eines Produkts oder eines Systems durch eine* **Menge an wohldefinierten, beschreibenden und ausführbaren Modellen**" „*Die Lebenszyklus-übergreifende Perspektive gepaart mit der Veränderung der Wertschöpfungsketten wird zu einem* **Digital-Twin-Ökosystem** *führen*" [RBS18] nach [RJB+20].

- **Tao et al (2019):** „*DT is characterized by the* **seamless integration between the cyber world and physical spaces.**" [TZL+19]

- **Ovenden (2018):** „*A digital twin is essentially a* **computerized mirror** *of a physical asset and/or process, a virtual replica that relies on real-time data to mimic any changes that occur throughout its lifecycle.*" [Ove18]

- **Deuter, Pethig (2019):** „*Dieser Beitrag schlägt ein Theoriemodell vor, um sich von dem Versuch zu lösen, eine eindeutige Definition schaffen zu können und um sich auf konkrete Mechanismen und Mehrwerte des abscren zu können. […] Die Hypothesen der* **Digital Twin Theory** *sind:*

  - *Ein digitaler Zwilling ist eine digitale Repräsentanz eines Assets.*
  - *Ein digitaler Zwilling befindet sich an mehreren Orten gleichzeitig.*
  - *Ein digitaler Zwilling hat vielfältige Zustände.*
  - *In einer Interaktionssituation besitzt der digitale Zwilling einen kontextspezifischen Zustand.*
  - *Das Informationsmodell für digitale Zwillinge ist unendlich groß, es ist ein reelles Informationsmodell*[44].
  - *Das reelle Informationsmodell kann für ein spezifisches Anwendungsszenario endlich approximiert werden und wird dadurch zu einem rationalen Informationsmodell.*
  - *Das rationale Informationsmodell ist nicht an einem Ort speicherbar.*
  - *Das rationale Informationsmodell ist niemals vollständig sichtbar.*" [DP19]

- **U. S. AirForce (2013):** „***Digital Thread** (the use of digital tools and representations for design, evaluation, and life cycle management) […]* **Digital Twin,** *a virtual representation of the system as an integrated system of data, models, and analysis tools applied over the entire life cycle on a tail-number unique and operator-by-name basis.*" [US 13]

---

[44] Die Autoren erläutern die Ausprägungen des Informationsmodells wie folgt: „*Das Attribut 'reell' ist angelehnt an die Mathematik, in der der Bereich der reellen Zahlen die rationalen und die irrationalen Zahlen umfasst. Um allerdings mit einem digitalen Zwilling in einem spezifischen Anwendungsszenario interagieren zu können, muss ein approximiertes Informationsmodell existieren. Dies bezeichnen wir, wiederum angelehnt an die Mathematik, als das rationale Informationsmodell.*"

- **Haag, Anderl (2018):** *„The digital twin is a comprehensive digital representation of an individual product that will play an integral role in a fully digitalized product life cycle.“* [HA18]
- **Microsoft (2019): *„Azure Digital Twin:*** *Replicate and simulate products in a digital environment to understand performance outcomes before committing time, material, financial, and human capital resources“* [MF19]
- **SAP (2017):** *„a digital twin is a live digital representation (or software model) of a connected physical object […] along the asset lifecycle.“* [Amm17] Hiernach definieren die fünf Eigenschaften Identität, Representation, Zustand und Ereignisse (realer Assets), (Anwendungs-) Kontext und Interaktion (mit Softwaresystemen und Benutzern) einen Digitaler Zwilling.
- **Worden et al (2020):** *„The view taken in this paper, will be that a more meaningful term is provided by the word **mirror** […]. A mirror is an instrument that faithfully reflects reality in terms of the aspects of an object that are mirror-facing; it provides no ‘information’ about aspects that are not mirror-facing.“* [WCB+20]

Betriebsdaten: Ein Schwerpunkt zu Beginn der Entwicklungen zum Digitalen Zwilling lag in der Zusammenführung der Betriebsdaten.

- **Wissenschaftliche Gesellschaft für Produktionstechnik (WGP, 2016):** *„Der **Digitale Schatten** […] ist das hinreichend genaue Abbild der Prozesse in der Produktion, der Entwicklung und angrenzenden Bereichen mit dem Zweck, eine echtzeitfähige Auswertungsbasis aller relevanten Daten zu schaffen. Im Einzelnen gehört dazu die Beschreibung der notwendigen Datenformate, der Datenauswahl und der Datengranularitätsstufe.“* [BKR+16]

IoT: Im Mittelpunkt dieser Arbeiten steht der Digitale Zwilling als Knoten im IoT.

- **Skerrett (2018):** *„The idea of a digital twin is to create a digital replica of a physical object and use the twin as the **main point of digital interaction**. […] Digital twins are the instantiations of something called the digital thread or digital master. […] Tools […] test, deploy and manage each digital twin based on a specific digital master.“* [Ske18]
- **Bosch IoT (2020):** *„digital twins can contain the virtual representation of a physical asset as well as other information and functionality to provide a holistic view accessible by API. […] A digital twin helps to orchestrate all aspects of an IoT device and provides a **unified and simplified model and API to work***

with this device. […] In the context of Industrial IoT (IIoT) a digital twin is also called (asset) Administration Shell. " [Bos20]

- **Industrial Internet of Things Consortium (2020):** *„A digital twin is a formal digital representation of some asset, process or system that captures attributes and behaviors of that entity suitable for communication, storage, interpretation or processing within a certain context."* [MvSB+20]
- **ISO/TS 18101-1 (2019):** A digital twin is a *„digital asset on which services can be performed that provide value to an organization. […] The descriptions comprising the digital twin can include properties of the described asset, IIOT collected data, simulated or real behaviour patterns, processes that use it, software that operates on it, and other types of information. […] The services can include simulation, analytics such as diagnostics or prognostics, recording of provenance and service history."* Ein „digital asset" ist hierbei ein *„data set describing an asset **that is not necessarily physical**. […] Digital assets describing non-physical assets include technical specifications, software, algorithms."* [ISO19]

CPS: Nachfolgende Definitionen fokussieren den Digitalen Zwilling im Kontext von CPS.

- **Schroeder (2016):** *„Virtual representation of the real product […] in the context of Cyber-Physical Systems"* [SSP+16]
- **Lee et al (2015):** *„At the component stage, once the sensory data from critical components has been converted into information, a **cyber-twin** of each component will be responsible for capturing time machine records and synthesizing future steps to provide self-awareness and self-prediction. […] machine twins in CPS provide the additional self-comparison capability. […] aggregated knowledge from components and machine level information provides self-configurability and self-maintainability to the factory"* [LBK15]

Simulation/Prognose: Im Fokus dieser Definitionen steht die hochdetaillierte Prädiktion des Systemverhaltens:

- **NASA (2010):** *„A digital twin is an **integrated multi-physics, multi-scale, probabilistic simulation of a vehicle or system that uses the best available physical models, sensor updates, fleet history, etc., to mirror the life of its corresponding flying twin.** The digital twin is ultra-realistic and may consider one or more important and interdependent vehicle systems, including propulsion/energy* *storage, avionics, life support, vehicle structure, thermal management/TPS, etc. Manufacturing anomalies that may affect the vehicle may also be explicitly considered. In addition to the backbone of high-fidelity physical models, **the digital twin integrates sensor data** from the vehicle's on-board integrated vehicle health management (IVHM) system, maintenance history and all available historical/fleet data obtained using data mining and text mining."* [SCD+10]

- **Gabor et al (2016):** *„ **ultra-high fidelity simulations** are commonly called a digital twin with respect to the system they model [...]. Digital twins are characterized by their ability to **accurately simulate events on different scales of space and time.** In order to do so, they are not only based on expert knowledge, like for example an advanced physics simulation, but can also **collect data from all deployed systems** of their type and thus aggregate the experience gained in the field."* [GBK+16]

- **Deuter, Pethig (2019):** *„Am ehesten wird unter dem digitalen Zwilling ein **gestaltbehaftetes Simulationsmodell** verstanden, allgemeingültig oder akzeptiert ist dies allerdings nicht."* [DP19]

- **Shaw (2019):** *„A digital twin is a digital representation of a physical object or system. [...] In essence, a digital twin is a **computer program** that takes real-world data about a physical object or system as inputs and produces as outputs predications or simulations of how that physical object or system will be affected by those inputs."* [SF19]

PLM: Digitale Zwillinge entstanden im Kontext des PLM.

- **Grieves (2017):** *„The Digital Twin is a set of virtual information constructs that fully describes a potential or actual physical manufactured product from the micro atomic level to the macro geometrical level. At its optimum, any information that could be obtained from inspecting a physical manufactured product can be obtained from its Digital Twin. [...] Digital Twins are of two types: **Digital Twin Prototype** (DTP) and **Digital Twin Instance** (DTI). DT's are operated on in a **Digital Twin Environment** (DTE) [...] an integrated, multi-domain physics application space."* [GV17]

Simulation/PLM: Die nachfolgenden Definitionen berücksichtigen zudem den PLM-Aspekt.

- **Siemens (2015):** *„Gemeint ist damit ein digitales Abbild der realen Maschine, das gleichzeitig mit dieser erstellt und erweitert wird, und zwar idealerweise schon von der ersten Studie an."* [Sie15]
- **Boschert, Rosen (Siemens, 2016):** *„The vision of the Digital Twin itself refers to a comprehensive physical and functional description of a component, product or system, which includes more or less all information which could be useful in all – the current and subsequent – lifecycle phases. […] The Digital Twin is the linked collection of the relevant digital artefacts […] evolves along with the real system along the whole life cycle and integrates the currently available knowledge about it […] is not only used to describe the behavior but also to derive solutions relevant for the real system […]."* [BR16]
- **Siemens (2019):** *„Ein digitaler Zwilling ist eine virtuelle Darstellung eines physischen Produkts oder Prozesses, der verwendet wird, um die Leistungsmerkmale des physischen Pendants vorherzusagen."* [Sie19] Mit **Digitaler Produktzwilling**, **Digitaler Produktionszwilling** und **Digitaler Performancezwilling** (zur Erfassung von Betriebsdaten) werden drei Typen Digitaler Zwillinge unterschieden, die durch den **Digitalen roten Faden** (als deren Kombination und Integration) miteinander verbunden sind.

PHM/SHM: Product/Structural Health Management ist einer der Hauptanwendungsgebiete von Digitalen Zwillingen.

- **Tuegel (NASA):** *„An Airframe Digital Twin (ADT) is a cradle-to-grave model of an aircraft structure's ability to meet mission requirements. It is a submodel of an all encompassing Aircraft Digital Twin which would include submodels of the electronics, the flight controls, the propulsion system, and other subsystems. The ADT, as an ultra-realistic model of the as-built and maintained airframe, is explicitly tied to the materials and manufacturing specifications, controls, and process used to build and maintain the aircraft. It is a consistent model of an individual airframe by tail number that includes all variation and uncertainty in that aircraft."* [Tue12]

Analytics: Die Bewertung/Prognose des Zustands eines Physischen Systems kann nicht nur anhand von Simulation sondern auch mit Methoden der (Big Data) Analytics erfolgen.

- **Veneri (2018):** *„Digital twins are living digital simulation models that update and change as their physical counterparts change. […] Digital Twin, which tries* to replicate the physical model of an asset through a mathematical formula or a data-driven model. Digital Twin is a digital representation of an asset or system across its life cycle, which can be used for various purposes." [VC18]

- **General Electric (2018):** "*Digital twins are software representations of assets and processes that are used to understand, predict, and optimize performance in order to achieve improved business outcomes.*" [GE 18] Ein derartiger Digitaler Zwilling besteht aus den drei Komponenten **Data model** (hierarchische Beschreibung des Digitalen Zwillings und seiner Eigenschaften), **Analytics** (mit White-/Gray-/Black Box-Modellen) und **Knowledge base** (aus unterschiedlichen Digitalen Artefakten) auf den Hierarchieebenen Komponente, Asset, System und Prozess.

- **IBM (2019):** "*A digital twin is a virtual representation of a physical object or system across its lifecycle, using real-time data to* **enable understanding, learning and reasoning**." [IBM]

Process Digital Twin: Für Microsoft müssen nicht nur die einzelnen Teilsysteme sondern vielmehr der gesamte Prozess betrachtet werden.

- **Microsoft (2017):** "*The* **Process Digital Twin** *enhances the Product Digital Twin beyond a single machine to encompass the entire production environment.*" [Mic17]

MBSE: Diverse Veröffentlichungen stellen das Potenzial des Digitalen Zwillings rund um das MBSE in den Mittelpunkt.

- **Madni (2019):** "*A digital twin is a virtual instance of a physical system (twin) that is continually updated with the latter's performance, maintenance, and health status data throughout the physical system's life cycle. [...] A digital twin is a dynamic virtual model of a system, process or service. [...] While virtual models tend to be generic representations of a system, part, or a family of parts, the* **digital twin represents an instance** *(i.e., a particular system or process). [...] Today any digital version of a system, component, or asset is called a digital twin.*" [MML19] Aus der Lebenszyklus-Perspektive betrachtet führt dies hier zu den Abstufungen **Pre-Digital Twin** ("*the traditional virtual prototype created during upfront engineering [...] a virtual generic executable system model of the envisioned system that is typically created before the physical prototype is built.*"), **Digital Twin** ("*the virtual system model is capable of incorporating performance, health and maintenance data from the physical twin.*"), **Adaptive**

Digital Twin (*„offers an adaptive user interface (in the spirit of a smart product model) to the physical and digital twins."*) und **Intelligent Digital Twin** (*„has unsupervised machine learning capability to discern objects and patterns encountered in the operational environment, and reinforcement learning of system and environment states in uncertain, partially observable environment. This digital twin […] has a high degree of autonomy."*).

2.3.4   Welche Technologien sind zur Umsetzung notwendig?

Es stellt sich die Frage, welche Technologien überhaupt an der Umsetzung Digitaler Zwillinge beteiligt bzw. hierfür notwendig sind. Dies führt zu unterschiedlichen Technologiebereichen und Technologien wie z. B. Informations- und Datenwissenschaften, Informatik oder Produktionstechnik [TZL+19] aber auch IoT, Big Data, Edge/Cloud Computing, von denen einzelne je nach gesetzten Schwerpunkten auch als „Enabling Technologies" bezeichnet werden. Es ist offensichtlich, dass mittlerweile große Teile der Technologien zur Verfügung stehen, die am Anfang der Entwicklungen zum Digitalen Zwilling noch gefehlt haben.

Mit der Frage nach den Technologien ist auch die Frage verbunden, woraus ein Digitaler Zwilling besteht oder – vielleicht besser formuliert – woraus das Konzept des Digitalen Zwillings besteht. Unstrittig sind drei Kernbestandteile (siehe auch Abschnitt 2.2.2),

1. der Reale Zwilling,
2. der Digitale Zwilling und
3. deren Zusammenführung über Verbindungselemente

[TZL+19] ergänzt die Aspekte

4. Daten und
5. Dienste.

Orthogonal hierzu können wie in [WWB+20] unterschiedliche **Fähigkeiten** Digitaler Zwillinge unterschieden werden:

1. Grundlage auf der untersten Ebene ist die **Überwachung** des realen Produkts.
2. Dies ist die Grundlage für dessen **Steuerung**.
3. Simulation ermöglicht dann die **Prädiktion** des Produktverhaltens.
4. Methoden der Künstlichen Intelligenz führen **Intelligenz** ein.
5. Dies ist die Grundlage für **Autonomie**.

Vergleichbar hierzu wurden mit der 5C-Architektur für Cyber-Physische Systeme **Attribute** derartiger Systeme eingeführt [LBK15][45]:

1. self-aware
2. self-predict
3. self-compare
4. self-configure
5. self-maintain
6. self-organize
7. self-adaptive
8. self-optimize

2.3.4.1 Modellierung, Simulation, Verifikation, Validierung, Zulassung

Modelle sind die Grundlage aller Digitalen Zwillinge. Datenmodelle liefern die Struktur für die im Digitalen Zwilling enthaltenen Digitalen Artefakte, „konkrete" Modelle beschreiben Aussehen, Verhalten und mehr. „*Modelle verfolgen im Verständnis des Digitalen Zwillings die Vision, möglichst vollständige und realistische Abbilder realer Systeme bereitzustellen. Diese sollen dann auf den jeweiligen Anwendungsfall adaptiert werden können.*" [RJB+20] Oft werden Modelle und Simulation auf eine Stufe gesetzt, z. B.:

- „*DT modeling and simulation are the basis of implementing DTs in practice.*" [TZL+19]
- „*The backbone of the Digital Twin is a suite of ultra-high fidelity physical models of the vehicle and its systems and structures of interest.*" [GS12]
- „*The Digital Twin concept is built on understanding and being able to simulate natural phenomena.*" [GV17].
- „*Simulationen werden integraler Bestandteil im gesamten Lebenszyklus …*" [RJB+20]

Die Geschichte des Digitalen Zwillings und seine vielfältigen Einsatzgebiete zeigen aber, dass es viele Anwendungsszenarien gibt, die vollständig ohne Simulation auskommen und die Vernetzung oder die Datenanalyse in den Mittelpunkt stellen.

---

[45] Der Name „5C-Architektur" bezieht sich auf die fünf Ebenen dieser Architektur.

Modellierungskategorien (Was muss modelliert werden?): Ein Digitaler Zwilling besteht aus einer strukturierten Sammlung Digitaler Artefakte, d. h. insbesondere Modelle unterschiedlicher Art aus dem Engineering und Betriebs-/Sensordaten aus dem Betrieb aber auch beschreibende Dokumente wie Anleitungen oder betriebswirtschaftliche Dokumente wie Angebote oder Rechnungen. *„Ein treibender Faktor ist die stetig zunehmende Erzeugung, Gewinnung sowie Nutzung von Daten und deren steigende Bedeutung. Diese Daten stammen häufig von physisch existierenden (zum Teil aber auch simulierten) technischen Systemen"* [RJB+20]. Entsprechend der eingangs des Kapitels aufgeführten fünf Komponenten identifiziert [TZL+19] fünf Modellierungskategorien. Im Rahmen der **physikalischen Modellierung** werden die maßgeblichen Merkmale des Physischen Systems identifiziert, definiert und beschrieben. Darauf aufbauend liefert die **virtuelle Modellierung** eine virtuelle Repräsentation des Physischen Systems mit den gleichen Eigenschaften und dem gleichen Verhalten. Es ist eine *„Mirror Reflection"* des Physischen Systems [WCB+20]. Im Rahmen der **Verbindungsmodellierung** werden die unterschiedlichen Verbindungen zwischen den beteiligten Komponenten beschrieben. Im Mittelpunkt steht hierbei oft die Verbindung zwischen Digitalem Zwilling und Physischem System. **Datenmodellierung** legt die Grundlagen für das Management und den Umgang mit Daten sowie deren Verarbeitung. **Dienstemodellierung** beschreibt die bereitgestellten Dienste und ermöglicht deren Identifikation.

Modellierungsarchitekturen (In welchen Strukturen erfolgt die Modellierung?): Diese Modelle müssen erstellt, verwaltet, genutzt und miteinander in Beziehung gesetzt werden. Dies führt zu unterschiedlichen Modellierungsarchitekturen mit oftmals mehreren technischen und administrativen Ebenen [TZL+19; WWB+20].

Modellierungssprachen (Wie werden die Modelle formal beschrieben?): Es gibt eine Vielzahl von Modellierungssprachen, die festlegen, wie Modelle formal beschrieben werden. Auch diese werden auf unterschiedlichen Ebenen eingesetzt von der reinen Beschreibung von Geometrie und Materialien im CAD-Bereich bis zu übergeordneten Modellierungssprachen wie `AutomationML` (siehe auch [SSP+16]) oder zur Verwaltungsschale der Industrie 4.0-Komponente (siehe z. B. [BBB+19a]).

Verifikation & Validierung (Wie wird die Realitätsnähe der Modelle sichergestellt?): Für diese Modelle muss sichergestellt werden, dass diese korrekt erstellt wurden und das Physische System vor dem Hintergrund des geplanten Einsatzes hinreichend genau abbilden. Es gilt, einen anwendungsspezifischen

Kompromiss zwischen dem Aufwand für die Modellierung, den Anforderungen der Anwendung und vertretbaren Kosten zu finden [WWB+20; WCB+20; Lop15]. Da der Digitale Zwilling auch ein Produktfeature ist [BR16], muss auch über dessen Zulassung nachgedacht werden.

Co-Simulation (Wie werden die Modelle simulatorübergreifend simuliert?): Der größte Aufwand wird aktuell für die Modellierung einzelner Komponenten investiert. Die Frage, wie diese Komponenten interagieren, und damit die Frage, wie diese einzelnen Modelle zusammengeführt werden müssen, wird dagegen oft nicht gestellt bzw. kann nicht beantwortet werden. Aus Sicht der Modellkomplexität betrachtet sind derartige systemübergreifenden Modelle meist *„multi-scale and multi-physics"*-Modelle. [WWB+20] *„Co-Simulation wird sich als einer der wichtigsten Bausteine zur Realisierung des DZ herausstellen. Die Kopplung und Orchestrierung von Modellen aus unterschiedlichen Domänen mit unterschiedlichen Solvern gilt dabei als Schlüsseltechnologie."* [RJB+20]

Modellaktualisierung (Wie werden die Modelle an das konkrete reale System angepasst und aktualisiert?): Ein völlig neues Themengebiet, welches aus der Zusammenführung von Modellen und Daten im Digitalen Zwilling entsteht, ist die Frage, wie aus einem generischen Modell aus dem Engineering, das einen Typ (siehe Abschnitt 2.1.7) beschreibt, viele Instanz-spezifische Modelle entstehen, die jeweils eine konkrete Instanz beschreiben. Die Initialisierung dieser Instanz-spezifischen Modelle erfolgt durch Einbeziehung der Daten aus der Produktion, deren kontinuierliche Aktualisierung mittels Betriebs-/Sensordaten aus dem Echtbetrieb.

Arbeitsabläufe (Wann erfolgen welche Arbeiten?): Schlussendlich müssen die Aktivitäten für Modellierung und Simulation im Lebenszyklus von den richtigen Personen zum richtigen Zeitpunkt in der richtigen Qualität für einen bestimmten Zweck ausgeführt und im Idealfall möglichst aufeinander aufbauen, bisherige Ergebnisse einbeziehen und diese, wenn notwendig, aktualisieren. Diese Aktivitäten müssen in Arbeitsabläufen organisiert werden.

2.3.4.2 Sensorik

Die „Explosion" der Anzahl von Sensoren im IoT ist ein maßgeblicher Treiber für den Einsatz Digitaler Zwillinge [SF19; Gho19]. Sensoren liefern die Daten zur Aktualisierung der Modelle Digitaler Zwillinge, unabhängig davon, ob diese zur Simulation vorgesehen sind oder „nur" zur standardisierten Bereitstellung dieser Daten im IoT. Neben der Sensorhardware liegt ein wichtiges Augenmerk auf der Verarbeitung der Sensordaten hin zu nutzbaren Informationen.

2.3.4.3 Datenfusion

Die Vielzahl der Sensoren ermöglicht es jetzt, diese Informationen nicht nur aus den Werten und deren zeitlichen Verlauf eines einzelnen Sensors extrahieren zu müssen. Vielmehr können die Daten vieler Sensoren in einem Gesamtbild zusammengeführt werden. Dies führt zu Fragestellungen der Datenfusion mit den Aspekten Datenvorverarbeitung (Bereinigung, Konvertierung und Filterung von Daten), -auswertung und -optimierung (zur Erkennung der Verhaltens-Zusammenhänge). Weitere Aspekte sind die Dimensionsreduktion sowie die Integration der Daten. [TZL+19]

2.3.4.4 Big Data

Themen rund um Datenfusion fallen mittlerweile zwangsläufig in den Bereich von „Big Data Analytics". Dies gilt insbesondere auch, weil durch die kontinuierliche Zusammenführung von Modellen und insbesondere (Sensor-) Daten sehr große Datenmengen entstehen. Das Ziel ist, durch Zusammenführung und Auswertung dieser großen Datensätze zunächst unbekannte Zusammenhänge zu identifizieren, Verhalten zu verstehen und vorherzusagen und „actionable information" abzuleiten. Vor IoT-Hintergrund stehen u. a. die Anwendungen Diagnostik (Identifikation von Fehlerursachen), Wartung (Vorhersage und Optimierung von Wartungsintervallen), Effizienzsteigerung (hinsichtlich Produktion und Ressourcennutzung), Prognose (zur Vermeidung von Fehlern oder Beibehaltung der Effizienz), Optimierung oder Logistik im Vordergrund [VC18].

2.3.4.5 Interaktion und Kollaboration

Wie bereits in Abschnitt 2.1.2 dargestellt, interagiert ein MCPS auf drei Ebenen (interne Kommunikation, externe Kommunikation, physische Interaktion). Es gilt diese Interaktionen zu modellieren, in übergreifende Betrachtungen einzubeziehen und zielgerichtet zur Erreichung vorgegebener Ziele einzusetzen. Die hierzu notwendigen Arbeiten unterscheiden sich je nach Einsatz Digitaler Zwillinge deutlich. Extrembeispiele sind die Vernetzung im IoT (die physische Interaktion ist hier auf Modellebene nicht relevant, im Mittelpunkt steht die auf IT-technischer Ebene koordinierte Kollaboration der MCPS) und die Simulation (hier wird aktuell meist maßgeblich die physische Interaktion der beteiligten Physischen Systeme betrachtet). Ein wesentlicher Aspekt ist die (physische) Interaktion mit dem Menschen in Entwicklung/Engineering als auch im Betrieb (siehe auch [GV17; MF19]), damit der Digitale Zwilling seiner Aufgabe als Mediator zwischen Mensch und Maschine nachkommen kann.

2.3.4.6 Internet der Dinge und Dienste

Die Beziehung zwischen den Konzepten IoT und Digitaler Zwilling ist nicht eindeutig definiert. IoT und Digitaler Zwilling sind eigentlich wechselseitig voneinander abhängig. Über das IoT bekommt der Digitale Zwilling seine Betriebs-/Sensordaten, gleichzeitig sind Digitale Zwillinge die Knoten im IoT-Netzwerk und stellen Daten und Funktionalitäten Physischer Systeme bereit. Zu letzterem gehören z. B. Kapselung von Diensten (dies ermöglicht u. a. As-a-Service-Konzepte) ebenso wie Auffinden, Modellierung, Bewertung der Qualität, Optimierung oder Fehlermanagement von Diensten [TZL+19].

2.3.4.7 Künstliche Intelligenz

Eine wechselseitige Abhängigkeit ist in zunehmendem Maße auch im Bereich der Künstlichen Intelligenz (KI) zu beobachten. Der Digitale Zwilling stellt die für den Einsatz von KI-Verfahren notwendigen Daten und zusätzlich Vorwissen (durch Modelle aus dem Engineering) zur Verfügung, die dann in Black- und Gray-Box-Modellen überführt und nachfolgend eingesetzt werden. Auf der anderen Seite benötigt der Digitale Zwilling KI-Verfahren, um die (z. B. Prognose-, Simulations-, Bewertungs-) Modelle zu erstellen und zu parametrieren, die er zur Erfüllung seiner Aufgaben benötigt.

2.3.4.8 Edge, Cloud und Fog Computing

Wo befindet sich eigentlich der Digitale Zwilling? In der Cloud, auf dem Physischen (Edge-) System, irgendwo dazwischen (Fog-Ansatz)? Alle drei Ansätze sind wichtig für den Digitalen Zwilling. Cloud Computing liefert die notwendige Rechenleistung (z. B. für hochdetaillierte Simulationen oder umfangreiche KI-Untersuchungen) und eine gefühlt unbegrenzte Datenspeicherkapazität, Edge Computing die Möglichkeiten zur Vor-Ort-Verarbeitung der Daten und der Realisierung von Echtzeit-Bearbeitungsschleifen. Hierbei wachsen die „Welten" aktuell immer mehr zusammen. Neue Kommunikationsinfrastrukturen wie 5G erhöhen Bandbreite und insbesondere Latenz, neue Prozessorarchitekturen erlauben KI auch auf dem Endgerät. Dies führt zu einer flexiblen Neuordnung der Verantwortlichkeiten in Ansätzen wie Fog Computing.

2.3.4.9 DZ-Plattformen

Für die Verwaltung von Digitalen Zwillingen in der Cloud steht eine Vielzahl unterschiedlicher kommerzieller Cloud-Plattformen, d. h. Software zum Management von Digitalen Zwillingen, zur Verfügung. Aktuell ist eine Spezialisierung von Plattformen zur Unterstützung von Entwicklung/Engineering sowie Plattformen zur

Unterstützung des Betriebs zu beobachten (siehe auch Anhang A im elektronischen Zusatzmaterial).

2.3.4.10 Model-based Systems Engineering

Umfassende Digitale Zwillinge brauchen einen Lebenszyklus-übergreifenden Ansatz. Methoden des Model-based Systems Engineering können genau dieses liefern (siehe auch Abschnitt 2.2.6).

2.3.5 Wie ist der Bezug zwischen Digitalem und Realem Zwilling?

Die große Nähe zu seinem Realen Zwilling führt zunächst zum Eindruck, dass es den Digitalen Zwilling erst ab dem Zeitpunkt gibt, ab dem auch sein Realer Zwilling existiert. Auf der anderen Seite enthalten die im Rahmen der Entwicklung entstehenden Modelle umfangreiches Wissen über den (zukünftigen) Realen Zwilling und sind ein wesentlicher Baustein für viele Anwendungsgebiete des Digitalen Zwillings. Dies führt zu der Überlegung, dass der Lebenszyklus des Digitalen Zwillings und damit auch dessen Nutzung bereits deutlich früher als der seines Realen Zwillings beginnt – auch wenn dieses sehr untypisch für Zwillinge ist. Die Fragestellung „Ab wann gibt es welchen Digitalen Zwilling?" hat hierbei viele Facetten:

- Gibt es den Digitalen Zwilling nur für physische oder auch für nicht-physische Systeme?
- Gibt es bereits einen Digitalen Zwilling, wenn der Reale Zwilling noch nicht existiert?
- Muss es erst einen Realen Zwilling geben, der Betriebs-/Sensordaten liefern kann?
- Ist der Digitale Zwilling nur ein Duplikat des Realen Zwillings oder erweitert er diesen?

Die einzige Gemeinsamkeit, die unabhängig von der Beantwortung dieser Fragestellung besteht, ist, dass es sich in der Beziehung zwischen Realem und Digitalem Zwilling immer um eine Relation zwischen etwas virtuellem und etwas realem handelt. Abbildung 2.15 skizziert darauf aufbauend die drei maßgeblichen Sichtweisen. Der erste Sichtweise stellt in den Mittelpunkt, dass während der Produktion die Fabrik zum gleichen Zeitpunkt den Realen Zwilling (das physische Produkt, welches man sehen und anfassen kann) und den Digitalen Zwilling (die digitale

Repräsentation dieses Produkts) „produziert". In der zweiten Sichtweise wird im Engineering zunächst der Digitale Zwilling als Typbeschreibung des realen Produkts erstellt, welcher ggf. in virtuellen Instanzen untersucht wird. Während der Produktion entsteht dann der entsprechende Reale Zwilling als reale Instanz der Typbeschreibung (siehe auch Abschnitt 2.1.7). Die dritte Sichtweise fokussiert Cyber-Physische Systeme, die aus realen Komponenten (den Realen Zwillingen) und virtuellen Komponenten (den Digitalen Zwillingen) bestehen.

Abbildung 2.15 Entstehung und Nutzung von Digitalem und Realem Zwilling

Die erste Sichtweise stellt in den Vordergrund, dass für einen Digitalen Zwilling Daten seines realen Gegenstücks vorliegen müssen:

- **SAP (2017):** „*Still, a design model or a virtual prototype is not a digital twin. As for their human twin counterparts, the real asset and the digital twin are born from the same mold, as reflective manifestations in the physical and digital world, respectively. […] While the digital twin is often created during the design phase, instantiation and binding to a physical object happens during the production process. […] Digital twins provide a live representation of what is deployed in the plant.*" [Amm17]
- **Madni (2019):** „*A digital twin is first created when the physical system can start providing data to the virtual system model to create a model instance that reflects the structural, performance, maintenance, and operational health characteristics of the physical system.*" [MML19] Solange der Reale Zwilling nicht existiert, wird der Digitale Zwilling als „*Pre-Digital Twin*" bezeichnet.
- **Wissenschaftliche Gesellschaft für Produktentwicklung (WiGeP, 2020):** „*Ein Digitaler Zwilling hat einen eigenen Lebenszyklus, der allerdings mit dem Lebenszyklus der zugehörigen Produktinstanz in Beziehung steht. Die Instanziierung erfolgt nach entsprechender Produktionsfreigabe auf der Grundlage der Produktrepräsentation des Digitalen Masters oder durch die Erfassung von Daten der physisch existierenden Produktinstanz bzw. Teilen davon. Er kann beispielsweise mit frühen Schritten der Fertigung, mit der Inbetriebnahme oder später für eine aktive Produktinstanz erfolgen*" [SAT+20].

Demgegenüber wird der Wert herausgestellt, den ein Digitaler Zwilling bereits in der Entwicklung/im Engineering besitzt. Aktuell verstärkt sich der Eindruck, dass die Betrachtung des gesamten Lebenszyklusses und die Perspektive des MBSE an Bedeutung gewinnt. Beispiele hierfür finden sich in den folgenden Quellen:

- **Kuhn (2017):** *„Für den digitalen Zwilling ist es dabei unerheblich, ob das Gegenstück in der realen Welt schon existiert oder erst existieren wird."* [Kuh17b]
- **Stark, Fraunhofer IPK (2017):** *„Digitale Zwillinge können die gesamte Prozesskette produzierender Unternehmen unterstützen. Ihr Einsatzspektrum beginnt weit vor dem ersten Produktionsschritt."* [Sta17a]
- **VDI/VDE-GMA 6.11 „Virtuelle Inbetriebnahme" (2019):** *„Als Konkretisierung der bislang genannten Definitionen ist die Lebenszeit eines DZ dabei nicht auf die physische Existenz des betrachteten Systems begrenzt. Ein DZ kann bereits in Planungs-, Design- und Implementierungsphasen entstehen und das sich noch in der Entwicklung befindliche System als Pool von Daten, Informationen sowie beschreibenden und ausführbaren Modellen repräsentieren. In allen Lebenszyklusphasen besteht dabei der Anspruch, dass der DZ ein – bezüglich der jeweiligen erreichten Phase – umfassendes Abbild des geplanten bzw. existierenden Systems darstellt, das heißt alle zum jeweiligen Zeitpunkt verfügbaren Daten, Modelle und Informationen umfasst. Diese Vision des DZ verspricht damit eine durchgängige, effiziente und effektive Wieder- und Weiterverwendung der im Anlagenlebenszyklus entstehenden digitalen Artefakte – und damit auch der Simulationsmodelle – für viele unterschiedliche Einsatzzwecke."* [RJB+20]
- **Wagg, Worden, Barthorpe, Gardner (2020):** *„An important consideration for the concept is, how the digital twin relates to the life-cycle of the product or process in question […]. Therefore, whenever possible, the digital twin would need to be first implemented during the design phase, and persist throughout the entire operational life of the product (which is called the asset management phase)"* [WWB+20]

Ein Ausweg aus dieser Diskussion ist die Unterscheidung von Prototypen und Instanzen Digitaler Zwillinge [GV17] oder nach Abschnitt 2.1.7 die Verwendung des Begriffs als Bezeichnung 1) für eine Typbeschreibung des Produkts, 2) für eine virtuelle Instanz des Produkts und 3) für die Repräsentation eines realen Produkts. Diese werden in diesem Text als die **drei Phasen des Digitalen Zwillings** bezeichnet.

2.4   Der Digitale Zwilling: Eine übergreifende Definition erschließt sein Potenzial

Die in den vorstehenden Abschnitten skizzierten Herangehensweisen und Anwendungsgebiete und die damit verbundenen (Anwendungs-) Perspektiven und (Nutzer-) Sichten auf einen in unterschiedlichen (Lebenszyklus-) Phasen eingesetzten Digitalen Zwilling illustrieren, wie das Konzept des Digitalen Zwillings seit einigen Jahren Antworten auf unterschiedliche Herausforderungen im Kontext der Digitalisierung gibt. Die dargestellten Ansätze können meist wechselseitig voneinander profitieren. So werden einerseits Simulationen im Betrieb genutzt, die andererseits Betriebsdaten zu ihrer Aktualisierung benötigen. Ziel ist immer, virtuelle und reale Welt unter bestimmten Gesichtspunkten und Zielen zusammenzuführen und Konvergenz herzustellen. Ein zentraler Aspekt hierfür ist, den Digitalen Zwilling stets aktuell zu halten, sei es mit Daten und Modellen aus dem Engineering oder mit realen Daten aus dem Betrieb.

Doch was ist der Digitale Zwilling? Ist es ein Begriff, ein Konzept, eine Methodik, eine Vorgehensweise oder noch etwas anderes? Wahrscheinlich – und tatsächlich kann diese Frage aktuell wohl nicht vollständig beantwortet werden – ist es ein wenig von allem. Obwohl die Bedeutung der Wortkombination „Digitaler Zwilling" nicht klar festgelegt ist, ist es einer der großen Vorteile des Digitalen Zwillings, dass er eine gefühlt konkrete Bezeichnung für einen mächtigen Ansatz zur Digitalisierung, Vernetzung und Automatisierung und damit auch zur Umsetzung von Industrie 4.0-Konzepten liefert. Der Digitale Zwilling gibt etwas Virtuellem bzw. Digitalem, was per Definition nicht fassbar ist, etwas Konkretes. Gleichzeitig ist diese Unklarheit aber auch die große, mit dieser Wortkombination verbundene Gefahr – die unterschiedlichen u. a. in Abschnitt 2.2 skizzierten Konkretisierungen führen häufig zu Missverständnissen und verhindern, dass unzweifelhaft vorhandene Potenzial des Digitalen Zwillings übergreifend und umfassend zu heben.

Gerade wegen des vielfältigen Potenzials, wegen der vielfältigen Anforderungen und Einsatzgebiete aber auch zur Zusammenführung der unterschiedlichen Perspektiven, Phasen und Sichten benötigt dieser Text eine Definition als Grundlage und zur Fokussierung. Diese Definition legt fest, wie der Begriff des Digitalen Zwillings in diesem Text verstanden wird und legt die Grundlage für die Definition des Experimentierbaren Digitalen Zwillings im nachfolgenden Abschnitt. Grundlegender Ansatz für diese Definition ist eine Erhöhung des Abstraktionsgrads[46]. Dies führt

---

[46] Dies ist z. B. auch für [Bun20] zu beobachten. Wurden hier in der Definition und den zugehörigen Anmerkungen längere Zeit konkrete Begriffe wie „Verwaltungsschale" oder „Simulationsmodell" verwendet, liest man hier aktuell *„Digitale Repräsentation, die*

weg von der konkreten Anwendung zu einer **abstrakten Definition**, die dann unter unterschiedlichen Aspekten, Perspektiven, Sichten und Phasen betrachtet wird. Eine **konkrete Definition** eines DZ gibt es nur in einer konkreten Anwendung – und dort ist sie auch notwendig. Sonst kann man diese Anwendung technisch nicht umsetzen.

2.4.1   Die Bedeutung des Wortes „Zwilling"

Seine Anschaulichkeit verdankt die Wortkombination „Digitaler Zwilling" dem Wort „Zwilling", *„einem von zwei gleichzeitig ausgetragenen Kindern"* [Bib17]. Das Wort „Zwilling" wird allerdings nicht nur im Zusammenhang mit menschlichen Zwillingen verwendet. Es haben sich darüber hinaus neben den drei anderen in [Bib17] genannten Wortbedeutungen – Tierkreiszeichen, Sternbild und Waffenarten – weitere Wortkombinationen etabliert (siehe auch [Bib17] und Abbildung 2.16). Darüber hinaus kennt jeder Zitate wie „Die sehen aus wie Zwillinge.". *„Mit einem Zwilling bezeichnet man zweimal das Gleiche, zumindest bezogen auf die hinsichtlich der in der jeweiligen Situation betrachteten Merkmale.*

Abbildung 2.16 Beispiele für Zwillinge und die unterschiedliche Verwendung dieses Wortes

Gleiches gilt auch für den Digitalen Zwilling. Auch hier wird zweimal das Gleiche betrachtet, nämlich z. B. ein" System „einmal in der realen und einmal in der virtuellen Welt. Der Digitale Zwilling bezeichnet hierbei die virtuelle/digitale Hälfte der

---

ausreicht, um die Anforderungen an eine Menge von Anwendungsfällen zu erfüllen" (siehe auch Abschnitt 2.3.3).

Zwillinge (oder dieses Paares) und liefert damit eine anschauliche Bezeichnung für die im Rahmen der Digitalisierung realer Artefakte entstehenden virtuellen Abbilder. " [RS20] Die reale Hälfte des Zwillings wird in diesem Text Realer Zwilling genannt.

2.4.2   Definition des „Digitalen Zwillings" (DZ)

Der Begriff des Realen Zwillings ist nachfolgend wie folgt festgelegt:

> **Definition 2.9 (Realer Zwilling):** *Der Reale Zwilling bezeichnet den Betrachtungsgegenstand in der realen Welt.*

Der Reale Zwilling[47] kann sowohl eine Komponente, ein System oder ein SoS und möglicherweise auch ein Produkt sein (siehe auch Abschnitt 2.1.2 und Abschnitt 2.4.3). Aufbauend auf dem Begriff des Realen Zwillings kann der Begriff des Digitalen Zwillings definiert werden (siehe auch u. a. [SR21]):

> **Definition 2.10 (Digitaler Zwilling):** *Ein Digitaler Zwilling (DZ) ist eine unter gewählten Gesichtspunkten betrachtete virtuelle digitale 1-zu-1-Repräsentation seines Realen Zwillings (RZ), die eine Interaktion auf Grundlage aktueller Digitaler Artefakte ermöglicht. Digitale Zwillinge können ebenso wie ihre Realen Zwillinge in hierarchischen und heterarchischen Strukturen angeordnet und miteinander verbunden werden.*

---

[47] Häufig wird dieser auch wie in Abschnitt 2.3.3 dargestellt als „Asset" [DP19] oder „physisches Asset" [Bun20; Ove18; Bos20], „some asset, process or system" [MvSB+20], „Ding aus der realen Welt" [Kuh17b; Kuh17a], „spezifisches Produkt (reales Objekt, Service oder immaterielles Gut)" [Sta17a] oder „Produktinstanz" [SAT+20; SD19], „real-world entity or system" [Gar18], „real product" [SSP+16], „physisches Produkt oder physischer Prozess" [Sie19], „physical object" [Amm17; Ske18 CO19], „physical components, processes, or systems" [Gho19] oder vergleichbar genannt.

Digitale und Reale Zwillinge sind entsprechend ihrer Typbeschreibung aufgebaut. Ausgehend von dieser Typbeschreibung, hier als Zwillingstyp[48] bezeichnet, und konkreten (vorab festgelegten oder messtechnisch erhobenen) Attributen entstehen dann konkrete Digitale und Reale Zwillinge[49]. Digitale und Reale Zwillinge sind also stets Instanzen, sie existieren in der virtuellen bzw. der realen Welt.

> **Definition 2.11 (Zwillingstyp):** *Ein Zwillingstyp ist die modellhafte Beschreibung eines Digitalen bzw. Realen Zwillings.*

Von besonderer Bedeutung ist in dieser Definition das „modellhaft", denn der Zwillingstyp besteht aus Modellen, die nachfolgend mit vorab gewählten Attributen/Parametern instantiiert und/oder den Daten Realer Zwillinge kalibriert und justiert werden. Wenn von „dem Digitalen Zwilling" gesprochen wird, ist meist die Kombination aus Zwillingstyp und dem Digitalen Zwilling selbst entsprechend vorstehender Definitionen gemeint, die im Zwillingstyp umfassten Modelle gehen – zumindest sprachlich – meist im Digitalen Zwilling selbst auf. Die Trennung von Typ und Instanz ist allerdings z. B. vor dem Hintergrund der technischen Realisierung als auch der Festlegung von Arbeitsabläufen wichtig. Die Kombination aus Realem und Digitalem Zwilling wird auch als Hybrides Zwillingspaar bezeichnet:

> **Definition 2.12 (Hybrides Zwillingspaar):** *Ein Hybrides Zwillingspaar ist ein MCPS bestehend aus dem Realen Zwilling als reale und Digitalem Zwilling als virtuelle Komponente.*

---

[48] Oft finden sich hierfür auch die Begriffe des „Digitalen Masters" [Ske18; SD19; SAT+20; MvSB+20], „Digitalen Prototyps" [SAT+20; SD19] oder „Urmodell" [SAT+20]. Teilweise werden auch Digitale Zwillinge für (Produkt-) Typen beschrieben (z. B. [MvSB+20]).

[49] Programmiertechnisch betrachtet ist ein Zwillingstyp entweder eine Klasse oder ein Prototyp, ein konkreter Digitaler Zwilling entsteht also durch Instantiierung einer Klasse oder durch Kopie eines Prototypen. Überträgt man dies auf die bei Simulatoren oft vorzufindenden Modellbibliotheken, dann enthalten diese je nach Sichtweise Prototypen, die in ein konkretes Anwendungsszenario bestehend aus konkreten Digitalen Zwillingen „kopiert" und deren Attribute dann dort festgelegt werden, oder Klassen, die mit den Parametern der konkreten Digitalen Zwillinge versehen instantiiert werden.

Die einzelnen Bestandteile der Definition des Digitalen Zwillings adressieren die folgenden Aspekte:

- **„unter gewählten Gesichtspunkten betrachtete"**: Ein Digitaler Zwilling repräsentiert immer ausgewählte Aspekte des Realen Zwillings, die konkrete Ausprägung der technischen Realisierung wird immer über die konkreten Anforderungen und Ziele der jeweiligen Anwendung bestimmt[50]. Entsprechend kann es für einen Realen Zwilling durchaus unterschiedliche Digitale Zwillinge oder – was anzustreben ist – unterschiedliche Ausprägungen ein und desselben Digitalen Zwillings geben, die in unterschiedlichem Umfang die in den jeweiligen Anwendungen benötigten Aspekte beschreiben[51].
- **„virtuell"**: Ein Digitaler Zwilling ist virtuell und nicht real, er ist ein Digitales Artefakt und besteht aus Digitalen Artefakten[52].
- **„digital"**: Ein Digitaler Zwilling ist digital und nicht analog.
- **„1-zu-1-Repräsentation"**: Ein Digitaler Zwilling ist nicht „irgendeine Sammlung Digitaler Artefakte" sondern entspricht in Struktur, Semantik, Schnittstellen und Verhalten soweit möglich und sinnvoll 1-zu-1 seinem Realen Zwilling[53].
- **„seines Realen Zwillings"**: Hierbei muss der Reale Zwilling nicht zwangsläufig bereits existieren[54]. Der Digitale Zwilling basiert typischerweise auf dem Zwillingstyp, der Typbeschreibung seines (möglicherweise zukünftigen) Realen Zwillings, und ist hierauf aufbauend entweder eine konkrete virtuelle Instanz des (zukünftigen oder bestehenden) Realen Zwillings oder eine virtuelle Repräsentation eines konkreten real existierenden Realen Zwillings. Die Typbeschreibung selbst ist nach diesem Verständnis kein Digitaler Zwilling. Digitale Zwillinge sind stets Instanzen (s. o.).

---

[50] Siehe auch [Amm17; BBB+19b; WCB+20; SAT+20; MvSB+20] in Abschnitt 2.3.3.

[51] Dies entspricht den Verkürzungs- und pragmatischen Merkmalen von Modellen (siehe Abschnitt 4.1.3) und führt zur Betrachtung der *„mirror-facing aspects"* [WCB+20].

[52] Im Gegensatz zur Definition in [Bun20] entfällt das „virtuell" meist (siehe auch Abschnitt 2.3.3). Dennoch erscheint dem Autor diese Unterscheidung wichtig, so dass beide Adjektive, virtuell und digital, in die Definition aufgenommen wurden.

[53] Dieser Aspekt bleibt in aktuellen Definitionen (siehe auch Abschnitt 2.3.3) interessanterweise weitgehend unberücksichtigt. Für den Autor ist die „Analogie", "Ähnlichkeit" oder „Abbildungsqualität" zwischen Realem und Digitalem Zwilling allerdings von entscheidender Bedeutung, insbesondere auch beim späteren Übergang auf den Experimentierbaren Digitalen Zwilling aus der Perspektive der Simulationstechnik.

[54] Wobei dies eine der großen Diskussionspunkte rund um den Digitalen Zwilling ist (siehe auch Abschnitt 2.3.5). Der lebenszyklusübergreifende Einsatz des Digitalen Zwillings führt aus Sicht des Autors allerdings zwangsläufig zu dieser Sichtweise (siehe auch Abschnitt 2.1.7 und Abschnitt 2.4.8).

- „**Interaktion**": Menschen ebenso wie Maschinen und Geräte interagieren[55] mit dem Digitalen Zwilling – und über diesen (als Mediator, siehe Abschnitt 2.5.5) auch mit dessen Realem Zwilling. Darüber hinaus können Digitale Zwillinge auch miteinander interagieren (kommunizieren). Der Digitale Zwilling liefert alle Informationen zur Interaktion, die Beschreibung der Interaktion ist zentral für den übergreifenden Nutzen von Digitalen Zwillingen[56].
- „**auf Grundlage aktueller Digitaler Artefakte**": Die Interaktion erfolgt vollständig auf Grundlage Digitaler Artefakte[57] (z. B. Metadaten, Daten, Modelle, Funktionen, Kommunikation und Prognose, siehe Abschnitt 2.4.4) und damit maßgeblich entsprechend der Modelle des Zwillingstyps. Der Umfang der Digitalen Artefakte ist ausreichend, um die Interaktion zu planen, auszuführen und zu bewerten. Hierzu integriert der Digitale Zwilling das relevante Wissen zum Realen Zwilling und ist zudem stets aktuell, weil er auf den aktuellen Engineeringergebnissen und/oder den aktuellen Betriebs-/Sensordaten beruht. Der Digitale Zwilling bildet damit das gesamte Wissen über den Realen Zwilling zum jeweiligen Zeitpunkt ab.
- „**in hierarchischen und heterarchischen Strukturen**": Digitale Zwillinge können ebenso wie ihre Realen Zwillinge in unterschiedlichen Strukturen angeordnet sein. Diese können sowohl hierarchisch (z. B. im Sinne von Teil-von-Beziehungen) als auch heterarchisch (z. B. in Netzwerken) aufgebaut sein[58]. Ein Digitaler Zwilling eines Systems kann so z. B. aus den Digitalen Zwillingen der zu Grunde liegenden Komponenten aufgebaut sein. Die Vernetzung eines SoS im IoT führt demgegenüber zu heterarchischen Strukturen.

Um dieser Definition gerecht zu werden, repräsentiert ein Digitaler Zwilling unterschiedliche **Betrachtungsgegenstände** (den Realen Zwilling, siehe Abschnitt 2.4.3 und den Kreis in Abbildung 2.17) mittels diverser **Digitaler Artefakte** (siehe

---

[55] Die Verallgemeinerung der Nutzung des Digitalen Zwillings durch den abstrakten Begriff der „Interaktion" ermöglicht, die z. B. in Abschnitt 2.3.3 dargestellten unterschiedlichen Sichtweisen auf den Digitalen Zwilling zusammenzuführen.

[56] *„Failure to establish these would leave the uncommunicating digital twin an information silo to itself."* [MvSB+20]

[57] Auch die Verwendung des Begriffs des Digitalen Artefakts erfolgt zur Abstraktion des „Inhalts" Digitaler Zwillinge, um unterschiedliche Sichtweisen auf den Digitalen Zwilling zusammenzuführen.

[58] Auch hier werden tw. andere Bezeichnungen verwendet. So unterscheidet [MvSB+20] zwischen nicht weiter teilbaren „diskreten Digitalen Zwillingen" und den aus diesen zusammengesetzten „Kompositions-Digitalen Zwillingen". Zwischen den Digitalen Zwillingen bestehen hierarchische, assoziative und Peer-to-Peer-Beziehungen.

Abschnitt 2.4.4 und die Ellipsen in Abbildung 2.17). Zur **Umsetzung** (siehe Abschnitt 2.4.5 und die Ellipsen in Abbildung 2.17) eines Digitalen Zwillings werden Werkzeuge und Prozesse benötigt. Ein auf diese Weise umgesetzter Digitaler Zwilling kann vielfältige **Aufgaben** erfüllen (siehe Abschnitt 2.4.6 und die umgebenden Kreise in Abbildung 2.17).

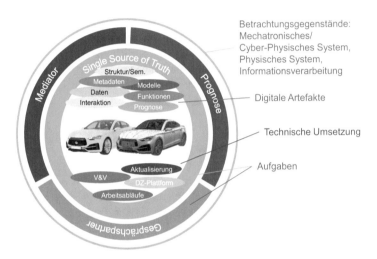

Abbildung 2.17 Betrachtungsgegenstände, Digitale Artefakte, Umsetzungskomponenten und Aufgaben eines Digitalen Zwillings

Ausgehend von diesem Grundverständnis (die Definitionen zu Beginn dieses Abschnitts und deren Konkretisierung entsprechend Betrachtungsgegenstand, Inhalt, Umsetzung, Aufgaben) spannen sich unterschiedliche, größtenteils orthogonale, Dimensionen zur Klassifizierung des Einsatzes Digitaler Zwillinge auf. Im Mittelpunkt sollen hierbei zunächst die Dimensionen Lebenszyklus, Perspektiven und Nutzer-Sichten stehen (siehe Abbildung 2.26). Entwicklung und Einsatz des Digitalen Zwillings folgen meist einer konkreten **(Anwendungs-) Perspektive** (siehe Abschnitt 2.4.7). Hierbei durchläuft die Anwendung und damit auch der Digitale Zwilling unterschiedliche **(Lebenszyklus-) Phasen** (siehe Abschnitt 2.4.8). Der Blick auf den Anwender führt zu schließlich unterschiedlichen **(Nutzer-) Sichten** (siehe Abschnitt 2.4.9).

Aus jeder dieser Perspektiven, Phasen und Sichten betrachtet besitzt der Digitale Zwilling eine andere Gestalt/ein anderes Aussehen, wobei dies im Idealfall aus einer gemeinsamen Grundlage abgeleitet werden kann (Single Source of Truth) und zum

Digitalen Zwilling mit anwendungsspezifischem Inhalt sowie anwendungsspezifischer Umsetzung und anwendungsspezifischen Aufgaben führt. Daher entwickeln sich in Abbildung 2.26 alle Dimensionen aus einem gemeinsamen Kern heraus. Die entlang der Dimensionen aufgeführten Elemente gilt es im Sinne einer umfassenden Nutzung der Digitalisierung, d. h. der Herstellung, Kommunikation und Nutzung Digitaler Artefakte in Produkten und Arbeitsabläufen (siehe Abschnitt 2.1.1) miteinander zu integrieren. Hierbei ist der Digitale Zwilling Ergebnis und Grundlage der Digitalisierung zugleich. Nur der im Rahmen der Digitalisierung entstehende Digitale Zwilling eines Systems ermöglicht es beispielsweise, dieses System in der Entwicklung umfassend zu analysieren und im Betrieb nach Industrie 4.0-Paradigmen zu automatisieren, zu vernetzen und in neuartige Wertschöpfungsnetzwerke, -ketten und -prozesse zu integrieren.

2.4.3   Unterschiedliche Betrachtungsgegenstände

Je nach Sichtweise besitzen die jeweils in der realen und virtuellen Welt betrachteten Gegenstände und damit die beteiligten Realen und Digitalen Zwillinge unterschiedliche Umfänge (siehe Abbildung 2.18). Legt man das Konzept Mechanischer/Cyber-Physischer Systeme zu Grunde, dann werden je nach Betrachtungsgegenstand (MCPS, Physisches System oder IVS) und (Anwendungs-) Perspektive (siehe Abschnitt 2.4.7, z. B. System-/Komponentensimulation oder Vernetzung im IoT) die Realen Zwillinge RZ_{mcps}, RZ_{psys} und RZ_{ivs} sowie deren Digitalen Zwillinge DZ_{mcps}, DZ_{psys} und DZ_{ivs} betrachtet und wie durch die Blockpfeile visualisiert zueinander in Beziehung gesetzt. Eindeutig verwendet können die Begriffe Realer und Digitaler Zwilling entsprechend nur durch die zusätzliche Angabe von Betrachtungsgegenstand (wodurch festgelegt ist, was der jeweilige Zwilling bezeichnet) und

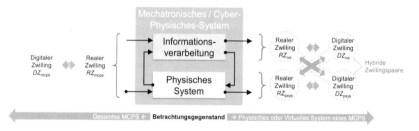

Abbildung 2.18 Die unterschiedlichen Betrachtungsgegenstände des Realen Zwillings und seine Abbildung in Digitale Zwillinge

(Anwendungs-) Perspektive (wodurch festgelegt ist, wozu der Digitale Zwilling erstellt wird). Eindeutig sind demgegenüber die Begriffe MCPS, Physisches System und IVS. Alle drei kann es in der virtuellen (als Digitaler Zwilling) und in der realen Welt (als Realer Zwilling) entsprechend des gewählten Betrachtungsgegenstands in unterschiedlichen Ausprägungen geben. Daher stehen diese drei Begriffe auch im Folgenden im Mittelpunkt.

Physisches System: Liegt der Fokus z. B. auf der Simulation eines Physischen Systems eines MCPS, ist der reale Betrachtungsgegenstand das Physische System eines MCPS bzw. das Asset einer Industrie 4.0-Komponente. Er ist in der Abbildung als RZ_{psys} bezeichnet und wird z. B. über MBSE-, PLM- oder simulationstechnische Methoden in einen komplementären virtuellen Betrachtungsgegenstand, dem virtuellen Physischen System DZ_{psys}, abgebildet (Blockpfeil 1).

Informationsverarbeitendes System: Analog sind die Verhältnisse beim Informationsverarbeitenden System. Aus simulationstechnischer Perspektive betrachtet ist DZ_{ivs} ein (Simulations-) Modell des realen Informationsverarbeitenden Systems RZ_{ivs}, z. B. einer Robotersteuerung (Blockpfeil 2). Wird der DZ_{ivs} zum Zweck der Vernetzung im IoT erstellt und in einer DZ-Plattform (siehe Abschnitt 2.4.5) umgesetzt, führt dies zu einer Implementierung von RZ_{ivs}. DZ_{ivs} und RZ_{ivs} sind dann identisch.

Mechatronisches/Cyber-Physisches System: Wenn demgegenüber das gesamte MCPS simuliert werden soll, ist der Betrachtungsgegenstand das gesamte MCPS bzw. die Industrie 4.0-Komponente selbst (in der Abbildung als RZ_{mcps} bezeichnet). Das reale MCPS wird wiederum in seinem komplementären virtuellen Betrachtungsgegenstand, dem virtuellen MCPS DZ_{mcps}, abgebildet (Blockpfeil 3).

Hybride Zwillingspaare: Während bislang die Abbildung auf Ebene des gleichen Betrachtungsgegenstands (MCPS, Physikalisches System und IVS) erfolgte, wird beim Hybriden Zwillingspaar ein Realer mit einem Digitalen Zwilling kombiniert. So kann der Reale Zwilling RZ_{psys} auf Ebene des Physischen Systems mit dem Digitalen Zwilling DZ_{ivs} auf IVS-Ebene zusammengeführt werden (Blockpfeil 4). Dies erfolgt z. B. bei der Abbildung der Betriebsdaten des realen Physischen Systems in seinem Digitalen Zwilling oder bei der Repräsentation des Physischen Systems im IoT durch seinen Digitalen Zwilling. Alternativ kann auch RZ_{ivs} mit DZ_{psys} verbunden werden, also das reale IVS mit dem virtuellen Physischen

System (Blockpfeil 5). Dies entspricht der Methode der Virtuellen Inbetriebnahme und wird in Abschnitt 3.7.6 vorgestellt[59].

2.4.4   Digitale Artefakte eines Digitalen Zwillings

Ein Digitaler Zwilling beinhaltet unabhängig vom Betrachtungsgegenstand Digitale Artefakte – und ist selbst ein Digitales Artefakt. Der Digitale Zwilling „sammelt" alles Wissen zu seinem Realen Zwilling, das für die jeweilige Anwendung benötigt wird, um diesen geeignet repräsentieren zu können. Damit umfassen diese Digitalen Artefakte alle für eine jeweilige Anwendung relevanten Daten, Modelle und Informationen über den Digitalen und Realen Zwilling[60]. Die konkrete Ausgestaltung eines Digitalen Zwillings ist abhängig von der jeweiligen Anwendung und abhängig vom anvisierten Einsatzgebiet.

Struktur und Semantik: Ein Digitaler Zwilling ist nicht nur eine „lose Sammlung von Digitalen Artefakten" sondern verfügt über Struktur und Semantik, die allen Digitalen Artefakten zu Grunde liegt, und erlaubt hierdurch, die einzelnen Digitalen Artefakte zueinander in Beziehung zu setzen und miteinander zu verbinden. Die Beschreibung von Struktur und Semantik dient allen anderen Digitalen Artefakten als Rahmen und ist selbst ein Digitales Artefakt.

Metadaten: Metadaten beschreiben den Digitalen Zwilling und die von ihm verwalteten Digitalen Artefakte. Insbesondere definieren diese eine Identität, unabhängig davon, ob es sich bei dem Digitalen Zwilling um eine virtuelle Instanz der dem Digitalen Zwilling zu Grunde liegenden Typbeschreibung oder eine digitale Repräsentation eines entsprechenden Realen Zwillings handelt.

Daten: Grundlage eines Digitalen Zwillings sind Daten zu seinem (bereits existierenden oder geplanten) Realen Zwilling beginnend mit (postulierten oder gemessenen) Abmessungen bis hin zu im Betrieb bestimmten bzw. gemessenen oder im

---

[59] Ob für diese Konstellationen der Begriff MCPS oder Hybrides Zwillingspaar verwendet wird, ist eine Frage der Sichtweise. MCPS ist der allgemeinere Begriff, beim Hybriden Zwillingspaar wird Wert darauf gelegt, dass die virtuelle Komponente ein Digitaler Zwilling ist, und nicht „irgendein" Informationsverarbeitendes System.

[60] Sie können hierbei z. B. alle Erkenntnisstufen entlang der Wissenstreppe von North beginnend mit Daten und Informationen über kontextbezogenes und erfahrungsbasiertes Wissen bis zu handlungsbezogenem Wissen überspannen [NM18].

Simulator simulierten Ein-/Ausgangsgrößen und/oder weiteren simulierten/realen Betriebs-/Sensordaten.

Modelle: Modelle (siehe auch Abschnitt 3.1.2) entstehen typischerweise in der Engineering-Phase und beschreiben als elementaren Teil des Zwillingstyps z. B. Struktur, Aussehen, Daten, Schnittstellen, Funktionen und Verhalten des Realen Zwillings als White-/Gray-/Black-Box-Modelle (siehe Abschnitt 2.1.3) auf unterschiedlichen Abstraktions-/Detaillierungsebenen. Zwischen Daten und Modellen bestehen vielfältige Zusammenhänge, die von Digitalen Zwillingen umgesetzt und genutzt werden[61].

Funktionen: Der Digitale Zwilling macht die Funktionen des Realen Zwillings (fahren, messen, bewegen, steuern o. ä.) unter informationstechnischen Gesichtspunkten zugreifbar, unterstützt/verbessert/automatisiert deren Ausführung und stellt selbst zusätzliche Funktionen (für Visualisierung, Prognose, PHM u. ä.) bereit. Von außen betrachtet verschwimmen daher häufig die Grenzen zwischen Realem und Digitalem Zwilling, es interessieren nur noch die Funktionen des Hybriden Zwillingspaars, wo und wie auch immer diese umgesetzt werden. Die „nach außen zur Verfügung gestellten" Funktionen werden auch „Dienste" genannt.

Interaktion: Die Interaktionen von MCPS[62] finden allgemein auf den drei Ebenen physische Interaktion sowie interne und externe Kommunikation statt (siehe auch Abschnitt 3.4.2). Physische Interaktion, IT-gestützte Kommunikation oder Interaktion über Benutzerschnittstellen sind gleichberechtigte Arten von Interaktion. Insbesondere Benutzerschnittstellen sind hier wichtig, da Digitale Artefakte für den Menschen nur über Benutzerschnittstellen zugreifbar werden.

Prognose: Digitale Artefakte sind nicht nur statisch und passiv. Dies gilt bereits für die Ausführung von Funktionen des Realen Zwillings. Noch deutlicher wird dies bei der Prognose des Verhaltens eines Realen Zwillings[63] (unabhängig davon, ob

---

[61] So können Modelle mit Daten parametriert oder aus den aus den Daten erkennbaren Zusammenhängen abgeleitet werden. Modelle generieren auf der anderen Seite Daten, die stellvertretend für die Daten Realer Zwillinge genutzt werden können.

[62] Auch Menschen sind in dieser Sichtweise MCPS, so dass keine Unterscheidung zwischen der Interaktion zwischen Maschinen und zwischen Menschen bzw. Menschen und Maschinen erfolgen muss.

[63] Diese Prognosefunktionalität (sie könnte auch den Funktionen oben zugeordnet werden) ist ebenfalls das „Ergebnis eines gestalterischen Prozesses", „dessen Gestaltung und Umsetzung

dies ein RZ_{psys}, RZ_{ivs} oder RZ_{mcps} ist). Im Rahmen der Verhaltensprognose geht es darum, festzustellen, wie sich etwas verhält und wann etwas passiert[64].

2.4.5 Technische Umsetzung des Digitalen Zwillings und DZ-Plattform

Zur Realisierung eines Digitalen Zwillings sind geeignete technische Strukturen notwendig. Hierfür hat sich der Begriff „DZ-Plattform" etabliert, die eine „Laufzeitumgebung" für Digitale Zwillinge bereitstellt. Die dort verwalteten Digitalen Zwillinge müssen verifiziert, validiert und ggf. sogar zugelassen und stets mit aktuellen Daten und Modellen aus Entwicklung und Betrieb aktualisiert werden. Hierzu werden geeignete Arbeitsabläufe benötigt.

Verifikation, Validierung und Zulassung: Unabhängig von Betrachtungsgegenstand und Perspektive muss der Digitale Zwilling verifiziert und validiert werden. Wenn der Digitale Zwilling Teil (z. B. der Steuerung) eines Realen Zwillings ist, wird ggf. sogar eine Zulassung benötigt.

Aktualisierung: Die Digitalen Artefakte des Digitalen Zwillings müssen kontinuierlich aktualisiert werden. Dies gilt für die Modelle aus dem Engineering ebenso wie für die Betriebs-/Sensordaten aus dem Betrieb. Nur dann kommt der Digitale Zwilling seiner Aufgabe z. B. als „Single Source of Truth" und als „Gesprächspartner" nach und kann im Rahmen eines lebenszyklusübergreifenden MBSE eingesetzt werden.

Arbeitsabläufe: Um die vielfältigen Aspekte eines Digitalen Zwillings geeignet zusammenzuführen und zu nutzen sind geeignete Arbeitsabläufe notwendig. Diese legen fest, was wann wie durch wen durchgeführt zu einem Digitalen Zwilling führt und wer den Digitalen Zwilling wie in welchen Anwendungen einsetzt. Das Ergebnis ist ein zielgerichtetes Zusammenwirken unterschiedlicher Teilschritte wie Spezifikation und Design, CAD- (Computer Aided Design) und Verhaltensmodellierung, Simulation, Verifikation & Validierung, Test, Analyse und Optimierung, Inbetriebnahme, Wartung usw..

---

mit informationstechnischen Mitteln erfolgt" (siehe Abschnitt 2.1.1), und damit ein Digitales Artefakt.

[64] Es geht nicht darum, es durch „Simulation" basierend auf „Modellen" umzusetzen. Dies kann vielmehr auch durch Methoden Künstlicher Intelligenz o. ä. geschehen. Daher wird hier bewusst nicht der Begriff der Simulation verwendet.

DZ-Plattform: Die DZ-Plattform stellt eine Laufzeitumgebung für Digitale Zwillinge bereit, die u. a. abhängig davon, um welchen Digitalen Zwilling (DZ_{mcps}, DZ_{psys} oder DZ_{ivs}) in welcher (Anwendungs-) Perspektive es sich handelt, unterschiedlich technisch realisiert wird. Dies können z. B. Datenmanagementsysteme oder Simulatoren sein.

> **Definition 2.13 (DZ-Plattform):** *Eine DZ-Plattform stellt ein Managementsystem für Zwillingstypen und/oder eine Laufzeitumgebung für einen oder mehrere Digitale Zwillinge bereit und ermöglicht deren Interaktion sowie die Interaktion mit den jeweiligen Realen Zwillingen.*

Abhängig von der konkreten Anwendung haben die technische Umsetzung des Zwillingstyps und des Digitalen Zwillings und damit die Ausgestaltung der DZ-Plattform viele Facetten. Abbildung 2.19 skizziert einige Beispiele und betrachtet den Zwillingstyp und den Digitalen Zwilling des oben schematisch dargestellten Realen Zwillings (gleich ob gedacht im Engineering oder real im Betrieb) aus unterschiedlichen Blickwinkeln (die nachfolgende Darstellung orientiert sich an [RS20]). Stellt man die reine Wortbedeutung bzw. Struktur und Semantik des Digitalen Zwillings in den Vordergrund, dann ist dieser (oder der zu Grunde liegende Zwillingstyp) wie in Sichtweise 1 (z. B. PLM-, Simulationstechnik- und MBSE-Perspektiven auf MCPS-Ebene) dargestellt eine 1-zu-1-Abbildung des Realen Zwillings in der virtuellen Welt. Stellt man die Vernetzung in den Vordergrund, dann wird der Digitale Zwilling häufig gleichgesetzt mit dem IVS[65] (Sichtweise 2). Blickt man vor dem Hintergrund, dass ein Digitaler Zwilling meist nicht direkt programmtechnisch umgesetzt sondern auf Datenmanagement-, Simulations-, KI- oder weiteren Technologien aufbaut, auf die technische Umsetzung des Digitalen Zwillings, dann führt dies zu Sichtweise 3. Hier „lebt" der Digitale Zwilling in einer geeigneten Laufzeitumgebung, der DZ-Plattform, welche die notwendigen Umsetzungsgrundlagen bereitstellt. Damit können die Digitalen Zwillinge aus den ersten beiden Sichtweisen zu einem direkten Bestandteil des realen MCPS werden. Häufig wird diese Laufzeitumgebung aber auch in externen z. B. firmenübergreifenden oder in der Cloud bereitgestellten Infrastrukturen realisiert. Die Laufzeitumgebung stellt zudem übergeordnete Funktionalitäten z. B. für Simulation, Beobachtung, Steuerung, Planung

---

[65] Aus Industrie 4.0-Perspektive übernimmt der Digitale Zwilling hier die Aufgabe der Verwaltungsschale einer Industrie 4.0-Komponente (siehe Anhang A im elektronischen Zusatzmaterial).

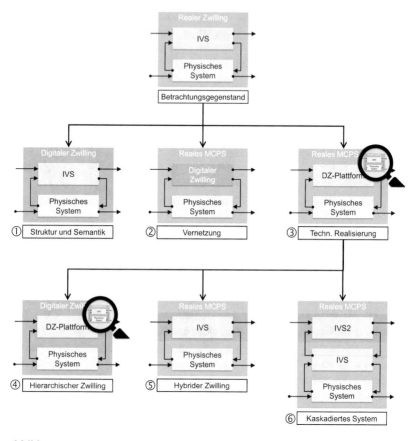

Abbildung 2.19 Gegenüberstellung unterschiedlicher Sichtweisen auf den Digitalen Zwilling bei der Umsetzung eines MCPS angelehnt an [RS20]: „Digitaler Zwilling als 1-zu-1-Repräsentation eines realen MCPS" (1), „Digitaler Zwilling als virtueller Teil eines realen MCPS (also als IVS)" (2) und „Digitaler Zwilling als Teil des IVS des realen MCPS" (3) und hieraus resultierende Konsequenzen für das die technische Umsetzung (4-6)

oder Bedienung bereit[66]. Von außen betrachtet stellt die Laufzeitumgebung darüber hinaus die Schnittstellen des Digitalen Zwillings nach außen zur Verfügung, so dass dieser mit seiner Umgebung kommunizieren kann. Gleiches gilt für die

---

[66] Also zur technischen Umsetzung der in Abschnitt 3.7 eingeführten simulationsgestützten Methoden.

interne Sicht des MCPS. Hier stellt die Laufzeitumgebung dem Digitalen Zwilling die Schnittstellen zum Physischen System bereit[67].

Soll nicht nur das Physische System sondern das gesamte MCPS simuliert werden, stellt man fest, dass eine umfassende Abbildung der Sichtweise 3 in der Simulation auch die Laufzeitumgebung und den dort lebenden Digitalen Zwilling berücksichtigen muss. Dies führt zur Sichtweise 4, einem hierarchischen Digitalen Zwilling, bei dem der Digitale Zwilling aus den Sichtweisen 1–3 Teil eines übergeordneten Digitalen Zwillings und hier konkret dessen IVS bzw. der dort verorteten Laufzeitumgebung ist[68]. Nicht nur die Digitalen Zwillinge sind hier hierarchisch angeordnet sondern auch die zur Realisierung benötigten Laufzeitumgebungen. Die Sichtweisen 2 und 3 integrieren einen Digitalen Zwilling in ein reales MCPS bzw. in einen Realen Zwilling, was dann zum Hybriden Zwillingspaar der Sichtweise 5 führt. Oftmals ergänzt der Digitale Zwilling in seiner Laufzeitumgebung das im realen System bereits vorhandene, z. B. untergeordnete Steuerungs- und Regelungsaufgaben übernehmende, IVS und ergänzt übergeordnete Funktionalitäten. Dies führt zu den in Sichtweise 6 dargestellten kaskadierten Systemen[69,70].

Es wird später deutlich, dass die einzige Anforderung zur strukturellen Umsetzung der gezeigten Sichtweisen die Vernetzung realer und virtueller (d. h. im Digitalen Zwilling umgesetzter) Kommunikationsinfrastrukturen ist, damit die Vernetzung über die Grenzen der Welten hinweg erfolgen kann. Dies lässt dann die Grenzen zwischen Realität und Virtualität final verschwimmen und sorgt für Konvergenz.

---

[67] Auf diese Weise kann der Digitale Zwilling z. B. seiner Aufgabe als Verwaltungsschale und damit als „intelligenter" Vermittler zwischen Asset und seiner Umgebung nachkommen.

[68] Tatsächlich gibt es mindestens zwei Kategorien von hierarchischen Digitalen Zwillingen. In der ersten fasst ein übergeordneter Digitaler Zwilling die Subsysteme repräsentierenden Digitalen Zwillinge zusammen (Fahrwerk und Motor sind Bestandteile eines Fahrzeugs). In der zweiten nutzt ein Digitaler Zwilling einen anderen Digitalen Zwilling für die Bereitstellung gewisser Funktionalitäten (der Digitale Zwilling „Kransteuerung" nutzt den Digitalen Zwilling „Kran" zur optimalen Steuerung des Krans).

[69] Diese Sichtweise wird auch bei der „Aufrüstung" von Systemen eingenommen, z. B. zur Abbildung einer Arbeitsmaschine mit handgesteuerten Hydraulikventilen als Digitaler Zwilling, und unterscheidet sich von der direkten Realisierung des IVS über einen Digitalen Zwilling.

[70] Weitere Mischformen wie kaskadierte hierarchische Zwillinge sind denkbar aber nicht dargestellt.

2.4.6   Aufgaben des Digitalen Zwillings

Derart ausgestaltet und umgesetzt kann der Digitale Zwilling vielfältige Aufgaben übernehmen. Diese können in die folgenden vier Kategorien eingeteilt werden.

Single Source of Truth: Der Digitale Zwilling führt alle Digitalen Artefakte (Spezifikationen, Konstruktionen, Modelle, Simulationen, Zertifikate, Betriebsdaten, Erfahrungen, …) zusammen und bildet den jeweils maximalen Wissensstand über den Realen Zwilling zu jedem Zeitpunkt ab. Ein wichtiger Bestandteil ist hierbei der Zwillingstyp. Damit ist zu jedem Zeitpunkt klar, wo das Wissen über den Realen Zwilling zu finden ist. Dies ist z. B. Grundlage für ein durchgängiges Systems Engineering[71].

Prognose: Der Digitale Zwilling stellt (möglicherweise bereitgestellt über den DZ_{ivs}) eine (für den jeweiligen Zweck ausreichend detaillierte) Prognose des Verhaltens des Realen Zwillings (RZ_{psys}, RZ_{ivs} oder RZ_{mcps}) zur Verfügung, und dies über den gesamten Lebenszyklus vom Engineering bis in den Betrieb. Die Prognose findet hierbei stets auf der gleichen Ebene statt (siehe die Blockpfeile 1, 2 und 3 in Abschnitt 2.4.3). Die gemeinsame Betrachtung aller an einer Anwendung beteiligten Digitalen Zwillinge ist ein „Fenster in das zukünftige Verhalten" dieses SoS. Grundlage für die Verhaltensprognose real existierender Realer Zwillinge ist die Initialisierung, Kalibration und Validierung der Prognose mit aktuellen Betriebsdaten.

Gesprächspartner: Der Digitale Zwilling ist Gesprächspartner bzgl. aller Aspekte, die den Realen Zwilling betreffen. Er liefert alle benötigten Informationen über den Realen Zwilling unabhängig von Zeit und Ort. Er ermöglicht die Vernetzung von SoS, da nicht nur Menschen mit Digitalen Zwillingen sondern auch Digitale Zwillinge untereinander Informationen austauschen können.

Mediator: Schließlich ist der Digitale Zwilling Mediator in unterschiedlicher Ausprägung. Er ermöglicht die Kollaboration unterschiedlicher beteiligter Akteure und wirkt damit der „Silobildung" im Engineering entgegen und ermöglicht vielmehr eine konsistente Entscheidungsfindung, eine bessere Kommunikation mit dem Kun-

---

[71] Ein erster Blick auf Abbildung 2.18 widerspricht diesem Single Source of Truth-Gedanken, offensichtlich gibt es drei verschiedene Digitale Zwillinge. Tatsächlich können DZ_{ivs} und DZ_{psys} aus DZ_{mcps} abgeleitet werden, denn ein DZ_{mcps} umfasst alle Informationen für alle Perspektiven (siehe Abschnitt 2.4.7) zu einem Digitalen Zwilling bzw. des entsprechenden Realen Zwillings.

den, ein besseres Verständnis des Bedieners und damit ein Vermeiden des „I didn't see that coming!".

2.4.7   Anwendungsperspektiven auf den Digitalen Zwilling

Mit Bezug auf Abbildung 2.18 legen (Anwendungs-) Perspektiven fest, welche Betrachtungsgegenstände (MCPS, Physikalisches System, IVS) über welche Digitalen Artefakte wie realisiert und wie im Kontext der o. g. Aufgaben genutzt werden. Geeignet „ausgerüstet" kann derselbe Digitale Zwilling in unterschiedlichen Anwendungen eingesetzt werden. Motiviert u. a. durch Abschnitt 2.3 skizziert dieses Kapitel einige ausgewählte Klassen von Anwendungen.

Product Lifecycle Management: Wesentliche Ideen zum Digitalen Zwilling entstammen dem PLM-Bereich (siehe auch Abschnitt 2.2.2). Entsprechend deckt sich die Aufgabe des Digitalen Zwillings, „Single Source of Truth" für alle Daten und Informationen rund um den Digitalen Zwilling zu sein, mit wesentlichen Zielen aus dem PLM. Ein „vollausgestatteter Digitaler Zwilling" enthält zu jedem Zeitpunkt des Lebenszyklusses des entsprechenden Realen Zwillings alle für diesen verfügbaren Digitalen Artefakte in einer einheitlichen Struktur und Semantik. Aus der PLM-Perspektive betrachtet stehen hierbei Datenmanagement-Aspekte (und oft auch der Zwillingstyp) im Vordergrund.

Simulationstechnik: Aus der „simulationstechnischen Brille" betrachtet stehen die Simulationsfunktionen, die hierfür notwendigen Modelle des Zwillingstyps und die Daten zur Kalibrierung und Justierung der Modelle im Mittelpunkt. Die jeweils gewählten/benötigten Simulationsfunktionen (im Weltraumbereich z. B. Kinematik, Starrkörperdynamik, Strukturanalyse, Sensorik und Aktorik, Thermaleintrag und Energiehaushalt, Orbitalmechanik, Steuerungssoftware, Kommunikationsinfrastruktur u. ä.) stellen quasi „Unterperspektiven" dar, die häufig völlig unterschiedliche Modelle und Daten benötigen, und vielfach in Multi-Domänen- und Multi-Skalensimulationen in Co-Simulationsszenarien miteinander vernetzt werden müssen. Letzteres gilt insbesondere wenn SoS analysiert werden müssen, und hierbei detaillierte Komponentenmodelle zum Einsatz kommen sollen.

Model-based Systems Engineering: Im Zentrum des MBSE stehen je nach MBSE-Verständnis z. B. Anforderungen für das MCPS und hieraus resultierende Spezifikationen und Designs und/oder die Verwendung der erstellten/erhobenen

Modelle/Daten über den gesamten Lebenszyklus. Der Digitale Zwilling liefert hierfür mit seiner Struktur und seiner Semantik den entsprechenden Rahmen.

Vernetzung und IoT: Aus der Perspektive der Vernetzung von Komponenten und Systemen zu SoS betrachtet, werden Digitale Zwillinge zu Knoten im IoT. Sie sind darauf ausgelegt, mit anderen Digitalen Zwillingen zu interagieren und ihnen z. B. ihre Daten und Funktionen anzubieten. Digitale Zwillinge werden so zum Mediator zwischen Mensch, Maschine und Umgebung und ermöglichen die Vernetzung dieser Realen Zwillinge auf Augenhöhe.

2.4.8 Lebenszyklusphasen des Digitalen Zwillings

Zusätzlich zu diesen (Anwendungs-) Perspektiven müssen drei unterschiedliche (Lebenszyklus-) Phasen unterschieden werden, die bereits in Abschnitt 2.1.7 skizziert wurden.

Beschreibung eines Zwillingstyps: Zunächst wird im Rahmen des Engineerings eines Realen Zwillings der Zwillingstyp z. B. bestehend aus unterschiedlichen Dokumenten, Modellen und Daten entwickelt. Dieser Zwillingstyp kann mit einem sehr detaillierten und formalisierten Datenblatt verglichen werden und beschreibt je nach Betrachtungsgegenstand sowohl das Physische System als auch das IVS.

Digitaler Zwilling als virtuelle Instanz: Simulatoren als DZ-Plattform instantiieren Zwillingstypen und erzeugen entsprechende Digitale Zwillinge (auf Ebene von MCPS, Physischem System und IVS). Als Ausgangszustand der Simulation werden Attribute und initiale Systemzustände aus im Rahmen des Engineerings bestimmten Daten angenommen oder aus realen Daten übernommen bzw. abgeleitet.

Digitaler Zwilling als virtuelle Repräsentation einer realen Instanz: Durch den Bau des MCPS entsprechend des Zwillingstyps wird dieser real instantiiert. Ein Digitaler Zwilling repräsentiert jetzt genau dieses reale MCPS z. B. im IoT, zur Speicherung der Betriebs-/Sensordaten und zur Verhaltensprognose ausgehend vom aktuellen Betriebszustand.

2.4.9   Nutzersichten auf den Digitalen Zwilling

Der große Vorteil des Begriffs dexs Digitalen Zwillings ist seine Anschaulichkeit. Die vielfältigen Einsatzmöglichkeiten Digitaler Zwillinge führen zu einer ganzen Reihe unterschiedlicher Nutzergruppen.

Entwickler: Die Gruppe der Entwickler ist aktuell sicherlich die Gruppe mit dem größten Kontakt zum Digitalen Zwilling, sei es weil sie diesen direkt in der Entwicklung einsetzen oder weil sie das Konzept zur Erfüllung ihrer Aufgaben wie z. B. zur Vernetzung Physischer Systeme oder zur Planung von Wartungsaktivitäten nutzen. Beim Entwickler stehen die technischen Aspekte des Digitalen Zwillings im Vordergrund. Er stellt Fragen nach der Realisierung, dem Informationsgehalt, der Genauigkeit, dem Bedarf an Datenspeicher und Rechenzeit u. ä.

Kunde: Demgegenüber sehen viele Kunden den Digitalen Zwilling gar nicht, er „versteckt sich unter der Haube" des Physischen Systems oder hat seine Aufgabe im Rahmen von Entwicklung/Engineering längst erfüllt. Dennoch sind es die Anforderungen der Kunden – und der Nutzer – welche die Entwicklungen zum Digitalen Zwilling vorantreiben. Beim Kunden stehen die betriebswirtschaftlichen Aspekte im Vordergrund. Er muss vom Mehrwert des Produkts überzeugt werden, der u. a. vom Digitalen Zwilling erzeugt wird.

Nutzer: Die Gruppe der Nutzer ist die heterogenste dieser drei Gruppen. Ein Bediener einer Produktionsanlage ist ebenso ein Nutzer wie der Fahrer einer Forstmaschine oder der Servicetechniker zu dessen Wartung. Im Mittelpunkt stehen hier Aspekte wie Bedienbarkeit und Sicherheit.

2.5   Der Experimentierbare Digital Zwilling: Die Perspektive der Simulationstechnik

Der Experimentierbare Digitale Zwilling (EDZ) bezeichnet die Perspektive der Simulationstechnik auf den Digitalen Zwilling. Seine Aufgabe ist, die benötigte semantische Einheit und das benötigte strukturierende Element zu liefern, um die in Abschnitt 2.1 skizzierten Herausforderungen mit einer übergreifenden Methodik aus einem konsistenten Satz an Methoden, Werkzeugen und Arbeitsabläufen zu adressieren. Der Schwerpunkt[72] des EDZ und weiter der EDZ-Methodik liegt auf

---

[72] Zunächst nicht im Mittelpunkt dieses Textes stehen Aspekte wie die Aktualisierung des EDZ anhand realer Sensor-/Betriebsdaten oder die Identifikation kritischer Betriebszustände

- der 1-zu-1-Abbildung Realer Zwillinge (von „einfachen" Physischen Systemen bis zu umfassenden MCPS) hinsichtlich Semantik, Struktur, Verhalten und Interaktion in EDZ,
- der 1-zu-1-Abbildung der Interaktion dieser EDZ in SoS für konkrete Einsatzumgebungen und Einsatzsituationen (EDZ-Szenarien),
- der Analyse dieser EDZ-Szenarien auf Systemebene,
- der Zusammenführung von EDZ und RZ in Hybriden Zwillingspaaren und Hybriden Szenarien und
- der Nutzung der hierdurch gewonnenen Erkenntnisse in EDZ-gestützten Methoden im gesamten Lebenszyklus.

Damit ist der EDZ die Antwort der Simulationstechnik auf die eingangs skizzierten Herausforderungen und Ziele:

1. Der EDZ liefert Struktur und Semantik, um die im Rahmen der Digitalisierung entstehenden Digitalen Artefakte für die Simulationstechnik geeignet zusammenzuführen und um die Ergebnisse der Simulationstechnik als neuartiges Digitales Artefakt im Rahmen der Digitalisierung zu nutzen.
2. Der EDZ überträgt die Modularisierung aus der realen in die virtuelle Welt, kapselt Simulationsmodelle und macht sie interoperabel. Er ermöglicht die Abbildung kompletter MCPS einschließlich ihrer Einsatzumgebung in der Simulation und vergrößert den detailliert modellier- und analysierbaren Weltausschnitt. Zur Gesamtsystemsimulation werden EDZ in VTB geeignet orchestriert und gekoppelt simuliert, so dass emergentes Verhalten von komplexen SoS im Detail untersucht werden kann.
3. Der EDZ führt Daten und Modelle mit geeigneten Simulations- und Prognosefunktionalitäten zusammen. Es entstehen verifizierte und validierte sowie an realen Daten kalibrierte und justierte Module mit nachprüfbarer Qualität.
4. Der EDZ liefert systematisch und automatisiert Daten für Training und Validierung KI-gestützer Systeme aus repräsentativen Einsatzszenarien mit ausreichender Testabdeckung auch für in der Realität nicht oder nur schwer abzubildende „Corner Cases".

---

im Rahmen des PHM. Diese beiden Aspekte sind auf der einen Seite für die Realisierung realitätsnaher EDZ von großer Bedeutung und auf der anderen Seite konkrete Anwendungen von EDZ. Der Fokus dieses Textes liegt allerdings auf dem Einsatz des EDZ als grundlegendes Strukturelement für die Systemsimulation, auf Modellen und DZ-Plattformen zur technischen Umsetzung von EDZ und auf Workflows und EDZ-Methoden zur Nutzung von EDZ in EDZ-gestützten Anwendungen.

5. Der EDZ liefert neue Ansätze zur Mensch-Maschine-Interaktion. Über den EDZ können Systemzustände im Kontext intuitiv verständlich visualisiert und die Steuerung von Systemen auf ein geeignetes Abstraktionsniveau gehoben werden.

6. Der EDZ ermöglicht MBSE den nahtlosen Übergang von der Systembeschreibung zur Systemsimulation.

7. Einmal erstellte EDZ können lebenszyklusübergreifend eingesetzt werden. Dies eröffnet Simulationstechnik neue Einsatzgebiete, senkt durch Mehrfachverwendung der Simulationsmodelle die Kosten und steigert gleichzeitig die Qualität.

8. EDZ-Szenarien bilden Industrie 4.0-Systeme umfassend ab, machen sie analysierbar und liefern einen neuen Ansatz zur technischen Umsetzung aktiver Verwaltungsschalen.

9. Mit EDZ können in der Raumfahrt virtuelle Missionen bereits Jahre vor der realen Mission durchgeführt werden. Dies eröffnet hier und in anderen Anwendungsbereichen völlig neue Herangehensweisen z. B. zur funktionalen Validierung neu entwickelter Systeme.

10. EDZ können sich zu einer aktiven Wissensbasis zur Kommunikation und Wissensvermittlung in interdisziplinären und verteilten Entwicklungsteams entwickeln.

2.5.1 Definition des „Experimentierbaren Digitalen Zwillings" (EDZ)

Ein Experimentierbarer Digitaler Zwilling spiegelt seinen Realen Zwilling in Bezug auf Semantik, Struktur, Verhalten und Interaktion identisch in der virtuellen Welt (siehe Abbildung 2.20). **Ein EDZ bildet also nicht „nur" das Verhalten seines**

Abbildung 2.20 Der Experimentierbare Digitale Zwilling als virtuelle digitale 1-zu-1-Repräsentation seines Realen Zwillings

RZ detailliert ab sondern auch dessen Semantik, Struktur und Interaktion.
Entsprechend kann der Begriff wie folgt definiert werden (siehe auch u. a. [SR21]):

> **Definition 2.14 (Experimentierbarer Digitaler Zwilling):** *Ein Experimentierbarer Digitaler Zwilling (EDZ) ist eine unter gewählten Gesichtspunkten betrachtete virtuelle digitale 1-zu-1-Repräsentation (Semantik, Struktur, Verhalten, Interaktion) seines Realen Zwillings (RZ), die eine Interaktion auf Grundlage experimentierbarer Modelle ermöglicht. Experimentierbare Digitale Zwillinge können ebenso wie ihre Realen Zwillinge in hierarchischen und heterarchischen Strukturen angeordnet und miteinander verbunden werden.*

Ein Experimentierbarer Digitaler Zwilling ist ein Digitaler Zwilling[73] auf PSYS-
(Physisches System), auf IVS- (Informationsverarbeitendes System) und insbesondere auf MCPS- (Mechatronisches/Cyber-Physisches System) Ebene umgesetzt für/durch die (Anwendungs-) Perspektive der Simulationstechnik[74]. Auf MCPS-Ebene eingesetzt integriert er die (Experimentierbaren) Digitalen Zwillinge der beteiligten Physischen und Informationsverarbeitenden Systeme sowie (im Vorgriff auf Abschnitt 3.2.1) Mensch-Maschine-Schnittstellen, interagiert mit seinem Realen Zwilling oder ist selbst Teil dessen Informationsverarbeitenden Systems. Mit den Bezeichnungen von Abschnitt 2.4.3 formuliert ist ein EDZ ein DZ_{mcps}, ein DZ_{psys} oder ein DZ_{ivs}. Im Fall eines DZ_{mcps} integriert er die zugehörigen DZ_{psys} und DZ_{ivs}, interagiert mit seinem Realen Zwilling (mit den RZ_{mcps}, RZ_{psys}, RZ_{ivs}) oder ist selbst Teil des RZ_{ivs} bzw. DZ_{ivs}. Kennzeichnend für den EDZ ist die Verwendung **Experimentierbarer Modelle**. Der Begriff des Experimentierbaren Modells ist eng mit der Simulationstechnik verbunden und wird in Abschnitt 3.1.3 eingeführt. Experimentierbare Modelle werden durch Methoden der Simulationstechnik erstellt. Die Interaktion mit Experimentierbaren Modellen ermöglicht dem Nutzer, das **zeitliche Verhalten von Digitalen Zwillingen** – und damit auch das zeitliche Verhalten der entsprechenden Realen Zwillinge – zu untersuchen und zu prognostizieren und dieses Wissen für unterschiedlichste Anwendungen zu nutzen. Expe-

---

[73] Die Definitionen von DZ und EDZ bauen aufeinander auf. Die Definition des Experimentierbaren Digitalen Zwillings konkretisiert den Umfang der „1-zu-1-Repräsentation" und fokussiert auf experimentierbare Modelle als maßgebliche „Digitale Artefakte".

[74] Die Nutzung von EDZ beschränkt sich nicht auf die Darstellung vollständiger MCPS sondern umfasst auch reine Physische oder Informationsverarbeitende Systeme sowie Mensch-Maschine-Schnittstellen.

rimentierbare Modelle erwecken üblicherweise statische Modelle[75] „zum Leben" und sind damit die Grundlage für die Erreichung der zu Beginn dieses Abschnitts 2.5 aufgeführten Ziele. Grundlage für den EDZ ist ein Zwillingstyp, der unter Annahme von Attributen oder auf Grundlage realer Mess-/Betriebs-/Sensordaten instantiiert wird.

2.5.2 Die EDZ-Methodik legt den übergreifenden Rahmen fest

Die Verwendung des Begriffs „Methodik" orientiert sich an der in [Mar97] vorgeschlagenen und in [WRF+15] übernommenen Definition[76]:

> **Definition 2.15 (Methodik):** *Eine Methodik ist eine Sammlung von miteinander in Beziehung stehenden Arbeitsabläufen, Methoden und Werkzeugen, welche zur Unterstützung spezifischer Aufgabenstellungen eingesetzt wird.*

Die Methoden legen hierbei fest, **wie** eine Aufgabe erfüllt wird, also durch welche Vorgehensweisen. Die Werkzeuge unterstützen den Anwender einer Methodik bei der Anwendung dieser Methoden, z. B. durch geeignete Softwareunterstützung. Die Werkzeuge beantworten also die Frage, **womit** der Anwender seine Arbeiten erfüllen soll. Arbeitsabläufe ordnen die Anwendung der Methoden zeitlich und organisatorisch[77]. Sie beantworten die Frage, **wann** Aktivitäten durchgeführt werden.

Abbildung 2.21 skizziert als Zusammenfassung dieses Abschnitts 2.5 die Bausteine der EDZ-Methodik. Die EDZ-Methodik liefert eine einheitliche Terminologie, ein übergreifendes mathematisches Modell und eine geeignete Architektur für EDZ und deren Anwendung in Methoden, Werkzeugen und Arbeitsabläufen. EDZ

---

[75] In diesem Sinne ist ein statisches Modell ein Modell, mit dem nicht unmittelbar Aussagen über das zeitliche (dynamische) Verhalten der durch das Modell beschriebenen Artefakte getroffen werden können.

[76] Eine von vielen alternativen Definitionen liefert z. B. [VDI04b] mit *„planmäßiges Vorgehen unter Einschluss mehrerer Methoden, Arbeitsmittel (Hilfsmittel) und Instrumente"*. Auch hier finden sich die drei Elemente Prozess, Methoden und Werkzeuge wieder.

[77] Zur stärkeren Abgrenzung zu den auf einem technischen System ablaufenden Prozesse (z. B. Fügen oder Zerspanen) wird hier der Begriff „Arbeitsablauf" (engl. Workflow) verwendet. Angelehnt an [ECS12] (dort für den Begriff des Prozesses) ist ein Arbeitsablauf eine Menge von zu einander in Beziehung stehenden und miteinander interagierenden Aktivitäten, welche Eingänge in Ausgänge überführen. Eingänge sind hierbei typischerweise Ausgänge anderer Arbeitsabläufe.

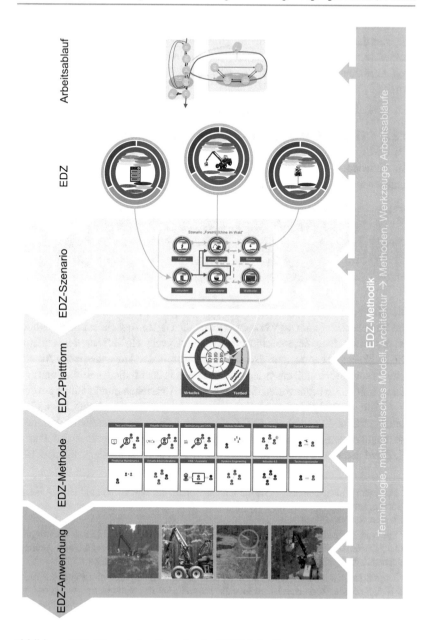

Abbildung 2.21 Die zentralen Bausteine der EDZ-Methodik

führen die zur Beschreibung von Semantik, Struktur, Verhalten und Interaktion benötigten Daten und Modelle zusammen. Die Interaktion von EDZ in konkreten Einsatzumgebungen und -szenarien wird in EDZ-Szenarien beschrieben (siehe Abschnitt 2.5.3), welche dann in geeignet konfigurierten VTB als EDZ-Plattform ausgeführt werden (siehe Abschnitt 2.5.4). Diese sind dann die Grundlage für den Einsatz von EDZ-Methoden (siehe Abschnitt 2.5.5) in EDZ-Anwendungen (siehe Abschnitt 2.6). Arbeitsabläufe organisieren den Einsatz von Zwillingen und Methoden (siehe Abschnitt 2.5.6). Damit kann der Begriff der EDZ-Methodik aufbauend auf der allgemeinen Definition der Methodik definiert werden:

> **Definition 2.16 (EDZ-Methodik):** *Die EDZ-Methodik bezeichnet aufbauend auf EDZ eine Sammlung von miteinander in Beziehung stehenden EDZ als Modelle, VTB als Werkzeuge, EDZ-gestützten Methoden und lebenszyklus- und anwendungsübergreifenden Arbeitsabläufen. Diese Sammlung wird zur Unterstützung spezifischer Aufgabenstellungen eingesetzt. Hierzu werden EDZ und VTB situationsspezifisch konfiguriert.*

2.5.3 Zwillinge interagieren in Szenarien

Ebenso wie sein RZ ist auch der EDZ nicht alleine auf der Welt. So bilden mehrere, die einzelne Elemente eines Systems abbildenden EDZ den EDZ des Gesamtsystems. Dieser wird dann mit den EDZ seiner Umgebung in konkreten Einsatzszenarien eingesetzt. Entsprechend interagiert ein EDZ in vielfältiger Art und Weise mit seiner Umgebung – konkret mit den EDZ anderer Systemelemente sowie mit den seine Umgebung repräsentierenden EDZ. Dadurch dass der EDZ hinsichtlich seiner Schnittstellen nach außen identisch wie der jeweilige RZ aufgebaut ist und wie der RZ mit seiner Umgebung interagiert, können Systeme aus RZ in der realen Welt 1-zu-1 als Systeme der entsprechenden EDZ in der virtuellen Welt abgebildet werden. Hierdurch wird die umfassende Modellierung und Simulation von Systemen möglich. Die Interaktion erfolgt hierbei in unterschiedlichen Disziplinen, also z. B. mechanisch, elektrisch, thermodynamisch, hydraulisch oder über den Austausch von Daten (siehe Abschnitt 3.3.4). Diese Zusammenführung mehrerer EDZ in einem gemeinsamen Modell zur Nachbildung eines konkreten Einsatzszenarios (z. B. einer Produktionsanlage oder eines Testszenarios für miteinander interagierende Verkehrsteilnehmer) wird nachfolgend als EDZ-Szenario bezeichnet:

Definition 2.17 (EDZ-Szenario): *Ein EDZ-Szenario ist ein Modell, das mehrere EDZ eines SoS entsprechend ihrer Typbeschreibungen und gewählter Attribute instantiiert und deren explizite Interaktionen beschreibt.*

In einem EDZ-Szenario interagierende EDZ sind explizit über ihre Schnittstellen miteinander verbunden und interagieren implizit über die gemeinsame Simulation (z. B. durch Kollisionen oder als Messobjekte von Sensoren). EDZ können im Idealfall ohne Änderung in unterschiedlichen Einsatzszenarien unterschiedlicher Anwendungsbereiche eingesetzt werden. Abbildung 2.22 skizziert ein beispielhaftes Einsatzszenario[78].

Zur Vernetzung von virtueller und realer Welt kann an jeder Stelle statt des EDZ auch sein RZ eingesetzt werden, da die Modellierung entsprechend der physikalischen Architektur des SoS erfolgt und hierdurch RZ und EDZ über die gleichen Schnittstellen verfügen[79]. Hierzu werden die einander entsprechenden simulierten und realen Kommunikationsinfrastrukturen miteinander verbunden und so z. B. ein realer CAN-Bus oder ein reales Ethernet-Netzwerk in die virtuelle Welt „verlängert". Das Ergebnis sind Hybride Szenarien:

Definition 2.18 (Hybrides Szenario): *Ein Hybrides Szenario ist ein Szenario, welches sowohl aus Experimentierbaren Digitalen Zwillingen als auch aus Realen Zwillingen besteht.*

Analog wird auf der Hierarchieebene des einzelnen Systems vorgegangen, was zu Hybriden Zwillingspaaren führt.

---

[78] Eine Forstmaschine arbeitet hier im Wald, interagiert also dort mit den Bäumen und dem Waldboden. Die Maschine ist mit einem Laserscanner ausgestattet, der die Umgebung erfasst. Sie wird von einem Fahrer gesteuert und tauscht Arbeitsaufträge und Produktionsdaten mit einem Leitsystem aus. Die dargestellten Interaktionen werden teilweise explizit modelliert (durchgezogene Pfeile), weil sie auch in der Realität explizit ausgeführt werden (z. B. durch die Datenverbindung des Laserscanners mit der Forstmaschine). Andere Interaktionen entstehen indirekt aus dem Funktionsprinzip der beteiligten EDZ, z. B. die Interaktion des Laserscanners mit den Bäumen im Rahmen des Scanvorgangs. Derartige Interaktionen (gestrichelte Pfeile) erfolgen implizit nach Analyse des Modells und müssen nicht explizit modelliert werden.

[79] Der Austausch erfolgt natürlich unter der Randbedingung, dass RZ und EDZ nur auf IT-technischer Ebene interagieren können.

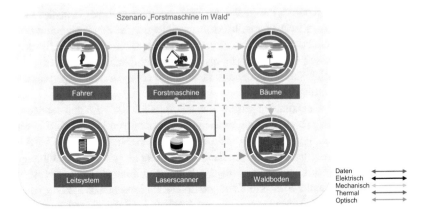

Abbildung 2.22 Experimentierbare Digitale Zwillinge interagieren in EDZ-Szenarien.

2.5.4   Szenarien werden in Virtuellen Testbeds ausgeführt

EDZ-Szenarien und der virtuelle Teil Hybrider Szenarien müssen in ihrer Gesamtheit simuliert werden. Simulationsmodelle der eingesetzten EDZ und ihre Interaktionen werden hierzu analysiert, zusammengeführt und in gekoppelten Simulationen ausgeführt. Dies ist Aufgabe des Virtuellen Testbeds (VTB) als Laufzeitumgebung für EDZ bzw. EDZ-Plattform, das hierzu Modelle und Daten kombiniert, Simulationsalgorithmen integriert, Interaktion mit anderen EDZ, RZ und insbesondere auch dem Menschen ermöglicht, benötigte Kommunikationsinfrastrukturen bereitstellt sowie reale und virtuelle Kommunikationsstrukturen miteinander verbindet. Das Ergebnis sind vielfach gekoppelte und in den Lebenszyklus integrierte Simulationen.

> **Definition 2.19 (Virtuelles Testbed):** *Ein Virtuelles Testbed (VTB) ist ein Simulator als DZ-Plattform bzw. Laufzeitumgebung für Experimentierbare Digitale Zwillinge. Es ermöglicht die Interaktion der EDZ (intern und untereinander) sowie die Interaktion zwischen Realen Zwillingen und EDZ.*

Ein VTB prognostiziert das Verhalten der EDZ, bereitet auf dieser Grundlage Entscheidungen vor oder trifft diese selbständig und integriert EDZ in Systeme und Prozesse. Ein VTB erweckt interdisziplinäre, domänen-, system-, prozess- und anwendungsübergreifende EDZ zum Leben, macht sie ausführbar, experimentierbar und integrierbar. Erst hierdurch werden aus Digitalen Zwillingen final Experimentierbare Digitale Zwillinge.

Wichtig ist eine maximale Flexibilität und Portabilität des VTB und damit auch der EDZ. Grundlage hierfür ist die modulare Umsetzung von VTB z. B. über eine Mikro-Kernel-Architektur mit angeschlossenen Micro-Services. Konkrete VTB für konkrete EDZ-Anwendungen werden dann über eine für die jeweilige Ausführungsplattform geeignete Laufzeitumgebung konfiguriert und initialisiert (siehe Abbildung 2.23 und Kapitel 5). Diese Konfiguration ist im Wesentlichen abhängig von der konkreten EDZ-Anwendung – und im Idealfall weitgehend unabhängig von der zur Verfügung stehenden Ausführungsumgebung. So kann ein und derselbe EDZ ohne Konvertierungen und ggf. damit verbundenen Konvertierungsaufwänden und -verlusten in unterschiedlich konfigurierten VTB auf unterschiedlichen Ausführungsumgebungen eingesetzt werden. Alle notwendigen Anpassungen finden soweit möglich in der VTB-Laufzeitumgebung statt. Dadurch, dass im Idealfall keine VTB-konfigurationsspezifischen Änderungen notwendig sind, ist der Austausch von EDZ zwischen unterschiedlichen VTB stets bidirektional möglich. Im

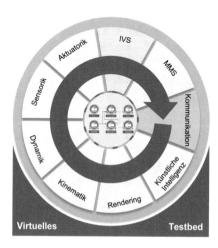

Abbildung 2.23 Virtuelle Testbeds sind die DZ-Plattform der Simulationstechnik (siehe auch z. B. [SOR19]).

Mittelpunkt eines jeden VTB steht hierbei die Simulationsdatenbank mit dem hier verwalteten EDZ-Szenario.

2.5.5 Zwillinge werden durch Methoden genutzt

Die Nutzung der EDZ erfolgt im Rahmen einer Vielzahl unterschiedlicher Methoden, für die immer wieder die gleichen EDZ in unterschiedlichen EDZ-Szenarien oder Hybriden Szenarien kombiniert und in VTB ausgeführt werden. Abbildung 2.24 skizziert Beispiele für **EDZ-Methoden**, also auf EDZ aufbauende Methoden, die nachfolgend im Überblick und in Abschnitt 3.7 im Detail erläutert werden[80].

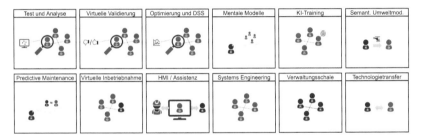

Abbildung 2.24 Auswahl von EDZ-Methoden (angelehnt an [RS20], RZ und EDZ sind als abstrahierte „Puppe" dargestellt)

Test und Analyse auf Grundlage von EDZ: EDZ sind Grundlage für den Test und die Analyse von Systemen. Das Verhalten von RZ in unterschiedlichen Einsatzumgebungen und Einsatzszenarien wird anhand des Verhaltens der entsprechenden EDZ in Interaktion mit den EDZ ihrer Umgebung analysiert. Abbildung 2.24 skizziert dies durch vier zu einem EDZ-Szenario vernetzte EDZ, von denen das Verhalten des betrachteten EDZ detailliert untersucht wird. RZ absolvieren so bereits vor ihrem Bau tausende von Betriebsstunden in systematisch ausgewählten EDZ-Szenarien und liefern Informationen für die Entwicklung in den unterschiedlichen beteiligten Disziplinen. Auf der anderen Seite können während des Betriebs unter-

---

[80] Hierbei ist es unerheblich, um was für einen RZ es sich genau handelt, ob es also ein Fahrzeug, ein Roboter, ein Haus, ein Baum, ein Softwaresystem oder ein Mensch ist. Ebenso unerheblich ist zunächst, wer aus welcher Perspektive auf den EDZ blickt. Hier unterscheiden sich lediglich Umfang und Ausgestaltung des EDZ.

schiedliche Alternativen untersucht werden. Unabhängig vom konkreten Einsatzzweck haben die Analysen stets vollständige Systeme in ihrer Einsatzumgebung im
Blick und berücksichtigen damit die (oftmals nur teilweise bekannten) Wechselwirkungen zwischen den Systemkomponenten und dem System mit seiner Umgebung.

EDZ-gestützte virtuelle Systemvalidierung: Die geeignete Wahl der EDZ-
Parameter und -Eingangsgrößen sowie der EDZ-Szenarien auf der einen sowie der
Einsatz verifizierter und validierter EDZ und VTB auf der anderen Seite ermöglicht
die simulationsgestützte Verifikation und Validierung der RZ über ihre EDZ (siehe
Abschnitt 3.7.4).

EDZ-gestützte Optimierung und Entscheidungsunterstützung: Über die quantitative Bewertung des EDZ-Verhaltens sowie die Festlegung von Zielfunktionen
und Entscheidungsräumen können EDZ optimiert werden (siehe Abschnitt 3.7.2).
Dies kann sowohl automatisiert erfolgen als auch im Rahmen interaktiver Entscheidungsunterstützungssysteme (siehe Abschnitt 3.7.3).

EDZ-gestützte Mentale Modelle: Geeignet umgesetzte und integrierte EDZ kennen ihre Historie, ihren aktuellen Zustand und alternative Wege zum Ziel. Sie können
dezentral und selbständig arbeiten, eigenständig Informationen austauschen, sich
selbständig mit anderen koordinieren, Situationen frühzeitig erkennen und dann
rechtzeitig agieren. Sie sind stets mit ihrem RZ verbunden und Knoten im IoT. EDZ
machen RZ „situation aware" (siehe Abschnitt 3.7.8), denn ein RZ kann über die
Erfassung, Interpretation und Auswertung der RZ in seiner Umgebung, repräsentiert
durch deren EDZ, seinen eigenen Zustand und den seiner Umgebung erfassen, verstehen und in die Zukunft projizieren. Im Ergebnis entsteht ein „Mentales Modell",
das durch die Wahrnehmung des RZ und aufbauend auf seinen Erfahrungen erstellt
wird, um alternative Vorgehensweisen zu untersuchen und deren Konsequenz zu
bewerten.

EDZ-gestütztes KI-Training: Die Aufzeichnung des Verhaltens von EDZ in
unterschiedlichen EDZ-Szenarien liefert bei geeigneter Wahl der EDZ-Szenarien
umfangreiche und das Einsatzspektrum zielgerichtet abdeckende Daten für das Training und die Validierung von KI-Algorithmen, die wie in Abbildung 2.24 dargestellt
häufig in einen RZ und damit auch in dessen EDZ integriert sind. Die Datensätze
entstehen bereits, bevor reale Prototypen gebaut werden und können problemlos
auch gefährliche und den Prototypen oder seine Umgebung zerstörende Einsatzsituationen abdecken.

EDZ-gestützte Semantische Umweltmodellierung: Die 1-zu-1-Abbildung der RZ in EDZ u. a. auch hinsichtlich Systemgrenzen und Parametrierung vereinfacht deren Ableitung aus Sensordaten. Die Sensoren erfassen den RZ und dessen physikalische Parameter, die direkt in die Parametrierung der EDZ übernommen werden können[81].

EDZ-gestützte vorausschauende Wartung: Der EDZ verfügt über die gleichen Schnittstellen wie sein RZ und kann damit mit den gleichen Eingangsdaten wie sein RZ simuliert werden. Der Vergleich des Verhaltens des RZ mit dem seines EDZ liefert dann Hinweise auf Auffälligkeiten im Verhalten des RZ.

EDZ-gestützte Virtuelle Inbetriebnahme: Die Verwendung gleicher Schnittstellen ist auch Grundlage für die Virtuelle Inbetriebnahme, d. h. den Betrieb des EDZ einer Anlage durch den RZ seiner Steuerung als Hybrides Zwillingspaar oder in einem Hybriden Szenario. Für die Steuerung ist es hierdurch unerheblich, ob eine reale oder eine virtuelle Anlage angeschlossen ist.

EDZ-gestützte Mensch-Maschine-Interaktion und Assistenzsysteme: EDZ ermöglichen effektive und effiziente Mensch-Maschine-Interaktion (siehe auch Abschnitt 3.7.11). Sie eröffnen allen Beteiligten vom Entwickler bis zum Bediener einen intuitiven Zugang zu komplexen Sachverhalten. Sie sind Grundlage für zielgerichtete Steuerung und sichere Überwachung der realen Systeme sowie für die optimierte Ausführung von Bedienanweisungen. [Cic19] bezeichnet sie daher auch als Mediator zwischen Mensch und Maschine. Der EDZ kann hierbei durch sein Wissen über den RZ die Benutzeraktionen optimal auf diesen übertragen und auf dem Rückweg den Bediener bestmöglich über den aktuellen Zustand des RZ informieren.

EDZ-gestütztes Systems Engineering: Durch die Abbildung der Physikalischen Architektur in EDZ und EDZ-Szenarien wird ein direkter Übergang vom aktuell eher beschreibenden Model-based Systems Engineering zur umfassenden Analyse der hier beschriebenen Systeme unter Einbeziehung aller relevanten Daten und Modelle möglich.

EDZ-gestützte Verwaltungsschale: Nachdem Industrie 4.0-Systeme in EDZ umfassend beschrieben, analysiert, getestet, validiert und optimiert wurden, kann

---

[81] Die Ableitung der Parameter für die jeweils verwendeten Simulationsalgorithmen erfolgt dann ausgehend hiervon in den jeweiligen Algorithmen selbst.

diese Vernetzung 1-zu-1 auf reale Systeme übertragen werden. Dadurch, dass virtuelle Physische Systeme einfach durch reale Physische Systeme (im Industrie 4.0-Kontext jeweils „Assets" genannt) ersetzt und mit jeweils gleichen IVS (im Industrie 4.0-Kontext jeweils „Verwaltungsschale" genannt) verbunden werden können, entstehen aus den EDZ auch hier Hybride Zwillingspaare – jetzt mit realem Physischen System.

EDZ-gestützter Technologietransfer: Über EDZ können Systeme leicht in unterschiedlichen EDZ-Szenarien eingesetzt werden. Hierdurch kann z. B. die Eignung des Systems auch über den initial angedachten Anwendungsbereich hinaus getestet werden.

2.5.6   Arbeitsabläufe organisieren den Einsatz von Zwillingen und Methoden

Arbeitsabläufe legen fest, wann welche EDZ und RZ mit welchen Methoden im Rahmen von Entwicklung und Betrieb genutzt werden. Vom Autor wurde in [SR21][82] ein Arbeitsablauf vorgestellt und untersucht, der EDZ sowie System-, Simulations- und Anwendungsbetrachtung zusammenführt. Dieser wird nachfolgend zusammengefasst und um Verweise zu weitergehenden Erläuterungen ergänzt. Der Arbeitsablauf ist Abbildung 2.25 skizziert. *„Rechts unten ist der übliche Arbeitsablauf der Komponenten-/Simulator-spezifischen Modellierung und Simulation[83] dargestellt".* Für die (bestehende oder neu zu entwickelnde) reale Komponente *„wird ein **Konzeptuelles Komponentenmodell**[84] aufgestellt".* Dieses wird im Zuge der Formalisierung *„in ein **Simulationsmodellt** überführt, welches einem (meist Simulator-spezifischen) Meta-Modell[85] folgt. Ein Simulator überführt das Simulationsmodell dann in ein **Experimentierbares Komponentenmodell**, welches […] meist standardisiert (z. B. als Functional Mockup Unit[86], FMU) zur Verfügung gestellt werden kann."* Auch dieses Modell folgt einem Meta-Modell, welches insbesondere seine Schnittstelle beschreibt (siehe z. B. das Meta-Modell der FMU-Modellbeschreibung). Durch Experimentieren mit dem Experimentierbaren

---

[82] Dieses Werk steht Open Access zur Verfügung und unterliegt der Creative Commons-Lizenz CC BY 4.0 (siehe auch https://creativecommons.org/licenses/by/4.0/).

[83] Dieser Arbeitsablauf wird in Abschnitt 3.1.5 eingeführt.

[84] Zum Thema „Konzeptuelles Modell" siehe Abschnitt 3.1.5.

[85] Zum Thema „Meta-Modelle" siehe Abschnitt 4.6.1.

[86] Zum Thema „Functional Mockup Interface" siehe Abschnitt 4.4.2.

Komponentenmodell können dann die gewünschten Rückschlüsse auf das Verhalten der realen Komponente geschlossen werden. In der Gegenrichtung des Arbeitsablaufs stehen die notwendigen Validierungs- und Verifikationsaktivitäten.

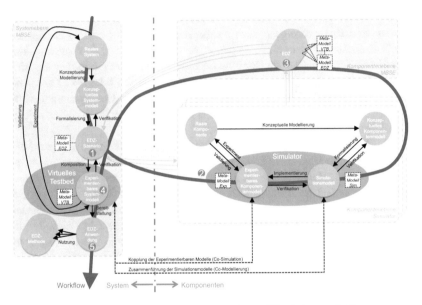

Abbildung 2.25 Zusammenführung von Modellierung/Simulation auf Komponenten-/Systemebene durch EDZ (aus [SR21])

„Zur Weiterverwendung dieser Ergebnisse auf einer Simulator-unabhängigen Systemebene werden die hier erzielten Ergebnisse in semantischen und insbesondere hinsichtlich ihrer Schnittstellen möglichst Simulator-unabhängigen Einheiten, den **EDZ**, gekapselt (oben rechts). Deren Schnittstelle wird mit den Simulatorspezifischen Modellen „im Inneren" verbunden, welche entweder als Experimentierbare oder Simulationsmodelle zur Verfügung stehen. Aus Sicht objektorientierter Programmierung stellt der EDZ eine Fassade für die in seinem Inneren geeignet angeordneten Experimentierbaren/Simulationsmodelle dar und kapselt diese. [Auf diese Weise wird die Modularisierung von der physischen auf die virtuelle Ebene übertragen.]

Im Gegensatz hierzu sollte auf der Systemebene links Simulator-unabhängig gearbeitet werden. Im Idealfall werden etablierte MBSE-Methoden eingesetzt, die vollständig unabhängig von einer (später stattfindenden) Simulation und *insbesondere unabhängig von einer (auf dieser Ebene möglichst zu vermeidenden) Simulationsabstraktion und insbesondere einer Simulator-spezifischen Modellierung sind."* Aufbauend auf einem **Konzeptuellen Systemmodell** legt das **EDZ-Szenario** fest, *"welche Systemkomponenten (d. h. welche EDZ) auf welchen Interaktionsebenen miteinander interagieren. Zur Erstellung des **Experimentierbaren Systemmodells** [nachfolgend auch als Experimentierbares Szenario bezeichnet] stellt das EDZ-Szenario den „Bauplan" für dieses Modell zur Verfügung, entsprechend dem die über die EDZ bereitgestellten Experimentierbaren Modelle/ Simulationsmodelle"* im Zuge der Komposition durch das VTB als *"Orchestrator*[87] *zusammengeführt und zur Verfügung gestellt werden.* [Genaugenommen entstehen im dritten Schritt rechts oben EDZ-Typen, die erst hier im EDZ-Szenario zu konkreten EDZ instantiiert werden[88].]

Die Komposition des Experimentierbaren Systemmodells erfolgt auf zwei Varianten. Einerseits können die EDZ Teil-Simulationsmodelle bereitstellen, die einem gemeinsamen Meta-Modell folgen. Diese werden zu einem Gesamt-Simulationsmodell zusammengeführt und durch einen Simulator in einem Experimentierbaren Systemmodell implementiert (Co-Modellierung[89]*). Diese Zusammenführung erfolgt typischerweise entlang der Grenzen der Meta-Modelle* [der verwendeten Simulationsmodelle], *wobei theoretisch auch eine Überführung"* zwischen Simulationsmodellen möglich wäre, die unterschiedlichen Meta-Modellen folgen, *"wenn diese auf gleichen Meta-Meta-Modellen aufbauen (Modelltransformation*[90]*). Andererseits kann die Zusammenführung durch Kopplung der Experimentierbaren Komponentenmodelle erfolgen, die (weich (mehrere Solver) oder stark (ein Solver) miteinander gekoppelt*[91]*) vernetzt werden (Co-Simulation*[92]*). "*

Dies führt zu einem Arbeitsablauf, *"der in fünf Stufen von der EDZ-basierten Systembeschreibung zur fertigen EDZ-basierten Simulationsanwendung führt (Blockpfeil in Abbildung 2.25). In Schritt (1) wird das EDZ-Szenario auf übergeordneter (Gesamtsystem-) Ebene einschl. Beschreibung der Teilsysteme, deren Schnittstellen und deren Interaktion beschrieben.* [Wichtig ist hierbei, dass die Interaktion der EDZ auch auf IT-technischer Ebene entsprechend der Kommunikation in der realen Welt

---

[87] Zum Thema „Orchestrator" siehe auch Abschnitt 4.4.

[88] Diese Unterscheidung zwischen Typen und Instanzen bei Digitalen Zwillingen wird wie in Abschnitt 2.4.2 bereits erwähnt zu Gunsten einer vereinfachten Darstellung oft nicht thematisiert.

[89] Zum Thema „Co-Modellierung" siehe Abschnitt 4.4.1.

[90] Zum Thema „Modelltransformation" siehe Abschnitt 4.6.

[91] Zum Thema „Kopplung" siehe Abschnitt 3.6.3.

[92] Zum Thema „Co-Simulation" siehe Abschnitt 4.4.1.

erfolgt und nicht für den Simulator abstrahiert wird.] *Diese Modellierung erfolgt im Idealfall in einem von Simulation unabhängigen Format wie z. B.* `SysML` *[Systems Modeling Language]. Davon getrennt erfolgt in Schritt (2) die Komponenten-/Simulator-spezifische Detailmodellierung. Das Ergebnis wird in Schritt (3) in EDZ zusammengefasst, die hierzu die erstellten Modelle beinhalten oder referenzieren. In Schritt (4) werden die jeweiligen Simulationsmodelle/Experimentierbaren Modelle automatisiert zusammengestellt, im Fall der Zusammenführung von Simulationsmodellen noch in Experimentierbare Modelle überführt und in [...] Simulationseinheiten [...] bereitgestellt. Auf dieser Grundlage wird automatisiert ein Ausführungsplan abgeleitet, zur parallelen Ausführung optimiert und gekoppelt simuliert. Das Ergebnis wird dann in Schritt (5) in die EDZ-Anwendung[93] integriert und so für die EDZ-Methoden[94] [...] genutzt.*"

2.6   Der Anwendungsraum Experimentierbarer Digitaler Zwillinge

Wie dargestellt werden zur Umsetzung einer gegebenen Aufgabenstellung mit ausgewählten EDZ-Methoden zunächst die benötigten EDZ zusammengetragen bzw. modelliert und aus diesen EDZ-Szenarien oder Hybride Szenarien erstellt. Zur Ausführung dieser Szenarien wird dann ein VTB konfiguriert, das einen geeignet konfigurierten Simulator mit den notwendigen Schnittstellen zu den beteiligten RZ zur Verfügung stellt. Das Ergebnis ist die EDZ-Anwendung:

> **Definition 2.20 (EDZ-Anwendung):** *Eine EDZ-Anwendung ist die technische Umsetzung einer konkreten Aufgabenstellung durch Kombination von EDZ-Szenarien und/oder Hybriden Szenarien mit einem geeignet konfigurierten Virtuellen Testbed zur Nutzung von EDZ-Methoden.*

Im Idealfall werden die gleichen EDZ für unterschiedliche EDZ-Methoden und -Anwendungen unter unterschiedlichen (Nutzer-) Sichten und (Anwendungs-) Perspektiven in unterschiedlichen (Lebenszyklus-) Phasen (siehe Abschnitt 2.4) eingesetzt. EDZ decken damit gleichzeitig Elemente unterschiedlicher Dimensionen der Anwendung von Simulationstechnik und Digitalen Zwillingen ab (siehe auch

---

[93] Zum Thema „EDZ-Anwendung siehe Abschnitt 2.6.
[94] Eine Übersicht gibt Abschnitt 3.7.

Abbildung 2.26). Das Ergebnis ist der **Anwendungsraum Experimentierbarer Digitaler Zwillinge**, der in Abbildung 2.27 exemplarisch für drei Dimensionen skizziert ist. Diese und die weiteren in Abbildung 2.26 aufgeführten Dimensionen werden in den nachfolgenden Unterabschnitten kurz erläutert.

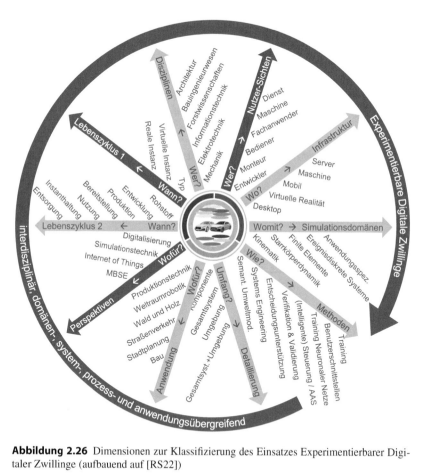

Abbildung 2.26 Dimensionen zur Klassifizierung des Einsatzes Experimentierbarer Digitaler Zwillinge (aufbauend auf [RS22])

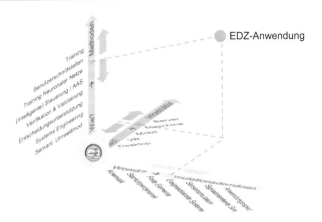

Abbildung 2.27 Die Dimensionen aus Abbildung 2.26 spannen den Anwendungsraum der EDZ auf.

Da auf diese Weise der Wechsel zwischen den einzelnen EDZ-Anwendungen im Anwendungsraum – sei es durch Austausch oder Neukombination des EDZ-Szenarios und/oder durch eine andere Kombination der Elemente der einzelnen Dimensionen – signifikant vereinfacht wird, reduziert sich für jede einzelne Anwendung der Aufwand deutlich. Bereits realisierte EDZ können mehrfach eingesetzt werden, zwischen den einzelnen Anwendungen kann schnell gewechselt, neue Anwendungen können schnell realisiert werden. Und dadurch, dass alle Anwendungen auf ein- und denselben EDZ aufsetzen, entwickelt sich die Modellbasis dieser Anwendungen parallel und stetig weiter. Alle zusätzlichen Ergebnisse finden Eingang in die Modellbasis, d. h. die EDZ.

2.6.1 Lebenszyklus-Dimensionen

Die Nutzung von EDZ erstreckt sich wie bereits in Abschnitt 2.4.8 eingeführt über den gesamten Lebenszyklus vom Entwurf der Typbeschreibungen über die Instanziierung dieser Beschreibungen in EDZ bis zur Nutzung von EDZ in realen Systemen (Dimension „Lebenszyklus 1"). Ein EDZ entsteht zunächst als Zwillingstyp und entwickelt sich von einer virtuellen Instanz dieses Zwillingstyps weiter zu einer realen Instanz als Repräsentation des RZ im Betrieb. Entsprechend erstreckt sich die Nutzung von EDZ sich über den gesamten Lebenszyklus vom Entwurf über die Entwicklung bis zum Betrieb (Dimension „Lebenszyklus 2").

2.6.2 Methoden-Dimension

EDZ werden im Rahmen der in Abschnitt 2.5.5 im Überblick eingeführten und in Abschnitt 3.7 im Detail erläuterten EDZ-Methoden zur Lösung konkreter Aufgabenstellungen genutzt.

2.6.3 Infrastruktur-Dimension

EDZ können in unterschiedlichen Ausführungsumgebungen eingesetzt werden, z. B. auf Desktop-PC (wie heute zumeist) über VR-Systeme, mobile Systeme, in Maschinen oder auf Servern zur Bereitstellung von Softwarediensten. Dies bestimmt auch die Art der Integration des Nutzers, die entscheidend für den Erfolg von EDZ ist. Die Anwenderintegration reicht hierbei von der Bereitstellung einer geeigneten Benutzeroberfläche für den Simulator des VTB z. B. zur Modellierung, Steuerung und Auswertung der Simulation bis hin zu (z. B. VR/AR/MR-gestützten) Methoden zur Interaktion mit der Simulation selbst. Moderne IT-Technologien ermöglichen es, die Simulatoren der VTB neben ihrem „klassischen" Einsatz auf Desktop-Computern auch mobil auf Mobilgeräten oder im Internet einzusetzen. Neben der „Desktop-Simulation" entstehen so Anwendungsgebiete der „Mobile Simulation", „Web Simulation" oder „Wearable Simulation".

2.6.4 Simulationsdomänen-Dimension

EDZ integrieren unterschiedliche Simulationsdomänen von Kinematik über Dynamik und ereignisdiskrete Systeme bis hin zu anwendungsspezifischen Algorithmen.

2.6.5 Disziplinen- und Nutzer-Dimension

EDZ decken unterschiedliche Anwendungsdisziplinen von der Mechatronik bis zur Forstwissenschaft und dem Bauingenieurwesen ab (Dimension „Disziplinen"). Gleichzeitig werden EDZ von unterschiedlichen Nutzern vom Entwicklungsingenieur über den Maschinenbediener bis zur Maschine selbst eingesetzt (Dimension „Nutzer", siehe Abschnitt 2.4.9).

2.6.6   Komplexitäts-Dimension

EDZ-Anwendungen können auf EDZ-Szenarien unterschiedlichen Umfangs und unterschiedlicher Detaillierung aufsetzen. Die Komplexität dieser Szenarien reicht von der einzelnen Komponente bis hin zu Systemen von Systemen (Dimension „Detaillierung").

2.6.7   Perspektiven-Dimension

EDZ decken die vier in Abschnitt 2.4.7 identifizierten Perspektiven auf Digitale Zwillinge ab.

2.6.8   Anwendungsbereich-Dimension

Im Ergebnis entsteht auf diese Weise eine große Bandbreite unterschiedlicher klassischer wie neuer Anwendungsbereiche und Einsatzgebiete von Simulationstechnik.

2.6.9   Der Anwendungsraum im Beispiel

Durch die freie und flexible Kombination der unterschiedlichen Elemente auf Grundlage der EDZ entsteht eine neue Durchgängigkeit in der Simulationstechnik. Der EDZ und die anwendungsübergreifende Softwareinfrastruktur der VTB zielen auf den Mehrfachnutzen von Modellen und Simulatoren. So wird aus einer Desktop-Simulation eine VR-Anwendung oder ein Softwaredienst – oder sie wird zur Ausführung direkt auf eine Maschine übertragen. Oder die zur Entwicklung genutzte Simulation einer Forstmaschine wird zur Unterstützung der Montage herangezogen und zum Training der Fahrer eingesetzt. In der Darstellung der Abbildung 2.26 bedeutet dies, dass jede EDZ-Anwendung in jeder Dimension beliebig zwischen den einzelnen Elementen wechseln oder diese Elemente flexibel miteinander kombinieren kann (siehe auch die Darstellung in Abbildung 2.27). Darüber hinaus können die Elemente der unterschiedlichen Dimensionen beliebig miteinander kombiniert werden[95].

---

[95] Grundlage hierfür ist eine geeignete Architektur für Simulationsplattformen (siehe Abschnitt 3.6), die bestehende und neue Softwarekomponenten zur Simulation und darüber hinaus geeignet zusammenführen.

Die Abbildungen 2.28, 2.29, 2.30 und 2.31 illustrieren dies am Beispiel der Forstmaschine. Die erste EDZ-Anwendung ist ein Simulator für Forstmaschinen. Diese wird sowohl für erste Designstudien im Entwurfsstadium als auch zur Entwicklung der Maschine selbst, zum Marketing und zum Fahrertraining eingesetzt. Hierzu integriert sie von der Mechanik über die Elektrotechnik und Informatik bis zu den Forstwissenschaften unterschiedliche Disziplinen. Die Nutzer sind der Entwicklungsingenieur und der Bediener einer Forstmaschine, die die Simulation sowohl auf dem Desktop-PC als auch auf unterschiedlichen VR-Installationen betreiben können. Hierzu werden unterschiedliche Simulationsdomänen von der Kinematik über die Starrkörperdynamik bis zu ereignisdiskreten Systemen miteinander kombiniert. Das EDZ-Szenario umfasst sowohl das System selbst als auch seine Umgebung.

Die zweite Anwendung in Abbildung 2.29 nutzt eine Untermenge der EDZ der ersten Anwendung, die Bäume und Sensoren, zur Realisierung des Informationsverarbeitenden Systems für einen intelligenten Sensor zur Umwelterfassung im Wald (siehe Abschnitt 6.4.13). Dieser Sensor und damit auch die mit ihm verbundene EDZ-Anwendung wird direkt im Betrieb eingesetzt. Auch hier werden wieder unterschiedliche Disziplinen miteinander verknüpft. Der Anwenderkreis erstreckt sich jetzt von Fachanwendern wie z. B. Förstern bis zu Maschinen, die diese Sensoren einsetzen. Entsprechend wird die EDZ-Anwendung jetzt mobil bzw. auf der

Abbildung 2.28 Konfiguration einer EDZ-Anwendung als Trainingssimulator für Forstmaschinen

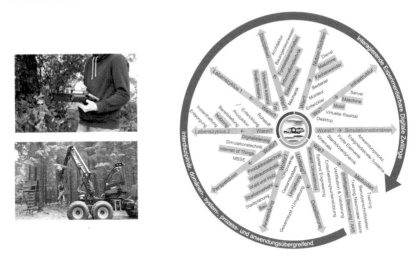

Abbildung 2.29 Konfiguration einer EDZ-Anwendung als Informationsverarbeitendes System eines intelligenten Sensors zur Umgebungserfassung im Wald (Fotos Björn Sondermann und Jürgen Roßmann)

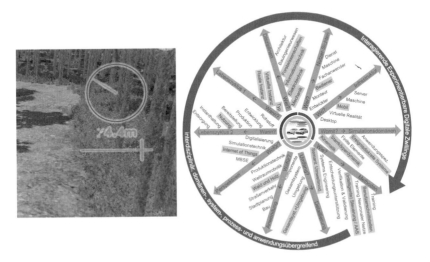

Abbildung 2.30 Konfiguration einer EDZ-Anwendung für ein Fahrerassistenzsystem für Forstmaschinen

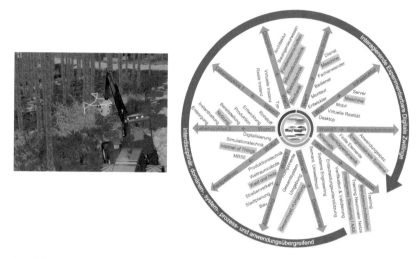

Abbildung 2.31 Konfiguration einer EDZ-Anwendung als Planungs- und Steuerungskomponente einer autonomen Forstmaschine

Maschine betrieben. Vom EDZ-gestützten Training der ersten EDZ-Anwendung wird auf die Methoden der Semantischen Umweltmodellierung sowie der EDZ-gestützten Steuerung übergegangen, mit denen die Sensordaten verarbeitet und die EDZ-Anwendung auf die reale Hardware übertragen werden. Das Szenario beschränkt sich jetzt auf die Umgebung. Nach der ersten Anwendung im Forstbereich kann die entwickelte Sensordatenverarbeitung durch Austausch der entsprechenden EDZ auf andere Anwendungsbereiche übertragen werden.

In der dritten Anwendung werden die o. g. Anwendungen zu einem Fahrerassistenzsystem umkonfiguriert (siehe auch Abschnitt 6.4.10). Der Anwender ist jetzt der Forstmaschinenführer, der durch Methoden der EDZ-gestützten Mensch-Maschine-Schnittstellen bei seiner Arbeit unterstützt wird. Durch Ergänzung von Methoden der EDZ-gestützten Steuerung und der EDZ-gestützten Entscheidungsfindung wird dann die vierte Anwendung, eine autonome Forstmaschine, realisiert (siehe auch Abschnitt 6.4.11).

2.7 Zusammenfassung

Ausgehend von den in Abschnitt 2.1 skizzierten neuen Anforderungen an Modellierung und Simulation, der in Abschnitt 2.2 vorgestellten Geschichte des Digitalen Zwillings und der Betrachtung maßgeblicher Aspekte und Fragestellungen rund um den Digitalen Zwilling in Abschnitt 2.3 führte Abschnitt 2.4 eine übergreifende Definition des Digitalen Zwillings sowie unterschiedliche Anwendungsperspektiven, Lebenszyklusphasen und Nutzersichten ein. Der Experimentierbare Digitale Zwilling bezeichnet wie in Abschnitt 2.5 dargestellt die Perspektive der Simulationstechnik auf den Digitalen Zwilling. Er ist eine 1-zu-1-Abbildung seines Realen Zwillings hinsichtlich Semantik, Struktur, Verhalten und Interaktion. Er liefert das notwendige Strukturelement und die notwendige semantische Einheit, um die in Abschnitt 2.1 skizzierten Herausforderungen mit der EDZ-Methodik adressieren und EDZ über den gesamten Lebenszyklus einsetzen zu können. Auf Grundlage einer übergreifenden Terminologie und eines übergreifenden mathematischen Modells für EDZ stellt die EDZ-Methodik den hierzu benötigten konzeptionellen Rahmen sowie einen konsistenten Satz an hierzu notwendigen EDZ-Methoden („Wie soll eine gestellte Aufgabe erfüllt werden?"), Virtuellen Testbeds („Welche Werkzeuge sollen eingesetzt werden?") und Arbeitsabläufen („Wie soll der Prozess zeitlich und organisatorisch ablaufen?") zur Verfügung.

Abbildung 2.32 fasst abschließend die Begriffe rund um den EDZ zusammen[96]. Ausgangspunkt ist der in der Mitte dargestellte und in Abschnitt 2.4.2 definierte **Digitale Zwilling** mit seinen unterschiedlichen Betrachtungsgegenständen (siehe Abschnitt 2.4.3). Ein Digitaler Zwilling repräsentiert seinen **Realen Zwilling** (der entweder ein MCPS, ein Physisches System oder ein IVS sein kann), nutzt hierzu **Digitale Artefakte** (siehe Abschnitt 2.4.4) und kann hierarchisch strukturiert sein. Er basiert auf einem **Zwillingstyp** und „lebt" in einer **DZ-Plattform** (siehe Abschnitt 2.4.5). Ein **Hybrides Zwillingspaar** ist die Kombination aus Realem und Digitalem Zwilling. Dieses ist ebenso wie eine Industrie 4.0-Komponente ein MCPS (siehe auch Anhang A im elektronischen Zusatzmaterial).

Der in Abschnitt 2.5.1 definierte **Experimentierbare Digitale Zwilling** ist eine Sicht auf den Digitalen Zwilling mit Fokus auf die MCPS-Ebene aus der Perspektive der Simulationstechnik, der eine Interaktion auf Grundlage experimentierbarer Modelle ermöglicht. Ein **EDZ-Szenario** (siehe Abschnitt 2.5.3) modelliert eine

---

[96] Die Verben an den Verbindungen kennzeichnen die Art der Verbindung. Die Verben stehen stets an der Seite des Objekts. Für EDZ und Virtuelles Testbed gilt also „EDZ ausgeführt durch Virtuelles Testbed" und „Virtuelles Testbed enthält EDZ".

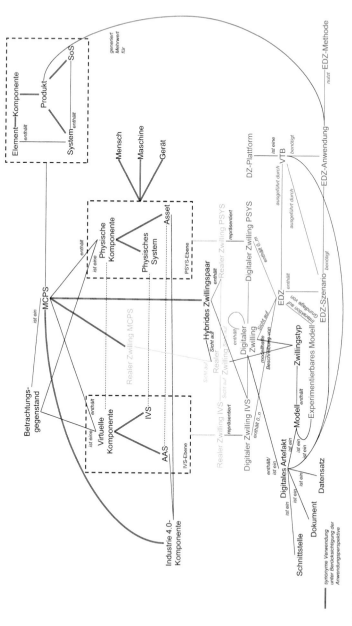

Abbildung 2.32 Semantisches Netz der Begriffe rund um den EDZ

Zusammenstellung miteinander interagierender EDZ. Sowohl EDZ als auch EDZ-Szenarien werden durch **Virtuelle Testbeds** als DZ-Plattform ausgeführt (siehe Abschnitt 2.5.4). Eine **EDZ-Anwendung** (siehe Abschnitt 2.6) kombiniert ein EDZ-Szenario mit einem geeignet konfigurierten Virtuellen Testbed. Eine EDZ-Anwendung nutzt **EDZ-Methoden** (siehe Abschnitt 2.5.5).

Experimentierbare Digitale Zwillinge im Detail

Aufbauend auf der Analyse aktueller Anforderungen an die Simulationstechnik, der Erläuterung des Begriffs und der Aufgaben des Digitalen Zwillings sowie einem ersten Überblick über den EDZ, die EDZ-Methodik und den Anwendungsraum der EDZ in Kapitel 2 führt dieses Kapitel den EDZ und die EDZ-Methodik im Detail ein und mit ihr eine übergreifende Nomenklatur sowie ein übergreifendes mathematisches Modell[1] der hiermit verbundenen Aspekte. Ausgehend von der Definition grundlegender Begriffe in Abschnitt 3.1 skizzieren Abschnitt 3.2 und Abschnitt 3.3 die Struktur des EDZ und erläutern die hier enthaltenen EDZ-Komponenten. EDZ interagieren wie in Abschnitt 3.4 dargestellt in EDZ-Szenarien, die aus unterschiedlichen Komponenten zusammengesetzte Systeme oder SoS ebenso modellieren wie deren Nutzung in unterschiedlichen Einsatzumgebungen und Einsatzsituationen. Methoden der semantischen Modellbildung, siehe Abschnitt 3.5, stellen die notwendigen Modelle zur Verfügung, Virtuelle Testbeds führen EDZ und EDZ-Szenarien wie in Abschnitt 3.6 dargestellt aus. Damit stehen die Grundlagen für

---

[1]Den mathematischen Zusammenhängen kommt in diesem Kapitel eine besondere Bedeutung zu. Natürlich wäre es möglich, die Methodik der EDZ auch rein textuell und grafisch zu beschreiben. Dann würde dieser Methodik allerdings die „Erdung" und der Bezug zu seiner technischen Realisierung fehlen, die in den nachfolgenden Kapiteln vorgestellt wird. Die Mathematik macht zudem deutlich, wie eng die einzelnen Facetten der Methodik von der Modellierung bis zu den vielfältigen Anwendungen zusammenhängen. Und schließlich erfordert die umfassende Beschreibung einer Methodik aus Sicht des Autors deren konsistente Darstellung mittels Text, Grafiken und mathematischen Zusammenhängen.

Ergänzende Information Die elektronische Version dieses Kapitels enthält Zusatzmaterial, auf das über folgenden Link zugegriffen werden kann https://doi.org/10.1007/978-3-658-44445-7_3.

M. Schluse, *Experimentierbare Digitale Zwillinge*,
https://doi.org/10.1007/978-3-658-44445-7_3

EDZ-Methoden (siehe Abschnitt 3.7) zur Verfügung, die wie in Abschnitt 2.5.6 skizziert im Lebenszyklus eingesetzt werden.

3.1   Grundlegende Begriffe

Die nachfolgend eingeführten Konzepte bewegen sich im Umfeld der Simulationstechnik und des (Model-based) Systems Engineerings. Die Verwendung von Begriffen wie „System", „Modell" oder „Simulation" sind hier an der Tagesordnung. Gerade diese Begriffe werden allerdings häufig mit unterschiedlichen Bedeutungen belegt, was zeitweise zu nur schwer aufzuklärenden Missverständnissen führt. Ein typisches Beispiel hierfür ist die Verwechslung von „Datenmodell" und „Simulationsmodell", also der Beschreibung von Datenstrukturen auf der einen und des Simulationsmodells selbst auf der anderen Seite. Als Grundlage für die Einführung der EDZ-Methodik werden diese Begriffe nachfolgend zunächst definiert und erläutert und ihre typischen Verwendungen voneinander abgegrenzt. Die nachfolgende Einordnung orientiert sich an den Definitionen der eher ingenieurstechnisch geprägten Sicht der VDI-Richtlinie 3633 [VDI18].

3.1.1   System

Im Mittelpunkt der Betrachtung eines gewählten Sachverhalts stehen ein oder mehrere „Systeme":

> **Definition 3.1 (System):** Ein System ist eine *„von ihrer Umwelt abgegrenzte Menge von Elementen, die miteinander in Beziehung stehen".* [VDI18]

Nach [VDI18] ist ein System gekennzeichnet durch

1. *„die Festlegung seiner Grenze gegenüber der Umwelt (**Systemgrenze**), mit der es über Schnittstellen Materie, Energie und Informationen austauschen kann (**Systemein- und -ausgangsgrößen**),*
2. *die **Elemente**, die bei der Erhöhung der Auflösung selbst wiederum Systeme darstellen (**Subsysteme**) oder aber als nicht weiter zerlegbar angesehen werden (**Systemelemente**),*

3. *die **Ablaufstruktur** in den Elementen, die durch spezifische Regeln und konstante oder variable Attribute charakterisiert wird,*
4. *die Relationen, die die Systemelemente miteinander verbinden (**Aufbaustruktur**), so dass ein Prozess ablaufen kann,*
5. *die Zustände der Elemente, die jeweils durch Angabe der Werte aller konstanten und variablen Attribute (**Zustandsgrößen**) beschrieben werden, von denen im allgemeinen nur ein kleiner Teil untersuchungsrelevant ist,*
6. *die **Zustandsübergänge** der Elemente als kontinuierliche oder diskrete Änderungen mindestens einer Zustandsgröße auf Grund des in dem System ablaufenden Prozesses."*

Die Elemente eines Systems verfolgen ein gemeinsames Ziel, welches von den Einzelelementen alleine nicht erreicht werden kann [Wei14; GV17]. Beispiele für derartige Elemente sind Hardware, Software, Personen, Informationen, Einrichtungen, Dienstleistungen oder beliebige andere Komponenten [Wei14; ECS17]. Die Systemelemente können selbst wiederum als Systeme aufgefasst werden, was zum Begriff des „System of Systems" führt:

> **Definition 3.2 (System aus Systemen):** *Ein System aus Systemen (engl. System of Systems, SoS) ist ein System, dessen Elemente wiederum eigenständige Systeme sein können.* [Wei14]

Ein SoS bringt also eine Menge von Systemen zur Erfüllung einer Aufgabe zusammen, die wiederum keines der Einzelsysteme allein erfüllen kann. Jedes einzelne System kontrolliert seine eigenen Aufgaben, Ziele und Ressourcen selbst. Die Koordination und Adaption der Teilsysteme führt dann zur Erreichung der übergeordneten Ziele des SoS [ISO15]. Die einzelnen Systeme eines SoS interagieren wiederum auf den in Abschnitt 3.4.2 genannten Interaktionsebenen.

Die Abgrenzung zwischen den Begriffen „Element", „System" und „System of Systems" ist nicht klar definiert und wird von Anwendungsgebiet zu Anwendungsgebiet oder sogar in den einzelnen Anwendungen eines Anwendungsgebiets unterschiedlich vorgenommen. Gleiches gilt die Begriffe „Element" und „Komponente", die häufig synonym verwendet werden[2]. Für konkretere Festlegungen der Abgrenzungen zwischen diesen Ebenen und Begriffen wurden daher weitere

---

[2] Diesen Eindruck unterstützen z. B. [VDI18] mit der Definition des Systemelements als *„Komponente eines Systems, die nicht mehr weiter in untergeordnete Elemente zerlegt werden kann (da z. B. der Detaillierungsgrad ausreicht), oder Subsysteme, die sich ihrerseits aus*

Begriffe eingeführt. Beispiele hierfür sind u. a. im Bereich der Raumfahrtsysteme und der Produktionstechnik zu finden. Nachfolgend wird von Komponenten, Systemen und Systemen von Systemen gesprochen (siehe auch rechts oben in der Abbildung 2.32), wobei Artefakte aus allen drei Kategorien jeweils (aus betriebswirtschaftlicher Sicht betrachtet) auch Produkte sein können. Auf oder in den Komponenten, Systemen, Systemen von Systemen oder Produkten laufen dann Prozesse ab. Abschnitt 3.4.1 gibt einen Überblick über die mit EDZ verbundenen Fragestellungen der Systemdekomposition und den hier gewählten Festlegungen.

Zur formalen Darstellung werden die Attribute eines Systems[3] bzw. seiner Komponenten zu einem Vektor $\underline{a} \in \mathbb{V}_a^{n_a}$ der Dimension n_a zusammengefasst (siehe auch die schematische Darstellung in Abbildung 3.1). Dieser Vektor enthält (oft von außen einstellbare) Parameter[4] wie Reglerkonstanten, Zeitdauern einzelner Prozessschritte oder Steuerungsanweisungen. Entsprechend kann ein **Systemparameter** $a_i = (w_{a,i}, d_{a,i}, l_{a,i}) \in \mathbb{V}_a = \mathbb{W}_a \times \mathbb{D}_a \times \mathbb{L}_a$ als typisierter Wert mit der Einheit $l_{a,i} \in \mathbb{L}_a$ beliebige Werte $w_{a,i} \in \mathbb{W}_a$ aus dem Wertebereich eines ihm zugewiesenen Datentyps $d_{a,i} \in \mathbb{D}_a$ annehmen, wobei $\mathbb{D}_a$ die Menge der Datentypen (natürliche Zahl, reelle Zahl, boolescher Wert, Zeichenkette, ...), $\mathbb{W}_a$ die Menge aller konkreten Werte aller Datentypen und $\mathbb{L}_a$ die Menge aller Einheiten ist. Gleichung 3.1 zeigt ein Beispiel für einen entsprechenden Vektor. Wenn man $\mathbb{V}_a$ (und später $\mathbb{V}_s$) durch

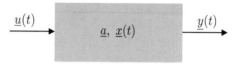

Abbildung 3.1 Blockdarstellung eines Systems mit Eingängen, Ausgängen, Zustandsgrößen und Parametern

---

Elementen zusammensetzen" oder [VDI21] mit der Definition des Systems als „*Menge von Komponenten, die in Beziehung stehen*".

[3] Diese fassen sowohl die Attribute der Komponenten (z. B. CAD-Modelle, Materialien, Motorkenngrößen), die Attribute der Ablaufstruktur (z. B. Zeitkonstanten) als auch die die Aufbaustruktur selbst beschreibenden Attribute (z. B. Verbindungsparameter) zusammen.

[4] Wie ein a_i tatsächlich bezeichnet wird, ob als „Attribut", „Parameter" oder auch „Eigenschaft" ist eine Frage der Sichtweise. Aus Sicht des Modellierers eines Modells sind es meist „Attribute", aus Sicht eines Simulationsverfahrens sind es „Parameter" und aus Sicht der objektorientierten Modellierung „Eigenschaften". Da dieser Vektor im Folgenden wesentliche Grundlage der Simulation und damit für die Simulationsverfahren ist, wird nachfolgend von „Parametern" gesprochen.

$\mathbb{R}$ ersetzt, erhält man die „übliche" Darstellungsform, die für viele Anwendungen bereits ausreichend ist[5].

$$\underline{a} = \begin{bmatrix} (\ 77.0 & ,\ \text{real} & ,\ \text{m/s}\ ) \\ (\ \text{true} & ,\ \text{boolean} & ,\ -\quad) \\ (\ \text{"Fälle Baum 27"} & ,\ \text{string} & ,\ -\quad) \end{bmatrix} \tag{3.1}$$

Das Verhalten des Systems spiegelt sich im Verlauf der Zustandsgrößen wider. Der aktuelle Zustand des Systems und seiner Komponenten zum Zeitpunkt $t \in \mathbb{R}$ wird über den Zustandsvektor $\underline{x}(t) \in \mathbb{V}_a^{n_x}$ der Dimension n_x beschrieben. Die einzelnen **Systemzustände** x_i bilden je nach Anwendungsfall unterschiedlichste Aspekte wie die Lage von Körpern im Raum, die Gelenkwinkel des Krans, den Druck der Hydraulikflüssigkeit in den Hydraulikzylindern, binäre Öffnungszustände von Ventilen und vieles weitere ab. Ein Systemzustand $x_i = (w_{a,i}, d_{a,i}, l_{a,i}) \in \mathbb{V}_a$ kann damit wie ein Systemparameter unterschiedliche typisierte Werte annehmen. Sowohl Systemparameter als auch Systemzustände können als (physikalische, technische, skalare) **Größen**[6] bezeichnet werden, die neben einem Wert (und einem Datentyp) über eine Einheit sowie über ein Bezugsobjekt (Träger) verfügen (siehe auch [Hof15; DIN98]).

Schließlich besitzen Systeme meist **Ein- und Ausgangsgrößen** mit den Werten $\underline{u}(t)$ und $\underline{y}(t)$, über die das System mit seiner Umgebung interagiert. Deren mathematische Beschreibung erfolgt im nächsten Abschnitt.

---

[5] Alternativ könnte $\underline{a}$ auch als geordnete Menge von geordneten Tupeln geschrieben werden. Aufgrund der Analogie zum „eigentlichen" Parametervektor $\underline{a}$ und weiter unten dem Zustandsvektor $\underline{x}$ erweist sich dies allerdings als wenig intuitiv und unter didaktischen Gesichtspunkten ungünstig, so dass auch für $\underline{a}$ und alle weiteren Vektoren die Vektorschreibweise beibehalten wurde. Natürlich sind weder $\underline{a}$ noch Darstellungen als Spaltenvektor $[...]^T$ Vektoren im Sinne der linearen Algebra, da für alle Datentypen, die keine Zahlen repräsentieren, z. B. kaum sinnvoll Addition, neutrales und inverses Element oder Multiplikation mit einem Skalar festgelegt werden können. Setzt man allerdings (für viele Anwendungen völlig ausreichend) $\mathbb{V}_a = \mathbb{R}$, dann sind die gewählten Darstellungen auch unter dem Blickwinkel der linearen Algebra korrekt. Zudem ist klar, dass in der gewählten Darstellungsform auch ungültige Elemente wie z. B. $a = (\text{true}, \text{integer}, \text{s})$ erzeugt werden können. Komplexere Darstellungen lenken allerdings völlig von der eigentlichen Aussage der Darstellung „Betrachte Parameter und Zustände als Größen!" und „Nicht nur Zahlen können Parameter und Zustände sein!" sowie vom allgemeinen Verständnis des Gesamtkonzepts ab.

[6] „Der Begriff Größe bedeutet in technischen Systemen das Merkmal eines Objekts (Körper, Zustand, Vorgang). Er dient zur qualitativen Beschreibung dieses Merkmals (z. B. Länge, Zeit, Temperatur, elektrischer Widerstand, Durchfluss ...). Nur von Größen der gleichen Größenart können Summen oder Differenzen gebildet werden. Der Wert einer Größe wird als Produkt aus Zahlenwert und Einheit gebildet. Er beschreibt dann die Größe quantitativ." [Hof15]

Abbildung 3.2 illustriert den Begriff des Systems stark vereinfacht am Beispiel eines Holzvollernters. Das äußere Rechteck stellt die Systemgrenze dar. Eingangsgrößen des Systems sind der Kraftstoff, die Bedieneingriffe durch den Fahrer sowie Auftragsdaten aus höheren Planungsebenen. Ausgangsgrößen sind gefällte und aufgearbeitete Bäume, die Rückwirkung auf den Boden sowie Arbeitsprotokolle zur Rückmeldung an übergeordnete Planungsebenen. Die Maschine besteht selbst aus unterschiedlichen Komponenten, die (hier nicht dargestellt) miteinander verbunden sind.

Abbildung 3.2 Das System „Holzvollernter" (links), Foto eines Holzvollernters (rechts, Foto Wald und Holz NRW)

3.1.2   Simulationsmodell

Ein *„Modell beschreibt ein System für einen bestimmten Zweck"* [Wei14]. Um sich indirekt mit einem System auseinandersetzen zu können, bedient man sich eines oder mehrerer Modelle, die ein Abbild des Systems, ggf. auch aus unterschiedlichen Perspektiven und/oder unterschiedlichen Detaillierungen, darstellen. Hierbei verwenden unterschiedliche Disziplinen teilweise sehr unterschiedliche Modellbegriffe und Modellrepräsentationen (siehe auch Abschnitt 4.1.3). Grundlage für die nachfolgenden Ausführungen ist die eher allgemein gehaltene Sichtweise aus [VDI18], die den Begriff wie folgt definiert[7,8]:

---

[7] [aca13] konkretisiert diesen Begriff als *„eine vereinfachte, auf ein bestimmtes Ziel hin ausgerichtete Darstellung der Merkmale eines Betrachtungsgegenstands, die eine Untersuchung oder eine Erforschung erleichtert oder erst möglich macht. Modelle sind wesentliche Artefakte des Engineerings; sie repräsentieren Systeme auf unterschiedlichen Abstraktionsniveaus (Analyse, Entwurf, Implementierung), Systemteilen oder Gewerken (Verfahrenstechnik, Mechanik, Elektrotechnik, Automatisierung, Informatik), Belangen (Sicherheit, Leistung, Belastbarkeit) und Aufgaben (Testen, Einsatz). Es gibt eine Vielzahl an Modellierungskonzepten; oft werden Modelle zur Simulation verwendet."*

[8] Analog zum „System of Systems" definiert z. B. [Wei14] den Begriff des „Model of Models": *„Das Model of Models ist das Modell eines System of Systems. Es besteht aus eigenständigen Modellen, die jeweils ein System beschreiben."*

Definition 3.3 (Modell): Ein Modell ist eine *„vereinfachte Nachbildung eines geplanten oder existierenden Systems mit seinen Prozessen in einem anderen begrifflichen oder gegenständlichen System. Das Modell unterscheidet sich hinsichtlich der untersuchungsrelevanten Eigenschaften nur innerhalb eines vom Untersuchungsziel abhängigen Toleranzrahmens vom Vorbild".*

Modelle können häufig einzelnen Disziplinen zugeordnet oder anhand ihres Modellierungsansatzes bzw. der eingesetzten Modellierungskonzepte (in Bezug auf die Simulationstechnik nachfolgend als „Simulationsverfahren" bezeichnet, siehe z. B. Abschnitt 4.2 und Abschnitt 4.3) oder ihrer erwarteten/festgestellten Genauigkeit klassifiziert werden. Auf das einführende Beispiel des Holzvollernters bezogen gibt es eine Vielzahl unterschiedlicher Modelle mit unterschiedlichen Abstraktionsniveaus, für unterschiedliche Disziplinen, Domänen und Aufgaben (siehe auch Abbildung 3.36):

1. Ein **CAD-Modell** (siehe Abschnitt 4.3.1) beschreibt die Geometrie des Holzvollernters und enthält häufig Eigenschaften wie Massen, Materialien oder Bindungen zwischen einzelnen Komponenten des Holzvollernters.
2. Ein **kinematisches Modell** (siehe Abschnitt 4.3.2) beschreibt die Bewegungen des Fahrzeugs, des Krans und des Aggregats durch die Größen Position, Geschwindigkeit und Beschleunigung. Kinematische Bindungen reduzieren die Bewegungsmöglichkeiten einzelner Komponenten wie z. B. der einzelnen Achsen des Krans.
3. Ein **Starrkörpermodell** (siehe Abschnitt 4.3.3) beschreibt die durch interne und externe Kräfte ausgelösten Bewegungen der Maschine, die durch Zwangsbedingungen auf ihre Bewegungsmöglichkeiten eingeschränkt werden.
4. Die Aufteilung der einzelnen Körper der Maschine in endlich viele Teilkörper (finite Elemente) führt zu einem **FEM-Modell** (Finite-Elemente-Methode, siehe Abschnitt 4.3.4).
5. Eine auf einen abstrakteren Level durchgeführte Modellierung des Verhaltens z. B. des Aggregats mit Zuständen wie „Baum gegriffen", „Baum vorschieben", „Baum zertrennen" oder „Baum losgelassen" mit entsprechenden Zustandsübergängen führt zu einem **ereignisdiskreten Modell** (siehe Abschnitt 4.2.5).
6. Eine detaillierte Modellierung des Verhaltens eines Hydraulikzylinders des Krans wird häufig mit **signalorientierten Simulationsansätzen** durchgeführt (siehe Abschnitt 4.2.2).

7. Darüber hinaus werden **gleichungsbasierte Simulationsansätze** verwendet (siehe Abschnitt 4.2.1).
8. Im Rahmen des Model-based Systems Engineerings werden zu entwickelnde Systeme zu Beginn z. B. mit **Struktur- und Anforderungsdiagrammen** modelliert (siehe Abschnitt 4.5).
9. Zur formalen Beschreibung von Modellen sind wiederum **Datenmodelle** notwendig (siehe Abschnitt 4.6).

Mit dem Begriff des „Modells" eng verbunden ist der Begriff der **Modellierung**, der den Prozess der Beschreibung von Struktur, Verhalten und Eigenschaften eines Systems bezeichnet und in dessen Verlauf ein Modell erstellt wird [LSW+07]. Unterschiedliche am Prozess der Modellierung und Nutzung des Modells Beteiligte haben hierbei unterschiedliche Sichtweisen auf und Anforderungen an ein und dasselbe Modell (nach [LSW+07], siehe auch Abbildung 3.5). Im Mittelpunkt dieses Textes steht die Simulation. Hierzu erstellt der Modellierer unter Anwendung unterschiedlicher Simulationsverfahren typischerweise mehrere **Simulationsmodelle** und verifiziert und validiert dann deren Korrektheit (siehe Abschnitt 3.1.5). Hierbei fragt er sich unter anderem, inwieweit die Simulationsmodelle Struktur und Verhalten des realen Systems in einer ausreichenden Genauigkeit beschreiben. Im Rahmen der Modellintegration werden aus den auf diese Weise realisierten einzelnen Simulationsmodellen konkrete Einsatzszenarien durch Kombination der erstellten Simulationsmodelle realisiert. Hier spielen die Schnittstellen der beteiligten Simulationsmodelle und die hierdurch und durch die eingesetzten Simulationsverfahren resultierenden Möglichkeiten zur Modellintegration eine wesentliche Rolle.

Definition 3.4 (Simulationsmodell): *Ein Simulationsmodell ist ein formales, simulationsspezifisches Modell eines geplanten oder existierenden Systems.*

Die obige Aufzählung beispielhafter Modellarten enthält sowohl domänenübergreifend eingesetzte, generische Simulationsmodelle als auch domänen- oder sogar Simulationsverfahren-spezifische Simulationsmodelle. Letztere ermöglichen für ausgewählte Einsatzgebiete die Beschreibung des Verhaltens einzelner Komponenten oder des Gesamtsystems, welches durch generische Simulationsmodelle nicht, nur mit großem Aufwand oder mit unzureichendem Laufzeitverhalten erstellt werden kann. Beispiel hierfür sind hochdetaillierte Simulationsmodelle von Sensoren. Im Gegensatz zu derartigen „White Box"-Simulationsmodellen (siehe auch

Abschnitt 2.1.3) beschreiben „Black Box"-Simulationsmodelle die Abhängigkeiten zwischen den Ein- und Ausgangsgrößen über Zusammenhänge, die z. B. mittels Methoden von Big Data oder Künstlicher Intelligenz bestimmt wurden.

Mathematisch wird das Simulationsmodell eines Systems, grafisch veranschaulicht in Abbildung 3.3, nachfolgend durch das geordnete Tupel

$$M_S = (\underline{a}, \underline{A}, \underline{U}, \underline{Y}), \quad M_S \in \mathbb{M}_S := \mathbb{V}_a^{n_a} \times \mathbb{V}_A^{n_A} \times \mathbb{P}^{n_u} \times \mathbb{P}^{n_y} \tag{3.2}$$

beschrieben. M_S ist ein Element der Menge $\mathbb{M}_S$ aller möglichen Simulationsmodelle, welches aus dem Vektor der Modellparameter $\underline{a} \in \mathbb{V}_a^{n_a}$ der Dimension n_a und einen Vektor aus Algorithmen $\underline{A} \in \mathbb{V}_A^{n_A}$ der Dimension n_A besteht. Zudem beschreiben die Mengen $\underline{U} \in \mathbb{P}^{n_u}$ und $\underline{Y} \in \mathbb{P}^{n_y}$ die Systemeingänge und -ausgänge. Jeder dieser Vektoren kann auch leer sein.

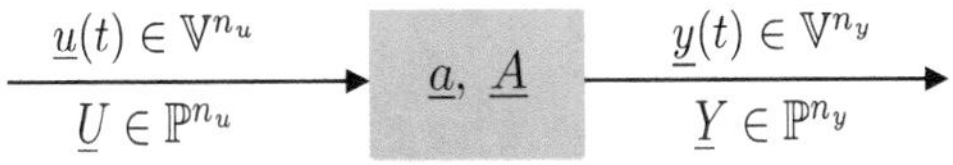

$$\xrightarrow{\begin{array}{c}\underline{u}(t) \in \mathbb{V}^{n_u}\\ \underline{U} \in \mathbb{P}^{n_u}\end{array}} \boxed{\underline{a}, \underline{A}} \xrightarrow{\begin{array}{c}\underline{y}(t) \in \mathbb{V}^{n_y}\\ \underline{Y} \in \mathbb{P}^{n_y}\end{array}}$$

Abbildung 3.3 Blockdarstellung eines Systemmodells mit Eingängen, Ausgängen, Zustandsgrößen und Parametern in Erweiterung von Abbildung 3.1

Bei einem CAD-Modell enthält der Parametervektor $\underline{a}$ z. B. die geometrischen Größen der beteiligten Körper, deren Massen, deren Lage im Raum und mögliche Bindungen zwischen unterschiedlichen Körpern. Darüber enthält er neben dem Modell des Systems auch alle seine Systemparameter wie Reglerparameter oder Zeitkonstanten (siehe Abschnitt 3.1.1). Ein **Modellparameter** $a_i = (w_{a,i}, d_{a,i}, l_{a,i}) \in \mathbb{V}_a$ kann wie ein Systemparameter unterschiedliche typisierte Werte annehmen.

Algorithmen[9] werden dazu genutzt, das Verhalten von Komponenten/Systemen explizit zu modellieren. Dies gilt für Algorithmen im Bereich der Informationsverarbeitenden Systeme ebenso wie für die explizite Beschreibung von Zusammenhängen und zeitlichem Verhalten Physischer Systeme. Hierbei dürfen diese Algorithmen

---

[9] Hierbei wird unter einem Algorithmus nach [NN17b] folgendes verstanden: *„Ein Algorithmus [...] ist eine eindeutige Handlungsvorschrift zur Lösung eines Problems oder einer Klasse von Problemen. Er besteht aus endlich vielen, wohldefinierten Einzelschritten [...] und überführt eine bestimmte Eingabe in eine bestimmte Ausgabe." „Zur Ausführung wird er in einem Computerprogramm implementiert."*

nicht mit den im folgenden Kapitel eingeführten Simulationsfunktionen verwechselt werden. Auch bei den Algorithmen gibt es unterschiedliche Typen. Beispiele sind Zustandsdiagramme, Differentialgleichungen oder Blockschaltbilder, die jeweils wiederum in unterschiedlichen Beschreibungsformen $d_{A,i} \in \mathbb{D}_A$, den konkreten Formulierungen dieser Algorithmen mit den Beschreibungsmitteln der gewählten Simulatoren, vorliegen können. $\mathbb{D}_A$ ist die Menge dieser Beschreibungsformen, $w_{A,i} \in \mathbb{W}_A$ ein konkreter Algorithmus in einer gewählten Beschreibungsform, ein Algorithmus A_i entsprechend ein geordnetes Paar $(w_{A,i}, d_{A,i}) \in \mathbb{V}_A$. Ein Algorithmus referenziert Elemente des Parametervektors $\underline{a}$, die für ihn Parameter wie Zeitkonstanten, Bauteilparameter o. ä. definieren. Gleichung 3.3 skizziert eine beispielhafte Definition des Vektors der Algorithmen:

$$\underline{A} = \begin{bmatrix} (\ \text{``while (t <= 5.0)''} & , \text{MATLAB} \ ) \\ (\ x_1(t) = v \cdot t + x_1(0) & , \text{Math} \quad) \\ (\ \bigcirc \rightarrow \bigcirc & , \text{Statechart} \ ) \end{bmatrix} \tag{3.3}$$

Die Vektoren $\underline{U} \in \mathbb{P}^{n_u}$ und $\underline{Y} \in \mathbb{P}^{n_y}$ modellieren die **Eingangs- und Ausgangsgrößen** des Simulationsmodells (nachfolgend verallgemeinert **Ports** genannt). $\underline{U}$ und $\underline{Y}$ beschreiben diese Ports also lediglich, die konkreten Werte für ein konkretes System sind durch die Vektoren $\underline{u}(t) \in \mathbb{V}^{n_u}$ und $\underline{y}(t) \in \mathbb{V}^{n_u}$ gegeben. Jede Portdefinition $U_i, Y_i = (b_i, d_i, l_i) \in \mathbb{P} := \mathbb{B} \times \mathbb{D} \times \mathbb{L}_a$ besteht aus einem eindeutigen Bezeichner dieses Ports $b_i \in \mathbb{B}$, seinem Datentyp $d_i \in \mathbb{D}$ und ggfls. seiner Einheit $l_i \in \mathbb{L}_a$. Konkrete Ports u_i, y_i können sowohl beliebige Werte $w_{a,i} \in \mathbb{W}_a$ mit zugeordnetem Datentyp $d_{a,i} \in \mathbb{D}_a$ und Einheit $l_{a,i} \in \mathbb{L}_a$ übertragen als auch Algorithmen $w_{A,i} \in \mathbb{W}_A$ mit entsprechenden Algorithmentyp $d_{A,i} \in \mathbb{D}_A$. Der verallgemeinerte Datentyp eines konkreten Ports ist also $\mathbb{D} := \mathbb{D}_a \cup \mathbb{D}_A$. In Erweiterung der Darstellung in Abschnitt 3.1.1 ist damit der Wert eines konkreten Ports $u_i, y_i = (w_i, d_i, l_i) \in \mathbb{V} = \mathbb{W} \times \mathbb{D} \times \mathbb{L}_a$. Hierbei ist analog $\mathbb{W} := \mathbb{W}_a \cup \mathbb{W}_A$.

Die Verwendung gerichteter Pfeile (z. B. in Abbildung 3.3) und der Begriffe „Ein- und Ausgang" steht für Kausalität, d. h. aus Sicht des Systemverhaltens einer klaren Zuordnung zwischen Ursache (den Eingängen) und Wirkung (den Ausgängen). Für einen Körper mit der Masse m ist hiernach klar festgelegt, ob die Beschleunigung aus einer eingeprägten Kraft resultiert ($a := F/m$, F ist der Eingang, a der Ausgang) oder ob z. B. die Erdbeschleunigung zu einer Kraft führt ($F := m \cdot a$, a ist der Eingang, F ist der Ausgang). Meist sind die Verhältnisse aber nicht so einfach, sondern die Verbindung z. B. von zwei Körpern führt zu einem Austausch von Energie in beide Richtungen. Abschnitt 4.2 führt genau aus diesem Grund die Simulationsverfahren der Bondgraphen und der physikalisch-objektorientierten Simulation ein. Trotzdem bleibt dieser Text bei der signalorientierten Darstellungsform. Der Grund ist, dass diese bei der Entwicklung der Simulationsmodelle hilfreich ist, da Ursache und Wirkung dargestellt werden können. So stellt ein Hydraulikzylinder eine Kraft zur Verfügung, auf die das System mit einer Bewegung reagiert. Wichtig ist es nur, die Rückwirkungen (und damit die Rückrichtungen) nicht zu vergessen. Zudem liegt ein Schwerpunkt dieses Textes auf der Integration Informationsverarbeitender Systeme, bei denen sehr klar festgelegt ist, welche Daten verarbeitet und welche Informationen zur Verfügung gestellt werden (siehe auch die Definition des Algorithmus oben). Es wird deutlich, dass eine einheitliche Darstellungsweise nicht existieren kann, sondern dass situationsspezifisch die am besten passende Darstellungsform gewählt werden muss. Dies ist auch der Grund, warum oben bereits der abstrakte Begriff des Ports verwendet wurde. Und selbst wenn nachfolgend von Ein- und Ausgängen gesprochen wird, schließt diese Darstellungsform die Berücksichtigung der Rückrichtung bei Verwendung geeigneter Simulationsverfahren nicht aus.

3.1.3 Simulation und Experimentierbares Modell

Simulationsmodelle sind die Grundlage zur Simulation eines Systems. Zur Simulation müssen diese in ausführbare Modelle, nachfolgend Experimentierbare Modelle genannt, überführt werden. Nutzer betrachten Experimentierbare Modelle eher aus Sicht ihrer allgemeinen Fähigkeiten, des Verlaufs der Zustandsgrößen sowie der Schnittstellen und der zur Simulation benötigten Simulatoren und integrieren Experimentierbare Modelle auf diese Weise in ihre Anwendungen. Wesentlich hierbei sind zusätzlich das Laufzeitverhalten und die Stabilität der Experimentierbaren Modelle[10]. Klassisch wird mit dem Begriff „Simulation" der Durchlauf eines Simulationsmodells in einem Simulator mit definierten Start- und Endzeitpunkten verstanden. Diese recht enge Sichtweise wird dem Anwendungsspektrum der EDZ allerdings nicht gerecht. Geeigneter ist auch hier die Sichtweise der [VDI18]:

---

[10] Ohne hier im Detail auf unterschiedliche Stabilitätsbegriffe einzugehen ist hier z. B. die *„Stabilität des Ausgangs (oder anderer ausgewählter Größen) über der Zeit"* gemeint [ECS10b].

Definition 3.5 (Simulation/Experimentierbares Modell): Simulation ist ein *„Verfahren zur Nachbildung eines Systems mit seinen dynamischen Prozessen in einem Experimentierbaren Modell, um zu Erkenntnissen zu gelangen, die auf die Wirklichkeit übertragbar sind. [...] Im weiteren Sinne wird unter Simulation das Vorbereiten, Durchführen und Auswerten gezielter Experimente mit einem Simulationsmodell verstanden. [...] Mithilfe der Simulation kann das zeitliche Ablaufverhalten komplexer Systeme untersucht werden [...]"*. [VDI18]

Mathematisch gesehen berechnet Simulation den zeitlichen Verlauf des Zustandsvektors $\underline{x}(t) \in \mathbb{V}_a^{n_x}$ für das Simulationsmodell M_S mit seinen Parametern $\underline{a}$ und Algorithmen $\underline{A}$. Allerdings können auch das Simulationsmodell und damit die dort verwendeten Parameter $\underline{a}$ und Algorithmen $\underline{A}$ zeitabhängig sein, z. B. durch Veränderung seiner Zusammensetzung[11]. Zudem kann das, was für den einen Algorithmus/das eine Simulationsverfahren ein Parameter ist für den nächsten/das nächste ein Systemzustand sein[12]. Daher wird nachfolgend vom Zustand $\underline{x}(t)$ auf den Simulationszustand übergegangen:

Definition 3.6 (Simulationszustand): *Der Simulationszustand umfasst neben dem Systemzustand $\underline{x}$ zum Zeitpunkt t auch die Parameter $\underline{a}$ und Algorithmen $\underline{A}$ eines Simulationsmodells für diesen Zeitpunkt.*

Es gilt also

$$\underline{s}(t) = \begin{bmatrix} \underline{x}(t) \\ \underline{a}(t) \\ \underline{A}(t) \end{bmatrix}, \quad s_i = (w_i, d_i, l_i) \in \mathbb{V} := \mathbb{W} \times \mathbb{D} \times \mathbb{L}_a, \underline{s} \in \mathbb{V}^{n_s} \qquad (3.4)$$

---

[11] z. B. entstehen beim Zertrennen eines Baums neue für die Starrkörpersimulation zu berücksichtende Starrkörper, die Dimension des Systemzustands vergrößert sich entsprechend.

[12] Ein Beispiel hierfür ist die Form eines Werkstücks aus Sicht der Starrkörperdynamiksimulation und aus Sicht der Simulation des Zerspanungsprozesses. Bei der Kopplung dieser beiden Simulationsverfahren wird der Parameter „Dimension" auch für die Starrkörperdynamik zeitabhängig, auch wenn dort vielleicht nur Änderungen zu diskreten Zeitpunkten betrachtet werden.

Der Simulationszustandsvektor ist also die Verkettung des Zustandsvektors mit den Vektoren der Parameter und Algorithmen. Analog zu den Ein- und Ausgängen ist auch ein Element des Zustandsvektors wieder ein geordnetes Tupel (w_i, d_i, l_i), welches entweder einen Zustand, einen Parameter oder einen Algorithmus enthält. Entsprechend wird Abbildung 3.1 im Zuge der Simulation durch die Blockdarstellung in Abbildung 3.4 ersetzt. Die Eingänge werden im Vektor der Eingangsgrößen $\underline{u}(t) \in \mathbb{V}^{n_u}$ und die Ausgänge im Vektor der Ausgangsgrößen $\underline{y}(t) \in \mathbb{V}^{n_y}$ zusammengefasst.

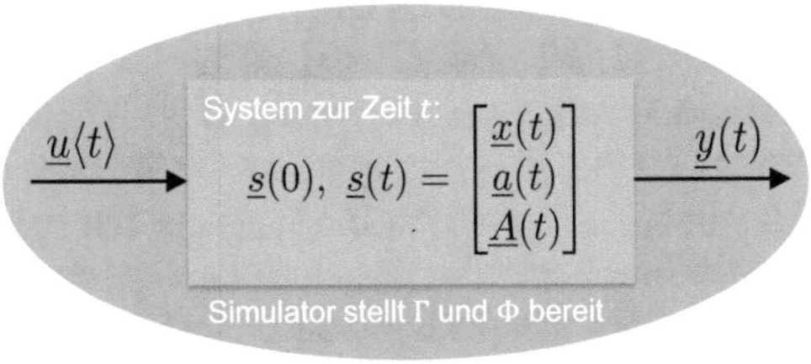

Abbildung 3.4 Blockdarstellung eines simulierten Systems mit Eingangs- und Ausgangsvariablen sowie internen Zustandsgrößen[13]

Bei näherer Betrachtung von Abbildung 3.4 fallen die spitzen Klammern von $\underline{u}\langle t \rangle$ im Gegensatz zu den runden Klammern in $\underline{y}(t)$ auf. $\underline{y}(t)$ ist ein Beispiel für eine **Zeitfunktion**, die für einen konkreten Zeitpunkt $t \in \mathbb{T}$ definiert ist und den Wert von f zu einem Zeitpunkt $t \in \mathbb{T}$ durch $f(t)$ bestimmt:

$$f : \mathbb{T} \to \mathbb{V} \tag{3.5}$$

$\mathbb{T}$ ist die Menge aller möglichen Zeitpunkte[14]. Häufig ist aber nicht nur der Funktionswert $f(t)$ zu einem bestimmten Zeitpunkt relevant sondern der gesamte Verlauf über ein **Zeitintervall** $\mathbb{T}'$ zwischen zwei Zeitpunkten t_1 und t_2:

$$\mathbb{T}' := \langle t_1, t_2 \rangle := \{t \in \mathbb{T} \mid t_1 \leq t \leq t_2\}, \; t_1 \leq t_2 \in \mathbb{T} \tag{3.6}$$

---

[13] $\underline{a}$ und $\underline{A}$ aus dem Modell $M_S = (\underline{a}, \underline{A}, \underline{U}, \underline{Y})$ sind hier also Teil des Simulationszustandsvektors $\underline{s}(t)$.

[14] Hierbei wird häufig die Menge der reellen Zahlen $\mathbb{R}$ gewählt. Ebenso kann aber auch die Menge der natürlichen Zahlen $\mathbb{N}$ sinnvoll sein, wenn nur die Reihenfolge der Funktionswerte interessiert. Abschnitt 3.6.2 kombiniert beides in der so genannten „Super-dense Time".

Das Zeitintervall $\mathbb{T}'$ ist also die Menge der betrachteten Zeitpunkte. Dies führt zum Begriff des **Funktionssegments** $f|\mathbb{T}'$. Ein Funktionssegment beschreibt den Verlauf von f für das Zeitintervall $\mathbb{T}'$, das bei t_1 beginnt und bei t_2 endet[15]:

$$f|\mathbb{T}' : \mathbb{T}' \rightarrow \mathbb{V} \quad \text{mit} \quad f|\mathbb{T}'(t) := \{f(t) \in \mathbb{V} \mid t \in \mathbb{T}'\} \tag{3.7}$$

Das Funktionssegment $f|\mathbb{T}'$ ist also die Menge der betrachteten Funktionswerte. Für Funktionssegmente werden nachfolgend die verkürzten Schreibweisen $f\langle t_1, t_2\rangle \rightarrow \mathbb{V}$ und $f\langle t\rangle := f\langle 0, t\rangle$ verwendet. Die Zeitfunktion $f(t)$ gibt für jeden Zeitpunkt $t \in \langle t_1, t_2\rangle$ den jeweiligen Funktionswert an[16]. Die Schreibweise $(\mathbb{V}, \mathbb{T})$ bezeichnet schließlich alle möglichen Funktionssegmente über $\mathbb{V}$ und $\mathbb{T}$. Mit Bezug auf Abbildung 3.4 bezeichnet das Eingangssegment $\underline{u}\langle t\rangle \in (\mathbb{V}^{n_u}, \mathbb{T})$ also den Verlauf der Eingangsfunktion $u(t)$ in $0 \leq t' \leq t$. $\underline{u}(10)$ ist der Wert der Eingangsfunktion zum Zeitpunkt 10 s, $\underline{u}\langle 10\rangle$ der Verlauf der Eingangsfunktion zwischen 0 und 10 s.

Mit Einführung der Simulationsübergangsfunktion $\Gamma : \mathbb{V}^{n_s} \times (\mathbb{V}^{n_u}, \mathbb{T}) \times \mathbb{T} \rightarrow \mathbb{V}^{n_s}$ für die Entwicklung des Simulationszustands und der Simulationsausgangsfunktion $\Phi : \mathbb{V}^{n_s} \times \mathbb{V}^{n_u} \times \mathbb{T} \rightarrow \mathbb{V}^{n_y}$ für die Berechnung der Ausgangsgrößen kann das Verhalten des Systems und damit das Experimentierbare Modell M_E wie folgt beschrieben werden:

$$M_E : \quad \begin{aligned} \underline{s}(t) &= \Gamma(\underline{s}(0), \underline{u}\langle t\rangle, t) \\ \underline{y}(t) &= \Phi(\underline{s}(t), \underline{u}(t), t) \end{aligned} \tag{3.8}$$

Ausgehend vom Initialzustand $\underline{s}(0)$ wird aus einem bekannten Eingangssegment $\underline{u}\langle t\rangle$ der Simulationszustand $\underline{s}(t)$ zum Zeitpunkt t bestimmt. Der Ausgangswert $\underline{y}(t)$ ergibt sich demgegenüber ausschließlich aus dem Simulationszustand $\underline{s}(t)$ und dem Eingangswert $\underline{u}(t)$ zum Zeitpunkt t. Beide Funktionen Γ und Φ zusammen werden nachfolgend **Simulationsfunktionen** genannt. Die Zustandsgrößen eines über M_S beschriebenen Systems ergeben sich oft erst durch Wahl der Simulationsfunktionen (z. B. Kinematik vs. Starrkörperdynamik). In der hier gewählten Darstellung werden Γ und Φ durch den Simulator (siehe Abbildung 3.4 und nächster Abschnitt) implementiert. Beispiele für Bestandteile derartiger Simulationsfunktionen sind Algorithmen zur Kinematiksimulation, zur Berechnung der Bewegung starrer Körper mit Methoden der Starrkörperdynamik, Integrationsverfahren (siehe

---

[15] Zur Notation siehe auch [ZMK19].

[16] Anschaulich kann dieser Begriff am Beispiel der Bewegung eines Körpers illustriert werden. $f(t)$ gibt die Lage des Körpers zum Zeitpunkt t an. $f\langle t\rangle$ liefert demgegenüber den Bahnverlauf des Körpers, der im Bereich der Robotik oft auch als Trajektorie bezeichnet wird.

auch Abschnitt 4.2, falls die Entwicklung von $\underline{s}(t)$ durch ein System differential-algebraischer Gleichungen (engl. Differential Algebraic Equations, DAE, siehe Abschnitt 3.6.2) beschrieben wird) sowie Verfahren zur Zeitsteuerung in der Simulation (siehe auch Abschnitt 5.5). Der Begriff der „Simulationsfunktionen" wird wie folgt definiert:

> **Definition 3.7 (Simulationsfunktionen):** *Die Simulationsfunktionen* Γ *und* Φ *sind die mathematische Darstellung eines Experimentierbaren Modells* M_E. *Sie sind in einem Simulator implementiert und berechnen ausgehend vom initialen Simulationszustand* $\underline{s}(0)$ *und bekanntem Verlauf der Eingangsgrößen* $\underline{u}\langle t\rangle$ *den zeitlichen Verlauf des Simulationszustands* $\underline{s}\langle t\rangle$ *sowie der Ausgangsgrößen* $\underline{y}\langle t\rangle$.

Wie in Abschnitt 4.1.3 erläutert besteht ein Modell allgemein aus zwei Komponenten, der übergreifenden Theorie und einer spezifischen Beschreibung eines Objekts oder Systems als konkretem Modellgegenstand. Illustriert am Beispiel der Simulation der gleichförmigen Bewegung $x_1(t) = v \cdot t + x_1(0)$ ist diese Gleichung das mathematische Modell der übergreifenden Theorie und die Geschwindigkeit v die spezifische Beschreibung des sich bewegenden Objekts. Die Anwendung dieser Aufteilung im Prozess von Modellierung und Simulation hat den Vorteil, dass die übergreifende Theorie nur einmal modelliert und implementiert werden muss und nachfolgend durch Simulationsmodelle der betrachteten Objekte nur noch „konfiguriert" wird. Diese Unterscheidung führt zu einer Trennung von Zuständigkeiten in vielfältiger Hinsicht und ist grundlegend für Überlegungen z. B. zur Semantischen Modellbildung (siehe Abschnitt 3.5) oder zur Verifikation und Validierung (Abschnitt 3.1.5). Es gibt keine feste Zuteilung zwischen übergreifender Theorie und Objektbeschreibung auf der einen sowie Simulationsverfahren Γ, Φ, Algorithmen $\underline{A}$ und Parameter $\underline{a}$ auf der anderen Seite. So kann z. B. im Simulator ein Simulationsverfahren zur Verfügung stehen, welches die o. g. Bewegungsform implementiert. Dieses wird vom Simulator über Γ zur Verfügung gestellt und durch Vorgabe der Parameter v und $x_1(0)$ in $\underline{a}$ parametriert. In einem anderen Fall stellt der Simulator eine Simulationssprache zur Verfügung. Hier wird die Bewegungsgleichung in dieser Sprache z. B. über „x1akt=v*t+x1start;" modelliert. Γ interpretiert diese Zeichenkette, stellt den Scheduler zum zyklischen Aufruf der Gleichung mit fortschreitendem t zur Verfügung und verwendet zur Parametrierung ebenfalls $\underline{a}$.

3.1.4   Simulator

Ein Simulator bzw. Simulationswerkzeug implementiert die Simulationsfunktionen Γ und Φ, welche die im Simulationsmodell enthaltenen Parameter $\underline{a}$ und Algorithmen $\underline{A}$ sowie das Eingangssegment $\underline{u}\langle t\rangle$ zur Bestimmung von $\underline{s}(t)$ und $\underline{y}(t)$ verwenden. Er überführt damit M_S in ein ausführbares Experimentierbares Modell M_E:

> **Definition 3.8 (Simulator):** *Ein Simulator bzw. Simulationswerkzeug ist ein Softwareprogramm[17], mit dem das Simulationsmodell M_S zur Nachbildung des dynamischen Verhaltens eines Systems und seiner Prozesse erstellt[18] und im Experimentierbaren Modell M_E ausführbar gemacht werden kann. (angelehnt an [VDI18])*

Der Simulator ist also das Werkzeug, das die Simulation von Simulationsmodellen ermöglicht. Der Simulator implementiert die Simulationsfunktionen Γ und Φ zur Simulation des vom Benutzer vorgegebenem Simulationsmodells M_S und realisiert hiermit das Experimentierbare Modell M_E entsprechend Gleichung 3.8 bzw. die Simulation (siehe Abbildung 3.5). Darüber hinaus stellt der Simulator diverse Unterstützungsfunktionen zur Erstellung, Ausführung und Auswertung von Simulationen zur Verfügung[19]. Elementar für EDZ ist hierbei die möglichst weitgehende Trennung des Simulationsmodells mit seinen (benutzerdefinierten) Parametern und Algorithmen vom Simulator mit seinen Simulationsfunktionen und damit die bereits beschriebene Trennung von spezifischer Objektbeschreibung und übergreifender Theorie[20] (siehe auch [LSW+07]).

---

[17] Der Fokus liegt hier auf der Computersimulation (siehe Abschnitt 4.1).

[18] Nach dieser Definition gehört die Modellerstellung mit zu den Aufgaben eines Simulators.

[19] Beispiele von Simulatoren finden sich in Kapitel 4.

[20] Dies steht im Gegensatz zu anderen Herangehensweisen, bei denen der Simulator eine anwendungsspezifische Zusammenstellung von bereits Experimentierbaren Modellen in Kombination mit einem allgemeinen Simulationskernel ist, der neben der Zeitsteuerung im Wesentlichen administrative Funktionen übernimmt. Dies ist u. a. die Sichtweise der ECSS, siehe z. B. [ECS10b]. Die einzelnen Experimentierbaren Modelle liegen hier in direkt ausführbarer Form z. B. als Programmbibliothek vor.

Abbildung 3.5 fasst die vorgestellten Begriffe und den damit verbundenen Prozess zusammen. Ausgangspunkt ist das zu simulierende System mit seinen Systemparametern $\underline{a}$ und Systemzuständen $\underline{x}(t)$. Dieses wird im Rahmen der Modellierung in ein Simulationsmodell $M_S = (\underline{a}, \underline{A}, \underline{U}, \underline{Y})$ überführt, welches in einer geeigneten Modellrepräsentation gespeichert wird. Die Simulationsfunktionen Γ und Φ des Simulators überführen dieses Modell in ein Experimentierbares Modell M_E mit dem Simulationszustand $\underline{s}(t)^{21}$.

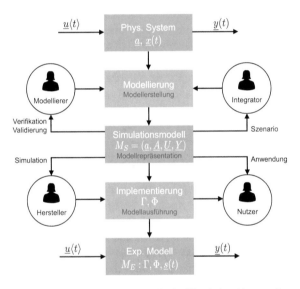

Abbildung 3.5 Modelle und ihre Verwendung in der Simulation (dargestellt ausgehend von [LSW+07])

---

[21] Tatsächlich ist das Experimentierbare Modell wieder ein System. Die Darstellung in Abbildung 3.5 macht dies deutlich. Deutlich wird ebenfalls, dass als Grundlage für den effizienten wie effektiven Umgang mit Simulationstechnik eine geeignete Semantik notwendig ist, die über die Begriffe „System", „Modell" und „Simulation" hinausgeht und vor dem Hintergrund einer geeigneten Methodik eindeutige und unmissverständliche Bezeichnungen für unterschiedliche Digitale Artefakte, die im Rahmen der vielfältigen Arbeiten entstehen, definiert.

3.1.5 Verifikation und Validierung eines Modells

Die Durchführung von Simulationen erfolgt in Arbeitsprozessen mit diversen aufeinander aufbauenden Schritten. Hierbei können Fehler an nahezu jeder Stelle und zu jedem Zeitpunkt auftreten. Einige Fehler werden hierbei bewusst in Kauf genommen oder sind sogar unvermeidbar (z. B. die Vernachlässigung von als nicht relevant identifizierten physikalischen Phänomenen zur Reduktion der Modellkomplexität), viele sind allerdings unbeabsichtigt. Der unvorsichtige Umgang mit Fehlern im Modellierungs- und Simulationsprozess hat viele Anwender bereits an der Sinnhaftigkeit des Einsatzes von Simulation zweifeln lassen. Zitate wie „*CFD means colors for directors.*", „*In fact all models are wrong, but some are useful.*" oder „*Simulation embodies the principle of learning by doing.*" illustrieren dies. Die Aussage „*Simulation macht aus einem guten Ingenieur einen besseren und aus einem schlechten eine Gefahr.*" bringt die Problematik final auf den Punkt. Das Bewusstsein über Fehler und die Aussagekraft von Simulationen ist elementar für den sinnvollen Einsatz. Vor diesem Hintergrund ist es notwendig zu „garantieren", dass der gesamte Modellierungs- und Simulationsprozess zu „geeigneten", „realitätsnahen", „korrekten" Simulationsergebnissen führt. Dies ist die Aufgabe von Modellverifikation und Modellvalidierung. Die Adjektive stehen in Anführungszeichen, da die Festlegung, was z. B. ausreichend realitätsnah ist, eine nicht-triviale Aufgabe darstellt (siehe auch Abschnitt 4.1.7). Für viele Anwendungsfälle muss etwa sichergestellt werden, dass das Verhalten des simulierten Systems nur innerhalb eines vordefinierten Toleranzrahmens vom entsprechenden realen System abweicht. Hierzu wird häufig ein Geltungsbereich für die Simulation angegeben, in dem diese Forderung erfüllt werden kann. Verifikation und Validierung eines Experimentierbaren Modells zielen auf die Bewertung der Genauigkeit des Experimentierbaren Modells hinsichtlich der mit diesem Modell verfolgten Ziele [Wan12; Bal98; Sha77]. Modellverifikation und Modellvalidierung[22] sollen sicherstellen, dass ausschließlich korrekte und geeignete Modelle und Simulationsergebnisse praktisch genutzt werden.

Die Entwicklung des Experimentierbaren Modells und/oder einer Simulation erfolgt typischerweise in vier Schritten (siehe Abbildung 3.6). Im ersten Schritt werden die zu modellierenden Systeme sowie die hierzu notwendigen Modelle sowie ggf. Simulationsverfahren und Simulatoren beschrieben bzw. spezifiziert. In diesem Zusammenhang wird ein **Konzeptuelles Modell** (engl. „Conceptual Model") erstellt[23]:

---

[22] Einen guten Überblick gibt diesbezüglich [Pet13].

[23] Siehe auch [Ras14; BCN+10; BKC18].

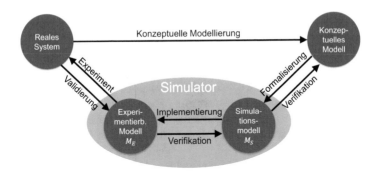

Abbildung 3.6 Illustration der gewählten Zusammenhänge zwischen den Begriffen Konzeptuelles Modell, Simulationsmodell, Experimentierbares Modell, Modellverifikation und Modellvalidierung

> **Definition 3.9 (Konzeptuelles Modell):** *„Ein konzeptuelles Modell ist eine software-unabhängige Beschreibung eines (bereits entwickelten, gerade entwickelten oder noch zu entwickelnden) Simulationsmodells und beschreibt dessen Ziele, Ein- und Ausgänge, Inhalte, Annahmen und Vereinfachungen.“* [Rob08]

U. a. mit Bezug auf [Rob08; WTW09; BKC18] hat das Konzeptuelle Modell folgende Eigenschaften und Aufgaben[24,25]:

---

[24] [ECS11] fasst die Aufgaben des konzeptuellen Modells (hier beschränkt auf das Datenmodell) wie folgt zusammen: *„A conceptual data model specifies the semantics of the data relevant to a domain. It defines the data of significance to the end-users, its characteristics and the associations between data. [...] A conceptual model can be seen as a network of object types and relations, further refined by constraints and rules that shall or should be satisfied. Some of these relations are of „part of“ nature and of special interest for determining the user views of the model, i.e. a conceptual model is not just a network of definitions but organised into hierarchical sets of definitions that represent the „user views“ of the conceptual model.“* Diese Sicht trifft exakt auf obige Definition zu, wobei diese auch die entsprechend dieses Modells erhobenen Daten und ggf. notwendige Algorithmen umfasst.

[25] [BKC18] betrachtet den Begriff aus der Perspektive des Systems Engineerings: *„A system conceptual model describes [...] the various aspects of the system. The conceptual model might include its requirements, behavior, structure, and properties. In addition, a system conceptual model is accompanied by a set of definitions for each concept. [...] Conceptual models are*

1. Es ist eine abstrakte und vereinfachte Repräsentation des zu modellierenden Systems.
2. Es reduziert Mehrdeutigkeit, Unvollständigkeit, Inkonsistenz und Fehler bei der Beschreibung der Anforderungen.
3. Es trägt dazu bei, effizient und effektiv zu einer vollständigen und eindeutigen Darstellung des Systems zu kommen.
4. Es beschreibt das Simulationsmodell entsprechend der Perspektiven, Bedürfnisse und Anforderungen und in den Terminologien von Anwendern und Modellierern.
5. Es erleichtert die Kommunikation zwischen den Beteiligten im Simulationsprozess.
6. Es liefert Grundlagen, um die Eignung von Simulationsmodellen und Simulatoren für ein gegebenes Problem zu beurteilen.
7. Es erleichtert/ermöglicht Verifikation, Validierung und Akkreditierung von Simulationsmodellen und Simulatoren.
8. Es liefert die Grundlage, um Integrierbarkeit, Interoperabilität und Kompositionsfähigkeit der beteiligten Modelle zu beurteilen (siehe u. a. [PW03; Wei04; TM03; TDT08; WTW09] sowie Abschnitt 5.8.5).
9. Es fördert die Wiederverwendbarkeit, Interoperabilität und Kompositionsfähigkeit von Simulationsmodellen.
10. Es ist die Grundlage und der Startpunkt für die nachfolgenden Phasen im Simulationsprozess.
11. Es ist ein wichtiger Zwischenschritt, um von einer Problemsituation über die Modellanforderungen zu einer Festlegung dessen zu gelangen, was modelliert werden soll und wie.
12. Seine Erstellung erfolgt oft iterativ und repetitiv, wobei es kontinuierlich überarbeitet wird.
13. Es ist unabhängig von den eingesetzten Simulatoren.

Ein Konzeptuelles Modell ist *nicht* ausführbar sondern muss formalisiert und in ein Simulationsmodell M_S entsprechend Gleichung 3.2 als Grundlage für die Simulation überführt werden. Auf Grundlage der Konzeptuellen Modelle können Simulationsmodelle auf unterschiedliche Weise erstellt werden[26,27]. Auch dieses Simu-

---

just beginning to make headway toward being a complete and unambiguous representation of a system under development."

[26] Abschnitt 4.2 und Abschnitt 4.3 stellen hierzu unterschiedliche Beschreibungsformen vor.

[27] Die Verwendung von Programmiersprachen ist flexibel aber fehleranfällig. Spezialisierte Simulationssprachen reduzieren den Aufwand bei der Modellerstellung ebenso wie die Fehleranfälligkeit dieses Prozesses. Hierbei muss zwischen grafischen und textuellen

lationsmodell ist noch nicht ausführbar sondern muss hierzu durch Anwendung der Simulationsfunktionen und/oder[28] Implementierung in den Simulationsfunktionen Γ und Φ in ein Experimentierbares Modell überführt werden (siehe Definition oben). Im Gegensatz zum Konzeptuellen Modell sind Simulationsmodell und Experimentierbares Modell häufig Simulator-spezifisch, können teilweise mit Hilfe des Simulators erstellt werden und werden dort ausgeführt. Dieses Experimentierbare Modell wird anschließend im Rahmen von (Simulations-) Experimenten simuliert. Wird nachfolgend von einem „Modell" gesprochen, kann dieses sowohl ein Konzeptionelles, ein Simulations- als auch ein Experimentierbares Modell sein.

Idealerweise noch vor dem Experiment wird das Simulationsmodell verifiziert. Dies stellt sicher, dass die Umsetzung des Konzeptuellen Modells in das Simulationsmodell M_S richtig – im Sinne von korrekt und fehlerfrei – erfolgt ist[29]:

Simulationssprachen unterschieden werden. Simulationswerkzeuge stellen zusätzlich häufig domänenspezifische Funktionalitäten zur Verfügung, so dass oft die Vorgabe einzelner Parameter ausreicht, um das Simulationsmodell zu erstellen. Unabhängig von der Herangehensweise erfordert die Erstellung von Simulationsmodellen detaillierte Daten des zu simulierenden Systems.

[28] Siehe hierzu die Überlegungen zur Aufteilung von übergreifender Theorie und Beschreibung eines Objekts in den Modellen und Simulationsfunktionen oben.

[29] Spannend ist an dieser Stelle ein Blick auf die initial deckungsgleiche Zusammenfassung von Rabe, Spiekermann und Wenzel [RSW08]: *„Die VDI-Richtlinie 3633 definiert die Verifikation [...] als den „[...] formalen Nachweis der Korrektheit des Simulationsmodells" [...]* [Mittlerweile wird die Definition „Durchführung von formalen Prüfungen zur Korrektheit des Simulationsmodells" verwendet [VDI18].]. *In diesem Zusammenhang ist in Analogie zur Softwareerstellung, bei der unter Verifikation der Beweis der Konsistenz zwischen der Programmimplementierung und seiner Spezifikation verstanden wird (vgl. [Bal05], S. 476), zu prüfen, ob das erstellte Simulationsprogramm das konzeptionelle Modell (Konzeptmodell) korrekt wiedergibt. (vgl. [SCG+79; Dav92]). Vielfach wird diese Definition in die Frage „Ist das Modell richtig?" („Are we creating the X right?") zusammengefasst (vgl. [Bal03])."* Die Autoren verweisen dann darauf, dass die Erstellung des zu verifizierenden Modells ein Transformationsprozess ist, so dass die Korrektheit der Transformation (und damit implizit des resultierenden Modells) überprüft werden muss: *„Balci spricht in diesem Zusammenhang von der hinreichenden Genauigkeit, die erreicht werden muss, wenn ein Modell in ein anderes transformiert wird ([Bal98], S. 336). Kennzeichnend ist hier einerseits der Hinweis auf die Überführung: Nicht die Korrektheit des Modells als solche wird geprüft, sondern die Korrektheit der Transformation („Transformational Accuracy", vgl. [Bal03]) aus einem anderen Modell (z. B. dem Konzeptmodell).* Daraus leiten die Autoren ihre Definition ab: *„Verifikation ist die Überprüfung, ob ein Modell von einer Beschreibungsart in eine andere Beschreibungsart korrekt transformiert wurde."* Die Autoren unterscheiden nicht in Modell- und Simulatorverifikation.

Definition 3.10 (Modellverifikation): *Die Verifikation des Simulationsmodells M_S stellt sicher, „dass die Modellierung dem Konzeptuellen Modell entspricht"* [Ras14; Dep09].

Tatsächlich muss diese Korrektheit und Fehlerfreiheit nicht nur für die Umsetzung des Konzeptuellen Modells in das Simulationsmodell M_S sondern auch für die Implementierung des Simulationsmodells im Experimentierbaren Modell M_E entsprechend Gleichung 3.8 und damit für die Umsetzung in den bzw. mit den Simulationsfunktionen Γ und Φ sichergestellt werden. Entsprechend ist es nur konsequent, neben der Modellverifikation auch die Simulatorverifikation zu fordern:

Definition 3.11 (Simulatorverifikation): *Die Verifikation des Simulators stellt sicher, dass die Implementierung des Experimentierbaren Modells M_E dem Simulationsmodell M_S entspricht.*

Die Verifikation von Modellen erfolgt z. B. durch Vergleich von Simulationsergebnissen mit den Ergebnissen vereinfachter physikalischer Gesetze oder vereinfachter Modellteile, durch Analyse von Gleichgewichtszuständen, durch Simulation mit unterschiedlichen Simulationsparametern und durch Review von Simulationscode und Simulationsmodellen. Bei den hier gewählten Definitionen stehen das Simulationsmodell M_S bzw. das Experimentierbare Modell M_E im Mittelpunkt der Betrachtungen, d. h. die Begriffe Verifikation und Validierung werden aus Sicht dieser Modelle definiert. Anders ist dies im Abschnitt 3.7.4. Hier werden die Begriffe aus Sicht des zu entwickelnden Systems festgelegt und als Systemverifikation und Systemvalidierung bezeichnet.

Bis zu diesem Zeitpunkt werden keine Aussagen hinsichtlich Güte der Abbildung des realen durch das simulierte System getroffen. Erst die in einem weiteren Schritt durchgeführte Validierung des Experimentierbaren Modells vergleicht (z. B. durch Referenzexperimente) die mit dem Modell erzielten Ergebnisse mit dem Verhalten des realen Systems. Dies führt zum Begriff der Modellvalidierung (angelehnt an [Ras14; Dep09]):

Definition 3.12 (Modellvalidierung): *Die Modellvalidierung stellt sicher, dass das Experimentierbare Modell in der Praxis den Anforderungen der Anwendung entspricht.*

Das Simulationsmodell M_S alleine kann nicht validiert werden sondern nur in seiner Implementierung im Experimentierbaren Modell M_E. Über die gewählten Definitionen hinaus existieren viele weitere Definitionen zu den Begriffen Verifikation und Validierung (siehe z. B. [DIN15; VDI21; IEE90b; ISO12; VDI18]). Der Grundtenor aller Definitionen ist hierbei gleich: Die Verifikation testet ein Modell gegen seine Spezifikation (hier das Konzeptuelle Modell bzw. das Simulationsmodell), die Validierung testet ein Modell gegen seine Anforderungen (hier die Abbildung des realen Systems). Bei der Verifikation wird geprüft, ob das Konzeptuelle Modell korrekt in das Simulationsmodell bzw. das Simulationsmodell korrekt in das Experimentierbare Modell überführt wurden. Verifikation beantwortet im Ergebnis die Frage, ob das Experimentierbare Modell das Konzeptuelle Modell korrekt abbildet. Die Validierung stellt demgegenüber sicher, dass auch das richtige Modell simuliert wurde, und beantwortet damit die Frage, ob das Experimentierbare Modell das reale System für den beabsichtigten Anwendungszweck ausreichend gut abbildet. Letzteres fokussiert auch die Definition *„Überprüfung der hinreichenden Übereinstimmung von Modell und System, die sicherstellen soll, dass das Modell das Verhalten des realen Systems im Hinblick auf die Untersuchungsziele genau genug und fehlerfrei widerspiegelt"* in [VDI18], die ähnlich auch z. B. in [RSW08] verwendet wird.

In diesem Zusammenhang stellt sich die Frage, in welchem Maße die Simulationsergebnisse dem Verhalten des realen Systems entsprechen. Je nach Aufgabenstellung kann diese Frage für die Ausgangsgrößen $\underline{y}(t)$ aber ggf. auch für die Zustandsgrößen $\underline{s}(t)$ gestellt werden:

Definition 3.13 (Modellkalibration): *Die Kalibration des Simulationsmodells M_S und der zur Simulation des entsprechenden Experimentierbaren Modells M_E notwendigen Simulationsfunktionen Γ und Φ quantifiziert den Modellfehler in Bezug auf das reale System (angelehnt an [Ras14]).*

Die festgestellten Abweichungen werden dann im Rahmen der Justierung des Simulationsmodells reduziert[30,31]:

> **Definition 3.14 (Justierung):** *Die Justierung umfasst die Parametrierung des Simulationsmodells M_S und der zur Simulation des entsprechenden Experimentierbaren Modells M_E notwendigen Simulationsfunktionen Γ und Φ anhand der Kalibration, sodass das M_S und M_E das Verhalten des realen Systems innerhalb der gewünschten Genauigkeit nachbilden (angelehnt an [Ras14]).*

Ein wesentliches Ergebnis dieses Prozesses ist der **Geltungsbereich** eines Simulationsmodells in Bezug auf ein mit einem konkreten Simulator umgesetztes Experimentierbares Modell und seiner Implementierung der Simulationsfunktionen[32]:

> **Definition 3.15 (Geltungsbereich einer Simulation):** *Der Geltungsbereich einer Simulation gibt an, für welchen Bereich eine Simulation validiert ist.* [ECS10b]

Teilweise soll abschließend von offizieller Seite bestätigt werden, dass ein Simulationsmodell/Experimentierbares Modell für den angegebenen Geltungsbereich gewisse Eigenschaften besitzt und entsprechend verifiziert, validiert, kalibriert und

---

[30] Auch wenn im täglichen Sprachgebrauch unter dem Begriff der „Kalibration" häufig sowohl die Quantifizierung des Modellfehlers als auch die nachfolgende Anpassung der Modellparameter verstanden wird, werden im Bereich der Simulationstechnik aber auch in anderen Bereichen wie der Messtechnik diese beiden Schritte strikt voneinander getrennt.

[31] Um diesen oft sehr zeitaufwändigen Prozess nicht mit jedem neuen Experimentierbaren Modell vollständig durchlaufen zu müssen, sollten applikations- und modellunabhängige Simulationsfunktionen vorab und unabhängig vom konkreten Simulationsmodell validiert werden.

[32] Unter dem in der Definition genannten Begriff „Bereich" können unterschiedliche Aspekte verstanden werden. So können hiermit unterschiedliche Parameterbereiche, für die Modelle validiert wurden, ebenso gemeint sein wie Einschränkungen für die simulierte Umgebung, in der die Modelle genutzt werden können. Ein Beispiel für letzteres ist, dass die Fahrdynamik eines Autos nur für trockene Asphaltoberflächen korrekt nachgebildet wurde, nicht aber für nasse.

justiert wurde. Dieser Prozess wird als **Akkreditierung** bezeichnet (siehe auch [Dep09; RSW08]):

> **Definition 3.16 (Modellakkreditierung):** *Im Prozess der Modellakkreditierung wird einem Simulationsmodell, einem Simulator oder einer Simulation und den zugehörigen Daten offiziell bestätigt, dass dieses/diese für einen bestimmten Zweck geeignet ist/sind.*

3.1.6   Disziplin, Domäne und Anwendungsbereich

EDZ sollen disziplin-, domänen- und anwendungsübergreifend eingesetzt werden können. Die Begriffe „Disziplin" und „Domäne" haben Eingang in den täglichen Sprachgebrauch gefunden. Aber was bedeutet es konkret, wenn von einem „interdisziplinären und domänenübergreifenden Ansatz" gesprochen wird? Eine eindeutige Definition dieser beiden Begriffe erscheint hierbei kaum allgemeingültig möglich, denn beide werden häufig intuitiv verwendet und teilweise auch synonym eingesetzt[33]. Nachfolgend sollen die Begriffe wie folgt verwendet werden. Die Definition des Begriffs „Disziplin" bezieht sich auf die Wissenschaft:

> **Definition 3.17 (Disziplin):** *Eine (wissenschaftliche) Disziplin ist ein Teilgebiet der Wissenschaft, eine Einzelwissenschaft.*

Disziplinen sind also z. B. Informatik, Elektrotechnik, Maschinenbau, Physik, Philosophie oder Medizin. Interdisziplinäre Ansätze versuchen einen bestimmten Wissensbereich oder disziplinübergreifende Themen gemeinsam zu erschließen. Der Begriff der „Domäne" wird oft synonym zum Begriff „Disziplin" eingesetzt. Im Kontext der EDZ wird dieser Begriff angelehnt an [NNd] konkreter in Bezug auf Softwaresysteme verwendet

> **Definition 3.18 (Domäne):** *Eine Domäne ist ein abgegrenztes Problemfeld des täglichen Lebens bzw. ein spezieller Einsatzbereich.*

---

[33] Ein Blick in [NNd] oder [Bib17] macht dies deutlich.

Die Domäne ist also der Anwendungskontext, in dem Modelle und Simulationen eingesetzt werden [ECS10a]. Beispiele hierfür sind thermodynamische und Strukturuntersuchungen oder die Analyse des dynamischen Verhaltens starrer Körper. Zwischen Disziplinen und Domänen besteht ersichtlich keine direkte Zuordnung. Vielmehr sind an der Bereitstellung simulationstechnischer Methoden für eine Domäne meist unterschiedliche Disziplinen beteiligt. Vergleichbar mit dem Begriff der „Domäne" ist der Begriff des „Anwendungsbereichs", also dem Bereich, in dem etwas Anwendung findet (siehe [Bib17]). Anwendungsbereiche von Simulation sind z. B. Weltraumrobotik, industrielle Robotik, Roboter im Umweltbereich, Straßenverkehr, Stadtplanung o. ä. Zur Bereitstellung von Simulationen für einen Anwendungsbereich ist typischerweise die Kombination unterschiedlicher Simulationsdomänen notwendig.

3.2 Struktur und Modellierung des Experimentierbaren Digitalen Zwillings

Aufbauend auf diesen Begriffen wird nachfolgend die Struktur des EDZ näher betrachtet.

3.2.1 Aufbau

Abbildung 3.7 illustriert vereinfacht[34] die grundlegende Struktur eines EDZ in Konkretisierung der allgemeinen Blockdarstellung eines Systems in Abbildung 3.4 sowie der in Abschnitt 2.4.3 eingeführten allgemeinen Struktur Mechatronischer/Cyber-Physischer Systeme. Ein EDZ besteht im Wesentlichen aus **EDZ-Komponenten** der folgenden Klassen, die über unterschiedliche Interaktionsformen (I) untereinander und mit ihrer Umgebung interagieren:

1. Das simulierte Physische System (PSYS)
2. Das simulierte Informationsverarbeitende System (IVS)
3. Die simulierte Mensch-Maschine-Schnittstelle (MMS)

---

[34] Unter anderem fehlt die Verbindung vom IVS in Richtung MMS.

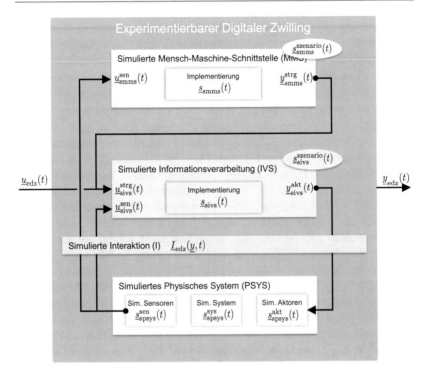

Abbildung 3.7 Die Struktur eines Experimentierbaren Digitalen Zwillings

Der Begriff der EDZ-Komponente ist wie folgt definiert:

Definition 3.19 (Komponente eines Experimentierbaren Digitalen Zwillings): *Eine Komponente eines Experimentierbaren Digitalen Zwillings (kurz EDZ-Komponente) ist eine semantische Einheit, die als Teil des EDZ einer bestimmten Funktion nachkommt. Sie verfügt über Ein- und Ausgänge und interagiert mit den weiteren Komponenten des EDZ sowie über seine Ein- und Ausgänge mit dessen Umgebung. Sie besitzt ein eigenes Verhalten, dass entweder direkt über geeignete Simulationsmodelle modelliert ist oder über einen hierarchisch untergeordneten EDZ nachgebildet wird.*

Das simulierte Physische System (PSYS) bezeichnet das simulierte Artefakt der realen Welt (z. B. eine Forstmaschine oder ihren Fahrer), beschrieben im Simulationszustand mit $\underline{s}_{\mathrm{spsys}}^{\mathrm{sys}}(t)$[35], sowie dessen Sensoren $\underline{s}_{\mathrm{spsys}}^{\mathrm{sen}}(t)$ und Aktoren $\underline{s}_{\mathrm{spsys}}^{\mathrm{akt}}(t)$. Die Ausgänge der Sensoren[36] sind mit den Eingängen $\underline{u}_{\mathrm{sivs}}^{\mathrm{sen}}(t)$ des Informationsverarbeitenden Systems (IVS) verbunden, dessen Implementierung und aktueller Zustand im Simulationszustand $\underline{s}_{\mathrm{sivs}}(t)$ beschrieben ist. Seine Ausgänge $\underline{y}_{\mathrm{sivs}}^{\mathrm{akt}}(t)$ sind wiederum mit den Aktoren des simulierten Physischen Systems verbunden. Über einen zusätzlichen Eingang $\underline{u}_{\mathrm{sivs}}^{\mathrm{strg}}(t)$ enthält die Informationsverarbeitung zusätzliche Steuerungsanweisungen von außen sowie über $\underline{y}_{\mathrm{smms}}^{\mathrm{strg}}(t)$ von der Mensch-Maschine-Schnittstelle (MMS). Die Informationsverarbeitung verwaltet ihre eigene Wahrnehmung des Einsatzszenarios $\underline{s}_{\mathrm{sivs}}^{\mathrm{szenario}}(t)$ z. B. bestehend aus dem eigenen EDZ und denen der Umgebung, welche z. B. aus den Sensordaten rekonstruiert wird. Sie kann auch als „wahrgenommene Umgebung" bezeichnet werden[37]. Die Mensch-Maschine-Schnittstelle ist über $\underline{s}_{\mathrm{smms}}(t)$ im Simulationszustand beschrieben und kann über ihre Eingänge $\underline{u}_{\mathrm{smms}}^{\mathrm{sen}}(t)$ auf die Sensordaten des Systems zugreifen. Auch sie verwaltet ihr eigenes Einsatzszenario $\underline{s}_{\mathrm{smms}}^{\mathrm{szenario}}(t)$. Dieses Szenario kann unterschiedliche Komplexität besitzen. Ein RI-Fließbild in der Verfahrenstechnik ist ein Beispiel für eher einfache Szenarien, eine vollständige 3D-Abbildung in der VR-gestützten Mensch-Maschine-Schnittstelle mit Vorabsimulation des Anlagenverhaltens ist demgegenüber deutlich umfangreicher. Der gesamte EDZ ist über den Eingangsvektor $\underline{u}_{\mathrm{edz}}(t)$ sowie über den Ausgangsvektor $\underline{y}_{\mathrm{edz}}(t)$ mit seiner Umgebung verbunden. Diese Ein- und Ausgänge (bzw. verallgemeinert Ports) sind die Interaktionspunkte und damit die Schnittstelle des EDZ mit seiner Umgebung. Diese Schnittstelle sollte wie die innere Struktur auch 1-zu-1 der Struktur und der Schnittstelle des Realen Zwillings entsprechen.

---

[35] Zur Erinnerung: Der Simulationszustand enthält nicht nur die gewählten Zustandsgrößen dieses Artefakts sondern auch sein Modell (siehe auch Gleichung 3.14).

[36] Analog können auch die Ausgänge der weiteren Komponenten aufgeführt werden, worauf allerdings verzichtet wird. Auch in Abbildung 3.7 sind dieser Ausgang wie auch der Eingang der simulierten Aktoren sowie die Verbindung zwischen den drei Komponenten des simulierten Physischen Systems nicht explizit benannt.

[37] Ein Beispiel hierfür ist ein Roboter, der über SLAM- (Simultaneous Localization and Mapping, [TBF05]) Algorithmen eine Karte seiner Umgebung aufbaut. Diese Karte ist $\underline{s}_{\mathrm{sivs}}^{\mathrm{szenario}}(t)$, seine Position Teil von $\underline{s}_{\mathrm{sivs}}(t)$.

3.2.2 Interaktion und Interaktionsformen

Die Simulation der über die Verbindung von Ports modellierte Interaktion im EDZ erfolgt für jede Interaktionsform I_i entsprechend $i_{f,i} : \mathbb{V}^{n_y} \times \mathbb{T} \rightarrow \mathbb{V}^{n_u}$, die das Verhalten einer Ein-/Ausgangsverbindung (siehe auch Abschnitt 3.3.4) allgemein beschreibt über[38, 39]

$$\underline{u}(t) = i_f(\underline{y}(t), \, t). \tag{3.9}$$

Über derartige Verbindungen können beliebige Informationen und insbesondere auch Parameter oder Algorithmen zwischen den beteiligten Komponenten ausgetauscht werden. **Auch das Gleichsetzen von Ports z. B. zur kinematischen Modellierung einer Verschraubung über das Festschreiben der relativen Lage der Komponenten ist möglich.**

Die Bestimmung der Funktion $i_{f,i}$ ist Aufgabe des Simulators[40]. Die unterschiedlichen Interaktionsformen $w_{I,i} \in \mathbb{W}_I$ (hydraulische Verbindungen, Ethernet-Netzwerk, direkte elektrische Verbindungen usw.) werden hierzu analog zu den Algorithmen jeweils in unterschiedlichen Beschreibungsformen $d_{I,i} \in \mathbb{D}_I$, den konkreten Formulierungen dieser Interaktionsformen mit den Beschreibungsmitteln der gewählten Simulatoren, modelliert. $\mathbb{D}_I$ ist die Menge dieser Beschreibungsformen und $\mathbb{W}_I$ die Menge konkreter Beschreibungen. Eine konkrete Interaktionsform I_i

---

[38] In dieser Formulierung kann eine Interaktion die ausgetauschten Daten lediglich verändern aber keine Daten „speichern", verzögert ausliefern oder in Abhängigkeit des Verlaufs der übertragenen Daten diese verändern. In seiner allgemeinsten Form hat diese Gleichung die Form von Gleichung 3.36 oder Gleichung 3.40. Die hier vorgenomme Vereinfachung stellt allerdings keine Einschränkung der Methodik dar sondern ist nur der vereinfachten Darstellung geschuldet. Der Fall „Kommunikationsinfrastrukturen mit Speicher" als Repräsentation IT-gestützter Interaktion kann aufgelöst werden, indem zwischen den entsprechenden Ein- und Ausgängen eine weitere aktive Komponente (quasi eine eigene EDZ-Komponente) eingefügt wird. In diesem Fall übernimmt diese Gleichung dann die Zuordnung zwischen den Ein- und Ausgängen, die eingefügte Komponente simuliert die Kommunikationsinfrastruktur selbst. Die weitere Darstellung bleibt damit unverändert. Rein passive Verbindungen können über diese Gleichung abgebildet werden und sind „einfach nur eine Verbindung". Aktive Verbindungen werden demgegenüber als eigenständige Komponente wahrgenommen und werden entsprechend als eigenständige EDZ-Komponente abgebildet.

[39] Die Darstellungsform suggeriert auf den ersten Blick wieder die in Abschnitt 3.1.2 bereits angesprochene Kausalität, d. h. die Werte der Eingänge entstehen aus den Werten der Ausgänge. Tatsächlich stellt die Formulierung lediglich einen Zusammenhang zwischen den Ports $\underline{u}$ und $\underline{y}$ dar, unabhängig von durch die Bezeichnung suggerierten Ursache-Wirkungs-Abhängigkeiten.

[40] Gleiches gilt analog auch für die Bestimmung der Übergangs- und Ausgangsfunktionen f und g (siehe Abschnitt 3.6.2).

ist damit wieder ein geordnetes Paar $(w_{I,i}, d_{I,i}) \in \mathbb{V}_I := \mathbb{W}_I \times \mathbb{D}_I$. Interaktionen referenzieren Parameter des EDZ (s.u.), die für ihn Verbindungen zwischen den Ein- und Ausgängen bzw. Ports, Zeitkonstanten für IT-gestützte Kommunikation o. ä. definieren. Die Funktion i_f aus Gleichung 3.9 ergibt sich durch Anwendung der Simulationsfunktionen Γ und Φ auf die Interaktionsformen $\underline{I}$ unter Berücksichtigung der Parameter aus dem Simulationsmodell im Simulator.

Bei näherer Betrachtung ist die mathematische Beschreibung von Verbindungen unter Berücksichtigung der beteiligten Interaktionsformen allerdings komplexer als es in Gleichung 3.9 zunächst erscheint. Zunächst ist zu beachten, dass ein Komponentenausgang nur dann mit einem Komponenteneingang verbunden werden kann, wenn beide derselben Interaktionsform zugeordnet sind. Betrachtet man nun alle Ausgänge der Komponente a, die über die Interaktionsform $I_{\underset{a \to b}{i}} = I_i$ mit der Komponente b verbunden sind, so gilt für den Eingangsvektor dieser Komponente[41]

$$\underline{u}_{\text{komp,b}}(t) = \xi_{\underset{a \to b,b}{i}} \left(i_{f, \underset{a \to b}{i}} \left(\xi_{\underset{a \to b,a}{i}} \left(\underline{y}_{\text{komp,a}}(t) \right), t \right) \right) = \hat{i}_{f, \underset{a \to b}{i}} \left(\underline{y}_{\text{komp,a}}(t), t \right)$$
(3.10)

Die Funktion $\xi_{\underset{a \to b,a}{i}} : \mathbb{V}^{n_{y_{\text{komp,a}}}} \to \mathbb{V}^{n_{verb,i}}$ wählt über $\xi_{\underset{a \to b,a}{i}} (\underline{y}_{\text{komp,a}}(t))$ diejenigen Elemente aus $\underline{y}_{\text{komp,a}}(t)$ aus, die über $i_{f, \underset{a \to b}{i}}$ von der Komponente a zur Komponente b übertragen werden sollen. Die korrespondierende Funktion $\xi_{\underset{a \to b,b}{i}} : \mathbb{V}^{n_{verb,i}} \to \mathbb{V}^{n_{u_{\text{komp,b}}}}$ weist entsprechend die über $n_{verb,i}$ Verbindungen über I_i übertragenen Werte ausgewählten Eingängen zu.

Die Eingänge der Komponente b können mit den Ausgängen der Komponenten a über unterschiedliche Interaktionsformen I_i verbunden werden. Im Ergebnis kann dann bei n_{komp} Komponenten und n_I Interaktionsformen mit

$$\underline{u}_{\text{komp,b}}(t) = \sum_{a=0}^{n_{\text{komp}}-1} \sum_{i=0}^{n_I-1} \hat{i}_{f, \underset{a \to b}{i}} \left(\underline{y}_{\text{komp,a}}(t), t \right) = \hat{i}_{f,b} \left(\underline{y}_{\text{komp,alle}}(t), t \right).$$
(3.11)

die Vernetzung aller Eingänge einer Komponente und mit

---

[41] Die Bezeichnungen sind hier für gerichtete Verbindungen gewählt. Die mathematische Darstellung ist allerdings identisch bei ungerichteten Verbindungen. Nur der Simulator muss diese ggf. geeignet unterscheiden. Zudem gilt diese Darstellung wie dargestellt so nur für die Verbindung von Signalen. Für die Verbindung von Methoden und Ereignissen ist semantisch ähnlich vorzugehen. Auch hier muss die „Information" zur jeweiligen Methode über die jeweilige Kommunikationsinfrastruktur übertragen werden.

$$\underline{u}_{\text{komp,alle}}(t) = \hat{i}_{f,\text{edz}}\left(\underline{y}_{\text{komp,alle}}(t), t\right) \tag{3.12}$$

die Vernetzung des gesamten EDZ modelliert werden. $\underline{u}_{\text{komp,alle}}(t)$ und $\underline{y}_{\text{komp,alle}}(t)$ sind hierbei die Verkettung aller Ein- bzw. Ausgänge aller Komponenten eines EDZ, $\hat{i}_{f,\text{edz}}$ die geeignete Verkettung aller $\hat{i}_{f,b}$.

Die grafische Darstellung der Interaktion in Abbildung 3.7 ist stark vereinfacht. Tatsächlich erfolgen alle Verbindungen über derartige Interaktionsformen, auch z. B. die zwischen Mensch-Maschine-Schnittstelle und Informationsverarbeitung. Auch die Ein-/Ausgänge $\underline{u}_{\text{edz}}(t)$ und $\underline{y}_{\text{edz}}(t)$ des EDZ nehmen über Kommunikationsinfrastrukturen Daten entgegen bzw. stellen diese zur Verfügung (siehe auch Abschnitt 3.4.2). Typischerweise sind in einem EDZ unterschiedliche Interaktionsformen zu finden.

3.2.3   Modell

Verbindungen im EDZ, also die Verbindung zwischen zwei Ports, werden über den Vektor $\underline{v} \in \mathbb{V}_v^{n_v}$ modelliert, wobei $v_i = (b_{i,1}, b_{i,2}) \in \mathbb{V}_v := \mathbb{B} \times \mathbb{B}$ die Verbindung zwischen den Ports $b_{i,1}$ und $b_{i,2}$ bezeichnet. Hinsichtlich der Modellierung bauen die Simulationsmodelle der EDZ-Komponenten auf den Festlegungen aus Abschnitt 3.1 auf. Die Verbindungen und Interaktionsformen[42] werden ebenso wie die Teilsimulationsmodelle der untergeordneten EDZ-Komponenten zu einem Teil des Simulationsmodells der EDZ-Komponente, welches sich damit erweitert zu[43]

$$M_{S,\text{komp}} = (\underline{a}_{\text{komp}}, \underline{A}_{\text{komp}}, \underline{U}_{\text{komp}}, \underline{Y}_{\text{komp}}, \underline{v}_{\text{komp}}, \underline{I}_{\text{komp}}, \underline{M}_{S,\text{unterkomp}})$$

$$M_{S,\text{komp}} \in \mathbb{M}_{S,\text{komp}} := \mathbb{V}_a^{n_a} \times \mathbb{V}_A^{n_A} \times \mathbb{P}^{n_u} \times \mathbb{P}^{n_y} \times \mathbb{V}_v^{n_v} \times \mathbb{V}_I^{n_I} \times \mathbb{M}_{S,\text{komp}}^{n_{\text{unterkomp}}} \tag{3.13}$$

$$M_{S,\text{edz}} \in \mathbb{M}_{S,\text{komp}}$$

Gleichung 3.2 wird also durch die Verbindungen $\underline{v}_{\text{komp}}$, die Interaktionsformen $\underline{I}_{\text{komp}}$ und die hierarchisch untergeordneten Komponentenmodelle $\underline{M}_{S,\text{unterkomp}}$

---

[42] Interaktionsformen können spezifisch für ein oder unabhängig von einem Simulationsverfahren beschrieben werden. So kann sowohl eine mechanische Verbindung modelliert werden als auch deren Umsetzung in Bezug auf Starrkörperdynamik, Kinematik oder FEM-Methoden. Dies ist auch der Grund dafür, die Interaktionsform als eigenständiges Element in M_S aufzunehmen, wo doch eigentlich bereits die Interaktion durch die beteiligten Ports selbst festgelegt ist.

[43] Die mittlere Gleichung ist bewusst rekursiv formuliert, da EDZ-Komponenten wiederum EDZ-Komponenten enthalten können.

erweitert. **Auch ein EDZ selbst ist wieder eine EDZ-Komponente**, dargestellt über die letzte Gleichung in Gleichung 3.13. Alle zur Beschreibung und Simulation des EDZ notwendigen Informationen (Parameter, Algorithmen, Verbindungen und Interaktionsformen) sind in diesem Simulationsmodell sowie in den Simulationsfunktionen Γ und Φ enthalten, wobei letztere auf $M_{S,\text{edz}}$ bzw. $M_{S,\text{komp}}$ zurückgreifen. Ein Großteil des Verhaltens des EDZ wird hierbei in den Modellen $\underline{M}_{S,\text{unterkomp}}$ der untergeordneten EDZ-Komponenten modelliert, auf EDZ-Ebene enthalten $\underline{a}_{\text{komp}}$ und $\underline{A}_{\text{komp}}$ zusätzliche Parameter und Algorithmen speziell für den jeweiligen EDZ. Aus diesen Modellinformationen erzeugt der Simulator gemeinsam mit Γ und Φ die mathematische Abbildung der Interaktion der Ein- und Ausgänge dieser Komponenten über die Interaktionsformen $\underline{I}_{\text{komp}}$ dieses EDZ entsprechend Gleichung 3.12 und damit das Experimentierbare Modell dieses EDZ.

Was enthalten nun diese Simulationsmodelle M_{komp} bzw. M_{edz} konkret? Typischerweise betrachtet $M_{S,\text{edz}}$ den EDZ aus unterschiedlichen Perspektiven. Insbesondere die Komponenten des EDZ werden über unterschiedliche Modellierungs- und Simulationsverfahren beschrieben. Im praktischen Einsatz entsteht das Modell des EDZ schrittweise im Laufe des gewählten Entwicklungsprozesses. Zunächst sollten mit Methoden des Model-based Systems Engineerings die grundlegenden Strukturen, Anforderungen und Verhaltensweisen des EDZ modelliert werden. Dieses erste Modell ermöglicht bereits grundlegende simulationsgestützte Untersuchungen und liefert den Ausgangspunkt für die detailliertere Modellbildung. Entsprechend wird es sukzessive ergänzt um weitere Sichtweisen und/oder detailliertere Modelle bereits bestehender Sichtweisen. Die im klassischen werkzeugzentrierten Ansatz noch nebeneinanderstehenden Modellierungs- und Simulationsverfahren (siehe auch Abbildung 3.36 und die Auflistung in Abschnitt 3.1.2) werden daher im Modell des EDZ zusammengefasst. Im Ergebnis könnte das Modell des EDZ der in Abbildung 2.6 gezeigten Forstmaschine folgendes enthalten:

1. Anforderungs-, Block-, Verhaltensdiagramme und Testfälle aus Prozessen des MBSE
2. Geometrie aller Fahrzeugkomponenten in unterschiedlichen Detaillierungen einschließlich Bindungen und Materialien aus der CAD-Konstruktion
3. Kinematikmodell des Fahrzeugs und des Krans
4. Starrkörperdynamikmodell des Fahrzeugs und des Krans
5. FEM-Modell des Fahrzeugs und des Krans
6. Modell des Motors und der Hydraulikzylinder aus blockorientierten Modellierungsansätzen
7. Modell des Kommunikationssystems aus ereignisdiskreten Simulationsansätzen

8. Modell der Mensch-Maschine-Schnittstelle und ggf. des Fahrerassistenzsystems
9. Spezifische Modelle interner Sensoren
10. Modelle oder tatsächliche Implementierungen der notwendigen Steuerungen, Beobachter oder weiterer Daten verarbeitender Algorithmen

Alle diese Modellbestandteile werden geeignet in den $\underline{a}$, $\underline{A}$, $\underline{U}$, $\underline{Y}$, $\underline{v}$ und $\underline{I}$ der Simulationsmodelle des EDZ und seiner Komponenten modelliert. Hierzu müssen meist unterschiedlichste Datenmodelle miteinander verknüpft werden, wobei Semantik und alle für die Simulation notwendigen Modellinhalte erhalten und für die jeweiligen Simulationsverfahren aufbereitet werden müssen (siehe Abschnitt 5.3). Diese Simulationsmodelle sind dann Grundlage für alle EDZ-Methoden (siehe Abschnitt 2.5.5 und Abschnitt 3.7) und damit für alle EDZ-Anwendungen. Geeignete Simulatoren überführen die Simulationsmodelle M_{komp} und M_{edz} in ein gemeinsames Experimentierbares Modell M_E, welches das System im gewählten Systemausschnitt in seinem aktuellen Entwicklungsstand in unterschiedlichen Varianten und Detaillierungen in seiner Gesamtheit vollständig beschreibt.

3.2.4 Simulation

Analog zum Simulationmodell erweitert sich auch der Simulationszustand eines EDZ ausgehend von Gleichung 3.14 zu

$$\underline{s}_{\mathrm{edz}}(t) = \begin{bmatrix} \underline{x}_{\mathrm{edz}}(t) \\ \underline{a}_{\mathrm{edz}}(t) \\ \underline{A}_{\mathrm{edz}}(t) \\ \underline{v}_{\mathrm{edz}}(t) \\ \underline{I}_{\mathrm{edz}}(t) \end{bmatrix}, \quad s_i = (w_i, d_i, l_i) \in \mathbb{V} := \mathbb{W} \times \mathbb{D} \times \mathbb{L}_a, \underline{s} \in \mathbb{V}^{n_s} \quad (3.14)$$

Hierbei ist $\mathbb{W} := \mathbb{W}_a \cup \mathbb{W}_A \cup \mathbb{W}_v \cup \mathbb{W}_I$ und $\mathbb{D} := \mathbb{D}_a \cup \mathbb{D}_A \cup \mathbb{D}_v \cup \mathbb{D}_I$. Alternativ kann man den Simulationszustand aus denen der EDZ-Komponenten zusammenstellen. Dies führt zu

$$\underline{s}_{\mathrm{edz}}(t) = \begin{bmatrix} \underline{s}_{\mathrm{spsys}}(t) \\ \underline{s}_{\mathrm{sivs}}(t) \\ \underline{s}_{\mathrm{smms}}(t) \end{bmatrix} \quad (3.15)$$

mit[44]

$$\underline{s}_{\text{spsys}}(t) = \begin{bmatrix} \underline{s}_{\text{spsys}}^{\text{sen}}(t) \\ \underline{s}_{\text{spsys}}^{\text{sys}}(t) \\ \underline{s}_{\text{spsys}}^{\text{akt}}(t) \end{bmatrix}$$

$$\underline{s}_{\text{sivs}}(t) = \begin{bmatrix} \underline{s}_{\text{sivs}}(t) \\ \underline{s}_{\text{sivs}}^{\text{szenario}}(t) \end{bmatrix} \tag{3.16}$$

$$\underline{s}_{\text{smms}}(t) = \begin{bmatrix} \underline{s}_{\text{smms}}(t) \\ \underline{s}_{\text{smms}}^{\text{szenario}}(t) \end{bmatrix}$$

Der Simulationszustand liefert eine umfassende Beschreibung des entsprechenden Realen Zwillings, die direkt in der Blockdarstellung in Abbildung 3.4 verwendet werden kann. Die Anwendung der Simulationsfunktionen Γ und Φ führt dann zum Experimentierbaren Modell $M_{E,\text{edz}}$ und damit dem zeitlichen Verlauf des Simulationszustands bzw. zum Verlauf des Ausgangs[45]:

$$M_{E,\text{edz}} : \quad \begin{aligned} \underline{s}_{\text{edz}}(t) &= \Gamma(\underline{s}_{\text{edz}}(0), \underline{u}_{\text{edz}}\langle t \rangle, t) \\ \underline{y}_{\text{edz}}(t) &= \Phi(\underline{s}_{\text{edz}}(t), \underline{u}_{\text{edz}}(t), t) \end{aligned} \tag{3.17}$$

---

[44] Die Interaktion und die Verschaltung der einzelnen Komponenten des EDZ ist hier implizit durch die Abhängigkeiten zwischen den einzelnen Ein- und Ausgangsgrößen enthalten. Alternativ könnte z. B. $\underline{s}_{\text{sivs}}^{\text{sen}}(t) = \Gamma(\underline{s}_{\text{sivs}}^{\text{sen}}(0), i_f(\Phi(\underline{s}_{\text{spsys}}^{\text{sen}}(t), \underline{u}_{\text{spsys}}^{\text{sen}}(t)), t), t)$ geschrieben werden, wenn die Überführung von v und I zu i_f durch den Simulator wie oben erläutert bereits stattgefunden hat. Ohne zusätzliches Wissen über das Verhalten der einzelnen Komponenten in der Simulation, über das typischerweise der Simulator verfügt oder welches ihm über das Modell zur Verfügung gestellt wird, ist die Aufstellung dieser Gleichung nicht möglich, da die offensichtlich vorhandenen Zyklen in Abbildung 3.7 nicht aufgelöst werden können. Genau dies ist Aufgabe des in Abschnitt 3.6.1 eingeführten Modellanalyseprozesses. Äquivalent erfolgt dann auch die Einbeziehung des Eingangsvektors $\underline{u}_{\text{edz}}(t)$ und des Ausgangsvektors $\underline{y}_{\text{edz}}(t)$, die über $\underline{u}_{\text{sivs}}^{\text{strg}}(t)$ auf die Informationsverarbeitung aufgeschaltet bzw. aus dem Zustandsvektor $\underline{s}_{\text{edz}}(t)$ des EDZ über die Anwendung der Simulationsausgangsfunktion Φ unter Berücksichtigung der jeweiligen Modellbestandteile selektiert werden.

[45] Auf den ersten Blick werden hier dieselben Simulationsfunktionen Γ und Φ auf unterschiedliche EDZ angewendet. Dies ist tatsächlich auch der Fall, wenn dieselben Simulatoren und damit dieselben Implementierungen dieser Simulationsfunktionen eingesetzt werden. Das unterschiedliche Verhalten der Simulationen geht auf die Modelle $M_{S,\text{edz}}$ der EDZ zurück, die über die jeweiligen Simulationszustandsvektoren $\underline{s}(t)$ den Simulationsfunktionen zugeführt werden, so dass diese entsprechend der hier enthaltenen Parameter, Algorithmen und Interaktionsformen das gewünschte simulierte Systemverhalten umsetzen.

3.2.5 Realitätsnähe

Die Fragen, die sich jeder Modellierer eines EDZ und jeder Entwickler eines Simulationsverfahrens stellen lassen muss, sind „Wofür kann ich die Simulation einsetzen?" und „Wie genau ist die Simulation?". Dieser Fragestellung begegnet die Simulationstechnik zunächst einmal damit, bei allen Beteiligten ein Bewusstsein dafür zu schaffen, was Simulationen leisten können und welche Voraussetzungen hierfür gegeben sein müssen. In diesem Umfeld sind die in Abschnitt 3.1.5 eingeführten Begriffe wie „Modellverifikation", „Simulatorverifikation", „Modellvalidierung", „Kalibration" und „Justierung" von zentraler Bedeutung. Geeignete Prozesse zur Entwicklung von Modellen und Simulationen (siehe auch Abschnitt 2.5.6) geben hier geeignete Arbeitsschritte vor.

Trotz allem wird sich am Ende immer die Frage stellen „Wann ist eine Simulation ausreichend realitätsnah?" Die Beantwortung dieser Frage ist abhängig vom jeweiligen Anwendungsfall in dem Simulationen eingesetzt werden. Dienen Simulationen etwa zur Entwicklung eines neuen Robotergelenkkörpers, wird hierfür eine genaue Struktursimulation benötigt. Die mglw. ebenfalls beteiligte Sensorsimulation ist von untergeordneter Bedeutung, Abweichungen zwischen dem Verhalten der realen Sensoren und ihrer EDZ können in Grenzen toleriert werden. Genau umgekehrt verhält es sich, wenn Sensoren entwickelt werden sollen. Hier ist eine genaue Sensorsimulation notwendig, die Simulation der Struktur der Gelenkkörper mglw. völlig unerheblich. Ähnlich verhält es sich, wenn ein Informationsverarbeitendes System entwickelt werden soll, welches Sensordaten verarbeitet und auf dieser Grundlage die Aktoren ansteuert. Gänzlich anders ist die Situation bei der Entwicklung simulationsgestützer Benutzeroberflächen oder Trainingssimulatoren. Hier steht die Interaktivität der Simulation im Vordergrund und ist mglw. wichtiger als hochgenaue Simulationsergebnisse.

Die Antwort auf die Frage „Was ist denn jetzt ‚genau'?" ist abhängig vom jeweiligen Anwendungsfall. Grundlage eines jeden Vergleichs ist die Vorgabe eines realen oder möglichst realen Eingangssignals:

$$\underline{u}_{edz}(t) = \underline{u}_{rz}(t) \tag{3.18}$$

Möglicherweise reicht ein ausreichend realitätsnahes Ein-/Ausgangsverhalten des EDZ, also

$$\underline{y}_{edz}(t) \approx \underline{y}_{rz}(t) \tag{3.19}$$

Für jeden Verlauf der Eingangsgrößen kann hier z. B. die maximale Abweichung zwischen den Eingangsgrößen bestimmt werden. Möglicherweise wird aber auch gefordert, dass die einzelnen Systemzustände, die das „innere Verhalten" des EDZ repräsentieren, den realen Systemzuständen entsprechen, also z. B.

$$\underline{s}_{\text{spsys}}^{\text{sys}}(t) \approx \underline{s}_{\text{rpsys}}^{\text{sys}}(t) \tag{3.20}$$

Gerade wenn die Informationsverarbeitung betrachtet wird, also z. B. bei der simulationsgestützten Validierung, bei der Realisierung Mentaler Modelle oder beim Training Neuronaler Netze (siehe jeweils Abschnitt 3.7) reicht es aus, wenn dieses IVS sich ausreichend identisch verhält, unabhängig davon, ob es mit simulierten oder realen Sensor- und Steuerungsdaten versorgt wird. Wenn man das Verhalten des IVS durch eine Funktion $d(\cdot)$ mit

$$\underline{y}_{\text{sivs}}^{\text{akt}}(t) = d(\underline{u}_{\text{sivs}}^{\text{strg}}(t), \underline{u}_{\text{sivs}}^{\text{sen}}(t)) \tag{3.21}$$

annähert, dann muss also gelten:

$$d(\underline{u}_{\text{ivs}}^{\text{strg}}(t), \underline{u}_{\text{sivs}}^{\text{sen}}(t)) \approx d(\underline{u}_{\text{ivs}}^{\text{strg}}(t), \underline{u}_{\text{rivs}}^{\text{sen}}(t)) \tag{3.22}$$

wobei $\underline{u}_{\text{ivs}}^{\text{strg}}(t)$ der im realen wie simulierten Fall identische Verlauf der Steueranweisungen ist. Es wird also explizit nicht $\underline{u}_{\text{sivs}}^{\text{sen}}(t) \approx \underline{u}_{\text{rivs}}^{\text{sen}}(t)$ gefordert, dass also die Sensorsimulation Sensordaten simuliert, die den der realen Sensoren weitgehend entsprechen. Vielmehr müssen diese den realen Sensordaten in einer Art und Weise ähneln, dass sich das zu entwickelnde oder zu trainierende IVS identisch in der Simulation und der Realität verhält. Diese Erkenntnis ist zentral für viele der Einsatzgebiete von Simulation und ermöglicht den Einsatz von Simulation selbst dann, wenn die Einzelsimulationen ggf. noch nicht perfekt sind. Damit müssen die Simulationsfunktionen Γ und Φ nicht zwangsläufig ideale oder perfekte Simulationsverfahren implementieren. Zudem kann der Modellierer deutlich effizienter und effektiver arbeiten, wenn er sich mit seinen Verifikations- und Validierungszielen an Gleichung 3.22 orientiert und nicht an den deutlich strengeren anderen Vergleichen.

3.2.6 Maschinelles Lernen

Der Boom der Künstlichen Intelligenz hat direkte Auswirkungen auf die Simulationstechnik. Tatsächlich erwächst der wissengetriebenen Simulationstechnik durch die datengetriebenen Verfahren der Künstlichen Intelligenz eine große Konkurrenz. Statt mit großem Aufwand „White Box-Simulationsmodelle" bzw. komplexe Simulationsverfahren (siehe z. B. Abschnitt 4) zu realisieren, können „einfach" Neuronale

Netze mit aufgezeichneten Verhaltensweisen trainiert werden, um diese dann auch unter geänderten Anfangsbedingungen ausreichend realitätsnah nachzubilden. Es sollen an dieser Stelle nicht die Vor- und Nachteile der jeweiligen Herangehensweisen aufgezählt, gegenübergestellt und bewertet werden. Vielmehr soll verdeutlicht werden, dass insbesondere durch Kombination der Verfahren signifikanter Mehrwert entsteht. Abbildung 3.8 illustriert dies anhand von sechs Aspekten der Verbindung von EDZ und KI am Beispiel von zwei EDZ, einem Laserscanner mit dem eigentlichen Physischen System und seiner Informationsverarbeitung sowie seiner Umgebung, beide repräsentiert durch geeignet verbundene EDZ-Komponenten[46]. Aus KI-Perspektive betrachtet kann mit KI-Technologien das Informationsverarbeitende System (z. B. Bildverarbeitung, Spracherkennung, Fahrzeugsteuerung) realisiert werden. Aus EDZ-Perspektive kann dieses IVS mit Hilfe der EDZ-Methodik trainiert werden (siehe Abschnitt 3.7.9). Die zur Simulation des Laserscanners notwendigen Simulationsverfahren können ebenfalls mit KI-Unterstützung realisiert

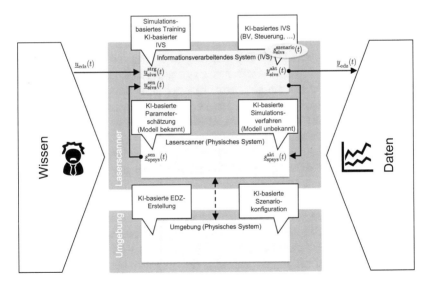

Abbildung 3.8 Die EDZ-Methodik im Spannungsfeld zwischen wissensbasierter Simulationstechnik (links) und daten-basierter Künstlicher Intelligenz (rechts)

---

[46] [RHS+21] verwendet eine sehr ähnliche Aufteilung und bezeichnet die „Möglichkeiten" mit Generierung synthetischer Trainingsdaten, KI-Validierung, Lernen in der Simulation, KI als Verhaltensmodell, KI zur Simulationsoptimierung und KI zur Modellgenerierung.

werden. Hierbei kann das Simulationsmodell als unbekannt angenommen werden und gemeinsam mit seinen Parametern als Ganzes trainiert werden, oder es wird ein Simulationsmodell (durchaus auch ein klassisches Simulationsverfahren) angenommen und es werden lediglich die Modellparameter „trainiert". Hinsichtlich der Modellierung der Umgebung können einzelne EDZ KI-basiert modelliert werden (z. B. Geometrie und Textur von Umweltobjekten) oder das EDZ-Szenario wird KI-basiert zusammengestellt. **Offensichtlich liefert KI einen neuen Ansatz zur Modellierung und Umsetzung von EDZ.**

3.3 Die Komponenten des Experimentierbaren Digitalen Zwillings

Das vorstehende Kapitel skizziert die Struktur des EDZ im Überblick und verwendet hierbei Begriffe wie „Sensor", „Aktor", „Kommunikationsinfrastruktur", „Interaktionsform", „Informationsverarbeitendes System" oder „Mensch-Maschine-Schnittstelle", die einerseits mittlerweile Teil des täglichen Sprachgebrauchs sind, häufig aber nur unscharf definiert sind. Dadurch dass ein EDZ auch von seiner inneren Struktur her eine 1-zu-1-Entsprechung des korrespondierenden realen Systems ist, müssen auch diese Einzelkomponenten geeignet modelliert und simuliert werden. Daher lohnt sich ein genauerer Blick auf diese Komponententypen. Die nachfolgenden Erläuterungen geben entsprechend Hinweise, **wie ein RZ auf seinen EDZ abgebildet werden sollte** und **wie sich die verwendeten Begriffe in unterschiedliche Anwendungsbereiche einordnen.**

Abbildung 3.9 stellt die nachfolgend verwendeten Begriffe zusammen. Grundlage für die Begriffsbildung sind die in den Anwendungsbereichen Leittechnik [DIN14], Messtechnik [DIN95], Aktorik (siehe z. B. [Jan04; Kal07]) und Feldinstrumentierung [VDI06] vorgenommenen Festlegungen[47]. Ausgangspunkt der nachfolgenden Betrachtungen ist wie dargestellt ein klassischer Regelkreis. Die Reglerausgangsgröße $m(t) \in \mathbb{V}^n$ überführt die Energiesteuerung des Aktors (siehe Abschnitt 3.3) in die Stellgröße $y(t) \in \mathbb{V}^n$, entsprechend der die Energiekonvertierung des Aktors auf den Prozess einwirkt. Teil des Prozesses ist das Messobjekt, von dem eine bestimmte Mess- bzw. Regelgröße $x(t) \in \mathbb{V}^n$ erfasst werden soll. Diese Messgröße wird von einem Aufnehmer in ein (analoges) Messsignal überführt, welches nachfolgend von einem weiteren Messgerät umgeformt, verstärkt

---

[47] Bei der Zusammenführung dieser unterschiedlichen Bereiche der Ingenieurwissenschaften wird deutlich, dass gleiche Begriffe häufig unterschiedlich verwendet werden. Zudem spiegelt die Verwendung der Begriffe den stetigen technischen Wandel wider, so dass die Begriffe selbst einer stetigen Anpassung unterliegen.

und als (typischerweise digitaler) Messwert $r(t) \in \mathbb{V}^n$ zur Verfügung gestellt wird. Dieser Messwert wird als Rückführgröße dem Informationsverarbeitenden System zugeführt, dessen Aufgabe es ist, diesen Wert durch geeignete Bestimmung der Reglerausgangsgröße $m(t)$ auf die Zielgröße $c(t) \in \mathbb{V}^n$ zu regeln. Die Umgebung (modelliert durch die weiteren, in einem gewählten Szenario miteinander interagierenden EDZ, siehe auch Abschnitt 3.4.2) beeinflusst das Verhalten des Systems, der Sensoren und der Aktoren über die Störgröße $z(t) \in \mathbb{V}^n$.

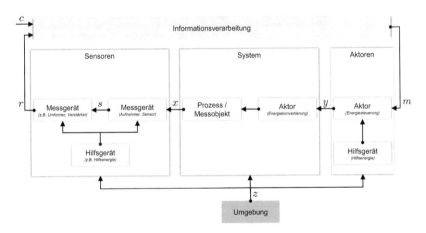

Abbildung 3.9 Begriffe und Subkomponenten der Komponenten „Sensoren", „System" und „Aktoren": Die „Umgebung" wird über eigene EDZ modelliert.

Abbildung 3.10 illustriert diese zunächst abstrakten Begriffe am Beispiel eines geregelten Hydraulikkrans. Der Aktor besteht hier aus dem Hydraulikventil und dem Hydraulikzylinder, die über die Hydraulikpumpe mit Hilfsenergie versorgt werden und so den Kran bewegen. Die resultierende (und u. a. von der externen Belastung beeinflusste) Stellung des Hydraulikzylinders wird über ein Potentiometer erfasst.

Tabelle 3.1 stellt die in Abbildung 3.9 und Abbildung 3.10 verwendeten Begriffe den einzelnen eingangs aufgezählten Bereichen gegenüber. Die aufgeführten Gegenüberstellungen stellen vor dem Hintergrund der nachfolgenden Betrachtungsweise eine sinnvolle Wahl dar, sind allerdings nicht abschließend eindeutig.

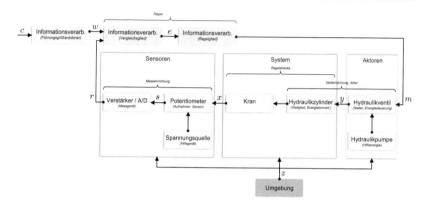

Abbildung 3.10 Erläuterung der Begriffe und Subkomponenten aus Abbildung 3.9 am Beispiel des Krans einer Forstmaschine

Tabelle 3.1 Zuordnung der Symbole und Begriffe zu den einzelnen Anwendungsbereichen.

Symbol	Leittechnik	Messtechnik	Aktorik
	Steller		Energiesteuerung
	Stellglied		Energiekonverter
	Stelleinrichtung		Aktor
	Regelstrecke[48]	Messobjekt	
m	Reglerausgangsgröße		
y	Stellgröße		
x	Regelgröße	Messgröße	
s		Messsignal	
r	Rückführgröße	Messwert, Messergebnis	
c	Zielgröße		
w	Führungsgröße		
e	Regeldifferenz		
z	Störgröße		

3.3.1 Physisches System

Das simulierte Physische System umfasst das jeweils betrachtete Artefakt der realen Welt, z. B. eine Lampe, einen Roboter, ein Fahrzeug, einen Baum oder auch einen

---

[48] Alternativ wird die Regelstrecke häufig auch „Anlage" oder „Prozess" genannt.

Menschen. In der Systematik der EDZ (siehe Abbildung 3.7) wird es über Anweisungen an die Aktoren gesteuert und liefert über Messwerte der Sensoren einen Einblick in seinen aktuellen Zustand. Da die Übergänge zwischen der Systemkomponente, den Aktoren und den Sensoren wie in den nachfolgenden Abschnitten erläutert oft fließend sind, sind die Verbindungen zwischen diesen Teilkomponenten nicht explizit dargestellt sondern werden bedarfsgetrieben ausgeführt. Abbildung 3.11 illustriert beispielhaft unterschiedliche Physische Systeme.

Abbildung 3.11 Beispiele für Physische Systeme

Systemkomponente: Die Komponente „System", in Unterscheidung zum Begriff „System" auch „Systemkomponente" genannt, umfasst entsprechend der obigen Darstellungen als Teil des Physischen Systems die Regelstrecke, die betrachtete Anlage oder den betrachteten Prozess. In der Robotik ist ein derartiges System meist ein technisches System wie ein Roboter oder ein Fahrzeug. Im Beispiel der Abbildung 3.10 ist die Systemkomponente der Kran selbst, d. h. die über Gelenkkörper verbundenen Gelenke einschließlich der Hydraulikzylinder (siehe hierzu auch das nächste Kapitel). Entsprechend wird dieser Begriff nachfolgend wie folgt verwendet:

> **Definition 3.20 (Systemkomponente):** *Die Systemkomponente ist die Funktionseinheit eines technischen Gegenstands, die seine bestimmungsgemäße Funktion repräsentiert und zur Erreichung dieser Funktion beeinflusst wird.*

Die Verwendung dieses Begriffs in EDZ ist hierbei nicht auf technische Systeme beschränkt sondern umfasst vielmehr explizit auch nichttechnische, d. h. z. B. biologische oder chemische Prozesse. Gleiches gilt auch für die nachfolgend eingeführten Begriffe Aktor und Sensor.

Aktor: Die Begriffe „Aktor" und „Sensor" im Sinne der aktuellen Verwendung sind relativ neu, in vielen Anwendungsbereichen noch unscharf definiert und entsprechend einer Änderung von Begriffsinhalten unterworfen. Symmetrisch an den

Ein- und Ausgängen der Systemkomponente angeordnet wird deutlich, dass Aktoren und Sensoren aus Sicht der Systemkomponente eine komplementäre Bedeutung haben. „*In der Mess-, Steuerungs- und Regelungstechnik bezeichnen Aktoren das signalwandlerbezogene Gegenstück zu Sensoren und bilden die Stellglieder in einem Regelkreis. Sie setzen Signale einer Regelung in (meist) mechanische Arbeit um (Bewegungsregelung). Ein Beispiel ist das Öffnen und Schließen eines Ventils.*" [NN17a]. [VDI06] greift dies auf. Die dort verwendeten Definitionen dieser Begriffe sind die Grundlage für deren nachfolgende Verwendung. In Anlehnung an [VDI06] wird daher definiert:

Definition 3.21 (Aktor): *Ein Aktor ist ein Gerät, das die Systemkomponente gezielt beeinflusst.*

Aktoren verbinden damit den informationsverarbeitenden Teil z. B. eines Regelkreises mit der Systemkomponente. Aktoren werden dazu verwendet, um den Fluss von Energie, Masse oder Volumen zu steuern. Die Ausgangsgröße eines Aktuators ist Energie oder Leistung, oft in Form einer mechanischen Arbeit „Kraft mal Verschiebung" [Jan04]. In der technischen Umsetzung gibt es eine Vielzahl unterschiedlicher Aktorprinzipien. Beispiele sind Elektromotoren, Hydraulikzylinder oder Piezoaktoren. Aktoren reagieren meist auf elektrische Signale, setzen diese in mechanische Bewegung oder andere physikalische Größen um und greifen hierdurch aktiv in das Verhalten der Systemkomponente ein.

Wirft man einen genaueren Blick auf den Begriff des Aktors, so stellt sich dieser differenzierter dar. In der Leittechnik kann der Begriff des Aktors mit dem der „Stelleinrichtung"[49] gleichgesetzt werden, wobei diese wiederum in „Steller"[50] und „Stellglied"[51] unterteilt ist. Der Steller hat hierbei die Aufgabe der „Energiesteue-

---

[49] [DIN14] definiert: Eine Stelleinrichtung ist eine *„aus Steller und Stellglied bestehende Funktionseinheit"*.

[50] [DIN14] definiert: Ein Steller (engl. Actuator) ist eine *„Funktionseinheit, die aus der Ausgangsgröße des Regelglieds bzw. Steuerglieds die zur Betätigung des Stellgliedes erforderliche Stellgröße bildet. Wird das Stellglied mechanisch betätigt, erfolgt seine Verstellung durch einen Stellantrieb. Der Steller steuert in diesem Fall den Stellantrieb."*

[51] [DIN14] definiert: Ein Stellglied ist eine *„zur Strecke gehörende, am Eingang der Strecke angeordnete Funktionseinheit, die durch die Stellgröße beeinflusst wird und den Massenstrom oder Energiefluss beeinflusst. Bei mechanisch betätigten Stellgliedern wird gelegentlich ein zusätzlicher Stellungsregler (Positionierer) verwendet."*

rung" [Jan04]. Gesteuert durch ein Eingangssignal stellt er die von einer Hilfsenergiequelle zur Verfügung gestellte Energie am Ausgang zur Verfügung. Das Stellglied verwendet diese Energie, um als „Energiekonverter" (Ein- und Ausgangsgrößen sind „Energien", [Jan04]) direkt auf den Prozess einzuwirken. In der Mechatronik werden Aktoren häufig durch ein elektrisches Signal (mit geringer Leistung) angesteuert und setzen dieses Eingangssignal in eine deutlich leistungsstärkere Wirkung um. Entsprechend wird der Begriff des Aktors häufig auch mit der Stelleinrichtung oder auch nur mit dem Energiekonverter-Teil gleichgesetzt, wohingegen die Energiesteuerung dann als Leistungsverstärker o. ä. bezeichnet wird [Jan04].

Übertragen auf das Beispiel der Abbildung 3.10 bedeutet dies, dass das Hydraulikventil als Steller bzw. Energiesteuerung bezeichnet wird und der Hydraulikzylinder selbst als Stellglied bzw. Energiekonverter (er setzt hydraulische in Bewegungsenergie um). Die Reglerausgangsgröße $m(t)$ ist die Ventilstellung, die Stellgröße $y(t)$ der Eingangsdruck des Hydraulikzylinders, die Regelgröße $x(t)$ seine Ausfahrlänge. Den Festlegungen der [DIN14] folgend ist das Stellglied ein Teil der Strecke. Dies gilt in diesem Beispiel für den Hydraulikzylinder, der als Teil der Systemkomponente angenommen wird.

Sensor: Aufgabe eines Sensors ist, ausgewählte physikalische, chemische oder biologische Eigenschaften der Systemkomponente selbst oder von deren Umgebung zu bestimmen. Das Ergebnis der hierzu notwendigen Messung wird meist in ein elektrisches Signal umgeformt, welches z. B. von Informationsverarbeitenden Systemen weiterverarbeitet werden kann. Der Begriff des Sensors hat früher verwendete Begriffe wie „Messfühler" oder „Aufnehmer" weitgehend abgelöst. Zudem werden in diesem Begriff zunehmend weitere Aufgaben einer Messeinrichtung von der Signalverstärkung bis zur A/D-Wandlung und Busanbindung einbezogen; der Sensor als „Black Box" übernimmt diesem Begriffsverständnis folgend alle Aufgaben von der Messwertaufnahme bis zur Bereitstellung des fertig verarbeiteten Messergebnisses. Die Abgrenzung dieser Begriffe ist allerdings fließend. Für ein genaueres Verständnis lohnt sich daher ein differenzierterer Blick auf diesen Begriff. Zunächst einmal ist der Sensor das komplementäre Element zum Aktor. Entsprechend definiert [VDI06]:

Definition 3.22 (Sensor): *Ein Sensor ist ein „Gerät, das physikalische Messgrößen aufnimmt und in standardisierte Ausgangssignale umsetzt".*

Den Rahmen der Begriffsbildung rund um den Begriff des Sensors liefert die Normenreihe DIN 1319 „Grundlagen der Messtechnik". [DIN96] fasst die Aufgaben der Messtechnik wie folgt zusammen: *„Ziel jeder Messung einer Messgröße ist es, deren wahren Wert zu ermitteln. Dabei wird eine Messeinrichtung[52] und ein Messverfahren[53] auf ein Messobjekt, den Träger der Messgröße, angewendet. [...] Die Messung umfasst auch die Auswertung der gewonnenen Messwerte und anderer zu berücksichtigender Daten. [...] Wegen der bei der Messung wirkenden Einflüsse treten unvermeidlich Messabweichungen auf. [...] Lediglich das Messergebnis $r(t)$ als ein Schätzwert für den wahren Wert einer Messgröße $x(t)$ sowie die Messunsicherheit $u(t)$ lassen sich aus den Messwerten und anderen Daten gewinnen und angeben. In dieser Norm bilden das Messergebnis und die Messunsicherheit zusammen das vollständige Messergebnis für die Messgröße $x(t)$, die Ergebnisgröße der Auswertung."*[54] Wichtig ist hierbei, dass eine Messeinrichtung meist aus mehreren Messgeräten und zusätzlichen Einrichtungen besteht. *„Messeinrichtung heißt eine konstruktive oder funktionelle Einrichtung zur Messung, Anzeige und Messdatenverarbeitung der Messwerte von einer oder mehreren physikalischen Größen. Sensor (Messfühler), Wandler, Anzeige- und Verarbeitungseinheiten sowie zugehörige Steuerungen und Programme lassen sich unter dem Begriff Messeinrichtung zusammenfassen."* [Hof15] Eine Messeinrichtung besteht entsprechend aus einer Messkette, einer *„Folge von Elementen eines Messgerätes oder einer Messeinrichtung, die den Weg des Messsignals von der Aufnahme der Messgröße bis zur Bereitstellung der Ausgabe bildet."* *„Die Messkette dient der wirkungsgemäßen Darstellung eines Messgeräts oder einer Messeinrichtung."* [DIN95]

Ausgehend hiervon präzisiert [DIN95] den Begriff des (Messgrößen-) Aufnehmers (engl. „Sensor") wie folgt: Ein Sensor ist der *„Teil eines Messgerätes oder einer Messeinrichtung, der auf eine Messgröße unmittelbar anspricht. [...] Der Auf-*

---

[52] [DIN95] definiert: Eine Messeinrichtung ist die *„Gesamtheit aller Messgeräte und zusätzlicher Einrichtungen zur Erzielung eines Messergebnisses. [...] Zusätzliche Einrichtungen sind Hilfsgeräte, die nicht unmittelbar zur Aufnahme, Umformung und Ausgabe dienen. [...] Wesentliche Aufgaben der Messeinrichtung sind die Aufnahme der Messgröße, die Weiterleitung und Umformung eines Messsignals und die Bereitstellung des Messwerts."* Ein Messgerät ist hierbei ein *„Gerät, das allein oder in Verbindung mit anderen Einrichtungen für die Messung einer Messgröße vorgesehen ist"*.

[53] [DIN95] definiert: Ein Messverfahren ist die *„praktische Anwendung eines Messprinzips und einer Messmethode"*. Das Messprinzip ist hierbei die *„physikalische Grundlage der Messung"*. Es erlaubt, *„anstelle der Messgröße eine andere Größe zu messen, um aus ihrem Wert eindeutig den der Messgröße zu ermitteln."* Die Messmethode ist eine *„spezielle, vom Messprinzip unabhängige Art des Vorgehens der Messung"*, also z. B. Vergleichs-/Substitutions-/Differenz-Messmethode oder direkte/indirekte Messmethode.

[54] Die Symbole wurden an die Darstellungen oben angepasst.

nehmer ist das erste Element einer Messkette. [...] Soll zwischen dem Aufnehmer als Ganzem und demjenigen Teil des Aufnehmers, der unmittelbar auf die Messgröße empfindlich ist, unterschieden werden, so wird dieser Teil als messgrößenempfindliches Element des Aufnehmers bezeichnet. [...] Bei der Verwendung der Benennung „Sensor" für den Aufnehmer oder dessen messgrößenempfindliches Element muss dieser Bezug klargestellt sein, da diese Benennung nicht einheitlich gebraucht wird. Die Verwendung von „Sensor" für die gesamte Messkette, deren erstes Element der Aufnehmer ist, oder sogar für das Messgerät, welches diese Messkette enthält, ist nicht zu empfehlen."

3.3.2   Informationsverarbeitendes System

Aufgabe Informationsverarbeitender Systeme (IVS) ist es, ausgehend von den durch die Sensoren zur Verfügung gestellten Messwerten über die Aktoren und deren Stellgrößen geeignet auf das System einzuwirken, so dass dieses entsprechend der Steuerungsanweisungen seine bestimmungsgemäße Funktion erfüllt. Über die Mensch-Maschine-Schnittstelle gibt der Benutzer zudem z. B. Zielgrößen, Anweisungen und/oder Parameter vor, die bei der Einwirkung auf das System zu beachten sind. Der Begriff des Informationsverarbeitenden Systems wird damit wie folgt definiert:

> **Definition 3.23 (Informationsverarbeitendes System):** *Ein Informationsverarbeitendes System ist eine Funktionseinheit, die das System über Sensoren beobachtet und dieses dann über Aktoren geeignet beeinflusst, um vorgegebene Aufgaben durchzuführen.*

Im Fall eines Regelkreises (siehe z. B. Abbildung 3.10 und [DIN14]) ist im Informationsverarbeitenden System der Führungsgrößenbildner, das Vergleichsglied und das Regelglied implementiert. Die Komplexität von Informationsverarbeitenden Systemen reicht von einer einfachen Umsetzung von Steuerungsanweisungen auf Aktoren über komplexe Regelungsalgorithmen bis hin zu umfassenden Planungs- und Steuerungssystemen zur Realisierung intelligenter Systeme. Informationsverarbeitende Systeme werden zudem häufig kaskadiert ausgeführt. Hierbei übernimmt z. B. eine unterlagerte Ebene die Regelung des Systems mit hohen Taktraten in Echtzeit während eine überlagerte Ebene das Verhalten des Systems plant und hieraus Anweisungen an die unterlagerte Ebene generiert. In diesem Fall umfasst der entsprechende EDZ zwei IVS-Ebenen.

In der Systematik der EDZ (siehe Abbildung 3.7) werden dem Informationsverarbeitenden System über seinen Eingang $\underline{u}_{sivs}^{sen}(t)$ der aktuelle Zustand des Physischen Systems und über $\underline{u}_{sivs}^{strg}(t)$ die Steuerungsanweisungen des Benutzers zur Verfügung gestellt. Über seinen Ausgang $\underline{y}_{sivs}^{akt}(t)$ steuert das Informationsverarbeitende System die Aktoren des Physischen Systems. Die Implementierung des Informationsverarbeitenden Systems erfordert häufig ein (meist geeignet abstrahiertes) Abbild des Physischen Systems und ggfls. auch seiner Umgebung. In diesem Fall verwaltet das Informationsverarbeitende System über $\underline{s}_{sivs}^{szenario}(t)$ ein EDZ-Szenario, welches u. a. auch das eigene Physische System $\underline{s}_{spsys}(t)$ enthalten kann. Ein Beispiel hierfür ist das Modell eines hydraulisch angetriebenen Krans, um diesen mit Hilfe seiner Rücktransformation kartesisch bedienen zu können.

3.3.3 Mensch-Maschine-Schnittstelle

Die Mensch-Maschine-Schnittstelle versetzt einen Benutzer in die Lage, das Physische System bestehend aus Systemkomponente, Sensoren und Aktoren sowie das Informationsverarbeitende System möglichst intuitiv wie interaktiv überwachen und steuern zu können. Über die Mensch-Maschine-Schnittstelle tritt der Mensch mit dem Physischen System und dem Informationsverarbeitenden System in Kontakt. Sie gehört weder zum Menschen noch zum Physischen System bzw. dem Informationsverarbeitenden System selbst und wird daher auch Mensch-Maschine-Schnittstelle genannt. [DIN19] definiert diesen Begriff wie folgt:

> **Definition 3.24 (Mensch-Maschine-Schnittstelle):** *Eine Mensch-Maschine-Schnittstelle (auch Benutzerschnittstelle oder Benutzungsschnittstelle) umfasst „alle Bestandteile eines interaktiven Systems (Software oder Hardware), die Informationen und Steuerelemente zur Verfügung stellen, die für den Benutzer notwendig sind, um eine bestimmte Arbeitsaufgabe mit dem interaktiven System zu erledigen".*

Die Gestaltung geeigneter Mensch-Maschine-Schnittstellen ist Gegenstand vielfältiger Forschungsarbeiten und unterliegt vielfältigen Randbedingungen. Als allgemeine Ziele von Mensch-Maschine-Schnittstellen stellt [DIN19] die Aspekte Aufgabenangemessenheit, Selbstbeschreibungsfähigkeit, Erwartungskonformität, Lernförderlichkeit, Steuerbarkeit, Fehlertoleranz und Individualisierbarkeit in den

Vordergrund. Dies muss zu einer ausreichenden Gebrauchstauglichkeit[55] und Bedienbarkeit[56]führen. Diese Ziele werden in unterschiedlichen Einsatzgebieten auf unterschiedliche Art und Weise erreicht. Vergleichbar mit dem Informationsverarbeitenden System variiert daher auch die Komplexität der Mensch-Maschine-Schnittstelle stark. Einfache Realisierungen sind z. B. Taster mit Statusanzeige. Moderne Handbediengeräte ermöglichen die Programmierung des entsprechenden Roboters, Anlagenfahrer bekommen die Struktur und den aktuellen Zustand der Anlage in ihrem Leitstand geeignet visualisiert und können wenn notwendig eingreifen. Während diese Arten von Mensch-Maschine-Schnittstellen stets mit Abstraktionen der realen Welt arbeiten, ermöglichen Virtual Reality-basierte Mensch-Maschine-Schnittstellen, den Bediener virtuell „an den Ort des Geschehens" zu versetzen und dort durch natürliche Handlungen einzugreifen.

In der Systematik EDZ (siehe Abbildung 3.7) wird der Mensch-Maschine-Schnittstelle über ihren Eingang $\underline{u}_{smms}^{sen}(t)$ der aktuelle Zustand des Physischen Systems zur Verfügung gestellt. Über ihren Ausgang $\underline{y}_{smms}^{strg}(t)$ greift der Mensch über die Mensch-Maschine-Schnittstelle in das Systemverhalten ein, indem es dem Informationsverarbeitenden System entsprechende Steuerungsanweisungen zukommen lässt. Ebenso wie das Informationsverarbeitende System erfordert auch die Implementierung der Mensch-Maschine-Schnittstelle häufig ein (meist geeignet abstrahiertes) Abbild des Physischen Systems und seiner Umgebung. Hierzu wird ihr über $\underline{s}_{smms}^{szenario}(t)$ ein EDZ-Szenario zur Verfügung gestellt, welches u. a. auch das eigene Physischen System $\underline{s}_{spsys}(t)$ enthalten kann.

3.3.4 Interaktionsinfrastruktur

Die Komponenten eines EDZ interagieren wie in Abbildung 3.7 dargestellt über geeignete Verbindungen. Gleiches gilt für die EDZ selbst natürlich auch. Diese Verbindungen können gänzlich unterschiedlicher Art sein. So können sie den Spannungsausgang eines Sensors mit dem entsprechenden Eingang eines analogen Reglers verbinden. Die Verbindung sorgt (unter Annahme üblicher Vereinfachungen) dafür, dass am Sensorausgang und am Sensoreingang stets das gleiche Spannungspotential anliegt. Leicht anders verhält es sich bei einer Hydraulikleitung. Hier können „Signalausbreitungsgeschwindigkeit" (die Fließgeschwindigkeit des

---

[55] *„Gebrauchstauglichkeit ist die Eignung eines Produktes, seinen bestimmungsgemäßen Verwendungszweck zu erfüllen."* [Bac10]

[56] *„Die Bedienbarkeit (engl. Usability) beschreibt die Qualität der Bedienung."* Sie wird durch die Faktoren Effektivität und Effizienz, Selbsterklärungsfähigkeit und Erlernbarkeit und Benutzerzufriedenheit bestimmt. [Bac10]

Hydraulikmediums) und Einfluss der Leitung (der Druckverlust) möglicherweise nicht vernachlässigt werden. Diese Leitung verbindet entsprechend nicht nur zwei Teile eines Modells sondern muss als eigenständiger Modellteil ausgeführt werden (siehe auch Abschnitt 4.2.4). Wieder anders verhält es sich bei elektronischen Bussystemen, bei denen in einer vollständigen Simulation Aspekte wie Signallaufzeit, Buskapazitäten und Kollisionen von Datenpaketen auf dem Bus betrachtet werden müssen. Unter softwaretechnischen Gesichtspunkten tauschen die Komponenten darüber hinaus nicht nur einzelne Werte über die Verschaltung von Ein- und Ausgängen aus, sondern stellen Methoden und Ereignisse zur Verfügung, über die z. B. gezielt Verhaltensweisen angestoßen und Änderungen im Systemzustand angezeigt werden können.

Unter Interaktionsgesichtspunkten kann man sich jede Komponente bzw. jeden EDZ als „Black Box" vorstellen, die **Interaktionspunkte** bereitstellt, damit sie mit ihrer Umgebung und die Umgebung mit ihr kommunizieren kann. Diese Interaktionspunkte werden als **Ports** bezeichnet:

> **Definition 3.25 (Port):** *Ein Port beschreibt einen Interaktionspunkt zwischen einem EDZ oder einer seiner Komponenten und seiner/ihrer Umgebung.*

Eine konkretere Ausgestaltung dieses Begriffs ist abhängig von der jeweiligen Anwendung. Entsprechend gibt es unterschiedliche Sichten auf diesen Begriff. Abbildung 3.12 gibt einen Überblick und klassifiziert Ports aus unterschiedlichen Perspektiven. Zunächst einmal können die Ports unterschiedlichen **Disziplinen** zugeordnet werden. Über eine Verbindung können so – im Bereich der Elektrotechnik – an den verbundenen Ports gleiche Spannungspotenziale erzwungen oder Stromfluss ermöglicht werden. Im Bereich der Mechanik ermöglichen Ports die Herstellung mechanischer Verbindungen und den damit verbundenen Austausch von Kräften und Momenten. Im Bereich der Hydraulik werden über Ports die jeweils verwendeten Hydraulikflüssigkeiten ausgetauscht. Diese Sichtweise auf Ports wird bei vielen Simulationsverfahren verfolgt. Beispiele hierfür sind die in Abschnitt 4.2 eingeführten Verfahren der signalorientierten und physikalisch-objektorientierten Simulation sowie der Bondgraphen.

Aus Sicht der **Softwaretechnik** werden über Ports z. B. einzelne Werte ausgetauscht. In der Messtechnik wird hierzu der Begriff des „Signals" verwendet[57].

---

[57] Nach [Hof15] beschreibt ein Signal eine Erscheinungsform der Information in der Technik: *„Signal heißt eine von einer physikalischen Größe getragene Zeitfunktion, die einen Parameter*

Abbildung 3.12 Klassifizierung von Ports aus unterschiedlichen Perspektiven

Signale können binäre und analoge Werte ebenso umfassen wie Zeichenketten und komplexe Datentypen oder ganze Dokumente, denen häufig umfangreiche Daten-

---

I hat, der den Wert und den Verlauf der interessierenden Größe abbildet. Signalträger können der elektrische Strom, die elektrische Spannung, ein Fluid (pneumatische oder hydraulische Signale), eine elektromagnetische (Licht-, Funk-) Welle usw. sein. Zur eindeutigen Beschreibung von Signalen sind eine Reihe von Merkmalen heranzuziehen. Man unterscheidet nach dem Wertevorrat des Informationsparameters I (analog oder diskret), nach der zeitlichen Verfügbarkeit (kontinuierlich oder diskontinuierlich) und weiteren Merkmalsklassen, so nach der Art des Informationsparameters, der Modulationsart, der das Signal tragenden Größenart und der Erscheinungsform."

schemata zu Grunde liegen. Dies wird durch den sogenannten **Informationsparameter** beschrieben, häufig auch als „Datentyp" bezeichnet. Signale werden entsprechend ihrer **zeitlichen Verfügbarkeit** entweder kontinuierlich (der Spannungspegel an verbundenen Ports ist z. B. stets gleich) oder zu diskreten Zeitpunkten (ein Regler bestimmt z. B. in einem definierten Zeitintervall neue Stellgrößen) ausgetauscht. Darüber verfügen Signale über eine Einheit und können eine **Richtung** besitzen, mit der Quellen und Senken unterschieden werden können (z. B. bei einem Stromfluss). Die alternativ verwendeten Begriffe „Eingänge" und „Ausgänge" bezeichnen also entsprechend gerichtete Signal-Ports.

Die Softwaretechnik und die Informatik kennen allerdings noch zwei weitere wesentliche Portvarianten. So kann ein System über einen Port eine Methode bereitstellen, über die das Systemverhalten beeinflusst (und z. B. ein Prozess gestartet werden kann) oder vom System Berechnungen vorgenommen werden können. Zusätzlich kann ein System Ereignisse emittieren, über die es z. B. die Änderung von Systemzuständen (z. B. über Fehlerzustände oder den Abschluss von Teilschritten eines Prozesses) informiert.

Ports werden über Verbindungen miteinander in Beziehung gesetzt. Zwei Ports sind kompatibel, wenn sie entsprechend der Semantik der Ports und der Verbindung sinnvoll miteinander verbunden werden können. So können z. B. nur Ports mit gleichen physikalischen Größen miteinander verbunden werden und ein ausgehender Port kann nur mit einen oder mehreren eingehenden Ports kommunizieren. Zudem ist die Verbindung zweier Methoden nicht sinnvoll, wohl aber die Verbindung eines Ereignisses mit einer Methode.

Analog zu unterschiedlichen Portvarianten gibt es – insbesondere in unterschiedlichen Disziplinen/Domänen – unterschiedliche Verbindungstypen. Allgemein wird der Verbindungs-Begriff wie folgt definiert:

> **Definition 3.26 (Verbindung):** *Eine Verbindung ermöglicht den Austausch Materie, Energie oder Information zwischen zwei oder mehreren kompatiblen Ports.*

Die bisherigen Darstellungen folgen der Betrachtung des Systems aus funktionaler Sicht und der damit verbundenen logischen **Systemarchitektur** (siehe auch Abschnitt 3.4.1). Den bei dieser Architektur zugrunde liegenden Systemabgrenzungen und den entsprechend dieser Festlegungen definierten Ports steht die Systemfunktion im Vordergrund und nicht, mit welchen Geräten diese Funktion konkret erreicht wird und wie diese physikalisch konkret verbunden sind. Im

Verlauf der Modellierung entstehen so zunächst häufig „virtuelle oder konzeptuelle" Ports, die dann durch ihre konkrete technische Realisierung, d. h. real existierende Objekte wie z. B. Stecker, Buchse, Kabel, ersetzt werden. Simulationssysteme bevorzugen üblicherweise die funktionale Sicht, teilweise ist aber auch die
physikalische Sicht notwendig[58]. Für Kommunikationsverbindungen am Beispiel
des OSI-Referenzmodells [ISO94b][59] dargestellt bedeutet dies, dass ausgehend von
dem jeweiligen System alle Schichten bis zum Übertragungsmedium betrachtet werden müssen, um einen Port mit seinem Gegenstück zu verbinden. Abbildung 3.13
illustriert dies mit den durchgezogenen Pfeilen. Stattdessen werden im Simula-

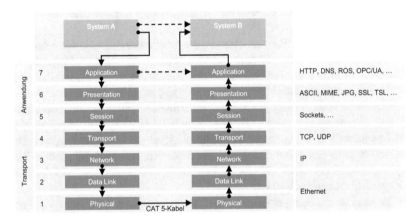

Abbildung 3.13 Kommunikation zwischen zwei Ports: Vereinfacht in der Simulation
(gestrichelte Pfeile), alternativ über alle Ebenen des OSI-Referenzmodells (alle anderen
Pfeile). Dargestellt sind zwei EDZ, die sieben Schichten des OSI-Referenzmodells [ISO94b]
und Beispiele für technische Realisierungen dieser Ebenen für IP-basierte Verbindungen.

---

[58] So kann es durchaus interessant sein, ob die Stellgrößen über ein Bussystem mit hoher
Frequenz und ausreichend kleiner Latenz zum Aktor übermittelt werden können, wenn gleichzeitig ein Video über dasselbe Bussystem übertragen wird.

[59] OSI steht für „Open Systems Interconnection". Das OSI-Referenzmodell ist ein Standard zur Beschreibung von Netzwerkarchitekturen. Es unterteilt die Gesamtkommunikation
in sieben Schichten, die jeweils definierte Funktionen übernehmen. Die konkrete Definition dieser Funktionen ist allerdings Aufgabe der jeweiligen technischen Umsetzungen. Das
in Abbildung 3.13 dargestellte Szenario nennt Beispiele aus dem Bereich der IP-basierten
Kommunikation. Die Schichten 1 bis 4 übernehmen hierbei eher die technische Realisierung
des Datentransports, die Schichten 5 bis 7 die anwendungsseitige Realisierung. Die eigentlich unterste Ebene, das Übertragungsmedium, ist ebenso wie die konkrete Anwendung als
eigentlich oberste Ebene nicht festgelegt.

tor meist „Abkürzungen" genommen und die Ports über Simulator-interne Verbindungsmechanismen direkt verbunden (oberer gestrichelter Pfeil, d. h. $i_f(\underline{x}, t) = \underline{x}$ bzw. $\underline{u}(t) = \underline{y}(t)$). Eine detailliertere Betrachtung des Kommunikationsverhaltens $i_f(\underline{x}, t)$ erfordert allerdings die Einbeziehung zumindest der oberen Schichten und hier wie in der Abbildung dargestellt der Anwendungsschicht, in der Infrastrukturen wie ROS (Robot Operating System, [Ope17]) oder OPC UA (Open Platform Communications (OPC) Unified Architecture, [OPC17]) maßgeblich definiert sind. Zudem ist erst dann die Realisierung der in Abschnitt 3.4.4 eingeführten hybriden Netzwerke bzw. Hybriden Zwillingspaare sinnvoll möglich. Je mehr Schichten nach unten in der Simulation berücksichtigt werden, desto realitätsnäher wird die Simulation und desto nahtloser wird die Integration von simulierten und realen Komponenten.

Für das Beispiel der Forstmaschine ist die funktionale Sicht auf die beteiligten Komponenten, ihre Ports und deren Verbindungen in Abbildung 4.46 dargestellt. Die konkrete technische Realisierung der dargestellten Verbindungen ist hier (noch) nicht Gegenstand der Betrachtungen. Der Übergang zu realitätsnahen Schnittstellen erfolgt durch Einbeziehung der technischen Implementierung der Verknüpfungen. Für die Forstmaschine wird z. B. Abbildung 4.46 dann zu einer physikalischen Sicht entsprechend Abbildung 3.14 weiterentwickelt. Es wird deutlich, dass einzelne Verbindungen weiter direkt „verkabelt" werden, andere allerdings über Bussysteme realisiert werden. Tabelle 3.2 fasst die Verbindungen aus Sicht des EDZ der Maschinensteuerung zusammen.

Zusammen mit dem gewünschten Verhalten des Systems bestimmen die Ports als mögliche Interaktionspunkte nach [Wei14] die Schnittstelle des Systems:

Definition 3.27 (Schnittstelle): *Die Schnittstelle eines Systems spezifiziert Struktur und Verhalten, das dieses System seiner Umgebung bereitstellt oder von ihr einfordert.*

Um das System in seine Umgebung integrieren zu können, ist eine ausreichend detaillierte Spezifikation dieser Schnittstelle notwendig. Eine Schnittstelle kann als „Vertrag" aufgefasst werden, den das System mit den Systemen und Akteuren in seiner Umgebung abschließt, um dauerhaft erfolgreich in den jeweiligen Einsatzkontext integriert werden zu können [Wei14]. Geeignete Schnittstellen ermöglichen zudem eine Kapselung, d. h. die Abtrennung des „Inneren" des Systems von seiner Umgebung, und damit erst seine sinnvolle Wiederverwendung in unterschiedlichen Einsatzszenarien. Entsprechend des Ziels, mit EDZ digitale 1-zu-1-Abbilder der

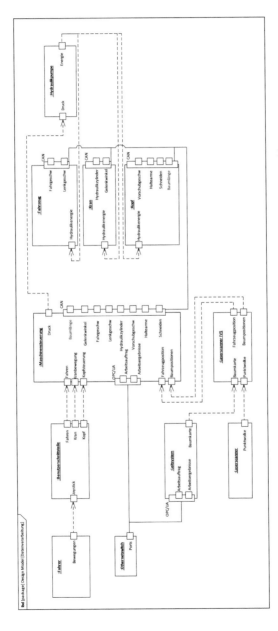

Abbildung 3.14 Internes Blockdiagramm zur Modellierung des Datenflusses innerhalb der Forstmaschine

Tabelle 3.2 Verbindungen des EDZ der Maschinensteuerung aus Sicht der physikalischen Architektur.

Portname	Datentyp[a]	Größe[b]	Kommunikation[c]
Externe Steueranweisungen u_{sivs}^{strg}:			
Arbeitsauftrag	Methode/StanForD[d]	–	OPC UA-Methode[e]
Benutzer-Steueranweisungen u_{sivs}^{strg}:			
Fahrzeug	An. Signal [−1..+1]	–	Spannungspegel [−20V..+20V]
Kran	An. Signal:5 [−1..+1]	–	Spannungspegel [−20V..+20V]
Kopf	Bin. Signal:3	–	Spannungspegel [0V,+10V]
Sensordaten u_{sivs}^{sen}:			
Fahrzeugpos.	NMEA 0183[f]	–	TCP/IP
Baumpos.	ETRS89-Koord.[g]	–	TCP/IP mit spez. Protokoll
Vorschublänge	An. Signal	Länge [m]	CAN mit ISOBUS[h]
Kranausfahrlängen	An. Signal	Länge [m]	CAN mit ISOBUS

(Fortsetzung)

Tabelle 3.2 (Fortsetzung)

Ausgänge $\underline{y}^{akt}_{sivs}$:

Portname	Datentyp[a]	Größe[b]	Kommunikation[c]
Betriebsdruck	An. Signal	Druck [bar]	Spannungspegel [0V..20V]
Fahren	An. Signal [−1..+1]	–	CAN mit ISOBUS
Lenken	An. Signal [−1..+1]	–	CAN mit ISOBUS
Kran	An. Signal:5 [−1..+1]	–	CAN mit ISOBUS
Vorschub	An. Signal	Geschw. [m/s]	CAN mit ISOBUS
Arme	Bin. Signal	–	CAN mit ISOBUS
Sägen	Bin. Signal	–	CAN mit ISOBUS
Arbeitsergebnisse	Ereignis/StanForD[i]	–	OPC UA-Event

[a] Diese Spalte kombiniert die Klassifizierungen „Informationsparameter" und „Softwaretechnik" in Abbildung 3.12. Für analoge Signale ist in eckigen Klammern ein Wertebereich angegeben. Eine Zahl hinter einem Doppelpunkt legt die Multiplizität des entsprechenden Signals fest.

[b] Für Signale ist hier die Basisgröße (Länge, Winkel, ...) und die SI-Einheit aufgelistet.

[c] Hier ist eine mögliche konkrete technische Realisierung aus den entsprechenden Disziplinen aus Abbildung 3.12 angegeben.

[d] Über diese Methode wird ein Arbeitsauftrag in Form eines StanForD-Dokuments [Sko14] an die Forstmaschine übergeben, welche Arbeitsanweisungen und -parameter enthält.

[e] Zu OPC UA siehe [OPC17].

[f] NMEA ist ein Standard für die Kommunikation zwischen Navigationsgeräten und wird u. a. von GPS- (Global Positioning System-) Empfängern verwendet.

[g] ETRS89 ist das europäische terrestrische Referenzsystem für dreidimensionale geographische Koordinaten.

[h] ISOBUS ist ein auf CAN basierendes Bussystem, welches in landtechnischen Anwendungen populär ist.

[i] Über dieses Ereignis wird die Fertigstellung des Arbeitsauftrags angezeigt. Als Parameter werden die Arbeitsergebnisse in Form eines StanForD-Dokuments [Sko14] zurückgegeben.

entsprechenden Realen Zwillinge zu realisieren, muss auch die Schnittstelle eines
EDZ 1-zu-1 der Schnittstelle des Realen Zwillings entsprechen. Dies bedeutet, dass
sowohl das Verhalten des EDZ als auch seine Interaktionspunkte in Form der Ports
seinem realen Pendant entsprechend müssen.

Im Ergebnis kann jetzt der Begriff der Interaktionsinfrastruktur als technische
Ausgestaltung der Interaktion entsprechend einer Interaktionsform definiert werden:

> **Definition 3.28 (Interaktionsinfrastruktur):** *Die Interaktionsinfrastruktur*
> *umfasst alle Einrichtungen, die zur technischen Realisierung des Austauschs*
> *Materie, Energie oder Information zwischen EDZ/EDZ-Komponenten durch*
> *Verknüpfung ihrer Ports über Verbindungen notwendig sind.*

Im Bereich der Datenkommunikation wird aus der Interaktionsinfrastruktur eine
Kommunikationsinfrastruktur. Mit diesem Begriff sind unterschiedlichste Aspekte
wie Kommunikationsperipherie (die zum Aufbau der Kommunikationsinfrastruktur notwendige Hardware), Kommunikationsnetzwerke oder Kommunikationsprotokolle (die Regeln, nach der die Kommunikation abläuft) sowie Datenformate und
Semantik (die für die Kommunikation verwendete „Sprache") verbunden.

3.4   Die Interaktion Experimentierbarer Digitaler Zwillinge

Im Vergleich zu vielen etablierten Simulationsverfahren integriert ein EDZ bereits in
seiner Grundstruktur alle benötigten Simulationsmodelle und Experimentierbaren
Modelle zur Abbildung seines RZ bis hin zu vollständigen Mechatronischen/Cyber-
Physischen Systemen (MCPS), d. h. des entsprechenden Physischen Systems, seiner
Sensoren und Aktoren, seines Informationsverarbeitenden Systems sowie seiner
Benutzeroberfläche unter Berücksichtigung der Interaktionen dieser Komponenten.
In einem zweiten Schritt werden jetzt mehrere EDZ in Netzwerken interagierender
EDZ miteinander und darüber hinaus auch mit realen Systemen verschaltet.

3.4.1   Systemdekomposition mit Experimentierbaren Digitalen
Zwillingen

Spätestens hier stellt sich jetzt die Frage, wie ein Realer Zwilling in EDZ und
deren Komponenten aufgeteilt und strukturiert wird. Abschnitt 3.2.1 trifft hier erste

Festlegungen bzgl. der inneren Struktur eines einzelnen EDZ, die in Abschnitt 3.3 konkretisiert werden. Aber wie verhält es sich mit mehreren ggf. auch hierarchisch verschachtelten EDZ und ihren jeweiligen Komponenten? Diese Fragestellung ist auch unter dem Begriff der **Systemdekomposition** bekannt. Ziel ist, das Gesamtsystem in Teilsysteme aufzuteilen, die u. a. auch leichter zu verstehen und zu modellieren sind, und/oder die der Aufteilung im RZ entsprechen. Eine systematische Systemdekomposition und die damit verbundene Betrachtung externer wie interner Schnittstellen ist heute sicherlich keine der Stärken der Simulationstechnik. Bislang ist dies auch nicht notwendig, da wie erläutert meist abgegrenzte Teilprobleme untersucht werden, bei denen sich die Frage nach der Abgrenzung des Gesamtsystems und seiner Aufteilung in Teilsysteme meist von selbst beantwortet. Soll z. B. das Hydrauliksystem der Forstmaschine untersucht werden, ist direkt klar, was unter diesem „System" zu verstehen ist – fraglich ist höchstens, inwieweit die Mensch-Maschine-Schnittstelle einbezogen und in welchem Detailgrad die Belastung des Hydrauliksystems durch den Arbeitsprozess nachgebildet werden soll. Das sich dieses System in diverse Teilsysteme wie Motor, Pumpe, Ventile, Zylinder, Fahrwerk, Kran, Aggregat usw. aufteilt, ist hier nicht relevant – es steht die **Funktion** im Vordergrund und nicht die **Struktur**. Es ist allerdings genau diese fehlende Aufteilung in sinnvolle Teilsysteme, die einer späteren systematischen Weiterverwendung im Weg steht[60].

Die Durchführung einer Systemdekomposition führt zwangsläufig zur Betrachtung der **Systemarchitektur** in ihren unterschiedlichen Ausprägungen. Dies wird deutlich wenn man sich vor Augen führt, dass die beteiligten EDZ digitale Abbilder ihrer entsprechenden RZ sind und sich Auswahl und Strukturierung der EDZ an der Strukturierung des RZ und damit seiner Architektur orientieren muss. Dies vereinfacht vielfach die Entscheidung über Abgrenzung und Schnittstellen von Teilsystemen („Mache es einfach so wie in der Realität!"), erfordert aber auf der anderen Seite eine durchaus detaillierte Analyse der Systemarchitektur und dies möglicherweise bereits zu einem frühen Zeitpunkt im Entwicklungsprozess. Das Ergebnis wird dazu genutzt, die Struktur bzw. Architektur des RZ 1-zu-1 in die Struktur der EDZ abzubilden[61]. Erst in den Komponenten eines EDZ (sofern diese nicht selbst

---

[60] Bei Verwendung geeigneter Modellstrukturelemente ist es häufig noch möglich, z. B. einen Motor durch einen anderen auszutauschen. Spätestens wenn sich dieses Modell allerdings nicht mehr nur auf eine Disziplin – hier die Hydraulik – bezieht sondern z. B. wie beim Kran auch noch die Starrkörperdynamik umfasst, wird dies schwierig. Hier hilft nur noch eine geeignete Zerlegung des Gesamtsystems und die spätere Zusammenführung der über die verschiedenen Komponenten der beteiligten EDZ verteilten Modellteile zu einer Gesamtsystemsimulation (siehe auch Abschnitt 3.6.1).

[61] Anders formuliert: Ein „System of Systems" wird zu einem „Model of Models".

wieder als EDZ ausgeführt werden) wird das Simulationsmodell bzw. das Experimentierbare Modell in den durch die Schnittstellen gegebenen Grenzen frei erstellt. In Anlehnung an [ISO11] kann der Begriff der „Architektur" wie folgt definiert werden:

Definition 3.29 (Architektur): *Unter der Architektur eines Systems versteht man die grundlegenden Konzepte oder Eigenschaften dieses Systems in seiner Umgebung, die in seinen Elementen, deren Beziehungen und in den Prinzipien seines Designs und seiner Entwicklung verkörpert sind.*

„Die Architektur eines Systems kann als eine Menge strukturierter architektonischer Einheiten und ihrer Beziehungen verstanden werden, wie z. B. Funktionen und deren Abhängigkeiten, Schnittstellen, Ressourcen und deren Abhängigkeiten, Informations- und Datenelemente, physische Komponenten, Container, Knoten, Verbindungen, Kommunikationsressourcen usw. Diesen architektonischen Einheiten können Merkmale wie Dimensionen, Umweltbeständigkeit, Verfügbarkeit, Robustheit, Ausführungseffizienz, Missionswirksamkeit usw. zugeordnet werden." [ISO15] Die Architektur hat eine besondere Bedeutung im Entwicklungsprozess: *„Die Architektur ist die Summe fundamentaler und später nur schwer zu revidierender Entscheidungen über den Aufbau eines Systems."* [Wei14]

Die Architektur ist die *„ganzheitliche Konzeption fundamentaler Systemeigenschaften, die am besten von unterschiedlichen Standpunkten aus verstanden werden kann"* [ISO11]. Entsprechend wird die Architektur von unterschiedlichen Standpunkten (engl. „Viewpoint") aus formuliert, welche die Interessen, Randbedingungen und Zielvorstellungen unterschiedlicher Beteiligter (engl. „Stakeholder") berücksichtigt. Dies führt im Ergebnis zu unterschiedlichen Sichten (engl. „View") auf ein und dieselbe Architektur, die formal jeweils in geeigneten Architekturmodellen beschrieben werden[62]. Im Bereich des Systems Engineerings werden diese Modelle häufig in die Gruppen der **logischen und physikalischen Modelle** einge-

---

[62] [ISO15] zählt einige Beispiele auf:

1. *„Die funktionale Architektur beschreibt die funktionalen Konzepte und Prinzipien des Systems"* *„unabhängig von den Strukturen, die sie umsetzen"* [Wei14]. Ein System wird hierzu durch eine Menge an Funktionen modelliert, die Transformationen von Ein- in Ausgänge beschreiben und in ihrer Gesamtheit den Systemzweck erfüllen. Diese Funktionen können Systemelementen zugeordnet werden.

2. Bei einem *Verhaltensmodell* steht demgegenüber das Systemverhalten im Vordergrund, welches z. B. über unterschiedliche Einsatzszenarien und dem dort gewünschten

teilt. Im ersten Fall liegt der Fokus auf der Systemfunktion, die Systemelemente sind funktionale oder logische Elemente. Mit welchen Komponenten diese Funktionen tatsächlich realisiert werden und wie diese physisch miteinander verbunden sind, ist nicht relevant. Im zweiten Fall liegt der Fokus auf der Systemstruktur und Betrachtung physikalischer Komponenten, welche die konkreten Bausteine des Systems repräsentieren und die Systemfunktion umsetzen. Zudem wird betrachtet, wie diese Komponenten physikalisch verbunden sind.

Simulationsmodelle haben je nach Einsatzzweck eine unterschiedliche Sicht auf die Systemarchitektur. Meist fokussieren diese die funktionale Sicht und beziehen Aspekte weiterer Sichten wie (zeitliches) Verhalten oder Bewegung der Systemelemente mit ein. Die Systemstruktur wird meist ausschließlich vor dem Hintergrund funktionaler Aspekte betrachtet. Welche konkreten physikalischen Komponenten diese Funktionen realisieren oder wie eine Funktion auf diese Komponenten aufgeteilt ist, spielt eine untergeordnete Rolle.

Bei einem auf EDZ aufbauenden Systemmodell ist dies genau andersherum. Ein Modell eines EDZ ist zunächst einmal ein strukturelles Modell, d. h. eine formale Beschreibung der Systemarchitektur aus physikalischer Sicht. Es besteht aus EDZ der beteiligten RZ, die wie diese RZ miteinander verbunden sind. Die Entscheidung, welches Systemelement hierbei ein EDZ und welches eine EDZ-Komponente ist oder welche Systemelemente ggf. auch in einem EDZ bzw. in einer EDZ-Komponente zusammengefasst werden, kann häufig nicht eindeutig getroffen werden. Hier spielen auch kaufmännische/adminstrative Fragestellungen wie etwa „Welche Systemelemente werden zugekauft?" oder „Welche Systemelemente bestimmen Systemvarianten?" eine Rolle. Die Antwort auf diese Frage kann der MBSE-Prozess und hier z. B. ein Blockdefinitionsdiagramm wie Abbildung 4.45

Systemverhalten beschrieben wird. Hier stehen Aspekte wie Systemzustände und Übergänge zwischen den Zuständen oder sequenzielle bzw. parallele Ausführung im Mittelpunkt.

3. Ein *temporales Modell* beschreibt das zeitliche Verhalten des Systems auf unterschiedlichen Ebenen von strategischen Entscheidungen bis zur Betriebsebene.

4. Ein *strukturelles Modell* zerlegt das System in Elemente und beschreibt die Schnittstellen zwischen diesen Elementen sowie zu externen Einheiten. Dies ermöglicht die Entwicklung eines hierarchischen Systemaufbaus und die Identifikation konkreter physikalischer Schnittstellen zwischen den Systemelementen.

5. Im *Massenmodell* werden den Systemelementen Geometrien, Massen, Positionen, Orientierungen und Bewegungsverhalten zugewiesen.

6. Das *Layoutmodell* konzentriert sich demgegenüber auf die Position und Orientierung der Systemelemente im Raum.

7. Ein *Netzwerkmodell* beschreibt demgegenüber, wie Ressourcen wie Massen, Energie, Daten und Personen von einem Systemelement zu einem anderen „fließen".

liefern. Im Ergebnis vereinigen komplexe EDZ die Modelle mehrerer der oben
genannten Sichten, um eine umfassende Simulation des Gesamtsystems bereitstellen zu können. Die unterschiedlichen Sichten werden hierbei implizit auf unterschiedliche Modellbeschreibungsformen wie z. B. Zustandsdiagramme für das Verhaltensmodell oder Starrkörperdynamik für Massen- und Layoutmodelle abgebildet.

Abbildung 3.15 illustriert die Vorgehensweise bei der Systemdekomposition mit
EDZ am Beispiel der Forstmaschine unter Verwendung der in Abbildung 3.7 eingeführten Darstellungsform. Der EDZ der Forstmaschine besteht aus der Mensch-
Maschine-Schnittstelle, einer Maschinensteuerung und den Teilkomponenten des
Fahrzeugs selbst. Die Aktoren selbst sind Teil dieser Teilkomponenten, als einzige
übergeordnete Aktorkomponente ist die Hydraulikpumpe aufgeführt, welche die
notwendige Hilfsenergie bereitstellt. Das Fahrzeug besteht aus einem Fahrgestell
mit Vorder- und Hinterwagen, der diese Fahrgestellteile verbindenen Knickachse
sowie den Reifen mit den hierzu notwendigen Achsen, dem Kran und dem Harvesterkopf. Wie der Hydraulikmotor auch bestehen diese EDZ ausschließlich aus
Komponenten für das Physischen System selbst, sie besitzen weder Informationsverarbeitende Systeme noch Mensch-Maschine-Schnittstellen. Teilweise verfügen
diese auch nicht über Sensoren (wie beim Fahrgestell). Komplexer aufgebaut ist
der Laserscanner, der auch über ein eigenes Informationsverarbeitendes System
verfügt. Dargestellt sind in diesem Beispiel nur die beiden obersten Ebenen der
Systemdekomposition. Der Kran besteht z. B. wiederum aus einzelnen Gelenkkör-
pern und Hydraulikzylindern, die entweder selbst wieder eigenständige EDZ sind
(die dann nur über die Systemkomponente verfügen) oder in der Systemkomponente
des Krans zusammengeführt werden.

Die Schnittstellen zwischen den EDZ und ihren EDZ-Komponenten sind mit
denen ihrer RZ deckungsgleich. Die Eingangsgrößen z. B. des Fahrgestells sind
so die vom Hydraulikmotor zur Verfügung gestellte „Hydraulikenergie" sowie die
Eingangsgrößen für die Hydraulikventile für das Fahren und Lenken. Der EDZ
des Fahrgestells hat keine Ausgangsgrößen, da hier keine Daten sensorisch erfasst
werden.

Die Simulationsmodelle/Experimentierbaren Modelle der einzelnen EDZ-
Komponenten sind disziplinübergreifend bzw. entstammen unterschiedlichen Disziplinen. Das Modell des Krans besteht z. B. aus Modellteilen für die Hydraulik-
simulation (Ansteuerung der Hydraulikventile und -zylinder), für die Starrkörpersimulation (die miteinander und mit ihrer Umgebung entsprechend der durch die
Hydraulikzylinder aufgebrachten Kräfte interagierenden Gelenkkörper des Krans)
und für die Sensorsimulation (zur Messung der Ausfahrlänge der Hydraulikzylinder). Die Zusammenführung dieser Komponenten-Simulationsmodell-Teile und

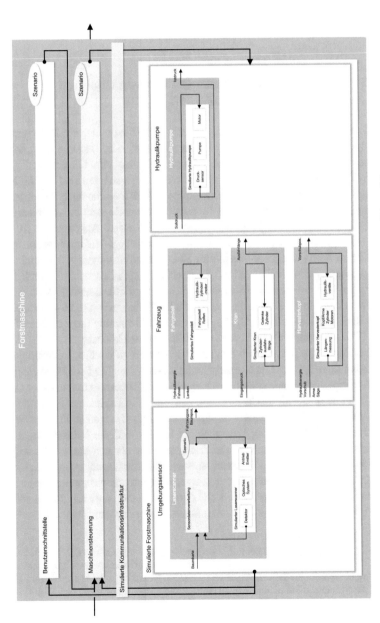

Abbildung 3.15 Systemdekomposition mit EDZ am Beispiel der Forstmaschine aus Abbildung 3.2

die Interaktion der resultierenden domänenspezifischen Teilmodelle ergibt dann die Simulation des Gesamtsystems (siehe Abschnitt 3.6.1).

3.4.2 Vernetzung von Experimentierbaren Digitalen Zwillingen in EDZ-Szenarien

Zur Simulation werden typischerweise mehrere EDZ zu einem **EDZ-Szenario**[63] zusammengefasst, welches z. B. eine konkrete Einsatz- oder Testsituation für einen oder mehrere EDZ beschreibt. Ein EDZ-Szenario umfasst damit diverse EDZ, *„die über die Verbindung ihrer Ports zu einem Netzwerk verschaltet sind und im Rahmen der Simulation miteinander interagieren"* [RS20] (siehe auch Definition in Abschnitt 2.5.3). Technisch entspricht ein EDZ-Szenario dem zu simulierenden Modell auf Systemebene (siehe auch Abschnitt 3.1.2 und Abschnitt 2.5.6). Die EDZ stellen die benötigten (Teil-) Simulationsmodelle und Experimentierbaren Modelle zur Verfügung, die in einem Virtuellen Testbed zusammengeführt und unter Rückgriff auf unterschiedliche Simulationsverfahren simuliert werden. Durch diese Simulation wird aus einem EDZ-Szenario ein **experimentierbares EDZ-Szenario**. Zur Erstellung von EDZ-Szenarien stehen oft Bibliotheken von EDZ – so genannte **EDZ-Repositories** – zur Verfügung, so dass EDZ-Szenarien unter Rückgriff auf diese EDZ effizient modelliert oder konfiguriert werden können.

Abbildung 3.16 illustriert dies am Beispiel der Forstmaschine im Wald (siehe auch Abbildung 3.2). Dieses Szenario umfasst neben dem EDZ der Forstmaschine den EDZ eines dort angebauten Laserscanners, den EDZ des Leitsystems, von dem die Maschine ihre Auftragsdaten erhält, den EDZ des Fahrers zur Modellierung unterschiedlicher Fahrsituationen sowie die EDZ der Umgebung, hier des Waldbodens und der Bäume. Der Fahrer nimmt Einfluss auf die Mensch-Maschine-Schnittstelle der Forstmaschine, das Leitsystem ist als der Mensch-Maschine-Schnittstelle übergeordnetes Steuerungssystem modelliert. Auch wenn in der Grafik die EDZ in ihrer „Vollausbaustufe", d. h. etwa mit Informationsverarbeitendem System und Mensch-Maschine-Schnittstelle dargestellt sind, muss ein EDZ natürlich nicht immer alle in Abbildung 3.7 aufgeführten Komponenten enthalten. Der EDZ

---

[63] Das Präfix „EDZ" wird hierbei zur Unterscheidung zwischen einem EDZ-Szenario und einem Einsatzszenario (welches wiederum als EDZ-Szenario modelliert sein kann), zwischen einem EDZ-Szenario und einem experimentierbarem Szenario (welches analog dem Übergang zwischen einem Simulationsmodell und einem Experimentierbaren Modell im Simulator entsteht) sowie zwischen einem rein virtuellen EDZ-Szenario und einem gemischt virtuell/realen Hybriden Szenario verwendet. Soweit die Bedeutung aus dem Zusammenhang klar ist, wird das Präfix auch weggelassen.

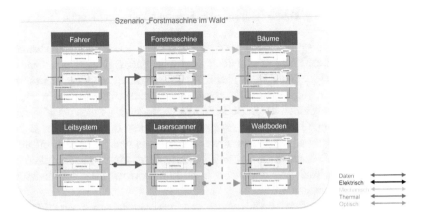

Abbildung 3.16 Illustration der Vernetzung von EDZ am Beispielszenario „Forstmaschine im Wald" mit ausgewählten Interaktionen

eines Baumes wird so nur über den Modellteil der Systemkomponente des Physischen Systems $\underline{s}^{sys}_{spsys}(t)$ beschrieben[64] (solange er nicht evtl. in Zukunft mit eigenen Sensoren ausgestattet ist). Der Umfang der im EDZ enthaltenen EDZ-Komponenten orientiert sich also am jeweiligen RZ als Betrachtungsgegenstand.

Zusätzlich dargestellt ist die Vernetzung der EDZ. Betrachtet man die Interaktion von Physischen Systemen und IVS untereinander und mit ihrer Umgebung, können wie in [RS20] dargestellt drei **Interaktionsebenen** unterschieden werden. Physische Systeme untereinander interagieren auf der **physischen Ebene**. Ein Beispiel hierfür ist die Interaktion zwischen einer Maschine und dem von ihr gerade bearbeiteten Werkstück. Diese Interaktion führt zu Energie- und Stoffflüssen in unterschiedlichen Disziplinen wie z. B. Mechanik, Elektrotechnik, Hydraulik oder Thermodynamik. Im Rahmen der **internen Kommunikation** tauscht das IVS dieser Maschine mit dem Physischen System derselben Maschine Daten und Steuerungsanweisungen über individuelle, geräte- oder softwarespezifische IT-Schnittstellen aus (im Beispiel einer Forstmaschine z. B. über den CAN-Bus). Das IVS steuert die Aktoren des Physischen Systems und nutzt die dort vorhandenen Sensordaten. Im Bereich der **externen Kommunikation** kommunizieren die IVS mehrerer MCPS

---

[64] Abbildung 3.16 stellt die EDZ unabhängig voneinander dar. Alternativ könnten diese über hierarchische Substitution (siehe Abschnitt 3.4.3) Eingang in den EDZ der Forstmaschine finden. Beispiele hierfür sind der Laserscanner und das Leitsystem. Auf die weiteren Erläuterungen hat dies keinen Einfluss.

untereinander über geeignete Industrie 4.0-Kommunikationsprotokolle (z. B. OPC UA (OPC 2017))[65].

Zudem werden explizit modellierte Abhängigkeiten von impliziten Abhängigkeiten unterschieden. Explizit modelliert werden die Verknüpfungen zwischen den Ein-/Ausgängen $\underline{u}_{edz}(t)$ und $\underline{y}_{edz}(t)$ der EDZ; die Ausgänge des Laserscanners sind so explizit mit den Eingängen der Forstmaschine verbunden. Darüber hinaus gibt es implizite Abhängigkeiten, die z. B. durch MBSE-Prozesse aufgenommen werden und in Abbildung 3.16 gestrichelt dargestellt sind. Diese Interaktionen, z. B. die der Forstmaschine und des Laserscanners mit Bäumen und Waldboden, erfolgen automatisch im Rahmen der Simulation des Gesamtszenarios[66]. Die Interaktionen erfolgen entsprechend unterschiedlicher **Interaktionsformen**, die in der Abbildung farblich unterschieden sind[67].

Vergleicht man diese Erläuterungen mit den Ausführungen zum EDZ in Abschnitt 3.2.1 wird deutlich, dass strukturell gesehen ein Szenario nichts anderes ist als ein EDZ, dessen EDZ-Komponenten als EDZ ausgeführt sind. Einziger Unterschied ist, dass die EDZ-Komponenten keine EDZ-Komponenten entsprechend Abschnitt 3.3 sind, sondern RZ im jeweiligen Szenario repräsentieren. Ein Szenario ist also technisch gesehen ein „erweiterter EDZ". Abbildung 3.17 verdeutlicht dies anhand eines Klassendiagramms[68]. Entsprechend gleicht das Modell eines EDZ-Szenarios dem eines EDZ bzw. einer EDZ-Komponente mit der Ausnahme, dass EDZ-Szenarien keine Ein- und Ausgänge besitzen:

---

[65] Die Interaktionsmöglichkeiten von Physischem System und IVS auf physikalischer und IT-technischer Ebene werden durch Interaktionspunkte, die Ports (siehe auch Abschnitt 3.3.4), abstrahiert beschrieben, die in ihrer Gesamtheit die Schnittstelle eines Physischen Systems/eines IVS oder eines MCPS als Ganzes bilden.

[66] Zur Vorbereitung einer Simulation müssen diese nicht mehr zwangsläufig in MBSE-Modellen enthalten sein. Dies dürfte MBSE-Modelle deutlich vereinfachen, da sich diese auf explizite Zusammenhänge konzentrieren können – sofern nicht die Aufnahme impliziter Zusammenhänge in frühen Analysephasen explizit gewünscht ist.

[67] Das dargestellte Szenario bildet hierbei nur einen Ausschnitt des realen Systems ab und berücksichtigt z. B. weder elektrische Interaktionen (wie z. B. die Spannungsversorgung des Laserscanners durch die Forstmaschine), noch weitere mechanische Interaktionen (wie z. B. die mechanische Verbindung zwischen Forstmaschine und Laserscanner) oder thermale Interaktionen (wie z. B. den Wärmeaustausch von Forstmaschine und Laserscanner).

[68] Ein EDZ-Szenario ist abgeleitet von einem EDZ, welcher selbst wieder eine Spezialisierung einer EDZ-Komponente ist. Ein EDZ enthält EDZ-Komponenten, die wiederum Ports, Verbindungen und Interaktionsinfrastrukturen enthalten bzw. referenzieren.

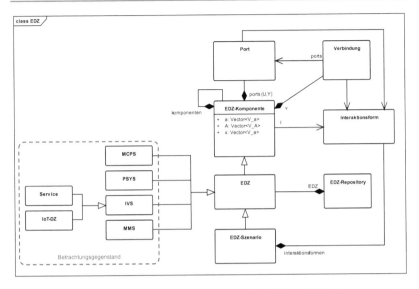

Abbildung 3.17 Der Zusammenhang zwischen Szenario, EDZ und EDZ-Komponente, dargestellt als UML-Klassendiagramm: Die linke Seite führt die in Abschnitt 2.5 eingeführten Betrachtungsgegenstände auf, hier als Spezialisierungen des EDZ modelliert.

$$M_{S,\text{szenario}} = (\underline{a}_{\text{szenario}},\ \underline{A}_{\text{szenario}},\ \emptyset,\ \emptyset,\ \underline{v}_{\text{szenario}},\ \underline{I}_{\text{szenario}},\ \underline{M}_{S,\text{edz}})$$
$$M_{S,\text{szenario}} \in \mathbb{M}_{S,\text{komp}} \tag{3.23}$$

Die Simulation der Vernetzung erfolgt wiederum über die Interaktionsfunktion i_f:

$$\underline{u}_{\text{edz},b}(t) = \sum_{a=0}^{n_{\text{edz}}-1} \sum_{i=0}^{n_I-1} I_{a\overset{i}{\to}b}\left(\underline{y}_{\text{edz},a}(t), t\right) \tag{3.24}$$

Das Experimentierbare Modell eines EDZ-Szenarios und damit die Simulation vereinfacht sich zu:

$$M_{E,\text{szenario}}:\quad \underline{s}_{\text{szenario}}(t) = \Gamma(\underline{s}_{\text{szenario}}(0), t) \tag{3.25}$$

Der Simulationszustand eines Virtuellen Testbeds bzw. der Simulationszustand des Szenarios setzt sich hierbei in Fortführung von Gleichung 3.15 aus den Simulationszuständen der einzelnen EDZ[69] zusammen:

$$\underline{s}_{\text{szenario}}(t) = \begin{bmatrix} \underline{s}_{\text{edz},0}(t) \\ \underline{s}_{\text{edz},1}(t) \\ \vdots \\ \underline{s}_{\text{edz,n}}(t) \end{bmatrix} \qquad (3.26)$$

Entsprechend Gleichung 3.12 ist auch hier die Vernetzung $\hat{i}_{f,\text{szenario}}$ der EDZ implizit durch die Abhängigkeiten zwischen den einzelnen Ein- und Ausgangsgrößen enthalten.

3.4.3 Hierarchische und kaskadierte Experimentierbare Digitale Zwillinge

Die Struktur eines EDZ erlaubt eine hierarchische Substitution, so dass jede EDZ-Komponente wiederum selbst ein EDZ sein kann (siehe die Definition in Abschnitt 3.2.1 und Abbildung 3.17). Im Beispiel der Abbildung 3.18 wird etwa die Sensorkomponente selbst durch einen EDZ beschrieben. Für dieses Beispiel gilt:

$$\begin{aligned} \underline{s}_{\text{spsys}}^{\text{sen}}(t) &= \underline{s}_{\text{edz,sen}}(t) \\ \underline{y}_{\text{spsys}}^{\text{sen}}(t) &= \underline{y}_{\text{edz,sen}}(t) \end{aligned} \qquad (3.27)$$

$\underline{s}_{\text{edz,sen}}(t)$ und $\underline{y}_{\text{edz,sen}}(t)$ sind hierbei der Simulationszustand bzw. der Ausgang des hierarchisch untergeordneten, den Sensor beschreibenden EDZ, $\underline{s}_{\text{spsys}}^{\text{sen}}(t)$ und $\underline{y}_{\text{spsys}}^{\text{sen}}(t)$ der Simulationszustand bzw. der Ausgang der entsprechenden Komponente im übergeordneten EDZ. Der Sensor kann auf diese Weise wiederum über eine eigene Systemkomponente, ein eigenes Informationsverarbeitendes System und eine eigene Mensch-Maschine-Schnittstelle verfügen.

---

[69] Natürlich kann das EDZ-Szenario auch direkt EDZ-Komponenten enthalten. In diesem Fall würde sich nur die Benennung der Symbole entsprechend ändern.

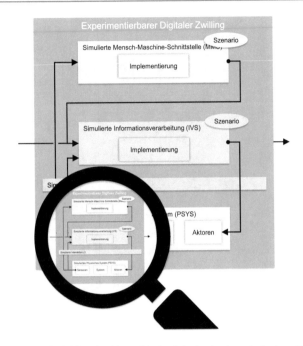

Abbildung 3.18 Beispiel für eine hierarchische Substitution innerhalb eines EDZ

Die Struktur eines EDZ kann zudem auch im EDZ selbst erweitert werden. Die Anzahl und semantische Bedeutung der EDZ-Komponenten ist nicht auf die in Abschnitt 3.2.1 zunächst eingeführten Komponenten beschränkt. Die Komponenten des EDZ können hierbei z. B. sequentiell miteinander verschaltet untereinander angeordnet werden, indem der Ausgang $\underline{y}_{\text{sivs},1}^{\text{akt}}$ eines ersten Informationsverarbeitenden Systems mit dem Eingang $\underline{u}_{\text{sivs},2}^{\text{strg}}$ eines zweiten verbunden wird. Abbildung 3.19 illustriert dies am Beispiel einer automatisierten Forstmaschine (siehe auch Abschnitt 3.7.5), für die zunächst in einem übergeordneten Informationsverarbeitenden System eine Planung auf Aufgabenebene durchgeführt wird, welche dann über eine Bewegungssteuerung im Interpolationstakt auf die konkrete Bewegung der Maschine interpoliert wird. Diese Bewegung wird dann auf die Maschine aufgeschaltet.

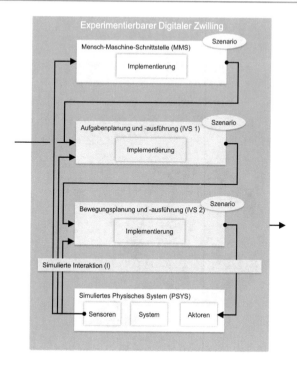

Abbildung 3.19 Beispiel für eine Kaskadierung innerhalb eines EDZ

3.4.4   Hybride Szenarien und Hybride Zwillingspaare

Ein EDZ bildet mit seinen EDZ-Komponenten – dem simulierten Physischen System, dem simulierten Informationsverarbeitenden System sowie der simulierten Mensch-Maschine-Schnittstelle – seinen RZ einschließlich seiner internen wie externen Schnittstellen entsprechend der auftretenden Informationsformen 1-zu-1 nach. Die Interaktion von zwei EDZ erfolgt analog zur Interaktion der entsprechenden RZ. Dies gilt auch für die Verbindung eines RZ mit einem EDZ. Die reale Kommunikationsinfrastruktur muss hierzu mit ihrem simulierten Pendant verbunden werden[70]. Der Datentransfer erfolgt somit über die beiden beteiligten realen

---

[70] Dies setzt natürlich voraus, dass die simulierte Kommunikationsinfrastruktur über entsprechende Schnittstellen zur realen Kommunikationsinfrastruktur verfügt.

und simulierten Kommunikationsinfrastrukturen $I_{a\to b,\text{real}}$ und $I_{a\to b,\text{edz}}$. Gleichung 3.10 erweitert sich somit zu[71],

$$\underline{u}_{\text{edz},b}(t) = \xi_{a\overset{i}{\to}b,b}\left(i_{f,a\overset{i}{\to}b,\text{edz}}\left(i_{f,a\overset{i}{\to}b,\text{real}}\left(\xi_{a\overset{i}{\to}b,a}\left(\underline{y}_{\text{real},a}(t)\right),t\right),t\right)\right)$$
$$= \hat{i}_{f,a\overset{i}{\to}b}\left(\underline{y}_{\text{real},a}(t),t\right) \qquad (3.28)$$

Alle weiteren Ausführungen aus Abschnitt 3.4.2 bleiben unverändert. **Hybride Szenarien** werden z. B. eingesetzt, um – etwa in der Entwicklungsphase – reale Systeme mit noch in der Entwicklung befindlichen, durch ihre EDZ repräsentierten Systeme zu vernetzen. Im Laufe der Entwicklung wird so aus einem EDZ-Szenario sukzessive ein vollständig reales Szenario. Abbildung 3.20 illustriert dieses am Beispiel der Abbildung 3.16. Während sich die reale Maschine bereits mit realem Laserscanner in einem realen Wald befindet, ist das Leitsystem noch in der Entwicklung. Die über einen simulierten Fahrer eingebrachten Bedieneingriffe ermöglichen einen systematischen und reproduzierbaren Test im Rahmen der Entwicklung dieses Systems.

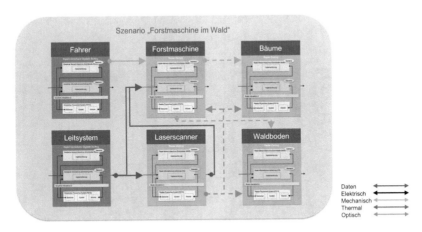

Abbildung 3.20 Beispiel für ein Hybrides Szenario bestehend aus EDZ und RZ

---

[71] Diese Gleichung beschreibt die Verbindung eines realen Ausgangs mit einem simulierten Eingang. Für die Verbindung eines simulierten Ausgangs mit einem realen Eingang gelten die Verhältnisse entsprechend.

Da in diesem Abschnitt bis hierhin die Vernetzung auf EDZ-Ebene dargestellt wird, ist auch Gleichung 3.28 für EDZ formuliert. Entsprechendes gilt natürlich auch für EDZ-Komponenten. Die Vernetzung simulierter und realer Systeme kann also nicht nur auf Ebene der Zwillinge sondern auch innerhalb der Zwillinge selbst auf Ebene der Komponenten erfolgen. Auf diese Weise werden reale Komponenten mit simulierten EDZ-Komponenten zu einem neuen **Hybriden Zwillingspaar** kombiniert (siehe auch Abschnitt 2.4). Möglich wird dies, weil ein EDZ sein reales Pendant nicht nur hinsichtlich seines Ein-/Ausgangsverhaltens nachbildet sondern auch mit Bezug auf seine interne Struktur. Im Beispiel der Abbildung 3.21 wird auf diese Weise das Informationsverarbeitende System des EDZ mit dem realen System und der realen Mensch-Maschine-Schnittstelle des Realen Zwillings verbunden. Die Verbindung zwischen den beiden Zwillingen erfolgt wie beim Hybriden Szenario auch entsprechend Gleichung 3.28 über die jeweils beteiligten Kommunikationsinfrastrukturen:

$$\underline{u}_{\text{rpsys}}^{\text{akt}}(t) = \hat{i}_{f,\text{sivs}^{\text{akt}} \xrightarrow{i} \text{rpsys}^{\text{akt}}} \left(\underline{y}_{\text{sivs}}^{\text{akt}}(t), t \right) \tag{3.29}$$

Analoges kann für $\underline{u}_{\text{sivs}}^{\text{strg}}(t)$ und $\underline{u}_{\text{sivs}}^{\text{sen}}(t)$ geschrieben werden[72]. Die Verbindung zur Umgebung wird jetzt über den Eingang $\underline{u}_{\text{edz}}(t)$ des EDZ und sein simuliertes Informationsverarbeitendes System $\underline{s}_{\text{sivs}}(t)$ übernommen.

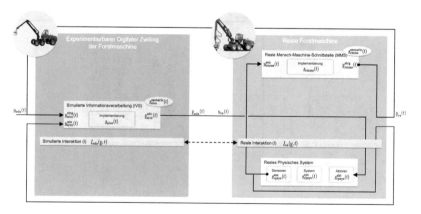

Abbildung 3.21 Beispiel für die Vernetzung eines EDZ mit seiner realen Maschine

---

[72] Analog zur Abbildung 3.7 illustrieren die durchgezogenen Pfeile die „logischen Verbindungen". Technisch ausgeführt werden die Verbindungen wie erläutert über die beteiligten Interaktionsformen.

Vereinfacht kann Abbildung 3.21 wie in Abbildung 3.22 dargestellt werden, wo die entsprechend verwendeten Komponenten „zusammengeschoben" wurden. An dieser Darstellung wird deutlich, dass es gänzlich unerheblich ist, wie das Informationsverarbeitende System des RZ realisiert ist. Im EDZ enthaltene EDZ-Komponenten können so transparent Aufgaben in realen Systemen übernehmen. Dies gilt für das Informationsverarbeitende System ebenso wie für die Benutzeroberfläche als auch für die Kombination dieser Systeme. Kombinationen von realen und simulierten (Teil-) Systemen haben z. B. im Kontext der Virtuellen Inbetriebnahme oder der simulationsbasierten Steuerung (siehe jeweils Abschnitt 3.7) große Bedeutung.

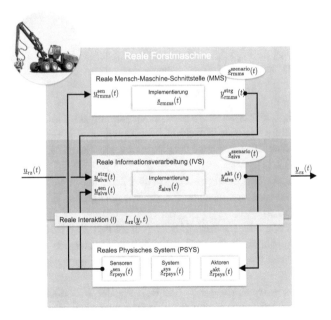

Abbildung 3.22 Vereinfachte Darstellung des Beispiels aus Abbildung 3.21 als Hybrides Zwillingspaar

Abbildung 3.23 stellt die acht möglichen Varianten im Überblick dar. Von links oben nach rechts unten durchnummeriert haben diese folgende konkrete Bedeutung und können direkt den einzelnen EDZ-Methoden (siehe Abschnitt 3.7) zugeordnet werden:

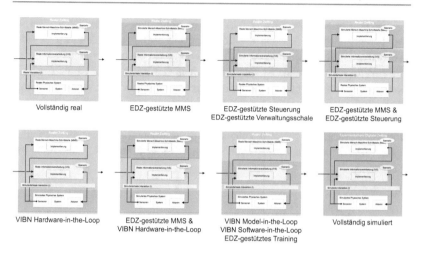

Vollständig real   EDZ-gestützte MMS   EDZ-gestützte Steuerung   EDZ-gestützte MMS &
                                       EDZ-gestützte Verwaltungsschale   EDZ-gestützte Steuerung

VIBN Hardware-in-the-Loop   EDZ-gestützte MMS &   VIBN Model-in-the-Loop   Vollständig simuliert
                      VIBN Hardware-in-the-Loop VIBN Software-in-the-Loop
                                    EDZ-gestütztes Training

Abbildung 3.23 Varianten Hybrider Zwillingspaare

1. **Vollständig reales System**: Dies ist die Darstellung des RZ.
2. **EDZ-gestützte Mensch-Maschine-Schnittstellen**: Hier wird die Benutzeroberfläche über die entsprechende Komponente des EDZ realisiert (siehe Abschnitt 3.7.11).
3. **EDZ-gestützte Steuerung von Systemen**: Hier wird das Informationsverarbeitende System über die entsprechende Komponente des EDZ realisiert (siehe Abschnitt 3.7.5).
4. **EDZ-gestützte Mensch-Maschine-Schnittstellen & Steuerung**: In diesem Fall sind sowohl das Informationsverarbeitende System als auch die Mensch-Maschine-Schnittstelle über die entsprechenden Komponenten des EDZ realisiert.
5. **VIBN Hardware-in-the-Loop**: Im Rahmen der Virtuellen Inbetriebnahme (VIBN, [VDI16]) von neu entwickelten Informationsverarbeitenden Systemen werden diese zunächst an simulierten Systemen getestet (siehe Abschnitt 3.7.6).
6. **EDZ-gestützte Mensch-Maschine-Schnittstellen & VIBN Hardware-in-the-Loop**: Diese Variante illustriert die Kombination des Hardware-in-the-Loop-Szenarios der VIBN mit EDZ-gestützten Mensch-Maschine-Schnittstellen.
7. **VIBN Model-in-the-Loop bzw. VIBN Software-in-the-Loop**: Im Rahmen der Entwicklung eines Informationsverarbeitenden Systems werden häufig zunächst Modelle dieses Systems entwickelt oder die Software im Entwicklungssystem und nicht auf der späteren Hardware in Tests integriert (siehe Abschnitt 3.7.6).

8. **Vollständig simuliertes System**: Dies ist die Darstellung des EDZ (siehe Abbildung 3.7).

Diese Varianten können zudem beliebig mit den vorstehenden Vernetzungsvarianten (Netzwerke von EDZ, hierarchische EDZ, kaskadierte EDZ, Hybride Szenarien, Hybride Zwillingspaare) kombiniert werden. Hierdurch können z. B. Einsatzszenarien von EDZ als Basis für die Visualisierung im Kontext von EDZ-gestützten Mensch-Maschine-Schnittstellen (siehe Abschnitt 3.7.11), zur Verwaltung der wahrgenommenen Umgebung zur Realisierung eines Mentalen Modells im Kontext von EDZ-gestützter Entscheidungsfindung (siehe Abschnitt 3.7.8) oder zur Realisierung der Asset Administration Shell im Kontext von Industrie 4.0 (siehe Abschnitt 3.7.10) verwendet werden.

3.5 Semantische Modellbildung für Experimentierbare Digitale Zwillinge

Das Modell eines EDZ beschreibt seinen RZ auf unterschiedlichen Abstraktionsniveaus. Abschnitt 3.2.3 gibt hierzu einige Beispiele. Wie entsteht aber so ein Modell? Hierzu existieren unterschiedlichste Herangehensweisen. So kann ein Modell von Hand mit Hilfe eines CAD-Systems oder eines Simulators erstellt, durch Methoden der Sensordatenverarbeitung aus geeigneten Sensordaten (teil-/voll-) automatisch rekonstruiert oder durch geeignete Algorithmen berechnet werden (z. B. prozedurale Modelle). Wichtig für eine möglichst vielfältige und nachhaltige Verwendung einmal erstellter EDZ und deren Vernetzung ist die Erstellung **semantischer Modelle**. Hierdurch entsteht eine interpretierbare und nachvollziehbare mathematische Beschreibung des realen Pendants eines EDZ in Form attributierter und miteinander in Beziehung stehender Komponenten, die typischerweise eine direkte 1-zu-1-Abbildung zu den entsprechenden RZ aufweisen. Insbesondere sind in semantischen Modellen Aspekte des abzubildenden realen Systems direkt identifizierbar. Beispiele hierfür sind Systemein- und -ausgangsgrößen, Komponenten, Subsysteme und Systemelemente, Aufbaustruktur und Zustandsgrößen. Derartige Modelle werden durch Verfahren der **Semantischen Umweltmodellierung** unter Nutzung unterschiedlicher Methoden bereitgestellt. Angelehnt an [Son18] kann der Begriff eines semantischen Modells wie folgt definiert werden:

> **Definition 3.30 (Semantisches Modell):** *Ein semantisches Modell ist eine gegenständliche und anwendungsbezogene Repräsentation eines Realen Zwillings bestehend aus erkennbaren Komponenten mit einer Bedeutung und einem zugrundeliegenden semantischen Datenmodell.*

Es besteht also aus semantischen Komponenten, die ihre Bedeutung aus einem Datenmodell erhalten, welches hierzu Entitätstypen festlegt und deren Attribute sowie deren kontextrelevante Beziehungen beschreibt. Als semantische Modelle können z. B. die Ergebnisse des MBSE (siehe Abschnitt 4.5) angesehen werden ebenso wie geeignet strukturierte CAD-Modelle. Demgegenüber sind CAD-Modelle ohne geeignete Struktur und ohne geeignete Zuweisung einer Bedeutung zu den einzelnen Modellelementen keine semantischen Modelle. Gleiches gilt für Rohdaten von Sensoren wie z. B. Punktwolken, die zunächst geeignet verarbeitet werden müssen. Die Erstellung eines Semantischen Modells führt zur Methode der Semantischen Umweltmodellierung:

> **Definition 3.31 (Semantische Umweltmodellierung):** *Die Semantische Umweltmodellierung stellt automatische, halbautomatische oder manuelle/interaktive Methoden zur Erstellung semantischer Modelle bereit.*

3.5.1 Modellbildung in Entwicklungsprozessen

Im Rahmen der Entwicklung technischer Systeme werden Modelle in unterschiedlichsten Prozessen zumeist manuell erstellt. Ein Beispiel sind die Prozesse des MBSE. Im Anschluss hieran beschreiben sukzessive von einfachen CAD- zu komplexen Engineering-Modellen weiterentwickelte Modelle die Geometrie eines Systems, die Bewegung der einzelnen Körper sowie die eingesetzten Materialien. Modelle der elektrischen Komponenten definieren die einzusetzenden elektrischen und elektronischen Bauteile sowie deren Verschaltung. Die Modelle orientieren sich hierbei meist an den zu fertigenden bzw. einzusetzenden technischen Komponenten und sind daher häufig auch semantische Modelle. Die Entitäten dieser Modelle entsprechen zumindest ab einer gewissen Detailstufe jeweils einem EDZ. Die Aufgabe besteht nun darin, aus diesen Modellen geeignete Simulationsmodelle abzuleiten, die durch passende Simulationsfunktionen Γ und Φ simuliert werden können. Dies führt zum Begriff der **funktionalen Abbildung**, der in Abschnitt 5.3.7 erläutert wird. Im Ergebnis entstehen hierdurch direkt aus dem Entwicklungsprozess Experimentierbare Digitale Zwillinge.

Auf diese Weise hält Simulation quasi automatisch Einzug in Entwicklungsprozesse. Wenn die Modelltiefe in ersten Entwicklungsstufen noch nicht für eine detaillierte Simulation ausreicht, so liefern die ersten groben Modelle schon eine Strukturierung der zu simulierenden Szenarien über die Strukturierung der beteiligten EDZ. Hierdurch können erste (meist vereinfachte) Simulationsmodelle oft schnell für die Entwicklung herangezogen werden. Ein Beispiel hierfür ist die Nutzung von Simulation in MBSE-Prozessen. Abbildung 3.24 illustriert dies am Beispiel. Im MBSE-Prozess wurde eine Forstmaschine identifiziert und als Block beschrieben. Dieser Block ist äquivalent zu einem EDZ in der Simulation. Ausgestaltet mit einem entsprechenden Simulationsmodell und vernetzt mit den anderen EDZ entsprechend der Vernetzung der Blöcke z. B. in einem internen Blockdiagramm entstehen so experimentierbare Szenarien, die im Entwicklungsverlauf sukzessive (etwa durch detaillierte CAD-/Engineering-Modelle der Forstmaschine) verfeinert werden. EDZ verbinden somit die Entwicklungsmodelle mit umfassenden Szenariomodellen – unter Rückgriff auf die bereits heute zur detaillierten Simulation von Einzelaspekten bestehenden Simulationsmodelle und Experimentierbaren Modelle.

Abbildung 3.24 EDZ verbinden die Ergebnisse des MBSE mit Simulationstechnik (vgl. auch [SR17]).

3.5.2 Modellbildung durch Sensordatenverarbeitung

EDZ können aber auch automatisiert entstehen. Ein Beispiel hierfür sind Methoden zur automatisierten Umwelterfassung durch geeignete Sensoren und die Nutzung dieser Ergebnisse in der Simulation (siehe z. B. [RSH+09]). Auf diese Weise können etwa durch Fernerkundung großräumige und dennoch detaillierte Waldmodelle entstehen (siehe z. B. Abschnitt 6.4.1), die durch terrestrische Sensorik verfeinert werden (siehe Abschnitt 6.4.13). Auch hier ist der EDZ wieder das verbindende Glied zwischen den einzelnen Datenverarbeitungsstufen und der Nutzung des Ergebnisses in EDZ-Szenarien.

3.5.3 Domänenspezifische Modellierung domänenübergreifender EDZ

Ein scheinbarer Widerspruch, der bei der Integration von EDZ und EDZ-Szenarien aufgelöst werden muss, ist, dass der Anspruch der EDZ ist, interdisziplinär und domänenübergreifend zu sein, die Modellierung selbst allerdings meist domänen-spezifisch z. B. mit den in Kapitel 4 vorgestellten Simulationsverfahren und den hierzu notwendigen Simulationsmodellen erfolgt. Dieser Widerspruch löst sich auf, wenn man den Einsatz von EDZ vom Ergebnis her betrachtet. Für die Anwen-dung von EDZ-Methoden ist es notwendig, die benötigten Aussagen und damit die benötigten Simulationsverfahren und die benötigte Ausgestaltung der Simulati-onsmodelle/Experimentierbaren Modelle vorab festzulegen. Die am EDZ-Szenario beteiligten EDZ und EDZ-Komponenten müssen dann die entsprechenden Modelle zur Verfügung stellen. So kann ein EDZ nicht Aussagen über Kräfte und Momente in Gelenken oder an Kontakten liefern, wenn er nur ein kinematisches Modell bereit-stellt und z. B. die Informationen zu Massen und Trägheiten fehlen. Am Ende müssen daher auch domänenübergreifende EDZ (ggf. auch mehrere) domänenspezifische Simulationsmodelle bereitstellen.

Dies darf allerdings nicht dazu führen, und hierzu definiert der EDZ die notwen-digen Strukturen, dass das Simulationsmodell unter Umgehung der EDZ-Strukturen direkt für das gewählte Einsatzszenario erstellt wird, denn dann ist die Anforderung verletzt, nach der sich die Struktur von EDZ und EDZ-Szenario an der physika-lischen Architektur der beteiligten EDZ orientieren muss. Vielmehr sollten die Schnittstellen der EDZ wenn möglich unabhängig vom konkreten Simulations-verfahren und den damit verbundenen Simulationsmodellen bleiben und die „Si-mulationsinterna" ausschließlich in den Simulationsmodellen/Experimentierbaren Modelle der EDZ und EDZ-Komponenten gekapselt werden. Erst hierdurch wird die notwendige Strukturierung und Flexibilität bei der Modellierung erreicht[73].

---

[73] Die z. B. in Abbildung 5.1 dargestellte Zusammenführung der Teilsimulationsmodelle entsprechend der modellierten Verbindungen erfolgt dann erst im Modellanalyseprozess des prädiktiven Schedulings (siehe Abschnitt 5.5.2).

3.5.4   Sukzessive Detaillierung von Experimentierbaren Digitalen Zwillingen

Hierdurch ist dann auch automatisch die Möglichkeit einer sukzessiven Detaillierung von EDZ z. B. im Laufe des Entwicklungsprozesses gegeben. Die zur Strukturierung notwendige Systemarchitektur wird z. B. zu Beginn mit MBSE-Methoden entwickelt und dient als Schablone für die Erstellung der Grundstruktur der EDZ und seiner Schnittstellen. Diese Schablone kann dann mit zum jeweiligen Entwicklungszeitpunkt bekannten Simulationsmodellen/Experimentierbaren Modellen von zunächst einfachen ereignisdiskreten Modellen über kinematische Modelle bis hin zu detaillierten Sensor-, Starrkörperdynamik- oder FEM-Modellen gefüllt werden.

Die unterschiedliche Detaillierung von EDZ ist nicht nur dem Entwicklungsprozess geschuldet, also dem Umstand, dass detailliertere Informationen zu frühen Entwicklungszeitpunkten noch nicht zur Verfügung stehen, sondern kann auch gewünscht sein. Denn nicht für jede EDZ-Anwendung ist ein maximaler Detaillierungsgrad mit den damit verbundenen Modellierungsaufwänden und Ausführungszeiten der Simulation notwendig. Daher können EDZ mit Simulationsmodellen/Experimentierbaren Modellen in unterschiedlicher Detaillierung zu EDZ-Szenarien zusammengestellt werden, um z. B. zwischen Laufzeitverhalten und Detaillierung abgestuft wählen zu können (siehe auch Abschnitt 5.1.1).

3.5.5   Heterogene Szenariomodelle und übergreifendes Datenmanagement

Im Ergebnis entstehen heterogene Szenariomodelle $M_{S,\text{szenario}}$, deren EDZ durch unterschiedliche semantische Modelle $M_{S,\text{edz},i}$ beschrieben werden. Aufgabe eines VTB ist es, diese Simulationsmodelle in der Simulationsdatenbank **unter Beibehaltung der Semantik** zu verwalten und den interessierten Simulationsverfahren geeignet zur Verfügung zu stellen (siehe Abschnitt 2.5.4). Z. B. auf Basis eines umfassenden Metamodells (siehe Abschnitt 4.6) sollte die Simulationsdatenbank unterschiedlichste Datenmodelle nativ und ohne vorherige Konvertierung und Vereinfachung in die Echtzeitdatenbasis integrieren können.

Diese heterogenen Modelldatenbestände müssen nicht nur im VTB sondern auch darüber hinaus geeignet verwaltet werden. Über diesen reinen Datenhaltungsaspekt eröffnen sich hier bei einer geeigneten Herangehensweise an diese Thematik neue Möglichkeiten zur Gestaltung des „Datenworkflows" in Entwicklungsprozessen und darüber hinaus. Im Mittelpunkt eines übergreifenden Datenmanagements stehen die semantischen Modelle der EDZ. Werden diese nicht nur als strukturlose „Black

Box" sondern anhand ihres semantischen Datenmodells verwaltet, welches sich im Idealfall an standardisierten Datenmodellen orientiert und über standardisierte Kommunikationsprotokolle erreichbar ist, können unterschiedlichste Softwaresysteme aber auch reale Maschinen direkt auf die für sie relevanten Modellbestandteile lesend und schreibend zugreifen (siehe Abbildung 3.25). Aus Sicht eines VTB bedeutet dies, dass dieses seine zur Simulation notwendigen semantischen Datenmodelle direkt aus den externen Datenhaltungssystemen bezieht, die semantischen Modelle in die Simulationsdatenbank integriert und auf dieser Grundlage einen bidirektionalen Datenaustausch mit dem externen Datenhaltungssystem ermöglicht. Die Simulationsdatenbank ist quasi ein „Echtzeit-Cache" für die Modelle der EDZ in den externen Datenhaltungssystemen.

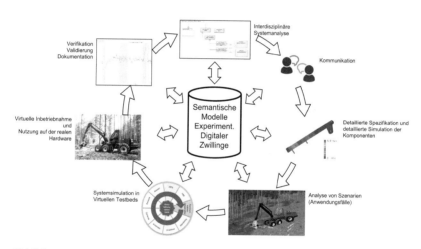

Abbildung 3.25 Die semantischen Modelle der EDZ sind der Kristallisationspunkt für unterschiedliche Arbeitsabläufe. Sie versorgen Softwaresysteme und Maschinen mit Daten und vernetzen diese untereinander (aufbauend auf [SR17]).

Diese Herangehensweise hat neben einem prozessübergreifenden Datenmanagement, welches prinzipiell bereits die bekannten PLM/PDM-Systeme bieten, diverse Vorteile. Dadurch, dass die Datenhaltung und damit auch die Kommunikation auf Ebene der semantischen Datenmodelle und damit bis herunter auf den einzelnen EDZ und seine Eigenschaften erfolgt, wird auch der Austausch der Daten auf dieser Ebene möglich. Dies ermöglicht einen deutlich dynamischeren Datenaustausch als bislang bekannt und damit auch eine Online-Kopplung der angeschlossenen Systeme bis hin zur über unterschiedliche Systeme verteilten Simulation oder die Online-Anbindung realer Systeme (siehe Abschnitt 3.7.5). Derartige Datenhaltungskomponenten könnten sich zu einem grundlegenden Baustein für die Realisierung verteilter Systeme entwickeln – gleich ob es sich hierbei um reale oder virtuelle (Automatisierungs-, Steuerungs-, Simulations-, etc.) Systeme oder beliebige Mischformen hiervon handelt. Stellt man die semantischen Modelle der EDZ wie gezeigt in den Mittelpunkt der Entwicklung, entsteht eine **umfassende, experimentierbare Wissensbasis** als Kristallisationspunkt für die Entwicklung, die den aktuellen Entwicklungsstand jederzeit durch experimentierbare Szenariomodelle widerspiegelt[74]. Hiermit sind natürlich eine Reihe von Randbedingungen verbunden, auf die Abschnitt 5.8.5 eingeht.

3.6   Virtuelle Testbeds als Laufzeitumgebung für Experimentierbare Digitale Zwillinge

Zur Simulation derartiger EDZ-Szenarien wird eine **„Laufzeitumgebung" für EDZ benötigt, die vorhandene Simulationsverfahren nutzt und geeignet kombiniert**, um Netzwerke von EDZ umfassend zu simulieren und EDZ so „zum Leben zu erwecken". Die bereits in Abschnitt 2.5.4 skizzierten Virtuellen Testbeds (VTB) ermöglichen genau dies. VTB stehen damit am Ende der Kette, die mit der Modellierung der EDZ beginnt und über die Modellierung von konkreten Einsatzszenarien als EDZ-Szenario zur Bereitstellung eines Experimentierbaren Modells dieses Szenarios im VTB führt (siehe Abbildung 3.26).

---

[74] Über den Einsatz im Engineering hinaus kann diese Wissensbasis auch im Bereich der Steuerung komplexer Systeme eine zentrale Stellung einnehmen. Sie stellt den beteiligten Systemen hierzu Ausschnitte aus den semantischen Modellen der beteiligten EDZ zur Verfügung, speichert die sich über die Zeit verändernden Zustandsgrößen sowohl der EDZ als auch ihrer realen Gegenstücke (zur Speicherung dieser Daten definieren die EDZ die hierzu notwendigen Datenmodelle) und koordiniert als aktive Komponente den Ablauf im Gesamtsystem. Aufgrund dieses umfassenden Aufgabenspektrums wurde diese Komponente auch „Zentrales Weltmodell" („Central World Model", CWM [FRM99]) genannt. In der finalen Realisierungsstufe könnten alle Digitalen Artefakte in diesem CWM abgelegt sein, sämtliche Kommunikation zwischen den Subsystemen kann über das CWM erfolgen und alle Ergebnisdaten sowie relevanten Zwischenergebnisse können im CWM zugreifbar sein und dort archiviert werden. Dies ermöglicht verschiedenste zeitbasierte Analysen, z. B. die statistische Auswertung von Zustandsgrößen aus unterschiedlichen Simulationsläufen oder aus realen Systemen über der Zeit.

Abbildung 3.26 Konkrete Einsatzszenarien werden als EDZ-Szenarien modelliert und in Virtuellen Testbeds als Laufzeitumgebung für Experimentierbare Digitale Zwillinge ausgeführt (siehe auch Abschnitt 2.5).

Ein VTB überführt ein vom Anwender als Simulationsmodell $M_{S,\text{szenario}}$ *erstelltes EDZ-Szenario in ein Experimentierbares Modell* $M_{E,\text{szenario}}$ *dieses EDZ-Szenarios.* Mathematisch gesehen simuliert ein Virtuelles Testbed das EDZ-Szenario aus Gleichung 3.23[75] durch Anwendung der Simulationsfunktion Γ entsprechend Gleichung 3.25 in seiner Gesamtheit und liefert so den zeitlichen Verlauf des Simulationszustands des Szenarios (Gleichung 3.26). Hierbei ist zu beachten, dass ein derartiges Szenario und damit auch ein Virtuelles Testbed strukturell gesehen weder einen Eingang $\underline{u}_{\text{szenario}}(t)$ noch einen Ausgang $\underline{y}_{\text{szenario}}(t)$ besitzt[76].

---

[75] Zur Erinnerung: Ein Szenario ist nichts anderes als ein EDZ des betrachteten Anwendungsfalls.

[76] Kommuniziert ein Virtuelles Testbed mit seiner Umgebung, z. B. im Fall eines interaktiven Trainingssimulators für eine Forstmaschine, so werden die Bedieneingriffe des Bedieners in einem Hybriden Szenario über die Verbindung der realen Bedienkomponenten mit EDZ-Komponenten/EDZ in den virtuellen Teil des Netzwerks integriert. Hierzu müssen wie in Abschnitt 3.4.4 dargestellt die entsprechenden realen und simulierten Kommunikationsinfrastrukturen verbunden werden. Gleiches gilt für die Übertragung der Bewegungen eines Fahrzeugs auf eine angeschlossene Bewegungsplattform. Würde man entsprechende Ein- und Ausgänge erlauben, stellt sich die Frage, wie diese in das VTB einbezogen werden. Die Beantwortung dieser Frage führt dann genau zur erläuterten Verbindung von realen und simulierten Kommunikationsinfrastrukturen. Dies führt im Ergebnis dazu, dass auch in einem Hybriden Szenario jeder Zwilling nur exakt einmal vorhanden ist (mit Ausnahme der EDZ in den untergeordneten Szenarien der Informationsverarbeitenden Systeme und der Mensch-Maschine-Schnittstellen), entweder als RZ oder als EDZ.

3.6.1   Überführung des EDZ-Szenarios in ein Netzwerk aus Simulationsaufgaben

Die Überführung des EDZ-Szenarios in ein entsprechendes Experimentierbares Modell erfolgt als mehrstufiger Prozess, der mit der Modellierung eines Einsatzszenarios als EDZ-Szenario beginnt und in einem Netzwerk aus Simulationsaufgaben endet. Dieser Prozess ist in Abbildung 3.27 zusammenfassend dargestellt und wird nachfolgend erläutert.

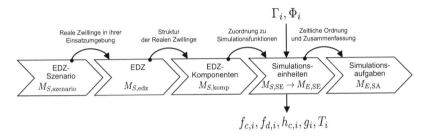

Abbildung 3.27 Der Weg vom EDZ-Szenario zur Simulationsaufgabe

Vom Netzwerk der EDZ zum Netzwerk aus EDZ-Komponenten: Zur Vorbereitung der Simulation müssen neben den Vernetzungen der EDZ im Szenario auch die Vernetzungen innerhalb dieser EDZ zwischen den dort eingesetzten EDZ-Komponenten berücksichtigt werden. Zudem müssen die hierarchisch substituierten EDZ aufgelöst werden, so dass sich im Ergebnis ein Netzwerk der EDZ-Komponenten mit nur einer einzigen Hierarchieebene ergibt. Dieser Prozess wird in vielen Zusammenhängen auch als „Flattening" bezeichnet. Die EDZ-Komponenten werden gleichzeitig nach den eingesetzten Simulationsfunktionen Γ_i und Φ_i geordnet. Der Index i verdeutlicht hier, dass zur Simulation eines EDZ-Szenarios typischerweise mehrere Paare von Simulationsfunktionen notwendig sind[77]. Das Ergebnis dieses ersten Schritts ist in Abbildung 3.28 für das Beispiel

---

[77] Die bis hierhin verwendeten Simulationsfunktionen Γ und Φ (ohne Index i) sind die übergreifenden Simulationsfunktionen auf Ebene der Gesamtsystemsimulation, die sich durch Zusammenführung der spezifischen Simulationsfunktionen Γ_i und Φ_i ergeben (zur Zusammenführung später mehr).

aus Abbildung 3.16 dargestellt[78,79,80]. Jede EDZ-Komponente ist über ihr Modell $M_{S,\text{komp},j}$ entsprechend Gleichung 3.13 beschrieben. Im Beispiel werden einzelne EDZ-Komponenten in mehreren Simulationsverfahren gleichzeitig verwendet, hier etwa ein Baum als starrer Körper im Rahmen der Starrkörperdynamik sowie als Messobjekt für die Laserscannersimulation.

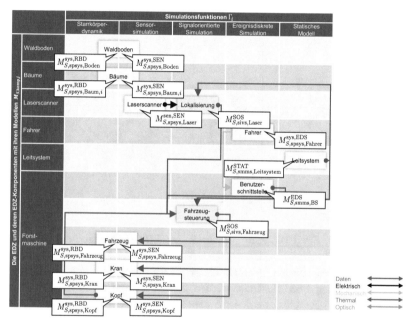

Abbildung 3.28 Auflösung des EDZ-Netzwerks aus Abbildung 3.16 in ein Netzwerk der einzelnen EDZ-Komponenten der verwendeten EDZ

---

[78] Bei näherer Betrachtung fehlen hier die Kommunikationsinfrastrukturen. Tatsächlich repräsentiert jeder Pfeil Gleichung 3.10. Aktive Kommunikationsinfrastrukturen führen zur Einführung weiterer EDZ-Komponenten und fügen sich somit nahtlos in die Vorgehensweise ein. Siehe auch entsprechende Erläuterungen zu Gleichung 3.10.

[79] Die Legenden bezeichnen die Simulationsmodelle der EDZ-Komponenten.

[80] Die impliziten Interaktionen sind nicht mehr gezeigt, da sich diese durch die Simulation selbst ergeben, z. B. durch die Interaktion der Forstmaschine mit einem Baum im Rahmen der Starrkörperdynamik oder die Interaktion eines Baumes mit einem Laserscanner im Rahmen der Sensorsimulation.

Überführung in ein Netzwerk aus Simulationseinheiten: Die Simulation selbst erfolgt durch Ausführung der Simulationsfunktionen Γ_i und Φ_i in so genannten Simulationseinheiten. Die Simulation der Interaktion mehrerer EDZ-Komponenten in einer gemeinsamen Simulationseinheit (z. B. die Interaktion des Krans mit den Bäumen im Rahmen der Starrkörperdynamik) erfordert die Zusammenfassung der beteiligten EDZ-Komponenten. Im Gegensatz hierzu gehen andere EDZ-Komponenten (z. B. Informationsverarbeitende Systeme) eigenständig in die Simulation ein, aus einer EDZ-Komponente wird also direkt eine Simulationseinheit. Aus dem Netzwerk der EDZ-Komponenten entsteht so ein **Netzwerk aus Simulationseinheiten**.

> **Definition 3.32 (Simulationseinheit):** *Eine Simulationseinheit ist identisch einer EDZ-Komponente oder entsteht durch Zusammenfassung von mehreren EDZ-Komponenten und ist genau einem Paar Simulationsfunktionen Γ_i und Φ_i zugeordnet. Sie verfügt über Ein- und Ausgänge und interagiert mit den weiteren Simulationseinheiten. Sie besitzt ein eigenes Verhalten, das über geeignete Simulationsmodelle modelliert ist und über die zugeordneten Simulationsfunktionen simuliert werden kann.*

Das Simulationsmodell $M_{S,\mathrm{SE}}$ einer Simulationseinheit entsteht also durch Zusammenführung der einzelnen Modelle $M_{S,\mathrm{komp},j}$ der beteiligten EDZ-Komponenten (bzw. genauer aus der Zusammenführung der dort enthaltenen Parameter, Algorithmen, Ports, Verbindungen und Interaktionsformen):

$$M_{S,\mathrm{SE}} = (\underline{a}_{\mathrm{SE}},\ \underline{A}_{\mathrm{SE}},\ \underline{U}_{\mathrm{SE}},\ \underline{Y}_{\mathrm{SE}},\ \underline{v}_{\mathrm{SE}},\ \underline{I}_{\mathrm{SE}}) \qquad (3.30)$$

Abbildung 3.29 illustriert dies am Beispiel der Übersetzung der EDZ-Komponenten aus Abbildung 3.28 in Simulationseinheiten[81]. Statt die einzelnen der Starrkörperdynamik zugeordneten EDZ-Komponenten unabhängig voneinander zu simulieren, werden diese zu einer Simulationseinheit zusammengefasst. Nur so können die typischerweise durch Kollisionen entstehenden Interaktionen zwischen den EDZ-Komponenten geeignet betrachtet werden (siehe auch Abschnitt 4.3.3).

---

[81] Die identische Bezeichnung der Modelle der Simulationseinheiten resultiert aus der Tatsache, dass diese ohne weitere Zusammenfassung direkt in eine Simulationseinheit überführt werden konnten.

Gleiches gilt auch für die Sensorsimulation. Die Aufteilung der Einzelkomponenten in einen Teil für die Starrkörperdynamik und einen Teil für die Sensorsimulation führt eine zusätzliche Abhängigkeit ein, welche durch den Pfeil zwischen den beiden neuen Simulationseinheiten modelliert wird. Dieser repräsentiert die Tatsache, dass das Ergebnis der Starrkörperdynamik – die Bewegung der einzelnen Körper – Grundlage für die Sensorsimulation ist, deren Grundlage die aktuelle Lage dieser Körper ist. Alle weiteren Verknüpfungen bleiben erhalten. Die den weiteren Simulationsfunktionen zugeordneten EDZ-Komponenten werden 1-zu-1 in entsprechende Simulationseinheiten überführt. Hierbei können für jede der Simulationsfunktionen durchaus mehrere Simulationseinheiten entstehen.

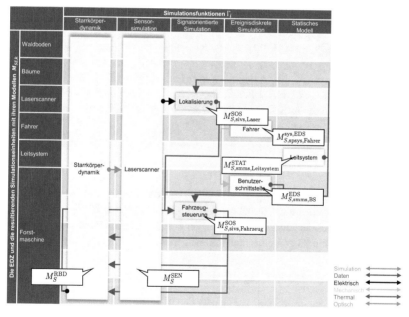

Abbildung 3.29 Zusammenführung zusammengehöriger EDZ-Komponenten des Netzwerks aus Abbildung 3.28 zu Simulationseinheiten

Das resultierende Netzwerk aus Simulationseinheiten kann vereinfacht wie in Abbildung 3.30 gezeigt dargestellt werden. Die Darstellung entsteht rein durch geeignete Anordnung der einzelnen Simulationseinheiten aus Abbildung 3.29.

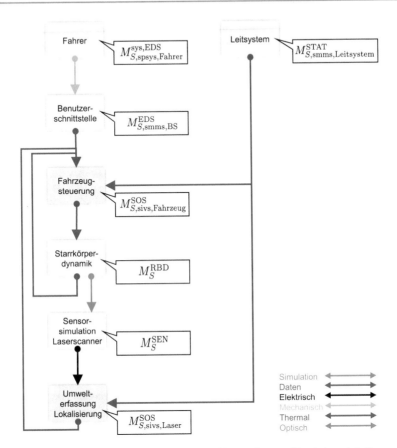

Abbildung 3.30 Vereinfachte Darstellung des Netzwerks aus Simulationseinheiten aus Abbildung 3.29

Durch Anwendung der zugeordneten Simulationsfunktionen Γ_{SE} und Φ_{SE} entsteht aus dem Simulationsmodell $M_{S,SE}$ das Experimentierbare Modell $M_{E,SE}$ dieser Simulationseinheit:

$$M_{E,SE}: \quad \begin{aligned} \underline{s}_{SE}(t) &= \Gamma_{SE}(\underline{s}_{SE}(0), \underline{u}_{SE}\langle t \rangle, t) \\ \underline{y}_{SE}(t) &= \Phi_{SE}(\underline{s}_{SE}(t), \underline{u}_{SE}(t), t) \end{aligned} \qquad (3.31)$$

Zusammenführung von Simulationseinheiten in Simulationsaufgaben: Die Experimentierbaren Modelle der Simulationseinheiten müssen abschließend geeignet zeitlich geordnet und ggf. zusammengefasst werden. Das Netzwerk der Simulationseinheiten (siehe auch Abbildung 3.30) beschreibt hierzu die Abhängigkeiten zwischen den einzelnen Simulationseinheiten und damit wesentliche Randbedingungen für die Herstellung dieser Ordnung. Eine Zusammenfassung mehrerer Simulationseinheiten ist hierbei notwendig, wenn zwei Simulationseinheiten so miteinander verkoppelt sind, dass ihre Simulation gemeinsam erfolgen muss. Ein Beispiel hierfür ist die gekoppelte Simulation von Starrkörperdynamik und Finite-Elemente-Methode, die über eine einfache Kopplung über die Ein-/Ausgänge der EDZ oder den einfachen Austausch von Zustandsgrößen nicht sinnvoll möglich ist[82]. Darüber hinaus kann eine Zusammenführung auch aus Optimierungsgründen sinnvoll sein. Dies ist z. B. bei Wirkungsplänen (siehe Abschnitt 4.2.2) der Fall, die komplexe Berechnungsnetzwerke abbilden, und eine optimierte Propagation der Berechnungsergebnisse erfordern. Die Zusammenführung kann hierbei über eine gemeinsame Integration oder spezialisierte Kopplungsalgorithmen erfolgen (s.u.). Im Ergebnis entsteht so aus dem Netzwerk miteinander interagierender Simulationseinheiten, die einzelnen Simulationsfunktionen Γ_i und Φ_i zugeordnet sind, ein Netzwerk miteinander interagierender Simulationsaufgaben, die durchaus mehrere Simulationsfunktionen verwenden können.

---

[82] Durch die Bewegung der Körper über die Starrkörperdynamik (wobei die Körper hier natürlich nicht mehr starr sind, sondern von der FEM verformt werden) werden Kräfte auf die Körper ausgeübt, die zu einer Verformung führen. Diese Verformung sorgt z. B. in kinematischen Ketten dafür, dass die Zwangsbedingungen nicht mehr eingehalten werden. Es entsteht somit also eine Schleife, die von geeigneten Kopplungsalgorithmen aufgehoben werden muss.

> **Definition 3.33 (Simulationsaufgabe):** *Eine Simulationsaufgabe entsteht durch Überführung der Experimentierbaren Modelle einer oder mehrerer Simulationseinheiten in das Experimentierbare Modell dieser Simulationsaufgabe, wobei die Experimentierbaren Modelle mehrerer Simulationseinheiten zu einem gekoppelten Experimentierbaren Modell der Simulationsaufgabe zusammengefasst werden. Dieses Experimentierbare Modell ist einem oder mehreren Paaren Simulationsfunktionen Γ_i und Φ_i zugeordnet. Es kann über Ein- und Ausgänge verfügen und mit den weiteren Simulationsaufgaben interagieren.*

Das Experimentierbare Modell $M_{E,SA}$ einer Simulationsaufgabe entsteht durch Überführung der Experimentierbaren Modelle $M_{E,SE}$ der beteiligten Simulationseinheiten in ein (gekoppeltes) Experimentierbares Modell:

$$M_{E,SA}: \quad \begin{aligned} \underline{s}_{SA}(t) &= \Gamma(\underline{s}_{SA}(0), \underline{u}_{SA}\langle t\rangle, t) \\ \underline{y}_{SA}(t) &= \Phi(\underline{s}_{SA}(t), \underline{u}_{SA}(t), t) \end{aligned} \tag{3.32}$$

Bestimmung des Ausführungsplans: Unter Berücksichtigung der Abhängigkeiten zwischen den Simulationsaufgaben kann dann der in Abbildung 3.31 gezeigte Ausführungsplan abgeleitet werden. Das in diesem Beispiel sämtliche Modelle der Simulationsaufgaben identisch den Simulationseinheiten bezeichnet sind resultiert aus der Tatsache, dass diese jeweils ohne weitere Zusammenfassung direkt in eine Simulationsaufgabe überführt werden konnten. Dieses Netzwerk liefert eine Vorschrift für den Ablauf der Simulation. Diese Vorschrift ist allerdings noch nicht eindeutig. So muss in diesem Beispiel noch festgelegt werden, wie mit den Schleifen umgegangen werden soll, die an geeigneter Stelle „aufgebrochen" werden müssen. Die in diesem Beispiel „aufgebrochenen" Schleifen sind in der Abbildung gestrichelt gekennzeichnet. Ergänzt um Ein- und Ausgangsknoten erhält man einen Kontrollflussgraphen zur Steuerung des Simulationsablaufs (siehe auch Abschnitt 5.5.2).

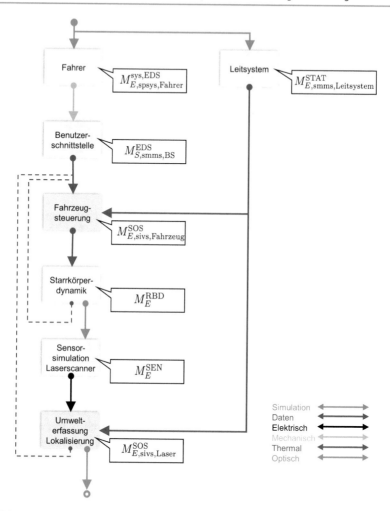

Abbildung 3.31 Vereinfachte Darstellung des aus Abbildung 3.30 abgeleiteten Ausführungsplans

Definition 3.34 (Ausführungsplan): *Ein Ausführungsplan ist ein gerichteter, zyklusfreier Graph ohne Mehrfachkanten aus Simulationsaufgaben, einem Eingangsknoten und einem oder mehreren Ausgangsknoten, der die Reihenfolge der Ausführung der Experimentierbaren Modelle dieser Simulationsaufgaben festlegt.*

Nach dieser Festlegung stehen dann alle Informationen für die Durchführung der Gesamtsystemsimulation zur Verfügung. Es ist dann Aufgabe der Simulationssteuerung des Virtuellen Testbeds, nachfolgend „Scheduler" genannt, die beteiligten Experimentierbaren Modelle der Simulationsaufgaben zu geeigneten Zeitpunkten zu simulieren und die Eingangs-, Ausgangs- und ggf. auch Zustandsgrößen zwischen diesen Modellen geeignet auszutauschen.

Definition 3.35 (Scheduler): *Ein Scheduler ist die für die Ablaufkoordination und Zeitsteuerung zuständige Komponente des Simulators. Auf Grundlage des Ausführungsplans ruft er die Experimentierbaren Modelle der Simulationsaufgaben entweder zyklisch oder entsprechend asynchron auftretender Ereignisse auf und stellt deren Interaktion sicher. (Definition angelehnt an* [ECS10b]*)*

Im Ergebnis wird in einem VTB das initiale EDZ-Szenario durch eine Menge zeitlich geordneter Simulationsaufgaben abgebildet, die jeweils einer oder bei entsprechender Zusammenfassung von Simulationseinheiten mehreren Simulationsfunktionen Γ_i und Φ_i zugeordnet sind. Die Simulationsaufgaben tauschen Berechnungsergebnisse im Wesentlichen über Ein- und Ausgänge miteinander aus. Zustandsgrößen werden stets von genau einer Simulationsaufgabe modifiziert und wenn notwendig über Ein-/Ausgangsverknüpfungen an andere Simulationsaufgaben weitergegeben. Aus Optimierungsgründen ist es allerdings häufig sinnvoll, diese Weitergabe über einen Direktzugriff von mehreren Simulationsaufgaben auf ein und dieselbe Zustandsgröße zu ermöglichen. Dies ist z. B. im Bereich der Robotik beim Austausch der Lagen beteiligter Körper im Raum der Fall, die von der Kinematiksimulation berechnet und dann von der Kamerasimulation weiterverwendet werden. Die Übergabe aller beteiligten Transformationen über Ein-/Ausgänge würde zu einem erheblichen Kommunikationsoverhead führen.

3.6.2 Einheitliche Beschreibung von Simulationsfunktionen in Simulationseinheiten

Die übergreifende Simulation von EDZ-Szenarien ist typischerweise nur dann möglich, wenn unterschiedliche Paare von Simulationsfunktionen Γ_i und Φ_i in ein einziges VTB integriert werden können. Ein einziger Formalismus ist oftmals entweder nicht passend oder nicht ausreichend, um die betrachteten RZ in all ihren Aspekten ausreichend zu beschreiben. Die Beschreibung von Simulationsfunktionen aus Sicht unterschiedlicher Disziplinen und Domänen oder sogar für unterschiedliche Teilaspekte eines Systems basiert allerdings üblicherweise auf unterschiedlichen disziplin- oder domänenspezifischen Konzepten (siehe Abschnitt 4). Dies führt zu unterschiedlichen Arten von Simulationseinheiten. Um diese dennoch im Rahmen der Simulation in VTB einheitlich behandeln zu können, wird in diesem Abschnitt ein Rahmen festgelegt, der eine **einheitliche Beschreibung unterschiedlicher Simulationseinheiten** ermöglicht. Dieser Rahmen orientiert sich an den für das „Functional Mockup Interface" (FMI) [Mod14] entwickelten Konzepten (siehe Abschnitt 4.4.2), die auf die hier verwendeten Strukturen und Bezeichnungen übertragen wurden.

Zeitkontinuierliche und ereignisdiskrete Simulation: Die Simulationseinheiten zu Grunde liegenden Simulationsfunktionen und Simulationsmodelle können gänzlich unterschiedlicher Art sein. Mögliche „Inhalte" von Simulationseinheiten (siehe auch die Beispiele in Abbildung 3.32) sind z. B.:

1. Differentialgleichungssysteme
2. Algebraische Gleichungen
3. Zeitdiskrete Systemdarstellungen mit Ereignissen
4. Automaten, Statecharts, Petrinetze u.ä.
5. Elektrische und mechanische Schaltpläne
6. Textuelle und grafische Simulationssprachen
7. Vordefinierte (stückweise) kontinuierliche, (stückweise) konstante oder ereignisorientierte Verläufe von Zustands- und Ausgangsgrößen

Abhängig vom jeweils gewählten „Inhalt" führt dies zu einem unterschiedlichen Verlauf der Eingangs-, Zustands- und Ausgangsgrößen aber auch zu einer unterschiedlichen Beschreibung der diesem Verhalten zu Grunde liegenden Zusammenhänge. Eine wichtige Unterscheidung hierbei ist, ob eine derartige Größe[83] alle

---

[83] Zum Begriff der „Größe" siehe auch Abschnitt 3.1.1.

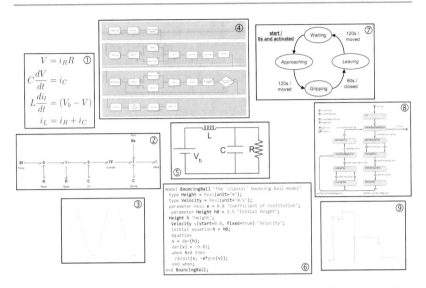

Abbildung 3.32 Beispiele für unterschiedliche Arten von Simulationsfunktionen/Simulationsmodellen: 1) System gewöhnlicher Differentialgleichungen, 2) Bondgraph, 3) zeit- und wertkontinuierliche Funktion, 4) ereignisdiskretes `Arena`-Modell, 5) Schaltplan, 6) `Modelica`-Quellcode, 7) Automat, 8) Statechart, 9) zeitdiskrete und wertkontinuierliche Funktion

Werte eines Wertebereichs $\mathbb{V}$ annehmen kann oder nur ausgewählte. Kann eine Größe alle Werte annehmen und umfasst $\mathbb{V}$ Werte aus der Menge der reellen Zahlen $\mathbb{R}$, dann ist diese Größe **wertkontinuierlich**, ansonsten **wertdiskret**. Ändert sich diese potenziell für alle Werte aus $\mathbb{T}$ und ist $\mathbb{T} = \mathbb{R}$ die Menge der reellen Zahlen, dann ist diese Größe **zeitkontinuierlich**[84], ansonsten **zeitdiskret**. Die Unterscheidung, ob eine Größe wertkontinuierlich oder wertdiskret ist, ist für die strukturelle Betrachtung von Simulationseinheiten zunächst unerheblich, aber natürlich für die technische Umsetzung des Experimentierbaren Modells einer Simulationseinheit wesentlich. Demgegenüber hat die Information, ob eine Größe zeitkontinuierlichen oder zeitdiskreten Änderungen unterliegt, direkten Einfluss auf die Umsetzung des Ausführungsplans durch den Scheduler, da hierdurch vorgegeben ist, wann Simulationseinheiten im Kontext von Simulationsaufgaben aufgerufen und wann Daten

---

[84] In der Computersimulation sind natürlich auch diese Größen aufgrund der beschränkten Auflösung der Zeitdarstellung nicht wirklich kontinuierlich, so dass auch von „quasikontinuierlich" gesprochen wird.

zwischen Simulationsaufgaben und -einheiten ausgetauscht werden müssen. Daher wird nachfolgend die **zeitkontinuierliche** (Größen können zeitkontinuierlich ihren Wert ändern) von der **ereignisdiskreten** (Größen ändern ihren Wert nur zu diskreten Zeitpunkten) Simulation unterschieden. Dies führt zu den in Abbildung 3.33 skizzierten typischen Beispielen für (stückweise) kontinuierliche, (stückweise) konstante und ereignisorientierte Funktionssegmente.

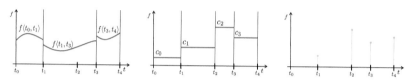

Abbildung 3.33 Beispiele für stückweise kontinuierliche, stückweise konstante und ereignisdiskrete Funktionssegmente (v.l.n.r)

Stückweise zeitkontinuierliche Simulation und die Super-dense Time: Die Unterscheidung in zeitkontinuierlicher und ereignisdiskreter Simulation hat direkte Auswirkung auf die Darstellung der Simulationszeit. Für die Simulation wird eine **Zeitbasis** als geordnete Menge von Zeitpunkten benötigt, um Ereignisse indizieren zu können, die den Verlauf der Zeit modellieren [Zei76]. Bei einer zeitkontinuierlichen Simulation schreitet die Zeit kontinuierlich voran. Hier spricht man auch von einer **physikalischen Zeit** und vergleicht dies häufig mit dem Fortschreiten der Zeit auf einer Wanduhr. Im Gegensatz hierzu ist bei einer ereignisdiskreten Simulation häufig nur die Reihenfolge der Ereignisse notwendig. Hier reicht eine Indizierung der Ereignisse in der Reihenfolge ihres Auftretens aus, was zu einer **logischen Zeit** führt[85]. Nachfolgend wird als Zeit zunächst einmal die physikalische Zeit verstanden, da sich diese als „gemeinsamer Nenner" für unterschiedliche Simulationsverfahren eignet.

Die gleichzeitige Betrachtung von zeitkontinuierlicher und ereignisdiskreter Simulation führt zu **stückweise zeitkontinuierlichen Systemen** (siehe Abbildung 3.34). Unstetigkeiten können ggf. zu Zeitpunkten $t_0, t_1, \ldots, t_n$ mit $t_i < t_{i+1}$ auftreten, den Ereignissen – genauer den Zeitschritt-, Zeit- und Zustandsereignissen. **Zeitschritttereignisse** sind als Integrationszeitpunkt für den zeitkontinu-

---

[85] Der Vollständigkeit halber soll erwähnt werden, dass [Zei76] auch noch eine lokale und eine globale Zeit betrachtet, wobei die lokale Zeit für eine einzelne Komponente gilt und die globale Zeit für das gesamte System. Nachfolgend wird als Zeit stets die globale Zeit verwendet, wobei einzelne Simulationseinheiten und -aufgaben mit einer lokalen Zeitsteuerung hier lokal durchaus noch eine Unterteilung der globalen Zeit vornehmen können.

ierlichen Simulationsteil (s.u.) hierbei ebenso vorab bekannt wie **Zeitereignisse** als Ereignisse aus dem ereignisdiskreten Simulationsteil mit vorab bekanntem Eintrittszeitpunkt. **Zustandsereignisse** sind implizit definiert und werden abhängig vom Verlauf von Zustandsgrößen aus dem zeitkontinuierlichen Simulationsteil ausgelöst. Zwischen zwei Zeit-/Zustandsereignissen sind alle Größen stetig bzw. konstant. Trotz der möglichen Sprünge an Zeit-/Zustandsereignissen wird eine Größe entsprechend der obigen Festlegungen auch weiterhin erst dann ereignisdiskret genannt, wenn sie ihren Wert ausschließlich an Zeit-/Zustandsereignissen ändert, andernfalls ist sie weiterhin zeitkontinuierlich.

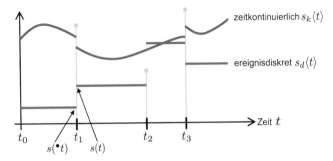

Abbildung 3.34 Beispiel für den Verlauf zeitkontinuierlicher und ereignisdiskreter Zustandsgrößen s_k und s_d in einer stückweise zeitkontinuierlichen Simulation (vgl. auch [Fri11])

Zur konsistenten Behandlung der Zeit $t \in \mathbb{T}$ als unabhängige Variable in der stückweise zeitkontinuierlichen Simulation[86] wird die **super-dense time** verwendet [LZ07; Mod14]. Mit dieser Zeitdarstellung können sowohl der zeitkontinuierliche Zeitverlauf zeitkontinuierlicher Simulation als auch die zu diskreten Zeitpunkten (ggf. auch mehrfach) auftretenden Ereignisse ereignisdiskreter Simulation einheitlich dargestellt werden. $t \in \mathbb{T}$ ist hier ein Tupel $t = (t_R, t_I)$ mit $t_R \in \mathbb{R}$ und $t_I \in \mathbb{N} = 0, 1, 2, \ldots$. t_R ist die unabhängige Zeitvariable zur Beschreibung des zeitkontinuierlichen Anteils des Simulationsmodells zwischen den Zeit-/Zustandsereignissen. Hier ist $t_I = 0$. t_I ist ein Zähler zur Aufzählung (und damit Unterscheidung) von Ereignissen, die zum gleichen (zeitkontinuierlichen) Zeitpunkt t_R auftreten.

---

[86] Das Fortschreiten der Zeit erfolgt typischerweise stetig steigend, abhängig vom eingesetzten Integrator und Simulator sind allerdings auch Rücksprünge in der Zeit möglich, z. B. zur nachträglichen Anpassung der Simulationsschrittweite.

$t^\bullet \in \mathbb{T}$ ist der nächste Simulationszeitpunkt, ausgedrückt in dieser Zeitdarstellung. Die Notation $^\bullet\underline{s}$ bezeichnet demgegenüber den Zustand zum vorhergehenden Zeitpunkt, also für $t_I - 1$ oder für den letzten kontinuierlichen (Zeitschritt-) Zeitpunkt t_R. Analog wird $\underline{s}^\bullet$ für den Zustand zum nächsten Zeitpunkt verwendet, also für $t_I + 1$ oder für den nächsten kontinuierlichen Zeitpunkt t_R. Es gilt u. a.

$$^\bullet\underline{s} = \underline{s}(^\bullet t) \qquad (3.33)$$

mit

$$^\bullet t = {}^\bullet (t_R, t_I) \Leftrightarrow \begin{cases} ^- t & \text{wenn } t_I = 0 \\ (t_R, t_I - 1) & \text{wenn } t_I > 0 \end{cases} \qquad (3.34)$$

und ($t_{I,\max}$ gibt den größten Zähler zum links davon stehenden Zeitpunkt an)

$$^- t = {}^- (t_R, t_I) \Leftrightarrow \left(\lim_{\epsilon \to 0}(t_R - \epsilon), t_{I,\max} \right). \qquad (3.35)$$

Grundstruktur der Simulationseinheit: Abbildung 3.35 skizziert die Grundstruktur einer Simulationseinheit. Die Simulation baut auf den durch den Simulator implementierten Simulationsfunktionen Γ_i und Φ_i sowie auf dem auf diese Simulationsfunktionen anzuwendenden Modell $M_{S,\text{SE}}$ auf. In der Nomenklatur von Abschnitt 4.1.3 entsprechen die Simulationsfunktionen hierbei der „übergreifenden Theorie" und das Modell selbst der „spezifischen Beschreibung eines Objekts oder Systems, des Modellgegenstands". Das Simulationsmodell der Simulationseinheit umfasst wie dargestellt die Parameter $\underline{a}_\text{SE}$ und Algorithmen $\underline{A}_\text{SE}$. Mit ihrer Umgebung interagiert die Simulationseinheit[87] über ihre Eingänge $\underline{U}_\text{SE} \in \mathbb{P}^{n_u}$ und ihre Ausgänge $\underline{Y}_\text{SE} \in \mathbb{P}^{n_y}$. Intern verfügt das Simulationsmodell über die Verbindungen $\underline{v}_\text{SE}$ und die Interaktionsformen $\underline{I}_\text{SE}$.

Der Zustandsvektor $\underline{s}_\text{SE}(t) \in \mathbb{V}^{n_{s\text{SE}}}$ setzt sich zusammen aus zeit- und wertkontinuierlichen Zuständen[88] $\underline{s}_{\text{SE},k}(t) \in \mathbb{V}_k^{n_{s\text{SE},k}}$ und ereignisdiskreten Zuständen $\underline{s}_{\text{SE},d}(t) \in \mathbb{V}^{n_{s\text{SE},d}}$. Er muss zum Start der Simulation ($t = t_0$) initialisiert werden. Der Zustand $\underline{s}_\text{SE}(t)$ steht ebenso für den lesenden Zugriff zur Verfügung wie in der zeitkontinuierlichen Simulation dessen zeitliche Ableitung $\underline{\dot{s}}_{\text{SE},k}(t) \in \mathbb{V}_k^{n_{s\text{SE},k}}$.

Die Elemente der Parameter-, Zustands-, Eingangs- oder Ausgangsvektoren können unterschiedliche Datentypen besitzen und insbesondere über diskrete oder kontinuierliche Wertebereiche verfügen. $\mathbb{V}_k \subset \mathbb{V}$ beschreibt den Wertebereich der Menge der kontinuierlichen Zustandsgrößen $s_{\text{SE},k,i}$. Für diese gilt $s_{\text{SE},k,i} =$

---

[87] Die Simulationseinheit hat n_{s_k} kontinuierliche und n_{s_d} diskrete Zustandsgrößen sowie n_u Ein- und n_y Ausgänge.

[88] $\mathbb{V}_k \subset \mathbb{V}$ enthält also nur reelle Zahlen.

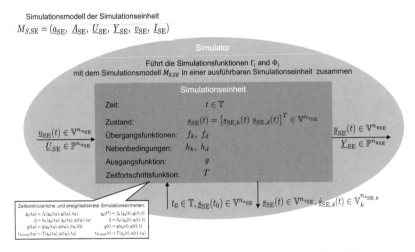

Abbildung 3.35 Darstellung einer Simulationseinheit (angelehnt an [Mod14]) sowie des Zusammenhangs zwischen Simulationsfunktionen und -modell sowie den dann implementierungsseitig verwendeten Funktionen für das Experimentierbare Modell

$(w_{\mathrm{SE},k,i}, d_{\mathrm{SE},k,i}, l_{\mathrm{SE},k,i}) \in \mathbb{V}_k := \mathbb{R} \times \mathbb{D} \times \mathbb{L}_a, \underline{s}_k \in \mathbb{V}_k^{n_{s\mathrm{SE},k}}$. Für die zeitliche Ableitung eines kontinuierlichen Simulationszustands gilt $\dot{s}_{\mathrm{SE},k,i} = (\dot{w}_{\mathrm{SE},k,i}, d_{\mathrm{SE},k,i}, l_{\mathrm{SE},k,i})$. Die Eingangsgrößen $\underline{u}_{\mathrm{SE}}(t) \in \mathbb{V}^{n_{u\mathrm{SE}}}$ und Ausgangsgrößen $\underline{y}_{\mathrm{SE}}(t) \in \mathbb{V}^{n_{y\mathrm{SE}}}$ können allerdings auch andere Datentypen besitzen oder sogar Algorithmen übertragen.

Aus dem Simulationsmodell und den Simulationsfunktionen werden vom Simulator für den zeitkontinuierlichen Modellteil entsprechend Gleichung 3.36 die Übergangsfunktion $f_k : \mathbb{V}_k^{n_{s\mathrm{SE},k}} \times \mathbb{V}^{n_{u\mathrm{SE}}} \times \mathbb{R} \to \mathbb{V}_k^{n_{s\mathrm{SE},k}}$, die Nebenbedingungen $h_k : \mathbb{V}_k^{n_{s\mathrm{SE},k}} \times \mathbb{V}_k^{n_{s\mathrm{SE},k}} \times \mathbb{V}^{n_{u\mathrm{SE}}} \times \mathbb{R} \to \mathbb{R}$ und die (für beide Modellteile identische) Ausgangsfunktion[89] $g : \mathbb{V}^{n_{s\mathrm{SE}}} \times \mathbb{V}^{n_{u\mathrm{SE}}} \times \mathbb{T} \to \mathbb{V}^{n_{y\mathrm{SE}}}$ bestimmt, welche die zeitliche Änderung des Zustands, die algebraischen Zusammenhänge zwischen einzelnen Zuständen sowie den Zusammenhang zwischen unterschiedlichen Zuständen und dem zeitlichen Verlauf des Ausgangs beschreiben und zur Durchführung der Simulation verwendet werden. Zusätzlich wird die Funktion $T : \mathbb{V}^{n_{s\mathrm{SE}}} \times \mathbb{V}^{n_{u\mathrm{SE}}} \times \mathbb{R} \to \mathbb{R}$ benötigt, welche den nächsten Zeitpunkt bestimmt, zu dem das System betrachtet wird.

---

[89] Die Ausgangsfunktionen von zeitkontinuierlichen und ereignisdiskreten Systemmodellen unterscheiden sich nur in der Anzahl der Systemzustände $n_{s_{\mathrm{SE},k}}$ bzw. $n_{s_{\mathrm{SE},d}}$.

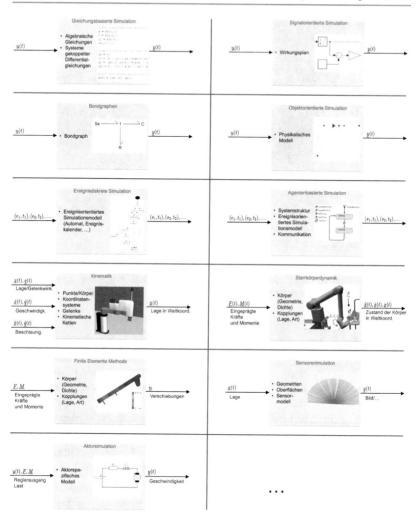

Abbildung 3.36 Einheitliche Darstellung der in Kapitel 4 betrachteten Simulationsverfahren entsprechend Abbildung 3.35

Die entsprechenden Funktionen für den ereignisdiskreten Modellteil sind Gleichung 3.40 folgend die Übergangsfunktion $f_d : \mathbb{V}^{n_{s_{\text{SE},d}}} \times \mathbb{V}^{n_{u_{\text{SE}}}} \times \mathbb{T} \rightarrow \mathbb{V}^{n_{s_{\text{SE},d}}}$ und die Nebenbedingungen $h_d : \mathbb{V}^{n_{s_{\text{SE},d}}} \times \mathbb{V}^{n_{u_{\text{SE}}}} \times \mathbb{T} \rightarrow \mathbb{R}$. Die Funktion T liefert hier den Zeitpunkt des nächsten Ereignisses.

Ausgehend von diesen Festlegungen ist es möglich, alle im Rahmen der EDZ-Methodik relevanten Simulationsfunktionen Γ_i und Φ_i auf die einheitliche Struktur von Abbildung 3.35 zurückzuführen. Abbildung 3.36 gibt einen Überblick über die in Kapitel 4 betrachteten Verfahren. Für jedes Verfahren wird in Abschnitt 4.2 und Abschnitt 4.3 dargestellt, welche Modellbestandteile benötigt werden, wie diese für das konkrete Verfahren verwendet werden und welche konkrete Bedeutung $\underline{a}_{\text{SE}}$, $\underline{A}_{\text{SE}}, f_k, f_d, h_k, h_d, g$ und T jeweils besitzen. Es wird festgelegt, welche Zustandsgrößen $\underline{s}_{\text{SE}}$ für das jeweilige Verfahren betrachtet werden und wie die Zustandsänderung berechnet wird. Aus diesen Ergebnissen kann dann eine Vorschrift abgeleitet werden, wie die Übergangsfunktionen f_k und f_d, die Nebenbedingungen h_k und h_d, die Ausgangsfunktion g und die Funktion zur Berechnung des Eintrittszeitpunkts des nächsten Ereignisses T für die Simulationsfunktionen Γ_i und Φ_i sowie für das Simulationsmodell $M_{S,\text{SE}}$ bestimmt werden können. Die Simulationsfunktionen Γ_i und Φ_i beschreiben hierbei (analog zum konzeptuellen Modell als Grundlage für das Simulationsmodell) das konzeptuelle Vorgehen bei der Simulation (als Grundlage für das Experimentierbare Modell) wie z. B. das Aufstellen der Gesamtsteifigkeitsmatrix, die Bestimmung der Knotenverschiebung und anschließende Berechnung der Dehnungen und Knotenkräfte bei der FEM-Simulation (siehe Abschnitt 4.3.4). f_k, f_d, h_k, g und T sind die hieraus abgeleitete mathematische Formulierung des Experimentierbaren Modells $M_{E,\text{SE}}$, welches von einem Simulator bereitgestellt wird. Teilweise sind die Simulationsfunktionen auch direkt in Form von f_k, f_d, h_k, h_d, g und T gegeben (siehe z. B. Abschnitt 4.3.6). Die Vorschriften, Funktionen und Modellbestandteile Γ_i, Φ_i und $\underline{A}_{\text{SE}}$ auf der **Modellierungsseite** und f_k, f_d, h_k, h_d, g, und T auf der **Implementierungsseite** eines Simulators können also äquivalent verwendet werden. Sie führen jeweils zur Bestimmung des zeitlichen Verlaufs von $\underline{s}_{\text{SE}}$, nur dass die Bestimmung auf Modellierungsseite entsprechend Gleichung 3.8 und auf Implementierungsseite entsprechend der Algorithmen 1 und 2 erfolgt.

Der zeitkontinuierliche Teil einer Simulationseinheit: Das Verhalten zeitkontinuierlicher Systeme wird meist über ein System differential-algebraischer Gleichungen[90] (engl. Differential Algebraic Equations, DAE) beschrieben. Oft steht dem Modellierer eine domänenspezifische Modellierungssprache zur Verfügung, mit der

---

[90] Im Gegensatz zu algebraischen Gleichungen kommen in Differentialgleichungen (engl. Differential Equations) auch Ableitungen der gesuchten Funktion vor. Bei gewöhnlichen Differentialgleichungen (engl. Ordinary Differential Equations, ODE) ist die gesuchte Funktion

z. B. das Physische System auf einem höheren Abstraktionsgrad beschrieben werden
kann. In diesem Fall ist es Aufgabe des Simulators, das zu Grunde liegende System
differential-algebraischer Gleichungen abzuleiten. Teilt man dieses in Differential-
und algebraische Gleichungen auf, ergänzt Ein- und Ausgangswerte und eine Funktion zur Berechnung der Ausgangswerte, dann kann der zeitkontinuierliche Teil der
Simulationseinheit wie folgt dargestellt werden:

$$
\begin{aligned}
\dot{\underline{s}}_{\mathrm{SE},k}(t_R) &= f_k\left(\underline{s}_{\mathrm{SE},k}(t_R), \underline{u}_{\mathrm{SE}}(t_R), t_R\right) \\
\underline{0} &= h_k\left(\underline{s}_{\mathrm{SE},k}(t_R), \dot{\underline{s}}_{\mathrm{SE},k}(t_R), \underline{u}_{\mathrm{SE}}(t_R), t_R\right) \\
\underline{y}_{\mathrm{SE}}(t_R) &= g(\underline{s}_{\mathrm{SE},k}(t_R), \underline{u}_{\mathrm{SE}}(t_R), (t_R, 0)) \\
t_{\mathrm{R,next}}(t_R) &= T(\underline{s}_{\mathrm{SE},k}(t_R), \underline{u}_{\mathrm{SE}}(t_R), t_R)
\end{aligned}
\tag{3.36}
$$

Die erste Gleichung enthält das System gewöhnlicher Differentialgleichungen
erster Ordnung in expliziter Form und die zweite Gleichung die algebraischen
Gleichungen. Die dritte Gleichung bestimmt die Ausgangswerte. Aufgabe der Simulation ist jetzt die „Lösung" dieses Systems differential-algebraischer Gleichungen,
d. h. die Bestimmung von $\underline{s}_{\mathrm{SE},k}(t_R)$ und darauf aufbauend die Berechnung von
$\underline{y}_{\mathrm{SE}}(t_R)$, jeweils bei gegebenem Anfangswert $\underline{s}_{\mathrm{SE},k}(0)$ und gegebenen Eingangsgrößen $\underline{u}_{\mathrm{SE}}\langle t_R\rangle$. Zur Vereinfachung wird in diesem Abschnitt nachfolgend von einem
reinen System gewöhnlicher Differentialgleichungen ausgegangen, die Nebenbe-
dingungen h_k entfallen also. Mathematisch erfolgt die Lösung dieses „Anfangs-
wertproblems für gewöhnliche Differentialgleichungen erster Ordnung" über die
Integration

---

nur von einer Variable abhängig. Im hier betrachteten Fall ist dies meistens die Zeit. Die
höchste vorkommende Ableitungsordnung wird Ordnung der Differentialgleichung genannt.
Eine explizite gewöhnliche Differentialgleichung wie $\dot{s}(t) = F(t, s(t))$ ist nach ihrer höchsten Ableitung aufgelöst. In einem Differentialgleichungssystem ist die gesuchte Funktion
eine vektorwertige Funktion, für die wie in $\dot{\underline{s}}(t) = F(t, \underline{s}(t))$ mehrere Gleichungen gleichzeitig zu erfüllen sind. Sind neben der Differentialgleichung auch die Anfangswerte $\underline{s}(t_0)$
zum Zeitpunkt t_0 gegeben, spricht man von einem Anfangswertproblem. Jede gewöhnliche
Differentialgleichung n-ter Ordnung kann in ein System von n Differentialgleichungen erster
Ordnung überführt werden. Für die Differentialgleichung $3\dddot{s} - 2\ddot{s}s + 1 = 0$ muss z. B. die
Ersetzung $s_1 = s, s_2 = \dot{s}, s_3 = \ddot{s}$ vorgenommen werden. Dies führt zum Gleichungssystem
$\dot{s}_1 = s_2, \dot{s}_2 = s_3, \dot{s}_3 = \frac{1}{3}(2s_1 s_3 - 1)$, welches wieder in der Standardform $\dot{\underline{s}}(t) = F(t, \underline{s}(t))$
notiert werden kann. Bei Systemen von differential-algebraischen Gleichungen liegen zusätz-
lich zu den Gleichungen mit Ableitungen der gesuchten Funktion $\underline{s}(t)$ auch Gleichungen ohne
Ableitungen vor. Die Standardform eines Systems differential-algebraischer Gleichungen ist
$\underline{0} = F(t, \underline{s}(t), \dot{\underline{s}}(t))$.

$$\underline{s}_{\mathrm{SE},k}(t_R) = \underline{s}_{\mathrm{SE},k}(0) + \int_0^{t_R} f_k\left(\underline{s}_{\mathrm{SE},k}(\tau), \underline{u}_{\mathrm{SE}}(\tau), \tau\right) d\tau \qquad (3.37)$$

Die Lösung kann nur in Ausnahmefällen direkt erfolgen, da die gesuchte Funktion sowohl auf der linken Seite wie auch im Integral auf der rechten Seite vorkommt. Simulatoren begegnen diesem Problem, indem sie die notwendige Integration in Zeitschritten durchführen, deren Integrationszeitpunkte (die Zeitschrittereignisse) über die Zeitfortschrittsfunktion $T : \mathbb{V}_k^{n_{s_{\mathrm{SE},k}}} \times \mathbb{V}^{n_{u_{\mathrm{SE}}}} \times \mathbb{R} \to \mathbb{R}$[91] bestimmt werden. Zu jedem Integrationszeitpunkt t_R wird der nächste Integrationszeitpunkt $t_{R,\mathrm{next}}(t_R)$ bestimmt und dann für das Zeitintervall $\langle t_R, t_{R,\mathrm{next}}(t_R)\rangle$

$$\underline{s}_{\mathrm{SE},k}(t_{R,\mathrm{next}}(t_R)) = \underline{s}_{\mathrm{SE},k}(t_R) + \int_{t_R}^{t_{R,\mathrm{next}}(t_R)} f_k\left(\underline{s}_{\mathrm{SE},k}(\tau), \underline{u}_{\mathrm{SE}}(\tau), \tau\right) d\tau \qquad (3.38)$$

berechnet. Im einfachsten Fall wird hierbei der Funktionswert $f_k(\underline{s}_{\mathrm{SE},k}(t_R), \underline{u}_{\mathrm{SE}}(t_R), t_R) = \dot{\underline{s}}_{\mathrm{SE},k}(t_R)$ für den betrachteten Zeitraum zwischen t_R und $t_{R,\mathrm{next}}(t_R)$ und damit für die Integrationsschrittweise $h = t_{R,\mathrm{next}}(t_R) - t_R$ als konstant angesetzt, was zur sogenannten und nachfolgend exemplarisch genutzten expliziten Euler-Integration führt:

$$\underline{s}_{\mathrm{SE},k}(t_R + h) = \underline{s}_{\mathrm{SE},k}(t_R) + h \cdot \dot{\underline{s}}_{\mathrm{SE},k}(t_R) = \underline{s}_{\mathrm{SE},k}(t_R) + h \cdot f_k(\underline{s}_{\mathrm{SE},k}(t_R), \underline{u}_{\mathrm{SE}}(t_R), t_R)$$
$$(3.39)$$

Unter Anwendung der dargestellten expliziten Euler-Integration kann die Simulation dieser Simulationseinheit mit Algorithmus 1 erfolgen[92]. Aufgrund fehlender diskreter Anteile wird nur der kontinuierliche Zeitanteil von t verwendet.

---

[91] Oft geht in diese Funktion auch $\dot{\underline{s}}_{\mathrm{SE},k}(t_R)$ ein, um bei großen Änderungen im Systemzustand kleine Integrationsschrittweiten zu wählen und demgegenüber bei nur kleinen Änderungen in größeren Zeitschritten voranzuschreiten.

[92] Falls keine Nebenbedingungen h_k vorliegen.

Algorithmus 1 Simulation einer kontinuierlichen Simulationseinheit

1: **procedure** SIMULATIONSDURCHLAUFKONTINUIERLICH($t_{\text{start}}, t_{\text{end}}$)
2:     $\underline{s}_{\text{SE},k} := \underline{s}_{\text{SE},k}(t_{\text{start}})$ ▷ Initialisierung für Startzeitpunkt
3:     $\underline{y}_{\text{SE}} := g(\underline{s}_{\text{SE},k}, \underline{u}_{\text{SE}}, (t_{\text{start}}, 0))$ ▷ $\underline{u}_{\text{SE}}$ für Startzeitpunkt
4:     $t_{R1} := t_{\text{start}}$
5:     $t_{R2} := T(\underline{s}_{\text{SE},k}, \underline{u}_{\text{SE}}, t_{R1})$
6:     **while** $t_{R2} \leq t_{\text{end}}$ **do**   ▷ Simulationsschleife
7:         $\underline{\dot{s}}_{\text{SE},k} := f_k(\underline{s}_{\text{SE},k}, \underline{u}_{\text{SE}}, t_{R1})$ ▷ Zeitpunkt t_{R1}
8:         $\underline{s}_{\text{SE},k} := \underline{s}_{\text{SE},k} + (t_{R2} - t_{R1}) \cdot \underline{\dot{s}}_{\text{SE},k}$ ▷ Euler-Integration, Übergang von $t_{R1} \to t_{R2}$
9:         $\underline{y}_{\text{SE}} := g(\underline{s}_{\text{SE},k}, \underline{u}_{\text{SE}}, (t_{R2}, 0))$ ▷ Zeitpunkt t_{R2}
10:        $t_{R1} := t_{R2}$ ▷ Nächster Zeitpunkt
11:        $t_{R2} := T(\underline{s}_{\text{SE},k}, \underline{u}_{\text{SE}}, t_{R1})$
12:    **end while**
13: **end procedure**

Der ereignisdiskrete Teil einer Simulationseinheit: Die Darstellung zeitkontinu-ierlicher Systeme über Gleichung 3.36 ist allgemein bekannt. Die offene Frage ist, was die Entsprechung auf der Seite ereignisdiskreter Simulationen ist. Tatsächlich kann hier eine zu Gleichung 3.36 analoge Beschreibungsform gewählt werden, so dass der ereignisdiskrete Teil der Simulationseinheit mit Hilfe der Übergangsfunk-tion f_d, der Nebenbedingungen h_d und der Ausgangsfunktion g wie folgt dargestellt werden kann[93]:

$$
\begin{aligned}
\underline{s}_{\text{SE},d}(t^{\bullet}) &= && f_d\left(\underline{s}_{\text{SE},d}(t), \underline{u}_{\text{SE}}(t), t\right) \\
\underline{0} &= && h_d\left(\underline{s}_{\text{SE},d}(t), \underline{u}_{\text{SE}}(t), t\right) \\
\underline{y}_{\text{SE}}(t) &= && g(\underline{s}_{\text{SE},d}(t), \underline{u}_{\text{SE}}(t), t) \\
t_{\text{R,next}}(t) = t_{\text{R,next}}((t_R, t_I)) &= && T(\underline{s}_{\text{SE},d}(t), \underline{u}_{\text{SE}}(t), t_R)
\end{aligned} \tag{3.40}
$$

Zentrale Bedeutung hat hier die Funktion T, welche den Zeitpunkt $t_{\text{R,next}}(t)$ des nächsten Zeitereignisses, d. h. den Zeitpunkt der nächsten (potenziellen) Ände-rung der Zustandsgrößen $\underline{s}_{\text{SE},d}$ liefert. Als „Ereignis" wird also eine potenzielle Änderung einer Zustandsgröße[94] interpretiert (was auch die Darstellungsweise des

---

[93] [Zei76] hat gezeigt, dass ereigniskrete Simulation aufgrund der notwendigen Zeitdiskreti-sierung auch zeitkontinuierliche Simulation abbilden kann und nennt diese daher „super for-malism". Der Vergleich der beiden Darstellungsformen und Algorithmen macht dies bereits deutlich.

[94] Als Zustandsgröße kann z. B. der aktuelle Zustand eines Statecharts oder Petrinetzes gewählt werden.

ereignisdiskreten Funktionssegments in Abbildung 3.33 rechtfertigt). Hierbei muss beachtet werden, dass zu einem Zeitpunkt t_R mehrere Ereignisse eintreten können, wenn das erste eintretende Ereignis direkt weitere Ereignisse auslöst. Für jedes Ereignis wird t_I inkrementiert. Erst wenn alle Ereignisse für den Zeitpunkt t_R abgearbeitet wurden, wird t_I wieder auf Null zurückgesetzt und mit dem nächsten t_R, d. h. mit dem Zeitpunkt des nächsten Ereignisses weiter fortgefahren. Die erste Gleichung bestimmt den nächsten Systemzustand $\underline{s}_{\mathrm{SE},d}(t^\bullet)$, die zweite Gleichung beschreibt erneut die algebraischen Nebenbedingungen und die dritte Gleichung berechnet wiederum die Ausgangsgrößen. Zusätzlich zu diesen internen Zustandsübergängen können Zustandsübergänge auch durch eingehende Ereignisse ausgelöst werden. Hierzu wird zu Beginn der Schleife nicht nur $t_{R,\text{next}}$ bestimmt sondern auch t_u als Zeitpunkt des nächsten eingehenden Ereignisses. Der dann betrachtete Zeitpunkt t_R ist dann der nächstliegendere dieser beiden Zeitpunkte. Sofern keine Nebenbedingungen h_d vorliegen, kann die Simulation dieser Simulationseinheit mit Algorithmus 2 erfolgen.

3.6.3   Kopplung von Simulationseinheiten und -aufgaben

Zur Simulation praxisnaher EDZ-Szenarien müssen meist mehrere Simulationseinheiten mit oft unterschiedlichen Simulationsfunktionen zusammengeführt und miteinander gekoppelt in einer Co-Simulation gemeinsam ausgeführt werden. [ZKP00] fasst die Notwendigkeit einer derartigen Vorgehensweise plakativ zusammen[95]: *„Such multiformalism modeling capability is important since the world does not usually lend itself to using one form of abstraction at a time.“*

Im einfachsten Fall können die einzelnen in der Form der Abbildung 3.35 vorliegenden Simulationseinheiten vollständig voneinander getrennt betrachtet werden. In der grafischen Darstellung von Abbildung 3.28 würde dies bedeuten, dass jede EDZ-Komponente genau einer Spalte zugeordnet werden kann oder dass alle EDZ-Komponenten einer Spalte zu einer Simulationseinheit zusammengefasst werden. Zudem gibt es keine Verbindungen zwischen den EDZ-Komponenten in unterschiedlichen Spalten. Der Simulationszustandsvektor des Gesamtszenarios teilt sich dann in disjunkte, jeweils eindeutig einzelnen Simulationseinheiten zugeordneten sowie voneinander unabhängigen einheiten- wie aufgabenspezifischen Zustandsvektoren auf. Damit können z. B. m zeitkontinuierliche Simulationsaufgaben mit expliziter Euler-Integration unabhängig voneinander betrachtet werden:

---

[95] Der konkrete Hintergrund hier ist die Kombination zeitkontinuierlicher und ereignisdiskreter Verfahren.

Algorithmus 2 Simulation einer diskreten Simulationseinheit

1: **procedure** SIMULATIONSDURCHLAUFDISKRET(t_{start}, t_{end})
2:     $^{\bullet}\underline{s}_{SE,d} := \underline{s}_{SE,d}(t_{start})$ ▷ Initialisierung
3:     $\underline{y}_{SE} := g(^{\bullet}\underline{s}_{SE,d}, \underline{u}_{SE}, (t_{start}, 0))$
4:     $t_{R,next} := T(^{\bullet}\underline{s}_{SE,d}, \underline{u}_{SE}, t_{start})$ ▷ Zeitpunkts des nächsten Ereignisses
5:     **loop**   ▷ Simulationsschleife t_R
6:         $t_u := c()$ ▷ Zeitpunkt des nächsten eingehenden Ereignisses
7:         $t_R := \min(t_{R,next}, t_u)$ ▷ Der nächste relevante Zeitpunkt
8:         **if** $t_R > t_{end}$ **then**
9:             **break**
10:        **end if**   ▷ Simulationsende
11:        $t_I := 0$
12:        **loop**   ▷ Simulationsschleife t_I
13:            $t := (t_R, t_I)$
14:            $\underline{s}_{SE,d} := f_d(^{\bullet}\underline{s}_{SE,d}, \underline{u}_{SE}, t)$ ▷ Alg. Zusammenhänge und weitere Ereignisse für t
15:            **if** $s_{SE,d} \equiv {}^{\bullet}\underline{s}_{SE,d}$ **then**   ▷ Wenn keine weiteren Ereignisse
16:                $t_{R,next} := T(^{\bullet}\underline{s}_{SE,d}, \underline{u}_{SE}, t_R)$ ▷ Zeitpunkts des nächsten Ereignisses
17:                **break**   ▷ Weiter mit $t_{R,next}$
18:            **end if**
19:            $\underline{y}_{SE} := g(\underline{s}_{SE,d}, \underline{u}_{SE}, t)$
20:            $^{\bullet}\underline{s}_{SE,d} := \underline{s}_{SE,d}$
21:            $t_I := t_I + 1$
22:        **end loop**
23:    **end loop**
24: **end procedure**

$$\underline{s}_{szenario}(t) = \begin{bmatrix} \underline{s}_{SA,1}(t) \\ \underline{s}_{SA,1}(t) \\ \vdots \\ \underline{s}_{SA,m}(t) \end{bmatrix} \quad \text{mit}$$

$$\underline{s}_{SA,i}(t_{j+1}) = \underline{s}_{SA,i}(t_j) + h(j) \cdot f_{SA,i}\left(\underline{s}_{SA,i}(t_j), \underline{u}_{SA,i}(t_j), t_j\right) \quad \text{und}$$

$$1 \leq i \leq m. \tag{3.41}$$

Die Reihenfolge der Ausführung dieser voneinander vollständig unabhängigen Einzelsimulationen ist beliebig. Dieser Fall ist hervorragend für eine Parallelisierung der Simulation geeignet.

Weiche und starke Kopplung von Simulationseinheiten/-aufgaben: Diese Situation ist allerdings in realen Szenarien kaum anzutreffen, da die beteiligten Simulationseinheiten/-aufgaben meist miteinander „verkoppelt" sind (siehe auch das Beispiel in Abbildung 3.30). Daher gilt es, jetzt zwei Aufgaben zu lösen. In der ersten müssen **mehrere Simulationseinheiten in einer Simulationsaufgabe gekoppelt** werden. Der Grund hierfür ist, dass die zu koppelnden Simulationseinheiten (z. B. über gemeinsame Zustandsgrößen oder weitere zusätzliche Randbedingungen) so stark voneinander abhängen, dass ihre Lösung nur im Zusammenhang erfolgen kann (siehe Abbildung 3.37 unten). Die Gleichungen nach Gleichung 3.36 und/oder Gleichung 3.40 müssen also *vor* der Ausführung der Simulation zusammengeführt werden. Diese Kopplungsvariante wird **starke Kopplung** genannt.

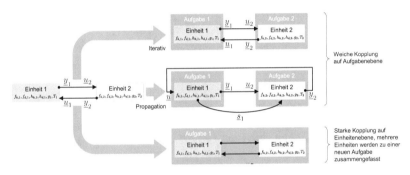

Abbildung 3.37 Beispiel für die weiche und starke Kopplung von Simulationseinheiten in Simulationsaufgaben im Vergleich zur einfachen Propagation von Ausgangsgrößen

Die zweite Aufgabe ist die **Kopplung mehrerer Simulationsaufgaben** lediglich über deren Ein- und Ausgangsgrößen oder deren Zustandsgrößen (siehe Abbildung 3.37 oben). Die diesbezüglichen Abhängigkeiten können an den Verbindungen zwischen den Simulationsaufgaben abgelesen werden (siehe Abbildung 3.30)[96]. Die Simulation der Gleichungen 3.36 und/oder 3.40 erfolgt also unabhängig voneinander, lediglich deren Ein-/Ausgangsgrößen und ggfls. deren Zustandsgrößen müssen

---

[96] Die Weitergabe von Informationen über Zustandsgrößen ist hier ebenfalls als Ein-/Ausgangsverbindung grafisch dargestellt, darf aber nicht mit einer einfachen Ein-/Ausgangsverbindung verwechselt werden, da hierüber der Zustand einer Simulationsaufgabe entsprechend Gleichung 3.36 nicht direkt beeinflusst werden kann sondern nur über seine zeitliche Ableitung. Daher wird dieser Fall in Abbildung 3.37 auch getrennt aufgeführt. Diese Optimierung ist so häufig, dass sie im nächsten Kapitel separat betrachtet wird.

zusammengeführt werden. Diese Variante wird **weiche Kopplung**[97] genannt. Teilweise muss die weiche Kopplung auch bei der Kopplung von Simulationseinheiten in einer Simulationsaufgabe vorgenommen werden, wenn gewisse Voraussetzungen nicht erfüllt sind.

Während stark gekoppelte Simulationseinheiten zu gleichen Simulationszeitpunkten betrachtet werden müssen (alle beteiligten Übergangs-, Nebenbedingungs-, Ein- und Ausgangsgleichungen werden also zu gleichen Simulationszeitpunkten ausgewertet), können die betrachteten Zeitpunkte bei der weichen Kopplung zwischen den Simulationseinheiten einer Simulationsaufgabe bzw. zwischen den einzelnen Simulationsaufgaben des EDZ-Szenarios variieren. Die Unterscheidung von starker und weicher Kopplung der Simulationseinheiten bzw. Simulationsaufgaben ist zentral für die domänenübergreifende Simulation. Bei der zeitkontinuierlichen Simulation reduziert sich diese Unterscheidung auf Anzahl und Zusammenwirken der zugrundeliegenden numerischen Integratoren[98] [Bus12].

Die weiche Kopplung von Simulationsaufgaben ist bereits möglich, wenn aus Sicht des Virtuellen Testbeds die beteiligten Simulationsaufgaben folgendes erfüllen:

1. Die Ausgangsgröße $y_{SA}(t)$ kann ausgelesen werden.
2. Die Eingangsgröße $u_{SA}(t)$ kann zu den Zeitpunkten t_j vorgegeben werden.
3. Die Auswertung von $y_{SA}(t)$ erfolgt zu streng monoton steigenden Zeitpunkten t_j mit vorab bekannter Schrittweite $h(j)$.

Die weiche Kopplung funktioniert also quasi immer, wenn überhaupt eine Schnittstelle zwischen den beteiligten Simulationseinheiten/-aufgaben hergestellt werden kann. Hierzu müssen diese lediglich „semantisch kompatibel" sein (siehe [ECS11] und Abschnitt 5.8.5). Bei der Offline-Kopplung von zwei Simulatoren[99] reicht es hierbei aus, dass der zweite Simulator die Daten des ersten lesen, interpretieren und als Eingangsgrößen in seine Simulation einbeziehen kann. Hierzu müssen die Ausgangsgrößen des ersten „kompatibel" zu den Eingangsgrößen des zweiten Simulators sein. Bei der Online-Kopplung[100] dieser Simulatoren werden demgegenüber

---

[97] Die in der FMI [Mod14] verwendete Nomenklatur ist „Model-Exchange" für die starke Kopplung und „Co-Simulation" für die weiche.

[98] Wobei unter dem Begriff des Integrators auch spezialisierte Simulationsverfahren (ggf. mit eingebautem Integrator) verstanden werden können.

[99] Die beiden Simulatoren werden getrennt voneinander ausgeführt und kommunizieren über eine Datei-Schnittstelle.

[100] Die Simulation wird in beiden Simulatoren gleichzeitig ausgeführt. Beide Simulatoren tauschen die Daten über geeignete Schnittstellen und bestenfalls über direkte Funktionsaufrufe

nicht nur Anforderungen an die Kompatibilität der Ein-/Ausgangsgrößen gestellt sondern auch an die Datenmodelle zur Verwaltung dieser Daten.

Für eine starke Kopplung sind die Voraussetzungen demgegenüber ungleich strenger:

1. Die Simulationseinheit-/aufgabe arbeitet intern nach den Standardformen Gleichung 3.36 bzw. Gleichung 3.40.
2. Die Zustandsgrößen $\underline{s}_{SE,k}(t)$ und (bei zeitkontinuierlichen Simulationen) ihre zeitlichen Ableitungen $\underline{\dot{s}}_{SE,k}(t)$ sind bekannt.
3. Die Zustandsgrößen können zu beliebigen Zeitpunkten initialisiert werden (optional).
4. Die Schrittweite $h(j)$ kann bei zeitkontinuierlichen Simulationen entsprechend der Zeitfortschrittsfunktion T frei gewählt werden (optional).
5. Rücksprünge in der Zeit sind möglich (optional).

Das System wird in diesem Fall also so gemeinsam simuliert, als wäre es nie zerlegt worden. Die als optional gekennzeichneten Voraussetzungen müssen hierbei nicht zwangsläufig erfüllt sein, erleichtern allerdings die Realisierung leistungsfähiger Integratoren für die zeitkontinuierliche Simulation. Die genannten Bedingungen sind allerdings häufig nicht erfüllt, wenn die einzelnen Simulationseinheiten mit unterschiedlichen Simulationssystemen erstellt wurden und ggf. auch z. B. aufgrund bereits eingebauter Integratoren/Simulationsalgorithmen durch diese simuliert werden müssen.

Unabhängig von der Art der Kopplung, also ob stark oder weich, stellt sich insbesondere bei der zeitkontinuierlichen Simulation die Frage, welche Größen idealerweise miteinander gekoppelt bzw. ausgetauscht werden sollten. Kandidaten in der Starrkörperdynamik wären z. B. die Verschiebung oder die Geschwindigkeit der starren Körper oder die dort angreifenden Kräfte und Momente. Bei der Durchführung der Simulation kann eine ungeschickte Wahl hier zu Problemen führen. Motiviert durch die den Bondgraphen und der physikalisch-objektorientierten Simulation (siehe Abschnitt 4.2) hat sich *„in der domänenübergreifenden Beschreibung physikalischer Systeme die* **Leistungskopplung** *etabliert, also der Austausch zweier physikalischer Größen, deren Produkt Leistung ist. Dies hat den Vorteil, dass*

---

für Programmbibliotheken aus. Bei Simulatoren einer Domäne ist dies meist möglich, bei Simulatoren aus unterschiedlichen Domänen wird dies teilweise schwierig. Ein Ausweg ist die Einführung eines „konzeptuellen Datenmodells" über alle Simulatoren hinweg [ECS11]. Die in Abschnitt 5.2.3 eingeführte Simulationsdatenbank im VTB-Kernel realisiert genau dies.

die Kopplung per Definition energieerhaltend ist und als abstraktes Konzept auf alle Domänen angewendet werden kann." [Ras14].

Starke Kopplung von Simulationseinheiten: Im weiteren soll zunächst der Fall der starken Kopplung mehrerer Simulationseinheiten aus dem Bereich der **ereignis-diskreten Simulation** betrachtet werden. Wenn $f_{d,i}, h_{d,i}, g_i$ und T_i die Übergangs-, Nebenbedingungs-, Ausgangs- und Ereignisfunktionen der einzelnen Simulations-einheiten i, $\underline{s}_{SE,d,i}(t)$ ihre Zustandsvektoren und $\underline{u}_{SE,i}(t)$ und $\underline{y}_{SE,i}(t)$ ihre Ein- und Ausgangsvektoren sind, dann lässt sich die verkoppelte Simulationsaufgabe durch einfache Zusammenführung der Simulationseinheiten wie folgt zusammenfassen:

$$\left.\begin{aligned}
\underline{s}_{SE,d,i}(t^{\bullet}) &= f_{d,i}\left(\underline{s}_{SE,d,i}(t), \underline{u}_{SE,i}(t), t\right) \\
\underline{0} &= h_{d,i}\left(\underline{s}_{SE,d,i}(t), \underline{u}_{SE}(t), t\right) \\
\underline{y}_{SE,i}(t) &= g_i(\underline{s}_{SE,d,i}(t), \underline{u}_{SE,i}(t), t) \\
\underline{u}_{SE,i}(t) &= \hat{i}_{f,SA,i}\left(\underline{y}_{SA}(t), t\right)
\end{aligned}\right\} \forall i \in [1, n] \qquad (3.42)$$

mit

$$t_{R,next}(t) = \min_{i \in [1,n]} T_i(\underline{s}_{SE,d,i}(t), \underline{u}_{SE,i}(t), t) \qquad (3.43)$$

$\underline{y}_{SA}$ ist hierbei die Verkettung aller Ausgangsgrößen der beteiligten Simulations-einheiten in der betrachteten Simulationsaufgabe, $\hat{i}_{f,SA,i}$ korrespondiert zu $\hat{i}_{f,edz}$ in Gleichung 3.11[101]. Die Simulation erfolgt also mit Algorithmus 2 unter Propa-gation der Ausgangsgrößen in die entsprechenden Eingangsgrößen. Sollten hierbei algebraische Schleifen[102] auftreten, müssen geeignete Iterationsverfahren angesetzt werden. Gleichung 3.42 wird damit aus Sicht des Gesamtsystems ausschließlich zu den Zeitpunkten t der Zeitereignisse betrachtet, die sich aus der Folge der Rückga-bewerte der T_i ergeben und zu $t_{R,next}$ führen. Ausschließlich zu diesen Zeitpunkten tauschen die einzelnen Simulationseinheiten über ihre Ein- und Ausgänge Informa-tionen untereinander aus.

Komplizierter sind die Verhältnisse bei der **zeitkontinuierlichen Simulation**, da hier die Übergangs-, Nebenbedingungs- und Ausgangsfunktionen unter

---

[101] Der Eingang des EDZ b ist hier der Eingang der Simulationseinheit i.

[102] Als algebraische Schleife wird eine nicht zeitverzögerte Rückkopplung eines Ausgangs auf einen Eingang, der ebenfalls nicht zeitverzögert den Wert des Ausgangs mitbestimmt, genannt. Hierdurch entsteht eine direkte Abhängigkeit zwischen Ein- und Ausgang, die durch eine implizite algebraische Gleichung beschrieben ist. Im Gegensatz zur eigentlich gewünschten Sequenz expliziter Gleichungen ist hier die Berechnungsfolge nicht bestimmt.

Berücksichtigung der Verkettung der Ein- und Ausgangsgrößen nicht nur zu diskreten Zeitpunkten ausgewertet werden müssen sondern kontinuierlich. Durch die Einführung einer Zeitdiskretisierung sind diese Zusammenhänge für die Zeitpunkte zwischen zwei Zeitschrittzeitpunkten nicht mehr zwangsläufig gegeben, wodurch zusätzlich zu den bereits vorhandenen Herausforderungen bei der Integration weitere Ursachen für eine instabile oder ungenaue Integration entstehen. Analog zum ereignisdiskreten Fall lässt sich die verkoppelte Simulationsaufgabe im kontinuierlichen Fall wie folgt darstellen:

$$\left.\begin{aligned}
\dot{\underline{s}}_{SE,k,i}(t) &= f_{k,i}\left(\underline{s}_{SE,k,i}(t), \underline{u}_{SE,i}(t), t\right) \\
\underline{0} &= h_i\left(\underline{s}_{SE,k,i}(t), \underline{u}_{SE,i}(t), t\right) \\
\underline{y}_{SE,i}(t) &= g_i\left(\underline{s}_{SE,k,i}(t), \underline{u}_{SE,i}(t), t\right) \\
\underline{u}_{SE,i}(t) &= \hat{i}_{f,SA,i}\left(\underline{y}_{SA}(t), t\right)
\end{aligned}\right\} \forall i \in [1, n] \qquad (3.44)$$

mit

$$t_{R,next}(t) = \min_{i \in [1,n]} T_i\left(\underline{s}_{SE,k,i}(t), \underline{u}_{SE,i}(t), t\right) \qquad (3.45)$$

Auch hier wird das Gesamtsystem wiederum ausschließlich zu den nach Gleichung 3.43 berechneten Zeitpunkten betrachtet. Die Simulation erfolgt dann wiederum entsprechend Algorithmus 1. Hierbei müssen dem Simulator alle Funktionen für Gleichung 3.44 zur Verfügung stehen. Zudem müssen alle in Abschnitt 3.6.3 genannten Bedingungen erfüllt sein. Dies ist z. B. dann der Fall, wenn alle Simulationseinheiten mit einem einzigen Simulationsverfahren und meist auch noch mit einem einzigen Simulator modelliert wurden oder geeignete Infrastrukturen für den Transfer der ausführbaren Modelle zwischen Simulatoren wie z. B. das „Functional Mockup Interface" (FMI, siehe auch Abschnitt 4.4.2 und [Mod14]) eingesetzt werden.

Die Kopplung von **ereignisdiskreten und kontinuierlichen Simulationseinheiten** in einer Simulationsaufgabe führt zu hybriden Simulationsaufgaben[103]. Für die Simulation derartiger Aufgaben sind durch die obigen Erläuterungen bereits alle notwendigen Grundlagen bekannt, denn diese erfolgt entsprechend [Mod14] durch abwechselnde Anwendung der dargestellten Formalismen für die ereignisdiskreten und kontinuierlichen Simulationsanteile. Zwischen zwei Zeit-/Zustandsereignissen wird das System kontinuierlich simuliert und entsprechend Gleichung 3.44 ausgewertet. Die von der Simulation betrachteten Zeitpunkte sind also in unbekannter Folge Zeitschrittzeitpunkte aus der kontinuierlichen (Zeitschrittereignisse) und

---

[103] Nicht zu verwechseln mit Hybriden Szenarien als Kombination von EDZ mit Realen Zwillingen.

Ereigniszeitpunkte aus der ereignisdiskreten (Zeitereignisse) Simulation[104]. Zum Zeitpunkt eines Zeit-/Zustandsereignisses ist es möglich, dass sich Ausgangsgrößen und damit auch Eingangsgrößen sprunghaft ändern, diese Größen sind also (zwischen zwei Zeit/Zustandsereigniszeitpunkten) nur stückweise kontinuierlich. Die Integratoren des kontinuierlichen Systemteils müssen auf diese Sprünge geeignet reagieren können.

Weiche Kopplung von Simulationsaufgaben: Auch wenn die starke Kopplung von Simulationseinheiten auf den ersten Blick möglichst anzustreben ist, so ist diese häufig mit rein praktischen Problemen verbunden. So liegen die Simulationseinheiten oft nicht in Standardform vor oder andere der oben genannten Randbedingungen sind nicht erfüllt. Bei der Kopplung zeitkontinuierlicher Simulationseinheiten bestimmt zudem die kleinste Integrationsschrittweite das Fortschreiten der Integration des Gesamtsystems, wodurch das Zeitverhalten der Simulation negativ beeinträchtigt wird. Ebenfalls ist die Erhaltung der Stabilität des Gesamtsystems häufig problematisch. Teilweise bringen Simulationseinheiten auch eigene Integratoren mit, die genutzt werden müssen. Wie kann das gelöst werden?

Wie bereits dargestellt, werden hierzu Simulationsaufgaben untereinander „weich" gekoppelt[105]. Die Simulation des gesamten Systems gekoppelter Simulationsaufgaben erfolgt hier über das VTB, dessen Scheduler entsprechend der im Ausführungsplan festgelegten zeitlichen Ordnung die Simulationen in den beteiligten Simulationsaufgaben durchführt, die Ausgangsgrößen in die jeweils verbundenen Eingangsgrößen überträgt und hierzu eine Verbindung zwischen diesen zu diskreten Zeitpunkten aufbaut. Diese Zeitpunkte werden auch **Makrozeitpunkte** genannt, ihr Abstand **Makroschrittweite**. Bei rein ereignisdiskreten Simulationsaufgaben entsprechen die Makrozeitpunkte oft den Zeitpunkten relevanter Zeitereignisse. Bei zeitkontinuierlichen Simulationsaufgaben kann die Makroschrittweite durchaus von der Simulationsschrittweite der beteiligten Simulationsaufgaben abweichen. Zwischen den Zeitpunkten findet die Simulation der Simulationsaufgaben getrennt voneinander statt, ein Informationsaustausch zwischen den Aufgaben über den Austausch der beteiligten Ein- und Ausgangsgrößen wird nur zu den Makrozeitpunkten durchgeführt. Zur Bestimmung der Makroschrittweite existieren analog zu Verfahren zur Schrittweitensteuerung bei der Lösung von Systemen differential-algebraischer Gleichungen korrespondierende Verfahren (siehe z. B. [Völ10]). In komplexen Szenarien können für unterschiedliche Gruppen von

---

[104] Darüber hinaus müssen natürlich Zustandsereignisse berücksichtigt werden

[105] Diese Kopplungsvariante wird auch als „modulare Simulation" oder „Simulatorkopplung" bezeichnet [KS00].

Simulationsaufgaben durch den Scheduler durchaus unterschiedliche Makroschrittweiten verwendet werden[106].

Bei der weichen Kopplung von Simulationsaufgaben müssen zwei Fälle unterschieden werden (siehe auch Abbildung 3.37). Der üblicherweise als „weiche
Kopplung" bezeichnete Fall erfolgt über den über $\hat{i}_{f,\text{szenario}}$ (analog zu Gleichung
3.12) definierten **Austausch von Ein- und Ausgangsgrößen** (im Beispiel der
Abbildung 3.37 über $\underline{u}_2 = \underline{y}_1$ und $\underline{u}_1 = \underline{y}_2$). Der Austausch dieser Ein- und
Ausgangsgrößen kann hierbei eine durchaus aufwändige Koordination der nume-
rischen Integration des gekoppelten Systems erfordern, da die Ein- und Ausgangsgrößen der einzelnen Simulationsaufgaben nur noch zu den Makrozeitpunkten ihre
Kopplungsbedingungen z. B. entsprechend $\hat{i}_{f,\text{szenario}}$ erfüllen, zwischen diesen Zeitpunkten gilt diese (im Beispiel der Abbildung 3.37 also etwa $\underline{u}_1 = \underline{y}_2$) typischerweise nicht. Zwischen den Makrozeitpunkten verwenden die Teilsysteme anstelle
der tatsächlichen Koppelgrößen approximierte Größen, die z. B. aus dem bekannten Verlauf in der Vergangenheit für den betrachteten Zeitraum interpoliert werden.
Dies kann zu Stabilitäts- und Genauigkeitsproblemen führen. Allerdings kann diese
Vorgehensweise auf der anderen Seite auch vorteilhaft sein, da sie unterschiedliche Zeitschrittweiten in den einzelnen Simulationsaufgaben ermöglicht und damit
die Berücksichtigung möglicherweise stark unterschiedlicher Zeitkonstanten in den
einzelnen Systemen erlaubt. Darüber hinaus können bei der weichen Kopplung Softwaresysteme miteinander gekoppelt werden, die für die jeweiligen Simulationseinheiten jeweils am besten geeignet sind.

Die Herausforderung besteht jetzt – neben der Bestimmung der Makroschrittweite – in der Festlegung einer geeigneten Abfolge hinsichtlich des Austausches
von Ein- und Ausgangsgrößen sowie der Auswertung der Übergangsfunktionen und
Nebenbedingungen der beteiligten Simulationsaufgaben. Hier können drei Varianten gegenübergestellt werden [Val08] (siehe Abbildung 3.38). Bei der direkten Kopplung (auch „Jacobi-Schema" genannt [Bus12]) werden zu Beginn eines
Makroschritts die Ein- und Ausgangsgrößen zwischen den beteiligten Simulationsaufgaben ausgetauscht [Val06]. Die weitere Simulation in den einzelnen Aufgaben
erfolgt unabhängig voneinander, wobei die Eingänge ggf. aus ihren bekannten Verläufen aus der Vergangenheit interpoliert werden. Bei der alternierenden Kopplung
(auch „Gauß-Seidel-Schema" genannt [Bus12]) wird zunächst die erste Simulationsaufgabe simuliert, die dort resultierenden Ausgangsgrößen in die Eingänge der
zweiten Simulationsaufgabe kopiert, dann diese simuliert und abschließend deren
Ausgangsgrößen in die Eingangsgrößen der ersten Simulationsaufgabe übertragen
[ACH+03]. Bei der iterativen Vorgehensweise (auch „Waveform-Schema" genannt

---

[106] In [PCZ+09; SV16] wird dies auch „Multi-Rate Simulation" genannt.

[Bus12]) wird zunächst die erste Simulationsaufgabe simuliert und deren Ergebnisse in die zweite Simulationsaufgabe übertragen. Dann wird diese simuliert und anschließend werden die Ergebnisse hieraus wiederum auf die erste Simulationsaufgabe übertragen [KS00]. Auch hier wird wieder simuliert, allerdings ausgehend vom Zustand der Simulation zu Beginn dieses Makroschritts und mit der Möglichkeit, den Verlauf der Eingangsgrößen im Vergleich zur initialen Schätzung rein auf den Erkenntnissen der Vergangenheit deutlich besser vorhersagen zu können. Diese Iteration wird fortgesetzt, bis sich die Ausgangsgrößen nur noch marginal ändern.

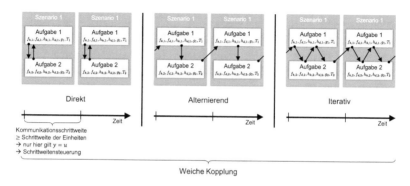

Abbildung 3.38 Kopplungsvarianten bei der weichen Kopplung: Dargestellt ist der Datenaustausch für jeweils zwei Makroschritte.

Der zweite Fall der weichen Kopplung in Virtuellen Testbeds ist der **Zugriff auf Zustandsgrößen anderer Simulationsaufgaben** (im Beispiel der Abbildung 3.37 also $\underline{s}_1$). Hierbei greifen mehrere Simulationsaufgaben auf gleiche Elemente des Simulationszustands zu, allerdings wird ein und dieselbe Zustandsgröße nur von einer einzigen Simulationsaufgabe verändert (siehe Waldboden und Bäume in den Simulationsverfahren Starrkörperdynamik und Sensorsimulation im Beispiel der Abbildung 3.28). Es ist Aufgabe des Schedulers, die während der Simulation von Aufgabe i durchgeführten Änderungen am Simulationszustand in die Simulation von Aufgabe k einzubeziehen. Um dies zu ermöglichen, wird der Wert des Simulationszustands für die entsprechenden Makrozeitpunkte t_j bestimmt. Die Berechnung der einzelnen (in diesem Beispiel zeitkontinuierlichen) Simulationsaufgaben für den gleichen Makrozeitpunkt erfolgt dann sequenziell[107] ($h(t_j) = t_{j+1} - t_j$ ist wieder die Schrittweite):

$$
\underline{s}_{\text{szenario},1}(t_{j+1}) = \underline{s}_{\text{szenario},m}(t_j) + h(t_j) \cdot f_{k,1}(\underline{s}_{\text{szenario},m}(t_j), \underline{u}_{\text{SA},1}(t_j), t_j)
$$
$$
\underline{s}_{\text{szenario},2}(t_{j+1}) = \underline{s}_{\text{szenario},1}(t_{j+1}) + h(t_j) \cdot f_{k,2}(\underline{s}_{\text{szenario},1}(t_{j+1}), \underline{u}_{\text{SA},2}(t_j), t_j)
$$
$$
\dots \tag{3.46}
$$
$$
\underline{s}_{\text{szenario},m}(t_{j+1}) = \underline{s}_{\text{szenario},m-1}(t_{j+1}) + h(t_j) \cdot f_{k,m}(\underline{s}_{\text{szenario},m-1}(t_{j+1}), \underline{u}_{\text{SA},m}(t_j), t_j)
$$

Dargestellt sind die Gleichungen unter Verwendung der Euler-Integration. $\underline{s}_{\text{szenario}}(t_j) = \underline{s}_{\text{szenario},m}(t_j)$ ist hierbei der Simulationszustand des gesamten Szenarios zum Zeitpunkt t_j, $\underline{s}_{\text{szenario},i}(t_j)$ mit $1 \leq i \leq m-1$ enthält die Zwischenergebnisse nach Anwendung der Übergangsfunktion $f_{k,i}$ der Simulationsaufgabe i. Die Bestimmung der Reihenfolge ist hierbei typischerweise nicht beliebig. Im Beispiel muss die Laserscannersimulation mit den Ergebnissen der Starrkörperdynamiksimulation durchgeführt werden, da ansonsten zu einem Zeitpunkt t_j kein konsistentes Zwischenergebnis vorliegt. Die Messungen des Laserscanners passen möglicherweise nicht zur Lage der Starrkörper.

Es sei bemerkt, dass die Bedingung „maximal eine Simulationsaufgabe modifiziert eine Zustandsgröße, mehrere können lesen" nicht zwangsläufig ein Indikator für die Anwendung der o. g. sequenziellen Simulation ist. Dies ist z. B. der Fall, wenn eine Starrkörperdynamik mit einer FEM-Simulation verknüpft wird, die wiederum die Form der (aus Sicht der Starrkörpersimulation dann nicht mehr zeitinvarianten) Starrkörper verändert. Die sequenzielle Anwendung der Einzelsimulationen nach Gleichung 3.46 würde zu inkonsistenten Ergebnissen führen. Die Lösung dieser Problematik ist nicht trivial. In Fällen wie diesen muss zwingend auf die im vorherigen Kapitel eingeführte starke Kopplung zurückgegriffen werden, wobei hier dann häufig Spezialimplementierungen für die Kopplung konkreter Paare von Simulationsverfahren notwendig sind.

Nach Betrachtung dieser technischen Aspekte der Kopplung von Simulationseinheiten und Simulationsaufgaben muss man sich schlussendlich fragen, wie die vorgestellten unterschiedlichen Kopplungsschemata zum Konzept der EDZ passen? Tatsächlich repräsentieren die dargestellten Kopplungen ja den Austausch von Materie, Energie oder Daten zwischen EDZ. Und gerade für den Datenaustausch gilt,

---

[107] Streng genommen ist die verwendete vereinfachte Darstellung ungenau, denn hier wird mit $\underline{s}_{\text{szenario}}$ der Zustandsvektor des gesamten Szenarios verwendet. Tatsächlich könnte über die dargestellte Simulation auch nur eine Teilmenge der Simulationsaufgaben betroffen sein. Zudem geht in f_1 auch nur der aufgabenspezifische Simulationszustand $\underline{s}_1$ ein, der allerdings Schnittmengen mit den anderen Zustandsvektoren aufweist.

dass die übertragenen Daten häufig in einem festgelegten Takt ausgetauscht werden, so dass die entsprechenden Simulationsaufgaben nur selten stark miteinander verkoppelt sind. Entsprechend bilden auf den ersten Blick suboptimale aber dafür aufgrund dessen, dass sie geringe Anforderungen an die beteiligten Simulatoren stellen, einfach zu realisierende Kopplungsschemata wie die direkte Kopplung die reale Welt in diesem Fall häufig noch am besten nach. Im Fall der Kopplung eines Reglers mit seiner Regelstrecke entspricht die Makroschrittweite der Abtastrate des realen Regelkreises.

3.6.4 Ausführung von Experimentierbaren Digitalen Zwillingen in Virtuellen Testbeds

Die vorstehenden Abschnitte zeigen, wie die EDZ-Methodik (typischerweise bereits bestehende) Simulationsfunktionen mit Ansätzen zur Vernetzung unterschiedlicher Simulationsfunktionen kombiniert, um EDZ-Szenarien in Experimentierbare EDZ-Szenarien zu überführen. Dies führt zu einer umfassenden Vernetzung der beteiligten (je nach Sichtweise) Simulationsfunktionen/Simulationseinheiten/ Simulationsaufgaben/Simulatoren auf Grundlage eines übergeordneten Ansatzes zur Realisierung komplexer Simulationsszenarien. Entsprechend tritt bei der EDZ-Methodik die einzelne Simulationsfunktion bzw. der einzelne Simulator in den Hintergrund. Es ist „nur noch" Mittel zum Zweck zur Nachbildung einzelner Aspekte eines EDZ.

Die technische Umsetzung der Überführung von EDZ-Szenarien in Experimentierbare EDZ-Szenarien erfolgt in Virtuellen Testbeds (VTB), die insbesondere die Funktion eines **Orchestrator** übernehmen (siehe Abschnitt 4.4). Notwendig zur Realisierung Virtueller Testbeds ist eine geeignete Architektur. Diese führt zu einer abstrakten (disziplin-, domänen- und anwendungsunabhängigen) **Simulationsplattform**, die als Basis zur Implementierung und/oder Integration von unterschiedlichen Simulationsverfahren (und ggf. die diese bereitstellenden Simulatoren) dient. Im Mittelpunkt einer aus Sicht des Autors geeigneten Architektur steht eine objektorientierte Echtzeitdatenbank, nachfolgend **Simulationsdatenbank** genannt, die eine geeignete Beschreibung des Simulationsmodells des zu simulierenden EDZ-Szenarios $M_{S,\text{szenario}}$ verwaltet. Auf dieses Modell greifen die unterschiedlichen Simulationsfunktionen Γ_i und Φ_i bzw. die Algorithmen $A_{\text{edz},i}$ zu. Hierzu stellt die Simulationsdatenbank grundlegende Funktionen sowohl zur Beschreibung, Verwaltung und Serialisierung dieser Daten, zur Interaktion der einzelnen Simulationsfunktionen sowie der einzelnen EDZ über simulierte

Interaktionsformen *I* als auch zur Anbindung simulierter an reale Kommunikationsinfrastrukturen zur Verbindung von simulierter und realer Welt zur Verfügung.

Abbildung 3.39 illustriert eine ausgehend von einer derartigen Simulationsplattform erfolgte Konfiguration eines Virtuellen Testbeds zur Simulation des Beispiels aus Abbildung 3.28. Alle notwendigen Simulationsverfahren, Informationsverarbeitenden Systeme, Mensch-Maschine-Schnittstellen und Kommunikationsinfrastrukturen sind in diesem speziell konfigurierten Virtuellen Testbed zusammengefasst. Alle diese Simulationsfunktionen beziehen ihre Informationen aus der Simulationsdatenbank und kommunizieren über diese oder direkt miteinander. Wichtig ist, dass diese Simulationsverfahren nicht zwangsläufig neu auf Grundlage der Simulationsdatenbank implementiert werden müssen. Vielmehr bietet die Wahl einer abstrakten Simulationsplattform vielfältige Ansatzpunkte, unterschiedliche bereits existierende Simulationswerkzeuge über geeignete Ansätze zur Co-Simulation zu integrieren.

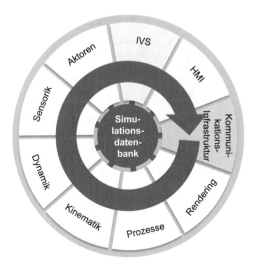

Abbildung 3.39 Konfiguration eines Virtuellen Testbeds für das Beispiel aus Abbildung 3.28 auf Grundlage der Simulationsdatenbank

Für das Beispiel der Abbildung 3.30 stellt sich die Umsetzung in dem so konfigurierten Virtuellen Testbed wie in Abbildung 3.40 gezeigt dar, wenn auf die Berücksichtigung der beiden inneren Schleifen verzichtet wird. Die einzelnen Simulationseinheiten kommunizieren nicht direkt miteinander sondern über die

Simulationsdatenbank. Dies hat in diesem Beispiel u. a. den Vorteil, dass unterschiedliche Simulationseinheiten auf gleiche Modellbestandteile zugreifen können und nur Änderungen an diesen Modellen (z. B. die Lagen von Körpern) kommuniziert werden müssen – und dies auch nur dann, wenn auf diese zugegriffen wird. Die Verbindungen zwischen den Simulationsaufgaben repräsentieren den Ablauf der Simulation, der von einem Scheduler organisiert wird. Kapitel 5 illustriert wesentliche Anforderungen und Umsetzungsaspekte in Bezug auf Virtuelle Testbeds.

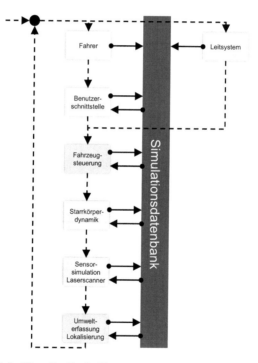

Abbildung 3.40 Im Virtuellen Testbed kommunizieren die einzelnen Simulationseinheiten aus Abbildung 3.30 ausschließlich über die Simulationsdatenbank. Die gestrichelten Linien geben den Ablaufplan wider.

3.6.5 Interaktion mit Experimentierbaren Digitalen Zwillingen

Ein wesentliches Leistungsmerkmal Virtueller Testbeds in Bezug auf viele EDZ-Methoden ist ihre Interaktionsfähigkeit, d. h. die Fähigkeit, Anwendern die Möglichkeit zu geben, durch Einsatz von Interaktions-, Visualisierungs- und Feedbackkomponenten sowohl aktiv in den Simulationsverlauf einzugreifen als auch die Ergebnisse der Simulation aktiv zu erfahren. Beispiele für derartige technische Realisierungen sind Bewegungssimulatoren für die realitätsnahe Rückkopplung von Fahrbewegungen auf den Fahrer, Mehrseiten-Visualisierungssysteme für die immersive Betrachtung virtueller Welten sowie die klassische VR-Interation mit einem Datenhandschuh. Auf diese Weise werden aus Experimentierbare EDZ-Szenarien erfahrbar und interaktiv.

Virtuelle Testbeds interagieren mit dem Benutzer aber auch mit anderen Artefakten der realen Welt. Beispiele hierfür sind reale Sensoren, Aktoren, Maschinen oder übergeordnete Steuerungskomponenten. Zur Integration dieser EDZ und RZ in Hybriden Szenarien werden Hard- und Software-in-the-Loop-Konfigurationen (siehe Abschnitt 3.4.4) aufgebaut.

3.7 EDZ-Methoden

Die Anwendung von EDZ und ihre Simulation in Virtuellen Testbeds konzentrierte sich zunächst auf die simulationsgestützte Entwicklung von Systemen. Aufgrund der Vorteile des Ansatzes dehnte sich der Anwendungsbereich sukzessive auf weitere Phasen des Lebenszyklus aus. Dies führte zur Realisierung neuer Methoden im Bereich der Entwicklung und des Betriebs technischer Systeme. Hierdurch steigt der Wert von Simulation signifikant. Simulation ist nicht mehr nur ein Kostenfaktor im Rahmen der Entwicklung sondern zentraler Baustein der Realisierung selbst. Die nachfolgend eingeführten und in Abbildung 3.41 skizzierten EDZ-Methoden setzen EDZ und Virtuelle Testbeds an unterschiedlichen Stellen des Lebenszyklus technischer Artefakte ein und liefern neue Antworten auf die Frage „Warum mache ich überhaupt Simulation?". Hierdurch wird deutlich, dass Simulation „Mittel zum Zweck" ist und nicht „Selbstzweck".

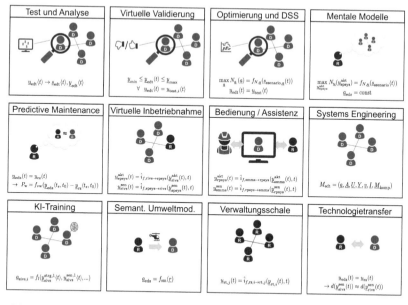

Abbildung 3.41 Ausgewählte EDZ-gestützte Methoden und ihre Einbettung in den oben eingeführten Formalismus

3.7.1 Systems Engineering

Die auf Komponentenebene detaillierte und gleichzeitig auf Systemebene umfassende Simulation interagierender EDZ in VTB ermöglicht dem Entwickler zu jedem Zeitpunkt der Entwicklung umfassende Einblicke in die Funktionsweise technischer Systeme in unterschiedlichen Einsatzszenarien. Als Weiterentwicklung „klassischer" Simulationstechnik ermöglicht dies neue Methoden des EDZ-gestützten Systems Engineerings:

> **Definition 3.36 (EDZ-gestütztes Systems Engineering):** *EDZ-gestütztes Systems Engineering ist der zielgerichtete Einsatz von EDZ und VTB in unterschiedlichen Bereichen der Entwicklung Realer Zwillinge vom ersten Design über die Komponentenentwicklung bis hin zum Test und zur Validierung.*

Unter „Entwicklung" wird hier der gesamte Prozess der Ausarbeitung eines Produkts vom ersten Konzept bis zur Fertigung (und ggf. der Abnahme beim Kunden) verstanden [ECS12]. EDZ-gestütztes Systems Engineering kann durchaus als Erweiterung des Model-based Systems Engineerings verstanden werden (siehe auch Abschnitt 4.5). Steht dort die formale Beschreibung des Produkts im Mittelpunkt der Prozesse, erweitert EDZ-gestütztes Systems Engineering diese Modelle zu Experimentierbaren Modellen in Form von Experimentierbaren EDZ-Szenarien[108] (siehe Abschnitt 3.4.2) und bezieht soweit bereits möglich auch Daten aus dem Betrieb der RZ mit in die Betrachtungen ein. Das bei MBSE im Wesentlichen passive Systemmodell (siehe z. B. Abbildung 4.44) wird so zu einer experimentierbaren Wissensbasis, bei dem die Funktions- und Leistungsfähigkeit der entwickelten EDZ jederzeit nachgeprüft und untersucht werden kann. Diese Wissensbasis in Form der Simulationsmodelle $M_{S,edz,i}$ der beteiligten EDZ und deren Vernetzung in EDZ-Szenarien entwickelt sich im Laufe der Entwicklung stetig weiter. Dies betrifft alle Bestandteile dieses Simulationsmodells (siehe auch die Auflistung in Abschnitt 3.1.2):

1. Der Parametervektor $\underline{a}_{spsys,i}^{sys}$ enthält z. B. ein immer detaillierteres CAD-Modell des zu entwickelnden Produkts einschließlich aller Materialien, Massen und Bindungen sowie alle notwendigen Regelungsparameter.
2. Der Vektor der Algorithmen $\underline{A}_{sivs,i}$ umfasst sukzessive die Algorithmen aller Informationsverarbeitenden Systeme von der Bildverarbeitung über Steuerungs- und Regelungsalgorithmen, Algorithmen für die Mensch-Maschine-Interaktion oder spezialisierte Simulationsalgorithmen.
3. Die Kommunikationsinfrastrukturen als Teil der Interaktionsformen $\underline{I}$ übernehmen die Kommunikation zwischen den einzelnen Komponenten und sind Stellvertreter für die später eingesetzten realen Kommunikationssysteme.

Abbildung 3.42 veranschaulicht diesen Prozess. Bei den beteiligten EDZ handelt es sich sowohl um EDZ des zu entwickelnden oder zu untersuchenden RZ selbst als auch um EDZ zur Integration dieses RZ in übergeordnete Systemstrukturen[109] sowie

---

[108] Auch heute bereits sieht z. B. die Modellierungssprache SysML die Integration von Simulationsskripten vor. Umfassende Simulationen, wie sie durch die hier vorgestellten Konzepte ermöglicht werden, können hiermit allerdings nur in engen Grenzen realisiert werden. Bekannte Ansätze integrieren hierzu die Simulationsmodelle z. B. in die SysML-Blöcke, die Interaktionen werden durch Verbindungen realisiert. Dies führt allerdings zu unübersichtlichen und häufig nicht mehr wartbaren Modellen. Im Beispiel der Forstmaschine kann man sich dies an den notwendigen Modellerweiterungen zur Modellierung der Interaktion der Baumstämme mit der Forstmaschine veranschaulichen.

[109] z. B. eines Sensors in ein Fahrzeug

zur Nachbildung unterschiedlicher Einsatzumgebungen[110]. Zur Untersuchung des
zu entwickelnden RZ stellt der Entwickler aus diesen EDZ unterschiedliche Szenariomodelle $M_{S,\text{szenario},j}$ zusammen und simuliert diese in Virtuellen Testbeds.
Während und nach diesen Simulationen kann er jederzeit auf den gesamten Simulationszustand $\underline{s}_{\text{edz}}(t)$ aller beteiligten EDZ zugreifen (siehe auch Abbildung 3.49).

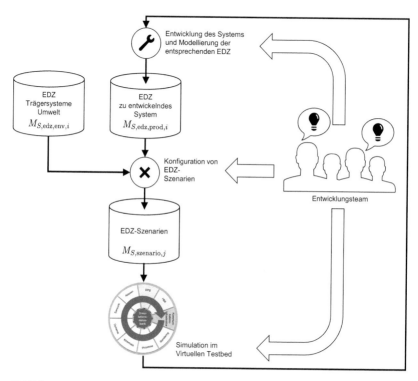

Abbildung 3.42 Einsatz von EDZ, EDZ-Szenarien und Virtuellen Testbeds im Entwicklungsprozess

Abbildung 3.43 illustriert ein Einsatzbeispiel für ein derartiges Szenario
[ASR14]. Hier wurden EDZ einer Planetenoberfläche sowie der EDZ des Laufroboters mit dem EDZ des zu entwickelnden Sensors kombiniert. Das EDZ-Szenario

---

[110] Derartige EDZ stehen häufig auch in Modellbibliotheken zur Verfügung und können aufgrund der Systematisierung in EDZ einfach mit dem Entwicklungsgegenstand „verschaltet"
werden.

Abbildung 3.43 Simulationsgestützter Entwurf am Beispiel der Auswirkung des Anbaus einer „Pan-/Tilt-/Roll-Einheit" am Kopf des Laufroboters [ASR14] (Robotermodell ©DFKI Bremen)

liefert den Entwicklern Hinweise auf die Auswirkung des zusätzlichen Anbaus dieses Sensors an der Spitze des Laufroboters (gezeigt ist hier $\underline{s}_{\text{szenario}}\langle 0\,\text{s}\quad 15\,\text{s}\rangle$ für $a_{\text{spsys}}^{\text{sys,mass}} = (1\,\text{kg}, 25\,\text{kg}, 55\,\text{kg})$). Das Ergebnis ist direkt ersichtlich und in einem zweiten Schritt nicht nur qualitativ wie hier sondern auch quantitativ erfassbar:

1. Der Laufroboter wird sukzessive an seiner Spitze überlastet (rote Gelenke).
2. Der Laufroboter läuft in gleicher Zeit weniger weit.
3. Ab einer gewissen Masse des Anbaus wird er sich überschlagen.

Die Untersuchungen können abhängig von der jeweiligen Fragestellung auf unterschiedlichen Abstraktionsebenen durchgeführt werden[111]. Abbildung 3.44 illustriert dies am Beispiel. Die linke Abbildung stellt eine hochdetaillierte, quasikontinuierliche Simulation der Forstmaschine z. B. zur Entwicklung eines Systems zur Umwelterfassung dar. In der Mitte wird lediglich der zeitliche Ablauf der Holzerntesimulation mit einer ereignisdiskreten Simulation untersucht. Dies kann dann z. B. zur Untersuchung der Auswirkung des Einsatzes mehrerer Forstmaschinen eingesetzt werden (siehe rechts). Im ersten Fall ist $M_{S,\text{edz,prod},i}$ z. B. die Umwelterfassungseinheit (das zu entwickelnde „Produkt"), die $M_{S,\text{edz,env},i}$ umfassen die Forstmaschine und den umgebenden Wald. Im zweiten Beispiel ist $M_{S,\text{edz,prod},i}$ die Forstmaschine und die $M_{S,\text{edz,env},i}$ beschreiben wiederum den umgebenden Wald. Im dritten Beispiel gibt es mehrere $M_{S,\text{edz,prod},i}$, die Forstmaschinen, und wiederum die $M_{S,\text{edz,env},i}$ der Umgebung.

---

[111] Dies wird dadurch unterstützt, dass das Verhalten eines EDZ aus unterschiedlichen Perspektiven und mit unterschiedlichen Simulationsverfahren modelliert werden kann.

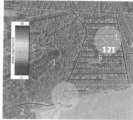

Abbildung 3.44 EDZ-gestütztes Systems Engineering für die hochmechanisierte Holzernte auf unterschiedlichen Detaillierungsebenen (siehe auch [ER16; LR18]) ((Geo-)Daten u.a. Geobasis/Wald und Holz NRW)

3.7.2 Optimierung

Die mit Virtuellen Testbeds gewonnenen Erkenntnisse zu EDZ sind zum einen für den Entwickler von großer Wichtigkeit, um ein Produkt zu verstehen um hieraus Erkenntnisse über sein Verhalten und zu seiner Weiterentwicklung und Verbesserung abzuleiten. Wenn man die Simulation von EDZ in VTB mit Parameteroptimierungstechniken kombiniert, können auf Grundlage der Untersuchung vieler Systemvarianten und -zusammenstellungen in unterschiedlichen Einsatzszenarien **optimale Systemkonfigurationen** identifiziert werden. Entsprechend erweiterte Virtuelle Testbeds werden so zu einem „intelligenten Entwicklungsassistenten".

Methoden der simulationsgestützten Parameteroptimierung sind seit längerem bekannt (siehe u. a. [Den07; LM02; Fu02]). EDZ-gestützte Optimierung kann hierbei auf das Konzept „optimaler Entscheidungen" aus der Entscheidungstheorie [DeG04] zurückgeführt werden [ASR14]. Eine Entscheidung $e \in \mathbb{E}$ führt zu einem Ergebnis $o \in \mathbb{O}$ durch eine Funktion $\zeta : \mathbb{E} \to \mathbb{O}$:

$$o = \zeta(e) \tag{3.47}$$

Jedes Ergebnis wird über die Funktion $N_O : \mathbb{O} \to \mathbb{R}$ durch ihren Nutzen $n = N_O(o)$ bewertet, wobei dieser direkt von der Entscheidung abhängt:

$$n = N_O\left(\zeta(e)\right) = N_E(e) \tag{3.48}$$

Eine optimale Entscheidung $e_{\mathrm{opt}} \in \mathbb{E}$ führt zum bestmöglichen Ergebnis $o_{\mathrm{opt}} \in O$ mit maximalem Nutzen n_{max}. Die Bestimmung von e_{opt} ist also ein Optimierungsproblem:

$$e_{\text{opt}} = \underset{e \in \mathbb{E}}{\arg\max} \left(N_E(e) \right) \tag{3.49}$$

Gleichung 3.49 setzt voraus, dass Gleichung 3.47 deterministisch ist, d. h. eine Entscheidung e muss stets zum selben Ergebnis o führen. Darüber hinaus muss eine sinnvolle Bewertungsfunktion N_O definiert werden können.

Bezogen auf das Simulationsmodell der EDZ bedeutet dies, dass unterschiedliche **Varianten** und **Zusammenstellungen**, d. h. unterschiedliche **Konfigurationen** der zu optimierenden EDZ, untersucht und bewertet werden müssen. Diese möglichen Konfigurationen spannen den Entscheidungsraum $\mathbb{E}$ auf. Die Bewertung wird typischerweise für unterschiedliche Einsatzszenarien durchgeführt, so dass zudem unterschiedliche Konfigurationen der die Einsatzszenarien repräsentierenden EDZ-Szenarien bzw. der dort verwendeten EDZ berücksichtigt werden müssen.

Ein EDZ ist hierbei entsprechend Gleichung 3.13 durch seine Parameter $\underline{a}_{\text{edz}}$, seine Algorithmen $\underline{A}_{\text{edz}}$, seine Ein- und Ausgänge $\underline{U}_{\text{edz}}$ und $\underline{Y}_{\text{edz}}$, die Verbindungen seiner EDZ-Komponenten $\underline{v}_{\text{edz}}$ und deren Interaktion entsprechend unterschiedlicher Interaktionsformen $\underline{L}_{\text{edz}}$ sowie seiner EDZ-Komponenten $\underline{M}_{S,\text{komp}}$ als Bestandteile seines Simulationsmodells $M_{S,\text{edz}}$ modelliert. Die für die Optimierung relevanten Konfigurationen werden über unterschiedliche „Belegungen" einzelner dieser Modellelemente $\underline{\alpha}$ aus $\left(\underline{a}_{\text{edz}}, \underline{A}_{\text{edz}}, \underline{U}_{\text{edz}}, \underline{Y}_{\text{edz}}, \underline{v}_{\text{edz}}, \underline{L}_{\text{edz}}, \underline{M}_{S,\text{komp}} \right)$ definiert, wobei die Definition der Belegung von der Art des Modellelements (z. B. Parameter, Algorithmus oder Teilkomponente) und im Fall von Parametern vom Parametertyp (Fließkommazahl, Ganzzahl, Zeichenkette, Wahrheitswert, Objekt o. ä.) abhängig ist, z. B.:

1. Handelt es sich um ein Element a des Parametervektors $\underline{a}_{\text{edz}}$ vom Typ „Fließkommazahl", wird ein Wertebereich $a_{min} \leq a \leq a_{max}$ definiert. Ggf. wird zusätzlich die Anzahl der zu untersuchenden Varianten n_a angegeben, wodurch sich eine Schrittweite Δa und damit die konkreten zu untersuchenden Varianten a_i mit $1 \leq i \leq n$ ergeben.
2. Handelt es sich um ein Element a des Parametervektors $\underline{a}_{\text{edz}}$ mit diskretem Wertebereich, werden die unterschiedlichen Varianten a_i mit $1 \leq i \leq n$ definiert.
3. Handelt es sich um einen Algorithmus A des Vektors der beteiligten Algorithmen $\underline{A}_{\text{edz}}$, werden die unterschiedlichen Varianten A_i mit $1 \leq i \leq n$ definiert.
4. Handelt es sich um eine Komponente $M_{S,\text{komp}}$ des Vektors der beteiligten EDZ-Komponenten $\underline{M}_{S,\text{komp}}$, werden die unterschiedlichen Komponenten $M_{S,\text{komp},i}$ mit $1 \leq i \leq n$ definiert.

5. Handelt es sich um eine Kommunikationsinfrastruktur als Element der Interaktionsformen $\underline{I}_{\text{edz}}$, werden die unterschiedlichen Varianten I_i mit $1 \leq i \leq n$ definiert.

Die unterschiedlichen Konfigurationen führen zu unterschiedlichen zu untersuchenden EDZ-Szenarien $M_{S,\text{szenario},j}$. Diese Szenarien spannen sich entlang fünf Dimensionen auf. In den ersten beiden werden die unterschiedlichen Konfigurationen des zu optimierenden EDZ definiert:

1. Dies erfolgt über die Definition unterschiedlicher Varianten, d. h. durch die Identifikation zu optimierender Elemente des Simulationsmodells und der Festlegung der Menge möglicher Belegungen dieser Elemente (z. B. des Wertebereichs eines Reglerparameters).
2. Dies kann zudem über die Definition unterschiedlicher Zusammenstellungen aus unterschiedlichen EDZ-Komponenten erfolgen (z. B. der Auswahl unterschiedlicher Sensoren wie etwa der Kameras unterschiedlicher Hersteller).

Hieraus ergibt sich die Menge der zu untersuchenden EDZ-Konfigurationen $M_{S,\text{edz},k}$ (äquivalent zum Entscheidungsraum $\mathbb{E}$). Möglicherweise soll jede dieser Konfigurationen in unterschiedlichen Einsatzszenarien untersucht werden. Dies kann insbesondere in den weiteren drei Dimensionen erfolgen:

3. Zunächst einmal können weitere Modellelemente der zu untersuchenden EDZ einer Variation unterliegen. Auch hier muss die Menge möglicher Belegungen dieser Elemente festgelegt werden (z. B. zur Berücksichtigung von Bauteiltoleranzen).
4. Darüber hinaus können sich die zu untersuchenden EDZ in Szenarien mit unterschiedlichen „umgebenden" EDZ bewegen. Entsprechend müssen die zu untersuchenden Zusammenstellungen dieser „Umgebungsszenarien" definiert werden (z. B. unterschiedliche umgebende Wälder).
5. Schließlich können auch die Modellelemente dieser EDZ Variationen unterliegen, die wiederum durch die Menge möglicher Belegungen dieser Elemente festgelegt werden (z. B. Durchmesser der umgebenden Bäume).

Durch Simulation der EDZ-Szenarien im Virtuellen Testbed im Zeitintervall $\langle 0, t_{\text{end}} \rangle$ wird für jede Entscheidung e, d. h. für jede Wahl einer Konfiguration $M_{S,\text{edz},k}$ ihr Ergebnis o als Verlauf des Simulationszustands in den jeweiligen Einsatzszenarien bestimmt (die Simulationsfunktion Γ ist hier also äquivalent zu ζ in Gleichung 3.47). Die Optimierung erfolgt in den Dimensionen eins und zwei, wobei jeweils die sich gemeinsam mit den weiteren drei Dimensionen ergebenden EDZ-Szenarien untersucht werden müssen. Zur Bewertung muss analog zu N_E in Gleichung 3.48 der Nutzen der Wahl einer konkreten Konfiguration durch eine Bewertungs- bzw. Zielfunktion bestimmt werden. Hierzu wird

$$N_{E,\text{szenario}}\left(M_{S,\text{szenario}}\right) = f_E\left(\underline{s}_{\text{szenario}}\langle t_{\text{end}}\rangle\right) \tag{3.50}$$

aufgestellt, mit der die entsprechend der Dimensionen 1 und 2 aufgestellten Konfigurationen $M_{S,\text{edz},k}$ sowie ihr Verhalten im jeweiligen Einsatzszenario bewertet werden. Der Nutzen und damit der Wert der Zielfunktion muss im Verlauf der Optimierung maximiert werden. Hierzu kann der Bewertungsfunktion neben dem Verhalten auch das komplette Simulationsmodell des EDZ und seiner Umgebung zur Verfügung gestellt werden, so dass neben dem Verhalten etwa auch Kosten zur Erstellung dieser Konfiguration oder Auswirkungen auf die Umgebung eingehen können. Der Startzustand $\underline{s}_{\text{edz}}(0)$ des zu untersuchenden EDZ wird während der Optimierung mit Ausnahme der zu variierenden Modellelemente $\underline{\alpha}$ ebenso wie seine Eingangsgrößen $\underline{u}_{\text{edz}}\langle t\rangle$, d. h. zum Beispiel die zu erfüllende Aufgabe, konstant gehalten.

Die Methode der EDZ-gestützten Optimierung kann damit wie folgt definiert werden:

> **Definition 3.37 (EDZ-gestützte Optimierung):** *Ziel der EDZ-gestützten Optimierung ist die Optimierung von Parametern und Struktur Experimentierbarer Digitaler Zwillinge in relevanten Einsatzszenarien und mit vordefinierten Aufgaben.*

Reduziert man den Einsatzbereich auf die Variation von n Parametern $\underline{\alpha}$ des Parametervektors $\underline{a}_{\text{edz}}$ des zu optimierenden EDZ des zu entwickelnden RZ sowie auf exakt ein Einsatzszenario kann die Methode wie folgt zusammengefasst werden: Durch die Variation der gewählten Parameter $\underline{\alpha}$ im Bereich $\underline{\alpha}_{min} \leq \underline{\alpha} \leq \underline{\alpha}_{max}$ wird der Entscheidungsraum in Form der zu untersuchenden Modellkonfigurationen $M_{S,\text{edz},\underline{\alpha}}$ festgelegt, wobei jede Konfiguration zu unterschiedlichen Verläufen des Simulationszustands

$$\underline{s}_{\text{edz},\underline{\alpha}}(t) = \begin{bmatrix} \underline{\alpha} \\ \hat{\underline{s}}_{\text{edz},\underline{\alpha}}(t) \end{bmatrix} \tag{3.51}$$

führt, wobei aus $\hat{\underline{s}}_{\text{edz},\underline{\alpha}}(t)$ der Parametervektor $\underline{\alpha}$ entfernt wurde. Zusammen mit den EDZ $M_{S,\text{edz,env},i}$ der Umgebung des gewählten Einsatzszenarios ergeben sich die zu betrachtenden Szenarien[112]

$$
M_{S,\text{szenario},\underline{\alpha}} = \left(\underline{a}_{\text{szenario}}, \; \underline{A}_{\text{szenario}}, \; \emptyset, \; \emptyset, \; \underline{v}_{\text{szenario}}, \; \underline{I}_{\text{szenario}}, \; \begin{bmatrix} M_{S,\text{edz},\underline{\alpha}} \\ M_{S,\text{edz,env},1} \\ M_{S,\text{edz,env},2} \\ \vdots \\ M_{S,\text{edz,env},m} \end{bmatrix} \right)
$$

(3.52)

sowie der zeitliche Verlauf der jeweiligen Simulationszustände

$$
\underline{s}_{\text{szenario},\underline{\alpha}}(t) = \begin{bmatrix} \underline{\alpha} \\ \hat{\underline{s}}_{\text{szenario},\underline{\alpha}}(t) \end{bmatrix} = \Gamma\left(\begin{bmatrix} \underline{\alpha} \\ \hat{\underline{s}}_{\text{szenario},\underline{\alpha}}(0) \end{bmatrix}, t \right).
$$

(3.53)

Das Optimierungsproblem kann dann wie folgt formuliert werden:

$$
\arg\max_{\underline{\alpha}}(N_{E,\text{szenario}}(\underline{\alpha})) = \arg\max_{\underline{\alpha}}(f_E(\underline{s}_{\text{szenario},\underline{\alpha}}\langle t_{\text{end}}\rangle))
$$

(3.54)

mit

$$
\underline{\alpha}_{min} \leq \underline{\alpha} \leq \underline{\alpha}_{max} \quad \text{und}
$$
$$
\underline{u}_{\text{edz}}\langle t \rangle = \text{const.}
$$

Abbildung 3.45 illustriert das grundsätzliche Vorgehen[113]. Ausgehend von einer vordefinierten Aufgabe $\underline{u}_{\text{edz}}\langle t \rangle$ werden ausgewählte Parameter $\underline{\alpha}$ variiert und das Verhalten des EDZ überwacht (hier anhand des Ausgangs $\underline{y}_{\text{edz}}(t)$). Die Optimierungssteuerung bewertet das Verhalten anhand seiner Bewertungsfunktion $N_{\text{szenario}}(\underline{\alpha})$ und passt die Parameter für den nächsten Durchlauf geeignet an.

Im Beispiel der Abbildung 3.43 wurde EDZ-gestützte Optimierung z. B. dazu genutzt, das maximal erlaubte Gewicht der Sensoreinheit zu bestimmen. Darüber hinaus kann auch der optimalen Montageort der Sensoreinheit unter Minimierung der Auswirkungen auf die Laufdynamik des Roboters berechnet werden. In die-

---

[112] Dies erfolgt unter der Annahme, dass die Verbindungen im EDZ-Szenario unabhängig von den gewählten Konfigurationen $M_{S,\text{edz},\underline{\alpha}}$ sind.

[113] Die Abbildung fokussiert auf den zu entwickelnden EDZ. Der Übersichtlichkeit halber fehlen hier die EDZ des Einsatzszenarios.

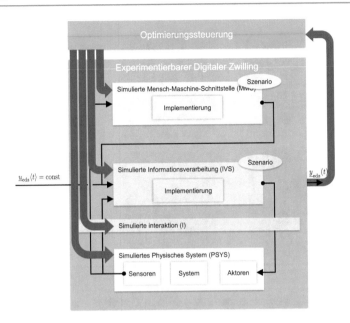

Abbildung 3.45 Grundstruktur der EDZ-gestützten Optimierung, angewendet auf einen EDZ (die EDZ der Umwelt sind nicht dargestellt)

sem Fall ist $\underline{\alpha}$ als Teil des Parametervektors $\underline{a}_{edz}$ der Montageort der Sensoreinheit beschrieben durch die Relativtransformation zum Roboter und die Zielfunktion f bewertet die Roboterdynamik, z. B. durch die im Rahmen der Simulationzeit t_{end} zurückgelegte Strecke.

EDZ-gestützte Optimierung kann nicht nur im Rahmen der Entwicklung eingesetzt werden sondern z. B. auch zur Arbeitsplanung. Abbildung 3.46 illustriert das am Beispiel der Planung einer Holzerntemaßnahme. EDZ-gestützte Optimierung beantwortet hier Fragen wie „Wo müssen die Holzpolter platziert werden?" oder „Welche Forstmaschinen werden am besten in welcher Anzahl eingesetzt?". Bewertet werden diese Alternativen z. B. durch die Dauer und Kosten der Maßnahme, durch die entstandenen Bodenschäden, den Treibstoffverbrauch oder die CO_2-Emissionen [LR17].

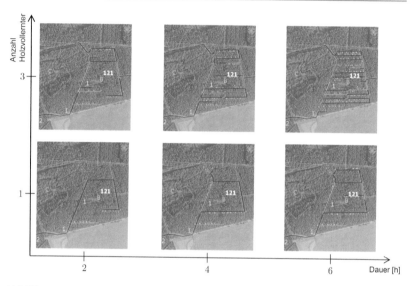

Abbildung 3.46 Anwendung der EDZ-gestützten Optimierung auf die Arbeitsplanung einer Holzerntemaßnahme (siehe auch [LR18]) ((Geo-)Daten u.a. Geobasis/Wald und Holz NRW)

3.7.3 Entscheidungsunterstützung

Im Gegensatz zu den beiden oben vorgestellten Methoden ist die EDZ-gestützte Entscheidungsunterstützung eher als Prozess zu verstehen, bei dem diese Methoden angewendet werden. Die EDZ-gestützte Entscheidungsunterstützung gibt unterschiedlichen Anwendern eine Methode an die Hand, mit der diese komplexe Entscheidungen zu unterschiedlichen Zeitpunkten im Lebenszyklus von RZ zielgerichtet und verlässlich unter vorgegebenen Randbedingungen treffen können. Im Entwicklungsprozess ist dies z. B. die Auswahl der weiter zu verfolgenden Entwicklungsvarianten, die Auswahl von Systemkomponenten oder die Bestimmung von Systemparametern. Während des Betriebs müssen Nutzer eines RZ z. B. geeignete Systemkonfigurationen oder Systemparameter bestimmen und den RZ für die jeweils gestellte Aufgabe und Betriebssituation bestmöglich einsetzen. Die Entscheidung selbst soll dem Anwender nicht abgenommen werden soll. Vielmehr soll er in die Lage versetzt werden, schnell und zielgerichtet die bestmögliche Entscheidung treffen zu können. Hierzu müssen ihm u. a. alle notwendigen Informationen zur Lösungsfindung bereitgestellt und die Konsequenzen von Entscheidungen und verbleibende Handlungsspielräume aufgezeigt werden, um in der Fülle der meist möglichen Entscheidungen „nicht verloren zu gehen" und relevante Aspekte nicht zu vergessen. Entsprechend kommt der Mensch-Maschine-Interaktion im Rahmen der Entscheidungsunterstützung eine besondere Bedeutung zu. Der Prozess der EDZ-gestützten Entscheidungsunterstützung wird häufig mehrfach durchlaufen, läuft im Vergleich z. B. zum länger andauernden Entwicklungsprozess aber meist in einem kurzen Zeitraum ab.

Mit der EDZ-Methodik können so Entscheidungsunterstützungssysteme[114] (engl. „Decision Support Systems", Decision Support System (DSS)) realisiert werden, also rechnergestützte Anwendungen, die zur Unterstützung bei komplexen Entscheidungen und für Problemlösungen verwendet werden können [SWC+02]. DSS[115] sollen die Effizienz der Entscheidungsfindung bei Benutzern erhöhen und die Effektivität der getroffenen Entscheidungen verbessern [SWC+02; PS95]. Der in Abbildung 3.47 gezeigte Prozess lehnt sich an die ursprüngliche Definition von DSS

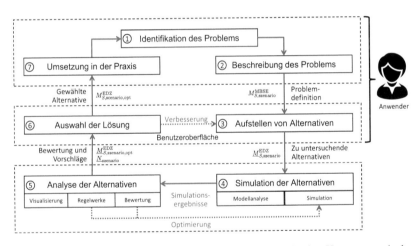

Abbildung 3.47 Der Entscheidungsunterstützungsprozess und seine Umsetzung mit der EDZ-Methodik aufbauend auf [GM71]

---

[114] Der nachfolgende Text basiert auf [Ato14].

[115] Insgesamt ist der DSS-Begriff recht unscharf definiert [PBS11]. Es gibt eine Vielzahl von unterschiedlichen Anwendungen, die sich nur schwer mit einem einzigen gemeinsamen Formalismus beschreiben lassen [GJN+11]. Die Informationen eines Entscheidungsproblems sind teilweise unstrukturiert, semistrukturiert oder strukturiert. Ein DSS kann vor allen Dingen die strukturierten und ggf. semistrukturierten Informationen verarbeiten und aufbereiten, während der Mensch Entscheidungsprobleme mit unstrukturierten Daten lösen muss [SWC+02; PS95; GM71].

an[116] [GM71]. Hierbei ist gerade die Berechnung der Bewertungskriterien unterschiedlich komplex (siehe auch Abschnitt 3.7.2) und erfordert häufig eine umfangreiche Simulation des Verhaltens einer Handlungsalternative ausgehend von einem gegebenen Ausgangszustand.

Abbildung 3.47 skizziert nicht nur den Entscheidungsprozess sondern auch seine Unterstützung durch die EDZ-Methodik. Der Entscheidungsprozess beginnt typischerweise mit der Identifikation und Beschreibung des zu lösenden Problems durch den Anwender. Ergebnis ist z. B. eine Spezifikation des zu untersuchenden Szenarios mit Hilfe des MBSE, in der Grafik als $M_{S,szenario}^{MBSE}$ bezeichnet. Auf dieser Grundlage werden dann mögliche Handlungsalternativen beschrieben. Dies erfolgt durch Weiterentwicklung des MBSE-Modells und insbesondere durch Ausdetaillierung der identifizierten Systemblöcke durch konkrete EDZ oder unterschiedliche Varianten von diesen. Das Ergebnis ist das zu EDZ-Szenarien $\underline{M}_{S,szenario}^{EDZ}$ weiterentwickelte Modell[117]. Diese Szenarien werden mittels Simulation im VTB durchgespielt, qualitativ und quantitativ analysiert, mittels geeigneter Zielfunktionen f (siehe Gleichung 3.50) bewertet und ggf. auch optimiert (siehe Abschnitt 3.7.2). Hierzu werden geeignete Regelwerke eingesetzt und ggf. optimale oder auch alternative Szenarien $\underline{M}_{S,szenario,opt}^{EDZ}$ vorgeschlagen und ihr bewerteter Nutzen $\underline{N}_{szenario}$ angegeben. Die Ergebnisse der Simulations- und Berechnungsdurchgänge werden dem Anwender präsentiert, so dass er auf dieser Grundlage und seiner eigenen Erfahrungen die aufgestellten Handlungsalternativen verbessern kann. Nachdem der Anwender sich für eine geeignete Handlungsalternative entschieden hat, wird diese in der Praxis umgesetzt. Kapitel 6 illustriert diese Vorgehensweise an diversen Beispielen.

---

[116] Als Grundlage verwenden diese folgende Begriffe der Entscheidungsfindung [Sim60]: Im Rahmen der Aufklärung bzw. Informationsbeschaffung geht es um die Suche nach spezifischen Problemen. Während des Designs werden unterschiedliche Handlungsalternativen aufgestellt, während bei der Auswahl schließlich die verschiedenen Alternativen analysiert werden und eine für die Ausführung bzw. Implementierung bestimmt wird.

[117] Auch hier ist $\underline{M}_S$ wieder als Tupel zu verstehen – analog zu $\underline{s}$.

Entsprechend kann der Begriff wie folgt definiert werden:

Definition 3.38 (EDZ-gestützte Entscheidungsunterstützung): *EDZ-gestützte Entscheidungsunterstützung ist ein rechnergestützer Prozess, der zur Unterstützung bei komplexen Entscheidungen und für Problemlösungen im Rahmen semistrukturierter oder strukturierter Entscheidungsprobleme eingesetzt werden kann. Hierzu werden Handlungsalternativen durch EDZ und EDZ-Szenarien beschrieben, deren Verhalten durch Simulation prognostiziert und anschließend bewertet. Durch Anwendung geeigneter Zielfunktionen kann auch eine Optimierung gegebener Alternativen erfolgen.*

3.7.4 Verifikation & Validierung von Systemen

Welche Aussagekraft haben die Ergebnisse der Untersuchungen von EDZ in Virtuellen Testbeds? Wie verlässlich sind die Ergebnisse in der Simulation? Die Simulationstechnik stellt sich diesen Fragen, indem sie verifizierte und validierte Simulationsmodelle und Experimentierbare Modelle bereitstellt (siehe auch Abschnitt 3.1.5). Damit ist nachvollziebar untersucht und dokumentiert, inwieweit die entsprechenden Modelle *„sich hinsichtlich der untersuchungsrelevanten Eigenschaften nur innerhalb eines vom Untersuchungsziel abhängigen Toleranzrahmens vom Vorbild"* unterscheiden [VDI18]. Wenn man sich dieser Thematik allerdings aus Richtung der **Validierung des zu entwickelnden Systems** (und eben nicht aus Richtung der Validierung z. B. eines Simulationsmodells) nähert, dann stellt sich die Situation anders dar. Zur Unterscheidung wird diese Art von Verifikation in Abgrenzung zur Modellverifikation oben nachfolgend „Systemverifikation" genannt:

Definition 3.39 (Systemverifikation): *Systemverifikation ist ein Verfahren, das anhand objektiver Beweise nachweist, dass ein Produkt nach seinen Spezifikationen und den vereinbarten Abweichungen entworfen und hergestellt sowie frei von Mängeln ist (angelehnt an [ECS12]).*

Ebenso kann in Abgrenzung zur Modellvalidierung der Begriff der „Systemvalidierung" definiert werden:

Definition 3.40 (Systemvalidierung): *Systemvalidierung ist ein Verfahren, mit dem gezeigt wird, dass ein Produkt für seinen beabsichtigten Gebrauch in der vorgesehenen Umgebung geeignet ist. Die Verifikation ist hierbei Voraussetzung der Validierung (angelehnt an [ECS12]).*

Zusammen mit den Definitionen aus Abschnitt 3.1.5 sind damit vier Begriffe zu differenzieren. Abbildung 3.48 stellt die Zusammenhänge zwischen den Begriffen grafisch dar.

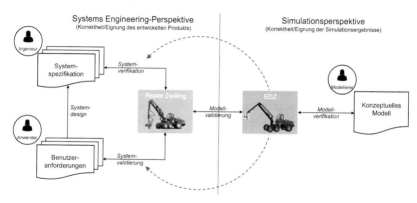

Abbildung 3.48 Gegenüberstellung   von   Modellverifikation/-validierung   und Systemverifikation/-validierung (entsprechend [Dah23])

- **Modellverifikation:** Untersuchung, ob ein Simulationsmodell oder ein Experimentierbares Modell korrekt implementiert wurde. Praktisch: Repräsentieren das Simulationsmodell das Konzeptuelle Modell sowie das Experimentierbare Modell das Simulationsmodell korrekt?
- **Modellvalidierung:** Untersuchung, ob das richtige Experimentierbare Modell erstellt wurde. Praktisch: Repräsentiert das Experimentierbare Modell den RZ für den geplanten Zweck ausreichend genau?
- **Systemverifikation:** Untersuchung, ob der RZ korrekt umgesetzt wurde. Praktisch: Erfüllt der RZ die Spezifikation?
- **Systemvalidierung:** Untersuchung, ob der richtige RZ entwickelt wurde. Praktisch: Erfüllt der RZ die Benutzeranforderungen?

Der aktuelle Stand der Technik im Bereich Systemverifikation und -validierung eröffnet im Wesentlichen zwei Möglichkeiten zur Umsetzung von Systemverifikation und -validierung:

1. Die Systemvalidierung erfolgt gegen die vorab aufgestellten Anforderungen. Dies setzt allerdings voraus, dass diese Anforderungen vollständig sind, was aber typischerweise nicht garantiert werden kann.
2. Die Systemvalidierung erfolgt durch ausgiebige Tests des entwickelten Systems. Dies setzt allerdings voraus, dass 1) dieses System physisch existiert, 2) diese Tests alle im Betrieb eintreffenden Situationen umfassen (was typischerweise nicht garantiert werden kann[118]) und 3) diese Tests auch alle durchgeführt werden können (was im Fall gefährlicher oder das System beschädigender Tests nicht umsetzbar oder zu teuer ist).

Selbst wenn beide Wege vollständig ausgeschöpft werden, verbleibt immer noch eine Lücke bei der Sicherung der Funktionsfähigkeit. Diese Lücke scheint mit komplexeren Systemen größer zu werden, da die Vollständigkeit der Anforderungsbeschreibung und die Bandbreite der möglichen Fehler steigt (siehe hierzu auch die Ausführungen zu komplexen Systemen, Emergenz und „Normal Accidents" in Abschnitt 2.1.2). Dies gilt insbesondere für Systeme, die stark vernetzt und auf unterschiedlichste Weise mit ihrer Umgebung interagieren. Gleichzeitig gibt es Systeme, die im Vorfeld ihres Einsatzes nicht sinnvoll getestet werden können, wie dies typischerweise bei Raumfahrtsystemen der Fall ist. Der Einsatz von EDZ zur Verifikation und Validierung von Systemen kann diese Lücke nicht vollständig schließen, sie aber deutlich verkleinern. Sie ermöglicht durch das „Überspringen" des RZ, visualisiert durch die gestrichelten Pfeile in Abbildung 3.48, ergänzende Wege zur Verifikation und Validierung von Systemen:

1. Über die systematische Modellierung von EDZ-Szenarien wird eine systematische Erfassung und EDZ-gestützte Nachbildung von Einsatzszenarien möglich. Statt viel zu testen in der Hoffnung, alle relevanten Szenarien abgedeckt zu haben, werden als relevant erachtete EDZ-Szenarien systematisch getestet.

---

[118] Zur Absicherung von Fahrerassistenzsystemen in Fahrzeugen werden mit dem finalen System üblicherweise mehrere Millionen Kilometer zurückgelegt. Wenn man allerdings berücksichtigt, dass in Deutschland auf 4,6 Mrd. gefahrene Kilometer ein Verkehrstoter kommt [Bas15], relativiert sich dieser bereits enorme Aufwand deutlich. Offensichtlich kann nicht sichergestellt werden, dass auch diese Extremsituationen in den Testumfang eingehen.

2. EDZ ermöglichen den schnellen Test einer Vielzahl unterschiedlicher Einsatzszenarien über automatische Generierung von EDZ-Szenarien und Clustercom-
   puting (siehe auch Abbildung 3.49).
3. EDZ ermöglichen auch den immer wiederkehrenden Test real nicht oder nur mit
   großem Aufwand abbildbarer Situationen. Beispiele sind hier Verkehrssituationen, die zu Unfällen führen würden, oder Tests in der Schwerelosigkeit[119].

EDZ und ihre Simulation in VTB liefern mit der Analyse der zu entwickelnden
RZ in ihrer Umgebung auf Systemebene eine Grundvoraussetzung für die Sys-
temvalidierung. Grundlage dieser Tests sind 1) Simulationsverfahren mit bekannter
Realitätsnähe, 2) die Anforderungen an den zu entwickelnden RZ bzw. seinen EDZ
und 3) die systematische Abdeckung des realen Einsatzes des RZ über geeignete
Einsatzszenarien. Auf diese Weise kann der EDZ belastbare Hinweise bzgl. des
Verhaltens des entsprechenden RZ geben. Entsprechend kann der Begriff der EDZ-
gestützten Verifikation & Validierung wie folgt definiert werden:

> **Definition 3.41 (EDZ-gestützte Verifikation & Validierung):** *EDZ-gestützte
> Verifikation & Validierung ermöglicht durch den systematischen Test der
> Experimentierbaren Digitalen Zwillinge Realer Zwillinge in ausgewählten
> Einsatzszenarien in Virtuellen Testbeds konkrete Aussagen hinsichtlich der
> Vereinbarkeit des EDZ mit seiner Spezifikation (Systemverifikation) sowie
> hinsichtlich der Eignung des EDZ für seinen beabsichtigten Gebrauch (Sys-
> temvalidierung).*

Mit EDZ kann zudem die Zusammenstellung der Testszenarien systematisiert und so
die Erstellung umfangreicher Testkataloge ermöglicht werden[120]. Abbildung 3.49
verdeutlicht dies am Beispiel eines Systems für systematische Tests von Fahrzeugen
im Straßenverkehr. Auf Grundlage eines EDZ-Repositories mit EDZ von Fahrzeugen, Gebäuden, Straßen u.ä. wird systematisch eine Vielzahl von EDZ-Szenarien
aufgebaut, die in Virtuellen Testbeds auf einem Rechencluster simuliert werden.
Die Ergebnisse der Simulation können dann auf unterschiedliche Weise ausgewertet werden.

---

[119] Gerade im Weltraumbereich können Tests nicht oder nicht ausreichend realitätsnah durchgeführt werden. Stattdessen werden Einsatzszenarien mit großem Aufwand in so genannten
„Analogmissionen" nachgestellt.

[120] Die Planung und Durchführung von Systemverifikation und -validierung hat einen starken
Bezug zum Modellbasierten Test (MBT), siehe z. B. [RBG+10].

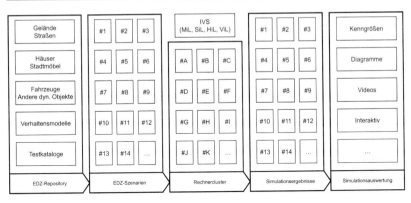

Abbildung 3.49 Systematische Tests von Fahrzeugen im Straßenverkehr: Aus dem EDZ-Repository werden EDZ-Szenarien zusammengestellt, die auf einem Rechnercluster ausgeführt werden. Die Simulationsergebnisse werden dann auf unterschiedliche Weise ausgewertet und liefern Hinweise für Systemverifikation und -validierung.

Natürlich gibt es auch weiterhin viele Tests, die heute noch nicht sinnvoll oder nur mit sehr großem Aufwand in Simulationen nachgestellt werden können. Beispiele hierfür sind EMV-, Thermal-, Vakuum- oder Schütteltests für Raumfahrzeuge oder andere Systeme. Daher ist die Kombination von Tests in der realen Welt mit EDZ-gestützten Tests anzustreben. Ziel muss es sein, **Simulationstechnik als notwendige Bedingung** zu etablieren: Ein EDZ muss zunächst in einem EDZ-Szenario im Virtuellen Testbed funktionieren. Oder anders formuliert: Wenn ein EDZ nicht im EDZ-Szenario im Virtuellen Testbed funktioniert, dann auch nicht der RZ im entsprechenden realen Szenario. Diese Bedingung ist natürlich nicht hinreichend, liefert also keine Funktionsgarantie. Es kann aber erwartet werden, dass mit steigender Leistungsfähigkeit der Simulationstechnik die verbleibende Abbildungslücke sukzessive reduziert werden kann.

3.7.5 Steuerung von Systemen

Voraussetzung für aussagekräfte Analysen von EDZ-Szenarien ist, dass die im EDZ verwendeten Algorithmen der Informationsverarbeitenden Systeme die in den RZ verwendeten Algorithmen möglichst gut nachbilden. Ideal wäre es jetzt natürlich, wenn die hierzu als Teil von $M_{S,\text{edz}}$ für die Simulation entwickelten Algorithmen $\underline{A}_{\text{sivs}}$ dann auch **direkt im RZ Verwendung finden könnten**. Simulatoren sind auf der anderen Seite hervorragend als **Werkzeug zur Implementierung der Algorith-men derartiger Informationsverarbeitender Systeme** geeignet[121]. Genau dies sind die beiden zentralen Ziele von EDZ-gestützter Steuerung:

Definition 3.42 (EDZ-gestützte Steuerung): *Ziel EDZ-gestützter Steuerung ist die direkte Übertragung der Algorithmen der Informationsverarbeitenden Systeme eines EDZ auf den korrespondierenden RZ. Die Werkzeuge zur Entwicklung des EDZ können auf diese Weise direkt zur Entwicklung der Informationsverarbeitenden Systeme von realen Mechatronischen/Cyber-Physischen Systemen eingesetzt werden.*

Die wesentliche Idee des Konzepts besteht wie in [RSS+13] dargestellt darin, die Entwicklung, Parametrisierung, Verifikation und Validierung der Algorithmen des Informationsverarbeitenden Systems des EDZ (IVS, siehe Abbildung 3.50) zunächst im Virtuellen Testbed durchzuführen bis diese das gewünschte Verhalten aufweisen. Hierfür wird der Algorithmus $\underline{A}_{sivs}$ als Teil von $M_{S,edz}$ zunächst vollständig im VTB entwickelt, parametrisiert, getestet, verifiziert und validiert. Anschließend steht $\underline{A}_{sivs}$ direkt in einer minimalen Version desselben VTB bereit, um die reale Hardware – bei Bedarf auch in Echtzeit – anzusprechen. Damit wird $\underline{A}_{rivs} := \underline{A}_{sivs}$. Das VTB wird hierzu auf die hierzu unabdingbaren Komponenten reduziert und ggf. in eigenständigen Echtzeittasks oder auf dedizierten Echtzeitrechnern zum Einsatz gebracht – wobei es immer vollständig auf dem Modell des EDZ beruht bzw. eine Untermenge hiervon ist. Ermöglicht wird dies technisch durch die in Abschnitt 3.6.4 vorgestellte Architektur und strukturell dadurch, dass der EDZ hinsichtlich seiner äußeren Schnittstellen aber auch hinsichtlich seiner inneren Struktur eine 1-zu-1-Abbildung des RZ ist. Hierdurch sind auch die EDZ-Komponenten schnittstellen-identisch zu den Komponenten des RZ und können dort direkt eingesetzt werden. Damit stellt die EDZ-Methodik *„einen integrierten Entwicklungsansatz zur Verfügung, der durch den Transfer von Simulationstechnologien auf die reale Hardware die Lücke zwischen simuliertem und realem Betrieb"* [RSS+13] des zu entwickelnden Systems schließt. Dadurch wird eine Durchgängigkeit in der modellbasierten Entwicklung dieser Systeme erreicht. Die Folge ist eine Steigerung sowohl der Entwicklungsgeschwindigkeit als auch der Robustheit der Implementierung.

---

[121] Dies gilt insbesondere im Bezug auf die Verwaltung und Auswertung räumlicher Daten.

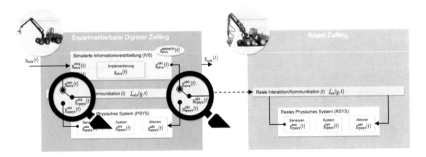

Abbildung 3.50 Nutzung des IVS des EDZ zur Steuerung des realen Physischen Systems (siehe auch Abbildung 3.21): Im rein virtuellen Betrieb wird das virtuelle Physische System vom virtuellen IVS gesteuert. Die Verbindung erfolgt über die Kopplung der jeweiligen Kommunikationsinfrastrukturen.

EDZ-gestützte Steuerung greift damit eines der in der Zukunft liegenden Ziele der INCOSE, *„Transforming Virtual Model to Reality"* [INC14] auf. Darüber hinaus entwickelt EDZ-gestützte Steuerung die bekannten Konzepte des „Computer Aided Control System Designs" [BM94] weiter, die sich zur Übertragung von in der Simulation entwickelten Steuerungsdesigns in reale Systeme unter Verwendung von „Hardware in the Loop"- oder „Software in the Loop"-Konfigurationen etabliert haben. So wird beim „Rapid Control Prototyping" [AB06] ein Steuerungsdesign zunächst in einem spezialisierten Simulationssystem modelliert, simuliert und getestet. In einem zweiten Schritt wird der resultierende Algorithmus auf die gewählte Hardwareplattform entweder durch vollständige Reimplementierung oder unter Verwendung automatischer Werkzeuge zur Codegenerierung (siehe auch Abbildung 3.51 oben) übertragen. Allerdings hat diese Vorgehensweise diverse Nachteile. Zum einen hat sie oft die Entwicklung „klassischer" Steuerungs- und Beobachtersysteme zum Ziel und basiert daher häufig auf gleichungsbasierten oder signalorientierten Simulationssystemen. Um das entwickelte Modell zur Beobachtung oder Steuerung des realen Systems zu verwenden, muss das Modell konvertiert werden, wodurch Online-Visualisierung sowie -Modifikationen ebenso wie das Debugging am realen System oft schwierig werden. Dadurch dass sich die softwareseitige Zielumgebung aus Sicht der Algorithmen deutlich von der Simulationsumgebung unterscheidet, erfordert die Integration benutzerspezifischer Algorithmen häufig einen großen zusätzlichen Aufwand. Zum anderen fehlt diesem Ansatz ein übergreifendes semantisches Modell der realen Umgebung. Dies ist allerdings ein

wichtiger Baustein für die Realisierung vieler Algorithmen – für die Simulation
ebenso wie für den realen Beobachter bzw. die reale Steuerung.

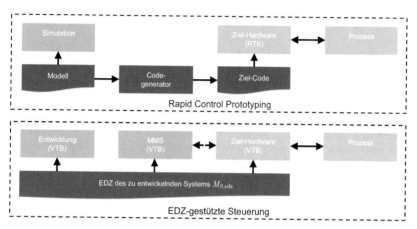

Abbildung 3.51 Vergleich von EDZ-gestützter Steuerung mit Methoden des Rapid Control
Prototypings angelehnt an [RSS+13]

Die EDZ-Methodik begegnet diesen Nachteilen, indem EDZ-Komponenten mit
Hilfe von VTB direkt zur Realisierung der realen Beobachter und Steuerungen verwendet werden (siehe Abbildung 3.51 unten). Der einzig notwendige Schritt hierzu
ist, das reale Kommunikationssystem mit dem simulierten Kommunikationssystem
zu verbinden und das Modell des EDZ dann in eine bei Bedarf echtzeitfähige Version
des VTBs zu laden. Ein einfaches Umschalten zwischen realen und simulierten Sensoren und Aktoren auf Basis eines echtzeitfähigen VTB ermöglicht so die gleichzeitige Entwicklung von Simulationslogik und hardwarenaher Software auf Basis ein
und desselben Modells des EDZ (siehe Abbildung 3.50). Dies ist für „High-Level"-
Steuerungen, die mehrere Sekunden über die Lösung eines Problems „nachdenken",
ebenso möglich wie für intelligente Sensoren, die z. B. in „weicher Echtzeit" einmal pro Sekunde ein neues semantisches Modell der Umgebung bereitstellen, als
auch für „Low-Level"-Steuerungen, die in „harter Echtzeit" im Millisekundentakt
Roboter mit neuen Bewegungsinformationen versorgen. Der Eingang, über den das
Gesamtsystem bestehend aus EDZ und realer Maschine seine Steuerungsanweisun-
gen erhält, ist jetzt $\underline{u}_{edz}(t)$ (siehe Abbildung 3.50). Der EDZ kann sein simuliertes
Physisches System im Szenario $\underline{s}_{-sivs}^{szenario}(t)$ dazu nutzen, Steuerungsanweisungen
vorab zu planen (siehe auch das Beispiel in Abbildung 3.52). Zum Wechsel zwi-

schen simuliertem und realem Betrieb werden die in der Lupe dargestellten Schalter im simulierten Kommunikationssystem umgestellt.

Im Ergebnis tauschen Roboter dann im Millisekundentakt mit dem steuernden Simulationssystem aktuelle und neue Bahndaten sowie aktuelle Sensordaten aus. Dies ist die Grundlage zur Realisierung intelligenter und kooperierender Mehrrobotersysteme mit Komponenten wie Bewegungssteuerung, Bewegungsplanung, Kollisionsvermeidung und Handlungsplanung, die jeweils mit auf Grundlage der EDZ in VTB entwickelt und mit Methoden der EDZ-gestützten Steuerung auf die reale Hardware übertragen werden. Auf die gleiche Weise können intelligente Sensoren zur Umwelterfassung realisiert werden. Für einen Bewegungssimulator wird ein Trainingssimulator mit einem Echtzeit-Simulator gekoppelt, um etwa Fahrbewegungen aus dem Training über den Roboter auf den Benutzer rückzukoppeln. Das Anwendungsspektrum reicht bis zur Realisierung autonomer Systeme wie den in Abbildung 3.52 dargestellten autonomen virtuellen Harvester [Joc14]. Dieser Harvester führt die Aufgabe „Fälle den Baum an der Geokoordinate X!" vollständig autonom aus. Hierzu wird zunächst die Bewegung der Maschine an den Baum geplant und durchgeführt bevor anschließend das Aggregat mit dem Kran an den Baum herangeführt wird (die Abbildung zeigt die entsprechende Bahn) und der Baum gefällt und entastet wird. Die einzigen notwendigen Informationen, die die Planungsalgorithmen hierzu benötigen, sind die Karte der umgebenden Bäume und die Karte der Wege, auf denen sich die Maschine bewegen darf.

Abbildung 3.52 Realisierung einer autonomen Forstmaschine mit EDZ-gestützter Steuerung (v.l.n.r.): Kranbewegung, Greifen und Fällen des Baums, Aufarbeiten des Baums, Fahren zum nächsten zu fällenden Baum [Joc14] ((Geo-)Daten u.a. Geobasis NRW)

3.7.6 Virtuelle Inbetriebnahme

Ziel von EDZ-gestützter Steuerung ist die Nutzung des Informationsverarbeitenden Systems des EDZ als Informationsverarbeitungskomponente des korrespondierenden RZ. Genau das Gegenstück, nämlich die Nutzung des simulierten Physischen Systems in Kombination mit einem realen Informationsverarbeitenden Sys-

tem (siehe auch Abbildung 3.23) wird im Rahmen der „Virtuellen Inbetriebnahme"
angewendet. Ihr Ziel ist es, Fehler aus dem Engineering eines Automatisierungssystems frühzeitig aufzudecken und zu beheben. Angelehnt an [VDI16] kann dieser
Begriff wie folgt definiert werden:

Definition 3.43 (Virtuelle Inbetriebnahme): *Virtuelle Inbetriebnahme
(VIBN) beschreibt die Inbetriebnahme, die das entwicklungsbegleitende Testen einzelner Komponenten und Teilfunktionen des Informationsverarbeitenden Systems mithilfe von auf die jeweilige Aufgabenstellung abgestimmten
Simulationsmethoden und -modellen des Physischen Systems umfasst.*

Im engeren Sinn bezeichnet VIBN den der realen Inbetriebnahme vorgelagerten
Gesamttest des Informationsverarbeitenden Systems mithilfe eines Simulationsmodells der Anlage [VDI08]. Abbildung 3.23 verdeutlich die drei Stufen der VIBN.
In allen drei Stufen wird das Simulationsmodell des Physischen Systems $M_{S,\text{spsys}}$
als Teil von $M_{S,\text{edz}}$ verwendet:

1. In der ersten Stufe „Model-in-the-Loop" wird der Algorithmus A_{sivs} des Informationsverarbeitenden Systems, welcher noch nicht in einer Steuerungssprache
   (z. B. die DIN-EN-61131-3-Sprachen) sondern in einer Modellsprache (z. B.
   Automaten) vorliegt, in Kombination mit dem simulierten Physischen System
   $M_{S,\text{spsys}}$ analysiert.
2. In der zweiten Stufe, „Software-in-the-Loop" ist das Informationsverarbeitende
   System A_{sivs} bereits in der Ziel-Steuerungssprache implementiert. Es wird über
   geeignete Simulationsfunktionen Γ und Φ in Kombination mit dem simulierten
   Physischen System untersucht.
3. In der dritten Stufe, „Hardware-in-the-Loop" steht das reale Informationsverarbeitende System zur Verfügung. Als Hybrides Zwillingspaar wird dieses in
   Kombination mit dem simulierten Physischen System analysiert.

Das Konzept der EDZ und ihre Simulation in VTB, ggf. in direkter Verbindung zu
realen Komponenten, ermöglicht die systematische Durchführung der VIBN (siehe
Abbildung 3.53). Über den Austausch einzelner Komponenten und die Realisierung
Hybrider Zwillingspaare können die einzelnen Stufen der VIBN direkt ineinander
überführt werden. Hierbei sichert die Verschaltung der Komponenten über simulierte und reale Kommunikationsinfrastrukturen maximale Realitätsnähe und die
direkte Übertragbarkeit der Ergebnisse.

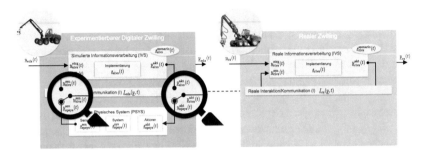

Abbildung 3.53 Nutzung des simulierten Physischen Systems des EDZ für Entwicklung und Test des realen IVS (siehe auch Abbildung 3.21): Im rein virtuellen Betrieb wird das virtuelle Physische System vom virtuellen IVS gesteuert, im dargestellten „Normalbetrieb" vom realen IVS. Die Verbindung erfolgt über die Kopplung der jeweiligen Kommunikations-infrastrukturen.

3.7.7 Vorausschauende Wartung

„Predictive Maintenance" (engl. für „vorausschauende Wartung") wird als eine der Schlüsselinnovationen von Industrie 4.0 angesehen [Ber17]. Die Herausforderung bei Predictive Maintenance[122] ist die Prognose der Entwicklung des Anlagenzu-stands ausgehend von einem erfassten Ist-Zustand. Eine mögliche Herangehens-weise bieten Verfahren der Künstlichen Intelligenz, bei denen z. B. geeignete Neuro-nale Netze mit Paaren aus gemessenen Maschinenzuständen und hieraus resultieren-der Anlagenentwicklung trainiert werden. Eine Alternative stellt die EDZ-Methodik dar. Hierbei kann unterschieden werden zwischen der Bewertung des Anlagenver-haltens in einem vergangenen Zeitraum $\langle t_s, t_0 \rangle$ und der Prognose des zukünftigen Anlagenverhaltens im Zeitraum $\langle t_0, t_e \rangle$. Aus Sicht des EDZ einer Anlage liefert die Messung des aktuellen Anlagenzustands für beide Varianten die Modellparameter $\underline{a}_{edz}(t_s)$ bzw. $\underline{a}_{edz}(t_0)$ und den Anlagenzustand $\underline{s}_{edz}(t_s)$ bzw. $\underline{s}_{edz}(t_0)$ als Ausgangs-punkt der Simulation. Diese prognostiziert unter Vorgabe bekannter Eingangswerte $\underline{u}_{edz}\langle t_s, t_0 \rangle = \underline{u}_{rz}\langle t_s, t_0 \rangle$ oder Annahme zukünftiger Eingangswerte $\underline{u}_{edz}\langle t_0, t_e \rangle$ den

---

[122] Predictive Maintenance ergänzt das klassische „Condition Monitoring", bei dem die sen-sorgestützte Datengenerierung und die Analyse dieser Daten im Vordergrund steht, um Pro-gnoseaspekte zur Vorhersage des Zustands von Maschinenkomponenten und zur Ableitung von Handlungsempfehlungen. Mit dem Konzept der vorausschauenden Wartung werden große Erwartungen verbunden, die von einer erhöhten Anlagenverfügbarkeit und erhöhter Produkt-/Prozessqualität über die verbesserte Planbarkeit der Wartung bis zu einer erhöhen Anlagen-lebensdauer reichen [Ber17].

Verlauf des Simulationszustands $\underline{s}_{\text{edz}}\langle t_s, t_0\rangle$ bzw. $\underline{s}_{\text{edz}}\langle t_0, t_e\rangle$, durch Wahl des Startzeitpunkts t_s bzw. des Entzeitpunkts t_e jeweils für einen gewählten Zeithorizont.
Die Bewertung dieses Verlaufs führt dann zu einer Bewertung des aktuellen Anlagenzustands etwa durch Vergleich realer und simulierter Ausgangsgrößen. Dies
kann z. B. zur Bestimmung der Wahrscheinlichkeit einer aktuell notwendigen War-
tung $P_{\text{aw}} = f_{\text{aw}}(\underline{y}_{\text{edz}}\langle t_s, t_0\rangle - \underline{y}_{\text{rz}}\langle t_s, t_0\rangle)$ oder zur Prognose des zukünftigen Anlagenzustands und damit zur Prognose notwendiger zukünftiger Wartungsaktivitäten
$P_{\text{zw}} = f_{\text{zw}}(\underline{y}_{\text{edz}}\langle t_0, t_e\rangle)$ genutzt werden. Abbildung 3.54 skizziert dies schematisch.
Ausgehend von [Ber17] kann der Begriff der **EDZ-gestützten vorausschauenden
Wartung** wie folgt definiert werden:

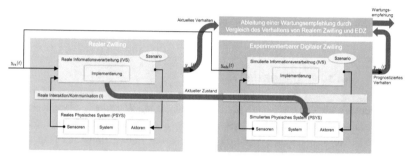

Abbildung 3.54 Grundstruktur von EDZ-gestützter vorausschauender Wartung

Definition 3.44 (EDZ-gestützte vorausschauende Wartung): *Ziel von EDZ-
gestützter vorausschauender Wartung ist die Prognose der Rest-Lebensdauer
von Maschinenkomponenten durch kontinuierliche Messung und Auswertung.
Hierzu werden kritische Betriebsparameter als Entscheidungshilfe für die
Festlegung optimaler Wartungs-Zeitpunkte und Betriebszustände erfasst und
simulationsgestützt ausgewertet.*

3.7.8   Entscheidungsfindung

Wer denkt, muss seine Umgebung wahrnehmen, diese semantisch und begrifflich
einordnen, sich an Vergangenes erinnern, Vorstellungen zu Lösungen entwickeln
und unterschiedliche Alternativen bewerten, um zu einer Erkenntnis zu kommen,

die dann in die Realität umgesetzt wird. Mit Methoden der „EDZ-gestützten Steuerung" können Informationsverarbeitende Systeme für EDZ entwickelt werden, die das Verhalten eines RZ planen und ausführen. Diese sind allerdings weit davon entfernt, in diesem Sinne als „intelligent" bezeichnet werden zu können. Allerdings legt EDZ-gestützte Steuerung wie dargestellt Grundlagen zur Entwicklung von Steuerungs- und Beobachtungssystemen, ggf. mit inhärenter Teilintelligenz, die EDZ-gestützt sowohl implementiert, optimiert, verifiziert und validiert als auch für den RZ umgesetzt werden können. In einem zweiten Schritt kann der EDZ dann zur Prädiktion des Verhaltens des RZ auf Grundlage modellbasierter Regelungskonzepte genutzt werden. Für „echte" Künstliche Intelligenz nach menschlichem Vorbild müssen allerdings Lösungsalternativen virtuell „durchdacht" werden, um die beste Lösung experimentell zu ermitteln. Im „Sense-Think-Act"-Zyklus für Roboter [Sie03] (siehe Abbildung 3.55 links) findet dies im „think"-Schritt statt, der sich ebenfalls an menschlichem Verhalten orientieren sollte. In der Psychologie und den Kognitionswissenschaften wurde hierfür der Begriff des **Mentalen Modells** geprägt [RKA+14; Joh04]. Mentale Modelle werden vom Menschen durch seine Wahrnehmung und aufbauend auf seinen Erfahrungen erstellt, um alternative Vorgehensweisen zu untersuchen und deren Ergebnis zu bewerten. EDZ und ihre Simulation in VTB ermöglichen genau dieses. Der EDZ des „intelligenten Systems" wird gemeinsam mit den EDZ der Umgebung in einem EDZ-Szenario zusammengefasst. Dieses EDZ-Szenario stellt ein simulierbares Mentales Modell bereit, welches das System ebenso wie seine Umgebung gleichzeitig sowohl umfassend als auch bis ins Detail beschreibt. Auf dieser Grundlage können Lösungsansätze entwickelt und simulativ z. B. unter Machbarkeits- und Kostengesichtspunkten in simulierten „Gedankenspielen" bewertet werden.

Mit EDZ und VTB steht so eine vollständige Abbildung des „Sense-Think-Act"-Paradigmas zur Verfügung (siehe Abbildung 3.55). Aufgabe des realen „think"-Schritts ist es, die beste Entscheidung e_{opt} (siehe Gleichung 3.49, hier die beste Wahl eines Eingangssignals $\underline{u}_{edz}\langle t \rangle$) für den im realen „sense"-Schritt wahrgenommenen aktuellen Zustand zu bestimmen und diesen dann im realen „act"-Schritt auszuführen. Alle hierzu notwendigen Softwarekomponenten von der Sensordatenverarbeitung zur Bestimmung und Beschreibung der EDZ bis zum VTB müssen daher „on-board" im Informationsverarbeitenden System als $\underline{s}_{sivs}^{szenario}(t)$ zur Verfügung stehen. Zur Ausführung werden dann wieder die in Abbildung 3.50 gezeigten Schalter vom simulierten auf realen Betrieb umgeschaltet.

Technische Systeme werden so **Situation Aware** (siehe z. B. [RGK10]). Sie können ihren Zustand als auch den ihrer Umgebung sensorisch erfassen, diesen verstehen (d. h. in den semantischen Modellen der entsprechenden EDZ beschreiben) und in die Zukunft projizieren (d. h. den Zustand dieser EDZ in VTBs in die

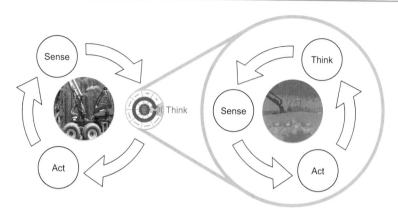

Abbildung 3.55 Das Sense-Think-Act-Paradigma für autonome Roboter nutzt EDZ und VTB, um nach menschlichem Vorbild Lösungen für eine Aufgabe zu suchen (Darstellung angelehnt an [Ras14]).

Zukunft simulieren). Diese Systeme kennen sich und ihre Umgebung, kennen ihren Handlungsspielraum, finden Lösungsmöglichkeiten und agieren selbständig. Das Ergebnis sind simulationsbasierte, „denkende" Steuerungen für die Realisierung neuartiger, intelligenter, denkender technischer Systeme.

Abbildung 3.56 skizziert die technische Umsetzung von EDZ-gestützter Entscheidungsfindung auf Grundlage von EDZ, VTB und EDZ-gestützter Steuerung. Ausgangspunkt ist typischerweise eine Aufgabe auf höherem Abstraktionsniveau wie z. B. „Fälle den Baum 4711!", die einem RZ, hier einer Forstmaschine, gestellt wird. Diese Aufgabe nimmt eine Komponente zur Aufgabenplanung und Ausführungssteuerung entgegen. Diese plant eine Aufgabensequenz, die dann vom Informationsverarbeitenden System des EDZ der Forstmaschine bis hinunter auf die Ebene der Bewegungsplanung mit Methoden der EDZ-gestützten Steuerung (siehe auch Abbildung 3.52) geplant und ausgeführt wird. Die übergeordnete Aufgabenplanungskomponente beobachtet die Ausführung, bewertet diese, variiert ggf. die Aufgabensequenz, um mehrere Fällalternativen virtuell zu durchdenken, und testet diese erneut. Diese Schleife wird so lange durchlaufen, bis eine optimale Ausführung bestimmt wurde. Diese wird dann wieder ausgeführt, das Ergebnis dann aber auf die reale Maschine „aufgeschaltet". Ausgangspunkt für die Planung und Durchführung ist hierbei die Erfassung des Istzustands $\underline{s}_{szenario,rz}(t)$ des RZ und seiner Umwelt durch das reale Informationsverarbeitende System zur Initialisierung des virtuellen

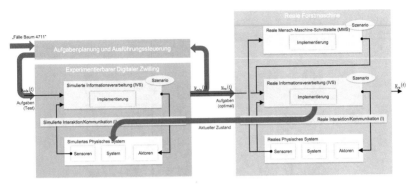

Abbildung 3.56 Grundstruktur von EDZ-gestützter Entscheidungsfindung

Planungsszenarios $\underline{s}_{\text{szenario,edz}}(t_0)$, bestehend sowohl aus dem gezeigten EDZ des RZ als auch der diesen umgebenden, die reale Umgebung repräsentierenden EDZ.

Die Methode der EDZ-gestützten Entscheidungsfindung ist damit vergleichbar mit der der EDZ-gestützten Optimierung. Da sich das System hier bereits im Betrieb befindet, verändern sich das Simulationsmodell $M_{S,\text{edz}}$ des EDZ und hier z. B. die Systemparameter $\underline{a}_{\text{edz}}$ nicht mehr (oder nur noch langsam). Die Einflussgröße der Optimierung ist hier entsprechend nicht dieses Modell sondern der Eingang $u_{\text{edz}}\langle t \rangle$ des EDZ, für den der Aufgabenplaner (vergleichbar mit der „Optimierungssteuerung" in Abbildung 3.45) den besten Verlauf und damit die beste „Entscheidung" für das zu erreichende Ziel ausgehend vom Initialzustand $\underline{s}_{\text{szenario,edz}}(t_0)$ bestimmt.

Definition 3.45 (EDZ-gestützte Entscheidungsfindung): *Ziel der EDZ-gestützten Entscheidungsfindung für Reale Zwillinge ist Erfassung, Bewertung und Prognose des eigenen Systemzustands und des Zustands der Umgebung und hierauf aufbauend die Entwicklung optimaler Handlungspläne zur bestmöglichen Erreichung vorgegebener Ziele.*

Technisch kann EDZ-gestützte Entscheidungsfindung wie in Abbildung 3.57 vereinfacht illustriert als kaskadiertes Hybrides Zwillingspaar umgesetzt werden. Die mit Hilfe des EDZ realisierte Komponente zur Aufgabenplanung und Ausführungssteuerung wird als zusätzliche Informationsverarbeitungsebene über das reale

Informationsverarbeitende System zur konkreten Ansteuerung der realen Maschine ergänzt. Sie wird mit Hilfe von EDZ und VTB umgesetzt.

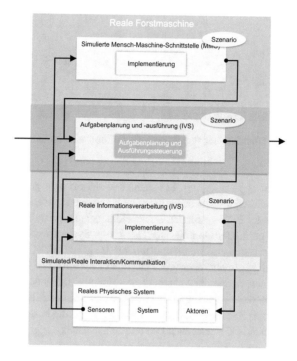

Abbildung 3.57 Vereinfachte Darstellung der Grundstruktur von EDZ-gestützter Entscheidungsfindung als kaskadierter EDZ

Das Beispiel in Abbildung 3.58 baut auf dem in Abbildung 3.43 gezeigten EDZ auf und skizziert das Vorgehen [ASR14]. Der EDZ wird hier vom Roboter selbst zur Beantwortung der Frage „In welchem Winkel muss ich loslaufen, um es auf den Berg hinauf zu schaffen?" verwendet. Dargestellt sind Verläufe des Systemzustands $\underline{s}\langle 0\,\text{s}, 300\,\text{s}\rangle$ für drei verschiedene virtuelle Versuche $u(t) = \{-10°, 0°, 30°\}$. Die Auswertung dieses Zustandsverlaufs ermöglicht Aussagen über den Zeit- und Energiebedarf, über mögliche Gefährdungen des Robotersystems (z. B. Stabilität des Gesamtsystems oder Kippneigung, Belastung des mechanischen Systems) oder über weitere zwischenzeitlich notwendige Bedieneingriffe. Grundlage zur Online-Prädiktion und -Beurteilung der physikalischen Konsequenzen der alternativen Roboterbewegungen sind die Methoden der Bewegungssteuerung und -planung sowie Dynamiksimulationen.

Abbildung 3.58 EDZ-gestützte Planung von Steuerungseingriffen für einen Laufroboter: „Mit welchem Startwinkel schafft er es den Berg hinauf?" [ASR14] (Robotermodell ©DFKI Bremen)

3.7.9 Training Neuronaler Netze

Künstliche Intelligenz (KI), Maschinelles Lernen und Neuronale Netze erleben aktuell eine Renaissance. In unzähligen Anwendungen werden KI-Technologien darauf untersucht, inwiefern deren Einsatz (ggf. auch gegenüber „klassischen" Methoden) einen Mehrwert darstellt. Die erreichten Ergebnisse stimmen zuversichtlich, dass mit diesen Technologien für bisher unzureichend gelöste Anwendungen bessere Ansätze gefunden und darüber hinaus neue Anwendungsgebiete erschlossen werden können. Betrachtet man den Begriff des „Maschinellen Lernens", können mit **überwachtem Lernen**[123] (engl. „Supervised Learning"), **unüberwachtem Lernen**[124]

---

[123] Ziel dieser Richtung ist es, mit KI-Methoden Gesetzmäßigkeiten nachzubilden. Die Abhängigkeit zwischen den Ein- und Ausgangsdaten ist hierbei bekannt. Der KI-Algorithmus wird vorab mit Trainingsdaten trainiert und stellt hierbei eine Hypothese über den Zusammenhang zwischen Ein- und Ausgangsdaten auf. Handelt es sich bei den Ausgangsdaten um diskrete Größen spricht man von einem Klassifikationsproblem (z. B. Unterscheidung von Mann und Frau anhand von vorab manuell ausgewerteten Bildern), handelt es sich um kontinuierliche Größen spricht man von einem Regressionsproblem (z. B. Schätzen des Holzvorrats anhand von Bildern und Holzvorräten aus Inventuren). In beiden Fällen ist es das Ziel, dass der KI-Algorithmus im Anschluss an das Lernen die Gesetzmäßigkeiten möglichst gut erfasst hat und auch auf unbekannten Daten zuverlässige Ergebnisse liefert.

[124] Im Gegensatz zum überwachten Lernen liegen bei dieser Richtung keine vorab bekannten Ergebnisse vor. Der KI-Algorithmus versucht, in den Eingabedaten Muster zu erkennen. Die Eingabedaten werden hierbei in Gruppen unterteilt (Segmentierung, z. B. automatische Unterteilung von Bildern ohne weitere Zusatzinformation in Bildern von Männern und Frauen) oder in ihrer Dimension reduziert (Komprimierung). Neue Eingabedaten werden in die bislang erkannten Muster „einsortiert" und führen zu entsprechenden Ausgangswerten.

(engl. „Unsupervised Learning") und **bestärkendem Lernen**[125] (engl. „Reinforcement Learning") drei Hauptrichtungen unterschieden werden. Die KI-Algorithmen aller drei Richtungen fügen sich als IVS $\underline{s}_{sivs}(t)$ mit den Eingangsgrößen $\underline{u}_{sivs}^{sen}(t)$ und den Ausgangsgrößen $\underline{y}_{sivs}^{akt}(t)$ in die allgemeine Struktur der EDZ ein (siehe Abschnitt 3.2.1). Diese Algorithmen können damit entsprechend Abschnitt 3.2.5 in VTB in unterschiedlichen Szenarien analysiert, verifiziert und validiert werden.

Der Einsatzbereich von EDZ geht im Kontext des bestärkenden Lernens allerdings deutlich über diesen der Entwicklung des KI-Algorithmus nachgelagerten Test hinaus. Die Herausforderung bei dieser Art Maschinellen Lernens ist die Bereitstellung ausreichender Trainingssituationen, um eine geeignete Strategie zu erlernen, d. h. die Generierung geeigneter $\underline{y}_{sivs}^{akt}(t)$ (siehe Abbildung 3.59). Dies erweist sich in vielen Fällen als großes, teilweise auch kaum lösbares Problem, da die Herstellung dieser Trainingssituationen meist sehr teuer und in vielen Fällen darüber

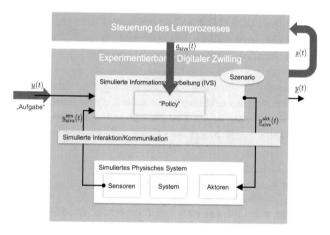

Abbildung 3.59 Simulationsgestütztes „Reinforcement Learning"

---

[125] Ziel dieser Richtung ist es, dass ein KI-Algorithmus automatisch eine Strategie lernt. Hierzu wird dem Algorithmus eine Aufgabe gestellt (z. B. „Fahre ein Auto!"). Ihm werden Ausgangsgrößen zur Verfügung gestellt, über die er das Verhalten des Systems beeinflussen kann (z. B. Lenkwinkel und Gaspedalstellung). Darüber hinaus werden ihm über zusätzliche Eingangsgrößen Informationen über den Erfolg seiner Handlungen zugeführt. Während des Trainings versucht der Algorithmus selbständig die bestmögliche Strategie zu „erlernen". Hierbei muss eine Balance gefunden werden zwischen der Anwendung bereits bestehenden Wissens und der Generierung neuen Wissens.

hinaus auch noch gefährlich ist[126]. Mit dieser grundsätzlichen Problematik einher geht die Tendenz zu immer größeren Neuronalen Netzen (für eine erste Strategie zum Fahren eines Autos mussten so z. B. ca. 4 Mio. Gewichte trainiert werden [Fla17])[127]. Allerdings werden für entsprechend große Netze auch entsprechend umfangreiche Trainingsdaten benötigt. Ähnliche Herausforderungen stellen sich auch bei überwachtem und unüberwachtem Lernen, die ebenfalls geeignete (und ggfls. klassifizierte) Trainings- und Validierungsdaten benötigen.

> **Definition 3.46 (EDZ-gestütztes Training Neuronaler Netze):** *Ziel von EDZ-gestütztem Training Neuronaler Netze ist die systematische simulationsgestützte Bereitstellung von Trainings- und Validierungsdaten mit definierter Testabdeckung.*

Mit EDZ-gestütztem Training Neuronaler Netze können EDZ und ihre Simulation in einer Vielzahl geeignet ausgewählter Szenarien gefahrlos und vergleichsweise kostengünstig das gesuchte Verhalten erlernen und sukzessive verbessern. Möglich wird dies wieder aufgrund von Gleichung 3.22. Demnach ist es im Idealfall unerheblich, ob das Training auf Daten erfolgt, die in simulierten oder realen Trainingssituationen erhoben werden (siehe „Transfer Learning"). Auch die Klassifizierung der Daten und die Bewertung des erzielten Verhaltens ist in simulierten Szenarien häufig deutlich einfacher, da hierzu problemlos auf den kompletten Vektor der Zustandsgrößen des Szenarios $\underline{s}_{\text{szenario}}(t)$ zugegriffen werden kann und hierdurch die benötigten „Ground Truth"-Daten direkt bereitstehen. Ob ein Auto die Straße verlassen hat, ist hier z. B. problemlos und ohne zusätzliche Sensorik festzustellen. Schließlich ermöglicht das EDZ-gestützte Training Neuronaler Netze die systematische Untersuchung aller als relevant eingeschätzten Einsatzszenarien[128].

---

[126] Ein Beispiel für „teuer" ist, wie das Google Brain Team einem Roboter den „Griff in die Kiste" beibringt. Hierzu würden über 800.000 Greifversuche ausgewertet, die von bis zu 14 Robotern durchgeführt wurden [LPK+16]. Ein Beispiel für „gefährlich" ist, einem Algorithmus das Autofahren beizubringen [Fla17].

[127] Leistungsfähige Rechnerhardware ist mittlerweile in der Lage, die Trainings- und Auswertungsschritte entsprechender Netze auch für große Netzstrukturen sehr schnell durchzuführen.

[128] Natürlich ist zu beachten, dass „alle als relevant eingeschätzten Einsatzszenarien" zum Zeitpunkt der Planung von Test, Training und Validierung nicht zwangsläufig bekannt sein müssen. Siehe hierzu auch den in Abschnitt 4.1.7 dargestellten Unterschied zwischen physischer und bekannter Realität.

Dies schließt Grenzsituationen (engl. „corner cases", z. B. Verkehrssituationen, die mit großer Wahrscheinlichkeit zu Unfällen führen) mit ein, deren Ausführung oft mit Gefahren für Mensch und Umwelt und/oder hohen Kosten verbunden ist. Der systematische Einsatz von EDZ-gestütztem Training Neuronaler Netze steht damit in deutlichem Gegensatz z. B. zu „einfachen realen Testfahrten", bei denen unterschiedliche Einsatzsituationen oft eher zufällig entstehen. Diese Zufallskomponente ist ein maßgeblicher Grund, warum der Aufwand z. B. zur Validierung autonomer Fahrzeuge oder fortschrittlicher Fahrerassistenzsysteme extrem hoch ist (siehe auch Abschnitt 3.7.4).

3.7.10 Verwaltungsschalen

Mit dem Modell und der Simulation eines EDZ und der Möglichkeit, diesen mit anderen EDZ und dessen simuliertes Informationsverarbeitende System mit dem zugehörigen realen Physischen System über jeweils geeignete Kommunikationsinfrastrukturen verbinden zu können, stehen alle Bausteine zur Realisierung der Verwaltungsschale eines Physischen Systems (Assets) und damit zur Realisierung und zum Test einer Industrie 4.0-Komponente (siehe Anhang A im elektronischen Zusatzmaterial) zur Verfügung:

1. Der EDZ stellt umfassende Modelle der „Daten" (Geometrie, Struktur, ...), der Funktion (Informationsverarbeitung, Verhalten, ...) sowie der Kommunikationsfähigkeiten (Schnittstellen, ...) des entsprechenden Physischen Systems ebenso wie übergreifende Metadaten (Name, Typ, ...) zur Verfügung.
2. Das IVS des EDZ kann direkt mit dem Physischen System und seinen Ein- und Ausgängen $\underline{u}_{\text{rpsys}}^{\text{akt}}(t)$ und $\underline{y}_{\text{rpsys}}^{\text{sen}}(t)$ über System-spezifische Kommunikationskanäle kommunizieren.
3. Das IVS kann mit dem Internet der Dinge über seine Ein- und Ausgänge $\underline{u}_{\text{edz}}(t)$ und $\underline{y}_{\text{edz}}(t)$ über in diesem Zusammenhang geeignete Kommunikationskanäle kommunizieren.
4. Über das Konzept der Hybriden Zwillingspaare können entsprechende Industrie 4.0-Komponenten realisiert werden.
5. Der vollständige EDZ der kompletten Industrie 4.0-Komponente kann in VTB umfassend in der virtuellen Welt untersucht werden.

Dies führt zur Definition der EDZ-gestützten Verwaltungsschale:

> **Definition 3.47 (EDZ-gestützte Verwaltungsschale):** *Ziel der EDZ-gestützten Verwaltungsschale ist der Einsatz von EDZ als Mediator zwischen Maschinen. Über die (Konzeptuellen, Simulations- und Experimentierbaren) Modelle von EDZ werden die notwendigen Informationen zu einem Physischen System ebenso wie dessen Verhalten und dessen Funktionalitäten umgesetzt und zugänglich gemacht.*

Abbildung 3.60 illustriert dies am Beispiel der Industrie 4.0-Komponente der Forstmaschine. Als technische Realisierung kann dieser das Hybride Zwillingspaar dieser Forstmaschine direkt gegenübergestellt werden. Die Kommunikation zwischen realem Asset und virtuell umgesetzter Verwaltungsschale (links bezeichnet als „Daten" und „Steuerung") erfolgt über maschinenspezifische Kommunikationskanäle (hier z. B. einem CAN-Bus), die Kommunikation „nach außen" über das Internet der Dinge über Industrie 4.0-spezifische Kommunikationskanäle (hier z. B. OPC UA [OPC17]). Die mit Konzepten der EDZ-gestützten Steuerung realisierte Verwaltungsschale enthält den Komponentenmanager (siehe [VDI15]), der wiederum in

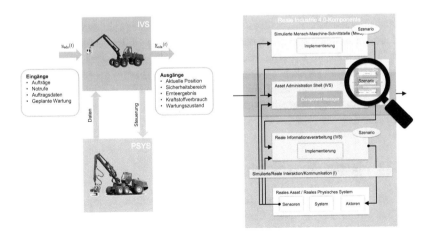

Abbildung 3.60 Gegenüberstellung der Industrie 4.0-Komponente einer Forstmaschine links mit ihrer technischen Realisierung als kaskadiertem Hybriden Zwillingspaar rechts

seinem Szenario $\underline{s}_{-\text{sivs}}^{\text{szenario}}(t)$ hierarchisch untergeordnet den aktuellen Zustand des realen Assets verwaltet.

Das IVS eines EDZ kann sich wie dargestellt zum zentralen Management- und Kommunikationsknoten einer Industrie 4.0-Komponente entwickeln, der die Kommunikation übernimmt, Metadaten aus dem EDZ-Modell ableitet und bereitstellt, Betriebsdaten integriert, das Verhalten für unterschiedliche Anwendungen nachbildet, die Funktionen des Physischen Systems zugänglich macht und die Steuerung/Regelung des Physischen Systems übernimmt ebenso wie seine Überwachung. Der EDZ und sein IVS entwickeln sich zu einer High-End-Verwaltungsschale. Alle Industrie 4.0-Komponenten und Subjekte der Umgebung kommunizieren mit dem Asset der Industrie 4.0-Komponente genau über das IVS des entsprechenden EDZ, dem in seinem unterlagerten Szenario der EDZ der gesamten Industrie 4.0-Komponente und ggfls. auch dessen Umgebung bereitsteht. Hierdurch kann das IVS die oben bereits beschriebenen Aufgaben übernehmen und vorhandenes Wissen bestmöglich einbringen. Es kann z. B. die Bedieneingriffe des Fahrers im Sinne eines optimalen Systemverhaltens optimieren. Ein Beispiel ist die Anpassung der Kranbewegung anhand der aktuellen Lastsituation. Darüber hinaus kann das IVS Informationen aus der Umgebung in das von ihm verwaltete Szenario einbeziehen und bei seinen Arbeiten geeignet berücksichtigen. Ein Beispiel hierfür ist der Schutz von Waldarbeitern in der Umgebung. Auch Leitsysteme finden auf diese Weise einen geeigneten Ansprechpartner. Parallel hierzu passt sich der im IVS verwaltete EDZ über die Berücksichtigung der Betriebsdaten stets an den aktuellen Zustand des realen Physischen Systems an. Schließlich kann auch der gesamte EDZ der Industrie 4.0-Komponente in der virtuellen Welt abgebildet werden und dort mit seiner Umgebung interagieren. Hierzu wird das IVS (die Verwaltungsschale) mit dem simulierten Physischen System (dem simulierten Asset) verbunden, so dass im Ergebnis komplette Internet of Things (IoT)-Netzwerke inkl. der jeweiligen Assets in der virtuellen Welt abgebildet und wie dargestellt in den unterschiedlichen EDZ-Methoden eingesetzt werden können.

3.7.11 Mensch-Maschine-Schnittstellen

Methoden der EDZ-gestützten Mensch-Maschine-Schnittstelle nutzen EDZ und ihre Simulation in Virtuellen Testbeds, um auf Grundlage dieses umfassenden Abbilds des zu steuernden RZ und seiner Umgebung neue Konzepte zur intuitiven und interaktiven Mensch-Maschine-Interaktion zu realisieren. Abbildung 3.61 illustriert die Grundstruktur (in Abbildung 3.23 vereinfacht dargestellt als Hybrides Zwillingspaar). Über die Kopplung von simulierter und realer Kommunikationsinfrastruktur ist die Mensch-Maschine-Schnittstelle des EDZ mit dem Informationsverarbeitenden System seines RZ sowie dessen Physischem System verbunden. In ihrem EDZ-Szenario $\underline{s}_{-\text{smms}}^{\text{szenario}}(t)$ steht ihr bei Bedarf das komplette Simulationsmodell des EDZ in seiner Einsatzumgebung zur Verfügung. Diese Herangehensweise bietet vielfältige Möglichkeiten der Gestaltung von Mensch-Maschine-Schnittstellen:

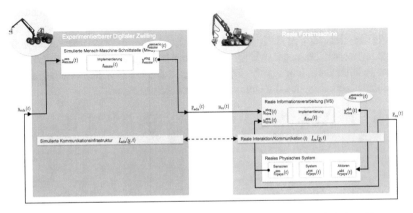

Abbildung 3.61 Grundstruktur der EDZ-gestützten Mensch-Maschine-Schnittstelle

1. Das virtuelle Abbild des RZ und seiner Einsatzumgebung können für eine intuitiv verständliche Gestaltung der Mensch-Maschine-Schnittstelle genutzt werden. Dies reicht von vereinfachten Darstellungen des EDZ-Szenarios (siehe Abbildung 3.62, Mitte) über eine komplette dreidimensionale Darstellung des EDZ-Szenarios, die um überlagerte Visualisierungs- und Interaktionselemente angereichert wird (siehe Abbildung 3.62, links), bis hin zur Nutzung von Virtual Reality-Techniken zur natürlichen Interaktion mit dem dreidimensionalen Abbild des RZ. Dem Benutzer werden hierbei z. B. der aktuelle Zustand des RZ in einer direkt verständlichen Art und Weise präsentiert, so dass die Menge der notwendigen zusätzlichen Informationsverarbeitung durch den Benutzer deutlich reduziert wird („Perzeption ist besser als Kognition"). Die Nutzung von Visualisierungs- und Interaktionsmetaphern, also die Nutzung von dem Benutzer vertrauten Konzepten und Eigenschaften [DIN00], machen auch nicht direkt sichtbare Aspekte zugänglich.

2. Über Methoden der Projektiven Virtuellen Realität [FR99; FRS00] können die Aktionen des Benutzers dann auf den Realen Zwilling übertragen werden. Umgesetzt wird dies durch die Kopplung vom EDZ mit seinem RZ.

3. Darüber hinaus kann das virtuelle Abbild auch zur Vorabsimulation von Benutzeraktionen und der Einschätzung ihrer Auswirkung auf das Systemverhalten eingesetzt werden.

Mit Bezug auf [Nor13] helfen EDZ-gestützte Mensch-Maschine-Schnittstellen dem Benutzer über den „Gulf of Execution" bei Zielfindung, Planung und Ausführung sowie über den „Gulf of Evaluation" bei Erfassung, Interpretation und Vergleich der Ergebnisse. Mit Bezug auf [Vic14] ermöglichen EDZ-gestützte Mensch-Maschine-Schnittstellen dem Benutzer als „Seeing Spaces" den Blick in die Systeme, in deren zeitliches Verhalten und die Untersuchung von Alternativen.

> **Definition 3.48 (EDZ-gestützte Mensch-Maschine-Schnittstelle):** *Ziel EDZ-gestützter Mensch-Maschine-Schnittstellen ist die Nutzung von EDZ als Mediator zwischen Mensch und Maschine. Über EDZ wird der Zustand des RZ intuitiv verständlich zugänglich gemacht und eine intuitive Interaktion mit dem RZ ermöglicht.*

Abbildung 3.62 illustriert dies an vier Beispielen (v.l.n.r):

1. Das erste Beispiel zeigt die Visualisierung eines EDZ-Szenarios aus der Intralogistik [RtHE13]. Dargestellt sind die EDZ von fahrerlosen Transportsystemen in ihrer Einsatzumgebung. Mit Hilfe überlagerter Visualisierungs- und Interaktionsmetaphern werden für den Benutzer wichtige Sensordaten wie Laserscannerdaten (rote Umringe) und Zustandsgrößen wie die nächste Zielposition (blaue Kreise und Linien auf dem Boden), der Aktivitätszustand, der Batterieladezustand etc. dargestellt. Mit den Metaphern kann der Benutzer interagieren, um so z. B. ein Fahrzeug in den Wartemodus zu schalten.

2. Das zweite Beispiel zeigt ein Fahrerassistenzsystem für Forstmaschinen. In einer vereinfachten Aufsicht auf das dreidimensionale Modell werden dem Fahrer die Rückegasse[129], die Kranreichweite (Kreis), die von der Rückegasse erreichbaren Bäume sowie die Positionen aller umgebenden Bäume angezeigt. Hierbei

---

[129] Die Fahrwege im Wald, auf denen sich die Forstmaschinen zu den Bäumen bewegen, werden „Rückegassen" genannt.

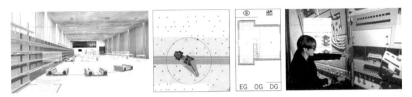

Abbildung 3.62 Beispiele zum Einsatz EDZ-gestützter Mensch-Maschine-Schnittstellen (v.l.n.r): Interaktion mit Fahrerlosen Transportsystemen in der Intralogistik [RtHE13], Fahrerassistenzsystem für Forstmaschinen (im Kontext von [Son18]), Steuerung der Hausautomatisierung, Trainings-/Steuerungs-/Überwachungssystem für Experimente auf der Internationalen Raumstation [RSW13; SBS+18] (Foto Arno Bücken)

sind die zu fällenden Bäume hervorgehoben dargestellt. Über den Pfeil wird dem Fahrer ähnlich einem Navigationssystem im Auto der Weg zum nächsten zu fällenden Baum aufgezeigt. Zur Realisierung des Fahrerassistenzsystems wird der EDZ des Harvesters mit seinem realen Pendant synchronisiert und in seinem Einsatzszenario bestehend aus den EDZ der umgebenden Bäume sowie der Rückegasse dargestellt.

3. Das dritte Beispiel zeigt eine Bedienoberfläche für ein Hausautomatisierungssystem, welche ebenfalls eine vereinfachte Aufsicht auf das Modell verwendet. Wiederum durch Kopplung der EDZ der einzelnen Komponenten des Automatisierungssystems mit ihren RZ hat der Benutzer vollen Zugriff auf ihre Sensordaten und kann diese über das reale Informationsverarbeitende System steuern.

4. Das vierte Beispiel zeigt ein Trainings-, Überwachungs- und Steuerungssystem für Experimente auf der Internationalen Raumstation [RSW13]. Die Synchronisation des Zustands der dargestellten EDZ mit den realen Pendants gibt dem Benutzer direktes Feedback über ihren Zustand, z. B. der Position eines Probencontainers. Mit den EDZ kann der Benutzer direkt über klassische Virtual Reality-Methoden interagieren, wobei aus diesen Manipulationen dann Steuerungsanweisungen für den RZ abgeleitet werden können.

3.7.12 Training

Aufgabe und Umsetzung des EDZ-gestützten Trainings werden bereits am Begriff selbst deutlich. Der Bediener eines Systems soll die Bedienung desselben in der virtuellen Welt gefahrlos und trotzdem realitätsnah trainieren können. Eingeordnet in die EDZ-Methodik erfolgt dies idealerweise[130] über ein Hybrides Zwillingspaar des Systems, dessen Physisches System und Informationsverarbeitendes System im VTB umgesetzt und mit der realen Mensch-Maschine-Schnittstelle verbunden sind (siehe Abbildung 3.23). Dieses Hybride Zwillingspaar wird in einer über weitere EDZ repräsentierte Umgebung betrieben. Diverse Applikationen in Kapitel 6 illustrieren dies beispielhaft.

> **Definition 3.49 (EDZ-gestütztes Training):** *Ziel von EDZ-gestütztem Training ist das interaktive und realitätsnahe Training der Bedienung des RZ durch Einsatz dessen EDZ in geeignet gewählten EDZ-Szenarien.*

3.8   Zusammenfassung

Der EDZ fügt sich nahtlos in die bekannte Begriffswelt der Simulationstechnik (siehe Abschnitt 3.1) ein. Er ermöglicht die 1-zu-1-Abbildung Mechatronischer/Cyber-Physischer Systeme und deren Komponenten (siehe Abschnitt 3.3) in der virtuellen Welt in Bezug auf Semantik, Struktur, Interaktion und Verhalten ebenso wie deren realitätsnahe Simulation (siehe Abschnitt 3.2). EDZ-Szenarien modellieren als Netzwerke interagierender EDZ den Einsatz von EDZ in ihren unterschiedlichen Einsatzumgebungen und Einsatzszenarien (siehe Abschnitt 3.4). Durch die Schnittstellenidentität von EDZ und RZ können nicht nur EDZ miteinander sondern auch mit RZ vernetzt werden, wodurch Hybride Zwillingspaare und Hybride Szenarien entstehen. Grundlage für die Systemdekomposition und Systemmodellierung sind Verfahren Semantischer Modellbildung, die auf unterschiedlichen Ebenen eingesetzt werden (siehe Abschnitt 3.5). Virtuelle Testbeds sind die Laufzeitumgebung von EDZ (siehe Abschnitt 3.6). Sie erwecken EDZ zum Leben, indem sie EDZ-Szenarien in Netzwerke aus Simulationsaufgaben überführen, in denen die benötigten Simulationsfunktionen standardisiert in Simulationseinheiten bereitgestellt werden. All dies ist die Grundlage für eine ganze Reihe von EDZ-Methoden, über die (im Idealfall stets die gleichen) EDZ an unterschiedlichen Stellen in Entwicklungsprozessen aber auch im Betrieb eingesetzt werden (siehe Abschnitt 3.7).

---

[130] Natürlich kann auch die Mensch-Maschine-Schnittstelle simuliert oder durch geeignete Bedienelemente substituiert werden.

Grundlagen der Simulationstechnik

4

Kapitel 2 und Kapitel 3 geben bereits einen ersten Überblick über den Stand der Technik im Bereich der Simulationstechnik im Kontext technischer Systeme und darüber hinaus. Im Mittelpunkt dieser Kapitel stehen interagierende Experimentierbare Digitale Zwillinge (EDZ) – und damit der EDZ als grundlegendes Strukturierungselement und grundlegende semantische Einheit zur Modellierung und Simulation komplexer Systeme und SoS in ihren jeweiligen Einsatzumgebungen. Hierauf bauen unterschiedlichste EDZ-Methoden auf. Die benötigten simulationstechnischen Methoden stehen bereits heute zur Verfügung, es sind keine neuen Simulationsverfahren notwendig! Mittels EDZ und der EDZ-Methodik werden die bestehenden Verfahren interdisziplinär sowie domänen-, system-, prozess- und anwendungsübergreifend eingesetzt und hierzu in geeigneten Werkzeugen (konkret Virtuellen Testbeds) zusammengeführt. Daher ist es Aufgabe dieses Kapitels, die notwendigen Grundlagen auf Seiten der Simulationstechnik zusammenzustellen und geeignet zu strukturieren – und damit in die EDZ-Methodik zu integrieren.

Hierzu gibt Abschnitt 4.1 zunächst einen Überblick über die Entwicklung der Simulationstechnik . Den Kontext für die weiteren Abschnitte dieses Kapitels skizziert Abbildung 4.1 aufbauend auf Abbildung 3.28. Dargestellt ist der in Kapitel 3 aufgebaute Ablaufplan für ein EDZ-Szenario aus dem Bereich der Simulation von Forstmaschinen mit den benötigten Simulationseinheiten, den diesen zu Grunde liegenden Simulationsmodellen der einzelnen EDZ-Komponenten $M_{S,komp}$ und den hier notwendigen Simulationsfunktionen Γ_i und Φ_i[1] sowie den Verknüpfungen der Simulationseinheiten. In den Abschnitten 4.2 und 4.3 werden ausgehend von den

---

[1] Die Simulationsausgangsfunktionen Φ wurden hier der Übersichtlichkeit halber weggelassen.

M. Schluse, *Experimentierbare Digitale Zwillinge*, https://doi.org/10.1007/978-3-658-44445-7_4

grundlegenden Festlegungen in Kapitel 3 ausgewählte Simulationsverfahren vorgestellt, die zur Simulation derartiger EDZ-Szenarien eingesetzt werden und hierzu in Simulationseinheiten gekapselt werden müssen. Hierzu werden die entsprechenden Simulationsfunktionen Γ_i und Φ_i betrachtet und entsprechend der Ausführungen in Abschnitt 3.6.2 einheitlich dargestellt.

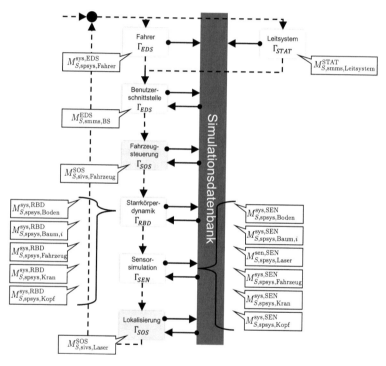

Abbildung 4.1 Ausgangssituation für dieses Kapitel aufbauend auf Abbildung 3.28, illustriert am Beispiel der Simulation einer Forstmaschine

Diese Verfahren werden heute von unterschiedlichen Simulationsframeworks und -systemen implementiert. Abschnitt 4.4 gibt einen Überblick. Abschnitt 4.5 legt die notwendigen Grundlagen im Bereich des Model-based Systems Engineering, Abschnitt 4.6 betrachtet wesentliche Aspekte rund um das Modell- und Datenmanagement. Aktuelle Ansätze zur Kopplung von Simulation und Realität adressiert Abschnitt 4.7. Im Mittelpunkt von Abschnitt 4.8 stehen wesentliche IT-Aspekte von

Datenformaten über Einsatzinfrastrukturen (Cloud, Application Streaming) bis zur Zusammenführung von Simulation und Geoinformatik.

4.1 Computergestützte Simulation als Grundlage Experimentierbarer Digitaler Zwillinge

Die Begriffe „Simulation" und „simulieren" werden sehr unterschiedlich eingesetzt – u. a. weil sie nicht nur im technischen Bereich sondern auch im täglichen Sprachgebrauch vielfach verwendet werden[2]. Abschnitt 3.1 definiert hier bereits die wesentlichen Begriffe. Gleichzeitig ist ein Blick in die Geschichte der Simulation hilfreich. Einen guten Überblick geben hier u. a. [Wis14; Box04; Har05; Win15; Spa09].

Das Thema „Simulation" ist allgegenwärtig und von der ursprünglichen Wortbedeutung her altbekannt[3]. Das Zitat von [McL68] „*It is not necessary to sell simulation. Man has been simulating since first his brain developed the power to imagine. The child with a doll, the architect with a model, and the businessman with a plan are all simulating.*" verdeutlicht dies. „*Dass jegliche menschliche Vorstellung, jedes Kinderspielzeug oder jedes architektonische Modell eine Simulation darstellt, geht jedoch an der eigentlichen Bedeutung vorbei. Damit demonstriert dieses Zitat die Problematik im Umgang mit Simulationen, nämlich die Frage: Was ist eigentlich eine Simulation und was unterscheidet sie von anderen wissenschaftstheoretischen Konzepten und praktischen Verfahrensweisen?*" [Spa09].

Simulation ist auf der einen Seite eine sehr allgemeine und schlecht definierte Thematik aber auf der anderen Seite auch eines der mächtigsten Analysewerkzeuge im Hinblick auf das Design und den Betrieb von komplexen Prozessen und Systemen [Sha77]. Durch die sukzessive Verbreitung von Simulation in unterschiedlichen Bereichen von Wissenschaft und Technik aber auch in unserem täglichen Leben entsteht der Eindruck, dass die „Model-building Era"[4], welche die theoretischen

---

[2] Es gibt viele Situationen, in denen die Begriffe „Simulation" und „simulieren" in ganz anderen Zusammenhängen eingesetzt werden, was häufig zur Verwirrung führt. Beispiele hierfür sind „eine Krankheit simulieren" im Sinne von „vorspielen" oder „eine Simulation für einen Geschäftsprozess durchführen" im Sinne von „einen Prozess unter gewissen Grundannahmen durchrechnen".

[3] [Box04] bezeichnet Simulation als „*uralter Begleiter der Menschheit […]. So können Abbildungen, Spielzeuge, Tänze und Kulte als frei verfügbare, formbare Stellvertreter von Realität bereits als Formen von Simulationen prähistorischer Gesellschaften angesehen werden.*"

[4] [Har05] zitiert in diesem Zusammenhang [Nie90]. Er behauptet, dass 1894 mit der Publikation des Buchs „Principles of Mechanics" von H. Herz die Ära begann, in der Wissenschaftler

Aktivitäten in der Wissenschaft für lange Zeit dominiert hat, sukzessive durch die „Simulation Era" abgelöst oder zumindest unterstützt wird [Har05].

Die Verfügbarkeit von Computern führte zum Begriff der Computersimulation. [Len15] nennt [McL68] und [Zei76] als frühe Beispiele bzw. erste Standardwerke. *„Seit etwa Mitte der 80er Jahre vollzieht sich eine rasante Ausbreitung der computerbasierten Modellierung* [und Simulation]. *Als ausschlaggebende Faktoren für diese Entwicklung können die leichte Verfügbarkeit von Rechenkapazität und die erweiterten Interaktionsmöglichkeiten gelten [...]. Gleichzeitig wurden semantisch hochstehende Sprachen entworfen, die Computermodellierung* [und -simulation] *zugänglich machten für eine große Gruppe von Wissenschaftlern. [...] Simulation und Computermodellierung* [wurde] *dann zum Arbeitsstandard in den Wissenschaften ebenso wie in der Industrie."* [Len15]

[Wis14] weist Simulation *„ein hohes Potenzial nicht allein für die Weiterentwicklung einer Vielzahl von Disziplinen, sondern auch für die weitere wirtschaftliche und gesellschaftliche Entwicklung"* zu und fordert zum Fortschritt in der Simulation *„eine systematische Verschränkung fachwissenschaftlicher Problemstellungen und simulationswissenschaftlicher Kompetenz"*. Genau dies ist Ziel der EDZ-Methodik.

4.1.1 Der Begriff „Simulation"

„Das Wort ‚Simulation' leitet sich vom lateinischen ‚simulare' bzw. ‚simulatio' ab. Das Nomen ‚simulatio' bezeichnet dabei eine Vorspiegelung oder Verstellung. Je nach Kontext wird es sowohl in der Bedeutung von ‚nachahmen' als auch von ‚heucheln' verwendet." [Spa09] Das Verb „simulare" hat nach [Bib17] maßgeblich zwei Bedeutungen, nämlich auf der einen Seite „vortäuschen" und auf der anderen Seite Sachverhalte und Vorgänge mit technischen, naturwissenschaftlichen Mitteln modellhaft zu Übungs- und Erkenntniszwecken nachzubilden bzw. wirklichkeitsgetreu nachzuahmen. Eine Simulation ist also z. B. jedes System mit einem dynamischen Verhalten, das dem eines anderen Systems ausreichend ähnelt, so dass das Studium der Simulation bzw. des simulierten Systems dazu genutzt werden kann, über das andere System zu lernen (nach [Win15][5])

---

ihre Aktivitäten als Modellbildung begriffen. Der Aufbau von Modellen dominierte im Folgenden immer mehr die (theoretischen) Aktivitäten in der Physik.

[5] Als Beispiel wird hier die Nachbildung der San Francisco Bay durch das U.S. Army Corps of Engineers genannt [NNb].

4.1.2   Von der Simulation zur computergestützten Simulation

„*Bits, keine Atome*". Unter diesem Schlagwort fasst [Any17] den Übergang von der physikalischen Modellierung, also die Verwendung z. B. maßstabsgetreuer Modelle, zur computergestützten Simulation zusammen. Computergestützte „*Simulation ist eine zentrale Ausprägung im weiteren Feld der „Computational Sciences", dem Oberbegriff für alle wissenschaftlichen Fragestellungen, die rechnergestützte, modell- und algorithmenbasierte Methoden entwickeln oder diese zur Problemlösung heranziehen*" [Wis14]. „*Die Ära der Simulation im heutigen Sinne, d. h. in Verbindung mit Digital-Computern, begann nach 1945. John von Neumann hatte zu dieser Zeit bereits die Idee eines digitalen Windkanals und schlug zeitgleich in einem Vortrag des First Canadian Mathematical Congress vor, die an ihre Grenzen gestoßene analytische Methode zur Lösung partieller Differentialgleichungen durch eine numerische zu ersetzen und die Entwicklung von Digitalrechnern als Instrumente der numerischen Simulation zu fördern. [...] Eines der ersten Einsatzgebiete von digitalen Computern war dann auch das der Simulation. So wurde der ENIAC-Rechner im Dezember 1945, im Rahmen der amerikanischen Forschung an der Wasserstoffbombe, für stochastische Simulationen, den so genannten und auch heute noch verwendeten „Monte-Carlos", eingesetzt. Simulationen setzten sich damals in die Leerstelle zwischen Theorie und Experiment.*" [Box04] Seitdem haben sich Computersimulationen zu einem unverzichtbaren Werkzeug in einer stetig wachsenden Anzahl von Disziplinen entwickelt. Dies hängt auch mit der zentralen und in unterschiedlichsten Fragestellungen zu nutzenden Eigenschaft von Simulation zusammen, nämlich dass einzelne Aspekte eines Prozesses durch einen anderen Prozess nachgebildet werden, wobei der Begriff „Prozess" sich hierbei auf die zeitliche Entwicklung des Systemzustands bezieht (siehe auch [Har05]). In der Zwischenzeit haben unterschiedlichste Disziplinen und Nutzergruppen sich mit der Analyse derartiger Prozesse beschäftigt. Dies macht deutlich, dass sich Simulation zu einem mächtigen, interdisziplinär genutzten Werkzeug entwickelt hat. Tatsächlich scheint es nahezu keine akademischen Disziplinen zu geben, die keine Simulationen einsetzen.

„*In den 70er Jahren wurden Simulationen zum Standard industrieller Produktionsprozesse, des Operations-Research und der Zukunftsforschung.*" [Box04] „*Im gesellschaftlichen Diskurs ist Simulation seit der Veröffentlichung des Club of Rome „Die Grenzen des Wachstums" im Jahr 1972 präsent. Die MIT-Studie setzte erstmals nicht allein die bis dahin üblichen statistischen Verfahren ein, sondern griff auf Differenzialgleichungen zurück und erarbeitete ein Modell, das aus heutiger Sicht mit stark vereinfachten Annahmen die dynamische Entwicklung bestimmter globaler Trends sowie einiger wesentlicher Wechselwirkungen unterschiedlicher*

Parameter wie Bevölkerungsdichte, Nahrungsmittelressourcen, Energie, Umwelt-zerstörung etc. für die Zukunft zu projizieren versuchte." [Wis14] *„Computer-gestützte Simulation und Virtualität manifestierten sich seit dieser Zeit als eher abstrakte, diffuse Begriffe im Sprachgebrauch. In den 80er Jahren, mit den Fort-schritten der Technik der Virtuellen Realität (VR) zum tatsächlich „funktionieren-den" Medium, vermischten sich die Begriffe zusehends. Annähernd alles im Zusam-menhang mit Computertechnik wurde zur Simulation"* [Box04]

Der moderne Begriff der „Simulation" wird häufig auf [Sha75] bzw. [Sha77] zurückgeführt. Er definiert den Begriff der Simulation als *„Prozess der Erstellung eines computergestützten Modells eines Systems oder Prozesses und der Durchfüh-rung von Experimenten mit diesem Modell mit dem Zweck, entweder das Verhalten des Systems und die diesbezüglichen Ursachen zu verstehen, unterschiedliche Vari-anten eines Systems zu verstehen und Strategien für den Betrieb des Systems zu entwickeln".* Der Prozess der Simulation umfasst also sowohl die Erstellung des Modells als auch die Verwendung des Modells zur Untersuchung eines Problems. Entsprechend erfolgte in Abschnitt 3.1.3 auch die in diesem Text verwendete Defi-nition des Begriffs der (Computer-) Simulation.

„In den letzten Jahren wird die rechnerbasierte Simulation in immer mehr Anwendungsgebieten eingesetzt. Beispiele hierfür sind Wettervorhersagen, volks-wirtschaftliche Analysen, Produktentwicklung in der Automobilbranche oder Pro-gnosen im Versicherungswesen. In der Industrie wird Simulation in ihren unter-schiedlichen Facetten mittlerweile wie selbstverständlich eingesetzt. [...] In der Industrie sind Simulationen heute vor allem in Unternehmen mit starkem Bezug zu den Ingenieurwissenschaften wie zum Beispiel in der Automobilindustrie oder im Maschinen- und Anlagenbau ein alltägliches Werkzeug. In Zukunft wird eine Aus-weitung auf fast alle Bereiche der Industrie erwartet: nicht allein in der Entwicklung von Produkten und den dazugehörigen Prozessen sondern auch in der Gestaltung, Optimierung und Qualitätssicherung von Produktion, Logistik und Vertrieb. Daher besteht in der Wirtschaft ein großer Bedarf an rechnergestützten Methoden, um wettbewerbsfähige funktionale Produkte anbieten und mit hoher Effizienz, Quali-tät und Sicherheit herstellen und vertreiben zu können." [Wis14] Simulation ist mittlerweile eine anerkannte Technologie und kein „Hype"-Thema mehr [OBU15].

Der Begriff der „Computersimulation" muss von den Begriffen der experimentel-len und theoretischen Simulation abgegrenzt werden. *„Eine **experimentelle Simu-lation** liegt vor, wenn ein (nicht notwendigerweise materialer [realer]) Prozess durch einen materialen [realen] Prozess nachgebildet wird."* [Spa09] Von einer **theoretischen Simulation** spricht man, wenn ein System mathematisch model-liert und dann simuliert wird. Dient ein Computer als Grundlage der Simula-tion, so handelt es sich um eine **Computersimulation** [Spa09]. Dies ist bei einer theoretischen Simulation üblicherweise der Fall. Computersimulationen stehen zwischen experimentellen und theoretischen Arbeiten. Sie bauen sowohl auf experimentell gewonnenen Erkenntnissen als auch auf theoretischen Grundlagen auf [Har05].

Der Begriff der Computersimulation weist eine gewisse Unbestimmtheit auf, da er aus unterschiedlichsten Perspektiven betrachtet und sowohl enger als auch weiter gefasst werden kann [Win15]. Von der Wortbedeutung her ist eine Computersimulation ein auf einem Computer ablaufendes Programm, das schrittweise Methoden zur Untersuchung des näherungsweisen Verhaltens eines mathematischen Modells einsetzt [Win15]. Die genannten schrittweisen Methoden werden oftmals deswegen eingesetzt, weil das zu untersuchende Modell mathematische Zusammenhänge enthält, die (unter theoretischen oder rein praktischen Gesichtspunkten) nicht analytisch gelöst werden können [Win15]. Dies führt zu einer erweiterten Definition des Begriffs der Computersimulation als *„jede auf einem Computer implementierte Methode zur Untersuchung der Eigenschaften mathematischer Modelle sofern analytische Methoden nicht verfügbar sind"* [Win15][6]. Obwohl oft davon gesprochen wird, dass Simulationen zur „Lösung" von Modellen eingesetzt werden, muss stets beachtet werden, dass typischerweise eingesetzte Diskretisierungen dazu führen, dass bestenfalls Näherungslösungen mit idealerweise bekannter Genauigkeit bestimmt werden können.

4.1.3 Modelle als Grundlage der Simulation

Vereinfacht betrachtet repräsentiert ein „Modell" die charakteristischen Eigenschaften eines zu simulierenden Systems, „Modellierung" bezeichnet unterschiedliche Ansätze zur Modellerstellung und „Simulation" bestimmt auf dieser Grundlage das Verhalten des Systems [SCD+10]. Ziel der Modellierung ist also die geeignete Abstraktion von Daten, Verhalten und Randbedingungen des zu modellierenden Systems, wohingegen Simulation auf die Implementierung Experimentierbarer Modelle fokussiert [WTW09]. Die Grundlage der Simulation ist also ein (meist dynamisches) Modell, welches neben einigen statischen Eigenschaften Annahmen

---

[6] [Har05] weist in diesem Zusammenhang darauf hin, dass mit Simulationen als Werkzeug es nicht länger notwendig ist, oft zweifelhafte Näherungen einzuführen, um analytisch lösbare mathematische (Gleichungs-) Systeme zu erhalten. Tatsächlich sind die meisten relevanten nichtlinearen gewöhnlichen Differentialgleichungen (ODE, Ordinary Differential Equations) und nahezu alle partiellen Differentialgleichungen (PDE, Partial Differential Equations) nicht analytisch lösbar.

über das zeitliche Verhalten des betrachteten Systems spezifiziert [Har05][7]. **Hierbei besteht ein Modell (oder eine spezielle Theorie) aus zwei Komponenten, der übergreifenden Theorie und einer spezifischen Beschreibung eines Objekts oder Systems, des Modellgegenstands** [Har05; Bun73]. Ein Modell wird als statisches Modell bezeichnet, wenn es nur Annahmen über das betrachtete System im Ruhezustand umfasst. Demgegenüber umfassen dynamische Modelle zusätzlich Annahmen über das zeitliche Verhalten dieses Systems.

„Obwohl sich die Modelle unterschiedlicher Fachdisziplinen in wesentlichen Merkmalen unterscheiden, weisen sie grundlegende Gemeinsamkeiten auf" [BH09]. Wichtig sind die drei Hauptmerkmale von Modellen [BH09; Sta73]:

1. **Abbildungsmerkmal:** Ein Modell repräsentiert ein reales System. Zwischen diesem Modell und dem entsprechenden realen System besteht eine Abbildungs- oder Ähnlichkeitsbeziehung.

2. **Verkürzungsmerkmal:** Ein Modell umfasst nur diejenigen Aspekte des realen Systems, die für den Ersteller bzw. Benutzer relevant sind. Das Modell ist also gegenüber dem realen System reduziert bzw. vereinfacht. Bei dieser *„Abstraktion werden aus einer bestimmten Sicht die wesentlichen Merkmale einer Einheit (beispielsweise eines Gegenstandes oder Begriffs) ausgesondert. Abhängig von der Sicht können ganz unterschiedliche Merkmale abstrahiert werden. Eine Sicht ist eine Projektion eines Modells, die es von einer bestimmten Perspektive oder einem Standpunkt aus zeigt und Dinge weglässt, die für diese Perspektive nicht relevant sind."* [Alt12]

3. **Pragmatisches Merkmal**: Die Erstellung und Nutzung des Modells und damit die Verbindung zwischen Modell und dem entsprechenden realen System ist zweckgebunden. Ein Modell dient einem Personenkreis für eine gewisse Zeit zur Erfüllung der jeweils interessierenden Aufgaben.

[VDI21; KS00] definieren vier Modelltypen, die wesentliche Gruppierungen vornehmen (siehe Abbildung 4.2). Ausgangspunkt der Modellierung ist ein topologisches Modell, in dem die grundsätzlichen Zusammenhänge, d. h. *„die Anordnung und Verknüpfung funktionserfüllender Elemente"* [VDI04a], abgebildet werden. Dieses topologische Modell ist eine erste modellhafte Darstellung der Systemarchitektur. Aus dem topologischen Modell wird eine physikalische Modellbeschreibung erstellt. Diese repräsentiert das betrachtete System durch miteinander

---

[7] [Har05] weist darauf hin, dass der Begriff „Modell" oft synonym zum Begriff „Theorie" eingesetzt wird. Er führt dies darauf zurück, dass es sicherer erscheint, Ergebnisse als Modell und nicht als Theorie zu kennzeichnen um den vorläufigen Charakter der Erkenntnisse zu verdeutlichen.

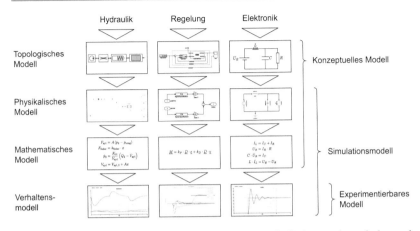

Abbildung 4.2 Gegenüberstellung von topologischen, physikalischen, mathematischen und Verhaltensmodellen[8] (aufbauend auf [VDI21; KS00]) und deren Zuordnung zu Konzeptuellen, Simulations- und Experimentierbaren Modellen entsprechend Abschnitt 3.1

verbundene Komponenten mit physikalischen Parametern[9] (Massen, Abmessungen, Leitfähigkeiten, ...). Dieser Modelltyp ist bestens geeignet für die Modellierung, da er Komponenten des realen Systems in virtuelle Komponenten abbildet. Diese physikalische Modellbeschreibung wird in einem mathematischen Modell abstrakt durch Gleichungen (z. B. die homogenen Transformationen im Bereich der Kinematik) beschrieben. Dieses Modell ist die Grundlage für die Simulation. Die Ergebnisse der Simulation, hier also der zeitliche Verlauf simulierter Größen (z. B. Zwangskräfte aus der Starrkörperdynamik), werden als Verhaltensmodell bezeichnet. Auch das Experimentierbare Modell selbst ist entsprechend ein Verhaltensmodell. Die Nutzung von Verhaltensmodellen hilft häufig bei der Zusammenstellung unterschiedlicher Modelle bzw. Simulationen in Co-Simulationsszenarien (siehe Abschnitt 3.6.3).

Zur Überführung dieser Modelle in computergestützte Modelle stehen unterschiedliche Repräsentationsformen zur Verfügung. [LSW+07] skizziert einen Überblick über deren Evolution. Diese reicht von der Repräsentation von Modellen durch

---

[8] Die links und in der Mitte dargestellten Beispiele werden in Abschnitt 4.2.4 und Abschnitt 4.2.2 näher erläutert.

[9] [VDI21] nennt diese „*systemangepasste Größen*".

Standard-Programmiersprachen[10] über allgemeine Simulationssprachen[11] bis in zu „idealen Simulationssprachen", die auf den jeweiligen Anwendungsbereich und die jeweilige Simulationsdomäne perfekt angepasst sind und der Anwendung durch den Modellierer bestmöglich entgegen kommen[12].

4.1.4   Simulation als Prozess

Der Einsatz von Simulation führt zu einem Prozess[13] (siehe z. B. Abbildung 4.3, alternative Darstellungen sind z. B. in [SCG+79; Bal89; Ame06; RSW08] zu finden). Zu Beginn erfolgt die Modellbildung und Modellierung sowie die Verifikation der erstellten Modelle. Auf dieser Grundlage werden dann Simulationsexperimente durchgeführt oder andere simulationsgestützte Anwendungen aufgesetzt. Abschließend erfolgt die Interpretation der gewonnenen Simulationsergebnisse einschließlich der damit verbundenen Validierungsfragen. Qualifizierte Simulationsdaten umfassen neben den Daten selbst auch ihren Entstehungskontext, d. h. etwa die im Zuge des Abstraktionsprozesses zugrunde gelegten Annahmen, und ermöglichen so die angemessene Nutzung der Ergebnisse[14]. Zur Validierung der erzeugten Simulationsmodelle gibt es unterschiedliche Methoden von der Betrachtung von Gleichgewichtszuständen über den Vergleich mit einfachen physikalischen Gesetzen bis zur gezielten Variation von Parametern und der Betrachtung der Änderung

---

[10] Gemeint sind Programmiersprachen wie C/C++, Java, Fortran, Python u. ä., ggf. erweitert um entsprechende Toolkits.

[11] Diese sind überlicherweise einzelnen Simulationsdomänen zugeordnet wie etwa ereignisdiskrete Simulation, Netzwerksimulation, physikalisch-objektorientierte Simulation. Sie bauen auf den diesen Sprachen jeweils zu Grunde liegenden Modellierungstechniken auf und vereinfachen die Modellerstellung hierdurch deutlich. [LSW+07] zählt als Beispiele CSSL, GPSS, SLAM, Modelica, PcML, PNML, SMDL, SRML und SML auf.

[12] Diese Abbildung macht zudem den Unterschied zwischen Anwendungsbereich bzw. Anwendungsdomäne und Simulationsverfahren bzw. Simulationsdomäne deutlich (siehe auch Abschnitt 3.1.6).

[13] Obwohl Simulationen auf exakten Wissenschaften wie Informatik, Mathematik, Wahrscheinlichkeitsrechnung und Statistik aufbauen, wird der Prozess der Durchführung von Simulationen von der Modellierung bis zur Auswertung oft intuitiv ausgeführt. [Sha77] spricht hier von *„intuitive art"*.

[14] Durch die Trennung von Durchführung von Simulationen und deren Auswertung deckt dieser Arbeitsablauf allerdings viele der oben eingeführten EDZ-Methoden wie z. B. interaktives Training in Echtzeit-Simulationen nicht ab, da hier die Durchführung der Simulationen eng an die Nutzung der Ergebnisse gekoppelt ist oder beides sogar gleichzeitig stattfindet. Abbildung 2.25 skizziert eine auf EDZ passende alternative Darstellung.

in der Reaktion des simulierten Systems. Zur Validierung werden meist Referenzexperimente sowohl mit dem realen System als auch mit dem simulierten System durchgeführt, die Ergebnisse verglichen und dann die notwendigen Korrekturen und Modelljustierungen vorgenommen.

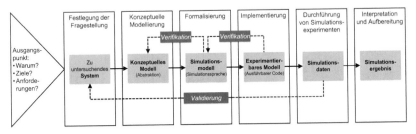

Abbildung 4.3 Der Simulationsprozess von der Modellierung über die Simulation bis zur Auswertung (angelehnt an [Wis14])

4.1.5   Klassifizierung von Simulationen

Zur Beschreibung eines Systems werden unterschiedliche Simulationsverfahren[15] eingesetzt. Diese können nach unterschiedlichen Gesichtspunkten klassifiziert und damit gruppiert werden (siehe Abbildung 4.4). Jedem Simulationsverfahren können für jedes Klassifikationsmerkmal (Prozesse, Domänen, Skalen, …) eine oder mehrere Eigenschaften zugewiesen werden.

Zunächst können unterschiedliche Abstraktionsniveaus unterschieden werden [Gri16]. Die Wahl der richtigen Abstraktionsebene ist wichtig für die Zielerreichung des Simulationsprojekts, wobei diese im Verlauf auch neu gewählt oder ergänzt werden können sollte. Auf der niedrigsten Ebene steht das einzelne Objekt mit seinen konkreten Eigenschaften und seinem exakten Verhalten im Mittelpunkt. Auf der höchsten Ebene werden eher globale Zusammenhänge untersucht.

- **Niedrig:** Auf dieser Ebene wird das System maximal detailliert auf einer Mikro-Ebene betrachtet. Ein Beispiel hierfür ist die Analyse von Steuerungssystemen.
- **Mittel:** Auf dieser Ebene findet eine erste Abstraktion statt. Sie wird häufig für die Analyse von Entscheidungen auf taktischer Ebene eingesetzt wie z. B. im Bereich des Supply Chain Managements oder der Untersuchung von Geschäftsprozessen.

---

[15] Diese werden wie in Abschnitt 3.1.3 erläutert durch Simulationsfunktionen umgesetzt.

Abbildung 4.4 Klassifizierung von Simulation anhand unterschiedlicher Merkmale

- **Hoch:** Auf dieser Ebene sind die Systemdetails nicht mehr sichtbar und nicht mehr relevant. Im Mittelpunkt stehen hier strategische Untersuchungen, z. B. in den Wirtschafts- und Sozialwissenschaften.

Hierbei muss die stochastische von der deterministischen Simulation unterschieden werden [Spa09; Har95]:

- **Stochastische Simulation:** *„Bei stochastischen Simulationen wird der Einfluss des Zufalls explizit berücksichtigt. Die betrachteten Variablen enthalten, innerhalb passend definierter Parameter, Zufallszahlen. Diese Zufallszahlen können zum einen aus dem zugrunde liegenden Indeterminismus resultieren, wie beispielsweise in der Quantenmechanik, zum anderen aber auch der (derzeitigen) Unkenntnis über die entsprechenden finalen Zusammenhänge, wie z. B. in den Sozialwissenschaften. Diese Art von Simulation wird häufig nach der zugrunde liegenden Methode der Zufallszahlengenerierung „Monte-Carlo-Simulation" genannt."* Die Monte-Carlo-Methode bezeichnet in diesem Zusammenhang *„die computerunterstützte Erzeugung von Zufallszahlen, deren Folgenglieder dieselbe Verteilung besitzen, wie es für das zu untersuchende System erwartet wird."* Neben den Parametern können auch die Eingangsgrößen des Systems streuen. Entsprechend werden hier „zufällige Zeitfunktionen", eine Schar möglicher Realisierungen (ein Ensemble), betrachtet. [Gra01]
- **Deterministische Simulation:** *„Bei deterministischen Simulationen sind alle betrachteten Variablen eindeutig bestimmt und werden gezielt, nicht zufallsbasiert, manipuliert."*

Gleichzeitig wird zwischen diskreter und kontinuierlicher Simulation unterschieden [Spa09; Har95]:

- **Diskrete Simulation:** *„Ein kontinuierlicher oder diskreter Ausgangsprozess wird als Folge klar voneinander abgegrenzter Systemzustände dargestellt."* Diskrete Simulationen basieren auf diskreten Raum-Zeit-Strukturen. Entsprechend können auch die Systemzustände oft nur diskrete Werte annehmen.
- **Kontinuierliche Simulation:** *„Bei dieser Vorgehensweise handelt es sich sowohl bei dem zugrunde liegenden Prozess als auch bei seiner Realisierung um kontinuierliche Systeme. Die entsprechende mathematische Umsetzung erfolgt mit Hilfe von Differentialgleichungen."* Die zu Grunde liegenden Raum-Zeit-Strukturen als auch die Systemzustände sind typischerweise kontinuierlich[16].

---

[16] Die numerische Integration von Differentialgleichungen verwendet allerdings wiederum diskrete Raum-Zeit-Strukturen. Ziel ist es allerdings, möglichst hohe Auflösungen anzustreben. *„Die Ergebnisse basieren nicht auf exakten Lösungen sondern werden durch Approximation gewonnen."* [Spa09] Entsprechend wird auch der Begriff „quasikontinuierlich" verwendet.

Zudem wird auch der Begriff der Echtzeit-Simulation definiert:

- **Echtzeit-Simulation:** *„Die Zeit, in der die Simulation abläuft, entspricht der Zeit, die der simulierte Vorgang in Wirklichkeit erfordern würde. Beispielsweise muss ein Flugsimulator so schnell auf eine Eingabe reagieren, dass vom Benutzer keine Zeitverzögerung wahrgenommen wird.“* [Spa09; Har95]

Weiterhin kann unterschieden werden, auf welcher Ebene die „Simulationsregeln" ansetzen [Win15]:

- **Übergreifende Simulationsregeln:** Diese werden häufig in Disziplinen eingesetzt, wo ausreichende theoretische Erkenntnisse oder mathematische Modelle in Form von Differentialgleichungen oder Diagrammen zur Verfügung stehen. Als Teil der „übergreifenden Theorie" (siehe auch Abschnitt 4.1.3) liefern diese z.B. übergreifende Differentialgleichungen, die den Ablauf der Simulation bestimmen – im Gegensatz zu den individuellen Entwicklungsregeln der einzelnen Objekte im Folgenden. Diese Simulationsart kann weiter unterteilt werden in partikelbasierte Simulationen, bei denen die Interaktion diskreter Objekte durch eine Menge globaler Differentialgleichungen beschrieben wird, sowie feldbasierte Simulationen, bei denen eine Menge globaler Differentialgleichungen die Entwicklung eines kontinuierlichen Mediums oder Feldes beschreibt.
- **Agentenbasierte (oder individuenbasierte) Simulationen:** Mit derartigen Simulationen wird die Interaktion von vielen Individuen untersucht. Agentenbasierte Simulationen sind insoweit ähnlich zu partikelbasierten Simulationen, als dass sie das Verhalten diskreter Objekte repräsentieren. Im Gegensatz zu gleichungs-/partikelbasierten Simulationen existieren allerdings keine globalen Differentialgleichungssysteme für das Verhalten der Individuen. Dieses ist vielmehr durch lokale Verhaltensregeln definiert.

„Multiskalenmodelle" kombinieren unterschiedliche Modellierungsmethoden miteinander, insbesondere zur Kopplung der Beschreibung unterschiedlicher Modellskalen [Win15]:

- **Serielle Multiskalenmodelle:** Hier werden die unterschiedlichen Modellskalen nacheinander abgearbeitet. Die Einzelergebnisse werden hierbei zusammengefasst in einem Parametersatz an den Algorithmen der nächsten Ebene weitergeleitet. Dies setzt voraus, dass die einzelnen Ebenen möglichst lose miteinander gekoppelt sind.

- **Parallele Multiskalenmodelle:** Im Gegensatz hierzu werden hier die unterschiedlichen Ebenen gleichzeitig berechnet. Der Austausch zwischen den einzelnen Ebenen erfolgt z. B. durch den Austausch von Energie.

Simulationen können schließlich danach unterschieden werden, ob sie nur für eine spezifische Domäne (z. B. Bewegung starrker Körper oder Simulation elektrischer Schaltkreise) oder domänenübergreifend (z. B. allgemeine Simulationssprachen) eingesetzt werden [Ras14]:

- **Domänenübergreifende Verfahren:** Der Ansatz zur domänenübergreifenden Modellierung ist die Beschreibung des Gesamtsystems mit einer abstrakten Modellierungssprache. Diese Sprachen können wiederum gleichungsbasiert, agentenbasiert, grafisch oder objektorientiert sein. Ein solches Modell wird von einem Simulator automatisiert zur Simulation aufbereitet und simuliert.
- **Verfahren für einzelne Domänen:** Domänenspezifische Simulationsverfahren werden meist konkret für einen bestimmten physikalischen Prozess implementiert und sind in dieser Domäne oft leistungsfähiger oder einfacher anzuwenden als domänenübergreifende Modellierungs- und Simulationssysteme.

4.1.6   Einsatz und Ziele von Simulation

Die Frage, wann und warum Simulation eingesetzt werden sollte, wurde aus unterschiedlichsten Perspektiven betrachtet. Erste Gründe sind [Win15]:

- **Vorhersage von Daten, die nicht vorliegen:** Nutzung von Simulationen zur Vorhersage der Zukunft oder Erklärung der Vergangenheit mit exakten Prognosen, Intervallen oder rein qualitativen Vorhersagen
- **Verständnis von vorliegenden Daten:** Erklärung des Verhaltens eines Prozesses oder der Herkunft und des Verlaufs erhobener Daten

Hierbei besteht oft das Vorurteil, dass Simulation als „Brute Force"-Methode oder „Letzter Ausweg" zur Lösung von Problemen angesetzt wird [Sha77]. Dabei existieren eine Reihe von Situationen, an denen Simulationen sinnvoll eingesetzt werden können [Sha77]:

- Eine vollständige mathematische Formulierung eines Problems existiert nicht.
- Es stehen keine geeigneten analytischen Methoden zur Lösung des mathematischen Modells zur Verfügung.
- Es stehen analytische Methoden zur Verfügung, für die allerdings vereinfachende Annahmen getroffen werden müssen, die deren Anwendung zweifelhaft erscheinen lässt.
- Es stehen analytische Methoden zur Verfügung, der mathematische Lösungsweg ist allerdings derart komplex und aufwändig, dass Simulation einen einfacheren Lösungsansatz darstellt.
- Zusätzlich zur Bestimmung einzelner Parameter ist gewünscht, das Verhalten des Prozesses über der Zeit zu betrachten.
- Simulationen sind die einzige Möglichkeit zur Durchführung von Experimenten, da diese in ihrer realen Umgebung nur schwer und/oder mit großem Aufwand bzw. unter großen Gefahren durchgeführt werden können (z. B. in der Raumfahrt).
- Zur Analyse des Systems sind Zeitskalierungen notwendig, d. h. die detaillierte Untersuchung schneller Abläufe bzw. die kondensierte Analyse lang andauernder Abläufe. Simulationen geben dem Anwender die vollständige Kontrolle über die Zeit, so dass der Prozess so wie notwendig beschleunigt oder verlangsamt ablaufen kann.

Neben diesen konkreten Notwendigkeiten existieren eine Vielzahl weiterer Gründe für den Einsatz von Simulation (siehe [Sha77]):

- **Evaluation:** Untersuchung des Verhaltens eines Systemdesigns und Bewertung anhand vorgegebener Kriterien
- **Vergleich:** Vergleich konkurrierender Systemdesigns zur Erfüllung einer vordefinierten Funktion oder Vergleich unterschiedlicher Betriebsentscheidungen oder Steuerungseingriffe
- **Vorhersage:** Abschätzung des Systemverhaltens unter vorgegebenen Randbedingungen
- **Sensitivitätsanalyse:** Bestimmung der Faktoren eines Systems, die das Systemverhalten maßgeblich beeinflussen
- **Optimierung:** Bestimmung optimaler Systemparameter oder optimaler Systemdesigns
- **Funktionale Abhängigkeiten:** Analyse der Abhängigkeiten zwischen einzelnen Systemfaktoren und der Systemantwort

In diesem Zusammenhang können konkrete Funktionen von Simulation zusammengestellt werden [Har05; Wis14]:

- **Simulation als Technik:** Detaillierte Untersuchung des dynamischen Verhaltens eines Systems, Entwurf möglicher Szenarien für die Zukunft, Untersuchung der Wechselwirkungen verschiedenster Faktoren über eine Vielfalt von Skalen in Raum und Zeit
- **Simulation als heuristisches Werkzeug und zur Theoriebildung:** Analyse unterschiedlicher Hypothesen, Modelle und Theorien
- **Simulation als Ersatz für reale Experimente:** Durchführung von Experimenten anhand von Computersimulationen
- **Simulation als Werkzeug für Entwickler:** Unterstützung bei der Durchführung von Experimenten durch Motivation neuer Experimente, Vorselektion möglicher Systeme und Szenarien, Analyse von Experimenten, Optimierung bestehender Produkt- oder Prozesssysteme
- **Simulation und Big Data:** Analyse großer Datenmengen, um ein tieferes Verständnis der gemessenen Daten und ihrer Zusammenhänge zu gewinnen. Erkennen von Mustern in den Daten oder Zusammenhänge zwischen Größen als Grundlage der anschließenden Modellidentifikation, also Ermittlung von Modellstrukturen und deren Parametern. In diesem Sinne ist Simulation mit dem Thema Big Data verwoben.
- **Simulation als pädagogisches Werkzeug:** Für andere aber auch den Entwickler selbst: Verstehen auch komplexer Prozesse, Grundlage zur Präsentation und Kommunikation komplexer Zusammenhänge
- **Simulation in Echtzeit:** Für Schulung und Training (virtuelle Zeit verläuft möglichst gleich der realen Zeit)

Neben diesen Gründen und Funktionen für den Einsatz von Simulation gibt es auch eine Vielzahl konkreter Vorteile, die Simulationen im Vergleich zu alternativen Vorgehensweisen aufweisen (siehe unter anderem [Any17]):

- **Zeit (1):** Mit Simulationen können in kurzer Zeit lang andauernde Prozesse untersucht werden.
- **Zeit (2):** Mit Simulationen können in kurzer Zeit viele Alternativen von Prozessen untersucht werden.
- **Wiederholbarkeit:** Einmal erstellte Simulationen können schnell erneut durchgeführt werden, etwa um mit neuen Parametern neue Alternativen zu analysieren.

- **Determinismus:** Wenn entsprechend modelliert liefern Simulationen immer wieder die gleichen Ergebnisse. Dies ist die Grundlage für die Untersuchung und Bewertung von Varianten.

- **Genauigkeit:** Bei entsprechender Modellierung und Validierung dieser Modelle liefern Simulationen detaillierte, hochgenaue und verlässliche Einsichten in das Systemverhalten.

- **Anschaulichkeit:** Simulationen ermöglichen tiefe Einsichten in das Systemverhalten, dadurch dass jederzeit auf alle Systemzustände zugegriffen und diese sowie das Systemverhalten als Ganzes geeignet visualisiert werden kann.

- **Vielseitigkeit:** Simulationsverfahren ermöglichen meist die Untersuchung unterschiedlichster Fragestellungen.

- **Sicherheit:** Im Gegensatz zu realen Experimenten können Simulationen stets gefahrlos durchgeführt werden.

Während die obigen Vorteile meist unstrittig sind, wird einer der sicherlich maßgeblichsten Aspekte, die Kosten, oft gänzlich unterschiedlich bewertet. Der Aufwand, ausreichend aussagekräftige Simulationen mit belastbaren Ergebnissen zu erzeugen, ist häufig nicht zu vernachlässigen. Dies führt zu hohen Kosten aber auch für einen nicht zu unterschätzenden Zeitbedarf. Teilweise sind z. B. für das Engineering „brauchbare" Simulationen erst gleichzeitig mit dem realen Produkt fertig und damit kaum noch zielführend einsetzbar. Dies führte in der Vergangenheit aber auch heute noch häufig dazu, dass auf simulationsgestützte Analysen verzichtet und stattdessen direkt Prototypen realisiert und experimentell analysiert werden. Durch die steigende Komplexität der Systeme wird dies allerdings zunehmend schwieriger.

4.1.7 Geltungsbereich von Simulation, Verifikation & Validierung

Aber was ist denn jetzt eine „brauchbare", „realitätsnahe" oder „realitätstreue" Simulation? Welcher Grad an Realitätstreue ist anzustreben, welcher wird benötigt? Hierbei muss bei Simulation stets beachtet werden, dass die erzielten „Lösungen" meist nicht exakt sind sondern unter gewissen Annahmen und Vereinfachungen sowie mit bestimmten Algorithmen bestimmt worden sind. Simulation entspricht nur *„zum Teil dem Erkenntnisideal, exaktes, möglichst mathematisierbares und damit eindeutig reproduzierbares Wissen zu schaffen"* [Wis14]. Simulationen können trotz der immer größeren Realitätstreue das Verhalten der betrachteten realen Systeme typischerweise *„nicht exakt vorhersagen, sondern lediglich approximativ ein Bild möglicher Zustände schaffen. Denn Simulationen gehen von* *einer Vielzahl theoretischer Annahmen und gemessener Daten aus, fügen diese zu einem komplexen Modell zusammen und erzeugen in der Verknüpfung von Theorie, Experiment und Messung Erkenntnisse.*" [VDI18] definiert hierzu, komplementär zum Abstraktionsgrad, den Begriff des Detaillierungsgrads (auch Detaillierungstiefe oder Modelltiefe genannt):

Definition 4.1 (Detaillierungsgrad): *Der Detaillierungsgrad ist das „Maß für die Abbildungsgenauigkeit bei der Umsetzung des Systems in ein Modell".*

Die Nutzer von Simulation müssen lernen, mit dem verbleibenden Fehler zu leben. Entsprechend erfordert der sinnvolle Einsatz von Simulation geeignete Praktiken der Prüfung der erzielten Ergebnisse. Eine besondere Bedeutung kommt daher der Verifikation und insbesondere der Validierung zu (zur Definition dieser Begriffe siehe Abschnitt 3.1.5). Allerdings: „*Während Hypothesen und Prognosen anhand von Beobachtungen und Experimenten „realweltlich" überprüft werden können, transferiert die Simulation die Überprüfung vielfach ins „Virtuelle". Denn ein Teil der mittels Simulation erzeugten Prädiktionen können nicht länger durch eine Überprüfung in der Wirklichkeit, sondern allein durch alternative Simulationsansätze auf ihre Angemessenheit hin geprüft werden.*" [Wis14] Für die Simulationstechnik führt die Antwort auf Fragen hinsichtlich Eignung und Realitätstreue zu den aufeinander aufbauenden und in Abbildung 4.5 skizzierten Begriffen **Exaktheit** (engl. „Accuracy"), **Abbildungsgenauigkeit** (engl. „Fidelity") und **Validität** (engl. „Validity").

Abbildung 4.5 Zentrale Begriffe rund um die Themen Verifikation & Validierung

Aussagen im Kontext der **Exaktheit** liefern konkrete, quantitative und absolute Aussagen darüber, wie „exakt" einzelne Systemparameter oder -zustände abgebildet werden (in Anlehnung an [Gro99]):

Definition 4.2 (Exaktheit): *Die Exaktheit ist der Grad, mit dem ein System-parameter oder -zustand oder ein Satz hiervon innerhalb einer Simulation in Bezug auf gewählte Standards oder konkrete realen Bezüge exakt der Realität entspricht.*

Die Exaktheit bezieht sich stets auf einzelne oder eine Menge von Systemparametern oder -zuständen. Sie wird bestimmt durch Vergleich mit der realen Welt, wenn Daten über die reale Welt zur Verfügung stehen, andernfalls durch Vergleich mit einer Beschreibung der Abstraktion der realen Welt [Lop15]. Die Exaktheit charakterisiert also, wie genau ein einzelner Systemparameter oder -zustand die Realität abbildet, und ist abhängig von der Korrektheit und Exaktheit sowohl der Abstraktion der realen Welt als auch deren Repräsentation in der Simulation [Gro99].

Mit dem Begriff der Exaktheit sind weitere Begriffe verbunden (siehe auch [Gro99]). Die **Präzision** (engl. „Precision"), in diesem Kontext begrifflich äquivalent zu „Auflösung" und „Granularität", beschränkt die Exaktheit der Simulation:

Definition 4.3 (Präzision): *Präzision ist der Grad der Auflösung oder Granularität, mit dem ein Parameter bestimmt werden kann.* [Gro99]

Wenn eine Simulation die reale Welt nicht exakt abbildet, liegt ein **Fehler** (engl. „Error") vor. Es können unter anderem unvermeidbare (z. B. numerische), bewusste (z. B. Vernachlässigung einzelner physikalischer Phänomene zur Reduzierung der Modellkomplexität) und unbewusste Fehler unterschieden werden.

Definition 4.4 (Fehler): *Ein Fehler ist die Differenz zwischen einem beobachteten, gemessenen oder berechneten Wert und dem korrekten Wert.* [Gro99]

Besondere Aufmerksamkeit (insbesondere bei Simulationen, bei denen einige Teile der Simulation schneller oder langsamer voranschreiten können als andere Teile) muss der **Qualität der zeitlichen Abbildung** (engl. „timeliness") gewidmet werden:

> **Definition 4.5 (Qualität der zeitlichen Abbildung):** *Die Qualität der zeitlichen Abbildung bezeichnet die Exaktheit der Replikation des Zeitverhaltens des simulierten Systems, z. B. in Bezug auf exakte Zeitpunkte von Zustandsänderungen, exakte Abbildung von Zustandstrajektorien oder in Bezug auf die zeitlich genaue Replikation aller relevanten Ereignisse.* [Gro99]

Aussagen über die Abbildungsgenauigkeit und Validität einer Simulation bauen auf den Begriffen Exaktheit, Präzision, Fehler und Qualität der zeitlichen Abbildung einer Simulation auf, fassen diese zusammen und bewerten die erzielten Erkenntnisse über die Simulation. Die **Abbildungsgenauigkeit** ist ein absoluter Hinweis auf die Übereinstimmung von Simulationsergebnissen mit der Realität, während Validität ein relativer Hinweis auf die Angemessenheit von Simulationsergebnissen für einen bestimmten Zweck ist [Lop15]. Aussagen zu Abbildungsgenauigkeit und Validität einer Simulation benötigen also Informationen zur Exaktheit der Abbildung einzelner Systemparameter und -zustände. Der Begriff der Abbildungsgenauigkeit kann in Anlehnung an [Gro99; VDI18] wie folgt definiert werden[17]:

> **Definition 4.6 (Abbildungsgenauigkeit):** *Die Abbildungsgenauigkeit bezeichnet den Grad der Realitätstreue eines Modells oder einer Simulation.*

Der Begriff bezeichnet den Grad, in dem ein Modell oder *„eine Simulation den Zustand und das Verhalten eines realen Objekts reproduziert"* ([Neu23][18] auf Grundlage von [Pac15]) in einer messbaren oder wahrnehmbaren Weise, bzw. anders formuliert *„die Exaktheit eines Simulationsmodells oder einer Simulation im Vergleich zur realen Welt"* ([Dep95] und ähnlich [ECS10b]). Das Maß für die Abbildungsgenauigkeit ist der Detaillierungsgrad (s. o.). Die Aussagekraft von Aussagen zur Abbildungsgenauigkeit bzw. zum Detaillierungsgrad einer Simulation ist häufig recht beschränkt. [Gro99] klassifiziert die Aussagen zur Abbildungsgenauigkeit in die folgenden Gruppen:

---

[17] [VDI18] unterscheidet die Dimensionen Strukturtreue, Verhaltenstreue und Funktionstreue.

[18] Dort „Wiedergabetreue" genannt.

1. **Kurze Beschreibungen:** Dies sind z. B. qualitative Kennzeichnungen wie z. B. „hoch", „mittel" oder „niedrig" oder andere dimensionslose Charakterisierungen, welche eher in Richtung Öffentlichkeitsarbeit oder Marketing zielen.

2. **Kürzel:** Diese beziehen sich häufig auf vordefinierte Standards (wie z. B. Klassifikation eines Flugsimulators als „Level D nach FAA AC 120-40B" [US 91]) und geben an, dass die Simulation vorab definierte Kriterien erfüllt.

3. **Lange Beschreibungen:** Diese beschreiben die Abbildungsgenauigkeit auf Grundlage unterschiedlicher Attribute.

Hierbei sind die kurzen Beschreibung qualitativ wohingegen die Verwendung von Kürzeln oder lange Beschreibungen typischerweise quantitativ ist. Im Bereich der ECSS (European Cooperation for Space Standardization) definiert [ECS 10b] zur Spezifikation eines benötigten Genauigkeitsniveaus einer Simulation die folgenden qualitativen Begriffe („Meine Simulation ist ...!"):

1. **Korrekt:** Die oben definierte Korrektheit kann über die explizite Festlegung von Toleranzen oder Grenzwerten festgelegt werden.

2. **Emuliert:** Hierbei wird Steuerungssoftware nicht im Modell nachgebildet. Stattdessen läuft die Software selbst innerhalb einer geeigneten Laufzeitumgebung im Simulator (siehe „Software-in-the-Loop" in Abschnitt 3.7.6).

3. **Exakt:** Einzelne Aspekte der (meist ereignisdiskreten) Simulation müssen mit „Null-Toleranz" abgebildet werden.

4. **Funktional:** Einzelne modellierte Komponenten sollen sich bezüglich ihrer Schnittstellen wie ihre realen Gegenstücke verhalten.

5. **Plausibel oder realistisch:** Hier reicht es aus, dass anhand des Verhaltens simulierter Komponenten Trends in Bezug auf die Reaktion auf externe Einflüsse beobachtet werden können, ohne dass gefordert wird, dass für die Systemparameter und -zustände dieser Komponenten Toleranzen oder Grenzwerte gefordert werden.

6. **Repräsentativ:** Dieses Adjektiv kann für vorgegebene Daten verwendet werden, die als repräsentativ für das Verhalten modellierter Komponenten angesehen werden und daher direkt verwendet werden können.

7. **Statisch:** Einzelne Systemzustände können als statisch angenommen werden.

Die **Validität** benutzt die Informationen zur Abbildungsgenauigkeit und vergleicht diese mit den Anforderungen der konkreten Anwendung:

> **Definition 4.7 (Validität):** *Die Validität nutzt Informationen zur Abbildungs-genauigkeit einer Simulation als Teil der Bewertung von deren Eignung für einen bestimmten Zweck.* [Lop15]

Abbildung 4.6 skizziert diese Zusammenhänge grafisch. Unterschieden wird zwischen der „physischen Realität" und der „bekannten Realität". Letztere führt unter Nutzung der oben eingeführten Begriffe wie Exaktheit, Präzision, Fehler u. ä. zur Beschreibung der Anforderungen der Anwendung (u. a. ausgedrückt in akzeptierbaren Abweichungen) als auch zur Erstellung Konzeptueller, Simulations- und Experimentierbarer Modelle unter definierten Randbedingungen. Wichtig zu beachten ist, dass mit dem Begriff der „bekannten Realität" auch verbunden ist, dass nicht nur Aspekte der „physischen Realität" bewusst weggelassen sondern oft auch aus Unkenntnis nicht berücksichtigt werden. Durch Vergleich der Modelle mit der bekannten Realität kann die Abbildungsgenauigkeit des Experimentierbaren Modells festgestellt und gegen die Anforderungen gelegt werden. Dies führt zur Eignung des Experimentierbaren Modells für die jeweilige Anwendung[19]. Die

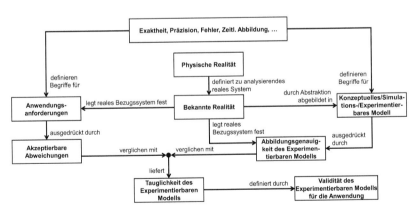

Abbildung 4.6 Semantisches Netz der Begriffe rund um den Begriff der Abbildungsgenauigkeit einer Simulation sowie Prozess zur Feststellung der Validität des Experimentierbaren Modells (aufbauend auf [Gro99])

---

[19] [RSW08] listet in diesem Zusammenhang „*V&V-Kriterien für die Simulation in Produktion und Logistik*" und „*Rollen im Vorgehensmodell zur Simulation*" auf und gibt hierfür konkrete Beispiele.

Tauglichkeit stellt hierbei fest, ob das Experimentierbare Modell die notwendigen Fähigkeiten für bestimmte Zwecke, Funktionen, Situationen oder Applikationen mitbringt [Gro99].

Wichtig ist auf der anderen Seite aber auch die Erkenntnis, dass nicht jedes Simulations-/Experimentierbare Modell eine maximale Abbildungsgenauigkeit erfordert, um valide für eine konkrete Anwendung zu sein [Lop15]. Denn oft ist die Herstellung einer ausreichenden Abbildungsgenauigkeit mit Arbeiten in Bereichen wie Datenerfassung, Modellbildung, Verifikation und Validierung, Optimierung des Laufzeitverhaltens u. ä. einer der Haupttreiber für die Herstellungskosten einer Simulation. Dementsprechend ist es wichtig, bei der Problemdefinition sowohl das Zeitverhalten als auch die notwendige Abbildungsgenauigkeit hinreichend genau zu spezifizieren. Dann können Simulationen „exakte" Ergebnisse innerhalb des vorab definierten Rahmens liefern.

4.1.8   eRobotik zur übergreifenden Betrachtung technischer Systeme

Auf der einen Seite ist die Idee, (technische) Systeme in Modelle zu überführen, um diese mit Hilfe computergestützter Simulationen aus unterschiedlichen Perspektiven analysieren zu können, mittlerweile mehr als 70 Jahre alt. Auf der anderen Seite ist die Anwendung von Simulationstechnik mit vielfältigen Herausforderungen verbunden. Darüber hinaus entstehen neue Anwendungsbereiche für Simulationstechnik, die mit der aktuellen Herangehensweise nur schwer zu bedienen sind. Das einfache „Ich modelliere ein System aus meiner aktuellen Perspektive und simuliere es, um meine Aufgabe zu lösen." stößt scheinbar häufig an seine Grenzen. Ein Lösungsansatz hierzu ist es, bei der Arbeit mit Modellen und Simulationen von Anfang an nicht nur den zu betrachtenden Detailaspekt im Blick zu haben sondern das System als Ganzes. Darüber hinaus gilt es, Modelle und Simulationen nicht nur als Hilfsmittel im Engineering zu begreifen sondern als konkreter Realisierungsbaustein für vielfältige Anwendungen. **Simulation ist nicht nur Mittel zum Zweck sondern hat einen Wert an sich.** Genau dies ist das Ziel der eRobotik.

Das Forschungsgebiet der eRobotik (engl. eRobotics, siehe auch [Ros11; RS11; RSR+16]) ist ein Teilgebiet des **e-Systems Engineering** [KE16]. Wie in [RS13] dargestellt ist es das Ziel, *„elektronische Medien – daher das „e" am Anfang des Namens – effektiv zu nutzen, um einen bestmöglichen Entwicklungsfortschritt auf dem jeweiligen Gebiet zu erzielen."* Ziel der eRobotik ist die Entwicklung von Methoden und die darauf aufbauende kontinuierliche und systematische Bereitstellung softwaregestützter Werkzeuge und Prozesse zur Bearbeitung unterschiedlichster Fragestellungen im gesamten Lebenszyklus komplexer Systeme unter Nutzung elektronischer Medien und Ansätze der Robotik. „*Angefangen von der Benutzeranforderungsanalyse über den Systementwurf, die Unterstützung bei der Entwicklung und Auswahl geeigneter Roboter-Hardware, die Roboter- und Mechanismenprogrammierung, die System- und Prozesssimulation, die Steuerungs- und Regelungsentwicklung bis zur Validierung der entwickelten Modelle und Programme ist so eine durchgängige und systematische Rechnerunterstützung gegeben. So wird die immer weiter steigende Komplexität aktueller robotergestützter Automatisierungslösungen beherrschbar gemacht und das im Rahmen einer Realisierung entwickelte Know-How elektronisch konserviert*" und für weitere Applikationen nutzbar gemacht.

eRobotik bringt Robotik-Know-How in die Forschungsbereiche der Virtuellen Realität (VR) und Simulation. Im Gegenzug ermöglicht eRobotik die Nutzung virtueller Welten und von Simulation zur Optimierung der robotischen Hardware- und Algorithmenentwicklung. Ziel ist die effiziente Symbiose zwischen VR- und Robotik-Techniken. Die Verbindung zu dem Feld des „eSystems Engineerings" ergibt sich durch die Nutzung aktueller Medien-, Netzwerk- und Computertechnologie:

1. eRobotik nutzt umfassende Computer-Ressourcen zur Lösung der wissenschaftlichen und technischen Fragestellungen.
2. eRobotik ermöglicht die Bearbeitung der Fragestellungen in einer interdisziplinären, kollaborativen Umgebung.
3. eRobotik realisiert Entwicklungsmethoden, die sicherstellen, dass die Arbeitsschritte in verteilten, effizient vernetzten Umgebungen durch multidisziplinäre Teams ausgeführt werden können.
4. eRobotik umfasst nicht nur Konzepte zur konkreten Systementwicklung sondern stellt darüber hinaus Ansätze zur Anforderungsanalyse, zum Systemdesign sowie zur Kostenschätzung auf unterschiedlichen Ebenen zur Verfügung.

Im Unterschied zu aktuell verfügbaren Simulatoren ist eine eRobotik-Anwendung „*nicht nur ein Werkzeug, um damit (z. B. robotische) Hardware eingebettet in das jeweilige Umfeld systematisch zu entwickeln, sondern die eRobotik-Softwareapplikation selbst ist auch eine Quelle direkter betriebswirtschaftlicher Wertschöpfung und besitzt einen eigenen Wert. [So wird dieselbe Entwicklung nicht nur zur Auslegung und Entwicklung einer Hardware genutzt sondern z. B. auch zu ihrer Steuerung,] als interaktives Trainingssystem für zukünftige Benutzer der Hardware, als Basis einer 3D-Mensch-Maschine-Schnittstelle für die Bedienung einer*

Robotik-Anwendung oder auch als modernes Informations- und Entscheidungsunterstützungssystem." [RS13]

eRobotik zielte zunächst auf die Entwicklung von Anwendungen aus dem Bereich der Robotik. Mittlerweile hat sich der Anwendungsbereich deutlich erweitert. eRobotik wird weiterhin im Bereich der Robotik – oder allgemeiner im Bereich der Mechatronik – als auch in anderen Bereichen wie z. B. dem Umweltbereich (Wald, Stadt usw.) eingesetzt. Der Begriff „eRobotik" kann wie folgt definiert werden:

Definition 4.8 (eRobotik): *eRobotik ist ein Zweig des eSystems Engineerings und zielt sowohl auf die Entwicklung von Methoden als auch auf die kontinuierliche und systematische Bereitstellung computer-unterstützter Werkzeuge und Prozesse für den gesamten Lebenszyklus komplexer Systeme. Hierzu kombiniert eRobotik elektronische Medien mit Simulationstechnik und Robotik.*

Hierzu müssen unterschiedliche Fachdisziplinen und Anwendungsdomänen der Simulationstechnik „unter einem Dach vereinigt" werden – in diesem Zusammenhang entstand bereits der Begriff des Virtuellen Testbeds. VTB in der eRobotik betrachten robotische/mechatronische Systeme vom Ergebnis her, der Bewegung aktuierter und mit Sensoren ausgestatteter technischer Systeme in ihrer Umgebung. Es hat sich gezeigt, dass die Beschreibung des Verhaltens dieser Systeme im dreidimensionalen Raum häufig eine geeignete Integrations- und auch Diskussionsebene ist. Diese Ebene ist meist – auf einer semantischen und weniger auf einer technischen Ebene – der „kleinste gemeinsame Nenner" unter den unterschiedlichen Simulationsansätzen. Auch wenn einzelne Komponenten eines Systems wie z. B. Daten verarbeitende Algorithmen nur mittelbar zur Bewegung beitragen bzw. von ihr abhängen, können diese leicht in entsprechende Modelle integriert und mit den bewegenden Komponenten verbunden werden und werden in ihrer Leistungsfähigkeit wiederum meistens vom Ende, d. h. der Bewegung, her betrachtet. Zudem ist diese Herangehensweise maximal intuitiv, da die Visualisierung des dreidimensionalen Systemmodells direkt verständlich ist. Interaktionen mit dem Experimentierbaren Modell und deren Auswirkungen können so direkt in ihrem Kontext eingeschätzt werden. Bei Bedarf kann natürlich jederzeit jedes Detail jeder detailliert ausmodellierten Teilkomponente untersucht werden.

4.2 Domänenübergreifende Simulationsverfahren

Abschnitt 4.1 macht deutlich, dass Simulationen und deren Anwendung bereits eine lange Geschichte haben. Entsprechend gibt es eine Vielzahl von Simulationssprachen, Simulationsverfahren[20] und Simulatoren – man könnte den Eindruck bekommen, dass täglich neue Ansätze hinzukommen. In diesem und den folgenden Abschnitten werden ausgewählte Simulationsverfahren eingeführt[21]. Die Simulationsverfahren werden nachfolgend in domänenübergreifende und domänenspezifische Verfahren aufgeteilt[22]. Die domänenspezifischen Verfahren konzentrieren sich auf Verfahren im Kontext der Robotik. Abschnitt 4.3.7 wirft dann einen Blick über diesen Anwendungsbereich hinaus in weitere Anwendungsgebiete. Den Anfang machen in diesem Kapitel die domänenübergreifenden Simulationsverfahren.

Jedes Simulationsverfahren wird mit seinen besonderen Eigenheiten und Eigenschaften vorgestellt und anhand der in Abschnitt 4.1.5 eingeführten Merkmale klassifiziert. Zudem werden die benötigten Modelle, die Initialisierungsparameter, die Ein- und Ausgänge sowie das Zeitverhalten in einer einheitlichen Struktur beschrieben. Auf diese Weise steht eine einheitliche Beschreibung der Simulationsverfahren als auch der in Abbildung 4.1 referenzierten Simulationsfunktionen Γ_i und Φ_i als Grundlage für die weiteren Arbeiten zur Verfügung.

4.2.1 Gleichungsbasierte Simulation

Ausgangspunkt der gleichungsbasierten Simulation sind z. B. Differentialgleichungssysteme der Art

---

[20] Die drei auf den ersten Blick identischen Begriffe „Simulationsverfahren", „Simulationsfunktion" und „Simulationsalgorithmus" werden wie folgt eingesetzt: Mit dem Begriff **Simulationsverfahren** wird ein Simulationsansatz wie die signalorientierte Simulation oder die Starrkörpersimulation mit allen hierzu gehörigen Aspekten wie Modellierungskonstrukte, -sprachen, Modelle und Implementierung bezeichnet (dieser und die folgenden Abschnitte zeigen einige Beispiele hierfür). Die **Simulationsfunktionen** Γ und Φ (siehe z. B. Gleichung 3.17) werden zur Beschreibung/Berechnung des zeitlichen Verlaufs des Simulationszustands und der Ausgangsgrößen unter Einbeziehung des Simulationsmodells M_S eingesetzt. Ein **Simulationsalgorithmus** ist dann eine konkrete Implementierung dieser Simulationsfunktionen für ein konkretes Simulationsmodell über einen zeit- und wertkontinuierlichen Ansatz f_k, h_k und g_k (siehe Gleichung 3.36) oder über einen ereignisdiskreten Ansatz f_d, h_d, g und T (siehe Gleichung 3.40) in einem Simulator.

[21] Die Auswahl ist ein Stück weit willkürlich und stellt keine Beschränkung der EDZ-Methodik auf genau diese Verfahren dar.

[22] Zum Begriff der „Domäne" siehe auch Abschnitt 3.1.6.

$$\dot{x}_1 = x_2$$
$$\dot{x}_2 = x_3 \qquad\qquad (4.1)$$
$$\dot{x}_3 = x_1 x_3 - 1$$

Gesucht wird eine geeignete formale Repräsentation für derartige „Gleichungen", „gleichungsbasierte Modelle" oder „mathematische Modelle" (siehe Abbildung 4.2), die als Simulationsmodell M_S zu deren „Lösung" eingesetzt werden können[23]. Eine textuelle Simulationssprache (dieses Kapitel) ist ein Beispiel für eine derartige Repräsentation, ein Wirkungsplan (nächstes Kapitel) ein anderes.

Verfahren der gleichungsbasierten Simulation haben eine große Verbreitung im Bereich der Simulation mechatronischer Systeme. Sie stellen Methoden zur Verfügung, um zeitkontinuierliche Simulationsmodelle z. B. der Art Gleichung 3.36 in Simulationsmodelle und Experimentierbare Modelle zu überführen[24]. Hierzu werden Skriptsprachen genutzt, über die die benötigten Gleichungen beschrieben werden können. Diese können dann über entsprechende Sprachanweisungen unterschiedlichen Differentialgleichungslösern (engl. „Solver") bzw. Integrationsverfahren zugeführt und so das gestellte Problem „gelöst" werden. Unter „Lösung" wird hierbei die Bestimmung des zeitlichen Verlaufs der Zustands- und Ausgangsgrößen verstanden[25]. Der Begriff der „gleichungsbasierten Simulation" ist im Kontext der EDZ-Methodik wie folgt definiert:

Definition 4.9 (Gleichungsbasierte Simulation): *Gleichungsbasierte Simulation beschreibt Systeme und Prozesse anhand von differential-algebraischen Gleichungssystemen und stellt geeignete Simulationssprachen zur formalen Beschreibung sowie Werkzeuge zur Simulation zur Verfügung.*

Abbildung 4.7 illustriert die generelle Vorgehensweise bei gleichungsbasierten Modellierungssprachen am Beispiel einer einfachen Hydraulikanlage. Das Beispiel konzentriert sich hierzu auf das Wesentliche. Es geht von den Ausführungen in

---

[23] Darstellungen der Art von Gleichung 4.1 können auf der Ebene der konzeptuellen Modelle eingeordnet werden. Zur Simulation ist eine geeignete formale Repräsentation notwendig.

[24] Analog kann auch für ereignisdiskrete Simulationsmodelle vorgegangen werden, der Fokus dieses Kapitels liegt allerdings auf zeitkontinuierlichen Aufgabenstellungen.

[25] Tatsächlich reicht der Anwendungsbereich derartiger Skriptsprachen deutlich weiter. Sie können vielfach als „ganz normale Programmiersprache" verwendet und ähnlich allgemein eingesetzt werden. Im Vergleich zu diesen können die hier betrachteten Skriptsprachen allerdings hervorragend mit Funktionen, Vektoren und mathematischen Operatoren umgehen.

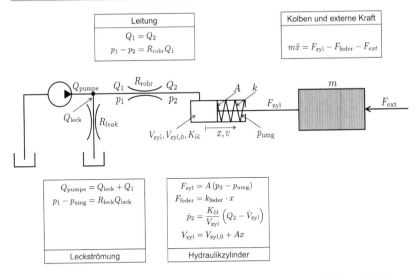

Abbildung 4.7 Einfache Hydraulikanlage als Beispiel zur Veranschaulichung gleichungs-basierter Simulation (angelehnt an [Jun14])

[Jun14] aus und enthält einen einfachwirkenden Zylinder, der nur auf einer Kolbenseite mit Hydraulikflüssigkeit beaufschlagt wird[26]. Abbildung 4.7 enthält alle wesentlichen für die nachfolgende Modellierung notwendigen Komponenten und die zu ihrer Modellierung notwendigen Zusammenhänge. Die Hydraulikanlage wird versorgt von einer Hydraulikpumpe, die einen konstanten Volumenstrom Q_{pumpe} erzeugt. Der Leckstrom in der Pumpe sowie der Druckverlust in der Leitung werden durch die Rohrwiderstände R_{leck} und R_{rohr} modelliert. Der Eingangsdruck im Zylinder ist p_2, der außerhalb des Zylinders und damit auch auf seine nicht mit Hydraulikflüssigkeit beaufschlagte Seite wirkende Außendruck ist p_{umg}. Entsprechend erzeugt der Zylinder die auf den Kolben wirkende Kraft $F_{\text{zyl}} = A\left(p_2 - p_{\text{umg}}\right)$, wobei A die Querschnittsfläche des Zylinderkolbens ist. Auf den Kolben wirkt eine

---

[26] Entsprechend eingeschränkt ist die Steuerung bzw. Regelung der Ausfahrlänge dieses Hydraulikzylinders. Viele Anwendungen wie auch die Forstmaschine aus Abbildung 3.2 setzen daher auf doppeltwirkende Hydraulikzylinder, bei denen auch die zweite Seite mit Hydraulikflüssigkeit beaufschlagt wird und bei denen somit beide Bewegungsrichtungen aktiv gesteuert sind. Zudem ist die nachfolgende Modellierung des Systems die wahrscheinlich einfachst mögliche Variante, die viele Vereinfachungen vornimmt. Detailliertere Modelle, insbesondere auch für doppeltwirkende Hydraulikzylinder, finden sich z. B. in [Wat15] oder [Glö14].

über eine Feder erzeugte Rückstellkraft $F_{\text{feder}} = k_{\text{feder}}x$ mit der Federkonstanten k_{feder}. Die Druckänderung im Zylinder ist abhängig vom Zylindervolumen und dem einlaufenden Volumenstrom Q_2 der Hydraulikflüssigkeit mit dem Kompressionsmodul $K_{\text{öl}}$. Dies führt zur ersten Differentialgleichung der Hydraulikanlage:

$$\dot{p}_2 = \frac{K_{\text{öl}}}{V_{\text{zyl}}}\left(Q_2 - \dot{V}_{\text{zyl}}\right) = \frac{K_{\text{öl}}}{V_{\text{zyl,0}} + Ax}\left(Q_2 - A\dot{x}\right) \tag{4.2}$$

Die Anwendung des Impulserhaltungssatzes unter Berücksichtigung der an der vom Hydraulikkolben bewegten Masse m angreifenden Kräfte führt zur zweiten Differentialgleichung für die Hydraulikanlage:

$$m\ddot{x} = F_{\text{zyl}} - F_{\text{feder}} - F_{\text{ext}} = A\left(p_2 - p_{\text{umg}}\right) - k_{\text{feder}}x - F_{ext} \tag{4.3}$$

Zur „Lösung" dieser Differentialgleichungen z. B. in MATLAB [The21] müssen diese in die Standardform entsprechend Gleichung 3.36 gebracht werden. Hierzu müssen zunächst die Zustandsgrößen $\underline{x}$ gewählt werden. Aus der Betrachtung der abgeleiteten Größen in Gleichung 4.2 und Gleichung 4.3 schließt man auf

$$\underline{x}(t) = \begin{bmatrix} x(t) \\ v(t) \\ p_2(t) \end{bmatrix}. \tag{4.4}$$

Der Zustandsvektor setzt sich also zusammen aus der Position des Hydraulikzylinders $x(t)$, seiner Geschwindigkeit $v(t) = \dot{x}(t)$ und seines Eingangsdrucks $p_2(t)$. Entsprechend ergibt sich für das Differentialgleichungssystem (unter Weglassen der Zeitabhängigkeiten)[27]:

$$\underline{\dot{x}} = \begin{bmatrix} \dot{x} \\ \dot{v} \\ \dot{p}_2 \end{bmatrix} = \begin{bmatrix} v \\ \frac{1}{m}\left(A\left(p_2 - p_{\text{umg}}\right) - k_{\text{feder}}x - F_{ext}\right) \\ \frac{K_{\text{öl}}}{V_{\text{zyl,0}} + Ax}\left(Q_2 - Av\right) \end{bmatrix} \tag{4.5}$$

Die fehlende Größe Q_2 kann durch Auflösung des Gleichungssystems, das durch die in Abbildung 4.7 aufgeführten vier Gleichungen für die vier Variablen p_1, p_2, Q_1 und Q_2 entsteht, nach Q_2 bestimmt werden:

$$Q_2 = \frac{Q_{\text{pumpe}} + \frac{p_{\text{umg}} - p_2}{R_{\text{leck}}}}{1 + \frac{R_{\text{rohr}}}{R_{\text{leck}}}} \tag{4.6}$$

---

[27] Mit dem Vektor $\underline{x}$ wird nachfolgend der Vektor der Zustandsgrößen bezeichnet, der Skalar x ist demgegenüber die Ausfahrlänge des Zylinders.

Die aufgestellten Gleichungen können nun z. B. in die MATLAB-Skriptsprache übersetzt werden. Das Ergebnis ist der folgende Quellcode:

```
function Hydraulikanlage()
  % Die Eingangsgrössen
  Qpumpe  = 0.001;          % Volumenstrom der Pumpe
  function F = Fext(t)      % Extern auf den Zylinder aufgebrachte Kraft
    if (t >= 8)
      F = 0;
    elseif (t >= 4)
      F = 500;
    else
      F = 0;
    end
  end

  % Die Parameter der einzelnen Bauteile
  A      = 1e-3;            % Querschnittsfläche Kolben
  m      = 500;            % Masse Kolben
  kfeder = 1000.0;         % Federkonstante Kolben
  pumg   = 1e5;            % Aussendruck
  Koel   = 1.15e9;         % Kompressionsmodul der Flüssigkeit (im Zylinder)
  V0     = 2.5e-5;         % Initiales Volumen
  Rrohr  = 8e7;            % Rohrwiderstand
  Rleck  = 1e9;            % "Widerstand" der Leckströmung

  % Bereitstellung der Differentialgleichung 'Hydraulikanlage_f'
  % in Standardform (nur abhängig von t und x)
  % mit den Zustandsgrössen [x, v, p2]
  ode = @(t,x) Hydraulikanlage_f(t, x, ...
                      Qpumpe, @Fext, ...
                      A, m, kfeder, pumg, Koel, V0, Rrohr, Rleck);

  % Simulation der DGL mit dem Solver 'ode45'

  % Ergebnis ist ein Vektor von Tupeln (t,x)
  [t,x] = ode45(ode, ...         % Die DGL in der Form dx = f(t,x)
                [0 12], ...      % Der Zeitbereich, hier 0 bis 12s
                [0 0 1e5]);      % Die Startwerte (x und v gleich 0, Anfangsdruck 1e5)

  % Berechnung der von den Zustandsgrössen abhängigen Grössen
  % mit den Ausgangsgrössen [Fres, Fext, Fspr, p1]
  dim = length(t);            % Anzahl der berechneten Zeitpunkte
  for (i = 1:dim)             % Für alle Zeitpunkte
    y(i,:) = Hydraulikanlage_g(t(i), x(i,:), ...
                      Qpumpe, @Fext, ...
                      A, m, kfeder, pumg, Koel, V0, Rrohr, Rleck);
  end

  % Grafische Ausgabe des Ergebnisses
  figure                      % Neues Ausgabefenster

  ax = subplot(4, 1, 1);  % Verlauf Eingangsdruck
  plot(ax, t, x(:,3), '—', t, y(:,4));
  title(ax, 'Eingangsdruck')
  ylabel(ax, '[bar]')
end
```

```
% Die Differentialgleichung der Hydraulikanlage
function xdot = Hydraulikanlage_f(t, xIn, ...
                                  Qpumpe, Fext, ...
                                  A, m, kfeder, pumg, Koel, V0, Rrohr, Rleck)
    % Die Zustandsgrössen im Vektor xIn
    x = xIn(1); v = xIn(2); p2 = xIn(3);

    % Rechte Seite der DGL der Hydraulikanlage
    dx = v;
    dv = (A * (p2 - pumg)-Fext(t)-kfeder*x)/m;
    Q2 = (Qpumpe + (pumg-p2)/Rleck) / (1 + Rrohr/Rleck);
    dp2 = Koel / (V0 + A*x) * (Q2 - A*v);

    % Die berechneten Ableitungen der Zustandsgrössen als Spaltenvektor
    xdot = [dx; dv; dp2];
end

% Die Ausgangsgleichung der Hydraulikanlage
function y = Hydraulikanlage_g(t, xIn, ...
                               Qpumpe, Fext, ...
                               A, m, kfeder, pumg, Koel, V0, Rrohr, Rleck)
    % Die Zustandsgrössen im Vektor xIn
    x = xIn(1); v = xIn(2); p2 = xIn(3);

    % Berechnung der Ausgangsgrössen
    Fres   = (A * (p2-pumg)-Fext(t)-kfeder*x);
    Ffeder = kfeder*x;
    Q1     = (Qpumpe + (pumg-p2)/Rleck) / (1 + Rrohr/Rleck);
    p1     = p2 + Rrohr*Q1;

    % Die berechneten Ausgangsgrössen als Spaltenvektor
    y = [Fres; Fext(t); Ffeder; p1];
end
```

Die Funktion „Hydraulikanlage()" wird bei der Simulation des Skripts aufgerufen, definiert zunächst Eingangsgrößen ($F_{\text{ext}}(t)$ in Form einer Gleichung) und Bauteilparameter, stellt die Funktion $\dot{x} = f(\underline{x}, t)$ über „Hydraulikanlage_f()", die neben den Parametern t und $\underline{x}(t)$ auch noch alle Eingangsgrößen und Bauteilparameter entgegennimmt, in Standardform bereit, und simuliert („löst") die Differentialgleichung für den Zeitbereich [0, 12 s] mit den Startwerten [0, 0, 100000]. Im Anschluss werden mit Hilfe der Ausgangsfunktion $\underline{y}(t) = g(\underline{x}(t), t)$ bzw. „Hydraulikanlage_g()" die von den Zustandsgrößen abhängigen Ausgangsgrößen

$$\underline{y}(t) = \begin{bmatrix} F_{\text{res}}(t) \\ F_{\text{ext}}(t) \\ F_{\text{feder}}(t) \\ p_1(t) \end{bmatrix} \tag{4.7}$$

berechnet und das Ergebnis dann grafisch dargestellt (siehe Abbildung 4.8). Der Zylinder wird solange $F_{\text{ext}} = 0$ auf 1 m Ausfahrlänge ausgefahren. Die Ausfahrlänge reduziert sich auf 0,5 m, wenn eine externe Kraft $F_{\text{ext}} = 500$ N aufgebracht wird.

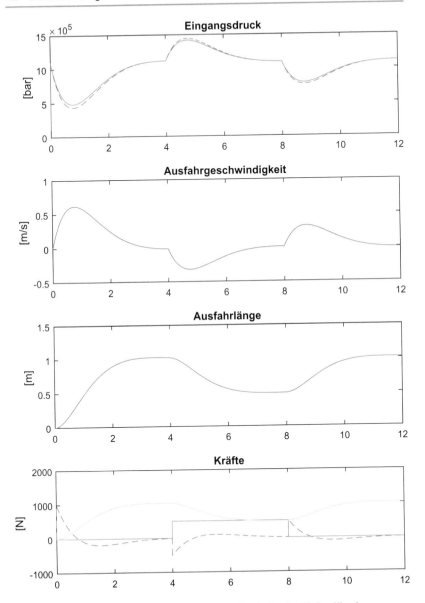

Abbildung 4.8 Ergebnis der gleichungsbasierten Simulation der Hydraulikanlage

Bezogen auf die in Kapitel 3 eingeführte Systematik der EDZ und die in Abschnitt 3.6.2 dargestellte Systematik zur einheitlichen Beschreibung von Simulationsfunktionen beschreiben gleichungsbasierte Simulationsverfahren das Verhalten einzelner EDZ-Komponenten. Die hier relevanten Modellbestandteile der $M_{S,\text{komp}}$ sind zunächst die Algorithmen $\underline{A}$, die „Skripte", welche das zugrundeliegende differential-algebraische Gleichungssystem ebenso wie die Ausgangsfunktion entsprechend Gleichung 3.36 beschreiben. Der Parametervektor $\underline{a}$ dient zur Parametrierung dieses Gleichungssystems. Aufgabe der Simulationsfunktionen Γ_{GBS} und Φ_{GBS} der gleichungsbasierten Simulation ist die Überführung der Skripte in ein Experimentierbares Modell und damit die Auswertung der in den Skripten modellierten Gleichungen entsprechend vorgegebener Zustands- und Eingangsgrößen für einen Zeitpunkt t.

Der hier dargestellte Fall der gleichungsbasierten Simulation adressiert damit direkt zeit- und wertkontinuierliche Simulationsmodelle in ihrer Standardform entsprechend Gleichung 3.36. Es ist Aufgabe des Modellierers, direkt das mathematische Modell in Form von Übergangsfunktion f_k, Nebenbedingungen h_k und Ausgangsfunktion g_k bereitzustellen. Tabellarisch stellen sich die Eigenschaften der gleichungsbasierten Simulation wie in Tabelle 4.1 dargestellt dar.

Es gibt unterschiedliche Simulationsumgebungen oder Softwarebibliotheken zur Realisierung gleichungsbasierter Simulationen auf Grundlage insbesondere einer Simulationssprache, einer Menge an Funktionen, Solvern, Algorithmen und Werkzeugen zur Generierung von ausführbaren Simulationen, einer integrierten Entwicklungsumgebung sowie interaktiver Datenvisualisierungs- und Analysetools. Die bekannteste ist hierbei sicherlich MATLAB [The21], mit dem auch das obige Beispiel realisiert wurde. Direkt vergleichbar mit MATLAB ist Scilab [Sci15]. Weitere Vertreter dieser Klasse sind GNU Octave oder 20-sim [Con]. Diese Spezialsysteme bekommen zunehmend Konkurrenz von „Standard-Skriptsprachen", die um Funktionalitäten für die numerische Mathematik erweitert werden. Ein Beispiel hierfür die ist die Programmiersprache Python mit dem Paket NumPy [NN17c]. Vielfach werden die o. g. Simulatoren verwechselt mit Computeralgebrasystemen wie Maxima oder Mathematica, in deren Mittelpunkt symbolische Verfahren z. B. zur Auflösung von Gleichungssystemen stehen und nicht wie hier die numerische Mathematik.

Tabelle 4.1 Zuordnung des Simulationsverfahrens „Gleichungsbasierte Simulation" zu den Klassifikationsmerkmalen aus Abschnitt 4.1.5.

Merkmal	Zuordnung
Domänen	Übergreifend
Prozesse	Deterministisch/Stochastisch
Zeitliche Auflösung	Kontinuierlich
Räumliche Auflösung	Kontinuierlich
Systemzustand	Kontinuierlich/Diskret
Laufzeit	Schneller/langsamer als Realzeit
Simulationsstruktur	Übergreifend/Partikelbasiert
Skalen	Einzeln
Abstraktionsniveau	Niedrig
Modellbestandteil	**Zuordnung**
Parameter $\underline{a}$	Parameter des DAE
Algorithmen $\underline{A}$	Über Skript modelliertes DAE
Zustand	**Zuordnung**
Zustand $\underline{x}_k(t)$	Die gewählten Zustandsgrößen
Zustand $\underline{x}_d(t)$	Die gewählten Zustandsgrößen[28]
Initialzustand $\underline{x}(t_0)$	Initiale Werte für die Zustandsgrößen
Zustandsänderung $\underline{\dot{x}}(t)$	Über $\underline{A}$ modellierte zeitliche Änderung der Zustandsgrößen
Simulation	**Zuordnung**
Übergangsfunktion $f_{k/d}$	Direkt mit $\underline{A}$ modelliert
Nebenbedingungen $h_{k/d}$	Direkt mit $\underline{A}$ modelliert
Ausgangsfunktion g	Direkt mit $\underline{A}$ modelliert
Nächstes Ereignis T	In den eingesetzten Solvern implementiert
Eingang $\underline{u}(t)$	Benötigte Eingangsgrößen
Ausgang $\underline{y}(t)$	Gewählte Ausgangsgrößen

---

[28] Grundsätzlich können über Verfahren der gleichungsbasierten Simulation natürlich auch zeitdiskrete Modelle erstellt werden. Dies entspricht allerdings nicht dem typischen Anwendungsfall dieses Verfahrenstyps. Dennoch finden sich in derartigen Modellen häufig zeitdiskrete Anteile.

4.2.2 Signalorientierte Simulation

Nahezu direkt vergleichbar mit den Verfahren zur gleichungsbasierten Simulation ist die signalorientierte Simulation. Auch bei der hier skizzierten Ausprägung der signalorientierten Simulation ist es das Ziel, kontinuierliche Modelle der Form Gleichung 3.36 in Experimentierbare Modelle zu überführen. Der wesentliche Unterschied ist, dass eine andere (jetzt graphische) Simulationssprache verwendet wird – statt in ein Skript wird hier das mathematische Modell in ein „Blockschaltbild" überführt. Diese Vorgehensweise ist u. a. in der Regelungstechnik weit verbreitet. Die resultierende grafische Darstellung im Blockschaltbild ist gleichbedeutend mit den dem Modell zugrunde liegenden Gleichungen. Wichtig ist, dass die Eingangs- und Ausgangsgrößen des Modells (also der Signalfluss) eindeutig festgelegt werden müssen. Teile des Modells können rekursiv in eigenen Blöcken modelliert werden, wodurch die Übersichtlichkeit des Modells erhöht wird. Die bessere Übersichtlichkeit gilt allgemein als wesentlicher Vorteil signalorientierter Methoden, da über den Signalfluss wesentliche Zusammenhänge besser erkennbar sind. Im Kontext der EDZ-Methodik sind der Begriff der „signalorientierten Simulation" sowie der Begriff des „Wirkungsplans" wie folgt definiert:

Definition 4.10 (Signalorientierte Simulation): *Signalorientierte Simulation beschreibt Systeme und Prozesse anhand von Wirkungsplänen und stellt geeignete graphische Simulationssprachen zu deren formalen Beschreibung sowie Werkzeuge zur Simulation zur Verfügung.*

Definition 4.11 (Wirkungsplan): *Als Wirkungsplan (engl. „functional diagram", auch Blockschaltbild genannt) wird die „symbolische Darstellung der Wirkungsabläufe in einem System durch Blöcke, Additions- und Verzweigungsstellen, die durch Wirkungslinien verbunden sind", verstanden.* [DIN14]

Zur Simulation wird der Wirkungsplan analysiert und in eine simulierbare Form überführt. Anhand der im Simulationsmodell identifizierbaren Integratoren können Zustandsgrößen identifiziert werden. Algebraische Schleifen müssen erkannt und wenn möglich geeignet aufgelöst werden. Die Simulation selbst kann dann auf unterschiedliche Weise erfolgen.

Analog zu Abschnitt 4.2.1 soll auch hier die generelle Vorgehensweise am Beispiel der Hydraulikanlage aus Abbildung 4.7 illustriert werden. Hierzu könnten die Gleichungen aus Abschnitt 4.2.1 1-zu-1 in einen entsprechenden Wirkungsplan überführt werden. Dies würde aber selbst bei diesem sehr einfachen Beispiel bereits zu großen und unübersichtlichen Diagrammen führen. Daher beginnt man zunächst damit, das Modell geeignet zu strukturieren. Hierbei hat es sich entsprechend des Konzepts der Leistungskopplung (siehe auch Abschnitt 3.6.4) als sinnvoll erwiesen, Blöcke zu definieren, die miteinander wechselseitig zwei physikalische Größen austauschen, deren Produkt die Einheit der Leistung (Watt) besitzt (siehe auch [Jun14])[29]. In diesem Fall führt dies zum in Abbildung 4.9 abgebildeten Diagramm.

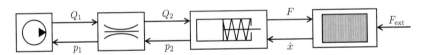

Abbildung 4.9 Die einzelnen Komponenten der Hydraulikanlage aus Abbildung 4.7 und ihre Ein- und Ausgangsgrößen (angelehnt an [Jun14])

Aus den in Abschnitt 4.2.1 eingeführten Zusammenhängen ergeben sich dann die folgenden Gleichungen für die Ausgangsgrößen der vier Blöcke. Für die Pumpe berechnet sich der ausgehende Volumenstrom Q_1 zu:

$$Q_1 = Q_{\text{pumpe}} - \frac{p_1 - p_{\text{umg}}}{R_{\text{leck}}} \tag{4.8}$$

Der Volumenstrom Q_2 am Ausgang sowie der Druck p_1 am Eingang der Leitung ergeben sich zu:

$$\begin{aligned} Q_2 &= Q_1 \\ p_1 &= p_2 + R_{\text{rohr}} Q_1 \end{aligned} \tag{4.9}$$

---

[29] Im Kontext der Bondgraphen (siehe Abschnitt 4.2.2) wird dies weiter motiviert.

Der Hydraulikzylinder bringt die Kraft F auf und beeinflusst den Druck p_2 am Eingang:

$$F = A\left(p_2 - p_{\text{umg}}\right) - k_{\text{feder}}x$$
$$\dot{p}_2 = \frac{K_{\text{öl}}}{V_{\text{zyl},0} + Ax}\left(Q_2 - A\dot{x}\right) \tag{4.10}$$

Die Masse m bewegt sich unter dem Einfluss dieser Kraft mit der Geschwindigkeit $\dot{x}$:

$$\ddot{x} = \frac{F - F_{\text{ext}}}{m} \tag{4.11}$$

Die einzelnen Blöcke werden dann in Wirkungspläne überführt, die Ein- und Ausgänge sowie Parameter enthalten. Abbildung 4.10 illustriert dies am Beispiel der Umsetzung der Gleichung 4.10 des Hydraulikzylinders in einen Wirkungsplan mit Hilfe des Simulationswerkzeugs Simulink [The17]. Deutlich werden die Eingänge Q und v, die Ausgänge p und F, die Konstanten A, $K_{\text{öl}}$, p_{umg}, $V_{\text{zyl},0}$ und k_{feder}. Ein dreieckiges Symbol bedeutet hierbei eine Multiplikation des Eingangs mit einer Konstante, das Quadrat mit dem Inhalt $\frac{1}{s}$ die Integration des Eingangs ausgehend von einem Startwert (im Fall des Drucks mit Ober- und Untergrenzen, in diesem Fall darf der Druck nicht unter null fallen) und das Quadrat mit „u+Vzyl0" die Addition von $V_{\text{zyl},0}$ auf den Eingangswert.

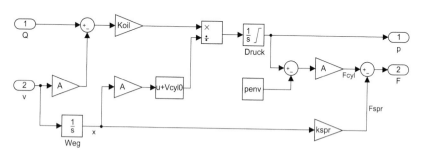

Abbildung 4.10 Wirkungsplan des Hydraulikzylinders (angelehnt an [Jun14])

Analog wird mit der Pumpe, der Leitung, der Masse und der externen Kraft verfahren und die berechneten Werte werden auf ein Oszilloskop gegeben. Das resultierende Modell der gesamten Hydraulikanlage ist in Abbildung 4.11 dargestellt. Der Wirkungsplan entspricht vollständig Abbildung 4.9 und erhält allein aufgrund der Tatsache, dass die Eingänge der Blöcke stets links und die Ausgänge stets rechts positioniert werden, aufgrund der aufwändigeren „Leitungsführung" optisch eine zusätzliche Komplexität.

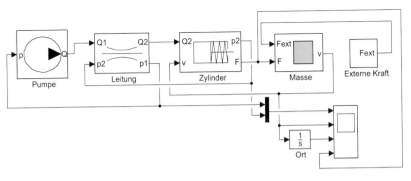

Abbildung 4.11 Wirkungsplan der Hydraulikanlage (angelehnt an [Jun14], modelliert mit Simulink)

Das Beispiel der Hydraulikanlage illustriert zudem das Problem der **algebraischen Schleifen**. In Abbildung 4.11 entsteht eine derartige Schleife über die Blöcke der Pumpe und der Leitung. In der Pumpe wird Q_1 aus p_1 berechnet (siehe Gleichung 4.8), wohingegen im Block der Leitung p_1 aus Q_1 bestimmt wird (siehe Gleichung 4.9). Die Auflösung dieser Schleife und damit die Aufstellung der Gleichung 4.6 durch automatische Lösung des entsprechenden Gleichungssystems wird hier glücklicherweise vom Simulationssystem selbst vorgenommen. Dies ist in vielen Fällen allerdings nicht möglich, so dass hier der Modellierer selbst eingreifen muss. Die in Abbildung 4.11 enthaltenen weiteren Rückkopplungen, d. h. die Verwendung des Ausgangs p_2 des Hydraulikzylinders im Block der Leitung oder die Verwendung der Geschwindigkeit als Ausgangs des Massen-Blocks im Hydraulikzylinder sind übrigens keine algebraischen Schleifen, da diese Größen in den jeweiligen Blöcken jeweils zunächst integriert werden und damit Teil des entstehenden Differentialgleichungssystems sind. Die Algorithmen, die einen Wirkungsplan in ein

Experimentierbares Modell überführen, sind durchaus komplex. Zunächst wird die hierarchische Strukturierung des Modells aufgelöst („Flattening"), dann die Ausführungsreihenfolge der Blöcke bestimmt und optimiert, algebraische Schleifen identifiziert und ggf. aufgelöst und schließlich die Integration durchgeführt.

Bezogen auf die in Kapitel 3 eingeführte Systematik der Experimentierbaren Digitalen Zwillinge und die in Abschnitt 3.6.2 dargestellte Systematik zur einheitlichen Beschreibung von Simulationsfunktionen gilt für signalorientierte Simulationsverfahren das gleiche wie bei gleichungsbasierten Verfahren. Auch hier sind die relevanten Modellbestandteile der einzelnen $M_{S,komp}$ die Algorithmen $\underline{A}$, die Wirkungspläne, welche das zugrundeliegende differential-algebraische Gleichungssystem ebenso wie die Ausgangsfunktion entsprechend Gleichung 3.36 beschreiben. Der Parametervektor $\underline{a}$ dient zur Parametrierung dieses Wirkungsplans. Auch hier ist Aufgabe der Simulationsfunktionen Γ_{SOS} und Φ_{SOS} der signalorientierten Simulation die Überführung der Wirkungspläne in ein Experimentierbares Modell. Im Gegensatz zur gleichungsbasierten Simulation müssen hierzu zunächst Übergangsfunktion f_k, Nebenbedingungen h_k und Ausgangsfunktion g aus den Wirkungsplänen abgeleitet werden. Diese werden dann schließend von geeigneten Solvern entsprechend vorgegebener Zustands- und Eingangsgrößen ausgewertet.

Damit repräsentiert auch die signalorientierte Simulation direkt zeit- und wertkontinuierliche Simulationsmodelle in ihrer Standardform entsprechend Gleichung 3.36. Tabellarisch stellen sich die Eigenschaften der signalorientierten Simulation wie in Tabelle 4.2 dargestellt dar.

Wie auch für die gleichungsbasierte Simulation gibt es auch für die signalorientierte Simulation unterschiedliche Simulationsumgebungen oder Softwarebibliotheken mit vergleichbarem Funktionsumfang wie oben für die gleichungsbasierte Simulation dargestellt. Die bekannteste ist hierbei sicherlich `Simulink` [The17], mit dem auch das obige Beispiel realisiert wurde. Direkt vergleichbar mit `Simulink` sind z. B. `Xcos` [Sci15] oder `20-sim` [Con].

Tabelle 4.2 Zuordnung des Simulationsverfahrens „Signalorientierte Modellierungssprachen" zu den Klassifikationsmerkmalen aus Abschnitt 4.1.5.

Merkmal	Zuordnung
Domänen	Übergreifend
Prozesse	Deterministisch/Stochastisch
Zeitliche Auflösung	Kontinuierlich
Räumliche Auflösung	Kontinuierlich
Systemzustand	Kontinuierlich/Diskret
Laufzeit	Schneller/langsamer als Realzeit
Simulationsstruktur	Übergreifend/Partikelbasiert
Skalen	Einzeln
Abstraktionsniveau	Niedrig
Modellbestandteil	**Zuordnung**
Parameter $\underline{a}$	Parameter des DAE
Algorithmen $\underline{A}$	Über Wirkungsplan modelliertes DAE
Zustand	**Zuordnung**
Zustand $\underline{x}_k(t)$	Die gewählten Zustandsgrößen
Zustand $\underline{x}_d(t)$	Die gewählten Zustandsgrößen[30]
Initialzustand $\underline{x}(t_0)$	Initiale Werte für die Zustandsgrößen
Zustandsänderung $\underline{\dot{x}}(t)$	Über $\underline{A}$ modellierte zeitliche Änderung der Zustandsgrößen
Simulation	**Zuordnung**
Übergangsfunktion $f_{k/d}$	Direkt mit $\underline{A}$ modelliert
Nebenbedingungen $h_{k/d}$	Direkt mit $\underline{A}$ modelliert
Ausgangsfunktion g	Direkt mit $\underline{A}$ modelliert
Nächstes Ereignis T	In den eingesetzten Solvern implementiert
Eingang $\underline{u}(t)$	Benötigte Eingangsgrößen
Ausgang $\underline{y}(t)$	Gewählte Ausgangsgrößen

4.2.3 Bondgraphen

Eine große Herausforderung bei der Anwendung signalorientierter Methoden ist die **Festlegung der Kausalität der verwendeten Blöcke**, d. h. die Beantwortung der Frage, welche der Anschlüsse eines Blocks Ausgänge und welche Eingänge

---

[30] Grundsätzlich können über Verfahren der signalorientierten Simulation auch ereignisdiskrete Modelle erstellt werden.

sind. Bei gleichungsbasierten und signalorientierten Methoden muss die Kausalität von vornherein vom Modellierer identifiziert und festgelegt werden; eine Zahl wird als Funktionsparameter übergeben oder ist der Rückgabewert einer Funktion, ein Anschluss wird entweder als Eingang oder als Ausgang definiert. Oftmals ist die Beantwortung der Frage „Was ist ein Eingang und was ein Ausgang?" nicht trivial. Schon das einfache Beispiel der Abbildung 4.11 macht dies deutlich. Warum ist die Geschwindigkeit v Eingang des Hydraulikzylinders und nicht sein Ausgang, da die Bewegung schließlich von ihm verursacht wird? Oder warum ist der Druck p_2 am Ausgang der Hydraulikleitung ein Eingang der Leitung? Vielfach ist die Frage nach Kausalität nicht einmal eindeutig zu beantworten, die zu treffenden Festlegungen beruhen vielmehr auf den Erfahrungen des Modellierers. Hin und wieder sind die Kausalzusammenhänge auch gänzlich unbekannt. Hinzu kommt die Problematik, dass in den einzelnen Blöcken oft Differentialgleichungen formuliert werden müssen, was vielen Modellierern schwerfällt.

Unter anderem aus diesen Gründen haben sich weitere grafische Abbildungsformen von dynamischen Systemen entwickelt, welche an dieser Stelle Vereinfachungen anstreben. Ein Beispiel hierfür sind die sogenannten **System Dynamics Diagramme** [For61], die die relevanten Zustandsgrößen als Speicher auffassen, die ihren Wert aufgrund von Zu- und Abflüssen verändern. Entsprechend gibt es drei maßgebliche Blocktypen in diesen Diagrammen, Reservoirs (engl. „Stock"), Flüsse (engl. „Flow") und Zwischengrößen (engl. „Converter"). Die durch diese Diagramme fließenden Entitäten sind z. B. Produkte oder Personen, die ausschließlich über ihre Quantität betrachtet werden, ihre individuellen Eigenschaften sind nicht von Relevanz. Die spätestens zum Zeitpunkt der Simulation notwendige Kausalität der einzelnen Blöcke ergibt sich hier erst aus dem Gesamtzusammenhang und wird im Rahmen der Vorbereitung der Simulation festgelegt. Mit System Dynamics Diagrammen werden Systeme typischerweise „Top-Down" untersucht, entsprechend hoch ist der Abstraktionsgrad der Modelle und der erzielten Ergebnisse.

Auch **Bondgraphen** gehen mit dem Problem der Kausalität ähnlich um. Bondgraphen liegt die Idee zu Grunde, dass Systeme aus Teilsystemen aufgebaut sind, die miteinander Energie austauschen. Im Gegensatz hierzu basiert die signalorientierte Simulation auf dem Signalfluss zwischen den Elementen und der Verarbeitung der Signale in den Elementen. Darüber hinaus basiert die Entwicklung der auf [Hen61] zurückgehenden Bondgraphen auf der Erkenntnis, dass sich unterschiedliche Anwendungsdomänen in ähnlicher Weise modellieren lassen, wenn man sich auf die Energieflüsse konzentriert (siehe auch [Jun14; AM12]). Im Gegensatz zu den bereits vorgestellten gleichungs- und signalorientierten Methoden müssen vom Modellierer oftmals nicht einmal mehr Differentialgleichungen aufgestellt werden.

Ein Bondgraph besteht aus Knoten (Bauteilen oder Verzweigungen), die mit **Bonds** als gerichteten Kanten verbunden sind. Diesen Bonds sind die beiden Größen **Effort** e und **Flow** f zugeordnet, wobei deren Produkt die in Richtung des Bond fließende Leistung $P = e \cdot f$ ergibt (siehe Abbildung 4.12).

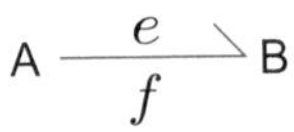

$$A \xrightarrow{\;\;e\;\;}_{\;\;f\;\;} B$$

Abbildung 4.12 Die Hauptelemente eines Bondgraphen: Knoten (Bauteile oder Verweigungen) und Kanten (Bonds)

In den unterschiedlichen Disziplinen werden den beiden Größen Effort und Flow unterschiedliche physikalische Größen zugeordnet. Generell wird der Effort hierbei häufig mit der Ursache eines Energieflusses assoziiert, der Flow mit den aufgrund dieses Energieflusses sich bewegenden „Teilchen". Tabelle 4.3 gibt die entsprechenden Zuordnungen für die nachfolgend betrachteten Disziplinen Elektrotechnik, Mechanik und Hydraulik an, analoge Zuordnungen können z. B. auch für die Thermodynamik (Temperatur und Entropiestrom) vorgenommen werden. Neben der Betrachtung des Flows sind offensichtlich häufig auch die Integrale von Effort und Flow von Interesse. Diese werden für den Effort als **Impuls** $p := \int e \, dt$ und für den Flow als **Verschiebung** $q := \int f \, dt$ definiert und entsprechen in der Elektrotechnik der Ladung und in der Mechanik der Auslenkung.

Tabelle 4.3 Zuordnung physikalischer Größen zu Effort und Flow bzw. der hieraus abgeleiteten Verschiebung in unterschiedlichen Disziplinen.

Merkmal	Elektrisch	Mechanisch	Hydraulisch
Effort e	Spannung U	Kraft F/Moment M	Druck p
Flow f	Stromstärke I	Geschwindigkeit v/ω	Volumenstrom $Q = \dot{V}$
Impuls p	Magnetischer Fluss Φ	Impuls P	
Verschiebung q	Ladung Q	Position x/Winkel α	Volumen V

Entsprechend kann der Begriff des Bondgraphen in Anlehnung an [Bor10] wie folgt definiert werden:

Definition 4.12 (Bondgraph): *Ein (gerichteter) Bondgraph ist ein gerichteter Graph, deren Knoten Subsysteme, Komponenten oder Einzelelemente eines Systems repräsentieren. Die Kanten werden (Power) Bonds genannt und repräsentieren den Energietransfer zwischen den Knoten. Die Richtung der Bonds gibt die positive Richtung des Energieflusses entlang des Bonds an.*

Abbildung 4.13 illustriert die Anwendung von Bondgraphen an einem ersten einfachen Beispiel für einen RC-Kreis sowie ein Feder-Dämpfer-System. *„Betrachtet man vor allem die fließende Energie (also die Leistung $P = \dot{E}$), geschieht in beiden Beispielen grundsätzlich dasselbe: Von einer äußeren Quelle S_e fließt Energie in das System, sie verteilt sich auf ein Element R, das Energie verbraucht und ein Element C, das Energie speichert. Die – für beide Systeme identische – Darstellung als Bondgraph stellt den Energiefluss dar. Dabei steht das 1-Element für eine Verzweigung, an der sich die Energie aufteilt. Gibt man noch die Parameter der Komponenten (C und R bzw. d und k) sowie die Anfangsbedingung an, stellt der Bondgraph eine zwar abstrakte, aber vollständige Beschreibung des Systems dar.“* [Jun14] Das verwendete 1-Element beschreibt hierbei eine Aufteilung der Efforts (U bzw. F) auf die verbundenen Elemente, der Flow (i bzw. v) bleibt gleich. Anders formuliert addieren sich bei einem 1-Element die Efforts aller verbundenen Knoten unter Berücksichtigung der Pfeilrichtung zu 0, die Flows sind identisch. Genau das Gegenteil ist beim 0-Element der Fall. Hier teilen sich die Flows auf bzw. addieren sich zu 0, die Efforts sind gleich. Anschaulich beschreibt dies den Unterschied zwischen Reihen- und Parallelschaltung. Wesentliche Bauteil-Knoten von Bondgraphen sind in Tabelle 4.4 aufgelistet.

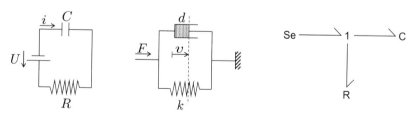

Abbildung 4.13 Ein und derselbe Bondgraph beschreibt vergleichbare elektrische und dynamische Systeme (RC-Kreis links, Feder-Dämpfer-System in der Mitte, entsprechender Bondgraph rechts, jeweils angelehnt an [Jun14]).

Tabelle 4.4 Zuordnung physikalischer Größen zu Effort und Flow in unterschiedlichen Disziplinen.

Bauteiltyp	Elektrisch	Mechanisch	Hydraulisch
Effort-Quelle **Se**	Spannungsquelle	Eingeprägte Kraft	
Flow-Quelle **Sf**	Stromquelle	Mech. Einspannung	Eingepr. Volumenstrom
Kapazität $\mathbf{C}^a$	Kondensator	Feder	Tank
Trägheit $\mathbf{I}^b$	Spule	Masse	Massenträgheit Fluid
Widerstand $\mathbf{R}^c$	Widerstand	Dämpfer	Leitungswiderstand
Transformator $\mathbf{TF}^d$	Transformator	Hebel	Hydraulikzylinder
Gyrator $\mathbf{GY}^e$	Elektromotor		

^{a} Für die Kapazität (engl. „Capacity") gilt $f = C\dot{e}$. Diesem Bauteil entspricht in der Elektrotechnik ein Kondensator mit der Kapazität C, in der Mechanik eine Feder mit der Federkonstanten $C \equiv \frac{1}{k}$ und in der Hydraulik einem Tank mit der $C \equiv \frac{A}{\rho g}$ (mit A der Querschnittsfläche des Tanks) [Jun14].

^{b} Für die Trägheit (engl. „Inertia") gilt $e = I\dot{f}$. Diesem Bauteil entspricht in der Elektrotechnik eine Spule mit der Induktivität $I \equiv L$, in der Mechanik eine Masse mit der Masse $I \equiv m$ und in der Hydraulik die Massenträgheit eines Fluids mit $I = \frac{\rho l}{A}$ [Jun14].

^{c} Für den Widerstand (engl. „Resistor") gilt $e = Rf$. Diesem Bauteil entspricht in der Elektrotechnik ein ohmscher Widerstand mit dem Widerstand R, in der Mechanik ein viskoser Dämpfer mit der Dämpfungskonstanten $R \equiv d$ und in der Hydraulik einer Leitung mit dem Leitungswiderstand R_L.

^{d} Für den Transformator (engl. „Transformer") gilt $e_2 = \frac{1}{m}e_1$ und $f_2 = mf_1$. Diesem Bauteil entspricht in der Elektrotechnik ein Transformator, in der Mechanik ein Heben und in der Hydraulik ein Hydraulikzylinder mit $m \equiv \frac{1}{A}$, wobei hier der „Energiebereich" von hydraulisch in mechanisch gewechselt wird. A ist hier die Kolbenquerschnittsfläche.

^{e} Für einen Gyrator gilt $e_2 = rf_1$ und $f_2 = \frac{1}{r}e_1$. Im Vergleich zum Transformator werden also die Rollen von Effort und Flow vertauscht.

Wie auch am nachfolgenden Beispiel deutlich wird, ist das Aufstellen eines derartigen Bondgraphen wenig intuitiv. Daher gibt es für die unterschiedlichen Anwendungsdomänen Regelwerke, nach denen derartige Modelle sukzessive aufgebaut werden (siehe z. B. [Jun14]). Der Lohn für die Arbeit sind dann aber Modelle beschränkter Größe, die zudem Einsichten in die Kausalitäten des Gesamtsystems liefern.

Die Festlegung der Kausalität ist dann auch die Grundlage für die Aufstellung der durch einen Bondgraphen repräsentierten Differentialgleichungen als Grundlage für die spätere Simulation. Kausalität bedeutet in diesem Zusammenhang, welche Seite eines Bonds den Effort e und welche den Flow f bestimmt. Dies ist unabhängig von der Richtung eines Bonds, diese legt lediglich die Vorzeichen von e

und f fest. In der Darstellung der Bondgraphen wird dann diejenige Seite, die den Flow festlegt, mit einem Querstrich gekennzeichnet (siehe auch Abbildung 4.14). Ein Bondgraph, in dem dies für alle Bonds erfolgreich festgelegt werden konnte, heißt „kausal". Für die Festlegung der Kausalität eines Bonds gibt es eine ganze Reihe von Regeln. Beispiele hierfür sind, dass ein Sf-Element den Flow festlegt, ein Se-Element den Effort, bei einem 1-Element genau ein Flow ein Eingang ist, alle anderen sind festgelegt, usw. Zur Bestimmung der Kausalität geht man alle Bonds eines Bondgraphen entsprechend dieser Regeln systematisch durch. Im Anschluss kann dann das dem Bondgraphen entsprechende Differentialgleichungssystem aufgestellt und anschließend simuliert werden.

Analog zu Abschnitt 4.2.1 und Abschnitt 4.2.2 soll auch hier die generelle Vorgehensweise bei Bondgraphen am Beispiel der Hydraulikanlage aus Abbildung 4.7 illustriert werden. Die Pumpe liefert einen konstanten Volumenstrom Q_{pumpe}, der sich in den Leckstrom Q_{leck} und den über die Leitung transportierten Volumenstrom Q_1 aufteilt (modelliert über das 0-Element, bei dem sich die Flows zu 0 addieren). Das nächste 1-Element modelliert, dass der Volumenstrom am Ende der Leitung Q_2 gleich dem am Anfang der Leitung Q_1 ist. Die beiden R-Elemente modellieren den Leckstrom sowie den Druckverlust der Leitung. Das nächste 0-Element modelliert, dass die Differenz im Eingangs-Volumenstrom des Hydraulikzylinders Q_2 und des vom Zylinder aufgenommenen bzw. abgegebenen Volumenstroms $A\dot{x}$ von der Kompressibilität des Hydrauliköls im entsprechenden C-Element aufgenommen werden muss. Das folgende TF-Element wandelt die hydraulischen Größen p_2 und $A\dot{x}$ in die mechanischen Größen F_{zyl} und $\dot{x}$ mit dem „Verstärkungsfaktor" A bzw. $\frac{1}{A}$ um. Das abschließende 1-Element auf der rechten Seite repräsentiert die Kräftebilanz an der Masse, dem I-Element, bestehend aus externer Kraft F_{ext} sowie den vom Hydraulikzylinder F_{zyl} und von der Feder (dem C-Element) aufgebrachten Kräften.

Abbildung 4.15 stellt die entsprechenden Efforts und Flows dar und ordnet die Gleichungen aus Abbildung 4.7 den einzelnen Elementen des Bondgraphen zu. Im Vergleich zu den Modellen aus Abschnitt 4.2.1 und Abschnitt 4.2.2 gibt es, obwohl der Bondgraph völlig anders als der entsprechende Wirkungsplan aussieht und mit deutlich weniger Elementen auskommt, nur zwei Unterschiede, die sich dann auch in der Simulation widerspiegeln. Zum einen wird im Bondgraph von einem konstanten (mittleren) Zylindervolumen $\overline{V}_{\text{zyl}}$ ausgegangen. Darüber hinaus wird der Umgebungsdruck nicht berücksichtigt, es gilt also quasi $p_{\text{umg}} = 0$ („Bezugssystem").

Bezogen auf die in Kapitel 3 eingeführte Systematik der Experimentierbaren Digitalen Zwillinge und die in Abschnitt 3.6.2 dargestellte Systematik zur einheitlichen Beschreibung von Simulationsfunktionen gilt für Bondgraphen das gleiche wie bei den beiden bereits eingeführten Verfahren. Auch hier sind die relevanten

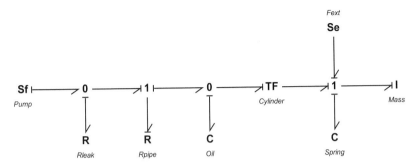

Abbildung 4.14 Bondgraph der Hydraulikanlage (angelehnt an [Jun14], modelliert mit `20-sim`)

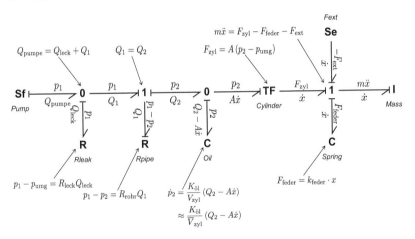

Abbildung 4.15 Efforts und Flows der Hydraulikanlage aus Abbildung 4.14

Modellbestandteile der einzelnen $M_{S,\text{komp}}$ die Algorithmen $\underline{A}$, die Bondgraphen, welche das zugrundeliegende differential-algebraische Gleichungssystem ebenso wie die Ausgangsfunktion entsprechend Gleichung 3.36 beschreiben. Der Parametervektor $\underline{a}$ dient zur Parametrierung dieses Bondgraphen. Auch hier ist Aufgabe der Simulationsfunktionen Γ_{BG} und Φ_{BG} die oben erläuterte Überführung der Bondgraphen in ein Experimentierbares Modell und entsprechend die Bestimmung der Übergangsfunktion f_k, der Nebenbedingungen h_k und der Ausgangsfunktion g sowie die Auswertung dieser Funktionen entsprechend vorgegebener Zustands- und Eingangsgrößen für einen Zeitpunkt t.

Damit repräsentieren auch Bondgraphen direkt zeit- und wertkontinuierliche Simulationsmodelle in ihrer Standardform entsprechend Gleichung 3.36. Tabellarisch stellen sich die Eigenschaften der Bondgraphen wie in Tabelle 4.5 dargestellt dar.

Es gibt unterschiedliche Simulationsumgebungen oder Softwarebibliotheken zur Realisierung von Bondgraphen. Ein Beispiel hierfür ist etwa die Software `20-sim` [Con], die eine domänenübergreifende Modellierung und Simulation dynamischer Systeme ermöglicht.

Tabelle 4.5 Zuordnung des Simulationsverfahrens „Bondgraphen" zu den Klassifikationsmerkmalen aus Abschnitt 4.1.5.

Merkmal	Zuordnung
Domänen	Übergreifend
Prozesse	Deterministisch/Stochastisch
Zeitliche Auflösung	Kontinuierlich
Räumliche Auflösung	Kontinuierlich
Systemzustand	Kontinuierlich
Laufzeit	Schneller/langsamer als Realzeit
Simulationsstruktur	Übergreifend/Partikelbasiert
Skalen	Einzeln
Abstraktionsniveau	Niedrig
Modellbestandteil	**Zuordnung**
Parameter $\underline{a}$	Parameter des DAE
Algorithmen $\underline{A}$	Über Bondgraphen modelliertes DAE
Zustand	**Zuordnung**
Zustand $\underline{x}_k(t)$	Die gewählten Zustandsgrößen
Zustand $\underline{x}_d(t)$	–
Initialzustand $\underline{x}(t_0)$	Initiale Werte für die Zustandsgrößen
Zustandsänderung $\underline{\dot{x}}(t)$	Über $\underline{A}$ modellierte zeitliche Änderung der Zustandsgrößen
Simulation	**Zuordnung**
Übergangsfunktion f_k	Direkt mit $\underline{A}$ modelliert
Nebenbedingungen h_k	Direkt mit $\underline{A}$ modelliert
Ausgangsfunktion g	Direkt mit $\underline{A}$ modelliert
Nächstes Ereignis T	In den eingesetzten Solvern implementiert
Eingang $\underline{u}(t)$	Benötigte Eingangsgrößen
Ausgang $\underline{y}(t)$	Gewählte Ausgangsgrößen

4.2.4 Physikalisch-objektorientierte Simulation

Das Hauptproblem der Bondgraphen ist, dass sie für den Anwender sehr abstrakt erscheinen. Trotzdem sind sie ein hilfreiches Werkzeug bei der Analyse komplexer Systeme aus verschiedenen Anwendungsfeldern und stellen einen wichtigen Zwischenschritt bei der Entwicklung moderner Verfahren zur physikalischen Modellierung dar [Jun14]. Objektorientierte Methoden – oft auch als Verfahren zur physikalischen Modellierung bezeichnet – wollen die Modellierung deutlich vereinfachen. Sie ermöglichen es, das Modell direkt aus den Systemkomponenten (z. B. einer Pumpe, einer Leitung, einem Hydraulikventil, einer Feder u. ä.) zusammenzusetzen. Hierbei werden die einzelnen Komponenten einfach miteinander verbunden. Die Kausalität ist bei der Modellierung ebenso wie die Richtung einer Verbindung irrelevant. Mit Blick auf Abbildung 4.2 erfolgt die Modellierung hier auf Ebene der physikalischen Modelle und damit deutlich näher an der eigentlichen Problemstellung.

Im Rahmen der objektorientierten Modellierung entstehende Diagramme bestehen aus geeignet parametrierten **Bausteinen** (auch als Komponenten bezeichnet), die über **Konnektoren** verfügen, welche über **Verbindungen** miteinander verbunden werden. Ein Konnektor ist hierbei ähnlich wie bei Bondgraphen einer Domäne (elektrisch, mechanisch etc.) zugeordnet, wobei die Domäne die austauschbaren Modellgrößen (Strom, Spannung etc.) festlegt. Ebenfalls ähnlich wie bei Bondgraphen werden diese Modellgrößen in Potenzialvariablen s und Flussvariablen f unterschieden, welche mit Efforts und Flows verglichen werden können. Allerdings muss das Produkt nicht zwangsläufig eine Leistung ergeben, auch mehr oder weniger als zwei ausgetauschte Modellgrößen sind erlaubt [Jun14]. Es können zwei oder mehr Konnektoren miteinander verbunden werden. Wie auch bei 0-Elementen der Bondgraphen addieren sich die entsprechenden Flows zu 0, die Potenziale aller Konnektoren sind gleich.

Bei der Modellerstellung wird von Anfang an großer Wert auf semantische Konsistenz gelegt. So können nur Konnektoren der gleichen Domäne miteinander verbunden werden. Zudem werden meist alle betrachteten Größen von Anfang an mit einer entsprechenden Semantik (Fläche, Volumen, Druck etc.) versehen, die dann auch mit den entsprechenden Einheiten assoziiert ist. Entsprechend werden dann auch die Konnektoren in den unterschiedlichen Domänen nicht mehr nur abstrakt als „Konnektoren" bezeichnet sondern als „flange" in der Mechanik, „pin" in der Elektrotechnik oder „port" in der Hydraulik.

Das Verhalten der einzelnen Bauteile ist jeweils durch ein differential-algebraisches Gleichungssystem modelliert, welche die Konnektoren unter Verwendung der Parameter geeignet in Beziehung setzen. Über das modellierte

Gesamtsystem betrachtet ergeben sich so eine Vielzahl von Gleichungen, die wiederum in ein einziges differential-algebraisches Differentialgleichungssystem überführt werden müssen. Für das Aufstellen dieses Gleichungssystems, das damit verbundene „Sortieren" der einzelnen Gleichungen, die Berücksichtigung algebraischer Schleifen und weiterer Eigenheiten des Gesamtmodells gibt es mittlerweile eine ganze Reihe aufeinander aufbauender Algorithmen, welche diese Arbeit unbemerkt vom Benutzer erledigen. Wie auch bei Bondgraphen wird die Kausalität erst im Gesamtzusammenhang festgelegt. In Diagrammen der objektorientierten Modellierung wird diese allerdings nicht explizit angezeigt, sie verschwindet vollständig „unter der Haube" des verwendeten Simulationssystems. Eine mathematische Aufbereitung der Modellgleichungen durch den Modellierer ist nicht notwendig, diese Aufgabe übernimmt der Simulator. Im Anschluss kann dann das dem objektorientierten Modell entsprechende Differentialgleichungssystem aufgestellt und anschließend simuliert werden. Der Begriff der objektorientierten Simulation kann damit wie folgt definiert werden:

Definition 4.13 (Objektorientierte Simulation): *Physikalisch-objektorientierte Modellierung (auch Netzwerkmodellierung genannt) beschreibt Systeme durch Elemente, die durch Verbindungen zusammengefügt werden. Physikalische Zusammenhänge werden durch Ausdrücke von Potential- und Flussgrößen formuliert.*

Analog zu Abschnitt 4.2.1, Abschnitt 4.2.2 und Abschnitt 4.2.3 soll auch hier die generelle Vorgehensweise bei objektorientierten Methoden am Beispiel der Hydraulikanlage aus Abbildung 4.7 illustriert werden (siehe Abbildung 4.16). Die Pumpe liefert relativ zum Außendruck (modelliert über das Bauteil links) einen konstanten Volumenstrom, der über die Leitung an den Hydraulikzylinder transportiert wird. Bis zu diesem Punkt sind alle Konnektoren der Domäne „Hydraulik" zugeordnet, was durch die hellblauen Ein- und dunkelblauen Ausgänge, jeweils als Kreise dargestellt, visualisiert wird. Am Hydraulikzylinder wechselt die Domäne zu „Mechanik", verdeutlicht durch Quadrate als Konnektoren. Am Hydraulikzylinder ist die externe Masse angeschlossen, auf die wiederum eine externe Kraft wirkt, deren Kraftverlauf über zwei Kraftsprünge zu den Zeitpunkten 4 s und 8 s modelliert ist. Nachdem die einzelnen Bauteile geeignet parametriert sind, ist das Modell direkt lauffähig.

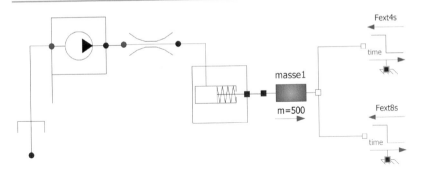

Abbildung 4.16 Modell der Hydraulikanlage nach objektorientierter Modellierung (angelehnt an [Jun14], unter Verwendung der vom gleichen Autor entwickelten Hydraulikbibliothek modelliert in OpenModelica)

Objektorientierte Methoden sind eng mit der Modellierungssprache Modelica [Mod17] verbunden, mit dessen Hilfe sowohl die Bauteile einschließlich ihrer Konnektoren modelliert als auch die hierauf aufbauenden Gesamtmodelle erstellt werden. Der nachfolgende Ausschnitt aus dem aus [Jun14] abgeleiteten Modelica-Modell des Hydraulikzylinders illustriert, wie kompakt entsprechende Modelle erstellt werden können. Nach dem Modellnamen werden hier zunächst die Parameter mit ihren Standardwerten aufgelistet. Die Modellgrößen Druck, Position und Geschwindigkeit werden über den Eingang „inflow" und den Ausgang „piston" beeinflusst. Über den Parameter „start" werden die Startwerte der Simulation definiert. Die Zusammenhänge werden über den Bereich „equation" festgelegt, wobei jede einzelne Gleichung *keine* Aussage über die Kausalität trifft. Die linken und rechten Seiten der Gleichungen sind also gleichberechtigt.

```
model CompressibleCylinder
  parameter Area                                  A = 0.001              'Kolbenfläche';
  parameter BulkModulus                           Koil = 1150000000.0    'Kompressionsmodul';
  parameter Volume                                V0 = 0.000025          'Volumen bei s = 0';
  parameter Pressure                              penv = 100000.0        'Aussendruck';
  parameter TranslationalSpringConstant           kspr = 1000.0          'Federkonstante';
  Pressure                                        p(start = penv, fixed = true);
  Position                                        s(start = 0);
  Velocity                                        v;
  Interfaces.Port_a                               inflow;
  Modelica.Mechanics.Translational.Interfaces.Flange_a
                                                  piston;
equation
  inflow.p = p;
  piston.s = s;
  piston.f = -A * (p - penv) + kspr * s;
  der(p) = if p <= 0 then 0 else Koil / (V0 + A * s) * (inflow.q - A * v);
  der(s) = v;
end CompressibleCylinder;
```

Bezogen auf die in Kapitel 3 eingeführte Systematik der Experimentierbaren Digitalen Zwillinge und die in Abschnitt 3.6.2 dargestellte Systematik zur einheitlichen Beschreibung von Simulationsfunktionen gilt für die physikalisch-objektorientierte Simulation das gleiche wie bei den bereits eingeführten Verfahren. Auch hier sind die relevanten Modellbestandteile der einzelnen $M_{S,komp}$ die Algorithmen $\underline{A}$, die Netzwerke, welche das zugrundeliegende differential-algebraische Gleichungssystem ebenso wie die Ausgangsfunktion entsprechend Gleichung 3.36 beschreiben. Der Parametervektor $\underline{a}$ dient zur Parametrierung dieses Netzwerks.

Auch hier ist Aufgabe der Simulationsfunktionen Γ_{POS} und Φ_{POS} die oben erläuterte Überführung der Netzwerke in ein Experimentierbares Modell und entsprechend die Bestimmung der Übergangsfunktion f_k, der Nebenbedingungen h_k und der Ausgangsfunktion g sowie die Auswertung dieser Funktionen entsprechend vorgegebener Zustands- und Eingangsgrößen für einen Zeitpunkt t.

Damit repräsentieren auch Netzwerke der physikalisch-objektorienterten Simulation direkt zeit- und wertkontinuierliche Simulationsmodelle in ihrer Standardform entsprechend Gleichung 3.36. Tabellarisch stellen sich die Eigenschaften der physikalisch-objektorientierten Simulation wie in Tabelle 4.6 dargestellt dar.

Tabelle 4.6 Zuordnung des Simulationsverfahrens „Physikalisch-objektorientierte Modellierung" zu den Klassifikationsmerkmalen aus Abschnitt 4.1.5.

Merkmal	Zuordnung
Domänen	Übergreifend
Prozesse	Deterministisch/Stochastisch
Zeitliche Auflösung	Kontinuierlich
Räumliche Auflösung	Kontinuierlich
Systemzustand	Kontinuierlich/Diskret
Laufzeit	Schneller/langsamer als Realzeit
Simulationsstruktur	Übergreifend/Partikelbasiert
Skalen	Einzeln
Abstraktionsniveau	Niedrig
Modellbestandteil	**Zuordnung**
Parameter $\underline{a}$	Parameter des DAE
Algorithmen $\underline{A}$	Über Netzwerke modelliertes DAE

(Fortsetzung)

Tabelle 4.6 (Fortsetzung)

Zustand	Zuordnung
Zustand $\underline{x}_k(t)$	Die gewählten Zustandsgrößen
Zustand $\underline{x}_d(t)$	Die gewählten Zustandsgrößen
Initialzustand $\underline{x}(t_0)$	Initiale Werte für die Zustandsgrößen
Zustandsänderung $\underline{\dot{x}}(t)$	Über $\underline{A}$ modellierte zeitliche Änderung der Zustandsgrößen
Simulation	**Zuordnung**
Übergangsfunktion $f_{k/d}$	Direkt mit $\underline{A}$ modelliert
Nebenbedingungen $h_{k/d}$	Direkt mit $\underline{A}$ modelliert
Ausgangsfunktion g_k	Direkt mit $\underline{A}$ modelliert
Nächstes Ereignis T	In den eingesetzten Solvern implementiert
Eingang $\underline{u}(t)$	Benötigte Eingangsgrößen
Ausgang $\underline{y}(t)$	Gewählte Ausgangsgrößen

Auch hier gibt es unterschiedliche Simulationsumgebungen oder Softwarebibliotheken zur Modellierung entsprechender Netzwerke. Beispiele hierfür sind etwa die Softwarewerkzeuge OpenModelica [Ope18], 20-sim [Con], SimulationX [ESI], Dymola [Das18], Simscape [The18], MapleSim [Wat] oder der Wolfram System Modeler [Wol17].

4.2.5 Ereignisdiskrete Simulation

Bei den vier bis hierhin eingeführten Simulationsverfahren stehen im Wesentlichen zeit- und wertkontinuierliche Systeme im Mittelpunkt, wenngleich viele der genannten Verfahren auch für ereignisdiskrete Simulation eingesetzt werden können. Hauptaugenmerk dieser Verfahren ist, das als differential-algebraisches Gleichungssystem entsprechend Gleichung 3.36 beschriebene Systemverhalten möglichst intuitiv zunächst in Simulationsmodelle und anschließend in Experimentierbare Modelle zu überführen (siehe Abschnitt 4.2.1 und Abschnitt 4.2.2). Darüber hinaus werden Methoden bereitgestellt, um durch Einführung geeignet abstrahierter Systemdarstellungen die Erstellung dieses Gleichungssystems zu vereinfachen (siehe Abschnitt 4.2.3 und Abschnitt 4.2.4). Die Systembeschreibung entsprechend Gleichung 3.36 und die darauf aufbauende Modellierung sollte (vielleicht mit Ausnahme der Bondgraphen) insbesondere Ingenieuren grundsätzlich verständlich sein.

Anders stellt sich die Situation bei der ereignisdiskreten Simulation dar, deren Ausgangspunkt nicht Gleichung 3.36 ist sondern eine Modellierung des Systems mittels Zuständen, Zustandsübergängen und Ereignissen, die dann zu einer Darstellung der Art von Gleichung 3.40 führt. Entsprechend unterscheidet sich auch das zu Grunde liegende Modell grundsätzlich, auch wenn Gleichung 3.36 und Gleichung 3.40 zunächst sehr ähnlich aussehen[31]. Im Mittelpunkt der Betrachtungen der ereignisdiskreten Simulation steht häufig das Gesamtsystem bzw. der Gesamtprozess und nicht das Verhalten einer Komponente im Detail. Daher wird die ereignisdiskrete Simulation häufig auch als „prozesszentrierte Simulation" bezeichnet. Der große Vorteil ist, dass eine ereignisdiskrete Simulation direkt von einem interessanten Ereignis zum nächsten springt und das zwischen den Ereignissen liegende „uninteressante Verhalten" einfach überspringt. Entsprechend sind ereignisdiskrete Simulationen meist sehr schnell und können lange Zeiträume in kurzer Zeit simulieren.

Dies kann auch anhand Abbildung 3.33 illustriert werden, die stückweise kontinuierliche, stückweise konstante und ereignisdiskrete Zeitverläufe fiktiver Größen skizziert. Beim auf der linken Seite dargestellten zeit- und stückweise wertkontinuierlich modellierten System können Zeit und Größe prinzipiell beliebige Werte annehmen. Anders bei zeitdiskret modellierten Systemen wie in der Mitte und rechts in der Abbildung dargestellt. In der Mitte ändert sich der Wert nur zu den dargestellten Zeitpunkten $t_1, t_2, \ldots, t_n$. Auch mehrfache Wertänderungen zum gleichen Zeitpunkt sind möglich. In den Zeitpunkten zwischen den t_i ändert sich der Wert nicht, ist aber definiert. Dies gilt nicht mehr, wenn man konsequent in die Ereignisdarstellung (rechte Seite der Abbildung) wechselt. In der Funktionsdarstellung $f(t)$ ist der Wert nur zu den Ereigniszeitpunkten t_i definiert. Auch hier sind mehrere Ereignisse zum gleichen Zeitpunkt möglich. In den Zeiträumen zwischen zwei t_i ist der Wert nicht festgelegt (und auch nicht weiter von Interesse), da in der ereignisdiskreten Simulation nur die „relevanten" Zeitpunkte betrachtet werden, zu denen z. B. dem System Ereignisse von außen zugeführt werden. Eine Abbildung der ereignisorientierten Darstellung im rechten Teil der Abbildung in eine kontinuierliche Funktion ist zwar leicht möglich aber nicht notwendig, da auch die ereignisdiskreten Simulationsalgorithmen wie in Algorithmus 2 dargestellt ereignisdiskret implementiert sind, um hochperformante Simulationen zu ermöglichen.

Angelehnt an die von [ZMK19] entwickelte Discrete Event System Specification (DEVS) kann ein ereignisdiskretes Simulationsmodell $M_{S,\text{Zeigler},d}$ durch

---

[31] Tatsächlich wird die ereignisdiskrete Simulation häufig zur Approximation kontinuierlicher Systeme verwendet.

$$M_{S,\text{Zeigler},d} = \left(\mathbb{U}_{d,1}, ..., \mathbb{U}_{d,n_u}, \mathbb{S}_{d,1}, ..., \mathbb{S}_{d,n_{s_d}}, \mathbb{Y}_{d,1}, ..., \mathbb{Y}_{d,n_y}, f_{d,\text{int}}, f_{d,\text{ext}}, g_d, T_d \right)$$
$$(4.12)$$

dargestellt werden. Das Modell ist in Abbildung 4.17 skizziert und wie folgt charakterisiert. Es gibt Simulationszustände $\underline{s}_d \in \mathbb{V}^{n_{s_d}}$ mit einer meist endlichen Wertemenge $s_{d,i} \in \mathbb{S}_{d,i} \subset \mathbb{V}^{32}$ für jeden Simulationszustand i, Nebenbedingungen h_d werden nicht betrachtet. Die eingehenden Ereignisse dieses Modells sind $\underline{u}_d(t) \in \mathbb{V}^{n_u}$ als wertdiskrete oder wertkontinuierliche Eingangsgrößen, wobei für jeden Eingang $u_{d,i}(t) \in \mathbb{U}_{d,i} \subset \mathbb{V}$ gilt. Die ausgehenden Ereignisse dieses Modells sind $\underline{y}_d(t) \in \mathbb{V}^{n_y}$ als wertdiskrete oder wertkontinuierliche Ausgangsgrößen, wobei wiederum $y_{d,i}(t) \in \mathbb{Y}_{d,i} \subset \mathbb{V}$. Im Vergleich zur allgemeinen Struktur eines Simulationsmodells aus Gleichung 3.2 ist zu beachten, dass $\mathbb{U}_{d,i}$ und $\mathbb{Y}_{d,i}$ die Mengen konkreter ein- und ausgehender Ereignisse sind und *nicht* die Definition der ein- und ausgehenden Ports $\underline{U}$ und $\underline{Y}$. Die Menge der Simulationszustände umfasst meist eine endliche Anzahl unterschiedlicher Simulationszustände. Der vollständige Simulationszustand ist bestimmt mit $s_{dt} \in \mathbb{S}_{dt} = \{(\underline{s}_d, e) | \underline{s}_d \in \mathbb{V}^{n_{s_d}}, 0 \le e \le T_d(\underline{s}_d, t)\}$ und gibt neben $\underline{s}_d$ an, wie lange (angegeben über e) sich das System bereits in diesem Zustand befindet.

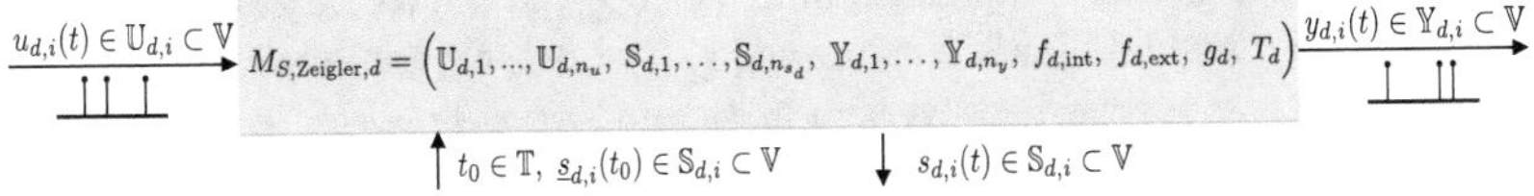

Abbildung 4.17 Ein-/Ausgänge sowie Inhalte eines Simulationsmodells $M_{S,\text{Zeigler},d}$ entsprechend Gleichung 4.12 für die ereignisdiskrete Simulation (Darstellung aufbauend auf [ZMK19])

Die Funktion $f_{d,\text{int}} : \mathbb{V}^{n_{s_d}} \to \mathbb{V}^{n_{s_d}}$ modelliert die **internen Zustandsübergänge**, also die Zustandsübergänge, die aus dem System selbst heraus initiiert werden und nicht einer externen Stimulation bedürfen. Es gilt

$$\underline{s}_d(t^{\bullet}) = f_{d,\text{int}}(\underline{s}_d(t)) \qquad (4.13)$$

---

[32] Im Vergleich zu den vorstehenden Unterkapiteln wird hier der Simulationszustand $\underline{s}$ verwendet und nicht der Systemzustand $\underline{x}$, da ereignisdiskrete Modelle im Vergleich zu den kontinuierlichen Simulationsverfahren oben tatsächlich in der Lage sind, an ihren Zustandsübergängen Parameter $\underline{a}$ oder Algorithmen $\underline{A}$ auszutauschen.

Eine externe Stimulation führt zu **externen Zustandsübergängen**, die durch die Funktion $f_{d,\text{ext}} : \mathbb{V}^{n_{s_d}} \times \mathbb{V}^{n_u} \times R_{0,\infty}^+ \to \mathbb{V}^{n_{s_d}}$ modelliert werden. Externe Ereignisse stehen nicht unter Kontrolle des betrachteten Systems. Für diese Funktion gilt

$$\underline{s}_d(t^\bullet) = f_{d,\text{ext}}(\underline{s}_d(t), \underline{u}_d(t), e) \tag{4.14}$$

e ist hierbei wie bereits eingeführt die Zeitdauer, die das System bereits im Zustand $\underline{s}_d(t)$ verbracht hat, also die Zeit, die seit dem letzten Zustandsübergang vergangen ist. $g_d : \mathbb{V}^{n_{s_d}} \to \mathbb{V}^{n_y}$ ist die Ausgangsfunktion, die zu jedem Zustand einen Ausgangswert liefert, also

$$y_d(t) = g_d(\underline{s}_d(t)) \tag{4.15}$$

Entscheidend für die ereignisdiskrete Simulation ist die Kenntnis des Zeitpunkts, wann zum nächsten Mal etwas Interessantes passiert, also die Kenntnis des Zeitpunkts des nächsten internen Zustandsübergangs. $T_d : \mathbb{S}_d^{n_{s_d}} \times \mathbb{T} \to \mathbb{R}_{0,\infty}^+$ liefert genau diesen, also:

$$t_{R,\text{next}} = T_d(\underline{s}_d(t), t) \tag{4.16}$$

Die obigen Gleichungen werden wie in Abbildung 4.18 dargestellt simuliert. Die Simulation beginnt zum Zeitpunkt t_0 im Zustand $\underline{s}_d(t_0)$. Zu jedem Zeitpunkt befindet sich das System im Simulationszustand $\underline{s}_d(t)$. Ohne ein externes Ereignis $\underline{u}_d(t)$ zu einem Zeitpunkt t wird das System in diesem Zustand bis zum Zeitpunkt $t^\bullet = (T_d(\underline{s}_d(t), t), 0)$ verweilen. Wenn $t_R = (t^\bullet)_R$, der nächste Zustandsübergang direkt bzw. zum gleichen Zeitpunkt t_R stattfindet[33], dann kann kein externes Ereignis den nächsten internen Zustandsübergang verhindern/beeinflussen. Das System befindet sich in einem so genannten **Übergangszustand**. Wenn $(t^\bullet)_R = \infty$, dann wird das System in diesem Zustand verweilen, solange kein eingehendes externes Ereignis einen Zustandsübergang auslöst. Dieser Zustand wird daher **passiver Zustand** genannt. Wenn die Verweildauer in diesem Zustand zum Zeitpunkt $t = t^\bullet$ erreicht ist, reagiert das System mit der Ausgabe des Ausgangswerts $y_d(t) = g_d(\underline{s}_d(t))$ und wechselt im Anschluss in den Zustand $\underline{s}_d(t^\bullet) = f_{d,\text{int}}(\underline{s}_d(t))$[34]. Wenn allerdings ein externes Ereignis $\underline{u}_d(t)$ zum Zeitpunkt $t < t^\bullet$ eintritt, wechselt das System schon vorher in den Zustand $\underline{s}_d(t^\bullet) = f_{d,\text{ext}}(\underline{s}_d(t), \underline{u}_d(t), t - {}^\bullet t)$ und verweilt in diesem Zustand, sofern kein weiteres externes Ereignis eintritt, bis zum Zeitpunkt $t_{R,next} = T_d(\underline{s}_d(t), t)$.

---

[33] Mit t_R ist der Zeitanteil des Zeitpunkts t entsprechend der Zeitdarstellung nach Abschnitt 3.6.2 bezeichnet.

[34] In dieser Modelldarstellung reagiert das System also nur kurz vor internen Zustandsübergängen mit der Änderung des Ausgangswerts bzw. dem Aussenden eines Ereignisses.

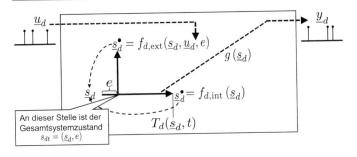

Abbildung 4.18 Visualisierung des Simulationsablaufs für ein Simulationsmodell $M_{S,\text{Zeigler},d}$ entsprechend Gleichung 4.12 (angelehnt an [ZMK19])

Auch die ereignisdiskrete Simulation soll an einem Beispiel illustriert werden. Der Hydraulikzylinder der letzten Kapitel eignet sich hierzu nur bedingt, auch wenn theoretisch auch hier ein ereignisdiskretes Modell z. B. mit den Zuständen „eingefahren" und „ausgefahren" aufgebaut werden könnte. Im Gegensatz zur hier notwendigen Analyse einer Komponente im Detail wird ereignisdiskrete Simulation vielmehr für die Untersuchung eines gesamten Systems über einen längeren Zeitraum verwendet. Der gesamte Ernteprozess einer Forstmaschine ist ein Beispiel hierfür. In Abbildung 4.47 ist dieser Prozess als Ergebnis der MBSE-Untersuchungen grafisch dargestellt. Abbildung 4.19 überträgt dieses Vorgehen schematisch in die Darstellung als Mealy-Automat. Dieser Automat wird anschließend in die oben eingeführte Beschreibungsform überführt. Zu Beginn des Prozesses ist die Forstmaschine ausgeschaltet. Als Reaktion auf das Eintreffen des Ereignisses „Start" wird der Motor gestartet und am Ausgang das Ereignis „Motor gestartet" ausgegeben. Daraufhin fährt die Maschine zum nächsten Baum. Dies dauert im Beispiel 30 s, nach Erreichen der Zielposition wird das Ereignis „Fahrzeugposition ok" ausgegeben. Danach wird das Fällaggregat über den Kran an den Baum bewegt und der Baum gefällt. Anschließend wird eine vorgegebene Anzahl an Baumsegmenten abgeschnitten (Aufarbeitung). Der Prozess beginnt dann wieder von vorne mit der Fahrbewegung zum nächsten Baum oder endet mit dem Ausschalten der Forstmaschine.

Die Eingänge des Modells können wie folgt über den dreielementigen Vektor $\underline{u}_d$ beschrieben werden. Die Forstmaschine erhält Steuerungsanweisungen $u_{d,\text{strg}}$ und ihr werden die Kennzeichnungen der zu fällenden Bäume $u_{d,\text{id}}$ sowie die Anzahl

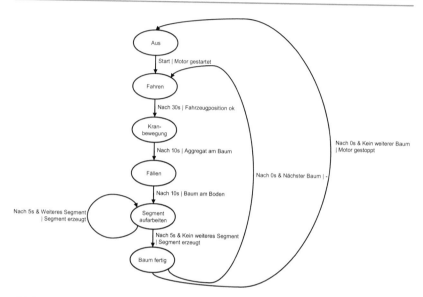

Abbildung 4.19 Ereignisdiskretes Modell des Fällprozesses, dargestellt als Mealy-Automat

der zu erzeugenden Stammsegmente $u_{d,\text{sollsegm}}$ mitgeteilt. Die Modellierung erfolgt wie in Kapitel 3 eingeführt (siehe z. B. Gleichung 3.14), es werden also die Werte-mengen $\mathbb{W}_{a,i}$ der einzelnen Vektorelemente festgelegt[35].

$$\underline{u}_d = [u_{d,1}, u_{d,2}, u_{d,3}]^T = [u_{d,\text{strg}}, u_{d,\text{id}}, u_{d,\text{sollsegm}}]^T \in \mathbb{V}^3$$
$$\text{mit} \quad \mathbb{W}_{\text{strg}} = \{\text{Start, Baum-Id, Anzahl Segmente}\}$$
$$\mathbb{W}_{\text{id}} = \mathbb{N} \tag{4.17}$$
$$\mathbb{W}_{\text{sollsegm}} = \mathbb{N}$$

Zur Modellierung des Simulationszustands wird zunächst eine Phase $s_{d,\text{phase}}$ defi-niert, in der sich die Forstmaschine für eine Zeit $s_{d,\text{warten}}$ befindet. Die Kennzeich-nung des Baums wird in $s_{d,\text{id}}$ gespeichert, die Anzahl der zu erzeugenden Segmente in $s_{d,\text{sollsegm}}$, die Anzahl der bereits erzeugten Segmente in $s_{d,\text{istsegm}}$.

---

[35] Alternativ könnte auch z. B. folgendes geschrieben werden: $u_{d,1} = u_{d,\text{strg}} \in \mathbb{U}_{d,1} = \mathbb{U}_{d,\text{strg}} = \{(\text{Start, string}, -), (\text{Baum-Id, string}, -), (\text{Anzahl Segmente, string}, -)\} \subset \mathbb{V}$

$$\underline{s}_d = [s_{d,\text{phase}}, s_{d,\text{warten}}, s_{d,\text{id}}, s_{d,\text{sollsegm}}, s_{d,\text{istsegm}}]^T \in \mathbb{V}^5$$

$$\mathbb{W}_{\text{phase}} = \{\text{Aus, Fahren, Kran, Fällen, Aufarbeitung, Baum fertig}\}$$

$$\text{mit} \quad \mathbb{W}_{\text{warten}} = \mathbb{R} \tag{4.18}$$

$$\mathbb{W}_{\text{id}} = \mathbb{N}$$

$$\mathbb{W}_{\text{sollsegm}} = \mathbb{N}$$

$$\mathbb{W}_{\text{istsegm}} = \mathbb{N}$$

Das Modell der Forstmaschine gibt an ihrem Ausgang den aktuellen Status aus:

$$\underline{y}_d = [y_{d,1}]^T = [y_{d,\text{status}}]^T \in \mathbb{V}^1$$

$$\text{mit} \quad \mathbb{W}_{\text{status}} = \{\text{Motor gestartet, Fahrzeugposition ok, Aggregat am Baum,} \tag{4.19}$$

$$\text{Baum am Boden, Segment erzeugt, Motor gestoppt}\}$$

Der Initialzustand der Maschine ist $\underline{s}_d(0)$. Hier ist die Maschine unendlich lange ausgeschaltet, es wurden noch keine Baumkennzeichnung und Segmentanzahl übertragen (dargestellt durch „−"):

$$\underline{s}_d(0) = [\text{Aus}, \infty, -, -, 0]^T \tag{4.20}$$

Die Reaktion auf externe Ereignisse ist wie folgt modelliert. Wenn in der Phase „Aus" das Ereignis „Start" empfangen wird, wird die verbleibende Wartezeit in diesem Zustand auf 0 gesetzt, alle weiteren Werte im Zustandsvektor werden beibehalten. In jedem Zustand kann eine Baumkennzeichnung und eine Segmentanzahl empfangen werden. Die entsprechenden Werte werden im Systemzustand gespeichert. Alle anderen Eingangsereignisse werden ignoriert.

$$f_{d,\text{ext}}\left([s_{d,\text{phase}}, s_{d,\text{warten}}, s_{d,\text{id}}, s_{d,\text{sollsegm}}, s_{d,\text{istsegm}}]^T, [u_{d,\text{strg}}, u_{d,\text{id}}, u_{d,\text{sollsegm}}]^T, e\right)$$

$$= \begin{cases} [\text{Aus}, 0, s_{d,\text{id}}, s_{d,\text{sollsegm}}, s_{d,\text{istsegm}}]^T & \text{wenn } s_{d,\text{phase}} = \text{Aus} \\ & \wedge\, u_{d,\text{strg}} = \text{Start} \\ \left[s_{d,\text{phase}}, s_{d,\text{warten}} - e, u_{d,\text{id}}, s_{d,\text{sollsegm}}, s_{d,\text{istsegm}}\right]^T & \text{wenn } u_{d,\text{strg}} = \text{Baum-Id} \\ \left[s_{d,\text{phase}}, s_{d,\text{warten}} - e, s_{d,\text{id}}, u_{d,\text{sollsegm}}, s_{d,\text{istsegm}}\right]^T & \text{wenn } u_{d,\text{strg}} = \text{Anzahl Segmente} \\ \left[s_{d,\text{phase}}, s_{d,\text{warten}} - e, s_{d,\text{id}}, s_{d,\text{sollsegm}}, s_{d,\text{istsegm}}\right]^T & \text{sonst} \end{cases} \tag{4.21}$$

Die internen Zustandsübergänge lassen sie wie folgt darstellen. Wenn die Wartezeit abgelaufen ist und sich die Maschine im Zustand „Aus" befindet, wechselt sie in den Zustand „Fahren" und wartet dort 30 s. Baumkennzeichnung, Soll- und Istanzahl der Stammsegmente ändern sich nicht. Läuft die Wartezeit im Zustand „Fahren" ab, wechselt die Forstmaschine für 10 s in den Zustand „Kran". Auch Fallunterscheidungen können ausgehend von den im Simulationszustand gespeicherten Größen durchgeführt werden. Wenn z. B. die Aufarbeitung eines Stammsegments endet, bleibt die Maschine im Zustand „Aufarbeitung", wenn weitere Segmente zu produzieren sind (und inkrementiert hierbei die Anzahl der bereits erzeugten Segmente), ansonsten wechselt sie in den Zustand „Baum fertig".

$$
\begin{aligned}
&f_{d,\text{int}}\left([s_{d,\text{phase}}, s_{d,\text{warten}}, s_{d,\text{id}}, s_{d,\text{sollsegm}}, s_{d,\text{istsegm}}]^T\right) \\
&= \begin{cases}
[\text{Fahren}, 30, s_{d,\text{id}}, s_{d,\text{sollsegm}}, s_{d,\text{istsegm}}]^T & \text{wenn } s_{d,\text{phase}} = \text{Aus} \\
[\text{Kran}, 10, s_{d,\text{id}}, s_{d,\text{sollsegm}}, s_{d,\text{istsegm}}]^T & \text{wenn } s_{d,\text{phase}} = \text{Fahren} \\
[\text{Fällen}, 10, s_{d,\text{id}}, s_{d,\text{sollsegm}}, s_{d,\text{istsegm}}]^T & \text{wenn } s_{d,\text{phase}} = \text{Kran} \\
[\text{Aufarbeitung}, 5, s_{d,\text{id}}, s_{d,\text{sollsegm}}, s_{d,\text{istsegm}}]^T & \text{wenn } s_{d,\text{phase}} = \text{Fällen} \\
[\text{Aufarbeitung}, 5, s_{d,\text{id}}, s_{d,\text{sollsegm}}, s_{d,\text{istsegm}} + 1]^T & \text{wenn } s_{d,\text{phase}} = \text{Aufarbeitung} \\
& \quad \land s_{d,\text{istsegm}} + 1 < s_{d,\text{sollsegm}} \\
[\text{Baum fertig}, 0, s_{d,\text{id}}, s_{d,\text{sollsegm}}, 0]^T & \text{wenn } s_{d,\text{phase}} = \text{Aufarbeitung} \\
& \quad \land s_{d,\text{istsegm}} + 1 = s_{d,\text{sollsegm}} \\
[\text{Fahren}, 30, s_{d,\text{id}}, s_{d,\text{sollsegm}}, s_{d,\text{istsegm}}]^T & \text{wenn } s_{d,\text{phase}} = \text{Baum fertig} \\
& \quad \land s_{d,\text{id}} <> - \\
[\text{Aus}, \infty, s_{d,\text{id}}, s_{d,\text{sollsegm}}, s_{d,\text{istsegm}}]^T & \text{wenn } s_{d,\text{phase}} = \text{Baum fertig} \\
& \quad \land s_{d,\text{id}} = - \\
[s_{d,\text{phase}}, s_{d,\text{warten}} - e, s_{d,\text{id}}, s_{d,\text{sollsegm}}, s_{d,\text{istsegm}}]^T & \text{sonst}
\end{cases}
\end{aligned}
\tag{4.22}
$$

Die Ereignisse am Ausgang werden durch g_d modelliert. Wenn die Wartezeit für den Zustand „Aus" abläuft, wird z. B. das Ereignis „Motor gestartet" erzeugt. „∅" bedeutet, dass keine Ausgabe generiert wird.

$$
\begin{aligned}
&g_d\left([s_{d,\text{phase}}, s_{d,\text{warten}}, s_{d,\text{id}}, s_{d,\text{sollsegm}}, s_{d,\text{istsegm}}]^T\right) \\
&= \begin{cases}
[\text{Motor gestartet}]^T & \text{wenn } s_{d,\text{phase}} = \text{Aus} \\
[\text{Fahrzeugposition ok}]^T & \text{wenn } s_{d,\text{phase}} = \text{Fahren} \\
[\text{Aggregat am Baum}]^T & \text{wenn } s_{d,\text{phase}} = \text{Kran} \\
[\text{Baum am Boden}]^T & \text{wenn } s_{d,\text{phase}} = \text{Fällen} \\
[\text{Segment erzeugt}]^T & \text{wenn } s_{d,\text{phase}} = \text{Aufarbeitung} \\
[\text{Motor gestoppt}]^T & \text{wenn } s_{d,\text{phase}} = \text{Baum fertig} \land s_{d,\text{id}} = - \\
\emptyset & \text{sonst}
\end{cases}
\end{aligned}
\tag{4.23}
$$

Der Zeitpunkt des nächsten internen Ereignisses wird direkt aus dem Simulationszustand entnommen:

$$T_d \left([s_{d,\text{phase}}, \; s_{d,\text{warten}}, \; s_{d,\text{id}}, \; s_{d,\text{sollsegm}}, \; s_{d,\text{istsegm}}]^T, \; (t_R, t_I) \right) = t_R + s_{d,\text{warten}}$$
$$(4.24)$$

Tabelle 4.7 skizziert das Ergebnis einer Simulation, wenn zum Zeitpunkt $t_R = 5\,\text{s}$ die Kennzeichnung des zu fällenden Baums gesetzt wird, zum Zeitpunkt $t_R = 10\,\text{s}$ der Fällprozess gestartet wird, zum Zeitpunkt $t_R = 63\,\text{s}$ die Anzahl der abzutrennenden Baumsegmente auf 2 gesetzt wird und das Ende der Fällarbeiten durch Rücksetzen der Kennzeichnung des zu fällenden Baums zum Zeitpunkt $t_R = 67\,\text{s}$ angezeigt wird. Dargestellt ist ein **Ereigniskalender**, in dem zu jedem „relevanten" Simulationszeitpunkt t, d. h. jedem Simulationszeitpunkt, „an dem in der Simulation etwas passiert", Simulationszeit, eintreffende oder ausgehende Ereignisse sowie der ab diesem Zeitpunkt gültige Simulationszustand angegeben sind. Hierbei wird in der gewählten Darstellung zuerst der Ausgang und dann der Zustand dargestellt, da bei einem internen Zustandsübergang zunächst das Ausgangsereignis generiert und dann der Zustand geändert wird. Der Eingang steht als potenzieller Auslöser von Zustandsübergängen ebenfalls links. Dies vereinfacht das Lesen der Tabelle. Die Tabelle verdeutlicht, dass die Übergabe von Baumkennzeichnung und der Zahl der zu generierenden Stammsegmente die Phase $s_{d,\text{phase}}$ nicht verändert sondern dass zu den Zeitpunkten $(5, 0)$ und $(63, 0)$ lediglich die neuen Werte in den Simulationszustand aufgenommen werden. Das Starten des Fällprozesses zum Zeitpunkt $t_R = 10\,\text{s}$ führt zu zwei aufeinanderfolgenden Ereignissen zum Zeitpunkt t_R, zunächst der

Tabelle 4.7 Darstellung einer beispielhaften Abfolge von Eingangsereignissen, Zustandsänderungen und Ausgangsereignissen für den skizzierten Fällprozess für einen Baum mit zwei Segmenten als Ereigniskalender.

Zeit t	Eingang $\underline{u}_d(t)$	Ausgang $\underline{y}_d(t)$	Zustand $\underline{s}_d(t)$
$(0, 0)$			$[\text{Aus}, \infty, -, -, 0]^T$
$(5, 0)$	$[\text{Baum-Id}, 4711, -]^T$		$[\text{Aus}, \infty, 4711, -, 0]^T$
$(10, 0)$	$[\text{Start}, -, -]^T$		$[\text{Aus}, 0, 4711, -, 0]^T$
$(10, 1)$		$[\text{Motor gestartet}]^T$	$[\text{Fahren}, 30, 4711, -, 0]^T$
$(40, 0)$		$[\text{Fahrzeugposition ok}]^T$	$[\text{Kran}, 10, 4711, -, 0]^T$
$(50, 0)$		$[\text{Aggregat am Baum}]^T$	$[\text{Fällen}, 10, 4711, -, 0]^T$
$(60, 0)$		$[\text{Baum am Boden}]^T$	$[\text{Aufarbeitung}, 5, 4711, -, 0]^T$
$(63, 0)$	$[\text{Anzahl Segmente}, -, 2]^T$		$[\text{Aufarbeitung}, 2, 4711, 2, 0]^T$
$(65, 0)$		$[\text{Segment erzeugt}]^T$	$[\text{Aufarbeitung}, 5, 4711, 2, 1]^T$
$(67, 0)$	$[\text{Baum-Id}, -, -]^T$		$[\text{Aufarbeitung}, 3, -, 2, 1]^T$
$(70, 0)$		$[\text{Segment erzeugt}]^T$	$[\text{Baum fertig}, 0, -, 2, 0]^T$
$(70, 1)$		$[\text{Motor gestoppt}]^T$	$[\text{Aus}, \infty, -, 2, 0]^T$

Zustandswechsel mit dem Rücksetzen der Wartezeit auf 0 in einen Übergangszustand und dann die Generierung des Ausgangsereignisses „Motor gestartet" sowie die Phasenänderung in „Fahren". Gleiches gilt für den Zeitpunkt $t_R = 70\,\text{s}$, zu dem nach erfolgreicher Aufarbeitung in $t = (70, 0)$ das Ausgangsereignis erzeugt und der Phasenwechsel zu „Baum fertig" und damit in einen Übergangszustand durchgeführt wird. Danach erfolgt direkt das nächste Ausgangsereignis „Motor gestoppt" und der nächste Phasenwechsel in die „Aus"-Phase, da die Aufenthaltsdauer in der „Baum fertig"-Phase mit 0 s angegeben wurde. Dieser Zustand ist dann ein passiver Zustand, welchen das System ohne externe Simulation nicht verlässt.

Abbildung 4.20 skizziert das Ergebnis grafisch. Für die Darstellung der Ein- und Ausgangsereignisse wurde die Darstellungsform der Abbildung 3.33 verwendet, die einzelnen Elemente des Simulationszustands sind als stückweise konstante

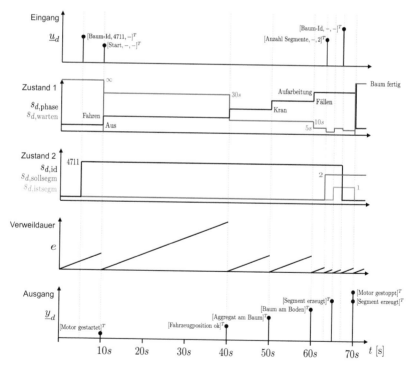

Abbildung 4.20 Verlauf der Ein- und Ausgangsereignisse, des Simulationszustands und der Verweildauer für den skizzierten Fällprozess (die einzelnen Elemente des Simulationszustands wurden der Übersichtlichkeit halber auf zwei Diagramme aufgeteilt)

Kurven dargestellt. Im Diagramm „Zustand 1" fallen wieder die beiden Zeitpunkte $t_R = 10\,\text{s}$ und $t_R = 70\,\text{s}$ auf, an denen mehrere Aktivitäten zu einem Zeitpunkt t_R stattfinden. Im Diagramm „Zustand 1" sind dies mehrere Änderungen der Phase und der Wartezeit zu einem Zeitpunkt t_R und im Diagramm „Ausgang" mehrere Ausgangsereignisse zu einem Zeitpunkt t_R.

Im Beispiel wurden die Zeitdauern als konstante Werte angegeben. Offensichtlich entspricht dies nicht der Realität. Vielmehr sind die Zeitdauern abhängig von unterschiedlichen Aspekten wie der Entfernung zum nächsten zu fällenden Baum, vom Abstand des Baums vom Fahrzeug aber auch von nur schwer zu modellierenden Aspekten wie Hindernissen zwischen Fahrzeug und zu fällendem Baum, schlechte Sichtbarkeit für den Fahrer oder zu umfahrende Hindernisse auf dem Waldboden. Zur Vereinfachung der Modellierung dieser Aspekte werden zur Modellierung der Aufenthaltsdauern in einem Simulationszustand durch T_d Verteilungsfunktionen angesetzt. Abbildung 4.21 skizziert einige Beispiele. Statt $T_d(\underline{s_d}, (t_R, t_I)) = t_R + 10$ wird dann z. B. $T_d(\underline{s_d}, (t_R, t_I)) = t_R + d_{\text{normal}}(10, 3)$ geschrieben, d. h. eine Normalverteilung mit dem Erwartungswert $10\,\text{s}$ und der Varianz $3\,\text{s}^2$ angesetzt. Die Simulation wird dann mehrfach durchgeführt, so dass über die Verteilungsfunktionen viele Situationen „betrachtet" werden.

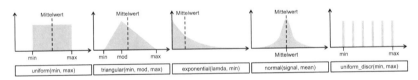

Abbildung 4.21 Beispiele für Verteilungsfunktionen zur Modellierung der Verweildauern in Simulationszustanden über T_d nach [Gri16]

Gleichung 3.40 verallgemeinert die hier gewählte Darstellung. Dieses Gleichungssystem sowie die oben skizzierten Zusammenhänge sind die Grundlage für die Realisierung entsprechender Simulatoren. Ein vereinfachter Simulationsalgorithmus ist bereits mit dem oben skizzierten Algorithmus oder ebenfalls verallgemeinert mit Algorithmus 2 gegeben. In der Praxis ist die Realisierung derartiger Simulatoren allerdings nicht so trivial wie es auf den ersten Blick erscheint. Eine Herausforderung ist etwa der Umgang mit gleichzeitig eintretenden Ereignissen. Der konkrete Umgang mit diesen Situationen führt dann zu unterschiedlichen Implementierungen, die wiederum unterschiedlichen Implementierungsklassen zugeordnet werden können. Aus der Ausgabe dieser Simulationen, z. B. dem Protokoll der ein- und ausgehenden Ereignisse und der Zustände und Zustandsübergänge

z. B. im Ereigniskalender, können weitere (typischerweise) statistische Kenngrößen bestimmt werden (z. B. Verweildauern o. ä.).

Zur Modellierung des zu analysierenden Prozesses können unterschiedliche Beschreibungsformen von einfachen endlichen Automaten über Petrinetze, Aktivitätsdiagramme (wie z. B. Abbildung 4.47) bis hin zu simulatorspezifischen Darstellungsformen – wie nachfolgend – eingesetzt werden. Zur Vereinfachung der Modellierung werden häufig domänenspezifische Spezialisierungen vorgenommen. So wird bei der Modellierung von Systemen aus dem Bereich der diskreten Produktion häufig von „Ressourcen" (den Produktionsanlagen) und „Produkten" gesprochen und entsprechend angepasste Diagrammformen verwendet. Wie auch bei den bislang betrachteten Methoden für kontinuierliche Problemstellungen können auch für die ereignisdiskrete Simulation sowohl Skriptsprachen wie auch geeignet abstrahierte grafische Darstellungsformen verwendet werden. Aus Sicht der technischen Realisierung eines Simulators für die ereignisdiskrete Simulation kann der Begriff der „ereignisdiskreten Simulation" damit wie folgt definiert werden:

Definition 4.14 (Ereignisdiskrete Simulation): *„Bei der ereignisdiskreten Simulation (engl. „Discrete-event System Simulation", DES, auch prozesszentrierte Simulation genannt) werden alle Ereignisse, die beim Ablauf eines diskreten Prozesses eintreten, nachgespielt. Dabei wird für jedes Ereignis (engl. „event") eine vom Ereignistyp abhängende Ereignisroutine ausgeführt."* [Hed13]

Auch die domänenspezifische Umsetzung der ereignisdiskreten Simulation soll an einen Beispiel illustriert werden. Abbildung 4.22 zeigt eine 1-zu-1-Übertragung[36] des Prozesses aus Abbildung 4.47 auf eine ereignisdiskrete Simulation, hier mit Hilfe der Software Arena [KSZ+14]. Das abgebildete Diagramm wird hier **Ablaufdiagramm** genannt, da geeignete **Module** den Prozessablauf beschreiben. Durch diesen Prozess laufen so genannte **Entitäten**, die in diesem Fall vom Typ „Baum" sind und entsprechend die zu bearbeitenden Bäume repräsentieren. Zu Beginn des Prozesses werden im Modul „Create Trees" zunächst 20 Baum-Entitäten erzeugt und mit ihrer Position entlang und senkrecht zur „Rückegasse" sowie der Anzahl der zu erzeugenden Baumsegmente initialisiert. Das Modul „Create Tree" kenn-

---

[36] Das abgebildete Modell unterscheidet sich – ausschließlich aus Gründen der Übersichtlichkeit der Darstellung – lediglich in der Hinsicht, dass während der Bearbeitung des Baums nach seinem Fällen keine Fahrbewegungen modelliert sind.

zeichnet den Start des Ablaufs, dessen Ende wird durch das Modul „Dispose Tree"
modelliert.

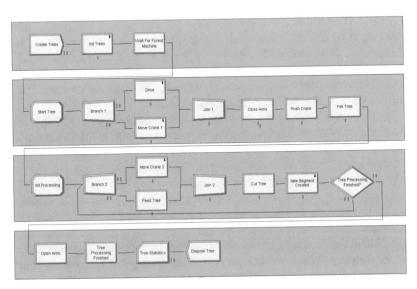

Abbildung 4.22 Abbildung des Ernteprozesses mit Methoden der ereignisdiskreten Simulation in `Arena`

Nach der Erzeugung warten die Bäume in der Reihenfolge ihrer Erzeugung
auf die Verfügbarkeit der **Ressource** „Forstmaschine". Ressourcen repräsentieren *„Dinge wie Personal, Ausrüstung oder Raum in einem Lagerraum begrenzter Größe. Eine Entität belegt eine Ressource, wenn diese verfügbar ist, und gibt sie wieder frei, wenn sie fertig ist."* [KSZ+14]. Mit den Modulen „Wait For Forest
Machine" und „Tree Processing Finished" ist dies für die Ressource „Forstmaschine" explizit modelliert. In den nachfolgend verwendeten „Prozess-Modulen"
wie „Drive", „Move Crane", „Feed Tree" oder „Fell Tree" erfolgt die Sequenz
„Warten auf Verfügbarkeit → Belegen → Bearbeiten → Freigeben" innerhalb der
entsprechenden Module für eine dort spezifizierte Menge an Ressourcen, im Fall
von „Move Crane" z. B. für die Ressource „Crane". Das Warten auf Verfügbarkeit
kann dazu führen, dass zu bearbeitende Entitäten in Warteschlangen darauf warten
müssen, dass die benötigten Ressourcen verfügbar sind. Diese Warteschlagen sind
oberhalb der Module durch die waagerechten Striche angedeutet. Neben den notwendigen Ressourcen wird in jedem Prozess-Modul auch die Bearbeitungsdauer

festgelegt. Hierfür werden üblicherweise unterschiedliche Verteilungsfunktionen wie die Normalverteilung verwendet. Nach Ablauf eines Prozessschritts werden die benötigten Zeiten gemessen und einem Statistikmodul zur späteren Auswertung zugeführt. Über die Module „Branch" und „Join" werden parallel ablaufende Prozessschritte initiiert und wieder zusammengeführt. Module wie „Start Tree", „Init Processing", „Tree Statistics" verwalten zur Steuerung des Simulationsablaufs notwendige Zusatzanweisungen wie die Speicherung des Startzeitpunkts, das Zurücksetzen eines Segmentzählers und die Weiterleitung gesonderter Zeitmessungen (hier die Bearbeitungszeit pro Baum) an das Statistikmodul.

Nach der Modellierung des Prozesses und der Parametrierung der Module insbesondere mit den notwendigen Bearbeitungszeiten startet man die Simulation im Simulator und lässt diese meist mehrfach durchlaufen, um trotz der verwendeten Verteilungsfunktionen zur Modellierung der Bearbeitungszeiten statistisch belastbare Ergebnisse zu erhalten[37]. Ein wesentliches Ergebnis[38] der Simulation dieses Beispiels ist, dass die Bearbeitungszeit pro Baum im Mittel 42,9 s beträgt – bei einem Minimalwert von 26,3 s und einem Maximalwert von 64,5 s. Das 95 %-Vertrauensintervall liegt bei 2,7 s[39]. Weitere beispielhafte Ergebnisse sind in Abbildung 4.23 aufgeführt. In der oberen Grafik ist die mittlere Gesamtbearbeitungsdauer in den einzelnen Prozessmodulen über alle Wiederholungen der Simulation aufgetragen. Der größte Zeitbedarf liegt also scheinbar im Vorschub der Bäume durch den Erntekopf. Die untere Grafik gibt die Verwendung der einzelnen Ressourcen relativ zur Gesamtsimulationsdauer wieder. Die „Forstmaschine" ist die gesamte Zeit belegt, der Kran gut die Hälfte dieser Zeit.

Bezogen auf die in Kapitel 3 eingeführte Systematik der Experimentierbaren Digitalen Zwillinge und die in Abschnitt 3.6.2 dargestellte Systematik zur einheitlichen Beschreibung von Simulationsfunktionen werden ereignisdiskrete Simulationsverfahren zur Beschreibung des Verhaltens von EDZ eingesetzt, wobei diese EDZ typischerweise auf höheren Hierarchieebenen angeordnet sind wie in diesem Beispiel die vollständige Forstmaschine. Oft wird ereignisdiskrete Simulation auch direkt auf Ebene des EDZ-Szenarios genutzt. Die hier relevanten Modellbestandteile der einzelnen $M_{S,edz}$ sind zunächst die Algorithmen $\underline{A}$, welche die Zustände und Zustandsübergänge des zu Grunde liegenden ereignisdiskreten Systems entsprechend Gleichung 3.40 beschreiben. Dies kann in Form der Gleichungen $f_{d,int}$, $f_{d,ext}$, g_d und T_d ebenso erfolgen wie über domänenspezifische Darstellungen wie

---

[37] Arena überführt hierzu das Ablaufdiagramm in die Skriptsprache „SIMAN"[PSS95].

[38] Die Simulation erfolgte auf Grundlage einer groben Schätzung der Bearbeitungszeiten.

[39] In 95 % aller Fälle wird der Mittelwert in diesem Intervall liegen.

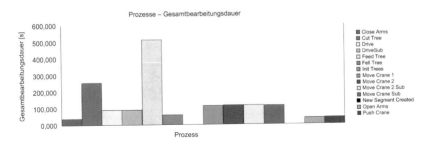

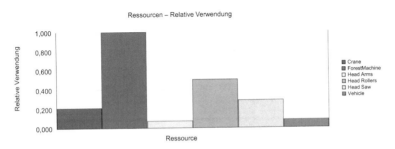

Abbildung 4.23 Auszug aus den Ergebnissen der ereignisdiskreten Simulation

die der Abbildung 4.22. Der Parametervektor $\underline{a}$ dient zur Parametrierung dieses Modells.

Aufgabe der Simulationsfunktionen Γ_{EDS} und Φ_{EDS} der ereignisdiskreten Simulation ist die Überführung dieser Beschreibungen in ein Experimentierbares Modell und entsprechend die Bestimmung der Übergangsfunktion f_d, der Nebenbedingungen h_d und der Ausgangsfunktion g sowie der Funktion zur Bestimmung des Zeitpunkts des nächsten internen Ereignisses T und die Auswertung dieser Funktionen entsprechend vorgegebener Zustands- und Eingangsgrößen für einen Zeitpunkt t.

Damit repräsentieren Verfahren der ereignisdiskreten Simulation direkt ereignisdiskrete Simulationsmodelle in ihrer Standardform entsprechend Gleichung 3.40. Tabellarisch stellen sich die Eigenschaften der ereignisdiskreten Simulation wie in Tabelle 4.8 dargestellt dar.

Ereignisdiskrete Simulation hat eine lange Historie. Entsprechend gibt es eine Vielzahl unterschiedlicher Simulationsumgebungen oder Softwarebibliotheken zur Realisierung entsprechender Simulationen. Ein Beispiel hierfür ist etwa die Software Arena [KSZ+14].

Tabelle 4.8 Zuordnung des Simulationsverfahrens „Ereignisdiskrete Simulation" zu den Klassifikationsmerkmalen aus Abschnitt 4.1.5.

Merkmal	Zuordnung
Domänen	Übergreifend
Prozesse	Deterministisch/Stochastisch
Zeitliche Auflösung	Diskret
Räumliche Auflösung	Kontinuierlich/Diskret
Systemzustand	Kontinuierlich/Diskret
Laufzeit	Schneller als Realzeit
Simulationsstruktur	Übergreifend/Partikelbasiert
Skalen	Einzeln[40]
Abstraktionsniveau	Niedrig/Mittel
Modellbestandteil	**Zuordnung**
Parameter $\underline{a}$	Parameter des ereignisdiskreten Modells
Algorithmen $\underline{A}$	Ereignisdiskretes Modell
Zustand	**Zuordnung**
Zustand $\underline{x}_k(t)$	–
Zustand $\underline{x}_d(t)$	Die gewählten Zustandsgrößen
Initialzustand $\underline{x}(t_0)$	Initialer Systemzustand
Zustandsänderung $\underline{\dot{x}}(t)$	–
Simulation	**Zuordnung**
Übergangsfunktion f_d	Direkt mit $\underline{A}$ modelliert
Nebenbedingungen h_d	Direkt mit $\underline{A}$ modelliert
Ausgangsfunktion g	Direkt mit $\underline{A}$ modelliert
Nächstes Ereignis T	Aus $\underline{A}$ abgeleitet
Eingang $\underline{u}(t)$	Benötigte Eingangsgrößen
Ausgang $\underline{y}(t)$	Gewählte Ausgangsgrößen

4.2.6 Agentenbasierte Simulation

Während die Methoden der ereignisdiskreten Simulation Mitte des zwanzigsten Jahrhunderts entstanden, sind die Methoden der agentenbasierten Simulation deut-

---

[40] Prinzipiell deckt eine ereignisdiskrete Simulation gleichzeitig mehrere Zeitskalen ab. In Phasen, in denen viele Events auftreten, läuft die Simulation langsamer ab, in den anderen entsprechend schneller. Es ist kein Datenaustausch zwischen den Skalen notwendig.

lich neuer und fanden erst nach dem Jahr 2000 eine breitere Nutzung durch Simulationsanwender [Any17]. Während bei der ereignisdiskreten Simulation meist das Gesamtsystem im Vordergrund steht und der Prozess als Ganzes modelliert wird (Top-Down-Ansatz), fokussiert die agentenbasierte Simulation auf das Verhalten der einzelnen an einem Prozess beteiligten Individuen (Bottom-Up). Diese Individuen werden als **Agenten** bezeichnet. Im Gegensatz zum systembasierten Ansatz der ereignisdiskreten Simulation steht bei der agentenbasierten Simulation eine dezentralisierte und auf einzelne Agenten mit jeweils eigenen Entscheidungs- und Handlungsmöglichkeiten bezogene Modellierung im Vordergrund. Nach der Identifikation dieser (möglicherweise völlig heterogenen) Agenten spezifiziert der Modellierer auf Ebene der Agenten deren Verhalten, setzt diese in eine gewählte Umgebung und definiert die Interaktion (über Kommunikation oder andere Abhängigkeiten) zwischen den Agenten. Doch was ist überhaupt ein „Agent"? Angelehnt an [RN10] kann dieser Begriff wie folgt definiert werden:

> **Definition 4.15 (Agent):** *Jede Entität, die ihre Umgebung über Sensoren wahrnimmt und über Aktoren auf diese einwirkt, kann als Agent bezeichnet werden.*

Agenten im Sinne der agentenbasierten Simulation können also „*Personen, Unternehmen, Projekte, Vermögen, Fahrzeuge, Städte, Tiere, Schiffe, Produkte, etc. sein*" [Any17]. Auf dieser Grundlage definiert [Paw10] den Begriff der agentenbasierten Simulation:

> **Definition 4.16 (Agentenbasierte Simulation):** „*Der Begriff der agentenbasierten Simulation (ABS) bezeichnet die Modellbildung und Simulation realer Systeme mit Hilfe von Agenten, die innerhalb eines Simulationsmodells miteinander interagieren.*"

Wesentlich ist, dass sich das Verhalten des Gesamtsystems dann aus dem Verhalten der miteinander interagierenden unterschiedlichen Agenten ergibt und nicht auf Systemebene vorgegeben wird. Dieser Aspekt wird „Emergenz" genannt (siehe Abschnitt 2.1.2).

Auf den ersten Blick weist der Ansatz der agentenbasierten Simulation große Ähnlichkeiten zum in Kapitel 3 vorgestellten Ansatz der interagierenden EDZ auf.

Unter strukturellen Gesichtspunkten ist dies sicherlich richtig, denn ein EDZ kann sicherlich auch als Modell eines Agenten bezeichnet werden. Auch ist die grundsätzliche Herangehensweise an die agentenbasierte Simulation nicht auf einzelne Simulationsverfahren zur Modellierung und Simulation des dynamischen Verhaltens festgelegt; mit der agentenbasierten Simulation sind keine grundsätzlich neuen Simulationsverfahren verbunden. Allerdings wird das Verhalten eines Agenten bei der agentenbasierten Simulation meist mit ereignisdiskreten Beschreibungsformen wie Statecharts, Petrinetzen o. ä. modelliert; der in Abschnitt 4.2.5 zusammengefasste Ansatz der ereignisdiskreten Simulation wird hier häufig direkt angewendet. Auch fehlen im grundsätzlichen Ansatz der agentenbasierten Simulation übergreifende Konzepte, die unterschiedliche Aspekte der betrachteten Agenten aus unterschiedlichen Domänen, die mit unterschiedlichen Simulationsfunktionen beschrieben werden, direkt miteinander in Beziehung setzen (siehe z. B. Abbildung 3.28). Darüber hinaus fehlt dem Begriff des Agenten im Vergleich zum Digitalen Zwilling der Anspruch, ein reales Physisches System 1-zu-1 abzubilden – insbesondere hinsichtlich seines Ein-/Ausgangsverhaltens aber auch seiner inneren Struktur.

Zur Illustration wird das bereits im vorstehenden Abschnitt 4.2.5 verwendete Beispiel nachfolgend mit Methoden der agentenbasierten Simulation umgesetzt. Für Abbildung 4.24 wurde dies mit Hilfe der Software AnyLogic [Any17] durchgeführt. Die in der Abbildung gezeigten Strukturen und Diagramme setzen das Blockdefinitionsdiagramm der Abbildung 4.45 sowie das Aktivitätsdiagramm aus Abbildung 4.47 in großen Teilen direkt um. Alle gezeigten Agenten („Machine Control", „Vehicle", „Arms", ...) sind „Unteragenten" des Agenten „Harvester". Das hier als „Statechart" [Har87] modellierte Verhalten der Maschinensteuerung entspricht direkt dem Aktivitätsdiagramm der Abbildung 4.47. Die Übergänge zwischen zwei Zuständen sind hier entweder zeitgesteuert (visualisiert über eine Uhr), abhängig vom Eintreffen einer Nachricht (erkennbar am Briefumschlag) oder testen eine Bedingung (dargestellt über ein Fragezeichen). Darüber hinaus werden an den Zustandsübergängen meist Aktionen ausgelöst. Beispiele hierfür sind etwa das Versenden einer Nachricht oder der Start einer Bewegung. Im Beispiel werden so beim Zustandsübergang „startApproachingTree" jeweils eine Nachricht „moveTo()" mit den gewünschten Zielpositionen zum Fahrgestell („Vehicle") sowie zum Kran geschickt. Der Übergang vom Zustand „approachingTree" zum Zustand „closing-Arms" erfordert entsprechend das Eintreffen von zwei Nachrichten „Finished!", welche das Ende der jeweiligen Bewegungen signalisieren. Die für die agentenbasierte Simulation typische Kommunikation von Agenten erfolgt in diesem Beispiel anhand des zielgerichteten Austausches dieser Nachrichten zwischen ausgewählten Agenten. Darüber hinaus können Nachrichten z. B. auch an alle Agenten in der Nähe oder alle Agenten eines bestimmten Typs versendet werden. Schließlich

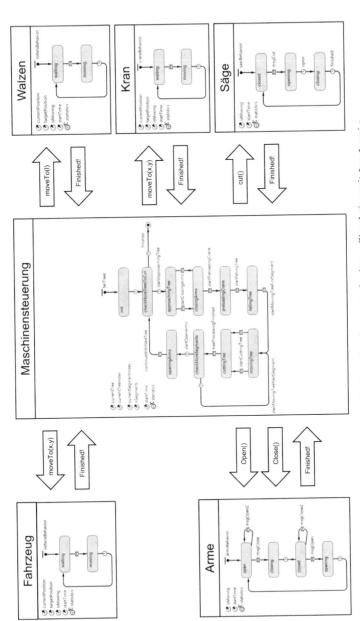

Abbildung 4.24 Abbildung des Ernteprozesses mit Methoden der agentenbasierten Simulation mit AnyLogic

können Agenten wie in der signalorientierten Simulation über Ein-/Ausgänge verfügen, die direkt miteinander verbunden sind und wiederum Nachrichten aber auch Berechnungsergebnisse austauschen. Die Modellierung der Bewegungszeitdauern erfolgt auch hier üblicherweise über die Verwendung von Verteilungsfunktionen. Die jeweils links oben in den Diagrammen sichtbaren „Eigenschaften" speichern Verwaltungsinformationen wie den aktuell bearbeiteten Baum, die Nummer des abzutrennenden Baumabschnitts oder Statistikdaten für die spätere Auswertung. Die in Abbildung 4.25 dargestellten Ergebnisse[41] sind bis auf minimale Abweichungen, die sich durch die unterschiedliche Modellierung einzelner Aspekte erklären, nahezu identisch.

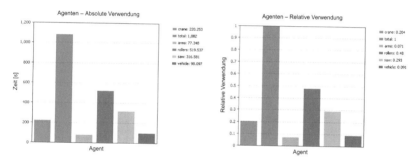

Abbildung 4.25 Auszug aus den Ergebnissen der agentenbasierten Simulation mit `AnyLogic`

Bezogen auf die in Kapitel 3 eingeführte Systematik der Experimentierbaren Digitalen Zwillinge und die in Abschnitt 3.6.2 dargestellte Systematik zur einheitlichen Beschreibung von Simulationsfunktionen beschreiben agentenbasierte Simulationsverfahren das Verhalten einzelner EDZ sowie deren Interaktion. Die hier relevanten Modellbestandteile der beteiligten $M_{S,edz}$ sind zunächst die Algorithmen $\underline{A}$, welche die Zustände des zu Grunde liegenden Systems und deren Veränderung beschreiben. Hierzu können wie bereits erläutert unterschiedliche Simulationsverfahren eingesetzt werden. Häufig sind dies ereignisdiskrete Methoden, so dass in diesem Fall Gleichung 3.40 angesetzt werden kann. Der Parametervektor $\underline{a}$ dient zur Parametrierung dieses Modells.

Aufgabe der Simulationsfunktionen Γ_{ABS} und Φ_{ABS} der agentenbasierten Simulation ist die Überführung dieser Beschreibungen in ein Experimentierbares Modell

---

[41] Auch hier erfolgte die Simulation auf Grundlage einer groben Schätzung der Bearbeitungszeiten.

und entsprechend die Bestimmung der Übergangsfunktion f_d, der Nebenbedingungen h_d, der Ausgangsfunktion g sowie der Funktion zur Bestimmung des Zeitpunkts des nächsten internen Ereignisses T und die Auswertung dieser Funktionen entsprechend vorgegebener Zustands- und Eingangsgrößen für einen Zeitpunkt t. Wie oben bereits erläutert, werden die einzelnen Agenten unabhängig voneinander modelliert und mit Ausnahme der Interaktionen auch unabhängig voneinander simuliert. Eine gemeinsame Simulation einzelner Aspekte dieser Agenten wie die gekoppelte Starrkörperdynamik- und Sensorsimulation in Abbildung 3.29 erfolgt nicht.

Die bei agentenbasierten Simulationsmodellen in ihrer üblicherweise eingesetzten Form verwenden Methoden der ereignisdiskreten Simulation zur Beschreibung des Verhaltens der Agenten können auch mit anderen Beschreibungsformen wie etwa die der gleichungsbasierten Simulation kombiniert werden, so dass eine eindeutige Zuordnung zu einem der bereits erläuterten Algorithmen nicht möglich ist. Tabellarisch stellen sich die Eigenschaften der agentenbasierten Simulation wie in Tabelle 4.9 wiedergegeben dar.

Tabelle 4.9 Zuordnung des Simulationsverfahrens „Agentenbasierte Simulation" zu den Klassifikationsmerkmalen aus Abschnitt 4.1.5.

Merkmal	Zuordnung
Domänen	Übergreifend
Prozesse	Deterministisch/Stochastisch
Zeitliche Auflösung	Kontinuierlich/Diskret
Räumliche Auflösung	Kontinuierlich/Diskret
Systemzustand	Kontinuierlich/Diskret
Laufzeit	Schneller als Realzeit
Simulationsstruktur	Agentenbasiert
Skalen	Einzeln[42]
Abstraktionsniveau	Niedrig/Mittel

(Fortsetzung)

---

[42] Bei Verwendung ereignisdiskreter Simulationsverfahren deckt auch eine agentenbasierte Simulation prinzipiell gleichzeitig mehrere Zeitskalen ab. In Phasen, in denen viele Events auftreten, läuft die Simulation langsamer ab, in den anderen entsprechend schneller. Es ist kein Datenaustausch zwischen den Skalen notwendig.

Tabelle 4.9 (Fortsetzung)

Modellbestandteil	Zuordnung
Parameter $\underline{a}$	Parameter des agentenbasierten Modells
Algorithmen $\underline{A}$	Agentenbasiertes Modell
Zustand	**Zuordnung**
Zustand $\underline{x}_k(t)$	Die gewählten Zustandsgrößen
Zustand $\underline{x}_d(t)$	Die gewählten Zustandsgrößen
Initialzustand $\underline{x}(t_0)$	Initialer Systemzustand
Zustandsänderung $\underline{\dot{x}}(t)$	Siehe Zustandsgrößen
Simulation	**Zuordnung**
Übergangsfunktion f_d	Direkt mit $\underline{A}$ modelliert
Nebenbedingungen h_d	Direkt mit $\underline{A}$ modelliert
Ausgangsfunktion g	Direkt mit $\underline{A}$ modelliert
Nächstes Ereignis T	Aus $\underline{A}$ abgeleitet
Eingang $\underline{u}(t)$	Benötigte Eingangsgrößen
Ausgang $\underline{y}(t)$	Gewählte Ausgangsgrößen

Ein Beispiel für eine Simulationsumgebung für die agentenbasierte Simulation ist die Software `AnyLogic` [Any17].

4.3 Domänenspezifische Simulationsverfahren für die Robotik

Die im vorstehenden Abschnitt eingeführten domänenübergreifenden Simulations-verfahren können für unterschiedlichste Anwendungsbereiche eingesetzt werden. Um dem Anwender das Modellieren der betrachteten Systeme zu vereinfachen und/oder die hierauf aufbauenden Simulationen zu optimieren, werden Bibliothe-ken mit geeigneten Modellelementen zur Verfügung gestellt. Mit dieser Intention sind zudem eine ganze Reihe domänenspezifischer Simulationsverfahren entstan-den, die die allgemeinen Methoden für einzelne Domänen geeignet spezialisieren und nicht direkt einzelnen domänenübergreifenden Simulationsverfahren zugeord-net werden können. Obwohl es prinzipiell möglich wäre, domänenübergreifende Simulationsverfahren auch zur Lösung der hier jeweils betrachteten Problemstellun-gen einzusetzen, führt der Einsatz der domänenspezifischen Verfahren meist deutlich schneller zu besseren Ergebnissen, da diese den Anwender bei der Erstellung der

Simulationsmodelle und/oder der Experimentierbaren Modelle über geeignete Zwischenstufen (z. B. einer geeigneten Beschreibung kinematischer Ketten) weitgehend unterstützen und hierbei bestehende Daten (wie in diesem Beispiel CAD-Daten) einbeziehen und die zur Simulation notwendigen Modellbeschreibungen bzw. Experimentierbaren Modelle vollautomatisch ableiten. Nachfolgend werden mehrere domänenspezifische Simulationsverfahren für den Anwendungsbereich der Robotik vorgestellt, die entsprechend vorgehen.

4.3.1 CAD-Techniken

CAD-Techniken in ihrer ursprünglichen Ausprägung sind keine Simulationsverfahren, CAD-Werkzeuge sind zunächst einmal keine Simulatoren – auch wenn sich dieser Begriff sukzessive in diese Richtung weiterzuentwickeln scheint. Sie sollen aber an dieser Stelle trotzdem kurz betrachtet werden, da sie eine zentrale Stelle im Entwicklungsprozess einnehmen und wesentlich zu einer ausreichenden Datengrundlage zur Durchführung der nachfolgend betrachteten Simulationsverfahren beitragen. Der Begriff „CAD" wird nachfolgend aufbauend auf [VWB+09] wie folgt verwendet:

Definition 4.17 (CAD): *CAD (engl. für „Computer-Aided Design") steht für „rechnerunterstützte Konstruktion" und umfasst rechnerunterstützte Methoden, Vorgehensweisen und Werkzeuge für alle konstruktiven Aufgaben in der Produktentstehung.*

CAD-Techniken lassen sich in unterschiedlichen Domänen einsetzen. Es stehen vielfältige Lösungen für die mechanische wie auch für die elektrische Konstruktion zur Verfügung. Darüber hinaus existieren oftmals hochspezialisierte CAD-Lösungen für Anwendungsgebiete wie Straßenbau, Architektur usw. Als Beispiel soll nachfolgend die mechanische Konstruktion betrachtet werden. Einen guten Überblick geben diesbezüglich [SR12] und [VWB+09]. Ziel der CAD-Techniken ist die Erstellung eines CAD-Modells, ein *„strukturierter CAD-Datenbestand, der entsprechend den physischen Teilen der dargestellten Objekte gegliedert ist"* [DIN11]. *„Das geometrische Modellieren betrifft im Allgemeinen alle Methoden der Verwendung geometrischer Oberflächen auf Rechnern. Die Grundlage der Methode zum Abbilden und Gestalten von unbewegten und bewegten Objekten einschließlich ihrer geometrischen Eigenschaften stellt die Abbildung realer oder erdachter Objekte in* *einem eigenschaftsbehafteten Modell dar.“* [SR12] Nachdem in den 1980er Jahren zunächst das 2D-CAD eingeführt wurde, ist mittlerweile 3D-CAD Stand der Technik. Für die Darstellung der dreidimensionalen Geometrie der Objekte können unterschiedliche Repräsentationsformen eingesetzt werden. Abhängig von der Repräsentationsform können CAD-Modelle teilweise direkt, teilweise aber auch erst nach aufwändiger Nachbereitung in Simulationsverfahren eingesetzt werden. So erfordern die Methoden der Starrkörperdynamik und der Finite-Elemente-Methode die Bereitstellung von **Volumenmodellen**, bei denen die Volumina der einzelnen Teilgeometrien direkt beschrieben werden. Nur auf diese Weise können zentrale Eigenschaften wie Schwerpunkte oder Trägheiten für die Starrkörperdynamik oder die Verformung eines Volumens mit der Finite-Elemente-Methode bestimmt werden. Bei **Oberflächenmodellen** wird lediglich die Berandung einer Teilgeometrie beschrieben. Während diese Repräsentationsform z. B. für die Kamerasimulation ausreichend ist, müssen die Volumeninformationen, wenn überhaupt möglich, erst aufwändig rekonstruiert werden. Darüber hinaus sind noch **Kantenmodelle** anzutreffen.

Für die Beschreibung von Kanten, Flächen und Volumina gibt es unterschiedliche Ansätze. Diese reichen von der Verwendung einfacher Grundkörper bis hin zu Freiformflächen mit entsprechend komplexer mathematischer Beschreibung. Darüber hinaus können die Teilgeometrien auf unterschiedliche Weise zu einer Gesamtgeometrie zusammengesetzt werden. Zwei Beispiele hierfür sind der Ansatz der „Constructive Solid Geometry“ (CSG), bei der die Teilkörper über boolesche Operatoren miteinander verbunden werden, oder die Extrusion von Körpern entlang von Pfaden. Parametrisches Modellieren ermöglicht die Definition von Bauteilen, bei denen die Modellgeometrie von benannten Maßen abhängig ist. Eine wesentliche Eigenschaft des parametrischen Modellierens sind sogenannte „Constraints“, mit denen mathematische und logische Abhängigkeiten zwischen Teilkörpern wie die relative Fixierung von Punkten, Linien oder Ebenen oder Kongruenzbedingungen zwischen Punkten, Linien oder Ebenen definiert und so die Anzahl der unabhängigen Parameter reduziert werden. Neben derartigen geometrischen Eigenschaften können auch physikalische Parameter (z. B. Werkstoff) oder Fertigungseigenschaften (z. B. für NC-Maschinen), die eine wichtige Informationsquelle für die nachfolgenden Schritte im Entwicklungsprozess (und auch für die Simulation) sind, modelliert werden. Featurebasiertes Modellieren erweitert die im Rahmen des parametrischen Modellierens modellierten geometrischen Eigenschaften um semantische Eigenschaften, d. h. jedes modellierte Feature erhält eine interpretierbare Bedeutung. Unabhängig von der konkreten Modellierungsart ist wichtig, dass die Struktur dieser Modelle wohlüberlegt ist und die Modellierung sorgfältig durchgeführt wird. Nur bei derartigen „simulationsgerechten Modellen“ sind Simulationssysteme in der Lage, die für ihre Arbeit notwendigen Informationen aus den bereitgestellten Modellen zu extrahieren.

4.3.2 Kinematik

Simulationsverfahren aus dem Bereich der Kinematik sind nach den oben bislang vorgestellten Verfahren ohne konkreten Raumbezug die ersten Verfahren aus dem Bereich der „3D-Simulationstechnik", bei der die Bewegung von dreidimensionalen Objekten im Raum im Mittelpunkt steht. Aufbauend auf den geometrischen Modellen des CAD (siehe Abschnitt 4.3.1) beschreibt die Kinematik die Bewegung dieser Körper im Raum. Der Begriff ist hier entsprechend [VWB+09] wie folgt definiert:

> **Definition 4.18 (Kinematik):** *„Die Kinematik ist die Lehre der Bewegung von Punkten und Körpern im Raum, [...] ohne die Ursachen einer Bewegung (Kräfte, Momente) zu betrachten. Die Lage eines starren Körpers wird durch seine Position [...] und seine Orientierung [...] angegeben."*

Kinematik *„beschreibt die Bewegungsmöglichkeiten und tatsächlichen Bewegungen eines Körpers mit Hilfe geeigneter Koordinaten, z. B. durch Angabe von Lage, Geschwindigkeit und Beschleunigung des Körpers als Funktion der Zeit. Dabei werden die Kräfte, welche die Bewegung verursachen, ignoriert. Parameter, die von Bedeutung sind, sind nur die Position, Geschwindigkeit, Beschleunigung und Zeit. In der Robotik wird die Kinematik u. a. zur Beschreibung der Lage des Roboterarmes, zur Herleitung der zur Armsteuerung notwendigen Gleichungen (Drehwinkel und Translationswege) und zur Steuerungsauslegung benutzt. Für den Entwurf der Gelenkregler reichen kinematische Informationen im Allgemeinen nicht mehr aus, hier sind Kenntnisse der Dynamik erforderlich."* [Roß15]

Grundlage der Kinematik ist die Beschreibung der Lage von Körpern[43] im Raum. Hierzu *„wird ein globales (raumfestes) Referenzkoordinatensystem benötigt. Darüber hinaus ist es zweckmäßig, für jeden Körper ein lokales (z. B. körperfestes) Koordinatensystem einzuführen. Die Kinematikaufgabe kann dann auf die Berechnung von Lage, Geschwindigkeit und Beschleunigung"* dieser Koordinatensysteme zurückgeführt werden. [VWB+09] Abbildung 4.26 illustriert dies am Beispiel eines

---

[43] Synonym wird im folgenden der Begriff „Geometrie" verwendet, um zu verdeutlichen, dass in der Kinematik die klassischen Körpereigenschaften wie Massen und Trägheiten nicht relevant sind. Ausschlaggebend für die Kinematik ist rein die Geometrie.

Quaders mit den Abmessungen $[0{,}5 \text{ m } 0{,}7 \text{ m } 0{,}9 \text{ m}]^T$, der gegenüber dem Weltkoordinatensystem[44] um $[2{,}0 \text{ m } 0{,}2 \text{ m } 0{,}5 \text{ m}]^T$ verschoben und um die z-Achse um
$45°$ verdreht ist. Seine Lage (also seine Position *und* Orientierung) kann mit der
Transformation $^{\text{welt}}\underline{T}_{\text{geom}}$ relativ zur Lage des Weltkoordinatensystems beschrieben werden[45]. Mathematisch dargestellt werden kann eine derartige Transformation
z. B. als so genannte **homogene Transformation** [Roß15]. Dies ist eine 4x4-Matrix,
die sowohl die 3x3-Rotationsmatrix $\underline{R}$ oben links als auch die Verschiebung $\underline{t}$ oben
rechts umfasst und hiermit z. B. einen im Körperkoordinatensystem gegebenen
Punkt $^{\text{geom}}\underline{p}$ in Weltkoordinaten $^{\text{welt}}\underline{p}$ transformiert[46]:

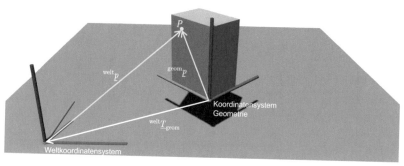

Abbildung 4.26 Beschreibung der Lage eines Körpers im Raum relativ zu einem Bezugssystem (hier Weltkoordinatensystem genannt)

---

[44] Als solches wird nachfolgend das globale raumfeste Referenzkoordinatensystem bezeichnet.

[45] Grafisch dargestellt ist diese Transformation in der Abbildung als Pfeil, welcher auf das
Bezugskoordinatensystem zeigt. In der mathematischen Schreibweise steht das Bezugskoordinatensystem oben links neben dem Transformationssymbol, das Zielkoordinatensystem
unten rechts.

[46] Beim Übergang von affinen Koordinaten zu homogenen Koordinaten werden die Vektoren
durch ein weiteres Element (hier w genannt) ergänzt. So wird z. B. aus $[x_1, x_2, x_3]^T$ der
Vektor $\underline{x} = [a, b, c, w]^T$ mit $a = w \cdot x_1$, $b = w \cdot x_2$ und $c = w \cdot x_3$ mit $w \neq 0$. Für
robotische Applikationen wird $w = 1$ verwendet, in der Computergrafik wird $w = 0$ für
Richtungen oder unendlich weit entfernte Punkte genutzt. Homogene Transformationen (oder
Transformationen homogener Koordinaten) beschreiben dann die Translation $\underline{t}$ und lineare
geometrische Transformationen (Rotation, Spiegelung, Skalierung, Scherung, Projektion) $\underline{R}$
zwischen zwei Koordinatensystemen mit nur einer Matrix und nur einer Gleichung. Jede
affine Transformation $\underline{x} \rightarrow \underline{R} \cdot \underline{x} + \underline{t}$ kann in homogenen Koordinaten mit der Transformation
$\underline{T} = \begin{bmatrix} \underline{R} & \underline{t} \\ \underline{0} & 1 \end{bmatrix}$ ausgedrückt werden als $\begin{bmatrix} \underline{x} \\ 1 \end{bmatrix} \rightarrow \underline{T} \cdot \begin{bmatrix} \underline{x} \\ 1 \end{bmatrix}$.

$$
\underbrace{\begin{bmatrix} {}^{\text{welt}}p_x \\ {}^{\text{welt}}p_y \\ {}^{\text{welt}}p_z \\ 1 \end{bmatrix}}_{{}^{\text{welt}}\underline{p}} = \underbrace{\begin{bmatrix} r_{xx} & r_{xy} & r_{xz} & t_x \\ r_{yx} & r_{yy} & r_{yz} & t_y \\ r_{zx} & r_{zy} & r_{zz} & t_z \\ 0 & 0 & 0 & 1 \end{bmatrix}}_{{}^{\text{welt}}\underline{T}_{\text{geom}}} \cdot \underbrace{\begin{bmatrix} {}^{\text{geom}}p_x \\ {}^{\text{geom}}p_y \\ {}^{\text{geom}}p_z \\ 1 \end{bmatrix}}_{{}^{\text{geom}}\underline{p}} \tag{4.25}
$$

Körper bewegen sich nicht nur frei im Raum sondern auch relativ zueinander, etwa dann, wenn sie fest miteinander verbunden sind. Im Beispiel der Abbildung 4.27 ist ein zweiter Quader gleicher Abmessungen relativ zum ersten Quader um $[0{,}5\,\text{m}\ 0{,}0\,\text{m}\ 0{,}45\,\text{m}]^T$ verschoben und um die y-Achse um $30°$ gedreht. Diese Transformation wird durch ${}^{\text{geom1}}\underline{T}_{\text{geom2}}$ beschrieben. Die Transformation des dargestellten Punktes P aus den Körperkoordinaten in Weltkoordinaten erfolgt durch Verkettung der einzelnen Transformationen:

$$
{}^{\text{welt}}\underline{p} = {}^{\text{welt}}\underline{T}_{\text{geom1}} \cdot {}^{\text{geom1}}\underline{T}_{\text{geom2}} \cdot {}^{\text{geom2}}\underline{p} \tag{4.26}
$$

Ein Sonderfall derartiger Transformationen sind Gelenke. Gelenke ermöglichen einem Mechanismus eine (translatorische oder rotatorische) Bewegung entlang der Gelenkachse[47]. Die mathematische Beschreibung erfolgt durch Parametrierung der

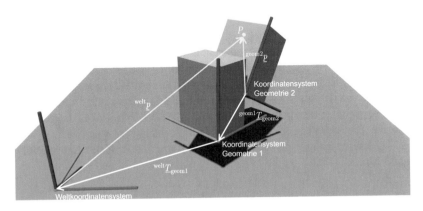

Abbildung 4.27 Beschreibung der Lage eines Körpers im Raum relativ zu einem zweiten

---

[47] Die englische Bezeichnung für ein Gelenk bzw. eine Achse ist „Joint". Die vier wichtigsten Gelenktypen sind Rotations-, Torsions-, Revolver- und Linearachse. Die einzelnen Achsen werden durch Gelenkkörper (engl. „Link") miteinander verbunden (jew. aus [Roß15]).

homogenen Transformation, im Fall von Linear- bzw. Rotationsgelenken mit der Vorschublänge bzw. dem Gelenkwinkel. Für eine Linearachse entlang der z-Achse gilt also:

$$^{\text{welt}}\underline{p} = {}^{\text{welt}}\underline{T}_{\text{geom}}(d) \cdot {}^{\text{geom}}\underline{p} = \begin{bmatrix} 1 & 0 & 0 & 0 \\ 0 & 1 & 0 & 0 \\ 0 & 0 & 1 & d \\ 0 & 0 & 0 & 1 \end{bmatrix} \cdot {}^{\text{geom}}\underline{p} \qquad (4.27)$$

Für eine Rotation um die z-Achse gilt entsprechend

$$^{\text{welt}}\underline{p} = {}^{\text{welt}}\underline{T}_{\text{geom}}(\theta) \cdot {}^{\text{geom}}\underline{p} = \begin{bmatrix} \cos(\theta) & -\sin(\theta) & 0 & 0 \\ \sin(\theta) & \cos(\theta) & 0 & 0 \\ 0 & 0 & 1 & 0 \\ 0 & 0 & 0 & 1 \end{bmatrix} \cdot {}^{\text{geom}}\underline{p} \qquad (4.28)$$

Durch die Verkettung von Transformationen können komplexe Strukturen modelliert werden. In Kombination mit Gelenken entstehen kinematische Ketten (z. B. ein sechsachsiger Roboter) oder kinematische Bäume (z. B. ein ausgehend vom Rumpf modellierter Mensch). Zur Modellierung derartiger kinematischer Ketten gibt es Regelwerke wie die Achskoordinatensysteme nach Denavit-Hartenberg (DH), die die relative Lage von jeweils zwei aufeinanderfolgenden Achsen mit genau vier Parametern beschreiben (siehe auch [Roß15]).

Abbildung 4.28 illustriert derartige kinematische Bäume am Beispiel des Krans der Forstmaschine aus Abbildung 3.2. Ausgangspunkt für dieses Beispiel sind die Geometrien der einzelnen Gelenke, die mit CAD-Werkzeugen erstellt werden. Mit $^{\text{welt}}T_{\text{geom,i}}$ und $^{\text{welt}}T_{\text{gelenk},j}$ besitzen jede Geometrie i und jedes einzelne Gelenk j eine Lage im Weltkoordinatensystem. Dargestellt ist zunächst einmal die kinematische Kette von der Kranbasis „Basis" bis hin zur Kranspitze „TCP".[48] Abgebildet sind die jeweiligen Bezugskoordinatensysteme für die in Tabelle 4.10 dargestellten Gelenke. Die Bewegung erfolgt stets um die bzw. entlang der z-Achsen.[49]

Die Transformation von der Kranbasis zur Kranspitze lässt sich also wie folgt berechnen:

---

[48] Hier in Anlehnung an die Robotik als „Tool Center Point" bezeichnet.

[49] Zu beachten ist, dass die Ursprünge der beiden Koordinatensysteme „Kippen" und „Schwenken" im Schnittpunkt der jeweiligen Rotationsachsen zusammenfallen, diese in der Abbildung zur besseren Lesbarkeit allerdings auseinandergezogen wurden.

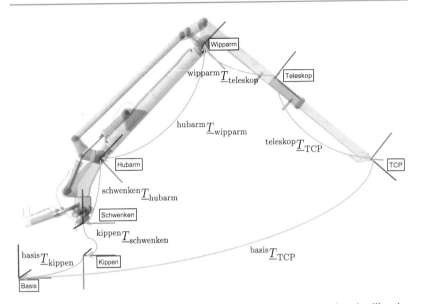

Abbildung 4.28 Beschreibung der Lage von Körpern im Raum relativ zueinander, illustriert am Beispiel des Krans einer Forstmaschine

Tabelle 4.10 Die Gelenkwinkel des in Abbildung 4.28 dargestellten Krans.

Koordinatensystem	Gelenkwinkel
Basis	–
Kippen	q_1
Schwenken	q_2
Hubarm	q_3
Wipparm	q_4
Teleskop	q_5
TCP	–

$$
\begin{aligned}
{}^{\text{basis}}\underline{T}_{\text{TCP}}(\underline{q}) &= {}^{\text{basis}}\underline{T}_{\text{TCP}}\left(\begin{bmatrix} q_1 \\ \vdots \\ q_5 \end{bmatrix}\right) \\
&= {}^{\text{basis}}\underline{T}_{\text{kippen}} \cdot {}^{\text{kippen}}\underline{T}_{\text{schwenken}}(q_1) \cdot {}^{\text{schwenken}}\underline{T}_{\text{hubarm}}(q_2) \\
&\quad \cdot {}^{\text{hubarm}}\underline{T}_{\text{wipparm}}(q_3) \cdot {}^{\text{wipparm}}\underline{T}_{\text{teleskop}}(q_4) \cdot {}^{\text{teleskop}}\underline{T}_{\text{TCP}}(q_5)
\end{aligned}
\tag{4.29}
$$

$\underline{q}$ ist hierbei der Vektor der Gelenkwinkel des Krans. Die Kinematik beschreibt nur die geometrischen Zusammenhänge zwischen den beteiligten Körpern, berücksichtigt allerdings nicht die Ursache der Bewegung. So wird der Kran durch das Ausfahren der beiden unten links dargestellten Hydraulikzylinder gekippt. Der Kippgelenkwinkel q_1 berechnet sich also entsprechend der in Abbildung 4.29 dargestellten geometrischen Zusammenhänge in Abhängigkeit von der Ausfahrlänge der Hydraulikzylinder. Im Ergebnis wird der Kran durch einen kinematischen Baum dargestellt, der entlang des „Stamms" (Kranbasis bis Kranspitze) Parallelstrukturen aufweist, welche die antreibenden Hydraulikzylinder enthalten.

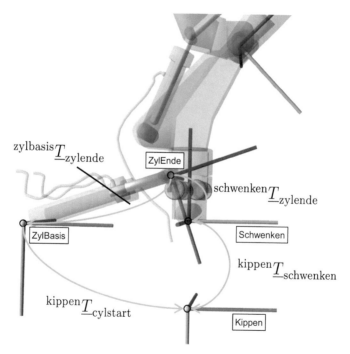

Abbildung 4.29 Bewegung der Kippachse durch einen Hydraulikzylinder

Die Modellierung der Bewegung erfolgt durch Vorgabe von Bewegungsprofilen, im Fall von frei beweglichen Körpern für den Rotations- und/oder den Translationsanteil der gesamten Transformation, im Fall von Gelenken für die jeweiligen Gelenkparameter.

Bezogen auf die in Kapitel 3 eingeführte Systematik der Experimentierbaren Digitalen Zwillinge und die in Abschnitt 3.6.2 dargestellte Systematik zur einheitlichen Beschreibung von Simulationsfunktionen beschreibt die Kinematik typischerweise das Verhalten mehrerer EDZ, die in einem Szenario miteinander interagieren. Die für die Kinematik relevanten Modellbestandteile der einzelnen $M_{S,edz,i}$ sind der Parametervektor $\underline{a}_{spsys,i}^{sys}$, der alle notwendigen Daten zu den Geometrien, den relativen Lagen der Geometrien im Weltkoordinatensystem bzw. zu anderen Geometrien, den Gelenken (Lage, Gelenktyp) sowie übergreifende Simulationsparameter enthält. Ausgangspunkt der Simulation ist die Vorgabe der Bewegungsgeschwindigkeiten im Eingangsvektor $\underline{u}(t)$, im Fall frei beweglicher Körpern für den Rotations- und/oder den Translationsanteil der gesamten Transformation, im Fall von Gelenken für die jeweiligen Gelenkparameter.

Die Simulationsfunktion Γ_{KIN} der Kinematiksimulation übernimmt die Integration der vorgegebenen Geschwindigkeiten zu aktuellen Transformationen bzw. Gelenkwinkeln. Die Simulationsausgangsfunktion Φ_{KIN} hat die Aufgabe, aus den Gelenkwinkeln entsprechende Transformationen zu berechnen und aus der Information über die relative Lage der einzelnen Gelenke und Geometrien für jedes Gelenk und jede Geometrie dessen Lage im Weltkoordinatensystem zu bestimmen. Übertragen auf die Beschreibungssystematik ist ersteres die Aufgabe der Übergangsfunktion f_k und letzteres die Aufgabe der Ausgangsfunktion g. Es werden keine zusätzlichen Algorithmen $\underline{A}$ berücksichtigt. Zustandsvektor $\underline{x}_k(t)$ der Kinematiksimulation sind die homogenen Transformationen bzw. Gelenkwinkel, aus denen sich wiederum direkt die entsprechenden Transformationen ergeben.

Insgesamt betrachtet die Kinematiksimulation also folgende Aspekte:

1. Beschreibung der Lage von Geometrien im Weltkoordinatensystem
2. Beschreibung der relativen Lage miteinander fest verbundener Geometrien
3. Beschreibung der relativen Lage miteinander über Gelenke verbundener Geometrien
4. Beschreibung der Bewegung von Geometrien im Weltkoordinatensystem
5. Beschreibung der Bewegung von Gelenken

Die Standardverfahren der Kinematik liefern keine Lösungen für die Nachbildung „dynamischen Verhaltens" im Sinne der Starrkörperdynamik (siehe Abschnitt 4.3.3), z. B. im Fall von Kollisionen. Ein realitätsnahes Verhalten der beteiligten Geometrien in diesen Fällen muss meist aufwändig programmiert werden (siehe auch den Vergleich zwischen Kinematik und Starrkörperdynamik in [Jun11]). Für den Fall, dass nur die Bewegung von Gelenkwinkeln vorgegeben wird, stellt sich Gleichung 3.36 damit für die Kinematiksimulation wie folgt dar:

$$\dot{\underline{x}}_k(t) = \underline{u}(t)$$
$$\underline{y}(t) = g(\underline{x}_k(t))$$

(4.30)

Tabellarisch stellen sich die Eigenschaften der Kinematiksimulation wie in Tabelle 4.11 dargestellt dar.

Tabelle 4.11 Zuordnung des Simulationsverfahrens „Kinematik" zu den Klassifikationsmerkmalen aus Abschnitt 4.1.5.

Merkmal	Zuordnung
Domänen	Spezifisch
Prozesse	Deterministisch
Zeitliche Auflösung	Kontinuierlich
Räumliche Auflösung	Kontinuierlich
Systemzustand	Kontinuierlich
Laufzeit	Schneller als Realzeit, Echtzeit
Simulationsstruktur	Übergreifend/Partikelbasiert
Skalen	Einzeln
Abstraktionsniveau	Niedrig
Modellbestandteil	**Zuordnung**
Parameter $\underline{a}$	Geometrie, (relative) Lagen, Gelenke
Algorithmen $\underline{A}$	–
Zustand	**Zuordnung**
Zustand $\underline{x}_k(t)$	Lage der Körper im Raum, Gelenkwinkel
Zustand $\underline{x}_d(t)$	–
Initialzustand $\underline{x}(t_0)$	Initiale Lage der Körper im Raum, initiale Gelenkwinkel
Zustandsänderung $\dot{\underline{x}}(t)$	Translatorische/rotatorische Geschwindigkeit der Körper bzw.
	Gelenkwinkelgeschwindigkeit im nächsten Simulationstakt
Simulation	**Zuordnung**
Übergangsfunktion f_k	Abbildung von $\underline{u}(t)$ auf $\dot{\underline{x}}(t)$
Nebenbedingungen h_k	–
Ausgangsfunktion g	Berechnung der Lage aller Geometrien in Weltkoordinaten
Nächstes Ereignis T	–
Eingang $\underline{u}(t)$	Extern eingeprägte Beschleunigungen bzw. Geschwindigkeiten
Ausgang $\underline{y}(t)$	Lage aller Geometrien in Weltkoordinaten

Es gibt unterschiedliche Simulationsumgebungen oder Softwarebibliotheken zur Realisierung von Kinematiksimulationen. Prominente Beispiele hierfür sind Simulationswerkzeuge für die Robotik wie KUKA.Sim [KUK17] oder ABB Robot Studio [ABB17].

4.3.3   Starrkörperdynamik

Zentrale Bedeutung unter den Simulationsverfahren für die Robotik hat die Simulation des dynamischen Verhaltens des mechanischen Systems. Die Starrkörperdynamik ist in diesem Zusammenhang ein domänenspezifisches Verfahren aus der Mechanik, bei dem die Beschreibung und Analyse des mechanischen Verhalten eines Systems von zentraler Bedeutung ist. Auch in den in Kapitel 6 vorgestellten Anwendungen ist das Verfahren der Starrkörperdynamik häufig ein zentraler Realisierungsbaustein. *„Eine echte Herausforderung bedeutet Simulation von Starrkörperdynamik erst dann, wenn das physikalische Verhalten über Gelenke verbundener Körper bzw. kollidierender Körper simuliert werden soll. Neben der Kollisionserkennung und der Animation der Bewegungsgleichungen bildet die Einhaltung von Zwangsbedingungen den Kern jeder Starrkörperdynamiksimulation."* [RSR13] Der dem Begriff der Starrkörperdynamik zu Grunde liegende Begriff der Dynamik wird wie folgt definiert:

Definition 4.19 (Dynamik): *„Die Dynamik untersucht die Bewegung von Massenpunkten, Massenpunktsystemen, Körpern und Körpersystemen als Folge der auf sie wirkenden Kräfte und Momente unter Berücksichtigung der Gesetze der Kinematik."* [Roß15]

Die Abgrenzung von Kinematik und Dynamik kann am Beispiel der Robotik verdeutlicht werden: *„In der Robotik liefert die Dynamik die Grundlagen dafür, die Regelung der Gelenke eines Roboters richtig auszulegen. „Ideale" Roboterbahnen werden dazu zunächst mit Methoden der Kinematik berechnet. Damit der Roboter den berechneten Bahnen tatsächlich folgt, müssen aber letztlich [im Rahmen der Roboterregelung] die dazu notwendigen Kräfte und Momente der Motoren in den Robotergelenken berechnet werden, denn nur diese sorgen letztlich für eine Bewegung des realen Roboters. Die Kräfte und Momente sind dabei so zu bemessen, dass der Roboter die gewünschte Position erreicht, ohne dass er über diese hinausfährt oder um diese zu pendeln beginnt. Das dynamische Bewegungsmodell benötigt* *dazu unbedingt die Kinematikbeschreibungen und die aus den geometrischen und technologischen Objektdaten abgeleiteten Massen-, Trägheits-, Schwerpunkts- und Abmessungsdaten der einzelnen Bewegungsachsen."* [Roß15]

Die Starrkörperdynamik[50] ist eine konkrete Ausprägung der Verfahren der Dynamiksimulation, welche angelehnt an [Ras14] wie folgt definiert werden kann:

Definition 4.20 (Starrkörperdynamik): *Konkretes Ziel der Starrkörperdynamik ist die Beschreibung des dynamischen Verhaltens miteinander gekoppelter Körper, wobei die einzelnen Körper als starr, also nicht deformierbar angenommen werden. Grundlage zur Beschreibung der translatorischen und rotatorischen Dynamik eines einzelnen starren Körpers bilden die Sätze zur Erhaltung des Impulses und des Drehimpulses von Newton und Euler. Die Berücksichtigung von Zwangsbedingungen, die aus der Kopplung der Körper oder aus Kontakten resultieren, führt dann auf die Bewegungsgleichungen des Gesamtsystems.*

„Die Begriffe Mehrkörperdynamiksimulation (MKS) und Starrkörperdynamiksimulation werden oft synonym verwendet. Genau genommen ist die Starrkörperdynamik eine Untermenge der Mehrkörperdynamik. Die MKS beinhaltet auch die Bewegung deformierbarer Körper." [Ras14]

Die Verfahren der Starrkörperdynamik liefern eine Beschreibung der Bewegung starrer Körper. Die Bewegungsgleichungen dieser Körper können prinzipiell auch analytisch, z. B. durch Verwendung der Verfahren nach Newton-Euler oder Lagrange (siehe auch [Roß15]), bestimmt und nachfolgend über gleichungsbasierte Verfahren simuliert werden. Die Herleitung dieser Gleichungen ist allerdings komplex und fehlerträchtig. Zudem führt die Simulation von Robotersystemen in realen Anwendungsszenarien, in denen Roboter mit ihrer Umgebung interagieren, um ihre Aufgabe zu erfüllen (z. B. Werkstücke handhaben, Güter transportieren, Rendezvous & Docking-Aktivitäten durchführen, Bäume fällen) zu differential-algebraischen Gleichungssystemen, deren Struktur sich im Laufe der Zeit ändert. Weitere Herausforderungen sind z. B. die Modellierung von kinematischen Ketten mit parallelen Strukturen, frei fliegende Systeme oder die Bestimmung der Kräfte und Momente in Lagern. Simulatoren wie [MSC] vereinfachen den Prozess, bilden aber meist

---

[50] Die nachfolgende Zusammenfassung zur Starrkörperdynamik ist eine kompakte Darstellung der in [Jun11] erarbeiteten und in [Ras14] verdichtet dargestellten Grundlagen zur Starrkörperdynamik.

exakt eine Konstellation aus zu simulierendem System und externen Kontakten nach. Neu auftretende oder entfallende Kontakte ändern die Situation und führen zu neuen Bewegungsgleichungen.

Im Bereich der Starrkörperdynamik werden Minimal- und Maximalkoordinatenansätze unterschieden. Verfahren in Minimalkoordinaten stellen die Bewegungsgleichungen direkt anhand der Freiheitsgrade des Systems auf. Zwangsbedingungen z. B. für Gelenke müssen so weder aufgestellt noch berechnet werden sondern werden implizit eingehalten. Dies ist typisch für den Lagrange-Ansatz und hat Vorteile in Bezug auf den Aufwand bei der Aufstellung der Bewegungsgleichungen sowie hinsichtlich deren Komplexität. Ein Industrieroboter mit sechs Achsen wird durch ein Gleichungssystem der Dimension sechs modelliert. Allerdings müssen auch hier Änderungen der Topologie des Mehrkörpersystems z. B. durch neu auftretende Kontakte speziell betrachtet werden. Verfahren in Maximalkoordinaten betrachten stets die Bewegung aller Starrkörper in allen sechs Freiheitsgraden, sind damit maximal flexibel hinsichtlich der im Simulationsverlauf auftretenden unterschiedlichen Kontaktsituationen und liefern hochdetaillierte Informationen über das System, z. B. die auftretenden Zwangskräfte. Die Freiheitsgrade können hier durch Zwangsbedingungen eingeschränkt werden, wobei für jede Zwangsbedingung genau eine Zwangskraft berechnet wird. Dies ist typisch für den Newton-Euler Ansatz. Ein Industrieroboter mit sechs Achsen wird jetzt allerdings durch ein Gleichungssystem der Dimension 36 modelliert. Einen Überblick über derartige Verfahren gibt [Jun11].

Abbildung 4.30 illustriert den Maximalkoordinatenansatz am Beispiel der Forstmaschine. Insgesamt enthält eine vergleichbare Forstmaschine nach [Jun11] eine Vielzahl von Starrkörpern und zusätzlich *„25 Drehgelenke (6x Räder, 2x Boogiegelenke, 5x Kran, 14x im Aggregat), 4 Lineargelenke (im Teleskopkran und in den Hydraulikzuylindern), 10 Differentialbedingungen (4x im Fahrwerk, 1x im Teleskopkran, 5x im Aggregat) sowie ein Gelenk zur Realisierung der Knicklenkung unter Berücksichtigung einer Twistachse (freie Drehung zwischen Vorder- und Hinterteil des Fahrzeugs um die Längsachse) als einem speziellen Gelenktyp. Außerdem werden alle Motoren in Gelenken durch Zwangsbedingungen realisiert. Das Fahrzeug steht auf dem Boden, daher kommen 6 Kontaktnormalen- und 12 Kontakttreibungszwangsbedingungen hinzu."* Bei den Arbeiten mit der Maschine können weitere Kollisionen z. B. zwischen Aggregat und Fahrzeug, Fahrzug und (stehenden/liegenden) Bäumen), Aggregat und Bäumen entstehen. *„Steht der Harvester auf dem Boden, ist zu seiner Simulation die Berücksichtigung von insgesamt 201 Zwangsbedingungen notwendig, die Systemmatrix hat entsprechend eine Größe von 201 Zeilen und Spalten."* [Jun11]

Abbildung 4.30 Illustration der Anwendung der Starrkörperdynamik auf die Forstmaschine aus Abbildung 3.2

Bezogen auf die in Kapitel 3 eingeführte Systematik der Experimentierbaren Digitalen Zwillinge und die in Abschnitt 3.6.2 dargestellte Systematik zur einheitlichen Beschreibung von Simulationsfunktionen beschreibt die Starrkörperdynamik typischerweise das Verhalten mehrerer EDZ, die in einem Szenario miteinander interagieren[51]. Die für die Starrkörperdynamik relevanten Modellbestandteile der einzelnen $M_{S,edz,i}$ sind der Parametervektor $\underline{a}_{spsys,i}^{sys}$, der alle notwendigen Daten zu den Starrkörpern (z. B. Geometrie und Dichte), den Freiheitsgraden des Systems bzw. den Kopplungen zwischen den Starrkörpern (Lage, Art der Kopplung) sowie übergreifende Simulationsparameter enthält. Die Simulationsfunktion Γ_{RBD} („RBD" steht für „Rigid Body Dynamics") ist der globale Simulationsalgorithmus der Starrkörpersimulation mit allen notwendigen Teilalgorithmen zur Berechnung der Bewegung der Starrkörper. Sie ist in diesem Fall identisch der Übergangsfunktion f_k, da keine zusätzlichen Algorithmen $\underline{A}$ berücksichtigt werden müssen. Der Zustand $\underline{x}_k(t)$ beschreibt die Lage aller Starrkörper (z. B. im Weltkoordinatensystem). Der Eingang $\underline{u}(t)$ ist der Vektor der eingeprägten Kräfte und Momente. Diese umfassen sowohl die in den Freiheitsgraden des Systems als auch durch extern ver-

---

[51] Was explizt als EDZ bezeichnet wird und was nur ein Teil von diesem ist, ist aufgrund der hierarchischen Struktur der EDZ nicht von Belang. Eine Roboterachse kann etwa als eigenständiger EDZ modelliert und zusammen mit den anderen Roboterachsen zum hierarchisch übergeordneten EDZ des Roboters zusammengefasst werden oder direkt als Teil des Systemmodells des EDZ des Roboters. Beides führt zu gleichen Ergebnissen, da sie im Verlauf der Simulation von den Simulationsfunktionen der Starrkörperdynamik Γ_{RBD} und Φ_{RBD} identisch behandelt werden und hierzu im Rahmen der Modellanalyse zusammengeführt werden (siehe Abschnitt 3.6.1).

ursachte Kontakte eingeprägten Kräfte und Momente. Die Starrkörperdynamik hat keinen ausgezeichneten Ausgang $\underline{y}(t)$. Ihr Ergebnis ist die in $\underline{x}(t)$ widergespiegelte Bewegung der Starrkörper.

Ausgangspunkt für den Simulationsalgorithmus Γ_{RBD} der Starrkörperdynamik ist der Impuls- und Drallsatz nach Newton-Euler, nach dem die zeitliche Änderung des Impulses $\underline{p}_i$ eines Körpers i gleich der Summe aller angreifenden Kräfte $\underline{F}_{ext}$ bzw. Momente $\underline{M}_{ext}$ ist[52]:

$$\begin{aligned} \frac{d}{dt}\underline{p}_i &= \underline{F}_{ext,i} = m_i\dot{\underline{v}}_i \\ \frac{d}{dt}\underline{L}_i &= \underline{M}_{ext,i} = \underline{\Theta}_i\dot{\underline{\omega}}_i + \underline{\omega}_i \times \underline{\Theta}_i\underline{\omega}_i \end{aligned} \tag{4.31}$$

Um die Bewegung des Körpers i zu bestimmen, müssen diese Gleichungen nach den (Winkel-) Geschwindigkeiten aufgelöst werden:

$$\begin{aligned} \dot{\underline{v}}_i &= \frac{1}{m}\underline{F}_{ext,i} \\ \dot{\underline{\omega}}_i &= \Theta_i^{-1}\left(\underline{M}_{ext,i} - \underline{\omega}_i \times \underline{\Theta}_i\underline{\omega}_i\right) \end{aligned} \tag{4.32}$$

Beide Gleichungen lassen sich dann für alle n beteiligten Starrkörper in Matrixschreibweise zusammenfassen:

$$\underbrace{\begin{bmatrix} \dot{\underline{v}}_1 \\ \dot{\underline{\omega}}_1 \\ \vdots \\ \dot{\underline{v}}_n \\ \dot{\underline{\omega}}_n \end{bmatrix}}_{\ddot{\underline{x}}} = \underbrace{\begin{bmatrix} m_1^{-1}\underline{E} & \underline{0} & \underline{0} & \underline{0} \\ \underline{0} & \Theta_1^{-1} & \underline{0} & \underline{0} \\ & & \ddots & \\ \underline{0} & \underline{0} & m_n^{-1}\underline{E} & \underline{0} \\ \underline{0} & \underline{0} & \underline{0} & \Theta_n^{-1} \end{bmatrix}}_{\underline{M}^{-1}} \cdot \underbrace{\begin{bmatrix} \underline{F}_{ext,1} \\ \underline{M}_{ext,1} - \underline{\omega}_1 \times \underline{\Theta}_1\underline{\omega}_1 \\ \vdots \\ \underline{F}_{ext,n} \\ \underline{M}_{ext,n} - \underline{\omega}_n \times \underline{\Theta}_n\underline{\omega}_n \end{bmatrix}}_{\underline{F}} \tag{4.33}$$

Die translatorischen und rotatorischen Beschleunigungen ergeben sich also aus der Multiplikation der inversen Massenmatrix bzw. Trägheitstensoren mit den angreifenden Kräften und Momenten:

$$\ddot{\underline{x}} = \underline{M}^{-1} \cdot \underline{F} \tag{4.34}$$

---

[52] Der Term $\underline{\Theta}_i\dot{\underline{\omega}}_i + \underline{\omega}_i \times \underline{\Theta}_i\underline{\omega}_i$ ergibt sich aus dem Zusammenhang zwischen der zeitlichen Ableitung eines Vektors im bewegten System und seiner zeitlichen Ableitung im Weltkoordinatensystem.

Zur Simulation dieser Gleichung ist eine zweifache numerische Integration notwendig. Daher ist es günstig, auf eine impulsbasierte Betrachtung überzugehen: *„Anstatt über einen Zeitschritt hinweg variable, zeitkontinuierliche Kräfte und Momente auf die Körper des Systems aufzubringen, werden die resultierenden zeitdiskreten Impulse aufgebracht. Der Impuls entspricht dabei dem Integral einer Kraft oder eines Drehmoments über einen diskreten Zeitschritt hinweg."* [Jun11] Dies wird erreicht, indem die Beschleunigung auf der linken Seite durch einen Differenzenquotient der Geschwindigkeiten ersetzt wird, wobei eine Schrittweite h angenommen wird[53]:

$$\frac{\underline{\dot{x}}(t+h) - \underline{\dot{x}}(t)}{h} = \underline{M}^{-1}(t) \cdot \underline{F}(t)$$
$$\underline{\dot{x}}(t+h) = \underline{\dot{x}}(t) + h \cdot \underline{M}^{-1}(t) \cdot \underline{F}(t) \tag{4.35}$$

Die Körper können sich allerdings nicht frei bewegen sondern unterliegen zumindest teilweise in ihrer Bewegung unterschiedlichen Zwangsbedingungen. Beispiele hierfür sind Kollisionen untereinander oder die Einschränkung von Freiheitsgraden zwischen zwei Körpern durch Gelenke. Derartige Zwangsbedingungen können allgemein formuliert werden durch

$$C_e(\underline{x}, t) = 0 \quad \text{bzw.}$$
$$C_n(\underline{x}, t) \geq 0. \tag{4.36}$$

Hierbei repräsentieren C_e sogenannte bilaterale bzw. holonome Zwangsbedingungen, die etwa für Gelenke eingesetzt werden, und C_n unilaterale bzw. anholonome Zwangsbedingungen, die z. B. dafür sorgen, dass zwei Körper nicht ineinander eindringen. Auf diese Art und Weise lassen sich gezielt Freiheitsgrade zwischen Körpern entfernen, um so z. B. verschiedene Gelenktypen wie z. B. Kugel-, Dreh-, Linear- und Kardangelenke zu realisieren (siehe z. B. [RSR13]). Zur Entfernung z. B. eines translatorischen Freiheitsgrads zwischen zwei Körpern i und j entlang der x-Achse eines Gelenk- oder Kontaktkoordinatensystems wird eine Zwangsbedingung formuliert, welche die relative translatorische Geschwindigkeit entlang dieser Achse auf 0 setzt:

$$[1, 0, 0]^T \cdot (\underline{v}_j + \underline{\omega}_j \times \underline{r}_j - \underline{v}_i - \underline{\omega}_i \times \underline{r}_i) = 0 \tag{4.37}$$

---

[53] Die Formulierung entspricht dem expliziten Euler-Schema für die numerische Integration, da der Ausdruck auf der rechten Seite zum Zeitpunkt t ausgewertet wird.

Hierbei sind r_i und r_j die Vektoren von den Schwerpunkten der Körper zum Gelenk- bzw. Kontaktpunkt und v_i und v_j und ω_i und ω_j die translatorischen bzw. rotatorischen Geschwindigkeiten.

Da die Bewegungsgleichungen in Gleichung 4.35 auf Ebene der Geschwindig- keiten formuliert sind, müssen auch die Zwangsbedingen auf diese Ebene übertragen werden[54]. Dies erfolgt über die zeitliche Ableitung von Gleichung 4.36 (nachfol- gend stellvertretend für C_e):

$$\frac{d}{dt}(C_e(\underline{x}(t), t)) = 0$$
$$\frac{\partial C_e}{\partial \underline{x}}\dot{\underline{x}} + \frac{\partial C_e}{\partial t} = 0 \qquad (4.38)$$
$$\underline{J}\dot{\underline{x}} + \frac{\partial C_e}{\partial t} = 0$$

$\underline{J} = \frac{\partial C}{\partial \underline{x}}$ ist hierbei die Jakobimatrix der Zwangsbedingungen[55]. Zwangsbedingun- gen führen zu Zwangskräften. Zu deren Berechnung werden virtuelle Verrückungen, d. h. infinitesimal kleine, zeitlose und die Zwangsbedingungen erfüllende Verschie- bungen betrachtet. Da im Fall nicht zeitveränderlicher Zwangsbedingungen $\frac{\partial C_e}{\partial t}$ verschwindet, folgt aus Gleichung 4.38 $\underline{J}\dot{\underline{x}} = 0$. Zudem besagt das d'Alembert- Prinzip, dass die Summe der hierbei auftretenden virtuellen Arbeit verschwindet. Dies kann nur dann der Fall sein, wenn die durch Zwangskräfte $\underline{F}_Z$ erbrachte Leis- tung $P = \underline{F}_Z^T \cdot \dot{\underline{x}}$ verschwindet. Dies ist dann der Fall, wenn für diese $\underline{F}_Z^T = \underline{J}^T \cdot \underline{\lambda}$ gilt, denn dann ist

$$P = \underline{F}_Z^T \dot{\underline{x}} = \left(\underline{J}^T \underline{\lambda}\right)^T \dot{\underline{x}} = \underline{\lambda}^T \underline{J}\dot{\underline{x}} = 0 \qquad (4.39)$$

Allgemeiner können bilaterale Zwangsbedingen durch

$$\underline{J} \cdot \dot{\underline{x}} = \underline{b} \qquad (4.40)$$

ausgedrückt werden. In Bezug auf Gleichung 4.35 muss berücksichtigt werden, dass hier zu den eingeprägten Kräften auch die Zwangskräfte addiert werden müssen:

---

[54] Aufgrund der numerischen Integration ergeben sich jetzt allerdings geringe Abweichungen der Gelenkpositionen, die sich immer weiter aufsummieren würden. Abhilfe liefert hier eine Zwangsbedingungsstabilisierung z. B. nach [Bau72].

[55] Nicht zu verwechseln mit der Jakobimatrix einer Kinematik, die die kartesische Geschwin- digkeit eines Punkts auf einer kinematischen Kette mit den Gelenkwinkelgeschwindigkeiten in Verbindung setzt. Bei m Zwangsbedingungen hat diese Jakobimatrix m Zeilen.

$$\dot{\underline{x}}(t+h) = \dot{\underline{x}}(t) + h \cdot \underline{M}^{-1}(t) \cdot \left(\underline{F}(t) + \underline{J}^T \underline{\lambda} \right) \tag{4.41}$$

Diese Gleichung kann nun in Gleichung 4.40 eingesetzt werden. Bilaterale Zwangsbedingungen führen damit zu einem linearen Gleichungssystem, aus dem die Zwangskräfte $\underline{\lambda}$ berechnet werden können, welche dann zur resultierenden Bewegung der Körper führen:

$$\underline{J} \cdot \dot{\underline{x}}(t+h) = \underline{b}$$

$$\underline{J} \cdot \left(\dot{\underline{x}}(t) + h \cdot \underline{M}^{-1}(t) \cdot \left(\underline{F}(t) + \underline{J}^T \underline{\lambda} \right) \right) = \underline{b} \tag{4.42}$$

$$\underline{J}\underline{M}^{-1}\underline{J}^T \cdot h\underline{\lambda} + \underline{J} \left(\dot{\underline{x}} + \underline{M}^{-1} \cdot h\underline{F} \right) = \underline{b}$$

Analog kann mit unilateralen Zwangsbedingungen der Form

$$\underline{J} \cdot \dot{\underline{x}} \geq \underline{b} \tag{4.43}$$

vorgegangen werden, die durch Einführung von Schlupfvariablen w wiederum zu einem Gleichungssystem

$$\underline{J}\underline{M}^{-1}\underline{J}^T \cdot h\underline{\lambda} + \underline{J} \left(\dot{\underline{x}} + \underline{M}^{-1} \cdot h\underline{F} \right) = \underline{b} + \underline{w} \tag{4.44}$$

mit den Randbedingungen

$$\underline{w} \geq \underline{0}, \underline{\lambda} \geq 0, \underline{w}^T \underline{\lambda} = 0 \tag{4.45}$$

führen. Zur Lösung des Gleichungssystems werden geeignete Vektoren $\underline{w}$ und $\underline{\lambda}$ gesucht, aus denen dann wieder die resultierende Bewegung der Körper bestimmt werden kann. Der Term der komplementären Randbedingungen $\underline{w}^T \underline{\lambda} = 0$ bildet hierbei folgende Fallunterscheidung ab:

1. Die beiden von der unilateralen Zwangsbedingung betroffenen Körper driften auseinander: In diesem Fall ist die relative Geschwindigkeit entlang der Kontaktnormalen größer Null, der Normalenimpuls jedoch gleich Null, entsprechend also $w > 0$ und $\lambda = 0$.

2. Die beiden Körper liegen aufeinander, die unilaterale Zwangsbedingung verhindert die Durchdringung: In diesem Fall ist die relative Geschwindigkeit entlang der Kontaktnormalen gleich Null, der Normalenimpuls jedoch größer als Null, entsprechend also $w = 0$ und $\lambda > 0$.

Das entstehende Gleichungssystem ist ein klassisches Lineares Komplementaritäts-
problem (engl. LCP), zu dessen Lösung Standardverfahren wie z. B. das projizierte
Gauß-Seidel-Iterationsverfahren [Erl05] oder die Dantzig-Routine [CD70] existieren. Statt der reinen Betrachtung der Nichtnegativitätsbedingungen kann dieses
Gleichungssystem um untere und obere Grenzwerte der Lagrange-Multiplikatoren
erweitert werden [Jun11]. Gesucht werden damit Tupel (λ_i, w_i), für die gilt:

$$(\lambda_i, w_i) : \begin{cases} \lambda_i = \lambda_{\text{unten},i} & \leftrightarrow w_i > 0 \\ \lambda_i = \lambda_{\text{oben},i} & \leftrightarrow w_i < 0 \\ \lambda_{\text{unten},i} < \lambda_i < \lambda_{\text{oben},i} & \leftrightarrow w_i = 0 \end{cases} \tag{4.46}$$

Dies ist kein klassisches LCP mehr, kann jedoch nach entsprechenden Anpassungen durch klassische LCP-Lösungsalgorithmen gelöst werden. Darüber hinaus
ermöglicht diese Erweiterung eine leichte Einführung von Antrieben über geeignete
Antriebskräfte $h\lambda_i$ als auch die effiziente Berücksichtigung von Coulombscher Reibung (siehe jeweils [Jun11]). Beachtet werden muss zudem, dass Randbedingungen,
die sich aus der gegenseitigen Lage von zwei Körpern ergeben, auf der Ebene der
Geschwindigkeiten formuliert werden. Hierdurch kann nicht sichergestellt werden,
dass die Integration der Bewegung der einzelnen Körper immer dazu führt, dass die
Zwangsbedingungen eingehalten werden. Hierzu werden geeignete Stabilisierungs-
und Korrekturterme eingeführt (siehe ebenfalls [Jun11]).

   Damit integriert sich diese Modellierung der Dynamik starrer Körper wie folgt
in die in Abschnitt 3.6.2 dargestellten Strukturen. In jedem Simulationstakt werden
der Starrkörperdynamik die extern eingeprägten Kräfte und Momente über den
Eingangsvektor $\underline{u}(t)$ zur Verfügung gestellt. Durch Lösung des LCPs der Gleichung
4.44 mit den Randbedingungen der Gleichung 4.46 werden $\underline{w}$ und $\underline{\lambda}$ bestimmt,
aus denen dann mit Gleichung 4.41 der Vektor der Sollgeschwindigkeiten $\underline{\dot{x}}$ des
nächsten Simulationstakts bestimmt werden kann. Dieser Vektor ist das Ergebnis
der Starrkörperdynamik. Die Aufgaben der Starrkörperdynamik sind damit (siehe
[Jun11]):

1. Aktualisierung der Menge der zu berücksichtigenden starren Körper[56]
2. Kollisionserkennnung und Bestimmung von Kontaktpunkten, ggf. Auswertung
   von Kontaktgraphen zur Optimierung der Berechnung
3. Berechnung aller Zwangsimpulse
4. Berechnung der Bewegungsgeschwindigkeiten aller beteiligten Körper

---

[56] Der Parametervektor $\underline{a}$ ist zeitabhängig, die Zusammensetzung der Szene und deren Eigenschaften können sich also ständig ändern (z. B. wenn beim Fällen eines Baumes aus einem
Körper zwei erzeugt werden).

Tabellarisch stellt sich diese Zuordnung wie in Tabelle 4.12 dargestellt dar.

Tabelle 4.12 Zuordnung des Simulationsverfahrens „Starrkörperdynamik" zu den Klassifikationsmerkmalen aus Abschnitt 4.1.5.

Merkmal	Zuordnung
Domänen	Spezifisch
Prozesse	Deterministisch
Zeitliche Auflösung	Kontinuierlich
Räumliche Auflösung	Kontinuierlich
Systemzustand	Kontinuierlich
Laufzeit	Schneller/langsamer als Realzeit, Echtzeit
Simulationsstruktur	Übergreifend/Partikelbasiert
Skalen	Einzeln
Abstraktionsniveau	Niedrig
Modellbestandteil	**Zuordnung**
Parameter $\underline{a}$	Geometrie, Dichte der Starrkörper, Zwangsbedingungen
Algorithmen $\underline{A}$	–
Zustand	**Zuordnung**
Zustand $\underline{x}_k(t)$	Lage der Starrkörper im Raum
Zustand $\underline{x}_d(t)$	–
Initialzustand $\underline{x}(t_0)$	Initiale Lage der Starrkörper im Raum
Zustandsänderung $\underline{\dot{x}}(t)$	Sollgeschwindigkeit der Starrkörper im nächsten Simulationstakt
Simulation	**Zuordnung**
Übergangsfunktion f_k	Gleichung 4.41 mit Berücksichtigung von Gleichung 4.44 und Gleichung 4.46
Nebenbedingungen h_k	–
Ausgangsfunktion g	Abbildung von $\underline{x}(t)$ auf $\underline{y}(t)$
Nächstes Ereignis T	–
Eingang $\underline{u}(t)$	Extern eingeprägte Kräfte und Momente
Ausgang $\underline{y}(t)$	Lage aller Körper in Weltkoordinaten[57]

---

[57] Nach Anwendung der entsprechenden Integrationsvorschrift

Es gibt unterschiedliche Simulationsumgebungen oder Softwarebibliotheken zur Realisierung von Starrkörperdynamiksimulation. Als Beispiele hierfür seien die folgenden genannt:

1. `ADAMS`: Simulationsumgebung für die Mehrkörperdynamik [MSC]
2. `SIMPACK`: Simulationsumgebung für die Mehrkörperdynamik [Das]
3. `ODE`: Open Source Bibliothek zur Starrkörpersimulation mit Schwerpunkt Simulationsanwendungen [Smi]
4. `Bullet`: Open Source Bibliothek zur Starrkörpersimulation, Schwerpunkt Visualisierungsanwendungen [Rea]
5. `PhysX`: Bibliothek zur Nutzung von Grafikprozessoren für die Simulation starrer und beschränkt auch deformierbarer Körper, die physikalische Korrektheit steht hier nicht im Vordergrund

4.3.4 Finite-Elemente-Methode

Die Finite-Elemente-Methode (FEM) (alternativ auch Finite-Elemente-Analyse (FEA) genannt) gehört sicherlich zu den bekanntesten Simulationsverfahren der Ingenieurwissenschaften. Die FEM ist zu unverzichtbaren Handwerkszeug für technische Berechnungen geworden [MG00]. Viele verstehen unter FEM *das* Ingenieurwerkzeug zur Analyse unterschiedlichster Fragestellungen etwa zur Beschreibung des statischen und dynamischen Verhaltens von Festkörpern wie Deformationen oder Spannungs- und Temperaturverteilungen. Bauteile werden hierzu erwarteten Belastungssituationen (auch „Lastfälle" oder „Lastkollektive" genannt) ausgesetzt, um dann lokale Schwachstellen zu identifizieren oder Parameterstudien durchzuführen. *„Natürlich kann man mit diesem Verfahren viel mehr unternehmen, als nur Mechanik zu betreiben – Wärmeflüsse, Elektro- und Magnetfelder, ja eigentlich allgemein Differentialgleichungen und Randwertaufgaben für verschiedene Felder – das alles kann man heute damit lösen."* [RHA12]. Entsprechend vielfältig sind die Anwendungsbereiche, die nahezu alle Bereiche der Ingenieurwissenschaften umfassen. Beispiele sind u. a. Luft- und Raumfahrttechnik, Bauwesen, Schiffbau, Verfahrenstechnik, Werkzeug- und Maschinenbau oder die Geophysik [MG00]. Begonnen hat alles mit der Berechnung mechanischer Strukturen. *„Das Vorgehen wurde in den fünfziger Jahren zunächst bei Boeing einigermaßen „intuitiv" von den Flugzeug-Ingenieuren für statische Berechnungen von Flugzeugstrukturen entwickelt. Es ist ein Verfahren von Ingenieuren für Ingenieure!"* [RHA12] Ausgehend von [MG00] und [Ras14] kann das Verfahren wie folgt definiert werden:

Definition 4.21 (Finite-Elemente-Methode): *Die Finite-Elemente-Methode (FEM) ist ein bereichsweise angewandtes numerisches Näherungsverfahren zur Lösung partieller Differentialgleichungen (PDE). Zusätzlich zur Zeit wird auch der Raum diskretisiert, also in ein Netz endlich kleiner Elemente unterteilt.*

Das Verfahren eignet sich insbesondere zur Beschreibung statischer und dynamischer Probleme in Festkörpern wie z. B. Deformationen, Spannungs- oder Temperaturverteilungen. Es ergibt sich ein üblicherweise sehr großes (von der Anzahl der Elemente abhängiges, bei linearen PDE lineares) Gleichungssystem, welches direkt oder iterativ gelöst wird. In der mathematischen Umsetzung beschreiben die PDE an einem differentiell kleinen Teil das Verhalten einer Struktur. Welche PDE betrachtet werden, hängt von der Problemstellung ab. [MG00] nennt als Beispiele die Differentialgleichungen der Elastizitätstheorie von Lamé zur Beschreibung des Verhaltens von Festkörpern unter Beanspruchung, die Differentialgleichungen von Navier-Stokes zur Beschreibung des Verhaltens eines Fluids oder die Maxwell-Gleichungen zur Beschreibung von Magnetfeldern. Abbildung 4.31 illustriert die FEM am Beispiel der Forstmaschine aus Abbildung 3.2. Dargestellt sind die Belastungen des Krans durch das Harvesteraggregat. Es wird deutlich, dass der dargestellte „Wipparm" dazu neigt, durchzubiegen.

Abbildung 4.31 Beispiel für den Einsatz der FEM-Simulation zur Berechnung der Belastungen für einen Teil des Krans einer Forstmaschine (siehe z. B. [KR19])

Die Einführung des generellen Vorgehens erfolgt in Anlehnung an [MG00; RHA12] nachfolgend am Beispiel der Betrachtung von Festigkeitsproblemen und dies zunächst am eindimensionalen Fall. Das generelle Vorgehen kann aus der

Betrachtung einer einfachen Feder bzw. eines einfachen Zugstabs abgeleitet werden („*Die lineare FEM ist nichts anderes als das Hooke'sche Gesetz in Matrixform!*" [RHA12]). Bei einer Feder (siehe auch Abbildung 4.32, links) ist die **Verschiebung** u proportional zur aufgebrachten **Kraft** F, also $u \sim F$ (Hooke'sches Gesetz mit der Federkonstante K):

$$K \cdot u = F \tag{4.47}$$

Dieser einfache Zusammenhang gilt für alle Gegenstände, die sich linear-elastisch verformen, was mit den Zusammenhängen der Elastostatik am Beispiel eines Zugstabes gezeigt werden kann (siehe auch Abbildung 4.32, Mitte oben). Hier ist zunächst einmal die **Spannung** σ als Kraft pro Fläche definiert:

$$\sigma(x) = \frac{F(x)}{A(x)} \tag{4.48}$$

Aus dieser Spannung kann die **Verzerrung** ϵ (auch als Dehnung bezeichnet) berechnet werden (Werkstoffbeziehung mit dem Elastizitätsmodul E[58]):

$$\epsilon(x) = \frac{\sigma(x)}{E} \tag{4.49}$$

Die Dehnung ist also proportional zur Spannung ($\epsilon \sim \sigma$). Gleichzeitig ist die Verzerrung die Ortsableitung der Verschiebung u (Verzerrungs-Verschiebungs-Beziehung):

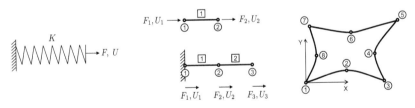

Abbildung 4.32 Illustration der grundlegenden Zusammenhänge der FEM: Feder (links), Zugstab und zwei zusammenhängende Zugstäbe (Mitte), Scheibenelement mit acht Knoten (rechts) (aus [RHA12])

---

[58] Anders formuliert (siehe [RHA12]) ist das Elastizitätsmodul die Steigung der Funktion $\sigma(\epsilon)$, da bei den meisten metallischen Werkstoffe hier bis zur Proportionalitätsgrenze ein linearer Zusammenhang besteht. Diese Materialien heißen dann auch „Hooke'sche Materialien", E ist sozusagen die Federkonstante dieses Werkstoffs.

$$\epsilon(x) = \frac{du(x)}{dx} \tag{4.50}$$

Durch Umformulieren kann $E \cdot \epsilon(x) = \sigma(x)$ auch als $k \cdot u = F$ mit $k = \frac{E \cdot A}{L}$ geschrieben werden, wenn die Verzerrung $\epsilon = \frac{u}{L}$ als nicht ortsabhängig angenommen wird (L ist hier die Länge, A der Querschnitt des Zugstabs). Senkrecht zur Zugrichtung wird sich der Zugstab bei Dehnung zusammenziehen. Das Verhältnis von Querdehnung ϵ_q zu bisher betrachteten Längsdehnung ϵ_x nennt man die **Querkontraktionszahl** v [RHA12]:

$$v = -\frac{\epsilon_q}{\epsilon_x} \tag{4.51}$$

Zusätzlich zu den Verzerrungen ϵ als Ortsableitung der Verschiebung wird sich ein Körper bei Belastung zudem „verdrehen". Dieser ebenfalls ortsabhängige Winkel wird als **Schubverzerrung** γ bezeichnet. Diese Schubverzerrung ist über das **Schubmodul** G mit der **Schubspannung** τ verbunden:

$$\tau = G \cdot \gamma \tag{4.52}$$

(analog zu $\sigma = E \cdot \epsilon$). Hierbei gilt $E = 2G(1 + v)$[59].

Können Vereinfachungen wie ortsunabhängige Verzerrungen nicht vorgenommen werden (etwa weil der Querschnitt A des Zugstabs ortsabhängig ist), muss zur Bestimmung der (ebenfalls ortsabhängigen) Verschiebung $u(x)$ die Differentialgleichung

$$du = \frac{F(x)}{A(x) \cdot E} dx \tag{4.53}$$

gelöst werden. Aus dem Ergebnis $u(x)$ kann dann über die o. g. Zusammenhänge zunächst die Dehnung $\epsilon(x)$ und hieraus dann die Spannung $\sigma(x)$ berechnet werden.

Im gezeigten Beispiel ist die Lösung trivial ($u(x) = \int_0^x du$), allerdings sind derartige analytische Lösungen nur selten in Sonderfällen möglich. Für praxisrelevante Problemstellungen (höhere Dimensionen, zusätzliche Randbedingungen, ...) wird $u(x)$ meist näherungsweise bestimmt (die von $u(x)$ abhängige Berechnung weiterer Größen erfolgt dann über die Ableitung dieser Funktion nach den Koordinaten).

Beim klassischen Lösungsansatz (also nicht bei der FEM, siehe auch [MG00]) wird ein Näherungsansatz für das Gesamtgebiet für $u_g(x)$ aufgestellt. Dies ist in der Regel ein Produktansatz aus geeigneten Formfunktionen und freien Koeffizienten,

---

[59] Für Stahl gilt z. B. $v_{\text{Stahl}} = 0, 3$ und $G_{\text{Stahl}} = 0, 375$ [RHA12]

die dann z. B. die Bedingungen im Inneren oder am Rand erfüllen müssen (für die weiteren Betrachtungen wird auf den mehrdimensionalen Fall übergegangen):

$$\underline{u}_g(\underline{x}) = \sum_{i=1}^{n} a_i \underline{N}_i(\underline{x}) \qquad (4.54)$$

Entsprechend sind N_i hierbei für das Gesamtgebiet angesetzte Funktionstherme, die Koeffizienten a_i können mathematisch berechnet werden, sind aber nicht physikalisch deutbar.

Zur Bestimmung der a_i bedient man sich häufig dem „Prinzip vom Minimum der potentiellen Energie E_{pot}: Unter einer Belastung wird sich ein System so einstellen (verschieben), dass das Potential einen Extremalwert (Minimalwert) annimmt. Denn jede andere Verschiebung „kostet" mehr Energie als diejenige des minimalen Potentials. Anders ausgedrückt: Das System wird eine Lage einnehmen, bei dem die Kräfte im Gleichgewicht sind (Gleichgewichtslage)."[MG00]

Mathematisch ausgedrückt ist die Extremalbedingung[60] also:

$$\frac{\partial E_{pot}(\underline{a})}{\partial \underline{a}} = \underline{0} \qquad (4.55)$$

Hieraus ergibt sich ein algebraisches Gleichungssystem $\underline{A} \cdot \underline{a} = \underline{b}$, aus dem sich die Koeffizienten a berechnen lassen.

Im Gegensatz zum klassischen Lösungsansatz oben wird bei der FEM das Gesamtgebiet in Teilgebiete, den **Elementen**, unterteilt, die in **Knoten** miteinander verbunden sind. Die in den Knoten definierten **Freiheitsgrade** $\underline{u}$[61] sind die charakteristischen Größen des Problems, z. B. wie oben die Verschiebung, die Temperatur o. ä. Für jedes Element wird jetzt eine elementweise Lösung $\underline{u}_e(\underline{x})$ gesucht, wobei in einem Knoten $\underline{x}_j$ gelten muss: $\underline{u}_e(\underline{x}_j) = \underline{u}_j$. Im Gegensatz zur Verwendung globaler Formfunktionen N_i beim klassischen Lösungsansatz oben werden in der FEM bereichsweise Formfunktionen N_i eingesetzt. Zudem werden die Formfunktionen so bestimmt, dass zur Beschreibung der Funktion $\underline{u}_e(x)$ als Koeffizienten die Knotenverschiebungen $\underline{u}_e$ verwendet werden. Entsprechend gilt:

---

[60] Durch die zur Bestimmung der potentiellen Energie notwendigen Integration verschwinden die Koordinaten $\underline{x}$, die potenzielle Energie ist ausschließlich von den Koeffizienten a_i abhängig.

[61] Bei n Knoten hat $\underline{u}$ damit auch die Dimension n.

$$\underline{u}_e(\underline{x}) = \sum_{i=1}^{n} \underline{u}_{e,i} \cdot \underline{N}_{e,i}(\underline{x}) = \underline{N}_e(\underline{x}) \cdot \underline{u} \qquad (4.56)$$

Die Lösung für das Gesamtgebiet ergibt sich aus der Summe dieser Einzellösungen. Zur Lösung wird wiederum vom Prinzip des Minimus der potenziellen Energie ausgegangen, die sich jetzt aus den jeweiligen Beiträgen der einzelnen Elemente zusammensetzt. Die Extremalbedingung ist jetzt:

$$\frac{\partial E_{pot}(\underline{u})}{\partial \underline{u}} = \underline{0} \qquad (4.57)$$

Hieraus ergibt sich wiederum ein algebraisches Gleichungssystem

$$\underline{K}_g \cdot \underline{u} = \underline{F} \qquad (4.58)$$

aus dem sich die Knotenverschiebungen $\underline{u}$ berechnen lassen. Diese Gleichung sieht aus wie das Federgesetz aus Gleichung 4.47 in Matrixform und kann tatsächlich auch so aufgefasst werden. $\underline{u}$ sind die Verschiebungen der einzelnen Knoten, $\underline{F}$ die dort angreifenden Kräfte und $\underline{K}_g$ wird als **Gesamtsteifigkeitsmatrix** des betrachteten Körpers bezeichnet.

Aber wie bestimmen sich jetzt $\underline{K}_g$ und $\underline{F}$? Hierzu werden in der FEM unterschiedliche Elementtypen (wie z. B. das in Abbildung 4.32 rechts dargestellte Scheibenelement mit acht Knoten) eingesetzt, die vom Anwender der FEM nach unterschiedlichen Kriterien ausgewählt werden. Die grundsätzliche Vorgehensweise illustriert [RHA12] anhand der in der Mitte von Abbildung 4.32 dargestellten Zugstäbe. Betrachtet man die Zusammenhänge für den linken Zugstab zwischen den Verschiebungen u_1 und u_2 sowie den an diesen Stellen angreifenden Kräften F_1 und F_2, so können diese in Matrixform mit $K = \frac{E \cdot A}{l}$ wie folgt zusammengefasst werden[62]:

$$\begin{bmatrix} K & -K \\ -K & K \end{bmatrix} \begin{bmatrix} u_1 \\ u_2 \end{bmatrix} = \begin{bmatrix} F_1 \\ F_2 \end{bmatrix} \qquad (4.59)$$

Die Matrix $\underline{K}_e$ auf der linken Seite wird hier als **Elementsteifigkeitsmatrix** bezeichnet. Betrachtet man jetzt die dargestellte Kombination von zwei Zugstäben, erfolgt äquivalent:

---

[62] Die Herleitung erfolgt durch die Betrachtung des Kräftegleichgewichts. E ist hier das Elastizitätsmodul, A die Querschnittsfläche und l die Länge des Zugstabs.

$$\begin{bmatrix} K_1 & -K_1 & 0 \\ -K_1 & K_1 + K_2 & -K_2 \\ 0 & -K_2 & K_2 \end{bmatrix} \begin{bmatrix} u_1 \\ u_2 \\ u_3 \end{bmatrix} = \begin{bmatrix} F_1 \\ F_2 \\ F_3 \end{bmatrix} \qquad (4.60)$$

Wenn man in allen Elementsteifigkeitsmatrizen jetzt alle Knoten berücksichtigt, ergibt sich die Gesamtsteifigkeitsmatrix aus der Summe der Elementsteifigkeitsmatrizen:

$$\underline{K}_g = \sum_i \underline{K}_{e,i} \qquad (4.61)$$

Die rechten Seiten der obigen Gleichungen nehmen jeweils die angreifenden Kräfte auf. Darüber müssen Randbedingungen wie $u_i = c$ einfach in die entstehenden Gleichungssysteme integriert werden (siehe z. B. [RHA12]). Die Auflösung der Gleichungen nach $\underline{u}$ liefert die Knotenverschiebungen, die Multiplikation von Verschiebungen mit den Elementsteifigkeitsmatrizen die fehlenden Knotenkräfte.

In der Praxis sind die betrachteten Geometrien natürlich deutlich komplexer, zudem werden zwei- oder dreidimensionale Problemstellungen behandelt. Entsprechend komplexer werden auch die der FEM zu Grunde liegenden Elemente. Hierzu müssen die einleitend für den eindimensionalen Fall dargestellten Beziehungen verallgemeinert werden. Die Verzerrungs-Verschiebungs-Beziehung aus Gleichung 4.50 stellt sich hier wie folgt dar[63]:

$$\underline{\epsilon}(\underline{x}) = \underline{L}\,\underline{u}_e(\underline{x}) = \underline{L}\,\underline{N}_e(\underline{x})\,\underline{u}_e = \underline{B}_e\,\underline{u}_e \qquad (4.62)$$

Der Differentialoperator $\underline{L}$ enthält die hierzu notwendigen partiellen Ableitungen, also z. B. für den ebenen Fall (siehe [RHA12]):

$$\begin{bmatrix} \epsilon_x \\ \epsilon_y \\ \gamma \end{bmatrix} = \begin{bmatrix} \frac{\partial}{\partial x} & 0 \\ 0 & \frac{\partial}{\partial y} \\ \frac{\partial}{\partial y} & \frac{\partial}{\partial x} \end{bmatrix} \begin{bmatrix} u_x \\ u_y \end{bmatrix} \qquad (4.63)$$

$\underline{B}$ wird **Verzerrungs-Verschiebungs-Transformationsmatrix** genannt, welche die benötigten partiellen Ableitungen der Formfunktionen enthält.

Aus der Werkstoffbeziehung der Gleichung 4.49 wird:

$$\underline{\sigma}(\underline{x}) = \underline{C} \cdot \underline{\epsilon}(\underline{x}) \qquad (4.64)$$

---

[63] $\underline{u}_e(\underline{x})$ ist hier das Verschiebungsfeld in einem Element, $\underline{u}_e$ ist der Vektor der Knotenverschiebungen.

$\underline{C}$ wird hierbei **Materialmatrix** genannt, welche die materialabhängigen Zusammenhänge zwischen Spannung und Dehnung beschreibt. Sie wird mit Hilfe dem Elastizitätsmodul E und der Querkontraktionszahl v des Materials berechnet (siehe z. B. [RHA12]). Für den ebenen Spannungszustand ist z. B.:

$$\underline{C} = \frac{E}{1-v^2} \begin{bmatrix} 1 & v & 0 \\ v & 1 & 0 \\ 0 & 0 & \frac{1-v}{2} \end{bmatrix} \tag{4.65}$$

Mit $\underline{B}$ und $\underline{C}$ kann die Elementsteifigkeitsmatrix $\underline{K}_e$ im mehrdimensionalen Fall nach

$$\underline{K}_e = \int_V \underline{B}^T \underline{C} \, \underline{B} \, dV \tag{4.66}$$

berechnet werden. Hierzu müssen für das Element die Formfunktionen $\underline{N}_e$, deren partielle Ableitungen und die Materialmatrix $\underline{C}$ bekannt sein. FEM-Programme stellen diese für eine Vielzahl unterschiedlicher Elementtypen in Bibliotheken zur Verfügung. Werden diese Elementtypen auf konkrete Elementgeometrien angewandt, muss das obige Integral (typischerweise numerisch) gelöst werden.

Die aufgebrachten Kräfte können z. B. als Strecken- oder Flächenlasten eingebracht werden. Ihr Beitrag wird auf die betrachteten Knoten umgerechnet und kann so direkt für Gleichung 4.58 umgesetzt werden. Diese Gleichung muss dann nach $\underline{u}$ umgestellt werden, was bei großen oder sehr fein aufgelösten Körpern und/oder aufgrund des entstehenden großen Gleichungssystems sehr rechenintensiv werden kann. Hieraus werden die Spannungen mit

$$\underline{\sigma}_e = \underline{C}\,\underline{B}_e\,\underline{u}_e \tag{4.67}$$

sowie die Knotenkräfte mit

$$\underline{F}_e = \underline{K}_e \underline{u}_e \tag{4.68}$$

jeweils elementweise berechnet.

Der Ablauf einer FEM ist damit angelehnt an [MG00] wie folgt:

1. Idealisierung

   a) Idealisierung des Berechnungsproblems (z. B. lineares Materialverhalten, zeitunabhängige Belastung, ...) und Wahl der geeigneten Vorgehensweise (statisch/dynamisch, linear/nichtlinear, ...)

   b) Auswahl der Elementtypen (und damit der vorbereiteten Formfunktionen)

2. Diskretisierung („Preprocessing")[64]

   a) Auswahl der Materialien
   b) Aufteilung in Elemente (Vernetzung)
   c) Berechnung der Material-, Verzerrungs-Verschiebungs-, Steifigkeitsmatrizen pro Element
   d) Gesamtsteifigkeitsmatrix berechnen
   e) Randbedingungen einfügen (äußere Kräfte, Lager, definierte Verschiebungen)
   f) Gleichungssystem Gleichung 4.58 aufstellen

3. Lösung

   a) Berechnung der Knotenverschiebungen $\underline{u} = \underline{K}^{-1} \cdot \underline{F}$

4. Rückrechnung

   a) Berechnung der Spannungen und Knotenkräfte

5. Nachverarbeitung („Postprocessing")

   a) Ergebnisauswertung
   b) Kontrolle

Die Genauigkeit der FEM ist maßgeblich von der Anzahl und dem Typ der gewählten Elemente abhängig. Soll die Genauigkeit gesteigert werden, kann sowohl die Anzahl der Elemente als auch die Ordnung der Ansatzfunktionen gesteigert werden [MG00].

Bei den bisherigen Betrachtungen wurde davon ausgegangen, dass Massenträgheits- und Dämpfungseffekte die Ergebnisse der FEM nur unwesentlich beeinträchtigen. Mit FEM-Methoden können allerdings auch dynamische Probleme analysiert werden [MG00; Fre11]. Gleichung 4.58 erweitert sich hierdurch (quasi analog zum Einmassenschwinger) zu:

---

[64] [RHA12] weist explizit auf die Bedeutung dieses Schrittes hin: „*Weil es beim Arbeiten mit der Finite-Elemente-Analyse eigentlich zwei Hindernisse gibt – und die sind systemimmanent. Die erste Falle: Das eigentliche Erzeugen des Finite-Elemente-Netzes - wie grob oder wie fein, welche Elementtypen – das ist sehr viel Erfahrung und Training. Die zweite Falle: Die Wahl der Randbedingungen, also wie und wo Lager anbringen, Kräfte aufgeben und dergleichen.*"

$$\underline{M}_g \ddot{\underline{u}}(t) + \underline{D}_g \dot{\underline{u}}(t) + \underline{K}_g \underline{u}(t) = \underline{F}(t) \qquad (4.69)$$

Bislang wurden lineare Problemstellungen betrachtet. Bei linearer Analyse sind die Matrizen konstant, die Verformung ist proportional zur Last. Bei nichtlinearer Analyse (siehe auch [MG00]) sind die Matrizen abhängig von der Verschiebung, daher ist eine iterative Lösung notwendig. Zudem ändert sich die Berechnung der Elementsteifigkeitsmatrizen. Unterschieden wird hierbei zwischen Geometrie-, Material- und Strukturnichtlinearität.

Wie eingangs bereits aufgeführt können FEM-Methoden nicht nur auf die Festigkeitsbetrachtungen sondern für eine Vielzahl unterschiedlicher Problemstellungen angewendet werden. Die Funktionen, für die die betrachteten Differentialgleichungen aufgestellt werden und deren Werte an den Knoten bestimmt werden sollen, sind jeweils charakteristische Größen des Problems, z. B. wie oben die Verschiebung, die Temperatur o. ä. Für den Übergang von der Elastostatik oben z. B. zur Thermodynamik müssen nur die Freiheitsgrade ausgetauscht und die Berechnungen der beteiligten Matrizen angepasst werden. Die Formfunktionen sind unabhängig von der Anwendung [MG00]. Für die Berechnung der Wärmeübertragung im stationären Fall wird z. B. das Wärmeleitungsgesetz nach Fourier betrachtet [RHA12]:

$$q_x = -\lambda_x \frac{\partial T}{\partial x} \qquad (4.70)$$

Dies führt dann analog zu Gleichung 4.58 zu

$$\underline{K}_{W,g} T = \underline{Q}_W \qquad (4.71)$$

Die Elementwärmeleitfähigkeitsmatrix berechnet sich zu $\underline{K}_{W,e} = \iiint_V \underline{B}_W^T \lambda \underline{B}_W \, dV$[65].

Die gemeinsame Betrachtung von mehreren physikalischen Prozessen und ihrer Wechselwirkungen, d. h. die Lösung gekoppelt verlaufender physikalischer Prozesse, führt zur sogenannten „Multiphysik" [MG00]. Die Lösung kann hier z. B. durch Lösung der für die jeweiligen Prozesse entstehenden Gleichungen im Wechsel erfolgen. [RHA12] illustriert dies am Beispiel der Thermomechanik: Die thermische Dehnung $\underline{u}_{\text{therm}}$ wird über $\underline{\epsilon}_{\text{therm}} = \alpha \Delta T = \underline{B} \underline{u}_{\text{therm}}$ berechnet und geht über $\underline{F}_{\text{therm}} = \underline{K} \underline{u}_{\text{therm}}$ als neue inhomogene Randbedingung in die elastostatische Berechnung ein (mit $\Delta \underline{T}$ als Temperaturdifferenz zwischen benachbarten Knoten

---

[65] $\underline{B}_W$ beschreibt auch hier die partiellen Ableitungen der Formfunktionen nach den Raumrichtungen, unterscheidet sich allerdings vom Aufbau von den bisher betrachteten Verzerrungsmatrizen. $\underline{\lambda}$ ist die Wärmeleitfähigkeit in den entsprechenden Raumrichtungen.

und α als Wärmeausdehnungskoeffizient). Alternativ können die gekoppelten Prozesse auch gemeinsam gelöst werden, z. B. durch Zusammenfassung des Problems in „Multifeld-Elementen". [MG00] illustriert dies am Beispiel der Piezoelektrizität

$$\begin{bmatrix} \underline{0} & \\ & \underline{M} \end{bmatrix} \begin{bmatrix} \underline{0} \\ \ddot{\underline{u}} \end{bmatrix} + \begin{bmatrix} \underline{0} & \\ & \underline{C}_s \end{bmatrix} \begin{bmatrix} \underline{0} \\ \dot{\underline{u}} \end{bmatrix} + \begin{bmatrix} \underline{K}_e & \underline{K}_p \\ \underline{K}_p^T & \underline{K}_s \end{bmatrix} \begin{bmatrix} \underline{V} \\ \underline{u} \end{bmatrix} = \begin{bmatrix} \underline{Q} \\ \underline{F} \end{bmatrix} \qquad (4.72)$$

Bezogen auf die in Kapitel 3 eingeführte Systematik der Experimentierbaren Digitalen Zwillinge und die in Abschnitt 3.6.2 dargestellte Systematik zur einheitlichen Beschreibung von Simulationsfunktionen beschreibt die FEM im Anwendungsfall der Elastostatik typischerweise das Verhalten eines EDZ unter den durch sich selbst oder durch andere EDZ hervorgerufene Belastungen. Die für die FEM relevanten Modellbestandteile der einzelnen $M_{S,edz,i}$ sind der Parametervektor $\underline{a}_{spsys,i}^{sys}$, der alle notwendigen Daten zu den betrachteten Körpern (z. B. Geometrie, Materialeigenschaften, Vernetzung, Elementtypen), den Lagerungen und Krafteinleitungen für diesen Körpern sowie übergreifende Simulationsparameter enthält. Ausgangspunkt der Simulation ist die Vorgabe der auf den Körper wirkenden Kräfte sowie die Lage der Körper im Eingangsvektor $\underline{u}(t)$.

Die Simulationsfunktion Φ_{FEM} der FEM bestimmt auf dieser Basis Gleichung 4.58, löst dieses nach den resultierenden Knotenverschiebungen $\underline{u}$ auf und bestimmt die hieraus resultierenden Spannungen und Knotenkräfte. Übertragen auf die Beschreibungssystematik ist dies Aufgabe der Ausgangsfunktion g. Es werden keine zusätzlichen Algorithmen $\underline{A}$ berücksichtigt. Die FEM besitzt im Anwendungsfall der Elastostatik keinen ausgezeichneten Zustandsvektor $\underline{x}(t)$.

Gleichung 3.36 stellt sich damit für die FEM-Simulation wie folgt dar:

$$\underline{y}(t) = g(\underline{u}(t)) \qquad (4.73)$$

Tabellarisch stellen sich die Eigenschaften der FEM-Simulation wie in Tabelle 4.13 dargestellt dar.

Es gibt unterschiedliche Simulationsumgebungen oder Softwarebibliotheken zur Realisierung von FEM. Beispiele hierfür sind die Softwaresysteme COMSOL [COM18] und Ansys [ANS18].

Tabelle 4.13 Zuordnung des Simulationsverfahrens „Finite-Elemente-Methode" zu den Klassifikationsmerkmalen aus Abschnitt 4.1.5.

Merkmal	Zuordnung
Domänen	Spezifisch
Prozesse	Deterministisch
Zeitliche Auflösung	_[66]
Räumliche Auflösung	Diskret
Systemzustand	–
Laufzeit	Langsamer als Realzeit
Simulationsstruktur	Übergreifend/Feldbasiert
Skalen	Einzeln
Abstraktionsniveau	Niedrig
Modellbestandteil	**Zuordnung**
Parameter $\underline{a}$	Geometrie, Materialien, Elemente, Vernetzung, ...
Algorithmen $\underline{A}$	–
Zustand	**Zuordnung**
Zustand $\underline{x}_k(t)$	–
Zustand $\underline{x}_d(t)$	–
Initialzustand $\underline{x}(t_0)$	–
Zustandsänderung $\underline{\dot{x}}(t)$	–
Simulation	**Zuordnung**
Übergangsfunktion f_k	–
Nebenbedingungen h_k	–
Ausgangsfunktion g	Berechnung der Knotenverschiebungen, Dehnungen und Knotenkräfte
Nächstes Ereignis T	–
Eingang $\underline{u}(t)$	Lage der Körper, extern eingeprägte Kräfte
Ausgang $\underline{y}(t)$	Knotenverschiebungen, Dehnungen, Knotenkräfte

4.3.5 Sensorsimulation

Die Sensorsimulation ist ein weiteres domänenspezifisches Simulationsverfahren für die Robotik. Während Ziel der Simulationsverfahren der Kinematik, Starrkör-

---

[66] Die hier betrachtete Elastostatik hat keinen Zeitbezug. Allerdings können wie dargestellt auch Prozesse über der Zeit betrachtet werden.

perdynamik und Finite-Elemente-Methode die Nachbildung des Verhaltens (Bewegung, Verformung) von Körpern im Raum ist, adressieren die Verfahren der Sensorsimulation die Abbildung des Verhaltens von Messeinrichtungen bestehend aus Messaufnehmer sowie weiteren Mess- und Hilfsgeräten in der Simulation. Abschnitt 3.3.1 gibt einen Überblick über die vielfältigen Aspekte und Begriffe aus dem Bereich der Sensorik. Aufgabe der Messaufnehmer und damit auch der Sensorsimulation ist die Bestimmung bestimmter Messgrößen ausgewählter Messobjekte. Diese Messobjekte sind meist Teil der Systemkomponente (siehe Abschnitt 3.3.1) und werden üblicherweise von einem der bis hierhin vorgestellten Verfahren in ihrem Verhalten simuliert. Umfassende Sensorsimulationen betrachten die Wechselwirkungen zwischen Messaufnehmer und (dynamischem) Messobjekt zur Bestimmung der Messgröße und Generierung eines entsprechenden Messsignals am Ausgang des Messaufnehmers ebenso wie das Verhalten der für die gesamte Messeinrichtung notwendigen weiteren Mess- und Hilfsgeräte. Die 1-zu-1-Abbildung des realen Physischen Systems auch in Bezug auf die Struktur auf diese Ebene zu erweitern hat den Vorteil, dass z. B. Verfahren der Virtuellen Inbetriebnahme (siehe Abschnitt 3.7.6) oder der EDZ-gestützten Steuerung (siehe Abschnitt 3.7.5) zur Implementierung der Auswertungsalgorithmen für die Messsignale ebenfalls auf dieser Ebene angewendet werden können, da hier reale und virtuelle Komponenten flexibel miteinander verbunden werden können. Der Begriff der Sensorsimulation wird damit wie folgt verwendet:

Definition 4.22 (Sensorsimulation): *Aufgabe der Sensorsimulation ist die realitätsnahe Abbildung von Messeinrichtungen bestehend aus Messaufnehmern und weiteren Mess- und Hilfsgeräten in der Simulation. Durch Nachbildung der Wechselwirkung zwischen Messaufnehmer und Messobjekt wird die Bestimmung der gesuchten Messgröße, deren Abbildung in Messsignale sowie deren weitere Verarbeitung bis zur Bereitstellung des Messwerts simuliert.*

Abschnitt 3.3.1 gibt bereits einen Überblick über die vielfältigen Sensortypen, die in unterschiedlichen Anwendungen eingesetzt werden. Viele Sensoren beziehen sich direkt auf einzelne Zustandsgrößen der simulierten Systemkomponente. Ein Beispiel hierfür sind Kraft-Momenten-Sensoren, deren Messwerte in erster Näherung direkt aus den Zwangskräften der Starrkörperdynamik (siehe Abschnitt 4.3.3) abgelesen werden können. Andere Sensortypen erfordern die Anwendung aufwändiger Simulationsverfahren, um insbesondere den Messwertaufnehmer ausreichend realitätsnah simulieren zu können. Beispiele hierfür sind optische Sensoren wie

Digitalkameras, Tiefenkameras und Laserscanner ebenso wie Ultraschall- oder Radarsensoren. Zur Illustration der Verfahren der Sensorsimulation soll nachfolgend ein erster Blick auf die Simulation von Digitalkameras geworfen werden. Aufgabe dieser nachfolgend „Kamerasimulation" genannten Variante der Sensorsimulation ist die Abbildung der dreidimensionalen Welt im Blickfeld der Kamera (typischerweise als Rasterbild) auf einen zweidimensionalen Bildaufnehmer. Eine entsprechende Kamera (siehe Abbildung 4.33) besteht hierzu üblicherweise aus einem Objektiv sowie dem eigentlichen Sensor/Bildaufnehmer (z. B. einem CCD-Chip). Ein Prozessor stellt das zweidimensionale Abbild der realen Welt über definierte Schnittstellen in einem definierten Format zur Verfügung, so dass nachfolgend auf diesen Daten Bildverarbeitungsketten bestehend aus Vorverarbeitung, Aufbereitung, Analyse und Interpretation von visuellen Informationen angewendet werden können. Das Ergebnis einer derartigen Kette könnte wie in diesem Beispiel die Bestimmung der Information „Baum in 5,6 m" als Grundlage für Kollisionsvermeidungs- oder Inventurverfahren sein.

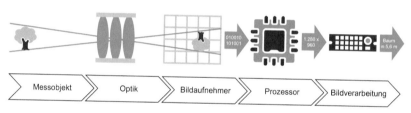

Abbildung 4.33 Beispiel für den Einsatz eines Kamerasensors für die Beobachtung der die Forstmaschine aus Abbildung 3.2 umgebenden Bäume

Die Simulation von Kamerasensoren basiert auf bekannten Verfahren der Computergrafik. Durch **Rendering** wird auch dort ein Rasterbild als Abbild eines dreidimensionalen Szenarios für eine virtuelle Kamera berechnet. Technisch umgesetzt wird dies durch unterschiedliche Verfahren. **Raytracing** betrachtet hierzu für jedes Pixel des Rasterbildes einen vom Betrachterpunkt durch dieses Pixel ausgehenden Strahl, berechnet Schnitte dieses Strahls mit Objekten und teilt diesen Strahl dort ggf. in reflektierte und transmittierte Anteile auf. Im Gegensatz zu diesem „Forward Raytracing" berechnen „Backward Raytracing"-Verfahren diese Strahlen umgekehrt ausgehend den Lichtquellen. Im Gegensatz zu diesen Ansätzen transformieren echtzeitfähige Verfahren der **Rasterisierung** mit Hilfe der perspektivischen Projektion, z. B. umgesetzt durch Renderer auf Basis der Schnittstellen „OpenGL" oder „DirectX", die Messobjekte des Szenarios direkt in den Bildraum des Rasterbildes. Sie setzen hierzu ein idealisiertes Kameramodell mit unendlich kleiner Blende

(Lochkamera) an. Dieses Kameramodell kann allerdings z. B. keine Tiefenunschärfe simulieren, alle Objekte werden scharf abgebildet. Die Differenz zu realen Kameras wird durch Ergänzung von Effekten in nachgelagerten Aufbereitungsschritten berücksichtigt. Beispiele hierfür sind Tiefen- und Bewegungsunschärfe, Lichtbeugung im Objektiv oder Sättigung und Rauschen des Bildaufnehmers. Das Ergebnis ist eine pseudorealistische Nachbildung entsprechender realer Kameras, die für viele Anwendungen allerdings bereits ausreichend ist.

Die grundlegenden Verhältnisse der projektiven Abbildung werden z. B. in [WHL+15] erläutert. Abbildung 4.34 skizziert das zu Grunde liegende Modell einer Lochkamera. Das Koordinatensystem der Kamera hat seinen Ursprung in der Mitte Blendenöffnung, die z-Achse dieses Koordinatensystems „Kamera" zeigt in Richtung der optischen Achse der Kamera und steht senkrecht auf dem Bildaufnehmer, der sich um die Brennweite f entlang der optischen Achse verschoben hinter der Blende befindet. Ein Punkt $^{\text{kamera}}\underline{x} = [^{\text{kamera}}x, {^{\text{kamera}}}y, {^{\text{kamera}}}z, 1]^T$ des Messobjekts wird auf den Punkt $^{\text{aufnehmer}}\underline{x} = [^{\text{aufnehmer}}x, {^{\text{aufnehmer}}}y, 1]^T$ in der Ebene des Bildaufnehmers (Koordinatensystem „Aufnehmer") abgebildet. Mathematisch einfacher lassen sich die Verhältnisse betrachten, wenn man ein zum Bild auf dem Bildaufnehmer korrespondierendes Bild im Abstand 1 vor der Blende im Koordinatensystem „Aufnehmer1" betrachtet. Im Gegensatz zum Bild auf dem Bildaufnehmer selbst ist dieses Bild nicht mehr gespiegelt, so dass die y-Achse dieses Koordinatensystems gegenüber der des Bildaufnehmers in die entgegengesetzte Richtung zeigt.

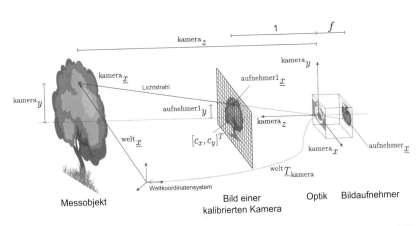

Abbildung 4.34 Lochkameramodell der projektiven Abbildung (angelehnt an [WHL+15])

Mit dem Strahlensatz (z. B. $\frac{^{\text{aufnehmer1}}y}{1} = \frac{^{\text{kamera}}y}{^{\text{kamera}}z}$) bestimmt man den entsprechenden Punkt $^{\text{aufnehmer1}}\underline{x}$ auf diesem gedachten Bildaufnehmer[67]:

$$^{\text{kamera}}z \cdot \underbrace{\begin{bmatrix} ^{\text{aufnehmer1}}x \\ ^{\text{aufnehmer1}}y \\ 1 \end{bmatrix}}_{^{\text{aufnehmer1}}\underline{x}} = \underbrace{\begin{bmatrix} ^{\text{kamera}}x \\ ^{\text{kamera}}y \\ ^{\text{kamera}}z \end{bmatrix}}_{^{\text{kamera}}\underline{x}} \qquad (4.74)$$

$^{\text{aufnehmer1}}\underline{x}$ ist hierbei wie auch $^{\text{kamera}}\underline{x}$ weiter oben in homogenen Koordinaten angegeben[68], der erste Vektor in einem zweidimensionalen und der zweite in einem dreidimensionalen Koordinatensystem. Für die Weiterverarbeitung muss der Punkt $^{\text{aufnehmer1}}\underline{x}$ in ein Rasterbild mit Koordinaten $^{\text{raster}}\underline{x}$ überführt werden, dessen Koordinatensystemursprung um $[c_x, c_y]^T$ verschoben ist[69,70]. Darüber hinaus muss das Bild noch mit der Brennweite f skaliert (je größer die Brennweite, je größer das Bild auf dem Bildaufnehmer) und auf die Pixelgröße $[\Delta x, \Delta y]^T$ bezogen werden. In Matrixschreibweise ergibt sich damit:

$$\underbrace{\begin{bmatrix} ^{\text{raster}}x \\ ^{\text{raster}}y \\ 1 \end{bmatrix}}_{^{\text{raster}}\underline{x}} = \begin{bmatrix} \frac{f}{\Delta x} & s & c_x \\ 0 & \frac{f}{\Delta y} & c_y \\ 0 & 0 & 1 \end{bmatrix} \cdot \begin{bmatrix} ^{\text{aufnehmer1}}x \\ ^{\text{aufnehmer1}}y \\ 1 \end{bmatrix} = \underbrace{\begin{bmatrix} f_x & s & c_x \\ 0 & f_y & x_y \\ 0 & 0 & 1 \end{bmatrix}}_{\underline{K}} \cdot \underbrace{\begin{bmatrix} ^{\text{aufnehmer1}}x \\ ^{\text{aufnehmer1}}y \\ 1 \end{bmatrix}}_{^{\text{aufnehmer1}}\underline{x}} \qquad (4.75)$$

Der zusätzlich eingeführte Parameter s (für „Skew") modelliert die Abweichung der Achsen des Rasterbildes von der üblicherweise angenommenen Orthogonalität. $\underline{K}(f_x, f_y, s, c_x, c_y)$ wird die **intrinsische Kameramatrix** genannt, ihre Parameter die intrinsischen Kameraparameter. Darüber hinaus liegt der Ursprung des

---

[67] Problematisch ist, dass $^{\text{kamera}}z$ in diesem Fall für den Sensor nicht bekannt ist. Die Entfernung, in der der aufgenommene Punkt liegt, kann also nicht bestimmt werden. Lediglich die Richtung des Punktes kann berechnet werden.

[68] Haupteigenschaft homogener Koordinaten ist die Invarianz gegenüber Skalierungen. Dies wird ausgedrückt durch eine Äquivalenzrelation, d. h. $^{\text{aufnehmer1}}\underline{x}$ und $^{\text{kamera}}\underline{x}$ sind bis auf einen Faktor (hier $^{\text{kamera}}z$) gleich, man schreibt auch $^{\text{aufnehmer1}}\underline{x} \cong {}^{\text{kamera}}\underline{x}$. Allgemein bedeutet eine derartige Äquivalenz bzw. „Gleichheit in homogenen Koordinaten", dass eine von Null verschiedene reelle Zahl existiert, so dass die Äquivalenzrelation gilt.

[69] Zur rechnerinternen Repräsentation wird meist der Punkt links oben als Ursprung verwendet

[70] Bei der Kamerasimulation hilft es, stets die Dimensionen und Einheiten der Vektoren im Blick zu haben. $^{\text{kamera}}\underline{x}$ ist ein Vektor mit vier Elementen im metrischen System, $^{\text{aufnehmer}}\underline{x}$ ein Vektor mit drei Elementen im metrischen System, $^{\text{aufnehmer1}}\underline{x}$ ein Vektor mit drei dimensionslosen Elementen und $^{\text{raster}}\underline{x}$ ein Vektor mit drei Elementen mit der Einheit „Pixel".

Kamerakoordinatensystems meist nicht im Ursprung des Weltkoordinatensystems. Entsprechend Abschnitt 4.3.2 ist also zusätzlich

$$^{\mathrm{kamera}}\underline{x} = \left(^{\mathrm{welt}}\underline{T}_{\mathrm{kamera}}\right)^{-1} \cdot {}^{\mathrm{welt}}\underline{x} \tag{4.76}$$

zu beachten. $^{\mathrm{welt}}\underline{T}_{\mathrm{kamera}}$ ist hierbei die **extrinsische Kameramatrix**, die sechs Parameter zur Beschreibung der sechs Freiheitsgrade dieser Matrix entsprechend der extrinsischen Kameraparameter beinhaltet.

Bezogen auf die in Kapitel 3 eingeführte Systematik der Experimentierbaren Digitalen Zwillinge und die in Abschnitt 3.6.2 dargestellte Systematik zur einheitlichen Beschreibung von Simulationsfunktionen beschreibt die vorgestellte Kamerasimulation das Verhalten des EDZ einer Lochkamera und generiert ausgehend von den extrinsischen und intrinsischen Kameraparametern sowie der Bewegung der Messobjekte im Sichtfeld der Kamera ein entsprechendes Rasterbild. $M_{S,\mathrm{edz,kamera}}$ umfasst hierzu im Parametervektor $\underline{a}^{\mathrm{sen}}_{\mathrm{spsys,kamera}}$ die intrinsischen Kameraparameter. Zusätzlich benötigt die Kamerasimulation Informationen über die Messobjekte. Die diesbezüglich relevanten Modellbestandteile der entsprechenden $M_{S,\mathrm{edz},i}$ sind der Parametervektor $\underline{a}^{\mathrm{sys}}_{\mathrm{spsys},i}$, der alle notwendigen Daten (z. B. Geometrie, Materialeigenschaften) enthält. Ausgangspunkt der Simulation ist die Vorgabe der Lage der Kamera (die extrinsischen Kameraparameter) sowie der Lagen der Messobjekte im Eingangsvektor $\underline{u}(t)$.

Die Simulationsfunktion Φ_{KAM} der Kamerasimulation bestimmt auf dieser Basis durch Anwendung von Gleichung 4.76 und Gleichung 4.75 das Rasterbild $^{\mathrm{raster}}\underline{x}$. Übertragen auf die Beschreibungssystematik ist dies Aufgabe der Ausgangsfunktion g, die durch geeignete Renderverfahren implementiert werden. Es werden keine zusätzlichen Algorithmen $\underline{A}$ berücksichtigt. Die Kamerasimulation besitzt im dargestellten einfachen Anwendungsfall keinen ausgezeichneten Zustandsvektor $\underline{x}(t)$[71].

Gleichung 3.36 stellt sich damit für die Kamerasimulation wie folgt dar:

$$\underline{y}(t) = g(\underline{u}(t)) \tag{4.77}$$

Tabellarisch können die Eigenschaften der Lochkamerasimulation wie in Tabelle 4.14 zusammengefasst werden:

---

[71] Dies ändert sich z. B. bei der Betrachtung des zeitlichen Verhaltens der Ladungsverschiebung oder von Sättigungseffekten bei CCD-Chips.

Tabelle 4.14 Zuordnung des Simulationsverfahrens „Kamerasimulation" zu den Klassifikationsmerkmalen aus Abschnitt 4.1.5.

Merkmal	Zuordnung
Domänen	Spezifisch
Prozesse	Deterministisch/Stochastisch[a]
Zeitliche Auflösung	Kontinuierlich
Räumliche Auflösung	Kontinuierlich/Diskret
Systemzustand	–
Laufzeit	Langsamer/Schneller als Realzeit/Echtzeit
Simulationsstruktur	Übergreifend/Partikelbasiert
Skalen	Einzeln
Abstraktionsniveau	Niedrig
Modellbestandteil	**Zuordnung**
Parameter $\underline{a}$	Intrinsische und extrinsische Kameraparameter,
	Geometrien und Materialien der Messobjekte
Algorithmen $\underline{A}$	–
Zustand	**Zuordnung**
Zustand $\underline{x}_k(t)$	–
Zustand $\underline{x}_d(t)$	–
Initialzustand $\underline{x}(t_0)$	–
Zustandsänderung $\underline{\dot{x}}(t)$	–
Simulation	**Zuordnung**
Übergangsfunktion f_k	–
Nebenbedingungen h_k	–
Ausgangsfunktion g	Transformation der Messobjekte in das Rasterbild
	entsprechend Gleichung 4.76 und Gleichung 4.75
Nächstes Ereignis T	–
Eingang $\underline{u}(t)$	Lage Kamera und Messobjekte
Ausgang $\underline{y}(t)$	Rasterbild

[a] Die Sensorsimulation kann auch stochastische Anteile (z. B. Rauschen) enthalten.

Es gibt unterschiedliche Simulationsumgebungen oder Softwarebibliotheken zur Realisierung von Sensorsimulationen für unterschiedliche Anwendungsgebiete. Große Bedeutung hat z. B. die Kamerasimulation im Automobilbereich, wo Kameras eine zentrale Sensorik zur Realisierung von Fahrerassistenzfunktionen sowie autonomer Fahrzeuge sind. Daher gibt es allein in diesem Bereich eine Vielzahl unterschiedlicher Softwaresysteme. Beispiele sind PreScan von TNO/Tass, NISYS von TRS, IPG CarMaker oder ProSiVIC von CIVITEC. Oft werden auch „Game Engines" wie Unity, die CryEngine oder die Unreal Engine zur Kamerasimulation verwendet.

4.3.6   Aktorsimulation

Als signalwandlerisches Gegenstück der Sensoren sind Aktoren Geräte, die das Verhalten der Systemkomponente gezielt beeinflussen (siehe auch Abschnitt 3.3.1). Wie auch bei den Sensoren sollen auch Aktoren in ihrer Struktur identisch im EDZ abgebildet werden. Entsprechend kann analog zum Begriff der Sensorsimulation auch der Begriff der Aktorsimulation definiert werden:

> **Definition 4.23 (Aktorsimulation):** *Aufgabe der Aktorsimulation ist die realitätsnahe Abbildung von Aktoren bestehend aus energiesteuernden wie energiekonvertierenden Komponenten sowie Hilfsgeräten unter Beachtung der Wechselwirkungen zwischen Energiesteuerung, Energiekonverter, Hilfsgeräten und Systemkomponente.*

Abschnitt 3.3.1 gibt bereits einen Überblick über unterschiedliche Aktortypen. Wie auch bei den Sensoren wirken die Energiekonverter vieler Aktoren direkt auf einzelne Zustandsgrößen der simulierten Systemkomponente. Ein Beispiel ist die Kombination Elektromotor mit Getriebe, welche z. B. direkt ein Drehmoment auf ein Gelenk eines Systems starrer Körper aufbringt. Häufig komplexer als die Modellierung der Wechselwirkung zwischen Energiekonverter und Systemkomponente ist die Modellierung des Energiekonverters oder der Energiesteuerung selbst. Der weiter oben zur Illustration verwendete Hydraulikzylinder (siehe z. B. Abbildung 4.7) ist ein Beispiel hierfür. Als weiteres Beispiel soll nachfolgend ein kurzer Blick auf einen einfachen permanent erregten Gleichstrommotor geworfen und das resultierende Simulationsmodell nachfolgend wieder in die Systematik eingeordnet werden. Grundsätzlich kann die Simulation dieses Energiekonverters auch über die in Abschnitt 4.2 eingeführten domänenübergreifenden Verfahren erfolgen. Häufig stehen für Aktoren allerdings auch spezifische Simulationsmodelle bereit, die spezifische Eigenheiten dieser Komponenten detailliert nachbilden und als eigenständige Simulationsverfahren genutzt werden können.

Abbildung 4.35 zeigt das Ersatzschaltbild dieses Motors. Das Antriebsmoment M_A wird durch den Ankerstrom I_A hervorgerufen, der durch die Rotorspule fließt, welche sich wiederum in einem Magnetfeld mit dem magnetischen Fluss Φ dreht. Berücksichtigt man noch die über die Motorkonstante c modellierte Motorgeometrie, ergibt sich:

$$M_A(t) = c\,\Phi I_A(t) \tag{4.78}$$

Durch die Rotation der Spule mit der Winkelgeschwindigkeit ω wird hier eine Gegenspannung U_E induziert:

$$U_E(t) = c\,\Phi\omega(t) \tag{4.79}$$

Das Aufsummieren der Spannungen im Ankerkreis liefert:

$$U_A(t) = R_A I_A(t) + L_A \frac{d}{dt} I_A(t) + U_E(t) \tag{4.80}$$

Die Drehmomentbilanz an der Welle ergibt:

$$\Theta \frac{d}{dt}\omega(t) = M_A(t) - M_L(t) \tag{4.81}$$

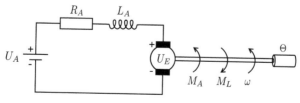

Abbildung 4.35 Ersatzschaltbild eines einfachen permanent erregten Gleichstrommotors (z. B. [Ras14])

Eingangsgrößen dieses Systems sind offensichtlich die Stellgröße $u_1 = U_A$ und das Lastmoment $u_2 = M_L$, die Ausgangsgröße ist die Rotationsgeschwindigkeit $y = \omega$. Aus der Betrachtung der abgeleiteten Größen schließt man zudem auf die Zustandsgrößen $x_1 = I_A$ und $x_2 = \omega$. Umformen ergibt damit folgendes Zustandsraummodell[72]:

$$\begin{bmatrix} \dot{x}_1 \\ \dot{x}_2 \end{bmatrix} = \begin{bmatrix} -\frac{R_A}{L_A} & -\frac{c\Phi}{L_A} \\ \frac{c\Phi}{\Theta} & 0 \end{bmatrix} \begin{bmatrix} x_1 \\ x_2 \end{bmatrix} + \begin{bmatrix} \frac{1}{L_A} & 0 \\ 0 & -\frac{1}{\Theta} \end{bmatrix} \begin{bmatrix} u_1 \\ u_2 \end{bmatrix}$$

$$y = \begin{bmatrix} 0 & 1 \end{bmatrix} \begin{bmatrix} x_1 \\ x_2 \end{bmatrix}$$

(4.82)

Bezogen auf die in Kapitel 3 eingeführte Systematik der Experimentierbaren Digitalen Zwillinge und die in Abschnitt 3.6.2 dargestellte Systematik zur einheitlichen Beschreibung von Simulationsfunktionen beschreibt dieses Simulationsmodell das Verhalten des EDZ eines Gleichstrommotors und generiert ausgehend von der angelegten Spannung U_A und dem anliegenden Lastmoment M_L eine Rotorgeschwindigkeit ω. $M_{S,edz,motor}$ enthält hierzu im Parametervektor $\underline{a}_{spsys,motor}^{akt} = [R_A, L_A, c, \Phi, \Theta]^T$ die Motorparameter.

Die Simulationsfunktionen Γ_{DCM} und Φ_{DCM} der Gleichstrommotorsimulation bestimmen auf dieser Basis durch Anwendung von Gleichung 4.82 die Rotorgeschwindigkeit. Hierbei liegt dieses Simulationsmodell direkt in der Standardform nach Gleichung 3.36 vor, die obere Gleichung entspricht der Übergangsfunktion f_k, die untere der Ausgangsfunktion g. Beide werden durch geeignete Algorithmen implementiert. Aus dem Modell selbst werden keine zusätzlichen Algorithmen $\underline{A}$ berücksichtigt. Tabellarisch stellen sich die Eigenschaften der Simulation des Gleichstrommotors wie in Tabelle 4.15 dargestellt dar.

---

[72] Die zeitlichen Abhängigkeiten sind auch hier der Übersichtlichkeit halber weggelassen worden.

Tabelle 4.15 Zuordnung des Simulationsverfahrens „Gleichstrommotor" zu den Klassifikationsmerkmalen aus Abschnitt 4.1.5.

Merkmal	Zuordnung
Domänen	Spezifisch
Prozesse	Deterministisch
Zeitliche Auflösung	Kontinuierlich
Räumliche Auflösung	Kontinuierlich
Systemzustand	Kontinuierlich
Laufzeit	Schneller als Realzeit
Simulationsstruktur	Übergreifend/Partikelbasiert
Skalen	Einzeln
Abstraktionsniveau	Niedrig
Modellbestandteil	**Zuordnung**
Parameter $\underline{a}$	Motorparameter $[R_A, L_A, c, \Phi, \Theta]^T$
Algorithmen $\underline{A}$	–
Zustand	**Zuordnung**
Zustand $\underline{x}_k(t)$	Ankerstrom I_A und Rotorgeschwindigkeit ω
Zustand $\underline{x}_d(t)$	–
Initialzustand $\underline{x}(t_0)$	Siehe „Zustand"
Zustandsänderung $\underline{\dot{x}}(t)$	Siehe „Zustand"
Simulation	**Zuordnung**
Übergangsfunktion f	Erste Gleichung aus Gleichung 4.82
Nebenbedingungen h_k	–
Ausgangsfunktion g	Zweite Gleichung aus Gleichung 4.82
Nächstes Ereignis T	–
Eingang $\underline{u}(t)$	Angelegte Spannung U_A und Lastmoment M_L
Ausgang $\underline{y}(t)$	Rotorgeschwindigkeit ω

4.3.7 Weitere Verfahren

Insbesondere die Liste der domänenspezifischen Simulationsverfahren könnte nahezu beliebig fortgesetzt werden. Vielfach entsteht der Eindruck, dass für nahezu jeden zu untersuchenden Aspekt unterschiedlicher Komponententypen eigene Simulationsmodelle existieren. Diese sind häufig mit domänenübergreifenden

Simulationsverfahren umgesetzt, oft allerdings auch wie die vorstehenden domänen-spezifischen Simulationsverfahren für die Robotik individuell realisiert. Zur eigent-lichen Simulation können diese dann als Erweiterungen in bestehende Simulatoren integriert werden.

Eine wichtige und bislang nicht betrachtete Klasse domänenspezifischer Simu-lationsverfahren für die Robotik sind die in Abschnitt 4.3.3 bereits angesprochen Mehrkörpersimulationsverfahren. Darüber hinaus stehen gerade in der Sensorsi-mulation über die als Beispiel verwendete Lochkamerasimulation hinaus vielfäl-tige Simulationsverfahren für unterschiedlichste Sensortypen in unterschiedlichen Einsatzbereichen zur Verfügung.

Eine weitere wesentliche Klasse von Simulationsverfahren bilden die vielfältigen Fertigungsverfahren (siehe auch DIN 8580 [DIN03]) wie Urformen (Zusammenhalt schaffen), Umformen (Masse und Zusammenhalt beibehalten), Trennen (Zusam-menhalt aufheben), Fügen (Zusammenhalt vermehren), Beschichten (Zusammen-halt vermehren) und Stoffeigenschaft ändern ab. *„Ein Einzelteil dieser technischen Gebilde heißt in der Fertigung Werkstück. Seine Veränderung geschieht mit Werk-zeugen, die unmittelbar oder über Wirkmedien oder unmittelbar durch Übertra-gung von Wirkenergie wirken.“* [DIN03] Aufgabe dieser Simulationsverfahren ist also die realitätsnahe Abbildung des Fertigungsverlaufs unter detaillierter Betrach-tung der Wechselwirkungen zwischen Werkstücken, Werkzeugen und Wirkmedien. Bekannte Vertreter dieser Klasse sind Simulatoren für die CNC-Fertigung wie z. B. der CNCSimulator [CNC].

Auch jenseits der Robotik ist Simulation in den Ingenieurwissenschaften weit verbreitet. Beispiele aus dem Bereich der Elektrotechnik sind u. a.:

- In der Akustik wird die Ausbreitung von Schallwellen untersucht.
- In der Signalverarbeitung und der Halbleiter- und Schaltungstechnik wird das Verhalten elektrischer Schaltungen analysiert.
- In der Batterietechnik wir das Lade- und Entladeverhalten von Batterien sowie deren Alterungsprozesse in unterschiedlichen Einsatzgebieten simuliert.
- Im Bereich der Hoch- und Höchstfrequenztechnik werden Antennenanlagen modelliert und ihr Einfluss auf die Nachrichtenübertragung getestet oder Radar-sensoren in unterschiedlichen Einsatzszenarien untersucht.
- Im Bereich der Entwicklung von Elektromotoren werden anhand numerischer Feldberechnungen Motorgeometrien optimiert. Darüber hinaus werden Antriebs-konzepte simulativ untersucht und bewertet.
- Im Bereich der Kommunikationssysteme und vernetzten Systeme werden Mobil-funknetze und Komponenten für den Mobilfunk in der Simulation geplant und das Verhalten von Bussystemen in unterschiedlichen Lastzuständen untersucht.

- Im Bereich der Energieversorgung wird das Verhalten von Energieversorgungs-netzen unter Annahme unterschiedlicher Erzeugungs- und Lastsituationen analyisert.
- Im Bereich der Navigationstechnik liefern simulierte GPS- und weitere optische oder Inertialsensoren Eingangsdaten für die Entwicklung neuer Navigationskonzepte.
- Im Bereich der Werkstoffe werden neue Materialien auf ihr Verhalten untersucht.
- Im Bereich der Mensch-Maschine-Interaktion ermöglichen simulierte Szenarien das reproduzierbare Untersuchen des Verhalten des Menschen auf unterschiedliche Stimulationen oder die Realisierung neuer Bedienoberflächen.

Aus Bereichen wie Maschinen- oder Bauingenieurwesen gibt es vielfältige weitere Beispiele, ebenso aus der Physik oder Informatik. Auch wenn diese in den vorstehenden Kapiteln nicht im Detail vorgestellt wurden, so erhalten diese doch vielfach einen direkten Bezug zu den genannten Simulationsverfahren und insbesondere den mit diesen realisierten Anwendungen, wenn man entsprechend der EDZ-Methodik das Ziel verfolgt, Systeme in ihrer Gesamtheit in ihrer Einsatzumgebung zu simulieren. Nur so können dann Fragestellungen wie „Wie verhält sich das Kommunikations- und/oder Navigationssystem unter Einsatzbedingungen?" oder „Wie verhält sich die Batterie unter den in unterschiedlichen Einsatzszenarien auftretenden Lastsituationen?" detailliert untersucht werden.

Natürlich wird Simulation auch außerhalb der Ingenieurwissenschaften intensiv eingesetzt. Die Anwendungsgebiete und die mit diesen verbundenen Disziplinen sind derart vielfältig, dass es nicht sinnvoll erscheint, hier einzelne Vertreter aufzulisten. Interessant ist allerdings zu beobachten, dass auch diese Simulationsverfahren, selbst wenn sie zunächst nicht direkt mit der Robotik in Verbindung stehen, teilweise in Bezug auf konkrete Anwendungen doch Berührungspunkte zur Robotik aufweisen. Ein Beispiel mit Bezug auf die hier betrachtete Forstmaschine ist die Waldwachstumssimulation. Diese bestimmt ausgehend von einem Ausgangszustand und gewählten Waldbehandlungskonzepten (z. B. eher intensive oder eher extensive Waldbewirtschaftung) das Wachstum aller Bäume in einem Waldbestand (siehe Abbildung 4.36). Möchte man jetzt Antworten auf die Frage finden, wie sich der Ernteaufwand abhängig von der Waldbehandlung verändert, muss man die Ergebnisse der Waldwachstumssimulation als Grundlage für die Erntesimulation (siehe Abschnitt 6.4.8) verwenden. Der hier notwendige Datenaustausch stellt damit weitere Anforderungen an die Datenbasis der Simulation, die in Kapitel 5 betrachtet werden.

Abbildung 4.36 Waldwachstumssimulation: Zustand des Waldes nach initialer Durchforstung sowie nach 10, 20 und 30 Jahren bei Anwendung „starker Z-Baum-Durchforstung", unten rechts entnommene und im Bestand verbleibende Holzmenge [Ato22] (siehe auch Abschnitt 6.4.2)

4.4   Übergreifende Simulation von Systemen

Generell erfordert der Entwicklungsprozess von Mechatronischen/Cyber-Physischen Systemen (MCPS) eine große Bandbreite unterschiedlicher Entwicklungsmethoden und -werkzeuge und führt durch steigende Systemkomplexität zu steigenden Anforderungen an Simulationsmodelle und Simulatoren [VGdS+00]. Gleichzeitig besteht der Wunsch nach übergreifenden Computer-Aided Engineering (CAE)-Systemen, für die alle benötigten Modelle, Methoden und Programmcodes in einer integrierten CAE-Umgebung zusammengeführt werden [VGdS+00]. Dies ist aus Sicht des Autors für viele (wahrscheinlich sogar die meisten) Anwendungen nur wenig realistisch. Tatsächlich führt eine verteilte Werkzeuglandschaft heute zu diversen Medienbrüchen [BPB17].

Auch wenn Simulationen *„immer komplexere und umfassendere Untersuchungen auch auf Systemebene"* erlauben, ist der Stand der Technik aktuell stark durch *„detaillierte Analysemöglichkeiten auf Komponentenebene, jedoch limitierte Fähigkeiten auf Systemebene"* geprägt [RJB+20]. *„Zur Untersuchung von Systemen werden Simulationsmodelle häufig entlang der Grenzen der jeweils eingesetzten Simulatoren entwickelt und ggfls. anschließend miteinander gekoppelt. Alternativ kombinieren anwendungsspezifische Simulatoren ausgewählte Simulationsverfahren für vorab festgelegte Simulationsaufgaben. Leistungsfähige Simulationen auf Systemebene benötigen allerdings häufig die Zusammenführung der jeweils am besten geeigneten Simulatoren."* [SR21]

Die vorstehenden Abschnitte zeigen, dass die grundlegenden Simulationsverfahren zur detaillierten Untersuchung einzelner Aspekte (technischer) Systeme für die Robotik aber auch darüber hinaus zur Verfügung stehen. Auf dieser Grundlage ist Ziel der EDZ-Methodik die übergreifende Simulation dieser Systeme auf Systemebene. Hierzu müssen sowohl die einzelnen EDZ als auch die hier verwendeten Simulationsverfahren miteinander verbunden werden, so dass z. B. die in Abbildung 4.1 gezeigte übergreifende Simulation einer Forstmaschine möglich wird. Allein in diesem zunächst einfach erscheinenden Beispiel sind hierzu Verfahren der ereignis-diskreten Simulation, der signalorientierten Simulation und der Starrkörperdynamik mit Verfahren der Sensor- und Aktorsimulation zu kombinieren. Dieses Beispiel ließe sich schnell erweitern, so dass auch die weiteren Verfahren wie Kinematik, FEM und Aktorsimulation beteiligt wären.

Notwendig wird die Kombination unterschiedlicher Simulationsverfahren aber auch dann, wenn die einzelnen Modellteile von unterschiedlichen Akteuren (z. B. Abteilungen, Komponentenanbieter, Systemintegratoren) entwickelt werden, die jeweils die für sie am besten geeigneten oder einfach auch nur die ihnen bekannten Simulationsverfahren verwenden. Die Kombination unterschiedlicher Simulations-verfahren ist aber nicht immer nur „notwendiges Übel", sondern kann auch ganz bewusst und zielgerichtet eingesetzt werden (siehe z. B. [SHR+21]). So kann stets das am besten geeignete Simulationsverfahren genutzt, bestehende Simulationsmo-delle wiederverwendet oder das Zeitverhalten der Gesamtsimulation durch geeig-nete Wahl der beteiligten Simulationsverfahren optimiert werden (siehe „Multi-Rate-Simulation" z. B. in [PCZ+09; SV16]).

Entsprechend rückt die Kopplung von Simulationsverfahren zur Integration von Teilmodellen in eine Simulation des Gesamtsystems mehr und mehr in den Mittel-punkt [RJB+20; Kuh17b]. Z. B. [VGdS+00; GTB+17] fassen Ausgangspunkt und Stand der Technik der Kopplung von Simulationsverfahren zusammen. Abschnitt 5.8.5 betrachtet Voraussetzungen und Randbedingungen der Integrierbarkeit, Inte-roperabilität und Kompositionsfähigkeit der genutzten/eingesetzten Modelle und Simulatoren und damit die meist größte Herausforderung bei der Kopplung von Simulationsverfahren [GTB+17]. Eine besondere Bedeutung bei der Zusammen-führung von Teilmodellen hat der so genannte **Orchestrator**:

> **Definition 4.24 (Orchestrator):** *Ein Orchestrator führt Teilmodelle (Simulations- und / oder Experimentierbare Modelle) zu einer Gesamtsimu-lation zusammen und steuert den Zeitfortschritt sowie den Datenaustausch zwischen diesen Teilmodellen.*

In diesem Sinne übernimmt ein Virtuelles Testbed meist auch Aufgaben eines Orche-strators. Das Modell, welches die Interaktion der Teilmodelle beschreibt, wird auch „Szenario" genannt, im Kontext der EDZ-Methodik ist dies das EDZ-Szenario.

4.4.1　Klassifizierung von Modellen und Kopplungsvarianten

Die in Abbildung 4.37 dargestellte Klassifizierung von digitalen Modellen zeigt Randbedingungen und Möglichkeiten zu deren Kopplung auf. Hier werden zunächst Entwicklungswerkzeuge und Entwicklungsmodelle unterschieden. **Entwicklungswerkzeuge** sind in diesem Zusammenhang typischerweise hochspezialisierte Anwendungen, welche den Entwickler bei Entscheidungen im Entwicklungsprozess durch Bereitstellung von Kenngrößen unterstützen, ohne das gesamte System zu modellieren. Beispiele hierfür sind Werkzeuge zur Auslegung von Systemkomponenten oder Tabellenwerke. Demgegenüber modellieren **Entwicklungsmodelle** das Verhalten des zu entwickelnden Systems. Hierbei können sowohl Konzeptuelle Modelle als auch Simulations-/Experimentierbare Modelle verwendet werden. **Konzeptuelle Modelle** (siehe auch Abschnitt 3.1.5) umfassen Teilaspekte des zu entwickelnden Systems in einer beschreibenden Form. Beispiele hierfür sind Dokumente, Spezifikationen, CAD-Modelle oder symbolische Gleichungen. **Simulations-/Experimentierbare Modelle** werden durch Simulatoren realisiert und liefern konkrete Daten über das Verhalten des Systems. Experimentierbare Modelle können über so genannten **Key Performance Indicators (KPI)** Kenngrößen bereitstellen, die das Verhalten des Systems zusammenfassend beschreiben, ohne den zeitlichen Verlauf des Systemverhaltens wiederzugeben. Eine Kopplung auf dieser Ebene führt zu einem Austausch von einzelnen Werten zwischen den

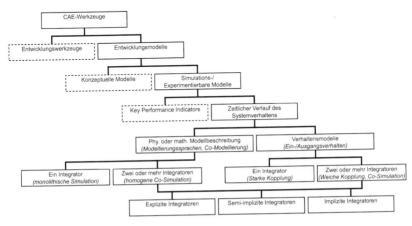

Abbildung 4.37 Klassifizierung von CAE-Werkzeugen (obere vier Ebenen) und Varianten zu deren Kopplung (untere zwei Ebenen) (angelehnt an [VGdS+00; RJB+20])

Simulatoren, die diese Werte bestimmen, und ggf. den Werkzeugen, die diese Werte für weiterführende Aufgaben (z. B. zur Optimierung des Systemverhaltens) weiterverwenden.

Im Mittelpunkt der EDZ-Methodik steht die Kopplung auf der Ebene des **zeitlichen Verlaufs des Systemverhaltens**. Hier existieren im Wesentlichen zwei Paradigmen (siehe auch [Val08; RJB+20]). Im ersten Fall (siehe Abschnitt 4.4.1) erfolgt die Abbildung des zeitlichen Verlaufs von Zustands- und/oder Ausgangsgrößen des Systems über domänenübergreifende **Modellierungssprachen**[73] zur Beschreibung physikalischer oder mathematischer Modelle. Die Zusammenführung von Teilmodellen, die in einer gemeinsamen Modellierungssprache vorliegen, wird auch Co-Modellierung genannt. Die Verwendung nur eines Integrators entspricht dem Fall der „klassischen Simulation". Während bei der **Co-Modellierung** für die Durchführung der Kopplung alle Systeminformationen zur Verfügung stehen, steht im zweiten Fall bei **Verhaltensmodellen** (siehe auch Abschnitt 4.1.3) das Ein-/Ausgangsverhalten von als „Black Box" modellierten Systemen im Vordergrund. Die Kopplung, auch Co-Simulation[74] genannt, erfolgt hier durch die Verbindung verschiedener Simulatoren (siehe Abschnitt 4.4.2). Zur technischen Realisierung der Kopplung müssen hierzu geeignete Schnittstellen zur Verfügung stehen.

Wenn mehrere in Modellierungssprachen vorliegende Modelle zumindest prinzipiell zu einem DAE-System zusammengefasst werden können, dann kann dieses DAE-System mit einem oder mehreren Integratoren simuliert werden. Die Entscheidung ist hier abhängig von der Art und Struktur der Teilmodelle. So kann es durchaus sinnvoll sein, zusammenführbare Teilmodelle getrennt zu betrachten, wenn diese z. B. mit gänzlich unterschiedlichen Zeitkonstanten arbeiten. Wenn die Teilmodelle nicht zusammenführbar sind oder die Teilmodelle nicht in Simulationssprachen sondern direkt in Experimentierbaren Modellen zur Verfügung stehen

---

[73] Die „natürlichste Form" zur übergreifenden Modellierung gesamter Prozesse ist die Anwendung von Beschreibungsformen, die von ihrem Grundsatz her dazu geeignet sind, unterschiedliche Domänen miteinander zu verbinden. Abschnitt 4.2 illustriert hier bereits diverse Verfahren. Hervorzuheben sind die Verfahren der Bondgraphen (siehe Abschnitt 4.2.3) und der physikalisch-objektorientierten Modellierung (siehe Abschnitt 4.2.4), die genau diesen Anspruch erheben. Die resultierenden DAE-Systeme umfassen nach Übersetzung des physikalischen Modells alle Einzelkomponenten des betrachteten Systems und liefern somit bestmögliche Voraussetzungen für die Integration durch optimierte Integratoren. Dieser Ansatz kann aufgrund der heute zur Verfügung stehenden leistungsfähigen Integratoren als die meist stabilste Form der gekoppelten Simulation bezeichnet werden [Bus12].

[74] Auch die Verwendung einer einheitlichen Modellierungssprache führt natürlich zu einer starken Kopplung der beteiligten Modelle. Dennoch wird dieser Begriff in diesem Text nur für die Kopplung von Verhaltensmodellen verwendet, um die hier jeweils gewählte Kopplungsvariante zu bezeichnen.

und bei diesen ausschließlich auf deren Ein- und Ausgangsgrößen zugegriffen werden kann, führt dies zu einer Kopplung der Verhaltensmodelle. Teilweise können diese Teilmodelle trotzdem derart zusammengeführt werden, dass sie übergreifend von einem Integrator gelöst werden können. In diesem Fall spricht man von einer **starken Kopplung**, im anderen Fall von einer **weichen Kopplung**, die auch mit dem Begriff der **Co-Simulation** gleichgesetzt wird.

Wenn mehrere Integratoren eingesetzt werden, dann müssen diese miteinander gekoppelt werden. Hierzu stehen unterschiedliche Verfahren zur Verfügung, die in explizite Integratoren (verwenden die bekannten Werte der Zustandsgrößen aus der Vergangenheit), implizite Integratoren (beziehen auch den noch unbekannten Verlauf der Zustandsgrößen im betrachteten Zeitraum ein) und semi-implizite Verfahren als Mischform unterteilt werden (siehe auch Abschnitt 3.6.3).

Im Vergleich der beiden wesentlichen Kopplungsszenarien, die Verwendung domänenübergreifender Modellierungssprachen und die Kopplung unterschiedlicher Verhaltensmodelle, haben beide Varianten ihre Vor- und Nachteile (siehe auch [Val08]). Bei der zunächst ideal erscheinenden Verwendung von Simulationssprachen häufig anzutreffende Probleme sind, dass die Teilmodelle in unterschiedlichen Simulationssprachen zur Verfügung stehen, der Quellcode nicht zugänglich ist oder nicht alle notwendigen Informationen für ein Verständnis des Modells und damit für eine effiziente Zusammenführung bekannt sind. Zudem bestimmt das steifste Teilsystem den Zeittakt der Simulation. Demgegenüber ermöglicht die Kopplung mehrerer Simulatoren den Einsatz einfacherer und optimierter Gleichungen für die Teilsysteme, die durch anwendungsspezifisch angepasste und ausgereifte Integratoren gelöst werden. Zudem fällt häufig die Wiederverwendung aufgrund der vorgegebenen Kapselung der Teilmodelle und die Fokussierung auf die Ein-/Ausgangsgrößen leichter.

Bei der Kopplung wird meist, wie auch bis hierhin, nur abstrakt von „Modellen" gesprochen. Aber was enthalten diese Modelle? Diese Frage ist entscheidend für den Aufbau des Gesamtmodells zur Beschreibung des Gesamtsystems. [Bus12] verwendet hierfür den Begriff der **modularen Modellierung**. Abbildung 4.38 skizziert unterschiedliche Aspekte der modularen Modellierung in einer zur Abbildung 4.37 orthogonalen Darstellung. Mit Modellen zur Simulation physikalischer Prozesse, Modellen für zu simulierende Komponenten sowie die Einbindung realer Systeme als direkte Einkopplung des realen Systemverhaltens in die Simulation können drei Modellgruppen identifiziert werden [Ras14][75]. Darüber hinaus können unterschied-

---

[75] Ausgehend von dieser Unterscheidung entwirft er spezialisierte Kopplungsmechanismen, die dann in ihrer Zusammenfassung zur Realisierung so genannter Virtueller Testbeds (siehe unten) beitragen.

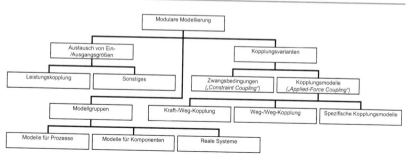

Abbildung 4.38 Klassifizierung von Kopplungsaspekten bei der modularen Modellierung (zu Kopplungsvarianten siehe auch [Bus12])

liche **Ein-/Ausgangsgrößen** ausgetauscht werden. Bei der aufgrund der Energieerhaltung möglichst anzustrebenden Leistungskopplung (siehe auch Abschnitt 3.6.4) werden Größen ausgetauscht, deren Produkt eine Leistung ergibt.

Abhängig von den bei den ersten beiden Klassifizierungen getroffenen Entscheidungen müssen die resultierenden Modelle dann geeignet gekoppelt werden. Hierzu existieren unterschiedliche **Kopplungsvarianten**. [Bus12] unterscheidet hier die Einführung von Zwangsbedingungen von der „Kraftkopplung", in der Abbildung zu „Kopplungsmodellen" verallgemeinert. Über Zwangsbedingungen werden durch Einführung zusätzlicher algebraischer Gleichungen die direkten Abhängigkeiten zwischen den Teilmodellen abgebildet[76]. Ein typisches Beispiel hierfür sind die Verbindungen bei der signalorientierten Simulation (siehe Abschnitt 4.2.2). Häufig können die einzelnen Teilmodelle allerdings nicht einfach über die Verbindung ihrer Ein- und Ausgangsgrößen miteinander verbunden und dann gemeinsam simuliert werden. Hierbei sind nicht fehlende Schnittstellen oder weitere Probleme bei der rein technischen Realisierung der Kopplung gemeint sondern vielmehr die Tatsache, dass die Ein-/Ausgänge der Teilmodelle oder die dort eingesetzten Verfahren nicht direkt zueinander passen, nicht direkt zueinander „kompatibel" sind. Ein Beispiel ist die Kopplung der Starrkörperdynamik- mit der FEM-Simulation. Hier müssen zusätzliche Kopplungsmodelle eingesetzt werden. Diese führen dann z. B. über künstliche Feder-Dämpfer-Ketten weitere künstliche eingeprägte Kräfte in die Teilmodelle ein[77], über die die Teilmodelle dann weich miteinander gekoppelt wer-

---

[76] Z. B. bezogen auf Abbildung 3.37 $\underline{u}_1 = \underline{y}_2$ und $\underline{u}_2 = \underline{y}_1$ bzw. allgemeiner $\underline{u}_1 = f_1(\underline{y}_1, \underline{y}_2)$ und $\underline{u}_2 = f_2(\underline{y}_1, \underline{y}_2)$. Über derartige Funktionen können etwa zusätzlich notwendige, direkt von den Ausgangsgrößen abhängige Koppelgrößen berechnet werden.

[77] Daher der Name „Applied-Force Coupling".

den. Abhängig von den ausgetauschten Größen wird hier dann von Kraft-/Weg- oder Weg-/Weg-Kopplung gesprochen (wobei der Weg auch eine Geschwindigkeit sein kann, siehe auch [Bus12]). Entsprechend dem Effort-/Flow-Paradigma (siehe auch Tabelle 4.3) können diese Ansätze direkt auf andere Domänen übertragen bzw. auch domänenübergreifend eingesetzt werden. Darüber hinaus sind häufig auch hochspezialisierte Ansätze zur Kopplung von Teilmodellen, die mit spezifischen Simulatoren realisiert worden sind, notwendig. Diese gehen dann konkret auf spezielle, durch die beteiligten Systeme gegebenen Randbedingungen ein.

4.4.2 Kopplungsverfahren und modellübergreifende Simulation

In der Praxis sind vielfach hochspezialisierte Simulationsverfahren notwendig, um das Verhalten von Komponenten unter unterschiedlichen Gesichtspunkten realitätsnah zu simulieren. Abschnitt 4.3 zeigt dies an diversen Beispielen auf. Bei der übergreifenden Simulation müssen diese Simulationsverfahren entsprechend Abschnitt 3.6.3 miteinander gekoppelt werden. Hierzu existieren eine Vielzahl verschiedener Ansätze, die in ihrem Stabilitätsverhalten, im numerischen Fehler und in ihrer technischen Umsetzung variieren und anhand ihrer Eigenschaften wie klassische explizite und implizite Kopplungsverfahren, dem Einfluss von Systemparametern, Systemzerlegung und Makroschrittweite sowie unterschiedlicher Techniken (z. B. unterschiedliche Polynome) zur Approximation der Koppelgrößen zwischen den Makrozeitpunkten charakterisiert werden können [Bus12].

Zur technischen Umsetzung der weichen und starken Kopplung hat sich in den letzten Jahren das **Functional Mockup Interface** (FMI) [Mod14] als maßgeblicher Standard etabliert [SGE+19]. Ziel des FMI-Standards ist die Definition von Strukturen, so dass ein Simulator ausführbaren (C-) Code eines dynamischen Modells generieren kann, der dann in eine Softwarebibliothek (eine so genannte „Functional Mockup Unit", FMU) kompiliert und dann von einem anderen Simulator verwendet werden kann. Wenn das Modell ein kontinuierliches System beschreibt, können zur Simulation die Integratoren des Zielsimulators verwendet werden. In der Sprache des FMI-Standards ist dies der Einsatzfall „FMI for Model Exchange" und entspricht der starken Kopplung. Analog wird ein zweiter Einsatzfall „FMI for Co-Simulation" definiert, bei dem auch der Integrator zum Bestandteil der ausgetauschten, das Modell enthaltenen Softwarekomponente wird. Dieser Fall entspricht der weichen Kopplung. Der Standard unterstützt die Anwendung expliziter wie impliziter Integratoren sowie feste und variable Zeitschrittweiten. Der Datenaustausch erfolgt hierbei zu diskreten Kommunikationszeitpunkten. Abbildung 4.39

skizziert die grundlegende Vorgehensweise bei der Konvertierung einer Simulationseinheit (siehe z. B. Abschnitt 3.6.2) in eine FMU. Der Modellierer auf der rechten Seite erzeugt ein Simulationsmodell, welches durch einen Simulator in ein Experimentierbares Modell, der FMU, überführt wird. Diese besteht aus einem ausführbaren Teil, der als Softwarebibliothek (z. B. DLL) bereitgestellt wird, und einem beschreibenden Teil, welcher Informationen über das Modell wie Ein-, Ausgangs- und Zustandsgrößen sowie Daten über die internen Abhängigkeiten zwischen diesen Größen umfasst. Der Integrator einer Simulationsanwendung nutzt einen Simulator, welcher diese Modellbeschreibung einliest, daraufhin die Softwarebibliothek lädt und diese durch seine Simulationsalgorithmen zyklisch aufruft. Bezogen auf die in Abschnitt 3.6.2 dargestellte Systematik zur einheitlichen Beschreibung von Simulationsfunktionen stellt eine FMU nahezu direkt die Funktionen f_k, f_d, h_k, h_d, g und T bereit. Aus Sicht des konsumierenden Simulators können diese als Algorithmen $\underline{A}$ betrachtet werden. $\underline{s}$ muss in die Zustandsgrößen $\underline{x}$ und die Parameter $\underline{a}$ aufgeteilt werden, welche separat behandelt werden. Eine FMU stellt Informationen zu $\underline{x}, \underline{a}, \underline{U}$ und $\underline{Y}$ sowie zu den Abhängigkeiten zwischen den $\underline{U}$ und $\underline{Y}$ bereit. $\underline{a}, \underline{u}, \underline{x}_d$ können natürliche oder reelle Zahlen, boolesche Werte und Zeichenketten sein, t und $\underline{x}_k$ sind reele Zahlen.

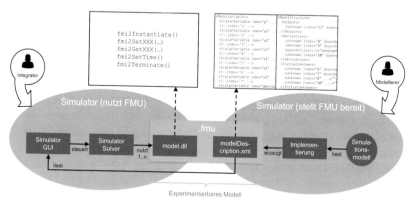

Abbildung 4.39 Erzeugung und Nutzung von FMU

Zusätzlich zu dieser Simulator-übergreifenden Schnittstelle stellt nahezu jeder Simulator eigene Schnittstellen bereit, die von den Entwicklern für anwendungsspezifische (Ein-) Kopplung von Simulationsmodellen genutzt werden kann. Beispiele hierfür sind etwa die „S-Functions" von MATLAB/Simulink oder „User-

Written Subroutines" von MSC Adams und Simpack. Abbildung 4.40 skizziert beispielhaft drei Umsetzungsvarianten zur Umsetzung von Abbildung 3.31. Die linke Seite verwendet eine allgemeine Simulationssprache zur Beschreibung des Gesamtsystems in einem oder mehreren Simulationsmodellen. Diese Modelle werden dann vom Simulator in eine einzige Simulationseinheit überführt. In der Mitte wird z. B. die Starrkörperdynamik durch eine FMU oder eine S-Function von einem (Slave-) Simulator bereitgestellt, die von einem (Master-) Simulator genutzt werden. Die gleichen Simulatoren können häufig sowohl als Master als auch als Slave eingesetzt werden, was durch den Vergleich der mittleren und rechten Varianten deutlich wird.

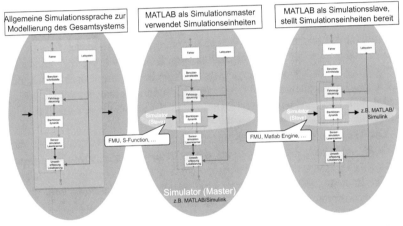

Abbildung 4.40 Drei Beispiele zur Umsetzung von Abbildung 3.31 durch Verwendung einer allgemeinen Simulationssprache (links) sowie Verwendung von FMU (Mitte und rechts)

Ausgehend von diesen grundsätzlichen, die Gesamtproblematik strukturierenden Betrachtungen haben sich eine Vielzahl von Detailproblemen entwickelt. Die erste große Problemklasse ist die der Entwicklung spezialisierter **Integrationsverfahren** für die modellübergreifende Simulation (siehe [Ras14] und Abschnitt 3.6.3). Hierbei muss beachtet werden, dass mehrstufige Integrationsverfahren z. B. darauf angewiesen sind, die Differentialgleichung zu Zeitpunkten auszuwerten, die zwischen den eigentlichen Zeitschritten t_j (siehe Abschnitt 3.6.3) liegen. Hierzu muss der Systemzustand (bzw. die Ausgangsgrößen im Rahmen der weichen Kopplung) zu diesen Zwischenzeitpunkten bestimmt werden. Wenn dies nicht möglich ist, entarten mehrstufige Verfahren wie das Runge-Kutta-4- (RK4-) Verfahren teilweise sogar zum einfachen expliziten Euler-Verfahren[78,79].

Offensichtlich ist es in diesem Fall entscheidend, die Integrationsschrittweite im Idealfall pro Zeittakt anpassen zu können. Dies führt zu Verfahren zur **Makroschrittweitensteuerung**. Das Streben nach bestmöglichen Ausführungszeiten der Simulation führt zu größeren Makroschrittweiten und damit zum Problem der **Stabilität** und **Genauigkeit** der Simulation, den drei Hauptproblemen der weichen Kopplung [Val08]. Es kann gezeigt werden, dass Konvergenz nur garantiert werden kann, wenn keine algebraischen Schleifen zwischen den Teilsystemen existieren [KS00]. Dann können Lösungen für diese Problematik z. B durch die Einführung von Kopplungsfiltern entwickelt werden [KS00]. Auf der anderen Seite wurde nachgewiesen, dass die Stabilität der weichen Kopplung bei Anwendung iterativer Kopplungsschemata (siehe Abbildung 3.38) grundsätzlich gegeben ist. Kopplungsverfahren werden als **nullstabil** bezeichnet, falls die weiche Kopplung für infinitesimale Makroschrittweiten konvergiert [Bus12]. Nullstabilität kann bei Nicht-Vorlegen algebraischer Schleifen garantiert werden. Kopplungsverfahren heißen **numerisch stabil**, falls die schwache Kopplung auch für endliche Makroschrittweiten eine stabile Lösung liefert. Die Untersuchung dieser Eigenschaften ist allerdings mit der Definition geeigneter Testmodelle verbunden [Bus12].

Die intensive Betrachtung dieser Aspekte in den letzten Jahren hat zu einer Vielzahl von Lösungsansätzen geführt, die meist für konkrete Anwendungsszenarien entwickelt und an diesen demonstriert wurden. Hierbei war die Co-Simulation bereits in den 1980er/90er Jahren eine etablierte Simulationstechnik in der Strömungs-Strukturkopplung [Bus12] – siehe z. B. [FPF99] sowie MpCCI (Abkürzung für „Mesh based parallel Code Coupling Interface") als standardisierte Schnittstelle für multiphysikalische Kopplungen [Fra].

---

[78] [Ras14] illustriert dies an einem Beispiel mit zwei Blöcken mit jeweils einer Differentialgleichung $\dot{x}(t) = u(t)$ und Ein- und Ausgangsgrößen, die direkt miteinander verbunden sind (siehe Abbildung 3.37). Die Integratoren können nicht auf die Zustandsgrößen des anderen zugreifen und auch nur auf die Ausgangsgrößen nach Ablauf des gesamten Zeitschrittes. Wenn für einen Zeitschritt nur $u(t)$ vom letzten Zeitschritt zur Verfügung steht, entartet das RK4-Verfahren zum expliziten Euler-Verfahren.

[79] [Bus12] untersucht in diesem Zusammenhang unterschiedliche Kopplungsverfahren und Integrationsreihenfolgen vom Jacobi-Schema und dem Gauß-Seidel-Schema als explizite (nicht-iterative) Kopplungsverfahren über die Waveform-Iteration als implizites (iteratives) Kopplungsverfahren bis hin zu weiteren semi-impliziten Kopplungsverfahren (für einen Überblick siehe Abschnitt 3.6.3).

4.4.3 Virtuelle Testbeds

Der Begriff des „Virtuellen Testbeds" wird in einer Vielzahl von Anwendungsbereichen wie Netzwerksimulation [VS07], Gebäudesimulation [Wet11], Explorationsroboter im Weltraum [SRG08], Drohnen [GJP+05] oder Raketen [BR03] verwendet. Gleichzeitig sind Virtuelle Testbeds ein wichtiges Werkzeug im Bereich der eRobotik (siehe Abschnitt 4.1.8). Bisherige Entwicklungen konzentrieren sich wie erläutert zumeist auf die Betrachtung von Einzelaspekten, die jeweils mit Hilfe spezialisierter Simulationssysteme analysiert werden. Wie z. B. in [RSR+15] dargestellt, werden entsprechende Methoden bereits intensiv z. B. zur Planung, zur Entwicklung und zum Betrieb mobiler Systeme verwendet. Speziell zur Simulation planetarer Explorationsrover wurden Systeme wie ROAMS [HJC+08], 3DROV [PJW+08] und RCAST [BBL+08] oder vielfältige Kombinationen speziell angepasster Standardsoftware wie MATLAB/Simulink und SIMPACK (z. B. [SRG08]) entwickelt. Auch außerhalb der Weltraumrobotik gibt es Softwarelösungen zur Entwicklung und Simulation mobiler Roboter wie z. B. Gazebo [Ope, KH04], Webots [Cyb], Microsoft Robotics Developer Studio [Mic12], USARSim [NNc; BBC+08] oder Vortex Studio [CM]. Darüber hinaus integrieren die Hersteller bekannter CAD-Systeme Simulationskomponenten zur Analyse strukturmechanischer oder thermodynamischer Aspekte oder zur Betrachtung der Systemdynamik (z. B. Autodesk Simulation [Aut]). Ein Ansatz der speziell die Methoden der Virtuellen Realität nutzt und Anknüpfungspunkte zum Virtuellen Testbed aufweist, ist das Smart Hybrid Prototyping [SBS+09]. Dieses Konzept setzt auf die Kombination physischer und virtueller Elemente, um so sehr schnell auf einen ersten Prototypen für die Produktentwicklung zu kommen.

Als Virtuelles Testbed im Weiteren Sinne können auch Ansätze zur Multi-Methoden-Modellierung bezeichnet werden, wie sie etwa durch AnyLogic [Any17] zur Verfügung gestellt werden. Bei diesen können verschiedene Modellierungsansätze in einem Simulationsmodell kombiniert und so der Abstraktionsgrad der Teilmodelle an die jeweilige Problemstellung angepasst werden.

4.4.4 Simulation und Optimierung

Im Entwicklungsprozess aber auch im späteren Betrieb sind Simulation und Optimierung oft eng miteinander verbunden. Dies gilt insbesondere, weil Optimierungsprobleme wie in Abschnitt 3.7.2 dargestellt durch Maximierung des Nutzens $n = N_O(o)$ des Ergebnisses $o = \zeta(e)$ getroffener Entscheidungen e erfolgen, also das Optimierungsproblem $e_{opt} = \arg\max_e(N_O(\zeta(e)))$ mit der Zielfunktion

$N_O(o)$ gelöst werden muss (siehe Gleichung 3.49). Hierbei sind typischerweise Randbedingungen zu beachten. Damit dies möglich ist, muss für unterschiedliche Entscheidungen e das Ergebnis $o = \zeta(e)$ bekannt sein. Dies kann häufig nur durch Simulation erfolgen, da nur so ausreichend viele in Frage kommende Entscheidungen auf ihren Nutzen hin untersucht werden können. Die Verwendung realer Experimente führt hier typischerweise zu hohen Kosten und dauert meist zu lange. Auch die Aufstellung vereinfachter mathematischer Ersatzfunktionen, die die funktionalen Zusammenhänge zwischen Entscheidung und Nutzen beschreiben, ist hier oft nicht zielführend, weil diese Zusammenhänge häufig zu komplex sind und sich nicht in Formeln ausdrücken lassen.

[VDI20] führt in die Zusammenarbeit von Simulation und Optimierung ein und unterteilt diese in vier Kategorien (siehe auch Abbildung 4.41). In den ersten beiden Kategorien erfolgt die Zusammenarbeit sequenziell, Simulation und Optimierung werden nacheinander eingesetzt. In den beiden anderen Kategorien ist die Zusammenarbeit hierarchisch strukturiert, Optimierung ist ein Teil der Simulation bzw. Simulation ist ein Teil der Optimierung. Mit den Festlegungen aus Abschnitt 3.7.2 können die Kategorien wie folgt zusammengefasst werden:

1. **Simulation folgt der Optimierung:** Ein System soll optimiert werden, d. h. es sollen die optimalen „Belegungen" $\underline{\alpha}_{\mathrm{opt}}$ ausgewählter Modellelemente des entsprechenden EDZ $M_{S,\mathrm{edz}}$ bestimmt werden. Die Optimierung erfolgt zunächst mit einem **einfachen Modell** $o = \zeta^*(\underline{\alpha})$. Die Bewertung und Maximierung des Nutzens liefert eine gute Näherung[80] $\underline{\alpha}^* = \arg\max_{\underline{\alpha}}(N_{O,\mathrm{edz}}(\zeta^*(\underline{\alpha})))$. Anschließend wird mehrfach (z. B. manuell) die Simulation mit leicht variierten Parametern $\underline{\alpha}$ „in der näheren Umgebung" von $\underline{\alpha}^*$ durchgeführt. Dies liefert nach Auswertung der Simulationsergebnisse[81] $\underline{s}_{\mathrm{szenario}}\langle t_{\mathrm{end}}\rangle$ die Ergebnisse $o = f_O(\underline{s}_{\mathrm{szenario}}\langle t_{\mathrm{end}}\rangle)$. Die Maximierung des Nutzens[82] führt wiederum zur optimalen Lösung $\underline{\alpha}_{\mathrm{opt}} = \arg\max_{\underline{\alpha}}(N_{O,\mathrm{edz}}(f_O(\underline{s}_{\mathrm{szenario}}\langle t_{\mathrm{end}}\rangle)))$. Ein Beispiel für diese Kategorie ist die optimale Wahl und Parametrierung der Gelenkabfolge und der Längen der Gelenkkörper eines Forstmaschinenkrans. Durch Optimierung werden hier zunächst mit einem einfachen Kranmodell gute

---

[80] Die „Entscheidungen" e sind also die Wahl der $\underline{\alpha}$, $o = \zeta^*(\underline{\alpha})$ bestimmt hieraus das Ergebnis, $N_{O,\mathrm{edz}}(o)$ den Nutzen.

[81] Die Variation von $\underline{\alpha}$ führt zu unterschiedlichen Simulationsergebnissen $\underline{s}_{\mathrm{szenario}}\langle t_{\mathrm{end}}\rangle$. Hier wurde $\underline{s}_{\mathrm{szenario}}$ gewählt, weil die Bestimmung des Ergebnisses o durch $f_O(\cdot)$ ggfls. nicht nur vom Verhalten des Systems selbst sondern auch von dessen Auswirkungen auf die Umgebung abhängig ist.

[82] Im Vergleich zu Gleichung 3.50 bestimmt $N_O(\cdot)$ den Nutzen ausgehend vom Ergebnis o und nicht wie $N_E(\cdot)$ ausgehend von der Entscheidung e.

Gelenkabfolgen und Gelenklängen bestimmt. Durch Bewertung von Simulationsergebnissen in unterschiedlichen Einsatzszenarien können dann die optimalen Parameter bestimmt werden.

2. **Optimierung folgt der Simulation:** Auch hier soll ein System optimiert werden, d. h. es sollen auch hier die optimalen „Belegungen" $\underline{\alpha}_{opt}$ ausgewählter Modellelemente des entsprechenden EDZ $M_{S,edz}$ bestimmt werden. Zur Optimierung steht ein **sehr gutes Modell** $o = \zeta(\underline{\alpha}, \underline{p})$ zur Verfügung, dessen Parameter $\underline{p}$ aber teilweise unbekannt sind. Diese werden zuerst über Durchführung einer Simulation durch Auswertung $\underline{p} = f_P(\underline{s}_{szenario}\langle t_{end}\rangle)$ des Simulationsergebnisses $\underline{s}_{szenario}\langle t_{end}\rangle = \Gamma(\underline{s}_{szenario}(0), t_{end})$ bestimmt. Ein Beispiel für diese Kategorie ist die Bestimmung von Bewegungszeitdauern einer Forstmaschine in den unterschiedlichen Phasen des Fällvorgangs. Diese können für unterschiedliche Konstellationen durch hochdetaillierte Simulation bestimmt werden und sind dann Grundlage für die Bestimmung optimaler Ernteabfolgen.

3. **Optimierung in Simulation integriert:** Die Optimierung wird hier z. B. zur Realisierung einzelner Simulationseinheiten genutzt. Die Ein- und Ausgangswerte der Simulationseinheit sind Ein- und Ausgangswerte der Optimierung.

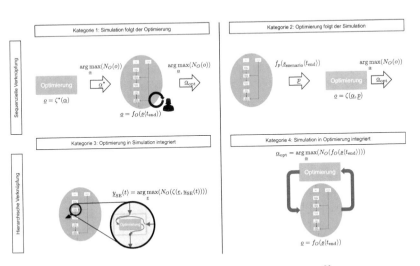

Abbildung 4.41 Kategorisierung der Zusammenarbeit von Simulation[83] und Optimierung nach [VDI20]

---

[83] Wie in Abbildung 4.40 wird die Simulation (bzw. der Simulator) durch eine Ellipse dargestellt. Hier werden Simulationseinheiten entsprechend eines Ablaufplans ausgeführt.

Die Eingangswerte $\underline{u}_{SE}(t)$ sind Grundlage für die Bestimmung des Ergebnisses $o = \zeta(\underline{e}, \underline{u}_{SE}(t))$, die Optimierung des Ergebnisses führt zur optimalen Entscheidung und damit zu den Ausgangswerten $\underline{y}_{SE}(t) = \arg\max_{\underline{e}}(N_O(\zeta(\underline{e}, \underline{u}_{SE}(t))))$. Diese beeinflussen dann den Fortgang der Simulation. Das Ergebnis der Optimierung ist also im Gegensatz zu den ersten beiden Fällen nicht eine optimale „Belegung" $\underline{\alpha}_{opt}$ sondern der Ausgang $\underline{y}_{SE}(t)$ der zugehörigen Simulationseinheit. Ein Beispiel für diese Kategorie ist die Abbildung menschlicher Entscheidungen in der Simulation. So muss bei der Simulation eines Harvesters der nächste zu fällende Baum bestimmt werden. In der Realität erfolgt dies durch den Fahrer, in der Simulation könnte diese Aufgabe durch einen Optimierungsalgorithmus übernommen werden.

4. **Simulation in Optimierung integriert:** Die Simulation wird zur Bestimmung der Zielfunktionswerte eingesetzt und hierzu im Rahmen der Optimierung mehrfach aufgerufen. Dieser Fall entspricht der EDZ-gestützten Optimierung (siehe Abschnitt 3.7.2).

4.5   Model-based Systems Engineering

Die Erstellung von Simulationsmodellen für SoS kann durchaus mit der Erstellung komplexer Softwaresysteme verglichen werden, denn auch hier ist die geeignete Strukturierung der Modelle von Anfang an von zentraler Bedeutung ebenso wie die Betrachtung/Definition ihrer Schnittstellen als Grundlage für deren spätere Zusammenführung im Kontext der Gesamtsystemsimulation. Im Idealfall entstehen hierfür geeignete Simulationsmodelle schrittweise im Laufe des Entwicklungsprozesses. Die bereits in Abschnitt 2.1.6 eingeführten Methoden des Model-based Systems Engineerings liefern einen organisatorischen wie formalen Rahmen zur Erarbeitung genau dieser grundlegenden Strukturen aber auch der Anforderungen an das zu entwickelnde SoS sowie dessen Verhaltensweisen, welche wichtige Informationen für die Auswahl der benötigten Simulationsverfahren und der Ausgestaltung der Simulationsmodelle liefern. Wichtige Begriffe in diesem Kontext sind **Systemdekomposition** und **Systemarchitektur** sowie die Unterscheidung von **Funktion** und **Struktur** (siehe Abschnitt 3.4.1). Abhängig vom gewählten Fokus – Funktion oder Struktur – können unterschiedliche MBSE-Methodiken unterschieden werden. Wenn Überlegungen zur Systemfunktion im Vordergrund stehen, beginnt der MBSE-Prozess z. B. mit der Fragestellung „Benötigt wird ein System zum Fällen von Bäumen!" welches dann in Teilfunktionen wie Bewegung, Fällen, Entasten u. ä. aufgeteilt wird. Erst später im Prozess werden dann konkrete Systemrealisierungen, also z. B. ein vierachsiges Fahrzeug zur Bewegung mit Kran, Sägekopf und Säge, betrachtet. Liegt der Schwerpunkt auf der Struktur werden bereits früh im Prozess konkrete Umsetzungsmöglichkeiten aufgestellt und untersucht.

MBSE wird oft als Gegenstück zum klassischen dokumentenorientierten Ansatz gesehen, bei dem die Ergebnisse der Entwicklungstätigkeiten in Dokumenten mit oftmals vordefinierter Struktur (siehe z. B. die Dokumente in frühen Phasen von Weltraummissionen [ECS17]) abgelegt werden. *„Hierdurch wird insbesondere die Systemsynthese und -prüfung erschwert, wenn unterschiedliche Entwicklungsdiszi-plinen involviert sind"* [RIC+13]. MBSE als „Masterinformationsquelle" für alle Systems Engineering-Aktivitäten („Single Source of Truth") legt demgegenüber die Grundlage für beliebige, zueinander passende und korrekte („correct by construc-tion") Sichten auf ein und dasselbe System sowie eine übergreifende Versions- und Konfigurationskontrolle mit Änderungsnachverfolgung [dKon17].

Abbildung 4.42 skizziert die drei maßgeblichen Bausteine des Systems Engi-neering im Allgemeinen und damit auch dem MBSE im Speziellen, die Erarbei-tung von Systemanforderungen, -architektur und -verhalten. Die Aufgaben dieser drei Bausteine können wie folgt zusammengefasst werden (nach [Alt12]). Die Sys-temanforderungen definieren, was das System können und leisten muss. Funktionale Anforderungen spezifizieren hierbei das Verhalten des Systems und seiner Kompo-nenten, nichtfunktionale Anforderungen spezifizieren Eigenschaften wie Benutz-barkeit oder Zuverlässigkeit. Die Systemarchitektur ist eine statische Sicht auf das System. Der Fokus liegt hier auf den Fragen, aus welchen Komponenten ein System

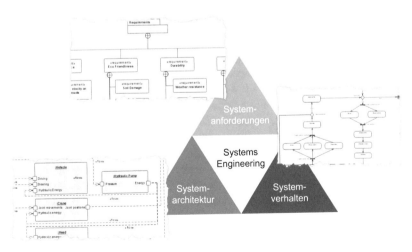

Abbildung 4.42 Die Bausteine des Systems Engineering (nach [Alt12])

besteht und über welche internen wie externen Schnittstellen das System verfügt. Das Systemverhalten beschreibt das Verhalten des Systems und seiner Komponenten mit Hilfe formaler Verhaltensbeschreibungen. Alle drei Bausteine sind voneinander abhängig und werden häufig iterativ entwickelt.

4.5.1 Model-based Systems Engineering mit SysML

In den letzten Jahren haben sich unterschiedliche MBSE-Methodiken entwickelt. Zur Modellierung im Kontext von MBSE wird häufig SysML, die Systems Modeling Language, verwendet [OMG], ein internationaler Standard für die formale Modellierung von Systemen. Hierbei liegt ein Fokus auf der physikalischen Architektur. SysML basiert auf UML, der Unified Modeling Language, und erweitert diese um Sprachelemente für das Systems Engineering . Entsprechend definiert SysML vier Klassen von Diagrammen, die Anforderungen zusammenfassen („Requirements"), Strukturen definieren („Structure"), Verhalten modellieren („Behavior") und Parameter und Testfälle festlegen („Parametrics"). Damit unterstützt SysML Spezifikation, Analyse, Design, Verifikation und Validierung von Systemen bestehend aus Hardware, Software, Daten, Menschen, Abläufen und Einrichtungen [FMS08]. Hierbei ist SysML eine formale Sprache und kein Werkzeug. Vielmehr werden stets Werkzeuge benötigt, um SysML im Systems Engineering einzusetzen.

Die genannten Diagramme stellen eine in sich konsistente Beschreibung des gesamten Systems in einem gemeinsamen Modell des Systems, dem „Systemmodell" (als Grundlage für das Simulationsmodell, daher ebenfalls als M_S bezeichnet, obwohl die ersten Modelle zunächst sicher konzeptioneller Natur sind), und seiner Umgebung sicher (siehe Abbildung 4.43). [Wei14] bezeichnet als Systemmodell im Kontext des MBSE *„das Abbild eines realen oder noch zu entwickelnden Systems, wobei mittels Abstraktion nur die für einen definierten Zweck relevanten Attribute berücksichtigt werden. Das Systemmodell kann aus mehreren Repositories bestehen, bietet verschiedene Sichten für die Stakeholder an und liegt in einer abstrakten Syntax vor, die die MBSE-Konzepte unterstützt und maschinell verwertbar ist."*

Darüber hinaus legen die Diagramme des Systemmodells die Grundlagen für Simulation, indem sie auf der einen Seite eine Systemstruktur bestehend aus einer Komponentenstruktur und der Interaktionen zwischen den Komponenten beschreiben und auf der anderen Seite einen Rahmen für die Modellierung des Verhaltens bilden. Entsprechend sind Simulationsfunktionalitäten häufig bereits in entsprechende Modellierungswerkzeuge integriert. Ein Beispiel hierfür ist `Enterprise Architect` [Spa17b]. Die Modellierung des Verhaltens komplexer Systeme, die mit ihrer Umgebung und anderen Systemen interagieren, führt allerdings zu einer enormen Modellkomplexität und erscheint daher nicht sinnvoll. Dieser Eindruck wird unterstützt durch die Einschätzung der INCOSE [INC17], die einer integrierten Betrachtung von Modellierung, Simulation und Visualisierung eine große Bedeutung zumisst, die Realisierung dieses Ziels in ihrer „Systems Engineering Vision 2025" [INC14] aber noch in der Zukunft sieht[84]. Die hierdurch mögliche durchgängige modellbasierte Systementwicklung wird als zentral angesehen [SAT+20]. Auf dem Weg dahin gibt es diverse Überlegungen zur Zusammenführung von detaillierten Simulationen und MBSE (z. B. [KSS+18; KTK+19]) oder zur Ableitung von Simulationsmodellen aus Systembeschreibungen (z. B. [Sch19]). Ein weiterer Ansatz nutzt das Konzept des Digitalen Zwillings, mit dem MBSE in ein Digital Twin-based Systems Engineering überführt werden soll (siehe z. B. [RJB+20] und die Ausführungen in Abschnitt 2.2.6).

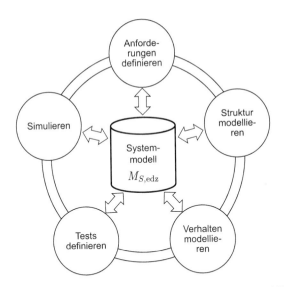

Abbildung 4.43 Das Systemmodell im Mittelpunkt der Prozesse des MBSE

---

[84] Aus [INC14]: „*A virtual engineering environment will incorporate modeling, simulation, and visualization to support all aspects of systems engineering by enabling improved prediction and analysis of complex emergent behaviors.*" sowie „*Modeling, simulation and visualization will become more integrated and powerful to cope with the systems challenges in 2025.*"

4.5.2 Anforderungsdiagramm (req)

Die nachfolgenden Diagramme illustrieren MBSE mit SysML am Beispiel einer Forstmaschine. Zu Beginn steht typischerweise das Anforderungsdiagramm (siehe Abbildung 4.44). In diesem werden die vielfältigen Anforderungen an das zu entwickelnde System geeignet strukturiert zusammengefasst. Zusätzlich werden Testfälle spezifiziert, mit denen die Einhaltung der Anforderungen durch das entwickelte System abgeprüft werden kann. Die Elemente eines Anforderungsdiagramms sind Anforderungen zur Beschreibung einer oder mehrerer gewünschter Eigenschaften oder Verhaltensweisen des zu entwickelnden SoS sowie Testfälle, mit denen die Einhaltung dieser Anforderungen überprüft wird. Assoziationen verbinden (wie im Beispiel dargestellt) die Testfälle mit den Anforderungen oder stellen Abhängigkeiten zwischen Anforderungen (voneinander abgeleitete Anforderungen (derive), enthaltene Anforderungen (contain), Kopien (copy) oder ausdetaillierte (refine) Anforderungen), zwischen Modellelementen (trace) oder zwischen spezielle Anforderungen erfüllende Blöcke und diesen Anforderungen (satisfy) dar.

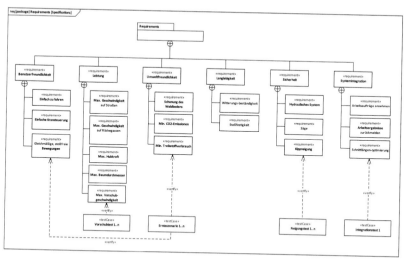

Abbildung 4.44 Anforderungsdiagramm der Forstmaschine

Parameter und Testfälle zur Modellierung des Systemverhaltens oder zur Festlegung von Eingangsgrößen für Testfälle können dann über Konstanten, Kennlinien oder Skripte festgelegt werden. Ein Beispiel hierfür ist das Verhalten des Fahrers in einem der gezeigten Testfälle. Die Modellierung derartigen Verhaltens im Rahmen des MBSE beschränkt sich meist auf Aktivitäts- und Zustandsdiagramme sowie einfache Skriptsprachen.

4.5.3 Blockdefinitionsdiagramm (bdd)

Zentral für die weitere Modellierung ist das Blockdefinitionsdiagramm (siehe Abbildung 4.45). Es modelliert die Struktur des betrachteten Systems, definiert die Systemkomponenten als so genannte „Blöcke", deren Beziehungen und deren Eigenschaften[85]. In diesem Fall besteht das betrachtete System, die Forstmaschine, aus dem Fahrzeug, dem Kran, dem Harvesterkopf, der Maschinensteuerung, der Benutzeroberfläche sowie einem Umgebungssensor, der wiederum aus einem Laserscanner und einem Informationsverarbeitenden System besteht. Wichtig für die Analyse des Systems im Einsatzszenario ist zudem die Modellierung der Umwelt. Diese besteht in diesem Beispiel aus dem Fahrer, dem Wald mit Waldboden und Bäumen und einem übergeordneten Leitsystem.

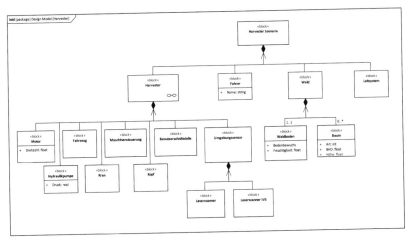

Abbildung 4.45 Blockdefinitionsdiagramm der Forstmaschine

---

[85] Die Beschreibung der Nutzung eines Blocks im Kontext eines umgebenden Blocks ist Aufgabe des internen Blockdiagramms (siehe Abschnitt 4.5.4).

Das Hauptelement des Blockdefinitionsdiagramms, der Block, vereinheitlicht die Beschreibung von Komponenten, Systemen und SoS und abstrahiert sowohl Maschinen und Geräte, Hard- und Software, Daten, Abläufe, Einrichtungen und Personen. Die grafische Darstellung eines Blocks enthält neben dem Namen Eigenschaften und Operationen aber auch Ports oder Zuweisungen von anderen Modellelementen. Kompositionsbeziehungen wie im Beispiel legen die Teil-von-Hierarchie fest, weitere Assoziationen beschreiben weiterführende Abhängigkeiten zwischen Blöcken.

4.5.4 Internes Blockdiagramm (ibd)

Anschließend müssen diese Spezifikationen in ein Design umgesetzt werden. Hierzu zeigen interne Blockdiagramme (siehe Abbildung 4.46) auf Grundlage der im Blockdefinitionsdiagramm definierten Systemkomponenten zusätzlich die Schnittstellen und Verbindungen/Interaktionen der einzelnen Komponenten. Hinsichtlich der Notation ähneln interne Blockdiagramme stark den Blockdefinitionsdiagrammen. Der Unterschied liegt vielmehr im Fokus dieser Diagramme, der bei internen Blockdiagrammen mehr auf der Interaktion der Teilkomponenten und bei Blockdefinitionsdiagrammen mehr auf der Systemstruktur liegt. Im skizzierten Beispiel steuert der Fahrer die Maschine über die Bewegung der Joysticks. Hieraus wird die Sollbewegung von Fahrzeug und Kran sowie des Harvesterkopfes abgeleitet

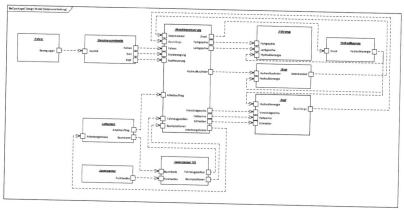

Abbildung 4.46 Internes Blockdiagramm zur Modellierung des Datenflusses innerhalb der Forstmaschine

und an die Maschinensteuerung weitergegeben. Diese erhält zusätzlich vom übergeordneten Leitsystem den Arbeitsauftrag, vom Umgebungssensor die Fahrzeug-
und Baumpositionen sowie vom Harvesterkopf die aktuelle Baumlänge. Mit diesen Informationen steuert die Maschinensteuerung das Fahrzeug, den Kran und den
Harvesterkopf.

4.5.5   Aktivitätsdiagramm (act)

Z. B. mit Aktivitätsdiagrammen (Abbildung 4.47 zeigt ein Beispiel) kann das
gewünschte Verhalten der Maschine spezifiziert werden. In diesem Fall werden
von der Maschine so lange Bäume gefällt, bis der Arbeitsauftrag erledigt ist. Hierzu
muss der Harvesterkopf durch Bewegungen von Fahrzeug und Kran an den Baum
herangeführt werden, die Haltearme des Harvesterkopfes geschlossen und der Kran
vorgespannt werden, so dass sich dieser nach dem Fällschnitt direkt nach oben
bewegt und ausreichend Platz für das Fallen des Baumes entsteht, ohne dass das
Sägeblatt auf dem Rückweg Schaden nimmt. Anschließend wird der Baum zur
Ablagestelle der abzulängenden Segmente bewegt und gleichzeitig der Vorschub

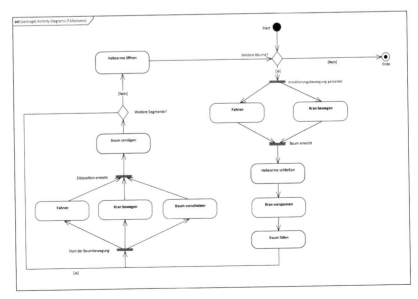

Abbildung 4.47 Aktivitätsdiagramm zur Modellierung des gewünschten Verhaltens

des Baumes auf eine vorbestimmte Länge aktiviert. Dies erfolgt zyklisch, bis der gesamte Baum entsprechend aufgearbeitet wurde.

Ein Aktivitätsdiagramm spezifiziert eine vorab festgelegte Abfolge von Aktivitäten, die hierarchisch angeordnet werden können. Aktivitätsdiagramme können sowohl Kontroll- als auch Datenflüsse beschreiben. Im Fall von Kontrollflüssen werden Token zur Simulation der durch das Aktivitätsdiagramm modellierten Abläufe verwendet. Deren Fluss kann durch zusätzliche Entscheidungs-, Parallelisierungs- und Synchronisationsknoten gesteuert werden.

4.5.6 MBSE-Prozesse

Die Arbeiten z. B. zur Erhebung der Anforderungen und Testfälle sowie zur Beschreibung von Systemstruktur, -interaktion und -verhalten müssen in geeigneten Arbeitsabläufen ablaufen, durch geeignete Methoden wie z. B. SYSMOD [Wei14] unterstützt und in geeigneten Werkzeugen wie z. B. Enterprise Architect oder Eclipse mit Papyrus-Erweiterung umgesetzt werden. Modellierungssprachen wie SysML sind nur die formale Beschreibung der resultierenden bzw.

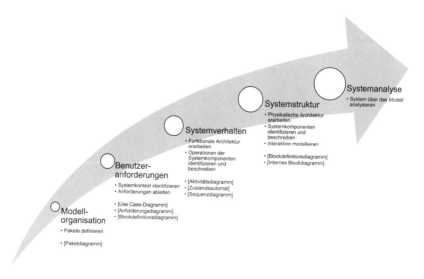

Abbildung 4.48 Beispiel für einen (stark vereinfachten) MBSE-Prozess (entsprechend [Dah19])

verwendeten Modelle. Das Ergebnis, die MBSE-Methodik, fasst dann alle Aktivitäten und Artefakte zur Durchführung des Systems Engineering-Prozesses zusammen. Abbildung 4.48 skizziert einen beispielhaften und stark vereinfachten MBSE-Prozess. Dieser beginnt mit allgemeinen Überlegungen zur Organisation der im Folgenden zu erstellenden Modelle. Anschließend werden der Systemkontext identifiziert, relevante Anwendungsfälle beschrieben und erste Systemstrukturen erfasst. Im Rahmen der beiden folgenden, oft stark miteinander verwobenen Schritte werden die Systemfunktionen und -strukturen im Detail beschrieben und das gewünschte Systemverhalten modelliert. Abschließend können die erstellten Modelle aus unterschiedlichen Perspektiven analysiert werden.

4.6   Model-Driven Engineering

Simulatoren für Simulationen auf Systemebene wie VTB besitzen einen starken Fokus auf das Thema „Integration". Auf der einen Seite integrieren sie die (virtuellen) Komponenten eines Szenarios, die EDZ, auf der anderen Seite integrieren sie unterschiedliche Simulationsverfahren und binden unterschiedliche Simulatoren ein, um die unterschiedlichen EDZ-Komponenten und deren Aspekte in unterschiedlicher Detaillierung simulieren zu können. Neue EDZ-Anwendungen führen hierbei meist dazu, dass neue Datenstrukturen, Daten und Datenquellen/-senken integriert werden müssen. Dies gilt insbesondere dann, wenn in erster Linie semantische EDZ-Modelle verwendet werden sollen und nicht spezifische Modelle für konkrete Simulationsverfahren und Simulatoren. Im Ergebnis werden VTB mit einer Vielzahl unterschiedlicher Modelle konfrontiert, die auf unterschiedliche Arten erstellt, transformiert[86], repräsentiert und gespeichert werden müssen. Dieses Kapitel legt vor diesem Hintergrund die Grundlagen für ein domänenübergreifendes Datenmanagement in EDZ-Anwendungen und den hier eingesetzten VTB.

4.6.1   Grundidee

Grundlagen für die technische Realisierung dieser Aufgaben legen die aus dem Bereich der Softwareentwicklung bekannten Methoden des **Model-Driven Engineerings (MDE)**, die Modelle in den Mittelpunkt der Entwicklung eines Systems oder eines Arbeitsablaufs stellen, hieraus Anwendungen ableiten und hierzu die

---

[86] [KTK+19] illustriert das Potenzial der Modelltransformation am Beispiel der Ableitung von Simulationsmodellen aus MBSE-Modellen.

Modelle geeignet transformieren. Die Grundidee des MDE liegt in der Erhöhung des Abstraktionsgrads bei der Entwicklung. MDE ermöglicht z. B. dem Entwickler, nicht jede einzelne Funktionalität direkt in der jeweils gewählten Programmiersprache für die jeweils gewählte Ausführungsumgebung zu entwickeln, sondern zunächst abstrakt die Architektur des Systems und seine Funktionalität zu beschreiben und diese sukzessive weiterzuentwickeln. Hierbei entstehen im Laufe der Entwicklung in ihrem Abstraktionsgrad abgestufte Modelle, die mit jeweils geeigneten Beschreibungsformen modelliert werden. Alle Modelle halten eine vorab festgelegte formale Form ein und liegen hierdurch in computerverarbeitbarer Form vor. Modelltransformationen ermöglichen die Übersetzung von Modellen zwischen den einzelnen Beschreibungsformen. MDE-Infrastrukturen integrieren hierzu meist Aspekte von grafischer Modellierung, Objektorientierung und Metadaten [AK03] und können zusätzliche Aufgaben wie Laden, Speichern und Verteilen dieser Modelle übernehmen.

MDE zielt bei der Erstellung der Modelle stark auf das „Verkürzungsmerkmal" von Modellen aufgrund der Abstraktion der durch sie beschriebenen Systeme (siehe Abschnitt 4.1.3). MDE ermöglicht eine **modellbasierte Systementwicklung**, bei der ein abstrahiertes Modell des Systems im Mittelpunkt steht, aus dem dann die gewünschten Produkte wie Quellcode, Dokumentation und weiteres automatisiert abgeleitet werden [Alt12]. Die Nutzung von MDE bedeutet einen Paradigmenwechsel in der System- und Softwareentwicklung, da das gewünschte Ergebnis nicht mehr über direkte Programmierung sondern mit Hilfe von Modellierung erzielt wird. Alle Informationen über das zu entwickelnde System werden in einem zentralen, für alle Projektbeteiligten zugänglichen Modell hinterlegt, welches alle bekannten Informationen über das System bereitstellt und die benötigten Eingangsdaten für alle Entwicklungsaktivitäten und -werkzeuge liefert. Die Anforderung, alle Informationen über das zu entwickelnde System zu modellieren, führt gleichzeitig zu einer zentralen Herausforderung für MDE. Ab einer bestimmten Systemkomplexität kann[87] das System nicht mehr in all seinen Facetten mit allen möglichen Variationen und Wechselwirkungen formal vollständig beschrieben werden. Hierdurch fehlen für die durchzuführenden Transformationsschritte wesentliche Informationen, die nachfolgend manuell nachgetragen werden müssen. Trotz fehlender Vollständigkeit kann MDE allerdings auch in diesen Situationen wichtige grundlegende Strukturen liefern.

Infrastrukturen zur Umsetzung von MDE-Konzepten bauen auf die folgenden sechs Grundbestandteile auf [AK03]:

---

[87] Vielleicht ist dies noch theoretisch möglich, aber nicht mehr praktisch sinnvoll.

1. Konzepte zur Erzeugung von Modellen und Regeln für ihre Verwendung
2. Notation zur grafischen Darstellung von Modellen
3. Beschreibung, wie die Modellelemente die korrespondierenden Elemente der realen Welt repräsentieren
4. Konzepte zur anwendungsspezifischen Erweiterung der Modellkonzepte und der Notation sowie der hiernach generierten Modelle
5. Konzepte zum Austausch von Modellkonzepten und ihrer Notation sowie der hiernach erstellten Modelle
6. Konzepte zur anwendungsspezifischen Abbildung von Modellen auf andere Artefakte (bis hin zum Programmcode bzw. im hier betrachteten Anwendungsfall den Simulationsmodellen)

Die Aspekte 1–3 werden hauptsächlich durch grafische Modellierung umgesetzt, die im Bereich des MDE eine zentrale Rolle spielen [AK03]. Im Hinblick auf den vierten Aspekt wird Objektorientierung als zentrale Grundlage gesehen. Die Aspekte 5 und 6 werden schließlich durch Methoden der Meta-Modellierung abgedeckt, die gleichzeitig auch eine Grundlage für den vierten Aspekt sind.

Die im zweiten Punkt genannte Notation führt zu **Modellierungssprachen** für Modelle, die insbesondere im Hinblick auf die Bereitstellung computerverarbeitbarer Modelle notwendig sind. Im MDE-Kontext liegt der Fokus auf grafischen Modellierungssprachen. Beispiele für grafische Modellierungssprachen sind Baupläne, Platinenlayouts, Wirkpläne, technische Zeichnungen oder Noten. Darüber hinaus existieren auch textuelle oder gemischt textuell/grafische Modellierungssprachen. Eine Modellierungssprache ist definiert durch ihre **abstrakte Syntax** (in Bezug auf MDE ist das ihr „Metamodell", welches die Sprachelemente, deren logische Struktur und deren Kombination festlegt), ihre **konkrete Syntax** (die „Notation", d. h. die Abbildung dieser Elemente auf eine grafische oder textuelle Repräsentation) sowie die **Semantik** (welche den Modellelementen, ihrer logischen Struktur und ihrer Kombination eine Bedeutung zuordnet). Es werden allgemeine (engl. „General-Purpose Language", GPL) wie UML oder XML von domänenspezifischen (engl. „Domain-Specific Language", DSL) Modellierungssprachen wie HTML, SQL oder SysML unterschieden, wobei letztere für spezielle Anwendungsbereiche oder Fachgebiete entwickelt werden. Auch im Bereich des MDE sind Modelle die Grundlage nicht nur für die Beschreibung von Systemen und Prozessen sondern auch Ausgangspunkt für deren Simulation (z. B. ausgehend vom in Zustands-, Aktivitäts- und Sequenzdiagrammen beschriebenen Systemverhalten) oder zum modellbasierten Test. Hier sind Analogien zu den in Abschnitt 3.7 beschriebenen EDZ-gestützten Methoden festzustellen.

Für MDE werden unterschiedliche Begriffe verwendet. MDE selbst ist der allgemeinste Begriff und kennzeichnet die Verwendung von Modellen im Engineering. Der Engineeringprozess wird durch Modellierungsschritte bzw. (Weiter-) Entwicklung von Modellen vorangetrieben. Begriffe wie MDD (engl. „Model-Driven Development") oder MDSE (engl. „Model-Driven Software Engineering") fokussieren demgegenüber stark auf die Softwareentwicklung. MDA (engl. „Model-Driven Architecture", [MM01]) ist schließlich die Umsetzung von MDD durch die OMG, die „Object Management Group", eine international tätige, gemeinnützige Standardisierungsorganisation im Bereich der objektorientierten Programmierung und Systementwicklung [OMG18].

4.6.2   Daten und Modelle auf vier Ebenen

Modelle beschreiben auf der Ebene M1 konkrete Artefakte der auf Ebene M0 eingeordneten realen Welt[88] (siehe auch Abbildung 4.49). Die abstrakte Syntax dieser Modelle, d. h. ihre Sprachelemente, deren logische Struktur und deren Kombination, wird durch Metamodelle auf der Ebene M2 beschrieben. Diese Modelle werden wiederum durch deren Metamodelle, d. h. Meta-Metamodelle auf der Ebene M3, definiert. Dadurch dass sich gezeigt hat, dass Meta-Metamodelle sich selbst beschreiben können, enden auf M3 die Stufen der „Metaisierung". Der Begriff des „Metamodells" ist hierbei wie folgt definiert:

> **Definition 4.25 (Metamodell):** *Ein Metamodell ist „ein Modell, das dazu verwendet wird, eine Modellierungssprache zu beschreiben."* [Alt12]

„Damit nutzt man Konzepte der Modellierung, um die Modellierung selbst zu definieren." [Alt12] „Meta" entstammt hierbei dem Griechischen und bedeutet u. a. „in der Rangfolge hinter". Definiert man ein Metamodell wiederum durch ein Modell, entsteht ein Meta-Metamodell:

---

[88] Im allgemeinen Fall und gerade auch in der Softwareentwicklung werden die z. B. zur Laufzeit im Speicher vorliegenden Daten auch als Artefakte von M0 gesehen. Dies macht die Ebenenunterteilung allerdings weniger eingängig und ist für den hier betrachteten Anwendungsfall der EDZ nicht relevant.

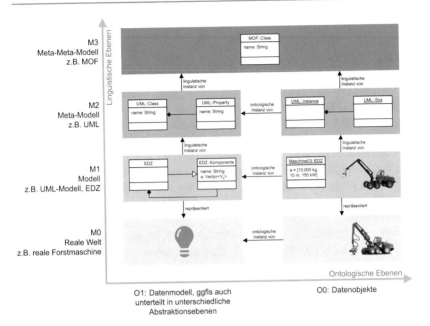

Abbildung 4.49 Die vier Meta-Ebenen mit den Datenmodellen links und den Datenobjekten rechts (Darstellung auf Grundlage von [AK03])

Definition 4.26 (Meta-Metamodell): *Ein „Metamodell eines Metamodells bezeichnet man [...] als Meta-Metamodell." [Alt12]*

Als grafisches Modell dargestellt besteht ein Metamodell „*aus Elementen und Konnektoren. Es hat sich gezeigt, dass die Klassendiagramme, wie man sie aus der UML her kennt, geeignet sind, um solche Metamodelle erstellen. [...] Das Metamodell bleibt für den Benutzer unsichtbar, ist jedoch für das Modellierungswerkzeug[89] entscheidend, da es festlegt, welche Modellierungselemente es gibt und wie diese verwendet werden." [Alt12]*

---

[89] Nutzt man MDE auch zur Realisierung konkreter Anwendungen gilt gleiches natürlich auch für die konkreten anwendungsbezogenen Werkzeuge, die Modelle nicht erstellen sondern im Wesentlichen nutzen.

Die eingangs eingeführten vier Ebenen von den Artefakten der realen Welt (M0) bis zu den Meta-Metamodellen (M3) werden meist in einer Reihe direkt aufeinander aufbauend dargestellt (siehe auch [OMG16] oder [Alt12]). Diese Darstellungsform unterscheidet allerdings nicht zwischen den Daten (Instanzen) und ihrer Beschreibung (Datenmodelle). [AK03; BRä07; Hop17] schlagen daher eine leicht abgewandelte Darstellung ähnlich zu Abbildung 4.49 vor. Auf die EDZ-Methodik bezogen enthält die unterste Ebene auf der rechten Seite die Realen Zwillinge, im dargestellten Beispiel die Forstmaschine. Diese ist auf dieser Ebene eine Instanz eines „mentalen Modells" dieser Maschine bei einer konkreten Person, dargestellt auf der linken Seite. Bereits auf dieser Ebene abstrahiert dieses mentale Modell, d. h. es betrachtet die Maschine aus unterschiedlichen Blickwinkeln. So wird z. B. ein Elektrotechniker eine andere Sicht auf diese Maschine haben als ein Maschinenbauer.

Diese Abstraktion führt zu unterschiedlichen Abbildungen sowohl dieses mentalen Modells als auch der Maschine selbst auf der untersten Ebene M1 der Modelldarstellung. Das konkrete Modell des Elektrotechnikers würde hier z. B. eine Abbildung des maschineninternen Bussystems umfassen, der Maschinenbauer würde vielleicht eine FEM-Darstellung (siehe Abschnitt 4.3.4) für Festigkeitsanalysen nutzen. Je nach Sicht gibt es auf dieser Ebene also unterschiedliche Modelle, sowohl hinsichtlich der konkreten Daten als auch hinsichtlich der Beschreibung dieser Daten. Benutzt man an dieser Stelle z. B. die Methoden der UML (siehe Abschnitt 4.6.5) zur Modellierung der Abbildung der RZ in EDZ, findet sich auf der linken Seite das in Abbildung 4.49 dargestellte Klassendiagramm (hier nur sehr vereinfacht dargestellt) und auf der rechten Seite eine entsprechende Instanz einer Maschine mit einem Auszug ihres Parametervektors $\underline{a}$. Bezogen auf Abschnitt 3.2.3 beschreibt das Datenmodell auf der linken Seite die Struktur der Menge der Simulationsmodelle $\mathbb{M}_{S,komp}$ (siehe Gleichung 3.13), die rechte Seite enthält ein konkretes Modell $M_{S,edz}$. Sowohl auf Seiten des Datenmodells links als auch der Datenobjekte rechts **repräsentieren die Elemente der Ebene M1 die korrespondierenden Elemente der Ebene M0.** Das konkrete Datenobjekt ist eine **ontologische Instanz** des entsprechenden Elements im Datenmodell[90]. Zusätzlich zur hier gewählten Darstellung mit zwei Spalten sind auch weitere Spalten vorstellbar. So könnte es entsprechend üblicher Vorgehensweisen bei der objektorientierten Modellierung durchaus sinnvoll sein, dass Forstmaschinen durch eine Klasse *Forstmaschine* beschrieben werden, die von einer Klasse *Arbeitsmaschine* abgeleitet ist welche dann wiederum eine Spezialisierung der Klasse *EDZ* darstellt. In diesem Beispiel würden zwischen der

---

[90] In der programmiertechnischen Umsetzung steht links die Klasse und rechts die von ihr instanziierte Instanz.

linken und rechten Spalte zwei weitere Spalten eingefügt, wobei die Elemente einer Spalte jeweils „ontologische Instanzen" der jeweils links davon stehenden Spalte sind. An dieser Stelle wird auch deutlich, warum man hier von „ontologischen[91] Instanzen" spricht, denn diese Art der Beziehung entsteht durch anwendungsspezifischen Festlegungen entsprechend der links unten in der Abbildung zu Grunde gelegten Sichtweise. Ontologische Instanziierungsbeziehungen setzen also Elemente auf einer Ebene in der Abbildung miteinander in Beziehung. Die einzelnen Spalten der Abbildung werden „ontologische Ebenen" genannt[92].

Sowohl das Datenmodell als auch die Beschreibung der Datenobjekte werden dann formal beschrieben mit einer abstrakten Syntax in Form ihrer Metamodelle auf M2. Im dargestellten Beispiel ist die UML die Grundlage der Modellierung von Daten und Datenobjekten und legt damit fest, dass das Datenmodell mit Klassen und Eigenschaften (sowie natürlich weiteren Modellierungselementen) modelliert wird. Die Datenobjekte werden als Instanzen mit ihren konkreten Eigenschaftswerten (den sogenannten „Slots") verwaltet. Die Elemente der Ebene M2 sind der Abbildung entsprechend „linguistische Instanzen" der Elemente auf Ebene M1, die Klasse *EDZ* ist also eine linguistische Instanz der Klasse *UML::Class*, die Instanz der Forstmaschine *Maschine03* eine linguistische Instanz einer *UML::Instance*. Diese Beziehungen werden „linguistische Instanziierung" genannt, da sie auf den Definitionen der gewählten Modellierungs**sprache** beruhen. Linguistische Instanziierungsbeziehungen setzen also Elemente einer Spalte in der Abbildung miteinander in Beziehung. Die einzelnen Ebenen der Abbildung werden „linguistische Ebenen" genannt[93,94].

---

[91] Entsprechend [NN17d] sind Ontologien in der Informatik *„meist sprachlich gefasste und formal geordnete Darstellungen einer Menge von Begrifflichkeiten und der zwischen ihnen bestehenden Beziehungen in einem bestimmten Gegenstandsbereich"*.

[92] Die Spalte O0 bzw. noch konkreter das Element M1O0 repräsentieren hierbei das, was typischerweise unter dem Begriff „Daten" verstanden wird, also die *„Repräsentation von Fakten, Konzepten und Anweisungen in einer zur Kommunikation, Interpretation und Verarbeitung durch Menschen oder Automaten geeigneten Form"* [IEE90a]. Alle weiteren Spalten beginnend mit O1 repräsentieren dementsprechend „Datenmodelle", also die *„Representation von relevanten Datenobjekten, ihrer Charakteristika und ihrer Assoziationen für eine Anwendungsdomäne in einer formalen Modellierungssprache"* [ECS11]. Noch konkreter werden meist Metamodelle in M1O1 als „Datenmodell" bezeichnet.

[93] Jedes Sprachelement kann damit jeweils exakt im durch die Sprach- und Ontologie-Ebenen aufgespannten Raum verortet werden.

[94] Die klassische 4-Ebenen-Sicht ordnet sich wie folgt in die hier gewählte Darstellung ein. Die Datenobjekte auf M0 finden sich rechts unten in der Abbildung bei M0O0, das „mentale Modell" links unten bei M0O1 wurde ergänzt. Die Datenmodelle auf M1 und M2 sind identisch mit M1O1 und M2O1, die jeweiligen Instanzen auf M1O0 und M2O0 wurden ergänzt.

Auch die Ebene M2 benötigt wieder eine formale Beschreibung. Hierzu wird in diesem Beispiel auf M3 die **Meta Object Facility (MOF)** verwendet (siehe Abschnitt 4.6.7), die eine abstrakte Syntax für das Metamodell bereitstellt[95].

Metamodelle reichen allerdings meist nicht aus, um die mit einem Modell verbundenen Beschränkungen vollständig zu beschreiben. Vielmehr sind zusätzliche Modellierungsrandbedingungen notwendig, die ebenfalls formal vorab definiert werden können. Derartige *„Modellconstraints sind Zusatzbedingungen, die man Modellelementen ergänzend geben kann, um bestimmte Randbedingungen oder auch Modellierungsrichtlinien für diese Modellelemente zu beschreiben."* [Alt12] Sie definieren z. B., *„dass der Wert eines Attributs in einem bestimmten Wertebereich liegen soll, oder [...] dass eine Architekturkomponente eine maximale Anzahl von Schnittstellen eines bestimmten Typs haben darf."*

4.6.3 Modelltransformationen ermöglichen Interoperabilität

Modelltransformationen ermöglichen **Systeminteroperabilität**[96], also die Fähigkeit von zwei oder mehr Systemen oder Komponenten, Informationen zum einen austauschen (technische Interoperabilität) und die ausgetauschten Informationen verstehen und verwenden (semantische Interoperabilität) zu können [IEE90a; BG16]. *„Die Bandbreite von Modelltransformationen reicht dabei von einfacher Dokumentengenerierung für Dokumentationszwecke über Variantengenerierung bis hin zur Erstellung neuer Modelle und Implementierungen bzw. Codegenerierung. Das Prinzip einer Modelltransformation ist dabei immer gleich: Es werden Daten aus dem Modell abgefragt und diese nach vorher definierten Regeln in eine andere Form gebracht."* [Alt12] Modell-zu-Modell-Transformationen (M2M) transformieren zwischen zwei Modellen, Modell-zu-Text- (M2T) bzw. Text-zu-Modell- (T2M) Transformationen als spezielle Formen hiervon nehmen Text wie

---

Die Ebene M3 wurde unverändert übernommen. Zudem wurde die Instanziierungsbeziehung zwischen M0 und M1 durch eine „repräsentiert"-Beziehung ersetzt. In der klassischen Sicht ist die konkrete Gestalt der M0-Elemente nicht definiert. In Softwaresystemen sind das *just bits and bytes"* als Softwarerepräsentation von Realweltobjekten [Brä07].

[95] Im Vorgriff auf die nachfolgenden Kapitel wird hier die Vorgehensweise der OMG zu Grunde gelegt. Zur hier konsequent verfolgen objektorientierten Sicht gibt es Alternativen wie z. B. die kompositionsorientierte Modellierung mit miteinander in Beziehung gesetzten Teilkomponenten, die ohne Vererbung auskommt.

[96] [BG16] fasst die vielfältigen hiermit verbundenen Aspekte hervorragend zusammen.

z. B. Dokumentation oder Programmcode als Quelle entgegen oder produzieren diese[97].

Abbildung 4.50 skizziert das Grundprinzip einer bidirektionalen Modelltransformation zwischen zwei Systemen *a* und *b* mit ihren jeweiligen Dateiformaten und den in diesen Formaten verwalteten Daten. Die jeweiligen Daten/Datenobjekte (DOa und DOb, entspricht M1O0 in Abbildung 4.49) und Datenmodelle (DMa, DMb, M1O1 in Abbildung 4.49) werden ihren jeweiligen Metamodellen (MMa und MMb, M2O0 und M2O1 in Abbildung 4.49) beschrieben. Die Ausgangsdateien werden entsprechend dieser Modelle über Text-zu-Modell- bzw. Modell-zu-Text-Transformationen in eine einheitliche Notation übertragen („Injektion", „Extraktion") und über entsprechende Modell-zu-Modell-Transformationen („a-zu-b", „b-zu-a") ineinander überführt. Die z. B. regelbasierte Erstellung dieser Transformationen ist möglich, da die beiden Metamodelle MMa und MMb einheitlich über ihr gemeinsames Meta-Metamodell MMM beschrieben werden und hierüber ineinander überführt werden können[98].

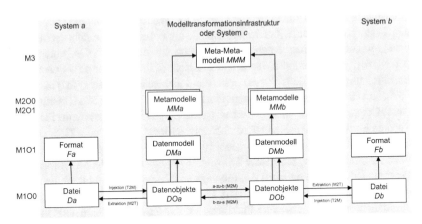

Abbildung 4.50 Verallgemeinerte Struktur bidirektionaler Modelltransformation zwischen zwei Systemen a und b (ausgehend von [Hop17] nach [BCW12])

---

[97] Bei „Black-Box-Transformationen" ist diese Transformation fest im Programmcode festgelegt, verallgemeinerte „Transformationsengines" basieren auf getrennt vom Transformationsprogramm definierten Transformationsregeln.

[98] *„Um die oben beschriebenen Konzepte der MDA und dabei insbesondere die Modelltransformation anwenden zu können, benötigt man präzise Beschreibungen von Ausgangs- und Zielmodell. Genau hier werden dann Metamodelle als Grundlage der Sprach- und Transformationsregeldefinition eingesetzt."* [Alt12]

4.6.4   Technische Umsetzung mit der Model-Driven Architecture der OMG

Die wohl bekannteste Implementierung von MDE stellt die OMG in Form der „Model-Driven Architecture" (MDA) bereit. Wesentliche Bausteine der MDA sind:

1. Die **Unified Modeling Language** (UML) als Modellierungssprache auf der Ebene M2 der Abbildung 4.49 sowie zur Beschreibung und Modellierung konkreter Modelle auf der Ebene M1
2. Die **Meta Object Facility** (MOF) als Meta-Meta-Modellierungssprache auf der Ebene M3 der Abbildung 4.49
3. Die **Object Constraint Language** (OCL) zur Modellierung von Modellierungsrandbedingungen
4. Die **Query/View/Transformation-Spezifikation** (QVT) zur Definition von Modelltransformationen

Die MDA hat sich zu einem Industriestandard entwickelt[99]. Auch die MDA folgt dem Hauptgedanken des MDE. Im Mittelpunkt der Entwicklungen steht ein Modell, neue Modelle entstehen durch Modelltransformationen. Die MDA unterscheidet hierbei „Computation Independent Models" (CIM) als umgangssprachliche Beschreibung des Modells[100] vom „Platform Independent Model" (PIM) als plattformunabhängiges Modell zur übergreifenden Beschreibung und Modellierung der Geschäftsprozesse auf einer realisierungsunabhängigen Ebene sowie dem „Platform Specific Model" (PSM) als plattformabhängiges Modell für konkrete Zielarchitekturen. Aus einem PIM können mehrere funktional gleiche PSM für unterschiedliche Plattformen bzw. technische Realisierungen entstehen. Modelle müssen im Ergebnis auf unterschiedlichen Ausführungsumgebungen ausgeführt werden können („Deployment Platforms", [AK03]). Von dieser Sichtweise her betrachtet ist ein Simulationssystem eine weitere Plattform, auf der diese Modelle genutzt werden können müssen.

---

[99] Es gibt natürlich Alternativen zu den Bestandteilen der MDA. Ein Beispiel hierfür ist „Ecore", eine Java-basierte Implementierung des Kerns der MOF, der „Essential MOF" (eMOF), durch das „Eclipse Modeling Framework" [Ecl], in der Konzeption weitgehend deckungsgleich mit der MOF. Weitere Beispiele sind die Datenmodellierungssprache „EXPRESS" des STEP-Standards [ISO94a] und die „ATL Transformation Language" der Eclipse Foundation [Ecl16].

[100] Hier wird insbesondere der Systemkontext definiert und hierbei das System gegenüber der Umgebung abgegrenzt.

Zentraler und wahrscheinlich bekanntester Bestandteil der MDA ist die UML. Die UML wurde ursprünglich entwickelt, um Modelle für Softwaresysteme zu erstellen, adressiert mittlerweile aber auch neue Zielgruppen wie Geschäftsprozessmodellierung und Systems Engineering. Das „Unified" im Namen steht hierbei für „domänenübergreifend". Die UML unterscheidet Struktur (Klassen- und Komponentendiagramme, ...), Verhalten (Aktivitätsdiagramm, ...) und sonstige Aspekte (Datentypen, OCL, ...) von Systemen und stellt hierfür die genannten Beschreibungsformen und Modellierungsgrundlagen zur Verfügung. Darüber hinaus wird zwischen dem Modell als vollständige Beschreibung und den Diagrammen als Visualisierung des Modells hinsichtlich eines bestimmten Aspekts unterschieden.

4.6.5 Domänenspezifische Modelle mit der UML (M1)

Aufgabe der UML ist die Modellierung domänenspezifischer Modelle für unterschiedliche Anwendungsbereiche und Sichtweisen (siehe Abschnitt 3.2.3 und Abschnitt 4.8.1). Abbildung 4.49 illustriert dies auf der Ebene M1 am Beispiel des Datenmodells für EDZ und EDZ-Komponenten sowie entsprechenden Objektmodellen (hier für die Forstmaschine). Für die UML gibt es eine Vielzahl unterschiedlicher Literaturquellen, die aus unterschiedlichen Blickwinkeln in die UML einführen. Ein Beispiel hierfür ist [Wei14], aus dem die nachfolgenden Definitionen entnommen sind und der die Grundlage der nachfolgenden Zusammenfassung der für die anschließenden Betrachtungen wesentlicher Aspekte bildet[101]. Zentrale Grundlage der Modellierung ist die Objektorientierung. „*Klassen und Objekte machen den Kern der Objektorientierung aus. Eine Klasse ist der Baustein des objektorientierten Systems. Klassen werden untereinander mit Assoziationen verbunden. Objekte sind konkrete Elemente, die nach den Bauplänen der Klasse erstellt werden.*" Eine Klasse als Kernelement der **Datenmodellseite** ist wie folgt definiert:

Definition 4.27 (Klasse): *Eine „Klasse beschreibt Struktur und Verhalten von Objekten, die dieselben Merkmale und dieselbe Semantik besitzen. Die Struktur wird mit Eigenschaften, das Verhalten mit Operationen beschrieben.*" [Wei14]

---

[101] Ziel von [Wei14] ist die Einführung in die SysML und damit ebenfalls die Nutzung der UML zur Modellierung realer Systeme.

Beispiele für Klassen in o. g. Abbildung sind *EDZ* und *EDZ-Komponente* im Feld M1O1. Zwischen zwei Klassen kann (wie auch im Beispiel) eine Generalisierungsbeziehung bestehen:

Definition 4.28 (Generalisierung): *„Die Generalisierung (engl. generalization) ist eine taxonomische*[102] *Beziehung von einem speziellen zu einem allgemeinen Element."* [Wei14]

In der Softwareentwicklung wird meist der Begriff der „Vererbung" verwendet. Klassen besitzen u. a. Eigenschaften und Operationen:

Definition 4.29 (Eigenschaft): *„Die Eigenschaft (engl. property) definiert ein Strukturmerkmal der Klasse. Die Beschreibung besteht aus Sichtbarkeit, Name, Typ und einer Multiplizität."* [Wei14]

Eigenschaften werden teilweise auch als Attribut bezeichnet. Beispiele für Eigenschaften in obiger Abbildung sind *name* und *a* für die Klasse *EDZ-Komponente* im Feld M1O1. Eigenschaften besitzen einen Datentyp:

Definition 4.30 (Datentyp): *„Der Datentyp (engl. datatype) ist ein Typ, dessen Objekte nur anhand ihrer Werte identifiziert werden können."* [Wei14]

Beispiele für Datentypen[103] in obiger Abbildung sind *String* für den Namen und `Vector<V`$_a$`>` für die Parameter einer *EDZ::Komponente*. Auf gleicher Ebene wie die Eigenschaften sind die Operationen anzuordnen:

---

[102] Rahmen einer Taxonomie (von „Taxon" altgriechisch für Anordnung, Rang etc.) werden Dinge nach bestimmten Kriterien klassifiziert und in Klassen eingeteilt.

[103] Objekte eines Datentyps besitzen keine Objektidentität, es kommt nur auf den Wert an. Spezialisierungen des Datentyps sind „primitive Datentypen" als Datentyp ohne nennenswerte Strukturen und „Aufzählungstypen" als Datentyp mit einem Wertebereich aus einer begrenzten Menge von definierten Literalen.

Definition 4.31 (Operation): *„Die Operation (engl. operation) definiert eine Verhaltenseigenschaft einer Klasse. Die Beschreibung besteht aus einer Sichtbarkeit, einem Namen, Parametern und einem Rückgabetyp."* [Wei14]

Assoziationen beschreiben Strukturbeziehungen zwischen Klassen[104]. Zwei wichtige Konkretisierungen der Assoziation sind Aggregation und Komposition:

Definition 4.32 (Komposition): *„Die Komposition (engl. composition) kennzeichnet ein Assoziationsende als Verbund und beschreibt eine Ganzes-Teil-Hierarchie, wobei der Verbund existenziell verantwortlich für seine Teile ist."* [Wei14]

Ein Beispiel für eine Komposition ist die „ein EDZ enthält EDZ-Komponenten"-Beziehung, die als durchgezogene Linie mit einer ausgefüllten Raute am Beginn in M1O1 dargestellt ist. Im Gegensatz zu einer Komposition sind Aggregationsbeziehungen nicht existenziell:

Definition 4.33 (Aggregation): *„Die Aggregation (engl. aggregation) kennzeichnet ein Assoziationsende als Aggregat und beschreibt eine Ganzes-Teil-Hierarchie."* [Wei14]

Assoziationen werden grafisch als nicht ausgefüllte Raute dargestellt. Assoziationen sind in der UML gemeinsam mit ihren Klassen, Eigenschaften und Operationen in Klassendiagrammen beschrieben. Operationen werden z. B. durch Aktivitätsdiagramme, Zustandsautomaten oder Interaktionsdiagramme konkretisiert.

---

[104] Assoziationen können auch über „Assoziationsklassen" definiert werden, die die Eigenschaften einer Assoziation und einer Klasse vereinen.

Das Pendant einer Klasse auf der **Objektseite** ist die „Objektspezifikation":

> **Definition 4.34 (Objektspezifikation):** *„Die Objektspezifikation (engl. instance specification) beschreibt eine konkret vorhandene Einheit, die nach dem Bauplan einer Typbeschreibung erstellt worden ist. Synonym: Exemplar, Instanz, Objekt."* [Wei14]

Objekte besitzen unabhängig von ihren Attributwerten eine eindeutige Identität. Alternativ werden auch die Begriffe „Exemplar" und „Instanz" verwendet. Analog zur Objektspezifikation als Objekt einer Klasse ist der Slot ein Objekt einer Eigenschaft und ein Link ein Objekt einer Assoziation[105].

4.6.6 Metamodell der UML (M2)

Abschnitt 4.6.5 illustriert für die Ebene M1 der Abbildung 4.49 den Einsatz der UML zur Modellierung domänenspezifischer Modelle, hier von EDZ und der hiermit verbundenen Aspekte. Aber wie und wodurch sind die hier verwendeten Modellelemente wie Klassen, Eigenschaften, Objekte u. ä. eigentlich definiert? Genau dies ist die Aufgabe des Metamodells auf der Ebene M2. Diese legt fest, welche Sprachelemente es gibt, wie diese zueinander in Beziehung stehen und wie diese kombiniert werden können. Neben dieser abstrakten Syntax (siehe auch Abschnitt 4.6.1) wird hier auch mit der konkreten Syntax die Notation der Sprachelemente festgelegt, die bei Bedarf z. B. durch spezielle grafische Symbole abgebildet werden kann. Abbildung 4.49 illustriert die Definition einer abstrakten und konkreten Syntax für die UML. Die UML definiert z. B. in M2O1, dass es Klassen mit Eigenschaften gibt und die über Generalisierungs- und Kompositionsbeziehungen miteinander in Beziehung gesetzt werden können. Darüber hinaus ist auch die Notation festgelegt. Gleiches gilt für die Datenobjekte der Spalte OO[106].

---

[105] Ein Linkobjekt ist ein Objekt einer Assoziationsklasse

[106] Auch an dieser Stelle muss noch einmal erwähnt werden, dass es auch Alternativen zur UML und der hier gewählten starken Verwendung der Möglichkeiten der Vererbung gibt. Eine deutlich flachere Modellierung ist z. B. möglich, wenn jedes Modellelement von genau einem Metaelement repräsentiert wird und alle weiterführenden Aspekte (wie auch die Vererbung) über Attribute erfolgt. [Alt12] illustriert dies am Beispiel eines Ausschnitts aus dem Metamodell der Software Enterprise-Architect: *„Dies ist der Hauptunterschied in der Herangehensweise bei der Definition von Metamodellen. Man kann Eigenschaften und deren*

Abbildung 4.51 fasst zentrale Aspekte des Metamodells der UML vereinfacht zusammen. Wesentliche Teile der Abbildung erschließen sich bereits anhand der Erläuterungen in Abschnitt 4.6.5. Neu in Abbildung 4.51 ist der *Classifier*:

> **Definition 4.35 (Classifier):** *„Der Classifier ist eine abstrakte Basisklasse, die Objekte bezüglich ihrer Merkmale klassifiziert. Konkrete Classifier sind beispielsweise die Klasse, der Anwendungsfall, der Akteur und die Verhaltenselemente Aktivität, Zustandsautomat und Interaktion."* [Wei14]

Ein Classifier ist abstrakt und für den Modellierer, der sich auf Ebene M1 bewegt, nicht als Modellelement sichtbar. Er ist die Basisklasse aller (ggf. auch abstrakten) Datentypen, verfügt über einen Namen und ggf. auch über Generalisierungen. Die linke Seite der Abbildung zeigt die Datenmodell-Seite, die rechte den Instanzenteil der UML. Letzterer verfügt entsprechend über Metaklassen zur Beschreibung von Instanzen.

4.6.7 Meta Object Facility (M3)

Die Diagramme der Ebene M2 in Abbildung 4.49 sehen selbst wieder wie UML-Diagramme aus. Dies ist kein Zufall, denn zur Beschreibung der UML verwendet die MDA seit Version 2.4 wiederum die UML, bzw. genauer gesagt eine Untermenge hiervon, die als MOF bezeichnet wird. Diese wird insbesondere um Methoden zur **Reflektion**, zur **generischen Modellerweiterung** und zur eindeutigen **Identifikation von Objekten** erweitert und dann als „Essential MOF" (EMOF) bezeichnet. Unter Reflektion wird hier die Fähigkeit verstanden, von jedem Modellelement stets zu dem dieses Element beschreibenden Modellelement auf der nächst höheren Ebene navigieren zu können. Mit den Methoden der generischen Modellerweiterung können Modelle erweitert werden, ohne dass der Sprachumfang selbst angepasst werden muss. Die „Complete MOF" (CMOF) erweitert die EMOF dann um erweiterte Reflektionsfähigkeiten (z. B. für Links oder Aufrufe von Operationen).

---

gemeinsame Herkunft über Vererbung explizit modellieren oder man kann die gleiche Information über Attribute definieren."

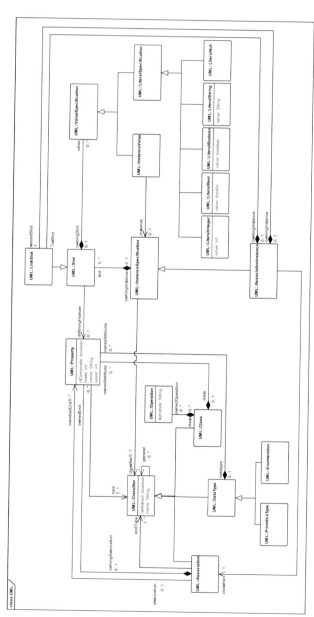

Abbildung 4.51 Das Metamodell der UML [107] (ausgehend von [Hop17])

---

[107]Die Unterscheidung von Komposition und Aggregation erfolgt über Assoziationsbeziehungen *owningAssociation* und *association* der Klasse *Association*. Eine Eigenschaft besitzt einen Wert *ValueSpecification*, der entweder eine Objektspezifikation oder ein Objekt eines Datentyps sein kann.

Wie schon in Abschnitt 4.6.2 erwähnt, enden auch bei der MDA auf M3 die Metaebenen, da mit den jetzt zur Verfügung stehenden Konzepten wie Classifier und Instanz bzw. Klasse und Objekt sowie der Möglichkeit, von einer Instanz zu ihrem Metaobjekt bzw. ihrem Classifier zu navigieren, eine beliebige Anzahl von (Zwischen-) Ebenen realisiert und verwaltet werden kann.

4.7   X-in-the-Loop-Konzepte zur Kopplung von Simulation und Realität

Für die Verbindung von Simulationen mit „externen" Artefakten hat sich der Begriff „X-in-the-Loop" etabliert. In die EDZ-Methodik führen X-in-the-Loop-Konfigurationen zu den in Abschnitt 3.4.4 eingeführten Hybriden Szenarien bzw. Hybriden Zwillingspaaren, die aus teilweise virtuellen und teilweise realen Artefakten (EDZ bzw. EDZ-Komponenten, RZ) bestehen. Der Begriff des X-in-the-Loop ist sehr breit gefasst (siehe auch Abbildung 4.52). In die Simulationsschleife – in-the-Loop – können unterschiedlichste Artefakte integriert werden. Welche Artefakte dies sein könnten, zeigt z. B. ein Blick auf Abbildung 3.16. Jedes der gezeigten Artefakte (reale Hard- und Softwarekomponenten der RZ, EDZ und EDZ-Komponenten) kann zum einen als Simulationsmodell M_S bereitgestellt und in ein Experimentierbares Modell überführt werden. Es kann aber auch in weiteren Repräsentationsformen zur Verfügung stehen, welche direkt in die Simulation zu integrieren sind (siehe Ebene „Repräsentation" in Abbildung 4.52):

1. **Hardware:** Hardware-in-the-Loop (HiL) bezeichnet die Integration realer Artefakte in eine Simulation. Häufig stehen für einzelne Teilsysteme bereits Prototypen oder fertige Produkte zur Verfügung. Diese RZ sollen verwendet werden,

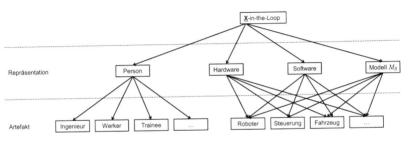

Abbildung 4.52 Klassifizierung externer Artefakte, die in Simulationen integriert werden

um den Aufwand zur Erstellung der Simulationsmodelle zu vermeiden oder um diese in realitätsnahen Einsatzsituationen, nachgebildet durch EDZ in der Simulation, zu testen.

2. **Software:** Software-in-the-Loop (SiL) bezeichnet die Integration von Softwarekomponenten in eine Simulation. Typisch hierfür sind z. B. Steuerungs- und Regelungsalgorithmen oder übergeordnete Leitsysteme. Ein weiteres Beispiel ist die Bereitstellung eines virtuellen Physischen Systems in der Simulation zum Test der Softwarekomponenten des Informationsverarbeitenden Systems.

3. **Modell:** Model-in-the-Loop (MiL) bezeichnet die Integration anwendungsspezifischer Modelle in eine Simulation. Derartige Modelle können im Kontext der EDZ-Methodik auch als Simulationsmodell M_S oder Algorithmus A bezeichnet werden, die über geeignete Simulationsfunktionen in die Simulation integriert werden. Dies entspricht auch meist der technischen Umsetzung. Es wird dennoch häufig der MiL-Begriff gewählt, da diese Modelle z. B. eine spätere Steuerungssoftware nachbilden und daher im jeweiligen Anwendungskontext nicht direkt als „gewöhnliche" Simulationsmodelle gesehen und bezeichnet werden.

4. **Person:** Human-in-the-Loop bezeichnet die Integration realer Personen in eine Simulation. Aus rein konzeptueller Sicht betrachtet ist eine Person auch eine Form von Hardware. Die Einbeziehung von Personen in Simulationen ist aber gänzlich anderer Natur und mit gänzlich anderen Zielen und (u. a. technischen, rechtlichen und ethischen) Randbedingungen zur Umsetzung verbunden, so dass diese beiden Kategorien voneinander getrennt werden.

Der Umfang der Interaktion variiert. So kann die Interaktion einer „Person-in-the-Loop" rein konsumierender Natur sein (eine Person betrachtet die in Echtzeit erzeugten Simulationsergebnisse). Auf der anderen Seite kann die Person auch direkt Einfluss auf den Simulationsablauf über unterschiedliche Interaktionsmedien nehmen. Gleiches gilt für HiL-, SiL- und MiL-Szenarien, in denen aus Simulationsperspektive betrachtet externe Hardware, Software und Modelle nur Eingangsgrößen bereitstellen, nur Ausgangsgrößen konsumieren oder bidirektional interagieren.

Grundsätzlich kann jedes denkbare Artefakt sowohl direkt in der Simulation nachgebildet oder „in-the-Loop" integriert werden (siehe Artefakt-Ebene in Abbildung 4.52). Dies gilt für Personen, deren Hintergrund und deren Motivation, sich mit Simulation zu beschäftigen, breit gestreut ist und vom Entwicklungsingenieur und seinem Interesse an Entscheidungsunterstützung über den Arbeiter und seinem Wunsch nach Unterstützung seiner praktischen Tätigkeit bis zum Trainee in interaktiven Trainingssimulatoren reicht. In HiL-, SiL- und MiL-Szenarien können Roboter, Steuerungen, Bedienoberflächen, Sensoren, Fahrzeuge u. ä. als RZ, Softwarekomponente oder spezifisches Modell in die Simulation integriert werden.

Darüber hinaus gibt es vielfältige Mischformen wie z. B. die Nachbildung menschlichen Verhaltens als Modell. Je nach Anwendung findet zudem häufig ein „Rollentausch" statt. In der Virtuellen Inbetriebnahme ist die Anlage stets simuliert und die Steuerungskomponenten zunächst als Modell, dann als Software in der Emulation und dann als reale Hardware angebunden. Im Kontext der EDZ-gestützten Steuerung von Systemen (siehe Abschnitt 3.7.5) ist es genau andersherum, die Anlage ist real und die Steuerung findet mit Hilfe der Simulation statt. Im Sonderfall des „Vehicle-in-the-Loop" werden reale Fahrzeuge mit simulierten Sensoren gekoppelt.

4.8 Infrastrukturaspekte für den Einsatz von Simulationstechnik

Simulationen haben, insbesondere wenn man sie wie in Anwendung der EDZ-Methodik auf Systemebene betreibt und als Grundlage für EDZ-Anwendungen einsetzt, einen stark integrieren Charakter. Simulationen führen unterschiedliche Arbeitsergebnisse, die im Laufe der Entwicklung und des Betriebs Realer Zwillinge entstehen, zusammen und werden in unterschiedlichen Anwendungsszenarien eingesetzt. Im Gegensatz zu anderen Entwicklungswerkzeugen haben sie häufig keine eindeutig identifizierbaren Ein- und Ausgangsgrößen und besitzen keine ausgezeichneten Datenformate. Vielmehr stehen sie im Mittelpunkt eines häufig komplexen Netzwerks aus Softwaresystemen und Hardwarekomponenten, das direkt während der Simulation oder vor oder nach der Simulation geeignet bedient werden muss. Die derartigen Netzwerken zu Grunde liegenden Infrastrukturen variieren mit den Anwendungen von Simulation und sind einem stetigen Wandel unterworfen. Modelle und Simulatoren müssen sich an diese Randbedingungen anpassen, um ihre volle Leistungsfähigkeit erreichen zu können.

Entsprechende Infrastrukturen eröffnen der Simulationstechnik aber auch neue Möglichkeiten. So stehen immer mehr und immer bessere Daten zur Realisierung von EDZ und ihrer Einsatzumgebungen zur Verfügung. Gleichzeitig hat sich die Rechenleistung über die letzten Dekaden enorm gesteigert und erfährt über den Einsatz von Grafikkarten (engl. „GPGPU, General-Purpose Computing on Graphics Processing Unit") zusätzlich zu herkömmlichen Prozessoren (engl. „CPU, Central Processing Unit") weiteren Rückenwind. [NH20] zeigt am Beispiel eines Referenz-Differentialgleichungssystems, dass der Zeitbedarf zur Lösung zwischen 1990 und 2020 um den Faktor 10.000 gefallen ist. Cloud-Technologien lassen die Rechenleistung weiter explodieren und machen Simulationen ortsunabhängig verfügbar, die Möglichkeiten des Quantencomputings sind kaum vollstellbar. Moderne Virtual Reality-Technologien revolutionieren die Arbeit mit den Simulatoren und den von diesen erzeugten Simulationen. Insbesondere Cloud-Technologien entwickeln sich auch im Bereich der Simulationstechnologien erkennbar zu einer „disruptiven Technologie", die bekannte Herangehensweisen und herkömmliche Geschäftsmodelle stark verändern und neue hervorbringen wird.

4.8.1 Datenformate

Simulationen entstehen meist mitten im Entwicklungsprozess. Sie nehmen Ergebnisse aus vorgelagerten Entwicklungsarbeiten entgegen und liefern Grundlagen für nachgelagerte Arbeiten. Die Organisation des entsprechend notwendigen Datenflusses ist seit jeher von einer Vielzahl proprietärer Datenformate geprägt. Der Datenaustausch kann eingeteilt werden in den Austausch von Daten zwischen Werkzeugen derselben Disziplin mit ähnlicher Funktionalität und Werkzeugen unterschiedlicher Disziplinen, wobei im zweiten Fall meist nur eine Untermenge der Daten von einer Disziplin in die nächste sinnvoll übertragen wird/werden kann [ECS10a]. Dies charakterisiert die mit dem Einsatz von Simulationstechnik verbundenen Herausforderungen, da die Simulatoren häufig zwischen den Disziplinen stehen oder anderen Disziplinen zugeordnet werden.

Praktisch benutzt jedes CAD-Werkzeug ebenso wie nahezu alle Simulationswerkzeuge eigene Datenmodelle und Speicherformate, ein Austausch zwischen verschiedenen Modellen/Formaten bzw. zwischen verschiedenen Werkzeugen ist entweder gar nicht oder nur mit hohem Aufwand möglich. Um Konstruktionsdaten von einem CAD-Werkzeuge in ein anderes CAD-Werkzeug oder einen Simulator mit einem anderen Datenformat zu übertragen, gibt es bestenfalls Export- oder Importfilter, bei denen aber häufig Informationen verloren gehen oder Daten verfälscht werden. Darüber hinaus stehen standardisierte Datenformate zur Verfügung, die als Zwischenformate speziell für den Datenaustausch entwickelt wurden. Dazu gehören für den CAD-Bereich z. B. STEP[108] [ISO94a], IGES, VDA-FS, DXF, Parasolid XT, JT (Open) und DRG. Tatsächlich ist die Bereitstellung eines wirklich allgemeingültigen Ansatzes, der auch die Engineering-Daten wie Materialien, Massen, Fertigungsverfahren u. ä. sicher erhält, weiterhin problematisch.

---

[108] Der STEP-Ansatz ist mit großen Ambitionen gestartet, wie in der Einleitung der entsprechenden Norm zusammengefasst wird: *„ISO 10303 is an International Standard for the computerinterpretable representation and exchange of product data. The objective is to provide a mechanism that is capable of describing product data throughout the life cycle of a product, independent of any particular system. The nature of this description makes it suitable not only for neutral file exchange, but also as a basis for implementing and sharing product databases and archiving."*

Über diese Standardisierung und damit über den Austausch von rein geometrischen CAD-Daten gehen Ansätze hinaus, die möglichst alle Daten, die für eine Simulation notwendig sind, über ein gemeinsames Datenformat beschreiben wollen. Dazu gehören neben den geometrischen Daten eine kinematische, topologische, logische, elektrische und ggf. pneumatische oder hydraulische Beschreibung der Objekte und ihres Verhaltens. Einen solchen Versuch macht das auf XML basierende Datenformat `AutomationML` [Dra10]. Ein aktueller Ansatz, um die Experimentierbaren Modelle selbst austauschbar zu machen, ist das bereits erwähnte „Functional Mockup Interface" (FMI, siehe Abschnitt 4.4.2) [BOA+09].

„Ausgangspunkt der Systemsimulation ist die Modellierung auf Systemebene. Hierzu steht eine Vielzahl von Sprachen und Ansätzen u. a. aus dem MBSE-Kontext zur Verfügung. SysML hat sich zu einem Standard entwickelt, Alternativen sind z. B. CAEX, AutomationML, das Referenzmodell zur Digitalen Fabrik[109] [DIN20] sowie die Arbeiten zu IEEE P2806 und zur Verwaltungsschale. Auf Seite der Simulatoren ist die Situation gekennzeichnet durch herstellerspezifische Kombinationen aus Datenmodell/Datenformat für das Simulationsmodell und dem zugehörigen Simulator. Darüber hinaus existieren wenige übergreifende Ansätze wie Modelica oder SRML (Simulation Reference Markup Language). Ein vielversprechender neuer Standard ist SSP (System Structure and Parameterization) zur Beschreibung von Systemen aus FMU. Ein [weithin akzeptiertes] neutrales Austauschformat fehlt [WAR17]. Systeme in einem einzigen Simulationsmodell vollständig zu beschreiben erscheint daher ausgeschlossen." [SR21]

Neben diesen bereits auf den ersten Blick für die Simulation notwendigen Daten müssen Simulatoren zur Realisierung Virtueller Testbeds und der unterschiedlichen EDZ-gestützten Methoden Datenformate verarbeiten können, die zunächst einmal gar nicht mit Simulation in Verbindung gebracht werden. So ist zur Simulation von Speicherprogrammierbaren Steuerungen (SPS) die Verarbeitung von SPS-Programmen nach IEC 61131 (siehe z. B. [TJ09]) notwendig. Zur Kommunikation mit Hardwarekomponenten müssen Schnittstellen, Protokolle und Datenformate unterstützt werden, die von diesen vorgegeben werden und teilweise im Bereich der Maschine-zu-Maschine- (M2M-) Kommunikation standardisiert sind. Beispiele hierfür sind Bussysteme wie `Profibus` oder Protokolle wie `OPC UA`.

---

[109] *„IEC 62832 is a well-established standard, which defines a digital factory framework with the representation of digital factory assets in its center"* [MvSB+20]. Festgelegt wird ein Modell von Produktionssystem-Assets, ein Modell von Beziehungen zwischen verschiedenen Produktionssystem-Assets sowie der Informationsfluss zu Produktionssystem-Assets [DIN20].

4.8.2   Simulation und Geoinformation

Zu einer zunehmend wichtigen Datenquelle entwickeln sich Geodaten. Dies liegt zum einen darin begründet, dass mittlerweile aktuelle und qualitativ hochwertige Geodaten, Geobasis- wie Geofachdaten, zur Verfügung stehen, die unterschiedlichste Aspekte der realen Welt detailliert beschreiben. Auf der anderen Seite bewegen sich simulierte Systeme in realen Umgebungen, und Geodaten sind oftmals die einzige Möglichkeit, mit begrenztem Aufwand realitätsnahe virtuelle Einsatzszenarien zu modellieren. Geodaten und hieraus z. B. durch Verfahren der Semantischen Umweltmodellierung (siehe Abschnitt 3.5) abgeleitete Simulationsmodelle werden so zu einem normalen Bestandteil von EDZ-Szenarien. Hierzu müssen Simulatoren geeignete Schnittstellen bereitstellen. Hier ist es von Vorteil, dass im Gegensatz zur Standardisierung von Datenformaten im CAD-Umfeld die Standardisierung von Schnittstellenprotokollen und Datenformaten im Geoinformationssektor seit Jahrzehnten einen festen Platz hat. Ein Großteil der Geodaten kann hierdurch über Dienste, die nach den Vorgaben des Open Geospatial Consortiums (OGC) implementiert sind (WMS, WCS, WFS (-T), ...), bezogen werden und steht dann in standardisierten Datenformaten (GeoTIFF, GML, ...) zur Verfügung (siehe z. B. Abschnitt 6.6.2).

4.8.3   Simulation in der Cloud

Die Geschichte der computergestützten Simulation ist so alt wie der Computer selbst (siehe Abschnitt 4.1). Die Bereitstellung der für die Simulation notwendigen Rechnerkapazitäten ist entsprechend einem ständigen Wandel unterworfen. Konnten in den Anfangsjahren Simulationen von einem kleinen Personenkreis ausschließlich auf Großrechnern durchgeführt werden, markierte die Einführung des Personal Computers (PC) etwa 40 Jahre später einen wesentlichen Meilenstein in der Simulationstechnik. Jetzt standen die Möglichkeiten der Simulationstechnik plötzlich jedem zur Verfügung, der über einen entsprechenden Computer verfügte. Mit der steigenden Rechenleistung dieser Systeme konnte auch die Komplexität der Simulationen stetig wachsen. Wiederum knapp vierzig Jahre nach Einführung des ersten PCs scheint sich jetzt auch diese Ära dem Ende zuzuneigen und durch Rechenleistung „in der Cloud" abgelöst zu werden. Entsprechend wandern auch Simulationen zunehmend in die Cloud, die Simulationsmodelle werden in der Cloud verwaltet, entsprechende Simulatoren stehen in der Cloud jederzeit und von überall aus zugreifbar und mit nahezu beliebig skalierbarer Rechenleistung zur Verfügung.

Mittlerweile können komplette CAD-Systeme wie `Autodesk Fusion 360`, FEM-Simulatoren wie `SimScale` oder domänenübergreifende Simulationssysteme wie `Scilab` in der Cloud als Software as a Service-Angebot genutzt werden. Mit derartigen Cloud-Lösungen verbunden ist ein Wechsel in den Geschäftsmodellen im Vertrieb dieser Systeme. War die Nutzung von Simulatoren bislang häufig mit sehr hohen (einmaligen oder jährlichen) Lizenzkosten verbunden, so werden cloudbasierte Systeme häufig nach konkreten Nutzungszeiten abgerechnet. Ein wichtiger Aspekt hierbei ist die nahezu beliebig skalierbare Rechenleistung. Kurz gesagt steht mittlerweile jedem Nutzer entsprechender Cloud-Lösungen bei Bedarf und kurzfristig ein kompletter Großrechner zur Verfügung. Weitere mit Cloud-basierten Lösungen verbundene Ansätze sind die „Appification" von Simulatoren, die Bereitstellungen von Simulationsdienstleistungen als Webservices oder neue und damit verbundene Möglichkeiten zur Werkzeugintegration sowie zum verteilten Arbeiten. Damit leisten Cloud-basierte Lösungen einen wesentlichen Beitrag zur „Demokratisierung der Simulation". Durch Cloud-basierte Ansätze kann Simulation Benutzergruppen erreichen, die man sonst mit klassischen Herangehensweisen aus vielerlei Gründen (Komplexität, Know-how, (initiale) Kosten, ...) nicht erreicht hätte.

Eng verbunden mit dem Cloud Computing ist die Virtualisierung von Applikationen in Zusammenhang mit dem Streaming der Benutzeroberfläche auf das Endgerät. Diese Funktionalität ist eine wesentliche Grundlage für Software as a Service-Ansätze im Bereich der Simulationstechnik, da die hierzu notwendigen Simulatoren meist zu komplex sind, um sie auf einfachen Endgeräten zur Ausführung zu bringen, und die von den Simulatoren verwalteten Datenmengen meist zu groß sind, um sie permanent über Netzwerke auszutauschen. Der effiziente Betrieb gelingt hier nur dann, wenn Datenverwaltung und Programmausführung auf den Servern selbst erfolgen. Hierzu wurden die bereits seit langem insbesondere für kaufmännische Anwendungen bekannten Techniken zur Anwendungsvirtualisierung auf 3D-Anwendungen erweitert. Online-Gaming-Plattformen und virtualisierte CAD-Arbeitsplätze demonstrieren die Leistungsfähigkeit dieser Ansätze.

4.8.4   Visualisierung, Interaktion, Feedback, Virtual Reality

3D-Simulationen haben das Potenzial, den Nutzern vom Entwicklungsingenieur bis hin zum Schüler im Trainingssimulator einen äußerst intuitiven Zugang zu den betrachteten virtuellen Welten zu ermöglichen. Grundvoraussetzung hierfür sind allerdings zum einen eine geeignete Visualisierung der virtuellen Welt und zum anderen die Bereitstellung von Techniken zur möglichst intuitiven und natürlichen Interaktion mit der virtuellen Welt. Das Ergebnis ist eine weitgehende Immersion des Benutzers in die virtuelle Welt, er taucht vollständig in die virtuelle Welt ein und agiert dort wie in der realen Welt. Das Ergebnis wird „Virtuelle Realität" genannt.

Entsprechende Ansätze sind seit langem bekannt und auch die hierzu notwendige Hardware ist prinzipiell seit langem verfügbar. Allerdings reichte bislang vielfach die verfügbare Rechenleistung für die realitätsnahe grafische Darstellung der virtuellen Welten sowie für die Simulation der Eingriffe des Benutzers in die virtuelle Welt nicht aus. Zudem war die notwendige Visualisierungs- und Interaktionshardware sehr teuer und die resultierenden Systeme nur von Experten einzurichten und zu bedienen. Beides hat sich in den letzten Jahren in kurzer Zeit völlig verändert.

Zum einen nähert sich die grafische Darstellung immer mehr dem Fotorealismus an. Bei der Darstellung von Avataren kann man in der Zwischenzeit schon das Problem des „Uncanny Valleys" [MMK12] beobachten, d. h. die Realitätsnähe ist so hoch, dass dies zu Akzeptanzproblemen beim Betrachter führt. Gleichzeitig steht geeignete Visualisierungshardware wie stereoskopische Fernseher oder VR-Headsets wie `Oculus Rift` oder `HTC Vive` mittlerweile auch im Consumer-Bereich zur Verfügung.

Zusammen mit diesen VR-Headsets wird auch die Interaktion mit der Virtuellen Welt revolutioniert. Der Betrachter kann sich in Grenzen frei in der virtuellen Welt bewegen, wobei hohe Bildwiederholraten, leistungsfähige Sensoren zur Erfassung der Bewegung und hierzu passende Softwarealgorithmen zur Bewegungsprädiktion das Problem der durch Abweichung der wahrgenommenen von der tatsächlichen Bewegung hervorgerufenen Simulatorkrankheit weitgehend in den Griff bekommen haben. Neben der Kopfbewegung werden auch die Bewegungen der Hände erfasst, entsprechende Controller ermöglichen eine Interaktion mit der realen Welt, die geeignet in das Simulationsmodell einbezogen und so über die Simulationsverfahren das Verhalten der virtuellen Welt wie vom Benutzer erwartet beeinflussen. Über Einrichtungen für kinesthetisches und haptisches Feedback in Bewegungssimulatoren, Exoskelette oder Datenhandschuhe wird die Reaktion der virtuellen Welt fühlbar. Darüber hinaus rückt auch die Vision des „Come as you are", d. h. der vollständige Verzicht auf zusätzlich zu tragende Hardware für Visualisierungs- und Interaktionszwecke immer mehr in greifbare Nähe.

4.9   Zusammenfassung

Die Computersimulation hat sich seit den 1940er Jahren zu einer etablierten Technologie entwickelt (siehe Abschnitt 4.1). Die Grundlage für den Simulationsprozess sind verifizierte und validierte Modelle als pragmatisch verkürzte Abbilder geplanter oder existierender Systeme. Eine Vielzahl domänenübergreifender und domä-

Tabelle 4.16 Zusammenfassende Übersicht über die Zuordnung der in diesem Kapitel eingeführten Simulationsverfahren zu den Klassifikationsmerkmalen aus Abschnitt 4.1.5.

Klassifikationsmerkmal	Domänenübergreifend						Domänenspezifisch				
	4.2.1 Gleichungsbasiert	4.2.2 Signalorientiert	4.2.3 Bondgraphen	4.2.4 Physikalisch-objektorientiert	4.2.5 Ereignisdiskret	4.2.6 Agentenbasiert	4.3.2 Kinematik	4.3.3 Starrkörperdynamik	4.3.4 Finite Elemente	4.3.5 Kamerasimulation	4.3.6 Aktorsimulation
Merkmal											
Domänen	Übergr.	Übergr.	Übergr.	Übergr.	Übergr.	Übergr.	Spezifisch	Spezifisch	Spezifisch	Spezifisch	Spezifisch
Prozesse	Det./Stoch.	Det./Stoch.	Det./Stoch.	Det./Stoch.	Det./Stoch.	Det./Stoch.	Det.	Det.	Det.	Det./Stoch.	Det.
Zeitliche Auflösung	Kont.	Kont.	Kont.	Kont.	Diskr.	Kont./Diskr.	Kont.	Kont.	Diskr.	Kont.	Kont.
Räumliche Auflösung	Kont.	Kont.	Kont.	Kont.	Kont./Diskr.	Kont./Diskr.	Kont.	Kont.	Diskr.	Kont./Diskr.	Kont.
Systemzustand	Kont./Diskr.	Kont./Diskr.	Kont./Diskr.	Kont./Diskr.	Kont./Diskr.	Kont./Diskr.	Kont.	Kont.	-	-	Kont.
Laufzeit	Schn./Langs.	Schn./Langs.	Schn./Langs.	Schn./Langs.	Schn.	Schn.	Schn.	Schn./Langs.	Langs.	Schn./Langs.	Schn.
Simulationsstruktur	Übergr./Part.	Übergr./Part.	Übergr./Part.	Übergr./Part.	Übergr./Part.	Übergr./Part.	Übergr./Part.	Übergr./Part.	Übergr./Feld.	Übergr./Part.	Übergr./Part.
Skalen	Einzeln	Einzeln	Einzeln	Einzeln	Einzeln	Einzeln	Einzeln	Einzeln	Einzeln	Einzeln	Einzeln
Abstraktionsniveau	Niedrig	Niedrig	Niedrig	Niedrig	Niedrig/Mittel	Niedrig/Mittel	Niedrig	Niedrig	Niedrig	Niedrig	Niedrig
Modell											
Parameter $\underline{a}$	DAE-Param	Blockparam.	Knotenparam.	Elementparam.	Modellparam.	Modellparam.	Geom. Lagen Gelenke	Geom. Starrk.-param. Zwangsbed.	Geom./Mat. Elem./Vern.	Kameraparam. Mesobj.	Motorparam.
Algorithmen $\underline{A}$	Skript	Wirkungsplan	Bondgraph	Zustandsgr.	Ereignisdiskr. Modell	Agentenbas. Modell	Lage/Gelenkw.	Lage der Starrk.	-	-	Strom/Geschw.
Zustand											
Zustand $\underline{z}_k(t)$	Zustandsgr.	Zustandsgr.	Zustandsgr.	Zustandsgr.	-	Zustandsgr.	Initiale Lage/Gelenkw.	Initiale Lage	-	-	Siehe Zustandsdgr.
Zustand $\underline{z}_d(t)$	Zustandsgr.	Zustandsgr.	-	Zustandsgr.	Zustandsgr.	Zustandsgr.	Sollgeschw.	Sollgeschw. der Starrk.	-	-	-
Initialzustand $\underline{z}(t_0)$	Initialwerte	Initialwerte	Initialwerte	Initialwerte	Initialwerte	Initialwerte	Berechnung aller Lagen	Gl. der Starrk.	Initiale Lage	Siehe Zustandsdgr.	Siehe Zustandsdgr.
Zustandsänderung $\underline{\dot{z}}(t)$	Siehe $\underline{A}$	Siehe $\underline{A}$	Siehe $\underline{A}$	Siehe $\underline{A}$	-	Siehe Zustandsdgr.	$\underline{u} \rightarrow \underline{\dot{z}}(t)$	$\underline{u} \rightarrow \underline{\dot{z}}(t)$	Siehe Zustandsdgr.	Siehe Zustandsdgr.	Siehe Zustandsdgr.
Simulation											
Übergangsfunktion $f_{k/d}$	Über $\underline{A}$ mod.	Über $\underline{A}$ mod.	Über $\underline{A}$ mod.	Über $\underline{A}$ mod.	Über $\underline{A}$ mod.	Über $\underline{A}$ mod.	$\underline{u} \rightarrow \underline{\dot{z}}(t)$	Gl. 4.41/4.44/4.46	Knotenversch. Dehn. Kräfte	Rasterb. Gl. 4.76/4.75	Erste Gl. aus 4.82
Nebenbedingungen $h_{k/d}$	Über $\underline{A}$ mod.	Über $\underline{A}$ mod.	Über $\underline{A}$ mod.	Über $\underline{A}$ mod.	Über $\underline{A}$ mod.	Über $\underline{A}$ mod.	-	Gl. 4.41/4.44/4.46	Knotenversch. Dehn. Kräfte	Rasterb. Gl. 4.76/4.75	Zweite Gl. aus 4.82
Ausgangsfunktion g	Über $\underline{A}$ mod.	Über $\underline{A}$ mod.	Über $\underline{A}$ mod.	Über $\underline{A}$ mod.	Über $\underline{A}$ mod.	Aus $\underline{A}$ mod.	Über $\underline{A}$ mod.	$\underline{y}(t) = \underline{z}(t)$	Über $\underline{A}$ mod.	-	-
Nächstes Ereignis T	In Solvern impl.	In Solvern impl.	In Solvern impl.	In Solvern impl.	Aus $\underline{A}$ abgel.	Aus $\underline{A}$ abgel.	-	-	-	-	-
Eingang $\underline{u}(t)$	Eingangsgr.	Eingangsgr.	Eingangsgr.	Eingangsgr.	Eingangsgr.	Eingangsgr.	Eingepr. Beschl./Geschw.	Eingepr. Kräfte/Momente	Eingepr. Kräfte	Lage Kamera/Mesobj.	Spannung/Last
Ausgang $\underline{y}(t)$	Ausgangsgr.	Ausgangsgr.	Ausgangsgr.	Ausgangsgr.	Ausgangsgr.	Ausgangsgr.	Lagen in Welt.	Lagen in Welt.	Knotenversch. Dehn. Kräfte	Rasterbild	Rotorgeschw.

nenspezifischer Simulationsverfahren ermöglicht die Prognose des Verhaltens der modellierten Systeme (siehe Abschnitte 4.2 und 4.3, Tabelle 4.16 fasst die dort vorgenommene Zuordnung zu den Klassifikationsmerkmalen aus Abschnitt 4.1.5 zusammen). Die Kopplung unterschiedlicher Simulationsverfahren erlaubt deren Einsatz in gemeinsamen Simulationen und damit die umfassende Analyse von Systemen und SoS (siehe Abschnitt 4.4). Zur Beschreibung von Systemen als Grundlage der Simulation eignen sich die bekannten Verfahren des Model-based Systems Engineerings (Abschnitt 4.5), die Interoperabilität zwischen den beteiligten Datenquellen und Werkzeugen können die Konzepte des Model-Driven Engineerings herstellen (siehe Abschnitt 4.6). X-in-the-Loop-Konzepte verbinden Simulation und Realität auf unterschiedlichen Ebenen in unterschiedlichen Kombinationen von virtuellen und realen Systemteilen (siehe Abschnitt 4.7), moderne IT-Infrastrukturen vereinfachen den Zugriff auf Simulationstechnik und die Interaktion mit Simulationen (siehe Abschnitt 4.8). **Im Ergebnis stellt die Simulationstechnik damit alle benötigten Methoden zur Umsetzung von EDZ im Rahmen der EDZ-Methodik zur Verfügung.**

Virtuelle Testbeds als Laufzeitumgebung für Experimentierbare Digitale Zwillinge

Nachdem in den Kapiteln 2 und 3 das Konzept des Experimentierbaren Digitalen Zwillings (EDZ) und die hierauf aufbauende EDZ-Methodik eingeführt und in Kapitel 4 die notwendigen Grundlagen u. a. aus dem Bereich der Simulationstechnik zusammengefasst wurden, steht in diesem Kapitel das Werkzeug zur Realisierung von EDZ im Mittelpunkt, das Virtuelle Testbed. Damit beantwortet dieses Kapitel die Frage, wie man die Konzepte aus den Kapiteln 2 und 3 mit den Verfahren aus Kapitel 4 für die Anwendungen aus Kapitel 6 umsetzt. Bezogen auf das Beispielszenario der Forstmaschine zeigt dieses Kapitel auf,

1. wie das EDZ-Szenario aus Abbildung 3.16 und die dort beteiligten EDZ modelliert werden,
2. wie diese EDZ-Simulationsmodelle in einer disziplin- und domänenübergreifenden Simulationsdatenbank verwaltet werden,
3. wie die EDZ über diese Simulationsdatenbank miteinander kommunizieren,
4. wie die benötigten Simulationsverfahren in diese Simulationsdatenbank integriert werden,
5. wie auch diese über die Simulationsdatenbank miteinander kommunizieren,
6. wie die Umsetzung des Netzwerks der interagierenden EDZ aus Abbildung 3.16 in ein Experimentierbares Modell mit geeignetem Ausführungsplan (siehe z. B. Abbildung 4.1) erfolgt,

Ergänzende Information Die elektronische Version dieses Kapitels enthält Zusatzmaterial, auf das über folgenden Link zugegriffen werden kann https://doi.org/10.1007/978-3-658-44445-7_5.

7. wie dieses Gesamtmodell dann unter Einbeziehung aller modellierten Aspekte übergreifend simuliert wird sowie

8. wie unterschiedliche Nutzergruppen mit diesem Gesamtmodell interagieren.

Hierbei stehen grundlegende technische Konzepte der werkzeugtechnischen Umsetzung der EDZ-Methodik im Vordergrund, in die sich die in den vorstehenden Kapiteln eingeführten Konzepte und Verfahren einfügen. Das Ergebnis sind 1) eine **Architektur** und 2) hierzu passende **Lösungselemente** zur Realisierung einer Simulationsplattform, auf deren Basis konkrete VTB entwickelt und diese dann für konkrete EDZ-Anwendungen konfiguriert werden können. Auf dem Weg dahin werden zentrale Herausforderungen bei der technischen Umsetzung angesprochen und hierzu geeignete Konzepte entwickelt. Damit gibt dieses Kapitel wichtige Hinweise, wie die EDZ-Methodik auch werkzeugtechnisch umgesetzt werden kann. Dieses Kapitel beschränkt sich hierbei auf die grundlegenden Strukturen einer geeigneten Simulationsplattform und legt weitere Grundlagen zu ihrer technischen Umsetzung in Bereichen wie Softwaretechnik, Modell- und Datenmanagement oder Simulatorspezifischer Aspekte. Die Detaillierung der angesprochenen Konzepte und Verfahren findet sich in den vorgenannten Kapiteln, die konkrete technische Umsetzung verbleibt beim Leser. Spezifische Aspekte auf Grundlage einer derartigen Simulationsplattform umgesetzter konkreter EDZ-Anwendungen werden im Kapitel 6 erläutert.

Grundlage der Konzeption einer derartigen Simulationsplattform sind funktionale wie nichtfunktionale Anforderungen an VTB, die in Abschnitt 5.1 aufgestellt werden. Diese sind Ausgangspunkt für die Entwicklung der Architektur einer zur Realisierung konkreter Virtueller Testbeds geeigneten Simulationsplattform in Abschnitt 5.2. Im Kern dieser Plattform steht eine aktive Simulationsdatenbank, die sowohl das VTB-interne Modellmanagement für heterogene Modelldaten (siehe Abschnitt 5.3) als auch die Kommunikation zwischen den Simulationsverfahren sowie den EDZ im EDZ-Szenario (siehe Abschnitt 5.4) organisiert. Hierbei wird auch auf Aspekte der domänenübergreifenden und domänenspezifischen Modellierung von EDZ eingegangen. Damit sind die Grundlagen zur technischen Umsetzung der unterschiedlichen Dimensionen der Systemintegration für VTB gelegt. Verfahren wie die Zustandsorientierte Modellierung (siehe Anhang C im elektronischen Zusatzmaterial) schließen im Entwicklungsprozess entstehende Lücken in der Abbildung von EDZ und deren Vernetzung. Zur Simulation werden die in Abschnitt 5.5 eingeführten Verfahren der Zeitsteuerung benötigt, die wie in Abschnitt 5.6 erläutert in parallel und verteilt organisierten Rechnerinfrastrukturen eingesetzt werden können. Abschnitt 5.7 zeigt Verfahren auf, mit denen Simulationen während und nach Ablauf der Simulation analysiert werden können.

Dies umfasst auch die Interaktion des Benutzers mit den EDZ zu unterschiedlichen Zeitpunkten im Arbeitsablauf, z. B. im Rahmen der in Abschnitt 5.8 dargestellten Integration von EDZ und VTB in die Arbeitsorganisation.

5.1 Anforderungen an Virtuelle Testbeds

Welchen Anforderungen müssen VTB und deren Architektur zur Realisierung einer Laufzeitumgebung für EDZ genügen? Abschnitt 2.1 fordert hierzu einen übergreifenden Ansatz, aber was bedeutet das konkret? Zur Beantwortung dieser Fragen werden die aus der EDZ-Methodik resultierenden Anforderungen an die softwaretechnische Realisierung auf eine Reihe konkreter funktionaler und nichtfunktionaler Anforderungen heruntergebrochen. Die nachfolgenden Aufstellungen leiten sich aus den in Kapitel 3 und Kapitel 4 eingeführten Methoden, Arbeitsabläufen und Anwendungen ab. Standardfunktionalitäten wie Start/Stop/Pause der Simulation oder die Aufzeichnung von Simulationsereignissen werden vorausgesetzt[1].

5.1.1 Funktionale Anforderungen

Die funktionalen Anforderungen legen fest, **was** das VTB leisten soll. Sie fordern konkrete Leistungsmerkmale und Funktionalitäten, die durch das VTB zur Verfügung gestellt bzw. umgesetzt werden müssen. Mit Bezug auf die EDZ-Methodik umfasst dies alle notwendigen Funktionalitäten zur Modellierung von EDZ und deren Simulation in VTB einschließlich deren Integration in reale Einsatzszenarien.

Übergreifende Simulation von Netzwerken interagierender EDZ: Ausgangspunkt der Entwicklung der EDZ-Methodik war die Anforderung nach einer übergreifenden Simulation gesamter Systeme in ihrer Einsatzumgebung. Dies führt im Ergebnis dazu, dass Elemente unterschiedlicher Dimensionen aus Abschnitt 2.6 wie z. B. unterschiedliche Simulationsverfahren, diverse Systemkomponenten und

---

[1] Die [ECS10b] fordert als Steuerungs- und Überwachungsfunktionalitäten für die Simulation z. B. Plausibilitätsüberprüfung von Simulationsmodellen, Start/Pause/Weiter/Stop der Simulation, Speichern des Zustandsvektors und Wiederaufsetzen der Simulation auf einen zuvor gespeicherten Zustandsvektor, Online-Anzeige, -Logging und -Vergleich von Simulationsdaten, archivieren von Simulationsdaten für die Offline-Nachverarbeitung, die Modellierung von Fehlern und deren Einbeziehung in die Simulation sowie die skriptgesteuerte Durchführung von Simulationen.

ihre Einsatzumgebung aber auch unterschiedlicheEDZ-Methoden miteinander integriert werden müssen.

Zusammenführung heterogener Modelle, Daten und Simulationsverfahren:
Unterschiedliche EDZ-Anwendungen erfordern unterschiedliche Simulationsverfahren und Simulationsmodelle. Zu deren Zusammenführung sind geeignete Datenstrukturen notwendig, die die Modelle $M_{S,komp}$ verwalten und deren Bestandteile $\underline{a}_{edz}$, $\underline{A}_{edz}$, $\underline{U}_{edz}$, $\underline{Y}_{edz}$, $\underline{v}_{edz}$ und $\underline{L}_{edz}$ (siehe Abschnitt 3.2.3) ggf. auch zur Verwendung durch unterschiedliche Simulationsverfahren Γ_i und Φ_i ineinander überführen können. Im Verlauf der Erstellung einer EDZ-Anwendung müssen hierzu unterschiedliche Daten aus diversen Datenquellen zusammengeführt werden. Diese Daten variieren hinsichtlich ihrer Struktur, ihres Umfangs und ihrer Eignung als Grundlage für die unterschiedlichen Simulationsverfahren signifikant. Die Bandbreite reicht hierbei von einfachen Konfigurationsdateien über umfangreiche geometrische Modelle bis hin zu Steuerungsprogrammen. Ein VTB muss diese unterschiedlichen (domänenspezifischen) Daten verwalten und unterschiedlichen (domänenspezifischen) Simulationsverfahren auf die jeweils benötigte Art und Weise zur Verfügung stellen können. Die Zusammenführung von Daten und Simulationsverfahren aus unterschiedlichen Domänen (z. B. die Nutzung eines Architekturmodells als Grundlage für die Starrkörperdynamik oder die Sensorsimulation) ist hierbei eher der Normalfall als die Ausnahme. Darüber hinaus sind diese Daten teilweise zu Beginn des Realisierungsprozesses nicht einmal bekannt. Entsprechend muss ein VTB flexibel auf hieraus noch im Prozess entstehende Anforderungen reagieren können. Hierzu ist eine Synchronisation zwischen den Ausgangsdaten und der Simulationsdatenbank auf vier Ebenen notwendig, auf Ebene des Datenschemas, auf Ebene der Daten, auf semantischer Ebene und auf Ebene sich dynamisch verändernder (und ggf. versionierter) Daten [Hop17].

Zusätzlich zu den Daten müssen für die umfassende Simulation von Systemen in ihrer Einsatzumgebung unterschiedliche Simulationsverfahren Γ_i und Φ_i bzw. deren technische Realisierung durch f_k, h_k, f_d, h_d, g und T (siehe Abschnitt 3.6.2) im VTB integriert werden. Im Gegensatz zu „herkömmlichen Simulatoren" sind VTB unabhängig von einem spezifischen Simulator/Simulationsframework. Sie orchestrieren vielmehr bestehende Simulationsverfahren unter Nutzung der situationsspezifisch jeweils am besten geeigneten Co-Modellierungs- und Co-Simulationsansätze und ermöglichen die Portabilität von Modellen und Verfahren zwischen unterschiedlichen Simulatoren/Simulationsframeworks (siehe auch [LSW+07] und die dort formulierten Anforderungen an wiederverwendbare Simulationsmodelle).

Integration Informationsverarbeitender Systeme: Die vollständige Abbildung eines Systems durch seinen EDZ muss neben der Simulation seines physikalischen Verhaltens auch die Informationsverarbeitenden Systeme sowie die Steuerungs- und Regelungsverfahren umfassen. Erst hierdurch können Wechselwirkungen wie etwa zwischen steuernden Eingriffen und hieraus resultierenden Änderungen in den Sensordaten analysiert werden.

Unterstützung objektorientierter Modellierung: Vielen Simulationsmodellen für EDZ und hier insbesondere den semantischen Modellen (siehe Abschnitt 3.5) liegen objektorientierte Modellierungskonzepte zu Grunde. Entsprechend müssen VTB objektorientierte Modellierungskonzepte unterstützen.

Modulare Simulationsmodelle mit einstellbarer Detaillierung: Der Detailgrad der Simulationsmodelle der beteiligten EDZ wird im Laufe seines Lebenszyklus sukzessive steigen. Zudem betrachten unterschiedliche Anwender den EDZ aus ihren jeweiligen domänenspezifischen Perspektiven und verwenden hierzu domänenspezifische Simulationsverfahren. Daher müssen die entsprechenden Simulationsmodelle modular gestaltet, mit entsprechenden Schnittstellen versehen und hierdurch (auch über Domänengrenzen hinweg) austauschbar sein. Zudem muss die Detaillierung der Simulationsmodelle angepasst werden und so der Zeitbedarf der jeweils eingesetzten Simulationsverfahren beeinflusst werden können. So können geeignet parametrierte Simulationsmodelle sowohl für sehr detaillierte Untersuchungen als auch in Anwendungen eingesetzt werden, bei denen die Simulation ausreichend schnell ablaufen muss.

Abbildung der physikalischen Architektur: Die Struktur der Modelle und die Abgrenzung und die Schnittstellen zwischen den Modellen soll sich hierbei an der physikalischen Architektur des Systems und nicht an der Grenze zwischen Simulationsverfahren orientieren. Der Unterschied zwischen diesen beiden Herangehensweisen ist gravierend, wie Abbildung 5.1 verdeutlicht[2] (siehe auch Abschnitt 2.5.6).

---

[2] Hier werden mit den beiden Simulationsverfahren Γ_A und Γ_B die Aspekte A und B des Systems bestehend aus den drei Subsystemen 1, 2 und 3 untersucht. Hierzu werden im oberen Teil der Abbildung aus den Teilmodellen $M_{S,A,1}$, $M_{S,A,2}$, $M_{S,A,3}$ und $M_{S,B,1}$, $M_{S,B,2}$, $M_{S,B,3}$ manuell die Simulationsmodelle $M_{S,A}$ und $M_{S,B}$ zusammengeführt und mit den jeweiligen Verfahren untersucht. Diese getrennte Betrachtungsweise führt dazu, dass keine zusammengehörigen Modelle $M_{S,1}$, $M_{S,2}$, $M_{S,3}$ der drei Komponenten zur Verfügung stehen. Meist liegen nicht einmal die Teilmodelle getrennt voneinander vor. Auch die Zusammenführung der beiden Simulationsverfahren ist in dieser Struktur zunächst einmal nicht vorgesehen, d. h. es gibt keine Gesamtsystemsimulation. Anders ist dies im unten dargestellten und hier

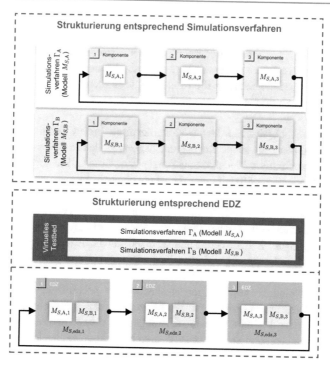

Abbildung 5.1 Klassische Aufteilung der Simulationsmodelle anhand der eingesetzten Simulationsverfahren (oben) im Vergleich zur Strukturierung anhand der physikalischen Architektur der beteiligten EDZ und nachträglicher Zusammenführung der Simulationsmodelle (unten) [Ost18]

Verwaltung dynamischer Modelle: Bei „klassischen Simulationen" sind die Simulationsmodelle statisch, d. h. im Verlauf der Simulation verändern sich nur die Zustandsgrößen der simulierten Komponenten nicht aber Parameter, Struktur und Zusammensetzung des Simulationsmodells selbst. Für viele Anwendungsszenarien

angestrebten Fall. Die Gesamtsystemsimulation ergibt sich durch die Verschaltung der drei EDZ der oben betrachteten Subsysteme, die über $M_{S,edz,1}$, $M_{S,edz,2}$, $M_{S,edz,3}$ modelliert sind. Diese enthalten jeweils die entsprechenden Teilmodelle und verfügen über geeignete Schnittstellen. Über diese sind die Subsysteme dann miteinander verbunden. Zur Simulation werden die Teilmodelle automatisch zu den beiden Simulationsmodellen M_A und M_B zusammengeführt und (ggf. bei wechselseitigen Abhängigkeiten miteinander verkoppelt) simuliert.

ist dies eine zu starke Vereinfachung[3]. Dynamische Simulationsmodelle entstehen zudem nicht nur durch die Simulation der mit den EDZ verbundenen Prozesse sondern auch durch die technische Realisierung der Simulationen, z. B. durch Integration von Funktionalitäten zum Nach- und Entladen von EDZ im Rahmen des räumlichen „Streamings". Ähnliche Beispiele lassen sich für nahezu alle Einsatzszenarien finden, bei denen die Gesamtsystemsimulation im Vordergrund steht. VTB müssen also mit sich dynamisch verändernden Modellen zurechtkommen.

Nutzung formaler Methoden zur Modellerstellung: Eine EDZ-Anwendung durchläuft einen Prozess, der von der Festlegung der Fragestellung über Modellierung und Simulation bis zur Auswertung/Nutzung reicht (siehe auch Abbildung 4.3). Die konkrete Ausführung der einzelnen Prozessschritte ist abhängig von den eingesetzten Modellierungs- und Simulationsverfahren und den verwendeten Simulatoren. Bei nahezu allen Simulationsverfahren ist dieser Prozess kaum bis nicht standardisiert. Gleiches gilt für die Struktur der entstehenden Modelle und den Weg über die Simulation zum Simulationsergebnis. Die Simulationsverfahren und Simulatoren stellen vielmehr einen „Methodenbaukasten" zur Verfügung, der geeignet eingesetzt von der Fragestellung zum Ziel führen soll. Damit ist meist eine große Flexibilität und Mächtigkeit verbunden aber auch eine große Unsicherheit darüber, wie die zur Verfügung stehenden Methoden eingesetzt werden sollen. Dies führt häufig – mehr oder weniger unbemerkt – zu suboptimalen, fragwürdigen oder unbrauchbaren Ergebnissen. Formale Methoden, wie sie z. B. für das Systems Engineering durch MBSE-Methoden (siehe Abschnitt 4.5) bereitgestellt werden, können hier das notwendige „Korsett" bereitstellen, um die Qualität der Ergebnisse und die Effizienz und Effektivität der Zielerreichung verbessern und plan- und nachvollziehbar machen. Vor dem Hintergrund der EDZ-Methodik bedeutet dies, dass die Modellerstellung auf formalen Methoden zur Systemspezifikation und Systemdekomposition aufbauen und Grundlage einer systematischen Erstellung und Zusammenführung von Simulationsmodellen sein sollte.

Nahtloser Übergang zwischen Simulation und Realität: Kapitel 3 illustriert an diversen Methoden die Notwendigkeit eines nahtlosen Übergangs zwischen Simulation und Realität, welches im Konzept der Hybriden Zwillingspaare und Hybriden Szenarien (siehe Abschnitt 3.4.4) mündet. Eine weitgehende Kopplung zwischen Simulation und Realität ermöglicht diese Methoden und vereinfacht gleichzeitig die

---

[3] So ist es z. B. Aufgabe des Holzvollernters (siehe Abbildung 3.2), Bäume zu fällen und in Segmente zu zerlegen. Aus einem Baumobjekt entstehen so im Laufe der Simulation ein Baumstumpf und diverse Stammsegmente.

Entwicklung von EDZ-Anwendungen. Hierzu muss es z. B. möglich sein, dass die in der Simulation entwickelten und im Simulationssystem integrierten bzw. modellierten Informationsverarbeitenden Systeme einfach auf die RZ übertragen und dann über geeignete Schnittstellen leicht mit der Realität verbunden werden können.

Flexible und standardisierte Schnittstellen: Um EDZ und deren Komponenten flexibel miteinander verschalten und austauschen zu können, muss das VTB entsprechende Schnittstellen bereitstellen. Diese müssen insbesondere auch die im RZ verwendeten Kommunikationsstrukturen abbilden. Zur Verbindung von EDZ und RZ müssen simulierten Kommunikationsstrukturen mit ihren realen Gegenstücken verbunden werden können. Die gleiche Flexibilität muss auch z. B. bei Schnittstellen für den Austausch von Modellen und den Austausch von Ein- und Ausgangsdaten der Simulation gelten.

Nahtlose Integration in den Entwicklungsprozess: Nur durch derartige Schnittstellen können EDZ über ihre VTB geeignet in übergeordnete Infrastrukturen und Arbeitsabläufe integriert werden. Auf diese Weise integrieren sich Simulationen auch in übergeordnete Datenbestände, nehmen Daten entgegen und sind selbst Quelle von Daten.

Flexible Zeitsteuerung: Abhängig von der jeweiligen EDZ-Anwendung und/oder den dort eingesetzten Simulationsverfahren müssen bei der Simulation unterschiedliche Aspekte bei der Zeitsteuerung berücksichtigt werden können:

1. Simulationen können ereignis- oder datengesteuert sowie zeitgesteuert ablaufen.
2. Die Zeitsteuerung kann vollständig durch das VTB selbst übernommen werden. Alternativ können Ereignisse und/oder die Zeitschrittweiten und Ausführungszeitpunkte extern vorgegeben werden.
3. Simulationen sollen häufig so schnell wie möglich ablaufen können.
4. Alternativ kann auch eine möglichst weitgehende Synchronität zwischen Simulationszeit und Realzeit angestrebt werden. Hierbei ist zwischen „weicher Echtzeit", bei der die Synchronität möglichst weitgehend oder mit möglichst geringen Abweichungen im Mittel erreicht werden soll, und „harter Echtzeit", bei der durch den Simulator eine maximale Reaktions- und Ausführungszeit sichergestellt werden muss, zu unterscheiden.

Visualisierung und Interaktion: Über VTB simulierte EDZ adressieren einen breiten Nutzerkreis vom Entwicklungsingenieur bis zum Bediener eines Systems. VTB müssen jedem dieser Nutzer die jeweiligen EDZ-Szenarien geeignet intuitiv wie interaktiv zur Verfügung stellen und hierbei jeweils einen der zentralen Vorteile vieler Simulationen, ihre Anschaulichkeit (siehe Abschnitt 4.1.6), geeignet nutzen.

Flexibilität: Die bis hierhin aufgeführten Anforderungen zielen in jedem Punkt auf eine flexible Simulationsplattform zur Realisierung von VTB für die vielfältigen EDZ-Anwendungen. Die Anforderung „Flexibilität" ist dabei eigentlich eine nicht-funktionale Anforderung. Die EDZ-Methodik erhebt diese Anforderung allerdings zu einer Grundfunktionalität, denn nur mit ausreichend flexiblen VTB kann das Ziel des Einsatzes von EDZ an unterschiedlichen Stellen im Lebenszyklus erreicht werden, nur so kann der in Abschnitt 2.6 dargestellte Anwendungsraum in Bezug auf Lebenszyklus, Disziplinen, Nutzer, Infrastruktur, Simulationsdomänen, Methoden, Detaillierung und Anwendung abgebildet werden, nur so kann der Aufwand zur Realisierung von EDZ minimiert und die Wiederverwendung einmal erstellter EDZ maximiert werden, nur so können Simulationen ihre Vielseitigkeit ausspielen (siehe Abschnitt 4.1.6).

5.1.2 Nichtfunktionale Anforderungen

Gegenüber den funktionalen Anforderungen fordern nichtfunktionale Anforderungen gewisse **Qualitätsaspekte** der Lösung [Dow18]. Hierzu gehören Qualität von Architektur und Implementierung sowie Wartbarkeit und Zuverlässigkeit der Software, die hier ebenso wie auch die „Usability" nicht weiter thematisiert sondern vorausgesetzt werden.

Realitätsnähe: Die unzweifelhaft wichtigste nichtfunktionale Anforderung ist die nach realitätsnahen Simulationen. Hierbei kann diese Aussage direkt wieder relativiert werden, denn nicht jede EDZ-Anwendung benötigt eine maximale Realitätsnähe[4] (siehe auch Abschnitt 4.1.7). Diese differenzierte Betrachtung ist wesentlich, denn die Realitätsnähe von Simulationen wird meist durch hohe Aufwände im Prozess der Erstellung der EDZ-Anwendung und durch ein schlechtes Lauf-

---

[4] Der notwendige Grad der Realitätsnähe in den Teilbereichen (Geometrie, Visualisierung, Mehrkörperdynamik, Sensorik, Elektronik, etc.) hängt stark von Anwendungsfall und Zielsetzung ab. Für Untersuchungen im Bereich der mobilen Robotik ist z. B. eine realitätsnahe Mehrkörperdynamik grundlegend. Auch die Wahrnehmung der virtuellen Umwelt ist ein wichtiger Aspekt, sodass ein realitätsnahes Rendering z. B. Voraussetzung für die Simulation optischer Sensoren ist. Dieses Rendering ist demgegenüber in Anwendungen zur Steuerung von Robotern gänzlich uninteressant, hier interessieren nur die kinematischen und dynamischen Eigenschaften des Roboters.

zeitverhalten bei der Simulationsausführung (teuer) erkauft; die Genauigkeit einer Simulation ist häufig der Haupt-Kostentreiber bei der Erstellung der Simulation [Lop15]. Entsprechend wichtig ist es, bei der Festlegung der Fragestellung, die mit einer Simulation untersucht werden soll, sowohl das Zeitverhalten als auch die notwendige Realitätsnähe ausreichend genau zu spezifizieren[5]. Ebenso wichtig ist es allerdings auch, mit dem Simulationsergebnis die Randbedingungen und ggf. auch Einschränkungen, unter denen dieses Ergebnis entstanden ist, präzise anzugeben, da ohne diese Informationen der Informationsgehalt der Ergebnisse nicht eingeschätzt werden kann. Beachtet man dies liefern Simulationen „genaue" Ergebnisse (siehe Abschnitt 4.1.7) innerhalb eines definierten Geltungsbereichs.

Verifizierte, kalibrierte, justierte und validierte Simulationsalgorithmen/- modelle: Bei der Simulation wird häufig physikalisch plausibles und physikalisch korrektes Verhalten unterschieden. Während für viele Anwendungen die Erreichung von plausiblem Verhalten vollständig ausreichend ist (z. B. in der Spieleindustrie) müssen Engineering-Werkzeuge wie VTB ein physikalisch korrektes Verhalten zumindest annähern und den Simulationsfehler quantifizieren können. Die Antwort auf diese Anforderung führt dahin, dass, damit aus Simulationsanwendungen aussagekräftige und verlässliche Aussagen abgeleitet werden können, Simulatoren, Simulationsfunktionen und die Simulationsmodelle der EDZ zunächst verifiziert und dann an RZ, an anderen Simulatoren, an Referenzdaten oder mit in einem Hybriden Szenario integrierten RZ kalibriert, justiert und final validiert werden müssen (siehe auch [ECS10b]). Für jede EDZ-Anwendung muss spezifiziert werden, ob und wie Simulator, Simulationsverfahren und EDZ-Modelle kalibriert, justiert und validiert werden müssen. Für jedes dieser drei Artefakte muss angegeben werden, ob und wie es bereits kalibriert, justiert und validiert wurde. Entsprechend muss nach [ECS10b] für jedes EDZ-Modell Zeitverhalten, Genauigkeit, Korrektheit, Stabilität[6] und Geltungsbereich dokumentiert werden.

---

[5] Abschnitt 3.2.5 gibt mit Bezug auf typische EDZ-Anwendungen Hinweise darauf, was es für einen EDZ bedeutet, „realitätsnah" zu sein.

[6] [DIN14] definiert die **Stabilität eines Systems** als „*Eigenschaft eines Systems, die darin besteht, dass bei einer hinreichend kleinen Anfangsauslenkung aus der Ruhelage oder bei einer genügend kleinen Störung die Zustandsgrößen auf Dauer in einer hinreichend kleinen Umgebung der Ruhelage verbleiben*".[NN18b] definiert die **Stabilität eines mathematischen Verfahrens** und bezeichnet ein Verfahren als „*stabil, wenn es gegenüber kleinen Störungen der Daten unempfindlich ist. Insbesondere bedeutet dies, dass sich Rundungsfehler nicht zu stark auf die Berechnung auswirken*". An gleicher Stelle wird der Begriff der Stabilität den Begriffen der Kondition, Konsistenz und Konvergenz gegenübergestellt. Mit [Glö14] andersherum formuliert liegt Instabilität dann vor, „*wenn sich Rechenfehler im Laufe der Simulation aufschaukeln und zu unzulässig großen Abweichungen führen*".

Determinismus: Eine für viele simulationstechnische Anwendungen notwendige Eigenschaft von Simulationen ist ihr Determinismus (siehe Abschnitt 4.1.6). Deterministische Simulationen liefen bei gleichbleibenden Simulationsszenarien $M_{S,\text{szenario}}$, identischem Ausgangszustand $\underline{s}_{\text{szenario}}(0)$, identischen Simulationsparametern (z. B. Zeitschrittweiten und Simulationszeitraum) und, falls vorhanden, in ihrem Verlauf gleichen externen Eingangsgrößen, bei jedem Simulationslauf den gleichen Verlauf des Simulationszustandsvektors $\underline{s}_{\text{szenario}}\langle t \rangle$. Hierzu müssen auch im EDZ-Szenario ggf. enthaltene stochastische Prozesse bei jedem Simulationslauf identische Verläufe für die Zufallsvariablen liefern. Erst hierdurch können EDZ-Szenarien, EDZ und EDZ-Komponenten durch Variation von Systemparametern oder Austausch von Systemkomponenten optimiert werden, da jede Änderung im bewerteten Verlauf von Zustands- und Ausgangsgrößen auf die vorgenommenen Änderungen am Simulationsszenario zurückgeführt werden kann[7] (siehe auch Abschnitt 3.7.2).

Performance/Echtzeitfähigkeit: Viele EDZ-Anwendungen erfordern ausreichend performante Simulationen. Ein Grund hierfür ist, dass die Simulationsergebnisse möglichst schnell zur Verfügung stehen sollten (siehe auch Abschnitt 4.1.6). Auf der anderen Seite müssen z. B. interaktive Simulationen ausreichend hohe Bildwiederholraten sicherstellen, um dem Benutzer eine Immersion in die virtuelle Welt und eine intuitive Interaktion mit dieser zu erlauben. In reale Systeme integrierte Simulationen müssen maximale Reaktions- und Ausführungszeiten garantieren, um z. B. die modellbasierte Steuerung und Regelung und synchrone Simulationen in Echtzeit zu ermöglichen. Hierzu müssen nach [ECS10b] die Zeitschrittweite, das maximale zeitliche Taktzittern (engl. „Click jitter"), die maximale Latenz als Zeitraum zwischen dem Auftreten eines Ereignissen und der Reaktion hierauf sowie die Präzision bei der Bereitstellung von Zeitereignissen spezifiziert werden können.

Skalierbarkeit: VTB benötigen eine geeignet skalierbare[8] Simulationsplattform, die möglichst unabhängig von den Modellkomplexitäten und -umfängen, vom

---

[7] Gleiches gilt auch für Anwendungen wie die EDZ-gestützte Systemvalidierung, die EDZ-gestützte Entscheidungsfindung oder das EDZ-gestützte Training Neuronaler Netze (siehe Abschnitt 3.7).

[8] *„Unter Skalierbarkeit versteht man im Allgemeinen die Eigenschaft eines Systems, auf sich verändernde Datenmengen, Anzahl an Nutzeranfragen oder Anzahl an Transaktionen pro Zeiteinheit angepasst werden zu können. Mit linearer Skalierbarkeit wird die Fähigkeit bezeichnet, mit n-fachem Aufwand (für Hardware, Infrastruktur, [...]) die n-fache Kapazität erbringen zu können. Man spricht vom Hochskalieren, wenn bei steigendem Bedarf die Leistungsfähigkeit gesteigert werden soll, und vom Herunterskalieren, wenn bei sinkendem Bedarf die*

Laufzeitverhalten der eingesetzten Simulationsverfahren und den für realitätsnahe Simulationen notwendigen Zeitschrittweiten der Anforderung nach Performance und/oder Echtzeitfähigkeit nachkommt. Dies führt direkt zur Anforderung nach einer geeigneten Simulatorarchitektur, die sowohl die parallele Ausführung von Simulationen auf einer Verarbeitungseinheit als auch die verteilte Ausführung von Simulationen auf mehreren Verarbeitungseinheiten ermöglicht[9].

Automatisierbarkeit: Z. B. zur automatisierten Untersuchung vieler EDZ-Szenarien muss die Durchführung von Simulationen automatisierbar sein. Dies bedeutet, dass EDZ-Szenarien automatisch geladen, ausgeführt und ausgewertet werden können müssen, unabhängig davon, wie das hierzu eingesetzte VTB konkret konfiguriert und wie viele externe Systeme an der Durchführung der Simulation ggf. beteiligt sind. Diese Anforderung entwickelt eine Komplexität immer dann, wenn unterschiedliche Simulatoren an der Ausführung einer Simulation beteiligt sind. In diesem Fall sind häufig manuelle Eingriffe z. B. zum Start der entsprechenden Simulatoren, zur Verbindung der Simulatoren untereinander oder zur Steuerung der Simulation selbst notwendig. Gleiches gilt auch für die Integration von RZ in EDZ-Anwendungen.

Multi-Plattform-Unterstützung: Lange Zeit war bereits bei der Erstellung von Simulationsmodellen/-verfahren und Simulatoren klar, auf welcher Art von Ausführungsumgebung die finale Simulation ausgeführt werden soll. Für im Engineering eingesetzte Simulationen war der Desktop-PC das Maß der Dinge, hochkomplexe Simulationen wurden von Vornherein für Großrechner konzipiert und umgesetzt. Wie in Abschnitt 4.8 bereits dargestellt, haben sich die IT-technischen Rahmenbedingungen in den letzten Jahren dramatisch verändert. Insbesondere die Themen „Cloud- und Mobile-Computing" haben Art, Bereitstellungsform und Leistungsfähigkeit der Ausführungsumgebungen für Simulatoren revolutioniert. In letzter Konsequenz bedeutet dies, dass bei der Modellierung eines EDZ

Leistungsfähigkeit – und damit die Kosten – reduziert werden soll." [Sta17b] Hierbei unterscheidet man mit dem „Scale-Up", dem Aufrüsten von Verarbeitungseinheiten (unter dem Begriff **Verarbeitungseinheit** wird die „zentrale Rechen- und Steuereinheit eines Computers" [Bib17] verstanden, die Kombination einer Verarbeitungseinheit mit einem Betriebssystem wird demgegenüber als **Ausführungsumgebung** bezeichnet, siehe Abbildung 5.4), und dem „Scale-Out", dem Hinzufügen von Verarbeitungseinheiten, zwei Skalierungsstrategien. Mit dem Begriff der „Elastizität" verbindet man die Fähigkeit, auf wechselnden Bedarf hoch oder herunter skalieren zu können (siehe jeweils [Sta17b]).

[9] Zur konkreten Unterscheidung der Begriffe „Parallelisierung" und „Verteilung" in diesem Text siehe Abschnitt 5.6.1.

und der Realisierung von Simulationsverfahren und VTB eben nicht klar ist, in welchen EDZ-Anwendungen diese eingesetzt werden und auf welchen Ausführungsumgebungen diese EDZ-Anwendungen ausgeführt werden. Ein- und derselbe EDZ könnte so auf dem Desktop-PC vorbereitet, in größeren Szenarien in der Cloud simuliert und auf Mobilsystemen in Benutzerschnittstellen eingesetzt werden. EDZ-Modelle, Simulationsverfahren und VTB müssen also möglichst unabhängig von der konkret eingesetzten Ausführungsumgebung sein (siehe auch Abschnitt 2.6.3 und Abschnitt 4.8.3), gleiche EDZ-Modelle und Simulationsverfahren müssen auf unterschiedlichen Ausführungsumgebungen (also Hardware-/Betriebssystemkonfigurationen) und in unterschiedlichen Bereitstellungsformen (Desktop-Programm, Web-/Mobile-App, Web-Service, u. ä.) ausgeführt werden können.

Trennung von EDZ-Modell, Simulationsverfahren und VTB: Wiederverwendbarkeit und Portabilität von Simulationsmodellen der EDZ, von Simulationsverfahren sowie von VTB und den dort eingesetzten Simulatoren steigen signifikant, wenn diese strikt voneinander getrennt werden. Die Trennung von Simulationsmodell M_S und Simulationsverfahren Γ_i und Φ_i ermöglicht, gleiche EDZ-Modelle mit unterschiedlichen Simulationsverfahren simulieren zu lassen. Zudem können Änderungen am EDZ schneller vorgenommen und in EDZ-Anwendungen umgesetzt werden, da EDZ quasi als „Konfiguration und Komposition von Simulationsverfahren" von VTB zu Beginn der Simulation eingelesen und nicht fest mit diesen verbunden sind. Tatsächlich ist dies häufig nicht gegeben, nahezu jedes Simulationsverfahren besitzt sein eigenes Modellformat, der Übergang von einem Modellformat zum nächsten erfordert oft hohen Aufwand bei der Modelltransformation bis hin zur vollständigen Neumodellierung. Zudem kombinieren Ansätze wie die „Simulation Modelling Platform" (siehe Anhang B im elektronischen Zusatzmaterial) teilweise ganz bewusst Simulationsmodell und Simulationsverfahren zu kompilierten „Modellen", wobei diese Vorgehensweise in deutlichem Gegensatz zu dieser Anforderung und der mit der EDZ-Methodik verfolgten technischen Realisierung steht. Quasi als Gegenentwurf hat sich in den letzten Jahren die Modellierungssprache `Modelica` (siehe Abschnitt 4.2.4) etabliert. Die Trennung des Dreiecks Simulationsmodell, Simulationsverfahren und Simulator ermöglicht demgegenüber die Nutzung von EDZ und der hierzu notwendigen Simulationsverfahren in unterschiedlichen VTB über gekoppelte Simulationen (siehe Abschnitt 3.6.3). Tatsächlich bestehen allerdings auch hier starke Abhängigkeiten (siehe auch Abschnitt 2.5.6), so dass bei der übergreifenden Simulation häufig auf weiche Kopplungsverfahren (siehe Abschnitt 3.6.3) zurückgegriffen werden muss. Als technische Realisierung einer Kopplung zwischen Simulationsverfahren und/oder Simulatoren hat sich hier in den letzten Jahren das `Functional Mockup Interface` (siehe Abschnitt 4.4.2) etabliert, welches zumindest die Schnittstellen zwischen unterschiedlichen Simulationsverfahren und den ggf. hierzu notwendigen Simulatoren standardisiert.

5.2   Architektur Virtueller Testbeds

Welche Architektur ist geeignet, das übergeordnete Ziel der Realisierung einer Laufzeitumgebung für EDZ unter Beachtung der formulierten Anforderungen zu realisieren? Monolitische Softwarearchitekturen können typischerweise nur die für eine einzige konkrete technische Realisierung eines VTB relevanten Anforderungen umsetzen und decken nur einen Ausschnitt des gesamten Anwendungsraums aus Abschnitt 2.6 ab. Auf der anderen Seite können Ansätze wie Webservices oder Service-orientierte Architekturen Anforderungen wie Performance und Echtzeitfähigkeit für komplexere Einsatzszenarien unter Kombination mehrerer derartiger Services meist nicht einmal im Ansatz erfüllen. Ansätze zur verteilten Simulation, wie sie z. B. durch HLA (High-Level Architecture, [IEE10]) und DIS (Distributed Interactive Simulation, [IEE93]) bekannt und erfolgreich im Einsatz sind, oder Kommunikationsinfrastrukturen bzw. „Middleware" wie ROS (Robot Operating System, [Ope17]) können zur Umsetzung von Co-Simulations-Architekturen und zur Steigerung der Simulationsperformance eingesetzt werden, führen allerdings im Hinblick auf die Erfüllung der Anforderungen nach Verwaltung dynamischer Modelle, Simulation in Echtzeit und insbesondere der Automatisierbarkeit zu großen Problemen[10].

Als hervorragend geeignetes „Architekturpattern" stellte sich das Konzept des Mikro-Kernels, der um Mikro-Services erweitert und technisch auf Grundlage einer gemeinsamen Simulationsdatenbank mit geteilten Zustandsgrößen umgesetzt wird, heraus. Auf dieser Grundlage kann die in Abschnitt 3.6.4 und Abbildung 3.39 bereits angedeutete VTB-Architektur vollständig umgesetzt werden. Diese Architektur ist damit eine technische Umsetzung der von [LSW+07] geforderten „Reusable Simulation Models", kann nach aktuellem Stand alle oben formulierten Anforderungen erfüllen und wird daher im Folgenden näher erläutert. Die o. g. Ansätze wie HLA, DIS und ROS finden dann teilweise Anwendung auf Ebene der Mikro-Services zur Anbindung eines speziellen Simulators im Rahmen der Co-Simulation. Dies erfolgt allerdings erst, **nachdem** die Überführung des EDZ-Szenarios in ein Sys-

---

[10] Zur Synchronisation dynamischer Modelle muss das Simulationsmodell Teil des Simulationszustands sein, was häufig nicht der Fall ist. Der Einsatz von Netzwerkkommunikation steht häufig der Realisierung „harter Echtzeit" entgegen. Die Notwendigkeit, manuell unterschiedliche Simulatoren zu starten, verhindert die vollständige Automatisierung der Durchführung von Simulationsläufen.

tem gekoppelt auszuführender Experimentierbarer Modelle (siehe Abschnitt 3.6.1) durchgeführt wurde.

5.2.1   Virtuelle Testbeds als Simulationsplattform

Abbildung 5.2 skizziert die Aufgabenstellung. Gesucht ist ein Simulator, mit dem Szenariomodelle $M_{S,\text{szenario}}$ mit diversen miteinander interagierenden Simulationsverfahren Γ_i und Φ_i auf unterschiedlichen Ausführungsumgebungen gemeinsam simuliert werden können. Sowohl das in der Mitte dargestellte EDZ-Szenario wie auch Anzahl, Zusammenstellung und Interaktion der zu deren Simulation benötigten Simulationsverfahren variieren von EDZ-Anwendung zu EDZ-Anwendung – und dies unabhängig voneinander. So kann ein und dasselbe EDZ-Szenario in unterschiedlichen EDZ-Anwendungen durch unterschiedliche Simulationsverfahren simuliert werden. Ebenso können die gleichen Simulationsverfahren auf unterschiedliche EDZ-Szenarien angewendet werden.

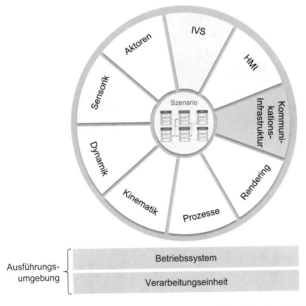

Abbildung 5.2 Aufgabenstellung: Simulation eines Szenarios (hier das Beispielszenario aus Abbildung 3.16) mit gekoppelten Simulationsverfahren auf unterschiedlichen Ausführungsumgebungen

Wie in Abschnitt 5.1.1 bereits angedeutet besteht bislang eine enge Kopplung zwischen einem Simulationsverfahren (in der Abbildung eines der „Tortenstücke"), einem Simulationsmodell (als Ausschnitt des in der Mitte dargestellten EDZ-Szenarios) und einem Simulator als konkreter technischer Implementierung hiervon. Simulatoren setzen meist die Kombination eines konkreten Simulationsverfahrens mit einem konkret hierauf zugeschnittenen Simulationsmodell um. Im Rahmen der EDZ-Methodik ist es jetzt allerdings Aufgabe eines hierzu geeigneten VTB, diverse dieser Simulationsmodelle und -verfahren je nach Simulationsaufgabe miteinander zu kombinieren und zu einem experimentierbaren Gesamtmodell zusammenzustellen (siehe auch Abbildung 1.4). Statt einen einzigen Simulator mit einer konkreten Kombination aus Simulationsmodell und -verfahren einzusetzen, ist die Grundlage jetzt eine Simulationsplattform, mit der die für konkrete EDZ-Anwendungen notwendigen VTB umgesetzt und Simulatoren, Simulationsmodelle und Simulationsverfahren orchestriert[11] werden können.

Der Begriff der Plattform ist heute allgegenwärtig. Man spricht von Hardware- oder Betriebssystemplattform als konkreter Ausführungsumgebung für benutzerspezifische Programme, von Webplattformen (wobei hiermit oft eher Web-Applikationen gemeint sind), aber auch von Automobilplattformen als gemeinsame technische Basis unterschiedlicher Automodelle. Relevant ist an dieser Stelle der Begriff der „Softwareplattform":

> **Definition 5.1 (Softwareplattform):** *Eine Softwareplattform ist „ein Softwareprogramm, welches Dienste für andere Softwareprogramme über eine Programmierschnittstelle zur Verfügung stellt" [EHS06].*

---

[11] Zum Begriff des „Orchestrators" siehe Abschnitt 4.4.

Damit stellt eine Softwareplattform[12] eine einheitliche Ausführungsgrundlage für Softwareprogramme – nachfolgend Anwendungen genannt – zur Verfügung, indem sie zum einen Komplexität und spezifische Eigenschaften der Ausführungsumgebung vor dem Anwender der bereitgestellten Dienste verbirgt und zum anderen zur Nutzung dieser Dienste ein **abstraktes Funktionsmodell** in Verbindung mit einer **konkreten Programmierschnittstelle** (engl. „Application Programming Interface", API) zur Verfügung stellt. Sowohl Funktionsmodell als auch Programmschnittstelle sollten möglichst allgemeingültig und stabil über die Zeit sein. Damit schafft eine Softwareplattform die Voraussetzung für die Ausführung der hierauf aufbauenden Anwendungen. Für auf eine Softwareplattform aufbauende Anwendung ist die Ausführungsumgebung nicht sichtbar. Damit ist diese von dieser im Idealfall unabhängig und kann so auf unterschiedlichen Ausführungsumgebungen betrieben werden.

---

[12] Ausgehend von Hardwareplattformen und Betriebssystemen bis zu den heutigen auf Serverclustern betriebenen und über das Internet verbundenen Web-Plattformen hat sich im Laufe der letzten Jahrzehnte eine Vielzahl von Softwareplattformen entwickelt. [EHS06] skizziert die wesentlichen Aspekte von Softwareplattformen. Für ihn sind Softwareplattformen die *„unsichtbaren Maschinen"*, die nahezu jeden maßgeblichen Industriebereich seit den 70er Jahren entweder begründet, berührt oder transformiert haben. Sie sind der Kern ganzer Wirtschaftsbereiche oder Ökosysteme, die aus wechselseitig voneinander abhängigen Anbieter- und Nutzergemeinschaften bestehen, die über eine symbiotische Beziehung mit der Plattform verfügen.

Wirtschaftlich sind mit Softwareplattformen zwei Klassen von Stakeholdern verbunden. Softwareplattformen bestehen aus Diensten, die Entwicklern von Plattformanbietern häufig über APIs zur Verfügung gestellt werden. Die APIs dienen als Schnittstelle zwischen Diensten und Anwendungen aber auch als Schnittstelle zwischen den Modulen der Softwareplattform und den Modulen der Anwendungen selbst. Anwendungen nutzen Dienste der Softwareplattform, indem sie spezifische Informationen an die APIs weitergeben und andere Informationen zurückerhalten. Die API, die der Programmierer sieht, ruft ein Plattformmodul als „Black Box" auf, die der Programmierer nicht sieht, um eine bestimmte Aufgabe auszuführen. Die APIs werden auch Plattformnutzern zur Verfügung gestellt, aber diese Nutzer verwenden typischerweise API-basierte Dienste, indem sie Anwendungen kaufen, die wiederum APIs benutzen. Ziel aller Softwareplattform-Hersteller ist, immer neue Entwickler und Nutzer davon zu überzeugen, ihre Plattformen zu nutzen. Ein gutes Beispiel für eine Softwareplattform ist `Google Maps`, die sowohl eigenständig betrieben, um weitere Funktionalitäten erweitert und in andere Anwendungen integriert werden kann.

Eine spezielle Klasse von Softwareplattformen ist die so genannte Middleware. Eine Middleware ist eine Software, die darauf spezialisiert ist, Dienste für Anwendungsentwickler bereitzustellen, die von diesen dann in unterschiedlichen Bereichen zur Realisierung konkreter Anwendungen eingesetzt werden (siehe auch [EHS06]).

5.2.2   Mikro-Kernels und Mikro-Services als Grundelemente

Gesucht ist damit eine Architektur für eine derartige Simulationsplattform. [Dow18] definiert den Begriff wie folgt:

> **Definition 5.2 (Softwarearchitektur):** *„Eine Softwarearchitektur definiert, wie sich ein System aus seinen einzelnen Komponenten aufbaut. Sie beschreibt die Schnittstellen, über die diese miteinander verbunden sind, und darüber hinaus die Abläufe dieses Zusammenspiels. Es wird im Zuge dessen auf alle Entscheidungen Einfluss genommen, welche in Zusammenhang damit stehen. Insbesondere auf Technologieauswahl und die Abbildung auf operative Systeme. Ziel ist es dabei immer, damit die funktionalen, wie auch die nichtfunktionalen Anforderungen des Auftraggebers zu erfüllen."*

Damit umfasst eine Softwarearchitektur die folgenden fünf Aspekte [Dow18]:

1. **Anforderungen:** Funktionale und nichtfunktionale Anforderungen legen fest, was ein System in welcher Qualität leisten soll.
2. **Modularisierung:** Ein Gesamtsystem wird in Softwarekomponenten zerlegt. Eine **Softwarekomponente** ist durch ihre extern wahrnehmbaren Eigenschaften wie ein- und ausgehende Schnittstellen beschrieben, auf deren Basis sie austauschbar ist. Darauf aufbauend ist ein **Softwaremodul** *„eine spezielle Art von Komponente, für welche zusätzliche Bedingungen gelten und in welcher die Einhaltung gewisser Designprinzipien gegeben ist, wie „Information Hiding", hohe Kohäsion und lose Kopplung."* Jede Softwarekomponente sollte durch eine Komponente mit den gleichen Eigenschaften austauschbar sein.
3. **Abläufe:** *„Abläufe beschreiben das Verhalten der einzelnen Softwarekomponenten und die Interaktionen über deren Schnittstellen."*
4. **Technologien:** Technologien wie Frameworks oder Softwarebibliotheken helfen bei der Umsetzung der Software im Rahmen der gewählten Architektur. Hierbei sollte stets gewährleistet sein, einzelne Technologien später austauschen zu können.
5. **Operative Systeme:** Am Ende muss die Softwarearchitektur auf operativen Laufzeitsystemen abgebildet werden.

Zur Bewertung von Softwarearchitekturen können die folgenden acht Kriterien herangezogen werden [Sta17b]:

1. Lose (geringe) Kopplung der Softwarekomponenten und insbesondere der Softwaremodule
2. Hohe Kohäsion der Softwarekomponenten
3. Klare Trennung der Verantwortlichkeiten zwischen den Softwarekomponenten
4. Zerlegung des Gesamtsystems in getrennt voneinander entwickel- und änderbare und ohne Nebenwirkungen austauschbare Softwarekomponenten und -module
5. Abstraktion und Kapselung
6. Konsistenz[13]
7. Redundanzvermeidung
8. Vermeidung zyklischer Abhängigkeiten

Die Entwicklung der Softwarearchitektur erfolgt hierbei auf mehreren Abstraktionsebenen. Die „Makro-Architektur" adressiert hierbei die höheren Abstraktionsebenen wohingegen die „Mikro-Architektur" das Softwaredesign z. B. auf Ebene der Softwarekomponenten betrachtet.

Was bedeutet das jetzt für die Simulationsplattform? Gesucht wird eine Softwarearchitektur für diese Plattform auf Makro-Ebene, welche über die o. g. fünf Aspekte beschrieben wird und die den o. g. acht Kriterien genügt. Die hierzu und vor dem Hintergrund der Anforderungen aus Abschnitt 5.1 entwickelte und in Abschnitt 5.2.1 skizzierte Softwarearchitektur dieser Simulationsplattform kombiniert Konzepte aus dem Bereich der Betriebssysteme (z. B. Mikro-Kernels und Laufzeitumgebungen sowie deren Abstraktion) mit denen moderner Webarchitekturen (z. B. Service-orientierte Architekturen (SOA) oder Web- und Mikro-Services).

Das Architekturprinzip eines Mikro-Kernels ergibt sich bereits aus dem Namen, nur absolut notwendige Kernfunktionen eines Softwaresystems verbleiben im „Kern" dieses Softwaresystems[14]:

Definition 5.3 (Mikro-Kernel): *Ein Mikro-Kernel ist ein auf die wesentlichen Funktionen reduzierter Kern eines Softwaresystems, der nur genau die Komponenten zur Verfügung stellt, die für die gewünschten Funktionen unbedingt Teil dieses Kernels sein müssen. Alle weiteren Funktionen werden in eigene Komponenten ausgelagert.*

---

[13] Nach [Sta17b] u. a.: *„Ähnliche Probleme sollten ähnlich gelöst werden, ein System soll eine kleine Menge von Entwurfs- oder Lösungsansätzen konsistent verfolgen."*
[14] Die folgende Definition ist angelehnt an Definitionen aus dem Betriebssystemkontext z. B. aus [Bib17; ESB16]. Einen guten Überblick aus Sicht der Betriebssysteme gibt darüber hinaus [LBS15].

Eine Mikro-Kernel-Architektur führt zwangsläufig zu einer stark modularisierten Struktur, denn nahezu alle notwendigen Funktionalitäten werden als zusätzliche Komponenten am Anfang und/oder zur Laufzeit dynamisch ergänzt. Über die durch den Kernel definierte API ist zumindest aus Kernel-Sicht eine allgemeingültige, minimale und stabile API gegeben. Die Hauptaufgabe eines derartigen Kernels ist die Kommunikation. Mit Mikro-Kernel-Architekturen wird eine Reihe von Vorteilen verbunden. Sie

1. gelten als speichereffizient, übersichtlich und flexibel,
2. garantieren eine hohe Ausfallsicherheit und eine hohe Modularisierung,
3. erlauben ein einfaches Konfigurieren, Erweitern und Anpassen des Systems,
4. sind leicht zu portieren,
5. sind sicherer[15] (im Sinne von Datenschutz und Systemausfall) und
6. sind besonders geeignet zur Implementierung verteilter Strukturen.

Als Nachteil ist der Kommunikations-Overhead zu nennen. Im Vergleich zu Mikro-Kernel-Systemen haben monolitische Systeme typischerweise einen Geschwindigkeitsvorteil.

Mikro-Kernel sind die Antwort der Betriebssystem-Experten auf Aufgabenstellungen der Art von Abbildung 5.2. Experten aus dem Bereich der Web-Technologien verweisen bei derartigen Fragestellungen schnell auf die Ansätze serviceorientierter Architekturen. Ganz allgemein betrachtet ist hierbei ein **Service** ein Softwaredienst, welcher eine gewisse Funktionalität anbietet. Meist sind Services Module eines verteilten Systems, die über ein Netzwerk miteinander verbunden sind. Dies führt zum Begriff der **Service-orientierten Architektur** (SOA), einem *„Designansatz, bei dem diverse Services zusammenarbeiten, um eine Menge an Fähigkeiten bereitzustellen. Ein Service ist hier meist ein vollständig unabhängiger Betriebssystemprozess. Die Kommunikation zwischen dieses Services erfolgt über Aufrufe über ein Netzwerk und nicht über direkte Methodenaufrufe innerhalb von Prozessgrenzen.“*

---

[15] Dies bedingt natürlich, dass die einzelnen Komponenten geeignet voneinander abgeschottet werden können.

[New15][16] Mikro-Services sind ein moderner Ansatz zur Umsetzung einer SOA. Entsprechend definiert [New15] den Begriff wie folgt:

> **Definition 5.4 (Mikro-Service):** *Mikro-Services sind kleine autonome Services, die zusammenarbeiten.*

Im Vergleich zur SOA wird hier eine feingranulare Aufteilung angestrebt. Mikro-Services (siehe u. a. [New15; Dow18])

1. sind eigenständige Einheiten,
2. sind darauf fokussiert, eine kleine Aufgabe bestmöglich zu erfüllen,
3. kommunizieren ausschließlich über Netzwerkaufrufe und typischerweise über „Leightweight Messaging" (siehe unten),
4. erzwingen durch diese Verteilung über das Netzwerk eine starke Modularisierung,
5. stellen eine API zur Verfügung,
6. können unabhängig voneinander ausgetauscht werden,
7. sind lose und unabhängig von Laufzeitsystemen und Technologien z. B. zur Realisierung der Kommunikation miteinander gekoppelt[17],
8. verbessern die Ausfallsicherheit[18] und
9. können in unterschiedlicher Art und Weise für verschiedene Zwecke eingesetzt werden.

Ein wesentlicher Aspekt bei serviceorientierten Architekturen ist die Kommunikation. Häufig kommunizieren die Services direkt miteinander. Alternativ werden hierzu speziell entwickelte Kommunikationsinfrastrukturen eingesetzt, die meist

---

[16] Dies ist die allgemeine Definition einer SOA ausgehend von ihrer Wortbedeutung. Vielfach wird der SOA-Begriff allerdings mit einer seiner ersten wesentlichen Implementierungen mittels SOAP/WSDL gleichgesetzt und im Kontext der RPC-Aufrufe von Webservices gesehen. Ein Service entsprechend dieser Definition ist allerdings *„als eine (modulare) Komponente in einem verteilten System definiert. [… Dieser Definition nach ist SOA also nichts anderes als ein Synonym für einen Architekturstil, bei dem die einzelnen Komponenten, genannt Services, auf ein Netzwerk verteilt werden."* [Dow18].

[17] Auf Mikro-Services wird ausschließlich über Fassaden zugegriffen, wie sie z. B. durch eine REST-API bereitgestellt wird.

[18] Eine Komponente kann ausfallen, ohne dass der Rest des Systems zwangsläufig ebenfalls ausfällt.

das Prinzip der „Dumb Pipes and Smart Endpoints", auch als „Lightweight Messaging Principle" bekannt, umsetzen. *„Aus heutiger Sicht tendiert man dazu, weitgehend auf Logik in der Kommunikationsinfrastruktur (hauptsächlich komplexe Fälle von Message Routing und Transformation) zu verzichten. Stattdessen sollte eine solche Logik immer in den jeweiligen Services bzw. Endpoints gekapselt sein."* [Dow18] Dieses Prinzip wird z. B. vom Konzept des Nachrichtenbusses sowie des Nachrichtenbrokers umgesetzt (siehe Abbildung 5.3). Im Vergleich zum Nachrichtenbus ermöglicht der Nachrichtenbroker eine zielgerichtete Kommunikation, indem er entscheidet, an welchen Service eine Nachricht zugestellt wird.

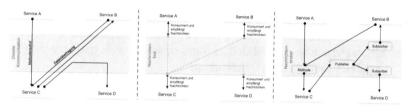

Abbildung 5.3 Direkte Kommunikation, Nachrichtenbus und Nachrichtenbroker als Varianten einer Kommunikationsinfrastruktur[19] (Nachrichtenbus und -broker angelehnt an bzw. aus [Dow18])

5.2.3   Architekturelemente und deren Kombination

Aus diesen Vorüberlegungen kann eine Architektur einer Simulationsplattform für VTB als technische Konzeption zur Lösung für die Aufgabenstellung der Abbildung 5.2 entwickelt werden. Diese nachfolgend exemplarisch dargestellte Softwarearchitektur kombiniert Aspekte der o. g. Mikro-Kernel- und Mikro-Service-Architekturkonzepte (siehe Abbildung 5.4). Die diese Architektur umsetzenden

---

[19] Die drei Varianten zeigen jeweils die gleiche Kommunikationssituation. Service A nutzt eine Methode von Service C, Service B und D nutzen Daten von Service C. Bei der direkten Kommunikation werden die Punkt-zu-Punkt-Verbindungen mittels der durch die Kommunikationsinfrastruktur zur Verfügung gestellten Funktionalitäten von den Services selbst hergestellt. Beim Nachrichtenbus kommunizieren die Services nur mit der Kommunikationsinfrastruktur, welche intern die geeignet parametrierten Nachrichten (Methodenaufrufe und -ergebnisse, Datenübertragung) „weiterroutet". Demgegenüber stellt ein Nachrichtenbroker konkrete Elemente zur Modellierung des Kommunikationsnetzwerks zur Verfügung, wie hier am Beispiel einer Publisher-/Subscriber-Kommunikation dargestellt.

Abbildung 5.4 Die Architektur der Simulationsplattform

Architekturelemente können in drei Kategorien eingeteilt werden (siehe Abbildung 5.5)[20]:

1. Im Mittelpunkt der Architektur steht der **VTB-Kernel** als Mikro-Kernel der Gesamtarchitektur. Er hat zwei Hauptaufgaben. Zum einen verwaltet er als Simulationsdatenbank das EDZ-Szenario, indem er mit den jeweils notwendigen Datenformaten initialisiert wird und die Daten selbst speichert und geeignet in Echtzeit zugänglich macht. Zum anderen ermöglicht er eine auf dem EDZ-Szenario aufbauende Kommunikation. Diese beiden Hauptaufgaben führen zur Bezeichnung des VTB-Kernels als „aktive und flexible Simulationsdatenbank".

2. Konkrete Funktionalitäten werden über **VTB-Services** ergänzt. Diese umfassen beispielsweise die Bereitstellung von Datenmodellen für die beteiligten EDZ und EDZ-Komponenten, das geeignete Einbinden entsprechend dieser Datenmodelle strukturierter Daten, die Bereitstellung bzw. Integration der benötigten

---

[20] Diese Aufteilung sowie die Zuweisung der genannten Aufgaben liefert mit der Antwort auf die *„Frage nach dem richtigen Schnitt"* [Dow18] eine der zentralen Voraussetzungen für die Definition der Softwarearchitektur. Dieser „Schnitt" wurde sehr niedrig gehalten und enthält kaum „klassische" Aspekte von Simulationsverfahren wie die Zeitsteuerung und erst recht keinerlei domänenspezifisches Wissen konkreter Simulationsverfahren, um eine möglichst breite Anwendbarkeit zu sichern.

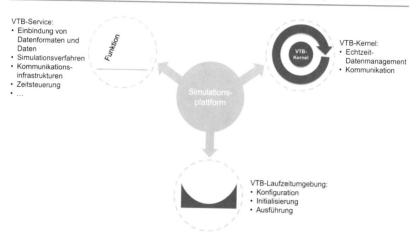

Abbildung 5.5 Die Elemente der Softwarearchitektur aus Abbildung 5.4 und ihre Aufgaben

Simulationsverfahren und Kommunikationsinfrastrukturen bis hin zur Anbindung von Verfahren zur Zeitsteuerung.

3. Die **VTB-Laufzeitumgebung** abstrahiert aus Sicht des VTB-Kernels und der VTB-Services die Ausführungsumgebung bestehend aus Betriebssystem und Verarbeitungseinheit und bringt den VTB-Kernel zusammen mit den VTB-Services in unterschiedlichen Umgebungen zur Ausführung. Hierzu wird eine für eine konkrete EDZ-Anwendung definierte Konfiguration von VTB-Kernel und VTB-Services geladen und initialisiert.

Dies führt zur Definition eines VTB aus Implementierungssicht:

Definition 5.5 (Virtuelles Testbed): *Ein VTB ist eine für eine konkrete EDZ-Anwendung spezifisch konfigurierte Kombination aus VTB-Kernel, VTB-Laufzeitumgebung und ausgewählten VTB-Services.*

Eine zentrale Architekturentscheidung sollte sein, sowohl den VTB-Kernel als auch die VTB-Laufzeitumgebung vollständig anwendungsneutral auszuführen. Beide Architekturelemente sollten z. B. weder eine Geometrie noch eine Koordinate und auch keine Zeitsteuerung kennen. Diese Empfehlung beruht auf der Tatsache, dass es bei dem angestrebten Spektrum möglicher Anwendungen (siehe auch Kapitel 6) kaum gemeinsame Grundfunktionalitäten gibt, die allen Anwendungen gemeinsam sind. Mit Bezug auf die genannten Beispiele bedeutet dies, dass einzelne Anwendungen keine Geometriedaten benötigen, andere führen gar keine Simulationen durch und benötigen daher im Wesentlichen die Datenverwaltung aber keine Zeitsteuerung.

Grundsätzlich könnte diese Architektur, wie es auch die Verwendung des Begriffs des Mikro-Kernels suggeriert, über Web-Technologien realisiert werden. Problematisch hierbei ist allerdings der hierdurch entstehende und oben bereits erwähnte Kommunikations-Overhead. Dieser ist einer der zentralen Gründe für die Architekturentscheidung, ein gemeinsames Datenmanagement als eine der beiden Hauptaufgaben in den VTB-Kernel zu verlegen. Hierdurch ist es z. B. möglich, unterschiedliche Simulationsverfahren auf einer gemeinsamen Simulationsdatenbank mit geteilten Zustandsgrößen auszuführen (siehe auch Abbildung 3.37) und so Möglichkeiten zu bieten, den Austausch ganzer Teilmodelle zwischen Simulatoren im Simulationstakt zu verhindern und damit den Datenaustausch zu minimieren und auf das Notwendige (im Idealfall nur die Änderungen) zu begrenzen[21]. Ebenso kann auf diese Weise eine „Kommunikation über die Daten" realisiert werden, bei der sich Simulationsverfahren z. B. über Änderungen im Modell informieren lassen und entsprechend reagieren. Der VTB-Kernel ist damit so etwas wie ein „Echtzeit-Cache" für das EDZ-Szenario, der hier verwaltete aktuelle Simulationszustand $\underline{s}_{szenario}(t)$ muss von allen VTB-Services mit bestmöglichem Laufzeitverhalten erreichbar sein. Gleiches gilt für die Kommunikation zwischen VTB-Kernel und VTB-Services sowie den VTB-Services untereinander.

Zusammen mit der Anforderung nach einem vorhersagbaren Zeitverhalten im Rahmen echtzeitfähiger Anwendungen bedeutet dies, das eine grundsätzlich zu bevorzugende Ausführung der VTB-Services über ein Netzwerk und nicht über direkte Methodenaufrufe innerhalb von Prozessgrenzen nicht nur nicht sinnvoll sondern tatsächlich nicht möglich ist. Ein entsprechend der VTB-Architektur realisierter Simulator ist damit ein stark modulares aber dennoch im Wesentlichen monolithisches System, welches im Wesentlichen innerhalb eines Prozesses läuft. „Im Wesentlichen" bedeutet hierbei, dass es dank der Modularisierung leicht möglich ist, die eigentlich hier über direkte Methodenaufrufe ablaufende Kommunikation auf ein Netzwerk zu übertragen und damit verteilte Simulationen zu realisieren. Von dieser Möglichkeit wird intensiv Gebrauch gemacht z. B. für verteilte Visua-

---

[21] Dies erfordert natürlich, dass die beteiligten Simulationsverfahren direkt aufbauend auf der Simulationsplattform realisiert werden. Für bestehende Simulatoren, die „einfach nur integriert werden" besteht diese Möglichkeit natürlich nicht.

lisierungsumgebungen oder zur Trennung von Echtzeit- und Nicht-Echtzeit-Teilen einer EDZ-Anwendung (siehe z. B. Abschnitt 6.4.17).

Folgende der in Abschnitt 5.2.2 genannten Vorteile von Mikro-Kernels und Mikro-Services können damit mit dieser Architektur nicht umgesetzt werden:

1. Der Vorteil der Ausfallsicherheit ist stark reduziert. Die einzelnen VTB-Services laufen vielfach innerhalb eines einzigen Betriebssystemprozesses, was den voneinander abgeschotteten Betrieb unmöglich macht. Ein „abstürzender" VTB-Service führt damit zwangsläufig zum Ausfall des gesamten Simulators.
2. Die Technologieunabhängigkeit bei der Realisierung der VTB-Services ist aufgrund direkter Methodenaufrufe innerhalb von Prozessgrenzen reduziert. Dadurch dass die VTB-Services meist in ein und demselben Prozess ausgeführt werden, entstehen zwangsläufig Abhängigkeiten z. B. zwischen den Services, den Services und den eingesetzten Technologien und diesen Technologien selbst.

Mit Ausnahme der Tatsache, dass die VTB-Services keine autonom betriebenen Teilprogramme sind und hierdurch Abhängigkeiten entstehen, werden alle weiteren der in Abschnitt 5.2.2 genannten Konzepte beibehalten, so dass die hiermit verbundenen Vorteile bestehen bleiben. Die zentralen Vorteile aus technischer Sicht sind hierbei:

1. VTB-Services sind ansonsten eigenständige Einheiten und darauf fokussiert, die ihnen jeweils zugewiesenen kleinen Aufgaben bestmöglich zu erfüllen.
2. Dies führt zu einer feingranularen Aufteilung der benötigten Teilfunktionalitäten in übersichtliche und flexibel nutzbare VTB-Services, die in unterschiedlicher Art und Weise für unterschiedliche Zwecke eingesetzt werden können.
3. Der VTB-Kernel stellt eine API zur Verfügung, die Grundlage der Realisierung der VTB-Services ist. Die API des VTB-Kernels ist die API der gesamten Simulationsplattform.
4. Diese Abstraktion führt meist direkt zu einer klaren Trennung der Verantwortlichkeiten zwischen den VTB-Services.
5. Damit können die VTB-Services weitgehend unabhängig voneinander ausgetauscht werden.
6. Eine EDZ-Anwendung kann durch geeignete Zusammenstellung der benötigten Teilfunktionalitäten konfiguriert und durch Ergänzung fehlender Funktionalitäten als neue VTB-Services erweitert werden.
7. Über die Umsetzung des „Leightweight Messaging" als Kommunikationsprinzip können mehrere VTB-Kernels ohne größeren technischen Aufwand miteinander

gekoppelt werden. Durch die hiermit mögliche Kopplung der entsprechenden VTB-Services lassen sich verteilte Strukturen realisieren (s. o.).

Darüber hinaus greift diese Architektur viele der funktionalen und nichtfunktionalen Anforderungen aus Abschnitt 5.1 auf:

1. Unterschiedliche (Simulations-/Experimentierbare) Modelle können unter Verwendung unterschiedlicher Datenformate, Daten und Datenquellen in einer frei konfigurierbaren Datenbasis (dem VTB-Kernel) zusammengeführt und durch unterschiedliche Simulationsverfahren, Informationsverarbeitende Systeme und Benutzerschnittstellen (den VTB-Services) simuliert bzw. verarbeitet werden.

2. Die Möglichkeiten zur Zusammenführung der Teilmodelle unterschiedlicher Simulationsverfahren führt zwangsläufig zu modularen Simulationsmodellen.

3. Die Nutzung formaler Methoden zur Modellerstellung führt z. B. zur Erstellung formaler Spezifikationsmodelle (siehe Abschnitt 4.5). Diese können als eigene Datenformate und Daten direkt in den VTB-Kernel übernommen und dort mit anderen Daten verknüpft werden[22].

4. Schnittstellen zur Einbindung von VTB in reale Strukturen und Prozesse können sich auf die geeignete Konfiguration des VTB-Kernels sowie auf den Austausch von Daten mit diesem Kernel konzentrieren. Die Reaktion der VTB-Services ist von der konkreten Ausgestaltung dieser Integration vollständig unabhängig, so dass die Realisierung von Schnittstellen zu realen Hard- und Softwarekomponenten für einen nahtlosen Übergang zwischen Simulation und Realität, zur effiziente Realisierung flexibler und standardisierter Schnittstellen sowie zur direkten Integration in den Entwicklungsprozess möglich wird.

5. Die API des VTB-Kernels und damit die Schnittstellen der VTB-Services sind vollständig unabhängig von konkreten Verfahren zur Zeitsteuerung. Auch diese können als eigenständige VTB-Services realisiert und damit ausgetauscht werden, so dass eine flexible Zeitsteuerung möglich wird (siehe Abschnitt 5.5).

6. Auch die konkrete Ausgestaltung von Methoden zur Visualisierung und Interaktion kann von geeigneten VTB-Services übernommen werden. Auch denen kommt zu Gute, dass sie sich auf die Darstellung des Inhaltes der im VTB-Kernel verwalteten Daten konzentrieren können – unabhängig von den hierauf arbeitenden Simulationsverfahren o. ä.

7. Damit ist insgesamt die zentrale Anforderung nach Flexibilität unter Berücksichtigung der Anforderungen nach Performance/Echtzeitfähigkeit und Skalierbarkeit erfüllt. Simulatoren für VTB können durch Zusammenstellung der

---

[22] Ein Konzept hierfür skizziert Abschnitt 6.2.11.

benötigten VTB-Services flexibel konfiguriert und über geeignete Implementierungen der VTB-Laufzeitumgebungen auf unterschiedlichen Ausführungsumgebungen zur Ausführung gebracht werden.

8. Die Trennung von VTB-Kernel und VTB-Services von der VTB-Laufzeitumgebung schafft die Voraussetzungen für die Unterstützung unterschiedlicher Ausführungsumgebungen. Insofern alle Technologien zur Realisierung von VTB-Kernel und -Services zur Verfügung stehen, muss lediglich die VTB-Laufzeitumgebung angepasst werden.

9. Die Anforderung nach Trennung zwischen Simulationsmodell, Simulationsverfahren und Simulator ist Teil der Grundkonzeption der Architektur.

Gleichzeitig liefert diese Architektur die Grundlage für die Berücksichtigung der weiteren funktionalen Anforderungen wie die übergreifende Simulation von Netzwerken interagierender EDZ, die Unterstützung objektorientierter Modellierung, die Orientierung der Modellstruktur an der physikalischen Architektur realer Systeme und der Verwaltung dynamischer Modelle. Damit und mit den anschließenden weiterführenden Erläuterungen sind alle Aspekte einer Softwarearchitektur beginnend mit den Anforderungen (siehe Abschnitt 5.1 und Abschnitt 5.2.2), der Modularisierung als Zerlegung des Gesamtsystems in Softwarekomponenten und der Definition von Schnittstellen, der Abläufe als dem Verhalten der Softwarekomponenten und deren Interaktion über Schnittstellen, der Nutzung geeigneter Realisierungstechnologien als hauptsächlich technischem Aspekt der Realisierung sowie der Überführung in operative Systeme als Konfiguration konkreter VTB festgelegt.

Betrachtet man zum Schluss noch einmal die wahrscheinlich zentralen Aufgaben einer Simulationsplattform für VTB, dann werden diese mit der VTB-Architektur wie folgt umgesetzt:

1. Verwaltung der Modelldaten eines EDZ-Szenarios im VTB-Kernel
2. Ausführung der notwendigen Simulationsverfahren auf diesen Modelldaten durch entsprechende VTB-Services
3. Kopplung der beteiligten Simulationsalgorithmen und hierdurch implizite Kommunikation der beteiligten Simulationsalgorithmen/Simulatoren entsprechend des Simulationsablaufs durch hierauf spezialisierte VTB-Services mit entsprechenden Schnittstellen zu den VTB-Services
4. Explizite Kommunikation der EDZ entsprechend der modellierten Kommunikationsverbindungen, realisiert über geeignete VTB-Services
5. Kopplung der EDZ im VTB mit Realen Zwillingen über geeignete VTB-Services
6. Modellierung von EDZ-Szenarien und Überführung dieser über geeignete VTB-Services in durch konkrete Simulationsverfahren ausführbare Modelle

7. Steuerung und Ausführung gekoppelter Simulationen entsprechend einer voreingestellten Zeitsteuerung durch hierauf spezialisierte VTB-Services mit entsprechenden Schnittstellen zu den VTB-Services

5.3   Modell- und Datenmanagement in Virtuellen Testbeds

Damit stellt sich jetzt die Frage, wie ein VTB unterschiedliche Modelle in den VTB-
Kernel einlesen und dann dort verarbeiten kann und auch darüber hinaus geeignet
in (oft bereits bestehende) Modell- und Prozesslandschaften eingebunden werden
kann. Der hier vorgeschlagene Lösungsansatz greift auf die in Abschnitt 4.6 eingeführten Konzepte des Model-Driven Engineerings (MDE) zurück, denn MDE
kann nicht nur zur Softwareentwicklung eingesetzt werden sondern stellt einen allgemeinen Ansatz zur modellgestützten Entwicklung bereit – für Softwaresysteme
ebenso wie für die Modelle selbst. Entsprechend können **die MDE-Konzepte 1-
zu-1 auf den Bereich der Modellierung und Simulation übertragen und für
die Umsetzung der EDZ-Methodik genutzt werden**. Gleiches gilt für die mit
MDE verfolgten Ziele wie Modellabstraktion, Entkopplung von Modellierung und
Implementierung oder Erhöhung der der Modellstabilität[23]. Entscheidend für den
Erfolg von MDE ist, dass eine Kette miteinander integrierter Werkzeuge entsteht.
Dies gilt nicht nur für Modellierungswerkzeuge selbst sondern auch für die Konsumenten dieser Modelle. Entsprechend müssen sich auch VTB in entsprechende
Infrastrukturen integrieren. Im Kontext von MDE sind VTB gleichzeitig Erzeu-
ger und Konsumenten derartiger Modelle und damit natürliche Bestandteile einer
entsprechenden Infrastruktur.

Aus diesem Grund muss das Datenmanagement des VTB-Kernels sich möglichst nahtlos in geeignete MDE-Infrastrukturen integrieren. Je weitgehender MDE-
Konzepte in VTB integriert werden, je nahtloser kann diese Integration erfolgen –
bis hin zu einem vollständigen Verschwinden der Systemgrenzen. Dies ist z. B. der
Fall, wenn die Daten nicht zwischen zwei Datenmodellen transformiert werden, sondern das Zielsystem, in Abbildung 4.50 System c genannt, direkt mit diesen Daten
umgehen kann. Das Ziel der Text-zu-Modell- bzw. die Quelle der korrespondierenden Modell-zu-Text-Transformation ist also nicht die Transformationsinfrastruktur
sondern das Ziel- bzw. Quellsystem selbst. Genau diese Situation wird mit der hier
angestrebten Architektur für VTB verfolgt und über VTB-Services umgesetzt. Das

---

[23] Entsprechend [AK03] *„a second and strategically more important aspect of MDD is redu-
cing primary artifacts' sensitivity to change"*. Abstraktere Modelle sind weniger „anfällig"
gegenüber Änderungen im Vergleich zu konkreten Modellen.

Ergebnis ist eine weitgehende technische Interoperabilität und damit ein weitgehender Datenaustausch zwischen beteiligten Systemen[24]. Zum im Rahmen der Systeminteroperabilität notwendigen semantischen Interoperabilität dieser Daten sind allerdings weitergehende Transformationsprozesse notwendig, die durch „Funktionale Modellabbildungen" (siehe auch Abschnitt 5.3.7) bereitgestellt werden.

Grundlage für die Konzeption wie für die technische Realisierung der Simulationsdatenbank ist die „Model-Driven Architecture" (MDA) als Implementierung von MDE (siehe Abschnitt 4.6.4). Im Ergebnis wird die UML als **Grundlage für das Datenmanagement im VTB-Kernel** sowie als **„Pivot-Modell" für den Datenaustausch mit dem VTB-Kernel** (siehe auch [Brä07; Hop17]) genutzt. Auf Grundlage der UML kann das notwendige flexible Modellmanagement realisiert werden, gemeinsam mit der MOF steht darüber hinaus ein „Mediator zwischen Metamodellen" zur Verfügung.

5.3.1 Repräsentation und Verwaltung heterogener Modelldaten

Die einzelnen EDZ und ihre EDZ-Komponenten werden aus Sicht unterschiedlicher Domänen beschrieben und VTB in unterschiedlichen Modellformaten zur Verfügung gestellt (siehe auch Abschnitt 3.2.3 und Abschnitt 4.1.3). Das Ergebnis der Zusammenführung der EDZ und EDZ-Komponenten sind EDZ-Szenarien der Art $M_{S,\text{szenario}} = (\underline{a}_{\text{szenario}}, \underline{A}_{\text{szenario}}, \emptyset, \emptyset, \underline{v}_{\text{szenario}}, \underline{I}_{\text{szenario}}, \underline{M}_{S,\text{edz}})$ entsprechend (3.23), deren Simulation zum zeitlichen Verlauf des Simulationszustands $\underline{s}_{\text{szenario}}\langle t\rangle$ führt. Die in $\underline{M}_{S,\text{edz}}$ enthaltenen EDZ tauschen während der Simulation ihre Ein- und Ausgangsgrößen $\underline{u}_{\text{edz},i}(t)$ und $\underline{y}_{\text{edz},i}(t)$ über entsprechende Interaktionsformen $\underline{I}_{\text{szenario}}$ aus. Hierfür sind zur Simulation meist diverse Simulationsverfahren Γ_j und Φ_j notwendig, die auf (oft gemeinsame) Teile des Szenariomodells $M_{S,\text{szenario}}$ zugreifen. Die entsprechenden Modelle entstehen an unterschiedlichen Stellen im Entwicklungsprozess. Oft ist der primäre Zweck dieser Modelle nicht einmal die Simulation. Dies ist z. B. bei CAD- oder MBSE-Modellen der Fall. Aufgabe von

---

[24] [GS03] verdeutlicht die Leistungsfähigkeit dieses Ansatzes, indem er so genannte „Software Factories" definiert: *„An IDE configured with a software template for a product family becomes a factory for producing members of the family. This is what we call a software factory."* Grundlage hierfür sind Metamodelle der beteiligten Artefakte, auf deren Grundlage unterschiedlichste Varianten einer Software auf einer gemeinsamen Plattform durch reine Konfiguration (oder Bereitstellung geeigneter Metamodelle) abgeleitet werden können. Übertragen auf die Simulationstechnik sind derartige „Software Factories" quasi ein Idealzustand von Virtuellen Testbeds.

VTB ist es, diese Simulations-/Experimentierbaren Modelle und die zu ihrer Simulation notwendigen Simulationsverfahren zur Realisierung von Simulationen auf
Systemebene „zusammenzuschalten" und hierauf aufbauend die unterschiedlichen
EDZ-gestützte Anwendungen zu realisieren. Aus dieser Ausgangssituation leiten
sich die diversen in Abschnitt 5.1 aufgestellten Anforderungen ab.

Die Frage ist jetzt natürlich, ob hierzu tatsächlich die vollständige Zusammenführung der Teilmodelle des EDZ-Szenarios in eine gemeinsame Simulationsdatenbank notwendig ist oder ob es nicht ausreicht, dass diese rein in den jeweils beteiligten Simulatoren verwaltet werden und die Kommunikation auf die an der Kopplung beteiligten Daten beschränkt wird. Hierzu zeigt zum einen Abschnitt 3.6.3,
dass eine reine „weiche Kopplung" durch Verbindung einzelner Simulatoren allein
unter Performance-Gesichtspunkten häufig nicht ausreichend ist. Bei dieser reinen
„Simulatorkopplung" fehlen zudem entscheidende Freiheitsgrade bei der Simulation von Netzwerken interagierender EDZ, denn die eigentlichen Simulationsaufgaben und damit die eigentlichen von den beteiligten Simulatoren zu simulierenden
Simulationsmodelle ergeben sich häufig erst nach Analyse dieses Netzwerks (siehe
Abschnitt 3.6.1). Zudem fordert Abschnitt 5.1.1, dass sich sowohl die Struktur
der Modelle als auch die Abgrenzung und Schnittstellen zwischen den Modellen
an der physikalischen Architektur des Systems und nicht an der Grenze zwischen
Simulationsverfahren orientieren soll. Daher ist es notwendig, dass die Modelle
der beteiligten EDZ im Rahmen der Co-Modellierung zunächst in die gemeinsame
Simulationsdatenbank des VTB geladen, geeignet aufbereitet und angeordnet und
erst dann den benötigten Simulationsverfahren zur Verfügung gestellt werden. Der
Austausch der Simulationsergebnisse zwischen den einzelnen Simulationsverfahren
erfolgt anschließend im Idealfall direkt über die modellierten Verbindungen zwischen den Ports der EDZ und/oder den ebenfalls im Modell enthaltenen Zustandsgrößen. Vor der Simulation müssen die Modelldaten der EDZ ggf. für die einzelnen
Simulationsverfahren aufbereitet werden. Die hierzu notwendigen „Funktionalen
Modellabbildungen" sind ebenfalls Aufgabe des VTB (siehe Abschnitt 5.3.7). Dies
erfordert allerdings eine gemeinsame, abstrakte und verallgemeinerte Repräsentation des EDZ-Szenarios, die *„eine der Schlüsseltechnologien ist, um die Wiederverwendung der Simulationsmodelle zu ermöglichen"* [LSW+07].

Eine Alternative zu dieser „generischen" Vorgehensweise, bei der weder die
Struktur der zu simulierenden Modelle noch die beteiligten Simulationsverfahren
im Vorhinein bekannt sein müssen, ist die Nutzung eines Simulator-spezifischen und
auf alle dort zur Verfügung stehenden Simulationsverfahren gleichzeitig ausgerich-
teten Modellformats, in das die einzelnen Modelle im- und exportiert werden. Dies
ist heute bei den meisten Simulatoren der Stand der Technik, wobei hier meist nur
ein einziges oder einige wenige Simulationsverfahren anzutreffen sind. Dies hilft

bei VTB nur in Grenzen weiter, da die Bandbreite der zu modellierenden Aspekte im Vorhinein nicht bekannt ist und selbst dann ein alle Anwendungen übergreifendes, abschließend vollständiges Modellformat kaum vorstellbar ist[25]. Der Datenaustausch mit diesem zwangsläufig vereinfachenden Modellformat führt daher zu Datenverlusten und oft auch zu Dateninkonsistenzen.

Dies belegt einmal mehr die Notwendigkeit eines vollständig anwendungsneutralen Datenmanagements im VTB-Kernel und eine uni-/bidirektionale Überführung der Quellformate in ebenfalls im VTB-Kernel verwaltete simulationsverfahrensspezifische Zielformate für jede Kombination dieser Formate. Geeignet gewählte Zwischenformate, z. B. zur verallgemeinerten Darstellung von dreidimensionalen Körpern und ihrer Lage im Raum, können hierbei von mehreren Simulationsverfahren (in diesem Fall z. B. Kinematik, Starrkörperdynamik und Sensorsimulation) genutzt werden und reduzieren die Anzahl dieser Abbildungen drastisch.

5.3.2   Konzeptuelle, logische und physikalische Datenmodelle

Abbildung 5.6 fasst die aus Sicht des Datenmanagements relevanten Datenmodellkategorien zusammen. Aus der Anwendungsidee auf der linke Seite (hier: Forstmaschinensimulator) entstehen zunächst implementierungsunabhängige **konzeptuelle Datenmodelle**[26], in denen die für die Anwendung relevanten Datenobjekte mit einer hierfür geeigneten Semantik in einer geeigneten Form (d. h. insbesondere mit einer geeigneten abstrakten Syntax) beschrieben werden. Die Grundlagen für derartige konzeptuelle Datenmodelle skizziert Abschnitt 4.6, die dort dargestellten Modelle auf den Ebenen M0 und M1 sowie O0 und O1 sind genau solche konzeptuellen Datenmodelle. Im Gegensatz zu den im Simulationskontext typischerweise verwendeten Konzeptuellen Modellen (siehe auch die entsprechende Definition im Simulationskontext in Abschnitt 3.1.5) sind diese also auch formal beschrieben. Aus diesen entstehen dann **logische Datenmodelle**, die das konzeptuelle Datenmodell auf konkrete Repräsentationsformen oder Datenbankmanagementsysteme abbilden. Im Beispiel werden hier XML-Schema und GML-strukturierte Daten ein-

---

[25] Dies deckt sich mit den Überlegungen nach einer „Ubiquitous Language", die es nach den Konzepten des „Domain Driven Designs" (DDD) zur Kommunikation zwischen Entwicklern und Domänenexperten geben muss (daher das Adjektiv „ubiquitous"), die aber nur innerhalb der Grenzen eines „Bounded Context" gilt, also einem ganz bewusst abgegrenzten Anwendungskontext. Das Aufstellen eines allumfassenden Modells über alle einzelnen Anwendungskontexte einer Gesamtanwendung hinweg gilt als zu teuer oder schlichtweg nicht möglich.

[26] Nicht zu verwechseln mit dem in Abschnitt 3.1.5 eingeführten Konzeptuellen Modell.

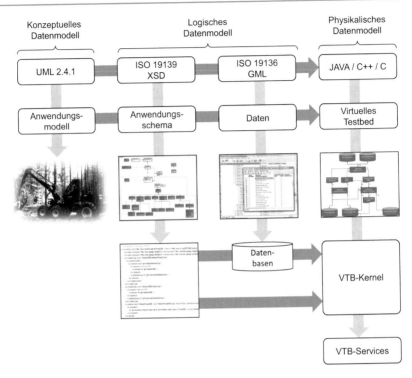

Abbildung 5.6 Die aus Sicht des Datenmanagements relevanten Datenmodelle im Entstehungsprozess eines VTB (angelehnt an [Ave12], Foto Wald und Holz NRW)

gesetzt, die zu entsprechenden Schemadokumenten und Datenbasen führen. In der Simulationsdatenbank eines konkreten VTB (und tatsächlich auch schon bereits zuvor in den Datenbasen) werden die Daten dann in einem **physikalischen Datenmodell** im VTB-Kernel verwaltet und durch die VTB-Services verwendet. Konzeptuelles, logisches und physikalisches Datenmodell bauen hierbei jeweils aufeinander auf. Alle drei Datenmodelle beschreiben dasselbe Datenmodell, allerdings ggf. mit Hilfe unterschiedlicher Metamodelle. Wenn diese allerdings auf ein gemeinsames Meta-Metamodell zurückgeführt werden können, dann können diese wie in Abschnitt 4.6.3 gezeigt unabhängig von ihrer jeweiligen konkreten Syntax ineinander überführt werden. Konkret bedeutet dies für VTB, dass sie auf diese Weise die jeweiligen konzeptuellen Datenmodelle „verstehen" und in ihrem physikalischen Datenmodell umsetzen können. Im umgebenden Prozess und in den umgebenden

Softwaresystemen können gänzlich andere Repräsentationsformen verwendet werden, solange alle auf ein gemeinsames Meta-Metamodell zurückgeführt werden können. Der VTB-Kernel setzt hierzu entsprechend Abschnitt 4.6 das Konzept der MOF um und kann auf diese Weise UML-basierte Datenmodelle direkt verwalten. Das physikalische Datenmodell ist hierzu identisch mit dem konzeptuellen Datenmodell, es wird lediglich in die Zielprogrammiersprache[27] übertragen.

Hierdurch kann sich das aus unterschiedlichen Datenmodellen zusammenführte Datenmodell des VTB-Kernels an das konkret zu konfigurierende VTB anpassen, offline und online zur Laufzeit. Dies kann zum einen durch die beteiligten VTB-Services aber auch durch den Anwender erfolgen. Zur Einbindung der Simulationsmodelle z. B. in die parallele und verteilte Simulation, in die Bedienoberfläche, in den Datenaustausch sowie für generisches Scripting wird dieses Datenmodell vom VTB-Kernel durch dessen Metadatensystem entsprechend der Reflektionskonzepte der MOF zur Verfügung gestellt. Hierdurch ist es insbesondere auch unerheblich, wie das Modell seinen Weg in die Simulationsdatenbank findet, ob es z. B. als einzelne Datei vorliegt oder ob aus einer Geodatenbank ein umfangreiches Umweltmodell je nach Bedarf nachgeladen wird. Bei der technischen Umsetzung der Simulationsdatenbank muss hierbei ein besonderer Wert auf die Verwaltung großer Datenmengen in Echtzeit gelegt werden. Gegenstand dieses Abschnitts ist damit die beispielhafte technische Umsetzung der Ebenen M1 und M2 der MDA im VTB-Kernel auf konzeptueller Ebene.

5.3.3   Das physikalische Datenmodell des VTB-Kernels

Grundlage für das physikalische Datenmodell des VTB-Kernels bildet die Umsetzung der in Abschnitt 4.6 eingeführten Konzepte in der Simulationsdatenbank. Entsprechend ist das in Abbildung 5.7 dargestellte Metamodell des VTB-Kernels nahezu deckungsgleich mit dem der UML in Abbildung 4.51. Die linke Seite der Abbildung skizziert wiederum zunächst die Datenmodell-Seite des Metamodells, also M2O1 in Abbildung 4.49. Das Metamodell des Datenmodells umfasst entsprechend die folgenden Klassen (das Präfix VSD steht hierbei als Abkürzung für die „Virtual Testbed Active Simulation Database"):

---

[27] Nachfolgend wird zur Illustration C++ eingesetzt.

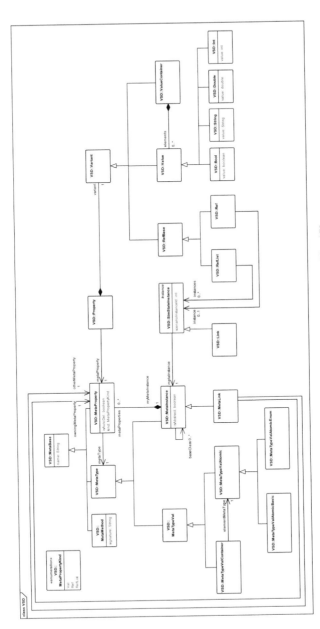

Abbildung 5.7 Das Metamodell des VTB-Kernels, Darstellung ausgehend von [Hop17]

- Die Klasse *VSD::MetaBase* ist die Basisklasse aller Metadaten-beschreibenden Klassen des VTB-Kernels. Sie enthält lediglich einen Namen als Attribut.
- Der *VSD::MetaType* beschreibt einfache und komplexe Datentypen. Er kann mit dem *UML::Classifier* verglichen werden, wobei das Attribut *isAbstract* zur *VSD::MetaInstance* verschoben wurde.
- Der *VSD::MetaTypeVal* beschreibt einen einfachen Datentypen. Er kann mit dem *UML::DataType* verglichen werden und enthält ähnliche Konkretisierungen wie dieser.
- Eine *VSD::MetaInstance* beschreibt eine Klasse als komplexem Datentyp. Er kann mit der *UML::Class* verglichen werden und enthält Beschreibungen seiner Eigenschaften und Methoden.
- Eine *VSD::MetaProperty* beschreibt eine Eigenschaft einer Klasse. Diese Eigenschaften können auf einfache und auf komplexe Datentypen verweisen. Der Verweis auf eine Klasse erzeugt eine Assoziation, ohne dass ein eigenständiger *VSD::MetaLink* modelliert werden muss. Derartige Assoziationen können auch Kompositionen darstellen. Eine *VSD::MetaProperty* entspricht einer *UML::Property*.
- Ein *VSD::MetaLink* beschreibt eine Assoziation zwischen zwei *VSD:: MetaProperty*. Er kann mit der *UML::Association* verglichen werden.
- Eine *VSD::MetaMethod* beschreibt eine Methode eine Datentyps, gleich ob einfach oder komplex, mit ihren Parametern und ihrem Rückgabewert. Sie kann mit der *UML::Operation* verglichen werden.

Darauf aufbauend skizziert der rechte Teil der Abbildung die Datenobjekt-Seite des Metamodells, also M2O0 in Abbildung 4.49. Das Metamodell der Datenobjekte umfasst also die folgenden Klassen:

- Die Klasse *VSD::SimStateInstance* repräsentiert die konkreten Datenobjekte, d. h. ontologische Instanzen von *VSD::MetaInstance*. Sie korrespondiert mit einer *UML::InstanceSpecification*.
- Die Klasse *VSD::Variant* repräsentiert Instanzen einfacher Datentypen, d. h. ontologische Instanzen von *VSD::MetaTypeVal* sowie Instanzen von *VSD:: RefBase*. Sie korrespondiert mit einer *UML::ValueSpecification*.
- Die Klasse *VSD::RefBase* repräsentiert mit ihren Spezialisierungen Verweise auf die konkreten Datenobjekte komplexer Datentypen. Sie korrespondiert mit einem *UML::InstanceValue*.
- Die Klasse *VSD::Value* repräsentiert Instanzen einfacher Datentypen, d. h. ontologische Instanzen von *VSD::MetaTypeVal*. Sie korrespondiert mit einer *UML::LiteralSpecification*.

- Die Klasse *VSD::Property* repräsentiert konkrete Eigenschaften von Datenobjekten komplexer Datentypen, d. h. ontologische Instanzen von *VSD:: MetaProperty*. Sie korrespondiert mit einem *UML::Slot*.
- Die Klasse *VSD::Link* repräsentiert konkrete Assoziationen, d. h. ontologische Instanzen von *VSD::MetaLink*. Sie korrespondiert mit einer *UML:: AssociationInstance*.

Es fällt auf, dass es keine ontologischen Instanzen von *VSD::MetaMethod* gibt. Dies ist dadurch bedingt, dass diese durch die jeweils verwendeten Programmier- und Skriptsprachen selbst implementiert sind und über die jeweiligen Realisierungen von *VSD::MetaMethod* aufgerufen werden. Auf der anderen Seite gibt es keine konkrete technische Entsprechung einer *VSD::Value*. Repräsentanten dieser Klasse sind die einfachen Datentypen in den verwendeten Programmiersprachen wie *int* und *double* für die Programmiersprache C++.

5.3.4 Metadaten, Daten und Kommunikation im VTB-Kernel

Abstrakt betrachtet stellt der VTB-Kernel ein **Datenbankmanagementsystem** zur Verfügung, welches den VTB-Services die benötigten Ausschnitte des Simulationsmodells performant und im Extremfall auch in Echtzeit zur Verfügung stellen muss. Aus Sicht der VTB-Services kann die Aufgabe des VTB-Kernels mit der eines Echtzeitcaches verglichen werden. Mit den im vorstehenden Abschnitt getroffenen Festlegungen ist bei geeigneter Umsetzung die Verwaltung komplexer (im Sinne von „komplexes Datenmodell" aber auch im Sinne von „umfangreich") Modelle möglich. In diesem Abschnitt wird der VTB-Kernel als Echtzeitdatenbank betrachtet, welcher für diese Modelle typische Funktionalitäten eines Datenbankmanagementsystems speziell für die Nutzung in VTB zur Verfügung stellt.

Die Metadaten werden vom VTB-Kernel den VTB-Services über eine geeignete API zur Verfügung gestellt, die aus den in Abbildung 5.7 genannten Klassen mit entsprechenden Zugriffsfunktionen besteht. Aus diesen Klassen werden für die in den Datenmodellen M1O1 verwendeten Klassen, Eigenschaften und Verweise jeweils die entsprechenden „Metadateninstanzen" entsprechend Abbildung 5.7 erzeugt, die einfachen Datentypen werden von der VTB-Laufzeitumgebung, dem VTB-Kernel und den VTB-Services bereitgestellt. Das Metamodell sollte auf unterschiedliche Weise initialisiert werden können (siehe auch die Beispiele in Abschnitt 5.8). So sollten z. B. XML-Schemadateien, Datenmodelle von Drittsystemen oder angebundenen Datenbanken (siehe auch [Hop17]) direkt ausgetauscht werden können. Die Überführung dieser logischen Datenmodelle in den VTB-Kernel übernehmen

geeignete VTB-Services. Über einen Compiler, hier „VSD Data Model Compiler"
genannt, können zudem in einer Programmiersprache definierte Klassenstrukturen
konvertiert werden[28].

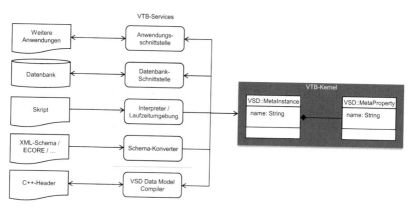

Abbildung 5.8 Überführung logischer und physikalischer Datenmodelle in den VTB-
Kernel

Zusätzlich zu den in Abbildung 5.7 aufgeführten Eigenschaften sollten die
Metadaten des VTB-Kernels weitere Methoden besitzen, die in der Summe zur
Metadaten-API des VSD-Kernels führen. Über diese Methoden können z. B.
Zugriffsfunktionen auf Eigenschaften, über die diese verändert werden können,
Ausführungsfunktionen für Methoden, über die diese ausgeführt werden können,
oder Instantiierungsfunktionen, über die Klassen instantiiert werden können, defi-
niert werden.

Nachdem die Datenmodelle M1O1 entsprechend Abbildung 5.7 in den VTB-
Kernel überführt wurden, müssen anschließend die Instanzen, Eigenschaften und
Links der Daten M1O0 eingelesen werden. Grundlage hierfür ist die Überführung
von Abbildung 5.7 in die Programmiersprache des VTB. Hierbei müssen auch
Zusatzfunktionalitäten wie die eindeutige Identifikation der Instanzen bereit- und
über die API zur Verfügung gestellt werden. Über die Metadaten-API können dann
wesentliche Funktionen eines Datenbankmanagementsystems ausgeführt werden.
So können Instanzen erzeugt und gelöscht, Eigenschaften gelesen und geändert,

---

[28] Dies kann z. B. bei der Implementierung simulationsverfahrensspezifischer Datenmodelle
hilfreich sein, z. B. zur Definition einer Klasse zur Beschreibung eines Starrkörpers für die
Starrkörperdynamik.

Verweise gesetzt und gelöscht und Methoden aufgerufen werden. Für die weiteren Datenbankfunktionen sollte das allgemeine physikalische Datenmodell aus Abbildung 5.7 um einen Verwaltungsrahmen (siehe Abbildung 5.9) ergänzt werden. In dem gezeigten Realisierungsbeispiel wird eine Instanz von *VSD::SimStateInstance* einer Instanz von *VSD::SimState* zugewiesen und ist von dort aus identifizierbar und zugreifbar[29]. Die Instanzen eines *VSD::SimStates* beschreiben einen Zustand des *VSD::Scenarios*. Tatsächlich wird hier als Basisklasse für externe Daten nicht *VSD::SimStateInstance* verwendet sondern die Klasse *VSD::ModelInstance* eingeführt, welche einen Verweis auf ihr „Modell" (d. h. ihre Datenquelle) und eine Identifikation innerhalb dieses Modell besitzt. Eine Instanz dieser Klasse ist zudem ein *VSD::Element*, welches in einer Instanz eines *VSD::ElementContainers* verwaltet wird. Der *VSD::ElementContainer*[30] stellt einen *VSD::ElementIndex* für jede *VSD::MetaInstance* zur Verfügung, über die alle Instanzen einer Klasse direkt identifizierbar sind und zielgerichtet Änderungsbenachrichtigungen konfiguriert werden können. Der *VSD::ElementContainer* der Originaldaten wird hierbei *VSD::Database* genannt, für den *VSD::Views* zur anwendungsspezifischen Reorganisation dieser Daten (z. B. für den Szenengrafen der grafischen Darstellung) aufgebaut werden können. In der *VSD::Database* werden die *VSD::SimStateInstances* technisch gesehen dann ausgehend von der *rootInstance* in einer objektorientierten Graph-Datenbank [GPvdB+94] verwaltet, dessen Knoten *VSD::SimStateInstances* und dessen Kanten Kompositionsbeziehungen sind. Zusätzliche Assoziationen zwischen den *VSD::SimStateInstances* stellen Beziehungen zwischen den Knoten jenseits der Baustrukturen her[31].

---

[29] Das Konzept der „SimStates" ist die Grundlage für die Parallelisierung und Verteilung und wird in Abschnitt 5.6 erläutert. Grob gesagt können SimStates einzelnen VTB-Kernels und damit typischerweise einzelnen Verarbeitungseinheiten zugewiesen werden.

[30] Nachfolgend wird der Klassenname auch zur Bezeichnung einer konkreten Instanz dieser Klasse verwendet.

[31] Die Strukturierung eines *VSD::View* kann demgegenüber vollständig an einem konkreten Anwendungsfall ausgerichtet werden.

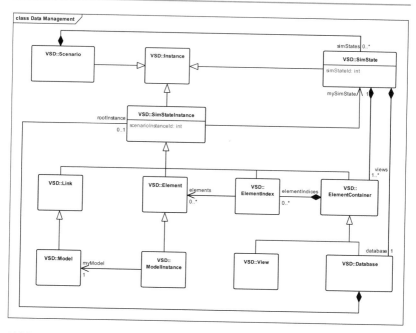

Abbildung 5.9 Erweiterung des physikalischen Datenmodells des VTB-Kernels um einen Verwaltungsrahmen

5.3.5   Der VTB-Kernel als aktive Simulationsdatenbank

Der VTB-Kernel, die dort verwalteten Simulations- und Experimentierbaren Modelle sowie der dort verwaltete Simulationszustand (siehe Abschnitt 3.1.3) $\underline{s}_{\text{szenario}}(t) = [\underline{x}_{\text{szenario}}(t),\ \underline{a}_{\text{szenario}}(t),\ \underline{A}_{\text{szenario}}(t),\ \underline{v}_{\text{szenario}}(t),\ \underline{I}_{\text{szenario}}(t)]^{T}$ des EDZ-Szenarios ist der zentrale Kommunikationsknoten in VTB (siehe auch Abschnitt 5.2). Das Ergänzen von Benachrichtigungsfunktionen und die Integration der Algorithmen $\underline{A}$ des Szenariomodells machen aus einem passiven Datenmanagementsystem eine **aktive Simulationsdatenbank**[32]. Dies rechtfertigt die Bezeichnung des VTB-Kernels als **Simulationsdatenbank**, denn

---

[32] Derartige Strukturen waren im Bereich der 3D-Simulationstechnik ausgehend von Implementierungen wie OpenSceneGraph [KM07] und OpenInventor [Wer94] lange Zeit als „Szenegraphen" bekannt. Auch heute gibt es eine Vielzahl unterschiedlicher Implementierungen hierfür. Die zum Rendering notwendigen Daten sind allerdings nur eine Art der Daten, die im VTB-Kernel gespeichert werden, vielmehr muss dieser alle in $M_{S,\text{szenario}}$ enthaltenen

- er ist die **zentrale Datenbank** für alle im VTB benötigen Daten. Eine seiner zentralen Aufgaben ist die Verwaltung aller Bestandteile des EDZ-Szenarios, d. h. insbesondere aller Parameter $\underline{a}_{\text{szenario}}$, aller Zustandsgrößen $\underline{x}_{\text{szenario}}$ und aller Algorithmen $\underline{A}_{\text{szenario}}$. Hierzu stellt es allgemeine Datenmanagementfunktionalitäten zur Verfügung.

- die Struktur der verwalteten Daten wird bestimmt von den konzeptuellen Datenmodellen der konkreten Anwendung des VTB und seiner Anwender. Derartige Datenstrukturen sind im Normalfall weder für einen schnellen Datenzugriff noch zur Verwendung durch Simulationsalgorithmen optimiert.

- die Semantik der im VTB-Kernel verwalteten Daten ist wesentlich und muss erhalten bleiben.

- das Datenmanagement ist nicht ausschließlich für das Rendering optimiert (s. o.).

- er integriert neben den Daten auch die Algorithmen $\underline{A}_{\text{szenario}}$, die damit Teil der Daten sind und nicht neben diesen stehen.

Entsprechend wird die Simulationsdatenbank auch als **aktiv** bezeichnet, nicht nur weil sie Algorithmen enthält sondern weil sie auch die Grundlage für die Kommunikation im VTB bildet. Zur Kommunikation zwischen den *VSD::SimStateInstances* untereinander, zwischen den VTB-Services untereinander sowie zwischen den Instanzen und den VTB-Services müssen die unterschiedlichen, in Abschnitt 5.2.2 eingeführten und in Abbildung 5.3 illustrierten Varianten von Interaktionsformen zur Verfügung gestellt werden. Der VTB-Kernel stellt also Methoden zur direkten Interaktion zur Verfügung und ist in Bezug auf die IT-technische Kommunikation neben der direkten Kommunikation gleichzeitig sowohl Nachrichtenbus als auch Nachrichtenbroker. Auf diesen Grundelementen bauen weitere domänenspezifische Kommunikationsfunktionalitäten auf, die in Abschnitt 5.4 zusammengefasst sind.

Zur technischen Umsetzung der direkten Kommunikation eignet sich u. a. das Signal-/Slot-Konzept [NN17e]. Bereits die API des VTB-Kernels stellt diverse Signale[33] und Slots[34] zur Verfügung[35], darauf aufbauende Metamodelle können ebenso wie VTB-Services weitere (eigene) Signale und Slots definieren. VTB-Services und EDZ-Modelle können diese geeignet miteinander verbinden, so dass

---

Daten in geeigneten Strukturen abbilden. Der Szenegraph ist dann nur ein *VSD::View* auf diese Daten.

[33] Diese Signale sollten nicht mit Signal-Ports verwechselt werden (siehe Abbildung 3.12).

[34] Diese Slots sollten nicht mit den Slots des UML-Metamodells für die Datenobjekte verwechselt werden (siehe Abbildung 4.51).

[35] In der vorgestellten Realisierung wird das Signal-/Slot-Konzept auch zur technischen Umsetzung von Nachrichtenbus und Nachrichtenbroker verwendet.

eine zielgerichtete Kommunikation möglich wird, die Datenbank wird also in mehrerer Hinsicht aktiv:

- Alle Vorgänge im VTB-Kernel sind auf die zielgerichtete und effiziente Verarbeitung von Veränderungen ausgerichtet, sei es bzgl. der Verteilung von Ände-
  rungsmitteilungen[36] oder dem Abgleich von gleichen *VSD::SimStateInstances*
  in mehreren *VSD::SimStates*[37]. Diese Aufgaben erledigt der VTB-Kernel nach
  entsprechender Konfiguration „von selbst"[38].
- Die Algorithmen $\underline{A}$ des EDZ-Szenarios sind Teil des VTB-Kernels. Sie sind in
  den entsprechenden Konkretisierungen der *VSD::SimStateInstances* enthalten.
- Auch „übergreifend" agierende Simulationsverfahren wie die Starrkörperdynamik, die in jedem Zyklus alle modellierten Starrkörper betrachtet, können
  ihre internen Daten im VTB-Kernel verwalten, entweder als direkte Teile der
  VSD::Database oder über eigene *VSD::Views*. Hierdurch ist die Voraussetzung
  für eine Verteilung der Simulation auf mehrere „Verwaltungsinstanzen" (siehe
  Abschnitt 5.6) geschaffen. Zudem können Zwischenzustände im VTB-Kernel
  nachvollzogen werden.
- Darüber hinaus können *VSD::SimStateInstances* auch untereinander kommunizieren. Hierzu stellen diese Signale und Slots zur Verfügung, die miteinander
  verbunden werden.
- Schließlich kann auch benutzerdefinierte Programmlogik in den VTB-Kernel
  integriert werden, sei es durch geeignete Konfiguration oder durch entsprechende
  Skriptsprachen (siehe auch Anhang C im elektronischen Zusatzmaterial).

Diese innerhalb des VTB-Kernels, zwischen VTB-Kernel und VTB-Services sowie
zwischen den VTB-Services angewendeten Kommunikationsfunktionalitäten sind
dann auch die Grundlage der Systemintegration von VTB, denn die Realisierung konkreter EDZ-Anwendungen erfolgt über die Zusammenstellung geeigneter
Funktionalitäten in Form von VTB-Services. Um diese in den VTB-Kernel auch
miteinander integrieren zu können, müssen diese miteinander kommunizieren und
können hierfür die genannten Kommunikationsinfrastrukturen nutzen. Damit ver-

---

[36] Dies betrifft z. B. Änderungsbenachrichtigungen wie neue oder gelöschte Instanzen, geänderte Eigenschaften oder neue oder gelöschte Assoziationen. Auch die im Zuge der Parallelisierung und Verteilung notwendige Synchronisation von *VSD::SimStates* wird vorab
konfiguriert und danach automatisiert ausgeführt (siehe Abschnitt 5.6).

[37] Auf semantischer Ebene bilden diese zusammen eine „ScenarioInstance", siehe
Abschnitt 5.6.

[38] An keiner Stelle eines VTB sollte ein zyklisches „Polling" notwendig sein.

bunden ist auch, dass ein großer Teil der Kommunikation nicht direkt zwischen VTB-Services sondern über das gemeinsam genutzte und in der Simulationsdatenbank verwaltete Modell erfolgt.

Die Simulationsdatenbank ist vollständig **generisch**. Entsprechend des Wesens eines Mikro-Kernels implementiert der VTB-Kernel nur die absolut notwendige Grundfunktionalität, die in diesem Kapitel bis hierhin nahezu vollständig zusammengefasst wurde. Man kann den VTB-Kernel mit einem Datenbankmanagementsystem vergleichen, welches „leer" geliefert wird und durch Definition von Datenmodellen für den jeweiligen Anwendungsbereich konfiguriert und initialisiert werden muss. Genau dies ist auch für den VTB-Kernel der Fall. Er stellt zentrale Basisklassen wie *VSD::ModelInstance* zur Verfügung, die Grundlage für die Definition der für das jeweilige VTB notwendigen Datenmodelle sind[39]. Der VTB-Kernel stellt damit die interdisziplinäre, domänen-, anwendungs- und lebenszyklusneutrale bzw. -übergreifende technische Realisierung des Mikro-Kernels bereit und kann auch als „Domain-less Kernel" bezeichnet werden. Die Systemfunktionalitäten selbst, d. h. die hier notwendigen Datenmodelle, Algorithmen, Schnittstellen o. ä. werden erst durch Mikro-Services zur Verfügung gestellt und in das System integriert[40].

5.3.6 Abbildung Experimentierbarer Digitale Zwillinge

Modellierungstechnisch stehen damit alle notwendigen Grundlagen zur Modellierung, Vernetzung und Interaktion von EDZ zur Verfügung. Als letzter noch fehlender Baustein in Konkretisierung von Abbildung 3.17 wird exemplarisch[41] ein Daten-

---

[39] Dies kann man am Beispiel des Datenbankmanagementsystems `Postgres` und seine GIS-Erweiterung `PostGIS` illustrieren (GIS steht für „Geografisches Informationssystem"). Installiert man `PostGIS` erhält man zunächst einmal `Postgres`, welches keine eingebaute Funktionalität zur Verwaltung von Geodaten enthält. Für die Datenhaltung in `Postgres` können Datenmodelle definiert und eingespielt werden. Zur Optimierung der Performance können Indizes definiert werden. Genau dies macht auch der VTB-Kernel. Auch hier ergeben erst die Datenmodelle die Anwendung, Indizes optimieren den Zugriff auf die Daten. Erst durch die GIS-Erweiterung „versteht" `Postgres` Geometrien, Lagen im Raum und deren optimierte Verwaltung. Genau dies erledigt innerhalb eines entsprechend konfigurierten VTB ein Kinematik-Service, welcher den VTB-Kernel um Geometrien, Lagen im Raum u. ä. erweitert.

[40] Dies gilt selbst für zunächst oft als „Kernkomponenten" wahrgenommene Funktionalitäten wie 3D-Modelle oder Kinematik.

[41] Wie bei der Modellierung von Kommunikation im letzten Kapitel gilt auch hier, dass hierzu die Grundlagen aus Abschnitt 4.6 und Abschnitt 5.3 in einem geeigneten Datenmodell umgesetzt werden müssen. Dieses Kapitel macht hierzu einen Vorschlag, der sich in einer Vielzahl

modell zur domänenübergreifenden Modellierung von EDZ definiert, mit dem der RZ auf seinen EDZ abgebildet werden kann (siehe Abschnitt 3.4.1). Die modellierten Strukturen bilden dann den Rahmen zur Aufnahme der zur domänenspezifischen Modellierung des für den EDZ benötigten Simulations-/Experimentierbaren Modelle, Daten und Algorithmen, die dann von geeigneten Simulationsverfahren zur Simulation genutzt werden.

Abbildung 5.10 skizziert die nachfolgend gewählte Vorgehensweise bei der Modellierung von EDZ, welche in drei Ebenen eingeteilt werden kann. Die Grundlage und damit die unterste Ebene bilden die durch den VTB-Kernel zur Verfügung gestellten, auf dem UML-Metamodell aufbauenden und in Abschnitt 5.3 eingeführten Datenstrukturen zur Verwaltung allgemeiner Modelldaten.

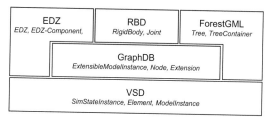

Abbildung 5.10 Die drei Abstraktionsebenen zur Modellierung von EDZ

Die Klasse *VSD::ModelInstance* ist der Ausgangspunkt für ein weiteres allgemein verwendetes domänenübergreifendes Datenmodell auf der zweiten Ebene, welches durch den **GraphDB**-Service bereitgestellt wird. Mit diesem können Graph-Datenbanken bestehend aus *GraphDB::Nodes* umgesetzt werden, die über eine Eltern-Kind-Beziehung zueinander in Beziehung stehen. Jeder *GraphDB::Node* basiert auf einer *GraphDB::ExtensibleModelInstance*, welche wiederum über *GraphDB::ModelInstanceExtensions* verfügen kann und über die ein Knoten mit Zusatzfunktionalität ausgestattet werden kann (siehe Abbildung 5.11)[42]. Über die Klasse *GraphDB::ExtensibleModelInstance* können zusätzlich Knoten in der Graph-Datenbank modelliert werden, die nicht direkt sondern nur über entspre-

---

unterschiedlicher Anwendungen bewährt hat. Aber es gibt natürlich auch hier Alternative zur Umsetzung.

[42] Neben den hier gewählten Graph-Datenbanken mit Knoten, die um Erweiterungen ergänzt werden, gibt es weitere Modellierungsvarianten, die für dieses generische „Zwischenschema" verwendet werden können. Die hier gewählte Variante hat sich gerade in Kombination mit dem objektorientierten Ansatz der UML in vielen Anwendungen als geeignet herausgestellt.

chende Kompositionsbeziehungen mit einer von *GraphDB::Node* abgeleiteten Klasse in den Baum integriert werden können[43].

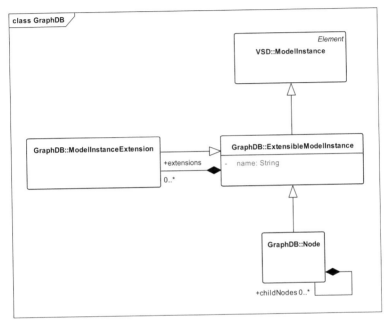

Abbildung 5.11 Das Datenmodell *GraphDB* zur Modellierung einer Graph-Datenbank

Die auf diese Weise bereitgestellte Graph-Datenbank wird dann auf der nächsten Ebene von diversen weiteren Datenschemata genutzt. Das Datenmodell des *EDT*-Service (siehe Abbildung 5.12, EDT steht für „Experimentable Digital Twin") ergänzt die zur Abbildung von EDZ notwendige Semantik. Dadurch, dass einzelne Knoten des Knotenbaumes als *EDT::EDT* bzw. *EDT::Component* ausgezeichnet werden können, kann dieser Baum entsprechend der jeweiligen Sicht auf die Architektur des zu modellierenden Systems strukturiert werden. In Verbindung mit den

---

[43] Als Beispiel enthält ein von *GraphDB::Node* abgeleiteter Knoten *Sensor* in seinen Kindknoten seine Geometrie, in einer Erweiterung sein Verhalten als Sensor einschließlich der sensorspezifischen Parameter und ggf. Algorithmen sowie in einer Liste von konkretisierten *ExtensibleModelInstances* zugehörige Filter und Fehlermodelle. Der Vorteil dieser Modellierung ist, dass diese Filtermodelle ausschließlich in Verbindung mit der jeweiligen Sensor-Erweiterung genutzt werden können.

EDT::Ports und *EDT::Connectors* (siehe Abschnitt 5.4.1) können EDZ-Strukturen und die aus diesen bestehenden EDZ-Szenarien mit ihren Schnittstellen und Verbindungen vollständig abgebildet werden[44].

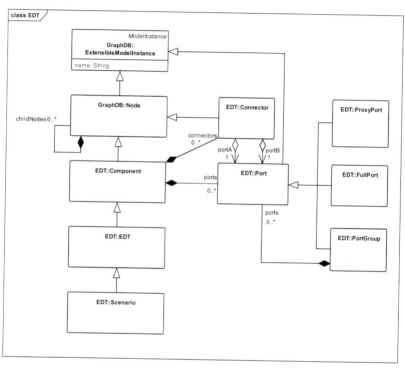

Abbildung 5.12 Das Datenmodell zur Modellierung von EDZ

---

[44] Hierbei wird *GraphDB::Node* als Basisklasse für *EDT::Connector* verwendet, da diese an nahezu beliebigen Stellen der Baums der Knoten eingesetzt werden sollen dürfen. *EDT::Ports* sollen demgegenüber nur an ausgezeichneten Stellen, also in Verbindung mit Klassen, die über entsprechende Kompositionsbeziehungen verfügen, eingesetzt werden können. Deren Basisklasse ist daher *GraphDB::ExtensibleModelInstance*.

Die *EDT::EDT* bzw. *EDT::Components* enthalten demnach Teilbäume aus Knoten und Erweiterungen, über die diese mit geeigneten – domänenspezifischen oder domänenübergreifenden – Simulations-/Experimentierbaren Modellen ausgestaltet werden. Diese Modelle werden entweder direkt zur Simulation verwendet (wie z. B. kinematische oder Starrkörperdynamikmodelle) oder in einem zweiten Schritt für die Simulation aufbereitet (siehe nächster Abschnitt). Abbildung 5.10 illustriert dies an den Daten für Starrkörperdynamik (VTB-Service *RBD*) und Wälder (VTB-Service *ForestGML*).

Bei der Integration domänenspezifischer Datenmodelle wie *ForestGML* zur Beschreibung von Walddaten wird als Basisklasse für die dort definierten Klassen meist *GraphDB::ExtensibleModelInstance* eingesetzt, da hierüber jede der importierten Klassen im Rahmen der „Funktionalen Modellabbildung" (siehe Abschnitt 5.3.7) mit *GraphDB::ModelInstanceExtensions* versehen werden kann. Zudem wird meist eine von *GraphDB::Node* abgeleitete Klasse identifiziert oder neu definiert, die als „Wurzelknoten" derartige Teilmodelle in den jeweiligen EDZ integriert. Abbildung 5.13 skizziert dies für das *ForestGML*-Datenmodell. Ein *ForestGML::TreeContainer* enthält hier einzelne Bäume und Baumarten, die über eine domänenspezifische Kompositionsbeziehung miteinander in Beziehung stehen und jeweils von *GraphDB::ExtensibleModelInstance* abgeleitet sind. Der Container ist demgegenüber eine Spezialisierung von *GraphDB::Node* und kann damit z. B. direkt als Kindknoten eines *EDT::EDT* eines Waldstücks eingesetzt werden[45]. Die einzig benötigte Zusatzinformation bei der Integration dieses Datenmodells in die Simulationsdatenbank ist damit die Definition von Basisklassen für einzelne Klassen des domänenspezifischen Datenmodells, für die die Basisklasse von *GraphDB::ExtensibleModelInstance* abweicht. Die allgemeinen Datenschemata des VTB-Kernels und des *GraphDB*-Service werden dem domänenspezifischen Datenschema quasi „untergeschoben".

---

[45] Natürlich könnte man auch den Baum selbst von *GraphDB::Node* ableiten und diesen dann z. B. innerhalb eines EDZ eines Baumes verwenden.

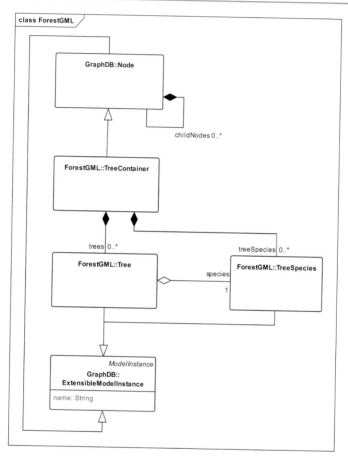

Abbildung 5.13 Ausschnitt aus dem *ForestGML*-Datenmodell zur Modellierung von Wald-strukturen

5.3.7   Funktionale Modellabbildung

Mit den o. g. Methoden können EDZ, EDZ-Komponenten und beliebige diese beschreibende Datenmodelle in der Simulationsdatenbank abgebildet werden. Dies gilt auch für die Datenmodelle der Simulationsverfahren selbst, denn mit Ausnahmen wie der domänenübergreifenden Simulationssprache Modelica werden für unterschiedliche Domänen unterschiedliche Simulationsverfahren mit eigenen

Datenstrukturen eingesetzt. Dies führt dazu, dass aus einem (meist bereits beste-
henden) Arbeitsablauf die Ausgangsdaten für die Simulation in einem gegebenen
Datenmodell vorliegen, welches über einen entsprechenden VTB-Service in die
Simulationsdatenbank integriert wird, so dass die Daten selbst dann ebenfalls in die
Simulationsdatenbank geladen werden können. Auf der anderen Seite erwartet ein
Simulationsverfahren die Daten in einem vorab festgelegten Datenmodell. Benötigt
wird damit eine Abbildungsvorschrift zwischen domänen-/anwendungsspezifischen
und simulationsverfahrensspezifischen Beschreibungsformen, mittels der die Simu-
lationsmodelle (online und/oder bidirektional) ineinander überführt werden können.
Dieser Prozess wird nachfolgend **Funktionale Modellabbildung** genannt [Hop17].
Diese kann grundsätzlich über die in Abschnitt 4.6.3 eingeführten Methoden zur
Modelltransformation vorgenommen werden, wobei die notwendigen Transformationen häufig so komplex werden, dass für ein Paar von Ausgangsdaten und Simulationsverfahren ein entsprechender und speziell für das jeweilige Ein- und Aus-
gangsformat realisierter „Abbildungs-Service" erzeugt wird. Sofern möglich wird
hierbei auf Zwischenformate zurückgegriffen, die von mehreren Simulationsverfahren „verstanden" werden, so dass sich die Anzahl dieser Services deutlich reduziert.
Im Beispiel der Referenzimplementierung für die Anwendungen aus Kapitel 6 verwenden z. B. Kinematik, Starrkörperdynamik, Sensorik und Rendering alle dieselbe
Geometriebeschreibung.

Abbildung 5.14 illustriert die Grundidee der Funktionalen Modellabbildung
am Beispiel der Starrkörperdynamik, welche auf mittels *ForestGML* beschriebene
Waldmodelle zurückgreifen möchte. Hierzu müssen für jeden einzelnen Baum
entsprechende Starrkörper erzeugt werden, die dann von der Starrkörperdynamik
berücksichtigt werden können. Ausgangspunkt der Erzeugung sind die Attribute

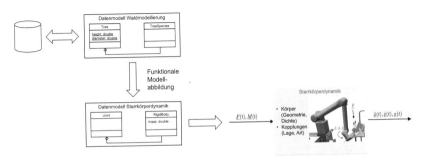

Abbildung 5.14 Beispiel für die Aufbereitung von Waldmodellen für die Starrkörperdynamik

Baumhöhe, -durchmesser und -position im *ForestGML*-Modell. Die resultierenden Starrkörper sind *GraphDB::ModelInstanceExtensions*, die an die *ForestGML::Trees* angehangen werden.

5.4   Modellierung und Simulation von Interaktion

Wie im vorstehenden Abschnitt erläutert stellt der VTB-Kernel die grundlegende Kommunikationsinfrastruktur für das VTB bereit (siehe auch Abschnitt 5.2.2). Darüber hinaus ist die Modellierung und Simulation der Interaktion zwischen EDZ und ihren EDZ-Komponenten in einem EDZ-Szenario in unterschiedlichen Interaktionsformen (mechanische oder hydraulische Verbindungen, Ethernet-Netzwerk, direkte elektrische Verbindungen usw.) von elementarer Bedeutung. Konkret versteht man darunter die Realisierung von $\underline{l}_{szenario}$ und $\underline{v}_{szenario}$ entsprechend Gleichung 3.12 zur Simulation gesamter Systeme in ihrer Einsatzumgebung sowie zur Integration dieser Simulationen in Prozesse und reale Systeme. Werden die bis hierhin eingeführten VTB-spezifischen Kommunikationsvarianten insbesondere von den Entwicklern der VTB-Services sowie zur Zusammenführung der Simulations-/Experimentierbaren Modelle aus unterschiedlichen Simulationsverfahren genutzt, so wird die Modellierung der Interaktion auf Ebene von EDZ-Szenario, EDZ und EDZ-Komponente maßgeblich von den Modellierern zur Realisierung der Netzwerke interagierender EDZ eingesetzt.

5.4.1   Modellierung von Ports und Verbindungen

Die konzeptuellen Grundlagen für die technische Realisierung der Interaktion sind in Abschnitt 3.3.4 und Abschnitt 5.2.2 eingeführt worden. Dort wurden auch hierzu maßgebliche Begriffe wie „Port", „Verbindung", „Schnittstelle" und „Interaktionsform" definiert und die unterschiedlichen Varianten von Ports und Interaktionsformen klassifiziert. Diese Konzepte waren dann die Grundlage für die Modellierung von Netzwerken interagierender EDZ in Abschnitt 3.4.2 und deren Simulation entsprechend Abschnitt 3.6.1. Der Begriff „Interaktion" wird hierbei sehr allgemein gefasst und domänenübergreifend verstanden (siehe auch Abbildung 3.12). Er umfasst nicht nur die IT-technische Kommunikation über Datenverbindungen sondern auch den Austausch von Energie und Materie über Strom- oder Hydraulikleitungen oder Wärmeaustausch sowie die „Interaktion" von Körpern über Gelenke, um nur einige Beispiele zu nennen. Abbildung 5.15 illustriert dies an einigen Beispielen. Um eine derartige Interaktion zu modellieren, reicht eine Modellierung

auf Grundlage von Ports sowie deren Verbindungen vollständig aus. Lässt man die
Simulation der Konsequenzen der hierdurch modellierten Ports und ihrer Verbindungen außen vor, sind die grundlegenden Abhängigkeiten vollständig beschrieben.

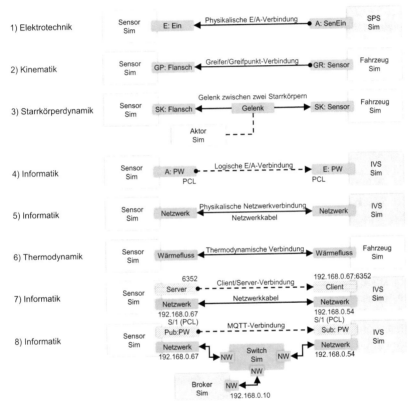

Abbildung 5.15 Beispiele für Ports und Verbindungen aus unterschiedlichen Disziplinen
und Domänen[46]

---

[46] Im MQTT-Beispiel 8 wurde auf die MQTT-Clients verzichtet. MQTT steht für „Message
Quing Telemetry Transport", ein nachrichtenbasiertes Kommunikationsprotokoll, welches
im Kontext des Internets der Dinge (IoT) bekannt wurde. Die schraffiert dargestellten Blöcke
sind keine Ports sondern Instanzen innerhalb der jeweiligen EDZ-Komponente. Gestrichelt
dargestellte Verbindungen sind „logische Verbindungen", d. h. es gibt keine physikalische
Entsprechung dieser Verbindung.

Grundlage sind die bereits in Abbildung 5.12 enthaltenen Klassen *EDT::Port* und *EDT::Connector* zur Abbildung von Ports und Verbindungen durch den *EDT*-Service. Wie mit der `SysML` eingeführt, werden Ports zunächst einmal in *EDT::FullPorts*, *EDT::ProxyPorts* und *EDT::PortGroups* aufgeteilt [OMG]. *EDT::FullPorts* sind hierbei die „eigentlichen" Ports, die im Modell eines EDZ an der Stelle verwendet werden, wo diese (im Idealfall entsprechend der physikalischen Architektur) auftreten, beim digitalen Ausgang „ein" des Sensors aus Abbildung 5.15 z. B. am Umformer (siehe Abbildung 3.9). *EDT::ProxyPorts* verlegen diese Ports auf die Schnittstelle des EDZ entsprechend seiner logischen Architektur. *EDT::PortGroups* gruppieren Ports z. B. entsprechend ihrer Zusammenfassung auf Steckverbindern. Entsprechend dieses Datenmodells modellierte EDZ können somit gleichzeitig deren physikalische als auch deren logische Architektur nachbilden.

Ports <u>U</u> und <u>Y</u> müssen entsprechend ihrer semantischen Bedeutung modelliert werden, ein Port für ein Ethernet-Netzwerk muss anders beschrieben werden als ein Port für eine elektrische Verbindung. Entsprechend muss unterschieden werden zwischen Ports, die zur Modellierung der realen Welt mit der dort entsprechend der physikalischen Systemarchitektur anzutreffenden Semantik eingesetzt werden (Variante 3 in Abbildung 5.16), und denen, die spezifisch für einen Simulator oder ein Simulationsverfahren definiert und verwendet werden (Variante 1 in Abbildung 5.16). Simulationsverfahren-spezifische Ports werden sowohl zur Umsetzung domänenübergreifender Simulationsverfahren wie z. B. gleichungs-, signal- oder objektorientierte Simulation als auch zur Umsetzung domänenspezifischer Simulationsverfahren wie Kinematik, Starrkörperdynamik oder FEM eingesetzt (siehe Kapitel 4). VTB-spezifische Ports (Variante 2 in Abbildung 5.16) werden genutzt, um die Kommunikation zwischen EDZ- und EDZ-Komponenten zu modellieren, wenn noch keine konkreten Kommunikationsinfrastrukturen festgelegt, deren Modellierung und Simulation zu aufwändig oder eine Systembetrachtung auf logischer Ebene ausreichend ist. Im Gegensatz zur Spezialisierung der *EDT::FullPorts* werden zur Verbindung dieser stets die generischen *VSE::Connectors* verwendet, da die Verbindungen wie in Abschnitt 3.2.2 eingeführt stets passiv sind.

Beispiele für VTB-spezifische Kommunikation sind die in Abbildung 5.3 skizzierte direkte, nachrichtenbus-basierte oder Broker-basierte Kommunikation. Im Idealfall erfolgt die Modellierung aber auf Grundlage der physikalischen Systemarchitektur mit Beschreibung der Interaktionen in der realen Welt mit entsprechenden Ports (wie Schraublöcher, Hydraulikanschlüssen, Steckdosen, u. ä.). Für alle drei Varianten stellen die *EDZ*- und *GraphDB*-Services die Grundlagen bereit.

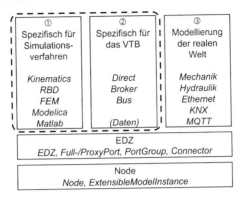

Abbildung 5.16 Klassifizierung von Ports in 1) Simulationsverfahren-/Simulator- oder 2) VTB-spezifisch sowie 3) zur Modellierung der realen Welt

Abbildung 5.17 skizziert beispielhaft ein logisches Datenmodell zur Umsetzung ausgewählter Interaktionen im Bereich von Mechanik, Kinematik und Informatik in den dargestellten drei Varianten. In der Mitte finden sich die bereits vorgestellten Basisklassen. Der Virtual Testbed Communication Infrastructure- (VCI) Service stellt die VTB-spezifischen Methoden zur direkten sowie Nachrichten- und Broker-basierten Kommunikation zur Verfügung (siehe Variante 2 oben). *EDT::FullPorts* sind dann entsprechend Abbildung 3.12 entweder Value-, Slot- oder Signal-Ports[47]. Broker-Endpoints können entweder Publisher, Subscriber und wiederum Signals und Slots sein. Diese Endpoints sind mit einem *VCI::Broker::Broker* verbunden. Anlog sind die Verhältnisse beim Nachrichtenbus *VCI::MessageBus::Bus*.

Im Bereich der Simulationsverfahren-/Simulator-spezifischen Ports (siehe Variante 1 oben) werden z. B. *Kinematics::Gripper* und *Kinematics::GripPoint* zur Modellierung von Greifer-Greifpunkt-Verbindungen in der Kinematik im *Kinematics*-Service eingesetzt. Wie im Beispiel 2 kann ein Fahrzeug mit einem *Kinematics::Gripper* versehen werden, der ein mit einem *Kinematics::GripPoint* ausgestatteten Sensor „greifen" kann. Analog kann im Bereich der Starrkörperdynamik vorgegangen werden (siehe Beispiel 3).

---

[47] Im Vergleich zu Abbildung 3.12 erfolgte die Benennung hier entsprechend der technischen Umsetzung. Der Signal-Port aus Abbildung 3.12 ist also ein *VCI::Direct::Value*-Port, der Methode-Port wurde zur Abbildung des Signal-/Slot-Patterns in *VCI::Direct::Signal*-Port und *VCI::Direct::Signal*-Port aufgeteilt.

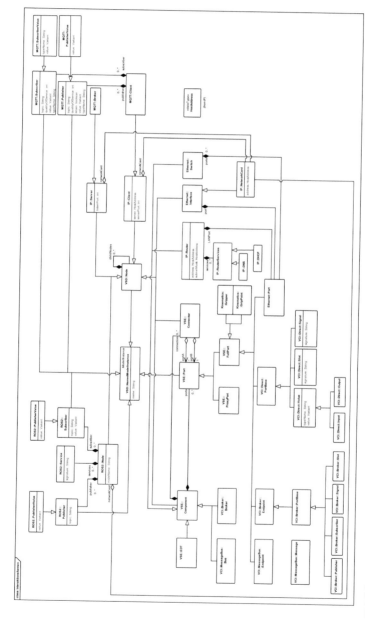

Abbildung 5.17 Datenmodell für ausgewählte Interaktionsformen unterschiedlicher Domänen

Im Bereich der Modellierung der realen Welt (siehe Variante 3 oben) werden mechanische Ports eingesetzt. Die Netzwerktopologie eines Datennetzwerks kann z. B. über den *Ethernet*-Service auf Ebene 0 des OSI-Referenzmodells (siehe Abbildung 3.13) modelliert werden. Die Ebenen 4 und 5 können z. B. durch den *IP*-Service abgebildet werden (siehe auch Beispiel 7 in Abbildung 5.15). Hierauf bauen die auf Ebene 7 des OSI-Referenzmodells angesiedelten Kommunikationsinfrastrukturen auf, in diesem Beispiel ROS2 und MQTT. Diese definieren keine eigenen Ports, da sie das zu Grunde liegende Datennetzwerk nutzen. *ROS2::Node*, *MQTT::Client* und *MQTT::Broker* übernehmen die entsprechend ihres Names zugewiesenen Aufgaben innerhalb der jeweiligen Kommunikationsinfrastrukturen. Beispiel 8 in Abbildung 5.15 illustriert dies.

Abbildung 5.18 skizziert am Beispiel der Kommunikation von Sensor und Informationsverarbeitung eines EDZ die Modellierung des Datenaustauschs auf unterschiedlichen Ebenen des OSI-Referenzmodells. Die am häufigsten anzutreffende Variante ist in der Abbildung oben dargestellt und entspricht der obigen Variante 2. Der Sensor wurde hier mit einem *VCI::Direct::Value*-Port *PW* ausgestattet, über den er die erfasste Punktwolke zur Verfügung stellt, die Informationsverarbeitung verfügt über das entsprechende Gegenstück. Die technische Umsetzung der Kommunikation wird hier zunächst einmal nicht betrachtet, die Betrachtung erfolgt ausschließlich auf logischer Ebene. Der Datenaustausch wird von der Zeitsteuerung der Simulation entsprechend des zuvor bestimmten allgemeinen Ausführungsplans vorgenommen. Im mittleren Beispiel wurde der Datenaustausch der Punktwolke mit dem MQTT-Protokoll realisiert. Hierzu wurden die o. g. Ports durch Netzwerkschnittstellen *Ethernet::Port* ersetzt, über die die beiden EDZ-Komponenten mit einer simulierten Netzwerkinfrastruktur und einem simulierten *MQTT::Broker* verbunden sind. Über diese Infrastruktur und diesen Broker kommunizieren entsprechend konfigurierte *MQTT::Publisher*- und *MQTT::Subscriber*-Instanzen und tauschen so die Daten aus[48]. Das dritte Beispiel (entspricht der oben eingeführten Variante 3) kommuniziert direkt über Sockets. Die Aufgabe der Publisher-/Subscriber-Instanzen übernehmen hier geeignet konfigurierte *IP::Client*- und *IP::Server*-Instanzen, über die die Verbindung aufgebaut und die Daten ausgetauscht werden.

---

[48] Die hierzu notwendigen *MQTT::Clients* wurden der Übersichtlichkeit halber nicht dargestellt.

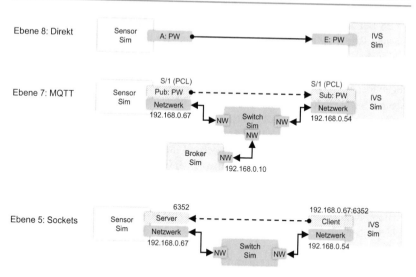

Abbildung 5.18 Drei Beispiele für die Modellierung der Kommunikation zwischen einem **simulierten** Sensor und einem **simulierten** IVS auf unterschiedlichen Ebenen des OSI-Referenzmodells (siehe Abbildung 3.13)

5.4.2   Simulation von Verbindungen

Die reine Modellierung von Ports und deren Verbindungen ist zunächst einmal im Idealfall (bei Anwendung der oben eingeführten Variante 3) gänzlich unabhängig von einem spezifischen Simulationsverfahren, dem verwendeten VTB oder den eingesetzten Simulatoren. Dies gilt sowohl für die allgemeinen Definitionen im EDZ-Datenmodell als auch für die hierauf aufbauenden domänenspezifischen Festlegungen. So definieren *EDT::FullPorts* lediglich den Austausch von Energie und Information in den entsprechenden Domänen und ermöglichen die Parametrierung dieser Verbindungen. Eine Port-Verbindung auf dieser Ebene hat zunächst einmal keine Auswirkungen. Vielmehr sind zusätzliche Simulationsverfahren (Kinematik, Hydraulik, Starrkörperdynamik, gleichungs-/signal-/objektorientierte Simulation) notwendig, um die Konsequenzen der Verbindungen zwischen EDZ und EDZ-Komponenten zu simulieren und hierzu die Funktion i_f aus Gleichung 3.9 umzusetzen. Hierbei erfolgt die Zuordnung dieser Simulationsverfahren entweder durch die Typisierung von Ports wie z. B. *Ethernet::Port* oder durch den in Abschnitt 5.5.2 eingeführten Modellanalyseprozess, der die Verbindungen und die dadurch entstehenden Abhängigkeiten analysiert und für die Einteilung des Modells in Simulationseinheiten und Simulationsaufgaben nutzt. So werden z. B. mehrere verbundene FMUs durch den FMI-Service als eine Simulationsaufgabe gemeinsam simuliert und hierbei die Auswirkungen der Verbindungen auch zwischen den Kommunikationszeitpunkten durch Zusammenführung der jeweiligen Differentialgleichungssysteme berücksichtigt (starke Kopplung, siehe Abschnitt 3.6.3). Eine Verbindung zweier Starrkörper wird von der Starrkörperdynamik bei der Aufstellung des LCPs berücksichtigt. Ansonsten findet die Kommunikation ausschließlich zu den von der Modellanalyse und der Zeitsteuerung bestimmten Kommunikations-/Makro-Zeitpunkten statt (weiche Kopplung, siehe Abschnitt 3.6.3). Innerhalb z. B. einer EDZ-Komponente und damit innerhalb eines domänenspezifischen Simulationsmodells können natürlich wiederum Verbindungen enthalten sein, die auf der hier betrachteten Abstraktionsebene allerdings keine Rolle mehr spielen.

5.4.3 Kommunikation mit realen Systemen

Die Kommunikation zwischen RZ und EDZ im Bereich der Informationstechnik ergibt sich hiermit quasi „von selbst". Grundlage ist, dass EDZ und deren Komponenten im virtuellen Szenario die physikalische Architektur des RZ 1-zu-1 abbilden. Hierdurch finden sich in Hybriden Szenarien die „gleichen" Kommunikationsinfrastrukturen – nur einmal real und einmal simuliert. Zur Kommunikation zwischen RZ und EDZ müssen diese beiden Kommunikationsinfrastrukturen nur noch miteinander verbunden werden, die realen Kommunikationsinfrastrukturen werden also quasi in die Realität „verlängert" bzw. umgekehrt. Abbildung 5.19 illustriert dies am Beispiel der Abbildung 5.18, indem es die dort abgebildeten rein virtuellen Szenarien in Hybride Szenarien überführt. Die hier notwendige Verbindung der virtuellen und realen IP-Netzwerke erfolgt auf der Modellierungsseite auf der Ebene 0, auf der Implementierungsseite auf Ebene 3 des OSI-Referenzmodells[49]. Das Ergebnis ist ein Hybrides Zwillingspaar, dessen simuliertes Datenverarbeitungssystem an einen realen Sensor angeschlossen ist. Auf der oben dargestellten logischen Ebene ist dies nicht möglich, da die modellierte Verbindung über keine physikalische Entsprechung verfügt. Demgegenüber lassen sich die beiden weiteren Varianten direkt überführen. Hier muss lediglich das virtuelle Netzwerk mit dem realen Netzwerk verbunden werden, es muss also wie durch den roten Pfeil jeweils angedeutet der reale Netzwerkswitch mit dem simulierten Netzwerkswitch verbunden werden. Genau hierdurch wird entsprechend Gleichung 3.28 die

---

[49] Technisch gesehen ist der virtuelle Teil des Netzwerks als eigenständiges Subnetz über einen Router mit dem realen Teil verbunden.

entsprechende simulierte Kommunikationsinfrastruktur $I_{a \to b,\mathrm{edz}}$ mit ihrem realen Pendant $I_{a \to b,\mathrm{real}}$ verbunden.

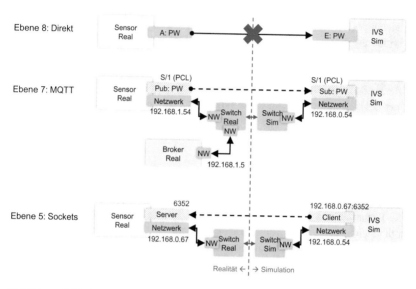

Abbildung 5.19 Drei Beispiele für die Modellierung der Kommunikation zwischen einem **realen** Sensor und einem **simulierten** IVS auf unterschiedlichen Ebenen des OSI-Referenzmodells (siehe auch Abbildung 5.18)

5.5   Zeitsteuerung

Ziel Virtueller Testbeds ist die Simulation von Netzwerken interagierender EDZ, konkret also die Bestimmung des zeitlichen Verlaufs des Simulationszustands entsprechend Abschnitt 3.1.3 nach Gleichung 3.8. Mit den bisher eingeführten Konzepten können Netzwerke interagierender EDZ modelliert und zusammen mit den zur Simulation notwendigen Simulationsverfahren in ein gemeinsames VTB integriert werden. In der Simulationsdatenbank steht dann das EDZ-Szenario bestehend aus untereinander vernetzten EDZ und EDZ-Komponenten zur Verfügung. Dieses Netzwerk muss in ein Netzwerk aus Simulationseinheiten/-aufgaben überführt werden (siehe Abschnitt 3.6). Anschließend muss jede Simulationseinheit zur Berechnung der zeitveränderlichen Größen zu geeigneten Zeitpunkten aufgerufen und die berechneten Größen wiederum zu geeigneten (ggf. anderen) Zeitpunkten untereinander ausgetauscht werden. Hierbei müssen die (oft zirkularen) Abhängigkeiten aufgelöst werden. **Erst hierdurch entsteht aus dem EDZ-Szenario ein ausführbares, Experimentierbares Szenario.** Dieser Abschnitt skizziert zunächst Methoden zur Zeitsteuerung für VTB und führt anschließend einen Modellanalyseprozess ein, der aus dem EDZ-Szenario in der Simulationsdatenbank einen Ausführungsplan zur Durchführung der Simulation erstellt, also ein EDZ-Szenario in ein Experimentierbares Szenario überführt.

Aufgabe der Zeitsteuerung ist hierbei, Simulationsaufgaben zu vorgegebenen und/oder von diesen bestimmten Zeitpunkten aufzurufen, damit diese entsprechend Abschnitt 3.6.2 über Anwendung der Übergangsfunktionen f_k und f_d sowie der Nebenbedingungen h_k und h_d den zeitlichen Verlauf des Simulationszustands $\underline{s}\langle t\rangle$ als auch über Anwendung der Ausgangsfunktion g den zeitlichen Verlauf der von der jeweiligen Simulationsaufgabe bestimmten Ausgänge berechnen können. Jede Simulationsaufgabe bestimmt zudem über die Funktion T den Zeitpunkt des nächsten Ereignisses. Diese Funktion ist bei Simulationsaufgaben, welche Differentialgleichungen mit kontinuierlichem Zeitverhalten lösen, von deren Integrationszeitsteuerung implementiert. Bei zeitkontinuierlichen Simulationsaufgaben liefert diese Zeitpunkte in einem häufig konstanten Abstand, der Zeitschrittweite (auch als „Simulationstakt" bezeichnet), zurück, bei ereignisgesteuerten Simulationsaufgaben den Zeitpunkt des nächsten Ereignisses.

Abbildung 5.20 illustriert dies am Beispiel der Simulation eines Fließbands (waagerechter Pfeil), welches Werkstücke mit der Geschwindigkeit v bewegt. Ein Vereinzeler vereinzelt diese Werkstücke, in dem er über eine translatorische Kinematik

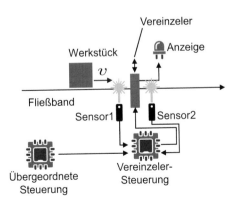

Abbildung 5.20 Beispiel zur Illustration der Aufgabe der Zeitsteuerung in einem Simulator

ein Hindernis in den Weg der Werkstücke einbringt. Ein Sensor detektiert die Anwesenheit eines Werkstücks. Dies wird über eine LED angezeigt. Seine Steuerungsanweisungen erhält der Vereinzeler von einer übergeordneten Steuerungsinstanz. Abbildung 5.21 zeigt für dieses Beispiel das Simulationsszenario. Die dargestellten EDZ sind über ihre Ein- und Ausgänge explizit (durchgezogene Pfeile) sowie über die Interaktion über Simulationsverfahren implizit (gestrichelte Pfeile) verbunden.

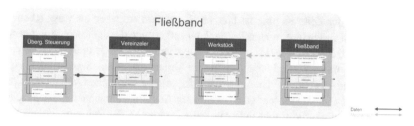

Abbildung 5.21 Simulationsszenario für das Beispiel der Abbildung 5.20

Betrachtet man dieses Beispiel, kann man schnell die beteiligten Simulationsverfahren identifizieren:

1. Die Starrkörperdynamik bewegt das Fließband über seinen Antrieb, die Werkstücke über die Reibung zwischen Fließband und Werkstück sowie den Vereinzeler über einen Antrieb.
2. Die Sensorsimulation simuliert die Lichtschranke.
3. Z. B. über ein Petri-Netz als Modellierungssprache (siehe Abschnitt 3.7.6) wird das Verhalten der beiden Steuerungen nachgebildet.
4. Eine LED-Simulation bildet das Verhalten der LED nach.
5. Über das Rendering des Gesamtszenarios kann der Anwender das Systemverhalten nachvollziehen.

Abbildung 5.22 skizziert eine mögliche Zeitplanung für die Simulation des Szenarios. Zunächst erfolgt die Simulation der Bewegung, dann die des Sensors, der Steuerung und der Anzeige. Abschließend wird das Szenario dreidimensional grafisch dargestellt. Der Zeitverlauf ist in „Simulationstakten" organisiert, die zu den Zeitpunkten t_0, t_1, t_2, … beginnen. Alle Simulationsverfahren in diesem Zeittakt betrachten das Simulationsszenario also für den gleichen Zeitpunkt, obwohl die Darstellung zunächst etwas anderes suggeriert. Tatsächlich gibt die Darstellung

den Verlauf der **Realzeit** an[50], die von der **Simulationszeit** als Repräsentation der
o. g. physikalischen Zeit während der Simulation unterschieden werden muss. Das
Verhältnis zwischen Realzeit und Simulationszeit klassifiziert wiederum das Zeitverhalten der Simulation. So kann die Simulationszeit schneller oder langsamer als
die Realzeit ablaufen. Demgegenüber wird die Simulationszeit häufig auch an die
Realzeit gekoppelt. Wird Simulation zur Steuerung von Robotern eingesetzt (siehe
z. B. Abschnitt 3.7.5), ist die Ausführung der Simulation in harter Echtzeit notwendig. Werden die Simulationsergebnisse über die Visualisierung der 3D-Welt direkt
einem Anwender präsentiert, ist eine Simulation in weicher Echtzeit ausreichend.

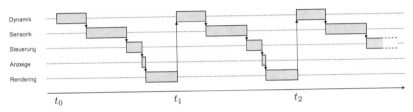

Abbildung 5.22 Mögliche Zeitplanung für die Simulation des Szenarios aus Abbildung 5.21

5.5.1   Szenarioübergreifendes Scheduling

Die Betrachtung des o. g. Beispiels erfolgte bis hierhin eher intuitiv, durch Betrachtung des EDZ-Szenarios wurden Simulationsverfahren identifiziert und diese dann
zeitlich angeordnet. Tatsächlich ist diese Aufgabe nicht so einfach wie es bis hierhin ggf. den Eindruck erweckt, denn bei der Planung der zeitlichen Ausführung
der Simulationsverfahren müssen eine Reihe von Randbedingungen berücksichtigt
werden wie z. B. die expliziten und impliziten Abhängigkeiten zwischen den EDZ
und EDZ-Komponenten. Zudem zeigt Abbildung 5.22 nur eine Möglichkeit zur
Anordnung der Simulationsverfahren. So erscheint die Reihenfolge zunächst willkürlich, warum wird z. B. nicht zuerst die Sensorik und dann die Dynamik simuliert.
Eine nähere Betrachtung führt zum Problem, dass wie z. B. auch in Abbildung 3.31
zyklische Abhängigkeiten aufgelöst werden müssen. Aktuell werden alle Simulationsverfahren für gleiche Simulationszeitpunkte aufgerufen. Dies muss aber nicht
zwangsläufig so sein. Dies kann z. B. dazu führen, dass Simulationsverfahren unterschiedlich häufig aufgerufen werden.

---

[50] Diese wird oft auch als „Walltime" bezeichnet.

Notwendig ist also ein formaler Prozess zur Bestimmung eines szenario-übergreifenden Ausführungsplans durch einen Scheduler (zur Definition dieser Begriffe siehe Abschnitt 3.6.1). Grundlage hierfür sind die in Abschnitt 3.6.1 eingeführten Simulationseinheiten und Simulationsaufgaben, deren Ausführung auf die beteiligten VTB-Kernels (bei parallelen/verteilten Simulationen können das durchaus mehrere VTB-Kernels auf mehreren Verarbeitungseinheiten eines einzelnen oder verteilten Rechnersystems sein) unter Berücksichtigung der expliziten und impliziten Abhängigkeiten übertragen werden muss. Damit ermöglicht die in Abschnitt 3.6.2 eingeführte einheitliche Struktur der in Simulationseinheiten abgebildeten Simulationsverfahren die zu Simulationsaufgaben zusammengefasst werden, nicht nur eine einheitliche Beschreibung der Simulationsverfahren, sondern legt gleichzeitig auch die Grundlage für Planung und Durchführung einer übergreifenden und vom konkreten Zeitverhalten unabhängigen Zeitsteuerung.

Die technische Umsetzung der Zeitsteuerung führt zur Thematik des Schedulings. Die nachfolgende Darstellung überträgt die Zusammenfassung von [Her07] auf VTB[51]. Entsprechend kann der Begriff angelehnt an [Her07] wie folgt definiert werden:

> **Definition 5.6 (Scheduling):** *Scheduling bezeichnet „die zeitliche Zuordnung von Aktivitäten bzw. Aufgaben zu beschränkten Ressourcen [...]. Beim Scheduling wird das Zeitintervall der Aufgabenausführung festgelegt. Üblicherweise müssen dabei nicht-lineare lokale Restriktionen und weitere globale Optimierungskriterien betrachtet werden."*

Diese Definition gilt auch für die Zeitsteuerung in VTB. Hier kann Scheduling als Zuordnungsproblem mit folgenden Elementen betrachtet werden:

- Ausgeführt werden muss die Menge von **Simulationsaufgaben** $T_{SA} = (T_{SA,1}, T_{SA,2}, ..., T_{SA,n}) \in \mathbb{T}_{SA}^n$, die Teil eines Simulationsprozesses und daher voneinander abhängig sind und im Hinblick auf das Gesamtzeitverhalten der Simulation (z. B. Echtzeitfähigkeit) zeitlichen Restriktionen unterliegen.
- Für die Ausführung der Simulationsaufgaben werden **Ressourcen** $R_T = (R_{T,1}, R_{T,2}, ..., R_{T,m}) \in \mathbb{R}_T^m$ benötigt. Ressourcen für die Durchführung von Simulationen sind zum einen die benötigten Verarbeitungseinheiten, die Teile des

---

[51] Eine der bekanntesten Aufgaben des Schedulings ist sicherlich die Zuordnung von Produktionsaufgaben zu einzelnen Maschinen oder Arbeitsplätzen für die Fertigung beauftragter Produkte.

EDZ-Szenarios $M_{S,\text{szenario}}$, die für die Ausführung einer Simulationsaufgabe benötigt und ggf. verändert werden, oder Schnittstellen zu externen Systemen.

- Bei der Lösung des Zuordnungsproblems müssen **Constraints** $C \in \mathbb{C}_{TR} \cup \mathbb{C}_{TT}$ beachtet werden. Diese teilen sich auf in Constraints hinsichtlich der Zuordnung von Simulationsaufgaben zu Ressourcen $C_{TR} = (C_{TR,1}, C_{TR,2}, ..., C_{TR,p}) \in \mathbb{C}_{TR}^p$ sowie hinsichtlich der Abbildung der logischen Abhängigkeit zwischen den Simulationsaufgaben selbst $C_{TT} = (C_{TT,1}, C_{TT,2}, ..., C_{TT,q}) \in \mathbb{C}_{TT}^q$. Jede Constraint $C_i \in \mathbb{C}$ ist definiert entweder als Funktion $C_{TR} : \mathbb{T}_{SA} \times \mathbb{R}_T \times \mathbb{T} \to \mathbb{R}$ oder als Funktion $C_{TT} : \mathbb{T}_{SA} \times \mathbb{T}_{SA} \times \mathbb{T} \to \mathbb{R}$, die jeweils angeben, ob die geforderte Zuordnung zwischen Simulationsaufgabe und Ressource erfüllt ist oder nicht. $\mathbb{T}$ ist ein möglicher Anfangszeitpunkt[52]. Harte Constraints müssen zwingend erfüllt sein, weiche Constraints können erfüllt sein, müssen aber nicht. Bei der Simulation in VTB führt die Verletzung weicher Constraints zu Vereinfachungen bei der Simulation, welche die Simulation entweder erst ermöglichen oder das Laufzeitverhalten der Simulation verbessern.

- **Gesucht** ist eine Zuordnung aller Simulationsaufgaben T_{SA} auf freie Zeitintervalle der Ressourcen R_T und damit eine Zuordnung aller Simulationsaufgaben zu Anfangszeitpunkten aus $\mathbb{T}$ unter Einhaltung aller harten und bestmöglichen Einhaltung aller weichen Constraints C. Das Ergebnis ist die Zuordnung bzw. der Ausführungsplan $P = ((T_{SA,1}, t_1), (T_{SA,2}, t_2), ..., (T_{SA,n}, t_n)) \in \mathbb{P}^n$ mit $\mathbb{P} = \mathbb{T}_{SA} \times \mathbb{T}$.

- Hierbei bewerten **Zielfunktionen** $f_P : \mathbb{P}^n \to \mathbb{R}$ eine vorgenommene Zuordnung P, indem sie die Einhaltung der weichen Constraints ebenso wie Aspekte wie Laufzeiten und Reaktionszeiten bewerten. Der erstellte Plan muss die Zielfunktion maximieren.

- **Dargestellt** werden kann das Ergebnis P als Terminplan oder Gantt-Chart (siehe auch das Beispiel in Abbildung 5.22).

Bei VTB ist es im Allgemeinen nicht möglich, das Scheduling vollständig vor der Ausführung der Simulation vorzunehmen, denn das Zeitverhalten der Simulation ist meist nicht vollständig im Vorhinein bekannt. So ist die Berechnungsdauer einzelner Simulationsverfahren oft vom Simulationszustand und seinem zeitlichen Verlauf abhängig. Zudem nehmen häufig externe Systeme und natürlich insbesondere der Anwender selbst direkten Einfluss auf die Simulation und ändern so z. B. die zeitliche Verfügbarkeit von Ressourcen oder die Berechnungszeit einzelner Simulationsaufgaben. Dies führt zur Notwendigkeit eines **dynamischen Schedulings**, für das die folgenden Kategorien einführt werden können [Her07]:

---

[52] Beschrieben in der „super-dense time", siehe Abschnitt 3.6.2.

- Beim **Online-Scheduling** werden Ausführungszeitpunkte aus $t_i \in \mathbb{T}$ nicht im Vorhinein festgelegt. Stattdessen wird die Entscheidung über die als nächstes auszuführende Simulationsaufgabe während der Ausführung getroffen.
- Beim **Prädiktiven/Reaktiven Scheduling** wird im Vorhinein ein allgemeiner Ausführungsplan ohne Berücksichtigung möglicher Störungen während der Ausführung generiert. Dieser Plan ist dann Grundlage konkreter Ausführungsentscheidungen zur Laufzeit der Simulation, wird also während zur Laufzeit korrigiert. Das Online-Scheduling ist eine Spezialform des Prädiktiven/Reaktiven Schedulings, bei dem auf die Planerstellung im Vorhinein komplett verzichtet wird.
- Das **Robuste Scheduling** ist eine Form des Prädiktiven/Reaktiven Schedulings, bei dem die Pläne mit ausreichenden Sicherheiten versehen werden, damit trotz der Planungsunsicherheiten ein gewünschtes Systemverhalten garantiert werden kann.

Diese Varianten können für unterschiedliche EDZ-Anwendungen angewendet werden. Simulationen in harter Echtzeit erfordern ein rein prädiktives Scheduling oder zumindest ein robustes Scheduling mit ausreichenden Sicherheiten, bei denen beim Übergang auf weiche Echtzeit sukzessive verzichtet werden kann. Interaktive Simulationen oder mit RZ verbundene Simulationen nutzen demgegenüber weitgehend das Online-Scheduling.

5.5.2   Modellanalyseprozess für das prädiktive Scheduling

Im Rahmen des prädiktiven Schedulings werden das Simulationsmodell des Szenarios und die dort enthaltenen EDZ-Komponenten mit ihren Modellen $M_{S,\text{komp},j}$ analysiert und die notwendigen Simulationsverfahren und deren Simulationsfunktionen Γ_i und Φ_i identifiziert (siehe auch Abschnitt 3.6.1). Da die Simulation des Verhaltens einer über $M_{S,\text{komp},j}$ beschriebenen Komponente oft über mehrere unterschiedliche Simulationsverfahren durchgeführt werden könnte (z. B. kinematische oder dynamische Simulation des Bewegungsverhaltens), muss der Anwender zunächst festlegen, in welcher Detaillierung er die Simulation durchführen und/oder welche Simulationsverfahren er einsetzen möchte. Aus den EDZ-Komponenten entstehen dann Simulationseinheiten, die entweder direkt den Simulationsaufgaben T_{SA} entsprechen oder zu diesen zusammengefasst werden[53]. Diese Simulationsaufgaben

---

[53] Dieser Prozess ist in Abbildung 3.27 grafisch abgebildet.

sind explizit über verbundene Ports $\underline{U}_{\text{komp},j}$ und $\underline{Y}_{\text{komp},j}$ voneinander abhängig[54], was durch C_{TT} modelliert wird. Darüber hinaus sind sie implizit über gemeinsam verwendete Teile des Simulationszustands $\underline{s}_{\text{szenario}}$ voneinander abhängig. Dieser Simulationszustand gehört zu den für die Simulation zur Verfügung stehenden Ressourcen R. Die gemeinsame Verwendung von Teilen des Simulationszustands führt zu Abhängigkeiten C_{TR}.

Solange jede Simulationseinheit in genau eine Simulationsaufgabe abgebildet wird, kann die Bestimmung von T_{SA}, R_T, C_{TT} und C_{TR} vollautomatisch erfolgen[55]. Grundlage hierfür ist, dass jede Simulationsaufgabe definiert, auf welche Ressourcen sie zu welchem Zeitpunkt zugreift. Hierzu wird die Durchführung eines Simulationsschritts, also die Berechnung des Teils des Simulationszustands $\underline{s}_{\text{szenario}}$, der von einer Simulationsaufgabe i beeinflusst wird, sowie der Ausgangsgrößen dieser Simulationsaufgabe $\underline{y}_{\text{SA},i}(t)$ in drei Phasen unterteilt (hier erläutert für eine zeitkontinuierliche Simulationsaufgabe):

- **Initialisierung:** Auslesen aller notwendigen Berechnungsgrundlagen aus dem aktuellen Simulationszustand $\underline{s}_{\text{szenario}}(t)$ sowie aus den Eingängen $\underline{u}_{\text{SA},i}(t)$ der Simulationsaufgabe
- **Berechnung:** Berechnung des neuen Simulationszustands $\underline{s}_{\text{szenario}}((t_{\text{R,next}}(t), 0))$ und der neuen Ausgangsgrößen $\underline{y}_{\text{SA},i}((t_{\text{R,next}}(t), 0))$ der Simulationsaufgabe
- **Aktualisierung:** Speichern der berechneten Ergebnisse in der Simulationsdatenbank

Die Ausführung jeder Simulationsaufgabe wird hierdurch in drei Teilaufgaben aufgeteilt, die Menge T_{SA} enthält genau diese Menge der Teilaufgaben. Jede Simulationsaufgabe wird entweder als zeitkontinuierlich (gesteuert über Zeitschrittereignisse) oder ereignisdiskret (gesteuert über Zeit- oder Zustandsereignisse) klassifiziert, zeitkontinuierlichen Aufgaben werden ihre geplanten Zeitschrittweiten zugeordnet. Auf dieser Grundlage müssen jetzt für alle Simulationsaufgaben mit gleicher Zeitschrittweite (Simulationsaufgaben mit unterschiedlicher Schrittweise können

---

[54] Zur Erinnerung: Die Ports werden zunächst in den Simulationsmodellen der EDZ und EDZ-Komponenten definiert und dort sowie in den EDZ-Szenarien verbunden. Bei der Bestimmung der Simulationseinheiten entfallen ggf. einzelne (interne) Ports (z. B. die festen Verbindungen innerhalb der Starrkörperdynamik), die anderen (externen) Ports bleiben bestehen und werden zur Schnittstelle der Simulationseinheit. Auch beim Übergang zur Simulationsaufgabe entfallen wieder (interne) Ports, deren Vernetzung innerhalb der Simulationsaufgabe geeignet aufgelöst wird, die anderen (externen) Ports bleiben bestehen.

[55] Der andere Fall ist Gegenstand von Abschnitt 5.5.4.

einfach zeitlich angeordnet werden) sowie für alle ereignisgesteuerten Simulationsaufgaben Ausführungspläne erstellt werden, die eine Vorschrift über die Aufrufreihenfolge während der Simulation liefern (ereignisgesteuerte Simulationsaufgaben
kommunizieren ebenfalls über Ein-/Ausgänge sowie den Simulationszustand, so
dass über diese Aufrufreihenfolge die resultierenden Ereignisse in einer sinnvollen Reihenfolge weiterpropagiert werden können). Der hierzu notwendige Modellanalyseprozess und mit ihm die Erstellung des allgemeinen Ausführungsplans der
Simulation läuft in den folgenden Schritten ab:

1. Initialisierung der Menge T_{SA} mit allen Teilsimulationsaufgaben. Zuweisung des
   Zeitverhaltens (zeitkontinuierlich oder ereignisdiskret), Zuweisung der geplanten Zeitschrittweite bei zeitkontinuierlichem Verhalten. Aufteilung von T_{SA} in
   Teilmengen $\hat{T}_{SA}$ in Abhängigkeit von Zeitverhalten und Zeitschrittweite.
2. Für jede Teilmenge $\hat{T}_{SA} \in T_{SA}$:

   a) Initialisierung der Menge C_{TR} mit der Zuordnung der von Teilsimulati-
      onsaufgaben gelesenen und/oder veränderten Teile des Simulationszustands
      $\underline{s}_{szenario}$[56].
   b) Initialisierung der Menge R_T entsprechend des auf diese Weise segmentier-
      ten Simulationszustandsvektors.
   c) Ergänzung der Menge R_T um die Verarbeitungseinheiten und der Menge
      C_{TR} um die Zuweisung von Teilsimulationsaufgaben zu einzelnen Verar-
      beitungseinheiten[57].
   d) Initialisierung der Menge C_{TT} über die modellierten Verbindungen der Ports.
   e) Initialisierung eines initialen Ausführungsplans in Form eines Graphen mit
      den Knoten aus $\hat{T}_{SA}$ und den gerichteten Kanten, welche über C_{TT} die expli-
      ziten und über die Auswertung von C_{TR} die impliziten Verbindungen reprä-
      sentieren.
   f) Für ereignisdiskrete Aufgaben: Einführung von Start- und Endknoten in die-
      sem Graphen
   g) Solange der Ausführungsplan Zyklen enthält:

---

[56] Die technische Umsetzung sollte hier lesenden und lesenden/schreibenden Zugriff unterscheiden, um den häufig vorkommenden mehrfachen lesenden Zugriff auch gleichzeitig zu
ermöglichen.

[57] Dies kann z. B. notwendig sein, da mglw. nicht jede Verarbeitungseinheit über notwendige
Hardwareschnittstellen verfügt.

  i. Für zeitkontinuierliche Aufgaben: Verbindung aller Knoten ohne einge-
     hende Kante mit dem Startknoten und aller Knoten ohne ausgehende
     Kanten mit dem Endknoten
 ii. Identifikation von Zyklen in diesem Graph
iii. Ggf. automatische Auflösung von Zyklen über das Entfernen von Verbin-
     dungen durch detaillierte Analyse der Relevanz dieser Verbindung (z. B.
     über die Bestimmung von Bewegungsräumen[58])
 iv. Ggf. manuelle Auflösung von Zyklen über die Aufweichung von harten
     zu weichen Constraints in C_{TT} und C_{TR}

Der resultierende Graph kann dann als Aktivitätsdiagramm interpretiert werden und
ist als allgemeiner Ausführungsplan Grundlage für die Simulation. Er wird im Laufe
der Simulation ggf. korrigiert (z. B. durch das Weglassen der Ausführung von Ren-
deraufgaben, falls die Simulationszeit langsamer als die Realzeit voranschreitet).

Abbildung 5.23 illustriert diesen Analyseprozess für das o. g. Beispiel (vergleiche hierzu auch Abschnitt 3.6.1). Aus dem Modell $M_{S,\text{szenario}}$ direkt entnommen
werden können die Zeilen, die jeweils einem EDZ entsprechen. Die Spalten enthalten die EDZ-Komponenten dieser EDZ, die jeweils einem Simulationsverfahren zugeordnet sind. Die durchgezogenen Verbindungen sind explizit entsprechend
Gleichung 3.12 modellierte Verbindungen $\underline{v}_{\text{szenario}}$ bzw. $\underline{v}_{\text{edz},j}$, die zu C_{TR} führen.

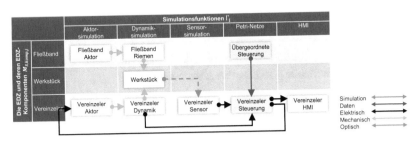

Abbildung 5.23 Auflösung des Netzwerks der EDZ aus Abbildung 5.21 in ein Netzwerk
der EDZ-Komponenten dieser EDZ

---

[58] Zwei weit voneinander entfernt arbeitende Roboter können nicht miteinander kollidieren.

Grundsätzlich repräsentiert jeder der dargestellten Blöcke eine EDZ-Komponente, aber auch einen Kandidaten für eine Simulationseinheit. Beispiele sind die Dynamiksimulation von Werkstück und Vereinzeler, die Simulation des Sensors oder die Nachbildung der Steuerungsfunktionalität über Petri-Netze. Teilweise fassen Simulationsverfahren aber auch mehrere dieser Blöcke zu einem Block zusammen. Dies ist in diesem Beispiel etwa für die Dynamiksimulation der Fall, welche wie in Abschnitt 4.3.3 erläutert das dynamische Verhalten der hier beteiligten Starrkörper Fließband, Werkstück und Vereinzeler einschließlich deren Antrieb gemeinsam unter Einhaltung der modellierten Randbedingungen simuliert[59]. Hierdurch verändert sich die Tabelle wie in Abbildung 5.24 dargestellt. Der gestrichelte Pfeil ist eine verbleibende implizite Verbindung, die durch gemeinsam genutzte Ressourcen entsteht[60]. Die gemeinsam genutzte Ressource ist hier die Lage des Werkstücks. Ohne Berücksichtigung der möglichen Anfangszeitpunkte ist in diesem Fall also $C_{TR} = ((Dynamiksimulation, Objektlage), (Sensorsimulation,$

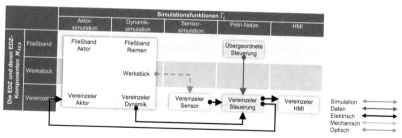

Abbildung 5.24 Zusammenfassung der EDZ-Komponenten aus Abbildung 5.23, die von einem Simulationsverfahren gemeinsam betrachtet werden

---

[59] Dies ist im o. g. Algorithmus nicht als separater Schritt aufgeführt, da diese Zusammenfassung automatisch darüber erfolgt, dass es nur eine gemeinsame Simulationseinheit für die Aktor-/Dynamiksimulation gibt.

[60] Der Riemen des Fließbands wirkt über die modellierte Reibung auf das Werkstück. Hierdurch verändert sich auch die Lage der Werkstück-Geometrie, welches Auswirkungen auf die Simulation des Sensors hat.

Objektlage), ...)[61]. Über die Auswertung dieser Menge ergibt sich die dargestellte implizite Verbindung[62,63].

Die Vorarbeiten können jetzt wie in Abbildung 5.25 dargestellt zur Erstellung eines Ausführungsplans für die Simulation herangezogen werden. Hierzu wird wie auf der linken Seite der Abbildung dargestellt ein Graph der Simulationsaufgaben mit den expliziten und impliziten Verbindungen als Kanten erstellt. In diesem Beispiel wird angenommen, dass alle Simulationsaufgaben mit der gleichen Zeitschrittweite ausgeführt werden sollen, es ist also $\hat{T}_{SA} = T_{SA}$. Der aus T_{SA} und deren direkte/indirekte Verknüpfung über C_{TT} und C_{TR} resultierende Graph wird auf Zyklen untersucht. Diese Zyklen können zum Teil automatisch elimiert werden. Hierzu werden z. B. die Bewegungsmöglichkeiten der über die Dynamiksimulation bewegten Objekte analysiert, so dass festgestellt werden kann, ob diese überhaupt in den Erfassungsbereich eines Sensors gelangen können. Ein weiterer Teil muss allerdings manuell aufgelöst werden. Hierdurch werden Constraints, die zunächst alle als hart angenommen werden, als weich deklariert. Dies liefert dem Planungsalgorithmus die notwendigen Freiheiten, durch Weglassen einzelner Constraints einen zyklenfreien Graph zu erzeugen. Verbindet man zum Schluss alle Simulationsaufgaben ohne eingehenden Constraint mit einem Startknoten und alle Simulationsaufgaben ohne ausgehenden Constraint mit einem Endknoten erhält man das auf der rechten Seite dargestellte Aktivitätsdiagramm als Ausführungsplan. Hierbei wurde vor dem Endknoten noch eine Rendering-Aufgabe eingefügt, so dass zum Ende jedes Simulationstakts das Ergebnis grafisch dargestellt wird. Die Ausführung dieser Simulation führt zu einem Verlauf der Simulation wie in Abschnitt 5.22 dargestellt.

---

[61] C_{TR} modelliert in diesem Fall eine ungerichtete Abhängigkeit, Abbildung 5.24 zeigt aber eine gerichtete. Der Grund hierfür ist, dass die technische Umsetzung des Planungsprozesses die Art des Zugriffs berücksichtigen sollte. Dann wird klar, dass die Starrkörperdynamik die Lage des Werkstücks liest und modifiziert und die Sensorsimulation diese nur liest, und die Verbindung gerichtet ist. Dies führt bei der Auswertung von C_{TR} zu einer gerichteten (impliziten) Verbindung.

[62] Die weiteren noch in Abbildung 5.23 dargestellten impliziten Verbindungen werden durch das Simulationsverfahren selbst berücksichtigt, hier über die Aufstellung und das Lösen des szenarioübergreifenden LCP.

[63] In Abbildung 5.24 ist diese damit jetzt auch der Domäne „Simulation" zugeordnet, da die Abhängigkeit nicht durch die Sensorsimulation festgestellt wird sondern durch die Analyse der Abhängigkeiten der einzelnen Simulationsaufgaben.

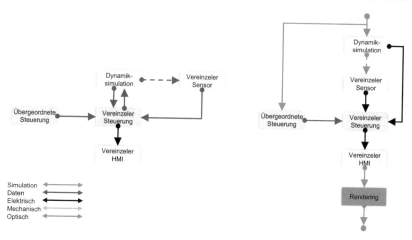

Abbildung 5.25 Resultierender Ausführungsplan aus Abbildung 5.24 (ohne Phasenzuordnung der Aufgaben): Links identisch zur Tabelle, rechts unter Weglassen der Verbindung von der Vereinzelersteuerung zur Dynamiksimulation

5.5.3   Ausführung der Simulation mittels reaktivem Scheduling

Das Aktivitätsdiagramm liefert eine konkrete Vorschrift für den Ablauf der Simulation. Erst nachdem dieses Aktivitätsdiagramm aufgestellt wurde, stehen alle Informationen zur Simulation zur Verfügung; aus dem Szenariomodell $M_{S,\text{szenario}}$ mit den Modellen der EDZ-Komponenten $M_{S,\text{komp},j}$, auf denen die Simulationsverfahren Γ_i und Φ_i ausgeführt werden, entsteht so in Kombination mit der Anwendung der Simulationsverfahren das notwendige **Experimentierbare Szenario**. Es legt die Grundlage für eine Ausführung der Simulation im Rahmen des reaktiven Schedulings zur Herstellung des gewünschten Zeitverhaltens der Gesamtsimulation. Beeinflusst wird in diesem Rahmen insbesondere der Startzeitpunkt eines Simulationstakts. Dieser kann z. B. sofort beginnen, sobald die notwendigen Verarbeitungseinheiten frei sind. Dies führt zu einer „As fast as possible"-Simulation. Alternativ kann der Startzeitpunkt an externe Zeitereignisse (z. B. eines externen Zeitgebers) oder weitere externe Ereignisse gebunden werden. Freiheiten in der Ausführung des Ausführungsplans bestehen z. B. im Auslassen einzelner Simulationsaufgaben für einzelne Simulationszeitpunkte (z. B. des Renderings) oder in der Variation von Zeitschrittweiten (z. B. im Rahmen der Dynamiksimulation). Der Ausführungsplan ist gleichzeitig die Grundlage für die Konfiguration der parallelen und verteilten Simulation (siehe Abschnitt 5.6). Wichtig ist, dass auf diese Weise – unabhängig vom konkret gewünschten Zeitverhalten – die Simulation insgesamt ein vollständig ereignisgesteuertes Zeitverhalten aufweist und damit aus Sicht der Zeitsteuerung entsprechend [Zei76] das Zeitverhalten aller Arten von Simulationsmodellen abbilden kann. Nebenbei werden hierdurch die zur Verfügung stehenden Verarbeitungseinheiten bestmöglich ausgenutzt, da der Simulator insgesamt vollständig ereignisgesteuert arbeitet. Technisch umgesetzt wird des Aktivitätsdiagramm dann über ein „event list scheduling" wie z. B. in [ZKP00] skizziert.

5.5.4 Scheduling von Simulationseinheiten und -aufgaben

Zum Abschluss dieses Kapitels soll noch ein Blick auf den Übergang von Simulationseinheiten zu Simulationsaufgaben und die entsprechend dieses Vorgehens möglichen Kopplungsvarianten zwischen jeweils den Simulationseinheiten und den Simulationsaufgaben geworfen werden. Die notwendigen Grundlagen hierfür legt Abschnitt 3.6.

Der Scheduler sollte wie erläutert als eigenständiger VTB-Service zur Verfügung werden, nachfolgend *Scheduler* genannt. Er könnte die in Abbildung 5.26 aufgeführten Klassen zur Verfügung stellen, über die entsprechende Simulationsaufgaben bei ihm registriert werden können. Die dargestellte Struktur ist geeignet, alle entsprechend Abbildung 3.35 über VTB-Services bereitgestellten internen oder über VTB-Services integrierten externen und damit insbesondere alle in Abbildung 3.36 aufgeführten Simulationsverfahren in die Gesamtsystemsimulation einbinden zu können.

Wenn eine Simulationsaufgabe direkt einer Simulationseinheit entspricht, dann wertet diese im Rahmen der *calc( )*-Funktion aufbauend auf dem bisherigen Simulationszustand $\underline{s}_{SE}(t)$ und den Eingangsgrößen $\underline{u}_{SE}(t)$ die Übergangsfunktionen f_k und f_d unter Berücksichtigung der Nebenbedingungen h_k und h_d aus und bestimmt mittels g die Ausgangsgrößen. Bei zeitkontinuierlichen Simulationseinheiten ist dies $\underline{y}_{SE}((t_{R,next}(t), 0))$, bei ereignisdiskreten $\underline{y}_{SE}(t^\bullet)$. Über T wird der nächste Aufrufzeitpunkt bestimmt. Ebenso wie die Ein-/Ausgangsgrößen zeitkontinuierlicher Simulationseinheiten werden auch die Ereignisse ereignisdiskreter Simulationseinheiten über Ports ausgetauscht. Die Übergangs-, Nebenbedingungs- und Ausgangsfunktionen sind außerhalb der Simulationseinheiten nicht sichtbar. Diese Situation entspricht der in Abschnitt 3.6.3 eingeführten **weichen Kopplung mit einem alternierenden Austausch der Ein- und Ausgangsgrößen** (siehe Abbildung 3.38).

Wenn eine Simulationsaufgabe mehrere Simulationseinheiten umfasst, gehört die Zusammenführung der Ergebnisse der Simulationseinheiten ebenfalls zu ihrem Aufgabenspektrum. Hier sind unterschiedliche Varianten zur Realisierung der in

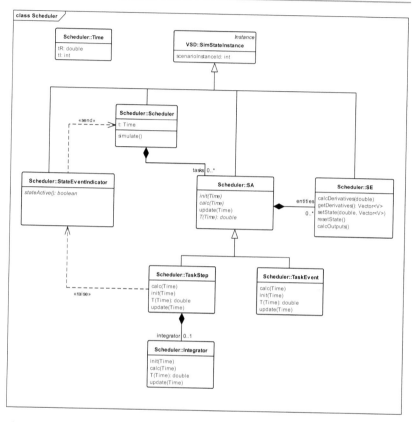

Abbildung 5.26 Die Klassen *TaskStep* und *TaskEvent* als Schnittstelle des Schedulers

Abschnitt 3.6.3 eingeführten **starken Kopplung**[64] zu unterscheiden. In der ersten **übernimmt der** *Scheduler* **die Zusammenfassung kontinuierlicher Simulationsmodelle**, indem er die Klassen *Scheduler::Integrator* und *Scheduler::SE* zur Verfügung stellt, welche die Integration sowie die Bereitstellung der Übergangs-, Nebenbedingungs- und Ausgangsfunktionen übernehmen. Der Integrator übernimmt hierbei die Aufgabe, die durch die Simulationseinheiten entsprechend Gleichung 3.44 zur Verfügung gestellten Experimentierbaren Teilmodelle mit einem gewählten Integrationsverfahren gemeinsam zu simulieren. Über die Verwendung

---

[64] Natürlich können in einer Simulationsaufgabe auch mehrere Simulationseinheiten zusammengefasst werden, die miteinander weich gekoppelt sind.

der Funktionen *setNewState()* kann ein neuer Simulationszustand für einen Zeitpunkt *t* gesetzt werden, über die Funktion *resetState()* kann der Simulationszustand auf die beim letzten Aufruf von *setNewState()* übergebenen Werte zurückgesetzt werden, falls die Zeitschrittweite angepasst werden muss.

In der zweiten Variante werden geeignete **Standard-Integrationsschemata zur Zusammenfassung kontinuierlicher Simulationseinheiten** genutzt. Ein Beispiel hierfür ist das „Functional Mockup Interface" (FMI) [Mod14]. Die Vorgehensweise ist hierbei ähnlich wie bei der ersten Variante, lediglich die Schnittstellen zu den Simulationseinheiten unterscheiden sich.

Bei der dritten Variante werden **spezifische Integrationsschemata zur Zusammenfassung zeitkontinuierlicher Simulationseinheiten** genutzt. Derartige Integrationsschemata werden typischerweise für jeweils ein Paar von Simulationsverfahren implementiert, wenn spezifische Randbedingungen bei der Integration berücksichtigt werden müssen, die über die beiden zuerst genannten (Standard-) Vorgehensweisen nicht realisiert werden können. Diese dritte Variante ist in vielen Situationen relevant, da es bis heute mit Ausnahme der zuerst genannten Zusammenführung kontinuierlicher Systeme über einen externen Integrator kein Standardvorgehen zur Zusammenführung von Simulationseinheiten zu Simulationsaufgaben gibt und diese Vorgehensweise in vielen Fällen z. B. nicht ausreichend performant hinsichtlich Zeitverhalten oder Verhalten und Stabilität des Gesamtsystems ist. Ein Beispiel hierfür ist die Zusammenführung von Simulationsverfahren zur Starrkörperdynamik (siehe Abschnitt 4.3.3) und der Finiten-Elemente-Methode (siehe Abschnitt 4.3.4), die nachfolgend am Beispiel der u. a. in [RSR13] eingeführten Kopplung der Starrkörperdynamik mit der Bodendynamik illustriert werden soll (siehe auch [RSR13]). Dieses Beispiel zeigt, dass die Integrationsansätze nicht zwangsläufig mathematischer Natur sein müssen, sondern häufig wie in diesem Beispiel auch aus dem Bereich der Softwaretechnik entstammen. Abbildung 5.27 skizziert die Integration unter Ausnutzung der Mikro-Kernel-Architektur und der durch den VTB-Kernel zur Verfügung Funktionalitäten wie z. B. des Metadatensystems.

Im Bereich der Starrkörperdynamik erfolgt die Kollisionsdetektion und -behandlung in zwei Phasen. In der „Broad Phase" wird durch einfache geometrische Abfragen die Anzahl der potentiell kollidierenden Körper stark reduziert. In der „Narrow Phase" erfolgt die exakte Kollisionserkennung und die Bestimmung der Kontaktpunkte. Der *CollisionDetection*-Service berechnet die „Broad Phase" für beliebige geometrische Körper und bietet die Möglichkeit, zur Laufzeit neue „Narrow Phase"-Algorithmen zu ergänzen, die die Kollisionsberechnung für bestimmte Paare von Körpern übernehmen, die durch von *CollisionDetection::Body* abgeleitete Klassen beschrieben werden. Im Beispiel werden von den *RBD*- und *TerraMechanics*- (kurz *TM*) Services die spezialisierten Körper *RBD::RigidBody* und

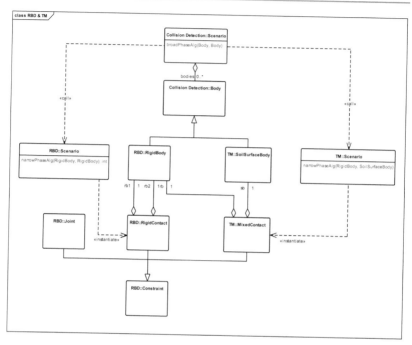

Abbildung 5.27 Integration der Bodenmechanik in die Starrkörperdynamik [RSR13; Ras14]

TM::SoilSurfaceBody bereitgestellt. Paarungen von *RBD::RigidBodies* werden im *RBD*-Service, Paarungen von *RBD::RigidBodies* mit *TM::SoilSurfaceBodies* vom *TM*-Service übernommen. Zur Feststellung, welche Funktion aufgerufen werden muss, können über die durch den VTB-Service bereitgestellten Metadaten die jeweiligen Klasseninformationen abgerufen werden. Analog wird bei der Definition von Zwangsbedingungen vorgegangen, für die durch den *RBD*-Service die Basisklasse *RBD::Constraint* zur allgemeinen Formulierung von Zwangsbedingungen (engl. Constraints) bereitgestellt wird. Auch hier stellt der *TM*-Service eine Spezialisierung für die Bodenmechanik zur Verfügung, über die für die neue Kontaktsituation spezifische Zwangsbedingungen aufgestellt und dann geschlossen im übergreifenden LCP gelöst werden können.

Aus dem in Abschnitt 3.6 vorgestellten „Methodenbaukasten" für die Kopplung von Simulationseinheiten fehlt abschließend noch das in Abschnitt 3.6.2 eingeführte **Zustandsereignis**. Ein Zustandsereignis ist über die für einen Zeitpunkt

t vorliegenden Werte eines oder mehrerer Elemente des Simulationszustandsvektors $\underline{s}_{szenario}(t)$ definiert. Hierzu wird über Spezialisierungen der Klasse *Scheduler::StateEventIndicator* ein **Indikator für Zustandsereignisse** definiert. Dieser kann z. B. auslösen, wenn ein boolesches Element des Zustandsvektors auf „wahr" wechselt oder wenn ein Fließkommaelement einen bestimmten Wert überschreitet. Ein derartiger Indikator könnte z. B. auf den Ausgang *TeilDetektiert* des Sensors im obigen Beispiel angewendet werden. Im Rahmen der reaktiven Steuerung des Schedulers kann ein derartiges Zustandsereignis dazu führen, dass die Zeitsteuerung nach Detektion eines Zustandsereignisses die Simulationsschrittweise in einer Art anpasst, dass der Zeitpunkt des Eintretens dieses Ereignisses mit einer Genauigkeit innerhalb einer gewünschten Toleranz bestimmt wird.

5.6   Parallele und verteilte Simulation

Der Modellanalyseprozess aus Abschnitt 5.5.2 liefert neben der Aufrufreihenfolge der Simulation auch die notwendigen Informationen zur Parallelisierung der Simulation[65]. Eine effiziente Verteilung der Rechenlast innerhalb einer Ausführungseinheit (z. B. auf mehrere Prozessorkerne eines Computers, nachfolgend als „Parallelisierung" bezeichnet) aber auch auf mehrere Ausführungseinheiten (nachfolgend als „Verteilung" bezeichnet) ist eine notwendige Voraussetzung, um komplexe Netzwerke interagierender EDZ performant simulieren zu können und den Anforderungen nach Performance und Skalierbarkeit (Abschnitt 5.1) zu genügen. Die Voraussetzungen sind hierbei günstig, denn durch die Struktur der EDZ selbst (siehe Abschnitt 3.2.1) und ihrer Vernetzung in EDZ-Szenarien (siehe Abbildung 3.4.2) entstehen häufig Bereiche im resultierenden Szenariomodell, die unabhängig voneinander simuliert werden können.

Zur Unterstützung von paralleler und verteilter Simulation muss die Simulationsdatenbank Methoden zur parallelen Datenhaltung in parallelen Ausführungssträngen (engl. Threads) in ein und demselben VTB-Kernel sowie in mehreren vernetzten VTB-Kernels bereitstellen. Die jeweiligen Simulationszustände $\underline{s}_{szenario,i}$ dieser Ausführungsstränge i werden in ihrem Umfang definiert und zu gewählten Zeitpunkten synchronisiert, falls unterschiedliche VTB-Kernels (auch über deren Grenzen hinweg) betroffen sind. Ob Parallelisierung praktisch nutzbar ist, d. h. die Gesamt-Performance verbessert, hängt dabei stark von der jeweiligen EDZ-Anwendung ab. Bei Anwendungen, bei denen sich die jeweiligen Simulationsab-

---

[65] In Abbildung 5.25 wird so deutlich, dass die Simulation der übergeordneten Steuerung parallel zu den weiteren Simulationsabläufen durchgeführt werden kann.

läufe voneinander trennen lassen wie z. B. bei zwei ausreichend voneinander entfernt positionierten Robotern in einer Fabrik oder bei voneinander unabhängigen Simulationsaufgaben, können diese parallel berechnet und synchronisiert werden. Demgegenüber erfordern präzise Simulationen zur quantitativen Systemanalyse z. B. für die Starrkörperdynamik kurze Simulationszyklen von üblicherweise 1 - 10 ms. Wenn in diesem Zyklus dann auch die einzelnen Simulationsabläufe miteinander synchronisiert werden, wird der Performancegewinn der Parallelisierung oft durch den Synchronisations-Overhead zunichte gemacht. Anders ist die Situation, wenn die Ergebnisse in einem geringeren Takt z. B. in einen Ausführungsstrang zur Visualisierung zur grafischen Darstellung für den Benutzer übergeben werden. Von diesen Überlegungen unberührt sind natürlich die Algorithmen-interne Parallelisierung oder die Nutzung der Grafikprozessoren.

Es wird bereits deutlich, dass die Auswahl geeigneter Parallelisierungs- und Verteilungsstrategien abhängig von den konkreten Szenariomodellen, den eingesetzten Simulationsverfahren und den angestrebten EDZ-Anwendungen erfolgen muss. Dieser Abschnitt legt hierfür die Grundlagen, indem er Varianten und Ziele von Parallelisierung und Verteilung skizziert, auf Möglichkeiten zur softwaretechnischen Abbildung des Simulationszustands eingeht und hierauf aufbauend Algorithmen zur Synchronisation von Simulationszuständen vorstellt.

5.6.1   Varianten und Ziele von Parallelisierung und Verteilung

Hierbei sind drei maßgebliche Varianten von Parallelisierung und Verteilung zu unterscheiden:

1. **Algorithmeninterne Parallelisierung:** Hier werden z. B. bei der Ausführung eines Simulationsalgorithmus im Rahmen der Ausführung einer Simulationsaufgabe einzelne Teile des Algorithmus parallel ausgeführt. Ein Beispiel ist die parallele Kollisionsberechnung für die beteiligten Körper im Rahmen der Starrkörperdynamik und die damit verbundene Konstruktion des LCP, welches nachfolgend ebenfalls parallel gelöst wird. Diese Art der Parallelisierung wird typischerweise innerhalb eines Prozesses als Gesamtablauf des Programms durchgeführt, der hierzu auf mehrere Ausführungsstränge aufgeteilt wird. Für die meisten Programmiersprachen stehen hierzu geeignete Technologien zur Verfügung, die diese Parallelisierung technisch umsetzen.

2. **Parallele Ausführung von Simulationsaufgaben:** Hier werden mehrere Simulationsaufgaben gleichzeitig in einem einzigen VTB-Kernel in einer einzigen Ausführungsumgebung durchgeführt.

3. **Verteilte Ausführung von Simulationsaufgaben:** Im Gegensatz zur Parallelisierung werden mehrere Simulationsaufgaben hier gleichzeitig in mehreren VTB-Kernels (meist in mehreren Ausführungsumgebungen) durchgeführt.

Während über die Realisierung der algorithmeninternen Parallelisierung bei der technischen Umsetzung eines Simulationsverfahrens entschieden wird, sind die Notwendigkeiten und Möglichkeiten der Parallelisierung/Verteilung von Simulationsaufgaben eng mit einem konkreten EDZ-Szenario und einer konkreten EDZ-Anwendung verbunden. Die Simulation vorbereitende Algorithmen analysieren hierzu im Rahmen des prädiktiven Schedulings (siehe Abschnitt 5.5.1) das Szenariomodell, informieren den Anwender über Möglichkeiten und Konsequenzen von Parallelisierung und Verteilung und ermöglichen die Erstellung eines Ausführungsplans für die Ausführung der Simulation (siehe Abschnitt 5.5.2). Die Generierung des Ausführungsplans führt hierbei auf das Problem der **Szenariosegmentierung,** also die Frage, wie man das zu simulierende Szenario $M_{S,\text{szenario}}$ mit den hierzu notwendigen Simulationsverfahren in Teil-Szenarien zerlegen kann, die dann mit minimalem Synchronisationsaufwand zwischen den Teilszenarien und maximalem „Speedup"[66] vom Simulator simuliert werden können und hierbei die Benutzeranforderungen bestmöglich erfüllen. Hierbei gibt es „natürliche Segmentierungsgrenzen", die durch die voneinander abgegrenzten Simulationsaufgaben gegeben sind, die über Ein-/Ausgangsverbindungen sowie gemeinsam genutzte Teile des Simulationszustands miteinander verbunden sind. Darüber hinaus können Simulationsaufgaben, die viele EDZ-Komponenten gleichzeitig betrachten (wie z. B. die Starrkörperdynamik mit den Starrkörpern aller beteiligten EDZ), mehrfach „instantiiert" werden, wobei jede Instanz nur einen Teil der EDZ-Komponenten (wie in diesem Fall nur einzelne Starrkörper, die natürlich in diesem Moment nicht miteinander interagieren dürfen) simuliert.

Die Methoden zur Parallelisierung/Verteilung erweitern damit den Entscheidungsspielraum der Algorithmen zum prädiktiven Scheduling. Die Möglichkeiten und Ziele der Parallelisierung/Verteilung gehen deutlich über die reine Performancesteigerung hinaus. Sie ermöglichen die Erstellung von Ausführungsplänen, bei denen unterschiedliche Simulationsverfahren mit unterschiedlichen Zeitanforderungen simuliert werden. Ein Beispiel ist hierfür die Simulation eines Simulationsteils unter harten Echtzeitanforderungen z. B. zur Ansteuerung eines Roboters und die Visualisierung der Simulationsergebnisse in einer Benutzeroberfläche mit weichen oder gar keinen Echtzeitanforderungen.

---

[66] Der Speedup-Faktor bezeichnet das Verhältnis zwischen serieller und paralleler Ausführungszeit.

5.6.2   Softwaretechnische Abbildung des Simulationszustands

Die nachfolgenden Ausführungen konzentrieren sich auf die parallele/verteilte Ausführung von Simulationsaufgaben. Hierzu müssen vom VTB-Kernel geeignete Konzepte bereitgestellt werden. Die algorithmeninterne Parallelisierung ist demgegenüber eher als Implementierungsaspekt zu sehen, der wie bereits erläutert von den gängigen Programmiersprachen und ihren Erweiterungen bereits gut abgedeckt wird[67]. Grundlage für Parallelisierung und Verteilung ist eine geeignete softwaretechnische Abbildung des Simulationszustands. Abschnitt 5.3.4 legt hier bereits die Grundlagen, die in diesem Kapitel um eine mögliche technische Realisierung der Parallelisierung und Verteilung erweitert werden.

Der Simulationszustand $\underline{s}_{szenario}(t) = [\underline{x}_{szenario}(t), \underline{a}_{szenario}(t), \underline{A}_{szenario}(t),$ $\underline{v}_{szenario}(t), \underline{I}_{szenario}(t)]^T$ des EDZ-Szenarios (siehe Abschnitt 3.1.3) wird im VTB-Kernel entsprechend seines physikalischen Datenmodells (siehe Abschnitt 5.3.3) in *VSD::SimStateInstances* verwaltet, die über Eigenschaften verfügen und über Assoziationen miteinander in Beziehung stehen. Während der Simulation, d. h. während der Ausführung von Simulationsaufgaben, verändert sich dieser Simulationszustand. Es verändern sich insbesondere Eigenschaften der Instanzen, die einzelne Elemente des Zustandsvektors $\underline{x}_{szenario}(t)$ repräsentieren. Darüber hinaus kann sich auch die Zusammensetzung dieses Zustandsvektors ändern, indem neue EDZ oder EDZ-Komponenten entstehen[68]. Schließlich kann sich auch das Modell $M_{S,szenario}$ selbst verändern und mit ihm die dort hinterlegten Parameter, Algorithmen und Interaktionen. In diesen beiden Fällen entstehen neue oder verschwinden bestehende *VSD::SimStateInstances* und mit diesen die Assoziationen zu anderen *VSD::SimStateInstances*.

Die Parallelisierung/Verteilung von Simulationsaufgaben führt also zu einer Parallelisierung/ Verteilung des Datenmanagements im VTB-Kernel. Wenn man dann noch die Anforderung berücksichtigt, dass die Ausführung der Simulationsaufgaben, die in jedem Simulationstakt in signifikantem Umfang auf die im VTB-Kernel gespeicherten Daten zugreifen, in ihrem Laufzeitverhalten nicht negativ beeinflusst werden darf, dann führt dies zwangsläufig zu einer Trennung des Datenmanagements für jede parallel/verteilt ausgeführte Simulationsaufgabe und einer Synchronisation der Veränderungen mit den anderen Simulationsaufgaben nach Abschluss der Aufgabe – oder einer Menge von Aufgaben. Die Daten des Simulationszustands-

---

[67] Der VTB-Kernel stellt auch in diesem Zusammenhang unterstützende Funktionalitäten wie z. B. die Sequentialisierung der Emittierung von Signalen, die eigentlich parallel ausgelöst werden sollen, zur Verfügung.

[68] Beim Zerschneiden eines Baumstamms werden aus einem Stamm zwei.

vektors liegen damit nicht mehr nur einmal vor sondern ggf. mehrfach repliziert. Hierbei muss nicht für jede Simulationsaufgabe der komplette Simulationszustand, d. h. der komplette Inhalt der Simulationsdatenbank, repliziert werden. Stattdessen kann sich dies auf die für die Ausführung einer Simulationsaufgabe notwendigen Elemente dieses Vektors beschränken[69].

Abbildung 5.28 skizziert die zentralen Klassen aus dem physikalischen Datenmodell des VTB-Kernels (siehe Abschnitt 5.3.3), über die das parallele und verteilte Datenmanagement realisiert werden kann. Jeder Datenbestand bildet einen Zustand eines *VSD::Scenarios* oder Teile hiervon ab und wird nachfolgend als **Sim-State** bezeichnet. Geänderte Daten eines *VSD::SimStates* müssen ggf. zu geeigneten Zeitpunkten miteinander synchronisiert werden. *VSD::Instance* ist die gemeinsame Basisklasse.

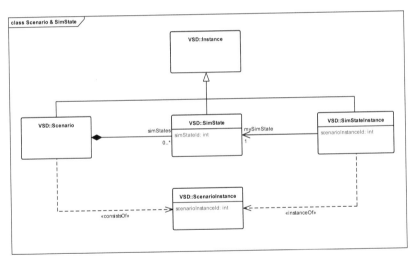

Abbildung 5.28 Die zentralen Klassen aus dem physikalischen Datenmodell des VTB-Kernels (siehe Abschnitt 5.3.3), über die das parallele und verteilte Datenmanagement realisiert wird

---

[69] Tatsächlich wird im Ergebnis meist nur die Struktur, d. h. die *SimStateInstances* mit ihren Assoziationen, repliziert, die Werte der Eigenschaften selbst sind über so genannte „Copy-On-Write"-Strukturen realisiert, die erst dann dupliziert werden, wenn ein Wert sich in einem replizierten Datenbestand ändert.

Der Simulationszustand wird durch *VSD::SimStateInstances* entsprechend des bereits eingeführten physikalischen Datenmodells repräsentiert[70]. Eine replizierte *VSD::SimStateInstance* beschreibt in mehreren *VSD::SimStates* dasselbe Artefakt der simulierten Welt, d. h. z. B. dieselbe EDZ-Komponente. Diese semantische Einheit wird nicht separat im physikalischen Datenmodell abgebildet sondern ist nur logisch als **ScenarioInstance** vorhanden. Einziges übergreifendes Element ist eine eindeutige Kennung für jede „ScenarioInstance"[71]. Über diese können die *VSD::SimStateInstances* in unterschiedlichen *VSD::SimStates* miteinander in Beziehung gesetzt werden. Ein *VSD::Scenario* besteht damit aus „ScenarioInstances", die durch *VSD::SimStateInstances* in *VSD::SimStates* repräsentiert werden.

Abbildung 5.29 illustriert diese Verhältnisse am Beispiel. Gezeigt ist ein *VSD::Scenario* mit einer „ScenarioInstance", dem EDZ eines Werkstücks, das über zwei *EDT::EDT* und damit zwei *VSD::SimStateInstances* in zwei *VSD::SimStates* in zwei *VSD::Databases* (siehe Abbildung 5.9) verwaltet wird. Da die *VSD:: Database* selbst auch *VSD::SimStateInstance* ist, liegen in den beiden Datenbeständen zwei *VSD::SimStateInstances* mit den Kennungen 0 und 1 vor.

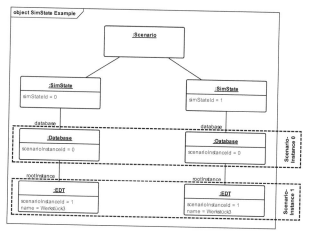

Abbildung 5.29 Beispiel für ein EDZ-Szenario bestehend aus einem Werkstück mit seinen Eigenschaften, verwaltet in zwei *VSD::SimStates*

---

[70] In der Implementierung des VTB-Kernels werden auch Assoziationen über Eigenschaften und ggf. weitere den *VSD::Link* repräsentierende *VSD::SimStateInstances* beschrieben.
[71] Quasi als „Primärschlüssel" aller „ScenarioInstances", der auch den *VSD::SimStateInstances* zugewiesen wird.

Wichtig ist, dass dieses Konzept zunächst einmal nicht unterscheidet, wo die unterschiedlichen *VSD::SimStates* physikalisch verwaltet werden, ob also in einem einzigen VTB-Kernel oder auf mehreren VTB-Kernels. Der einzige Unterschied ist, dass in jedem VTB-Kernel einmal ein *VSD::Scenario* vorliegen muss, um die einzelnen *VSD::SimStates* einordnen zu können. Abbildung 5.30 illustriert dies am Beispiel, bei dem in einem VTB-Kernel simuliert und gerendert und in einem zweiten VTB-Kernel nur gerendert wird, wie dies für ein Mehrschirmszenario häufig sinnvoll ist.

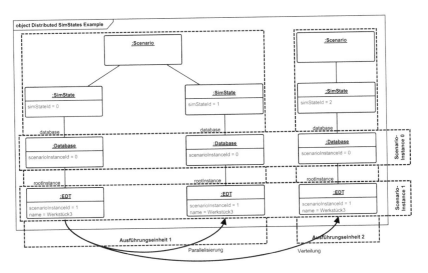

Abbildung 5.30 Gleiches Beispiel wie Abbildung 5.29, nur dass neben den beiden *VSD::SimStates* in einem VTB-Kernel noch ein weiterer *VSD::SimState* in einem weiteren VTB-Kernel hinzugekommen ist

Mit dem vorgestellten Konzept kann der VTB-Kernel Methoden zur Verfügung stellen, die nicht „von allein" alle Parallelisierungs-/Verteilungsaufgaben lösen, sondern für die jeweiligen Anwendungsfälle geeignet eingesetzt werden müssen. Darüber hinaus müssen auch weitere zentrale VTB-Services wie z. B. die Zeitsteuerung auf die Anforderungen der parallelen und verteilten Simulation reagieren. So legt die in Abschnitt 5.5.4 vorgestellte Aufteilung der Simulationsaufgaben in Initialisierung, Berechnung und Aktualisierung weitere Grundlagen hierfür.

Betrachtet man den vorgestellten Ansatz aus der Perspektive verteilter Datenbanksysteme, dann optimiert das Konzept die **Verfügbarkeit** der Daten aus Sicht der Simulationsaufgaben, stellt durch die Synchronisation der Änderungen zwischen den *VSD::SimStates* die **Konsistenz** des Gesamtdatenbestandes sicher (siehe nachfolgendes Kapitel) und ermöglicht bei Verteilung der einzelnen Simulationsaufgaben auf mehrere, voneinander unabhängige Verarbeitungseinheiten die Realisierung einer Ausfalltoleranz[72] (siehe CAP-Theorem, [NN18a]). Darüber hinaus ermöglicht der Ansatz die vollständige **Isolation** der einzelnen *VSD::SimStates* voneinander.

5.6.3 Synchronisierung von Simulationszuständen

Nachdem die Grundlagen für das verteilte Datenmanagement gelegt sind, stellt sich jetzt die Frage, wie die Änderungen in den einzelnen Teildatenbeständen miteinander synchronisiert werden können. Hierfür sind die beiden folgenden Vorgehensweisen von besonderer Bedeutung.

Die erste Vorgehensweise entspricht der „klassischen Synchronisationsaufgabe" in der verteilten Datenhaltung: Die Änderungen in einem *VSD::SimState* sollen in andere *VSD::SimStates* übertragen werden[73]. So soll z. B. der EDZ des Werkstücks aus Abbildung 5.20 zum einen vom *RBD*-Service simuliert und zum anderen vom *Render*-Service grafisch dargestellt werden. Beide Services greifen auf die *VSD::SimStateInstance* des Werkstücks und seine Eigenschaften zu. Teilt man diese beiden Simulationsaufgaben auf zwei *VSD::SimStates* auf und ermöglicht damit deren parallele Ausführung, dann müssen die Ergebnisse der Starrkörperdynamik, konkret die Lage des Werkstücks, an den *VSD::SimState* des Renderings übertragen werden, damit diese dort dargestellt werden können.

Zur technischen Umsetzung dieser Synchronisation können sogenannte **Synchronisierungslisten** eingeführt werden. Eine über *VSD::SyncList* repräsentierte Synchronisierungsliste s_S ist eine geordnete Menge aus geordneten Tupeln $e_{S,i} = (t_{S,i}, p_{S,i}) \in \mathbb{E}_S = \mathbb{T}_S \times \mathbb{P}_S$. Eine Synchronisierungsliste zeichnet alle Veränderungen im zugeordneten *VSD::SimState* auf, so dass diese direkt auf andere *VSD::SimStates* in demselben oder einem anderen VTB-Kernel übertragen werden

---

[72] Wobei natürlich die Frage zu stellen ist, ob auch das Systemverhalten noch sinnvoll zu bestimmen ist. Der VTB-Kernel ist ja die Grundlage eines Simulators und nicht ausschließlich ein Datenbankmanagementsystem.

[73] Hieraus entsteht die bidirektionale Synchronisation, wenn gleiches aus Sicht der anderen *VSD::SimStates* auch erfolgt.

können[74,75]. Alle Änderungen in einem *VSD::SimState* können über vier Änderungstypen $t_S \in \mathbb{T}_S$ und die für die Dokumentation dieser Änderungen jeweils notwendigen Parameter $p_S \in \mathbb{P}_S$ vollständig beschrieben werden:

1. Eine *VSD::SimStateInstance* wurde erzeugt.
2. Eine *VSD::Property* wurde geändert.
3. Eine *VSD::SimStateInstance* wurde zu einer Kompositionsbeziehung hinzugefügt.
4. Eine *VSD::SimStateInstance* wurde aus einer Kompositionsbeziehung ausgetragen.

Abbildung 5.31 illustriert dies am Beispiel der Erzeugung eines Werkstücks und der Veränderung seiner Eigenschaft aufbauend auf Abbildung 5.29. Zunächst sind beide *VSD::SimStates* leer. Dann wird im zweiten *VSD::SimState* ein Werkstück erzeugt, seine Lage initialisiert und dieses als Wurzel-Instanz bei der Datenbankinstanz eingetragen. Die Synchronisierungsliste enthält damit die Elemente $s_S = $ ((InstanzErzeugt, EDT::EDT, 1), (EigenschaftVerändert, 1, Lage, (0.0, 0.0, 100.0, 0.0, 0.0, 0.0)), (Hinzugefügt, 1, 0, rootInstance)). Zum gewählten Synchronisationszeitpunkt werden diese Änderungen auf den ersten *VSD::SimState* übertragen und nachfolgend die Synchronisierungsliste gelöscht und damit für die Aufnahme weiterer Änderungen vorbereitet. Zu diesem Zeitpunkt enthalten beide *VSD::SimStates* die identischen Daten.

Ein zweites typisches Anwendungsgebiet ist das Einladen von Daten parallel zur Ausführung von Simulationsaufgaben, z. B. im Rahmen des „Streamings", also des Nachladens von Modellteilen z. B. aus Geodatenquellen bei der Bewegung durch die simulierte Welt. Hier werden die neuen *VSD::SimStateInstances* zunächst in einem separaten *VSD::SimState* erzeugt und dann auf ein oder mehrere Ziel-*VSD::SimState* übertragen. Zur technischen Umsetzung dieser Synchronisation werden sogenannte **Verschiebelisten** eingeführt. Eine über *VSD::MoveList* modellierte Verschiebeliste s_V ist wiederum eine geordnete Menge aus geordneten Tupeln $e_{V,i} = (t_{V,i}, p_{V,i}) \in \mathbb{E}_V = \mathbb{T}_V \times \mathbb{P}_V$. Eine Verschiebeliste zeichnet die Erzeugung von *VSD::SimStateInstances* im zugeordneten *VSD::SimState* auf, so dass diese direkt auf andere *VSD::SimStates* in demselben oder einem anderen VTB-Kernel

---

[74] Hierzu müssen diese ggf. synchronisiert werden.

[75] Die Simulationszeit ist für die Synchronisierungsliste nicht relevant, sondern nur für übergeordnete Synchronisierungsalgorithmen, die zwei *VSD::SimStates* zu geeigneten Zeitpunkten miteinander synchronisieren. Zu welchem Zeitpunkt die in der Synchronisierungsliste aufgezeichneten Änderungen aufgetreten sind, ist hier nicht von Interesse.

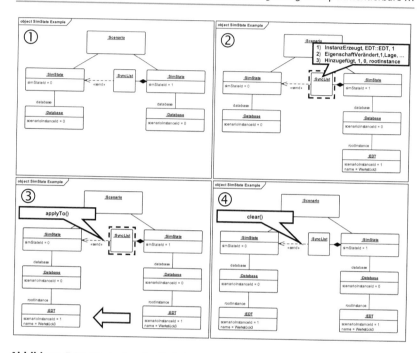

Abbildung 5.31 Illustration des Verhaltens von zwei über eine Synchronisierungsliste verbundene *VSD::SimStates* für das Beispiel aus Abbildung 5.29

übertragen werden können. Für Verschiebelisten sind nur zwei Änderungstypen t_M notwendig:

1. Eine *VSD::SimStateInstance* wurde erzeugt.
2. Diese *VSD::SimStateInstance* soll im Ziel-*VSD::SimState* zu einer Kompositionsbeziehung hinzugefügt werden.

Abbildung 5.32 illustriert dies am Beispiel der Erzeugung des EDZ eines Werkstücks und dem „Einhängen" dieses Werkstücks in die Datenbank auf dem Ziel-*VSD::SimState*. Zunächst sind auch hier beide *VSD::SimStates* leer, der zweite *VSD::SimState* enthält noch nicht einmal eine Datenbankinstanz. Dann wird im zweiten *VSD::SimState* ein Werkstück erzeugt, seine Lage initialisiert und die Information hinterlegt, dass dieser als Wurzel-Instanz im Datenbankobjekt eingetragen werden soll. Die Verschiebeliste enthält damit die Elemente $m_V =$

((InstanzErzeugt, EDT::EDT, 1), (Hinzufügen, 1, 0, rootInstance)). Zum gewählten Übertragungszeitpunkt werden diese Änderungen auf den ersten *VSD::SimState* übertragen und nachfolgend die Verschiebeliste gelöscht und damit für die Aufnahme weiterer Änderungen vorbereitet.

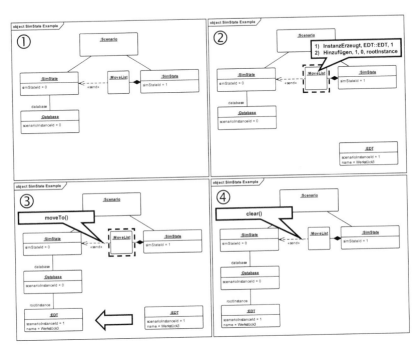

Abbildung 5.32 Illustration des Verhaltens von zwei über eine Verschiebeliste verbundene *VSD::SimStates* für das Beispiel aus Abbildung 5.29

Mit den Konzepten von Synchronisierungs- und Verschiebelisten können alle Synchronisations- und Übertragungsprobleme der in Kapitel 6 aufgeführten Anwendungen vollständig umgesetzt werden. Lediglich die Segmentierung des Szenarios und die Aufstellung des Ausführungsplans verbleibt in der Verantwortung des Anwenders oder des dargestellten Modellanalyseprozesses.

5.7   Analyse von Experimentierbaren Digitalen Zwillingen in Virtuellen Testbeds

Oftmals ist die Durchführung und direkte Nutzung von Simulationen bereits das angestrebte Ziel. Dies gilt z. B. für Trainingssimulatoren oder mittels EDZ-gestützter Steuerung realisierter Steuerungsalgorithmen. Traditioneller Weise sind die Schritte Konzeption, Modellierung/Implementierung, Simulation, Analyse des Simulationsergebnisses (siehe Abschnitt 4.1.4) klar voneinander getrennt. Damit auf der einen Seite dies auch in VTB möglich ist und auf der anderen Seite VTB auch „online" eingesetzt werden können, sind Voraussetzungen zu treffen, die in diesem Kapitel erläutert werden. Diese reichen von der Entkopplung von Berechnung und Analyse über die (quantitative und/oder qualitative sowie ggf. auch visuelle) Analyse von Simulationsergebnissen selbst bis hin zur Optimierung, die hierdurch möglich wird.

Was sind eigentlich die Ergebnisse eines VTB, die es zu analysieren gilt? In welcher Form kann man diese analysieren? Wann werden diese analysiert? Ausgangspunkt für die Beantwortung dieser Fragen ist Abbildung 5.33, welche ein VTB als „Black Box" darstellt. Ein VTB wird für eine konkrete EDZ-Anwendung konfiguriert, indem die notwendigen Simulationsfunktionen Γ_i und Φ_i als VTB-Services bereitgestellt werden, und anschließend zur Simulation des Szenariomodells $M_{S,\text{szenario}}$ genutzt. Ergebnis der Simulation ist der zeitliche Verlauf des Simulationszustands $\underline{s}_{\text{szenario}}\langle t\rangle$. Während der Simulation sind die EDZ des Szenariomodells im Bereich der **Online-Analyse** (siehe untere Schleifen) ggf. mit realen Systemen sowie mit einem oder mehreren Benutzern über entsprechende Kommunikationsinfrastrukturen oder Einrichtungen zur Visualisierung und Interaktion verbunden. Auf der für die Abbildung gewählten Abstraktionsebene erhält das VTB somit Eingänge $\underline{u}_{\text{szenario}}(t)$ und Ausgänge $\underline{y}_{\text{szenario}}(t)$[76]. Der zeitliche Verlauf von Ein-/Ausgangsgrößen sowie des Simulationszustands kann zudem aufgezeichnet werden. Im Anschluss an die Simulation wird das Ergebnis von Simulationsläufen bewertet und zur **Offline-Analyse** (siehe obere Schleifen) wiederum einem oder mehreren Benutzern oder geeigneten Algorithmen zur Optimierung des Szenariomodells oder der Eingangsgrößen zur Verfügung gestellt.

Und wer ist sind diese Benutzer? EDT interagieren mit Menschen in unterschiedlicher Weise zu unterschiedlichen Zeitpunkten im Lebenszyklus Realer Zwillinge. In der Entwicklungsphase modellieren Ingenieure EDZ und nutzen diese zum Test, zur Analyse und zur Optimierung von Komponenten, Systemen und SoS. In der Betriebsphase nutzen die Planer oder Arbeiter vor Ort EDZ zur Interaktion mit

---

[76] Tatsächlich verfügt das Szenariomodell wie in Abschnitt 3.6.1 erläutert über keine ausgezeichneten Ein- und Ausgänge.

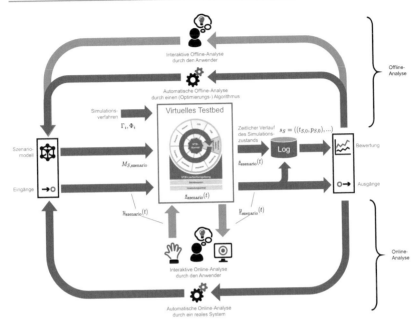

Abbildung 5.33 Ein Virtuelles Testbed als „Black Box" mit Ein- und Ausgängen

Maschinen, zur Optimierung von Arbeitsabläufen oder zum Training der Maschinenbedienung. Damit gibt es ganz unterschiedliche Nutzertypen, Nutzungsebenen und Nutzungsarten. Aber auch Hard- und Softwaresysteme können „Anwender" sein, z. B. im Kontext der EDZ-gestützten Steuerung, Verwaltungsschalen, vorausschauenden Wartung oder Entscheidungsfindung.

5.7.1 Ein- und Ausgangsgrößen

Die Ergebnisse von Simulationen in VTB sind der zeitliche Verlauf des Simulationszustandsvektors $\underline{s}_{\text{szenario}}(t)$ sowie die mit externen Systemen verbundenen Ausgänge eines VTB $\underline{y}_{\text{szenario}}(t)$. Beide Vektoren sind während der Simulation direkt zugreifbar, können aber auch in ihrem zeitlichen Verlauf in einem „Simulations-Logfile" aufgezeichnet werden. Dieses Logfile, in Abbildung 5.33 als Datenbank dargestellt, ist inhaltlich identisch mit der in Abschnitt 5.6.3 eingeführten Synchronisierungsliste, nur dass diese in einer geeigneten Form, z. B. in einer Datenbank, für eine spätere Verwendung gespeichert wird. Ebenso wie die Synchronisierungs-liste ist dieses Logfile dazu geeignet, den kompletten Verlauf der Simulation nach-vollziehen zu können. Dies hat z. B. den Vorteil, dass die genau zu analysierenden Aspekte des Simulationsergebnisses im Vorhinein nicht bis ins letzte Detail bekannt sein müssen[77]. Zudem kann im Rahmen der Analyse beliebig (wie in einem Video) der betrachtete Simulationszeitpunkt „vor- und zurückgespult" werden. Hierbei ist die Offline-Analyse von Simulationsergebnissen durchaus ein Problem aus dem Bereich der „Big Data Analytics", da hierbei große und teilweise (hinsichtlich der betrachteten Aspekte) heterogene Datenbestände schnell analysiert und hinsichtlich ihrer Zusammenhänge und Tragfähigkeit bewertet werden müssen[78].

Demgegenüber sind die Eingänge von Simulationen in VTB das Szenariomodell $M_{S,\text{szenario}}(t)$, die zu seiner Simulation notwendigen Simulationsfunktionen Γ_i und Φ_i sowie der zeitliche Verlauf der mit externen Systemen verbundenen Eingänge $\underline{u}_{\text{szenario}}(t)$.

5.7.2   Offline- und Online-Analyse

Die Analyse kann online während der Simulation als auch offline im Anschluss an die Simulation erfolgen. Online wird meist der Simulationszustandsvektor $\underline{s}_{\text{szenario}}(t)$ oder der Ausgangsvektor $\underline{y}_{\text{szenario}}(t)$ für den aktuell vorliegenden Zeit-punkt t betrachtet. Ggf. ist auch der Verlauf der Werte dieser Vektoren interessant, der in entsprechenden Datenstrukturen oder Logfiles gespeichert wird. Demgegen-über wird der Verlauf dieser Vektoren für die anschließende/spätere Offline-Analyse zunächst abgespeichert und dann zusammenfassend analysiert. Im Bereich der simu-lationsbasierten Optimierung werden diesbezüglich geeignete Funktionen N_O zur Bewertung des Nutzens einer vorab getroffenen Entscheidung (z. B. Konfiguration des Szenarios oder Wahl der Eingangsgrößen) definiert (siehe Abschnitt 3.7.2). Die Bewertungsergebnisse sind oft einzelne skalare Größen und werden auch als „Key Performance Indicators" (KPI) bezeichnet.

---

[77] Dies ist insbesondere bei der Durchführung einer Vielzahl an Simulationen mit jeweils langer Berechnungszeit von besonderer Bedeutung.

[78] Entsprechend entspricht die Offline-Analyse von Simulationen den als „die vier Vs von Big Data" bekannten Aspekten „Volume", „Variety", „Velocity" und „Veracity".

5.7.3 Interaktive und automatische Analyse

Genauso wie die Analyse zu unterschiedlichen Zeitpunkten (während und nach der Simulation, siehe oben) erfolgen kann, kann sie durch den Anwender oder durch externe Systeme und Algorithmen durchgeführt werden. Tabelle 5.1 stellt die vier

Tabelle 5.1 Gegenüberstellung unterschiedlicher Varianten der Online-/Offline-Analyse durch Anwender bzw. externe Systeme/Algorithmen und ihr Einfluss auf Arbeitsabläufe und hieraus resultierende Anwendungen.

	Offline	Online
Interaktiv	Arbeitsablauf: • Modifikation der Eingangsgrößen zwischen zwei Simulationsläufen • Interaktive Betrachtung des zeitlichen Verlaufs von Simulationszustand und Eingangsgrößen sowie der hieraus resultierenden KPI • Qualitative und quantitative Betrachtung des Simulationsergebnisses • Ggf. Nutzung von sukzessive verfeinerten Bewertungsfunktionen • Manuelle Veränderung von EDZ-Szenario (hinsichtlich Struktur und einzelner EDZ-Parameter) und Eingangsgrößen • Iterative Wiederholung dieses Vorgangs, bis das gesetzte Ziel erreicht wurde Anwendung: • Interaktive Optimierung von Systemen und deren Eingangsgrößen • Unterstützung für die Herleitung optimaler Entscheidungen • Interaktive Verifikation und Validierung von EDZ	Arbeitsablauf: • Modifikation der Eingangsgrößen während der Simulation • Interaktive Betrachtung des aktuellen Simulationszustands und der aktuellen Eingangsgrößen, der hieraus resultierenden KPI sowie der erkennbaren Tendenzen • Qualitative und quantitative Betrachtung des Simulationsergebnisses • Ggf. Nutzung von vorab definierten Bewertungsfunktionen • Manuelle Veränderung der Eingangsgrößen, das Simulationsszenario bleibt unverändert • Fortlaufe Eingriffe zu jeweils geeigneten Zeitpunkten bis das Ergebnis erreicht wurde Anwendung: • Interaktive Beobachtung und inuititve Steuerung realer Systeme durch EDZ-gestützten Benutzerschnittstellen (siehe Abschnitt 3.7.11)
Automatisch	Arbeitsablauf: • Modifikation der Eingangsgrößen zwischen zwei Simulationsläufen • Automatische Bewertung des zeitlichen Verlaufs von Simulationszustand und Eingangsgrößen sowie der hieraus resultierenden KPI • Quantitative Betrachtung des Simulationsergebnisses • Verwendung im Vorhinein definierter Bewertungs- und Zielfunktionen • Automatische Veränderung von EDZ-Szenario (hinsichtlich Struktur und einzelner EDZ-Parameter) und Eingangsgrößen • Iterative Wiederholung dieses Vorgangs, bis das gesetzte Ziel erreicht wurde (erkennbar durch Unter-/Überschreiten vorab gesetzter Schwellwerte für Bewertungs-/Zielfunktionen) Anwendung: • Automatische Optimierung von Systemen und deren Eingangsgrößen im Sinne der EDZ-gestützten Optimierung (siehe Abschnitt 3.7.2) • Automatische Herleitung optimaler Entscheidungen im Sinne der EDZ-gestützten Entscheidungsfindung (siehe Abschnitt 3.7.8) • Automatische Verifikation und Validierung von EDZ (im Sinne der EDZ-gestützten Verifikation & Validierung (siehe Abschnitt 3.7.4) • Training von KI-Algorithmen durch wiederholte Ausführung einer Aufgabe[a] (siehe Abschnitt 3.7.9)	Arbeitsablauf: • Modifikation der Eingangsgrößen während der Simulation • Automatische Betrachtung des aktuellen Simulationszustands und der aktuellen Eingangsgrößen, der hieraus resultierenden KPI sowie der erkennbaren Tendenzen • Quantitative Betrachtung des Simulationsergebnisses • Verwendung im Vorhinein definierter Bewertungs- und Zielfunktionen • Automatische Veränderung der Eingangsgrößen, das Simulationsszenario bleibt unverändert • Fortlaufe Eingriffe zu jeweils geeigneten Zeitpunkten bis das Ergebnis erreicht wurde Anwendung: • Automatische Steuerung realer Systeme durch Simulationsergebnisse im Sinne der EDZ-gestützten Steuerung (siehe Abschnitt 3.7.5) • Nutzung von EDZ im Rahmen der Entwicklung von Steuerungskomponenten im Sinne der Virtuellen Inbetriebnahme (siehe Abschnitt 3.7.6) • Integration realer Systeme in die digitale Welt (oder umgekehrt) im Sinne einer EDZ-gestützten Verwaltungsschale (siehe Abschnitt 3.7.10)

[a] In diesem Fall bleiben sowohl Simulationsszenario und Eingangsgrößen meist unverändert.

unterschiedlichen Varianten einander gegenüber. Hierbei analysiert der Anwender interaktiv und ein externes System automatisch – je nach Bedarf während oder nach der Simulation. Das externe System kann hierbei z. B. eine reale Maschine sein, die durch die Simulationsergebnisse gesteuert wird (z. B. die Ansteuerung eines Manipulators entsprechend der Bewegungen seines EDZ), oder die mittels durchgeführter Simulationen Entscheidungen vorbereitet (z. B. für die Bahnplanung eines Manipulators mit Hilfe seines EDZ in einem dem realen entsprechenden virtuellen Szenario). Bleibt hierbei das Simulationsszenario im Wesentlichen unverändert, so steht dessen zielgerichtete Veränderung im Mittelpunkt der Optimierung eines EDZ im Rahmen der EDZ-gestützten Optimierung. Optimierungsalgorithmen bewerten hierzu den Simulationsverlauf und beeinflussen ausgehend hiervon zielgerichtet die Struktur und/oder einzelne Parameter des Szenarios. Wesentlich für viele durch externe Systeme gesteuerte EDZ-Anwendungen ist die Automatisierbarkeit von Simulationen (siehe auch Abschnitt 5.1.2), so dass viele Simulationsläufe automatisiert durchgeführt werden können.

5.7.4 Visualisierung des Simulationszustands

Steht bei der Analyse von Simulationen durch externe Systeme die automatische Bewertung von Simulationsläufen im Vordergrund, müssen dem Anwender im Bereich der interaktiven Analyse geeignete Visualisierungen des zeitlichen Verlaufs von Simulationszustand und -eingangsgrößen zur Verfügung gestellt werden. Hierbei kann gerade dreidimensionale Visualisierung ein breites Spektrum an intuitiv verständlichen Visualisierungsvarianten anbieten, da diese die Simulationsergebnisse nicht nur als von der jeweiligen Anwendung unabhängige Zahlenwerke anbieten sondern im Anwendungskontext mit Hilfe so genannter **Visualisierungsmetaphern** darstellen kann. Die einfachste, offensichtlichste und hinsichtlich ihrer Bedeutung nicht zu unterschätzende Visualisierungsmetapher ist das „einfache" 3D-Rendering der EDZ in ihrer virtuellen Einsatzumgebung. Hierdurch werden viele Systemzustände bereits direkt erfassbar. In das 3D-Rendering integrierte, weitere Visualisierungsmetaphern (z. B. Pfeile für Kontaktkräfte oder überlagerte Visualisierungen für Systemzustände) visualisieren auch nicht direkt die geometrische Anordnung des EDZ-Szenarios beeinflussende Simulationsergebnisse. Abbildung 5.34 skizziert ausgewählte Beispiele einer Auswahl unterschiedlicher Visualisierungsvarianten. Nicht dargestellt sind z. B. übliche Diagrammdarstellungen wie Balken- oder Liniendiagramme. Alle Visualisierungsmetaphern können allerdings nicht nur zur Visualisierung simulierter Werte sondern auch im Rahmen der EDZ-gestützten Benutzerschnittstellen zur intuitiven Visualisierung realer Messwerte und

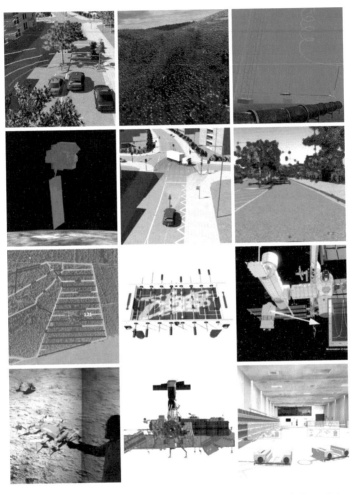

Abbildung 5.34 Beispiele für die Visualisierung von Simulationsergebnissen (v.l.o.n.r.u.): Ergebnisse eines fahrzeuggebundenen 3D-Laserscanners (z. B. [TR17]), Sturm im Wald (z. B. [HR14]), Bewegungsbahnen eines Unterwasserroboters [Ato22; Dem15], Sonneneinstrahlung auf einen Satelliten (z. B. [SOR19]), Bewegungsbahnen eines Fahrzeugs bei unterschiedlichen Reglereinstellungen (z. B. [AR18]), erkannte Features für eine simulierte Kamera (z. B. [TR21]), Bodenbelastung bei einer Holzerntemaßnahme (z. B. [LR18], (Geo-)Daten u.a. Geobasis/Wald und Holz NRW), Ballbewegung beim Kicker [Hei16], Kontaktkraft eines Manipulators (z. B. [GR21]), Achsbelastungen eines Laufroboters (z. B. [Ras14], Foto Thomas Jung), 3D-Laserscanner beim Anflug auf die ISS (z. B. [TR17]), Zustand von fahrerlosen Transportsystemen (z. B. [ER14])

Systemzustände eingesetzt werden. Die Kopplung von realer und virtueller Welt erfolgt hierbei durch den Aufbau Hybrider Szenarien. Alle dargestellten Varianten profitieren darüber hinaus von der Nutzung geeigneter (möglichst stereoskopischer) Visualisierungssysteme wie z. B. VR-Headsets.

5.7.5   Interaktion mit der Simulation

Neben der Visualisierung erfordert die interaktive Analyse von Simulationen eine möglichst intuitive Interaktion des Anwenders mit der Simulation. Dies kann sowohl über die „klassische" Modifikation von Szenarioparametern über 2D-Benutzeroberflächen erfolgen aber auch durch die direkte Manipulation der beteiligten EDZ z. B. über die direkte Interaktion mit einem Datenhandschuh oder die Verwendung realer Bedienelemente wie z. B. Lenkräder oder realer Fahrerstände. Nicht vergessen werden soll hierbei das „einfache" Tracking der Bewegung des Anwenders und insbesondere die Anpassung der Ansicht entsprechend seiner Bewegungen.

5.7.6   Haptisches und kinästhetisches Feedback

Es hat sich gezeigt, dass das Verständnis des Benutzers über das Verhalten von EDZ in VTB mit steigendem Immersionsgrad besser wird. Für eine möglichst weitgehende Immersion gehört neben der Visualisierung und der Interaktion ein geeignetes haptisches[79] und kinästhetisches[80] Feedback.

5.8   Experimentierbare Digitale Zwillinge und Virtuelle Testbeds in der Arbeitsorganisation

Abschnitt 2.5.6 skizziert bereits die Abläufe bei der Modellierung von EDZ und Szenarien sowie bei deren Integration in reale Systeme. Er legt damit die Grundlage zur Integration der EDZ-Methodik in Arbeitsabläufe, häufig auch als „Workflows" bezeichnet. Nach [ISO16][81] ist ein „**Arbeitsablauf** *die räumliche und zeit-*

---

[79] Haptik ist die „*Lehre vom Tastsinn*" [Bib17]

[80] *Griechisch Sinneswahrnehmung (aísthēsis) der Bewegung (kineĩn)* [Bib17]

[81] Die nachfolgenden Übersetzungen dieser aktuellen englischsprachigen Norm orientieren sich maßgeblich an der nahezu identischen deutschsprachigen Version aus dem Jahr 2002.

liche Abfolge des Zusammenwirkens von Arbeitenden, Arbeitsmitteln, Materialien, Energie und Information innerhalb eines Arbeitssystems." Als **Arbeitsmittel** werden hier *„Werkzeuge, einschliesslich Hard- und Software, Maschinen, Fahrzeuge, Geräte, Möbel, Einrichtungen und andere im Arbeitssystem benutzte (System-) Komponenten"* bezeichnet. Das *„***Arbeitssystem** *umfasst das Zusammenwirken eines oder mehrerer Arbeitenden/Arbeitende mit den Arbeitsmitteln, um am Arbeitsplatz, in der Arbeitsumgebung und unter den durch die Arbeitsaufgabe gegebenen Bedingungen die Funktion des Systems zu erfüllen."* Die **Arbeitsorganisation** ist schließlich *„die Abfolge und Wechselwirkung von Arbeitssystemen, die zur Erreichung eines spezifischen Arbeitsergebnisses miteinander verbunden sind."* Oder in einem Satz: In einer Arbeitsorganisation arbeiten Menschen in einzelnen Arbeitssystemen entsprechend eines Arbeitsablaufs unter Anwendung von Arbeitsmitteln.

5.8.1   Arbeitsmittel

In vielen EDZ-gestützten Methoden (siehe Abschnitt 3.7) sind EDZ und VTB Arbeitsmittel. Beim EDZ-gestützten Systems Engineering werden sie zur Entwicklung von Systemen eingesetzt, bei der EDZ-gesteuerten Optimierung zu deren Optimierung, bei der EDZ-gestützten Verifikation & Validierung zur Funktionsüberprüfung der entwickelten Systeme. Im Rahmen der Virtuellen Inbetriebnahme ersetzen sie reale Systeme für den Test z. B. von Steuerungsprogrammen, beim EDZ-gestützten Training Neuronaler Netze liefern sie Trainingsdaten für KI-Algorithmen. In diesen Anwendungen werden EDZ und VTB meist von den Entwicklern dieser Systeme eingesetzt. Sie modellieren EDZ und analysieren diese in VTB.

Im Gegensatz hierzu realisieren EDZ-gestützte Mensch-Maschine-Schnittstellen Benutzerschnittstellen für die eingesetzten Maschinen. Hier werden fertig modellierte EDZ in fertig konfigurierten VTB von den Bedienern dieser Maschine eingesetzt. Der Bediener nimmt die Simulation oft gar nicht als solche wahr, da der Fokus auf der grafischen Darstellung der EDZ liegt, die ihre Zustandsgrößen von realen Physischen Systemen beziehen und vom Benutzer durchgeführte Zustandsänderungen auf diese übertragen (siehe auch Abschnitt 3.7.11). Eine wichtige Klasse derartiger Benutzerschnittstellen im Kontext von Arbeitsmitteln sind Assistenzsysteme, die Arbeitende bei ihrer Arbeit mit weiteren Arbeitsmitteln unterstützen.

Entsprechend sind beim Einsatz von EDZ und VTB vielfältige Randbedingungen zu beachten. [ISO16] und [DIN19] legen Grundsätze zur Gestaltung geeigneter Arbeitsmittel fest (siehe auch Abschnitt 3.3.3).

5.8.2   Gestaltung von Arbeitssystemen

Im Mittelpunkt der Gestaltung von Arbeitssystemen steht die Gestaltung des Zusammenwirkens von Mensch und Maschine unter Berücksichtigung der jeweiligen Arbeitsaufgabe und der mit dieser verknüpften (Rand-) Bedingungen. [ISO16] zählt diverse Beispiele für Arbeitssysteme aus unterschiedlichen Anwendungsbereichen auf:

- Produktion: Maschinenbediener und Maschine, Arbeiter und Montagelinie
- Transport: Fahrer und Fahrzeug, Personal und Flughafen
- Wartung: Wartungstechniker und Werkzeug
- Gewerbe: Bürokraft und Workstation, Außendienstmitarbeiter und Tablet-Computer, Koch und Restaurantküche
- Analog in weiteren Bereichen wie Gesundheit, Aus- und Weiterbildung, ...

Wie in Abschnitt 5.8.1 bereits erläutert bietet die EDZ-Methodik innovative Ansätze zur Gestaltung der Interaktion von Mensch und Maschine und damit die Optimierung von Arbeitssystemen nach unterschiedlichen Gesichtspunkten.

5.8.3   Arbeitsabläufe

Betrachtet man die zeitliche Abfolge der Aktivitäten in einem Arbeitssystem, eröffnen sich aus Sicht der EDZ-Methodik mehrere Perspektiven, die in den bisherigen Ausführungen in unterschiedlichen Zusammenhängen bereits angesprochen wurden. Hier sind zunächst die **Arbeitsabläufe bei der Modellentwicklung und Simulation** zu nennen. Auch die Darstellung in Abbildung 2.25 ist hier einzuordnen. Hierbei sind die teilweise sequentiell, teilweise aber auch iterativ sowie teilweise auf System- und Komponentenebene einzusetzenden Aktivitäten

1. der **Konzeptuellen Modellierung** als Überführung eines System in ein Konzeptuelles Modell,
2. der **Formalisierung** als Überführung des Konzeptuellen Modells in ein ausführbares Simulationsmodell,
3. der **Implementierung** als Herstellung eines Experimentierbaren Modells aus dem Simulationsmodell,
4. des **Experimentierens** als Durchführung von Simulationsexperimenten mit den damit verbundenen Verifikations- und Validierungsaktivitäten

5. der **Semantischen Kapselung** als Überführung (meist Simulator-spezifischer) Experimentierbarer/Simulationsmodelle auf Komponentenebene in (möglichst Simulator- und VTB-unabhängige) EDZ und EDZ-Komponenten,

6. der **Vernetzung auf Systemebene** als Aufbau eines EDZ-Szenarios auf MBSE-Ebene,

7. der **Komposition** als Zusammenführung der über EDZ bereitgestellten Experimentierbaren/Simulationsmodelle auf Komponentenebene zu einem Experimentierbaren Szenario und

8. der **Bereitstellung** des Experimentierbaren Szenarios in einem Anwendungskontext zur

9. **Nutzung** im Rahmen der benötigten EDZ-Methoden.

in eine geeignete zeitliche Abfolge zu bringen. Abbildung 3.6, Abbildung 4.3 und Abbildung 2.25 skizzieren jeweilige Arbeitsabläufe.

Die Arbeitsabläufe bei der Modellentwicklung sind meist eingebettet in die **Arbeitsabläufe bei der Systementwicklung**. Ist das Arbeitsergebnis bei der Modellentwicklung der EDZ, eine EDZ-Komponente oder ein EDZ-Szenario, steht bei der Systementwicklung das zu entwickelnde System im Mittelpunkt. Aus der klassischen Perspektive der Simulationstechnik betrachtet sind Simulationsmodelle „Mittel zum Zweck". Sie werden erstellt, um konkrete Fragestellungen, die sich z. B. für einen Systementwurf oder aus einer konkreten Problemstellung heraus ergeben, zu lösen. Jede dieser Fragestellungen führt dann zu einem abgegrenzten Modellentwicklungs- und Simulationsarbeitsablauf. Die Arbeitsabläufe zur Modellentwicklung und Simulation sind also den Arbeitsabläufen der Systementwicklung hierarchisch untergeordnet. Mit der EDZ-Methodik können diese beiden Arbeitsabläufe miteinander verschmelzen, da EDZ selbst ein Ergebnis der Systementwicklung sind und z. B. aus MBSE-Beschreibungen und CAD-Modellen entstehen und direkt zur Simulation genutzt werden können. Auf der anderen Seite kann die Modellierung eines Systemverhaltens zumindest im Prototypenstadium häufig direkt zur Ableitung der Algorithmen Informationsverarbeitender Systeme genutzt werden, die dann direkt im RZ eingesetzt werden (siehe z. B. die Methoden der EDZ-gestützten Steuerung in Abschnitt 3.7.5). Wie in Abschnitt 3.5.5 und Abbildung 4.43 dargestellt können EDZ so im Mittelpunkt der Systementwicklung stehen und die hier beteiligten Arbeitsabläufe zusammenführen. Es entsteht z. B. der in Abbildung 3.42 dargestellte Arbeitsablauf des EDZ-gestützten Systems Engineerings.

Die Arbeitsabläufe bei der Systementwicklung erfahren eine Detaillierung in **branchen- und disziplinspezifischen Arbeitsabläufen**. Aus Softwareentwicklung und Mechatronik sind Entwicklungsprozesse wie das Wasserfall-Modell[82] oder das V-Modell[83] oder auch agile Prozesse wie SCRUM[84] bekannt (siehe Anhang B im elektronischen Zusatzmaterial und Abbildung 5.35). Darüber hinaus existieren hochdetaillierte und teilweise bis ins Detail definierte Entwicklungsprozesse wie z. B. die ECSS-genormten Prozesse zur Entwicklung von Raumfahrtsystemen oder zur Realisierung der hierzu eingesetzten Simulatoren entsprechend des SMP2-Standards (siehe Anhang B im elektronischen Zusatzmaterial).

Bei nahezu allen Entwicklungsprozessen finden die konkreten Umsetzungsarbeiten erst nach ausführlichen Analysen und Spezifikationen statt. Dies ist zunächst einmal dadurch bedingt, dass nur auf Grundlage sorgfältiger und ausführlicher Vorarbeiten eine bis ins Detail planbare, in verteilten Teams umsetzbare und hinsichtlich der Entwicklungsvorgaben verifizier- und validierbare Entwicklung möglich ist. Zudem liefert diese Vorgehensweise für alle Beteiligten die notwendigen rechtlichen Grundlagen. Ein maßgeblicher zweiter Grund ist aber auch, dass die frühe Erstellung von Prototypen gerade bei mechatronischen Systemen häufig mit großem Aufwand verbunden ist. Dabei kann z. B. die umgehende Beurteilung von Entwicklungsalternativen in frühen Entwicklungsstadien die Entwicklung in die richtigen Richtungen lenken. Dies gilt umso mehr, je detaillierter diese Prototypen ausgestaltet sind. Reichen für Designstudien häufig noch einfache CAD-Modelle aus, so werden für die detaillierte Untersuchung unterschiedlicher Systemkonfigurationen mit unterschiedlichen Sensoren und Aktoren detaillierte Modelle benötigt.

---

[82] Beim Wasserfallmodell [Roy70], welches z. B. die Grundlage der Entwicklungsprozesse für Weltraumanwendungen darstellt, erfolgt die Entwicklung linear. Die einzelnen Phasen sind durch Meilensteine abgeschlossen und voneinander getrennt.

[83] Entwicklungsprozesse nach dem V-Modell (siehe z. B. [VDI21]) beginnen mit der Aufnahme von Anforderungen und dem daraus resultierenden funktionalen und technischen Entwurf auf Systemebene. Diese Systemspezifikation bildet dann den Ausgangspunkt für die Konkretisierung in den Fachdisziplinen auf Komponentenebene und damit den Startpunkt für die Implementierung/Umsetzung. Die nachfolgenden Tests greifen auf die entsprechenden Entwürfe und Spezifikationen zurück und verifizieren die Korrektheit der Entwicklungen. Anwendungsspezifische Konkretisierungen des V-Modells wie z. B. in der ISO 26262 für sicherheitsrelevante elektrische/elektronische Systeme in Kraftfahrzeugen [ISO12] oder die Leitlinien der ECSS (siehe z. B. [ECS17]) zur Entwicklung von Raumfahrtsystemen definieren die notwendigen Arbeitsprozesse bis ins Detail.

[84] Ausgehend von einer initialen Anforderungsdefinition wird hier ein sogenanntes Produkt-Backlog erstellt, welches eine Liste aller durchzuführenden Entwicklungsarbeiten enthält (siehe auch z. B. [SS11]). Die Entwicklungen selbst finden in „Sprints" statt, zu deren Beginn aus dem Produkt-Backlog einzelne Arbeiten ausgewählt werden, die dann in diesem Sprint vollständig durchgeführt werden. Am Ende des Sprints steht ein weiterentwickeltes Produkt zur Verfügung. Die Entwicklungen werden iterativ weitergeführt, wobei bei jedem Sprint-Review das Produkt-Backlog ggf. an die aktuellen Erkenntnisse angepasst wird.

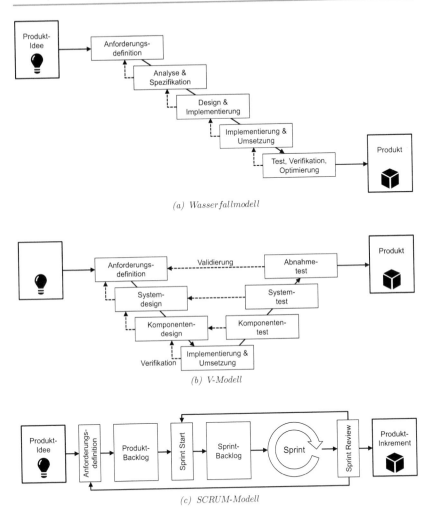

(a) *Wasserfallmodell*

(b) *V-Modell*

(c) *SCRUM-Modell*

Abbildung 5.35 Beispiele für unterschiedliche Entwicklungsprozesse

Vor diesem Hintergrund ermöglicht die EDZ-Methodik, die etablierten Entwicklungsprozesse um agile Prozessanteile zu ergänzen – bis hin zu vollständig agilen Entwicklungsprozessen. So können z. B. zunächst für die Softwareentwicklung entwickelte agile Methoden wie SCRUM zukünftig auch im Bereich der Mechatronik und Robotik eingesetzt werden. Grundlage für die Nutzung derartiger Methoden ist ein übergreifendes Systemmodell $M_{S,edz}$ (siehe z. B. Abbildung 4.43), welches das entwickelnde System in unterschiedlichen Detaillierungen umfassend beschreibt und welches sich z. B. von Sprint zu Sprint sukzessive weiterentwickelt. Mit Hilfe eines einfach strukturierten Systemmodells (SysML-Blockdiagramm, CAD-Modell o. ä.) können bereits in der Phase der Anforderungsanalyse erste Designstudien analysiert werden, die dann die Grundlagen für weitere detaillierte Analysen und somit auch zu einer detaillierten Festlegung relevanter Anforderungen legen, welche dann im weiteren Verlauf umgesetzt werden müssen. Die Verfeinerung des Systemmodells um Sensoren, Aktoren und Steuerungsalgorithmen führt dann zu immer vollständigeren virtuellen Prototypen, die in einem VTB untersucht, getestet, verifiziert, validiert und optimiert werden können – auf Komponenten- und Systemebene und zu jeder Zeit.

Das Systemmodell und die darauf aufbauenden Modellierungs- und Simulationsmethoden der EDZ-Methodik können darüber hinaus auch als Entwicklungsframework für die Algorithmen Informationsverarbeitender Systeme verwendet werden (Bildverarbeitungsalgorithmen, Roboterprogramme, Bewegungssteuerungen, Motorregler etc.), deren Ergebnisse dann mit Methoden der EDZ-gestützten Steuerung (siehe Abschnitt 3.7.5) auf die reale Hardware übertragen werden. Insbesondere die Entwicklungsschritte von der Entwicklung und Programmierung von Hard- und Software, von Simulation, Test und Validierung, der Implementierung auf der Ziel-Hardware sowie von Marketing, Training und Betrieb können so nahezu parallel durchgeführt werden. Auf diese Weise kann jederzeit zwischen den unterschiedlichen Phasen des Prozesses gewechselt werden – oder sie werden teilweise direkt parallel ausgeführt. Ein Beispiel sind z. B. frühzeitige Marketingaktivitäten auf Grundlage erster Designstudien. Das Ergebnis sind EDZ-gestützte agile Entwicklungs- und Optimierungsprozesse. Schleifen in der Entwicklung, etwa wenn bei den Tests grundlegende Probleme festgestellt werden, die größere Redesigns erfordern, sind so mit deutlich weniger Aufwand verbunden als bei klassischen Vorgehensweisen.

Die EDZ-Methodik erzwingt somit nicht die Nutzung eines konkreten Entwicklungsmodells sondern eröffnet neue Freiheiten bei der Auswahl und Ausgestaltung etablierter Entwicklungsprozesse und damit deren Weiterentwicklung. Die Auswahl eines geeigneten Entwicklungsmodells ist auch weiterhin abhängig vom konkreten Entwicklungsgegenstand, den beteiligten Personen und Institutionen und den geplanten Formen der Zusammenarbeit. Das Systemmodell $M_{S,edz}$ und die

Simulationsfunktionen Γ und Φ entwickeln sich so zu einem zentralen Realisierungsbaustein für die Entwicklung und den Betrieb realer Systeme. Damit unterscheidet sich der Einsatz von Simulationstechnik in Arbeitsabläufen der EDZ-Methodik deutlich von der aktuellen Verwendung. Hier wird Simulationstechnik an unterschiedlichen Punkten des Entwicklungsprozesses zur Lösung einzelner Teilprobleme eingesetzt. Die EDZ-Methodik löst diesen werkzeugbezogenen Ansatz auf und macht Simulationstechnik zum zentralen Kristallisationspunkt im Lebenszyklus technischer Systeme. Auf dieser Grundlage können heute meistens noch rein sequentiell ablaufende Entwicklungsprozesse zunehmend parallel ausgeführt werden. Die EDZ-Methodik ist damit nach der Zusammenführung der Entwicklungsergebnisse in PLM/PDM-Systemen der konsequente nächste Schritt.

Wie oben bereits dargestellt integrieren sich EDZ und VTB zudem in **Arbeitsabläufe bei der Bedienung von Maschinen**. Sie werden dazu genutzt, die diesbezüglich notwendigen Aktivitäten zu optimieren und dem Bediener Bedienoberflächen oder Assistenzsysteme zur Verfügung zu stellen.

Neben den Arbeitsabläufen mit einer engen Interaktion zwischen Mensch und Maschine können EDZ zur Optimierung von **Arbeitsabläufen mit interagierenden Maschinen** beitragen. EDZ stellen hier z. B. im Rahmen der Realisierung von Mechatronischen/Cyber-Physischen Systemen und Verwaltungsschalen für reale Maschinen (siehe Abschnitt 3.7.10) Funktionalitäten bereit, um die Interaktion von Maschinen miteinander zu optimieren – oder sogar erst zu ermöglichen.

Betrachtet man diese unterschiedlichen Arbeitsablauf-Typen im Zusammenhang stellt sich die Frage, ob nicht auch der **gesamte Lebenszyklus eines Realen Zwillings als übergeordneter Arbeitsprozess oder übergeordnete Arbeitsorganisation** betrachtet werden muss. Tatsächlich lassen sich die genannten Arbeitsabläufe nicht sinnvoll vom Lebenszyklus trennen, da alle Arbeitsabläufe miteinander vernetzt sind und auf gemeinsame Arbeitsmittel und Arbeitssysteme in einer Arbeitsorganisation beruhen. Entsprechend zielt die EDZ-Methodik wie z. B. in Abschnitt 2.1 und Abschnitt 2.6 motiviert auf den lebenszyklusübergreifenden Einsatz von EDZ. EDZ stehen so im Mittelpunkt der Arbeitsabläufe für Entwurf, Entwicklung, Produktion, Marketing, Training, Betrieb und Entsorgung und können auf unterschiedlichen Ebenen von der einzelnen Komponente bis zum Gesamtsystem eingesetzt werden.

Neben der zeitlichen Abfolge kann die EDZ-Methodik auch Einfluss auf die **räumliche Abfolge der Aktivitäten in einem Arbeitssystem** nehmen. Im Rahmen der Entwicklung entstehen durch die EDZ umfassende Modelle des zu entwickelnden Systems und seiner Umwelt, die vollständig ortsunabhängig eingesetzt werden können. Mit steigender Detaillierung verifizierter und validierter EDZ besteht die Möglichkeit, reale Prototypen erst deutlich später im Entwicklungsprozess bauen zu müssen, was gleichzeitig die Ortsunabhängigkeit der Entwicklungsarbeiten weiter steigert. Gleiches gilt auch für die Bedienung von Maschinen. Der Einsatz von EDZ kann den Bediener in die Lage versetzen, reale Maschinen zu steuern ohne direkt neben dieser Maschine stehen zu müssen. Damit eröffnet die EDZ-Methodik Freiräume bei der räumlichen Gestaltung von Arbeitsprozessen.

5.8.4   Datenmangement-Strukturen

Die technische Integration von EDZ und VTB in Arbeitsabläufe wird bestimmt vom Austausch von Simulations-/Experimentierbaren Modellen und Simulationsergebnissen zwischen den eingesetzten Hard- und Softwaresystemen. Abschnitt 2.5.6 führt hierzu Randbedingungen und Integrationsebenen ein. Ebenso wichtig ist der Offline-Datenaustausch zwischen VTB und den umgebenden Softwaresystemen. Die konzeptuellen Grundlagen legt hierfür bereits Abschnitt 4.6 mit der Einführung der MDA. Die hiermit verbundenen Konzepte und Techniken können sowohl auf der „Eingangsseite" von VTB, also den Modelldaten, als auch auf der Ausgangsseite, also in Bezug auf die Simulationsergebnisse, eingesetzt werden. Die Daten werden hierbei typischerweise über Dateien in unterschiedlichen Formaten ausgetauscht.

Einen vielversprechenden Ansatz liefern an dieser Stelle Methoden der datenbankgestützten Simulation (siehe z. B. [HSR+12]), welche bis heute allerdings nur durch wenige Simulatoren umgesetzt werden. Hier ermöglicht ein im VTB-Kernel umgesetztes Modell- und Datenmanagement eine weitgehende Integration von (Echtzeit-) Simulation und etablierten Datenbanktechnologien als versionierender und historisierender Datenspeicher für Modelldaten und als Grundlage für die Zusammenarbeit von Menschen und/oder Maschinen, und dies unabhängig von konkreten Datenschemata. Der Datenaustausch zwischen Simulationsdatenbank und externer Datenbank kann hierbei nicht nur zu Beginn und zum Ende einer Modellierungs- oder Simulationssitzung zum Laden und Speichern von Modelldaten erfolgen. Vielmehr ermöglicht die Kopplung der Benachrichtigungssysteme von VTB-Kernel und externer Datenbank auch einen Online-Abgleich der Dateninhalte. Dies ist Grundlage für diverse in Abschnitt 6 gezeigte EDZ-Anwendungen. Die Anwendungsbandbreite reicht bis zur Umsetzung verteilter Simulationskonzepte, bei der alle beteiligten (Simulations-) Teilnehmer mit den notwendigen Szenariomodellen versorgt und die im Rahmen der Simulation über die Zeit veränderten Zustandsgrößen mitverfolgt, gespeichert und zwischen den Teilnehmern online synchronisiert werden.

Abbildung 5.36 skizziert dieses Konzept der datenbankgestützten Simulation am Beispiel der Integration von EDZ-Anwendungen in die Prozesse der

Forstwirtschaft. Im Mittelpunkt steht eine mit einem oder mehreren Datenschemata initialisierte Datenbank, die über geeignete Methoden zur Datenverteilung verfügt. Die Daten entstehen aus unterschiedlichen Prozessen heraus z. B. durch händische oder fernerkundungsgestützte Erfassung. Angeschlossene und auf der rechten Seite dargestellte VTB übernehmen online das Datenschema dieser aus ihrer Sicht externen Datenbank, überführen diese Daten direkt in EDZ, die sie z. B. für die nachfolgende Simulation einsetzen. Aus der Datenbank wird auf diese Weise ein **zentraler Kommunikationsknoten**.

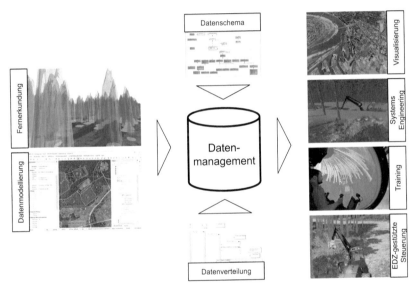

Abbildung 5.36 Anwendungsbeispiel für datenbankgestützte VTB aufbauend auf [RSB15]: Im Mittelpunkt steht eine externe Datenbank, auf die für unterschiedliche EDZ-Anwendungen konfigurierte VTB wie auch Drittsysteme zugreifen ((Geo-)Daten u.a. Geobasis/Wald und Holz NRW).

5.8.5 Randbedingungen für Interoperabilität

Voraussetzung für den dargestellten Einsatz von EDZ und VTB in der Arbeitsorganisation ist die Fähigkeit von zwei oder mehr Systemen, Informationen austauschen (technische Interoperabilität) und die ausgetauschten Informationen verstehen und verwenden (semantische Interoperabilität) zu können (siehe auch Abschnitt 4.6.3).

Die grundlegenden Randbedingungen für Interoperabilität in Bezug auf die EDZ-Methodik wurden in [SR21][85] zusammengestellt und erläutert: *„Zur Umsetzung dieses Konzepts* [von EDZ und EDZ-Methodik] *wird mindestens die Interoperabilität der*

1. *Simulatoren und Orchestratoren,*
2. *Konzeptuellen Modelle (System und Komponenten),*
3. *Meta-Modelle und*
4. *Modelle (Experimentierbare/Simulationsmodelle der Komponenten, EDZ, EDZ-Szenarien)*

benötigt.“ Zur Bewertung der Interoperabilität der eingesetzten Werkzeuge können die „Levels of Conceptual Interoperability Model (LCIM)" [WTW09] herangezogen werden, die hierzu sechs Ebenen einführen:

1. *„Keine Verbindung*
2. *Technisch (physisch): Kommunikationsverbindung besteht, Daten können grundsätzlich ausgetauscht werden, z. B. durch geeignete Kommunikationsinfrastrukturen*
3. *Syntaktisch (Daten): Daten können auf syntaktischer Ebene interpretiert werden, z. B. durch gemeinsame Datenformate*
4. *Semantisch (Information): Daten können auf semantischer Ebene zugeordnet werden, z. B. durch gemeinsames Meta-Modell als Referenzmodell*
5. *Pragmatisch (Verwendung): Gleiches Verständnis der Verwendung der Daten*
6. *Dynamisch (Verhalten): Gleiches Verständnis des Verhaltens bzw. der Auswirkungen von Eingängen auf Ausgänge*
7. *Konzeptuell: Beziehungen zwischen Elementen, Randbedingungen, Einschränkungen, Validität bekannt*

LCIM ≥ 1 wird für grundsätzliche Integrierbarkeit benötigt, LCIM ≥ 4 für Interoperabilität, LCIM = 6 für Kompositionsfähigkeit" (siehe auch [PW03; Wei04]). Im Zuge der technischen Realisierung des in Abschnitt 2.5.6 dargestellten Arbeitsablaufs müssen drei Stufen unterschieden werden:

1. *„Grundsätzliche „Erstellbarkeit" eines Experimentierbaren Szenarios"*
2. *„Automatisierbarkeit dieses Prozesses"*

---

3. *„Beurteilung der Validität des Ergebnisses vor dem Hintergrund des geplanten Einsatzes"*

„Für Stufe 1 wird LCIM 3 benötigt, d. h. es müssen gemeinsame Kommunikationsprotokolle, Datenformate (z. B. Modelica, FMU) und Meta-Modelle (z. B. von Modelica oder FMU-Modellbeschreibungen) genutzt werden, anhand derer die Simulationsmodelle und Experimentierbaren Modelle in EDZ und diese dann in EDZ-Szenarien integriert werden können. Hierdurch sind die Grundlagen für die (ggfls. auch manuelle) Zusammenführung des Experimentierbaren Szenarios gelegt. Der Verzicht auf die semantische Ebene erscheint nicht zeitgemäß. Für Stufe 2 wird LCIM 4 benötigt. Hierdurch ist insbesondere eine Zuordnung zwischen den Ports der Teil-Modelle möglich (z. B. Ausgang „b" der Regler-FMU ist die Reglerausgangsgröße und Eingang „u" der Aktor-FMU ist der entsprechende Eingang). Für Stufe 3 ist LCIM 6 notwendig, wobei ggfls. Anforderungen der LCIM 4 und 5 entfallen können. […]

LCIM 3 kann heute meist erreicht werden. Teilweise stehen Informationen zu den Simulationsmodellen und Experimentierbaren Modellen auf Ebene des Konzeptuellen Komponentenmodells zur Verfügung. LCIM 4 und 5 sind allerdings noch spärlich belegt.

In der technischen Realisierung sollten und können die Meta-Modelle der EDZ und EDZ-Szenarien identisch ausgeführt werden. Die Kapselung von Experimentierbaren Komponentenmodellen in EDZ ist technisch einfach umzusetzen. Notwendig ist lediglich die Verbindung der EDZ-Ports mit den Ein-/Ausgängen der Experimentierbaren Komponentenmodelle [Simulationseinheiten, z. B. als FMU bereitgestellt]. Hierzu stellt der Orchestrator [realisiert über das VTB] eigene Ports/Konnektoren bereit" (siehe Abschnitt 5.4.1 und Abbildung 5.38 für das in Abbildung 5.37 skizzierte Beispiel eines Drehtisches). *„Allerdings entsteht hierdurch eine direkte Abhängigkeit zwischen dem eingesetzten Orchestrator [bzw. dem eingesetzten VTB] und der Modellierung der EDZ, die im Idealfall zu vermeiden ist. Hier besteht Bedarf einer Standardisierung."*

„Komplexer ist die Situation bei der Zusammenführung simulator- und komponentenspezifischer Simulationsmodelle. Dies ist sinnvoll, um z. B. maximal performante und stabile Kinematik- oder Starrkörpersimulationen zu erreichen oder eine komponentenübergreifende Sensorsimulation zu ermöglichen. Hierzu müssen Modellelemente auf EDZ-Ebene (z. B. starre Verbindungen zwischen EDZ) mit Modellelementen auf Ebene der Komponenten-Simulationsmodelle (z. B. Starrkörper) zusammengeführt werden. Notwendig ist hierfür eine allgemeine Sicht z. B. auf eine mechanische Verbindung, die dann verlustfrei auf unterschiedliche Simulatoren umgesetzt werden kann, deren Sichtweise auf mechanischen Verbindungen

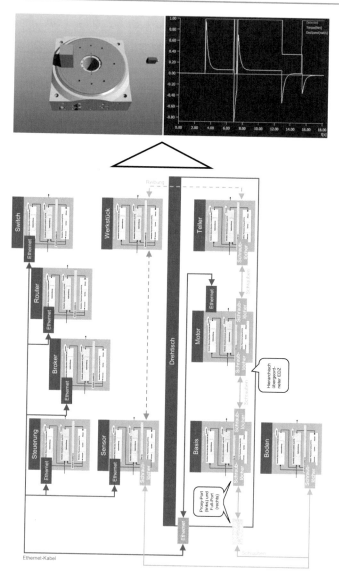

Abbildung 5.37 Das EDZ-Szenario eines einfachen Drehtisches zur nachfolgenden Illustration der Zusammenführung von Komponentenmodellen (aus [SR21]): Der oben dargestellte Drehtisch besteht aus Basis, Motor und Teller, transportiert ein Werkstück von links nach rechts bis dieses von der Lichtschranke rechts erkannt wurde. Die Kommunikation erfolgt über MQTT.

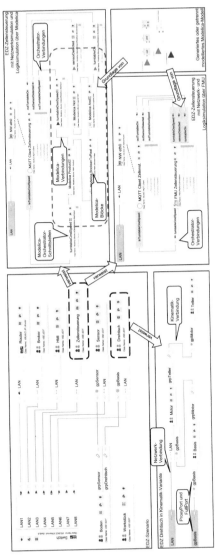

Abbildung 5.38 Zusammenführung von Komponentenmodellen im EDZ am Beispiel des Drehtisches aus Abbildung 5.37 (dargestellt ausgehend von [SR21]): EDZ-Szenario in der Darstellung der Referenzimplementierung (siehe Kapitel 6, links unten), EDZ des Drehtisches in Kinematik-Variante (rechts unten), EDZ der Zellensteuerung modelliert über Modelica (links oben) oder integriert als FMU (rechts oben)

entspricht (z. B. gerichtete vs. ungerichtete Verbindungen) und gleichzeitig alle benötigten Parameter zur Verfügung stellt. Ansätze hierfür liefert z. B. AutomationML. *Ein allgemeiner Ansatz ist aktuell nicht in Sicht, auch hier besteht Bedarf einer Standardisierung – wenn sie denn überhaupt möglich ist (vgl. z. B. die Anforderungen an die Beschreibung einer mechanischen Verbindung aus Sicht von Kinematik, Starrkörperdynamik und FEM). Ein Ausweg ist, simulator-spezifische Verknüpfungen auch auf Ebene der EDZ zu erlauben. Dies kann häufig durch „Anwendungsprofile" für etablierte EDZ-Meta-Modelle wie z. B.* SysML *oder* AutomationML *erreicht werden, führt allerdings eine starke Abhängigkeit zwischen den eigentlich Simulator-unabhängigen EDZ und den Simulatoren ein. Die auf semantischer Ebene im EDZ-Meta-Modell notwendigen Änderungen halten sich allerdings in Grenzen und führen meist nicht zu einem benötigten tiefen Simulations-Know-how auf Ebene der Systemmodellierung (siehe Abbildung 5.38)."*

5.9 Zusammenfassung

Ausgangspunkt der Entwicklung Virtueller Testbeds als Laufzeitumgebung Experimentierbarer Digitaler Zwillinge sind diverse Anforderungen (siehe Abschnitt 5.1), die auf Grundlage einer geeigneten Architektur umgesetzt werden müssen (siehe Abschnitt 5.2). Grundelemente dieser Architektur sind der VTB-(Mikro-)Kernel, VTB-Services (z. B. zur Bereitstellung der Simulationsfunktionen) und die VTB-Laufzeitumgebung. Der VTB-Kernel ist die aktive Simulationsdatenbank des VTB, die neben den EDZ und deren Vernetzung die von denen verwendeten heterogenen Modelle und Daten entsprechend ihrer Metamodelle verwaltet und den VTB-Services zur Verfügung stellt (siehe Abschnitt 5.3). Auf dieser Grundlage erfolgt ebenfalls die Modellierung und Simulation der Interaktion von EDZ und EDZ-Komponenten – in der virtuellen und ggfls. gekoppelt mit der realen Welt (siehe Abschnitt 5.4). Verfahren zur Zeitsteuerung (siehe Abschnitt 5.5) und zur parallelen und verteilten Simulation (siehe Abschnitt 5.6) überführen EDZ-Szenarien zunächst in Netzwerke aus Simulationsaufgaben, sind Grundlage für deren gekoppelte Ausführung und damit für die Bereitstellung der Experimentierbaren Szenariomodelle. Mit diesen kann dann offline wie online sowie interaktiv wie automatisiert interagiert werden (siehe Abschnitt 5.7). Die Interoperabilität von EDZ und VTB ermöglicht deren Einsatz im Rahmen unterschiedlicher Formen der Arbeitsorganisation (siehe Abschnitt 5.8). Im Ergebnis ist die vorgestellte Architektur wie in Tabelle 5.2 dargestellt geeignet, die gestellten Anforderungen zu erfüllen (siehe auch die abschließenden Ausführungen in Abschnitt 5.2.3).

Tabelle 5.2 Gegenüberstellung der Anforderungen aus Abschnitt 5.1 und den dargestellten Lösungsansätzen.

	Anforderung	Lösungsansätze
Funktionale Anforderungen	Übergreifende Simulation von Netzwerken interagierender EDZ	VTB überführen EDZ-Szenarien in ausführbare Szenarien (siehe Abschnitt 3.6.1 und 2.5.6), indem sie die notwendigen Transformationsprozesse auf Grundlage der Daten im VTB-Kernel durchführen und die hierzu notwendigen VTB-Services integrieren.
	Zusammenführung heterogener Modelle, Daten und Simulationsverfahren	Bzgl. der Modelle und Daten ermöglicht dies der VTB-Kernel (siehe Abschnitt 5.3), die Zusammenführung von Simulationsverfahren erfolgt konzeptionell auf Basis des EDZ (siehe z.B. Abschnitt 2.5.6) und technisch auf Grundlage der Mikro-Kernel-Architektur (siehe Abschnitt 5.2.3).
	Integration Informationsverarbeitender Systeme	EDZ sind 1-zu-1-Abbildungen von RZ auf PSYS-, IVS- und insbesondere auf MCPS-Ebene (siehe Abschnitt 2.5.1). Damit ist die Integration informationsverarbeitender Systeme Kernelement der EDZ-Methodik (siehe Abschnitt 3.4.1 und Abschnitt 3.3).
	Unterstützung objektorientierter Modellierung	EDZ strukturieren EDZ-Szenarien entsprechend der physikalischen Systemarchitektur. Dies führt automatisch zur Verwendung von „Objekten". Diese können mit Methoden objektorientierter Modellierung modelliert werden (siehe z.B. Abschnitt 5.3).
	Modulare Simulationsmodelle mit einstellbarer Detaillierung	EDZ liefern die (virtuellen) Module (siehe z.B. Abschnitt 2.5.6), die einstellbare Detaillierung erfolgt auf Grundlage der Auswahl und Zusammenführung der Teilmodelle unterschiedlicher Simulationsverfahren.
	Abbildung der physikalischen Architektur	EDZ bilden typischerweise die physikalische Systemarchitektur ab (siehe z.B. Abschnitt 3.4.1). Die Struktur der Simulationsmodelle tritt in den Hintergrund (siehe z.B. Abschnitt 2.5.6).
	Verwaltung dynamischer Modelle	Es ist Aufgabe der entsprechenden VTB-Services, die Simulationsmodelle an Änderungen der EDZ anzupassen. Hierdurch wird es möglich, dass z.B. Änderungen an Modellstruktur oder Systemparametern maßgeblich auf Ebene der EDZ stattfinden können.
	Nutzung formaler Methoden zur Modellerstellung	Formale Spezifikationsmodelle (siehe Abschnitt 4.5) können als eigene Datenformate und Daten direkt im VTB-Kernel verwaltet und dort mit anderen Daten verknüpft werden.
	Nahtloser Übergang zwischen Simulation und Realität	Schnittstellen der EDZ sind schon aufgrund der Grundkonzeption der EDZ (mindestens semantisch, siehe Anhang 5.8.5) kompatibel mit entsprechenden Gegenstücken auf der Seite der RZ. Die technische Umsetzung der Schnittstellen erfolgt über geeignete VTB-Services (siehe z.B. Abschnitt 3.4.1 und Abschnitt 5.4.3).
	Flexible und standardisierte Schnittstellen	Entsprechende Schnittstellen können über VTB-Services bereitgestellt werden. Die über diese Schnittstellen erzeugten und ausgetauschten Daten können entsprechend ihrer Datenformate im VTB-Kernel verwaltet werden.
	Flexible Zeitsteuerung	Die Modellierung und Simulation von EDZ und EDZ-Szenarien sind unabhängig vom konkret gewählten Verfahren der Zeitsteuerung.
	Visualisierung und Interaktion	Diese sind als VTB-Services realisiert, können anwendungsspezifisch ausgewählt werden und bauen unabhängig von gewählten Simulationsverfahren und Schnittstellen zu realen Systemen vollständig auf den im VTB-Kernel verwalteten Daten auf (siehe z.B. Abschnitt 5.7).
	Flexibilität	Diese wird u.a. durch die Modularität und Austauschbarkeit der EDZ als virtuelle Module sowie z.B. der als VTB-Services realisierten Simulations- und Interaktionskomponenten erreicht.
	Nahtlose Integration in den Entwicklungsprozess	Im Ergebnis ermöglicht die Erfüllung der obigen Anforderungen die nahtlose Integration in den Entwicklungsprozess.
Nichtfunktionale Anforderungen	Realitätsnähe	Die Aufteilung der Modellier- und Simulationstätigkeiten in EDZ, Transformationsprozesse und Ausführung durch VTB-Services vereinfacht Verifikations- und Validierungsprozesse, die wie z.B. in [Dah23] gezeigt abgestuft ausgeführt werden können.
	Verifizierte, kalibrierte, justierte und validierte Simulationsalgorithmen/-modelle	Siehe „Realitätsnähe"
	Determinismus	Diese Anforderung muss durch geeignete Implementierung der VTB-Services erfüllt werden. Der VTB-Kernel sowie die Verfahren zur Zeitsteuerung (siehe Abschnitt 5.5) und zur parallelen und verteilten Simulation (siehe Abschnitt 5.5) legen die Grundlagen hierfür.
	Performance/Echtzeitfähigkeit	Durch die flexible Konfiguration von VTB können diese für die spezifischen Performanceanforderungen konfiguriert werden. Die Auswahl einer echtzeitfähiger Laufzeitumgebung ermöglicht (bei echtzeitfähiger Implementierung der benötigten VTB-Services) auch echtzeitfähige EDZ-Anwendungen.
	Skalierbarkeit	U.a. durch Methoden der parallelen und verteilten Simulation (siehe Abschnitt 5.6) kann die Ausführung von EDZ-Anwendungen auf unterschiedliche $VSD::SimStates$ verteilt werden.
	Automatisierbarkeit	Die Transformationsprozesse zur Ableitung ausführbarer EDZ-Szenarien können vollautomatisch ausgeführt werden. Sofern auch z.B. die Integration von externen Simulatoren vollständig automatisiert werden kann (etwa im Hinblick auf Starten/Stoppen des Simulators, Laden von Simulationsmodellen und (typischerweise zeitsynchronisiertes) Ausführen der Simulation) ist diese Anforderung erfüllt.
	Multi-Plattform-Unterstützung	Dies wird durch die Trennung von VTB-Kernel und VTB-Services von der VTB-Laufzeitumgebung erreicht. Ein Wechsel der Plattform erfolgt maßgeblich durch einen Wechsel der Laufzeitumgebung.
	Trennung von EDZ-Modell, Simulationsverfahren und VTB	Dies ist eines der Grundkonzepte von EDZ und ihrer Umsetzung (siehe z.B. Abschnitt 2.5.6)

EDZ-Anwendungen

6

Kapitel 5 führt die notwendigen technischen Konzepte und die damit verbundenen Integrationsaspekte zur Realisierung einer Simulationsplattform für VTB ein, mit denen das in Kapitel 2 im Überblick und in Kapitel 3 im Detail eingeführte Konzept der EDZ mit den simulationstechnischen Grundlagen aus Kapitel 4 für die EDZ-Methoden in Abschnitt 3.7 umgesetzt werden kann. Dieses Kapitel zeigt an einer Reihe konkreter Anwendungsbeispiele auf, wie die EDZ-Methodik konkret zur Lösung unterschiedlicher Aufgabenstellungen eingesetzt werden kann. Hierzu werden die Anwendungen in die EDZ-Methodik eingeordnet, die mit der EDZ-Methodik verbundenen Realisierungsaspekte illustriert und **konkrete Hinweise zum Einsatz der EDZ-Methodik in unterschiedlichen Anwendungsbereichen** gegeben. Grundlage für die Realisierung dieser Anwendungen und der nachfolgenden Illustrationen ist eine, den Konzepten aus Kapitel 5 folgende Referenzimplementierung einer Simulationsplattform für VTB.

Ergänzende Information Die elektronische Version dieses Kapitels enthält Zusatzmaterial, auf das über folgenden Link zugegriffen werden kann
https://doi.org/10.1007/978-3-658-44445-7_6.

6.1 Die Anwendungsbereiche und Anwendungsbeispiele im Überblick

Die EDZ-Methodik ist ein allgemeiner Ansatz, der für eine Vielzahl unterschiedlicher Anwendungsbereiche eingesetzt werden kann. Auf der anderen Seite liegt der Ausgangspunkt der Entwicklungen im Bereich der Robotik und der Automatisierung. Dies führt zu einer „gefühlten" Fokussierung der EDZ-Methodik auf den Bereich der Mechatronik, was auch durch einen Blick auf die nachfolgend vorgestellten Anwendungen und konkreten VTB-Konfigurationen bestätigt wird. An Anwendungsbeispielen wie der Waldinventur oder der Windwurfsimulation wird aber bereits deutlich, dass das tatsächliche Anwendungsspektrum deutlich hierüber hinausgeht. Eine verallgemeinert umgesetzte EDZ-Methodik ist dazu geeignet, auch über den Bereich der Robotik hinaus trag- und leistungsfähige Methoden zur Realisierung EDZ-gestützter Anwendungen bereitzustellen – auch wenn die dann eingesetzten Modellierungs- und Simulationsmethoden sich dann teilweise völlig von den aus der Robotik bekannten Methoden unterscheiden.

Um eine grobe Klassifizierung der Anwendungen vornehmen zu können, werden diese nachfolgend maßgeblich den Anwendungsbereichen **Umwelt**, **Industrie** und **Weltraum** zugeordnet (siehe Abbildung 6.1). Dies sind bereits drei Bereiche mit gänzlich unterschiedlichen Anforderungen, Denkweisen und Akteuren. Dennoch zeigte sich, dass mit der EDZ-Methodik eine gemeinsame konzeptuelle und technische Basis für zentrale Anwendungen und Arbeitsabläufe für diese drei Bereiche zur Verfügung gestellt wird, so dass die jeweiligen Realisierungen dieser Anwendungen und die mit ihrer Umsetzung und Nutzung verbundenen Arbeitsabläufe bereichsübergreifend voneinander profitieren. Es wurden diverse praxisrelevante Anwendungen und Arbeitsabläufe identifiziert und für diese auf Grundlage der EDZ-Methodik neue Werkzeuge, Dienstleistungen und Dienste entwickelt. Eine konsequente Anwendung der EDZ-Methodik sorgt hierbei quasi automatisch dafür, dass die benötigten Funktionalitäten anwendungs- (bereichs-) übergreifend realisiert werden (Abbildung 6.1).

Tabelle 6.1 stellt die nachfolgend illustrierten EDZ-Anwendungen und anwendungsspezifischen VTB zusammen und ordnet diese den o. g. Anwendungsbereichen sowie den EDZ-Methoden aus Abschnitt 3.7 zu. Die ausgewählten Anwendungen decken einen großen Bereich des Anwendungsspektrums von EDZ ab. Was diese Tabelle und auch die kurzen Vorstellungen der einzelnen Anwendungen nicht zeigen können ist, dass all diese in großen Teilen auf einer gemeinsamen Grundlage aufsetzen. Dies sind sowohl gemeinsam genutzte EDZ (ein Beispiel hierfür ist der EDZ eines Baums oder einer Forstmaschine), gemeinsam genutzte VTB-Services (Beispiele hierfür sind Simulationsverfahren wie Starrkörperdynamik oder

Abbildung 6.1 Maßgebliche Anwendungsbereiche der EDZ-Methodik

Sensorsimulation oder Schnittstellen zu realen Kommunikationsinfrastrukturen) oder eine gemeinsame Simulationsplattform als Grundlage für die jeweils anwendungsspezifisch konfigurierten VTB. Die Erfahrung hat gezeigt, dass dieser Mehrfachnutzen sich positiv sowohl z. B. auf die Geschwindigkeit als auch die Qualität der Realisierung auswirkt.

Die nachfolgenden Kapitel skizzieren beispielhaft unterschiedliche EDZ-Anwendungen. Diese wurden teilweise mit den in Abschnitt 6.7 genannten übergreifenden VTB realisiert, sind oftmals aber auch unabhängig von diesen realisierte Spezialanwendungen. Letztere nutzen oft ein spezifisch für die jeweilige Anwendung konfiguriertes VTB, welches aber dennoch auf die gemeinsame Simulationsplattform aufbaut und die zur Verfügung stehenden Grundfunktionalitäten (EDZ, Simulationsverfahren, Schnittstellen u. ä.) zurückgreift. Die Anwendungen selbst werden (oft stark) vereinfacht skizziert; die Darstellung konzentriert sich auf die mit den Anwendungen verbundenen Aspekte der EDZ-Methodik und gibt wo notwendig Referenzen zu weiterführender Literatur, z. B. für die konkret eingesetzten Algorithmen und Simulationsverfahren. Nur wenige Anwendungen sind hierbei reine Simulationsanwendungen zur Entwicklung der jeweils im Fokus stehenden RZ. Simulation ist ein wesentlicher Aspekt der meisten hier aufgeführten Anwendungen, aber nahezu ausschließlich „Mittel zum Zweck" zur Erreichung eines konkreten Anwendungsziels. Der Begriff **EDZ-Anwendung** (siehe auch Abschnitt 2.6) soll dies verdeutlichen. Viele der Anwendungen bauen aufeinander auf. So sind die

Tabelle 6.1 Übersicht über die nachfolgend illustrierten EDZ-Anwendungen und ausgewählte anwendungsspezifische VTB.

Linke Randbeschriftung: *Beispiele für EDZ-Anwendungen* (Zeilen 6.2.1–6.6.1); *VTB* (Zeilen 6.7.1–6.7.9).

		Umwelt (6.2)	Industrie (6.3)	Weltraum (6.4)	Sonstiges	Sem. Umweltmod. (3.5)	Systems Engineering (3.7.1)	Optimierung (3.7.2)	Entscheidungsunterst. (3.7.3)	V & V (3.7.4)	Steuerung (3.7.5)	Virtuelle Inbetriebn. (3.7.6)	Prädiktive Wartung (3.7.7)	Entscheidungsfindung (3.7.8)	KI-Training (3.7.9)	Verwaltungsschale (3.7.10)	Benutzerschnittstellen (3.7.11)	Training (3.7.12)	Sonstiges
Kapitel	**Bezeichnung**																		
6.2.1	Entwicklung eines Explorationsrovers			X			X												
6.2.2	Entwicklung eines Laufroboters			X			X												
6.4.1	Semantische Umweltmodellierung für den Wald durch Fernerkundung	X				X													
6.4.2	Planung des Waldbaus	X					X												
6.4.3	Entwicklung von Forstmaschinen	X							X										
6.4.4	Training von Forstmaschinenführern	X						X											
6.2.3	Mentales Modell für einen Laufroboter	X								X							X		
6.4.5	Lokalisierung von Forstmaschinen	X								X						X			
6.4.6	Exakte Positionsbestimmung gefällter Bäume	X									X								
6.4.7	Navigation von Forstmaschinen	X									X								
6.4.8	Planung der Holzernte	X									X								
6.4.9	Optimierung der Holzernteplanung	X								X	X								
6.4.10	Fahrerassistenz für Forstmaschinen	X															X		
6.4.11	Steuerung (teil-) autonomer Forstmaschinen	X													X				
6.4.12	Auswirkung von Sturmereignissen im Wald	X																	X
6.4.13	Semantische Umweltmodellierung für den Wald durch terrestrische Sensorik	X				X													
6.4.14	Semantische Umweltmodellierung für den Wald durch halbautomatische Inventur	X				X													
6.4.15	Entscheidungsunterstützung für Privatwaldbesitzer	X					X		X	X							X		
6.5.3	Fahrerassistenz für das Rückwärtsfahren mit Anhänger				X		X		X	X							X		
6.3.1	Entwicklung rekonfigurierbarer Roboterarbeitszellen		X				X												
6.3.3	Entwicklung von Arbeitszellen für die mikrooptische Montage		X				X												
6.3.2	Optimierung des Kameraeinsatzes in der Produktion		X					X											
6.3.4	Steuerung realer Manipulatoren		X					X											
6.3.5	Entwicklung von Regelungsverfahren für Roboter		X						X		X								
6.3.6	Werkerorientierte Programmierung von Manipulatoren		X														X		
6.3.7	Intuitive Bedienoberflächen für Montagetraining und Robotersteuerung		X														X		
6.3.8	Schulungssysteme für die berufliche Bildung	X	X														X		
6.3.9	Automatische Handlungsplanung für Manipulatoren	X	X											X					
6.3.10	Entscheidungsunterstützung für die Servicerobotik		X											X					
6.4.17	Bewegungsfeedback für das simulatorgestützte Training	X																X	X
6.4.16	Trainingssysteme für Mähdrescher und Baumaschinen				X													X	X
6.2.6	Entwicklung modularer Satellitensysteme			X			X		X										
6.2.7	Materialstudien für modulare Satellitensysteme für das On-Orbit-Servicing			X			X		X										
6.2.8	Die Internationale Raumstation			X			X		X										
6.2.9	Analyse des Rendezvous & Docking von ATV und Internationaler Raumstation			X			X		X										
6.2.10	Optimierung von Systemparametern für das Rendezvous & Docking			X			X	X											
6.2.5	Optimierung von Bildverarbeitungsparametern für die Fernerkundung			X			X	X											
6.5.1	Funktionale Validierung von Fahrerassistenzsystemen und autonomen Fahrzeugen				X		X			X									
6.5.2	Automatisiertes Training von Fahralgorithmen				X		X								X				
6.4.18	Entwicklung von Unterwasserfahrzeugen				X		X	X											
6.4.19	Bedienung von Rettungsrobotern				X		X										X		
6.3.11	Ergonomieuntersuchungen am virtuellen Menschen				X		X										X		
6.6.2	Analyse von Produktionssystemen im baulichen und städtischen Umfeld				X		X	X											X
6.2.11	Vorgehenssystematik für die Weltraumrobotik			X			X												
6.6.1	Das hybride Smart Home				X		X	X	X	X	X					X	X	X	X
6.7.1	Das Virtual Space Robotics Testbed			X			X	X	X	X									
6.7.2	Das Virtual Sensor Testbed	X	X	X	X		X	X	X	X									
6.7.3	Das Virtual Production Testbed		X				X	X	X	X									
6.7.4	Das Geo-Simulation Testbed	X					X	X	X										
6.7.5	Das Virtual BIM Testbed						X												X
6.7.6	Das Virtual Automotive Testbed						X												X
6.7.7	Der Virtuelle Wald	X				X	X	X	X	X		X			X		X	X	
6.7.8	Visual⁴	X	X	X	X	X	X	X									X	X	X
6.7.9	Das Virtual Robotics Lab	X	X	X	X		X									X	X	X	X

Anwendungen zum EDZ-gestützten Systems Engineering oft Grundlage für die nachfolgend dargestellten weiterführenden Anwendungen. Hierfür ist es wichtig, dass in unterschiedlichen Anwendungen gleich benannte EDZ auch gleich sind, lediglich in teilweise unterschiedlicher Detaillierung oder mit unterschiedlichem Fokus modelliert sind und jeweils anwendungsspezifisch miteinander kombiniert wurden.

Die Vorstellung der Anwendungen folgt einem immer gleichen Muster:

1. Zunächst wird die **Aufgabenstellung** skizziert und
2. eine **Idee** zur Umsetzung dieser Aufgabe mit der EDZ-Methodik vorgestellt.
3. Diese Idee wird dann entsprechend einer konkreten **Vorgehensweise** umgesetzt.
4. Diese Umsetzung beginnt teilweise bereits mit dem **MBSE-Modell**,
5. oft aber direkt mit der Aufstellung eines **EDZ-Szenarios**.
6. Sollten hier für das Verständnis **wesentliche EDZ** enthalten sein, werden diese separat erläutert.
7. Nach der **Überführung in ein experimentierbares EDZ-Szenario** werden dann
8. Aspekte der **Ausführung im VTB** skizziert[1].
9. Die Vorstellung schließt mit der wesentlichen Aspekten hinsichtlich der **Übertragung in die Realität**, sofern dies für die jeweilige Anwendung relevant ist.

Der Fokus liegt hierbei auf einer kompakten Darstellung jeweils neuer und wesentlicher Aspekte. Entsprechend ist nicht jeder Punkt jeder Anwendung für die Gesamtdarstellung relevant und wird entsprechend erläutert. So fokussiert z. B. Abschnitt 6.2.1 rein auf die Entwicklung eines Explorationsrovers, die Übertragung in die Realität hat entsprechend hier keine Relevanz. Ebenfalls werden ähnliche oder bereits dargestellte Ideen, Vorgehensweisen, MBSE-Modelle, EDZ-Szenarien oder EDZ nicht wiederholt (siehe z. B. Abschnitt 6.2.2 im Vergleich zu Abschnitt 6.2.1).

6.2 Weltraum

Die EDZ-Methodik hat ihre Wurzeln im Bereich der Weltraumrobotik, konkret der mobilen Robotik und der Landesysteme für die planetare Exploration, der (modularen) Satellitensysteme und der Internationalen Raumstation. Hier erfordern die extremen Arbeitsbedingungen von Weltraumrobotern und die hohen Beförderungs-

---

[1] Bewusst wird hier nicht von „Simulation" gesprochen, da in vielen Anwendungen die Simulation des EDZ-Szenarios nicht oder nur von sekundärer Bedeutung ist.

und Entwicklungskosten eine detaillierte Analyse und das intensive Testen von Hard- und Software-Systemen für zukünftige Missionen, bevor reale Prototypen entwickelt und ins All befördert werden können. Da reale Raumfahrtsysteme auf der Erde nicht final validiert werden können, muss diese Lücke mit Simulationstechnik geschlossen werden. Sie lässt Raumfahrtsysteme bereits Jahre vor ihrem Start virtuell fliegen lässt und ermöglicht, diese intensiv – virtuell – zu testen. Generell können durch Einsatz der EDZ-Methodik zukünftige robotische Raumfahrtmissionen besser entworfen, entwickelt, verifiziert, betrieben und ausgewertet werden. Gleichzeitig können derartige robotischen Systeme durch die EDZ-Methodik flexibler und „intelligenter" werden. Aus diesen Gründen ist der Weltraumbereich immer noch eine der maßgeblichen treibenden Kräfte zur Entwicklung der EDZ-Methodik.

6.2.1   Entwicklung eines Explorationsrovers

Aufgabenstellung: Die erste EDZ-Anwendung zielt auf die Entwicklung eines Explorationsrovers. Der besondere Fokus liegt hierbei auf der Entwicklung von Bildverarbeitungsalgorithmen für diesen Explorationsrover im Landeanflug und bei der Exploration selbst. Beim Landeabstieg soll die Landeeinheit Kamerabilder aufnehmen, aus denen das Profil der Oberfläche sowie eine Karte der Steine auf der Oberfläche als Landmarken generiert werden soll (siehe auch Abschnitt 6.2.5). Der Explorationsrover selbst verwendet einen Laserscanner, um die Steine in seiner Umgebung zu detektieren und durch Vergleich seine Position und Orientierung zu bestimmen (siehe Abschnitt 6.2.4). Abbildung 6.2 illustriert diese Aufgabenstellung am Beispiel des Mars-Rovers Curiosity.

Idee: Hierzu sollen Methoden des **EDZ-gestützten Systems Engineerings** eingesetzt werden, mit denen ausgehend vom MBSE-Modell unterschiedliche EDZ-Szenarien (z. B. für unterschiedliche Systemkonfigurationen und Umweltbedingungen) zunächst abgeleitet und anschließend analysiert und bewertet werden.

Vorgehensweise: Die Vorgehensweise ist in Abschnitt 3.7.1 skizziert.

MBSE-Modell:: Abbildung 6.3 zeigt das Anforderungsdiagramm, das Blockdefinitionsdiagramm auf oberster Ebene und ein internes Blockdiagramm. Im Anforderungsdiagramm ist der Zweig für die Kartengenerierung beim Landeabstieg skizziert. Gefordert werden ein ausreichend genaues Modell der Oberfläche sowie eine ausreichend hohe Detektionsrate für die Steine und deren ausreichend genaue

Abbildung 6.2 Simulation der Landung einer Landeeinheit auf einem Planeten mit Kamerasimulation, Kartenbildung und Darstellung der resultierenden Landmarkenkarte (links), Simulation des Explorationsroboters mit Laserscannersimulation, Erkennung der umgebenden Steine und Darstellung dieser Landmarken (rechts) [RJB13]

Positionierung. Zum Test dieser Anforderungen werden Testfälle definiert, bei denen die Landeeinheit sich aus unterschiedlichen Richtungen mit unterschiedlichen Geschwindigkeiten der Oberfläche nähert. Das Blockdefinitionsdiagramm modelliert die Struktur der Landeeinheit, des Explorationsrovers und der Umgebung. Das interne Blockdiagramm modelliert den Datenaustausch zwischen dem Bordcomputer der Landeeinheit, seiner Kamera und seinen Bremsdüsen.

EDZ-Szenario: Das in Abbildung 6.4 abgebildete EDZ-Szenario bildet das Blockdefinitionsdiagramm aus Abbildung 6.3 identisch mit Hilfe von EDZ ab. Als einzige explizite Verbindung zwischen den EDZ ist die mechanische Verbindung zwischen Landeeinheit und Explorationsrover modelliert, alle weiteren Interaktionen werden implizit von den Simulationsverfahren umgesetzt. Die in Abbildung 6.3 dargestellten Verbindungen zwischen dem IVS, den Bremsdüsen und der Kamera sind als Verbindungen zwischen IVS, Aktoren und Sensoren des EDZ der Landeeinheit innerhalb dieses EDZ modelliert und daher auf der Ebene des EDZ-Szenarios nicht sichtbar. Die dargestellte Zusammenstellung des EDZ-Szenarios ist nur eine mögliche Wahl beim Aufbau dieses Szenarios. So ist z. B. die Kamera als Teil – konkret als EDZ-Komponente – der Landeeinheit modelliert. Ebenso wäre eine

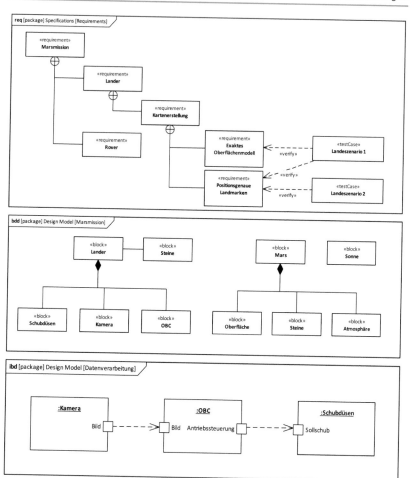

Abbildung 6.3 Systemspezifikation des Explorationsrover-Szenarios (v.o.n.u.): Anforderungen, Blockdefinitionsdiagramm, internes Blockdiagramm

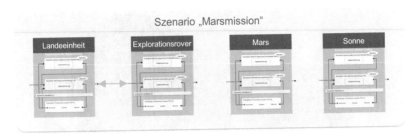

Abbildung 6.4 EDZ-Szenario der Systemspezifikation aus Abbildung 6.3

Modellierung als eigenständiger EDZ mit einer mechanischen Verbindung zur Landeinheit möglich[2,3].

Wesentliche EDZ: Abbildung 6.5 zeigt beispielhaft den EDZ der Landeeinheit. Auf diesem werden (u. a.) die Lageregelung und die Kartenbildung ausgeführt. Die Kartenbildung verwaltet die erkannten Steine als EDZ in einem eigenen Szenario. Nach außen besitzt der EDZ einen Port zur mechanischen Verbindung der Landeeinheit und des Explorationsrovers. Während des Landeabstiegs hat der Rover keine weiteren hier relevanten Schnittstellen bzw. Ein- und Ausgänge.

Überführung in ein experimentierbares EDZ-Szenario: Zur Vorbereitung der Simulation muss das modellierte EDZ-Szenario im Rahmen des Modellanalyseprozesses wie in Abschnitt 3.6.1 dargestellt in ein simuliertes EDZ-Szenario überführt werden. Abbildung 6.6 illustriert hierzu die ersten beiden Schritte. Zunächst werden die einzelnen EDZ-Komponenten den an ihnen interessierten Simulationsfunktionen zugewiesen. Auf diese Weise entsteht aus dem EDZ-Szenario und den EDZ der linke Teil der Abbildung. Für die Starrkörperdynamik und die Sensorsimulationen werden alle EDZ-Komponenten gleichzeitig betrachtet. So entsteht der rechte Teil der Abbildung. Die dargestellten mechanischen Verbindungen werden hierbei in Starrkörperdynamikverbindungen umgesetzt. Die

---

[2] Diese ist in der gewählten Modellstruktur Teil des EDZ der Landeeinheit und damit ebenfalls auf Ebene des EDZ-Szenarios nicht sichtbar.

[3] Welche Sichtweise hier gewählt wird, ist abhängig von der konkreten Betrachtungsweise. Im Beispiel wird die Landeeinheit als ein zusammenhängendes System und die Kamera als fester Bestandteil dieses Systems betrachtet. Die Modellierung als zwei separate Systeme ist natürlich ebenso möglich und sinnvoll. Tatsächlich wird beim Wechsel zwischen diesen beiden Sichtweisen lediglich der EDZ der Kamera einmal als EDZ-Komponente des EDZ der Landeeinheit und einmal als eigenständiger EDZ im EDZ-Szenario eingesetzt.

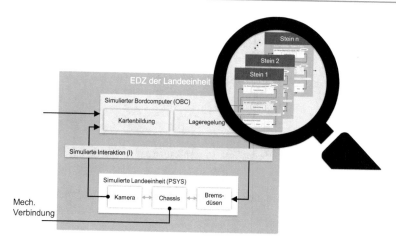

Abbildung 6.5 Detaillierter Blick auf den EDZ der simulierten Landeeinheit und seiner Schnittstelle

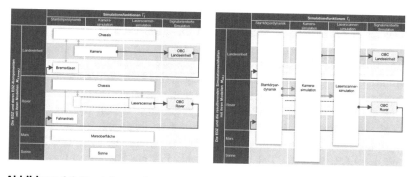

Abbildung 6.6 Darstellung des ersten Teils des Modellanalyseprozesses: EDZ-Komponenten und deren Zuordnung zu Simulationsfunktionen (links), resultierendes Netzwerk der Simulationseinheiten (rechts)

Nutzung der EDZ-Komponente des Chassis in drei Simulationsfunktionen führt zu den dargestellten zusätzlichen Kommunikationsverbindungen, über die die aktualisierten Positionen der durch die Starrkörperdynamik bewegten EDZ-Komponenten weitergegeben werden[4]. Im Gegensatz hierzu werden die EDZ-Komponenten der Bordcomputer separat simuliert.

Vereinfacht kann der rechte Teil der Abbildung 6.6 wie im linken Teil der Abbildung 6.7 dargestellt werden. Hier wird deutlich, dass im Anschluss an die Starrkörperdynamik zwei parallele Zweige für die Kamerasimulation und die Laserscannersimulation sowie das jeweils angeschlossene IVS entstehen. Darüber hinaus fallen zwei Zyklen auf. Simuliert man das Gesamtsystem mit der gleichen Simulationsschrittweite, dann müssen diese aufgelöst werden. Wie im mittleren Teil der Abbildung dargestellt, hat man sich hier zunächst für den Übergang zum nächsten Simulationstakt im Anschluss an die Bordcomputer-Simulation entschieden. Deren Ergebnisse wirken damit auch erst im anschließenden Simulationstakt. Tatsächlich erfolgt die Auswertung der Sensordaten durch die Bordcomputer in einem voreingestellten Takt und unabhängig zwischen Landeeinheit und Explorationsrover. Daher teilt sich der Ausführungsplan auf drei nebenläufige Prozesse auf, wobei die Ergebnisse des ersten Prozesses zu Beginn jedes Simulationstakts in die beiden anderen Prozesse übernommen werden müssen. Wie in Abschnitt 3.6.4 zeigen die durchgezogenen Pfeile auch hier Verbindungen zwischen EDZ-Komponenten, die gestrichelten Pfeile illustrieren den Ablaufplan der Simulation. Der Austausch der Daten erfolgt auch hier über den VTB-Kernel.

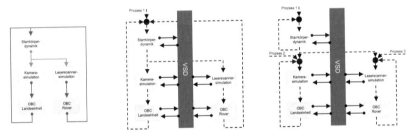

Abbildung 6.7 Darstellung des zweiten Teils des Modellanalyseprozesses: Ausgangspunkt ist das Netzwerk der Simulationseinheiten (links), aus dem zwei unterschiedliche Ablaufplanvarianten (rechts) abgeleitet werden

Ausführung im VTB: Abbildung 6.2 illustriert das Ergebnis der Simulation des Landeanflugs sowie der Fahrt des Explorationsrovers auf dem Planeten.

---

[4] Wenn zwischen Kamera- und Laserscannersimulation auch Abhängigkeiten bestehen würden, müssten auch diese in Form des Austausches der relevanten Daten entsprechend berücksichtigt werden.

6.2.2 Entwicklung eines Laufroboters

Aufgabenstellung: Eine zur Entwicklung radgetriebener Explorationsrover (siehe Abschnitt 6.2.1) analoge Aufgabenstellung findet sich bei Laufrobotern.

Überführung in ein experimentierbares EDZ-Szenario: Zur Simulation soll im Rahmen der Starrkörperdynamik hier die Bodenmechanik berücksichtigt werden, die wie in Abschnitt 5.5.4 dargestellt mit der Starrkörperdynamik gekoppelt wurde. Im Ergebnis entsteht in Abbildung 6.6 eine weitere Spalte „Bodenmechanik". Die Simulationseinheiten der Starrkörperdynamik und Bodenmechanik werden dann für den rechten Teil der Abbildung zu einer Simulationsaufgabe zusammengefasst.

Ausführung im VTB: Ergebnisse aus den resultierenden Simulationen zeigen z. B. [YJR+10]. Über Visualisierungsmetaphern (siehe Abschnitt 5.7.4) werden interne Systemzustände wie etwa der Belastungsgrad der einzelnen Motoren über die Einfärbung der Gelenke oder die Kontaktkräfte zwischen den Beinen und dem Boden über Pfeile in einer zur Kontaktkraft proportionalen Länge dargestellt.

6.2.3 Mentales Modell für einen Laufroboter

Aufgabenstellung: Auf Grundlage der Simulation aus Abschnitt 6.2.2 kann ein Mentales Modell für Laufroboter aufgebaut werden, mit dem diese selbständig Entscheidungen wie „In welchem Winkel muss ich einen Hang hinauflaufen?" treffen können (siehe auch Abschnitt 3.7.8).

Idee: Hierzu wird das obige EDZ-Szenario dem Konzept der **EDZ-gestützten Entscheidungsfindung** folgend in den Laufroboter integriert, mit dem aktuellen Zustand von Roboter und Umgebung initialisiert und dann für unterschiedliche Laufwege simuliert. Das Simulationsszenario entspricht dem auf der linken Seite der Abbildung 3.56 dargestellten EDZ.

Vorgehensweise: Zur Auswertung der Simulationsergebnisse werden geeignete Planungsalgorithmen eingesetzt. Die einfachst mögliche Umsetzung hierfür ist (sofern genügend Zeit und Rechenleistung zur Verfügung stehen) das vollständige Durchtesten einer ganzen Schar an möglichen Laufwegen, deren Bewertung anhand vorgegebener Kriterien (notwendige Kriterien wie das Erreichen des Kraterrandes ebenso wie weitere Kriterien wie den Energieverbrauch) zur besten Handlungsalternative führt.

Ausführung im VTB: Abbildung 3.58 illustriert z. B. die Simulation der Roboterbewegung für unterschiedliche Startwinkel.

Übertragung in die Realität: Diese erfolgt entsprechend der in Abbildung 3.57 dargestellten Struktur.

6.2.4 Lokalisierung von Explorationsrobotern

Aufgabenstellung: Analog zur Lokalisierung von Forstmaschinen müssen auch Explorationsrover ihre Position und Orientierung auf fremden Planeten bestimmen. Im Gegensatz zum Wald, wo GPS zwar schlecht aber immer noch zumindest mit groben Ergebnissen funktioniert, steht auf diesen kein GPS zur Verfügung.

Idee: Wie in Abschnitt 6.4.5 dargestellt, wurde das dort skizzierte Lokalisierungsverfahren auch für den Anwendungsfall der Explorationsroboter eingesetzt. Die „Landmarken" sind jetzt hier keine Bäume sondern Steine, Krater oder Hügel. Auch hier wird die Karte durch Fernerkundung bestimmt (siehe Abschnitt 6.2.1) und dann während der Fahrt zur Lokalisierung verwendet.

EDZ-Szenario: Das EDZ-Szenario dieser Anwendung entspricht dem der Forstmaschine. Die EDZ der Landmarken wurden dem VTB-Kernel über ein entsprechendes Metamodell der Ebene M1O1 (siehe Abbildung 4.49) zur Verfügung gestellt. Hierdurch wird eine anwendungsneutrale Formulierung des Lokalisierungsalgorithmus möglich. Der Wechsel der Anwendung entspricht damit einem Wechsel des Metamodells und der hierauf aufbauenden Landmarkenkarten.

Übertragung in die Realität: Auch die Überführung in die Realität erfolgt wie oben im Anwendungsfall „Wald" skizziert. Zur Validierung des Verfahrens wurde ein mobiler Roboter in einem Steinbruch genutzt.

6.2.5 Optimierung von Bildverarbeitungsparametern für die Fernerkundung

Analog zur in Abschnitt 6.3.2 dargestellten Optimierung des Kameraeinsatzes in der Produktionstechnik erfolgte die Optimierung der Bildverarbeitungsparameter für den in Abschnitt 6.2.1 skizzierten Kartenbildungsalgorithmus. Für jeden der beiden Parameter „Minimaler Schattenumfang" und „Segmentierungsparameter" werden 25 Werte und damit insgesamt 625 Simulationen untersucht.

6.2.6 Entwicklung modularer Satellitensysteme

Aufgabenstellung: Auf dem Satellitenmarkt ist ein Trend hin zu alternativen, flexiblen, modularisierten und standardisierten Satellitenkonstruktionen und Logistikkonzepten zu beobachten. Zudem steigt das Interesse am On-Orbit-Servicing (OOS[5]) und dem On-Orbit-Assembly (OOA[6]) von Raumfahrtsystemen. Mit dem iBOSS-Konzept (iBOSS steht für „intelligent Building Blocks for On-Orbit Satellite Servicing) wurde ein standardisiertes und modulares Baukastensystem für Raumfahrtsysteme entwickelt (siehe Abbildung 6.8). Grundelement dieses Systems ist der iBLOCK als modularer Satellitenbaustein, der eine bestimmte Funktionalität im Bausteinverbund zur Verfügung stellt. Bausteine sind über die 4-in-1-Schnittstelle iSSI (intelligent Space System Interface) mechanisch, thermal, elektrisch und informationstechnisch miteinander verbunden. Aus mehreren Bausteinen können Satelliten, so genannte iSAT, zusammengestellt werden. Durch diese Herangehensweise steigt sowohl die Flexibilität allerdings auch die Komplexität derartig aufgebauter Raumfahrtsysteme. Umso wichtiger ist ein geeignetes VTB, um iSAT lange vor ihrem Flug virtuell absichern zu können.

Idee: Die iBOSS-Idee harmoniert ideal mit dem EDZ-Konzept. Entsprechend sollen Methoden des **EDZ-gestützten Systems Engineerings** eingesetzt werden.

Vorgehensweise: iBLOCKs werden über EDZ modelliert und wie ihr reales Gegenstück mit „Nutzlastkomponenten" ausgestattet. Über ebenfalls als EDZ modellierte iSSI werden die iBLOCKs miteinander verbunden, so dass hierarchisch übergeordnet EDZ von iSAT entstehen, die in unterschiedlichen EDZ-Szenarien eingesetzt werden. Die Einzelkomponenten werden mit Methoden des MBSE modelliert und ggf. mit spezialisierten Simulationsmodellen ausgestattet, so dass vernetzte Simulationen in unterschiedlichen Domänen von FEM über Starrkörperdynamik bis zur Thermodynamik eingesetzt werden können.

---

[5] OOS ermöglicht Wartung und Erweiterung von Raumfahrtsystemen zur Verlängerung von Missionsdauer, Reduzierung von Kosten und Erhöhung der Flexibilität.
[6] OOA ermöglicht den Zusammenbau von Raumfahrzeugen im Orbit.

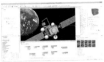

Abbildung 6.8 Die Grundelemente des iBOSS-Konzepts (v.l.n.r.): Die Schnittstelle iSSI und der Baustein iBLOCK, der Satellit iSAT, der Satellitenkonfigurator myiSAT, das Virtuelle Testbed iBOSS (VTi) (siehe auch [ORS+18])

EDZ-Szenario: Abbildung 6.9 illustriert ein Beispielszenario für einen iSAT mit n iBLOCKs in einem Szenario mit Erde und Sonne. Einzelne iBLOCKs sind über die 4-in-1-Schnittstelle miteinander verbunden. Die EDZ der Schnittstellen selbst sind Teil des simulierten Physischen Systems des jeweiligen iBLOCK-EDZ. Sie definieren die Schnittstelle des iBLOCKs, so dass die entsprechenden Ports miteinander verbunden werden können.

Überführung in ein experimentierbares EDZ-Szenario: Auch dieses EDZ-Szenario wird durch einen Modellanalyseprozess in ein Experimentierbares Modell überführt. Die Vorgehensweise ist vergleichbar mit den bis hierhin bereits skizzierten Beispielen.

Ausführung im VTB: Zur Beschreibung von iBLOCKs und iSAT wurde eine eigene Beschreibungssprache entwickelt und über ein Metamodell der Ebene M1O1 (siehe Abbildung 4.49) dem VTB-Kernel zur Verfügung gestellt, so dass Satellitenbeschreibungen in diesem Format direkt im VTB verwendet werden können. Abbildung 6.10 skizziert einige Beispiele für Simulationen, die mit dem VTB auf diese Weise durchgeführt wurden. Das erste Beispiel zeigt die Simulation eines Servicevorgangs als gekoppelte Kinematik-, Starrkörperdynamik-, Orbital-, Sensor- und Steuerungssimulation. Angezeigt sind die Kraft-/Momentenverläufe der Robotergelenke, die Bewegung des Satelliten und das Kamerabild des Roboters. Auf diese Weise können z. B. Rückwirkungen der Bewegung des Roboterarms auf den Satelliten untersucht werden. Das zweite Beispiel zeigt die Simulation des Energiehaushalts in einem Batterie-iBLOCK ausgehend von der von den Solarpaneelen zur Verfügung gestellten Leistung. Hierzu ist ein VTB-Service notwendig, der die Simulationsfunktion zur Simulation der Energiegewinnung durch Solarpaneele zur Verfügung stellt. Die Einfärbung veranschaulicht die aktuell zur Verfügung gestellte Leistung. Das dritte Beispiel simuliert den Thermalhaushalt im Satelliten. Hierzu ist ein VTB-Service notwendig, der den Thermaleintrag auf EDZ berechnet. Jeder EDZ eines iBLOCKs verfügt in diesem Beispiel über Simulationsmodelle als Teil

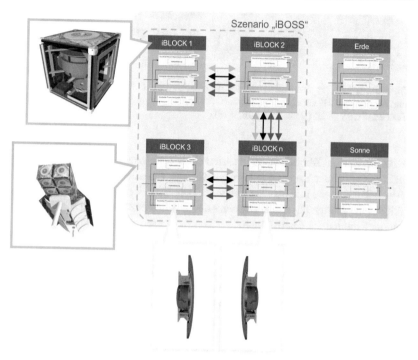

Abbildung 6.9 EDZ-Szenario zur Abbildung eines iBOSS-basierten Raumfahrtsystems

der Beschreibung des Physischen Systems, die den Thermalhaushalt des iBLOCKs simulieren. Über die die iSSI repräsentierenden Ports des EDZ kann dieser mit EDZ anderer iBLOCKs verbunden werden, so dass in der Summe eine Simulation des Thermalhaushalts des gesamten Satelliten entsteht. Das vierte Beispiel illustriert die Simulation der Empfangsabdeckung für unterschiedliche Satellitenbahnen. Hier ist ein VTB-Service notwendig, der das „Empfangsfenster" für eine gegebene Satellitenposition und -orientierung bestimmt.

Übertragung in die Realität: Durch Einbindung einer realen iSSI in ein EDZ-Szenario können gemischt virtuell/reale Satelliten umgesetzt und zumindest auf funktionaler Ebene durch Verbindung der Kommunikationsinfrastrukturen getestet werden. Dies ist im Verlauf der Entwicklung hilfreich, wenn einzelne iBLOCKs bereits real und andere nur virtuell zur Verfügung stehen.

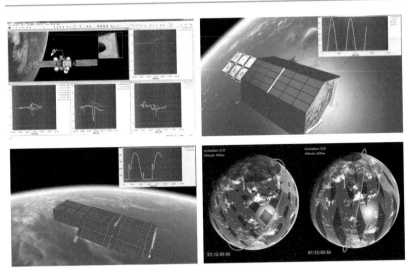

Abbildung 6.10 Beispiele für Analysen, die auf dem EDZ-Szenario der Abbildung 6.9 aufbauen (v.l.o.n.r.u.): On-Orbit-Servicing-Vorgang, Energiegewinnung durch die Solarpaneele, Wärmeeintrag auf einzelne iBLOCKs und Wärmeverteilung im iSAT, Empfangsabdeckung für verschiedene Flugbahnen (siehe auch [ORS+18])

6.2.7 Materialstudien für modulare Satellitensysteme für das On-Orbit-Servicing

Aufgabenstellung: Bei der Entwicklung des iBOSS-Konzepts stellte sich die Frage, wie stabil das Gehäuse des iBLOCKs ausgelegt werden muss, damit ein Roboter diesen bewegen kann und ggf. selbst auf diesem befestigen werden kann. Hierzu mussten die Masse des Roboters und die durch seine Bewegungen in das Gehäuse eingebrachten Kräfte und Momente bekannt sein. Für die Auslegung des Roboters wiederum war das Gewicht der iBLOCKs ein wesentlicher Parameter.

Idee: Offensichtlich notwendig war eine Simulation, mit der sowohl die Verformung der beteiligten iBLOCKs als auch die Bewegung der Roboter und deren Interaktion mit den iBLOCKs analysiert werden kann.

Vorgehensweise: Mit den Vorarbeiten aus Abschnitt 6.2.6 stehen hierzu bereits alle notwendigen Grundlagen zur Verfügung. Notwendig sind EDZ, mit denen sowohl eine Starrkörperdynamiksimulation als auch – im Fall der iBLOCKs – eine FEM-

Simulation durchgeführt werden kann. Abbildung 6.11 skizziert die Vorgehensweise entsprechend [KRR17b]. Mit Hilfe der Starrkörperdynamik wurden die auf den markierten iBLOCK wirkenden Kräfte bestimmt. Diese werden an eine FEM-Simulation weitergegeben, welche die Verformung dieses Bausteins bestimmt und an die Starrkörperdynamik als Verschiebungen zurückgibt.

Ausführung im VTB: Diese gekoppelte Simulation wurde im VTB ausgeführt. Die Ergebnisse sind in Abbildung 6.11 dargestellt. In der Mitte sind die Kräfte und Momente am Kontaktpunkt aufgetragen, auf der rechten Seite die maximalen Verschiebungen für unterschiedliche Materialien. Zur effizienten Durchführung der Analysen stehen unterschiedliche Kopplungsvarianten zur Verfügung. Diese reichen von der direkten alternierenden Kopplung, bei der zu jedem betrachteten Zeitpunkt die Ergebnisse der Starrkörperdynamik an die FEM-Simulation übertragen werden, bis zur Bestimmung von Maximalkräften/-momenten, die dann separat untersucht werden.

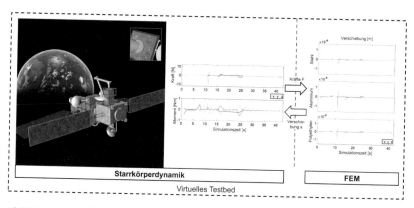

Abbildung 6.11 Gekoppelte Starrkörperdynamik-FEM-Simulation für iBOSS-basierte Raumfahrtsysteme (siehe auch [KRR17a; KR19])

6.2.8   Die Internationale Raumstation

Über die Modellierung und Zusammenführung der EDZ der einzelnen Module und Komponenten der Internationalen Raumstation ISS entstand ein dynamisches Modell der Internationen Raumstation einschließlich des Innenraums und der eingesetzten dynamisch simulierten Robotersysteme. Abbildung 6.12 zeigt das parallel genutzte NASA-Modell der Internationalen Raumstation zur Planung der Reparatur von AMS-02 (links) und zur Diskussion des Nachfolgesystems AMS-100 (im Hintergrund).

Abbildung 6.12 Modell der Internationalen Raumstation zur Planung der Reparatur von AMS-02 (links) und Diskussion des Nachfolgesystems AMS-100 (im Hintergrund) (ISS-Modell ©NASA) (Foto David Gilbert)

6.2.9 Analyse des Rendezvous & Docking von ATV und Internationaler Raumstation

Aufgabenstellung: Beim automatischen Rendezvous & Docking (RvD) müssen unterschiedliche Systeme von den Sensoren über die Bildverarbeitungs- und Lageregelungsalgorithmen bis hin zu den Lageregelungssystemen mit Schubdüsen, Drallrädern u. ä. zusammenarbeiten. Deren Zusammenspiel und die entstehenden Wechselwirkungen müssen detailliert untersucht werden.

Idee: Auch hier sollen wieder Methoden des **EDZ-gestützten Systems Enginee-rings** eingesetzt werden.

Vorgehensweise: Über die Modellierung des in Abbildung 6.14 dargestellten EDZ-Szenarios werden die benötigten Systeme und Komponenten zusammenge-führt und auf Systemebene gemeinsam simuliert. Auf diese Weise können das Systemverhalten analysiert, Systemparameter z. B. für die Bildverarbeitung oder die Lageregelung identifiziert und das resultierende System auf Wechselwirkungen untersucht und anschließend funktional validiert werden.

EDZ-Szenario: Das EDZ-Szenario (siehe Abbildung 6.14) umfasst den EDZ des ATV, welcher sich aus mechanisch und datentechnisch miteinander verbundenen EDZ des ATV-Flugsystems und der Laserscanner- und Kamera-Subsysteme zusam-mensetzt. Der EDZ der ISS ist für die Sensorsimulation und die Lageschätzung und -regelung notwendig, die Sonne beeinflusst die Sensorsimulation, die Erde die Orbi-talmechanik.

Ausführung im VTB: Abbildung 6.13 illustriert auf der rechten Seite das Ergebnis der Laserscannersimulation. Auf Grundlage der dargestellten Punktwolke werden die Positionen von drei Retroreflektoren und auf dieser Grundlage die relative Lage zwischen ISS und ATV bestimmt. Zur Kalibration der Laserscanner- und Kamera-Simulationen wurden reale Mockups aufgebaut.

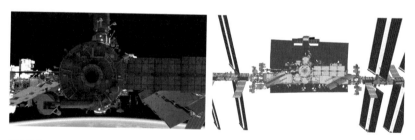

Abbildung 6.13 Kamera- und LiDAR-Simulation beim ATV-Anflug an die ISS

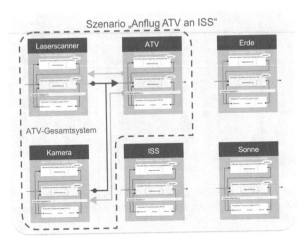

Abbildung 6.14 EDZ-Szenario zur Untersuchung des Rendezvous & Docking-Vorgangs von ATV und ISS

6.2.10 Optimierung von Systemparametern für das Rendezvous & Docking

Aufgabenstellung: Für die am Rendezvous & Docking beteiligten Systeme und Algorithmen müssen eine Vielzahl von Parametern möglichst optimal eingestellt werden.

Idee: Mit Hilfe der in Abschnitt 6.2.9 skizzierten Simulation von Rendezvous & Docking-Manövern können unterschiedliche Parametersätze „ausprobiert", ihr Effekt bewertet und mit Methoden der **EDZ-gestützten Optimierung** automatisiert optimiert werden (siehe auch [Ato22]).

EDZ-Szenario: Hierzu wird exakt das in Abschnitt 6.2.9 modellierte EDZ-Szenario eingesetzt.

Ausführung im VTB: Abbildung 6.15 illustriert das Ergebnis der Simulation des obigen EDZ-Szenarios am Beispiel der Entfernungsschätzung. Es fällt auf, dass es immer wieder Bereiche gibt, in denen nicht alle drei Retroreflektoren sichtbar waren und entsprechend die Entfernungsschätzung fehlerhaft war. Der rechte Teil zeigt die erkannten Positionen der Retroreflektoren über die Zeit (von unten nach

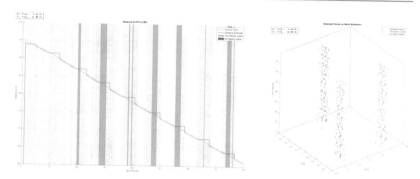

Abbildung 6.15 Ergebnis der Simulation des EDZ-Szenarios aus Abbildung 6.14 angewendet auf die Schätzung der Entfernung zwischen ISS und ATV als Grundlage zur Optimierung von Systemparametern (siehe [Ato22])

oben) aufgetragen. Zur weiteren Analyse wurde die Abhängigkeit der Erkennungsrate der Retroreflektoren von den horizontalen und vertikalen Scanfrequenzen des 3D-Laserscanners untersucht. Das Ergebnis zeigt Abbildung 6.16. Analog können die Parameter der Lageregelung für das Rendezvous & Docking optimiert werden. Abbildung 6.17 illustriert dies am Beispiel eines einfachen PID-Reglers und stellt die optimalen Reglerparameter in Abhängigkeit von der zur Verfügung stehenden maximalen Schubkraft dar.

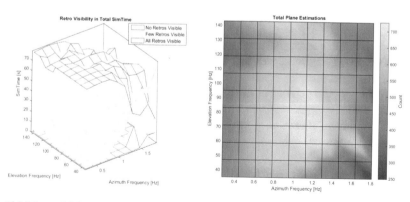

Abbildung 6.16 Analyse des Lageschätzungsalgorithmus anhand unterschiedlicher Kenngrößen bzw. Diagrammformen, links Anzahl insgesamt erkannter Retroreflektoren, rechts Anzahl erfolgreicher Ebenenschätzungen (siehe [Ato22])

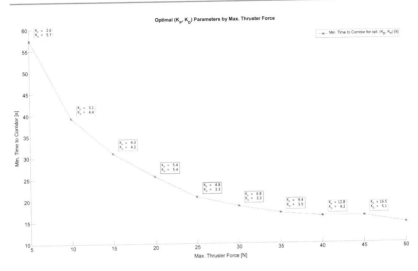

Abbildung 6.17 Optimale Reglerparameter eines RvD-Reglers in Abhängigkeit der maximalen Schubkraft [SAR17; SAG+17]

6.2.11 Übergreifende Vorgehenssystematik für die Weltraumrobotik

Aufgabenstellung: Im Rahmen der Systementwicklung entsteht häufig zunächst eine formale Systembeschreibung in Form eines MBSE-Modells auf der dann die konkrete Umsetzung, nachfolgend „Produktrealisierung" genannt, beruht [MKK+18]. Die hierbei gerade durch Simulationen gemachten Erfahrungen führen zur Aktualisierung des MBSE-Modells, was zu Iterationen zwischen den Arbeiten zur Modellspezifikation und zur Produktrealisierung führt.

Idee: Auf Grundlage der EDZ-Methodik kann die gesamte Entwicklung auf Grundlage eines gemeinsamen Systemmodells erfolgen. Hierbei tauschen VTB mit geeigneten MBSE-Modellierungswerkzeugen die Spezifikationsdaten in einem geeigneten Datenformat aus und reichern diese um die konkrete Ausgestaltung der Systemblöcke im MBSE-Modell in Form von EDZ an.

Vorgehensweise: Diese Idee wurde im INVIRTES-Konzept umgesetzt. Ein Systemmodell wird in einer gemeinsamen Datenbasis in einem geeigneten Datenmanagementsystem (datenbank- oder dateibasiert) verwaltet. Hierzu wurde ein übergreifendes INVIRTES-Metamodell definiert, welches die notwendigen Schemata der zu modellierenden Anwendungen und Entwicklungsstufen (Systemspezifikation, Detailmodell, ...) integriert. Auf die Datenbasis können nun Softwarewerkzeuge zugreifen, die die zur Verfügung gestellten Metamodelle mit ihrem internen Metamodell abgleichen und Daten austauschen. Ein Systemmodell kann dann mittels verschiedener Software-Werkzeuge ohne Konvertierungen und Medienbrüche entwickelt werden.

MBSE-Modell: Im Rahmen von INVIRTES erfolgt die Systemspezifikation nach der CONSENS-Spezifikationstechnik („CON-ceptual design Specification technique for the ENgineering of complex Systems", [GLL12]).

EDZ-Szenario: Die Gesamtsystemsimulation zur Analyse, Bewertung und Optimierung eines Systems nutzt die EDZ-Methodik. Dazu wird die Systemspezifikation zu einem EDZ-Szenario ausdetailliert. Dieser Prozess wird im INVIRTES-Konzept als „Detailmodellierung" bezeichnet: *„Die Detailmodellierung beschreibt den Prozess der Detaillierung einer abstrakten Systemspezifikation hin zu einem konkreten Modell des Systems. Während also das Ergebnis einer Systemspezifikation noch keine Details für die konkrete Wahl bzw. Umsetzung der beteiligten Komponenten liefert, werden diese im Zuge der Detailmodellierung ergänzt. Spricht man also beispielsweise in der Systemspezifikation noch allgemein von Komponenten wie einer Sensorik, die mit einer Navigationskomponente verbunden ist, so wird in der Detailmodellierung ganz konkret beschrieben, welcher Navigationsalgorithmus mit welchen Sensoren genutzt wird (Geometrie, Parameter, usw.)."* [RSR+15] Das o. g. Systemmodell (siehe auch [RSR+15]) entspricht damit direkt dem EDZ-Szenario, welches neben der anwendungsübergreifenden Systemspezifikation die EDZ mit ihrer Geometrie, sämtliche relevante Kenn- und Zustandsgrößen, die Beschreibung interner und externer Schnittstellen zwischen den EDZ, Programme von Steuerungskomponenten (z. B. für Roboter oder Speicherprogrammierbare Steuerungen), die Konfiguration vordefinierter Simulationsverfahren bzw. die Beschreibung benutzerspezifischer Simulationsalgorithmen sowie weitere für den Simulations- und Entwicklungsprozess wesentliche Informationen enthält. Durch diese umfassende Beschreibung des Systems eignet sich das EDZ-Szenario nicht nur als Grundlage für die Simulation sondern ist darüber hinaus zur Strukturierung der Entwicklungen in einem Entwicklungsvorhaben geeignet, da es über ein gemeinsames Datenschema und gemeinsam verwaltete Daten ein gemeinsames Systemverständnis definiert. Zur Verwaltung des EDZ-Szenarios wurde das Metamodell des VTB-Kernels in eine konkrete ECORE-kompatible Syntax überführt, welche als VSDML bezeichnet wird.

6.3 Industrie

Unter einem „System" in diesem Anwendungsbereich werden sowohl Produktions-systeme als auch Produkte verstanden. Entsprechend unterstützt die EDZ-Methodik den gesamten Lebenszyklus von Produkten und Produktionssystemen und kann diese in gemeinsamen EDZ-Szenarien zusammenführen.

6.3.1 Entwicklung rekonfigurierbarer Roboterarbeitszellen

Aufgabenstellung: Produktionsanlagen sind häufig auf die Produktion großer Stückzahlen ausgelegt. Demgegenüber sollen rekonfigurierbare Roboterarbeitszel-len auch sinnvoll für geringere Stückzahlen eingesetzt werden können. Mit jeder Umrüstung einer Arbeitszelle entstehen allerdings Kosten. Zudem kann die Arbeits-zelle während der Umrüstung nicht produzieren. Umso mehr besteht die Notwen-digkeit, die Planung der Umrüstung geeignet zu unterstützen. Im Projekt **ReconCell** wurden die notwendigen Hardwarekomponenten und Planungsinstrumente entwi-ckelt [Rec17].

Idee: Gerade rekonfigurierbare Roboterarbeitszellen stellen ihre Funktionalität über eine Menge an Komponenten zur Verfügung, die geeignet miteinander kom-biniert eine gegebene Produktionsaufgabenstellung lösen (siehe auch Abbildung 6.18). Damit ist es naheliegend, für jede dieser Komponenten EDZ zur Verfügung zu stellen, deren geeignete Verschaltung die Lösung der Aufgabenstellung darstellt. Diese muss dann noch auf die reale Arbeitszelle übertragen werden, wobei auch hier EDZ und/oder ihre EDZ-Komponenten in Hybriden Szenarien zur Lösung beitragen können.

Vorgehensweise: Das Vorgehen lehnt sich an den Methoden des **EDZ-gestützten Systems Engineerings** an. Die Komponenten der Roboterarbeitszelle, ihre Schnitt-stellen und Interaktionen werden zunächst mit MBSE-Methoden beschrieben und dann je nach Produktionsaufgabe zu unterschiedlichen EDZ-Szenarien verschaltet. Hierbei kommen EDZ zu Einsatz, welche entsprechend der jeweiligen Aufgaben-stellung parametriert und programmiert werden und so das dynamische Verhalten ihrer Realen Zwillinge nachbilden. Diese Simulation ist dann die Grundlage für Analyse, Bewertung und Optimierung des gewählten Layouts und dessen Übertra-gung auf die reale Arbeitszelle.

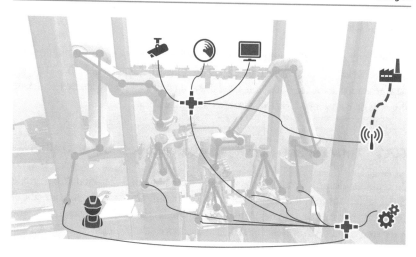

Abbildung 6.18 Wesentliche Aspekte einer umfassenden Simulation einer Fertigungszelle, die in systemübergreifenden Simulationen berücksichtigt werden müssen

MBSE-Modell: Die Abbildungen 6.19 und 6.20 zeigen Ausschnitte aus dem Blockdefinitionsdiagramm einer ReconCell[7] sowie ausgewählte Interaktionen zwischen einzelnen Komponenten in einem internen Blockdiagramm.

EDZ-Szenario: Abbildung 6.21 skizziert ein vereinfachtes EDZ-Szenario zur Nachbildung einer ReconCell und ihres Betriebs. Der Operator bedient an der Konsole die ReconCell. Diese Eingaben sind zusammen mit einer die Arbeitszelle beobachtenden Kamera die Eingangsdaten für die übergeordnete Zellensteuerung, welche die Roboter (UR10) und über diesen Hexapods zur flexiblen Arbeitszellenkonfiguration sowie Greifer zur Manipulation der Werkstücke ansteuert.

Überführung in ein experimentierbares EDZ-Szenario: Abbildung 6.22 skizziert den Modellanalyseprozess, über den analog zu Abschnitt 6.2.1 das modellierte EDZ-Szenario in ein Experimentierbares Modell überführt wird. Zunächst werden wie links dargestellt die EDZ-Komponenten den Simulationsverfahren zugeordnet. Die Starrkörperdynamik- und Sensorsimulationen betrachten alle hier relevanten EDZ-Komponenten gleichzeitig, so dass diese wie rechts dargestellt zusammengefasst werden. Auch hier muss dann eine Abhängigkeit von der Starrkörperdynamik

---

[7] Der Begriff wird hier synonym zu einer rekonfigurierbaren Roboterarbeitszelle verwendet.

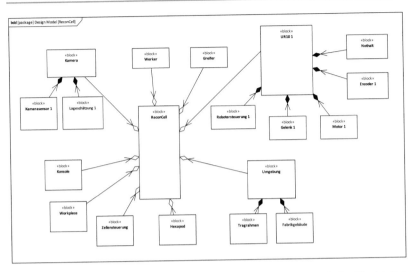

Abbildung 6.19 Erster Ausschnitt aus der Spezifikation einer ReconCell, das Blockdefinitionsdiagramm des betrachteten Szenarios

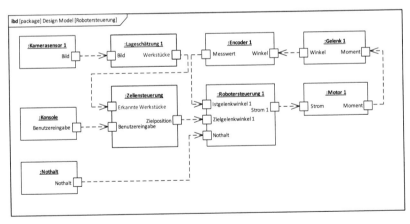

Abbildung 6.20 Zweiter Ausschnitt aus der Spezifikation einer ReconCell, ein internes Blockdiagramm

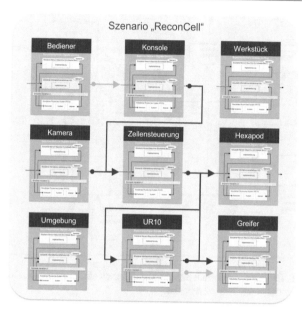

Abbildung 6.21 EDZ-Szenario einer ReconCell

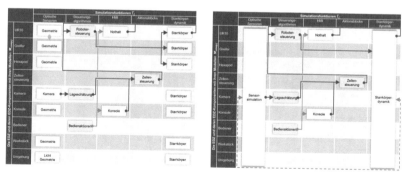

Abbildung 6.22 Die ersten beiden Schritte des Modellanalyseprozesses für das EDZ-Szenario aus Abbildung 6.21

zur Sensorsimulation ergänzt werden. Die resultierenden Zusammenhänge können dann vereinfacht dargestellt und in einen Ablaufplan überführt werden.

Ausführung im VTB: Die Simulation im VTB berücksichtigt so das Verhalten aller relevanten Systemkomponenten entsprechend der vorgenommenen Programmierung und führt dann zum in Abbildung 6.23 dargestellten Ergebnis.

Abbildung 6.23 Eine reale ReconCell (links) und ihr EDZ rechts (Foto Marc Priggemeyer, [PR18])

6.3.2 Optimierung des Kameraeinsatzes in der Produktionstechnik

Aufgabenstellung: Häufig stellt sich bei der Entwicklung des Layouts von Arbeitszellen die Frage, wo einzelne Komponenten positioniert werden sollen. Im Beispiel von Abschnitt 6.3.1 ist dies z. B. bei der Positionierung der Kamera, die die Arbeiten in der Arbeitszelle beobachtet, der Fall.

Idee: Diese Kamera ist mit einem Haltemechanismus ausgestattet, mit dem sie am Rahmen der Arbeitszelle in beliebiger Orientierung angebracht werden kann. Hierdurch ist die Menge möglicher Entscheidungen $e \in \mathbb{E}$ hinsichtlich der Positionierung der Kamera bekannt (siehe auch Abschnitt 6.4.9). Über eine Zielfunktion kann der Nutzen n jeder Positionierung quantifiziert und damit die bestmögliche Position e_{opt} bestimmt werden.

Vorgehensweise: Analog zu Abschnitt 6.4.9 wird das EDZ-Szenario aus Abbildung 6.21 entsprechend Abbildung 3.45 an eine „Optimierungssteuerung" angeschlossen.

Ausführung im VTB: Abbildung 6.24 skizziert das Ergebnis am Beispiel der Bewertung der Kameraposition hinsichtlich der Erkennung eines Werkstückes. Zur Auswertung der Bewertungsfunktion wird dieses in der Grafik blau eingefärbt und die blauen Pixel werden gezählt.

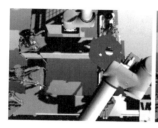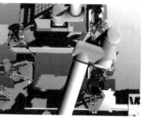

Abbildung 6.24 Beispiel für die Bewertung der Werkstück-Sichtbarkeit aus der Perspektive einer Kamera (aus [ASR+17])

6.3.3   Entwicklung von Arbeitszellen für die mikrooptische Montage

Analog zu Abschnitt 6.3.1 kann bei der Entwicklung von Arbeitszellen für die mikrooptische Montage vorgegangen werden. Abbildung 6.25 skizziert hierzu ein Beispiel aus dem Bereich der Montage von Systemkomponenten für die Lasertechnik. Grundlage der Simulation ist eine realitätsnahe Simulation optischer Sensoren

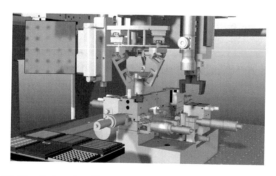

Abbildung 6.25 Simulation eines Prozesses aus dem Bereich der mikrooptischen Montage. Links oben ist das Ergebnis der Simulation einer Kamera dargestellt, die zur Steuerung der Einsetztiefe zur Erreichung einer bestmöglichen Fokussierung eingesetzt wird (siehe z. B. [SR15]).

und Linsen. Diese ermöglicht die Planung der Robotertrajektorien und deren Bewertung anhand der Simulation des Montageprozesses.

6.3.4 Steuerung realer Manipulatoren

Aufgabenstellung: Zur Simulation des EDZ-Szenarios aus Abschnitt 6.3.1 muss für die beteiligten Roboter ein Roboterprogramm im entsprechenden EDZ ausgeführt werden, welches dem Programm des RZ möglichst gut entspricht oder im Idealfall sogar mit diesem identisch ist. Dies kann erreicht werden, indem die reale Robotersteuerung in die Simulation integriert[8] oder die Robotersteuerung aus der Simulation auch für den realen Roboter genutzt wird[9].

Idee: Die EDZ-Methodik ermöglicht beide Vorgehensweisen über jeweils geeignet zusammengestellte Hybride Zwillingspaare. Die Verwendung einer realen Robotersteuerung in der Simulation führt zu einem EDZ mit integriertem realen IVS, die Verwendung der simulierten Robotersteuerung in der Realität führt zu einem realen Roboter mit integriertem simulierten IVS. Grundlage für letzteres sind Methoden der **EDZ-gestützten Steuerung**, die erste Vorgehensweise entspricht der Methode der **Virtuellen Inbetriebnahme**.

Wesentliche EDZ: Abbildung 6.26 illustriert die hierzu notwendige Verschaltung des IVS aus dem EDZ mit dem realen Roboter. Über die Verbindung der Kommunikationsinfrastrukturen (in diesem Fall TCP/IP-Verbindungen über ein Ethernet-Netzwerk) sendet das IVS Zielpositionen an den realen Roboter, welcher aktuelle Sensordaten wie aktuelle Gelenkwinkel oder gemessene Kräfte- und Momente zurückliefert[10].

Ausführung im VTB: Im Ergebnis steuert dasselbe IVS den simulierten und den realen Roboter. Dies führt zu einer weitgehenden Übereinstimmung zwischen simulierten und realen Bewegungen und vermeidet die Notwendigkeit der Erzeugung realer Roboterprogramme. Diese Methode kann auf unterschiedliche Roboter und

---

[8] Dies wurde z. B. im Kontext der „Realistic Robot Simulation" (RRS) bzw. des „Virtual Robot Controllers" (VRC) [BSW00] umgesetzt.

[9] Natürlich gibt es auch noch Zwischenstufen wie z. B. die Nutzung von Zwischen- oder Modellierungssprachen (siehe auch Anhang C im elektronischen Zusatzmaterial).

[10] Tatsächlich ist natürlich auch auf Seite des realen Roboters noch eine Robotersteuerung vorhanden, welche die Zielpositionen in geeignete Roboterbewegungen umsetzt. Gleiches ist allerdings auch im VTB der Fall. Beide sind allerdings der Einfachheit halber nicht dargestellt.

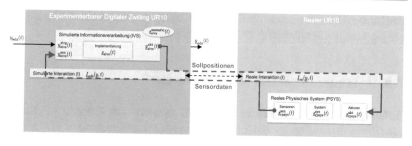

Abbildung 6.26 Verschaltung der Robotersteuerung des EDZ mit dem realen Roboter zu einem Hybriden Zwillingspaar

Roboterstrukturen angewendet werden[11]. Abbildung 6.27 illustriert dies für einen Kuka-Leichtbauroboter, der auf eine Linearachse montiert ist. Das VTB steuert über die IVS der EDZ von Roboter, Linearachse und einer übergeordneten Steuerung Roboter und Linearachse gleichzeitig koordiniert an und realisiert so einen achtachsigen Roboter. Für Bewegungen im kartesischen Raum erfolgt die Rücktransformation über eine über den Kinematik-Service zur Verfügung gestellte Universaltransformation[12].

Abbildung 6.27 Simulationsbasierte koordinierte Steuerung eines achtachsigen Roboters bestehend aus einer Linearachse und einem 7-achsigen Kuka-Leichtbauroboter (Foto Ralf Waspe, siehe z. B. [RDP+16a])

---

[11] Zu beachten ist, dass für jeden Roboter eine eigene Art der Ansteuerung und damit eine eigene Kommunikationsinfrastruktur realisiert werden muss.

[12] Eine Universaltransformation stellt eine Methode zur Rücktransformation einer gegebenen kartesischen Lage in entsprechende Gelenkwinkel einer kinematischen Kette (siehe Abschnitt 4.3.2) zur Verfügung, die auf nahezu beliebige Arten kinematischer Ketten angewendet werden kann.

6.3.5   Entwicklung von Regelungsverfahren für Roboter

Aufgabenstellung: Zur Entwicklung von Regelungsalgorithmen für einen UR10-Roboter soll das Softwaresystem `Simulink` eingesetzt werden. Für Test und Analyse dieser Regelungsalgorithmen steht ein EDZ dieses Roboters zur Verfügung.

Idee: Hierzu ist es sinnvoll, das VTB zur Simulation des EDZ in `Simulink` zu integrieren. Abbildung 6.28 skizziert das Prinzip.

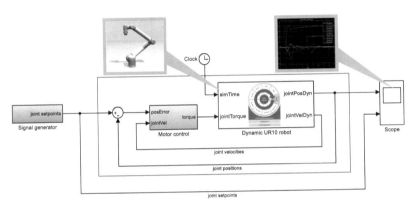

Abbildung 6.28 Integration eines VTB in `Simulink`

Vorgehensweise: Die Regelschleife wurde in `Simulink` realisiert. Zudem wurden in dieses Modell geeignete Analysewerkzeuge integriert. Ein wesentlicher Block im dargestellten Wirkungsplan ist das VTB, welches den benötigten EDZ simuliert.

Ausführung im VTB: Zur Durchführung von Tests und Analysen erfolgt eine gekoppelte Simulation. Im Gegensatz zu den bislang dargestellten Ansätzen ist das VTB hier nicht der „Master", d. h. übernimmt Konfiguration und Steuerung der Gesamtsimulation, sondern wird als „Slave" innerhalb des „Host-Simulators" `Simulink` eingesetzt. Diese Vorgehensweise kann auf unterschiedliche Anwendungsfälle übertragen werden. Das Grundprinzip ist immer das Gleiche. Das VTB „lebt" innerhalb des Host-Simulators und interagiert mit dessen Modell. Notwendig ist hierzu eine geeignete, Host-Simulator-spezifische VTB-Laufzeitumgebung (siehe Abschnitt 5.2.3), welche das VTB in diesen Simulator integriert.

6.3.6   Werkerorientierte Programmierung von Manipulatoren

Aufgabenstellung: Mit der Einrichtung von Roboterarbeitszellen ist stets ein nicht zu unterschätzender Arbeitsaufwand verbunden, der zudem Expertenwissen im Umgang mit Robotern, Sensoren und Endeffektoren sowie der Roboterprogrammierung erfordert. Dieser Aufwand stellt eine große Hürde für den Einsatz von Robotern dar. Dieser Aufwand wird durch die Nutzung von Methoden zur Offline-Programmierung, d. h. der Vorab-Programmierung der realen Roboter mit Hilfe ihrer EDZ im VTB, oft eher weiter erhöht denn gesenkt, denn hier muss zunächst ein EDZ-Szenario erstellt werden, welches die notwendigen EDZ der Umgebung umfasst und ggf. auch den Prozess abbildet. Methoden zur werkerorientierten Programmierung von Robotersystemen sollen hier Abhilfe schaffen, indem sie die mit der Modellerstellung und Programmierung verbundenen Arbeitsabläufe deutlich vereinfachen.

Idee: Das **ProPemo**-Konzept [BGP+09] verwendet hierzu 3D-Modellerstellung und Roboterprogrammierung **by Demonstration**: Ein Bediener macht die Transport- oder Montageaufgaben vor, das Automatisierungssystem „übersetzt" seine Aktivitäten z. B. in Roboteraktionen. Hierzu nutzt der Bediener zum einen die Einrichtungen der Arbeitszelle wie z. B. Roboter und Sensoren und zum anderen ein Zeigegerät, mit dem er auf im jeweiligen Kontext relevante Positionen zeigt. Die Sicherheit des Automatisierungssystems wird durch eine automatische Kollisionsüberprüfung aller Roboterbewegungen gewährleistet.

Vorgehensweise: Grundlage der Realisierung dieses Konzepts sind Methoden der **EDZ-gestützten Mensch-Maschine-Schnittstellen** und der **EDZ-gestützten Steuerung**. Zu Beginn der Einrichtung wird ein Industrieroboter in seiner neuen Arbeitsumgebung aufgestellt und mit einem Sensorkopf ausgestattet. Mit diesem wird dann ein EDZ der statischen Arbeitsumgebung erstellt, welcher im Weiteren z. B. für die automatische Kollisionsüberprüfung genutzt wird. Anschließend wird der Roboter „by Demonstration" programmiert. Neben den EDZ der Arbeitsumgebung und aller Automatisierungskomponenten werden auch die auf diese Weise programmierten Bewegungen des Roboters im VTB verwaltet. Hierdurch kann sowohl die Programmierung als auch die Ausführung abgesichert werden.

EDZ-Szenario: Abbildung 6.29 skizziert das entsprechende EDZ-Szenario[13]. Die EDZ von Roboter, Endeffektoren, Maschinen und Werkstücken werden aus Modellbibliotheken initialisiert. Zur Modellierung der statischen EDZ von Hindernissen (sowie zur Abwandlung der importierten Maschinenmodelle) kann ein Zeigegerät angeschlossen werden. Eine teilautomatische Modellierung ist mit Hilfe eines Laserscanners möglich.

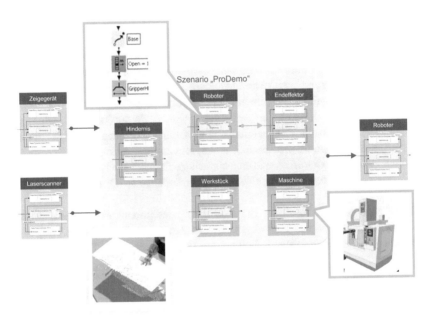

Abbildung 6.29 EDZ-Szenario und die umgebenden Realen Zwillinge zur Modellierung der Arbeitszelle und Programmierung des Robotersystems „by Demonstration"

Wesentliche EDZ: Der EDZ des Roboters verwaltet das Roboterprogramm, welches mit einer grafischen Programmiersprache modelliert wird (siehe Anhang C im elektronischen Zusatzmaterial). Ggf. aus Laserscannerpunktwolken abgeleitete

---

[13] Im Vergleich zu den anderen EDZ-Szenarien sind an das dargestellte rein virtuelle EDZ-Szenario die RZ über ihre Kommunikationsinfrastrukturen angeschlossen. In dieser Anwendung handelt es sich dabei nicht um ein Hybrides Szenario (siehe Abschnitt 3.4.4), da keine gemeinsame Ausführung des Szenarios stattfindet, sondern die Realen Zwillinge zur Interaktion mit dem rein virtuellen EDZ-Szenario eingesetzt werden und im Anschluss z. B. aus dem EDZ des Roboters das Roboterprogramm für den RZ des Roboters abgeleitet wird.

EDZ der Hindernisse müssen für die Simulation geeignet aufbereitet werden. So muss z. B. aus der ein Hindernis repräsentierenden Punktwolke eine geeignete Geometriebeschreibung abgeleitet werden.

Überführung in ein experimentierbares EDZ-Szenario: Das Roboterprogramm wird zur Simulation mit Methoden der Zustandsorientierten Modellierung in einen simulierbaren Algorithmus übersetzt.

Ausführung im VTB: Die Ausführung im VTB muss in mehrere Phasen unterteilt werden. In der **Modellierungsphase** werden als VTB-Services bereitgestellte Methoden zur Semantischen Umweltmodellierung auf Grundlage von 3D-Laserscannerdaten und interaktiver Modellierung mittels des Zeigegeräts genutzt. In der **Programmierphase** wird ein grafisches Roboterprogramm erstellt. Die Roboterpositionen können durch Zeigen festgelegt werden. In der **Testphase** wird das erstellte Programm im VTB getestet und u. a. auf Kollisionen überprüft. In der **Transformationsphase** wird dieses Roboterprogramm auf den realen Roboter übertragen. Alle Methoden wurden in eine einfache (und in der Modellierungsphase im Wesentlichen mit den Tasten des Zeigegeräts zu bedienende) Oberfläche integriert.

Übertragung in die Realität: Zur Ausführung des Roboterprogramms auf dem realen Roboter wird das grafisch modellierte Roboterprogramm in die Programmiersprache des eingesetzten Robotersystems übertragen.

6.3.7 Intuitive Bedienoberflächen für Montagetraining und Robotersteuerung

Aufgabenstellung: Der in Abschnitt 6.3.6 vorgestellte Ansatz fokussiert in ihrer Komplexität begrenzte Aktionen der beteiligten Roboter und erfordert, dass der Bediener den Programmablauf vorgibt. Eine vollständige Umsetzung des „Programming-by-Demonstration"-Ansatzes muss auch diesen Schritt vollautomatisch übernehmen. Hierzu muss die Tätigkeit eines Arbeiters auf **sensomotorischer Ebene** analysiert, über eine **Zwischenebene** in eine abstrakte Beschreibung des Arbeitsablaufs auf **Planungsebene** überführt und diese dann schließlich auf den ausgewählten Automatisierungskomponenten auf **Ausführungsebene** ausgeführt werden.

Idee: Genau dies wurde im **IntellAct**-Konzept [RSW13] umgesetzt. Die EDZ-Methodik liefert hierbei im Trainingsprozess die notwendigen Trainingsdaten.

Trainierte Systeme können dann zum einen für das Bedienertraining eingesetzt werden, indem die erkannten Bedieneraktionen mit dem Soll-Arbeitsablauf verglichen werden. Zum anderen ermöglichen sie die Steuerung von Systemen aus der Simulation heraus, indem die erkannten Bedieneraktionen auf (ggf. auch entfernten) Automatisierungssystemen ausgeführt werden.

Vorgehensweise: Im Trainingsprozess liefern Methoden der **EDZ-gestützten Mensch-Maschine-Schnittstellen** die notwendigen Trainingsdaten. Hierbei ist es vorteilhaft, dass die Daten zum einen auf sensomotorischer Ebene aber auch auf Ebene der Objekte, mit denen interagiert wird, erfasst werden können. Für Trainingssysteme wird das trainierte System mit Methoden des **EDZ-gestützten Trainings** verknüpft. Zur Steuerung realer Systeme kommen wiederum Methoden der **EDZ-gestützten Mensch-Maschine-Schnittstellen** zum Einsatz.

EDZ-Szenario: Abbildung 6.30 skizziert das EDZ-Szenario und seine Einbindung in das IntellAct-Konzept. Die dem Benutzer präsentierte Umgebung enthält ausschließlich diejenigen Elemente, mit denen er wie in der Realität auch interagieren kann, also z. B. Werkstücke oder Elemente der Umgebung. Das in der Zielumgebung vorhandene Automatisierungssystem ist rechts dargestellt. Die Realen Zwillinge „Diskretisierung", „Planung" und „Ausführung" sind zentrale Softwarekomponenten des IntellAct-Systems, welche die eingangs genannten drei Ebenen umsetzen und z. B. in [SBS+18] näher erläutert werden.

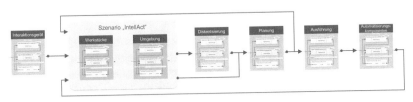

Abbildung 6.30 EDZ-Szenario zur Erfassung von Trainingsdaten zur Steuerung des Automatisierungssystems und dessen Einbindung in das IntellAct-Gesamtkonzept

Ausführung im VTB: Abbildung 6.30 skizziert gleichzeitig auch die Randbedingungen für die Ausführung im VTB. Der Benutzer interagiert mit den EDZ über die angeschlossenen Interaktionsgeräte (z. B. Datenhandschuh und Trackingsystem, siehe Abbildung 6.31). Die vorgenommenen Bewegungen werden entweder direkt an die Diskretisierungskomponente gegeben, alternativ können auch die detektierten Objektinteraktionen an die auf der gleichen symbolischen Ebene arbeitende

Abbildung 6.31 Anwendung des IntellAct-Konzepts auf ein industrielles Montageszenario (links) und das Training von Astronauten (rechts) (Fotos Arno Bücken). Im zweiten Bild ist im Hintergrund die Bedienerunterstützung angezeigt. Die rote Ampel zeigt an, dass der Bediener einen Fehler gemacht hat. Siehe auch [RSW13; SBS+18].

Planungskomponente weitergegeben werden. Die Ausführungskomponente steuert dann die Automatisierungseinrichtungen, wobei die Änderungen an den Werkstücken wiederum von deren EDZ reflektiert werden. Die zweite Rückkopplung wird dann eingesetzt, wenn das Planungssystem zusätzliche Informationen für das Lernen von Aktionssequenzen benötigt und hierzu den Bediener um Unterstützung bittet.

6.3.8   Schulungssysteme für die berufliche Bildung

Aufgabenstellung: Es ist empirisch nachgewiesen, dass die Reflektion von Fehlern als Konsequenz der eigenen Handlung stark zum Verständnis von Systemen, Prozessen und Arbeitsabläufen beiträgt. Dies gilt auch für Lernende im Bereich der beruflichen Bildung. Daher ist die Frage, wie man diesen die Möglichkeit geben kann, Fehler zu machen und aus diesen zu lernen – und dies wo Fehler oft mit negativen Folgen hinsichtlich Sicherheit, Wirtschaftlichkeit oder Umweltschutz verbunden sind.

Idee: Hier setzt das FeDiNAR-Konzept an [GTA+19]. Es kombiniert reale Handlungen an realen Arbeitsobjekten/Arbeitsmitteln (RZ) mit virtuellen Handlungen an virtuellen Arbeitsobjekten/Arbeitsmitteln (EDZ). Letztere können das aus dem Handeln des Lernenden resultierende Verhalten der Arbeitsobjekte/Arbeitsmittel prognostizieren und so die Konsequenzen des Handelns gefahrlos vor Augen führen.

Vorgehensweise: Grundlage hierfür ist ein AR-gestütztes Lernsystem. In diesem werden die RZ als EDZ abgebildet, der Zustand der RZ kontinuierlich in die EDZ übertragen, aus den hieraus ableitbaren Zustandsübergängen Handlungen abgeleitet und ausgehend von vom aktuellen Systemzustand das Systemverhalten prognostiziert und dem Lernenden über AR-Methoden zugänglich gemacht.

EDZ-Szenario: Abbildung 6.32 skizziert das Zusammenwirken von Lernendem, RZ und EDZ im Lernsystem. Auf der rechten Seite ist der RZ abgebildet, der reale Arbeitsobjekte und Arbeitsmittel umfasst. Dies könnte z. B. eine Drehbank, eine Spritzgussmaschine oder ein Auto sein, jeweils ergänzt um die benötigten Werkzeuge. Der RZ befindet sich zu jedem Zeitpunkt im Zustand $\underline{s}_{rz}(t)$, der EDZ im hieraus abgeleiteten oder prognostizierten Zustand $\underline{s}_{edz}(t)$.

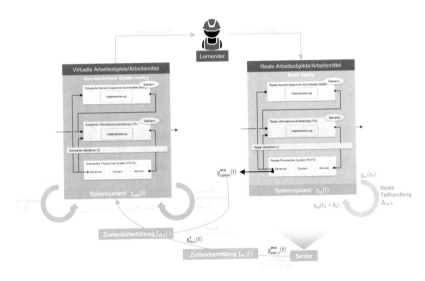

Abbildung 6.32 EDZ im Kontext beruflicher Bildung: Der RZ repräsentiert die Lernumgebung, welche durch EDZ erweitert wird. Hierzu muss der RZ-Zustand auf den EDZ übertragen werden, um Teilhandlungen zu erkennen und deren Konsequenzen zu prognostizieren.

Der Lernende als Arbeitsperson führt im Zuge der Ausführung einer übergeordneten Handlung (z. B. „Wechsele das Werkzeug in der Drehbank!") auf dem RZ eine Sequenz von Teilhandlungen $\Delta_{rz,h}$ aus. Hierbei müssen als diskret wahrgenommene Teilhandlungen, die einen zeitdiskreten Zustand $\underline{s}_{rz}(t_h)$ in einen neuen zeitdiskreten Zustand $\underline{s}_{rz}(t_h + \delta_h) = \Delta_{rz,h}(\underline{s}_{rz}(t_h))$ überführen, unterschieden werden von als kontinuierlich wahrgenommenen Teilhandlungen, die zu einem Zustandssegment $\underline{s}_{\text{rz}}\langle t_h, t_h + \delta_h\rangle$ führen. Obwohl natürlich alle Teilhandlungen kontinuierlicher Natur sind, hat sich die Vereinfachung durch Beschränkung der Betrachtung auf diskrete Teilhandlungen als sinnvoll herausgestellt. Auch wie diese Zustandsänderungen herbeigeführt werden, z. B. über Nutzung der Mensch-Maschine-Schnittstelle oder direkte Manipulation des RZ, ist in dieser verkürzten Darstellung nicht relevant.

Um anhand des EDZ Teilhandlungen erkennen und Systemreaktionen prognostizieren zu können, muss der Zustand des RZ in den EDZ übertragen werden. Hierbei müssen direkte und indirekte Zustandsgrößen unterschieden werden. Indirekte Zustandsgrößen werden innerhalb des RZ nicht beobachtet oder nicht nach außen exponiert (z. B. weil eine entsprechende Kommunikationsschnittstelle fehlt). In diesem Fall beobachten externe Sensoren den RZ. Aus den Sensorausgängen $\underline{y}_{\text{ext},i}^{\text{sen}}(t)$ bestimmen Algorithmen zur Zustandsermittlung zunächst „Roh-Zustände" $\underline{s}_{\text{rz},i}^{*}(t) = f_{\text{ze},i}(\underline{y}_{\text{ext},i}^{\text{sen}}(t))$. Dies sind Roh-Zustände, weil diese meist nicht direkt Simulationszuständen entsprechen. So muss der Roh-Zustand „Werkzeug eingelegt" in eine Lage des entsprechenden Werkzeug-EDZ überführt werden. Dies erfolgt im nachfolgenden Schritt der Zustandsüberführung, bei dem der eigentliche Simulationszustand $\underline{s}_{\text{edz},i}(t) = f_{\text{z}}\ddot{\text{u}},i(\underline{s}_{\text{rz},i}^{*}(t))$ bestimmt wird. Der Index i kennzeichnet, dass es unterschiedliche Sensoren für unterschiedliche Zustände geben kann. Für den Fall der direkten Zustände entfällt der Schritt der Zustandserkennung.

Ausführung im VTB: Die Ausführung im VTB hat mehrere Aufgaben. Die erste ist die Zustandserkennung und -überführung aus dem RZ in den EDZ. Hierauf aufbauend können diskrete Teilhandlungen erkannt werden. Dies erfolgt durch Beobachtung der Zustandsveränderungen durch ein mit Zustandsorientierter Modellierung erstelltes Petrinetz, welches ausgehend vom Zustand $\underline{s}_{\text{edz}}(t_h)$ auf neue Zustände $\underline{s}_{\text{edz}}(t_h + \delta_h)$ testet und hieraus auf Teilhandlungen $\Delta_{\text{edz},h}$ und damit ggfls. auf $\Delta_{\text{rz},h}$ schließt (tatsächlich sieht das Konzept auch rein virtuell durchgeführte Teilhandlungen vor). Der Index h kennzeichnet die jeweilige Handlung, t_h den (üblicherweise nicht bekannten) Startzeitpunkt der Handlung und $t_h + \delta_h$ den (bekannten) Endzeitpunkt der Handlung. Ausgehend von diesen Zustandsübergängen kann das Lernsystem dann seine Funktionalität entfalten und z. B. durch Prognose des Verhaltens des EDZ mittels Simulation Γ/Φ über einen Prognosehorizont δ_p dem Lernenden die Konsequenzen seines Handelns demonstrieren oder für den Lehrenden Handlungsprotokolle $\underline{s}_{\text{edz}}\langle t\rangle$ führen.

6.3.9 Automatische Handlungsplanung für Manipulatoren

Aufgabenstellung: Die Programmierung von Robotern findet meist durch die Erstellung von (meist textuellen) Roboterprogrammen statt. Auch wenn hier mittlerweile auch grafische Programmiersprachen Einzug halten und die über einzelne Grafikelemente ansprechbaren Fähigkeiten („Skills") des Roboters immer komplexer und leistungsfähiger werden, ist dies auch heute noch der Fall. Der Idealfall der Mensch-Roboter-Interaktion ist allerdings, dass der Mensch dem Roboter **Aufgaben** gibt, die dieser automatisch ausführt. Der Bediener sagt dem Roboter, was zu tun ist und nicht wie er es machen soll. Zur Ausführung dieser Aufgaben müssen diese in einzelne Schritte zerlegt werden, die dann vom Roboter (oder auch von mehreren Robotern oder ganz allgemein vom Automatisierungssystem) ausgeführt werden. Zur Überführung abstrakter Aufgaben in konkrete Ausführungsschritte sind Methoden der Künstlichen Intelligenz notwendig (siehe z. B. [Hil03]).

Idee: Ein EDZ-Szenario kann die notwendige Planungsgrundlage bereitstellen, da es alle beteiligten Objekte einschließlich der möglichen Interaktionen umfasst. Es müssen lediglich grundlegende Informationen über die Ausführung von Aufgaben hinterlegt werden, die sich auf diese EDZ beziehen.

Vorgehensweise: Auf dieser Grundlage können Methoden der **EDZ-gestützten Entscheidungsfindung** eingesetzt werden. Hierzu werden auf Grundlage der EDZ so genannte „Elementaraktionen" definiert. Dies sind typischerweise die „einfachst möglichen" Aktionen des Automatisierungssystems zur Umsetzung einer Automatisierungsaufgabe. Beispiele sind Roboterbewegungen oder Endeffektoraktionen. Über Vor- und Nachbedingungen für jede Elementaraktion und weitere zusätzliche Randbedingungen (z. B. geometrische oder Greifer- oder Greifpunkte, oft direkt auf Grundlage der EDZ modellierbar) wird der mögliche Lösungsraum für die Automatisierungsaufgabe beschrieben. Eine geeignete Verknüpfung dieser Elementaraktionen zur Überführung eines bekannten Ausgangszustands in den gewünschten Endzustand liefert einen Handlungsplan, welcher wiederum durch EDZ umgesetzt und auf das reale Automatisierungssystem übertragen werden kann.

Ausführung im VTB: Die Ausführung im VTB erfolgt unter Nutzung des EDZ-Szenarios aus Abbildung 6.21 in der in Abbildung 3.56 dargestellten Grundstruktur der EDZ-gestützten Entscheidungsfindung.

6.3.10 Entscheidungsunterstützung für die Servicerobotik

Aufgabenstellung: Im Zuge der Automatisierung manueller Tätigkeiten stellt sich häufig die Frage, ob ein manueller Prozess überhaupt sinnvoll automatisierbar ist und mit welchen Automatisierungskomponenten dies erfolgen sollte. Hier fehlt ein Softwaresystem, welches eine formale Beschreibung des manuellen Arbeitsprozesses entgegennimmt und im Anschluss versucht, diesen Arbeitsprozess mit ihm zur Verfügung gestellten Automatisierungskomponenten und deren Fähigkeiten umzusetzen und die Umsetzung anschließend zu bewerten.

Idee: EDZ liefern hierzu die notwendige Beschreibung der zur Verfügung stehenden Automatisierungskomponenten einschließlich der Beschreibung ihrer Fähigkeiten. Durch Kombination der Beschreibung des manuellen Arbeitsprozesses mit den Fähigkeiten der Automatisierungskomponenten soll der manuelle Arbeitsprozess mit Methoden der Handlungsplanung (siehe Abschnitt 6.3.9) in einen Handlungsplan für die Automatisierungskomponenten überführt werden können.

Vorgehensweise: Abbildung 6.33 skizziert die hier vom **ManuServ**-Konzept [WEH+16b] vorgeschlagene Vorgehensweise. Zunächst wird der manuelle Prozess mit Hilfe der MTM-Beschreibungstechnik [LW12] formal beschrieben und in das als VTB realisierte Planungssystem übertragen. Ausgehend von grundlegenden Informationen aus der Prozessbeschreibung wie zu transportierenden Gewichten oder der zu überbrückenden Entfernung werden unterschiedliche EDZ-Szenarien aufgestellt, die mögliche Konfigurationen eines Automatisierungssystems beschreiben. Mit Hilfe der durch die ausgewählten Automatisierungskomponenten (bzw. konkret durch ihre EDZ) zur Verfügung gestellten Handlungsoperatoren, die mögliche Tätigkeiten (greifen, transportieren, schütteln, loslassen, …) dieser Komponenten beschreiben, wird mit Methoden der Handlungsplanung ein Handlungsplan erstellt. Die einzelnen Handlungen werden werden in Form von Elementaraktionen durch die EDZ der Automatisierungskomponenten in der Simulation ausgeführt. Der simulierte Prozess wird anschließend analysiert und bewertet und auf dieser Grundlage das am besten geeignete System ausgewählt.

EDZ-Szenario: Die weitgehend automatisch generierten EDZ-Szenarien sind typische Szenarien für (Roboter-) Arbeitszellen wie z. B. in Abbildung 6.21 dargestellt. In Erweiterung zu Abschnitt 6.3.1 stellen die EDZ hier eine abstrakte Beschreibung der von ihnen zur Verfügung gestellten Handlungsoperatoren sowie Elementaraktionen in Form von (Roboter-) Programmen zu deren Ausführung zur Verfügung.

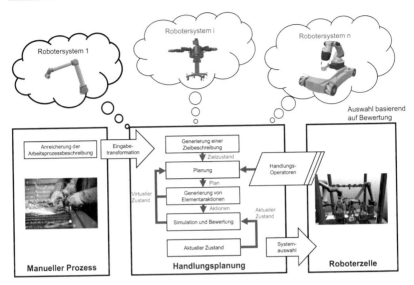

Abbildung 6.33 Schematische Darstellung des Manuserv-Konzepts [WEH+16a] (Darstellung aufbauend auf [NNa]): Über Methoden der Handlungsplanung wird die Eignung unterschiedlicher robotischer Systeme zur Automatisierung eines manuellen Prozesses untersucht.

6.3.11 Ergonomieuntersuchungen am virtuellen Menschen

Aufgabenstellung: Bis hierhin spielte der Mensch in den aufgestellten EDZ-Szenarien nur eine untergeordnete Rolle. Er war „lediglich" der Nutzer der vorgestellten Anwendungen aber selbst nicht Teil dieser bzw. Teil der hierzu notwendigen EDZ-Szenarien. Dabei gibt es eine Reihe von Aufgabenstellungen, bei denen auch die Simulation des Menschen von Bedeutung ist. Ein einfaches Beispiel ist der Mensch als Verkehrsteilnehmer in Abschnitt 6.5.1. Darüber hinaus ist er auch selbst Untersuchungsgegenstand. So erfordern z. B. Ergonomieuntersuchungen die Simulation der aktuellen Stellung des Menschen.

Idee: Der EDZ des Menschen in einem VTB stellt ein Experimentierbares Modell von diesem zur Verfügung. Dieses kann sowohl zur Berechnung und Simulation von Bewegungsprofilen aber auch zur Integration (durch geeignete „Motion Capturing"-Geräte) real aufgenommener Bewegungen eingesetzt werden.

Vorgehensweise: Wie ein Roboter auch kann ein Mensch als kinematischer Baum (siehe Abschnitt 4.3.2) modelliert werden. Dieser enthält dann eine Vielzahl von Gelenken, die entweder durch Bewegungsplanungsalgorithmen für gewünschte Bewegungen berechnet oder durch extern aufgezeichnete Daten angesteuert werden können. Durch eine Vorwärtstransformation des gesamten kinematischen Baums ergeben sich die Positionen und Orientierungen der einzelnen Körperteile, die dann weiterführenden Untersuchungen unterzogen werden können.

Ausführung im VTB: Neben der Visualisierung des virtuellen Menschen ermöglicht die Anwendung von Algorithmen wie RULA (engl. „Rapid Upper Limb Assessment", siehe auch [Sch13]) die Bewertung seiner Körperstellung oder seiner Bewegung.

6.4   Umwelt

Die Ziele des Anwendungsbereichs „Umwelt" sind direkt vergleichbar mit den beiden bereits genannten Anwendungsbereichen, wobei dieser Bereich mit biologischen und technischen Systemen in Wald, Landwirtschaft, Stadt, Unterwasser usw. ein deutlich größeres Spektrum abdeckt als die beiden andere Bereiche.

6.4.1   Semantische Umweltmodellierung für den Wald durch Fernernkundung

Aufgabenstellung: Simulationsmethoden werden auch in der Forstwirtschaft eingesetzt und sind die Grundlage für vielfältige Anwendungen (s. u.). Für die Simulation der Maschinen stehen die notwendigen Informationen zur Verfügung, im Gegensatz zu Fabrikumgebungen fehlte lange Zeit die Modellierung der Umwelt[14]. Es mussten daher möglichst effizient und automatisiert ausreichend detaillierte und genaue Modelle von Waldbeständen bereitgestellt werden.

Idee: Der Ansatz war hier die Anwendung von Methoden zur **Semantischen Umweltmodellierung** zur Bestimmung von EDZ-Szenarien bestehend aus den EDZ einzelner Bäume sowie darüber hinausgehender Umgebungsinformationen wie z. B. dem Waldboden. Die Bestimmung von EDZ hat den Vorteil, dass diese direkt in

---

[14] Wobei dies leider häufig auch für Fabrikumgebungen gilt.

den EDZ-Szenarien der nachfolgend beschriebenen EDZ-Anwendungen eingesetzt werden können.

Vorgehensweise: Waldmodelle können in unterschiedlicher Detaillierung bestimmt werden[15]. Ausgangspunkt der Modellerstellung sind hier Fernerkundungsdaten wie Laserscanner- (siehe Abbildung 6.34) und Spektraldaten aus Flugzeug- oder Drohnen-gestützten Befliegungen sowie von Satelliten, aber auch terrestrisch erhobene Stichprobenpunkte als Referenzdaten für die Kalibration der Algorithmen. Aus diesen wird zunächst eine Baumartenklassifikation bestimmt [Kra13] und anschließend die Karte der EDZ der Bäume mit ihren Parametern[16] wie Position, Baumart, Höhe und Durchmesser berechnet [Büc14].

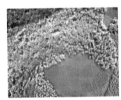

Abbildung 6.34 Ausgangspunkt (Laserscannerdaten, links), Zwischenergebnis (Baumartenkarte, Mitte, siehe z. B. [KR10]) und Ergebnis (Baumkarte, rechts) der Semantischen Umweltmodellierung im Wald

EDZ-Szenario: Abbildung 6.35 skizziert das entsprechende EDZ-Szenario. Dieses umfasst alle EDZ der notwendigen Eingangsdaten wie hier beispielhaft dargestellt die Laserscannerdaten (als normalisiertes digitales Oberflächenmodell „nDOM" bezeichnet) und Spektraldaten (z. B. Orthofotos), der Zwischenergebnisse wie der Baumartenkarte sowie der Bäume als Ergebnis des Kartenbildungsprozesses. Auch die Laserscannerdaten und die Spektraldaten sind hier (natürlich rein passive) EDZ, die über ein verallgemeinertes GIS-Datenmodell im VTB-Kernel

---

[15] In diesem Abschnitt steht die automatisierte Erzeugung von einzelbaum-basierten Modellen im Vordergrund. Alternative Ansätze arbeiten auf der Ebene von Beständen und beziehen Forstexperten bei der Erstellung dieser Modelle mit ein (siehe auch Abschnitt 6.4.14). Für die Generierung großer Waldbestände ist aus wirtschaftlichen Gründen der Einsatz von Fernerkundungsmethoden vorteilhaft. Diese können in einem zweiten Schritt kombiniert werden mit einer terrestrischen Datenerfassung wie in Abschnitt 6.4.13 dargestellt.

[16] Im Bereich der Fernerkundung spricht man meist von Objekten und ihren Attributen. Hier wird weiter die Terminologie der EDZ verwendet.

zur Verfügung stehen und so unabhängig von ihrer Quelle standardisiert durch die VTB-Services zur Semantischen Umweltmodellierung zugreifbar sind.

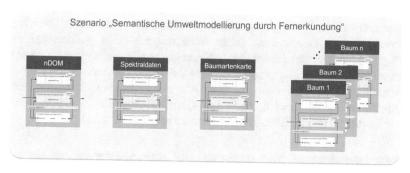

Abbildung 6.35 EDZ-Szenario zur Semantischen Umweltmodellierung von Waldbeständen auf Einzelbaumebene durch Fernerkundung

Ausführung im VTB: Die benötigten Algorithmen zur Baumartenklassifikation oder Einzelbaumsegmentierung setzen auf diesen EDZ auf bzw. generieren diese. Sie sind als VTB-Services in das VTB integriert. Die erzeugten EDZ der Bäume können wie auch alle anderen EDZ in weiteren Anwendungen weiterverwendet werden.

6.4.2   Planung des Waldbaus

Aufgabenstellung: Im Rahmen der Waldbauplanung wird entschieden, in welcher Weise auf die Entwicklung eines Waldbestands Einfluss genommen wird. Mögliche Maßnahmen sind hier beispielsweise Pflanzungen, Düngungen oder die Holzernte. Z. B. kann über die Wahl und Zusammenstellung von Baumarten und die Intensitäten der Ernteeingriffe Zusammenstellung und Entwicklung des Waldbestands für Jahrzehnte beeinflusst werden. Damit ist die Waldbauplanung unter anderem eine Grundlage für die Durchführung von Holzerntemaßnahmen. Die Waldbauplanung selbst ist Aufgabe von Forstexperten, die ausgehend der Zielvorstellungen der Waldbesitzer unter den gegebenen, unter anderem gesetzlichen Randbedingungen die Abfolge der Maßnahmen planen. Hierbei sind die Konsequenzen der getroffenen Entscheidungen selbst für Experten nur zum Teil zu überblicken. Zudem wird die Waldbauplanung zumeist für viele Waldbestände eines Waldbesitzers gleichzeitig durchgeführt, was zu einem großen Spektrum von Entscheidungen auf unterschied-

lichen Ebenen vom gesamten Waldbesitz bis zum einzelnen Waldbestand führt. Die
Auswirkungen einzelner Entscheidungen werden meist auf Grundlage generalisier-
ter Tabellenwerke analysiert und bewertet, wobei die Auswirkungen typischerweise
bestandesspezifisch sind.

Idee: Aus den Forstwissenschaften sind domänenspezifische Simulatoren für die
Simulation der Waldentwicklung ausgehend von einem Ausgangszustand und der
Vorgabe alternativer Waldbaustrategien bekannt. Die von diesen zur Verfügung
gestellten Simulationsfunktionen Γ und Φ können wie andere Simulationsfunktionen (z. B. zur Starrkörperdynamik oder Sensorsimulation) auch auf entsprechende
EDZ-Szenarien angewendet und die Ergebnisse der Simulationen entsprechend ausgewertet werden.

EDZ-Szenario: Das entsprechende EDZ-Szenario ist vergleichbar mit Abbildung
6.35. Die EDZ der Bäume werden mit Methoden der Semantischen Umweltmodellierung automatisiert erstellt (siehe Abschnitt 6.4.1) und entsprechen denen aus
Abbildung 6.35.

Ausführung im VTB: Im Rahmen der Simulation werden Parameter wie Höhe
und Durchmesser der Bäume verändert und neue Bäume erzeugt bzw. bestehende
entfernt. Hierzu steht ein geeigneter Simulator [PBD02] als VTB-Service zur Ver-

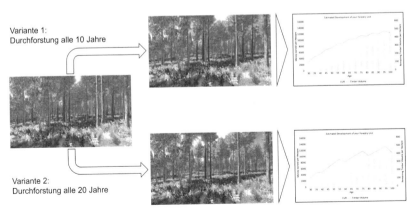

Abbildung 6.36 Ergebnis der Simulation und Bewertung der Entwicklung von zwei möglichen Entscheidungsalternativen [Büc17]

fügung. Abbildung 6.36 skizziert die Simulation von zwei unterschiedlichen Waldbaustrategien und ihre Auswirkung auf Holzvolumen und erzielte Erlöse[17].

6.4.3 Entwicklung von Forstmaschinen

Aufgabenstellung: Die Simulation von Explorationsrobotern ist direkt vergleichbar mit der Simulation von Forstmaschinen. Im Vergleich zu Abschnitt 6.2.1 wird
aus dem Mars ein Wald und aus den Steinen werden Bäume. Auf den sich ebenfalls
entsprechend ergebenen Simulationen bauen dann auch ähnliche Anwendungen
auf (s. u.). Die mit der Simulation der Forstmaschine verbundenen Aspekte wurden
bereits in Kapitel 3 im Detail eingeführt.

EDZ-Szenario: Abbildung 3.16 skizziert das entsprechende EDZ-Szenario. Die
EDZ der Bäume werden auch hier mit Methoden der Semantischen Umweltmodellierung automatisiert erstellt (siehe Abschnitt 6.4.1) und entsprechen denen aus
Abbildung 6.35. Über eine Funktionale Modellabbildung müssen diese Bäume für
die Verwendung in der Starrkörperdynamik aufbereitet werden.

Ausführung im VTB: Die Ergebnisse der Simulation einer Forstmaschine wurden
bereits vielfach dargestellt. Ein Aspekt war hierbei die Integration eines Laserscanners und dessen Simulation im Gesamtzusammenhang. Das Ergebnis wurde z. B.
zur Entwicklung der nachfolgend dargestellten Lokalisierungsverfahren eingesetzt,
die vollständig im VTB erfolgte.

6.4.4 Training von Forstmaschinenführern

Aufgabenstellung: Das Fahren einer Forstmaschine ist eine höchst komplexe Aufgabe. Der Fahrer fällt im Mittel alle 45 Sekunden einen Baum und muss für jeden
Baum eine Vielzahl von Entscheidungen treffen. Er muss gleichzeitig die Maschine
fahren, den Kran und das Aggregat bedienen und die Umgebung im Blick behalten.
Er muss planen, in welche Richtung er den Baum fällt und wo er die Stammsegmente ablegt sowie bei der Aufarbeitung des Baumes die Baumqualität beurteilen.
Gleichzeitig muss er den Bordcomputer des Fahrzeugs bedienen.

---

[17] Auffällig ist, dass die Auswirkung von Erntemaßnahmen rein optisch oft gar nicht direkt
auffällt. Entsprechende Visualisierungen sind daher hervorragend geeignet, Nicht-Experten
über die Auswirkungen von Ernteeingriffen nicht nur monetär zu informieren sondern auch
visuell.

Idee:: Das Training von Forstmaschinenführern kann mit **EDZ-gestütztem Trai-ning** ideal am Simulator durchgeführt werden. Anhand von vorgegebenen EDZ-Szenarien können unterschiedliche Situationen trainiert und die Arbeit des Fahrers bewertet und optimiert werden.

EDZ-Szenario: Notwendig für das Training ist ein Hybrides Szenario (siehe Abschnitt 3.4.4), bei dem das Hybride Zwillingspaar der Forstmaschine aus dem simulierten Physischen System auf der einen Seite und den realen IVS und den realen Bedienelementen auf der anderen Seite besteht. Strukturell und hinsicht-lich der beteiligten EDZ entspricht dieses EDZ-Szenario Abbildung 3.16, wobei die Benutzerschnittstelle der Forstmaschine real vorhanden ist und über die dort verwendete Kommunikationsschnittstelle (in diesem Fall z. B. der fahrzeuginterne CAN-Bus, falls vorhanden, oder direkt die analogen und digitalen Steuersignale für die Aktoren) mit dem virtuellen Teil des EDZ-Szenarios verbunden wird. Das Hybride Zwillingspaar der Forstmaschine ist damit bzgl. der Aufteilung zwischen realer und virtueller Welt invers zum in Abbildung 3.61 dargestellten Hybriden Zwillingspaar für simulationsbasierte Benutzerschnittstellen.

Überführung in ein experimentierbares EDZ-Szenario: Diese Überführung wurde in 3.6.1 illustriert.

Ausführung im VTB: Grundlage für das Training ist eine realitätsnahe Simulation des Fahrzeugs in möglichst realitätsnahen Wäldern (siehe Abbildung 6.4.4). Über die Integration mit Geoinformationssystemen (siehe Abschnitt 6.7.4) und Ferner-kundung (siehe Abschnitt 6.4.1) kann das Training in virtuell abgebildeten realen Wäldern stattfinden.

6.4.5 Lokalisierung von Forstmaschinen

Aufgabenstellung: Die Genauigkeit von GPS ist im Wald aufgrund Dämpfung durch das Kronendach und der (teilweise mehrfachen) Reflektion des GPS-Signals an Baumkronen für viele Anwendungen nicht ausreichend (siehe z. B. Abbildung 6.37). So muss z. B. für die exakte Verortung einzelner Bäume und deren eindeu-tige Identifikation anhand ihrer Geokoordinate deren Position mit einer Genauig-keit im Meterbereich bestimmt werden können. Es ist also (ggf. aufbauend auf GPS-Signalen) ein Verfahren zur exakten Positionsbestimmung von Personen und Fahrzeugen im Wald notwendig.

Abbildung 6.37 Lokalisierung von Maschinen und Personen im Wald (v.l.n.r): An beiden Seiten der Kabine der Forstmaschine ist jeweils ein Laserscanner befestigt (Foto Wald und Holz NRW). Aus dem Scanprofil können die umgebenden Bäume bestimmt und ausgehend vom ungenauen GPS-Signal (weißes Kreuz) die exakte Position und Orientierung bestimmt werden. Das gleiche Verfahren kann auch auf tragbare „Lokalisierungseinheiten" und mobile Roboter angewendet werden (Fotos Markus Emde, Björn Sondermann, Nils Wantia). Siehe auch z. B. [Son18].

Idee: Wie in Abschnitt 6.4.1 skizziert kann durch Fernerkundung eine globale Baumkarte bestimmt werden. Durch geeignete Sensorik an der Forstmaschine wird zudem eine lokale Baumkarte der die Forstmaschine umgebenden Bäume aufgebaut. Durch Suchen der lokalen Baumkarte im Umfeld der (ungenauen) GPS-Position kann sowohl Position als auch Orientierung der Forstmaschine bestimmt werden. Zur Entwicklung dieses Lokalisierungsverfahrens wird ein EDZ-Szenario der Anwendung erstellt, in diesem der Algorithmus zunächst entwickelt und dann mit Methoden der **EDZ-gestützten Steuerung** auf den realen Sensor übertragen wird.

Vorgehensweise: Der Lokalisierungsalgorithmus basiert auf einem Partikelfilter-Ansatz und wird in [RSS+09; RSE+11] im Detail erläutert[18]. Mit diesem Verfahren kann die Position des Sensors mit einer Genauigkeit von deutlich unter 1 m bestimmt werden.

EDZ-Szenario: Das zur Entwicklung des Algorithmus verwendete EDZ-Szenario kombiniert ein mit den Methoden aus Abschnitt 6.4.1 erstelltes und in Geodatenbanken vorliegendes Umweltmodell (siehe auch Abschnitt 6.7.4) mit einer dynamisch simulierten Forstmaschine mit integrierten Laserscannern. Das in Abbildung 6.38 dargestellte EDZ-Szenario umfasst entsprechend EDZ für Sensor, Forstmaschine, Leitsystem und Umgebung, letztere bestehend z. B. aus den EDZ für Waldboden, Bäume und Tiere. Das Leitsystem stellt die globale Baumkarte für den Sensor zur Verfügung, welcher mechanisch mit der Forstmaschine verbunden ist. Die

---

[18] Das Verfahren und seine Anwendung in der Forstwirtschaft wurde im Rahmen der European Satellite Navigation Competition ausgezeichnet.

Simulation der Bewegung des Sensors erfolgt damit ebenfalls über die Starr-körperdynamik. Gleichzeitig interagiert der Sensor mit den EDZ der Umgebung über die Sensorsimulation. Tatsächlich erfolgte die hier skizzierte Entwicklung anwendungsübergreifend und gleichzeitig auch für die Lokalisierung von Explorationsrobotern (siehe Abschnitt 6.2.4). Der Lokalisierungsalgorithmus[19] wurde daher anwendungsneutral implementiert. Seine Sensordateneingänge wurden mit den Ausgängen der simulierten Sensoren verbunden, so dass die implementierten Verfahren nachfolgend programmgesteuert oder interaktiv getestet und verifiziert werden konnten. Die simulierten Sensoren verhalten sich hierzu aus Sicht der IVS hinsichtlich der Schnittstelle sowie der maßgeblichen Sensoreigenschaften exakt wie die realen. Um die Algorithmen realitätsnah auslegen zu können, wurden die simulierten Sensordaten z. B. für unterschiedliche Umgebungsbedingungen durch Ergänzung von Fehlermodellen zusätzlich „künstlich schlecht gerechnet".

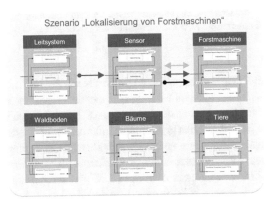

Abbildung 6.38 EDZ-Szenario zur Entwicklung von Verfahren zur Lokalisierung von Forstmaschinen im Wald

Wesentliche EDZ: Ergebnis dieser Arbeiten ist ein **Lokalisierungssensor**, der als Eingangsdaten eine Baumkarte aus Fernerkundung enthält und Position und Orientierung des Sensors in einem gewählten Geokoordinatensystem ausgibt. Abbildung 6.39 illustriert dessen Struktur. Zum EDZ gehört neben dem Sensor ein

---

[19] Gleiches gilt auch für die in den nachfolgenden Kapiteln skizzierten Navigations-, Assistenz- und Steuerungsverfahren.

ausmodelliertes Physisches System[20], ein einfaches HMI sowie der Lokalisierungsalgorithmus. Letzterer verwaltet intern in zwei EDZ-Szenarien die EDZ von Bäumen, wobei eines zur Abbildung der lokalen in der Umgebung erkannten Bäume
und eines für die globale Baumkarte verwendet wird.

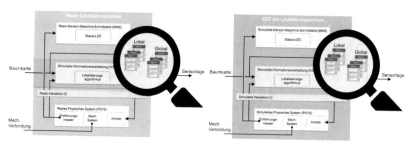

Abbildung 6.39 Realer Lokalisierungssensor und sein EDZ mit ihren Ein- und Ausgängen
sowie den EDZ-Szenarien der IVS zur Verwaltung der Baumkarten

Ausführung im VTB: Der Lokalisierungsalgorithmus vergleicht die in diesen beiden EDZ-Szenarien verwalteten EDZ miteinander und bestimmt aus diesem Vergleich Position und Orientierung des Laserscanners in der globalen Baumkarte. Um
direkt auf diese EDZ-Szenarien zugreifen und hierbei die Methoden der Simulationsdatenbank und insbesondere auch deren Schnittstellen zu externen Datenquellen
nutzen zu können, wird der Lokalisierungsalgorithmus als VTB-Service in das VTB
integriert. Das EDZ-Szenario aus Abbildung 6.38 wird mit diesem EDZ des Lokalisierungssensors in diesem VTB simuliert, so dass der Lokalisierungsalgorithmus
basierend auf den simulierten Sensordaten ausgeführt und hierbei z. B. durch die
Bewegung der Forstmaschine die Lokalisierungseinheit bewegt und das Lokalisie-
rungsergebnis beeinflusst.

Übertragung in die Realität: Zur Übertragung des zunächst mit Hilfe der Simulation entwickelnden und die simulierten Kommunikationsinfrastrukturen nutzenden
Lokalisierungsalgorithmus wird dieser an die reale Sensorhardware angeschlossen.

---

[20] Im Beispiel wurde ein 2D-Laserscanner gewählt. Dieser besteht aus seinem mechanischen
(Spiegel-) System, welches durch einen Motor angetrieben wird und die vom Entfernungsmes-
ser verwendeten Laserstrahlen geeignet ablenkt. Das mechanische System kann dynamisch
simuliert werden, ausreichend ist aber meist eine rein kinematische Betrachtung und die sich
hieraus ergebene Ausrichtung des Spiegelsystems.

Mit Blick auf Abbildung 6.39 wird also das simulierte Physische System des Lokalisierungssensors, der Laserscanner, durch sein reales Pendant ausgetauscht. Hierzu verbindet das VTB die simulierten mit den realen Kommunikationsinfrastrukturen, in diesem Fall z. B. ein simuliertes mit dem realen Ethernet-Netzwerk. Der Wechsel von der Simulation in die Realität beschränkt sich damit auf die Umkonfiguration der Kommunikationsverbindungen. Hierdurch können alle Daten und Algorithmen zunächst im VTB konzipiert, entwickelt, getestet, anschließend in die reale Anwendung überführt und dann iterativ optimiert werden. In der Praxis zeigte sich, dass mit den gezeigten EDZ-Szenarien wichtige Erkenntnisse für die Entwicklung gewonnen werden konnten und diverse Fehlersituationen (der Erntekopf wurde als zusätzlicher Baum erkannt, ein nicht selbstnivellierender Laser scannt in hügeligem Gelände häufig in den Boden, etc.) durch Fehlerkorrekturen oder Designänderungen behoben werden konnten. Erst nach etwa zweijähriger Entwicklungszeit wurde zum ersten Mal auf einer realen Maschine getestet, mit dem Ergebnis, dass die Lokalisierung nach zwei Tagen Inbetriebnahme der Hardware und einem weiteren Tag Parameteroptimierung erfolgreich funktionierte. Die dann aufgenommenen Sensordaten führten im Weiteren zur Kalibration und Erweiterung der Sensorsimulation (z. B. Berücksichtigung des bewegten Sensors) und zur Erweiterung der Dynamiksimulation (Baumäste, Gras, Büsche). Auf dieser Grundlage wurde das Verfahren weiter optimiert und z. B. durch Sensorfusion mit Stereokameradaten erweitert. Mit EDZ und im Anschluss mit Hybriden Zwillingspaaren kann damit die komplette Kette der zur Sensorverarbeitung notwendigen Schritte abgebildet werden (siehe Abbildung 6.40).

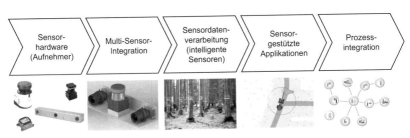

Abbildung 6.40 EDZ decken wesentliche Aspekte bei der Entwicklung intelligenter Sensoren von der Simulation und Integration der Sensorhardware über die Algorithmen bis zur Prozessintegration ab. Die Abbildungen skizzieren die dargestellten Prozessschritte anhand von Beispielen aus dem Forstbereich.

6.4.6 Exakte Positionsbestimmung gefällter Bäume bei der Holzernte

Aufgabenstellung: Aktuell wird eine Holzerntemaßnahme auf Ebene von Waldbeständen durchgeführt und abgerechnet. Wenn an einer Erntemaßnahme mehrere Waldbesitzer beteiligt sind, kann dies zu Problemen führen, da eine Verteilung der Kosten und Erlöse rein anhand der Flächenanteile unterschiedliche Holzqualitäten oder problematische Geländesituationen nicht berücksichtigt.

Idee: Mit der Lokalisierung von Forstmaschinen (siehe Abschnitt 6.4.5) sind Position und Orientierung der Maschine bekannt. Dies reicht allerdings aufgrund einer Kranreichweite von typischerweise 10 m für eine exakte Positionsbestimmung des Fällkopfes nicht aus. Hierzu müssen auch die realen Krangelenkwinkel aus dem Realen Zwilling des Krans im Positionsbestimmungsalgorithmus einbezogen werden.

EDZ-Szenario: Im Vergleich zur Abbildung 6.38 ist die Forstmaschine im EDZ-Szenario dieser Anwendung durch mehrere miteinander verbundene EDZ für Fahrzeug, Kran und Lokalisierungssensor abgebildet. Der Kran erhält von der Lokalisierungseinheit Position und Orientierung des Fahrzeugs, vom Fahrzeug den Lenkwinkeleinschlag des Fahrzeugs. Mit Hilfe der über das interne EDZ-Szenario seines IVS zur Verfügung gestellten EDZ von Fahrzeug und Kran kann der Kran dann Position und Orientierung des Fällkopfes errechnen. Ausgangspunkt sind die über geeignete Sensorik erfassten Ausfahrlängen der Hydraulikzylinder, aus denen er über eine Vorwärtstransformation die Differenztransformation zwischen Fahrzeug und Fällkopf bestimmen kann, sowie Lenkwinkeleinschlag und Fahrzeugposition/-orientierung.

Übertragung in die Realität: Die Überführung in die Realität erfolgte wie beim Lokalisierungssensor über ein Hybrides Zwillingspaar, hier in Abbildung 6.41 dargestellt. Versuche haben gezeigt, dass die Baumposition mit einer Genauigkeit von unter 1 m bestimmt werden konnte.

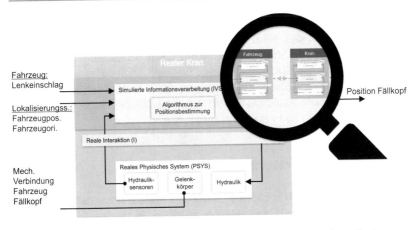

Abbildung 6.41 Hybrides Zwillingspaar des Krans mit integriertem IVS zur Bestimmung der Baumpositionen. Dessen internes EDZ-Szenario wird zur Bestimmung der Position der Kranspitze verwendet.

6.4.7 Navigation von Forstmaschinen

Aufgabenstellung: Die Kenntnis der exakten Position und Orientierung der Forstmaschine ist auch Ausgangspunkt der Navigation der Maschine auf einem zur Verfügung stehenden Wegenetz. Dies ist wichtig, da Forstmaschinen einmal angelegte Wege in Waldbeständen (sogenannte Rückegassen) nicht verlassen dürfen. Auf der anderen Seite sind Forstmaschinen aufgrund ihrer Fahrzeugkinematik in ihrer Manövrierfähigkeit eingeschränkt und können in Hanglagen nur eingeschränkt eingesetzt werden. Wegeplanungsalgorithmen, wie sie aus PKW bekannt sind, liefern erste Hinweise über mögliche Wege zu einem gewählten Ziel, berücksichtigen allerdings nicht diese Randbedingungen.

Idee: Genau dies ermöglicht die Einbeziehung des EDZ des Fahrzeugs im Wegeplanungsalgorithmus. Hierdurch kann bestimmt werden, ob eine Maschine z. B. eine Spitzkehre ohne für den Waldboden schädliche Sequenzen von Vor- und Rückwärtsfahrbewegungen durchfahren kann oder ob ggf. besser ein anderer Weg gewählt werden sollte. Durch Austausch des EDZ der Forstmaschine z. B. durch den eines Holztransport-LKW kann der Ansatz auch auf andere Anwendungsfälle übertragen werden.

Übertragung in die Realität: Das zur Umsetzung genutzte Hybride Zwillingspaar kann strukturell mit dem der Abbildung 6.41 verglichen werden. Ausgangspunkt der Wegeplanung ist die gewünschte Zielposition und -orientierung. Grundlage der Wegeplanung sind die EDZ von Fahrzeug, Wegenetz, Waldboden und hier insbesondere dessen Topographie sowie der umgebenden Bäume, die als Hindernisse zu berücksichtigen sind. Diese EDZ werden im internen EDZ-Szenario des Planungsalgorithmus verwaltet und von diesem ausgewertet.

6.4.8   Planung der Holzernte

Aufgabenstellung: Bei der Planung von Holzerntemaßnahmen (siehe auch Abbildung 3.44) sind vielfältige Entscheidungen zu treffen. Es müssen die vor dem Hintergrund von nachhaltiger Waldentwicklung und wirtschaftlichem Erfolg idealerweise zu fällenden Bäume ausgewählt werden. Es müssen Rückegassen unter der Berücksichtigung von Bodenschutz und bestmöglicher Erreichbarkeit der zu fällenden Bäume angelegt und eingehalten werden[21]. Es müssen Polterplätze definiert werden, die von Holztransport-LKW erreicht und zu möglichst kurzen Rückeentfernungen führen. Es müssen Regeln für die Bestimmung der abzutrennenden Stammsegmente aufgestellt werden, die den Verkauserlös maximieren, ohne die Erntekosten z. B. aufgrund der steigenden Anzahl an Segmentsorten zu sehr in die Höhe zu treiben. Schließlich müssen die Ernteverfahren (hochmechanisiert durch Forstmaschinen, motormanuell mit Waldarbeitern, Einsatz von Pferden oder Seilkränen zum Holztransport im Wald, …) ausgewählt werden. Viele dieser Entscheidungen sind voneinander abhängig, gleichzeitig können ihre Auswirkungen und der Grad ihrer Abhängigkeit meist nur schwer eingeschätzt werden.

---

[21] Bei der Einhaltung unterstützt die Lokalisierung der Forstmaschine und das Fahrerassistenzsystem (s. o.).

Idee: Mit den bereits eingeführten Methoden kann eine Holzerntemaßnahme detailliert simuliert werden. Wenn man die den Ablauf einer Erntemaßnahme beeinflussenden Entscheidungen in ein EDZ-Szenario überführt, dieses simuliert, das Verhalten des EDZ der Forstmaschine und den Einfluss auf z. B. den EDZ des Waldbodens protokolliert, auswertet und bewertet, kann man Entscheidungen beispielsweise hinsichtlich ihres Einflusses auf Dauer, Kosten oder Erlöse der Erntemaßnahme quantitativ bewerten und die Ergebnisse visuell darstellen.

Vorgehensweise: Nach der Zusammenstellung des EDZ-Szenarios (s. u.) werden mit Hilfe der Simulationsverfahren zur Waldbauplanung (siehe Abschnitt 6.4.2) ausgehend von einer festzulegenden Waldbaustrategie die zu fällenden Bäume ausgewählt. Diese Bäume werden mit Hilfe eines so genannten Sortimentierungsalgorithmus ausgehend von festzulegenden Preistabellen in Stammsegmente zerlegt. Zudem werden Rückegassen und Polterplätze festgelegt. Damit steht das EDZ-Szenario zur Simulation zur Verfügung.

EDZ-Szenario: Abbildung 6.42 skizziert dieses Szenario. Es besteht aus der Forstmaschine, dem Waldboden, den Bäumen und den Poltern. Die EDZ von Fahrzeug, Wegenetz, Waldboden und Bäumen sind im EDZ-Szenario doppelt vorhanden, einmal als Repräsentation des zu simulierenden Szenarios aus Sicht des VTB, einmal als Repräsentation des Fahrzeugs in seiner Umwelt aus Sicht des Wegeplanungsalgorithmus im entsprechenden IVS.

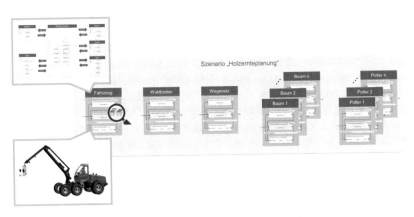

Abbildung 6.42 EDZ-Szenario zur Bewertung von Holzerntevarianten

Wesentliche EDZ: Die hier verwendete Variante des EDZ der Forstmaschine baut auf dem zur Navigation konfigurierten EDZ aus Abschnitt 6.4.7 auf und verfügt entsprechend auch über die dort beschriebenen Navigationsmethoden. Zur Simulation des dynamischen Verhaltens könnte auf den EDZ aus Abschnitt 6.4.3 zurückgegriffen werden. Allerdings müsste hier der EDZ des Fahrers noch weiterentwickelt werden, so dass er nicht nur die Steueranweisungen eines realen Bedieners in die Simulation übernimmt sondern die Forstmaschine selbst steuert – es ist also quasi eine autonome Forstmaschine notwendig. Die Grundlagen hierfür werden in Abschnitt 6.4.11 vorgestellt. Die mit diesen EDZ von Fahrer und Fahrzeug durchgeführten Simulationen sind allerdings sehr aufwändig. Um auch tagelange Erntemaßnahmen in wenigen Sekunden simulieren zu können, muss hier eine vereinfachte Variante des EDZ der Forstmaschine zu Grunde gelegt werden. Diese basiert auf Verhaltsmodellen wie z. B. in Abbildung 4.24 skizziert, welche mit Methoden der Zustandsorientierten Modellierung umgesetzt werden können. Das 3D-Modell der Forstmaschine wird lediglich zur Visualisierung eingesetzt. Dieses Verhaltensmodell nutzt die in den EDZ der Bäume gespeicherten Fällauszeichnungen und Stammsegment-Informationen zur Ablaufplanung der Erntemaßnahme und den Navigationsalgorithmus der Forstmaschine zur konkreten Wegeplanung.

Ausführung im VTB: Derartige EDZ-Szenarien können auch für umfangreiche Erntemaßnahmen durch Anwendung Ereignisdiskreter Simulationsverfahren (siehe Abbildung 4.2.5) in wenigen Sekunden simuliert werden. Dies liegt daran, dass die Simulation direkt von einem relevanten Ereignis (Fahrzeugzielposition erreicht, Kranzielposition erreicht, Fällkopf geschlossen, Baum durchgetrennt, …) zum nächsten springt. Das Verhalten des Fahrzeugs und sein Einfluss auf die Umgebung wird aufgezeichnet und nachfolgend analysiert. Abbildung 6.43 illustriert beispielhaft die Ergebnisse derartiger Simulationen jeweils für die Kombination eines Holzvollernters und eines Rückezugs (auch „Forwarder" genannt). Die erste Abbildung vergleicht die Auswirkung der Verteilung der Polterplätze. Es wird deutlich, dass bei zwei Polterplätzen z. B. Fahrstrecke, Fahrzeit und Treibstoffverbrauch ebenso deutlich sinken wie die Wegebelastung vor dem unteren Polter. Im zweiten Beispiel werden der Einsatz eines kleinen und eines großen Forwarders miteinander verglichen. Bei einem größeren Forwarder sinken Fahrstrecke und Fahrzeit wohingegen der Treibstoffverbrauch deutlich steigt.

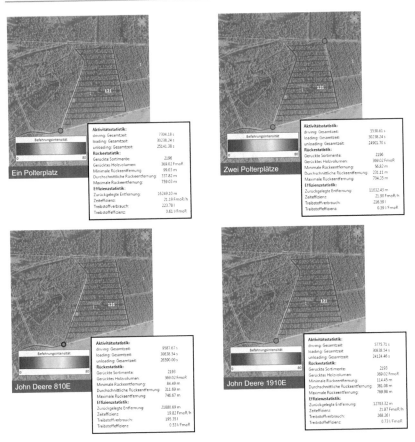

Abbildung 6.43 Beispielhafte Ergebnisse der Holzernteplanung (siehe auch [LR18]): Vergleich der Positionierung von Polterplätzen (oben), Vergleich unterschiedlicher Forwarder (unten) ((Geo-)Daten u.a. Geobasis/Wald und Holz NRW)

6.4.9   Optimierung der Holzernteplanung

Aufgabenstellung: Wie in Abschnitt 6.4.8 eingangs dargestellt, ist die Holzernteplanung gekennzeichnet durch einen großen Entscheidungsraum, wobei jeweils einzelne Entscheidungen unterschiedlichen und teilweise auch gegensätzlichen Einfluss auf das Ergebnis der Erntemaßnahme haben. Entsprechend schwierig ist es, den optimalen Satz an Entscheidungen festzustellen.

Idee: Aufbauend auf den EDZ-Szenarien aus Abschnitt 6.4.8 können mit den Methoden der **EDZ-gestützten Optimierung** aus Abschnitt 3.7.2 diese Entscheidungsalternativen $e \in \mathbb{E}$ untersucht, analysiert und hinsichtlich ihres Ergebnisses o bewertet werden. Anhand einer vordefinierten Zielfunktion, die das Ergebnis in einen Nutzen n überführt, kann so die bestmögliche Entscheidung $e_{opt} \in \mathbb{E}$ bestimmt werden.

Vorgehensweise: Hierzu wird das EDZ-Szenario aus Abbildung 6.42 entsprechend Abbildung 3.45 an eine „Optimierungssteuerung" angeschlossen, die als VTB-Service in das VTB integriert ist.

Ausführung im VTB: Abbildung 3.46 skizziert das Ergebnis am Beispiel der Auswahl der Anzahl der Harvester und stellt den Arbeitsfortschritt nach 2, 4 und 6 Stunden dar. Analog kann auch für die Waldbauplanung (siehe Abschnitt 6.4.2) vorgegangen werden.

6.4.10 Fahrerassistenz für Forstmaschinen

Aufgabenstellung: Wie bereits in Abschnitt 6.4.4 erwähnt, ist die Bedienung von Forstmaschinen eine komplexe Aufgabe. Fahrerassistenzsysteme können hier den Fahrer bei seiner Aufgabe unterstützen, ihm z. B. die nächsten zu fällenden Bäume und den Weg dorthin anzeigen und ihn bei der Positionierung des Fahrzeugs auf den Rückegassen und der Bewegung des Krans zum Baum ohne Schädigung der Umgebung unterstützen.

Idee: Mit den bis hierhin vorgestellten Anwendungen stehen alle Grundlagen für die Realisierung eines Fahrerassistenzsystems zur Verfügung. Die Umgebung ist über die globale Baumkarte, das Wegenetz, das Geländeprofil und weitere (Geo-) Datenquellen ebenso bekannt wie die Position und Orientierung aller Fahrzeugkomponenten. Diese Daten und die Ergebnisse dieser Anwendungen müssen dem Fahrer „nur noch" geeignet zur Verfügung gestellt werden. Dadurch, dass die Ergebnisse bereits als EDZ-Szenarien bereitstehen, bietet sich hier die Anwendung der Methoden der **EDZ-gestützten Mensch-Maschine-Interaktion** an.

Ausführung im VTB: Diese führt dann zu einem Fahrerassistenzsystem, wie es z. B. in Abbildung 6.71 dargestellt ist.

Übertragung in die Realität: Abbildung 6.44 illustriert die Umsetzung. Ebenso wie das IVS verwaltet das Assistenzsystem als MMS ein EDZ-Szenario, welches um Visualisierungs- und Interaktionsmetaphern erweitert über die in Abschnitt 5.7.4 vorgestellten Methoden dem Fahrer interaktiv präsentiert wird.

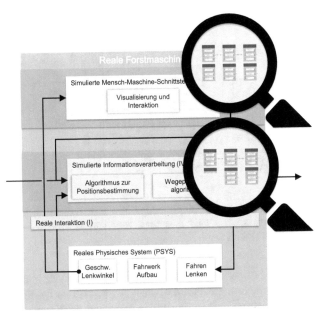

Abbildung 6.44 Hybrides Zwillingspaar einer Forstmaschine zur Bereitstellung eines Fahrerassistenzsystems

6.4.11 Steuerung (teil-) autonomer Forstmaschinen

Aufgabenstellung: Die Arbeit als Forstmaschinenführer ist auf die Dauer sowohl physisch als auch psychisch belastend. Daher stellt sich die Frage, ob diese Arbeit nicht zumindest in Teilen automatisiert werden kann. Dies gilt insbesondere für plantagenartig angelegte Wälder, wie sie z. B. in Südafrika oder Südamerika zu finden sind.

Idee: Mit den bis hierhin vorgestellten EDZ-Szenarien und den darauf aufbauen Methoden steht bereits ein großer Teil der hierzu notwendigen Funktionalitäten vom Umweltmodell über die Lokalisierung bis zu Planungs- und Navigationsverfahren zur Verfügung. Mit Methoden der **EDZ-gestützten Steuerung** kann jetzt auch der letzte noch fehlende Schritt, die konkrete Ausführung der Fahr- und Kranbewegungen sowie der Arbeiten mit dem Fällkopf umgesetzt werden.

Vorgehensweise: Die Umsetzung entspricht dem in Abschnitt 6.4.7 vorgestellten Vorgehen bei der Navigation von Forstmaschinen. Zusätzlich zum Navigationsalgorithmus werden hier allerdings weitere Algorithmen zur Lokalisierung, Aufgabenplanung u. ä. wie in Abbildung 6.45 dargestellt benötigt.

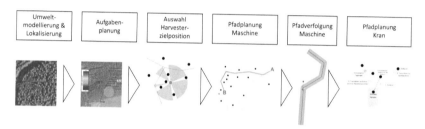

Abbildung 6.45 Übersicht über wesentliche Algorithmen zur Umsetzung eines autonomen Harvesters, jeweils umgesetzt auf Grundlage der dargestellten EDZ-Szenarien über entsprechende VTB-Services [Joc14]

Ausführung im VTB: Alle Algorithmen sind als VTB-Service in das VTB integriert und verwenden die Simulationsdatenbank zur Verwaltung des EDZ-Szenarios im Rahmen der Ausführung ihrer jeweiligen Aufgaben. Im Ergebnis kann der in Abbildung 3.52 dargestellten Forstmaschine ein zu fällender Baum vorgegeben werden und diese führt diesen Fällvorgang einschließlich aller hiermit verbundenen Aktionen selbständig aus. Die Simulation der autonomen Forstmaschine führt auf ein Szenario ähnlich dem in Abbildung 6.42, allerdings mit einer vollständig dynamisch simulierten Forstmaschine und den in diese integrierten Planungsalgorithmen, welche wiederum auf ein eigenes EDZ-Szenario aufsetzen.

Übertragung in die Realität: Die Umsetzung einer realen Forstmaschine könnte sich an Abbildung 6.44 orientieren.

6.4.12 Auswirkung von Sturmereignissen im Wald

Aufgabenstellung: Die zunehmende Anzahl heftiger Stürme und deren Auswirkungen auf die Waldbestände haben einen Fokus auf die Windanfälligkeit von

Wäldern gelegt. Die Frage ist, ob die Windwurfanfälligkeit quantifiziert werden kann, so dass hierauf mit geeigneten Waldbaumaßnahmen reagiert werden kann.

Idee: Nach Anwendung von Semantischer Umweltmodellierung (siehe Abschnitt 6.4.1) auf Waldbestände stehen sowohl Topographie als auch Bewuchs als EDZ zur Verfügung. Durch Bestimmung von Strömungsfeldern und deren Simulation soll die lokale Stärke von Stürmen bestimmt werden.

Vorgehensweise: Hierzu wird zunächst mit einem geeigneten Algorithmus aus der Topographie des Waldbodens und des Bewuchses ein Strömungsfeld bestimmt und dieses anschließend simuliert. Aus der Bewertung der Simulationsergebnisse ergibt sich dann ein Gefährdungspotenzial.

EDZ-Szenario: Das hier genutzte EDZ-Szenario ist wieder strukturell vergleichbar mit dem in Abbildung 6.35 dargestellten. Auch hier sind sowohl Ausgangsdaten wie Waldboden und Bäume, Zwischenergebnisse wie das Strömungsfeld und Endergebnisse wie die Gefährdungskarte als EDZ in der Simulationsdatenbank enthalten.

Ausführung im VTB: Zur Ausführung im VTB stehen die Algorithmen zur Berechnung des Strömungsfeldes, der Strömungssimulation und der Bewertung der Simulationsergebnisse als VTB-Service zur Verfügung. Abbildung 6.46 illustriert das Ergebnis am Beispiel.

Abbildung 6.46 Simulation von Sturmereignissen: Ausgehend vom Strömungsfeld werden die Windturbulenzen im Wald bestimmt und bewertet [HR14].

6.4.13 Semantische Umweltmodellierung für den Wald durch terrestrische Sensorik

Aufgabenstellung: Mit Hilfe von Fernerkundung lassen sich bereits wesentliche Objekte im Wald und deren Parameter erkennen. Z. B. zur exakten Bestimmung von Baumdurchmessern fehlt allerdings zusätzlich zur Sicht von oben noch die Sicht von unten.

Idee: Diese kann durch Sensoren an Forstmaschinen oder mit Hilfe von tragbaren Sensoren durch Waldarbeiter ergänzt werden.

Vorgehensweise: Mit den Methoden zur Lokalisierung im Wald (siehe Abschnitt 6.4.5) stehen bereits wesentliche Grundlagen hierfür bereit, denn die hier notwendige Baumdetektion liefert genau diese Informationen und ordnet darüber hinaus die Bäume in der Umgebung den Bäumen aus der globalen Baumkarte zu. Geeignet integriert liefern derartige Sensoren sowohl die Ausgangssituation für Waldbau- und Holzernteplanung und für die Durchführung von Erntemaßnahmen als auch die Grundlagen für die Dokumentation des Ergebnisses.

6.4.14 Semantische Umweltmodellierung für den Wald durch halbautomatische Inventur

Aufgabenstellung: Die Waldinventur wird heute häufig auf der Ebene von Waldbeständen durchgeführt. Hierbei wird der Waldbestand mit Hilfe summarischer Attribute beschrieben.

Idee: Parameter, die auf die Beschreibung von Höhe, Dichte und Baumart zielen, können gut mit Hilfe von Fernerkundung (siehe auch Abschnitt 6.4.1) ermittelt werden. Weitere Attribute erfordern die Einschätzung durch Experten und teilweise auch die Vor-Ort-Begutachtung der Waldbestände. Durch Kombination von Fernerkundungsmethoden mit einer auf das Minimum beschränkten manuellen Nacharbeit und Ergänzung können die diesbezüglich notwendigen Arbeiten effizienter gestaltet werden.

Vorgehensweise: Die Kombination von Methoden der **Semantischen Umweltmodellierung** und der **EDZ-gestützten Mensch-Maschine-Interaktion** liefern hier die notwendigen Lösungsansätze.

EDZ-Szenario: Im Mittelpunkt steht ein mit Abbildung 6.35 vergleichbares EDZ-Szenario, in dem die zu Grunde liegenden bzw. zu erhebenden Daten als EDZ verwaltet werden.

Ausführung im VTB: Auf dieses gemeinsame Modell greifen Methoden der Semantischen Umweltmodellierung ebenso zu wie eine geeignete Benutzerschnittstelle (siehe Abbildung 6.71). Im Ergebnis entsteht ein Werkzeug, mit dem qualitativ bessere Ergebnisse in deutlich kürzerer Zeit erzielt werden können.

6.4.15 Entscheidungsunterstützung für Privatwaldbesitzer

Aufgabenstellung: Waldbesitzer hatten über Jahrhunderte hinweg einen starken Bezug zu ihrem eigenen Wald. Unter anderem durch fortschreitende Urbanisierung und die Vererbung von Waldbesitz entfernen sich diese immer stärker von ihrem eigenen Wald und dessen Bewirtschaftung. Das Thema „Mobilisierung von Waldbesitzern" gewinnt vor diesem Hintergrund eine immer stärkere Bedeutung. Waldbesitzer müssen motiviert werden, sich um ihren Wald zu kümmern und diesen vor dem Hintergrund ihrer eigenen Vorstellungen (z. B. maximaler Ertrag, bestmögliche Ökobilanz, optimaler Beitrag zum Klimaschutz – oder ein Kompromiss von allem) bestmöglich zu bewirtschaften. Hierzu benötigen sie allerdings Unterstützung.

Idee: Über die o. g. EDZ-Anwendungen stehen virtuelle Abbilder von Waldbeständen in Form von EDZ zur Verfügung. Idee des iWald-Konzepts ist, diese in Apps zu nutzen, über diese Apps Waldbesitzer mit forstlichen Dienstleistern zu vernetzen und gleichzeitig Software-Services bereitzustellen, welche ausgehend von der aktuellen Waldbeschreibung im EDZ dessen Entwicklung prognostizieren, seinen (ggfls. auch prognostizierten) Zustand bewerten und das Ergebnis verständlich visualisieren.

Vorgehensweise: Abbildung 6.47 skizziert das Konzept. Das VTB wird als App bereitgestellt. Diese App stellt eine MMS zur Verfügung, die in ihrem Szenario den/die entsprechend Abbildung 6.48 modellierten EDZ der interessierenden Waldbestände verwaltet. Dieser EDZ kann 1) an weitere Apps versendet werden, so dass z. B. forstliche Dienstleister in die Überlegungen einbezogen werden können, oder 2) an Softwareservices geschickt werden, die IVS bereitstellen um Prognose-, Bewertungs- oder Visualisierungsaufgaben zu übernehmen.

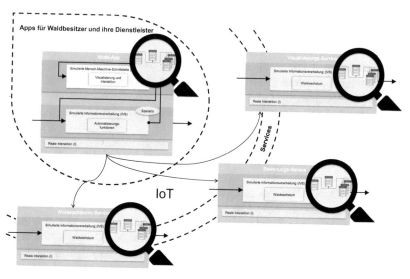

Abbildung 6.47 Der EDZ des Waldbestands wird von Apps verwaltet und durch Services verarbeitet.

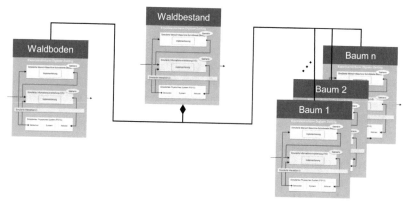

Abbildung 6.48 Der EDZ eines Waldbestands umfasst dessen summarische Beschreibung und enthält hierarchisch untergeordnete EDZ von Waldboden und Bäumen.

Wesentliche EDZ: Abbildung 6.48 skizziert den EDZ eines Waldbestands. Er umfasst sowohl seine eigene summarische Beschreibung als auch hierarchisch untergeordnete EDZ von Waldboden und Bäumen.

Ausführung im VTB: Alle benötigten MMS und IVS werden über VTB umgesetzt. Hierzu werden geeignete Laufzeitumgebungen genutzt, die ein VTB sowohl als App als auch als Softwareservice bereitstellen. Die realisierten MMS und IVS empfangen die EDZ der Waldbestände, verarbeiten diese und geben sie selbst (z. B. im Rahmen der Prognose in ihrer Entwicklung fortgeschrieben) oder hieraus abgeleitete Berechnungsergebnisse (z. B. Bewertungen oder Visualisierungen) zurück.

Übertragung in die Realität: Die Kommunikation erfolgt über die Smart Systems Service Infrastructure (S3I) [Hop20b], über die in ForestML4.0 [Hop20a] und ForestGML [Hop21] beschriebene EDZ der Waldbestände ausgetauscht werden und zudem die Kommunikation zwischen Waldbesitzern und den forstlichen Dienstleistern abgewickelt wird. Abbildung 6.49 skizziert beispielhafte Ansichten aus der entwickelten App. Das sich hinter dieser ein VTB verbirgt, ist nicht mehr erkennbar.

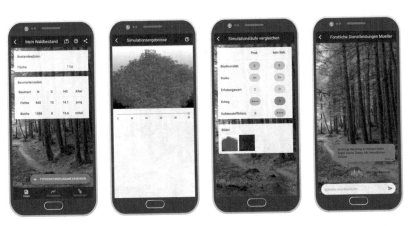

Abbildung 6.49 Die Sicht des Waldbesitzers auf den EDZ des Waldbestands (v.l.n.r.): Summarische Beschreibung des Waldbestands, Prognose der Waldentwicklung, vergleichende Bewertung unterschiedlicher Behandlungsszenarien, Kommunikation mit seinem Dienstleister [Bök22]

6.4.16 Trainingssysteme für Mähdrescher und Baumaschinen

Das in Abschnitt 6.4.4 skizzierte Training von Forstmaschinenführern kann direkt auf weitere Arbeitsmaschinen wie z. B. Mähdrescher oder Baumaschinen erweitert werden. Einzelne Anwendungen erfordern hierbei die Ergänzung domänenspezifischer Simulationsverfahren wie z. B. die Simulation von Feldern und dessen Interaktion mit Dreschwerken sowie die Simulation von Sand und dessen Interaktion mit Schaufeln oder Schilden. Diese werden jeweils als VTB-Services integriert. Zudem müssen die Interaktionen mit (auch in diesem Fall hauptsächlich) der Starrkörperdynamik wie in Abschnitt 5.5.4 gezeigt ergänzt werden.

6.4.17 Bewegungsfeedback für das simulatorgestützte Training

Aufgabenstellung: Bei der Steuerung mobiler Systeme spielt die vom Bediener wahrgenommene Maschinenbewegung eine große Rolle. Bewegungsplattformen können die Bewegung einer simulierten Maschine in die Realität übertragen und ermöglichen damit dem Bediener neben dem visuellen Feedback auch ein kinesthetisches Feedback.

Idee: Im VTB ist die Bewegung aller EDZ bekannt. Deren Bewegung soll auf eine geeignete Bewegungsplattform (z. B. eine Steward Plattform oder einen Schwerlastroboter, siehe Abbildung 6.50) übertragen werden.

Abbildung 6.50 6-Achsen-Roboter als Plattform für kinesthetisches Feedback (siehe auch [RDP+16b], Fotos Ralf Waspe links und Arno Bücken rechts)

Vorgehensweise: Über die in Abschnitt 6.3.4 skizzierten Methoden zur Ansteuerung realer Roboter kann eine simulierte Bewegungssteuerung an einen realen Roboter angeschlossen werden. Genau dies soll auch hier angewendet werden, wobei die Bewegungssteuerung nicht z. B. vordefinierte Bahnen abfährt sondern die Bewegung eines EDZ im VTB auf die Bewegung einer realen Bewegungsplattform abbildet[22].

EDZ-Szenario: Abbildung 6.51 skizziert das entsprechende EDZ-Szenario. Der EDZ der Forstmaschine liefert seine Maschinenbewegungen an das simulierte IVS des Hybriden Zwillingspaars des Bewegungssimulators, welches mit Hilfe des EDZ des Roboters das so genannte **Motion Cueing** und die Rückwärtstransformation der Bewegungen in Gelenkkoordinaten durchführt sowie das Ergebnis an die reale Robotersteuerung weitergibt.

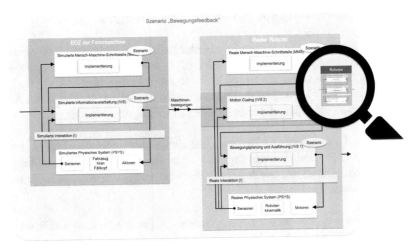

Abbildung 6.51 Hybrides Szenario zur Realisierung von Bewegungsfeedback mit Hilfe eines Roboters

Ausführung im VTB: Für einen Kuka-Schwerlastroboter mit RSI-Schnittstelle technisch umgesetzt ist dies wie in Abbildung 6.52 dargestellt. Das VTB, das gleichzeitig auch die stereoskopischen 3D-Visualisierungen für die Kuppelprojek-

---

[22] [RDP+16b] illustriert das Vorgehen im Detail.

tion liefert, ist mit einem weiteren VTB in einer Echtzeit-Ausführungsumgebung verbunden. Dieses tauscht wiederum die Daten mit der realen Robotersteuerung aus

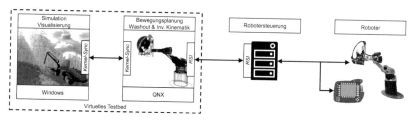

Abbildung 6.52 Technische Umsetzung des Hybriden Szenarios aus Abbildung 6.51 (angelehnt an [RDP+16b])

6.4.18 Entwicklung von Unterwasserfahrzeugen

Aufgabenstellung: Die gleichen Fragestellungen, die sich für robotische Systeme auf der Erdoberfläche, im Weltraum oder auf fremden Planeten ergeben, stellen sich auch für Unterwasserroboter, auch „Autonomous Underwater Vehicle" (AUV) genannt. Auch zur Lösung dieser Fragestellungen können wie in Abschnitt 6.3.1 oder Abschnitt 6.2.1 entsprechende EDZ-Szenarien aufgebaut werden.

Idee: Die Übertragung der Konzepte auf diesen Anwendungsbereich ist eng verbunden mit der Erweiterung des Anwendungsbereichs maßgeblicher Simulationsverfahren wie der Starrkörperdynamik und der Sensorsimulation auf den Unterwasserbereich.

Vorgehensweise: Für die Simulation musste wie in [MKK+18] skizziert die Starrkörperdynamik um das Verhalten starrer Körper im Wasser ergänzt werden. Ausgangspunkt ist die Bewegungsgleichung für die Bewegung starrer Körper (vergleiche auch Abschnitt 4.3.3):

$$\underline{F}_{\text{ext}} = \underline{M} \cdot \underline{\ddot{x}} + \underline{C}(\underline{x}, \underline{\dot{x}}) \cdot \underline{\dot{x}} \qquad (6.1)$$

$\underline{M} \in \mathbb{R}^{6\times 6}$ ist die Matrix der Massen und Trägheitstensoren, die aus den CAD-Daten des AUV bestimmt werden kann. Die Simulationsfunktion muss nun den Einfluss der Bewegung des AUV im Wasser auf den Vektor der Kräfte und Momente $\underline{F}_{\text{ext}} \in \mathbb{R}^{6\times 1}$ bestimmen, um Gleichung 6.1 zu lösen, d. h. die Bewegung $\underline{x}(t)$ zu bestimmen. Hierbei setzt sich $\underline{F}_{\text{ext}}$ wie folgt zusammen.

$$\underline{F}_{\text{ext}} = -\underline{F}_{\text{ext,AUV}} - \underline{F}_{\text{ext,D}} - \underline{F}_{\text{ext,G}} + \underline{F}_{\text{ext,B}} - \underline{F}_{\text{ext,E}} + \underline{F}_{\text{ext,V}} \qquad (6.2)$$

Wenn ein Starrkörper sich durch Wasser bewegt, verdrängt er das umgebende Wasser mit dem Effekt, dass es sich bewegt als ob es schwerer wäre. Diese „zusätzliche" Masse sowie zusätzliche Coriolis- und Zentripetalkräfte werden durch $\underline{F}_{\text{ext,AUV}}$ beschrieben. Reibung durch laminare und turbulente Strömungen an der Oberfläche des AUV sind die Hauptursachen für hydrodynamische Dämpfung, einem Effekt ähnlich dem Luftwiderstand, der in $\underline{F}_{\text{ext,D}}$ zusammengefasst wird. Die Gravitationskraft $\underline{F}_{\text{ext,G}}$ beschleunigt das AUV nach unten, der Auftrieb $\underline{F}_{\text{ext,B}}$ entsprechend dem archimedischen Prinzip nach oben. Umgebungskräfte wie die Wasserströmung oder äußere Störungen können in einem Vektorfeld zusammengefasst werden, welches vom EDZ der Wasserumgebung (See, Ozean, o. ä.) über $\underline{F}_{\text{ext,E}}$ zur Verfügung gestellt wird. Zum Schluss muss der Antrieb des AUV berücksichtigt werden, welcher zu $\underline{F}_{\text{ext,V}}$ führt. $\underline{F}_{\text{ext}}$ kann in Gleichung 6.1 oder auch direkt in die Gleichungen der Starrkörperdynamik (siehe Abschnitt 4.3.3) eingesetzt werden.

EDZ-Szenario: Abbildung 6.53 skizziert das EDZ-Szenario für das in Abbildung 6.54 dargestellte Beispiel. Der EDZ des Ozeans stellt die Beschreibung der Wasseroberfläche sowie die Strömung als Vektorfeld $\underline{F}_{\text{ext,E}}(\underline{x})$ zur Verfügung. Der EDZ des AUV stellt die benötigten Parameter des AUV bereit.

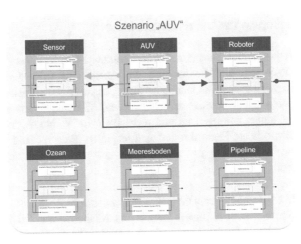

Abbildung 6.53 EDZ-Szenario zur Simulation eines autonomen Unterwasserfahrzeugs in einer beispielhaften Einsatzumgebung

Abbildung 6.54 Beispiel für die Simulation eines AUV entsprechend Abbildung 6.53 (siehe auch [Ato22; MKK+18])

Ausführung im VTB: Die Simulation des dynamischen Verhaltens erfolgt durch Integration von Gleichung 6.2 in die Starrkörperdynamik. Hierzu wird diese über einen VTB-Service als eigener spezialisierter Starrkörper zur Verfügung gestellt.

6.4.19 Bedienung von Rettungsrobotern

Aufgabenstellung: Eine besondere Herausforderung ist der Einsatz mobiler Roboter, die ggf. auch noch mit Manipulatoren ausgestattet sind, in Rettungseinsätzen. Von der Einsatzumgebung sind hier keine Umgebungsmodelle bekannt (die Umgebung ist ja zuvor typischerweise zerstört worden). Gleichzeitig muss das Robotersystem auf immer wieder neue und meist nicht im Vorhinein bekannte oder auch nur vorhersehbare Herausforderungen reagieren. Entsprechend komplex ist die Steuerung dieser Roboter und noch komplexer ist deren (zumindest teilweise) Automatisierung.

Idee: Die EDZ-Methodik kann die Entwicklung dieser Systeme wie bereits illustriert unterstützen. Darüber hinaus können mit Methoden der **EDZ-gestützten Mensch-Maschine-Schnittstellen** geeignete Bedienoberflächen zur effizienten Interaktion zwischen Mensch und (typischerweise weiter entferntem) Roboter realisiert werden.

Vorgehensweise: Zur technischen Umsetzung wird der Rettungsroboter mit Sensoren wie Laserscanner oder (Tiefen-) Kameras ausgestattet, mit denen er seine Umgebung permanent sensorisch erfasst. Diese Sensoren verfügen über geeignete IVS, die aus den Sensordaten die Umgebungsobjekte repräsentierenden EDZ ableiten. Die Steuerung des Roboters erfolgt über klassische Bedienelemente aber auch über ein Exoskelett, welches direkt mit dem EDZ des Roboters interagiert. Die aus dieser Interaktion bestimmten und geprüften Roboterbewegungen werden dann auf den realen Roboter übertragen. Gleichzeitig wird dem Bediener das im EDZ-Szenario verwaltete Modell von Roboter und Umgebung präsentiert. Der Bediener fühlt sich auf diese Weise virtuell an den Ort des Geschehens versetzt.

EDZ-Szenario: Abbildung 6.55 skizziert das EDZ-Szenario. Der Rettungsroboter arbeitet ausgestattet mit Sensoren und Endeffektoren in einer teilweise bekannten, teilweise aber auch unbekannten Umgebung.

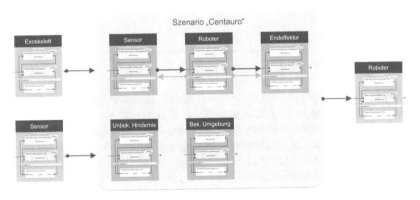

Abbildung 6.55 EDZ-Szenario als Grundlage für die Steuerung von Rettungsrobotern: Hierzu wird es mit den Bedienelementen und dem Roboter verbunden.

Ausführung im VTB: Abbildung 6.56 illustriert die vier Betriebsmodi des Gesamtsystems bestehend aus realem Roboter, seinem EDZ und dem Bediener. Über das obige EDZ-Szenario kann entweder der EDZ des Roboters oder sein Realer Zwilling direkt gesteuert werden. Darüber hinaus wird das VTB in einem „Prädiktionsmodus" eingesetzt, bei dem Roboteraktionen zunächst im EDZ-Szenario geplant und dann auf dem Realen Roboter oder seinem EDZ ausgeführt werden.

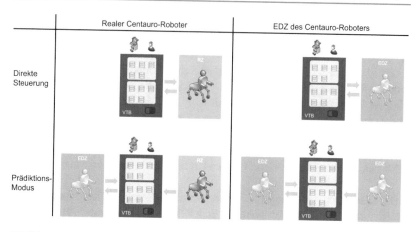

Abbildung 6.56 Die vier Operationsmodi des Centauro-Roboters (v.o.l.n.u.r.): Direkte Steuerung, Virtuelles Testbed, Prädikation vor der realen Ausführung, Prädiktion vor der virtuellen Ausführung [CS15]

6.5   Automobil

Durch die schnell voranschreitende Automatisierung von Fahrzeugen beginnend mit Fahrerassistenzsystemen unterschiedlicher Komplexität bis hin zu vollständig autonomen Fahrzeugen entstehen auch in diesem Anwendungsbereich eine Reihe neuer Anforderungen an die Simulationstechnik z. B. im Hinblick auf die Entwicklung, Verifikation und Validierung derartiger Systeme, die durch die EDZ-Methodik abgedeckt werden können. Dieses Kapitel zeigt einige Beispiele.

6.5.1   Funktionale Validierung von Fahrerassistenzsystemen und autonomen Fahrzeugen

Aufgabenstellung: Eine wesentliche Aufgabe bei der Entwicklung von Fahrerassistenzsystemen und autonomen Fahrzeugen ist die funktionale Validierung des Gesamtsystems (siehe auch Abschnitt 3.7.4 und Abschnitt 6.7.6). Diese wird heute entweder direkt im realen Straßenverkehr durchgeführt, was zu einem hohen Aufwand führt, Gefahren birgt und nur bedingt repräsentative und umfassende Ergebnisse liefert. Alternativ werden aufgezeichnete Daten eingesetzt, wobei hier der Aufwand bei Datenerhebung entsteht und extrem große Datenmengen (teilweise bis in den dreistelligen Petabyte-Bereich hinein) entstehen und verwaltet werden müssen. Zudem ist dieser Ansatz unflexibel (z. B. ist kein einfacher Wechsel von Sensoren möglich) und erlaubt keinen steuernden Eingriff der Informationsverarbeitung.

Idee: Methoden der **EDZ-gestützten Verifikation & Validierung** (siehe Abschnitt 3.7.4) sollten die resultierende Abdeckungslücke bei der funktionalen Validierung derartiger Systeme in steigendem Maße abdecken können.

Vorgehensweise: Hierzu wird der EDZ des entwickelten Systems in seinem aktuellen Entwicklungsstand automatisiert in unterschiedlichen EDZ-Szenarien (Umgebung, andere Verkehrsteilnehmer, Wetter, …) eingesetzt. Diese Szenarien werden dann automatisiert getestet, die Simulationsergebnisse analysiert und schließlich die Systemperformance bewertet.

EDZ-Szenario: Das EDZ-Szenario umfasst hierzu alle wesentlichen System- und Umgebungs-EDZ und -EDZ-Komponenten vom Fahrwerk des Fahrzeugs über seinen Antrieb und seinen Fahrer, die Straße und deren Umgebung, sowie andere dynamische Verkehrsteilnehmer mit ihrem jeweiligen Verhalten. Abbildung 6.57 skizziert dies beispielhaft. Die beiden Fahrzeuge kommunizieren miteinander und mit einer Straßenkreuzung. Alle weiteren Interaktionen sind implizit und resultieren aus den Simulationsanteilen von Simulationsverfahren wie Starrkörperdynamik und Sensorsimulation.

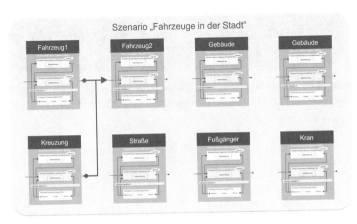

Abbildung 6.57 Beispielhaftes EDZ-Szenario zur funktionalen Validierung von Fahrerassistenzsystemen und autonomen Fahrzeugen

Ausführung im VTB: Abbildung 6.58 illustriert die Ergebnisse der hierzu als VTB-Services zur Verfügung stehenden Algorithmen zur Sensorsimulation. Die EDZ-Komponenten der Sensoren bzw. der Fahrzeuge enthalten zudem die IVS zur Informationsextraktion aus den Sensordatenströmen. Abbildung 6.59 illustriert deren Ergebnisse. In diesem Fall wurden diese Algorithmen als VTB-Services in das VTB integriert (und nicht als eigenständige Programme ausgeführt). Hierdurch ist u. a. die Visualisierung der hier erzielten Ergebnisse möglich. Der Verlauf der Simulationszustände wird während der Simulation aufgezeichnet und kann im Anschluss an die Simulation analysiert werden. Abbildung 6.60 illustriert dies am Beispiel.

Abbildung 6.58 Beispielhafte Ergebnisse der Sensorsimulation (v.l.o.n.r.u.): RGB-Kamera, Multilayer-Laserscanner, Stereokamera und Stereobildverarbeitung, Ultraschall) [TR17]

Abbildung 6.59 Beispielhafte Ergebnisse der angeschlossenen Daten verarbeitenden Algorithmen: Feature-Detektion und -Tracking (Kreise links) und Schilddetektion (rechts), siehe [Thi23; AR19]

Abbildung 6.60 Beispiel für die Analyse von Simulationsergebnissen, hier des (teilweise nicht erfolgreichen Ausweichmanövers eines Fahrzeugs: Unterschiedliche Visualisierungen der Trajektorien des Fahrzeugs (links und Mitte), Verlauf der Fahrzeuggeschwindigkeit bei unterschiedlichen Manövern (rechts) [Ato22]

6.5.2 Automatisiertes Training von Fahralgorithmen

Aufgabenstellung: Moderne Ansätze zur Realisierung von Fahrerassistenzsystemen oder autonomer Fahrzeuge setzen in steigendem Maße KI-Algorithmen ein. Zur Realisierung KI-basierter Steuerungsalgorithmen kann u. a. das so genannte „Reinforcement Learning" (siehe auch Abschnitt 3.7.9) genutzt werden. Ein zu trainierender Algorithmus erhält eine Aufgabe, für deren Erfüllung er auf (teilweise vorverarbeitete) Sensordaten zugreift und das Systemverhalten beeinflusst. Zusätzlich werden ihm Informationen über den Erfolg seines Handelns zur Verfügung gestellt.

Idee: Das Training derartiger Algorithmen kann zumindest zu Beginn sinnvollerweise nur in der Simulation mit Hilfe von Methoden des **EDZ-gestützten Trainings Neuronaler Netze** erfolgen. Nur hier kann ein Fahrzeug ohne Konsequenzen Fehler machen, nur hier können in kurzer Zeit eine Vielzahl von Fahrsituationen durchlaufen werden. Zudem kann anhand des Simulationszustandsvektors der Erfolg der steuernden Eingriffe beurteilt werden.

Vorgehensweise: Für das Lernen wird zunächst ein EDZ des Fahrzeugs mit integriertem und zu trainierenden Steuerungsalgorithmus aufgebaut, wobei dieser Algorithmus mit den verwendeten Sensoren und Aktoren verbunden wird. Der resultierende EDZ wird in unterschiedlichen EDZ-Szenarien eingesetzt und mit einem (hier als VTB-Service realisierten Trainingsalgorithmus verbunden (siehe auch Abbildung 3.59).

EDZ-Szenario: Die EDZ-Szenarien und die dort eingesetzten EDZ sind hierbei identisch mit den in Abschnitt 6.5.1 eingesetzten.

Ausführung im VTB: Abbildung 6.61 illustriert das Vorgehen am Beispiel eines Fahrzeugs, welches lernen soll, einen Rennkurs erfolgreich zu durchfahren. Auf der linken Seite ist das Szenario mit dem zur Verfügung gestellten Kamerabild (links oben) dargestellt. Auf der rechten Seite ist das Lernergebnis aufgetragen.

Abbildung 6.61 Training von KI-basierten Fahralgorithmen [Ato22; Fla17]: Links ist das virtuelle Trainingsszenario, rechts das Trainingsergebnis dargestellt. Die rote Linie gibt an, wie viele Schritte pro Versuch das Fahrzeug im Mittel erfolgreich absolviert hat.

6.5.3 Fahrerassistenz für das Rückwärtsfahren mit Anhänger

Aufgabenstellung: Das Rückwärtsfahren mit Anhänger stellt den Fahrer häufig vor große Probleme. Dies gilt insbesondere für Anhänger mit komplizierter Kinematik. Abbildung 6.63 skizziert dies am Beispiel.

Idee: Hilfreich wäre, wenn der Fahrer Richtung und Geschwindigkeit des Anhängers vorgeben könnte und dann das Fahrzeug automatisch entsprechend gesteuert werden würde.

Vorgehensweise: Die Umsetzung dieser Idee fällt in den Bereich der **EDZ-gestützten Mensch-Maschine-Interaktion**. Die für den Anhänger vorgegebene Bewegung wird über ein IVS mit integriertem EDZ des Fahrzeugsystems auf das Fahrzeug übertragen.

EDZ-Szenario: Das in Abbildung 6.62 skizzierte EDZ-Szenario zur Entwicklung des Rückwärtsfahrassistenten enthält EDZ für Fahrzeug und Anhänger, welche mechanisch miteinander verbunden sind, sowie EDZ für Ladung, Boden, Gebäude, Regale und weitere (aktive oder passive) Objekte der Umgebung. Die Interaktion der EDZ erfolgt implizit über Simulationsverfahren der Starrkörperdynamik.

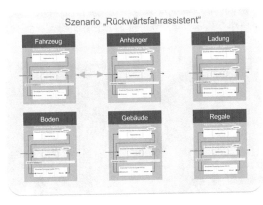

Abbildung 6.62 Das EDZ-Szenario zur Entwicklung eines Rückwärtsfahrassistenten

Abbildung 6.63 Intralogistik-Szenario für das Rückwärtsfahren mit Anhänger [Mey14]

Wesentliche EDZ: Abbildung 6.64 wirft einen detaillierten Blick in das (reale und virtuelle) Fahrzeug. Die MMS wird durch Lenkrad und Gaspedal gebildet, welche mit dem IVS verbunden sind. Dieses steuert die Fahr- und Lenkaktoren an, welche auf Fahrwerk und Aufbau wirken. Fahrzeuggeschwindigkeit und Lenkwinkel werden sensorisch erfasst und dem IVS zur Verfügung gestellt. Dieses arbeitet intern auf einem Szenario bestehend aus den EDZ von Fahrzeug und Anhänger, um die notwendigen Transformationen zur Bestimmung der notwendigen Fahrzeugbewegung für die gewünschte Anhängerbewegung durchführen zu können. Der EDZ des Fahrzeugs sieht analog aus. Um auch diesen interaktiv steuern zu können, umfasst dessen MMS die Bedienelemente des realen Systems. Die IVS sind identisch in realem Fahrzeug und dessen EDZ „verbaut" und verwenden beide intern das gleiche EDZ-Szenario für die Bahnplanung. Für das simulierte EDZ-Szenario oben bedeutet dies, dass der EDZ eines Fahrzeugs rekursiv wieder seinen EDZ enthält.

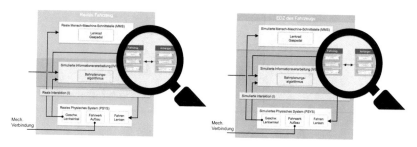

Abbildung 6.64 Hybrides Zwillingspaar des realen Fahrzeugs (links) und seines EDZ (rechts) mit jeweils integriertem Rückwärtsfahrassistenten, welcher ein eigenes EDZ-Szenario zur Bestimmung der gewünschten Fahrzeugbewegung nutzt

Ausführung im VTB: Das obige EDZ-Szenario wird so direkt in einem VTB simuliert. Das VTB ist mit den Bedienelementen verbunden und übergibt die bestimmten Lenkeinschläge und Geschwindigkeiten an die Starrkörperdynamik, welche die Bewegung des Gespanns simuliert.

Übertragung in die Realität: Zur Übertragung des zunächst mit Hilfe der Simulation entwickelnden und die simulierten Kommunikationsinfrastrukturen nutzenden IVS in die Realität muss dieses über ein geeignet konfiguriertes VTB an das reale Fahrzeug angeschlossen werden. Hierzu müsste das VTB die simulierten mit den realen Kommunikationsinfrastrukturen miteinander verbinden, z. B. den simulierten mit dem realen CAN-Bus.

6.6   Stadt und Gebäude

Die Digitalisierung macht auch vor Städten, Gebäuden und der Gebäudeautomatisierung nicht halt. Modelle von Städten und Gebäuden liefern die Einsatzumgebung z. B. von Produktionsanlagen, die Gebäudeautomatisierung erfordert geeignete
Konzepte für Entwicklung und Betrieb.

6.6.1   Das hybride Smart Home

Aufgabenstellung: „Smarte" Gebäude, im privaten Bereich auch als „Smart Home"
bezeichnet, ermöglichen auf der einen Seite den Nutzern viele Annehmlichkei-
ten und sparen gleichzeitig Energie und Betriebskosten. Auf der anderen Seite
erreicht die hierzu notwendige Gebäudesystemtechnik gerade bei größeren Gebäuden schnell eine Komplexität, die eine sorgfältige Planung und einen sorgfältigen
Test der Installation in unterschiedlichen Betriebssituationen erfordern. Auf der
anderen Seite ist die Mensch-Maschine-Interaktion smarter Gebäude noch immer
nicht gelöst. Einfache Schalter oder Taster können die vielen möglichen Einstell-
möglichkeiten kaum sinnvoll zugänglich machen, 2D-Benutzeroberflächen erreichen schnell eine Komplexität, so dass sie nicht mehr als intuitiv bezeichnet werden
können.

Idee: Die EDZ-Methodik kann hier Abhilfe schaffen. Durch „Zusammenstecken"
von EDZ kann die Gebäudesystemtechnik mit geringem Aufwand für die Simulation
aufbereitet und durch Verknüpfung mit BIM- (Building Information Modeling)
Technologien (siehe Abschnitt 6.7.5) in den Einsatzkontext gesetzt werden. Eine
geeignete Visualisierung der erstellten EDZ-Szenarien liefert neue Möglichkeiten,
dem Ideal intuitiv verständlicher und gleichzeitig effizienter Benutzeroberflächen
näher zu kommen.

Vorgehensweise: Abbildung 6.65 skizziert das Konzept. Die einzelnen Komponenten zur Gebäudeautomatisierung werden hier durch das KNX-Bussystem miteinander verbunden. Dieser KNX-Bus besteht aus einem realen Teil, an dem reale
KNX-Komponenten (links   oben)   ebenso   wie   eine   „klassische   2D-
Benutzerschnittstelle" (links unten) angeschlossen sind. Über einen Koppler wird
dieser reale Bus in die Simulation „verlängert", so dass an diesem jetzt „hybriden
Bus" neben den realen Komponenten auch die EDZ virtueller Komponenten angeschlossen sind, die entweder zur Simulation des Gebäudeautomatisierungssystems
(rechts oben) oder zu dessen Bedienung eingesetzt werden (rechts unten).

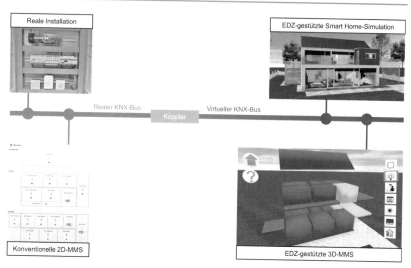

Abbildung 6.65 Konzept zur Umsetzung von EDZ gestützter Smart Home-Simulation und EDZ-gestützter Smart Home-Bedienung

EDZ-Szenario: Abbildung 6.66 zeigt ein beispielhaftes EDZ-Szenario. Dieses besteht zum einen aus KNX-Komponenten wie Sensoren, Lampen, Markisen, Fenstersensoren oder Heizungs-/Klimasysteme, die über einen virtuellen KNX-Bus als Kommunikationsinfrastruktur miteinander verbunden sind. Gleichzeitig enthält das Szenario den EDZ des Gebäudes, in dem die KNX-Komponenten verbaut sind, sowie dessen Umgebung. Nutzer bzw. Bewohner des Gebäudes interagieren ebenso wie z. B. die Sonne mit den KNX-Komponenten während der Simulation (z. B. Bewegungsmelder, Helligkeitssensoren, u. ä.).

Überführung in ein experimentierbares EDZ-Szenario: Dies geschieht entsprechend Abbildung 6.67 auf zwei Weisen. Zur EDZ-gestützten Simulation des Smart Home-Szenarios wird das EDZ-Szenario aus Abbildung 6.66 durch ein geeignet konfiguriertes VTB ausgeführt. Eine wesentliche Komponente ist hierbei die Simulation des KNX-Bussystems durch einen geeigneten VTB-Service. In der diesem Beispiel zu Grunde liegenden Realisierung wird das Verhalten des KNX-Bussystems auf allen Ebenen des OSI-Modells (siehe Abbildung 3.13) simuliert, so dass auch z. B. Kollisionen und damit z. B. eine Überlastung des Bussystems in die Simulation einfließen. Ebenso müssen auch die EDZ der KNX-Komponenten wie ihre Realen Zwillinge konfiguriert werden, so dass eine Konfiguration zunächst

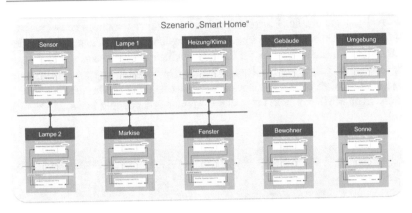

Abbildung 6.66 EDZ-Szenario eines virtuellen Smart Homes

in der virtuellen Welt getestet und dann in die reale Welt übertragen werden kann. Gleichzeitig können aber auch Datenpakete, die „auf den virtuellen Bus gelegt werden" durch den Koppler in den realen Bus übertragen werden und andersherum. Hierdurch kann entsprechend den Zielen der EDZ-Methodik eine nahtlose Kopplung zwischen Realität und Virtualität erreicht werden. Zur Realisierung der EDZ-gestützten Benutzerschnittstelle wird das EDZ-Szenario aus Abbildung 6.66 in das von einem simulierten MMS verwaltete Szenario geladen und ebenfalls mit dem realen KNX-Bus gekoppelt. Allerdings werden auf dieses EDZ-Szenario keine Simulationsfunktionen angewendet sondern nur typischerweise vereinfachte, ebenfalls durch die EDZ bereitgestellte Darstellungsvarianten zur Visualisierung und Interaktion für 3D-Benutzeroberflächen eingesetzt.

Ausführung im VTB: Entsprechend findet auch die Ausführung im VTB einmal zur Simulation und einmal zur Realisierung der Benutzerschnittstelle mit entsprechenden Interaktionsmöglichkeiten (z. B. via Touchscreen) statt.

Übertragung in die Realität: Durch die Verbindung von realem und virtuellem KNX-Bus findet die Übertragung in die Realität quasi automatisch statt. Insbesondere interessant hierbei sind die inhärenten Möglichkeiten zur Graduellen Substitution. So sind in den oben in Abbildung 6.67 dargestellten Szenarien links im realen Szenario nur die realen Lampen sowie die Fenstersensoren vorhanden, die mit den EDZ des Sensors, der Markise und des Heizungs-/Klimasystems interagieren. Auf diese Weise kann der virtuelle Benutzer den virtuellen Sensor aktivieren, der dann die reale Lampe schaltet. Entsprechend kann das Öffnen des realen Fensters zu entsprechenden Aktionen in der virtuellen Heizung führen. Durch Interaktion mit dem EDZ-Szenario der MMS kann der Benutzer vielfach intuitiv den aktuellen Zustand des Gebäudes erfassen. In welchen Räumen des in Abbildung 6.65 rechts unten dargestellten Gebäudes das Licht eingeschaltet ist, wird direkt offensichtlich. In klassischen MMS wie links unten in der Abbildung dargestellt ist das häufig nicht so[23].

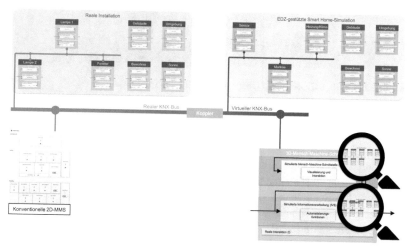

Abbildung 6.67 Technische Umsetzung eines Hybriden Smart Homes z. B. zur Virtuellen Inbetriebnahme oder zur Bedienung

6.6.2 Analyse von Produktionssystemen im baulichen und städtischen Umfeld

Die bis hierhin vorgestellten EDZ-Szenarien können durch Austausch der beteiligten EDZ beliebig miteinander verknüpft werden. Darüber hinaus können die gezeigten EDZ und deren Anwendungen in unterschiedliche Einsatzszenarien versetzt werden. Je nach Einsatzszenario sind die vorliegenden Umgebungsmodelle in unterschiedlichen Datenformaten beschrieben. Daher muss das Metamodell eines VTB durch die Metamodelle dieser Datenformate wie in Abschnitt 4.6 erläutert erweitert werden, so dass im Anschluss die entsprechenden Modelldaten in das

---

[23] Dies ist ein klassisches Beispiel für „Perception is better than Cognition".

EDZ-Szenario überführt und zur Anwendung durch unterschiedliche Simulationsverfahren geeignet erweitert werden können. Abbildung 6.68 illustriert dies am Beispiel der Kombination eines in CityGML vorliegenden Stadtmodells mit einem im
Format IFC (Industry Foundation Classes) vorliegenden Gebäudemodell und einer
Produktionsanlage in der Art von Abschnitt 6.3.1 zu einem übergreifenden Simulationsmodell. In diesem können dann alle relevanten Interaktionen zwischen diesen
Modellen z. B. zwischen der Beleuchtung durch Fenster und interne Lichtquellen
und bildverarbeitenden Algorithmen untersucht werden. Derartige Modelle können auch für gebietsspezifisches simulationsbasiertes Training eingesetzt werden.
Schließlich können derartige Modelle mit EDZ aus dem Bereich der Gebäudesystemtechnik und den dort vorherrschenden Kommunikationsinfrastrukturen kombiniert werden (siehe Abschnitt 6.6.1).

Abbildung 6.68 Simulation einer Produktionslinie in einem über IFC modellierten Gebäudemodell in einem CityGML-Stadtmodell (Daten: formitas, Stadt Düsseldorf)

6.7   Beispiele für konkrete Virtuelle Testbeds

Die Entwicklung einer EDZ-Anwendung mit der EDZ-Methodik erfolgt durch
Modellierung eines EDZ-Szenarios (ggf. auch eines Hybriden Szenarios), Konfiguration eines VTB mit den für die jeweilige Anwendung notwendigen VTB-
Services auf Grundlage einer VTB-Laufzeitumgebung und anschließender Ausfüh-
rung/Simulation des Szenarios, ggf. in direkter Verbindung mit realen Systemen.

Die Aufstellung der Anwendungsbeispiele in Abschnitt 6.1 erweckt den Eindruck, als wenn für jede EDZ-Anwendung ein eigenes VTB konfiguriert wird. Dies ist nicht der Fall. Vielmehr werden meist vorkonfigurierte VTB genutzt. Dieser Abschnitt skizziert beispielhaft einige ausgewählte hiervon.

6.7.1 Das Virtual Space Robotics Testbed

Raumfahrtindustrie und Forschungsinstitutionen arbeiten *„in einem multidiszipli-nären Umfeld von Künstlicher Intelligenz, Autonomen Systemen, Virtueller Reali-tät, Miniaturisierung, Werkstofftechnik, Mechatronik bis hin zu Informations- und Kommunikationstechnik"* [Bun12]. Vor diesem Hintergrund stellt das Virtual Space Robotics Testbed Methoden zur integrierten, system-, disziplin- und anwendungs-übergreifenden Entwicklung, Verifikation und Validierung komplexer Raumfahrt-systeme unter unterschiedlichen Umweltbedingungen in kalibrierten virtuellen Wel-ten bereit. Hierzu werden Simulationsverfahren von der Starrkörperdynamik über die Bodenmechanik bis hin zur Simulation vielfältiger Aktuatorik und Sensorik an anwendungsnahen Mockups auf der Erde verifiziert, kalibriert, justiert und validiert, so dass nach der Übertragung der Ergebnisse auf die Verhältnisse im Weltraum aus-sagekräftige und realitätsnahe virtuelle Welten zur Verfügung stehen. Im praktischen Betrieb sollen derartige VTB physikalische Mockups nicht nur weitgehend ersetzen, sondern auch die „Extrapolation" auf Missionsvorhaben, für die ein physikalisches Mockup nur schwer oder unter hohen Kosten realisierbar ist, erlauben.

Im Ergebnis „fliegt" die virtuelle Mission bereits Jahre vor der realen Mission! Dieser zeitliche Vorsprung ist ein wichtiger Erfolgs- und Effizienzfaktor bei der Analyse von Hardware-Alternativen, bei der System- und Subsystement-wicklung, bei der Entwicklung von Bedienkonzepten sowie bei der Nutzung der Missionsergebnisse. Hierbei stellt das Einsatzspektrum umfangreiche Anforderun-gen an die zu entwickelnden Systeme aber auch an die für die Entwicklung und den Betrieb eingesetzte Simulationstechnik, welche ein breites Spektrum an Aufgaben und Szenarien abdecken muss.

Ein wichtiger Aspekt in der Raumfahrttechnik ist zudem die **Sicherstellung von Systemfähigkeit**, gerade auch dann, wenn viele Beteiligte an der Entwicklung beteiligt sind. In diesem Zusammenhang können durch geeignete EDZ-Szenarien Wechselwirkungen zwischen Teilsystemen und Komponenten frühzeitig erkannt, das Systemverhalten in unterschiedlichen Systemzuständen und unter unterschied-lichen Umweltbedingungen auf Knopfdruck verifiziert und validiert sowie Entwick-lungsfortschritte schnell beurteilt werden. Die Folge ist die Steigerung sowohl der Entwicklungsgeschwindigkeit als auch der Robustheit der konkreten Umsetzung.

Einen wesentlichen Beitrag hierzu leistet die frühzeitige fachgebiets- und anwendungsübergreifende Systemspezifikation, die ein gemeinsames Systemverständnis als Basis für die Kommunikation und Kooperation der Fachleute untereinander liefert (siehe 6.2.11). Gleichzeit greift die EDZ-Methodik eine bekannte Schwachstelle der klassischen Betrachtung des Entwicklungsstandes von Raumfahrtkomponenten entsprechend ihres „Technology Readiness Levels" [ISO13] auf, bei dem die Systemfähigkeit neuer Komponenten erst sehr spät im TRL 7 „System Prototype" betrachtet wird. Dabei hat die Integration der Komponenten zu einem System häufig unerwartete Rückwirkungen auf das Design und die Funktion der Einzelkomponenten, was häufig zu Verzögerungen und Kostensteigerungen bei der Entwicklung führt.

Das Virtual Space Robotics Testbed ermöglicht darüber hinaus bereits frühzeitig, auch auf Basis erster Studien, die **Durchführung virtueller Analogmissionen**, die wichtige Grundlagen für die Entwicklung bereitstellen. Durch einen Wechsel des EDZ-Szenarios können umfassende Tests bereits auf der Erde in anderen Anwendungskontexten durchgeführt werden. Zudem gilt für Raumfahrtvorhaben immer noch, *„dass das flugfähige Gesamtsystem nicht final verifiziert werden kann; die eigentliche Mission ist der erste Gesamtsystemtest"* [RSR+15]. Mit dem Virtual Space Robotics Testbed kann dem ein „notwendiges" Kriterium für die Beurteilung der Funktionsfähigkeit von Raumfahrtsystemen entgegengestellt werden: „Wenn ein System nicht im Virtual Space Robotics Testbed funktioniert, dann auch nicht real!". Auf ergänzende Realwelttests kann natürlich auch weiterhin nicht verzichtet werden. Allerdings verschiebt sich deren Notwendigkeit und Umfang durch Anwendung des Virtual Space Robotics Testbeds zeitlich stetig weiter nach hinten und ihre Anzahl sollte sich verringern.

Das Virtual Space Robotics Testbed führt anwendungsübergreifende EDZ-Szenarien aus, welche die Grundlage für die Anwendung vielfältiger Simulationsmethoden darstellen. Geeignete Schnittstellen ermöglichen die Ergänzung neuer Daten, Simulationsverfahren und Drittsysteme, die in Co-Simulations-, Hardware-oder Software-in-the-Loop-Konfigurationen eingesetzt werden können. Auf diese Weise ermöglicht die im Virtual Space Robotics Testbed erfolgte Zusammenführung von Systemmodellen, Datenhaltung, Simulationsverfahren und Daten-, Soft- und Hardware-Schnittstellen in einem integrierten und erweiterbaren Entwicklungswerkzeug die **Realisierung einer aktiven und übergreifenden Wissensbasis**. In ihrer Funktion als übergreifendes Systemmodell stellt eine derartige Wissensbasis den „Engineering Backbone" für die Entwicklungen zur Verfügung. Diese Wissensbasis legt die Grundlage für

1. die Konservierung von Wissen, unabhängig davon, ob dies für das aktuelle Entwicklungsprojekt oder auch darüber hinaus erfolgen soll und insbesondere auch unabhängig von Laufzeiten von Projekten oder Beschäftigungsdauern von Mitarbeitern,

2. den Transfer von Wissen, da ihr Inhalt interaktiv und intuitiv verständlich visualisiert und simuliert werden kann („ein Bild sagt mehr als 1000 Worte") und die Methoden leicht auf andere Anwendungsfelder übertragen werden können,

3. die Validierung von Wissen, da ihr Inhalt im Gegensatz zum „geduldigen Papier" jederzeit simuliert, bewertet und damit verifiziert werden kann, sowie

4. die Schaffung von Synergien durch Wissen, da sie als gemeinsamer, übergreifender Kristallisationspunkt die Kommunikation sowie den Austausch von Daten und Ergebnissen ermöglicht.

Damit legt das Virtual Space Robotics Testbed die Grundlagen für die Zusammenführung komplexer Entwicklungsprojekte und verteilter Entwicklungsteams. Es schafft Synergien zwischen Weltraumrobotik und terrestrischer Robotik sowie zwischen Forschungseinrichtungen und Unternehmen. Dies trägt dazu bei, dass Raumfahrtentwicklungen zeit- und kosteneffizienter durchgeführt werden können.

Ein weiterer wesentlicher Aspekt ist die **Kommunikation von Technologien und erzielten Ergebnissen** – innerhalb des Entwicklungsteams aber insbesondere auch nach außen. Das Virtual Space Robotics Testbed ermöglicht einen detaillierten (u. a. visuellen) Einblick in die Funktionsweise komplexer Systeme – und ermöglicht einem großen Nutzerkreis mit interaktiven Simulationen, intuitiv verständlichen Visualisierungen aber auch der Ableitung quantitativer Kenngrößen neue Einsichten in komplexe Systeme. Darüber hinaus können sie auch komplexe Sachverhalte verständlich kommunizieren. Dies gilt für Fachleute ebenso wie den wissenschaftlichen Laien. Damit leistet das Virtual Space Robotics Testbed einen wichtigen Beitrag zur Kommunikation auf verschiedenen Ebenen:

1. Innerhalb eines Entwicklungsteams
2. Zwischen unterschiedlichen Entwicklungsteams über Projektgrenzen hinweg
3. Zwischen Entwicklungsteams und dem internen wie externen Projektmanagement
4. Zwischen den entwickelnden Institutionen und den Bürgern
5. Zwischen den entwickelnden Institutionen und verschiedenen Bildungseinrichtungen

Eine erfolgreiche Kommunikation neuer Technologien ist zudem die Grundlage für einen **erfolgreichen Transfer dieser Technologien**. Eine wesentliche

Rechtfertigung für die Durchführung von (robotischen) Raumfahrtmissionen ist die Ableitung neuer Technologien für die terrestrische Nutzung. Entsprechend wird immer öfter gefordert, dass die entwickelten Technologien auf terrestrische Anwendungsbereiche wie industrielle Produktion, Gesundheitswesen, Land- und Forstwirtschaft, Transport und Logistik oder auch den militärischen Bereich übertragen werden müssen. Voraussetzung dafür ist, dass derartige Systeme auch auf unterschiedliche Einsatzumgebungen in der Luft, auf dem Boden, auf dem Wasser, Unterwasser oder auch im menschlichen Körper übertragen werden können. Mit dem Virtual Space Robotics Testbed können Entwicklungsergebnisse in neue – insbesondere auch terrestrische – Anwendungsgebiete übertragen werden. Oftmals sind hierzu nur die Anpassung des EDZ-Szenarios und die Parametrierung von Algorithmen notwendig. Diese abgeleiteten EDZ bilden dann als virtuelle Prototypen die Grundlage für die Kommunikation dieser potenziellen Innovationen mit möglichen Nutzern. Die Richtung des Technologietransfers (Space-To-Ground/Spin-Off, Ground-To-Space/Spin-In, Space-To-Space oder Ground-To-Ground) ist hierbei nicht relevant. Teilweise kann die Entwicklung auch vollständig anwendungsneutral durchgeführt werden.

In der ESA-Terminologie für Systemmodellierung und Simulation für Weltraumentwicklungen [ECS10b] zielt das Virtual Space Robotics Testbed auf die Bereitstellung von Funktionalitäten der unterschiedlichen „Functional Verification and Mission Operations (FV & MO)"-Systeme, konkret dem (siehe auch Anhang B im elektronischen Zusatzmaterial) „System Concept Simulator", dem „Mission Performance Simulator" (MPS), dem „Functional Engineering Simulator (FES)", der „Functional Validation Testbench (FVT)", der „Software Validation Facility (SVF)", dem „Spacecraft AIV Simulator" sowie unterschiedlichen „Training, Operations, and Maintenance Simulators". Das EDZ-Repository mit den hieraus abgeleiteten EDZ-Szenarien kann hierbei verglichen werden mit dem „System Data Repository (SDR)".

6.7.2   Das Virtual Sensor Testbed

Das Virtual Sensor Testbed fokussiert die Entwicklung sensorgestützter Anwendungen in unterschiedlichen Anwendungsbereichen und wird zur Entwicklung, Verifikation und Validierung von Hardwarekomponenten und angeschlossenen IVS in sensorgestützten Anwendungen eingesetzt. Hierzu kann in diesen Anwendungen nicht nur der Sensor selbst sondern der EDZ-Methodik folgend das System in seiner Gesamtheit analysiert werden. Hierbei können nicht nur rein virtuelle EDZ-Szenarien untersucht werden sondern auch Hybride Szenarien z. B. unter

Einbeziehung realer Sensoren im Sinne der EDZ-gestützten Steuerung oder realer IVS im Sinne der Virtuellen Inbetriebnahme. Dadurch, dass die verwendeten EDZ und simulierten Kommunikationsinfrastrukturen ihren Realen Zwillingen hinsichtlich Struktur und Verhalten 1-zu-1 entsprechen, ist ein einfacher Wechsel zwischen virtuellen, hybriden und realen Szenarien möglich.

Zur Vereinfachung der Implementierung der für die Sensorsimulation notwendigen VTB-Services als auch der Modellierung erweitert ein *Sensor*-Service das Metamodell der Simulationsdatenbank um eine sensorspezifische Spezialisierung. Diese unterscheidet vier unterschiedliche Sensorkategorien. **Simulierte Sensoren** sind EDZ realer Sensoren und ermöglichen deren Simulation in EDZ-Szenarien. Hinsichtlich ihrer Parameter, ihres Verhaltens und ihrer Schnittstellen entsprechen sie möglichst weitgehend den jeweiligen Realen Zwillingen. **Reale Sensoren** können über die Verbindung realer und virtueller Kommunikationsinfrastrukturen in Hybriden Szenarien integriert werden. **Playback Sensoren** ermöglichen das Abspielen vorher aufgezeichneter Sensordaten im Laufe einer Simulation. **Virtuelle Sensoren** fassen die Ergebnisse eines oder mehrerer Sensoren ggf. unter Berücksichtigung des aktuellen Systemzustands zusammen, um Messwerte für einen Sensor zur Verfügung zu stellen, der real nicht existiert. Auch ein Sensor, der über ein angeschlossenes IVS nicht seine Sensorrohdaten sondern verarbeitete Sensorinformationen zur Verfügung stellt, wird in diesem Zusammenhang als Virtueller Sensor bezeichnet.

Auf dieser Grundlage stellt das Virtual Sensor Testbed unterschiedliche Sensortypen zur Verfügung. Beispiele sind Kameras, Laserscanner, Tiefenkameras, Ultraschall-Sensoren, Radar-Sensoren, RFID-Sensoren, Kraft-/Momentensensoren, Neigungsmesser oder IMU (Inertial Measurement Unit). Für diese Sensortypen stehen geeignet parametrierte EDZ sowie – falls die Kommunikation nicht über Standard-Kommunikationsverbindungen abgebildet werden kann – Schnittstellen zu entsprechenden realen Sensoren zur Verfügung. Über die Sensoren hinaus ermöglichen Komponenten für **Fehlermodelle** die zielgerichtete Verfälschung von Sensordaten wie z. B. das Hinzufügen von Rauschen oder Offsets. **Datenfilter** ermöglichen demgegenüber die Filterung der Daten und damit z. B. eine Schwellwertdetektion. **Loggingkomponenten** zeichnen Sensordatenströme für die spätere Analyse oder das Abspielen durch Playback-Sensoren auf.

6.7.3   Das Virtual Production Testbed

Das Virtual Production Testbed zielt auf die Simulation und Virtuelle Inbetriebnahme von Produktionssystemen. Mit ihm können Produktionsanlagen durch die Kombination der EDZ der beteiligten Anlagenkomponenten und deren

Verschaltung entsprechend der physikalischen Architektur der Anlage in EDZ-Szenarien beschrieben, simuliert und analysiert werden. Durch Austausch einzelner EDZ durch ihre Realen Zwillinge entstehen Hybride Szenarien z. B. zur Virtuellen Inbetriebnahme, zur Steuerung und Überwachung der realen Produktionsanlage durch den Anlagenbetreiber mit Hilfe des virtuellen Modells im Sinne der EDZ-gestützten Mensch-Maschine-Schnittstellen oder zur Steuerung realer Automatisierungskomponenten mit simulierten IVS im Sinne der EDZ-gestützten Steuerung. Steuerungsprogramme der beteiligten Automatisierungssysteme können in die Simulation entweder direkt oder z. B. mit Hilfe der Zustandsorientierten Modellierung als Simulationssprache integriert oder direkt dort entwickelt werden.

6.7.4 Das Geo-Simulation Testbed

Das Geo-Simulation Testbed kombiniert Aspekte von Geoinformationssystemen, Simulationstechnik, Virtual Reality und haptischem Feedback. Hierbei werden Geodaten in unterschiedlichen Formaten direkt in die Simulation integriert [RSB15]. Die Meta-Daten dieser Daten erweitern das Datenmodell der Simulationsdatenbank, so dass diese Geodaten direkt und ohne weitere Veränderung mit ihrer vollständigen Semantik in die Simulationsdatenbank (ggf. unter Einsatz von Streaming-Technologien) überführt werden können. Beispiele für eingesetzte Datenformate sind CityGML und STEP für die Modellierung urbaner Umgebungen und IFC für die Gebäudesystemtechnik. Darüber hinaus können Geländemodelle und Luftbilder aus unterschiedlichen Quellen integriert werden. Die resultierenden EDZ-Szenarien integrieren dann z. B. die Arbeitsumgebung von Fahrzeugen, Arbeitsmaschinen oder Fabriken und werden zur z. B. im Rahmen des EDZ-gestützten Systems Engineerings oder auch einfach nur zur Visualisierung eingesetzt (siehe Abschnitt 6.6.2 und Abbildung 6.69).

Die Art der Integration ermöglicht auch die direkte Verbindung unterschiedlicher Geodaten mit zusätzlichen Datenquellen oder bereits vorgestellten EDZ. Abbildung 6.70 illustriert den Prozess, in dem unterschiedliche Datenquellen und Softwaresysteme auf diese Art und Weise miteinander verbunden werden. Mit Hilfe von Planungs- und Konstruktionssoftware werden z. B. Stadt- oder Gebäudemodelle M^{PG} und M^{PS} entwickelt. Dies sind auf der einen Seite formale Modellbeschreibungen basierend auf entsprechenden Datenmodellen, aufgrund der fehlenden Verbindung zu Simulationsverfahren sind diese aber nicht simulierbar, es sind also keine Simulationsmodelle (erkennbar am fehlenden Index „S"). Zur Weiterverarbeitung werden die Daten aus den proprietären internen Repräsentationen in interoperable Datenformate wie GML, CityGML oder IFC überführt. Das Geo-Simulation

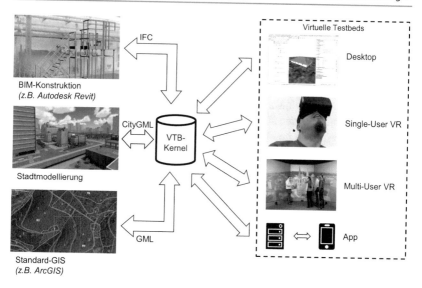

Abbildung 6.69 Unterschiedliche Simulations-, Visualisierungs- und VR-Applikationen sind direkt mit dem VTB-Kernel verbunden, welche die in Formaten wie IFC, GML oder CityGML zur Verfügung gestellte Daten verwaltet (vgl. [RSB15]) ((Geo-)Daten u.a. Geobasis/Wald und Holz NRW).

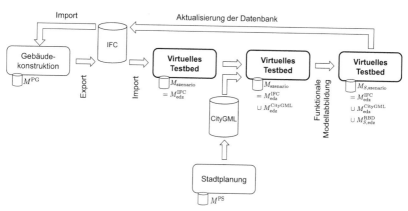

Abbildung 6.70 Das Geo-Simulation Testbed kombiniert online die Daten aus Geoinformations- und Simulationssystemen (vgl. [RSB15]).

Testbed führt diese Daten online im VTB-Kernel als M_{szenario} zusammen und ordnet sie den verwendeten EDZ zu. Auf diese Weise entsteht z. B. $M_{\text{edz}}^{\text{IFC}}$. Es verarbeitet hierzu die Originaldaten und kombiniert diese je nach Notwendigkeit mit weiteren Datenquellen. Anschließend werden über Funktionale Modellabbildung Simulationsverfahren-spezifische Modellteile (z. B. für Starrkörperdynamik $M_{S,\text{edz}}^{\text{RBD}}$ oder Sensorsimulation) ergänzt und Änderungen ggfls. in die Originaldatenquelle zurückgeschrieben. Hierdurch werden die EDZ-Szenarien auf der einen Seite simulierbar, aus einem M_{szenario} wird ein $M_{S,\text{szenario}}$. Gleichzeitig wird auch ein bidirektionaler Datenaustausch, d. h. das Zurückschreiben von Veränderungen in die externe Datenquelle, möglich.

6.7.5   Das Virtual BIM Testbed

Das Virtual BIM Testbed ermöglicht genau diesen bidirektionalen Datenaustausch für die Gebäudesystemtechnik. Entsprechende im IFC-Format beschreibende Gebäude- (BIM-) Modelle sind Grundlage für den Aufbau der hierzu notwendigen EDZ-Szenarien. Hierzu wurde das Metamodell der Simulationsdatenbank um das IFC-Metamodell [Ltd21] ergänzt. Hierauf aufbauende Algorithmen zur Funktionalen Abbildung (siehe Abschnitt 5.3.7) ergänzen diese Modelle automatisch um Simulationsmodelle z. B. für die Starrkörperdynamik oder die Sensorsimulation. Auf diese Weise können EDZ-Szenarien realisiert werden, die direkt auf den Original-Gebäudemodellen aufbauen und um dynamische EDZ für Fahrzeuge, Personen oder Aufzüge oder um EDZ für die Gebäudeautomation wie Rolladen, Licht, Schalter, Bewegungsmelder oder die hier eingesetzten Kommunikationsinfrastrukturen erweitert werden. Beispiele zeigt Abschnitt 6.6.2.

6.7.6   Das Virtual Automotive Testbed

Die fortschreitende Automatisierung von Fahrzeugen in Form hochentwickelter Fahrerassistenzsysteme (FAS) und autonomer Fahrzeuge (nachfolgend einheitlich FAS genannt) ist mit großen Hoffnungen verbunden. Das Autofahren soll sicherer, komfortabler, umweltfreundlicher und die Verkehrsinfrastruktur besser ausgenutzt werden. Fahrzeuge mit Autonomiestufen auf Level 2 nach SAE J3016 [SAE18] sind verfügbar, die Bereitstellung von Autonomiefunktionen der Level 3 bis 5 ist nur noch eine Frage der Zeit. Gleichzeitig sind diverse mit der Automatisierung verbundene Fragestellungen bis heute nicht beantwortet. Neben juristischen Aspekten stehen hier neue „*Herausforderungen bei Entwicklung, Test und funktionaler Absicherung*

derartiger Systeme [im Mittelpunkt], *da diese ihre Umgebung umfassender wahrnehmen müssen und auf dieser Grundlage intensiver in die Fahrdynamik eingreifen
als heute. Dies ist mit neuen Risiken verbunden, welche vor Genehmigung und
Zulassung für den öffentlichen Straßenverkehr abgesichert werden müssen."* Das
klassische durch die ISO 26262 [ISO12] geprägte Verständnis gerät hier gerade im
Hinblick auf den notwendigen Testumfang an seine Grenzen [WG14; WHL+15].

Ein Blick auf den Stand der Technik zeigt, dass FAS heute im Entwicklungsverlauf in erster Linie durch reale Versuchsfahrten (z. B. [L3P]) getestet und validiert
werden. Dieses Vorgehen ist zeit- und kostenintensiv und erlaubt dennoch keine
zuverlässige und zielgerichtete Validierung, da sicherheitskritische Situationen im
Alltag nur selten auftreten (2013 alle 2,5 Mio. km einen Unfall mit Verletzten
[WHL+15]) und realitätsnahe komplexe Testszenarien nur schwer bis gar nicht systematisch nachzustellen und durchzuführen sind. Häufig wird daher auf ausgewählte
aufgezeichnete Daten zurückgegriffen, welche jedoch zu enormen Datenmengen
(im mehrstelligen Petabyte-Bereich) führen [Krz16] und weder eine dynamische
Variation des Szenarios noch einen steuernden Eingriff des FAS erlauben[24,25].

---

[24] Aus diesem Grund wurden bereits Simulationswerkzeuge wie z. B. PreScan, TRS, ASM,
CarMaker, VTD oder DYNA4 entwickelt und deren Einsatz und Weiterentwicklung weiter
erforscht. Zusätzlich werden Grundlagen für eine Plattform zur funktionalen Absicherung
einzelner auf Künstlicher Intelligenz (KI) basierter Algorithmen untersucht. Obwohl diese
Ansätze bereits die virtuelle Durchführung von vorgegebenen Versuchsfahrten erlauben, sind
die Definition solcher Fahrten und die Generierung der vielen unterschiedlichen Einsatzszenarien enorm zeitaufwändig und wenig systematisch, da es ihnen an modellbasiertem Testdesign
und Automatisierung mangelt und tiefgreifendes Simulations-Know-how auf Anwenderseite
erfordert. Darüber hinaus sind die genutzten Softwarearchitekturen meist nicht skalierbar, da
sie für Einzelplatzrechner konzipiert sind und keine automatisierten und massiv-parallelen
Systemtests erlauben. Schließlich adressieren viele Simulationswerkzeuge und Projekte nur
Einzelaspekte und nicht das Gesamtsystem (z. B. allein die KI-Algorithmen ohne direkten
Bezug zu konkreten Kenn- und Störgrößen der Sensorkonfiguration und Fahrzeugdynamik)
oder können insbesondere umgebungserfassende Sensoren (z. B. Kamera, LiDAR, Ultraschall und Radar) nicht in der erforderlichen Detaillierung simulieren, da eine realitätsnahe
physikbasierte Sensorsimulation ohne die entsprechende Skalierbarkeit über Servercluster zu
nicht akzeptablen Rechenzeiten führen würde. All dies hat zur Folge, dass die für eine aussagekräftige Validierung des Gesamtsystems notwendigen umfangreichen Systemtests für
eine Vielzahl unterschiedlicher Szenarien unvermeidlich zu hohen Software-, Hardware- und
Personalkosten führen – wenn sie nicht bereits zuvor an der mangelnden Qualität der Simulationsergebnisse scheitern.

[25] Die Funktionsfähigkeit eines z. B. bildbasierten Fahrerassistenzsystems ist von der Zuverlässigkeit der bildverarbeitenden Algorithmen abhängig. Diese hängen wiederum sowohl
von den Umweltverhältnissen (Beleuchtung, Witterung, Fahrbahnqualität, etc.) als auch von
den eingesetzten bildgebenden Sensoren sowie den konkreten Fahrsituationen (Autobahn,
Stadt, Verhalten anderer Verkehrsteilnehmer, Verhalten der Umgebung, etc.) ab. Eine iso-

Das Virtual Automotive Testbed stellt die EDZ-Methodik für Entwicklung und Test Sensor- (z. B. Bild- und Video-) Daten verarbeitender Komponenten in Fahrerassistenzsystemen und autonomen Fahrzeugen zur Verfügung. Mit Hilfe des Virtual Automotive Testbeds können Testfahrten bis zu einem mit fortschreitender Entwicklung der Simulationstechnik stetig steigenden Realitätsgrad kostengünstig am Schreibtisch durchgeführt werden, ohne dass ein entsprechend mit Sensorik ausgerüstetes Testfahrzeug benötigt wird. Durch das Virtual Automotive Testbed kann (wie auch oben bereits für den Weltraumbereich) eine notwendige Bedingung für das zu testende FAS formuliert werden, d. h. nur Algorithmen, die in der Simulation funktionieren, können auch in der Realität korrekte Ergebnisse liefern. Die Qualität der Simulation bestimmt dabei, wie weit diese notwendige Bedingung von einer nur durch reale Tests validierbaren hinreichenden Bedingung entfernt ist. Auch wenn durch die Simulation alleine diese hinreichende Bedingung nicht bedient werden kann, profitiert die Entwicklung vom Einsatz der EDZ-Methodik, wenn einige (oder alle) Praxistests der ersten beiden Stufen des Entwicklungsprozesses (s. o.) durch Simulationstests ersetzt werden können. Durch „so viele simulierte Tests wie möglich und so wenig reale Tests wie nötig" lässt sich in der Entwicklung und im Test neu entwickelter Systeme nicht nur Geld sondern auch Zeit einsparen.

Durch eine präzise und frei konfigurierbare Umwelt und der realistischen Simulation von Sensoren (z. B. Kameras) lässt sich das Virtual Automotive Testbed nicht nur zum Testen von fertigen FAS einsetzen. Es gibt darüber hinaus bereits in frühen Entwicklungsphasen Aufschluss über die Plausibilität und Qualität von Algorithmen. Eine Entwicklung auf Grundlage von EDZ liefert Feedback bereits in solch frühen Phasen, in denen praktische Tests noch nicht möglich sind. Das unterbindet frühzeitig die Entwicklung eines Konzepts in eine falsche Richtung. Komponenten fertiger Systeme können schnell und kostengünstig extrapoliert werden, d. h. der Einsatz unter verschiedensten Voraussetzungen kann schnell und effizient simuliert werden, sodass systematische Fehler noch vor der Durchführung aufwändiger, realer Testfahrten aufgedeckt und eliminiert werden können. Die wesentlichen Vorteile des Entwicklers beim Einsatz von EDZ-gestütztem Systems Engineering mit dem Virtual Automotive Testbed liegen auf der Hand:

---

lierte Beurteilung des Assistenzsystems oder der bildverarbeitenden Algorithmen ist nicht möglich. Alle Umwelteinflüsse müssen in Testfahrten (u. a. mit den benötigten Witterungs- und Beleuchtungsbedingungen) angenähert werden. Die Reproduzierbarkeit solcher realen Tests ist beschränkt.

- Alle simulierten Tests sind reproduzierbar. Dies gilt neben statischen Umweltbedingungen (z. B. Wetter) auch für dynamische Aspekte (z. B. andere Verkehrsteilnehmer).

- Das EDZ-Szenario lässt sich nach eigenen Vorgaben attribuieren und frei parametrieren. Szenariogeneratoren können auf Grundlage von EDZ zielgerichtet EDZ-Szenarien zusammenstellen, die eine vorgegebene Testabdeckung sicherstellen und insbesondere auch Randfälle sicher einbeziehen.

- Gefahrensituationen können in der Simulation ohne Risiko nachgebildet werden. Hierbei können auch Grenzfälle betrachtet werden, die für reale Testfahrten zu gefährlich sind.

- Der Einfluss von einzelnen Umwelteinflüssen lässt sich von anderen Einflüssen entkoppeln und isoliert betrachten (Fehlerquellensuche).

- Mehrere Sensoren (z. B. Kamera, LIDAR, Radar, etc.) können parallel als Grundlage von Multisensorfusion simuliert werden.

- Testsequenzen lassen sich mit unterschiedlich parametrierter Umwelt einfach wiederholen.

- Fahrzeug, Sensorik und Umweltmodell können ohne Aufwand und zusätzliche Kosten ausgetauscht werden. Hierdurch können Hardwareanforderungen evaluiert und z. B. Zusammenhänge zwischen Qualität der Sensoren und Qualität der Ergebnisse hergestellt werden (Welche Kamera (zu welchen Kosten) wird mindestens benötigt? Ab wann verbessert die Bildqualität nicht mehr die Ergebnisse?)

- Tests können bereits im frühen Entwicklungsstadium auf verschiedene Szenarien ausgeweitet werden. Beispiele hierfür sind unterschiedliche Straßenverhältnisse, länderspezifische Fahrbahnmarkierungen, unterschiedliche Qualität der Fahrbahnmarkierungen und Fahrbahnen, verschiedenste Kurvenkrümmungen oder Steigung und Gefälle.

- Zur Entwicklung der Algorithmen ist keinerlei Hardware notwendig. Vielmehr steht eine deutlich komfortablere Testumgebung (z. B. kann eine Simulation jederzeit an vordefinierten Haltepunkten (im Simulations- wie auch im Entwicklungswerkzeug) angehalten werden) zur Verfügung, die auch eine parallele Entwicklung auf „vielen simulierten Fahrzeugen" ermöglicht und nicht auf wenige reale Testfahrzeuge beschränkt ist. Zudem sind simulierte Tests deutlich kostengünstiger als reale Tests und können jederzeit durchgeführt werden (z. B. Nachtfahrten am Tag, Schneefahrten im Sommer).

- Die Grenzen der Leistungsfähigkeit der entwickelten Algorithmen oder der eingesetzten Sensorik kann vorab bestimmt werden. Dies umfasst z. B. die Angabe von Zuverlässigkeitsbereichen des Systems bezüglich verschiedenster Kriterien oder die präzise Formulierung von Schwachstellen.

- Es ist eine automatisierte, iterative Suche nach optimalen Parametern möglich.
- Es ist ein schrittweiser Übergang von der Simulation zur Realität möglich. Einzelne simulierte Komponenten können unabhängig vom Rest der Simulation gegen reale Komponenten ausgetauscht werden.

Das Virtual Automotive Testbed kann je nach Anforderungsprofil unterschiedlich eingesetzt werden (siehe auch Abschnitt 6.5.1). So basieren alle Anwendungen auf ein und denselben EDZ, die lediglich unterschiedlich kombiniert werden. Der Anwender kann das VTB in unterschiedliche Systemlandschaften integrieren. Dies gilt z. B. für die direkte Integration externer Datenbestände (siehe Abschnitt 6.7.4). Der Anwender kann einzelne EDZ oder EDZ-Komponenten mit anderen Simulationssystemen verbinden. Zentral wichtig ist in diesem Bereich sicherlich die Software MATLAB/Simulink. Das VTB kann hier sowohl über eine geeignete VTB-Laufzeitumgebung als Teil einer MATLAB/Simulink-Simulation eingesetzt werden. Darüber hinaus kann MATLAB auch als VTB-Service innerhalb des VTB eingesetzt werden, je nach Anwendungsszenario.

6.7.7 Der Virtuelle Wald

Das Testbed „Virtueller Wald" ist das erste der hier aufgeführten VTB, beim dem primär zunächst einmal nicht die Simulation im Vordergrund steht. Vielmehr ist Grundlage für den Virtuellen Wald die Erzeugung von Abbildern realer Wälder im Computer. Aus Luftaufnahmen und Landkarten entstehen Waldinventuren, in denen zum Beispiel jeder einzelne Baum mit seinen Eigenschaften wie Höhe, Art und Stammumfang sowie den konkreten Merkmalen seines Standorts erfasst werden kann. Diese virtuellen Wälder können mit 3D-Projektionen täuschend echt dargestellt werden. Wichtiger als diese Darstellungsform ist jedoch, dass im Virtuellen Wald das Wissen über Zusammenhänge in realen Wäldern zusammengetragen wird. So können mit den Daten aus dem Virtuellen Wald viele Entscheidungen und Arbeitsabläufe in der Forst- und Holzwirtschaft verbessert werden. Erntemaschinen, ausgestattet mit Laserscannern, können gezielt und bis auf wenige Zentimeter genau durch den Wald navigiert werden (siehe Abschnitt 6.4.7). Mit Simulationen kann man schon heute zeigen, welche Auswirkungen geplante Maßnahmen auf den Wald in 20 oder 30 Jahren haben würden (siehe Abschnitt 6.4.2). Diese Zukunftsszenarien können intuitiv verständlich visualisiert werden. Damit werden Maßnahmen, deren Beurteilung bislang vor allem Experten und Gutachtern vorbehalten war, auch für Laien intuitiv verständlich.

Auf diese Weise ermöglicht der Virtuelle Wald die **Digitalisierung** des Waldes. Er etabliert eine übergreifende Datengrundlage als „Single Point of Truth" und reduziert so den Datenerhebungsaufwand und verbessert die Datenqualität. Er ermöglicht die **Vernetzung** von Akteuren, indem er Daten und deren Austausch standardisiert, auf dieser Grundlage die Kommunikation optimiert und alle Informationen und Methoden zu jeder Zeit an jedem Ort zur Verfügung stellen kann. Hierdurch kann er die **Automatisierung von Prozessen und Maschinen** durch eine effiziente Produktionsplanung und Produktion erreichen, über die Aktivitäten geplant und Arbeiten unterstützt werden.

Die EDZ-Methodik steht im Mittelpunkt des Virtuellen Waldes, was bereits die vielfältigen Anwendungen der EDZ-Methodik in diesem Anwendungsbereich (siehe Abschnitt 6.1) illustrieren. Ausgangspunkt ist ein übergreifendes Datenmodell, ForestGML genannt, über welches das Datenmanagement organisiert wird. Dies gilt auch für das VTB des Virtuellen Waldes, welches das entsprechende Metamodell in die Simulationsdatenbank integriert und so ForestGML-Daten bidirektional austauschen kann. Alle Methoden des Virtuellen Waldes setzen auf diesem Datenschema auf. Auch hier ergänzen Algorithmen zur Funktionalen Modellabbildung die fehlenden Simulationsmodelle für unterschiedliche EDZ-Anwendungen. Hierzu stellt die EDZ-Methodik geeignete Visualisierungs- und Interaktionswerkzeuge von der 2D-Bedienoberfläche bis hin zur interaktiven 3D-Visualisierung mit kinesthetischem Feedback zur Verfügung.

Die EDZ-Methodik ist die Grundlage für die Realisierung aller skizzierten EDZ-Anwendungen. Die erste dieser Anwendungen wird zur Fernerkundung, also der vollautomatischen Waldinventur von oben durch Semantische Umweltmodellierung, eingesetzt (siehe Abschnitt 6.4.1). Sie ermöglicht eine kosteneffiziente Inventur auf Grundlage bereits verfügbarer Geobasisdaten unter Einbeziehung vorhandener Fachdaten. Auf die abgeleiteten Modelle baut die Waldinformations-Anwendung für Waldbesitzer, Revierleiter, Unternehmer, … auf, welche die Nutzung von Daten und Algorithmen des Virtuellen Waldes für den Praktiker vor Ort oder im Büro auf Grundlage eines gemeinsamen Datenmanagements für den Zugriff auf große Datenmengen und flächenbezogene Auswertungen ermöglicht.

Auch die Waldinventur-Anwendung nutzt die Fernerkundungs-Anwendung und zielt auf die teilautomatisierte Waldinventur auf Bestandes-, Einzelbaum- und Stichprobenebene unter Einbeziehung bekannter Inventurverfahren und durch Kombination von Fernerkundung und der Einschätzung des Einrichters vor Ort (siehe Abschnitt 6.4.14). Mit der Waldbauplanungs-Anwendung kann über Simulationen des Waldwachstums und der natürlichen Sukzession die zukünftige Waldentwicklung untersucht und „Was-wäre-wenn?"-Analysen unter Berücksichtigung ökonomischer und ökologischer Aspekte durchgeführt werden (siehe Abschnitt 6.4.2).

Die Produktionsplanungsanwendung zielt auf die Planung der Holzernte unter Berücksichtigung ökonomischer und ökologischer Aspekte auf Grundlage von Prognosen für Verkaufserlöse und Erntekosten sowie der Simulation des Holzernteprozesses (siehe Abschnitt 6.4.8). Während des realen Ernteprozesses stellt die Lokalisierungs-Anwendung Methoden zur Positions- und Orientierungsschätzung zur Verfügung, welche die Lokalisierung im Wald auch unter dem geschlossenen Kronendach durch Kombination von GPS, Laserscanner und Stereokameras sowie die sensorgestützte terrestrische Erfassung von Baumattributen und besitzerscharfe Zuordnung des Ernteerlöses realisiert (siehe Abschnitt 6.4.5 und Abschnitt 6.4.6).

Die Lokalisierung der Forstmaschinen bildet die Grundlage der Fahrerassistenz-Anwendung, welche Methoden zur Navigation, Fahrerassistenz und Automatisierung bereitstellt (siehe Abschnitt 6.4.10). Diese Methoden wiederum unterstützen den Fahrer bei der zielgerichteten und Waldboden-schonenden Befahrung und Holzernte und reichen bis zu unterstützenden Autonomiefunktionen für Holzerntemaschinen (siehe Abschnitt 6.4.11) zur Entlastung des Fahrers. Ausbildungs- und Trainingsanwendungen ermöglichen die Realisierung von Schulungssystemen rund um Wald und Holz für Anwendungen von Inventur, Waldbauplanung, Holzernteplanung bis zur Fahrzeugführung (siehe Abschnitt 6.4.4). Der Virtuelle Wald als Technologie- und Innovationsplattform ermöglicht schließlich die Umsetzung von Expertensystemen für Wald und Holz, für die Daten, Visualisierungen sowie Prozessierungs-, Simulations-, Analyse- und Automatisierungsmethoden zur Untersuchung und zum Transfer neuer Forschungsaspekte (z. B. Sturmschäden und Windwurfsimulation, Prozessoptimierung, nachhaltige Waldwirtschaft im Klimawandel) zusammengeführt werden.

6.7.8 Visual⁴

Auch das Ziel des Visual⁴-Konzepts[26] liegt nicht primär in der Simulation sondern in diesem Fall in der Realisierung von IVS für intelligente Sensoren und mobile Systeme. Die EDZ-Methodik liefert hier Grundlagen für die Verwaltung von Umwelt- und Systemmodellen im VTB-Kernel, für die algorithmische Verarbeitung dieser Modelle durch VTB-Services, für die Bereitstellung von Schnittstellen zu Sensoren und Aktoren (siehe Abschnitt 6.7.2), zur Vorabsimulation der Entwicklung von Umwelt- und Systemzuständen, zur Planung von Aktionen und natürlich zum Schluss auch als virtuelle Test- und Verifikationsumgebung.

---

[26] Das Verfahren und seine Anwendung in der Forstwirtschaft wurde im Rahmen der European Satellite Navigation Competition ausgezeichnet.

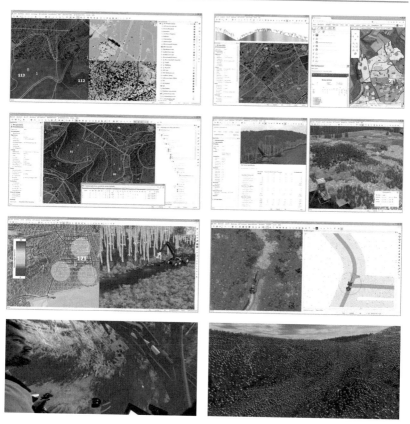

Abbildung 6.71 Acht Beispiele für Anwendungen des Virtuellen Waldes (v.o.l.n.u.r.): Semantische Umweltmodellierung durch Fernerkundung, Waldinformation, Forsteinrichtung, Planung und Entscheidungsunterstützung in der biologischen Produktion, Planung und Entscheidungsunterstützung in der technischen Produktion, Automatisierung und Fahrerassistenzsysteme für Forstmaschinen, EDZ-gestütztes Training in der Fahrerausbildung (Foto Marc Priggemeyer), F&E-Plattform z. B. für die Windwurfsimulation [HR14] ((Geo-)Daten u.a. Geobasis/Wald und Holz NRW)

Abbildung 6.72 skizziert das Konzept, welches auf die auf der rechten Seite dargestellten Anwendungen zielt. Diese reichen von der Navigation über die Verfolgung von Fahrwegen, (passive und aktive) Fahrerassistenzsysteme und aktive Sicherheitssysteme bis hin zu autonomen Fahrzeugen. Grundlage der Realisierung dieser Anwendungen sind die in der Mitte dargestellten vier Visual^4-Komponenten. Ausgangspunkt jeder Anwendung ist die geeignete Erfassung der Umwelt durch

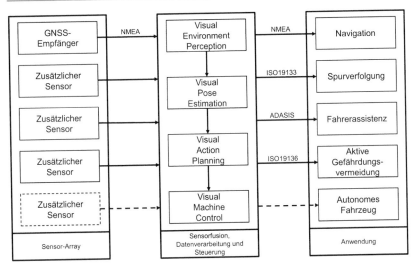

Abbildung 6.72 Schematische Darstellung des Visual⁴-Konzepts (siehe auch [Son18]): Grundlage sind unterschiedlichste Sensoren, die EDZ-gestützt verarbeitet und zur Prognose der Entwicklung der Umgebung, zur Planung von Aktionen und zur Ausführung dieser genutzt werden. Mit diesen Methoden werden unterschiedliche Anwendungen realisiert.

die **Visual Environment Perception**-Komponente. Durch Fusion unterschiedlicher Sensordaten[27] vom GNSS-Sensor[28] über Kameras und Laserscanner bis hin zu IMU generiert das Modul ein Semantisches Umweltmodell der lokalen Umgebung (siehe auch 6.4.5). Dieses EDZ-Szenario enthält EDZ relevanter Landmarken in der Umgebung wie Bäume, Steine, Schilder oder künstlicher Landmarken wie QR-Codes sowie andere Objekte in der Umgebung wie Hindernisse oder Straßenunebenheiten.

Dieses EDZ-Szenario wird in der **Visual Pose Estimation**-Komponente verwendet, welche ausgehend von der aktuellen durch einen GNSS-Sensor gemessen Position die lokalen Landmarken mit einer globalen Landmarkenkarte zur Bestimmung der aktuellen Position und Orientierung vergleicht. Wenn lokale oder globale Landmarken nicht verfügbar sind, können auch relative Lokalisierungsmethoden wie Visual Odometry eingesetzt werden. Durch die Ergänzung von Simulation wird eine Visual⁴-Anwendung „situation aware", d. h. sie ist in der Lage, ihre Umgebung

---

[27] Das Konzept wird „Visual" genannt, weil hauptsächlich optische Sensoren eingesetzt werden.

[28] GNSS steht für „Globales Navigationssatellitensystem", z. B. das GPS-System.

sensorisch zu erfassen, die Sensordaten zu verstehen und den erfassten Zustand in die (zumindest nahe) Zukunft zu projizieren (siehe auch Abschnitt 3.7.8).

Das Ergebnis der Lokalisierung ist der Eingang für die **Visual Action Plannung**- und **Visual Machine Control**-Komponenten. Diese planen die notwendigen Aktionen zur Erreichung eines vorgegebenen Ziels (siehe z. B. Abschnitt 6.3.9) und setzen diese auf einer realen Maschine geeignet um.

Das Visual^4-Konzept ist dadurch, dass es auf der EDZ-Methodik aufsetzt, vollständig modellbasiert. Hierdurch können der Ansatz sowie alle hierzu entwickelten Algorithmen durch Austausch der EDZ der Umgebung auf andere Anwendungsbereiche übertragen werden. Diese Vorgehensweise ermöglicht es auch, die Komplexität des Konzepts in Grenzen zu halten, da der VTB-Kernel als Integrationsplattform genutzt wird, der um anwendungsspezifische Metamodelle z. B. zur Modellierung der Landmarken erweitert wird. Auf diese Weise können sowohl Maschinen- und Sensordaten als auch Umgebungsmodelle verwaltet und ausgewertet werden. Diese werden durch unterschiedliche VTB-Services ausgewertet und mit den unterschiedlichen simulationsbasierten Anwendungen (siehe Abschnitt 3.7 und Abschnitt 6.1) kombiniert. Darüber hinaus steht auf diese Weise der komplette EDZ-gestützte Systems Engineering-Ansatz zur Verfügung. Dieses Kapitel illustriert unterschiedliche Beispiele des Visual^4-Ansatzes von der Lokalisierung (siehe Abschnitt 6.4.5 und Abschnitt 6.2.4) über Fahrerassistenz (siehe Abschnitt 6.4.10) bis hin zur autonomen Forstmaschine (siehe Abschnitt 6.4.11).

6.7.9 Das Virtual Robotics Lab

Mit Industrie 4.0 verbundene Fragestellungen und Kompetenzen stellen für Studierende der Ingenieurwissenschaften eine große Herausforderung dar. Eigene Fachgebiete sind meist gut abgedeckt, Themen aus anderen Disziplinen sind demgegenüber häufig fremd und wenig zugänglich. Dies gilt insbesondere auch für die Informatik/Informationstechnik. Auf der anderen Seite können die Anforderungen heutiger Systeme meist nur durch eine Kombination moderner Ansätze von leistungsfähiger Hardware bis zu Modellbildung, Simulation und Künstlicher Intelligenz (KI) abgebildet werden. Besonders deutlich wird dies in der Robotik, die weiterführendes Fachwissen in Gebieten wie Kinematik/Dynamik, Sensorik/Aktuatorik, Fertigungsverfahren und Prozesse, Mensch-Maschine-Systemtechnik, Beobachtung/Steuerung/Vernetzung komplexer mechatronischer Systeme sowie Big Data und KI erfordert.

Über das Durchrechnen von Aufgabenstellungen können die theoretischen Grundlagen nachvollzogen und Kompetenzen in einzelnen Fachgebieten aufgebaut werden. Es wird aber sehr schnell deutlich, dass der Praxisbezug fehlt und Nutzungspotenziale ebenso wie Einsatzrandbedingungen unklar bleiben. Und dabei hat Industrie 4.0 und hier insbesondere die Robotik den großen Vorteil, dass die Entwickler am Ende mit „sicht- und fühlbaren" Ergebnissen „belohnt" werden. Genau dies ist der Ansatzpunkt des Virtual Robotics Lab, welches Studierenden aber auch Dozenten eine virtuelle Experimentierplattform an die Hand gibt, mit der die vielfältigen aber häufig abstrakt bleibenden technischen Aspekte von Industrie 4.0 an praxisnahen Beispielen (virtuell) erlebbar, ausprobierbar und anfassbar werden (Ziel 1). Grundlage hierfür sind anwendungsnah umgesetzte Beispielszenarien, die durch Vernetzung der beteiligten EDZ entstehen – die Lehr-/Lernplattform für Industrie 4.0 wird also mit Industrie 4.0-Technologien umgesetzt. Die Plattform soll das Verständnis sowohl der grundlegenden Teilaspekte (Ziel 2), der Randbedingungen und Möglichkeiten der Vernetzung von Lösungskomponenten (Ziel 3) als auch Analyse, Bewertung und Optimierung des durch ihre Zusammenschaltung resultierenden Verhaltens des Gesamtsystems (Ziel 4) befördern.

Damit kann das Virtual Robotics Lab durch zielgerichtete, das Verständnis von Teilaspekten und Gesamtzusammenhängen fördernden praxisnahen Beispielen den individuellen Studienerfolg erhöhen (Ziel 5), durch einen spielerischen Zugang zu komplexen Themen über qualitativ hochwertige virtuelle Lernszenarien die Motivation der Studierenden verbessern (Ziel 6), die Attraktivität der Lehre und der Ingenieurwissenschaften steigern (Ziel 7), ein schnelleres und robusteres Erreichen der Lernziele ermöglichen (Ziel 8) und zu einer höheren Selbständigkeit der Studierenden beitragen (Ziel 9).

Die EDZ-Methodik liefert die notwendigen Grundlagen zur Umsetzung dieser VTB-Variante. Ausgestattet mit einer geeigneten lernförderlichen Bedienoberfläche (in den Beispielen aus Abbildung 6.73 jeweils links zu sehen) und ausgeführt auf einer geeigneten Ausführungsplattform (in diesem Fall einer Virtualisierungsplattform, die das Virtual Robotics Lab als Webapplikation bereitstellt) steht eine

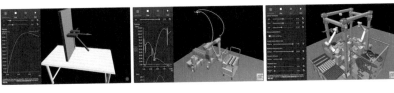

Abbildung 6.73 Drei Beispielmodelle aus dem Virtual Robotics Lab: Regelung eines Pendels (links), Bahnen und Bahnregelung eines Roboters (Mitte), Multi-Layer-Laserscanner in einer Roboterarbeitszelle (rechts) (siehe auch [SPR20])

virtuelle Laborumgebung zur Verfügung, die kontinuierlich um neue Experimente, d. h. neuen EDZ-Szenarien aus unterschiedlichen Anwendungsbereichen, erweitert wird.

6.8   Zusammenfassung

EDZ und EDZ-Methodik sind die Grundlage für eine Vielzahl unterschiedlicher EDZ-Anwendungen in unterschiedlichen Anwendungsbereichen. Unterschiedlichste Anwendungsbeispiele in Bereichen wie Industrie, Umwelt, Automobil, Stadt und Gebäude illustrieren dies. Darüber hinaus liefern anwendungsspezifisch vorkonfigurierte Virtuelle Testbeds geeignete Simulationsplattformen für vorab abgegrenzte Aufgaben. Es wird deutlich, dass selbst in den skizzierten sehr unterschiedlichen Anwendungen EDZ und VTB eine gemeinsame konzeptuelle und technische Basis liefern, so dass die einzelnen Anwendungsbereiche wechselseitig voneinander profitieren.

Experimentierbare Digitale Zwillinge – Konvergenz von Simulation und Realität technischer Systeme: Der Begriff des Digitalen Zwillings (DZ) entstand im Kontext des „Product Lifecycle Managements" (PLM) und erlebte zunächst seinen Durchbruch als Bezeichnung für ultra-realistische Simulationen. Als weitere Schwerpunkte haben sich in den letzten Jahren die Zusammenführung der Betriebsdaten von Maschinen und Geräten in deren DZ, zeitweise auch als „Digitaler Schatten" bezeichnet, und die Vernetzung von Maschinen und Geräten über deren DZ entwickelt. Für den Digitalen Zwilling maßgebliche Technologien wie das Internet der Dinge, Sensorik, Big Data, Cloud und Edge Computing, Simulation oder Künstliche Intelligenz liefern nahezu alle notwendigen Grundlagen zu seiner technischen Umsetzung. Obwohl Digitale Zwillinge auf dem Weg zur disruptiven Technologie sind, gibt es immer noch kein einheitliches Verständnis zum Begriff des Digitalen Zwillings, zur technischen Realisierung Digitaler Zwillinge oder zu deren Nutzung. Dabei wird bei näherer Betrachtung deutlich, dass der DZ sein volles Potenzial erst dann entfalten kann, wenn die multiplen Aspekte eines Digitalen Zwillings systematisch zusammengeführt werden. Genau dies leistet die Methodik der Experimentierbaren Digitalen Zwillinge (EDZ). Sie schließt bestehende Lücken rund um ein äußerst vielversprechendes aber auch ambitioniertes Konzept.

Hierzu betrachtet die EDZ-Methodik den Digitalen Zwilling aus der Perspektive der Simulationstechnik und stellt einen Werkzeugkasten zur Umsetzung *interdisziplinärer, domänen-, system-, arbeitsablauf- und anwendungsübergreifender sowie miteinander interagierender Experimentierbarer Digitaler Zwillinge* bereit. EDZ werden mit Methoden der Simulationstechnik beschrieben, in Virtuellen Testbeds zusammengeführt und zum Leben erweckt. Sie sind Grundlage vielfältiger EDZ-Methoden, die entlang des Lebenszyklus Realer Zwillinge (RZ) eingesetzt werden. Die Zusammenführung der Technologie- und Anwendungsbereiche

Raumfahrt, Industrierobotik und Umwelttechnik eröffnet hierbei neue Perspektiven und Herangehensweisen. Die Robotik als Brückentechnologie nimmt eine Schlüsselposition ein und hebt gemeinsam mit dem EDZ als Kernelement innovative Technologien und Konzepte wie Industrie 4.0 auf eine neue Ebene. Im Ergebnis entsteht eine völlig neue Durchgängigkeit im Einsatz innovativer robotischer und simulationstechnischer Methoden im Lebenszyklus technischer Systeme. Der EDZ führt so die aktuell nebeneinanderstehenden Perspektiven auf DZ (z. B. PLM, Simulation und Vernetzung) systematisch in einem übergreifenden Konzept zusammen. Die EDZ-Methodik beantwortet die Fragen, mit welchen Werkzeugen ein EDZ realisiert wird, mit welchen Methoden er genutzt wird und in welchen Arbeitsabläufen er eingesetzt wird. Ausgangspunkt sind stets als Netzwerke interagierender EDZ modellierte Einsatzszenarien (die EDZ-Szenarien), die gleichzeitig aus unterschiedlichen Perspektiven wie die des Systems Engineerings, des mechanischen Aufbaus, der Datenerhebung und -verarbeitung, der IT-technische Vernetzung oder der Systemsimulation betrachtet werden (siehe Abbildung 7.1).

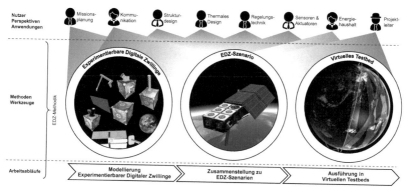

Abbildung 7.1 Aspekte der EDZ-Methodik, illustriert am Beispiel der Entwicklung rekonfigurierbarer Satellitensysteme (aufbauend auf [RKS+16]): Ausschnitt aus dem Arbeitsablauf (unten), Methoden und Werkzeuge zur Modellierung von EDZ und EDZ-Szenarien sowie deren Ausführung in Virtuellen Testbeds (Mitte), unterschiedliche Nutzer, Perspektiven und Anwendungen auf Grundlage übergreifender EDZ (oben)

Dies führt zu einem lebenszyklusübergreifenden Einsatz von EDZ vom ersten Design über die Entwicklung und die Inbetriebnahme bis zum Betrieb und darüber hinaus. Im Entwicklungsprozess wird zunächst der EDZ der entsprechenden realen Maschine (des Realen Zwillings, RZ) entwickelt, optimiert und validiert. Im Internet der Dinge werden reale Maschinen über ihre EDZ vernetzt. Zur Bedienung einer

Maschine interagiert der Werker zunächst mit dem EDZ, der dann die gewünschten Aktionen auf dem RZ ausführt. Für die Entwicklung von Algorithmen der Künstlichen Intelligenz (KI) erzeugt der EDZ in kurzer Zeit die notwendigen Trainingsdaten, insbesondere auch in für Mensch und Maschine gefährlichen Situationen. Gleiches gilt auch für das Training von Fahrern oder Bedienern, die gefahrlos über den EDZ den Umgang mit einer Maschine erlernen. Mittels Semantischer Umweltmodellierung entstehen EDZ der Realen Zwillinge in der Umgebung. Die Zusammenfassung der EDZ in EDZ-Szenarien und deren Simulation in Virtuellen Testbeds stellen Mentale Modelle als Grundlage für Planung, Optimierung und Ausführung der Aktivitäten der realen Maschine zur Verfügung. Der EDZ liefert neue Ansätze für vorausschauende Wartung, modellbasierte Steuerung, virtuelle Inbetriebnahme oder PLM. Gleichzeitig entwickelt er das Model-based Systems Engineering zu einem lebenszyklusübergreifenden Digital Twin-based Systems Engineering weiter.

Dieser Text führt den EDZ und die EDZ-Methodik ebenso wie die hierfür benötigten Grundlagen ein. Aufbauend auf einem übergreifenden Verständnis des Digitalen Zwillings grenzt er unterschiedliche Perspektiven auf den Digitalen Zwilling voneinander ab. Dies führt zum Konzept des Experimentierbaren Digitalen Zwillings und der damit verbundenen EDZ-Methodik. Die formale Basis bilden erstens eine einheitliche Terminologie durch zueinander konsistente Begriffsdefinitionen, zweitens ein anwendungsübergreifendes Strukturmodell für Mechatronische/Cyber-Physische Systeme und deren Interaktion sowie drittens ein gemeinsames mathematisches Modell. Zur technischen Umsetzung der EDZ und der EDZ-Methodik werden zentrale Aspekte von „Realisierungstechnologien" vom Model-based Systems Engineering über Model-Driven Engineering, unterschiedliche Simulationsverfahren und -modelle, die Kopplung von Simulationsverfahren, prädiktives und reaktives Scheduling bis zur Realisierung von Simulationsplattformen und Ausführungsumgebungen mit Bezug auf die EDZ-Methodik vorgestellt. Diese ermöglichen den systematischen Einsatz von EDZ in unterschiedlichen Anwendungsbereichen. Hierzu werden unterschiedliche Anwendungsklassen ebenso wie eine Vielzahl konkreter Anwendungsbeispiele aufgezeigt. Diese adressieren z. B. die Integration virtueller und hybrider Systeme, sind Grundlage für Analyse, Optimierung, Verifikation und Validierung von Systemen, realisieren intelligente Systeme oder ermöglichen effiziente und effektive Mensch-Maschine-Interaktion. Grundlage der systematischen Entwicklung derartiger Anwendungen ist ein Entwicklungsprozess für EDZ beginnend von der ersten Idee über Spezifikation, Modellierung, Simulation und Umsetzung im realen System.

Die EDZ-Methodik eröffnet innovativer Simulationstechnik neue Anwend-ungsperspektiven: Aus Sicht der Simulationstechnik ermöglicht die EDZ-Methodik umfassende Simulationen auf Systemebene. EDZ sind zentrales strukturierendes Element zur Zusammenstellung von Simulationen auf einer semantischen Ebene zur Abbildung der physikalischen Systemarchitektur. Erst Modellanalyseprozesse überführen ein EDZ-Szenario durch Analyse des resultierenden Netzwerks aus EDZ und den von diesen bereitgestellten Simulationsmodellen und Experimentierbaren Modellen in ein Experimentierbares Systemmodell. Aus Sicht Mechatronischer/Cyber-Physischer Systeme verbindet die EDZ-Methodik virtuelle und reale Welt in Hybriden Szenarien. Weil EDZ aus struktureller, architektonischer und Schnittstellen-Perspektive 1-zu-1-Abbilder realer Mechatronischer/Cyber-Physischer Systeme sind, kann jeder EDZ zu jeder Zeit im Entwicklungsprozess durch sein reales Gegenstück ersetzt werden. Aus Sicht der Entwicklungsprozesse stellt die EDZ-Methodik Strukturen und Arbeitsabläufe zur konsistenten Nutzung von (Experimentierbaren) Digitalen Zwillingen in unterschiedlichen EDZ-Anwendungen über den gesamten Lebenszyklus bereit. Dieselben EDZ liefern hierbei die Grundlage für unterschiedlichste EDZ-Anwendungen, die sich entlang der Dimensionen des Anwendungsraums (siehe Abbildung 7.2) aufbauen.

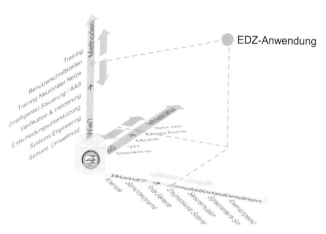

Abbildung 7.2 EDZ erschließen der Simulationstechnik einen großen Anwendungsraum im Lebenszyklus technischer Systeme (für alle Dimensionen siehe auch Abbildung 1.4).

Durch die EDZ-Methodik liefert der Digitale Zwilling konkreten Mehrwert für Entwicklung und Betrieb von Komponenten, Systemen und Systemen von Systemen: Die Bedeutung Digitaler Zwillinge wird gemäß einem „Weniger real, mehr digital!" sowohl in der Entwicklung aber auch im Betrieb weiter steigen. Reale Prototypen werden zunehmend durch EDZ ersetzt und EDZ als gleichberechtigtes Entwicklungsergebnis neben Hardware und Dokumentation anerkannt. Architektur und Schnittstellen der EDZ werden bereits frühzeitig (z. B. mit MBSE-Methoden) identifiziert und zur Strukturierung der Entwicklung genutzt. Reale Tests werden sukzessive durch virtuelle Tests ersetzt, die beliebig oft an jeder Stelle im Entwicklungsprozess durchgeführt werden. Diese liefern jederzeit aussagekräftige Ergebnisse und final eine vollständige und nachprüfbare Testabdeckung. Dies trägt wesentlich zu effizienteren Entwicklungsprozessen, besseren Entwicklungsergebnissen und qualitativ hochwertigeren Systemen bei.

Experimentierbare Digitale Zwillinge werden zu einem zentralen Bestandteil der Vorgehenssystematik bei der Entwicklung von Systemen. EDZ sind die „Single Source of Truth" sowohl während der Entwicklung als auch später im Betrieb und beantworten über den gesamten Lebenszyklus alle Fragen zum entsprechenden Realen Zwilling. Grundlage sind geeignete Datenmanagement-Infrastrukturen ebenso wie z. B. Regeln für die Spezifikation von RZ in EDZ, für den Einsatz von EDZ und den mit diesen verbundenen Modellen als auch für den Einsatz „kompatibler" Software – wobei das Grundkonzept vollständig unabhängig von konkreten Werkzeugen ist. EDZ tragen damit bereits heute zur Umsetzung der Systems Engineering Vision 2025 der INCOSE [INC14] bei.

Gleichzeitig steigt der Mehrwert von EDZ durch deren mehrfache Verwendung im Lebenszyklus sowie in anderen Anwendungen (siehe auch Abbildung 7.3). EDZ werden im Rahmen der Entwicklung sukzessive detailliert und außerhalb der Entwicklung z. B. für Steuerung, Bedienung, Training oder Marketing eingesetzt. Auf diese Weise wird das Potenzial des Simulationstechnikanteils eines EDZ auch zur Realisierung realer Systeme genutzt. Sowohl EDZ als auch Virtuelle Testbeds als deren Laufzeitumgebung stellen Schlüsseltechnologien zur Entwicklung intelligenter Systeme bereit. Sie vereinfachen die Entwicklung komplexer Algorithmen und deren Übertragung auf reale Systeme. Sie erlauben die Realisierung „sicherer Systeme" wie z. B. sich durch Simulation selbstüberwachende Systeme und Mentaler Modelle als Schlüsselkomponente intelligenter Systeme. Gleichzeitig liefert die EDZ-Methodik Grundlagen für neue (z. B. hybride) Produktkonzepte und (z. B. dienstleistungsbasierte) Geschäftsmodelle.

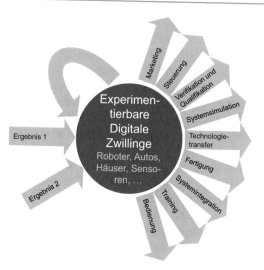

Abbildung 7.3 Ein signifikanter Mehrwert entsteht, wenn alle Arbeiten im Lebenszyklus von RZ auf EDZ aufbauen und zu deren Weiterentwicklung beitragen.

Die Vision des EDZ wird heute Realität: Der Anwendungsraum des EDZ ist enorm. Illustriert wird dies durch die gezeigten vielfältigen Anwendungen, die eine Vielzahl aktueller Herausforderungen adressieren. Die Anwendungen zeigen gleichzeitig, dass der Mehrwert nicht erst im Laufe der Umsetzung einer komplexen Vision aufwändig erschlossen werden muss. Vielmehr stehen alle benötigten Grundlagen, Konzepte und Werkzeuge sowie teilweise auch die notwendigen Modelle und Daten bereits heute bereit. Sie werden durch die EDZ-Methodik symbiotisch zusammengeführt und umfassend nutzbar gemacht. Damit kann der Experimentierbare Digitale Zwilling sein Potenzial vollständig entfalten.

Literaturverzeichnis

[AAB16] N. ALBARELLO, A. ARNOLD und M. BUDINGER: *Future Challenges in Mechatronics*. In: **Mechatronic Futures: Challenges and Solutions for Mechatronic Systems and Their Designers**. Hrsg. von P. HEHENBERGER und D. BRADLEY. Springer, 2016. Kap. 3, S. 25–39. ISBN: 9783319321561. DOI: https://doi.org/10.1007/978-3-319-32156-1.

[AB06] D. ABEL und A. BOLLIG: *Rapid Control Prototyping*. Springer, 2006.

[ABB17] ABB ASEA BROWN BOVERI LTD: *ABB Robot Studio*. 2017. URL: https://new.abb.com/products/robotics/de/robotstudio.

[aca13] ACATECH – DEUTSCHE AKADEMIE DER TECHNIKWISSENSCHAFTEN E.V.: *Umsetzungsempfehlungen für das Zukunftsprojekt Industrie 4.0 – Abschlussbericht des Arbeitskreises Industrie 4.0*. Frankfurt/Main, 2013. URL: https://www.acatech.de/publikation/umsetzungsempfehlungen-fuer-das-zukunftsprojekt-industrie-4-0-abschlussbericht-des-arbeitskreises-industrie-4-0/download-pdf?lang=de.

[ACH+03] M. ARNOLD, A. CARRARINI, A. HECKMANN u. a.: *Simulation Techniques for Multidisciplinary Problems in Vehicle System Dynamics*. 2003.

[AK03] C. ATKINSON und T. KUHNE: *Model-driven development: a metamodeling foundation*. In: **IEEE Software** 20.5 (2003), S. 36–41. ISSN: 0740-7459. DOI: https://doi.org/10.1109/MS.2003.1231149.

[Alt12] O. ALT: *Modellbasierte Systementwicklung mit SysML*. 2012. ISBN: 9783446430662. DOI: https://doi.org/10.3139/9783446431270.

[AM12] B. ALLARD und H. MOREL: *Analytical Compact Models*. In: **Modeling and Simulation in Engineering**. InTech, 2012. DOI: https://doi.org/10.5772/25529.

[Ame06] AMERICAN SOCIETY OF MECHANICAL ENGINEERS: *ASME V\&V 10–2006: Guide for verification and validation in computational solid mechanics: an American national standard*. New York, 2006.

[Amm17] D. AMMERMANN: *Digital Twins and the Internet of Things (IoT)*. 2017. URL: https://blogs.sap.com/2017/09/09/digital-twins-and-the-internet-of-things-iot/.

[ANS18] ANSYS INC.: *ANSYS*. 2018. URL: https://www.ansys.com.

[Any17] ANYLOGIC EUROPE: *AnyLogic – Mehr-Methoden Simulationssoftware und Lösungen*. 2017. URL: https://www.anylogic.de.

M. Schluse, *Experimentierbare Digitale Zwillinge*,
https://doi.org/10.1007/978-3-658-44445-7

[AR18]   L. ATORF und H.-J. ROSSMANN: *Interactive Analysis and Visualization of Digital Twins in High-Dimensional State Spaces*. In: **2018 15th International Conference on Control, Automation, Robotics and Vision (ICARCV): 18–21 Nov. 2018 / [organised by Nanyang Technological University, Singapore; co-organized by Georgia Institute of Technology, USA, Huazhong University of Science and Technology, China, and Shenzhen Institutes of Advanced Technology (SIAT), CAS, China; technically co-sponsored by IEEE Control Systems Society]**. Datenträger: USB-Stick. 15. International Conference on Control, Automation, Robotics und Vision, Singapore (Singapore), 18 Nov 2018–21 Nov 2018. Piscataway, NJ: IEEE, 2018, S. 241–246. DOI: https://doi.org/10.1109/ICARCV.2018.8581126.

[AR19]   A. ATANASYAN und H.-J. ROSSMANN: *Improving Self-Localization Using CNN-based Monocular Landmark Detection and Distance Estimation in Virtual Testbeds; 1. Aufl. 2019*. In: **Tagungsband des 4. Kongresses Montage Handhabung Industrieroboter / Thorsten Schüppstuhl, Kirsten Tracht, Jürgen Rossmann (Hrsg.)** Springer eBooks. 4. Kongress Montage Handhabung Industrieroboter, Dortmund (Germany), 26 Feb 2019–27 Feb 2019. Wiesbaden; [Heidelberg]: Springer Vieweg, 2019, S. 249–258.

[Asi50]   I. ASIMOV: *I, Robot*. Gnome Press, 1950.

[ASR+17]   L. ATORF, C. SCHORN, H.-J. ROSSMANN u. a.: *A Framework for Simulation-based Optimization Demonstrated on Reconfigurable Robot Workcells*. In: **2017 IEEE International Symposium on Systems Engineering: ISSE 2017: Vienna, Austria, October 11-13, 2017: 2017 symposium proceedings / sponsors and organizers: IEEE, IEEE Systems Council. 3**. Annual IEEE International Symposium on Systems Engineering, Vienna (Austria), 11 Oct 2017–13 Oct 2017. Piscataway, NJ: IEEE, 2017, S. 178–183. DOI: https://doi.org/10.1109/SysEng.2017.8088278.

[ASR14]   L. ATORF, M. SCHLUSE und J. ROSSMANN: *Simulation-based Optimization, Reasoning and Control: The eRobotics Approach Towards Intelligent Robots*. In: **The 12th International Symposium on Artificial Intelligence, Robotics and Automation in Space (i-SAIRAS)**. Canadian Space Agency. 2014, Session 6b: Planning 1, pp. 1–8.

[Ato14]   L. ATORF: *Entscheidungsunterstützungssysteme – interne Dokumentation*. Aachen, 2014.

[Ato22]   L. ATORF: *Interaktive Analyse und Optimierung Digitaler Zwillinge*. Veröffentlicht auf dem Publikationsserver der RWTH Aachen University; Dissertation, Rheinisch-Westfälische Technische Hochschule Aachen, 2022. Dissertation. Aachen: Rheinisch-Westfälische Technische Hochschule Aachen, 2022, 1 Online–Ressource: Illustrationen, Diagramme. DOI: https://doi.org/10.18154/RWTH-2022-07066.

[Aut]   AUTODESK: *Autodesk Simulation*. URL: https://www.autodesk.de/solutions/simulation/overview.

[Ave12]   C. AVERDUNG: *Vom Anwendungsmodell zur konkreten Anwendung*. Siegburg, 2012.

[Bac10]   C. BACKHAUS: *Begriffsdefinition Ergonomie und Gebrauchstauglichkeit*. In: **Usability-Engineering in der Medizintechnik: Grundlagen – Methoden –**

Beispiele. Berlin, Heidelberg: Springer Berlin Heidelberg, 2010, S. 11–19. ISBN: 978-3-642-00511-4. DOI: https://doi.org/10.1007/978-3-642-00511-4_2.

[Bal03]   BALCI: *Verification, validation, and certification of modeling and simulation applications*. In: **Proceedings of the 2003 Winter Simulation Conference, 2003**. Bd. 1. 2003, 150–158 Vol. 1. DOI: https://doi.org/10.1109/WSC.2003. 1261418.

[Bal05]   H. BALZERT: *Lehrbuch Grundlagen der Informatik*. Spektrum Akademischer Verlag, 2005.

[Bal89]   O. BALCI: *How To Assess The Acceptability And Credibility Of Simulation Results*. In: **Winter Simulation Conference Proceedings**. Hrsg. von E. MACNAIR, K. MUSSELMAN und P. HEIDELBERGER. Washington, DC: IEEE, 1989, S. 62–71. ISBN: 0-911801-58-8. DOI: https://doi.org/10.1109/WSC. 1989.718663.

[Bal98]   O. BALCI: *Verification, Validation, and Testing*. In: **Handbook of Simulation**. Hoboken, NJ, USA: John Wiley & Sons, Inc., 1998, S. 335–393. DOI: https:// doi.org/10.1002/9780470172445.ch10.

[Bas15]   B. f. S. (BAST): *Verkehrs- und Unfalldaten, Kurzzusammenstellung der Entwicklung in Deutschland*. Techn. Ber. Bergisch Gladbach: (Bast), Bundesanstalt für Straßenwesen, 2015.

[Bau72]   J. BAUMGARTE: *Stabilization of constraints and integrals of motion in dynamical systems*. In: **Computer Methods in Applied Mechanics and Engineering** 1 (1972), S. 1–16.

[BBB+19a] S. BADER, E. BARNSTEDT, H. BEDENBENDER u. a.: *Details of the Asset Administration Shell Part 1 – The exchange of information between partners in the value chain of Industrie 4.0 (Version 2.0) – Specification*. Techn. Ber. Berlin: Federal Ministry for Economic Affairs und Energy (BMWi), 2019, S. 473. URL: https://www.zvei.org/fileadmin/user_upload/Presse_und_ Medien/Publikationen/2020/Januar/Details_of_the_Asset_Administration_ Shell_Version_2-0/Details_of-the_Asset_Administration_Shell_Version_2. PDF.

[BBB+19b] C. BAUDOIN, E. BOURNIVAL, M. BUCHHEIT u. a.: *The Industrial Internet of Things Vocabulary*. Techn. Ber. Industrial Internet Consortium, 2019, S. 1–32. DOI: https://doi.org/10.1109/MNET.2019.8863716.

[BBC+08] B. BALAGUER, S. BALAKIRSKY, S. CARPIN u. a.: *USARSim: a validated simulator for research in robotics and automation*. In: **Workshop on"Robot ...** (2008). ISSN: 1050-4729. DOI: https://doi.org/10.1109/ROBOT.2007.363180.

[BBC+20] M. BEVILACQUA, E. BOTTANI, F. E. CIARAPICA u. a.: *Digital Twin Reference Model Development to Prevent Operators' Risk in Process Plants*. In: **Sustainability** 12.3 (2020), S. 1088. ISSN: 2071-1050. DOI: https://doi.org/10.3390/ su12031088.

[BBL+08] R. BAUER, T. BARFOOT, W. LEUNG u. a.: *Dynamic Simulation Tool Development for Planetary Rovers*. In: **International Journal of Advanced Robotic Systems** (2008), S. 1. ISSN: 1729-8806. DOI: https://doi.org/10.5772/5609.

[BCN+10] J. BANKS, J. S. CARSON, B. L. NELSON u. a.: *Discrete-event system simulation*. 5th ed. Prentice Hall, 2010. ISBN: 0-13-606212-1.

[BCW12]   M. BRAMBILLA, J. CABOT und M. WIMMER: *Model-Driven Software Enginee-*
          ring in Practice. In: **Synthesis Lectures on Software Engineering** 1.1 (2012),
          S. 1–182. ISSN: 2328-3319. DOI: 10.2200/S00441ED1V01Y201208SWE001.

[BD19]   A. BELYAEV und C. DIEDRICH: *Aktive Verwaltungsschale von 14.0-*
          Komponenten – Erscheinungsformen von Verwaltungsschalen. In: **Automation**
          2019. Baden-Baden: VDI Wissensforum GmbH, 2019.

[Ber17]   R. BERGER: *Predictive Maintenance*. München, 2017. URL: https://
          www.rolandberger.com/publications/publication_pdf/roland_berger_vdma_
          predictive_maintenance_d_1.pdf.

[BG11]   R. BAHETI und H. GILL: *Cyber-Physical Systems*. In: **The impact of control**
          technology 12.1 (2011), S. 161–166.

[BG16]   T. BENSON und G. GRIEVE: *Principles of Health Interoperability*. In: London:
          Springer, 2016. Kap. Why Intero, S. 19–35. DOI: https://doi.org/10.1007/978-
          3-319-30370-3_2.

[BGP+09] C. BRECHER, M. GÖBEL, G. POHLMANN u. a.: *Modellbasierte Programmie-*
          rung by Demonstration – Schnelle Inbetriebnahme von Robotersystemen (Pro-
          Demo). In: **VDI-Kongress AUTOMATION 2009 – Der Automatisierungs-**
          kongress in Deutschland. Baden-Baden, 2009, S. 29–31. ISBN: 978-3-18-
          092067-2.

[BH09]   G. BANDOW und H. H. HOLZMÜLLER, Hrsg.: *„Das ist gar kein Modell!"* Wies-
          baden: Gabler, 2009. ISBN: 978-3-8349-1842-0. DOI https://doi.org/10.1007/
          978-3-8349-8484-5.

[Bib17]   BIBLIOGRAPHISCHES INSTITUT GMBH: *Duden Online*. 2017. URL: https://www.
          duden.de.

[Bit21]   BITKOM e.V.: *Was Industrie 4.0 (für uns) ist*. 2021. URL: https://www.
          bitkom.org/Themen/Digitale-Transformation-Branchen/Industrie-40/Was-
          ist-Industrie-40-2.html.

[BKC18]   BKCASE: *Systems Engineering Body of Knowledge (SEBoK) v1.9.1*. 2018.
          URL: https://sebokwiki.org/wiki/Download_SEBoK_PDF.

[BKR+16] T. BAUERNHANSL, J. KRÜGER, G. REINHART u. a.: *WGP-Standpunkt Indus-*
          trie 4.0. Techn. Ber. Darmstadt: Wissenschaftliche Gesellschaft für Produk-
          tionstechnik -WGP-, 2016. URL: https://wgp.de/wp-content/uploads/WGP-
          Standpunkt_Industrie_4-0.pdf.

[BM94]   M. A. BRDYS und K. MALINOWSKI, Hrsg.: *Computer Aided Control System*
          Design: Methods, Tools And Related Topics. World Scientific Publishing Co.
          Pte. Ltd., 1994, S. 560. ISBN: 9789814343305. DOI: https://doi.org/10.1142/
          9789814343305.

[BOA+09] T. BLOCHWITZ, M. OTTER, M. ARNOLD u. a.: *The Functional Mockup Interface*
          for Tool independent Exchange of Simulation Models. In: **8th International**
          Modelica Conference 2011 (2009), S. 173–184. DOI: 10.3384/ecp12076173.

[Bök22]   D. BÖKEN: *Benutzerdokumentation der iWald-App*. Aachen, 2022.

[Bor10]   W. BORUTZKY: *Bond Graph Methodology*. London: Springer London, 2010.
          ISBN: 978-1-84882-881-0. DOI: https://doi.org/10.1007/978-1-84882-882-7.

[Bos20]   BOSCH: *Bosch IoT Things*. 2020. URL: https://docs.bosch-iot-suite.com/
          things/.

[Box04]   H. V. BOXBERG: *Simulation und Virtuelle Realität*. Diss. Ruhr-Universität Bochum, 2004, S. 110.

[BPB17]   A. BLUMÖR, G. PREGITZER und M. BOTHEN: *Werkzeuge für die Entwicklung mechatronischer Systeme mit Methoden des MBSE*. In: **Tag des Systems Engineering**. München: Carl Hanser Verlag GmbH & Co. KG, 2017, S. 191–202. DOI: https://doi.org/10.3139/9783446455467.022.

[BR03]   J. BARDINA und T. RAJKUMAR: *Intelligent Launch and Range Operations Virtual Test Bed (ILRO-VTB)*. Techn. Ber. NASA, 2003.

[BR16]   S. BOSCHERT und R. ROSEN: *Digital Twin-The Simulation Aspect*. In: **Mechatronic Futures: Challenges and Solutions for Mechatronic Systems and their Designers**. Hrsg. von P. HEHENBERGER und D. BRADLEY. CHAM: Springer International Publishing, 2016, S. 59–74. ISBN: 978-3-319-32156-1. DOI: https://doi.org/10.1007/978-3-319-32156-1_5.

[Brä07]   M. BRÄUER: *Design and Prototypical Implementation of a Pivot Model as Exchange Format for Models and Metamodels in a QVT/OCL Development Environment*. Diss. TU Dresden, 2007. URL: http://dresden-ocl.sourceforge.net/gbbraeuer/thesis/pdf/beleg.pdf.

[Bro10]   M. BROY: *Cyber-Physical Systems*. Hrsg. von M. BROY. Berlin, Heidelberg: Springer Berlin Heidelberg, 2010, S. 1–141. ISBN: 978-3-642-14498-1. DOI: https://doi.org/10.1007/978-3-642-14901-6.

[BRT+16] T. BANGEMANN, M. RIEDL, M. THRON u. a.: *Integration of Classical Components into Industrial Cyber-Physical Systems*. In: **Proceedings of the IEEE** 104.5 (2016), S. 947–959. ISSN: 15582256. DOI: https://doi.org/10.1109/JPROC.2015.2510981.

[BSW00]   R. BERNHARDT, G. SCHRECK und C. WILLNOW: *Virtual robot controller (VRC) interface*. In: (2000), S. 115–120.

[Büc14]   A. BÜCKEN: *Automatische Modellierung von Waldlandschaften für virtuelle Welten und mobile Roboter*. Diss. RWTH Aachen University, 2014.

[Büc17]   A. BÜCKEN: *Studie zur Waldwachstumssimulation*. Aachen, 2017.

[Bun12]   BUNDESMINISTERIUM FÜR WIRTSCHAFT UND TECHNOLOGIE: *Für eine zukunftsfähige deutsche Raumfahrt – Die Raumfahrtstrategie der Bundesregierung*. Techn. Ber. 2012. URL: https://www.bmwi.de/Redaktion/DE/Publikationen/Technologie/zukunftsfaehige-deutsche-raumfahrt.pdf.

[Bun20]   BUNDESMINISTERIUM FÜR WIRTSCHAFT UND ENERGIE: *Glossar Industrie 4.0*. 2020. URL: https://www.plattform-i40.de/PI40/Navigation/DE/Industrie40/Glossar/glossar.html.

[Bun73]   M. BUNGE: *Method, Model and Matter*. Dordrecht: Springer Netherlands, 1973. ISBN: 978-94-010-2521-8. DOI: https://doi.org/10.1007/978-94-010-2519-5.

[Bus12]   M. BUSCH: *Zur effizienten Kopplung von Simulationsprogrammen*. Diss. 2012, S. 173. ISBN: 9783862192960. URL: https://www.uni-kassel.de/upress/online/frei/978-3-86219-296-0.volltext.frei.pdf.

[Bus20]   BUSINESS DICTIONARY: *Digitalization*. 2020. URL: https://www.businessdictionary.com/definition/digitalization.html.

[BVZ15]   BITKOM, VDMA und ZVEI: *Umsetzungsstrategie Industrie 4.0. – Ergebnisbericht der Plattform Industrie 4.0*. Techn. Ber. April. 2015,

S. 100. URL: https://www.plattform-i40.de/IP/Redaktion/DE/Downloads/Publikation/umsetzungsstrategie-2015.html.

[CD70] R. W. COTTLE und G. B. DANTZIG: *A generalization of the linear complementarity problem.* In: **Journal of Combinatorial Theory 8.1** (1970), S. 79–90. ISSN: 00219800. DOI: https://doi.org/10.1016/S0021-9800(70)80010-2.

[Cic19] T. CICHON: *Der Digitale Zwilling als Mediator zwischen Mensch und Maschine.* Diss. RWTH Aachen University, 2019. DOI: https://doi.org/10.18154/RWTH-2020-01645.

[CM] CM LABS SIMULATIONS: *Vortex Studio.* URL: https://www.cm-labs.com/vortex-studio/.

[CNC] CNCSIMULATOR.COM: *CNCSimulator.* URL: https://cncsimulator.info/.

[CO19] K. COSTELLO und G. OMALE: *Gartner Survey Reveals Digital Twins Are Entering Mainstream Use.* 2019. URL: https://www.gartner.com/en/newsroom/press-releases/2019-02-20-gartner-survey-reveals-digital-twins-are-entering-mai.

[COM18] COMSOL INC.: *COMSOL Multiphysics.* 2018. URL: https://www.comsol.com.

[Con] CONTROLLAB PRODUCTS B.V.: *20-sim Homepage.* URL: https://www.20sim.com/.

[CS15] T. CICHON und C. SCHLETTE: *Deliverable D4.1 Virtual Testbed Concept.* Aachen, 2015.

[Cyb] CYBERBOTICS LTD.: *Webots.* URL: https://www.cyberbotics.com/.

[Dah19] U. DAHMEN: *Beispiel für einen MBSE-Prozess.* Aachen, 2019.

[Dah23] U. DAHMEN: *Verifikation und Validierung technischer Systeme mit Digitalen Zwillingen.* Diss. RWTH Aachen University, 2023.

[Das] DASSAULT SYSTEMES DEUTSCHLAND GMBH: *SIMULA Simpack.* URL: https://www.simpack.com/.

[Das18] DASSAULT SYSTÈMES: *Dymola.* 2018. URL: https://www.3ds.com/de/produkte-und-services/catia/produkte/dymola/.

[Dav92] P. K. DAVIS: *Generalizing concepts and methods of verification, validation, and accreditation (VV&A) for military simulations.* Techn. Ber. Santa Monica: RAND National Defense Research Institute, 1992. URL: https://www.rand.org/content/dam/rand/pubs/reports/2006/R4249.pdf.

[DeG04] M. H. DEGROOT: *Optimal Statistical Decisions.* Hoboken, NJ, USA: John Wiley & Sons, Inc., 2004. ISBN: 9780471729006. DOI: https://doi.org/10.1002/0471729000.

[Dem15] P. DEMERATH: *Dynamische Bahnplanung für unteraktuierte autonome Unterwasserfahrzeuge.* Masterarbeit. Institut für Mensch-Maschine-Interaktion, RWTH Aachen University, 2015.

[Den07] G. DENG: *Simulation-Based Optimization.* Diss. University of Wisconsin – Madison, 2007, S. 248. URL: https://link.springer.com/10.1007/978-1-4899-7491-4.

[Dep09] DEPARTMENT OF DEFENSE: *DoD Modeling and Simulation (M&S) Verification, Validation, and Accreditation (VV&A).* In: **Defense Technical Information Center** 5000 (2009). URL: https://www.esd.whs.mil/Portals/54/Documents/DD/issuances/dodi/500061p.pdf.

[Dep95]   DEPARTMENT OF DEFENSE: *Modeling and Simulation Maser Plan DoD 5000.59-P*. Washington, DC, 1995.

[DH04]   T. DE WOLF und T. HOLVOET: *Emergence and Self-Organisation: a statement of similarities and differences*. In: **Proc. of the 2nd Int. Workshop on Engineering Self** (2004), S. 96–110. URL: https://lirias.kuleuven.be/bitstream/123456789/131467/1/emso.statement.pdf.

[DIN00]   DIN DEUTSCHES INSTITUT FÜR NORMUNG E.V.: *DIN EN ISO 9241-16 – Ergonomische Anforderungen für Bürotätigkeiten mit Bildschirmgeräten – Teil 16: Dialogführung mittels direkter Manipulation*. Berlin, 2000.

[DIN03]   DIN DEUTSCHES INSTITUT FÜR NORMUNG E.V.: *DIN 8580 Fertigungsverfahren Begriffe, Einteilung*. Berlin, 2003.

[DIN11]   DIN DEUTSCHES INSTITUT FÜR NORMUNG E. V.: *DIN 32869 Technische Produktdokumentation – Dreidimensionale CAD-Modelle – Teil 1: Anforderungen an die Darstellung*. Berlin, 2011.

[DIN14]   DIN DEUTSCHES INSTITUT FÜR NORMUNG E.V.: *DIN IEC 60050-351 Internationales Elektrotechnisches Wörterbuch – Teil 351: Leittechnik*. 2014.

[DIN15]   DIN DEUTSCHES INSTITUT FÜR NORMUNG E.V.: *DIN EN ISO 9000 – Qualitätsmanagementsysteme – Grundlagen und Begriffe (ISO 9000:2015)*. Berlin, 2015.

[DIN16]   DIN DEUTSCHES INSTITUT FÜR NORMUNG E.V.: *DIN SPEC 91345 – Referenzarchitekturmodell Industrie 4.0 (RAMI4.0)*. Berlin, 2016.

[DIN19]   DIN DEUTSCHES INSTITUT FÜR NORMUNG E.V.: *DIN EN ISO 9241-110 Ergonomie der Mensch-System-Interaktion – Teil 110: Interaktionsprinzipien*. 2019.

[DIN20]   DIN DEUTSCHES INSTITUT FÜR NORMUNG E.V.: *DIN EN 62832-1 Industrielle Leittechnik – Digitale Fabrik – Teil 1: Grundlagen*. Berlin, 2020.

[DIN95]   DIN DEUTSCHES INSTITUT FÜR NORMUNG E.V.: *DIN 1319 Grundlagen der Messtechnik – Teil 1: Grundbegriffe*. 1995.

[DIN96]   DIN DEUTSCHES INSTITUT FÜR NORMUNG E.V.: *DIN 1319 Grundlagen der Messtechnik – Teil 3: Auswertung von Messungen einer einzelnen Messgröße, Messunsicherheit*. 1996.

[DIN98]   DIN DEUTSCHES INSTITUT FÜR NORMUNG E. V.: *DIN 1313 Größen*. Berlin, 1998.

[dKon17]   H. P. DE KONING: *ECSS E-10 System Engineering standards*. Techn. Ber. ESA/ESTEC, 2017.

[Dow18]   H. DOWALIL: *Grundlagen des modularen Softwareentwurfs*. München: Carl Hanser Verlag GmbH & Co. KG, 2018. ISBN: 978-3-446-45509-2.

[DP19]   A. DEUTER und F. PETHIG: *The Digital Twin Theory*. In: **Industrie 4.0 Management** 2019.1 (2019), S. 27–30. ISSN: 23649208. DOI: https://doi.org/10.30844/I40M_19-1_S27-30.

[Dra10]   R. DRATH: *Datenaustausch in der Anlagenplanung mit AutomationML*. Hrsg. von R. DRATH. Berlin, Heidelberg: Springer Berlin Heidelberg, 2010, S. 326. ISBN: 9783642046735. DOI: https://doi.org/10.1007/978-3-642-04674-2.

[DSW+16]   M. S. DE BRITO, R. STEINKE, A. WILLNER u. a.: *Towards programmable fog nodes in smart factories*. In: **Proceedings – IEEE 1st International Workshops on Foundations and Applications of Self-Systems, FAS-W 2016** (2016), S. 236–241. DOI: https://doi.org/10.1109/FAS-W.2016.57.

[Ecl]   ECLIPSE FOUNDATION: *Eclipse Modeling Framework (EMF)*. URL: https://www.eclipse.org/modeling/emf/.

[Ecl16]   ECLIPSE FOUNDATION: *ATL – a model transformation technology*. 2016. URL: https://www.eclipse.org/atl/.

[ECS10a]   ECSS: *ECSS-E-TM-10-20A Space Engineering – Product Data Exchange*. Techn. Ber. Noordwijk, Niederlande, 2010.

[ECS10b]   ECSS SECRETARIAT ESA-ESTEC REQUIREMENTS & STANDARDS DIVISION: *ECSS-E-TM-10-21A Space Engineering – System modelling and simulation*. Techn. Ber. Noordwijk, Niederlande, 2010.

[ECS11]   ECSS SECRETARIAT ESA-ESTEC REQUIREMENTS & STANDARDS DIVISION: *ECSS-E-TM-10-23A Space engineering – Space system data repository*. Techn. Ber. November. Noordwijk, Niederlande, 2011.

[ECS12]   ECSS SECRETARIAT ESA-ESTEC REQUIREMENTS & STANDARDS DIVISION: *ECSS-S-ST-00-01C ECSS System – Glossary of Terms*. Noordwijk, Niederlande, 2012.

[ECS17]   ECSS SECRETARIAT ESA-ESTEC REQUIREMENTS & STANDARDS DIVISION: *ECSS-E-ST-10C Space engineering – System engineering general requirements*. Noordwijk, Niederlande, 2017. DOI: https://doi.org/10.1142/9781860944574_0014.

[EHS06]   D. S. EVANS, A. HAGIU und R. SCHMALENSEE: *Invisible Engines, How Software Platforms Drive Innovation and Transform Industries*. Cambridge, Massachusetts, USA: The MIT Press, 2006. ISBN: 9780262050852.

[ER14]   K. EILERS und J. ROSSMANN: *Modeling an AGV Based Facility Logistics System to Measure and Visualize Performance Availability in a VR Environment*. In: **Proceedings of the 2014 Winter Simulation Conference „Exploring Big Data through Simulation" (WSC)**. Hrsg. von TOLK, DIALLO, RYZHOV u. a. Savannah, USA: Omnipress, 2014, S. 367–375. ISBN: 9781479974863.

[ER16]   M. EMDE und J. ROSSMANN: *Virtual Prototype for Robotics Applications: Laser Scanner Simulation with Adaptable Pattern*. In: **International Journal of Simulation Systems, Science & Technology (IJSSST) 17** (2016). DOI: https://doi.org/10.5013/IJSSST.a.17.34.07.

[Erl05]   K. ERLEBEN: *Stable, Robust, and Versatile Multibody Dynamics Animation*. Diss. University of Copenhagen, 2005, S. 241.

[ESB16]   H. ERNST, J. SCHMIDT und G. BENEKEN: *Betriebssysteme*. In: **Grundkurs Informatik**. Wiesbaden: Springer Fachmedien Wiesbaden, 2016, S. 301–336. ISBN: 9783658146344. DOI: https://doi.org/10.1007/978-3-658-14634-4_8.

[ESI]   ESI ITI GMBH: *SimulationX*. URL: https://www.simulationx.com/.

[Fla17]   H. FLAMME: *Deep Reinforcement Learning in 3D Simulation*. Masterarbeit. RWTH Aachen, 2017.

[FMS08]   S. FRIEDENTHAL, A. MOORE und R. STEINER: *OMG Systems Modeling Language (OMG SysML) – Tutorial*. 2008. URL: https://www.omgsysml.org/INCOSE-OMGSysML-Tutorial-Final-090901.pdf.

[For61]   J. FORRESTER: *Industrial Dynamics*. Bd. 135. Dambridge, MA.: M.I.T. Press, 1961.

[FPF99]   C. A. FELIPPA, K. C. PARK und C. FARHAT: *Center for Aerospace Structures Partitioned Analysis of Coupled*. Techn. Ber. March. 1999.

[FR99]   E. FREUND und J. ROSSMANN: *Projective Virtual Reality: Bridging the Gap between Virtual Reality and Robotics*. In: **IEEE Transactions on Robotics and Automation 15.3** (1999).

[Fra]   FRAUNHOFER-GESELLSCHAFT: *MpCCI – Multiphysics Interfaces*. URL: https://www.mpcci.de/.

[Fre11]   R. FREYMANN: *Strukturdynamik: Ein anwendungsorientiertes Lehrbuch*. 2011, S. 225. ISBN: 3642196985. DOI: https://doi.org/10.1007/978-3-642-19698-0.

[Fri11]   P. FRITZSON: *Modelica – A Cyber-Physical Modeling Language for Systems Engineering and the OpenModelica Environment*. College Park, Maryland, 2011.

[FRM99]   E. FREUND, J. ROSSMANN und M. MUELLER: *Data Storage and Flow Control in Automation Systems by means of an Active Database*. In: **Computational Intelligence for Modelling, Control & Automation**. Wien: IOS-Press, 1999.

[FRS00]   E. FREUND, J. ROSSMANN und M. SCHLUSE: *Projective virtual reality in space applications: a telerobotic ground station for a space mission*. In: **Proc. SPIE 4196, Sensor Fusion and Decentralized Control in Robotic Systems III**. Hrsg. von G. T. MCKEE und P. S. SCHENKER. Boston, 2000, S. 279–290. DOI: https://doi.org/10.1117/12.403727.

[Fu02]   M. C. FU: *Optimization for simulation: Theory vs. practice*. In: **INFORMS Journal on Computing** 14.3 (2002), S. 192–215. ISSN: 1091-9856. DOI: https://doi.org/10.1287/ijoc.14.3.192.113.

[Gar18]   GARTNER: *Gartner Glossary*. 2018. URL: https://www.gartner.com/en/information-technology/glossary/digital-twin.

[GB12]   E. GEISBERGER und M. BROY: *agendaCPS – Integrierte Forschungsagenda Cyber-Physical Systems*. Techn. Ber. München: acatech, 2012.

[GBK+16]   T. GABOR, L. BELZNER, M. KIERMEIER u. a.: *A Simulation-based Architecture for Smart Cyber-Physical Systems*. In: **2016 IEEE International Conference on Autonomic Computing, ICAC 2016**. Würzburg: IEEE, 2016, S. 374–379. ISBN: 9781509016532. DOI: https://doi.org/10.1109/ICAC.2016.29.

[GE 18]   GE DIGITAL: *What is a digital twin?* 2018. URL: https://www.ge.com/digital/applications/digital-twin.

[GEH+11]   E. GEISBERGER, J. ENCARNACAO, O. HERZOG u. a.: *Cyber-Physical Systems – Innovationsmotor für Mobilität, Gesundheit, Energie und Produktion*. acatech – Deutsche Akademie der technikwissenschaften, 2011, S. 1–45. ISBN: 978-3-642-27567-8. URL: https://www.acatech.de/wp-content/uploads/2018/03/POSITION_CPS_NEU_WEB_120130_final.pdf.

[Gho19]   P. GHOSH: *Fundamentals of Digital Twins*. 2019. URL: https://www.dataversity.net/fundamentals-of-digital-twins/.

[GJN+11]   P. GRAY, B. JOHANSEN, J. NUNAMAKER u. a.: *GDSS Past, Present, and Future*. In: **Decision Support: An Examination of the DSS Discipline**. Hrsg. von D. SCHUFF, D. PARADICE, F. BURSTEIN u. a. New York, NY: Springer New York, 2011, S. 1–24. ISBN: 978-1-4419-6181-5. DOI: https://doi.org/10.1007/978-1-4419-6181-5_1.

[GJP+05]   J. GRZYWNA, A. JAIN, J. PLEW u. a.: *Rapid Development of Vision-Based Control for MAVs through a Virtual Flight Testbed*. In: **Proceedings of the 2005 IEEE International Conference on Robotics and Automation**. IEEE, 2005,

S. 3696–3702. ISBN: 0-7803-8914-X. DOI: https://doi.org/10.1109/ROBOT. 2005.1570683.

[GLL12] J. GAUSEMEIER, G. LANZA und U. LINDEMANN, Hrsg.: *Produkte und Produktionssysteme integrativ konzipieren*. München: Carl Hanser Verlag GmbH & Co. KG, 2012. ISBN: 978-3-446-42825-6. DOI: https://doi.org/10.3139/ 9783446429857.

[Glö14] M. GLÖCKLER: *Simulation mechatronischer Systeme*. Wiesbaden: Springer Fachmedien Wiesbaden, 2014, S. 296. ISBN: 978-3-658-05383-3. DOI: https:// doi.org/10.1007/978-3-658-05384-0.

[GM71] G. A. GORRY und M. S. MORTON: *A Framework for Management Information Systems*. In: **Sloan Management Review 13.1** (1971), S. 49–61. URL: https://www.researchgate.net/publication/38008090_A_framework_ for_management_information_systems.

[GPvdB+94] M. GYSSENS, J. PAREDAENS, J. VAN DEN BUSSCHE u. a.: *A graph-oriented object database model*. In: **IEEE Transactions on Knowledge and Data Engineering 6.4** (1994), S. 572–586. ISSN: 10414347. DOI: https://doi.org/ 10.1109/69.298174.

[GR21] E. GUIFFO KAIGOM und H.-J. ROSSMANN: *Value-Driven Robotic Digital Twins in Cyber-Physical Applications*. In: **IEEE transactions on industrial informatics 17.5** (2021). Date of Publication: 21 July 2020, S. 3609–3619. ISSN: 1941-0050. DOI: https://doi.org/10.1109/TII.2020.3011062.

[Gra01] T. GRAMS: *Modellbildung und Simulation*. In: **Informatik für Ingenieure kompakt**. Wiesbaden: Vieweg+Teubner Verlag, 2001, S. 305–336. DOI: https:// doi.org/10.1007/978-3-322-86798-8_9.

[Gri05] M. W. GRIEVES: *Product lifecycle management: the new paradigm for enterprises*. In: **International Journal of Product Development** 2.1/2 (2005), S. 71–84. URL: https://econpapers.repec.org/RePEc:ids:ijpdev:v:2:y:2005:i:1/2: p:71-84.

[Gri11] M. GRIEVES: *Virtually Perfect*. Cocoa Beach, Florida: Space Coast Press, LLC, 2011. ISBN: 9780982138007.

[Gri14] M. GRIEVES: *Digital Twin: Manufacturing Excellence through Virtual Factory Replication – A Whitepaper*. Techn. Ber. 2014. URL: https://www. researchgate.net/publication/275211047_Digital_Twin_Manufacturing_ Excellence_through_Virtual_Factory_Replication.

[Gri16] I. GRIGORYEV: *AnyLogic 7 in Three Days*. 2016, S. 256. ISBN: 150893374X. DOI: https://doi.org/10.1007/s007690000247.

[Gro99] D. C. GROSS: *Report from the Fidelity Implementation Study Group*. In: **Simulation Interoperability Standards Organization – Simulation Interoperability Workshop** (1999), S. 1–88. URL: https://www.sisostds.org/ DigitalLibrary.aspx?Command=Core_Download&EntryId=32793.

[GS03] J. GREENFIELD und K. SHORT: *Software Factories – Assembling Applications with Patterns, Models, Frameworks and Tools*. In: **OOPSLA '03 Companion of the 18th annual ACM SIGPLAN conference on Object-oriented programming, systems, languages, and applications** (2003), S. 16–27. ISSN: 16113349. DOI: https://doi.org/10.1145/949344.949348.

[GS12]   E. GLAESSGEN und D. STARGEL: *The Digital Twin Paradigm for Future NASA and U.S. Air Force Vehicles*. In: **53rd AIAA/ASME/ASCE/AHS/ASC Structures, Structural Dynamics and Materials Conference** (2012), S. 1–14. ISSN: 02734508. DOI: https://doi.org/10.2514/6.2012-1818.

[GTA+19]   M. GOPPOLD, S. TACKENBERG, A. ATANASYAN u. a.: *Systemkonzept und Modellierung beruflicher Handlungen im FeDiNAR-AR-Lernsystem*. In: **22. Workshop GeneMe'19 – Gemeinschaften in neuen Medien. Erforschung der digitalen Transformation in Wissenschaft, Wirtschaft, Bildung und öffentlicher Verwaltung**. Hrsg. von T. KÖHLER, E. SCHOOP und N. KAHNWALD. Dresden: TUDpress-Verlag der Wissenschaften, 2019. URL: https://tud.qucosa.de/api/qucosa%3A36456/attachment/ATT-0/.

[GTB+17]   C. GOMES, C. THULE, D. BROMAN u. a.: *Co-simulation: State of the art*. In: **arXiv** (2017). ISSN: 23318422. arXiv: 1702.00686.

[GV17]   M. GRIEVES und J. VICKERS: *Digital Twin: Mitigating Unpredictable, Undesirable Emergent Behavior in Complex Systems*. In: **Transdisciplinary Perspectives on Complex Systems: New Findings and Approaches**. Hrsg. von F.-J. KAHLEN, S. FLUMERFELT und A. ALVES. CHAM, SWITZERLAND: Springer International Publishing, 2017, S. 85–113. ISBN: 978-3-319-38756-7. DOI: https://doi.org/10.1007/978-3-319-38756-7_4.

[HA18]   S. HAAG und R. ANDERL: *Digital twin – Proof of concept*. In: **Manufacturing Letters 15** (2018), S. 64–66. ISSN: 22138463. DOI: https://doi.org/10.1016/j.mfglet.2018.02.006.

[Har05]   S. HARTMANN: *The World as a Process: Simulations in the Natural and Social Sciences*. 2005. URL: https://philsci-archive.pitt.edu/2412/.

[Har87]   D. HAREL: *Statecharts: A Visual Formalism for Complex Systems*. In: **Science of Computer Programming 8** (1987), S. 231–274.

[Har95]   S. HARTMANN: *Simulation*. In: **Enzyklopädie Philosophie und Wissenschaftstheorie**. Hrsg. von J. MITTELSTRASS. Stuttgart: J.B. Metzler, 1995, Bd. 3, 807–809.

[HBF20]   C. HÄRLE, M. BARTH und A. FAY: *Simulationsmodellgenerierung im modularen Maschinen- und Anlagenbau – Assistenzsystem zur automatischen Komposition und Konfiguration von Co- Simulationen*. In: **atp magazin** 62.9 (2020), S. 72–79. ISSN: 2364-3137. DOI: https://doi.org/10.17560/atp.v62i9.2504.

[Hed13]   U. HEDSTÜCK: *Simulation diskreter Prozesse. Methoden und Anwendungen*. 2013, S. 235. ISBN: 9783642348709. DOI: https://doi.org/10.1007/978-3-642-34871-6_2.

[Hei16]   T. HEIDENBLUT: *Entwicklung eines Assistenzsystems für Sportereignisse*. Bachelorarbeit. Institut für Mensch-Maschine-Interaktion, RWTH Aachen University, 2016.

[Hei19]   *Umsetzungsstrategie Wald und Holz 4.0*. Techn. Ber. Dortmund: Kompetenzzentrum Wald und Holz 4.0, 2019. URL: https://www.kwh40.de/wp-content/uploads/2020/03/Umsetzungsstrategie_Wald_und_Holz_4.0_v1.0.pdf.

[Hen61]   HENRY M. PAYNTER: *Analysis and design of engineering systems*. Boston: M.I.T. Press, 1961. ISBN: 0-262-16004-8.

[Her07]   R. HERRLER: *Agentenbasierte Simulation zur Ablaufoptimierung in Kran-kenhäusern und anderen verteilten, dynamischen Umgebungen*. Diss. Julius-Maximilians-Universität Würzburg, 2007.

[Hil03]   K. HILKER: *Prozessorientierte Handlungsplanung für Mehragentensysteme*. Diss. Universität Dortmund, 2003. ISBN: 383222310X.

[HJC+08] T. HUNTSBERGER, A. JAIN, J. CAMERON u. a.: *Characterization of the ROAMS simulation environment for testing rover mobility on sloped terrain*. In: **International Symposium on Artificial Intelligence, Robotics, and Automation in Space** (2008). URL: https://www.researchgate.net/publication/228784272_Characterization_of_the_ROAMS_Simulation_Environment_for_Testing_Rover_Mobility_on_Sloped_Terrain.

[Hof15]   J. HOFFMANN: *Taschenbuch der Messtechnik*. München: Carl Hanser Verlag GmbH & Co. KG, 2015. ISBN: 978-3-446-44271-9. DOI: https://doi.org/10.3139/9783446445116.

[Hop17]   M. HOPPEN: *Data Management for eRobotics Applications*. Thesis. RWTH Aachen, 2017.

[Hop20a] M. HOPPEN:*Forest Modeling Language 4.0*. Techn. Ber. Dortmund: Kompetenzzentrum Wald und Holz 4.0, 2020. URL: https://www.kwh40.de/wp-content/uploads/2020/03/KWH40-Standpunkt-fml40-Version-1.0.pdf.

[Hop20b] M. HOPPEN: *Smart Systems Service Infrastructure ($S^3 I$)*. Techn. Ber. Dortmund: Kompetenzzentrum Wald und Holz 4.0, 2020. URL: https://www.kwh40.de/wp-content/uploads/2020/04/KWH40-Standpunkt-S3I-v2.0.pdf.

[Hop21]   M. HOPPEN: *ForestGML zur Waldbeschreibung*. Techn. Ber. Dortmund: Kompetenzzentrum Wald und Holz 4.0, 2021. URL: https://www.kwh40.de/wp-content/uploads/2020/03/KWH40Spezifikation_ForestGML-v1.0.pdf.

[HR14]   N. HEMPE und J. ROSSMANN: *CFD Simulation and Comprehensive Data Visualization in eRobtoics Systems for Storm Damage Prevention in Forest Planning*. In: **EMS 2014 – UKSim-AMSS 8th European Modelling Symposium on Computer Modelling and Simulation**. Hrsg. von Al-Dabass, Colla, Vannucci u. a. Pisa, Italy, 2014, S. 348–353.

[HSR+12] M. HOPPEN, M. SCHLUSE, J. ROSSMANN u. a.: *Database-Driven Distributed 3D Simulation*. In: **Proceedings of the Winter Simulation Conference (WSC 2012)**. Hrsg. von LAROQUE, HIMMELSPACH, PASUPATHY u. a. Berlin: IEEE, 2012, 411:1–411:12. DOI: https://doi.org/10.1109/WSC.2012.6464977.

[IBM]   IBM: *Digital twin: Helping machines tell their story*. URL: https://www.ibm.com/internet-of-things/trending/digital-twin.

[IEE10]   IEEE: *IEEE Standard for Modeling and Simulation (M&S) High Level Architecture (HLA)– Framework and Rules – Redline*. In: **IEEE Std 1516-2010 (Revision of IEEE Std 1516-2000) – Redline** (2010), S. 1–38. DOI: https://doi.org/10.1109/IEEESTD.2010.5953411.

[IEE90a] IEEE: *IEEE 610.12-1990 Standard Computer Dictionary. A Compilation of IEEE Standard Computer Glossaries*. New York, NY, 1990. DOI: https://doi.org/10.1109/IEEESTD.1991.106963.

[IEE90b] IEEE: *IEEE Standard Glossary of Software Engineering Terminology*. New York, 1990. DOI: https://doi.org/10.1109/IEEESTD.1990.101064.

[IEE93]   IEEE: *IEEE Standard for Information Technology – Protocols for Distributed Interactive Simulation Applications–Entity Information and Interaction.* In: **IEEE Std** 1278-1993 (1993), S. 1–64. DOI: https://doi.org/10.1109/IEEESTD. 1993.115125.

[INC14]   INCOSE: *Systems Engineering Vision 2025.* Techn. Ber. 2014. URL: https://www.incose.org/docs/default-source/se-vision-2025/se-vision-2025/incose-se-vision-2025.pdf?sfvrsn=602663c7_2.

[INC17]   INCOSE: *The International Council on Systems Engineering (INCOSE).* 2017. URL: https://www.incose.org/.

[Int07]   INTERNATIONAL COUNCIL ON SYSTEMS ENGINEERING: *Systems Engineering Vision 2020.* In: **Systems Engineering** September (2007). URL: http://www.ccose.org/media/upload/SEVision2020_20071003_v2_03.pdf.

[Ise08]   R. ISERMANN: *Mechatronische Systeme.* 1282. Berlin, Heidelberg: Springer Berlin Heidelberg, 2008. ISBN: 978-3-540-32336-5. DOI: https://doi.org/10.1007/978-3-540-32512-3.

[ISO11]   ISO/IEC/IEEE: *ISO/IEC/IEEE 42010 Systems and software engineering – Architecture description.* Genf, 2011.

[ISO12]   ISO: *ISO 26262-10:2012, Road vehicles – Functional safety – Part 10: Guideline on ISO 26262.* Techn. Ber. 2012. URL: https://www.iso.org/obp/ui/#iso:std:iso:26262:-10:ed-1:v1:en.

[ISO13]   ISO 16290: *Space systems – Definition of the Technology Readiness Levels (TRLs) and their criteria of assessment.* In: 2013 (2013). ISSN: 1545-0279. DOI: https://doi.org/10.5594/J09750.

[ISO15]   ISO/IEC/IEEE: *ISO/IEC/IEEE 15288 Systems and software engineering – System life cycle processes.* Genf, 2015.

[ISO16]   ISO: *ISO 6385:2016 Ergonomics principles in the design of work systems.* 2016. DOI: https://doi.org/10.1007/s11367-011-0297-3.

[ISO19]   ISO COPYRIGHT OFFICE: *ISO/TS 18101-1 Automation systems and integration – Oil and gas interopability – Part 1: Overiew and fundamental principles.* Vernier, Geneva, 2019.

[ISO94a]   ISO: *ISO 10303-1 Industrial automation systems and integration – Product data representation and exchange – Part 1: Overview and fundamental principles.* Genf, 1994.

[ISO94b]   ISO/IEC: *ISO/IEC 7498-1 Information technology – Open Systems Interconnection – Basic Reference Model: The Basic Model.* Genf, 1994. DOI: https://doi.org/10.1109/IEEESTD.2010.5733835.

[Jan04]   H. JANOCHA, Hrsg.: *Actuators.* Berlin, Heidelberg: Springer Berlin Heidelberg, 2004. ISBN: 978-3-642-08266-5. DOI: https://doi.org/10.1007/978-3-662-05587-8.

[Joc14]   G. JOCHMANN: *Die autonome Forstmaschine – interne Dokumentation.* Dortmund, 2014.

[Joh04]   P. JOHNSON-LAIRD: *The history of mental models.* In: **Psychology of Reasoning: Theoretical and Historical Perspective.** Hrsg. von K. MANKTELOW und M. C. CHUNG. Routledge, 2004. Kap. 8. ISBN: 9780203506936. DOI: https://doi.org/10.4324/9780203506936.

[Jun11]   T. JUNG: *Methoden der Mehrkörperdynamiksimulation als Grundlage reali-tätsnaher Virtueller Welten.* Diss. RWTH Aachen University, 2011.

[Jun14]   P. JUNGLAS: *Praxis der Simulationstechnik – Eine Einführung in signal- und objektorientierte Methoden.* Haan-Gruiten: Europa-Lehrmittel, Nourney, Voll-mer GmbH, 2014. ISBN: 978-3-8085-5776-1.

[Kal07]   M. KALTENBACHER: *Numerical Simulation of Mechatronic Sensors and Actua-tors.* Berlin, Heidelberg: Springer Berlin Heidelberg, 2007. ISBN: 978-3-540-71359-3. DOI: https://doi.org/10.1007/978-3-540-71360-9.

[KE16]   S. KADRY und A. EL HAMI, Hrsg.: *E-Systems for the 21st century: Con-cept, developments, and applications.* Apple Academic Press, 2016. ISBN: 9781771882552.

[KH04]   N. KOENIG und a. HOWARD: *Design and use paradigms for Gazebo, an open-source multi-robot simulator.* In: **2004 IEEE/RSJ International Conference on Intelligent Robots and Systems (IROS) (IEEE Cat. No.04CH37566)** 3 (2004), S. 2149–2154. DOI: https://doi.org/10.1109/IROS.2004.1389727.

[KKT+18]   W. KRITZINGER, M. KARNER, G. TRAAR u. a.: *Digital Twin in manufacturing: A categorical literature review and classification.* In: **IFAC-PapersOnLine** 51.11 (2018), S. 1016–1022. ISSN: 24058963. DOI: https://doi.org/10.1016/j.ifacol.2018.08.474.

[KLW11]   H. KAGERMANN, W.-D. LUKAS und W. WAHLSTER: *Industrie 4.0: Mit dem Internet der Dinge auf dem Weg zur 4. industriellen Revo-lution.* 2011. URL: https://www.vdi-nachrichten.com/Technik-Gesellschaft/Industrie-40-Mit-Internet-Dinge-Weg-4-industriellen-Revolution.

[KM07]   B. KUEHNE und P. MARTZ: *OpenSceneGraph Reference Manual.* 1st. The OpenSceneGraph Programming Series, Blue Newt Software & Matrix Soft-ware, Ann Arbor, US & Louisville, 2007.

[KR10]   P. KRAHWINKLER und J. ROSSMANN: *Analysis of Hyperspectral and High-Resolution Data for Tree Species Classification.* In: **ASPRS Annual Con-ference Opportunities for Emerging Geospatial Technologies**. San Diego, CA: American Society for Photogrammetry und Remote Sensing (Mira Digital Publishing), 2010, 47 ff.

[KR19]   D. KAUFMANN und H.-J. ROSSMANN: *Integration of structural simulations into a real-time capable Overall System Simulation for complex mechatronic systems.* In: **International journal of modeling, simulation, and scientific computing** 10.02 (2019), S. 1940002. ISSN: 1793-9623. DOI: https://doi.org/10.1142/S1793962319400026.

[Kra13]   P. KRAHWINKLER: *Machine learning based classification for semantic world modeling: support vector machine based decision tree for single tree level forest species mapping.* Diss. RWTH Aachen, 2013.

[KRR17a]   D. KAUFMANN, M. RAST und H.-J. ROSSMANN: *Bridging the Gap bet-ween Overall System Simulation and Finite Element Analysis – An eRobotics Approach.* In: **Proceedings of ASTRA**. 14. Symposium on Advanced Space Technologies in Robotics und Automation, Leiden (Netherlands), 20 Jun 2017–22 Jun 2017. ESA ASTRA, 2017, 8 Seiten. URL: https://publications.rwth-aachen.de/record/695972.

[KRR17b]   D. KAUFMANN, M. RAST und J. ROSSMANN: *Implementing a New Approach for Bidirectional Interaction between a Real-time Capable Overall System Simulation and Structural Simulations – Completion of the Virtual Testbed with Finite Element Analysis*. In: **Proceedings ofthe 7th International Conference on Simulation and Modeling Methodologies, Technologies and Applications (SIMULTECH 2017)**. SCITEPRESS, 2017, S. 978–989. ISBN: 9789897582653.

[Krz16]   B. KRZANICH: *Data is the New Oil in the Future of Automated Driving*. 2016. URL: https://newsroom.intel.com/editorials/krzanich-the-future-of-automated-driving/.

[KS00]   R. KÜBLER und W. SCHIEHLEN: *Two Methods of Simulator Coupling*. In: **Mathematical and Computer Modelling of Dynamical Systems** 6.2 (2000), S. 93–113. ISSN: 1387-3954. DOI: https://doi.org/10.1076/1387-3954(200006)6:2;1-M;FT093.

[KSS+18]   K. KÜBLER, S. SCHEIFELE, C. SCHEIFELE u. a.: *Model-Based Systems Engineering for Machine Tools and Production Systems (Model-Based Production Engineering)*. In: **Procedia Manufacturing** 24 (2018), S. 216–221. ISSN: 23519789. DOI: https://doi.org/10.1016/j.promfg.2018.06.036.

[KSZ+14]   W. D. KELTON, R. P. SADOWSKI, N. B. ZUPICK u. a.: *Simulation with Arena*. 6th. Irwin Industrial Engineering, 2014, S. 656. ISBN: 978-0073376288.

[KTK+19]   G.-D. KAPOS, A. TSADIMAS, C. KOTRONIS u. a.:*A Declarative Approach for Transforming SysML Models to Executable Simulation Models*. In: **IEEE Transactions on Systems, Man, and Cybernetics: Systems** (2019), S. 1–16. ISSN: 2168-2216. DOI: https://doi.org/10.1109/tsmc.2019.2922153.

[Kuh17a]   T. KUHN: *Digitaler Zwilling*. 2017. URL: https://gi.de/informatiklexikon/digitaler-zwilling/.

[Kuh17b]   T. KUHN: *Digitaler Zwilling*. In: **Informatik-Spektrum** 40.5 (2017), S. 440–444. ISSN: 0170-6012. DOI: https://doi.org/10.1007/s00287-017-1061-2.

[KUK17]   KUKA AG: *KUKA.Sim*. 2017. URL: https://www.kuka.com/de-de/produkte-leistungen/robotersysteme/software/planung-projektierung-service-sicherheit/kuka_sim.

[L3P]   L3PILOT CONSORTIUM: *L3Pilot Driving Automation*. URL: https://l3pilot.eu.

[LBK15]   J. LEE, B. BAGHERI und H. A. KAO: *A Cyber-Physical Systems architecture for Industry 4.0-based manufacturing systems*. In: **Manufacturing Letters** 3.October 2017 (2015), S. 18–23. ISSN: 22138463. DOI: https://doi.org/10.1016/j.mfglet.2014.12.001.

[LBS15]   W. LANGE, M. BOGDAN und T. SCHWEIZER: *Eingebettete Systeme: Entwurf, Modellierung und Synthese*. De Gruyter Studium. De Gruyter, 2015. ISBN: 9783110374865.

[Lee08]   E. A. LEE: *Cyber Physical Systems: Design Challenges*. Techn. Ber. Berkeley: EECS Department, University of California, 2008. URL: https://www.eecs.berkeley.edu/Pubs/TechRpts/2008/EECS-2008-8.html.

[Len15]   J. LENHARD: *Mit allem rechnen. Zur Philosophie der Computersimulation*. de Gruyter, 2015. ISBN: 9783110401370.

[LM02]   A. M. LAW und M. G. MCCOMAS: *2002: Simulation-Based Optimization*. In: **Proceedings of the 2002 Winter Simulation Conference**. Hrsg. von E. Yücesan, C.-H. Chen, J. L. Snowdon u. a. 2002.

[Lop15]   M. L. LOPER, Hrsg.: *Modeling and Simulation in the Systems Engineering Life Cycle*. Simulation Foundations, Methods and Applications. London: Springer London, 2015. ISBN: 978-1-4471-5633-8. DOI: https://doi.org/10.1007/978-1-4471-5634-5.

[LPK+16]   S. LEVINE, P. PASTOR, A. KRIZHEVSKY u. a.: *Learning Hand-Eye Coordination for Robotic Grasping with Deep Learning and Large-Scale Data Collection*. In: (2016). ISSN: 0278-3649. DOI: https://doi.org/10.1177/0278364917710318.

[LR17]   D. LOSCH und J. ROSSMANN: *Simulation-based analysis of mechanized wood harvest operations*. In: **2017 4th International Conference on Industrial Engineering and Applications, ICIEA 2017** (2017), S. 5–9. DOI: https://doi.org/10.1109/IEA.2017.7939168.

[LR18]   D. LOSCH und H.-J. ROSSMANN: *Utilizing Timber Harvest Simulation as a Tool for Education*. In: **SIMUL 2018: the Tenth International Conference on Advances in System Simulation: October 14-18, 2018, Nice, France / IARIA; SIMUL 2018 editors: Arash Ramezani (The Helmut Schmidt University, Germany)**. ISBN 978-1-61208-672-9 Editor: Arash Ramezani (SIMUL2018 – Teilkonferenz der SoftNet2018)ISBN 978-1-61208-086-4 (SoftNet2018), 10. International Conference on Advances in System Simulation, Nice (France), 14 Oct 2018–18 Oct 2018. [Wilmington, DE, USA]: IARIA, 2018, S. 17–22. URL: https://publications.rwth-aachen.de/record/748991.

[LS11]   E. A. LEE und S. A. SESHIA: *Intro to Embedded Systems – A Cyber-Physical System approach*. LeeSeshia.org, 2011. ISBN: 9780557708574.

[LSM19]   S.-W. LIN, E. SIMMON und S. MELLOR: *The Industrial Internet of Things – Volume G1: Reference Architecture*. 2019. URL: https://www.iiconsortium.org/pdf/IIRA-v1.9.pdf.

[LSW+07]   Y. LEI, L. SONG, W. WANG u. a.: *A metamodel-based representation method for reusable simulation model*. In: **2007 Winter Simulation Conference**. Washington, DC: IEEE, 2007, S. 851–858. ISBN: 1424413060.

[Ltd21]   b. I. LTD: *Industry Foundation Classes (IFC)*. 2021. URL: https://technical.buildingsmart.org/standards/ifc/.

[LW12]   B. LOTTER und H.-P. WIENDAHL: *Montage in der industriellen Produktion*. Hrsg. von B. LOTTER und H.-P. WIENDAHL. Berlin, Heidelberg: Springer Berlin Heidelberg, 2012. ISBN: 978-3-642-29060-2. DOI: https://doi.org/10.1007/978-3-642-29061-9.

[LZ07]   E. a. LEE und H. ZHENG: *Leveraging synchronous language principles for heterogeneous modeling and design of embedded systems*. In: **Design** (2007), S. 114–123. DOI: https://doi.org/10.1145/1289927.1289949.

[Mar97]   J. N. MARTIN: *Systems engineering guidebook: a process for developing systems and products*. CRC Press, 1997, S. 281. ISBN: 9780849378379.

[McL68]   J. MCLEOD: *Simulation; the dynamic modeling of ideas and systems with computers*. New York: McGraw-Hill, 1968, S. 351.

[Mey14]   L. MEYER: *Unterstütztes Führen eines Fahrzeugs mit mehreren Anhängern.* Masterarbeit. RWTH Aachen, 2014.

[MF19]   MICROSOFT und FROST & SULLIVAN: *Connected Product Innovation.* Santa Clara, 2019.

[MG00]   G. MÜLLER und C. GROTH: *FEM für Praktiker. Bd. 1. Grundlagen.* 5. Aufl. Renningen-Malmsheim: expert-Verlag, 2000. ISBN: 3-8169-1857-3.

[Mic12]   MICROSOFT: *Microsoft Robotics Developer Studio.* 2012. URL: https://msdn. microsoft.com/en-us/library/bb648760.aspx.

[Mic17]   MICROSOFT: *The Process Digital Twin: A step towards operational excellence.* In: December (2017), S. 10. URL: https://info.microsoft.com/rs/157-GQE-382/images/Digital%20Twin%20Vision.pdf.

[MKK+18]   M. D. MAIO, G.-D. KAPOS, N. KLUSMANN u. a.: *Closed-Loop Systems Engineering (CLOSE): Integrating Experimentable Digital Twins with the Model-Driven Engineering Process.* In: **2018 IEEE International Systems Engineering Symposium (ISSE)**. Rome, Italy: IEEE, 2018, S. 1–8. ISBN: 978-1-5386-4446-1. DOI: https://doi.org/10.1109/SysEng.2018.8544392.

[MM01]   J. MILLER und J. MUKERJI: *Model Driven Architecture (MDA).* Techn. Ber. OMG, 2001, S. 1–31. URL: https://www.omg.org/cgi-bin/doc?ormsc/2001-07-01.

[MMK12]   M. MORI, K. F. MACDORMAN und N. KAGEKI: *The uncanny valley.* In: **IEEE Robotics and Automation Magazine** 19.2 (2012), S. 98–100. DOI: https://doi.org/10.1109/MRA.2012.2192811.

[MML19]   A. MADNI, C. MADNI und S. LUCERO: *Leveraging Digital Twin Technology in Model-Based Systems Engineering.* In: Systems 7.1 (2019), S. 7. ISSN: 2079-8954. DOI: https://doi.org/10.3390/systems7010007.

[Mod14]   MODELICA ASSOCIATION PROJECT „FMI": *Functional Mock-up Interface for Model Exchange and Co-Simulation – version 2.0.* 2014. URL: https://fmi-standard.org/downloads/.

[Mod17]   MODELICA ASSOCIATION: *Modelica and the Modelica Association.* 2017. URL: https://www.modelica.org/.

[MRC+18]   A. MAJID, S. G. ROBERTS, L. CILISSEN u. a.: *Differential coding of perception in the world's languages.* In: **Proceedings of the National Academy of Sciences** 115.45 (2018), S. 11369–11376. ISSN: 0027-8424. DOI: https://doi.org/10.1073/pnas.1720419115.

[MSC]   MSC SOFTWARE: *MSC Software – Adams.*

[MvSB+20]   S. MALAKUTI, P. VAN SCHALKWYK, B. BOSS u. a.: *Digital twins for industrial applications.* Techn. Ber. March. Industrial Internet Consortium, 2020, S. 1–19. URL: https://hub.iiconsortium.org/portal/Whitepapers/5e95c68a34c8fe0012e7d91b.

[NAS]   NASA: *About Analog Missions.* URL: https://www.nasa.gov/analogs/what-are-analog-missions.

[Neu23]   K. NEUBAUER: *Skalierbarkeit einer Szenarien- und Template-basierten Simulation von Elektrik/Elektronik-Architekturen in reaktiven Umgebungen.* Diss. Karlsruher Institut für Technologie (KIT), 2023. 267 S. DOI: https://doi.org/10.5445/IR/1000154624.

[New15]   S. NEWMAN: *Building Microservices: Designing Fine-Grained Systems*. Sebastopol, CA: O'Reilly Media, 2015. ISBN: 978-1491950357.

[NFM17]   E. NEGRI, L. FUMAGALLI und M. MACCHI: *A Review of the Roles of Digital Twin in CPS-based Production Systems*. In: **Procedia Manufacturing** 11.June (2017), S. 939–948. ISSN: 23519789. DOI: https://doi.org/10.1016/j.promfg. 2017.07.198.

[NH20]   P. NOLL und M. HENKEL: *History and Evolution of Modeling in Biotechnology: Modeling & Simulation, Application and Hardware Performance*. In: **Computational and Structural Biotechnology Journal** 18 (2020), S. 3309–3323. ISSN: 2001-0370. DOI: https://doi.org/10.1016/j.csbj.2020.10.018.

[Nie90]   J. NIEHANS: *History of Economic Thought*. Baltimore: The John Hopkins University Press, 1990.

[NM18]   K. NORTH und R. MAIER: *Wissen 4.0 – Wissensmanagement im digitalen WandelKnowledege 4.0 – Knowledge Management in Digital Change*. In: **HMD Praxis der Wirtschaftsinformatik** 55.4 (2018), S. 665–681. ISSN: 1436-3011. DOI: https://doi.org/10.1365/s40702-018-0426-6.

[NNa]   N.N.: MANUSERV. URL: https://www.manuserv.de.

[NNb]   N.N.: *U.S. Army Corps of Engineers Bay Model*. URL: https://en.wikipedia. org/wiki/U.S._Army_Corps_of_Engineers_Bay_Model.

[NNc]   N.N.: USARSIM. URL: https://sourceforge.net/projects/usarsim/.

[NNd]   N.N.: *Wiktionary – Das freie Wörterbuch*.

[NN13]   N.N.: *Iron Bird*. 2013. URL: https://de.wikipedia.org/wiki/Iron_Bird.

[NN17a]   N.N.: *Aktor*. 2017. URL: https://de.wikipedia.org/wiki/Aktor.

[NN17b]   N.N.: *Algorithmus*. 2017. URL: https://de.wikipedia.org/wiki/Algorithmus.

[NN17c]   N.N.: *NumPy*. 2017. URL: https://www.numpy.org/.

[NN17d]   N.N.: *Ontologie (Informatik)*. 2017.

[NN17e]   N.N.: *Signal-Slot-Konzept*. 2017. URL: https://de.wikipedia.org/wiki/Signal-Slot-Konzept.

[NN18a]   N.N.: *CAP-Theorem*. 2018. URL: https://de.wikipedia.org/wiki/CAP-Theorem.

[NN18b]   N.N.: *Stabilität (Numerik)*. 2018. URL: https://de.wikipedia.org/wiki/Stabilit %C3%A4t_(Numerik).

[Nor13]   D. NORMAN: *Design of Everyday Things – Revised and Expanded Edition*. New York: Basic Books, 2013, S. 368. ISBN: 978-0-465-05065-9.

[OBU15]   M. OPPELT, M. BARTH und L. URBAS: *The Role of Simulation within the Life-Cycle of a Process Plant – Results of a global online survey*. In: March (2015). DOI: https://doi.org/10.13140/2.1.2620.7523.

[Ode00]   J. ODELL: *Agents and emergence*. In: **Journal of Object Oriented Programming** October (2000), S. 1–4. ISSN: 0896-8438. URL: http://www.jamesodell. com/DC9810JO.pdf.

[OMG]   OMG: *The OMG Systems Modeling Language (OMG SysML)*. URL: https:// www.omgsysml.org/.

[OMG16]   OMG: *Meta Object Facility (MOF) Specification v 2.4.1*. 2016. URL: https:// www.omg.org/spec/MOF/2.5.1.

[OMG18]   OMG: *OMG | Object Management Group*. 2018. URL: https://www.omg.org/.

[OPC17]   OPC: *OPC Unified Architecture (OPC UA)*. 2017. URL: https://opcfoundation.
            org/about/opc-technologies/opc-ua/.

[Ope]   OPEN SOURCE ROBOTICS FOUNDATION: *Gazebosim*.

[Ope17]   OPEN SOURCE ROBOTICS FOUNDATION: *Robot Operating System (ROS)*. 2017.
            URL: https://www.ros.org.

[Ope18]   OPEN SOURCE MODELICA CONSORTIUM (OSMC): *OpenModelica*. 2018. URL:
            https://openmodelica.org/.

[ORS+18]   T. OSTERLOH, H.-J. ROSSMANN, O. STERN u. a.: *The Virtual Testbed Approach
            towards Modular Satellite Systems*. In: **[The 69th International Astronautical
            Congress, IAC2018, 2018-10-01–2018-10-05, Bremen, Germany]**. (IAC-18-
            D1), D1. IAF SPACE SYSTEMS SYMPOSIUM. – 2018-10-04. 69. Internatio-
            nal Astronautical Congress, Bremen (Germany), 1 Oct 2018–5 Oct 2018. Inter-
            national Astronautical Federation(IAF), 2018, S. 1–11. URL: https://iafastro.
            directory/iac/paper/id/46071/summary/.

[Ost18]   T. OSTERLOH: *Simulatorstrukturen in Weltraumanwendungen – interne Doku-
            mentation*. Aachen, 2018.

[Ove18]   J. OVENDEN: *Beginner's Guide To Digital Twin Technology*. 2018.

[Pac15]   D. K. PACE: *Fidelity, Resolution, Accuracy, and Uncertainty*. In: **Modeling
            and Simulation in the Systems Engineering Life Cycle: Core Concepts and
            Accompanying Lectures**. Hrsg. von M. L. Loper. London: Springer London,
            2015, S. 29–37. ISBN: 978-1-4471-5634-5. DOI: https://doi.org/10.1007/978-
            1-4471-5634-5_3.

[Pan18]   K. PANETTA: *5 Trends Emerge in the Gartner Hype Cycle for Emerging Tech-
            nologies, 2018*. 2018. URL: https://www.gartner.com/smarterwithgartner/5-
            trends-emerge-in-gartner-hype-cycle-for-emerging-technologies-2018/.

[Paw10]   D. PAWLASZCZYK: *Skalierbare Agentenbasierte Simulation – Werkzeuge und
            Techniken zur verteilten Ausführung agentenbasierter Modelle*. Diss. Ilmenau:
            Technischen Universität Ilmenau, 2010, S. 161–163. ISBN: 9783939473596.
            DOI: https://doi.org/10.1007/s13218-010-0031-5.

[PBD02]   H. PRETZSCH, P. BIBER und J. DURSKY: *The single tree-based stand simula-
            tor SILVA: construction, application and evaluation*. In: **Forest Ecology and
            Management** 162 (2002), S. 3–21. URL: https://www.waldwachstum.wzw.
            tum.de/fileadmin/publications/535.pdf.

[PBS11]   D. J. POWER, F. BURSTEIN und R. SHARDA: *Reflections on the Past and Future
            of Decision Support Systems: Perspective of Eleven Pioneers*. In: **Decision
            Support: An Examination of the DSS Discipline**. Hrsg. von D. SCHUFF, D.
            PARADICE, F. BURSTEIN u. a. New York, NY: Springer New York, 2011, S.
            25–48. ISBN: 978-1-4419-6181-5. DOI: https://doi.org/10.1007/978-1-4419-
            6181-5_2.

[PCZ+09]   J. G. PEARCE, R. E. CROSBIE, J. J. ZENOR u. a.: *Developments and applications
            of Multi-rate simulation*. In: **11th International Conference on Computer
            Modelling and Simulation, UKSim 2009** (2009), S. 129–133. DOI: https://
            doi.org/10.1109/UKSIM.2009.23.

[Per99]   C. PERROW: *Normal accidents: living with high-risk technologies*. Princeton,
            New Jersey: Princeton University Press, 1999. ISBN: 0-691-00412-9.

[Pet13]   M. D. PETTY: *Model Verification and Validation Methods*. In: (2013), S. 1–92.

[PH14]   M. E. PORTER und J. E. HEPPELMANN: *How smart, connected products are transforming competition*. In: **Harvard Business Review** November 2014 (2014). ISSN: 00178012. URL: https://hbr.org/2014/11/how-smart-connected-products-are-transforming-competition.

[PJW+08]   P. POULAKIS, L. JOUDRIER, S. WAILLIEZ u. a.: *3DROV: A Planetary Rover Design, Simulation and Verification Tool*. In: **10th International Symposium on Artificial Intelligence, Robotics and Automation in Space**. Hollywood, 2008.

[Pla19]   PLATTFORM INDUSTRIE 4.0: *The Asset Administration Shell: Implementing Digital Twins for Use in Industrie 4.0 – Making Industrie 4.0 components interoperable*. Berlin, 2019. URL: https://www.plattform-i40.de/PI40/Redaktion/DE/Downloads/Publikation/VWSiD%20V2.0.pdf?__blob=publicationFile&v=7.

[PR18]   M. PRIGGEMEYER und J. ROSSMANN: *Simulation-based Control of Reconfigurable Robotic Workcells: Interactive Planning and Execution of Processes in Cyber-Physical Systems*. In: **ISR 2018; 50th International Symposium on Robotics**. VDE. 2018, S. 1–8.

[PS95]   J. M. PEARSON und J. P. SHIM: *An empirical investigation into DSS structures and environments*. In: **Decision Support Systems** 13.2 (1995), S. 141–158. ISSN: 01679236. DOI: https://doi.org/10.1016/0167-9236(93)E0042-C.

[PSS95]   C. D. PEGDEN, R. P. SADOWSKI und R. E. SHANNON: *Introduction to Simulation Using SIMAN*. New York: McGraw-Hill, Inc., 1995. ISBN: 0070493200.

[Pur17]   D. PURI: *Oracle's digital twin simplifies design process for complex IoT systems*. 2017. URL: https://www.networkworld.com/article/3235962/oracles-digital-twin-simplifies-design-process-for-complex-iot-systems.html.

[PW03]   M. D. PETTY und E. W. WEISEL: *A composability lexicon*. In: **Preceedings of the Spring 2003 Simulation Interopability Workshop**. 2003, S. 181–187.

[QTZ+18]   Q. QI, F. TAO, Y. ZUO u. a.: *Digital Twin Service towards Smart Manufacturing*. In: **Procedia CIRP 72** (2018), S. 237–242. ISSN: 22128271. DOI: https://doi.org/10.1016/j.procir.2018.03.103.

[Ras14]   M. RAST: *Domänenübergreifende Modellierung und Simulation als Grundlage für Virtuelle Testbeds*. Diss. RWTH Aachen, 2014.

[RBG+10]   T. ROSSNER, C. BRANDES, H. GOETZT u. a.: *Basiswissen Modellbasierter Test*. Heidelberg: dpunkt.verlag GmbH, 2010, S. 404. ISBN: 978-389864-589-8.

[RBS18]   R. ROSEN, S. BOSCHERT und A. SOHR: *Next Generation Digital Twin*. In: **atp magazin** 60.10 (2018), S. 86. ISSN: 2364-3137. DOI: https://doi.org/10.17560/atp.v60i10.2371.

[RDP+16a]   H.-J. ROSSMANN, M. DIMARTINO, M. PRIGGEMEYER u. a.: *Practical applications of simulation-based control*. In: **2016 IEEE International Conference on Advanced Intelligent Mechatronics (AIM): 12-15 July 2016**. USB-Stick. 2016 IEEE International Conference on Advanced Intelligent Mechatronics, Banff (Canada), 12 Jul 2016–15 Jul 2016. Piscataway, NJ: IEEE, 2016, S. 1376–1381. DOI: https://doi.org/10.1109/AIM.2016.7576962.

[RDP+16b]   J. ROSSMANN, M. DIMARTINO, M. PRIGGEMEYER u. a.: *Practical Applications of Simulation-Based Control*. In: **IEEE International Conference on Advan-**

ced Intelligent Mechatronics (AIM). Banff, Alberta, Canada: IEEE, 2016, S. 1376–1381. ISBN: 9781509020652.

[Rea]   REAL-TIME PHYSICS SIMULATION: *Bullet Physics Library.* URL: https://bulletphysics.org.

[Rec17]   RECONCELL CONSORTIUM: *A Reconfigurable robot workCell for fast set-up of automated assembly processes in SMEs.* 2017. URL: https://www.reconcell.eu.

[Rei15]   G. REINHART: *Digital Twin – Synchronizing Reality and Virtuality.* 2015.

[RGK10]   N. RAUCH, B. GRADENEGGER und H.-P. KRÜGER: *Das Konzept des Situationsbewusstseins und seine Implikationen für die Fahrsicherheit.* Techn. Ber. Berlin: Verband der Automobilindustrie e.V., 2010.

[RHA12]   F. RIEG, R. HACKENSCHMIDT und B. ALBER-LAUKANT: *Finite Elemente Analyse für Ingenieure.* 4. Aufl. München: Carl Hanser Verlag GmbH & Co. KG, 2012. ISBN: 978-3-446-42776-1. DOI: https://doi.org/10.3139/9783446434691.

[RHS+21]   R. ROSEN, T. HEINZERLING, P. P. SCHMIDT u. a.:*Die Rolle der Simulation im Kontext des Digitalen Zwillings – Sind Modelle der Virtuellen Inbetriebnahme Mittler zwischen den Phasen des Anlagenlebenszyklus?* In: **atp magazin** 04 (2021).

[RIC+13]   RIF INSTITUT FÜR FORSCHUNG UND TRANSFER E.V., INSTITUT FÜR MENSCH-MASCHINE-INTERAKTION, CPA REDEV GMBH u. a.: *Vorhabenbeschreibung INVIRTES – Integrierte Entwicklung komplexer Systeme mit Virtuellen Testbeds auf der Basis zentraler Weltmodelle und moderner Konzepte der eRobotik.* Dortmund, 2013.

[RJB+20]   R. ROSEN, J. JÄKEL, M. BARTH u. a.: *Simulation und digitaler Zwilling im Anlagenlebenszyklus – Standpunkte und Thesen, VDI-Statusreport Februar 2020.* Düsseldorf, 2020. URL: https://www.vdi.de/ueber-uns/presse/publikationen/details/simulation-und-digitaler-zwilling-im-anlagenlebenszyklus.

[RJB13]   J. ROSSMANN, G. JOCHMANN und F. BLUEMEL: *Semantic Navigation Maps for Mobile Robot Localization on Planetary Surfaces.* In: **12th Symposium on Advanced Space Technologies in Robotics and Automation (ASTRA 2013).** 1. ESA / ESTEC. Noordwijk, The Netherlands: ESA, 2013, S. 1–8. URL: https://robotics.estec.esa.int/ASTRA/Astra2013/Papers/rossmann_2811093_v2.pdf.

[RKA+14]   J. ROSSMANN, E. KAIGOM, L. ATORF u. a.: *Mental Models for Intelligent Systems – eRobotics Enables New Approaches to Simulation-Based AI.* In: **KI-Künstliche Intelligence, Special issue SSpace Robotics"** 2/2014.2 (2014), S. 101–110. ISSN: 0933-1875. DOI: https://doi.org/10.1007/s13218-014-0298-z.

[RKS+16]   M. RAST, A. KUPETZ, M. SCHLUSE u. a.: *Virtual Testbed for Development, Test and Validation of Modular Satellites.* In: **[13th International Symposium on Artificial Intelligence, Robotics and Automation in Space, i-SAIRAS, 2016, Beijing, Peoples R China].** 13. International Symposium on Artificial Intelligence, Robotics und Automation in Space, Beijing, China, 2016. 2016.

[RN10]   S. RUSSELL und P. NORVIG: *Artificial Intelligence – A Modern Approach.* New Jersey: Prentice-Hall, 2010, S. 1–1153. ISBN: 9780136042594. DOI: https://doi.org/10.1017/S0269888900007724.

[Rob08]   S. ROBINSON: *Conceptual modelling for simulation Part I: Definition and requirements.* In: **Journal of the Operational Research Society** 59.3 (2008),

S. 278–290. ISSN: 14769360. DOI: https://doi.org/10.1057/palgrave.jors. 2602368.

[Ros11]   J. ROSSMANN: *Transferpotenzial der Raumfahrt-Robotik: Von der Hardware zu eRobotics*. Berlin, 2011.

[Roß15]   J. ROSSMANN: *Robotik und Mensch-Maschine-Interaktion – I*. WS 2014/20. Aachen: Institut für Mensch-Maschine-Interaktion, RWTH Aachen, 2015.

[Roy70]   W. W. ROYCE: *Managing the development of large software systems*. In: **Electronics** 26.August (1970), S. 1–9. ISSN: 03784754. DOI: https://doi.org/10. 1016/0378-4754(91)90107-E.

[RS11]   J. ROSSMANN und M. SCHLUSE: *Virtual Robotic Testbeds: A Foundation for e-Robotics in Space, in Industry – and in the Woods*. In: **Proceedings of the 4th International Conference on Developments in eSystems Engineering"(DeSE) – Symposium 11: e-Ubiquitous Computing and Intelligent Living**. Hrsg. von SAAD, ABIR und E. AL. The British University in Dubai, UAE, 2011, S. 496–501. DOI: https://doi.org/10.1109/DeSE.2011.101.

[RS13]   J. ROSSMANN und M. SCHLUSE: *eRobotik für leistungsfähige, kosteneffiziente Robotik-Applikationen – Nicht nur im Produktionsumfeld*. In: **10. Fachtagung "Digitales Engineering zum Planen, Testen und Betreiben technischer Systeme", 16. IFF-Wissenschaftstage**. Hrsg. von Schenk. Magdeburg, 2013, S. 111–119.

[RS20]   H.-J. ROSSMANN und M. SCHLUSE: *Experimentierbare Digitale Zwillinge im Lebenszyklus technischer Systeme*. In: **Handbuch Industrie 4.0: Recht, Technik, Gesellschaft / Walter Frenz, Hrsg.** Springer eBook Collection. First Online: 14 December 2019. Berlin; [Heidelberg]: Springer, 2020, S. 837–859. DOI: https://doi.org/10.1007/978-3-662-58474-3_43.

[RS22]   J. ROSSMANN und M. SCHLUSE: *Life Cycle-Spanning Experimentable Digital Twins*. In: **Handbook Industry 4.0 – Law, Technology, Society**. Hrsg. von W. FRENZ. Springer, Berlin, Heidelberg, 2022. DOI: https://doi.org/10.1007/978-3-662-64448-5.

[RSB15]   J. ROSSMANN, M. SCHLUSE und A. BUECKEN: *A Geo-Simulation System*. In: **Capturing Reality Forum**. 2015.

[RSE+11]   J. ROSSMANN, C. SCHLETTE, M. EMDE u. a.: *Advanced Self-Localization and Navigation for Mobile Robots in Extraterrestrial Environments*. In: **Computer Technology and Application** 2.5 (2011), S. 344–353.

[RSH+09]   J. ROSSMANN, M. SCHLUSE, M. HOPPEN u. a.: *Integrating Semantic World Modeling, 3D-Simulation, Virtual Reality and Remote Sensing Techniques for a New Class of Interactive GIS-Based Simulation Systems*. In: **The 17th International Conference on Geoinformatics**. Fairfax, Virginia, USA, 2009, S. 1–6. ISBN: 9781424445639. DOI: https://doi.org/10.1109/GEOINFORMATICS. 2009.5293523.

[RSR+15]   J. ROSSMANN, M. SCHLUSE, M. RAST u. a.: *Integrierte Entwicklung komplexer Systeme mit modellbasierter Systemspezifikation und -simulation*. In: **Wissenschafts- und Industrieforum 2015 Intelligente Technische Systeme – 10. Paderborner Workshop Entwurf mechatronischer Systeme**. Hrsg. von GAUSEMEIER, DUMITRESCU und R. ET al. Bd. 343. HNI-Verlagsschriftenreihe.

Heinz Nixdorf MuseumsForum,Universität Paderborn: Heinz Nixdorf Institut, 2015, S. 279–290.

[RSR+16]   H.-J. ROSSMANN, M. SCHLUSE, M. RAST u. a.: *eRobotics Combining Electronic Media and Simulation Technology to Develop (Not Only) Robotics Applications*. In: **E-Systems for the 21st century: Concept, developments, and applications – Volume 2. E-Learning, E-Maintenance, E-Portfolio, E-System, and E-Voting**. Hrsg. von S. KADRY und A. EL HAMI. Bd. 2. Oakville, ON: Apple Academic Press, 2016. Kap. 10. ISBN: 9781771882552.

[RSR13]   J. ROSSMANN, M. SCHLUSE und M. RAST: *Simulation-Driven Engineering für mobile Systeme. Virtuelle Welten als Entwicklungsplattform für mobile Robotik – Von der Planetenexploration bis in den Wald*. In: **at – Automatisierungstechnik** 61.4 (2013), S. 278–289. ISSN: 01782312. DOI: https://doi.org/10.1524/auto.2013.0025.

[RSS+09]   J. ROSSMANN, M. SCHLUSE, C. SCHLETTE u. a.: *Realization of a Highly Accurate Mobile Robot System for Multi Purpose Precision Forestry Applications*. In: **The 14th International Conference on Advanced Robotics (ICAR)**. Munich: IEEE, 2009, S. 1–6.

[RSS+13]   J. ROSSMANN, M. SCHLUSE, C. SCHLETTE u. a.: *Simulation-based Control: Ein neuer Ansatz zur durchgängigen Entwicklung komplexer Steuerungen und Beobachter auf der Grundlage innovativer 3D-Simulationstechnik und moderner Methoden der eRobotik*. In: **Wissenschaftsforum 2013-Intelligente Technische Systeme, 9. Paderborner WorkshopEntwurf mechatronischer Systeme"**. Hrsg. von GAUSMEIER, DUMITRESCU, RAMMING u. a. Bd. 310. HNI Verlagsschriftenreihe. Paderborn: Hans Gieselmann Druck und Medienhaus GmbH & Co. KG, 2013, S. 117–120.

[RSW08]   M. RABE, S. SPIECKERMANN und S. WENZEL: *Definitionen*. In: **Verifikation und Validierung für die Simulation in Produktion und Logistik**. Berlin, Heidelberg: Springer Berlin Heidelberg, 2008. ISBN: 978-3-540-35281-5. DOI: https://doi.org/10.1007/978-3-540-35282-2_2.

[RSW13]   J. ROSSMANN, C. SCHLETTE und N. WANTIA: *Virtual Reality in the Loop – Providing an Interface for an Intelligent Rule Learning and Planning System*. In: **IEEE International Conference on Robotics and Automation (ICRA 2013). Workshop/Tutorial Semantics, Identification and Control of Robot-Human-Environment Interaction**. Karlsruhe, 2013, S. 60–65.

[RtHE13]   J. ROSSMANN, M. TEN HOMPEL und K. EILERS: *Simulations- und VR-basierte Steuerungsverifikation zellularer Intralogistiksysteme*. In: **Logistics Journal (Unterreihe 3), Proceedings 9. Fachkolloquium der WGTL**. Dortmund, 2013, S. 1–7.

[RVL+15]   R. ROSEN, G. VON WICHERT, G. LO u. a.: *About the importance of autonomy and digital twins for the future of manufacturing*. In: **IFAC-PapersOnLine** 28.3 (2015), S. 567–572. ISSN: 24058963. DOI: https://doi.org/10.1016/j.ifacol.2015.06.141.

[SAE18]   SAE INTERNATIONAL: *SAE J3016 Surface Vehicle Recommended Practice – Taxonomy and Definitions for Terms Related to Driving Automation Systems for On-Road Motor Vehicles*. 2018.

698

[SAG+17]   B. M. SONDERMANN, L. ATORF, G. M. GRINSHPUN u. a.: *A Virtual Testbed for Optical Sensors in Robotic Space Systems – VITOS*. In: **Proceedings of ASTRA**. 14. Symposium on Advanced Space Technologies in Robotics und Automation, Leiden (Netherlands), 20 Jun 2017–22 Jun 2017. ESA ASTRA, 2017, S. 1–8.

[SAR17]   M. SCHLUSE, L. ATORF und J. ROSSMANN: *Experimentable Digital Twins for Model-Based Systems Engineering and Simulation-Based Development*. In: **Proceedings of the 11th Annual IEEE International Systems Conference (SysCon 2017)**. IEEE, 2017, S. 628–635. ISBN: 978-1-5090-4623-2.

[SAT+20]   R. STARK, R. ANDERL, K.-D. THOBEN u. a.: *WiGeP- Positionspapier: Digitaler Zwilling*. 2020. URL: https://www.wigep.de/fileadmin/Positions-_und_Impulspapiere/Positionspapier_Gesamt_20200401_V11_final.pdf.

[SBS+09]   R. STARK, B. BECKMANN-DOBREV, E.-E. SCHULZE u. a.: *Smart Hybrid Prototyping zur multimodalen Erlebbarkeit virtueller Prototypen innerhalb der Produktentstehung*. In: **8. Berliner Werkstatt Mensch-Maschine-Systeme BWMMS'09: Der Mensch im Mittelpunkt technischer Systeme** (2009), S. 437–443.

[SBS+18]   T. R. SAVARIMUTHU, A. G. BUCH, C. SCHLETTE u. a.: *Teaching a Robot the Semantics of Assembly Tasks*. In: **IEEE Transactions on Systems, Man, and Cybernetics: Systems** 48.5 (2018), S. 670–692. ISSN: 2168-2216. DOI: https://doi.org/10.1109/TSMC.2016.2635479.

[SCD+10]   M. SHAFTO, M. CONROY, R. DOYLE u. a.: *DRAFT Modeling, Simulation, Information – Technology and Processing Roadmap*. Techn. Ber. 2010. URL: https://www.nasa.gov/pdf/501321main_TA11-MSITP-DRAFT-Nov2010-A1.pdf.

[SCG+79]   S. SCHLESINGER, R. E. CROSBIE, R. E. GAGNÉ u. a.: *Terminology for model credibility*. In: **SIMULATION** 32.3 (1979), S. 103–104. ISSN: 0037-5497. DOI: https://doi.org/10.1177/003754977903200304.

[Sch13]   C. SCHLETTE: *Anthropomorphe Multi-Agentensysteme: Simulation, Analyse und Steuerung*. Diss. Wiesbaden: RWTH Aachen University, 2013.

[Sch19]   S. SCHEIFELE: *Generierung des Digitalen Zwillings für den Sondermaschinenbau mit Losgröße 1*. Fraunhofer Verlag, 2019. ISBN: 9783839616185.

[Sci15]   SCILAB ENTERPRISES S.A.S.: *Scilab*. 2015. URL: https://www.scilab.org/.

[SD19]   R. STARK und T. DAMERAU: *Digital Twin*. In: **CIRP Encyclopedia of Production Engineering**. Berlin, Heidelberg: Springer Berlin Heidelberg, 2019, S. 1–8. DOI: https://doi.org/10.1007/978-3-642-35950-7_16870-1.

[SDE17]   M. SALLABA, A. Dr. GENTNER und R. ESSER: *Grenzenlos vernetzt – Smarte Digitalisierung durch IoT, Digital Twins und die Supra-Plattform*. 2017.

[SF19]   K. SHAW und J. FRUHLINGER: *What is a digital twin and why it's important to IoT*. 2019. URL: https://www.networkworld.com/article/3280225/what-is-digital-twin-technology-and-why-it-matters.html.

[SFL19]   R. STARK, C. FRESEMANN und K. LINDOW: *Development and operation of Digital Twins for technical systems and services*. In: **CIRP Annals** 68.1 (2019), S. 129–132. ISSN: 00078506. DOI: https://doi.org/10.1016/j.cirp.2019.04.024.

[SGE+19]   G. SCHWEIGER, C. GOMES, G. ENGEL u. a.: *An empirical survey on co-simulation: Promising standards, challenges and research needs*. In: **Simu-**

lation **Modelling Practice and Theory** 95.January (2019), S. 148–163. ISSN: 1569190X. DOI: https://doi.org/10.1016/j.simpat.2019.05.001.

[Sha75]   R. E. SHANNON: *Systems Simulation: The Art and Science.* Englewood Cliffs, NJ: Prentice-Hall, 1975.

[Sha77]   R. E. SHANNON: *Simulation Modeling and Methodology.* In: **SIGSIM Simul. Dig.** 8.3 (1977), S. 33–39. ISSN: 0163-6103. DOI: https://doi.org/10.1145/1102766.1102770.

[SHR+21] C. SCHEIFELE, C. HÄRLE, R. ROSEN u. a.: *Co-Simulation als Realisierung digitaler Zwillinge – Austausch und Kopplung von (Teil-) Modellen für eine virtuelle Inbetriebnahme.* In: **atp magazin** 04 (2021).

[Sie03]   M. SIEGEL: *The sense-think-act paradigm revisited.* In: **ROSE 2003 – 1st IEEE International Workshop on Robotic Sensing 2003: Sensing and Perception in 21st Century Robotics** June (2003), S. 5–6. DOI: https://doi.org/10.1109/ROSE.2003.1218700.

[Sie15]   SIEMENS AG: *Der Digitale Zwilling – Digitalisierung sorgt für mehr Qualität und Effizienz im Maschinenbau.* Nürnberg, 2015.

[Sie19]   SIEMENS AG: *Digitaler Zwilling.* 2019. URL: https://www.plm.automation.siemens.com/global/de/our-story/glossary/digital-twin/24465.

[Sim60]   H. A. SIMON: *The New Science of Management Decision.* Hrsg. von B. 3. The Ford distinguished lectures, 1960.

[Ske18]   I. SKERRETT: *Defining a Digital Twin Platform.* 2018. URL: https://medium.com/@iskerrett/defining-a-digital-twin-platform-de67586623de.

[Sko14]   SKOGSFORSK: *StanForD.* 2014. URL: https://www.skogforsk.se/english/projects/stanford/.

[Smi]   R. SMITH: *Open Dynamics Engine.* URL: https://www.ode.org.

[Son18]   B. SONDERMANN: *Simulationsgestützte Landmarkendetektion, Lokalisierung und Modellgenerierung für mobile Systeme.* Diss. RWTH Aachen, 2018.

[SOR19]   M. SCHLUSE, T. OSTERLOH und J. ROSSMANN: *Development of Modular Spacecraft with Experimentable Digital Twins.* In: **Workshop on Simulation and EGSE for Space Programmes (SESP)**. Noordwijk, Niederlande: ESA-ESTEC, 2019.

[Spa09]   C. SPATH: *Simulationen – Begriffsgeschichte, Abgrenzung und Darstellung in der wissenschafts- und technikhistorischen Forschungsliteratur.* Diss. Universität Stuttgart, 2009, S. 1–90.

[Spa17a] SPACEFLIGHT101.COM SPACE NEWS AND BEYOND: *Weak Simulations, Inadequate Software & Mismanagement caused Schiaparelli Crash Landing.* 2017. URL: https://spaceflight101.com/exomars/esa-completes-schiaparelli-failure-investigation/.

[Spa17b] SPARX SYSTEMS: *Enterprise Architect.* 2017. URL: https://www.sparxsystems.de/.

[SPR20]   M. SCHLUSE, M. PRIGGEMEYER und H.-J. ROSSMANN: *The Virtual Robotics Lab in education: Hands-on experiments with virtual robotic systems in the Industry 4.0 era; 1. Neuerscheinung.* In: **ISR 2020: 52th International Symposium on Robotics in conjunction with: automatica December 9–10, 2020, Online-Event**. 52. International Symposium on Robotics in conjunction with automatica, online, 9 Dec 2020–10 Dec 2020. Berlin: VDE VERLAG, 2020, S. 191–198. DOI: https://doi.org/SCOPUS:2-s2.0-85101058046.

[SR12] R. STEINHILPER und F. RIEG, Hrsg.:*Handbuch Konstruktion*. München: Carl Hanser Verlag GmbH & Co. KG, 2012. ISBN: 9783446434035.

[SR15] C. SCHLETTE und J. ROSSMANN: *Preparing sampling-based motion planning for manufacturers of micro-optical components*. In: **Proceedings of the 20th IEEE International Conference on Emerging Technologies and Factory Automation (ETFA2015)**. Luxembourg: IEEE, 2015, S. 42–47. ISBN: 9781467379298. DOI: https://doi.org/10.1109/ETFA.2015.7301654.

[SR17] M. SCHLUSE und J. ROSSMANN: *Experimentierbare Digitale Zwillinge für übergreifende simulationsgestützte Entwicklung und intelligente technische Systeme*. In: **Wissenschaftsforum Intelligente Technische Systeme, WInTeSys 2017**. Heinz Nixdorf Institut, Universität Paderborn: Eric Bodden u. a., 2017.

[SR21] M. SCHLUSE und H.-J. ROSSMANN: *Von der Simulation zum Experimentierbaren Digitalen Zwilling und zurück; 1. Auflage*. In: **Simulation in Produktion und Logistik 2021: Erlangen, 15.-17. September 2021 / Jörg Franke & Peter Schuderer (Hrsg.)** Bd. AM 177. ASIM-Mitteilungen aus den Arbeitskreisen. 19. ASIM Fachtagung Simulation in Produktion und Logistik, Erlangen (Germany), 15.09.2021 – 17.2021. Dieses Werk steht Open Access zur Verfügung und unterliegt der Creative Commons-Lizenz CC BY 4.0 (siehe auch https://creativecommons.org/licenses/by/4.0/). Göttingen: Cuvillier Verlag, 2021, S. 41–50. URL: https://cuvillier.de/get/ebook/6346/9783736964792_eBook.pdf.

[SRG08] B. SCHAEFER, B. REBELE und A. GIBBESCH: *Verification and Validation Process on 3D Dynamics Simulation in Support of Planetary Rover Development*. In: **Robotics.Estec.Esa.Int** (2008), S. 1–8. URL: https://robotics.estec.esa.int/ASTRA/Astra2008/S16/16_02_Schafer.pdf.

[SS11] K. SCHWABER und J. SUTHERLAND: *The Scrum Guide – The Definitive Guide to Scrum: The Rules of the Game*. 2011. DOI: https://doi.org/10.1053/j.jrn.2009.08.012.

[SSP+16] G. N. SCHROEDER, C. STEINMETZ, C. E. PEREIRA u. a.: *Digital Twin Data Modeling with AutomationML and a Communication Methodology for Data Exchange*. In: **IFAC-PapersOnLine** 49.30 (2016), S. 12–17. ISSN: 24058963. DOI: https://doi.org/10.1016/j.ifacol.2016.11.115.

[Sta17a] R. STARK: *Smarte Fabrik 4.0 – Digitaler Zwilling*. Berlin, 2017. URL: https://www.ipk.fraunhofer.de/fileadmin/user_upload/IPK/publikationen/themenblaetter/vpe_digitaler-zwilling.pdf.

[Sta17b] G. STARKE: *Effektive Software- Architekturen*. 2017. ISBN: 9783446452077.

[Sta73] H. STACHOWIAK: *Allgemeine Modelltheorie*. Wien: Springer-Verlag, 1973.

[SV16]   C. SCHEIFELE und A. VERL: *Hardware-in-the-Loop Simulation for Machines based on a Multi-Rate Approach*. In: **Proceedings of The 9th EUROSIM Congress on Modelling and Simulation, EUROSIM 2016, The 57th SIMS Conference on Simulation and Modelling SIMS 2016**. Bd. 142. Oulu, 2016, S. 715–720. DOI: https://doi.org/10.3384/ecp17142715.

[SWC+02]   J. SHIM, M. WARKENTIN, J. F. COURTNEY u. a.: *Past, present, and future of decision support technology*. In: **Decision Support Systems** 33.2 (2002), S. 111–126. ISSN: 01679236. DOI: https://doi.org/10.1016/S0167-9236(01)00139-7.

[TBF05]   S. THRUN, W. BURGARD und D. FOX: *Probabilistic robotics*. MIT Press, 2005. ISBN: 9780262201629.

[TBP+17]   A. THEORIN, K. BENGTSSON, J. PROVOST u. a.: *An event-driven manufacturing information system architecture for Industry 4.0*. In: **International Journal of Production Research 55.5** (2017), S. 1297–1311. ISSN: 0020-7543. DOI: https://doi.org/10.1080/00207543.2016.1201604.

[TDT08]   A. TOLK, S. Y. DIALLO und C. D. TURNITSA: *Mathematical models towards self-organizing formal federation languages based on conceptual models of information exchange capabilities*. In: **Proceedings – Winter Simulation Conference** December (2008), S. 966–974. ISSN: 08917736. DOI: https://doi.org/10.1109/WSC.2008.4736163.

[The17]   THE MATHWORKS INC.: *Simulink*. 2017. URL: https://de.mathworks.com/products/simulink.html.

[The18]   THE MATHWORKS INC.: *Simscape*. 2018. URL: https://de.mathworks.com/products/simscape.html.

[The21]   THE MATHWORKS INC.: *MATLAB*. 2021. URL: https://www.mathworks.de/products/matlab/.

[Thi23]   J. THIELING: *Architektur zur entwicklungsbegleitenden Modellierung und Simulation von Umfeldsensoren in Hybriden Testbeds*. Dissertation. RWTH Aachen University, 2023. ISBN: 978-3-658-41821-2. DOI: https://doi.org/10.1007/978-3-658-41822-9.

[TJ09]   M. TIEGELKAMP und K. H. JOHN: *SPS-Programmierung mit IEC 61131-3*. Berlin, Heidelberg: Springer Berlin Heidelberg, 2009. ISBN: 978-3-642-00268-7. DOI: https://doi.org/10.1007/978-3-642-00269-4.

[TM03]   A. TOLK und J. MUGUIRA: *The Levels of Conceptual Interoperability Model*. In: **Fall Simulation Interoperability Workshop**. September. Orlando, Florida, USA, 2003.

[TR17]   J. THIELING und J. ROSSMANN: *Virtual Testbeds for the Development of Sensor-Enabled Applications*. In: **Tagungsband des 2. Kongresses Montage Handhabung Industrieroboter**. Berlin, Heidelberg: Springer Berlin Heidelberg, 2017, S. 23–32. DOI: https://doi.org/10.1007/978-3-662-54441-9_3.

[TR21]   J. THIELING und H.-J. ROSSMANN: *Modulare Validierung simulierter Sensorsysteme für interagierende Digitale Zwillinge*. In: **Making Connected Mobility Work: Technische und betriebswirtschaftliche Aspekte / herausgegeben von Heike Proff**. Springer eBook Collection. Wiesbaden: Springer Gabler, 2021, S. 223–240. DOI: https://doi.org/10.1007/978-3-658-32266-3_12.

[Tue12]   E. TUEGEL: *The Airframe Digital Twin: Some Challenges to Realization*. In: **53rd AIAA/ASME/ASCE/AHS/ASC Structures, Structural Dynamics and Materials Conference 20th AIAA/ASME/AHS Adaptive Structures Conference 14th AIAA**. Reston, Virigina: American Institute of Aeronautics und Astronautics, 2012. ISBN: 978-1-60086-937-2. DOI: https://doi.org/10.2514/6.2012-1812.

[TZL+19]   F. TAO, H. ZHANG, A. LIU u. a.: *Digital Twin in Industry: State-of-the-Art*. In: **IEEE Transactions on Industrial Informatics 15**.4 (2019), S. 2405–2415. ISSN: 15513203. DOI: https://doi.org/10.1109/TII.2018.2873186.

[UHW+19]   J.-F. UHLENKAMP, K. HRIBERNIK, S. WELLSANDT u. a.: *Digital Twin Applications: A first systemization of their dimensions*. In: **IEEE International Conference on Engineering, Technology and Innovation (ICE/ITMC)**. Valbonne Sophia-Antipolis, Frankreich: IEEE, 2019, S. 1–8. ISBN: 978-1-7281-3401-7. DOI: https://doi.org/10.1109/ICE.2019.8792579.

[US 13]   U.S. AIR FORCE: *Global Horizons – Final Report*. Techn. Ber. 2013. URL: https://www.airforcemag.com/PDF/DocumentFile/Documents/2013/GlobalHorizons_062313.pdf.

[US 91]   U.S. DEPARTMENT OF TRANSPORTATION FEDERAL AVIATION ADMINISTRATION: *Airplane Simulator Qualification*. 1991. URL: https://www.faa.gov/documentLibrary/media/Advisory_Circular/120-40B1.pdf.

[Val06]   M. VALASEK: *Simulation Model Development in Analogy with Software Engineering*. In: **Proceedings 5th MATHMOD Vienna Symposium on Mathematical Modelling**. Wien: ARGESIM, 2006.

[Val08]   M. VALASEK: *Modeling, simulation and control of mechatronical systems*. In: **Simulation Techniques for Applied Dynamics**. Hrsg. von M. ARNOLD und W. SCHIEHLEN. Springer, Vienna, 2008, S. 75–140. DOI: https://doi.org/10.1007/978-3-211-89548-1_3.

[Van18]   B. VAN HOOF: *Announcing Azure Digital Twins: Create digital replicas of spaces and infrastructure using cloud, AI and IoT*. 2018. URL: https://azure.microsoft.com/en-gb/blog/announcing-azure-digital-twins-create-digital-replicas-of-spaces-and-infrastructure-using-cloud-ai-and-iot/.

[VC18]   G. VENERI und A. CAPASSO: *Hands-On Industrial Internet*. Birmingham: Packt Publishing Ltd., 2018. ISBN: 978-1-78953-722-2.

[VDI04a]   VDI: *VDI-Richtlinie 2206 – Entwicklungsmethodik für mechatronische Systeme – Design methodology for mechatronic systems*. Berlin, 2004.

[VDI04b]   VDI: *VDI-Richtlinie 2223 – Methodisches Entwerfen technischer Produkte Systematic embodiment design of technical products*. Berlin, 2004.

[VDI06]   VDI/VDE: *VDI/VDE-Richtlinie 2650 Anforderungen an Selbstüberwachung und Diagnose in der Feldinstrumentierung – Teil 1: Allgemeine Anforderungen*. 2006.

[VDI08]   VDI: *VDI-Richtlinie 4499 Digitale Fabrik – Blatt 1: Grundlagen*. Berlin, 2008.

[VDI15]   VDI-/VDE-GESELLSCHAFT MESS- UND AUTOMATISIERUNGSTECHNIK: *Industrie 4.0 – Technical Assets, Grundlegende Begriffe, Konzepte, Lebenszyklen und Verwaltung*. 2015. ISBN: ISBN 978-3-931384-83-8. URL: https://www.vdi.de/ueber-uns/presse/publikationen/details/industrie-40-technische-assets-grundlegende-begriffe-konzepte-lebenszyklen-und-verwaltung.

[VDI16]   VDI/VDE: *VDI/VDE-Richtlinie 3693 – Virtuelle Inbetriebnahme, Modellarten und Glossar*. 2016.

[VDI18]   VDI: *VDI-Richtlinie 3633 Simulation von Logistik-, Materialfluß- und Produktionssystemen – Blatt 1: Grundlagen*. Düsseldorf, 2018.

[VDI20]   VDI: *VDI-Richtlinie 3633 Simulation von Logistik-, Materialfluß- und Produktionssystemen – Blatt 12: Simulation und Optimierung*. Düsseldorf, 2020.

[VDI21]   VDI: *VDI-Richtlinie 2206: Entwicklung mechatronischer und cyber-physischer Systeme*. Düsseldorf, 2021.

[VDI22]   VDI GMA FACHAUSSCHUSS 7.21: *FA7.21 Begriffe*. 2022. URL: https://i40.iosb. fraunhofer.de/Front%20Page.

[VGdS+00]   A. VEITL, T. GORDON, A. V. DE SAND u. a.: *Methodologies for Coupling Simulation Models and Codes in Mechatronic System Analysis and Design*. In: **The Dynamics of Vehicles on Roads and on Tracks**. Hrsg. von R. FRÖHLING. Bd. 33. Supplement to Vehicle System Dynamics. Swets & Zeitlinger, 2000, S. 231–243. URL: https://elib.dlr.de/14197/.

[Vic14]   B. VICTOR: *Why a Seeing Space?* 2014. URL: http://worrydream.com/ SeeingSpaces/SeeingSpaces.pdf.

[Völ10]   L. VÖLKER: *Untersuchung des Kommunikationsintervalls bei der gekoppelten Simulation*. Diss. Karlsruher Institut für Technologie, 2010, S. 174. ISBN: 9783866446113. URL: https://publikationen.bibliothek.kit.edu/1000021208/ 1712336.

[VS07]   A. VOLYNKIN und V. SKORMIN: *Large-scale Reconfigurable Virtual Testbed for Information Security Experiments*. In: **3rd International Conference on Testbeds and Research Infrastructure for the Development of Networks and Communities (TridentCom)**. 2007.

[VWB+09]   S. VAJNA, C. WEBER, H. BLEY u. a.: *CAx für Ingenieure*. Berlin, Heidelberg: Springer Berlin Heidelberg, 2009. DOI: https://doi.org/10.1007/978-3-540-36039-1.

[Wan12]   Z. WANG: *A Characterization Approach To Selecting Verification and Validation Techniques for Simulation Projects*. In: **Proceedings of the 2012 Winter Simulation Conference"(WSC 2012)**. 2012. ISBN: 9781467347815.

[WAR17]   D. WEIGERT, P. AURICH und T. REGGELIN: *Durchgehende Modellerstellung zwischen tionswerkzeugen für die gesamtheitliche Planung von Produktions- und Intralogistiksystemen*. In: **Simulation in Produktion und Logistik 2017**. Hrsg. von S. WENZEL und T. PETER. Kassel: kassel university press, 2017.

[Wat]   WATERLOO MAPLE INC.: *MapleSim*. URL: https://de.maplesoft.com/products/ maplesim/.

[Wat15]   H. WATTER: *Hydraulik und Pneumatik*. Wiesbaden: Springer Fachmedien Wiesbaden, 2015. ISBN: 978-3-658-07859-1. DOI: https://doi.org/10.1007/ 978-3-658-07860-7.

[WCB+20]   K. WORDEN, E. J. CROSS, R. J. BARTHORPE u. a.: *On Digital Twins, Mirrors, and Virtualizations: Frameworks for Model Verification and Validation*. In: **ASCE-ASME J Risk and Uncert in Engrg Sys Part B Mech Engrg 6.3** (2020), S. 1–14. ISSN: 2332-9017. DOI: https://doi.org/10.1115/1.4046740.

[WEH+16a]   N. WANTIA, M. ESEN, A. HENGSTEBECK u. a.: *Task planning for human robot interactive processes: MANUSERV – From manual work processes to industrial service robots*. In: **21th IEEE Conference on Emerging Technologies and Factory Automation (ETFA): September 6–9, 2016, Berlin**. Datenträger: USB-Stick. 21. International Conference on Emerging Technologies und factory Automation, Berlin (Germany), 6 Sep 2016–9 Sep 2016. Piscataway, NJ: IEEE, 2016, 8 Seiten. DOI: https://doi.org/10.1109/ETFA.2016.7733523.

[WEH+16b]   N. WANTIA, M. ESEN, A. HENGSTEBECK u. a.: *Task planning for human robot interactive processes.* In: **IEEE International Conference on Emerging Technologies and Factory Automation**, 2016 21 (2016), S. 1–8.

[Wei04]   E. W. WEISEL: *Models, Composability, and Validity.* Diss. Old Dominion University, 2004. DOI: https://doi.org/10.25777/43pv-gs24.

[Wei14]   T. WEILKIENS: *Systems Engineering mit SysML/UML.* 3. Auflage. 3. Heidelberg: dpunkt.verlag GmbH, 2014. ISBN: 3-89864-409-X.

[Wer94]   J. WERNECKE: *The Inventor Mentor: Programming Object-Oriented 3D Graphics with Open Inventor, Release 2.* Addision-Wesley Publishing Company, 1994. ISBN: 0-201-62495-8.

[Wet11]   M. WETTER: *Co-simulation of building energy and control systems with the Building Controls Virtual Test Bed.* In: **Journal of Building Performance Simulation 4.3** (2011), S. 185–203. ISSN: 1940-1493. DOI: https://doi.org/10. 1080/19401493.2010.518631.

[WFS+20]   S. WEIN, C. FIMMERS, S. STORMS u. a.: *Embedding Active Asset Administration Shells in the Internet of Things using the Smart Systems Service Infrastructure.* In: **IDIN2020**. 2020, S. 23–28. ISBN: 9781728149639.

[WG14]   A. WEITZEL und S. GEYER: *Absicherungsstrategien für Fahrerassistenzsysteme mit Umfeldwahrnehmung.* Techn. Ber. Bergisch Gladbach: Berichte der Bundesanstalt für Straßenwesen, 2014, S. 66. URL: https://bast.opus.hbz-nrw. de/volltexte/2015/836/pdf/F98b.pdf.

[WHL+15]   H. WINNER, S. HAKULI, F. LOTZ u. a., Hrsg.: *Handbuch Fahrerassistenzsysteme.* Dritte Auf. Wiesbaden: Springer Fachmedien Wiesbaden, 2015. ISBN: 978-3-658-05733-6. DOI: https://doi.org/10.1007/978-3-658-05734-3.

[Wim09]   L. WIMMER: *Die Gestaltung digitaler Artefakte – Designtheoretische Ansätze in der Human-Computer Interaction.* Diss. Universität St. Gallen, 2009. ISBN: 9783869550442.

[Win15]   E. WINSBERG: *Computer Simulations in Science.* In: **The Stanford Encyclopedia of Philosophy**. Hrsg. von E. N. ZALTA. Summer 201. Metaphysics Research Lab, Stanford University, 2015. URL: https://plato.stanford.edu/archives/ sum2015/entries/simulations-science/.

[Wis14]   WISSENSCHAFTSRAT: *Bedeutung und Weiterentwicklung von Simulation in der Wissenschaft – Positionspapier.* Techn. Ber. Drs. 4032-14. Wissenschaftsrat, 2014. URL: https://www.wissenschaftsrat.de/download/archiv/4032-14.pdf.

[Wol17]   WOLFRAM RESEARCH: *Wolfram System Modeler.* 2017. URL: https://www. wolfram.com/system-modeler.

[WRF+15]   D. D. WALDEN, G. J. ROEDLER, K. FORSBERG u. a.: *Systems engineering handbook: a guide for system life cycle processes and activities.* 4th Editio. Hoboken, NJ, USA: John Wiley & Sons, Inc., 2015. ISBN: 9781118999400.

[WTW09]   W. WANG, A. TOLK und W. WANG: *The levels of conceptual interoperability model: Applying systems engineering principles to M&S.* In: **Spring Simulation Multiconference 2009 – Co-located with the 2009 SISO Spring Simulation Interoperability Workshop**. San Diego, CA: SCS, 2009. DOI: https:// doi.org/10.1145/1639809.1655398.

[WWB+20]   D. WAGG, K. WORDEN, R. BARTHORPE u. a.: *Digital twins: State-of-the-art and future directions for modelling and simulation in engineering dynamics applications.* In: **ASCE-ASME Journal of Risk and Uncertainty in Engineering Systems, Part B: Mechanical Engineering 6.3** (2020). URL: https://asmedigitalcollection.asme.org/risk/article/6/3/030901/ 1081999/Digital-Twins-State-of-the-Art-and-Future.

[Wyl15]   D. WYLLIE: *Chancen und Herausforderungen der Industrie 4.0.* 2015.

[YJR+10]   Y.-H. YOO, T. J. JUNG, M. ROEMMERMANN u. a.:*Developing a Virtual Environment for Extraterrestrial Legged Robots with Focus on Lunar Crater Exploration.* In: **The 10th International Symposium on Artificial Intelligence, Robotics and Automation in Space (i-SAIRAS 2010)**. Sapporo, Japan, 2010, S. 206–213.

[Zei76]   B. P. ZEIGLER: *Theory of Modelling and Simulation.* John Wiley & Sons, 1976, S. 735.

[ZKP00]   B. P. ZEIGLER, T. G. KIM und H. PRAEHOFER: *Theory of Modeling and Simulation.* In: (2000). URL: https://dl.acm.org/citation.cfm?id=580780.

[ZMK19]   B. P. ZEIGLER, A. MUZY und E. KOFMAN: *Theory of Modeling and Simulation – Discrete Event and Iterative System – Computational Foundations.* 3rd Edition. Academic Press, 2019. ISBN: 978-0-12-813370-5. DOI: https://doi.org/ 10.1016/C2016-0-03987-6.

Printed in the United States
by Baker & Taylor Publisher Services